叠复连续油气藏成因机制与预测方法

——以南哈大气田的勘探与发现为例

Genetic Mechanism and Prediction Methodology for Overstacked and Continuous Hydrocarbon Accumulations

庞雄奇 廖 勇 等 著

科 学 出 版 社

北 京

内 容 简 介

本书介绍了我国学者在国家973项目和国家自然科学基金项目等资助下，针对复杂地质条件下连续油气藏形成条件、成因机制、发育模式和预测方法等方面存在的前沿性问题开展的基础理论研究，并提出了“叠复连续油气藏”的新概念，力求回答复杂连续油气藏内“高点与低点富油气共存、高孔与低孔聚油气共存、早成与晚成油气藏共存、高压与低压含油气层共存”等科学问题。全书以哈萨克斯坦Marsel探区南哈大气田的勘探和发现为例，展示了相关理论和技术在油气勘探实践中的应用流程和技术路线及其可靠性。

本书可作为相关专业研究生，尤其是高年级研究生的教学参考书，也可为油气勘探工作者的科学研究提供参考。

图书在版编目(CIP)数据

叠复连续油气藏成因机制与预测方法：以南哈大气田的勘探与发现为例＝Genetic Mechanism and Prediction Methodology for Overstacked and Continuous Hydrocarbon Accumulations/庞雄奇等著.—北京：科学出版社，2016

ISBN 978-7-03-044038-9

Ⅰ.①叠… Ⅱ.①庞… Ⅲ.①油气藏形成-研究②油气藏-预测-研究 Ⅳ.①P618.13

中国版本图书馆CIP数据核字（2015）第067319号

责任编辑：吴凡洁/责任校对：胡小洁 李 影
责任印制：肖 兴/封面设计：王 浩

科学出版社 出版
北京东黄城根北街16号
邮政编码：100717
http://www.sciencep.com

中国科学院印刷厂 印刷
科学出版社发行 各地新华书店经销

*

2016年1月第 一 版 开本：787×1092 1/16
2016年1月第一次印刷 印张：45 1/2
字数：1 054 000

定价：360.00元

（如有印装质量问题，我社负责调换）

序　一

自20世纪80年代人类在盆地深拗区发现大面积连续分布的致密气藏以来，世界油气勘探进入了一个全新的大发展时代。这一时代的最突出标志是在传统且经典的浮力成藏理论认为不可能形成油气藏的地层领域发现了油气聚集并不断取得新成效。不同学者对这类油气藏给出了不同的概念，诸如深盆油气藏、向斜油气藏、致密油气藏、连续型油气藏、盆地中心油气藏、根缘油气藏等。由于它们的发现颠覆了人们对传统意义上油气藏分布规律的认识，被笼统地称为非常规油气藏（unconventional reservoirs）。

非常规油气藏主要分布在致密储层介质中，资源潜力巨大，目前正日益受到各国政府和各大石油天然气公司的高度关注。国际上一些权威机构，包括国际石油工程师协会（SPE）、石油评估工程师协会（SPEE）、美国石油地质学家协会（AAPG）、世界石油大会（WPC）等于2007年联合发布相关术语，将它们称之为连续型油气藏（continuous-type deposit）。连续型油气藏的最大特征是它们广泛连续分布，浮力对它们的形成和分布不起主导作用。这类油气藏的形成和分布为什么不受浮力控制？为什么能够如此广泛分布？为什么浮力成藏机制或非浮力成藏机制都不能完全解释它们的特征和成因？如何预测它们的形成和分布？这些都是需要油气地质与勘探工作者进一步深入研究的科学难题。

为解决相关问题，中国石油大学（北京）自1993年开始，在石油工业部老领导、中国石油大学老校长张一伟教授等前辈专家学者的指导下，金之钧教授从俄罗斯留学归国后就着手组建盆地与油藏研究中心和油气成藏国家重点实验室。盆地与油藏研究中心长期以来从事复杂地质条件下油气成藏机制与油气分布规律研究，先后联合中国科学院相关研究所、教育部相关大学、三大油公司相关油田，相继承担了三个国家973项目、三个国家重点基金项目以及九个油田集团公司重大应用基础研究项目。通过自行研制大型的油气成藏物理模拟实验装置和自主研发的多维油气运聚成藏软件，针对油气勘探过程中的关键科学难题展开探索。《叠复连续油气藏成因机制与预测方法》就是在这一过程中取得的系列研究成果之一，作为油气勘探战线的老队员和盆地与油藏研究中心快速成长的见证人，我为他们的努力和取得的成就感到由衷的高兴。

该书的最大特色体现在两个方面。一是积极努力地回答了有关连续型油气藏研究中的相关问题，二是将获得的新认识和新技术应用于哈萨克斯坦Marsel探区油气藏形成与分布预测。这项成果充分展现了产学研结合和理论创新在油气勘探中的重要作用以及我国油气地质与勘探理论研究达到的新水平。苏联在哈萨克斯坦Marsel探区组织开展了36年（1950～1985年）勘探，发现了137.9×10^8m^3天然气储量，因勘探成效差最终放弃了勘探；加拿大CONDOR公司开展了5年（2008～2012年）勘探，发现了60.7×10^8m^3天然气储量，最终因没有大的突破转让了探矿权。中国石油大学（北京）庞雄奇教授领导的国家973项目（2011CB201100）研究组，在中科华康石油科技有限公司资助下，在相关专家学者的指导下，与公司相关研究人员一起，对探区内已有的地震资料、测井资料、钻井资料、地化资料等进行了重新处理和分析解释，通过应用国家973项目研究获得的创新成果在Marsel探区内预测出面积超过2500km^{2}的含气区、应用国际PRMS体系评价出可采天然气资源储量超过1.5×10^{12}m^3。研究成果为中科华康石油科技有限公司快速地收购Marsel矿权和部署新一轮勘探工作提供了地质依据和理论指导。

哈萨克斯坦Marsel探区南哈叠复连续气田的预测结果得到了国际资源储量评价公司GCA（Gaffney，Cline & Associates Ltd.）的认可。GCA明确提出，在研究区含气范围内为连续气藏，计算天然气储量无需考虑构造因素，审定当前（2014年3月）条件下的天然气可采1C、2C、3C级资源储量（Bcf）分别为2119、5095 、18221（项目编号：PS-13-2089，2014；www.gaffney-cline.com），它们相当于我国资源评价体系中已经发现但不能即时动用的探明储量600×10^8m^3、控制储量842×10^8m^3、预测储量3717×10^8m^3，三级储量共计5159×10^8m^3。依据最新研究成果，油田公司正在组织大规模的勘探部署和天然气钻探。截至目前，正在钻探的Assa 2井已钻穿石炭系目的层，发现含气层厚度超过100m，比原先预测的两套目的层含气厚度还要大；正在钻探的路边18号井，天然气显示活跃，气测异常达15%，火焰高达20m。所有这些证明了南哈气田的存在。

南哈气田的发现具有三方面的重要意义。第一，验证了叠复连续油气藏成因模式的存在，表明自然界存在第三种类型的油气藏。它们既不是完全在浮力作用形成的常规油气藏，也不是完全在非浮力作用下形成的非常规油气藏，而是相同目的层在不同时期不同动力机制作用下形成的常规和非常规两种类型的油气藏叠加复合而成的叠复连续型油气藏。第二，启迪我们在中亚乃至世界其他地区发现更多的非常规油气资源。目前已在北美发现了大量的连续油气田并取得巨大成效；在中国也发现了不少叠复连续油气田，产量已超过三分之一；有理由相信在中亚和世界其他地方也会发现越来越多的连续或叠复连续油气田。第三，检验了相关技术的预见性、实用性和可靠性。该书对于深化Marsel探区地质研究，加速南哈气田的勘探和开发进程具有现实意义，对于世界其他地区类似油气田的勘探和开发具有重要的指导意义和参考价值。

我们期盼南哈气田能够得到快速探明和开发，并为中亚丝绸之路经济带建设和繁荣发挥重要作用，更期盼我国海外油气勘探事业更加蓬勃发展，为保障祖国经济建设持续高速发展做出新的更大贡献。

王涛

中国原石油部部长
俄罗斯自然科学院院士
中国石油大学（北京）博士生导师
2015年2月

序　二

随着世界对油气资源需求量的不断增大，油气勘探快速发展，已进入了以非常规油气资源勘探为特征的新时代。在这一过程中，深盆油气藏、致密油气藏、煤层油气藏、页岩油气藏等各种非常规油气资源相继得到发现和勘探。在目前每年发现的油气储量中，非常规油气资源所占比例已超过50%，在美国和中国的产量已达到30%。非常规油气藏与以浮力作用为主形成的常规油气藏相比，有着自身显著的地质特征和完全不同的分布规律，诸如含油气目的层致密、分布不受构造控制、与烃源岩层紧密相邻、压力变化异常等。鉴于这类油气藏与常规油气藏的突出差异表现在广泛连片分布上，一些国际组织（SPE、SPEE、AAPG、WPC）将它们称之为连续油气藏（continuous-type deposit）。连续油气藏是怎样形成的？它们的成因机制与常规油气藏有何差异？如何预测这类油气藏分布？这些问题长期以来困扰着油气地质与勘探工作者。庞雄奇教授等完成的《叠复连续油气藏成因机制与预测方法》专著在这些方面进行了较为系统的研究，取得了突出进展，主要表现在下列四个方面：

一是基于国内外非常规油气藏地质特征分析和成因机制模拟研究，发现含油气盆地存在浮力成藏下限和油气成藏底限两个控制不同油气藏分布的动力学边界。浮力成藏下限是常规与非常规油气藏形成和分布的动力学边界，其上部发育高孔高渗地层，油气主要在浮力作用下进入圈闭运聚成藏；其下部发育低孔低渗地层，油气主要在非浮力主导下进入目的层聚集成藏。油气成藏底限是含油气盆地内有利成藏区与非成藏区的动力学边界。有利区储层介质存在有效孔隙，在一定条件下有利油气成藏；非成藏区储层介质不存在有效孔隙，在一般地质条件下不能形成油气藏。浮力成藏下限和油气成藏底限这两个动力学边界的发现揭示了常规与非常规油气藏成因机制的差异性，为阐明它们的分布特征提供了理论依据。

二是基于浮力成藏下限和油气成藏底限两个动力学边界和油气藏分布特征，将含油气盆地自上而下划分出自由流体动力场、局限流体动力场、束缚流体动力场。自由流体动力场内地层介质表现为高孔高渗，油气主要在浮力作用下进入圈闭中聚集成藏，显示出高点汇聚、高位封盖、高孔富集、高压成藏的四高特征，宏观上烃源层与油气藏分离，主要形成常规油气藏。局限流体动力场内地层介质表现为低孔低渗，油气主要在非浮力作用下进入致密储层中聚集成藏，显示出低拗汇聚、低位倒置、低孔富集、低压稳定的四低特征，宏观上烃源层与油气藏紧密相邻，主要形成非常规油气藏。束缚流体动力场内地层介质表现为超低孔超低渗，油气主要是内部生成的或早前聚集的，目的层内通常显示无有效孔隙、无运聚动力，不利于外来油气进入成藏。在构造变动强烈和储层断裂发育的情况下有可能形成工业价值的油气藏。不同流体动力场内油气运聚动力的差异性决定了油气成藏机制的差异性与油气分布特征的差异性，为指导不同类型油气藏勘探提供了理论依据。

三是认识到局限流体动力场在形成演化过程中叠加复合了早期自由流体动力场阶段、中期局限流体动力场阶段、晚期改造型流体动力场阶段形成的各类油气藏。含油气盆地深部局限流体动力场内见到的非常规油气藏通常显现出“高点与低点富油气共存、高压与低压油气藏共存、高产与低产油气层共存、早成与晚成油气藏共存”的复合特征，它们是“多目的层成藏、多期次成藏、多机制成藏、多类型成藏”在同一个地区形成了叠复连续油气藏后在平面表观特征的综合体现。叠复连续油气藏概念的提出和确立为局限流体动力场内非常规油气藏分布预测奠定了理论和方法基础：首先，基于常规油气藏成因模式预测早期阶段形成的油气藏；其次，基于深盆油气藏成因模式预测中期阶段形成的致密油气藏；然后，基于断裂构造与流体活动等作用预测改造型油气藏。三类油气藏在平面上的叠加复合构成了叠复连续油气藏分布特征。

四是将上列理论成果与方法技术系统地应用于哈萨克斯坦 Marsel 探区并在较短的时间内发现了南哈大气田。苏联政府和加拿大公司在这一地区先后开展了近 40 年勘探并打了 77 口探井，几乎所有的探井都见到了天然气，最高日产量超过百万方，应该说已经钻到了大气田的主体部位，但由于没有非常规油气藏概念和叠复连续油气藏发育模式，因而不识真面目，只确认了三个小气田。中科华康石油科技有限公司能够进入 Marsel 探区并发现这一非常规大气田，在很大程度上得益于国家 973 项目（2011CB201100）有关深层油气成藏研究的理论创新成果在这一地区的系统应用。事实上，在加拿大公司转让 Marsel 地区探矿权之前，项目组已经与中科华康石油科技有限公司内部研究人员合作完成了三轮综合评价研究，初步预测出研究区存在一个 $2500km^2$ 的天然气叠复连续成藏区，可采资源储量高达 $1.5\times10^{12}m^3$。接管矿权后，在 2014 年部署和完成的 5 口新探井的钻探结果进一步证实了南哈气田的存在，突出反映了科学技术进步对油气勘探生产的指导作用。

南哈叠复连续气田目前还处于初始发现阶段，它是一个包含了常规油气藏、非常规油气藏、改造型油气藏在内的非常规复杂油气田。出版《叠复连续油气藏成因机制与预测方法》这本专著对于促进这一气田的深化勘探和开发具有重要的现实意义，对于广大科技工作者更加深入地研究非常规油气藏勘探中遇到的各类问题也具有重要的启迪与参考价值，为此特予推荐。

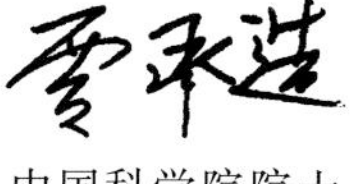

中国科学院院士

2015 年 3 月

序　三

石油和天然气相对于木柴和煤炭来说，既是一种低碳能源，又是重要的化工原料，还是十分重要的战略资源，各国政府高度重视。随着我国国民经济的高速发展，油气资源对外依存度自1993年后逐年升高，2013年进口油气量高达需求总量的58%，越过了人们心里的警戒线。保障油气资源稳定供给和持久安全是中国政府面临的重大挑战和迫切需要解决的战略任务。自新中国成立以来，这项任务完全由石油工业部以及后来折分成立的中国石油天然气集团公司 、中国石油化工集团公司、中国海洋石油总公司等三大国有石油公司承担。随着经济体制改革的进行和国内油气需求量的不断加大，还有一些国有企业相继参与到解决中国油气短缺问题的大军之中，包括中国中化集团公司、神华集团有限责任公司、陕西延长石油（集团）有限责任公司等，这些公司的加入对于缓解中国油气短缺做出了重要贡献，但仍然没有从根本上解决问题。随着中国经济规模总量不断成长和油气短缺压力持续加大，我国政府开始在油气勘探开发领域向国内民营资本打开大门，香港中科石油天然气集团公司（以下简称中科集团）就是在这一背景下开始进入油气勘探开发领域的，它的使命和奋斗目标就是要充分利用民营企业管理方面的高效率和对外合作方面的灵活性，配合中国国有企业一起，为解决中国油气短缺问题做出自身特殊贡献。

中科集团旗下的洲际油气股份有限公司（以下简称洲际油气）成立于1984年8月，1996年10月8日在上海证券交易所上市交易（600759，SH）。公司主营业务为石油勘探开发和石油化工项目的投资及相关工程的技术开发、咨询、服务；石油化工产品、管道生产建设所需物资设备、器材的销售等，业务范围遍及北美、中东、中亚及国内等地。未来，洲际油气将专注于油气上游行业，现已拥有位于滨里海盆地油气富集区年产50余万吨的马腾项目，正在收购克山、卡门等多个周边区块，并将持续评价、投资和参与油气区块并购，有望通过3～5年的努力，成长为年产300×10^4～500×10^4t的独立国际专业化石油公司。截至2014年12月31日，洲际油气总股本为17.4亿股，市值超过170亿元。

庞雄奇校长和中科集团科研人员联合完成的《叠复连续油气藏成因机制与预测方法》主要涉及中科集团在哈萨克斯坦境内的楚-萨雷苏盆地Marsel探区油气勘探项目。Marsel探区内南哈大气田的发现为中科集团的进一步发展奠定了资源基础，也为中科集团与中国石油大学（北京）等国内外一流研究机构和研究团队的持续合作提供了平台。

南哈大气田是一个由多目的层段、多类型油气藏叠加复合构成的连续大面积分布的大气田，它的发现充分显现了我国科技人员的智慧和国际一流的研究水平。在中科集团进入哈萨克斯坦Marsel探区之前，苏联已对这一探区组织开展了36年（1950～1985）的勘探，打井73口，发现137.9×10^{8}m^{3}天然气储量，因勘探成效差最终放弃了勘探；加拿大CONDOR公司对这一探区开展了5年（2008～2012）勘探，打井4口，发现了60.7×10^{8}m^{3}天然气储量，最终因没有大的突破提出向外转让矿权。国家973项目（2011CB201100）研究组与中科集团相关研究人员一起组成联合课题组，在首席科学家庞雄奇教授的带领下，结合多年研究取得的创新成果和Marsel探区的实际资料开展系统的应用研究，预测出探区内存在一个面积超过2500km^2、可采天然气资源储量超过万亿方的大规模气藏。通过聘请外部专家的多轮论证，中科集团采用了联合课题组的研究结论和建议，不但从国外公司手中收购了矿权，而且在2012～2014年持续合作对Marsel探区开展了三轮勘探和研究。在对收集到的所有资料进行了重新解释之后，通过产学研紧密结合，项目组初步搞清了探区内的地质构造特征、地层展布特征和油气成藏条件，预测出南哈大气田分布的边界、范围和含气层厚度，评价了气藏的储量和经济价值。通过类比哈国以外发现的类似特征的天然气藏、开展地震资料特殊处理检测目的层含气性、对老井钻探结果复查和对测井资料重新解释，项目组确定了含气层厚度与分布特征，证实了大气田基础的存在。项目研究的成果报告获得了国际GCA（Gaffney，Cline & Associates Ltd.）公司认可（项目编号：PS-13-2089，2014；www.gaffney-cline.com），它们通过评审后核定目前研究区已发现的三级可采储量共计5159×10^{8}m^3。在这些工作的基础之上，2014年油田公司部署并完成了5口新探井（ASSA-2、PRDS-18、TMSK-1、TGTR-6、KNKD-6）的钻探工作并全部获得成功，进一步证实了南哈大气田的存在。南哈大气田的发现为我们在中亚以及世界其他类似地区寻找更多油气资源提供了理论、方法和技术指导及成功经验。

南哈大气田地质特征复杂，要使这些油气资源真正得到完全探明、高效开发和利用还需要做进一步的勘探工作。为了快速探明、客观评价和安全开发南哈大气田，中科集团已与中国石油大学（北京）在科学研究、人才培养、社会服务等方面签订了全面战略合作协议。我们期盼，通过南哈气田勘探开发平台和产、学、研结合这一有效途径，与更多更高水平的石油机构和研究团队建立持久的合作关系，共同为保障中国油气资源稳定供给和中亚丝绸之路经济带快速建设做出应有的贡献，相信庞雄奇校长和廖勇教授级高工等完成的这部理论与实践相统一的专著的出版会为这一努力增加新的动力，也为广大科技工作者开展类似研究提供参考和启迪。

香港中科石油天然气集团公司执行董事

2015年2月

前　言

世界对油气资源的大量需求和勘探实践大大促进了油气地质学理论的发展，新的油气勘探理论的提出和应用又大大提高了油气勘探成效。背斜圈闭控藏理论的提出，指导人们在含油气盆地构造高部位发现了大量的油气藏，较之早期的依靠油气苗指导找油找气更加科学有效；源控油气理论提出后，人们集中力量在源灶中心周边的构造圈闭中寻找油气藏，成效更好，同时还在一些岩性地层圈闭中找到了大量的油气聚集；含油气系统理论将源控油气成藏和圈闭控油气成藏二者统一起来，更加科学地揭示了油气成藏规律，在指导油气勘探中显示出更大潜力。

自20世纪80年代在含油气盆地深坳区发现了大量深盆油气藏之后，圈闭控油气成藏理论在指导越来越复杂条件下的油气勘探中遇到了挑战。这些挑战主要体现在两个方面：一方面，圈闭控油气成藏作用主要发生在盆地中浅部，表现为浮力是主要运聚动力，成藏后显示出“高点汇聚、高位封盖、高孔富集、高压成藏”的四高特征，源岩层与油气藏彼此分离且含油气面积小；另一方面，深盆油气藏主要发生在盆地深坳区，表现为浮力对油气运聚成藏不起主导作用，成藏后显示出“低坳汇聚、低位倒置、低孔富集、低压稳定”的四低特征，源岩层与油气藏紧密相邻且含油气面积大。随着油气勘探的深入，目前又在含油气盆地发现了另一类更为复杂的油气藏，显示出“高点富油气与低点富油气共存、高压油气藏与低压油气藏共存、高产油气层与低产油气层共存、早成油气藏与晚成油气藏共存”等复合特征，表明浮力和非浮力对油气成藏都起到了重要作用。这类复杂的油气藏虽然都可以归入到一些国际组织（SPE、SPEE、AAPG、WPC）定义的连续油气藏（continuous-type deposit）之列，但它们是怎样形成的？与常规油气藏和深盆油气藏有何联系？如何预测它们的形成和分布？本书试图回答这些问题。

本书是作者近20年来，在国家973项目、国家自然科学基金项目、油田公司应用项目等资助下，从事非常规油气成藏机制与分布规律研究及其实际应用成效的系统总结。通过近20年深入而系统的研究，我们取得了一些进展，归纳起来主要有三点：

第一，认识到叠复连续油气藏是含油气盆地中局限流体动力场内油气赋存的一般形式，具有广泛的勘探前景。局限流体动力场位于含油气盆地自由流体动力场之下、束缚流体动力场之上，受浮力成藏下限和油气成藏底限两个动力学边界控制。叠复连续油气藏被称之为非常规油气藏是因为我们长期以来所进行的油气勘探主要局限于盆地的中浅层以及容易识别和容易开发的圈闭内聚集的油气藏。常规油气藏的形成和分布主要受浮力控制，显示出四高两小一分离的地质特征，因此容易识别和勘探。随着勘探深度和广度加大，人类自20世纪80年代开始在含油气盆地深坳区烃源岩层系内发现了广泛连续致密型油气藏。研究表明，这类油气藏在含油气盆地储层普遍致密的地层领域广泛发育，含油气面积可达数千、数万、甚至数十万平方公里，资源储量占到了含油气盆地内总资源量的75%以上，勘探前景广阔。随着科学技术的进步和常规油气田的不断被发现和开采，大规模勘探和开采非常规油气资源将会成为我们今后工作的常态。

第二，认识到叠复连续油气藏的形成与局限流体动力场演化过程中不同目的层段在不同阶段受不同动力作用形成的各类型油气藏的叠加复合作用有关。叠复连续油气藏是同一源岩层系控制的不同目的层段在不同时期形成的不同类型的油气藏的叠加与复合，由致密常规油气藏、致密深盆油气藏、致密复合油气藏、改造型常规油气藏等构成，它们目前分布在浮力成藏下限和油气成藏底限两个动力学边界控制的局限流体动力场内，具有高点与低点富油气共存、高压与低压含油气层共存、早成与晚成油气藏共存以及无法基于单一成藏机制予以阐述的复杂地质特征。储层整体致密，孔隙度介于2%～12%，渗透率介于0.01～1mD，孔喉半径介于0.01～2μm，烃源岩热演化程度（R_o）介于1.1%～2.5%。

第三，研发了叠复连续油气藏分布预测与评价系列关键技术，并在中国塔里木盆地、哈萨克斯坦楚萨-雷苏盆地等应用取得显著成效。本书重点介绍了叠复连续油气藏成因理论和预测方法与技术用于指导哈萨克斯坦 Marsel 探区油气勘探并发现南哈气田的相关工作和成果，主要内容包括：基于 Marsel 探区油气地质条件分析，综合应用叠复连续油气藏成因模式预测出一个由四套含气目的层叠加复合而形成的、含气面积超过 $2500km^2$、可采资源储量高达 $1.5\times10^{12}m^3$ 的南哈大气田。基于地质类比、地震物探资料处理、钻探结果分析、测井资料重新解释等四种方法和技术，检测到了南哈大气田的存在。

全书由庞雄奇教授和廖勇高工负责策划设计，国家973项目办公室周子勇副教授和姜福杰副教授负责组织出版。各相关章节内容由哈萨克斯坦 Marsel 探区项目研究组负责编写。第一章由庞雄奇教授负责编写；第二章由白国平教授和庞雄奇教授负责编写；第三章由于福生副教授负责编写；第四章由林畅松教授负责编写；第五章由朱筱敏教授负责编写；第六章由陈践发教授和庞雄奇教授负责编写；第七章由姜福杰副教授和庞雄奇教授负责编写；第八章由庞雄奇教授负责编写，汪英勋研究助理参加；第九章由黄捍东教授负责编写；第十章由吴欣松副教授负责编写；第十一章由徐敬领讲师负责编写；第十二章由康永尚教授和姜福杰副教授负责编写；第十三章由庞雄奇教授负责编写，黄捍东教授、葛洪魁教授、吴欣松副教授、姜福杰副教授参加。全书最后由庞雄奇教授和廖勇高工审查修改定稿。

衷心感谢中科华康石油科技有限公司孙楷沣董事长、宁柱总裁等对我们工作的信任和支持，公司领导自始至终让我们参与了 Marsel 探区的油气勘探工作，包括技术咨询服务、矿权收购、科学研究、勘探部署等。没有公司领导对科学研究的重视和对国家973项目研究团队的信任，没有公司相关研究人员的热情参与和指导，我们的研究工作不可能取得快速进展。在项目的研究过程中，我们还得到了王涛老部长、贾承造院士、王铁冠院士、戴金星院士、童晓光院士、金之钧院士、李思田教授、查全衡教授级高工等专家的指导。中科华康石油科技有限公司的姜亮总裁、吴光大高级工程师、郭文强、陈思远、谷晓丹等一批专家学者也直接参与了项目研究并对我们的工作给予了具体指导。在项目完成过程中，中国石油大学（北京）和中国地质大学（北京）近百位研究生参加了研究工作，他们夜以继日地吃住在宾馆会战并按时完成相关任务，为在规定的时间内成功收购矿权赢得了时间，为南哈大气田的发现发挥了主力军的作用。在此，我谨代表项目组向他们表达衷心的感谢和敬意。

南哈叠复连续大气田是一个包含了常规气藏、非常规气藏、改造型气藏在内的复杂气田，虽然打了 77 口探井，几乎全都见到了天然气，最高产量超过百万立方米，但限于它的复杂性，目前还仅仅处于初始发现阶段，还有很多未知问题有待我们去深入探索。由于资料有限，且大多是 20 世纪 60～80 年代的老资料，品质较差，目前有些认识可能还很不全面，希望同行专家批评指正。希望本书的出版能够促进南哈大气田下一步的深化勘探，使之早日得到探明和开发，同时期盼它能对我国及世界类似复杂油气藏的勘探和开发起到启迪和参考作用。

著　者

2015 年 1 月

目 录

第一章 叠复连续油气藏成因机制和发育模式及预测方法

不受浮力控制且大面积分布的油气藏自20世纪80年代被发现后受到世界各国政府和学者的高度重视，国际SPE、SPEE、WPC等权威机构将其命名为连续油气藏(continuous-type deposit)，这类油气藏在美国的产量已占天然气总产量的三分之一，并还在稳定增长，展现出广阔的勘探前景。叠复连续油气藏是一种非常规油气藏，它们是如何形成的？为什么内部高压油气层与低压油气层共存、早成油气藏与晚成油气藏共存、富油气区与含水区共存？这些问题长期以来困扰着国内外专家学者。本书的研究结果表明：叠复连续油气藏发育于含油气盆地浮力成藏下限和油气成藏底限之间的局限流体动力场内，资源潜力大；叠复连续油气藏是局限流体动力场形成演化过程中不同阶段、不同动力机制形成的致密常规油气藏、致密深盆油气藏、致密复合油气藏等在时空上叠加复合而成，纵向上紧邻有效烃源岩层系分布；叠复连续油气藏内油气富集程度差异大，平面上受同一目的层段近源-优相-低势复合区控制。本书基于对三种致密油气藏成因机制与主控因素的揭示，建立了局限流体动力场内多要素组合控制叠复连续油气藏形成和分布发育模式并研发了预测方法和评价技术，列举了实际应用。

第一节 连续油气藏研究中的科学问题与研究思路

一、科学问题

近30年来，油气勘探领域最大进展之一是在盆地深拗区或斜坡带发现了一种成片分布、储量规模巨大的致密油气藏，这类油气藏的主要特征除了它们分布在构造深拗区，不受浮力控制外，还有储油气层普遍致密、含油气范围广泛连续成片分布(邹才能等，2009b)。图1-1-1是北美目前已发现相关油气的盆地分布概况，它们几乎在一些主要的含油气盆地都有分布，储层孔隙度<12%、含油气范围有的高达数十万平方公里。加拿大仅阿尔伯达盆地Elmworth一套目的层系被证实致密砂岩气可采地质储量达$4.8\times10^{12}m^3$；美国证实致密砂岩气可采地质储量达$1.42\times10^{12}m^3$；美国致密连续天然气藏产量目前约占全国总产气量的三分之一，这种趋势还将长期延续下去(图1-1-2)，反映了这类油气资源在现代油气工业中的重要意义。

不同学者对这类不受构造控制的油气藏的成因进行研究后给出了不同的概念术语，诸如深盆油气藏(Masters，1979；Law et al.，1980；Masters，1984；Law et al.，1985；金之钧等，2003；庞雄奇等，2003)、向斜油气藏(戴金星，1983；陈刚，1988；沈守文

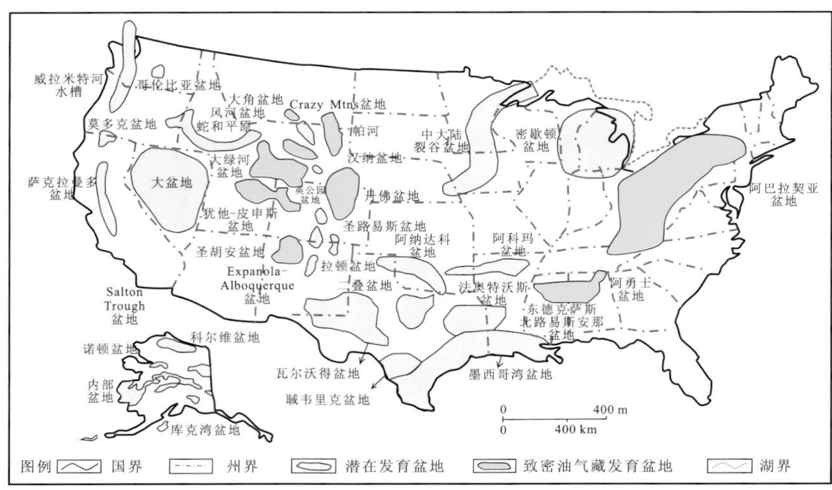

(a) 美国发育致密连续油气藏的盆地分布(Law, 2002, 修改)

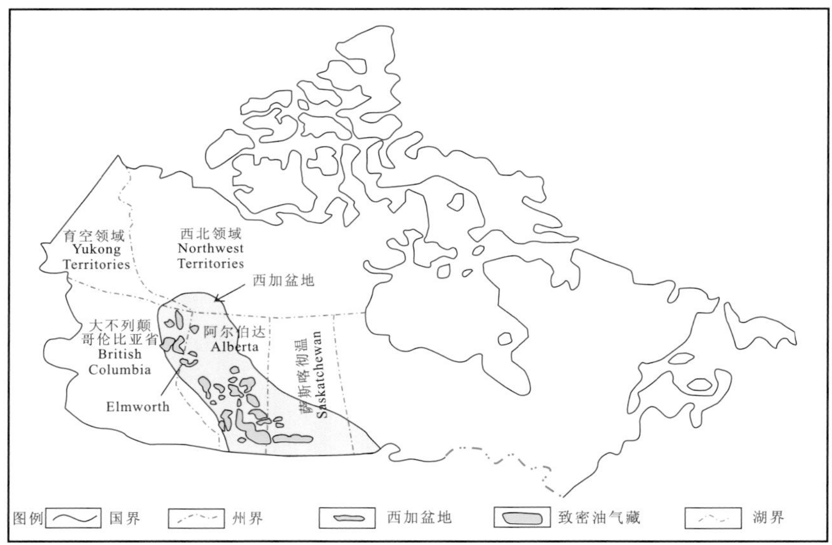

(b) 加拿大发育致密连续油气藏盆地分布 (Masters, 1984, 修改)

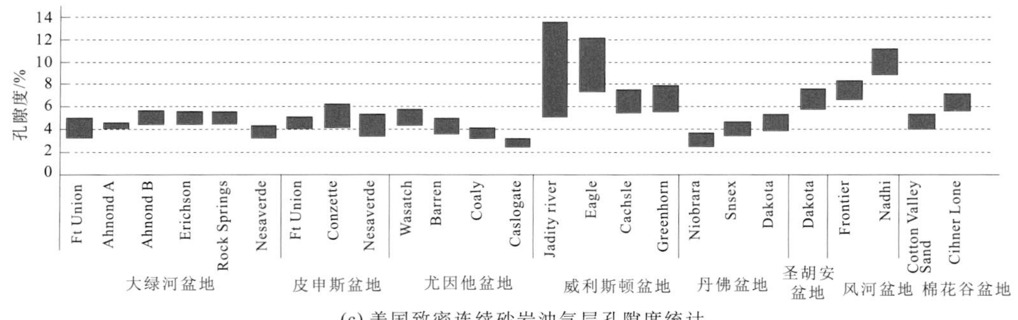

(c) 美国致密连续砂岩油气层孔隙度统计

图 1-1-1　北美致密连续油气藏分布发育特征

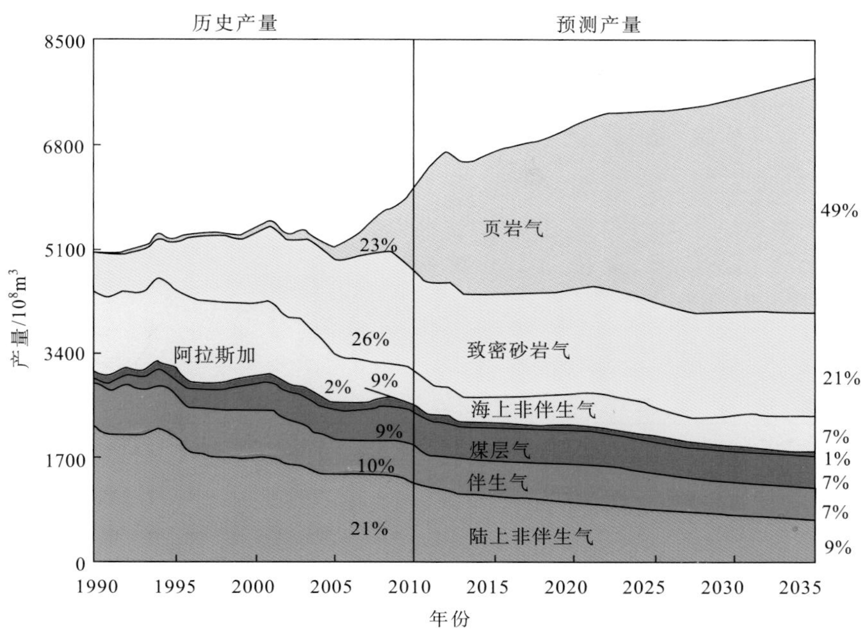

图 1-1-2 美国致密连续天然气产量变化特征(EIA，2014)

等，2000；吴河勇等，2007)、致密砂岩油气藏(Walls et al.，1982；Spencer et al.，1986；Spencer，1989；Jiao et al.，1994)、连续油气藏(Schmoker ，1995；Schmoker et al.，1996；Schmoker，2002；邹才能等，2009a；戴金星等，2012)、盆地中心油气藏(Rose et al.，1984；Law ，2002；陈建渝等，2003；成先海，2004)、根缘油气藏(张金川等，2005)等。由于这类油气藏能够被大规模经济开采且资源潜力巨大，因而日益受到各国政府和学者的关注(胡文瑞，2010，2012，2013；贾承造等，2012；戴金星等，2012；邱中建等，2012)，国际上一些权威机构，包括 SPE、SPEE、AAPG、WPC 等也于 2007 年联合发布相关术语，将它们笼统地称为连续油气藏。图 1-1-3 是这类油气藏分布概念模型及其与常规油气藏的区别。连续致密油气藏的最大特征是它们致密连续分布且表观上不受浮力控制。为什么这类油气藏的形成和分布不受浮力控制？它们为什么能够如此广泛分布？为什么这类油气藏既不能用浮力成藏机制也不能完全用非浮力成藏机制解释？如何预测它们的形成和分布并有效地开展勘探？这些问题长期以来一直在困扰着油气勘探工作者们。本书在国家 973 项目和国家重点基金项目的资助下，针对上述科学问题展开研究，期望为连续油气藏分布预测与定量评价提供新的方法途径。

二、研究思路

本书的思路是从油气运聚成藏与分布发育的地质门限研究出发揭示连续致密油气藏的形成和分布规律。油气成藏与分布发育门限系指油气藏形成和分布的临界地质条件，本书主要从三个层面展开研究。首先，在含油气盆地内开展油气运聚门限控藏研究，划

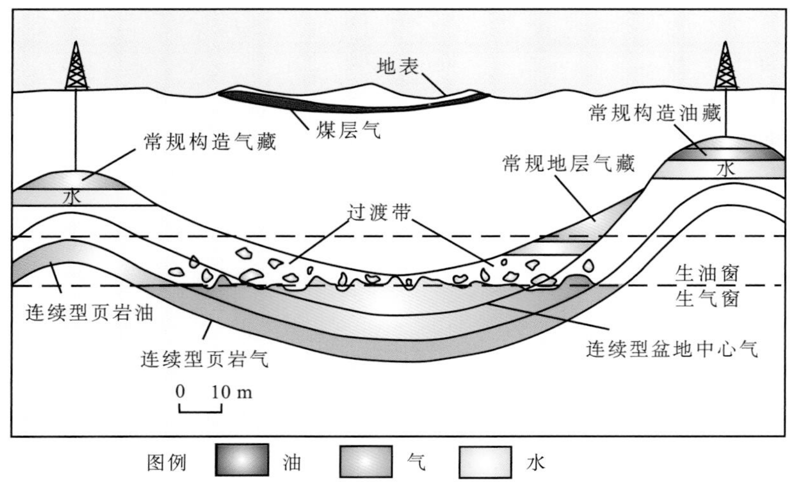

图 1-1-3 含油气盆地中致密连续油气藏分布发育特征(据 Schenk and Pollastro，2001)

分出不同的流体动力场，预测和评价形成叠复连续油气藏的有利领域；然后，在有利领域内开展关键要素控藏门限研究，根据主控因素控藏临界条件的时空组合预测和评价有利成藏区带；最后，在有利成藏区带内开展油气富集机制与富集门限研究，根据油气来源-运聚集动力-富集岩体时空组合规律预测有利富油气甜点目标(庞雄奇，2014)。通过从大到小、由外而内三个层次的研究，逐步缩小勘探靶区并接近最终目标。技术思路如图 1-1-4 所示。

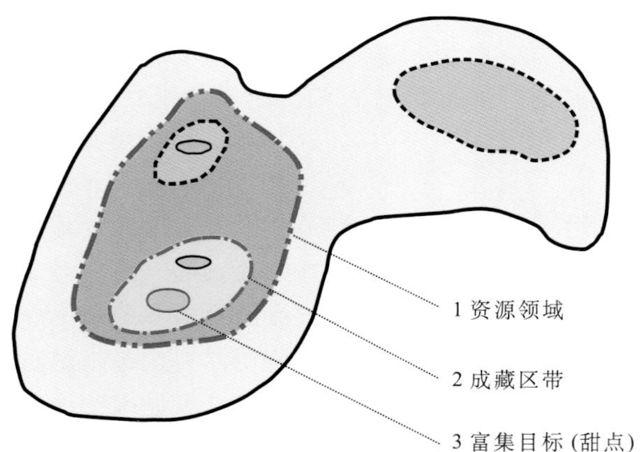

图 1-1-4 叠复连续油气藏分布预测研究的技术思路

三、技术路线

采用两条不同的技术路线研究勘探程度较高、盆地已发现的叠复连续油气藏的成因机制和分布模式。首先，通过剖析已发现的叠复连续致密油气藏的地质特征和主控因素，反演它们的成因机制并总结发育模式；然后，通过研究含油气盆地的发育历史，搞清油气成藏条件的变化和匹配关系，正演油气成藏过程特征与发育模式，将正演和反演的结果相互比较和印证，总结致密连续油气藏发育模式和分布规律，指导勘探程度较低和地质条件复杂的盆地的非常规油气勘探。技术路线如图 1-1-5 所示。

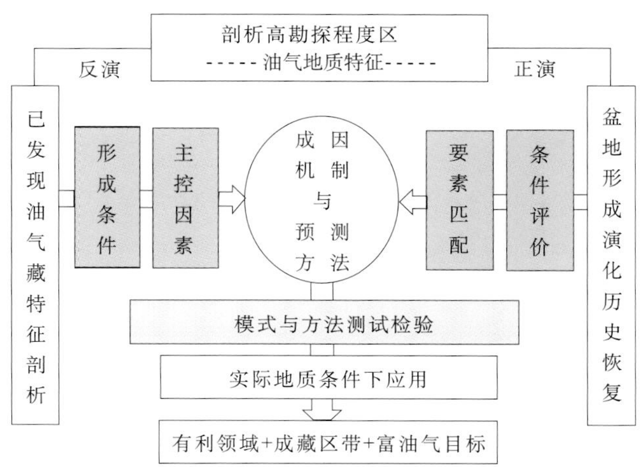

图 1-1-5 叠复连续油气藏成因机制与预测方法研究技术路线

第二节 叠复连续油气藏基本概念与地质特征

叠复连续油气藏系指广泛分布于含油气盆地、成片成带连续出现且不受浮力控制的非常规油气藏，通常与烃源岩层系共生，含油气目的层段整体致密；多见于旋回性沉积发育且构造演化较为稳定的含油气盆地。这类油气藏的形成和分布既不能用经典的浮力成藏机制予以阐述，也不能完全用非浮力成藏机制予以阐述(图 1-2-1)。

这里将它们称之为叠复连续油气藏，一是强调它们纵向上由多套含油气目的层段构成、平面上连续成片；二是强调它们在地史时期由不同阶段、不同来源、不同动力机制形成的不同类型致密油气藏的叠加复合；三是不特别强调“非常规”和“致密”，主要因为叠复连续油气藏虽然整体致密，但它们在形成之后的演化过程中，由于构造变动的调整、储层致密性可能受到破坏，局部出现受浮力控制的改造型常规油气藏，另外“非常规”是一个相对于已发现的圈闭类油气藏的概念术语，随着社会对油气资源需求量的加大和发现常规油气藏减少，叠复连续油气藏的勘探和开发将变为我们今后工作的常态。

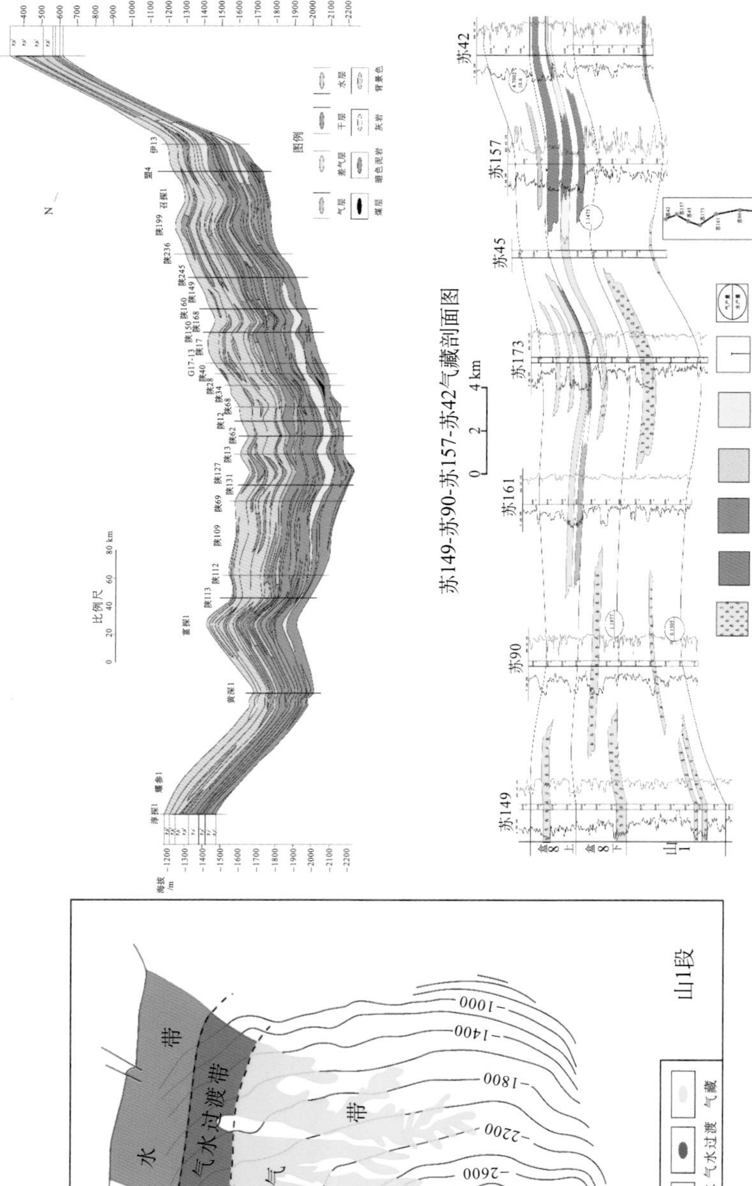

图 1-2-1　鄂尔多斯盆地上古生界叠复连续气藏平面和剖面分布特征

一、储层普遍致密且构造高点富油气与构造低点富油气共存

叠复连续油气藏与完全受构造隆起控制的常规油气藏和完全受构造低凹区控制的深盆油气藏不同，它们既在构造高部位富油气，也在构造低部位富油气。图 1-2-2 是中国松辽盆地扶扬油层致密油分布发育情况，扶扬油层储层普遍致密，宏观背景上，油主要富集于烃源岩发育范围内。在这一范围内，构造高部位和构造低部位的致密储层内都富集了油气（吴河勇等，2007；冯志强等，2011）。中国鄂尔多斯盆地上古生界发现的山 1 段、山 2 段、盒 8 段发育叠复连续致密气藏。从宏观上看，含气目的层与有效源岩层紧密相邻并分布在有效烃源岩层发育范围内，它们在埋深超过某一临界深度后储层普遍致密，储层孔隙度<12%、渗透率<1mD、孔喉半径<2μm。在含油气范围内，叠复连续油气藏既在局部构造高部位富集油气，也在构造低洼区富集油气，高部位和低部位含气层连续且明显不受浮力控制（王涛，2001；杨华等，2012，2013）。四川盆地川西拗陷须家河组致密气藏也都具有这样的特征，在含气范围内的构造高部位和构造低部位都聚集油气，平面上连续分布（杨克明和庞雄奇，2012）。

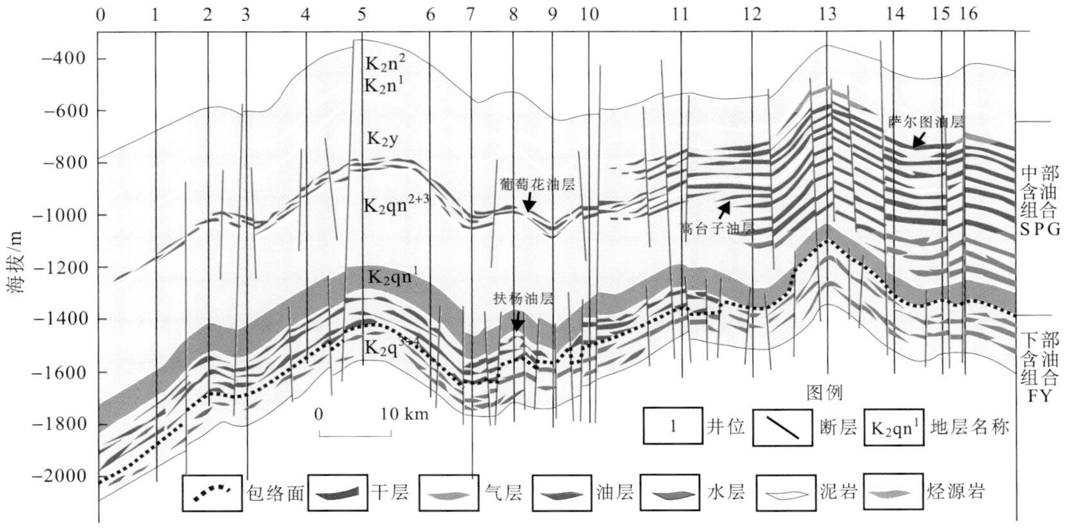

图 1-2-2 松辽盆地叠复连续油藏分布发育特征（冯志强等，2011）

二、含油气面积分布广且产能复杂多变

叠复连续油气藏在含油气盆地出现时，往往具有广泛连续、成片成带分布特征，分布面积可达几万到几十万平方公里。在这一范围内，探井内各目的层段的油气产能因地

而异，复杂多变。鄂尔多斯盆地上古生界的山 1 段、山 2 段和盒 8 段形成了大面积分布的致密气藏，含气范围都超过 $10^5 km^2$。川西拗陷的须家河组也广泛发育致密油气藏，新场油气田、什邡油气田、马井油气田、新都油气田、洛带油气田发育在这一地区，它们之间没有明显的含水边界，总体含气面积在数千平方公里之上（图 1-2-3）。在同一含油气区的同一目的层内的产能变化差异也大，有的日产高达几十万立方米，有的只有几千立方米，有的仅见油气显示，还有的只是干层。川西拗陷须家河组致密气藏高产井、低产井、气流井、干井、水井所占比率分别为 12.9%、50.5%、27.3%、6.5%、17.4%。研究表明，连续油气藏油气的富集程度和探井产能受众多因素影响。川西拗陷须家河组须 4 段含气层厚度变化与构造背景条件有关，目的层段产能变化与埋深和构造位置有关，也与储层孔隙度和裂缝发育程度有关，同时还与储层的含油气饱和度有关（杨克明和朱宏权，2013）。

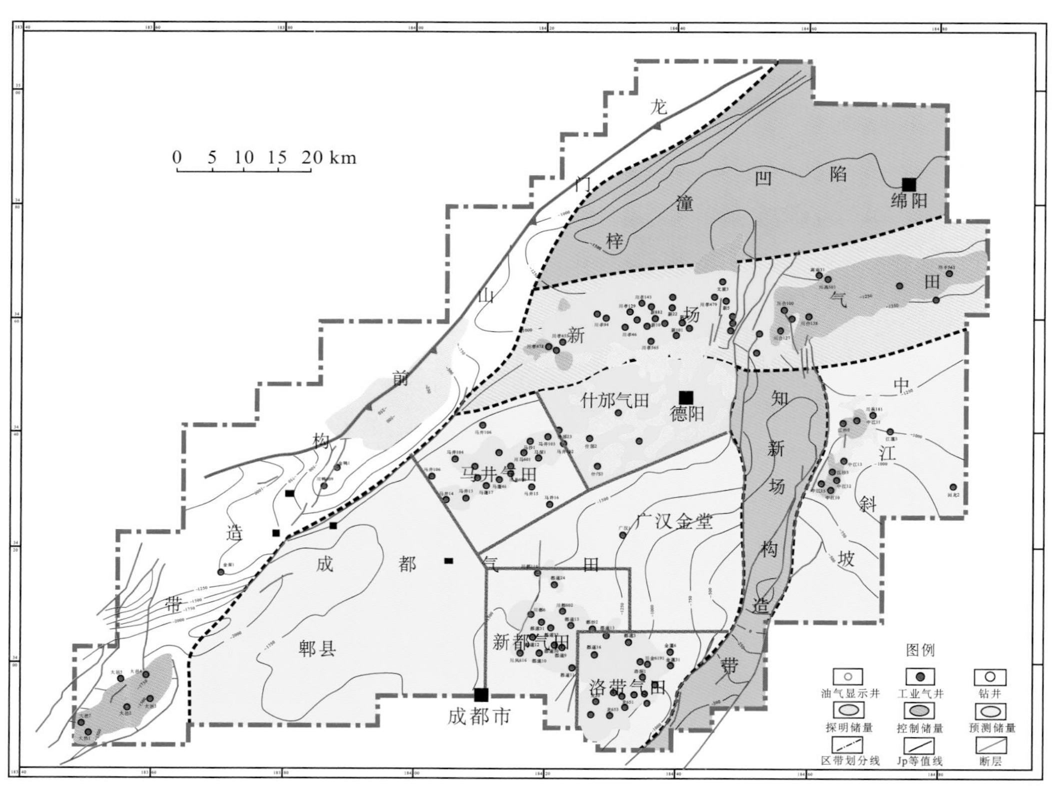

图 1-2-3　四川盆地川西拗陷叠复连续气藏平面分布特征

三、纵向上在源岩层系内发育多目的层段且高压油气层与低压油气层共存

叠复连续油气藏纵向上往往存在多套目的层段，发育于源岩层系内或紧邻源岩层分

布，平面分布范围也受烃源岩层排油气范围的控制。图 1-2-4 是鄂尔多斯盆地石炭系和二叠系源岩层系内几套主要的目的层段纵向发育特征，这些目的层段的厚度差别大，连续性差异也很大。对某一确定的含油气层段，有的比较薄，分布范围局限；有的厚度较大，分布范围较广。对于一套烃源岩层系内发育的多套目的层而言，它们的累积厚度大，在平面上叠复连片广泛分布，面积可达数万平方公里以上。

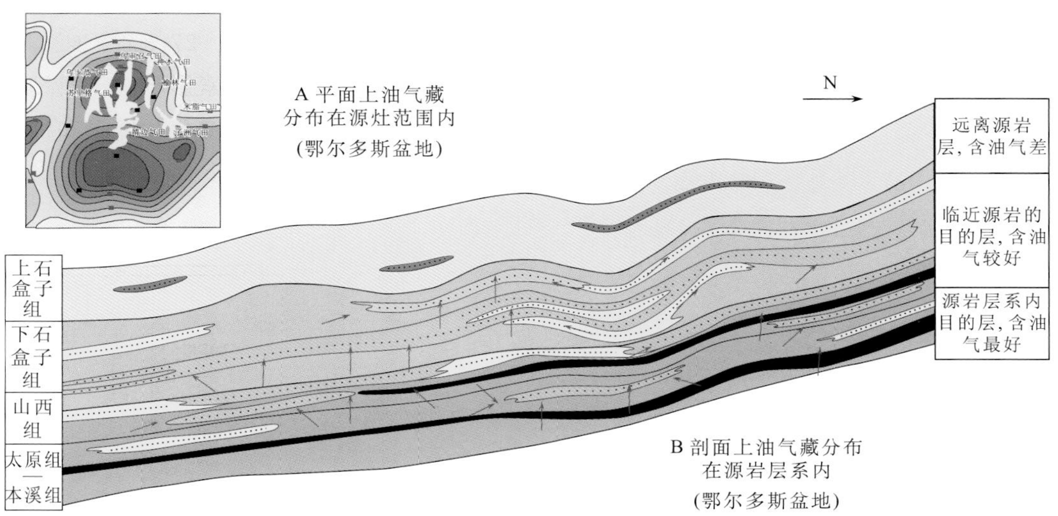

图 1-2-4 叠复连续油气藏内多目的层段分布发育特征及其与烃源岩层系的关联性

多目的层段叠加复合形成的连续油气藏显示出来的另一个特征是高压含油气层段和低压含油气层段在同一个含油气区带内出现，甚至同一个含油气层位在不同井点显现出不同的压力特征。图 1-2-5 是国外几个典型致密连续气藏的压力特征，有低压含油气层、高压含油气层及高压和低压含油气层共存，其变化视地质条件而异。

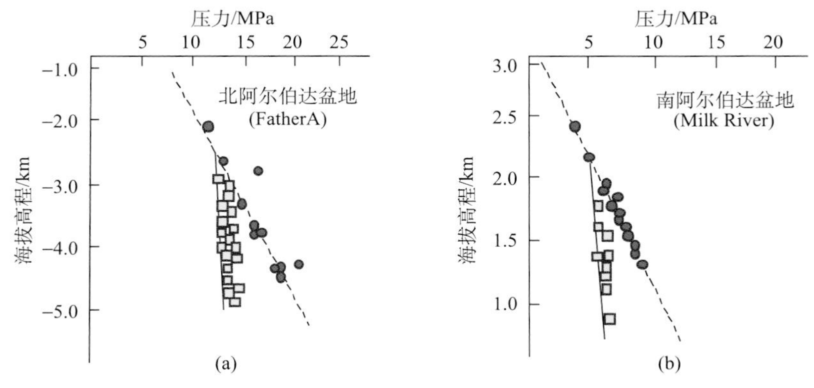

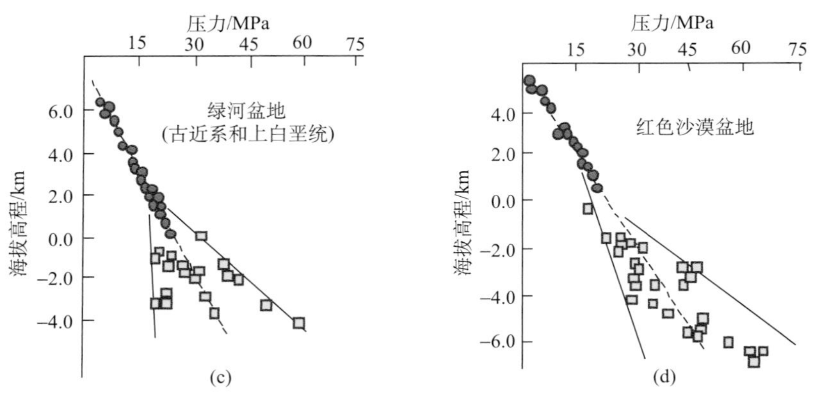

图 1-2-5　世界上几个典型连续油气藏压力分布特征

图 1-2-6 是鄂尔多斯盆地和四川盆地连续气藏的压力测试结果。可以看出，有的含气目的层表现为常压，有的显示为低压，还有的表现为异常高压，反映了各自成因机制与演化历程的差异性。压力的高低与油气成藏的动力机制有关，也与油气充注阶段和充注数量有关。叠复连续油气藏内部压力变化大反映了同一源岩层系控制下不同目的层段油气成藏条件的差异性和复杂性(马新华等，2002)。

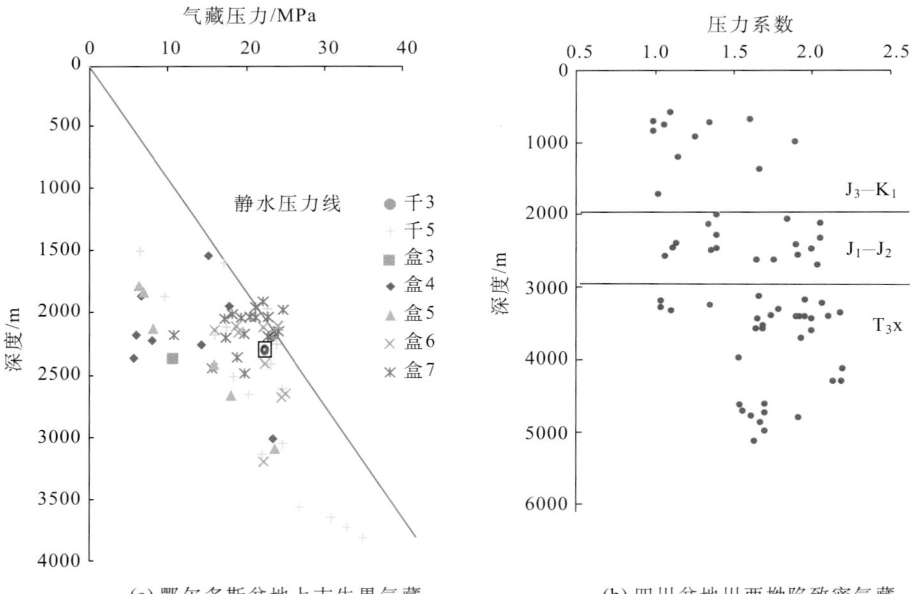

(a) 鄂尔多斯盆地上古生界气藏　　(b) 四川盆地川西拗陷致密气藏

图 1-2-6　致密连续油气藏压力分布与变化特征

四、资源储量大但油气水分布关系复杂

叠复连续油气藏因分布面积大，资源储量规模往往也大，但其内部油气水分布关系非常复杂，见不到常规油气藏内气在上、水在下、油居中的明显分离现象(图 1-1-3)。这一特征表明，连续油气藏的勘探和开发较常规油气藏和非常规深盆油气藏复杂。例如，鄂尔多斯盆地苏里格庙含气区盒 8 段在西北方向产水井较多、产出水量较大；随着向东南方向转移，产气井数增多，同时产气量也增大。它们似乎展示出一种潜在的规律性，但从众多的影响因素分析，主控因素并不清楚(图 1-2-7)。图 1-2-8(a)是四川盆地

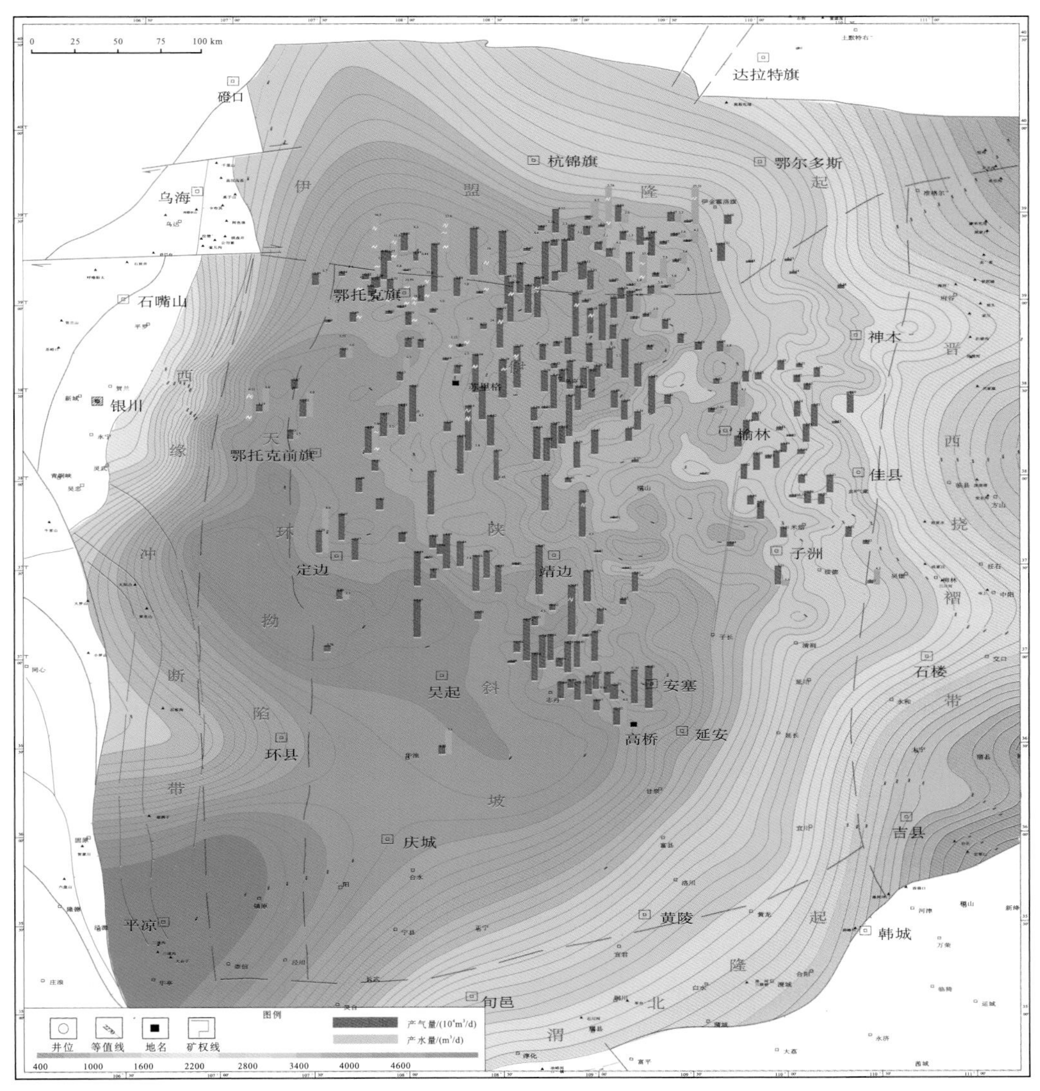

图 1-2-7 鄂尔多斯盆地上古生界叠复连续致密气藏产气水分布特征

川西拗陷依据测井资料解释出来的含气层和含水层的分布情况，埋深较浅的上段含水层最多、埋深较大的下段产水层数次之、埋深居中的中段最少，这种情况很难基于某一种成藏机制予以解释。图 1-2-8(b)和图 1-2-8(c)是基于测试结果确定的川西拗陷含气层段和含水层段的数量和产量，它们反映的情况相似。

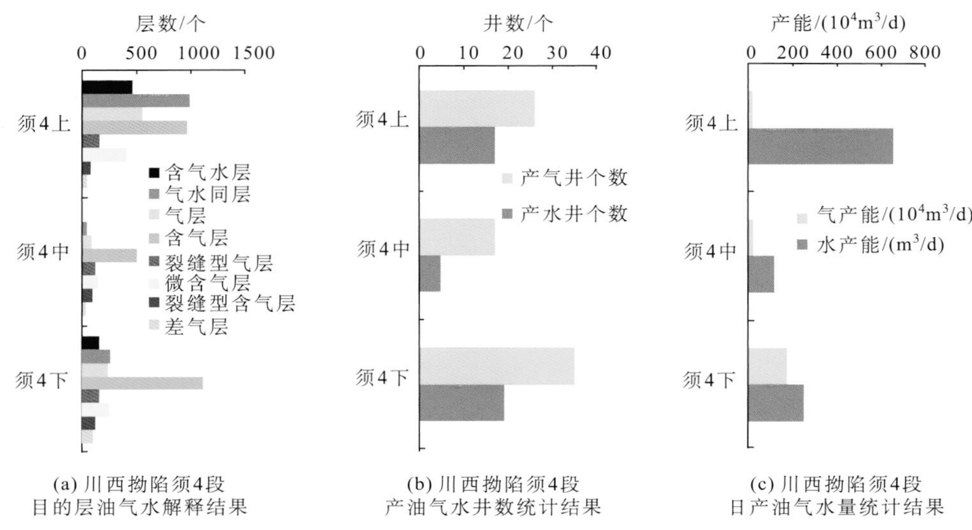

图 1-2-8　四川盆地川西拗陷须家河组叠复连续气藏目的层产气水特征与分布

第三节　叠复连续油气藏形成的动力学机制

叠复连续油气藏复杂的地质特征是由其成因机制决定的，揭示它们的成因机制对预测它们的形成和分布具有重要意义。研究发现，浮力成藏下限和油气成藏底限在宏观上控制着叠复连续油气藏在含油气盆地的形成和分布，决定着它们的成因特征。

一、浮力成藏下限

1. 浮力成藏下限的基本概念

浮力成藏下限是相对于浮力成藏作用(White，1885)而提出的一个新的地质概念，系指地层介质随着埋深增大、压实作用增强而使孔隙度降低、渗透率减少、孔喉半径变小到某一临界条件之后，浮力对油气运移成藏不再起主导作用的深度下限，通常用与埋藏深度对应的储层孔隙度、孔喉半径、渗透率等地质参数表征(图 1-3-1)。

浮力成藏作用阐明了地下油气在浮力作用下自盆地深部向浅部、自盆地中心向边部运移和聚集成藏的规律(柳广弟，2009)。总结前人的研究，浮力作用形成的常规油气藏的基本特征可概括为三个方面：高点汇聚、高位封盖、高孔富集、高压成藏；油气分布面积小、油气储量规模小；油气来源与油气藏分离(图 1-3-2)。较之浮力成藏下限更深

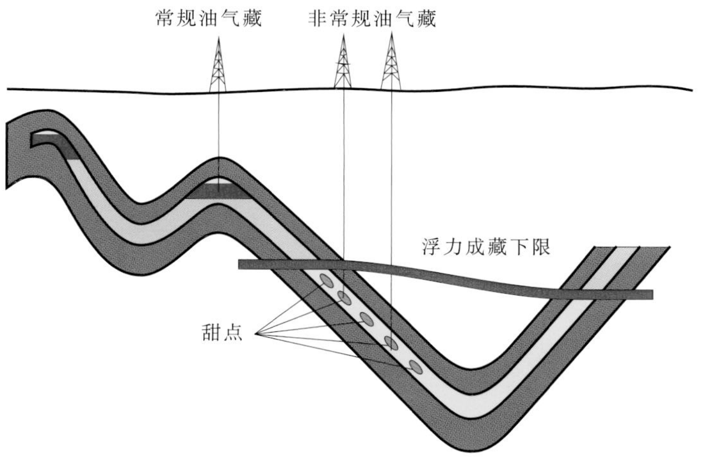

图 1-3-1 地质条件下浮力成藏下限概念模型（Hillis，2001，修改）

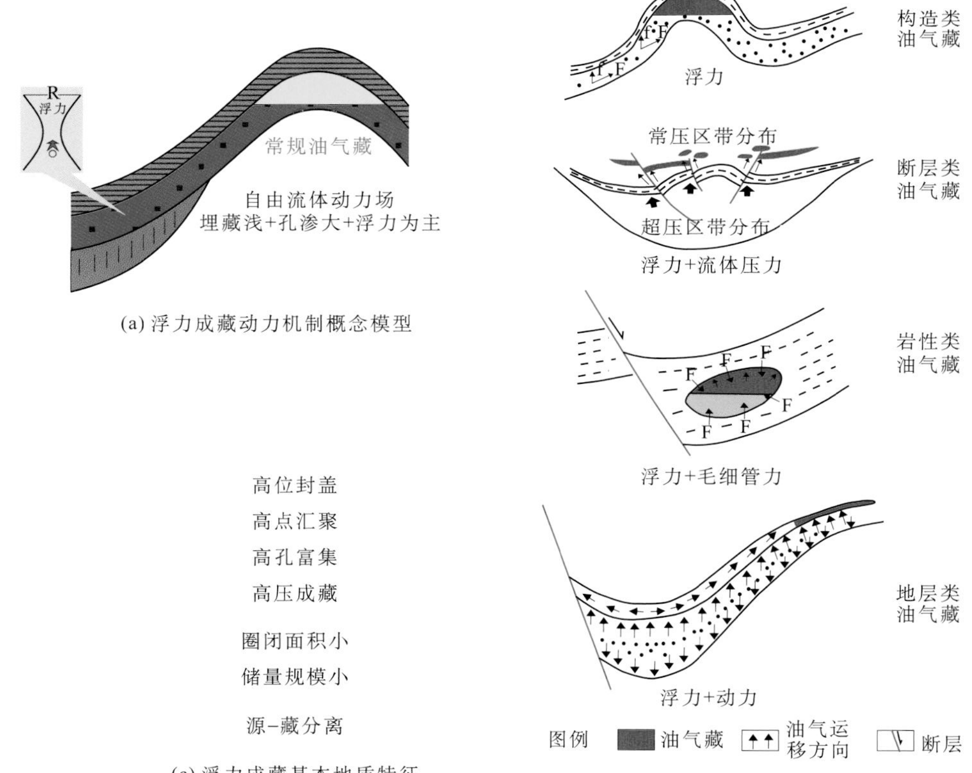

图 1-3-2 浮力作用下油气成藏机制及其基本地质特征

领域的油气成藏与分布不受浮力控制，致密深盆油气藏就是其中研究较多的一类（庞雄奇等，2013），它们最先在盆地深拗区致密储层中形成并在分子体积膨胀力作用下向周边不断扩大自身分布范围。总结前人的研究成果，致密深盆油气藏的基本地质特征也可概括为三个方面：低凹汇聚、低位倒置、低孔富集和低压稳定；油气分布面积大、资源储量规模大；油气源与油气藏紧密相邻（图 1-3-3）。浮力成藏下限是同一目的层内常规油气藏和致密深盆油气藏形成和分布的动力学边界。

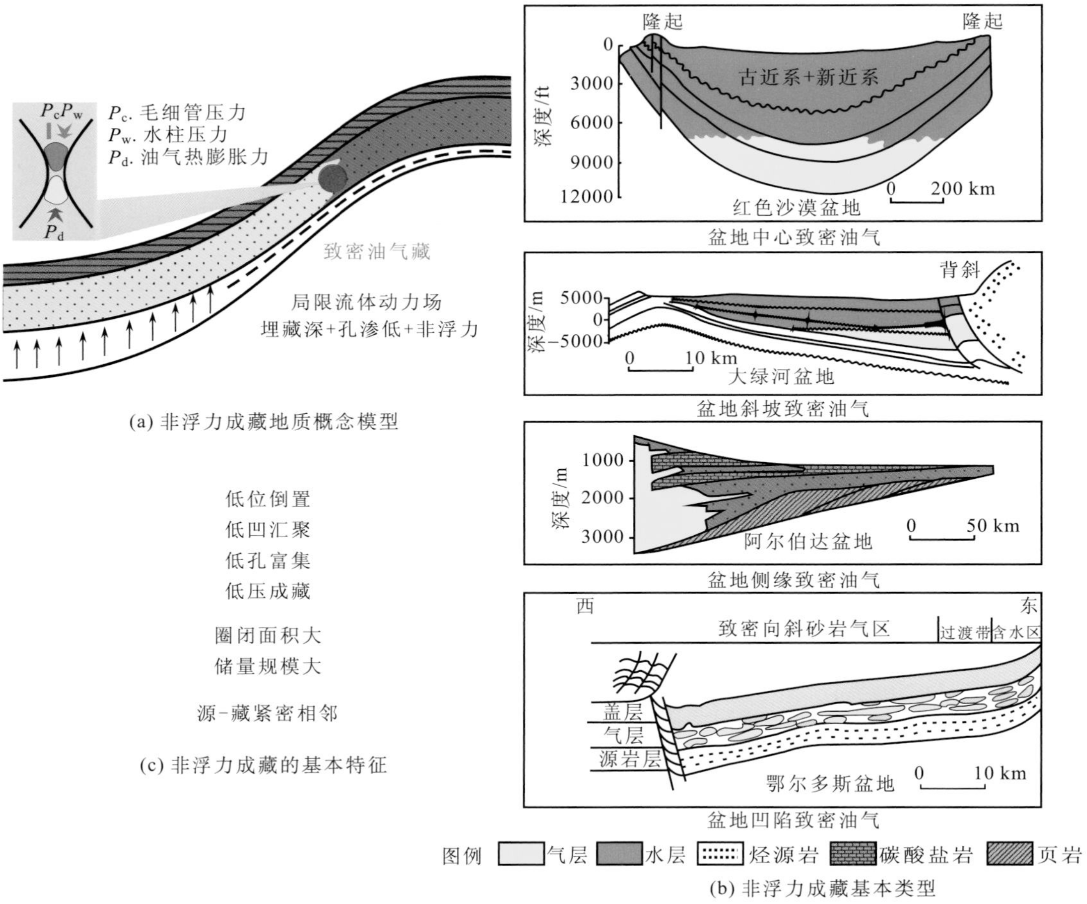

P_c. 毛细管压力
P_w. 水柱压力
P_d. 油气热膨胀力
致密油气藏
局限流体动力场
埋藏深+孔渗低+非浮力

(a) 非浮力成藏地质概念模型

低位倒置
低凹汇聚
低孔富集
低压成藏
圈闭面积大
储量规模大
源-藏紧密相邻

(c) 非浮力成藏的基本特征

盆地中心致密油气（红色沙漠盆地）
盆地斜坡致密油气（大绿河盆地）
盆地侧缘致密油气（阿尔伯达盆地）
盆地凹陷致密油气（鄂尔多斯盆地）

图例 气层 水层 烃源岩 碳酸盐岩 页岩

(b) 非浮力成藏基本类型

图 1-3-3 局限流体动力场非浮力成藏基本特征

2. 浮力成藏下限的成因机制

含油气盆地中浅部与深部的油气成因模式和分布规律有很大的不同，不同学者给出的成因解释不同。Master 认为浮力成藏下限是盆地内地层相对渗透率变化差异造成的（Masters，1979）；还有学者认为是成岩作用差异（Cant，1986）或断层封隔（Robert et al.，2004）或力平衡机制等地质条件造成的（Berkenpas，1991）。图 1-3-4 为不同学者关于深部致密油气藏不受浮力控制的机制解释。

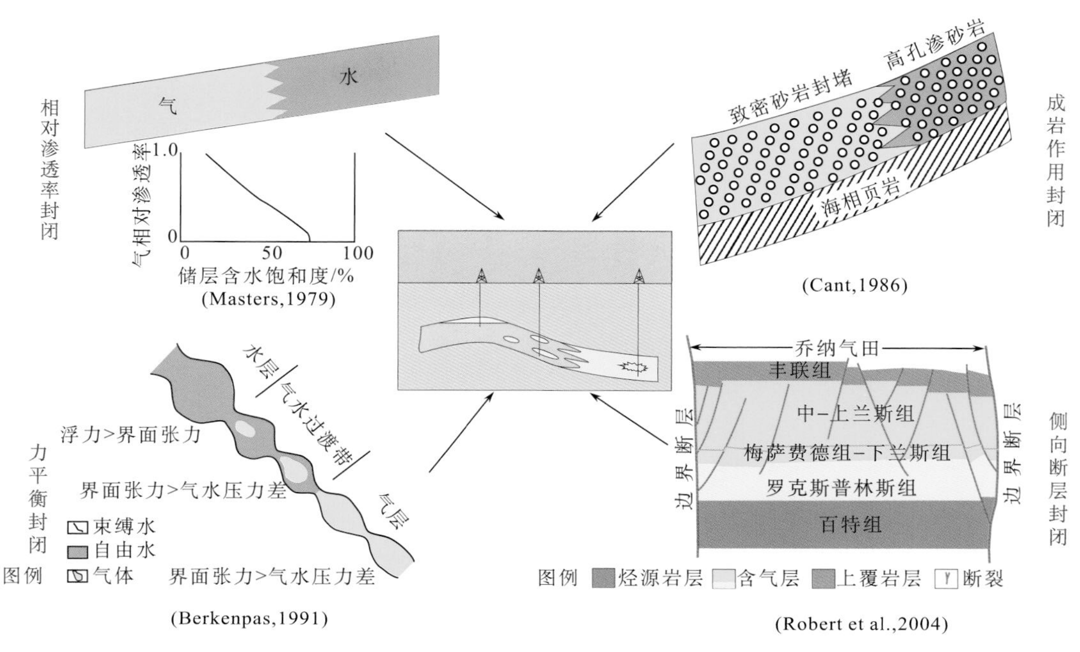

图 1-3-4 实际地质条件下浮力不起主导作用的机理解释

上述机制可以解释一些盆地内局部范围内的油气聚集不受浮力控制现象，但不能解释大范围的油气聚集不受浮力的控制。不同学者的物理模拟实验(庞雄奇等，2003)结果(图 1-3-5)表明，对于单一的玻璃管而言，当直径 $D<3.6$mm 或 $D<4.5$mm 且注满水时，如果将气和油从玻璃管下部注入，它们能够在底部聚集而不受浮力作用向上运移，表明存在气和油的浮力成藏下限；对于大玻璃管之中装填砂粒而言，当砂粒直径 $D<0.1$mm 或 $D<0.2$mm 且玻璃管内充满水时，如果自下向上充注气和油，它们能够在玻璃管柱下部的砂粒中聚集而不受浮力作用向上运移，同样表明存在气和油的浮力控制下限(Gies，1984；肖芝华等，2007)。

研究结果还表明，随砂粒粒径变小或玻璃管直径变小所伴随的毛细管力增大是浮力不再对油气运移起主导作用的根本原因。油气在地下向上运移的动力为分子膨胀力(P_e)，它与致密介质条件下遇到的毛细管阻力(P_c)和上覆静水柱压力(P_w)达成的平衡是浮力成藏下限存在的动力机制，概念模型与力平衡机制如图 1-3-6 所示。

3. 浮力成藏下限力平衡作用与定量表征

前面介绍的常温常压条件下的物理模拟实验证实了浮力成藏下限的存在，但它们得到的结果与实际地质条件有很大差别。一是含油气盆地实际地质条件下见到的浮力成藏下限对应的孔隙度≤12%、渗透率≤1mD、孔喉半径<2μm，而实验条件下的参数值远远大于这一数值，尤其是渗透率可以达到数千毫达西以上；二是含油气盆地见到的浮力成藏下限变化大，受多种因素影响，包括储层孔隙结构特征、流体的温度和压力条件等。为了分析这些问题，本书开展了改变孔喉半径、流体压力、砂粒粒径的物理模拟实

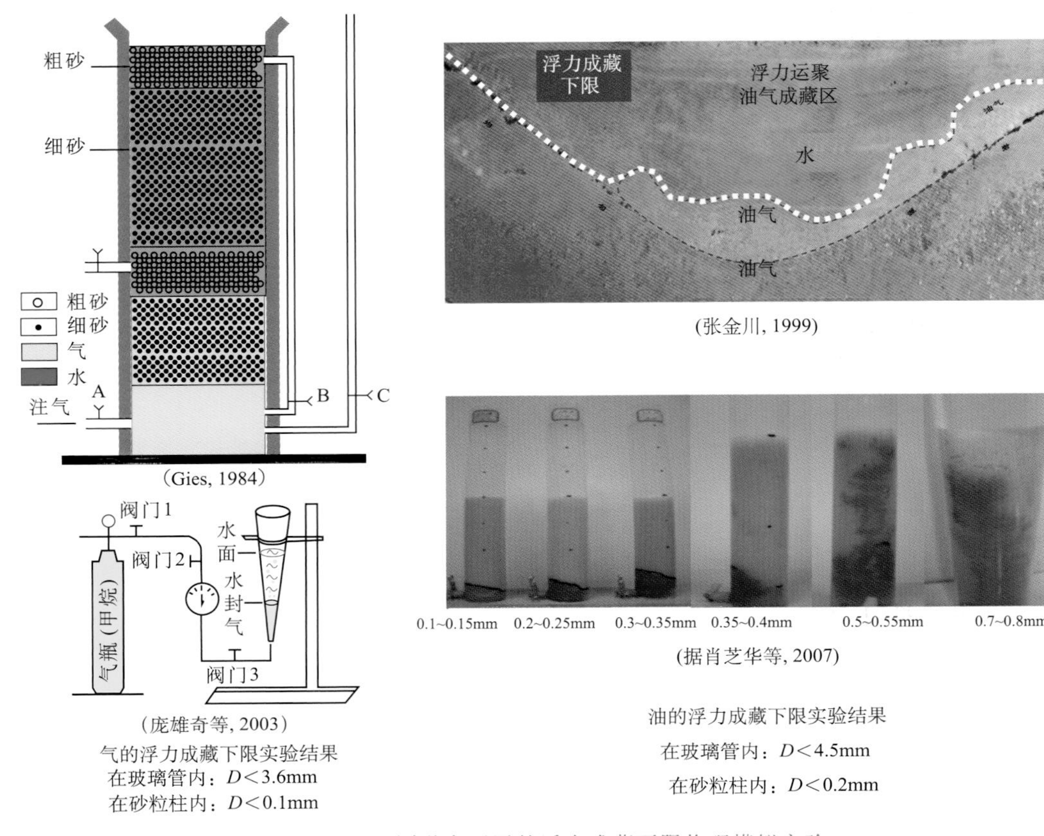

图 1-3-5　不同学者开展的浮力成藏下限物理模拟实验

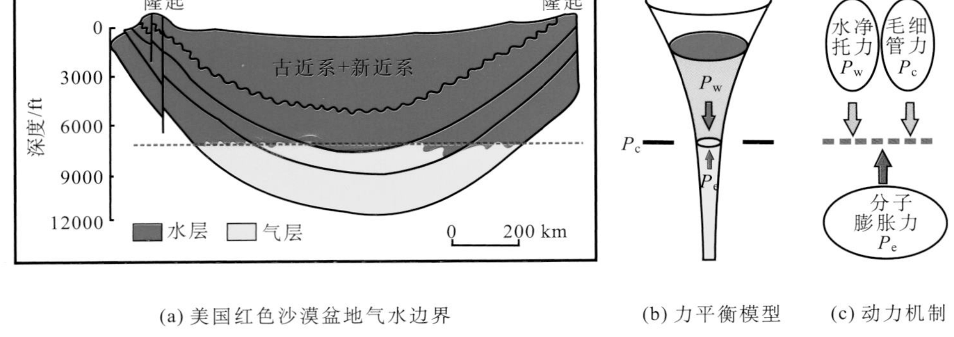

图 1-3-6　地质条件下浮力成藏下限概念模型

验(图 1-3-7、图 1-3-8)。对孔径细小且锥型状变化的玻璃管开展变压条件下的浮力成藏下限物理模拟实验前，先在玻璃管内装满水，然后自玻璃管下端孔径最小处缓慢注气，直到气水接触面不再因注入气量增加而改变为止，此时记录与气水接触面对应的上覆静水柱水压力(P_w)、分子膨胀力(P_e)、玻璃管毛细管阻力(P_c)[图 1-3-7(a)]；加大上覆水柱压力，气水接触面下降，继续向玻璃管内注气，直至找到新的气水平衡面为止，记下相关压力[图 1-3-7(b)]；如此反复进行，直到完成多组实验为止[图 1-3-7(c)]。对于孔径大且装填砂粒的玻璃管开展变压条件下的浮力成藏下限物理模拟实验，采用上列同样的实验步骤[图 1-3-8(a)、图 1-3-8(b)、图 1-3-8(c)]。结果表明，对于单一玻璃管而言，在水静压力增大、注气压力增大的情况下，浮力成藏下限对应的玻璃管孔喉半径减小，各次实验结果获得的 P_e、P_w 和 P_c 之和近似相等，相关系数超过 99%；对于玻璃管柱内的砂粒而言，在水静压力增大、注油气压力增大的情况下，浮力成藏下限对应的砂粒粒径减小，各次实验结果获得的 P_e、P_w 和 P_c 之和近似相等，相关系数超过 99%。这些说明，浮力成藏下限是上覆静水柱压力(P_w)、砂粒内部毛细管阻力(P_c)和油气藏内部分子膨胀力(P_e)三者平衡的结果。

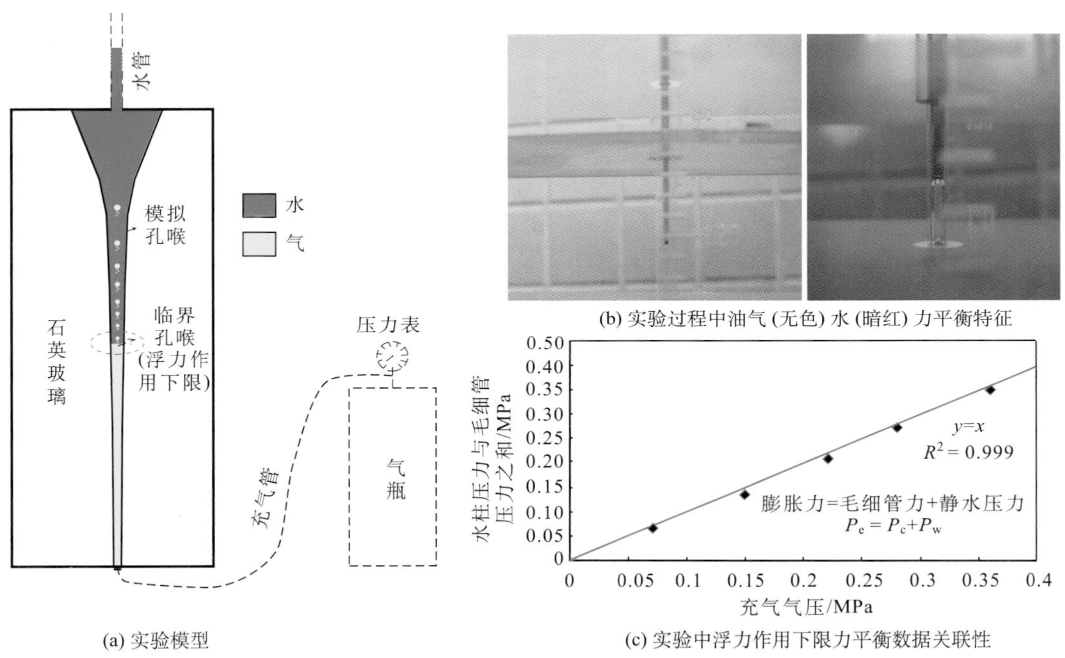

图 1-3-7 变压变喉道直径单一玻璃管浮力成藏下限物理模拟实验

含油气盆地深部致密介质中油气不受浮力控制的根本原因是岩石中的毛细管力与上覆水静压力之和大于油气藏内部的分子膨胀力。当油气藏内部的分子膨胀力大于二者之和时，浮力就会起主导作用，带动油气向上运移甚至散失。力平衡作用是浮力成藏下限形成的动力学机制，它们可用式(1-3-1)～式(1-3-6)表征。

$$P_e = P_w + P_c \tag{1-3-1}$$

对于油气藏内部压力(P_e)可表示为

$$P_{eg} = \frac{z\rho_g}{M_g}RT \times 1.01 \times 10^2 \tag{1-3-2}$$

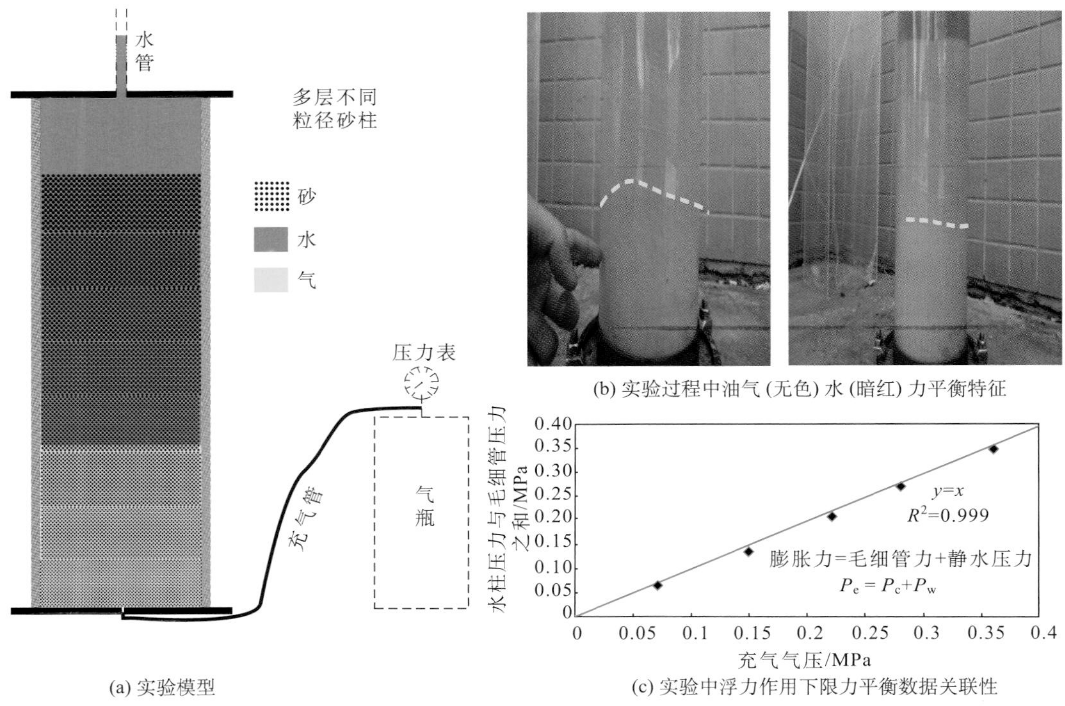

(a) 实验模型

(b) 实验过程中油气 (无色) 水 (暗红) 力平衡特征

(c) 实验中浮力作用下限力平衡数据关联性

图 1-3-8　变压变沙粒直径浮力作用下限物理模拟实验

$$P_{eo}=\frac{RT}{V-b}-\frac{a}{V^2}=\frac{\rho_o RT}{M_o-\rho_o b}-\frac{\rho_o^2 a}{M_o^2} \tag{1-3-3}$$

式中，P_{eg} 为气藏内部分子膨胀力，MPa；z 为气体的偏差系数(即压缩因子)，无量纲；R 为通用气体常数，0.008314MPa·m³/(kmol·K)；T 为天然气的绝对温度，K；M_g 为天然气摩尔质量，kg/kmol；ρ_g 为地层条件下天然气的密度，kg/m³；P_{eo} 为油藏内部分子膨胀力，MPa；ρ_o 为地层条件下石油密度，kg/m³；M_o 为石油摩尔质量，kg/kmol；a、b 为范德华常数。

对于油气藏之上的水静压力可表示为

$$P_w=\rho_w gh=\rho_w gf(r) \tag{1-3-4}$$

式中，P_w 为上覆水静压力，MPa；ρ_w 为地层水密度，kg/m³；h 为浮力作用下限的深度，10^{-3}m，可用孔喉半径 r 表征；g 为重力加速度，9.8m/s²。对于地下储层孔喉内油气的毛细管阻力(天然气 P_{cg}、油 P_{co})可表示为

$$P_{cg}=\frac{2\sigma_g\cos\theta}{\gamma} \tag{1-3-5}$$

$$P_{co}=\frac{2\sigma_o\cos\theta}{\gamma} \tag{1-3-6}$$

式中，σ_g 为气-水界面张力；σ_o 为油-水界面张力，N/m；γ 为有效孔喉半径，μm；θ 为润湿角。在实际地质条件下，油气藏压力、静水压力、毛细管力受多种因素的控制，

因此它们呈现出多种多样的变化。

4. 浮力成藏下限力平衡临界条件影响因素

浮力成藏下限力平衡方程中的每一个参数的改变都影响浮力成藏下限临界条件的改变。影响因素包括动力作用、流体物化特性、地层介质条件及盆地宏观构造环境四个方面。

三种动力作用对力平衡临界条件的影响：三种动力分别指油气藏内部分子膨胀力（P_e）、上覆水静压力（P_w）、储层介质内毛细管阻力（P_c），任何一种动力改变都将影响浮力成藏下限的变化。研究表明，水静压力随着埋藏深度线性增大，主要与上覆水柱高度和水密度有关；毛细管力随着埋藏深度增大呈现出指数趋势快速增大(图 1-3-9)，主要与储层介质的孔喉半径有关。毛细管力随深度的增加快速增大，导致了致密储层内浮力普遍不起主导作用，油气能够大面积富集成藏。

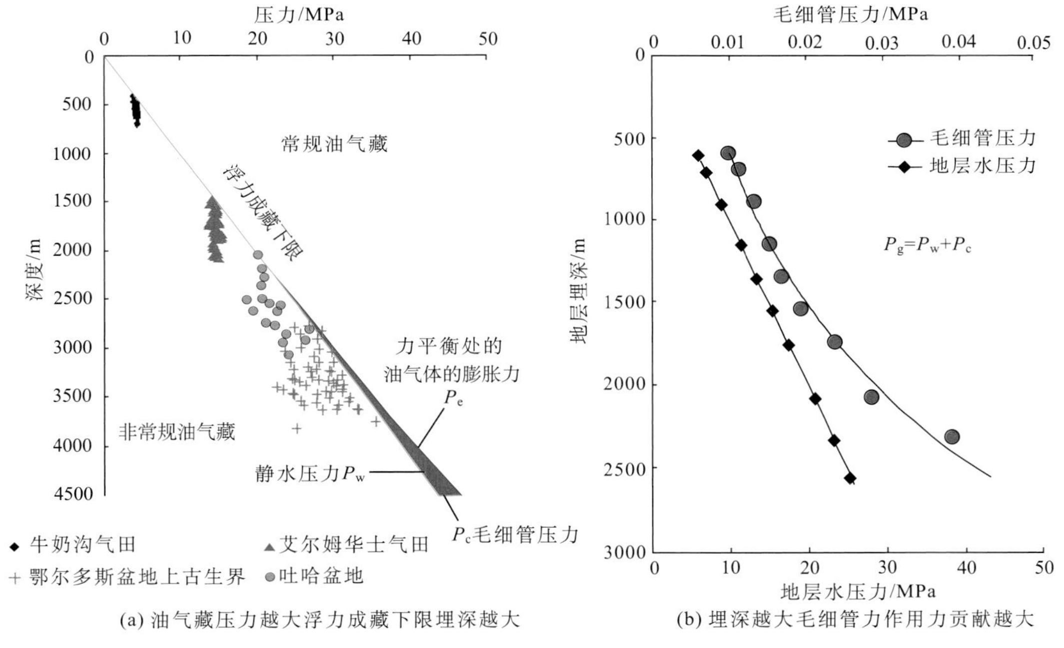

(a) 油气藏压力越大浮力成藏下限埋深越大　　(b) 埋深越大毛细管力作用力贡献越大

图 1-3-9　油气藏压力和毛细管作用力对浮力成藏下限力平衡边界影响

流体物化特性对力平衡临界条件的影响：主要是指油气水的界面张力、接触角、密度和温度等。研究表明，浮力成藏下限对应的介质孔喉半径随油气的密度、温度、界面张力的增大而减小，随接触角增大而增大(图 1-3-10)。

地层介质条件对力平衡临界条件的影响：主要是指储层的孔隙度、渗透率和孔喉半径，它们三者之间有很好的对应关系(图 1-3-11)。研究表明，含油气盆地浮力成藏下限一般与孔隙度≈12%、渗透率≈1mD、孔喉半径≈2μm 的地层临界条件对应，非浮力成藏作用主要发生在这一动力学边界以下更深部位的地层之中。油和气的流体特性存在差异，它们的浮力成藏下限也有所不同。在砂岩储层的粒级变化范围内（0.1～0.6mm），天然气的浮力成藏下限较液态石油的浅，但差别不大。天然气的浮力成藏下

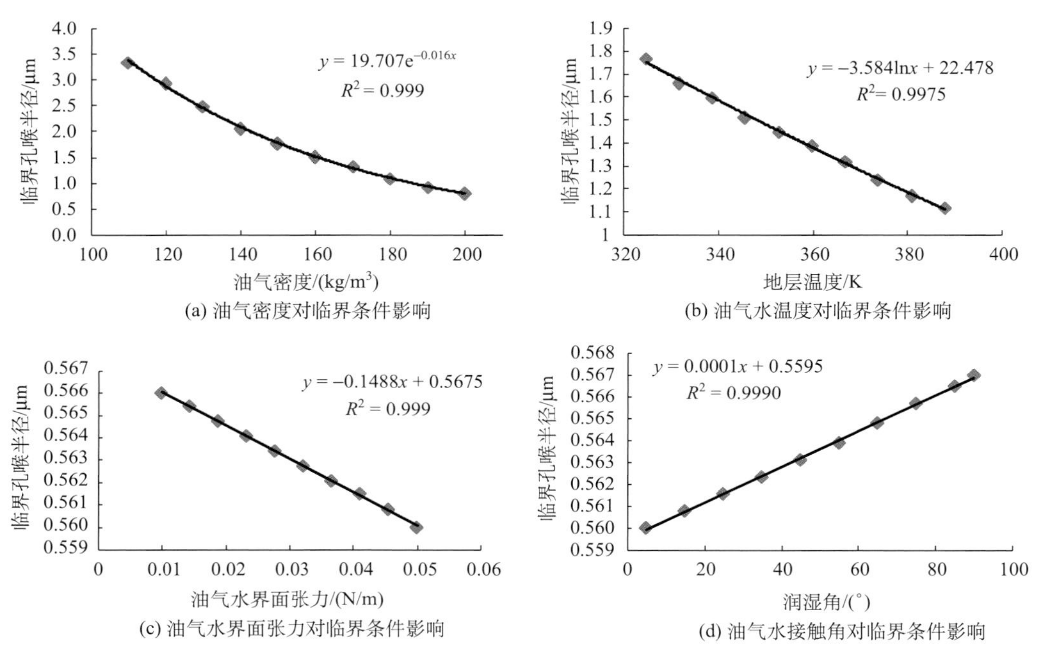

(a) 油气密度对临界条件影响　(b) 油气水温度对临界条件影响

(c) 油气水界面张力对临界条件影响　(d) 油气水接触角对临界条件影响

图 1-3-10　流体物性变化特征对浮力成藏下限力平衡边界影响

限对应的孔隙度变化为＜11％～12％，而石油成藏下限变化为＜10％～11％。天然气较石油在深部更不容易受浮力作用的主要原因是它的界面张力较石油的大。

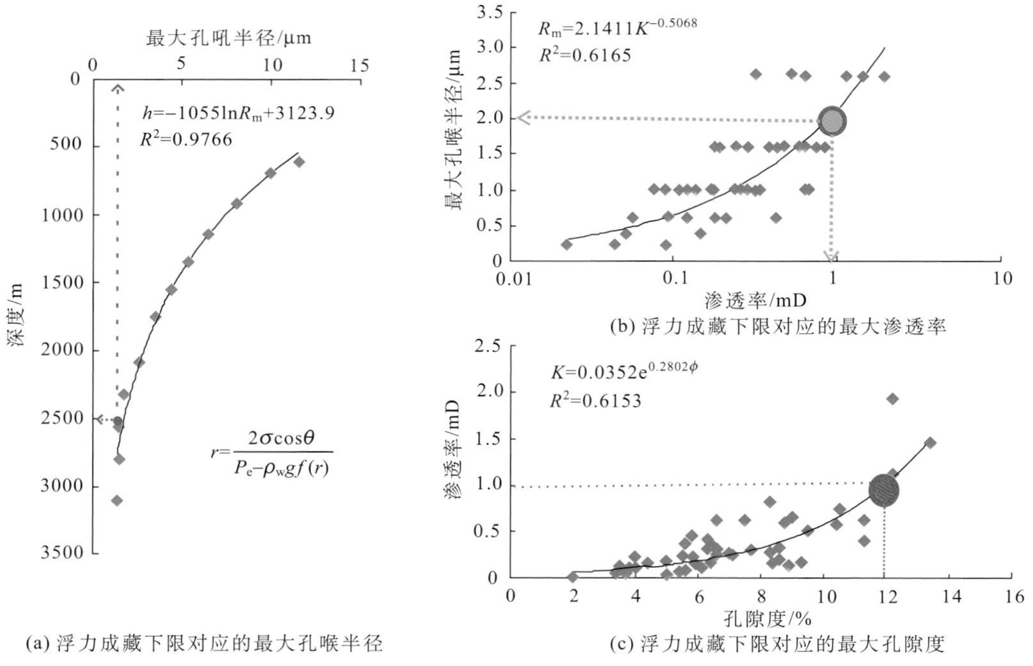

(a) 浮力成藏下限对应的最大孔喉半径　(b) 浮力成藏下限对应的最大渗透率　(c) 浮力成藏下限对应的最大孔隙度

图 1-3-11　储层介质条件对浮力成藏下限力平衡边界影响

5．实际地质条件下浮力成藏下限变化规律

实际地质条件下的浮力成藏下限是上列各种要素相互综合作用的结果，图 1-3-12 是模拟松辽盆地地质条件下砂岩储层在埋深过程中的浮力成藏下限力平衡边界变化特征。研究表明，砂粒粒径越粗，浮力成藏下限越深，对应的孔隙度越小，或渗透率越低或孔喉半径越小[图 1-3-12(a)]；当砂粒的分选变差时，浮力成藏下限力平衡边界对应的埋深变浅，或孔隙度减小、渗透率降低、孔喉半径变窄[图 1-3-12(b)]。

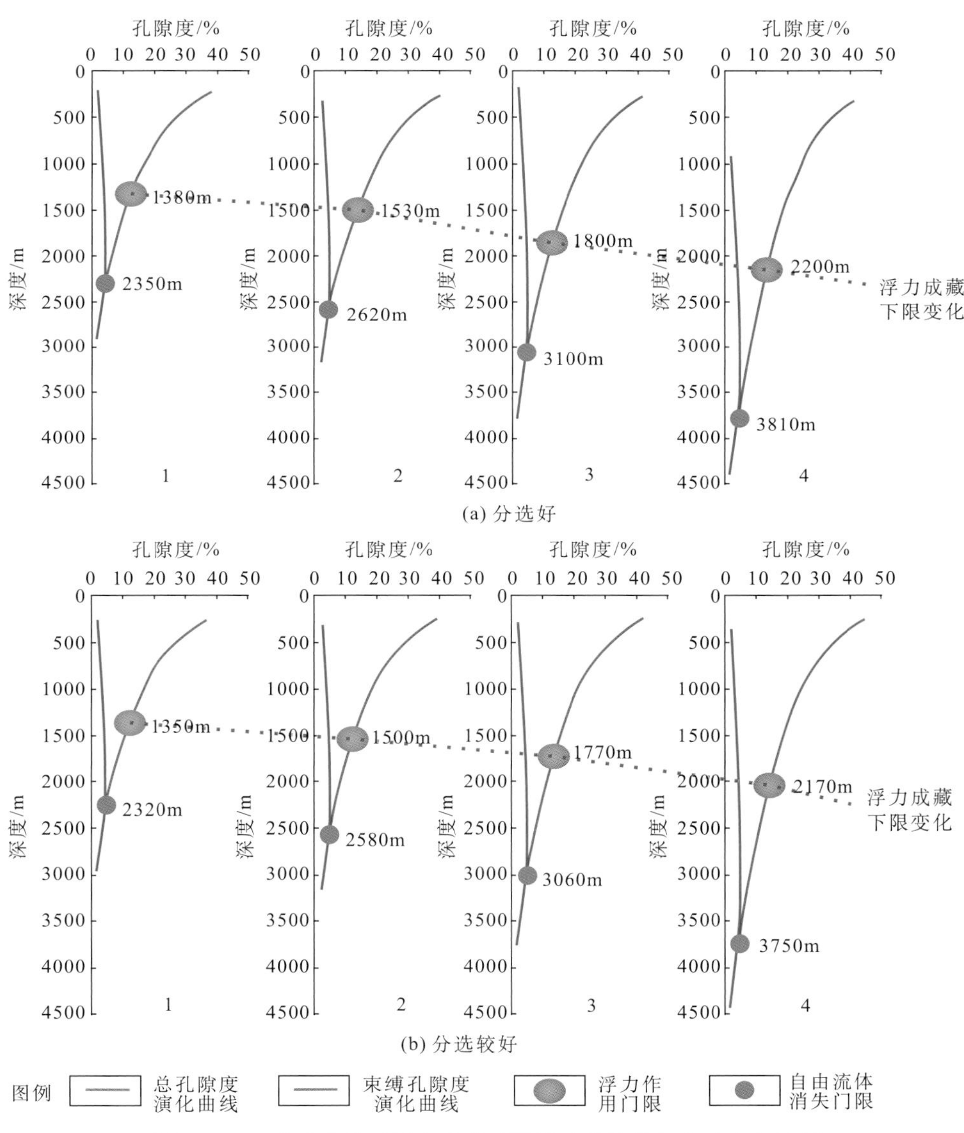

图 1-3-12 地质条件下浮力成藏下限随砂粒粒径与分选变化特征

1．粉砂岩；2．细砂岩；3．中砂岩；4．粗砂岩不同类型的含油气盆地浮力成藏下限有很大的不同(图 1-3-13)。对于沉积地层均匀性较好的含油气盆地，浮力成藏下限显现为一个平整的界面，如美国怀俄明州红色沙漠盆地深盆气的顶界面分布[图 1-3-13(a)]；对于非均质性较强的含油气盆地，它们显示为一个或多个复杂的曲面，如美国圣胡安盆地深盆油气的界面分布[图 1-3-13(b)]；在地层整体抬升或油气源不足的情况下，油气成藏下限的动力学平衡边界与目前见到的油气水接触界面不完全相同，由于一部分油气因扩散作用等原因散失，它们往往是后者较前者的埋深更大，如加拿大阿尔伯达盆地的深盆气的气水接触面分布[图 1-3-13(c)]。

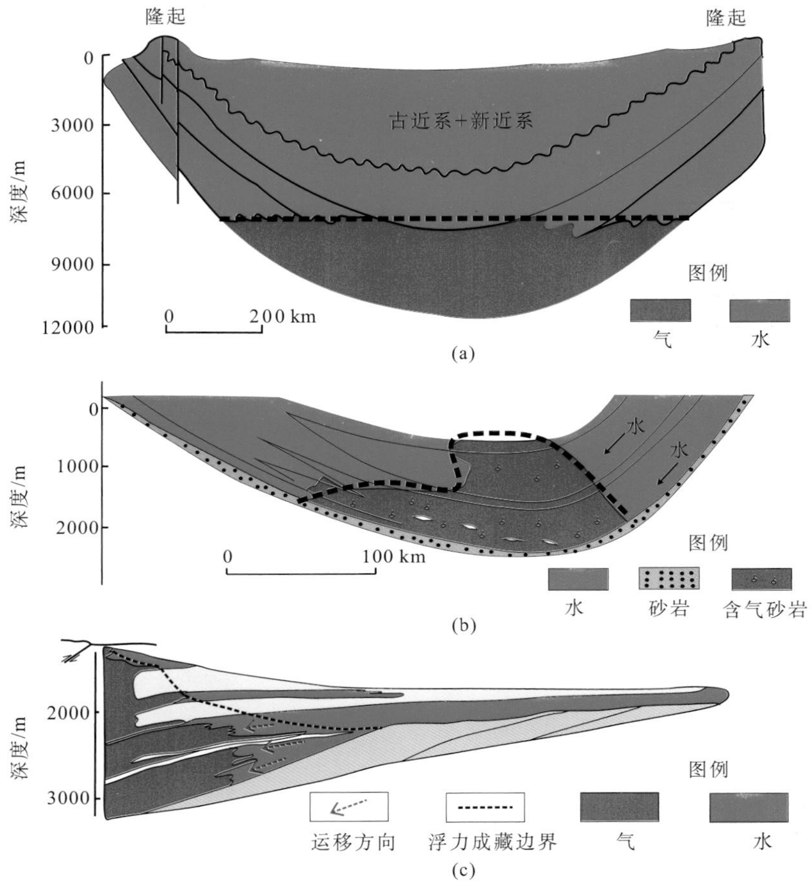

图 1-3-13　构造稳定条件下浮力成藏下限力平衡边界特征与变化

在构造变动强烈的盆地，由于地层介质的致密性受到破坏，浮力成藏下限不存在或只在局部地区存在或完全受到破坏(图 1-3-14)。受到强烈挤压的盆地因地层褶皱作用产生大量断层和裂隙，浮力成藏下限受到破坏，它们或消失或埋深增大；受到不整合面和地下流体作用产生的次生孔隙的影响，浮力成藏下限受到破坏或埋深变大；受到断裂作用产生的大量裂缝的影响，浮力成藏下限受到破坏或埋深变大。在这些情况下，浮力又成为油气运聚成藏的主导动力，显示出与常规油气藏完全相同的地质特征。通过对不同条件下形成的非常规油气藏地质特征的剖析和研究，发现储层普遍致密和构造稳定是浮力成藏下限普遍存在的基本条件。

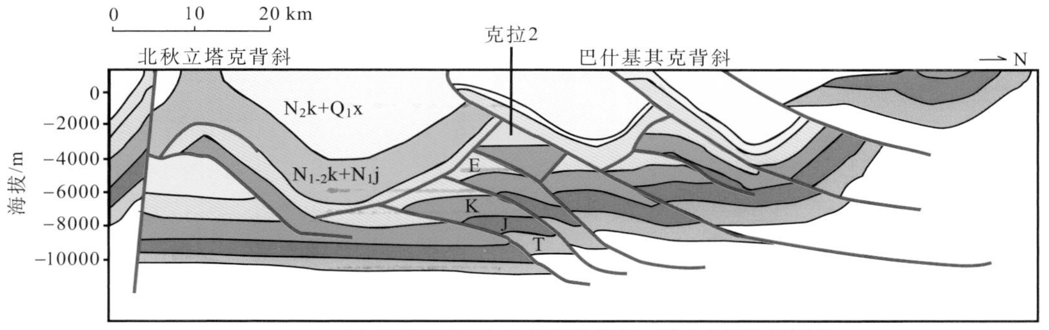

(a) 褶皱作用产生大量裂隙发育，浮力主导油气运移

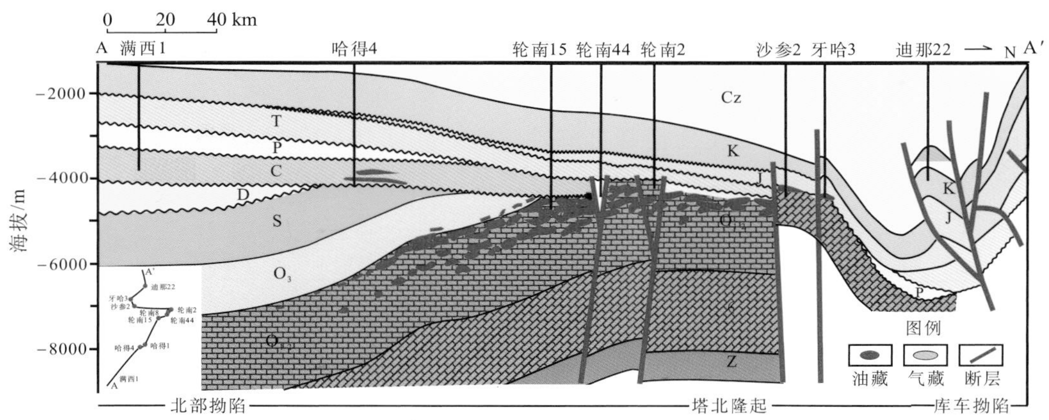

(b) 不整合面发育大量次生孔隙，浮力主导油气运移

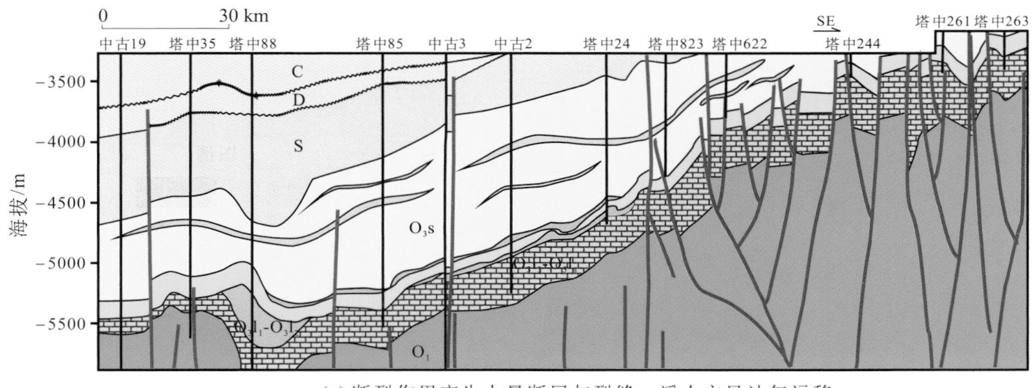

(c) 断裂作用产生大量断层与裂缝，浮力主导油气运移

图 1-3-14 构造变动破坏致密介质条件导致浮力重新主导油气运移

6. 浮力成藏下限力平衡边界存在的可靠性检验

检验浮力成藏下限是否存在的基本原理是将力平衡方程应用于实际地质条件下的浮力成藏下限预测，并与钻探结果比较。

图 1-3-15(a)是依据力平衡方程对中国鄂尔多斯盆地上古生界致密砂岩油气藏的浮力成藏下限预测结果，它们与孔隙度<10%～12%、渗透率<1mD 的地质条件对应。在这一动力学边界之下，紧邻源岩的致密储层内都充满了气；这一边界之上，气只在构造高部位聚集成藏。图 1-3-15(b)是鄂尔多斯盆地苏里格庙地区致密砂岩气藏的孔隙度和渗透率分布特征，它们处于一个构造斜坡区，天然气只在孔隙度<12%、渗透率<1mD 的致密砂岩储层内富集，表明埋藏较浅的高孔隙度和高渗透率储层内不能聚集气，它们之中的浮力大于毛细管力，在浮力作用下油气被运移到盆地边缘或浅部散失；埋藏较深的低孔隙度和低渗透率的储层内浮力小于毛细管力等阻力之和，因而大面积聚集了天然气。它们证实了浮力成藏下限的存在及其对非常规油气藏形成和分布的控制作用。

图 1-3-16 是松辽盆地葡萄花油层浮力成藏下限与实际钻探结果比较，不难看出，液态石油也存在一个浮力成藏下限，它们的力平衡边界与孔隙度为 10%～11%的埋深对应一致。在这一力平衡边界之上，液态石油成藏具有高点汇聚、高孔富集、高位封盖和高压成藏的四高特征；在这一力平衡边界之下，液态石油具有低凹汇聚、低位倒置、低孔富集、低压稳定的四低特征。理论预测与实际钻探结果的一致性反映了浮力成藏下限的存在及其预测模型的实用性和可靠性，它们既适用于天然气，同样适用于液态石油。

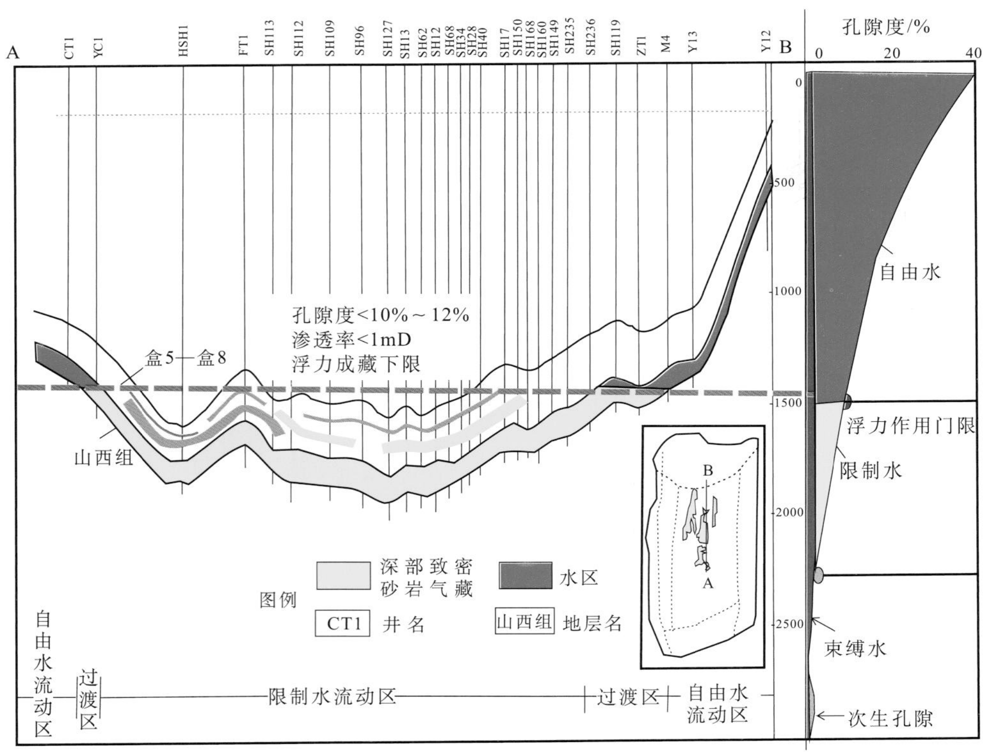

(a) 浮力成藏下限宏观分布预测

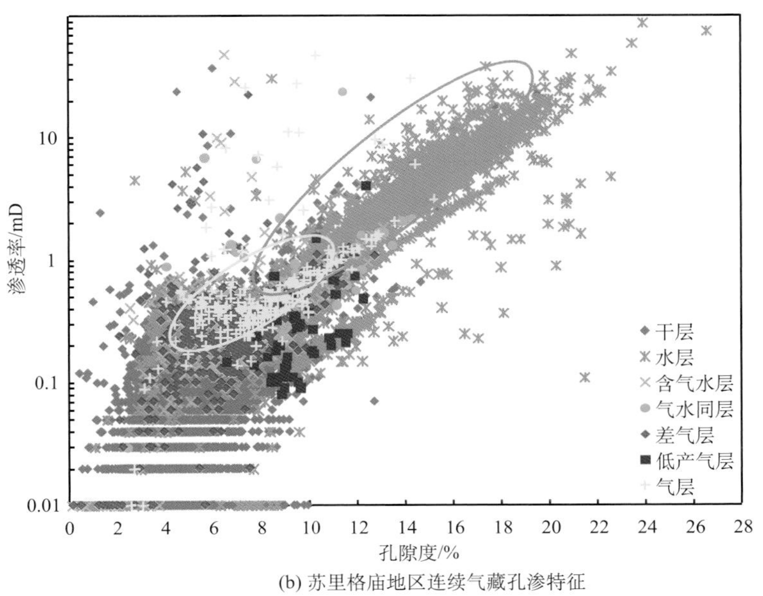

(b) 苏里格庙地区连续气藏孔渗特征

图 1-3-15 鄂尔多斯盆地上古生界天然气的浮力成藏下限预测结果与钻探结果比较

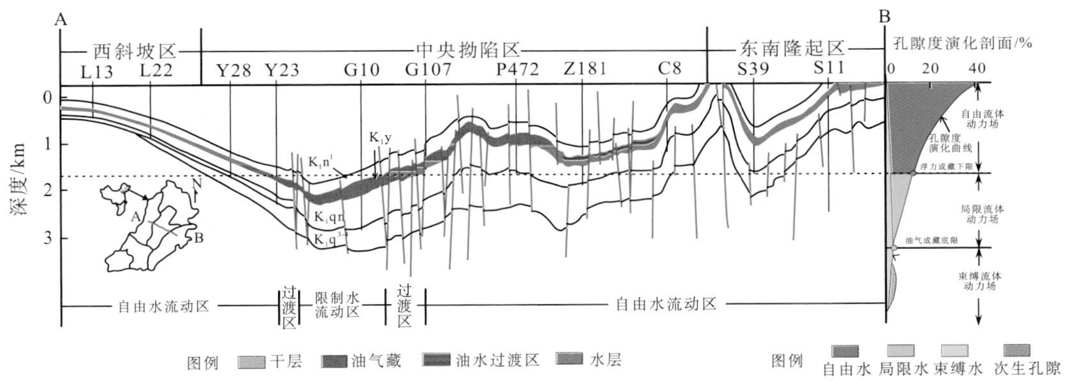

图 1-3-16 松辽盆地葡萄花油层石油的浮力成藏下限预测结果与钻探结果比较

除上述之外，本书对国内外已发现的非常规油气藏分布的储层孔隙度和渗透率进行了统计(表 1-3-1)。结果表明，它们的孔隙度绝大部分都小于 12%、渗透率都不到 1mD、孔喉半径小于 2μm。由此可以认为，与这些临界条件对应的埋藏深度代表了含油气盆地叠复连续致密砂岩油气藏形成和分布的顶部边界。

表 1-3-1 世界已发现代表性连续油气藏的孔隙度和渗透率分布特征

油气藏名称	目的层位	油气藏产状特征	孔隙度	渗透率
加拿大阿尔伯塔盆地非常规致密气	白垩系、三叠系、侏罗系、泥盆系	大斜坡区连续油气藏	3%～13%	0.005～0.015mD
美国绿河盆地非常规致密油气	古近系、白垩系	深拗区连续油气藏	4.7%～11.7%	0.001～0.05mD

续表

油气藏名称	目的层位	油气藏产状特征	孔隙度	渗透率
美国红色沙漠盆地非常规致密油气	古近系 Fort 地层白垩系 Lance 地层	盆地中心连续油气藏	6%～12%	0.1～0.9mD
中国鄂尔多斯盆地非常规致密油气	二叠系石盒子组、山西组	大斜坡区叠复连续油气藏	2%～12%	0.01～1mD
中国川西非常规致密油气	侏罗系、三叠系须家河组	平稳区叠复连续油气藏	3.1%～13.2%	0.0001～2.1mD
中国库车拗陷致密气	侏罗系、白垩系	较平稳区叠复连续油气藏	2.3%～13.7%	0.0001～2mD
中国松辽盆地非常规致密油气	白垩系青山口组、泉头组、登娄库组	深拗区叠复连续油气藏	2%～14%	0.01～1.44mD
中国准噶尔盆地非常规致密油	二叠系芦草沟组	深拗区叠复连续油藏	2.7%～13%	0.005～1mD

二、油气成藏底限

1. 油气成藏底限的基本概念与地质模型

油气成藏底限系指含油气盆地油气成藏作用结束的最大埋深或与其对应的临界地质条件，可用储层孔隙度、渗透率或孔喉半径综合表征。油气成藏底限不是储层内有油气显示存在的底限，较之成藏底限更深的储层内见到的油气可能是它在进入成藏底限之前聚集的，油气成藏底限之下因储层孔隙度太低，成藏作用已经结束，油气勘探风险大。图 1-3-17 中的(a)～(c)分别是中国东部、中部、西部代表性含油气盆地的油气钻探结果。不难看出，在埋深高达 6000m 以上的地层内还能发现有工业价值的油气藏，世界有些盆地埋深超过 8000m 后还能发现液态石油，因此研究它们的成藏底限对于确定有利勘探领域的边界范围和评价油气资源潜力并进行勘探部署都具有现实意义。

油气勘探过程中遇到的成藏底限可以表现为不同的形式。随着埋深增大和储层有效孔隙度减少，渗透率不断降低，甚至低于 0.01mD，与此同时，储层内孔喉半径变小，束缚水饱和度逐步增大并达到 100%。当目的层埋深增大和孔隙度减少后，探井钻遇到干层的概率不断增大，并接近 100%。总之，无论从理论上分析，还是从勘探实践结果剖析，含油气盆地深部都可能存在一个油气成藏的底限，不同盆地因地质条件的差异表现为不同的临界条件。

2. 油气成藏底限成因机制与主控因素

研究表明，随埋深增大而导致油气成藏作用结束的动力学机制有三种。

第一种机制是储层内部渗透率随压实作用进行而逐步降低，当其小于 0.01mD 后就无法使油气正常运移而导致成藏作用结束(图 1-3-18)。砂岩储层的孔隙度随埋深逐步增大而减小，虽然断裂和裂缝的产生可以使这一进程减慢，但不能阻挡。当孔隙度减少到 2%左右时，渗透率也逐步减少到 0.01mD 左右，这时油气在储层内几乎不能正常运移，因此将它视为油气成藏底限。

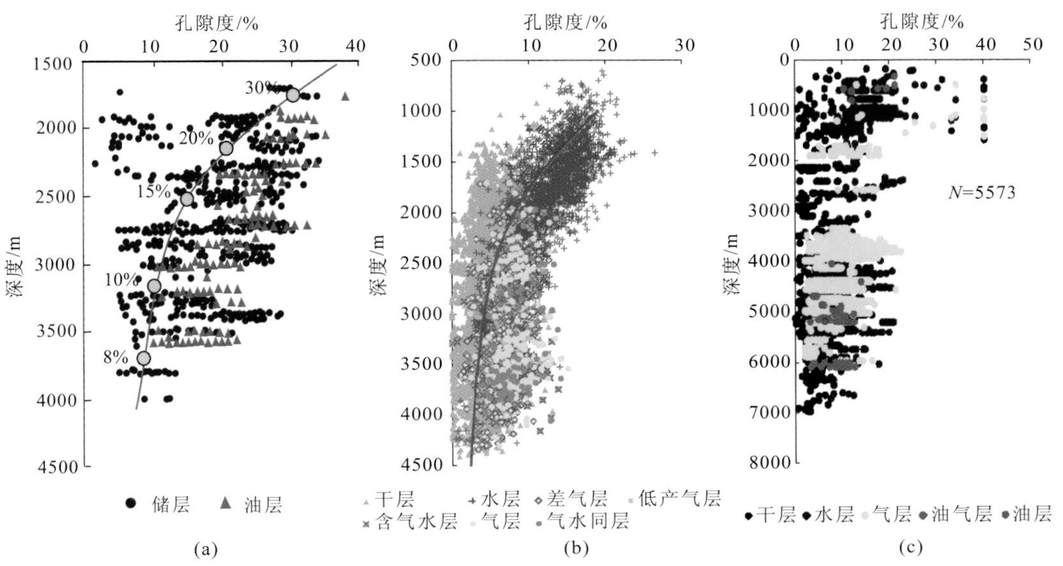

图 1-3-17　中国三个含油气盆地砂岩目的层孔隙度随深度变化特征

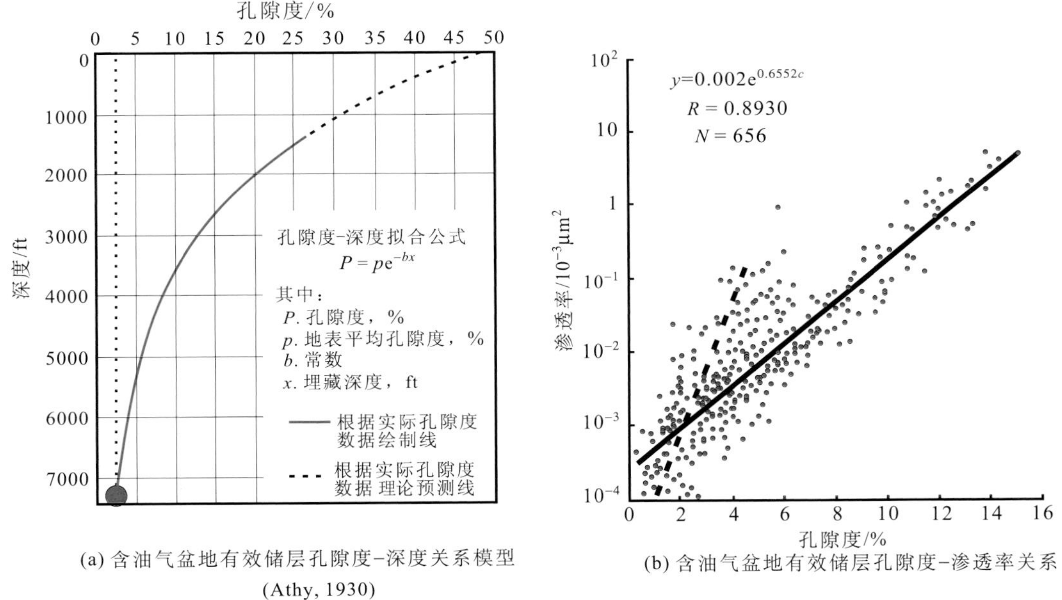

(a) 含油气盆地有效储层孔隙度-深度关系模型 (Athy, 1930)　　(b) 含油气盆地有效储层孔隙度-渗透率关系

图 1-3-18　含油气目的层埋藏过程中孔隙度和渗透率变化与油气成藏底限

第二种机制是储层随埋深增大，其内外界面势差消失而导致成藏作用结束(图 1-3-19)。统计分析表明，砂岩与周边泥岩之间的毛细管力差是导致油气聚集的基本动力。随埋藏深度增大，它们之间的毛细管力差发生规律性变化，先增大然后逐步减少，当其势差产生的油气聚集动力小于其内部遇到的阻力时，成藏作用结束。中国东部、中部和西部含油气盆地储层聚集油气的内外界面势差完全消失时的孔隙度为 2%～4%，在东

部渤海湾盆地济阳坳陷、中部四川盆地川西坳陷、西部塔里木盆地库车坳陷对应的成藏底限埋深分别为 6000m、6500m 和 8500m(图 1-3-19)。

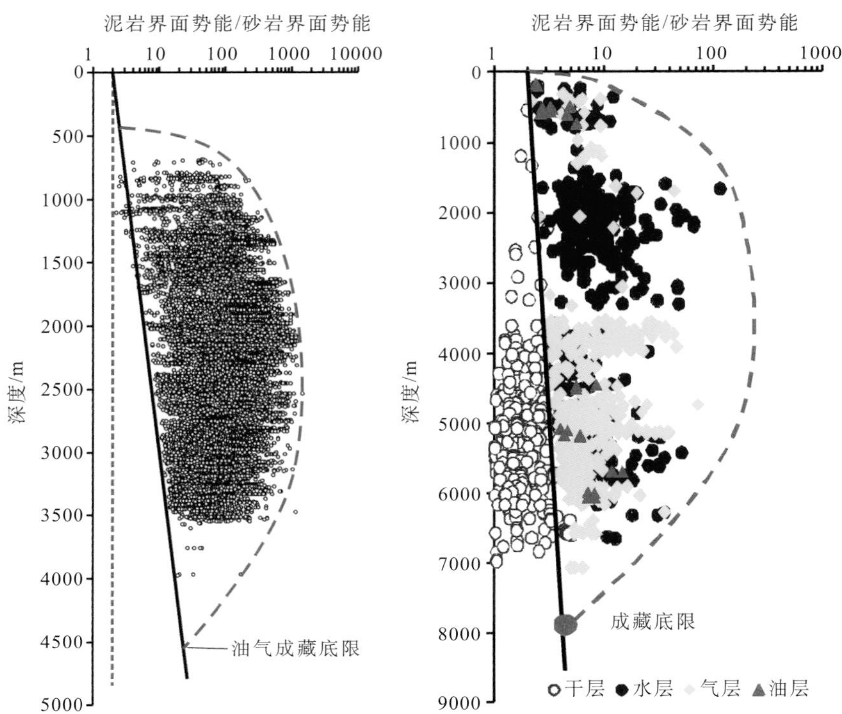

图 1-3-19　含油气目的层内外界面势差变化特征与油气成藏底限

第三种机制是储层内部的有效孔隙度消失或束缚水饱和度达到 100%，从而导致油气成藏作用结束(图 1-3-20)。通过对砂岩储层孔隙度变化主控因素的研究，可以建立定量模型预测砂岩孔隙度随埋深的变化规律；通过对测井资料的分析解释及开展物理模拟实验等多种方法(张大奎等，1990；刘文碧等，1995；贺乘祖等，1998；李宁等，2002；高楚桥等，2003)，可以计算出砂岩储层内束缚水饱和度大小，将两者结合起来就能确定有效孔隙度为 0 或束缚水饱和度为 100%对应的埋深，它们代表油气成藏底限。松辽盆地扶扬油层砂岩束缚水饱和度为 100%时对应的成藏底限为孔隙度 2.4%～4%；塔里木盆地库车坳陷含油气砂岩束缚水为 100%时对应的成藏底限为孔隙度约 2.4%。

3. 油气成藏底限定量表征与预测

实际地质条件下采用三种方法预测含油气目的层成藏底限。第一种方法是研究目的层孔隙度和渗透率随埋深增大的变化特征，判别油气成藏底限标准是：孔隙度≤2.4%、孔喉半径<0.01μm、渗透率≤0.01mD。第二种方法是研究目的层内外介质的界面势能(或毛细管力)随埋深增大的变化特征，判别标准是目的层之外的界面势能或毛细管力与目的层内的比值超过 10 倍以上。第三种方法是研究目的层内有效孔隙度或束缚水饱和度随埋藏深度增大的变化规律，判别油气成藏底限的标准是：目

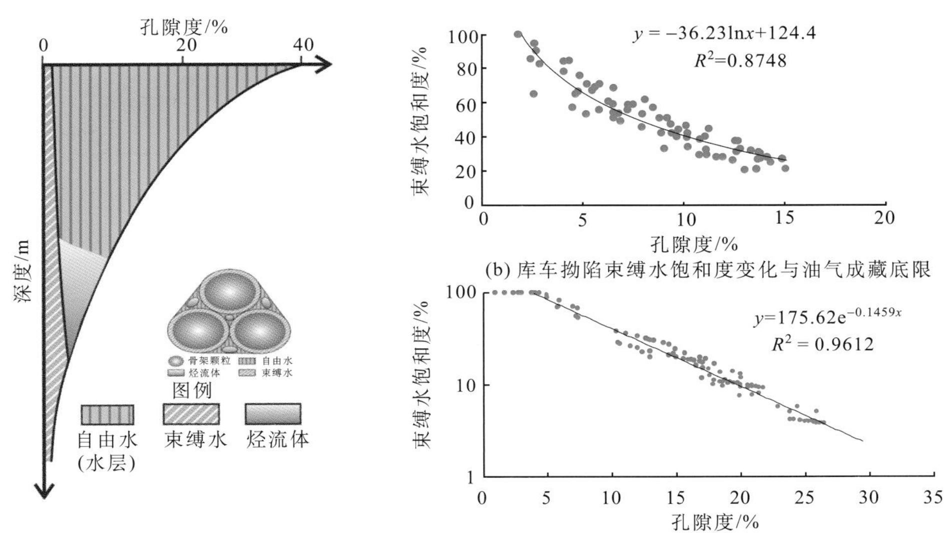

(a) 砂岩有效孔隙度变化特征与油气成藏底限　(b) 库车拗陷束缚水饱和度变化与油气成藏底限　(c) 松辽盆地砂岩储层束缚水饱和度变化与油气成藏底限

图 1-3-20　含油气目的层内部束缚水饱和度变化特征与油气成藏底限

的层有效孔隙度随埋深增大而减少至 0，或束缚水饱和度随埋深增大而增加至 100%。图 1-3-21 是本书综合上列方法对松辽盆地含油砂岩成藏底限的理论预测结果。可以看出，随着砂岩粒径的增大，油气成藏底限变深；随着砂岩颗粒分选的变好，油气成藏底限也随之变深。

4. 油气成藏底限的可靠性检验

本书用某一地区油气钻探过程中干层所占比率随埋深的变化检验油气成藏底限是否存在。图 1-3-22 是塔里木盆地塔中地区志留系和石炭系砂岩目的层含油气性的钻探结果，确定油气成藏底限的方法原理是：首先，对某一地区各探井钻遇的目的层段的流体性质进行分析，将其分为干层、水层、油层、气层、油气层五类，可以利用前人的解释结果，也可以基于测井资料等分析得到目的层含油气特征；其次，整理好各井各目的层含油气特征资料并将各井点的资料放在一个统一的坐标系下作图，可以清楚地反映出各目的层含油气情况随埋深变化规律[图 1-3-22(a)]；然后，以一定孔隙度间隔为单元，统计各单元内含油、气、水层段的厚度并计算它们的比率，得到随孔隙度变小各类流体层段厚度百分比变化规律[图 1-3-22(b)]，依据变化规律确定出百分之百见到干层的孔隙度上限。研究表明，百分之百干层对应的储层孔隙度上限为 2%～3%，它与我们基于储层完全被束缚水饱和、储层内外油气聚集界面势差完全消失、储层渗透率降低至无法使油气正常运移等三种方法确定的成藏底限相符[图 1-3-22(c)]。这从生产的角度验证了油气成藏底限的存在，也表明了基于上列三种方法确定成藏底限的可行与可靠。

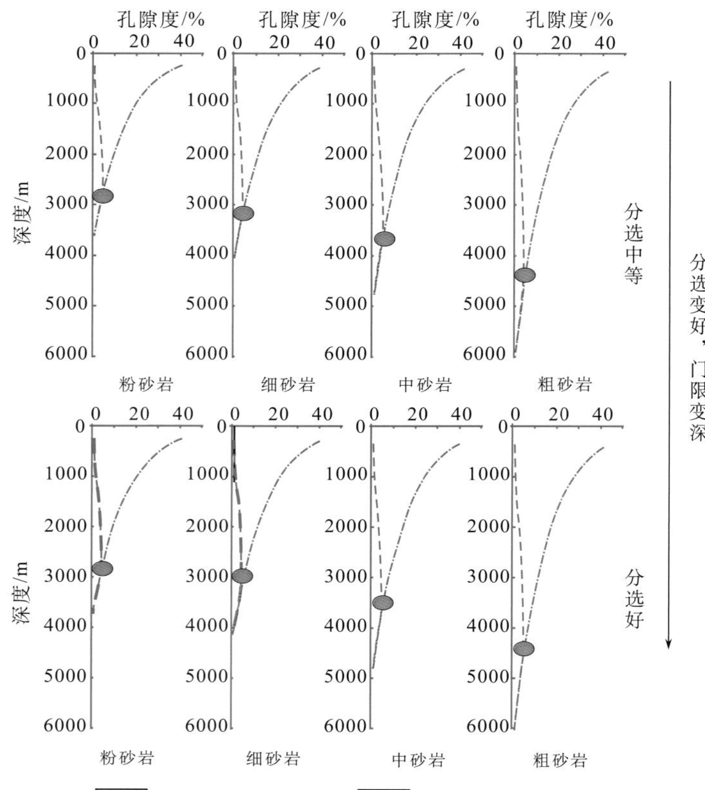

图 1-3-21　实际地质条件下松辽盆地砂岩储层成藏底限变化特征预测结果

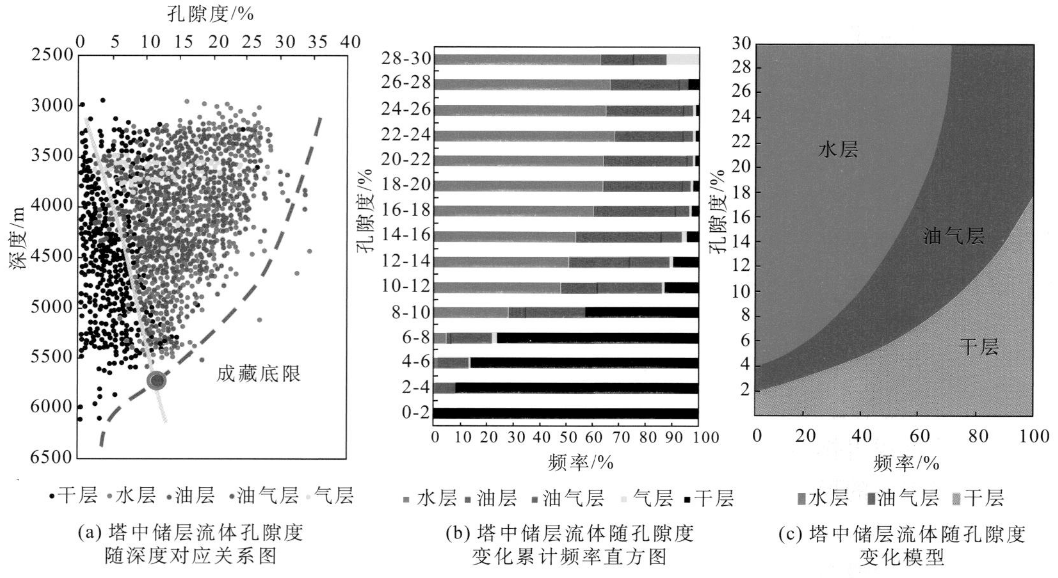

(a) 塔中储层流体孔隙度随深度对应关系图　(b) 塔中储层流体随孔隙度变化累计频率直方图　(c) 塔中储层流体随孔隙度变化模型

图 1-3-22　塔里木盆地塔中地区探井钻遇含油气水层分布特征

第四节　叠复连续油气藏成因机制与主控因素

叠复连续油气藏发育于浮力成藏下限与油气成藏底限之间的致密储层广泛发育区。在这一地层领域主要发育致密常规油气藏、致密深盆油气藏、致密复合油气藏，首先重点阐述每一类致密油气藏的地质特征与形成条件，搞清它们的成因机制与主控因素，在此基础上讨论和阐述叠复连续油气藏的形成过程特征与分布发育模式。

一、三种致密油气藏的地质特征与成因机制

1. 致密常规油气藏

致密常规油气藏是浮力作用形成的常规油气藏深埋之后因储层压实和成岩致密转化而来，概称为致密常规油气藏或压实致密油气藏，成因机制可概括为“先成藏后致密”。它们形成于埋深较浅时期的构造隆起部位的高孔隙度和高渗透率储层内。当前，除了储层孔隙度和渗透率较常规油气藏的低之外，其他显示出与常规油气藏完全相同的地质特征(图 1-3-2)，致密常规油气藏根据圈闭类型的不同可分为致密背斜油气藏、致密断块油气藏、致密岩性油气藏和致密地层油气藏四大类及它们之间的复合类型。

塔里木盆地库车拗陷迪那油气藏是一个致密常规油气藏(图 1-4-1)。它的目的层古近系渐新世苏维依组砂岩层目前埋深 4700～5700m，孔隙度小于 10%～12%，处于浮力成藏下限之下[图 1-4-1(a)]，具有储层普遍致密特征；油气藏位于迪那构造高部位、油气水边界受 5700m 左右的构造线控制[图 1-4-1(b)]，具有高点汇聚特征；含油气层之上发育了中新世吉迪克组大套膏盐层保护油气，具有高位封盖特征；目前压力不仅高于静水压力而且高于地层流体压力，显现出异常高压特征[图 1-4-1(c)]。

迪那油气藏的主要目的层苏维依组砂岩层与下部侏罗系源岩层非紧密接触，显现出油气源与油气藏分离特征。构造演化历史研究结果表明，迪那油气藏所在的构造圈闭约在 10Ma 之前已开始形成，其内的储层在埋深过程中经历了一个不断致密的过程，它们的孔隙度约在埋深进入 4500m 时的 5Ma 前开始变得致密。在这之前的 10Ma，研究区源岩层就开始发生大量排油气作用，迪那构造圈闭在进入致密之前的 5～10Ma 发生了油气的大规模聚集成藏作用(图 1-4-2)。这说明，迪那油气藏属于先成藏后致密，综合各方面证据确认为致密常规油气藏。

图 1-4-3 是结合迪娜气藏的天然气来源、来路、来期、来量和来力五个方面的剖析结果，再依据源岩排烃史与储层致密史匹配关系建立的致密常规气藏的成因模式。研究表明，迪娜气藏的形成和演化分为四个阶段。第一阶段为常规油藏形成阶段。古近纪—康村期(23～12Ma)，源岩排出的液态烃和部分气在浮力作用下进入构造圈闭高部位聚集成藏；第二阶段为常规油气藏形成阶段，康村—库车期(12～5Ma)源岩排出的天然气和少量液态烃在浮力作用下进入构造圈闭高部位聚集成藏；第三阶段为致密油气藏阶

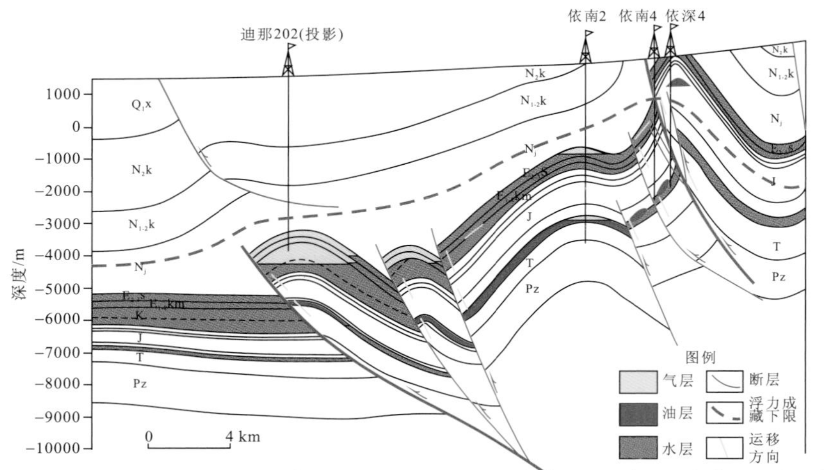

(a) 油气藏剖面图，油气汇聚在构造高部位，上方有盖层保护，储层在浮力成藏下限并已致密

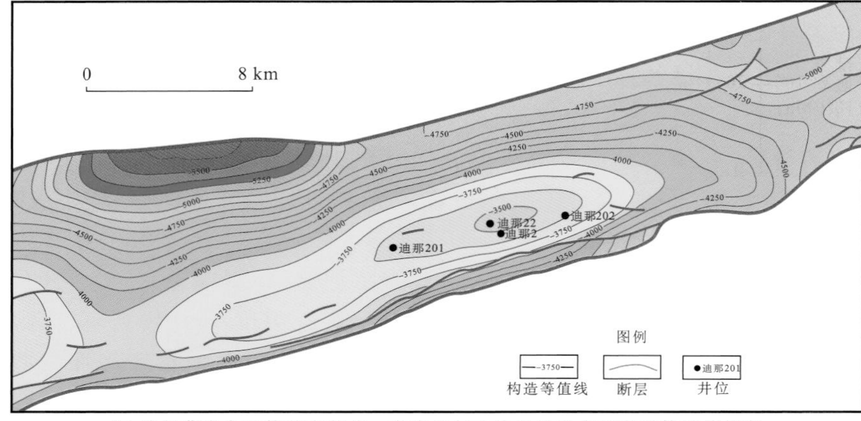

(b) 油气藏发育于构造高部位，存在油气水边界且分布面积受构造线控制

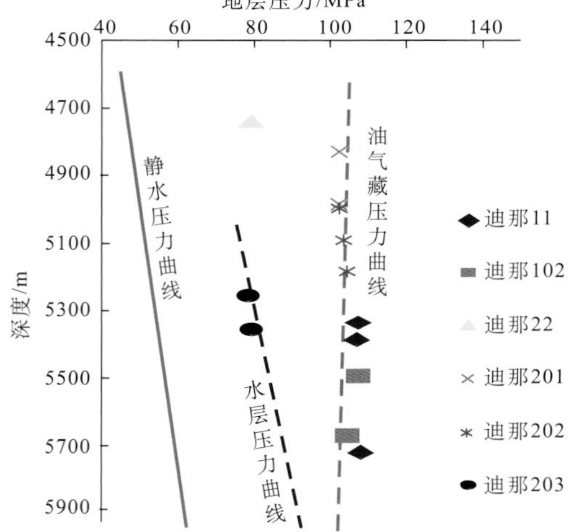

(c) 油气藏内显示出异常高压特征，压力系数大于1

图 1-4-1 塔里木盆地库车拗陷致密常规油气藏地质特征——迪那油气藏

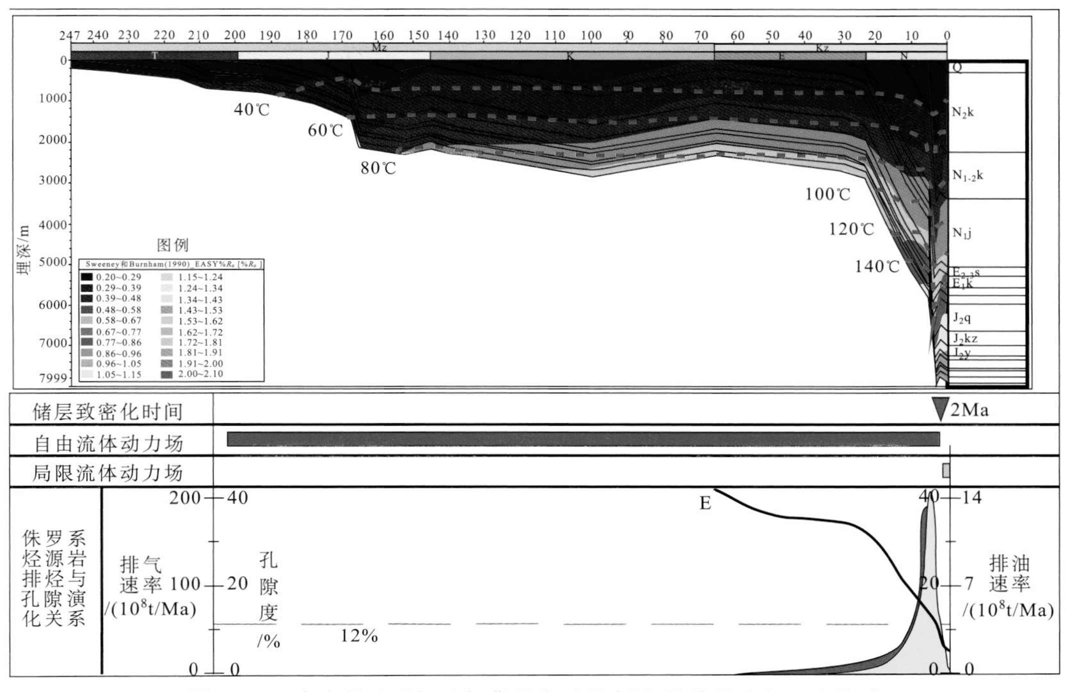

图 1-4-2 库车拗陷迪娜油气藏形成过程中源-储演化史与匹配关系

段，库车期后(5～2Ma)因压实作用构造常规油气藏变为致密构造常规油气藏；第四阶段为致密常规油气藏调整改造阶段，库车期后至现今(2～0Ma)，致密构造油气藏由于后期构造变动的调整和改造使油气藏部分受到破坏而变为目前的样子。

总结各类致密常规油气藏分布发育的主控因素可分为两类：一类是控制常规油气藏形成和分布的主控因素；二是控制常规油气藏转化为致密常规油气藏的地质因素。后者主要与沉积盆地地层的埋藏和压实成岩作用有关(庞雄奇等，1993，2000a，2000b；庞雄奇，1995)。控制常规油气藏形成和分布的地质因素通常被概括为生、储、盖、运、圈、保等六个方面。从宏观上，可将这些地质因素概括为既能定量表征、又能客观描述、彼此相互独立且对油气藏形成和分布必不可缺的四个功能要素(图 1-4-4)。它们是提供成藏物质基础的烃源灶(S)、容纳和滞留油气的地质相(D)、运移和聚集油气的低势区(P)、封盖和保护油气的区盖层(C)。四个功能要素在时空上的组合决定着油气藏的形成和分布。对于汇聚油气的低势区，依据动力机制的不同细分为：形成背斜类油气藏的低位能区(P_1)、形成断块类油气藏的低压能区(P_2)、形成岩性类油气藏的低界面能区(P_3)、形成地层类油气藏的低动能区(P_4)。功能要素控藏机制表现在两个方面：一是各要素对油气成藏的必不可缺性，缺少其中任何一个要素都不能形成油气藏；二是每一个功能要素都表现出控藏分布的临界条件，包括控藏边界、范围、概率。

研究表明，每一个功能要素都表现出不同的控油气分布特征(图 1-4-5)。烃源灶(S)控制下的油气藏主要分布在两倍于排烃半径的烃源灶周边范围内，离源灶中心越远成藏概率越低，对中国 73 个大中型油气藏统计后的分布距离是石油小于 50km，气小于 100km

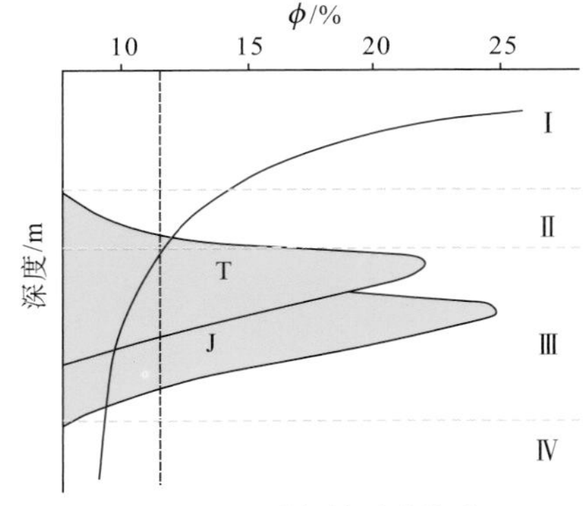

(a) 源-储匹配关系

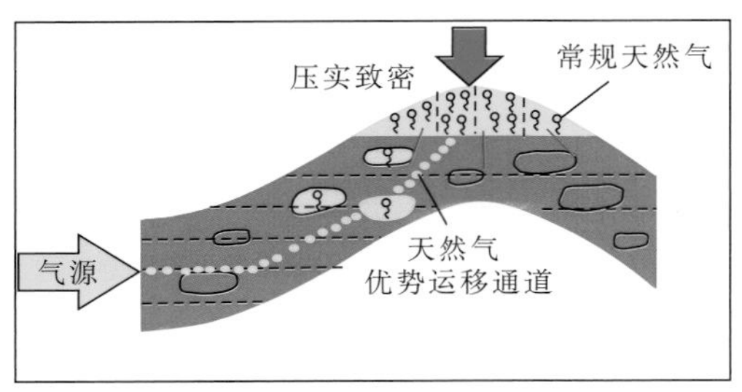

(b) 油气藏动力转化机制

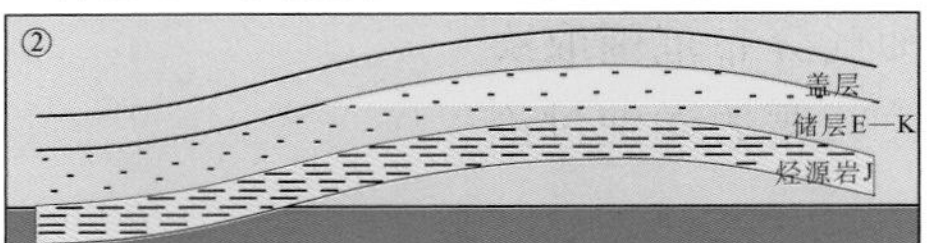

Ⅰ古近纪—康村期(23~12Ma)常规油藏形成阶段

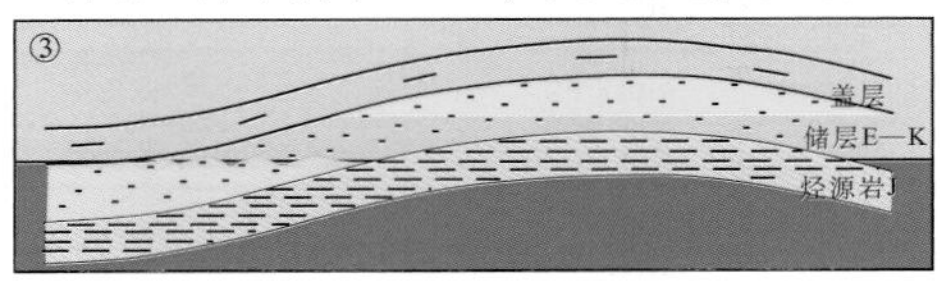

Ⅱ康村—库车期 (12~5Ma) 常规油气藏形成阶段

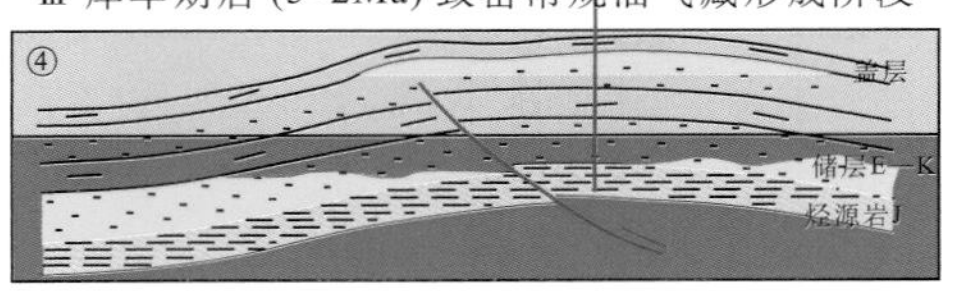

Ⅲ 库车期后 (5~2Ma) 致密常规油气藏形成阶段

④ 盖层 储层E—K 烃源岩J

Ⅳ库车期后至今改造型致密常规油气藏形成阶段

(c) 油气藏演化过程特征

图 1-4-3 库车拗陷迪娜致密常规油气藏成因模式

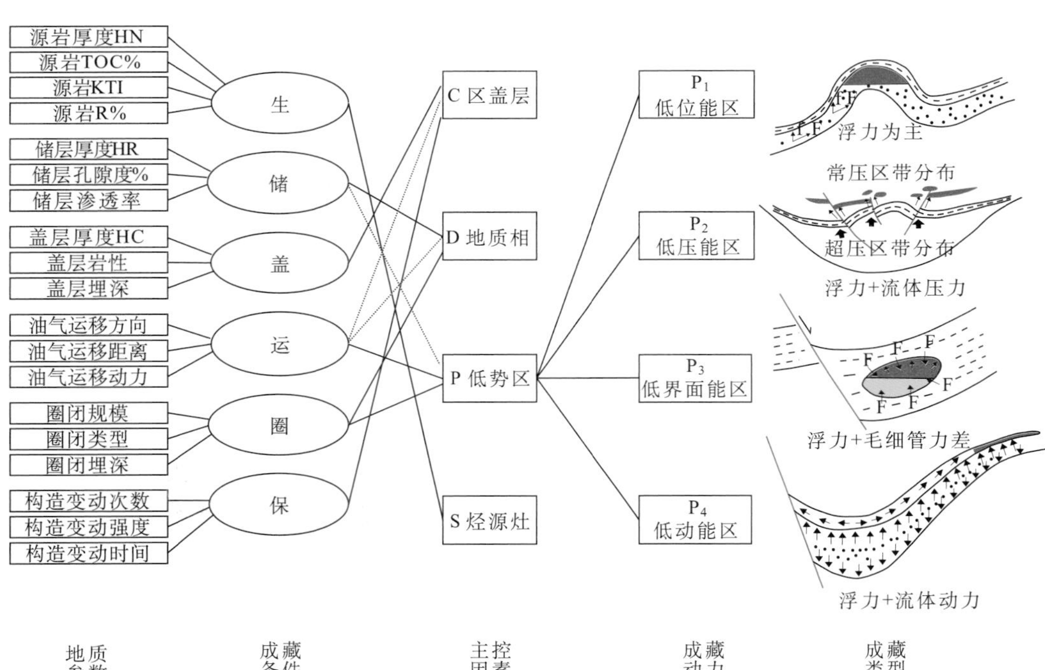

图 1-4-4 常规和致密油气藏形成和分布的地质条件与主控因素

(庞雄奇等，2007)；地质相(D)控油气藏分布的临界条件是储层的颗粒粒径为0.1～0.5mm，分布范围是砂岩类(包括粉砂岩、粉细砂岩、细砂岩、粗砂岩)沉积地层分布发育区，颗粒变粗或变细成藏概率逐步降低为0。低势区(P)控藏分布的临界条件是圈闭外部势能高于圈闭内部势能两倍以上，势差越大含油气性越好，当聚集油气的势差消失时成藏作用结束。区盖层(C)控油气分布的临界条件是区盖层厚度大于断层的断距，控油气分布范围取决于有效盖层的分布范围，控藏概率随盖层的有效厚度减薄而降低。相关问题的详细讨论可参有关文献(Wang et al.，2010；庞雄奇等，2012)。

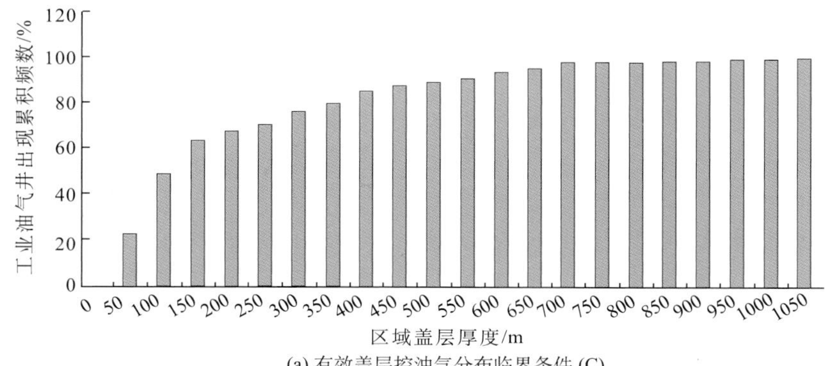

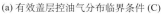

(a) 有效盖层控油气分布临界条件 (C)

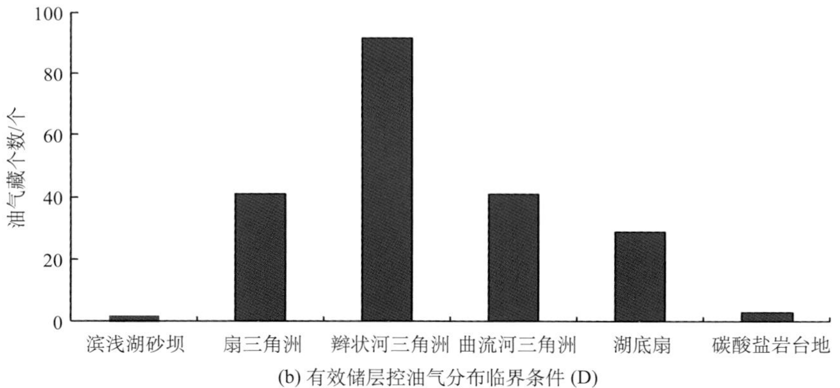

(b) 有效储层控油气分布临界条件 (D)

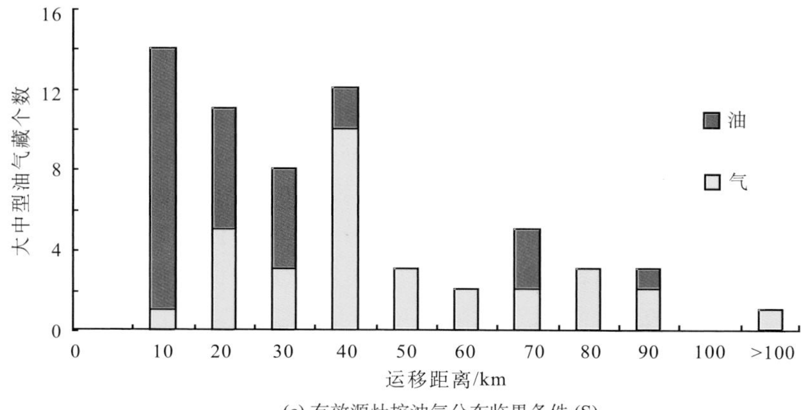

(c) 有效源灶控油气分布临界条件 (S)

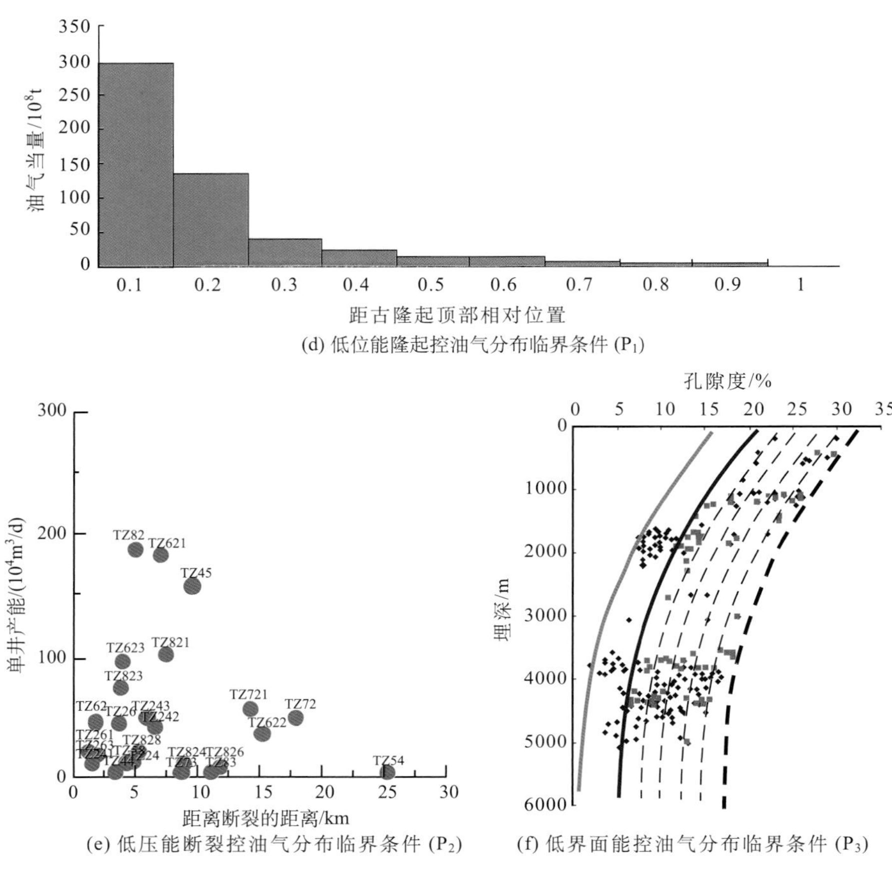

(e) 低压能断裂控油气分布临界条件 (P_2)　(f) 低界面能控油气分布临界条件 (P_3)

图 1-4-5　常规油气藏功能要素控油气分布临界地质条件研究实例

2. 致密深盆油气藏

致密深盆油气藏是有效源岩排出的油气进入与源岩层紧密相邻的致密储层后，因不受浮力控制而就近聚集形成的油气藏，成因机制可概括为“先致密后成藏”。由于深拗区内埋藏较深的储层最先进入浮力成藏下限，因而致密深盆油气藏最先形成于深拗区并逐步向周边拓展。这类油气藏形成后显示出“四低两大一紧邻”的地质特征(图 1-3-3)。

塔里木盆地库车拗陷依南 2 油气藏是一个致密深盆油气藏(图 1-4-6)。它形成于构造斜坡区，地层平缓，目的层是侏罗系的阳霞组和阿合组，它们与侏罗系烃源层系互成“三明治”结构，也与下覆三叠系源岩层紧密接触，有利于广泛连续油气藏形成和分布[图 1-4-6(a)]。目前埋深 4600～4900m，处于浮力成藏下限以下的致密地层内，孔隙度为 3%～9%，显示出储层普遍致密特征；埋深较大(4600～4900m)的阳霞组和阿合组储层含油气，埋深相对较浅(<4600m)的储层产水，显示出油气水倒置特征[图 1-4-6(b)]；依南 2 井产油气，但依南 2 井之外地势更高且处于构造高点的依南 4 井产水，表明具有低凹汇聚油气特征；油气藏目前压力较高但相对于地层孔隙流体水的压力而言仍然较低，具有低压稳定特征[图 1-4-6(c)]。

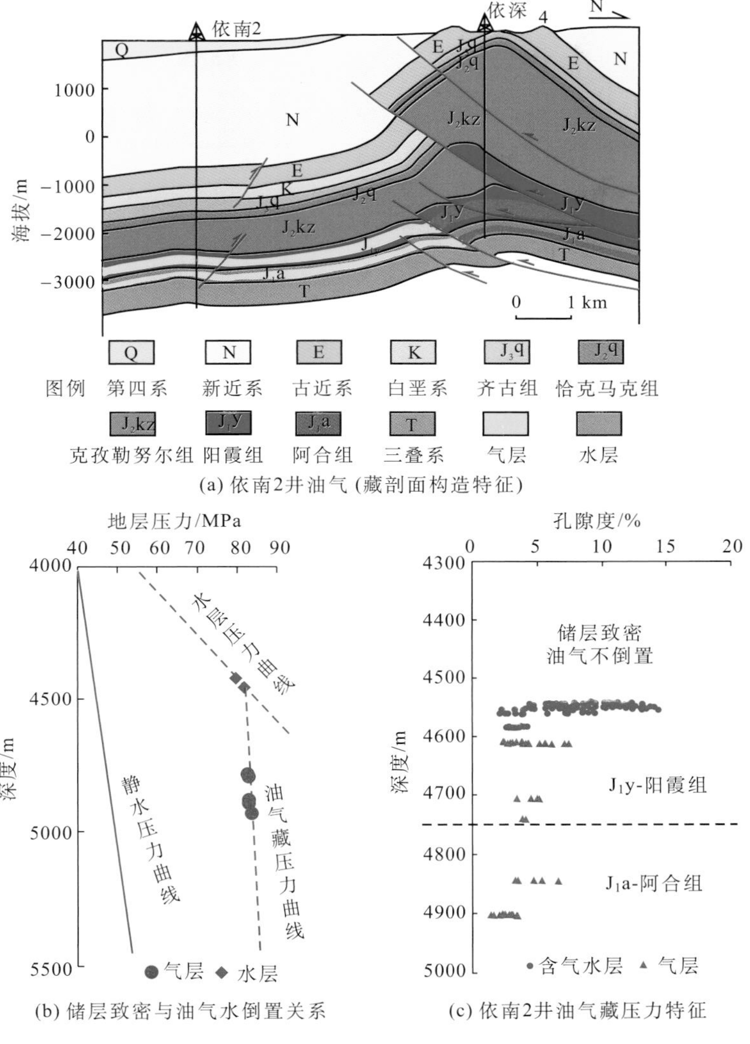

(a) 依南2井油气(藏剖面构造特征)

(b) 储层致密与油气水倒置关系　(c) 依南2井油气藏压力特征

图 1-4-6 依南 2 致密深盆油气藏源-储演化匹配关系

除了这四低之外，依南 2 井的天然气具有腐殖性母质的成因特征[图 1-4-7(c)]，热演化程度与下覆三叠系源岩相符[图 1-4-7(b)]，原油和油砂的甾、萜质谱图与依奇克里克三叠系烃源岩的甾、萜质谱图具有很好的对应关系[图 1-4-7(a1)、(a2)]，这说明依南 2 井发现的油气主要来自下覆三叠系源岩层。

从源-储-盖组合特征来看(图 1-4-8)，研究区含油气目的层阿合组和阳霞组位于下部三叠系烃源层之上和上部侏罗系烃源岩层系之下，构成“三明治”式的结构，它们彼此紧密相邻，有利于致密连续油气藏的形成和分布。两套目的层内的油气既可以来自下部的三叠系烃源岩，也可以来自上部的侏罗系烃源岩。

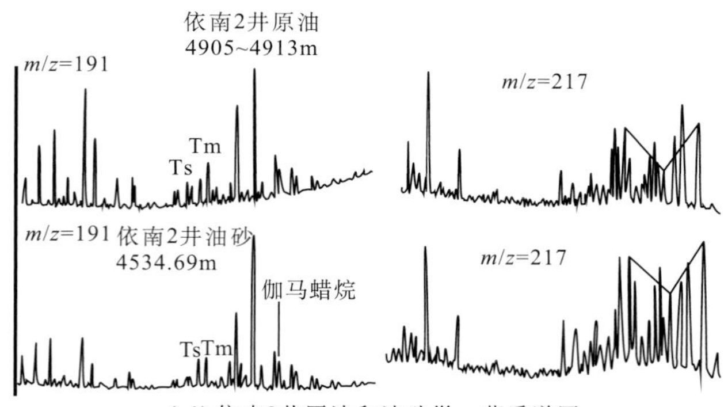

(a1) 依南2井原油和油砂甾、萜质谱图

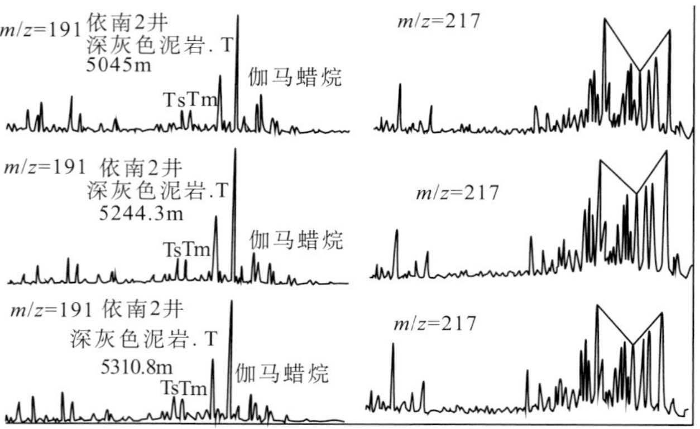

(a2) 依奇克里克三叠系烃源岩甾、萜质谱图

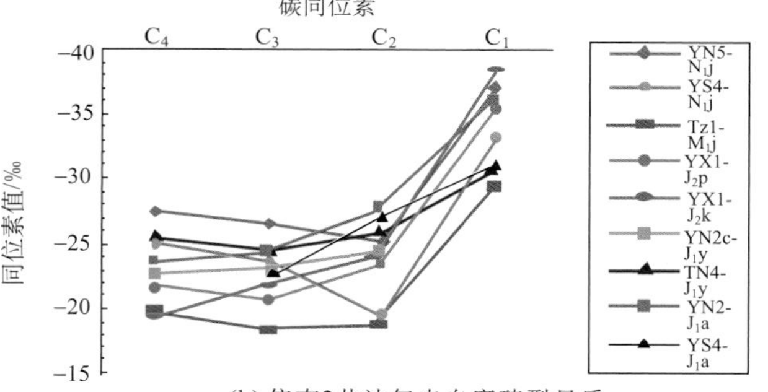

(b) 依南2井油气来自腐殖型母质

井号	层位	$\delta^{13}C_1$/‰	推算 R_o/%		
			刘文汇公式	戴金星公式	包建平公式
迪那2	E	−34.3	1.1	1.1	1
迪那202	E	−34.3	1	1.1	1
依南2井	J1a	−32.2	1.3	1.57	1.53
依南4井	J1y	−30.67	1.52	2.02	1.71
依深4	J1a	−31.1	1.46	1.88	1.66

(c) 依南2井油气埋深较大的三叠系源岩

图 1-4-7 依南 2 井油气藏油气地化特征与来源对比结果

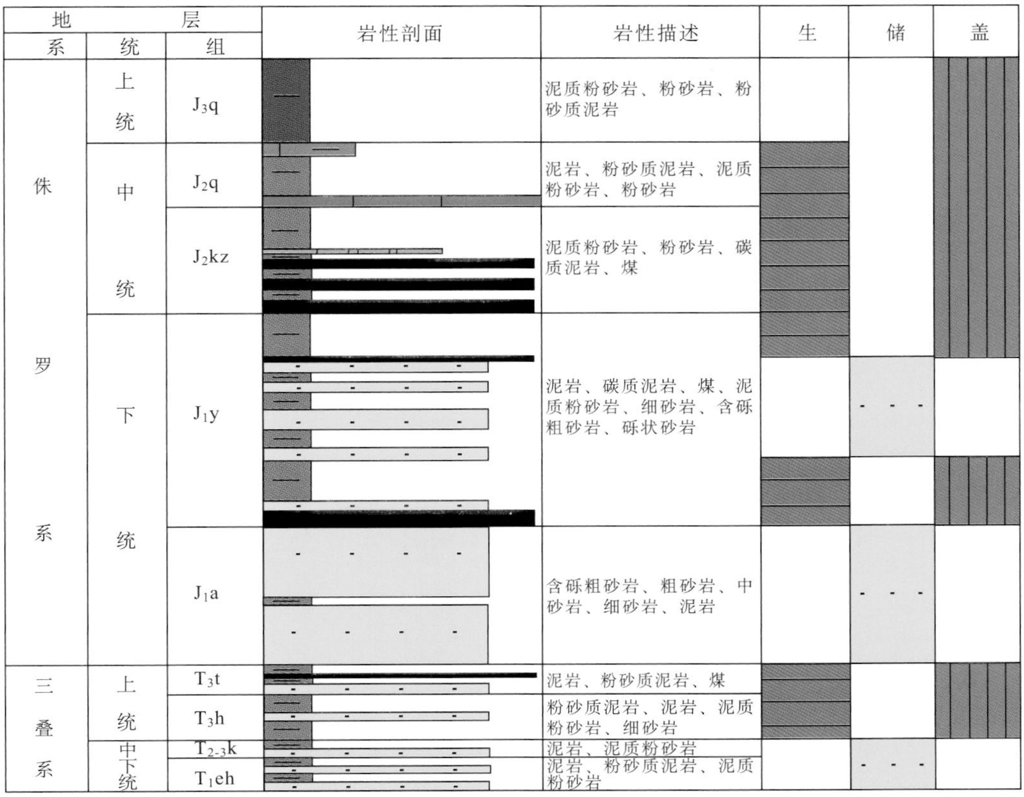

地层			岩性剖面	岩性描述	生	储	盖
系	统	组					
侏罗系	上统	J_3q		泥质粉砂岩、粉砂岩、粉砂质泥岩			
	中统	J_2q		泥岩、粉砂质泥岩、泥质粉砂岩、粉砂岩			
		J_2kz		泥质粉砂岩、粉砂岩、碳质泥岩、煤			
	下统	J_1y		泥岩、碳质泥岩、煤、泥质粉砂岩、细砂岩、含砾粗砂岩、砾状砂岩			
		J_1a		含砾粗砂岩、粗砂岩、中砂岩、细砂岩、泥岩			
三叠系	上统	T_3t		泥岩、粉砂质泥岩、煤			
		T_3h		粉砂质泥岩、泥岩、泥质粉砂岩、细砂岩			
	中下统	$T_{2\text{-}3}k$		泥岩、泥质粉砂岩			
		T_1eh		泥岩、粉砂质泥岩、泥质粉砂岩			

图 1-4-8 迪北致密油气藏主要目的层与源岩层发育关系

构造发育史研究表明，依南 2 井长期处于构造变动相对稳定的斜坡区，依南 4 井处于构造变动较强的构造高点，后受到了剥蚀；依南 2 井储层压实致密化作用发生在 10Ma 之后，而源岩的大量排油气作用发生在 5Ma 之后，从源岩演化排烃史和储层成岩致密史匹配关系分析属于先致密后成藏(图 1-4-9)。依据上列特征确认依南 2 井属于一个致密深盆油气藏。

图 1-4-10 是结合依南气藏油气来源、来路、来期、来量和来力等五个方面的剖析结果，再结合源岩排烃史与储层致密史匹配关系特征建立的致密深盆气藏的成因模式。研究表明，依南 2 气藏的形成分为四个阶段：第一阶段为成藏条件准备阶段，古近纪—康村期(23～12Ma)，储层孔隙度高但源岩层不能发生大量排烃作用，无法形成气藏；第二阶段为常规油气藏形成阶段，康村期—库车期(12～5Ma)，源岩排出的气和少量液态烃在浮力作用下进入依南 2 构造高部位聚集形成常规气藏；第三阶段为致密深盆油气藏形成阶段，库车期后期(5～2Ma)，低部位的储层开始变得致密并在非浮力作用下形成致密深盆气藏，构造高部位的常规气藏因油气来源受阻不再聚集更多油气，但在压实作用下转变为致密常规油气藏；第四阶段为致密油气藏调整改造阶段，库车期后至现今(2～0Ma)，深拗区或斜坡区的致密深盆气藏因大量油气聚集，含油气面积不断拓展增大，构造高部位气藏由于后期构造变动的调整和改造受到了破坏，只能见到少量油气或油气显示。

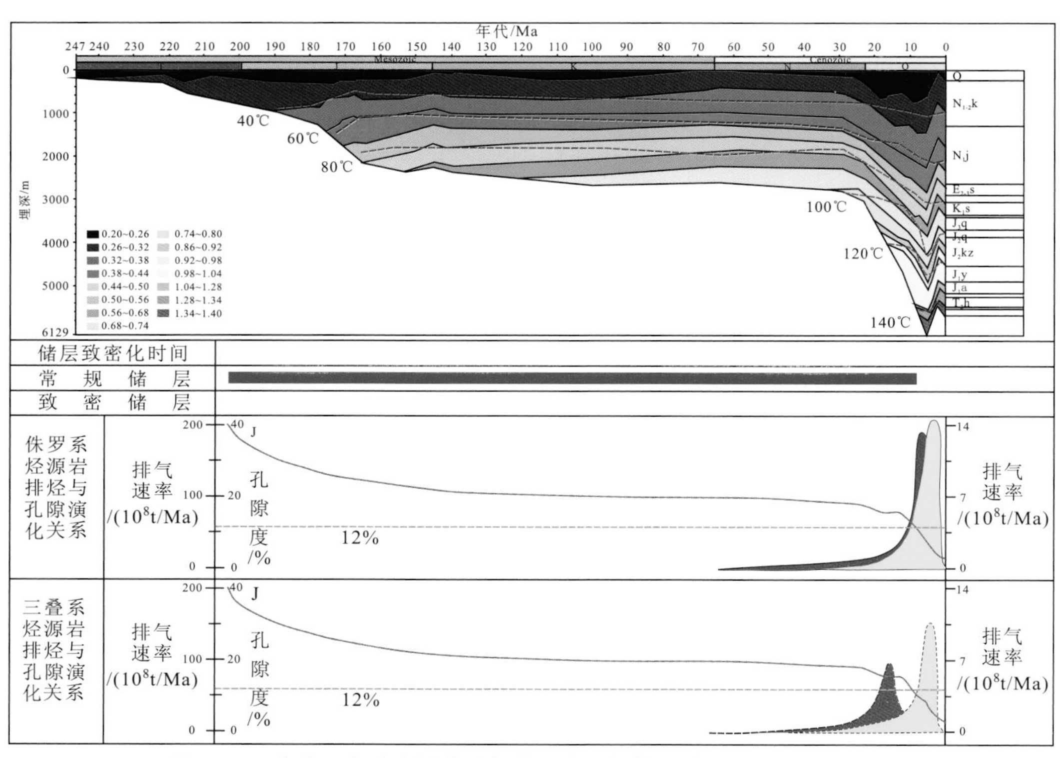

图 1-4-9 依南 2 井致密深盆油气藏源岩层与储层演化历史与匹配关系

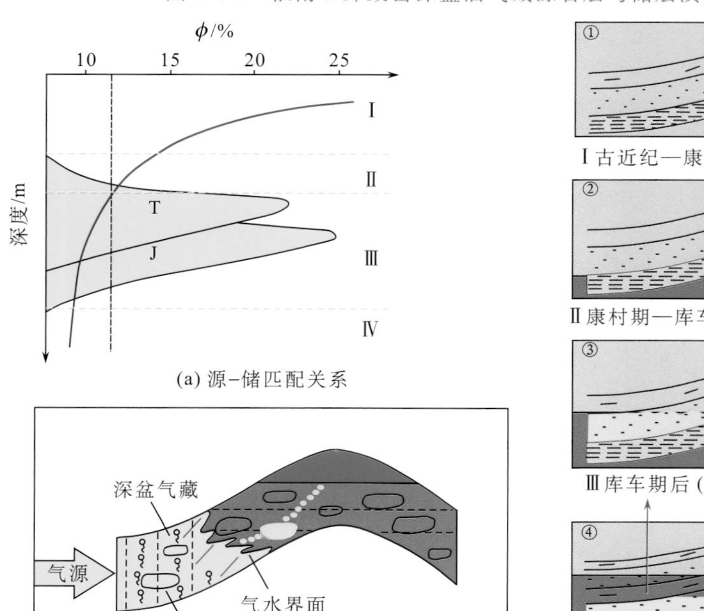

(a) 源-储匹配关系

(b) 油气藏形成的动力机制

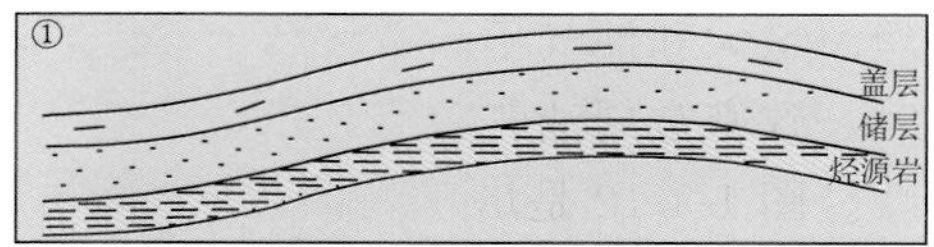

Ⅰ古近纪—康村期 (23~12Ma) 成藏条件准备阶段

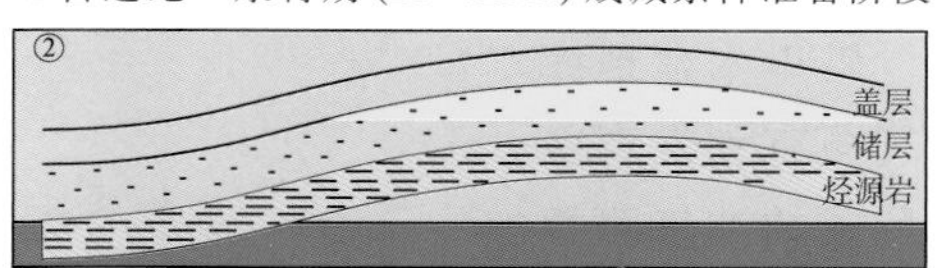

Ⅱ康村期—库车期 (12~5Ma) 常规油气藏形成阶段

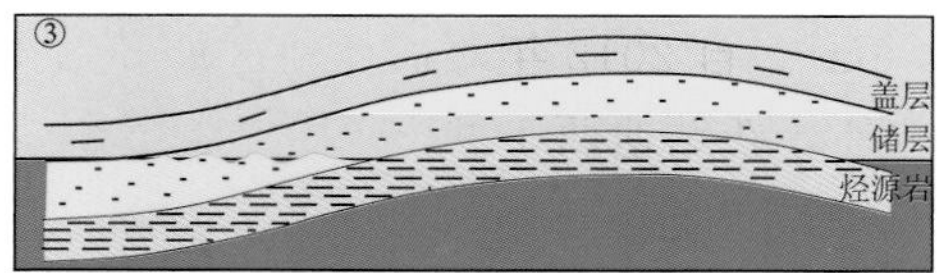

Ⅲ库车期后 (5~2Ma) 致密深盆油气藏形成阶段

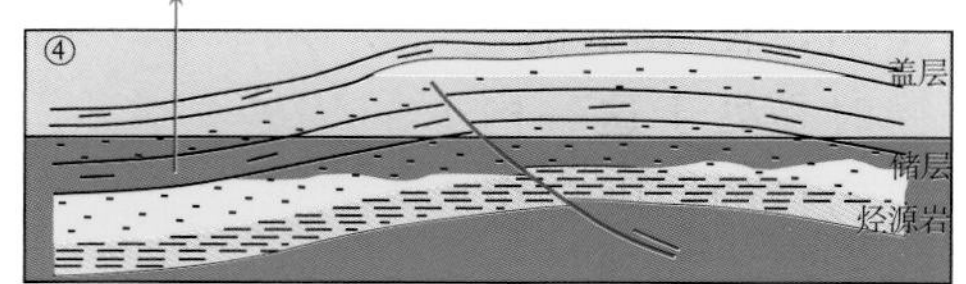

Ⅳ库车期后至现今 (2~0Ma) 油气藏被调整改造阶段

(c) 油气藏演化过程特征

图 1-4-10 库车拗陷依南 2 井致密深盆油气藏成因模式

总结各类致密深盆油气藏(图 1-3-3)形成和分布发育的主控因素有四个：储层普遍进入了浮力成藏下限(L)、构造环境稳定(W)、储层广泛连续分布(D)和与储层紧密相邻且持续生排油气的有效源岩层(S)。稳定的构造环境使深盆油气藏形成之后能够得到保存；广泛连续分布且普遍致密的储层使油气排出源岩层后有就地聚集成藏的孔隙空间，另外当油气聚集时，内部的孔隙水也能够顺利地向外向上排出；持续供油气的源岩层能够为深盆油气藏的形成和分布提供物质基础。四要素对形成深盆油气藏必不可缺。统计发现，每一个功能要素都表现出不同的控油气分布特征(图 1-4-11)。形成致密深盆油气藏的目的层孔隙度小于 12%、渗透率低于 1mD；构造环境稳定，通常地层倾角小于 10°；储层叠复连片分布，通常是滨海湖滩、礁滩复合、三角洲前缘与水下河道共存等沉积环境；源岩与储层紧密相邻，油气排出源岩后就能近地富集成藏。每一个要素都存在控藏临界条件，四个要素控藏条件的时空组合决定着致密深盆油气藏的形成和分布。

3. 致密复合油气藏

致密复合油气藏是致密常规油气藏与致密深盆油气藏叠加复合而成，成因机制上属于“先成藏后致密再成藏”。这类致密油气藏主要分布在构造斜坡区和构造高部位，具有致密常规油气藏高点汇聚、高位封盖特征，同时也具有致密深盆油气藏低凹汇聚、低孔富集特征。一方面，早期在构造高部位形成的常规油气藏，它们的含油气面积因埋深增大和压实作用增强而向下向外增大；另一方面后期在构造低凹区形成的致密深盆油气藏随埋深增大和油气不断进入致密储层，含油气面积不断向上向外扩大。油气来源条件较好时，致密常规油气藏与致密深盆油气藏的含油气范围叠加复合形成一个复合型致密油气藏。图 1-4-12 是塔里木盆地库车拗陷迪北地区油气藏形成的地质条件，分析结果表明它们有利于致密复合油气藏形成和分布。

塔里木盆地库车拗陷迪北油气藏是一个致密复合油气藏。迪北地区既处于致密常规油气藏有利发育区，也处于致密深盆油气藏有利发育区，迪北油气藏是两种不同成藏机制形成的油气藏叠加复合的结果(图 1-4-13)。2012 年 7 月在迪北地区钻探的迪西 1 井在侏罗系地层内发现油气层厚 106m，孔隙度平均 5.3%，放喷日产气 $59.0\times10^4 m^3$，油 $69.6m^3$。自 2012 年对迪西地区展开钻探，共钻 5 口探井，4 口获工业油气流，除依南 2 井外，新钻迪西 1 井、迪北 101 井、迪北 102 井、迪北 104 井获工业油气流。上交控制气 $564.2\times10^8 m^3$，凝析油 $258.43\times10^4 t$。

迪北致密油气藏所在地区曾经发育一个正向构造圈闭，开始形成于约 12Ma 前的库车期，在 2Ma 前，构造规模达到最大，高点在依南 4 井附近。迪西 1 井和依南 2 井当时是处于这一构造的西南斜坡之上，目前呈现出低幅背斜构造特征。研究区最重要的目的层阿合组和阳霞组间于侏罗系源岩层和三叠系源岩层之间。迪北地区周边发生过两期油气充注，它们与储层致密历史匹配形成了“先成藏后致密再成藏”的致密复合油气藏。

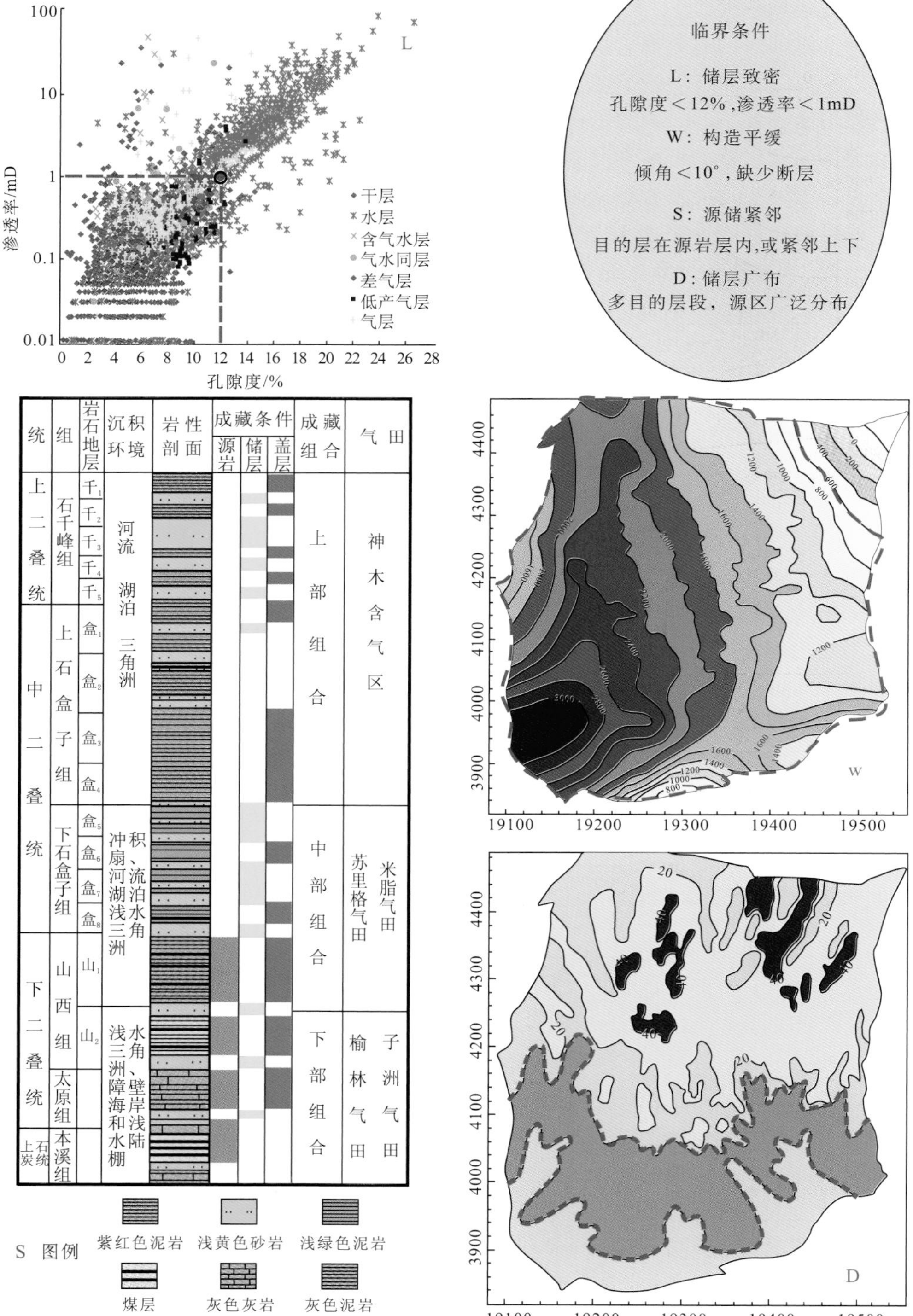

渗透率/mD

100
10
1
0.1
0.01

0 2 4 6 8 10 12 14 16 18 20 22 24 26 28

孔隙度/%

L

- 干层
- 水层
- 含气水层
- 气水同层
- 差气层
- 低产气层
- 气层

临界条件

L：储层致密

孔隙度＜12%，渗透率＜1mD

W：构造平缓

倾角＜10°，缺少断层

S：源储紧邻

目的层在源岩层内，或紧邻上下

D：储层广布

多目的层段，源区广泛分布

统	组	岩石地层	沉积环境	岩性剖面	成藏条件			成藏组合	气田
					源岩	储层	盖层		
上二叠统	石千峰组	千$_1$ 千$_2$ 千$_3$ 千$_4$ 千$_5$	河流 湖泊 三角洲					上部组合	神木含气区
中二叠统	上石盒子组	盒$_1$ 盒$_2$ 盒$_3$ 盒$_4$							
	下石盒子组	盒$_5$ 盒$_6$ 盒$_7$ 盒$_8$	冲积扇、河流湖泊浅水三角洲					中部组合	苏里格气田 米脂气田
下二叠统	山西组	山$_1$							
		山$_2$	浅水三角洲、障壁海岸和浅水陆棚					下部组合	榆林气田 子洲气田
	太原组								
上石炭统	本溪组								

S 图例

紫红色泥岩　浅黄色砂岩　浅绿色泥岩

煤层　灰色灰岩　灰色泥岩

4400 4300 4200 4100 4000 3900

19100 19200 19300 19400 19500

W

D

图 1-4-11　致密深盆油气藏主控因素控藏临界条件研究实例

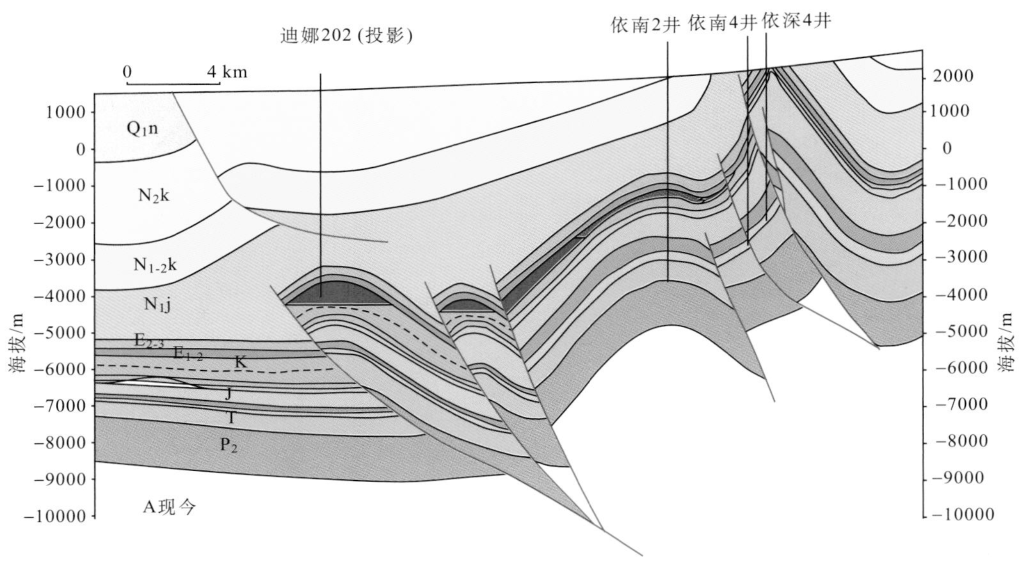

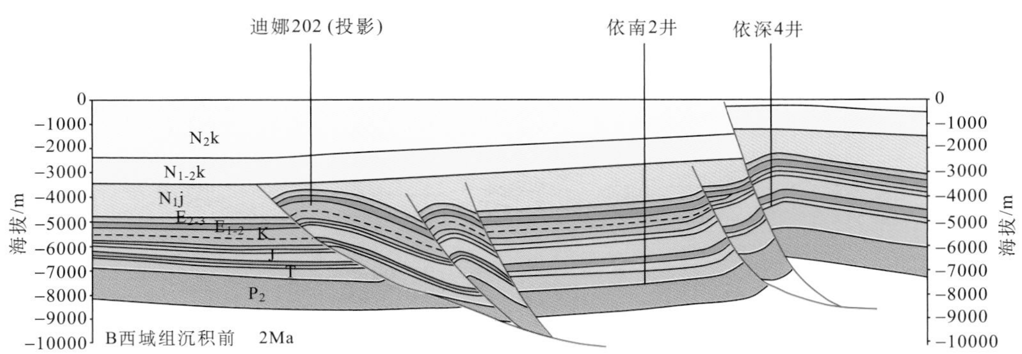

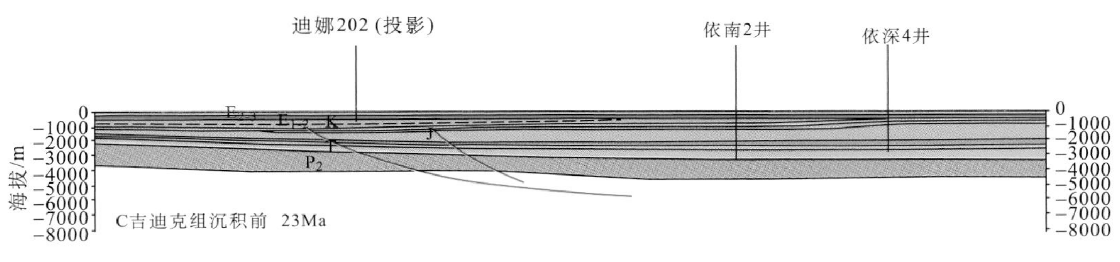

(a) 迪北构造形成演化特征

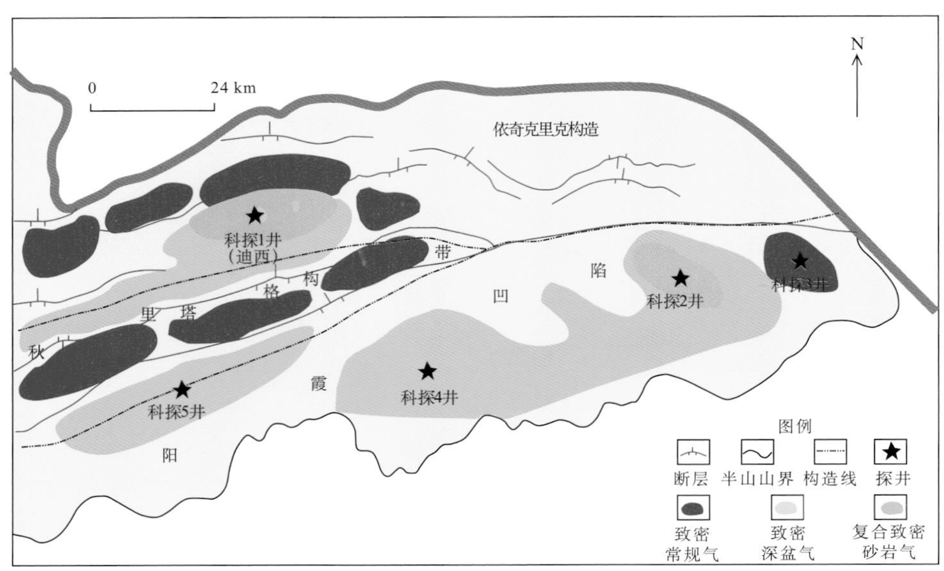

(b) 库车拗陷东部致密油气藏形成条件评价

图 1-4-12 库车拗陷迪北构造致密复合油气藏形成条件

图(b)中红色表示有利致密常规油气藏形成和分布发育区；黄色表示致密深盆油气藏有利分布发育区；深黄色表示致密深盆油气藏多期复合有利区；黑五星表示有利钻探目标区

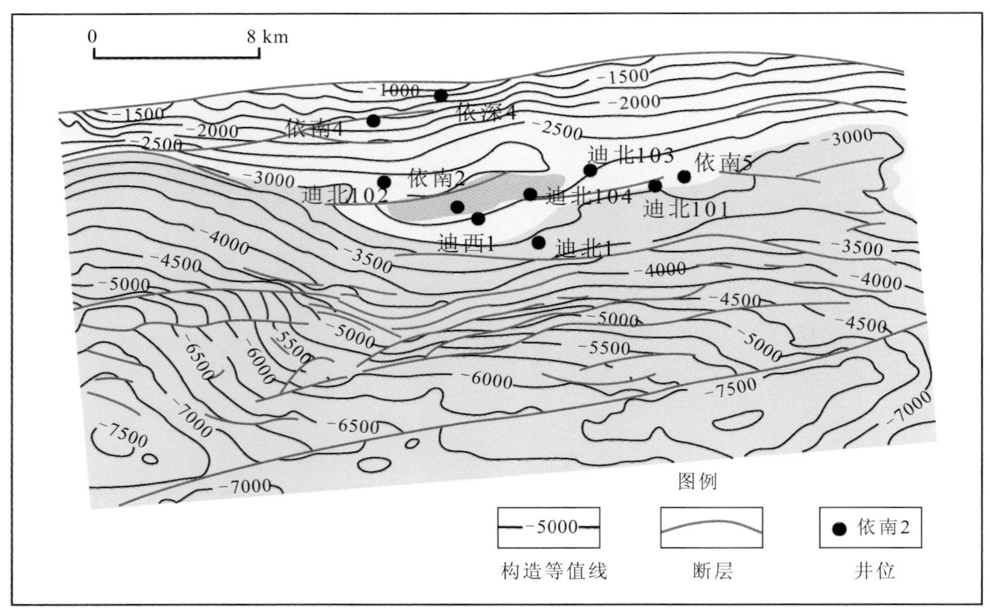

(a) 油气藏平面构造特征

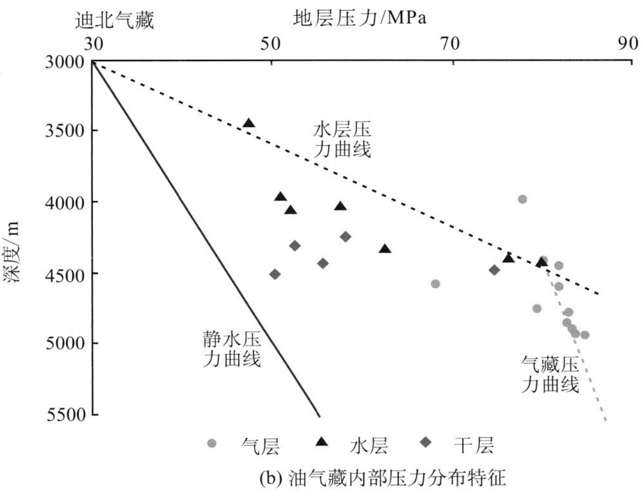

(b) 油气藏内部压力分布特征

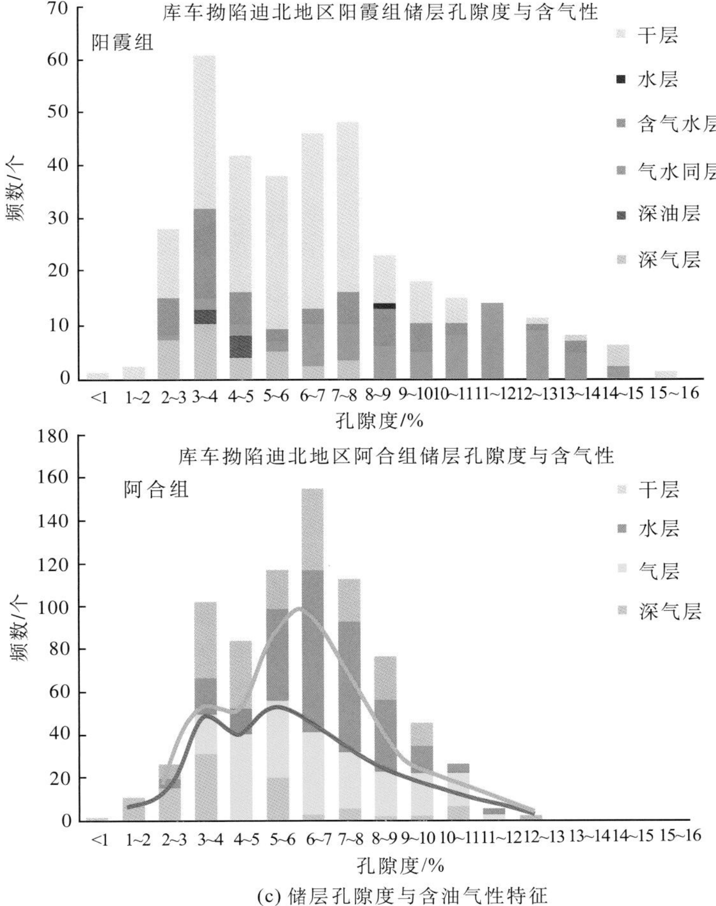

(c) 储层孔隙度与含油气性特征

图 1-4-13 库车坳陷迪北致密复合油气藏基本地质特征

储层颗粒荧光分析结果证实了这一点(图 1-4-14)。QGF-E 说明在早成藏期，依深 4 井、依南 4 井都在含油气范围内[图 1-4-14(a)、(c)]；QGF 资料说明在晚成藏期，依深 4 井、依南 4 井也都在含油气范围内[图 1-4-14(b)、(d)]。各时期形成的不同颜色的包裹体均一化温度测定结果表明，迪北地区的油气充注是一个逐渐加强的过程，越到晚期油气充注强度越大，大量的油气主要是在近 5Ma 进入目的层并形成大规模油气聚集(图 1-4-15)。

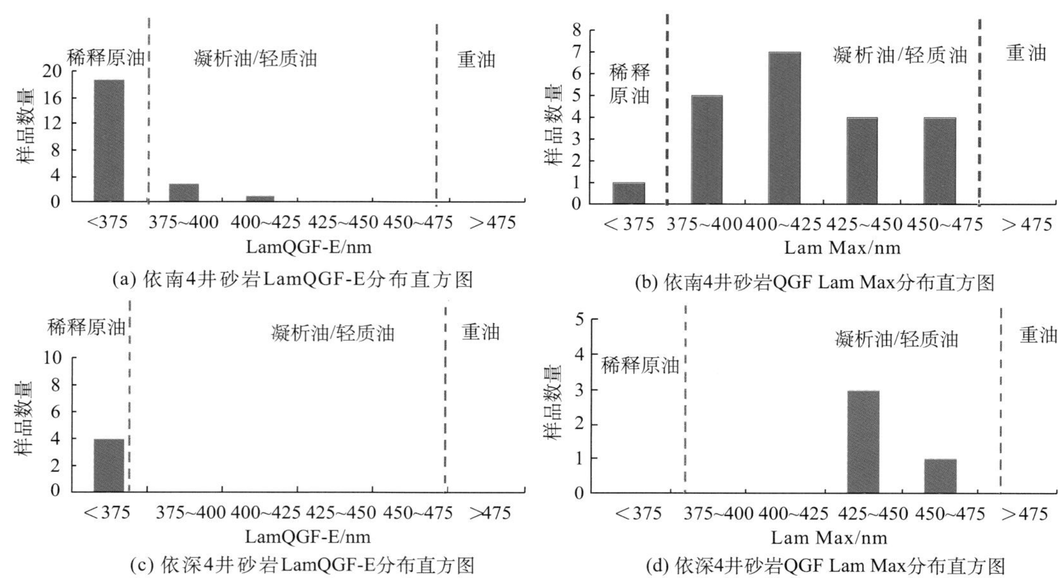

图 1-4-14　库车拗陷迪北地区显现两期成藏叠加特征

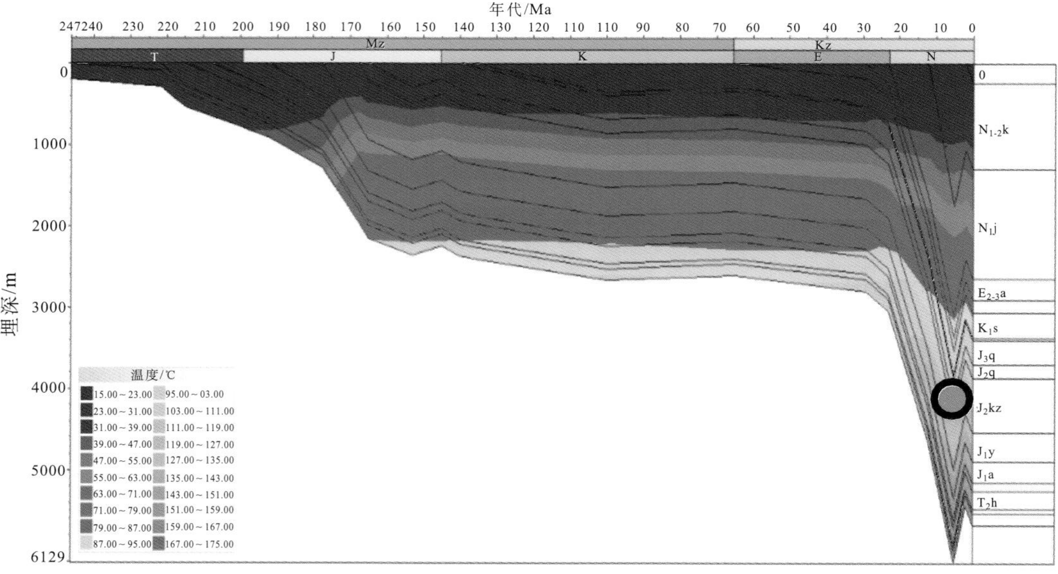

(a) 迪北地区构造演化基本特征

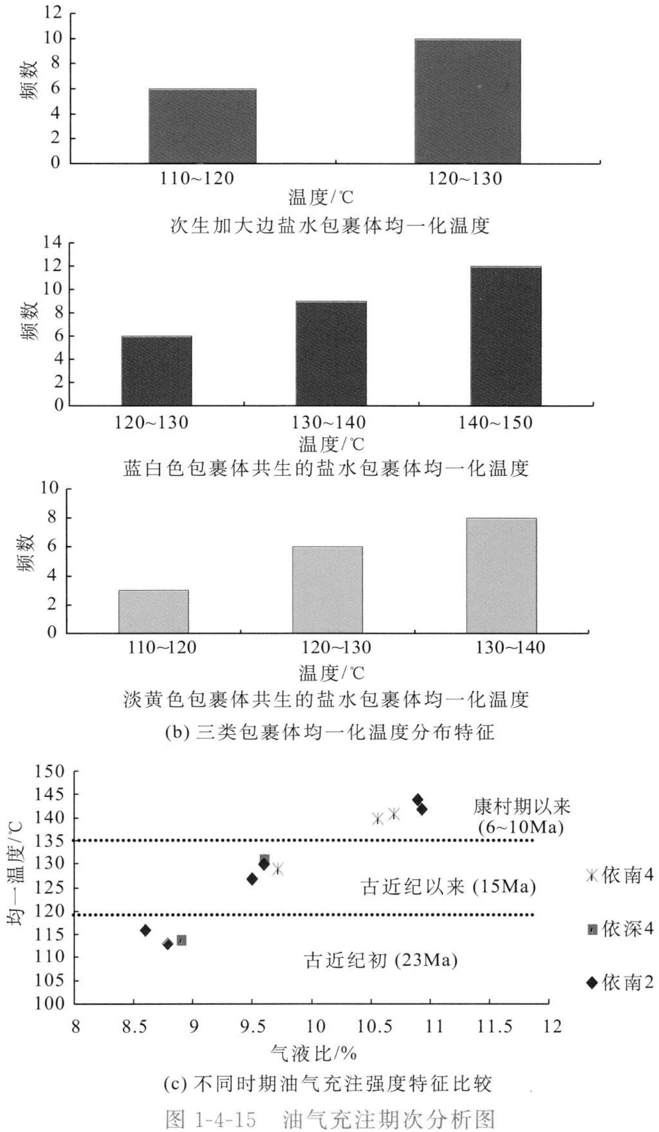

(b) 三类包裹体均一化温度分布特征

(c) 不同时期油气充注强度特征比较

图 1-4-15　油气充注期次分析图

研究表明，源岩层在演化过程中于10Ma前就开始了大量的排烃作用，而储层主要于5Ma左右开始进入浮力成藏下限(孔隙度＜12%)，源岩大量排烃期与储层致密史的匹配关系说明迪北地区经历了一个先成藏后致密再成藏的过程，它们有利于致密复合油气藏的形成和分布。早期成藏发生于10～5Ma，此期储层孔隙度大于12%，油气主要在浮力作用下进入构造圈闭的高部位，形成了常规油气藏；晚期成藏发生在5～0Ma，储层因埋藏压实已变得致密，孔隙度小于12%，油气主要在非浮力作用下成藏。两种成藏作用的范围叠加复合形成了致密复合油气藏(图1-4-16)。研究区三叠系和侏罗系的烃源岩层主要含有Ⅱ～Ⅲ类母质，它们既生成了大量的气，也生成了相当数量的液态烃，因此目前在圈闭中油气等并呈现气相特征。

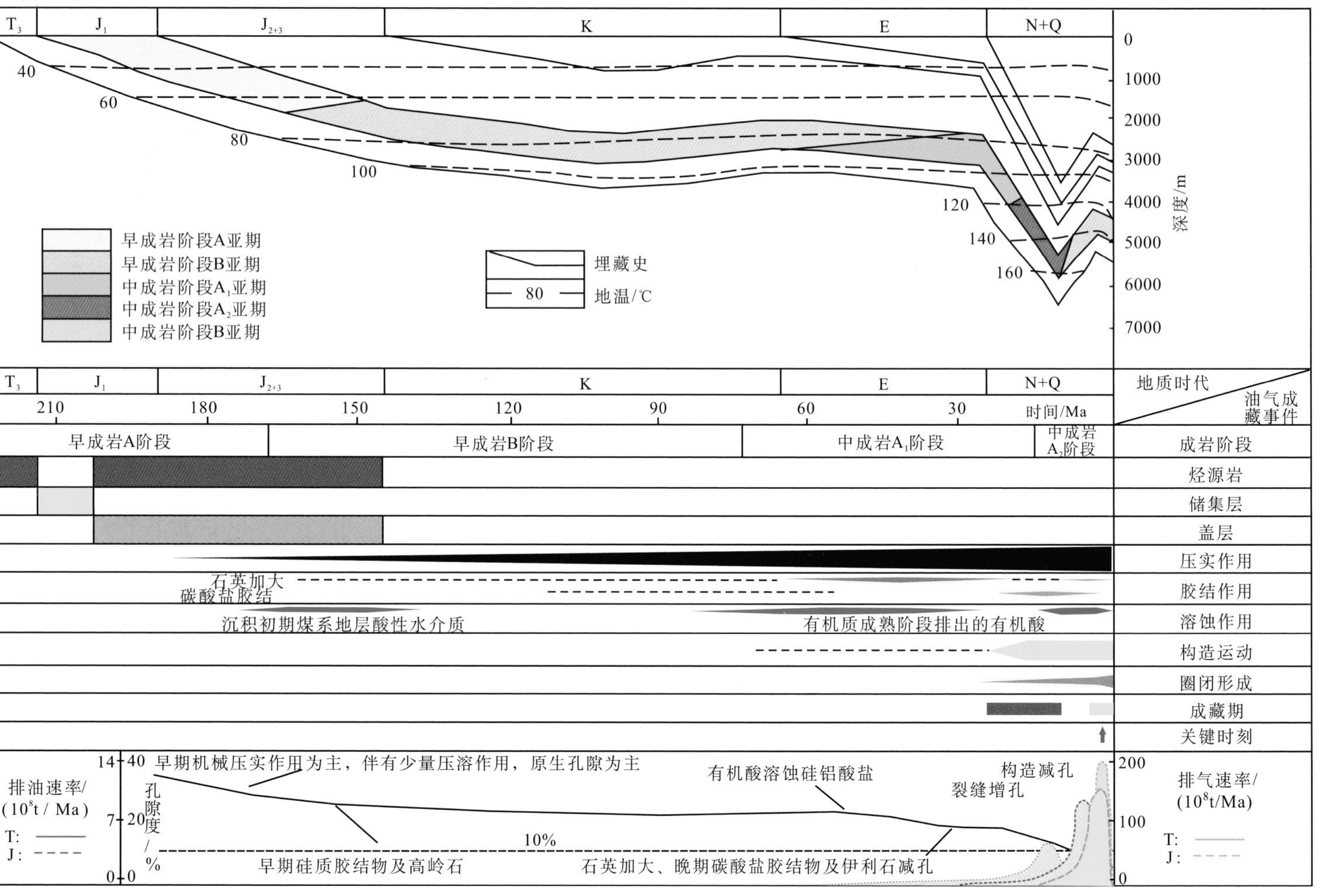

图 1-4-16　迪北致密油气藏源-储演化历史与匹配关系

图 1-4-17 是结合迪北油气藏油气来源、来路、来期、来量和来力等五个方面的剖析结果，再依据源岩排烃期与储层成岩致密期匹配关系特征建立的致密复合气藏的成因模式。研究表明，迪北气藏的形成分为四个阶段：第一阶段为成藏条件准备阶段，古近纪—康村期(23～12Ma)，储层孔隙度高但源岩层不能发生大量排油气作用，无法形成气藏；第二阶段为常规油气藏形成阶段，康村—库车期(12～5Ma)，源岩排出的油气在浮力作用下进入迪北构造高部位聚集形成常规气藏；第三阶段为致密常规和致密深盆油气藏形成阶段，库车期后期(5～2Ma)，低部位的储层开始变得致密并在非浮力作用下形成致密深盆气藏，构造高部位的常规气藏因油气来源受阻不再聚集更多油气，但由于压实作用而转变为致密气藏，含油气范围向外向下不断增大；第四阶段为致密复合油气藏形成与调整改造阶段，库车期后至现今(2～0Ma)，构造深拗区或斜坡区的致密深盆气藏因大量油气积聚，含油气面积不断拓展增大，与早期构造高部位聚集的油气叠加复合形成致密复合型气藏。由于晚期受到了构造变动的调整与改造，构造顶部有相当一部分油气被破坏了，如北部构造最高处的依南 4 井、依深 4 井都相继失利，但它们主要目的层包裹体 QGE-F 分析结果均表明曾经发生过大量的油气聚集。迪北致密复合型气藏内既发现大量气聚集，也发现相当数量的油聚集，应该属于致密复合型油气藏。油气的相对量受两方面条件的控制：一是提供油气的母质类型，Ⅲ类母质主要提供气，Ⅰ类母

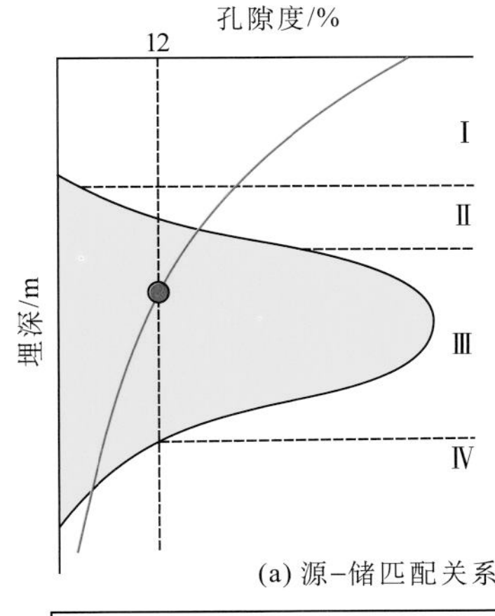

(a) 源-储匹配关系

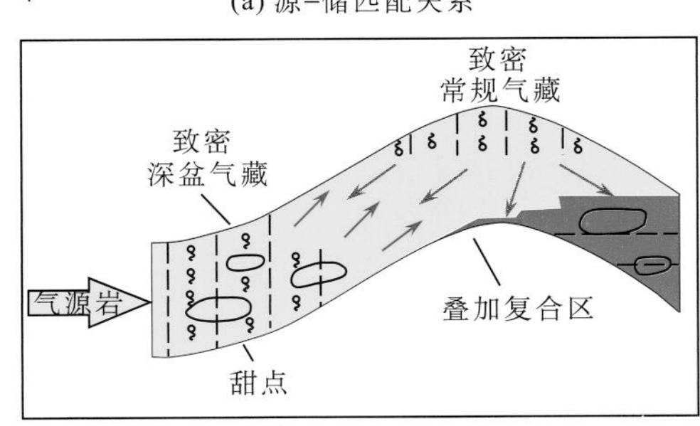

(b) 油气成藏动力机制

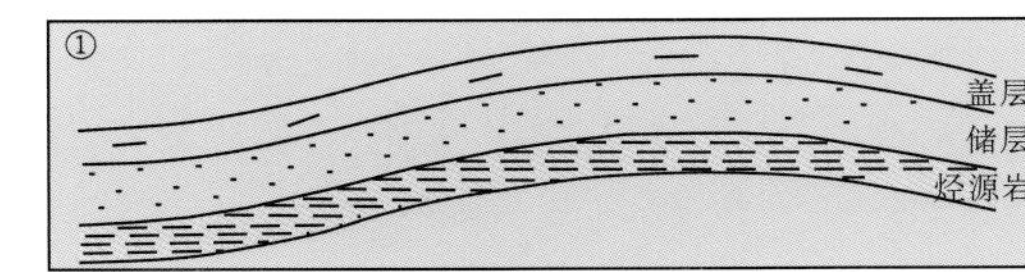

Ⅰ古近纪—康村期 (23~12Ma) 成藏条件准备阶段

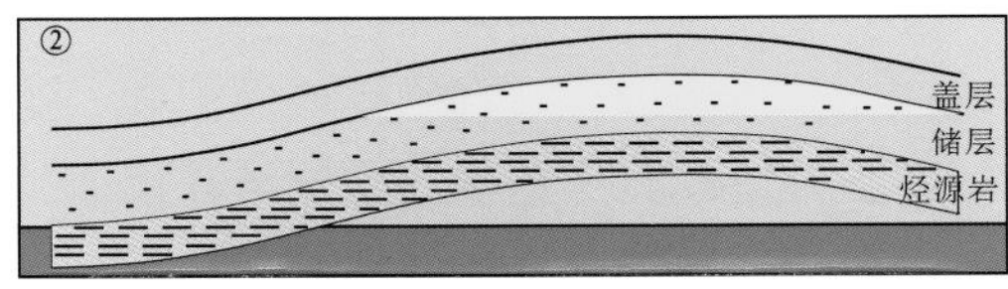

Ⅱ康村期—库车期 (12~5Ma) 常规油气藏形成阶段

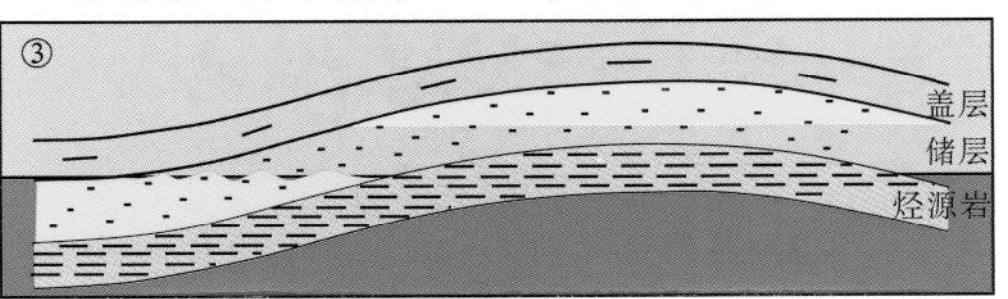

Ⅲ库车期后 (5~2Ma) 致密常规和致密深盆油气藏形成阶段

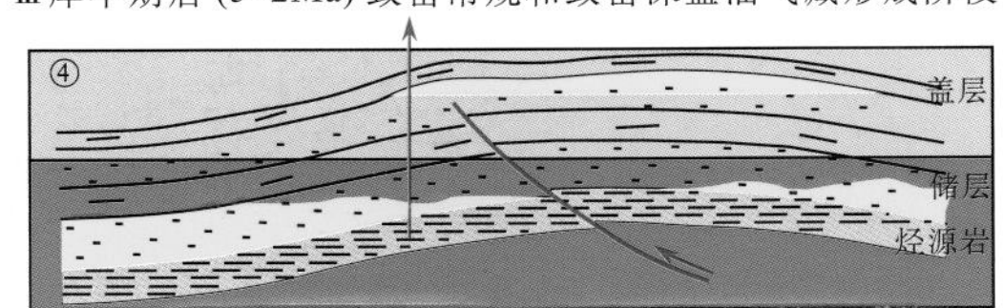

Ⅳ库车期后至今 (2~0Ma) 致密复合油气藏形成与调整改造阶段

(c) 油气成藏演化过程特征

图 1-4-17 库车拗陷迪北致密复合油气藏成因模式

质主要提供液态烃，Ⅱ类母质间于它们之间；二是提供油气的母质转化程度，在 R_o< 1.35%之前主要提供液态烃，在 R_o>1.35%之后主要提供天然气。研究区三叠系和侏罗系的烃源岩层主要含有Ⅱ～Ⅲ类母质，它们既生成了大量的气，也生成了相当数量的液态烃，因此目前在圈闭中见到油气并以气为主是正常现象。

总结各类致密复合油气藏分布发育的主控因素分为两类：一类与致密常规油气藏的形成和分布有关，包括区盖层(C)、地质相(D)、低势区(P)、烃源灶(S)；另一类与致密深盆油气藏的形成和分布有关，包括普遍致密储层(L)、稳定构造环境(W)、连片分布的储层(D)、紧邻储层发育的源岩层(S)。综合考虑后的主控因素有六项，即 S、D、C、W、P、L。致密复合油气藏的成因机制是致密常规油气藏成因机制与致密深盆油气藏成因机制的叠加和复合，这两类油气藏的成因机制已在前面介绍，这里不再赘述。

二、三种致密油气藏特征差异比较与演化过程特征

1. 不同类型的致密油气藏成因特征比较及其判别标志

致密常规油气藏、致密深盆油气藏和致密复合油气藏的地质特征、形成条件、成因机制、发育模式与分布规律之间的差异性如表 1-4-1 所示(庞雄奇等，2013)。

致密常规油气藏的基本特征是先成藏后致密，分布发育受浮力控制。判别标准是“四高两小一分离”。“四高”系指高点汇聚、高位封盖、高孔富集、高压成藏；“两小”系指油气藏通常含油气分布面积小、储量规模小；“一分离”是指油气藏与烃源岩通常彼此分离，不直接接触。油气藏形成受烃源灶(S)、区盖层(C)、地质相(D)和低势区(P)四大功能要素控制，分布发育模式可用 T-C/D/P/S 表示。

致密深盆油气藏的基本特征是先致密后成藏，分布发育不受浮力控制。判别标准是“四低两大一紧邻”。“四低”指低凹汇聚、低位倒置、低孔富集、低压稳定；“两大”系指油气藏分布发育面积和油气藏储量规模通常很大；“一紧邻”系指油气藏与烃源岩紧密接触，不能分离。致密深盆油气藏的形成受烃源灶(S)、地质相(D)、稳定构造环境(W)和普遍致密储层(L)四大功能要素控制，分布发育模式可用 T-L·W·DS 表示。

致密复合油气藏的基本特征是先成藏后致密再成藏，分布发育是早期受浮力控制、中期受压成岩控制、晚期受分子体积膨胀作用控制。判别标准是“四高四低两大一紧邻”。“四高四低”系指高点富油气与低点富油气共存、高孔隙聚油气与低孔隙聚油气共存、高压油气层与低压油气层共存、高产油气层与低产油气层共存；“两大”系指油气藏分布面积大、资源储量规模大；“一紧邻”是指含油气目的层与烃源岩层紧密相邻。致密复合油气藏的形成受 C、D、P、S、L、W 等六大因素控制，分布发育模式可用 T-C/D/P/S+T-L·W·DS 表示。

2. 不同类型致密油气藏形成演化过程特征与叠加复合机制

油气藏地质特征与分布发育模式是油气成藏动力机制决定的，而导致油气成藏动力机制不同的根本要素是储层的孔隙结构，包括孔隙度、孔喉半径和渗透率。储层孔隙度大(>12%)、渗透率高(>1mD)、吼喉半径大(>2μm)，油气运聚成藏受浮力控制，

表 1-4-1 三种致密油气藏地质特征与差异标志

类别	地质特征	主控因素	成藏机制			分布发育模式
			动力	源-储匹配	动力学模式	
常规油气藏	四高 两小 一分离 $\phi>12\%$ $K>1\text{mD}$ $R>2\mu\text{m}$	成藏期 (T) 区盖层 (C) 地质相 (D) 低势区 (P) 烃源灶 (S) 自由流体动力场	浮力为主	储层 非致密期 源岩 排烃成藏	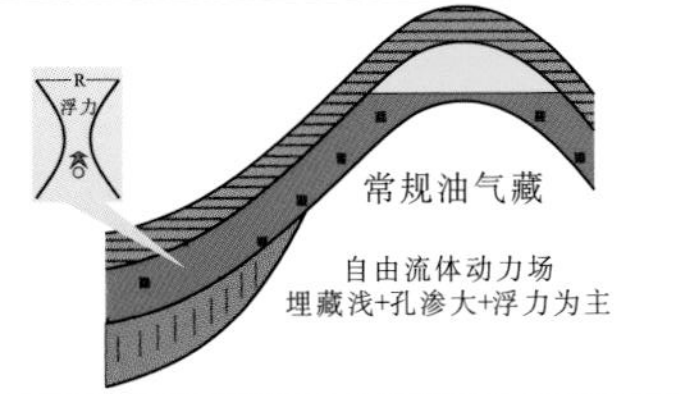 R 浮力 常规油气藏 自由流体动力场 埋藏浅+孔渗大+浮力为主	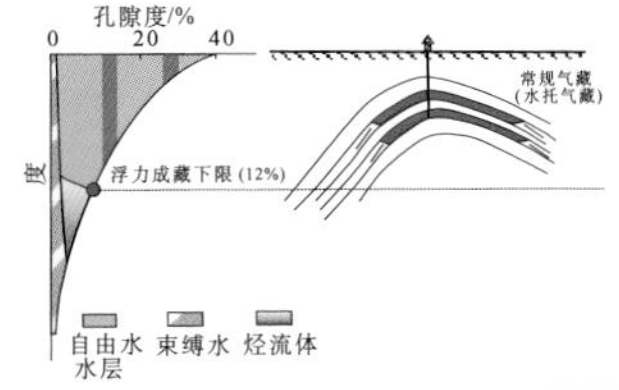 孔隙度/% 0 20 40 深度 浮力成藏下限 (12%) 常规气藏（水托气藏） 自由水水层 束缚水 烃流体
致密常规油气藏	三高一低 两小 一分离 $\phi<12\%$ $K<1\text{mD}$ $R<2\ \mu\text{m}$	成藏期 (T) 区盖层 (C) 有利相 (D) 低势区 (P) 烃源灶 (S) 局限流体动力场	压实成岩致密	储层 致密前 源岩 排烃成藏 先成藏后致密	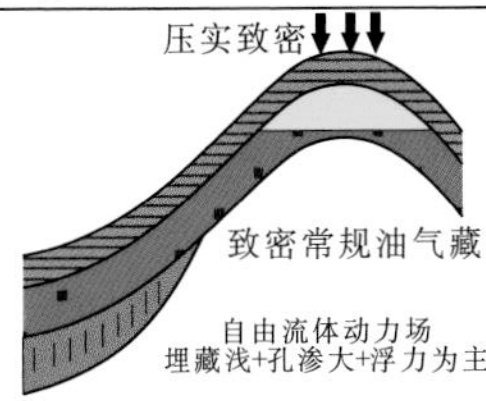 压实致密 致密常规油气藏 自由流体动力场 埋藏浅+孔渗大+浮力为主	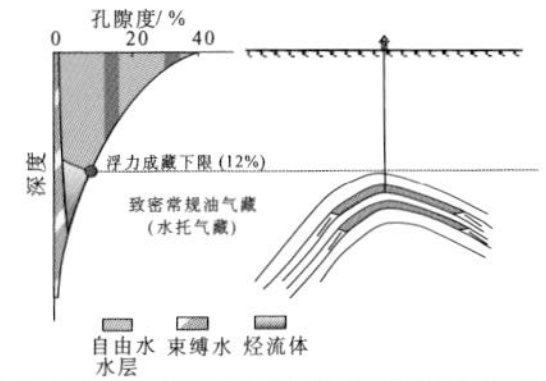 孔隙度/% 0 20 40 深度 浮力成藏下限 (12%) 致密常规油气藏（水托气藏） 自由水水层 束缚水 烃流体
致密深盆油气藏	四低 两大 一紧邻 $\phi<12\%$ $K<1\text{mD}$ $R<2\ \mu\text{m}$	成藏期 (T) 致密储层 (L) 构造稳定 (W) 有利相 (D) 烃源灶 (S) 局限流体动力场	分子体积膨胀力	储层 致密后 源岩 排烃成藏 先致密后成藏	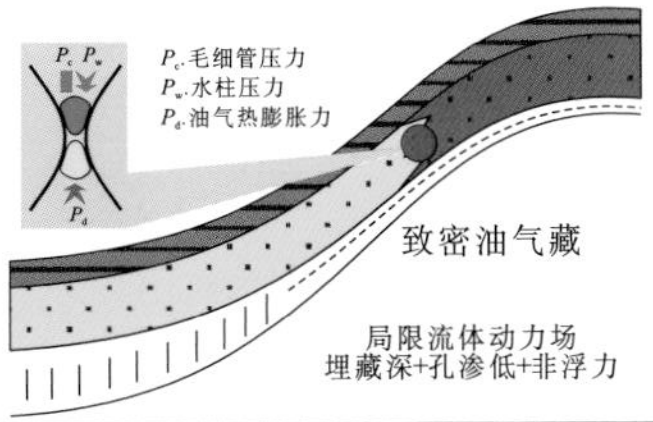 P_c-毛细管压力 P_w-水柱压力 P_d-油气热膨胀力 致密油气藏 局限流体动力场 埋藏深+孔渗低+非浮力	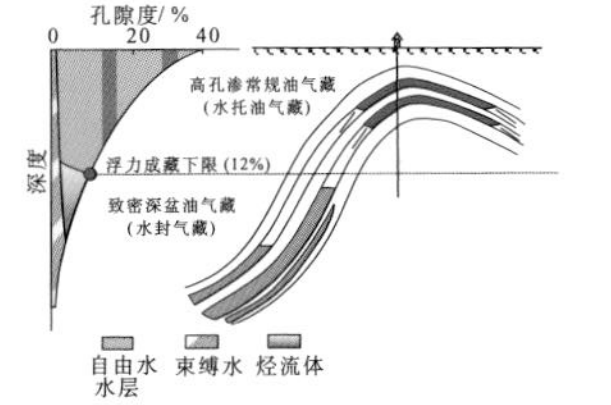 孔隙度/% 0 20 40 深度 高孔渗常规油气藏（水托油气藏） 浮力成藏下限 (12%) 致密深盆油气藏（水封气藏） 自由水水层 束缚水 烃流体
致密复合油气藏	四高四低 两大 一紧邻 $\phi<12\%$ $K<1\text{mD}$ $R<2\ \mu\text{m}$	成藏期 (T) 区盖层 (C) 有利相 (D) 低势区 (P) 致密储层 (L) 构造稳定 (W) 局限流体动力场	早期浮力为主 中期压实为主 晚期分子体积膨胀	先成藏 后致密 再成藏	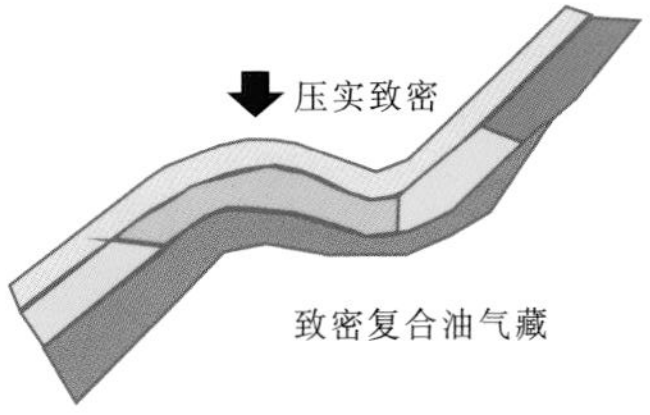 压实致密 致密复合油气藏	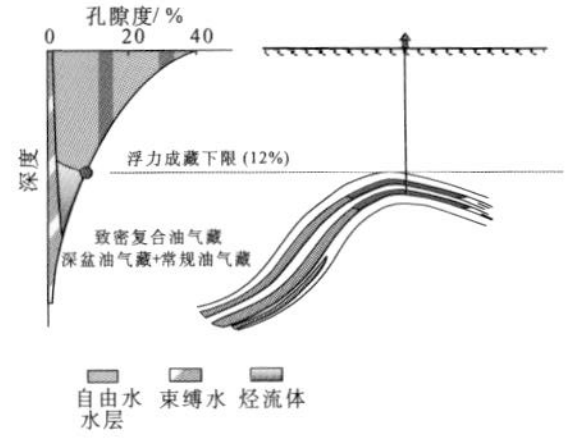 孔隙度/% 0 20 40 深度 浮力成藏下限 (12%) 致密复合油气藏 深盆油气藏+常规油气藏 自由水水层 束缚水 烃流体

图 1-3-2 和图 1-4-18(a)分别为这类油气藏发育特征与成藏机制物理模拟实验结果；储层孔隙度小(＜12%)、渗透率低(＜1mD)、吼喉半径小(＜2μm)，油气运聚成藏不受浮力控制，图 1-3-3 和图 1-4-18(b)分别为这类油气藏发育特征与成藏机制物理模拟实验结果。在盆地演化过程中，储层的孔隙度、渗透率和孔喉半径是随着埋深增大而减少的，因此它们经历了早期高孔渗储层成藏和晚期低孔渗储层成藏两个完全不同的阶段。为讨论问题方便，本书以浮力成藏下限为界，将含油气盆地目的层储层孔隙度较大(＞12%)、渗透率较大(＞1mD)、孔喉半径较大(＞2μm)、源岩热演化程度(R_o)较低(＜1.2%)、油气运聚成藏受浮力作用主导的地层领域称为自由流体动力场；将含油气盆地处于浮力成藏下限和油气成藏底限之间的致密地层领域称为局限流体动力场，它们的储层孔隙度较小(12%～2.4%)、渗透率较低(1.0～0.01mD)、孔喉半径较小(2.0～0.01μm)、源岩热演化程度较高(1.2%～2.5%)，油气运聚成藏不受浮力作用主导；将油气成藏底限之下的超致密地层领域称为束缚流体动力场。致密常规油气藏、致密深盆油气藏和致密复合油气藏成因机制不同，它们能够同时出现在局限流体动力场内是含油气盆地在埋藏过程中流体动力场形成演化过程中不同阶段、不同动力作用形成的不同类型的油气藏彼此叠加复合的结果。

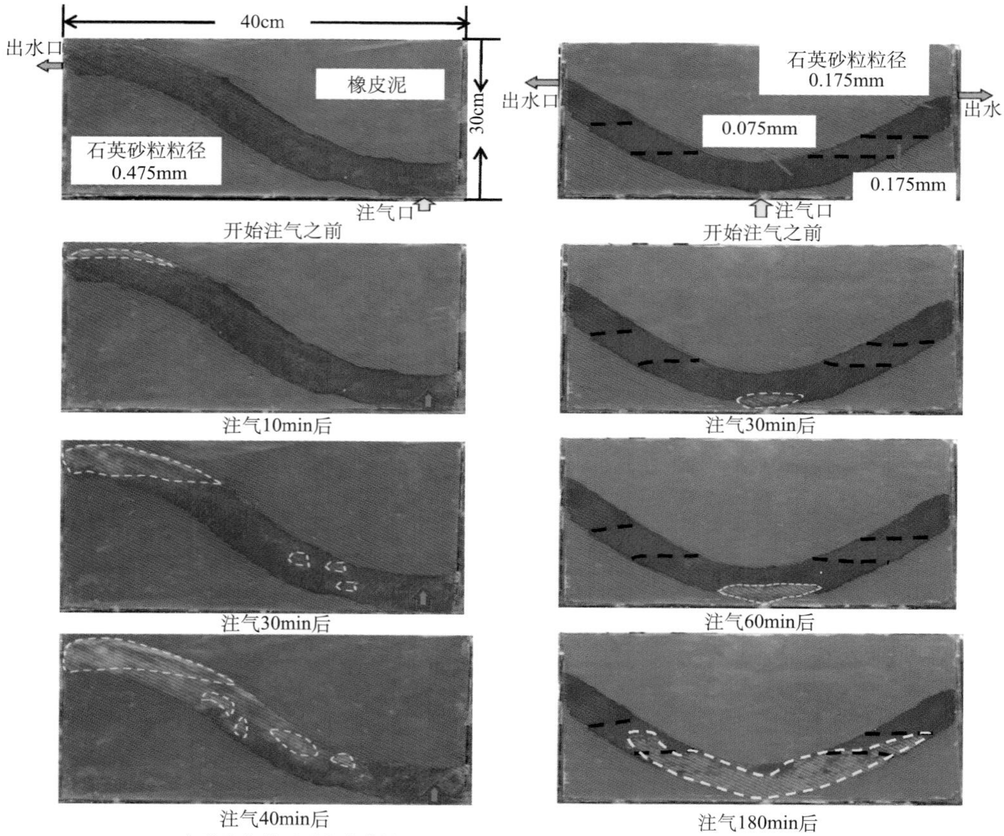

开始注气之前 / 注气10min后 / 注气30min后 / 注气40min后

(a) 高孔渗条件下浮力成藏特征

开始注气之前 / 注气30min后 / 注气60min后 / 注气180min后

(b) 低孔渗条件下非浮力成藏特征

图 1-4-18　浮力与非浮力运聚油气成藏特征差异物理模拟实验

当前的局限流体动力场在地史过程中经历了自由流体动力场和局限流体动力场两个演化阶段(图 1-4-19)。在盆地演化的早期阶段，目的层埋深浅、孔隙度高，油气主要在浮力作用下进入构造高部位的圈闭内聚集形成常规油气藏，目的层处于盆地深拗区的部分可能进入了局限流体动力场并开始形成致密深盆油气藏[图 1-4-19(a)]。盆地演化的中期阶段，目的层一部分因埋深增大和压实作用增强进入了局限流体动力场，一部分处于自由流体动力场，还有一部分可能进入了束缚流体动力场，进入局限流体动力场的目的层内原已形成的常规油气藏，此阶段转变成致密常规油气藏，含油气面积向外向下得到扩展，原已形成的致密深盆油气藏因大量油气排入目的层而快速向上向外扩大含油气面积，最早在深拗区形成的致密深盆油气可能因埋深过大而进入了束缚流体动力场，此阶段可以在盆地内见到致密常规和致密深盆两种致密油气藏[图 1-4-19(b)]。盆地演化的晚期阶段，目的层埋深进一步加大，在烃源岩排烃量足够大的情况下，后来快速扩大的致密深盆油气将覆盖致密常规油气形成一种全新的致密复合油气藏，此时可在含油气盆地同时见到三种不同类型的致密油气藏[图 1-4-19(c)]。

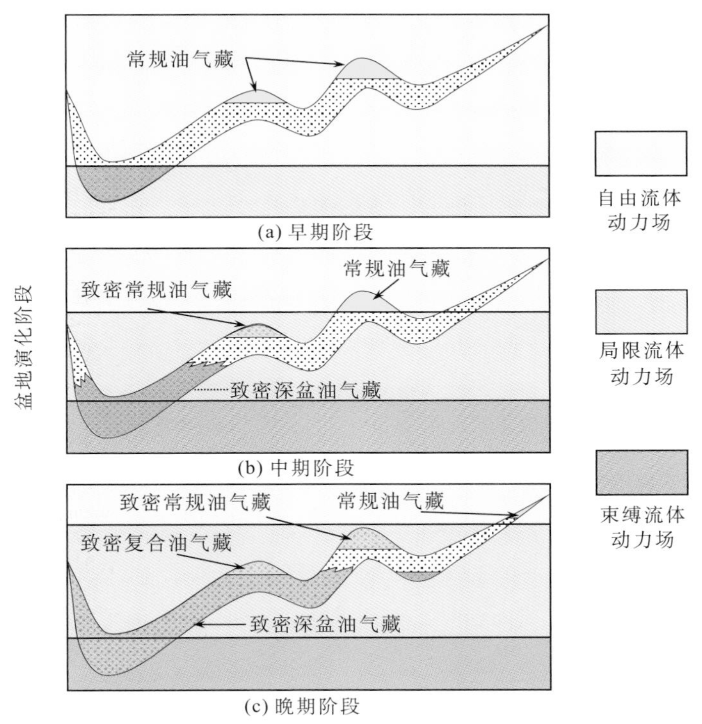

图 1-4-19 流体动力场演化及其控油气成藏基本特征

三、叠复连续油气藏成因过程特征与阶段划分

每一个叠复连续油气藏内都发育有多个目的层段，每一个目的层段在埋藏过程中都

可能经历自由流体动力场和局限流体动力场两个成藏阶段，由于自身孔隙结构、变化特征及其与烃源岩层接触关系的不同显示出不同的成藏历程，多个不同成藏历程的目的层段在纵向上叠加、平面上复合形成了当前见到的复杂油气地质现象。图 1-4-20 是基于四川盆地川西拗陷叠复连续油气藏详细剖析(杨克明和庞雄奇，2012)后恢复的演化过程特征，在此基础上将叠复连续油气藏形成过程划分为四个阶段：第一阶段为初期天然气成藏条件准备阶段，须 4 段沉积初至三叠系末，因须 3 段源岩层没有进入排烃门限，因而没有形成油气藏[图 1-4-20(a)]；第二阶段为早期常规油气藏形成阶段，三叠系末至中侏罗系末，须 3 段源岩已发生了大量排烃作用，因须四段处于自由流体动力场阶段，油气在浮力作用下主要进入了须 4 段上部各目的层段的构造高点形成了常规油气藏[图 1-4-20(b)]；第三阶段为中期致密常规和致密深盆气藏形成阶段，中侏罗系末至上侏罗末，须 4 段已进入局限流体动力场，因压实作用孔隙度减少，早期形成的常规气藏转变成致密常规气藏，下部紧邻源岩层的致密砂岩中开始形成致密深盆气藏[图 1-4-20(c)]；第四阶段为晚期叠复连续气藏形成阶段，侏罗纪末至中白垩世末，致密深盆油气藏大规模形成，并在一些地区与早前形成的致密常规油气藏叠加复合，形成了致密复合油气藏[图 1-4-20(d)]。通过对主要目的层不同时期、不同流体动力场内不同类型油气藏主控因素和控藏作用研究，可以预测它们在平面上的有利发育区。

T_3末　须3段源岩没有排烃,未形成油气藏

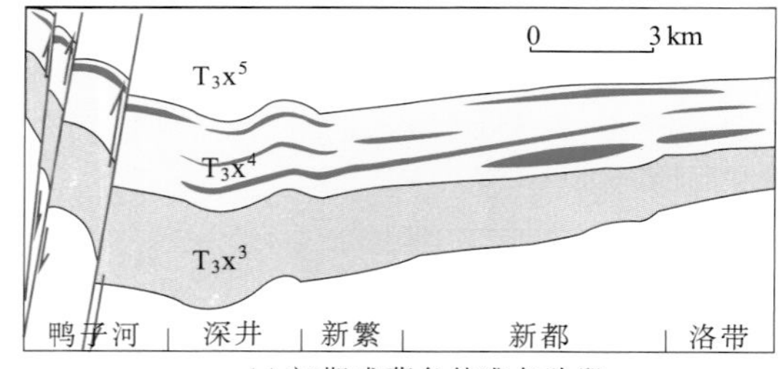

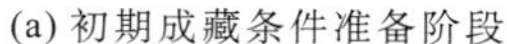
(a) 初期成藏条件准备阶段

J_2末　须3段源岩开始排烃,高孔渗储层形成常规油气藏

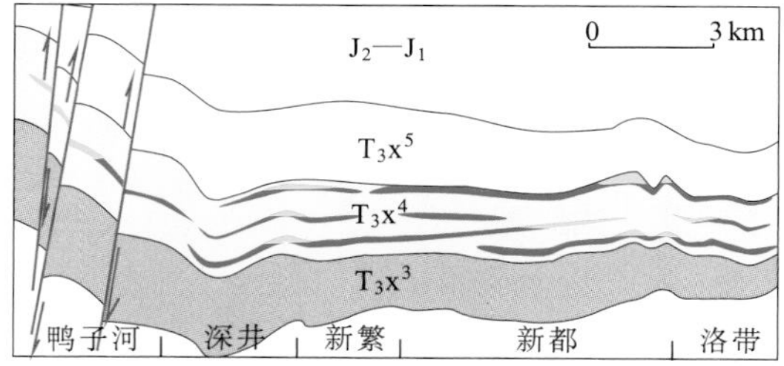

(b) 早期常规油气藏的形成阶段

J_3末　须3段源岩大量排烃,压实致密油气藏

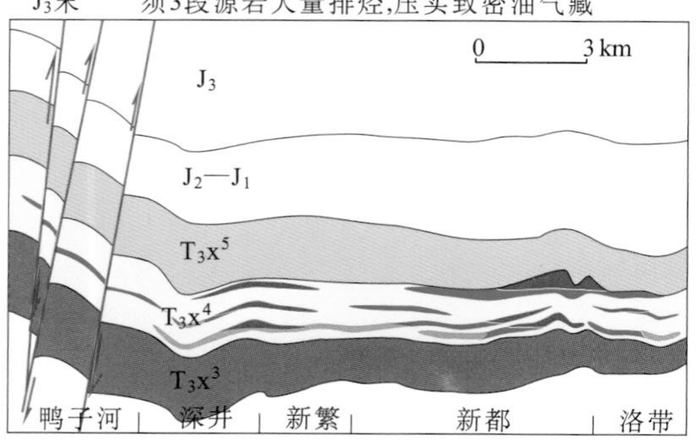

(c) 中期致密常规与致密深盆油气藏形成阶段

K_2末　须3段源岩大量排烃,叠复连续型油气藏形成

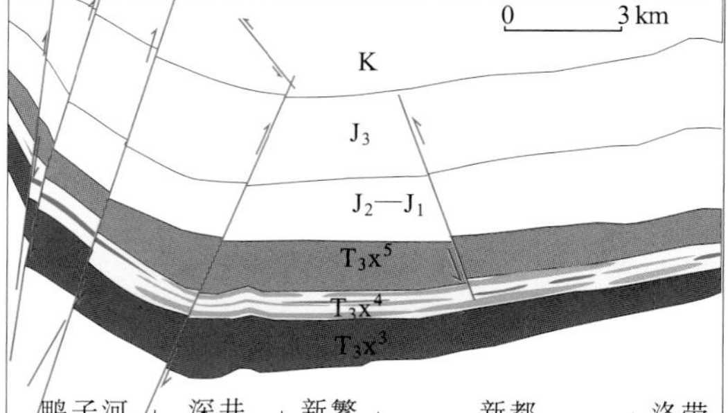

(d) 晚期叠复连续油气藏的形成阶段

图例　常规气层　致密常规气层　致密深盆气层　致密叠复连续气层　水层　排烃高峰源岩　进入排烃门限源岩　源岩　断层　构造带　层位标注

图 1-4-20　叠复连续油气藏形成过程特征与阶段划分

第五节 叠复连续油气藏分布发育模式与有利勘探区预测

叠复连续油气藏分布发育在局限流体动力场内，受浮力成藏下限和油气成藏底限两个动力学边界控制；它们通常发育多个含油气目的层段且分布于源岩层系之内或上下，平面上广泛连续成片分布；含油气范围内富油气甜点受众多因素影响，近源-优相-低势复合区最好。图 1-5-1 和图 1-5-2 是构造局部稳定和构造整体稳定两种不同条件下含油气盆地流体动力场划分与叠复连续油气藏分布发育模式。在实际工作过程中，主要依据构造整体稳定条件下的成藏模式预测叠复连续油气藏有利分布发育领域、有利成藏区带和有利富油气目标，对于构造变动条件下的叠复连续油气藏分布预测主要是对构造整体稳定条件下的预测结果进行构造变动破坏烃量计算或对调整改造油气藏的情况进行评估。

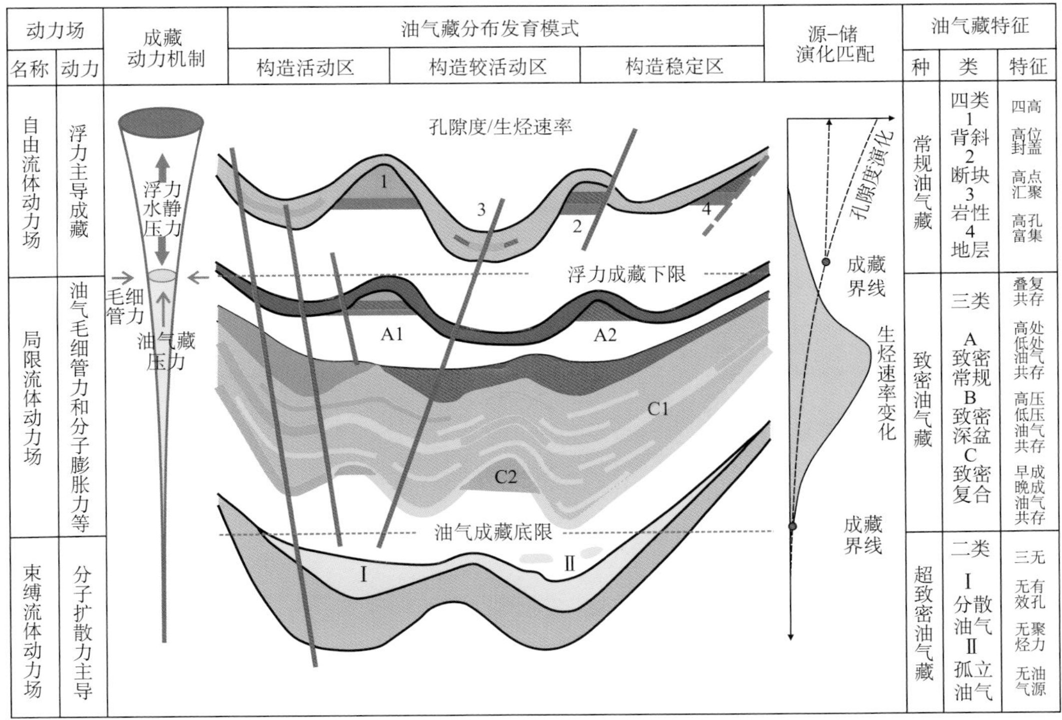

图 1-5-1 含油气盆地叠复连续油气藏分布发育基本模式

实现叠复连续油气藏分布定量预测与评价需要基于叠复连续油气藏成因机制与模式研发和应用 20 项关键技术，其中包括有利资源领域预测与评价 8 项技术、有利成藏区带预测与评价 8 项技术、有利富油气目标预测与评价 4 项技术，相关技术及其在油气分布预测中的作用详参图 1-5-3。

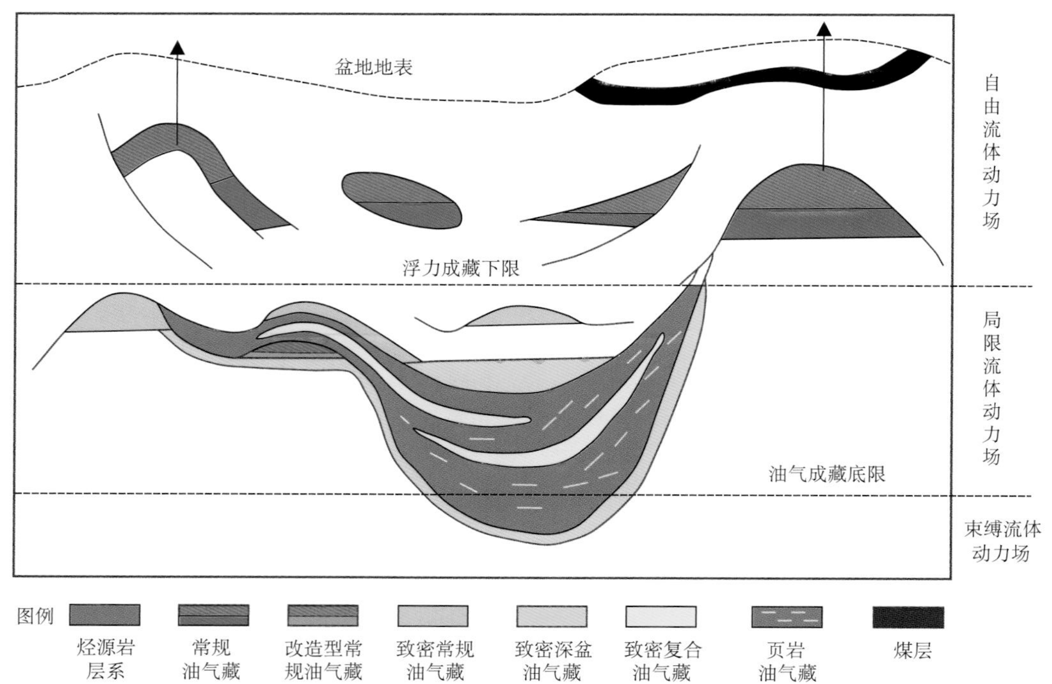

图 1-5-2 叠复连续油气藏分布发育模式及其与常规油气藏之间的关系

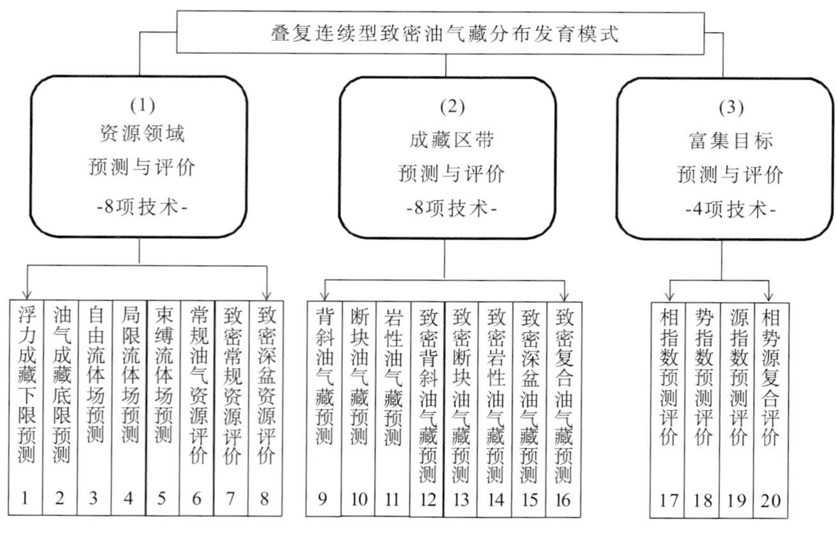

图 1-5-3 局限流体动力场叠复连续油气藏分布预测与评价技术

一、叠复连续油气藏分布发育在局限流体动力场内，勘探前景广阔

应用叠复连续油气藏分布发育模式预测和评价有利勘探领域的关键是在研究区划分出局限流体动力场、确定有效源岩层系并分析源岩大量排烃时间和储层成岩致密时间的匹配关系，计算出叠复连续油气藏的资源潜力。技术路线和工作流程如图 1-5-4 所示。

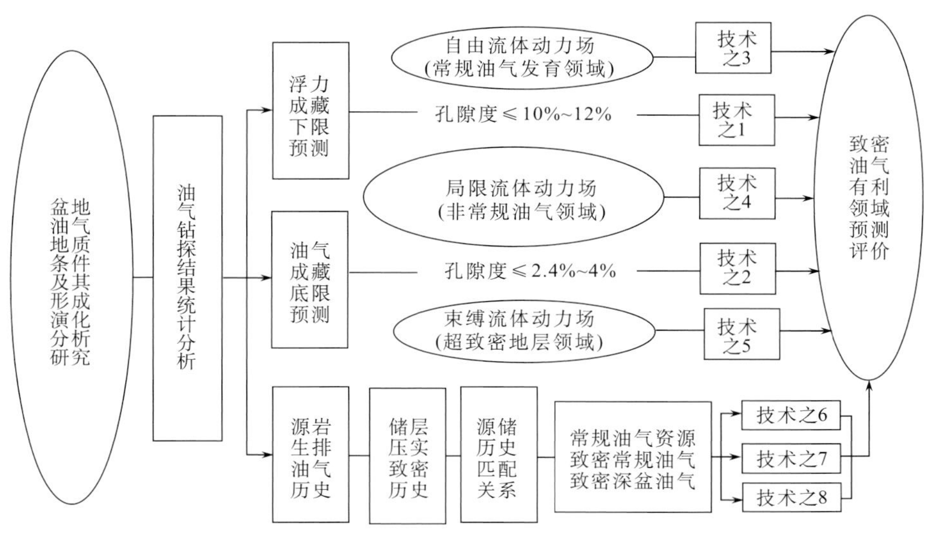

图 1-5-4 局限流体动力场叠复连续油气藏有利领域预测与评价技术路线

1. 局限流体动力场划分

通过对已发现油气藏剖析，研究含油气目的层孔隙度、渗透率、孔喉半径随埋深的变化规律，结合地震相和沉积相的研究，在地质剖面上和平面上找出与浮力成藏下限和油气成藏底限相对应的界面，然后划分三个流体动力场，处于局限流体动力场内的地层领域有利于叠复连续油气藏的形成和分布。图 1-5-5 是对松辽盆地扶扬油层流体动力场在剖面上和平面上的分布范围划分结果。

图 1-5-6(a)为四川盆地川西拗陷地层剖面中流体动力场划分结果。研究表明，川西拗陷局限流体动力场分布在埋深 1200～6500m；砂岩储层孔隙度平均为 11%～2%、渗透率为 0.01～1mD，孔喉半径为 2～0.01μm。处于局限流体动力场内的砂岩目的层，不管位于构造高点还是低凹区都普遍含气或为干层，只有在断层周边的个别井点内见到水层；在局限流体动力场之上为自由流体动力场，油气在浮力作用下主要富集在构造高部位，具有"四高二小一分离"的地质特征，由于川西浅部目的层之中的天然气主要来自深部须 1 段、须 3 段和须 5 段烃源岩层，已发现的油气藏主要分布在气源断裂带上的构造高部位；构造低部位的砂岩储层普遍见水，反映了浮力对天然气的分异作用。图 1-5-6(b)是四川盆地川西拗陷须 2 段流体动力场平面划分结果，图中的灰色区为束缚流体动力场，不利于天然气聚集成藏，勘探风险大；图中其他部分均为局限流体动力场，依据成藏条件的不同又分为最有利天然气富集区、有利富集区和较有利富集区。须 2 段

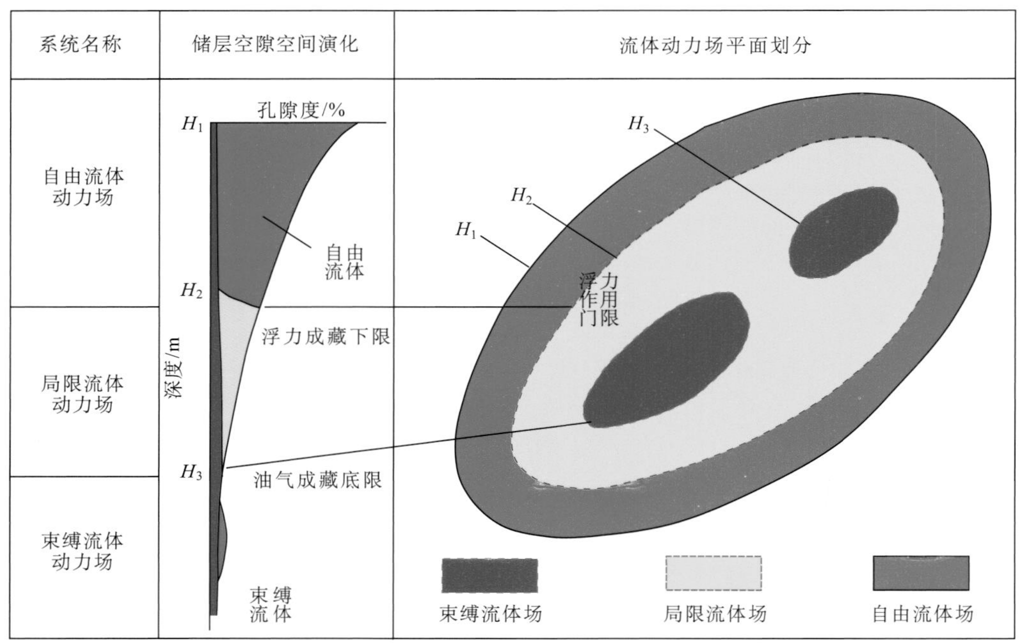

(a) 流体动力场划分方法原理

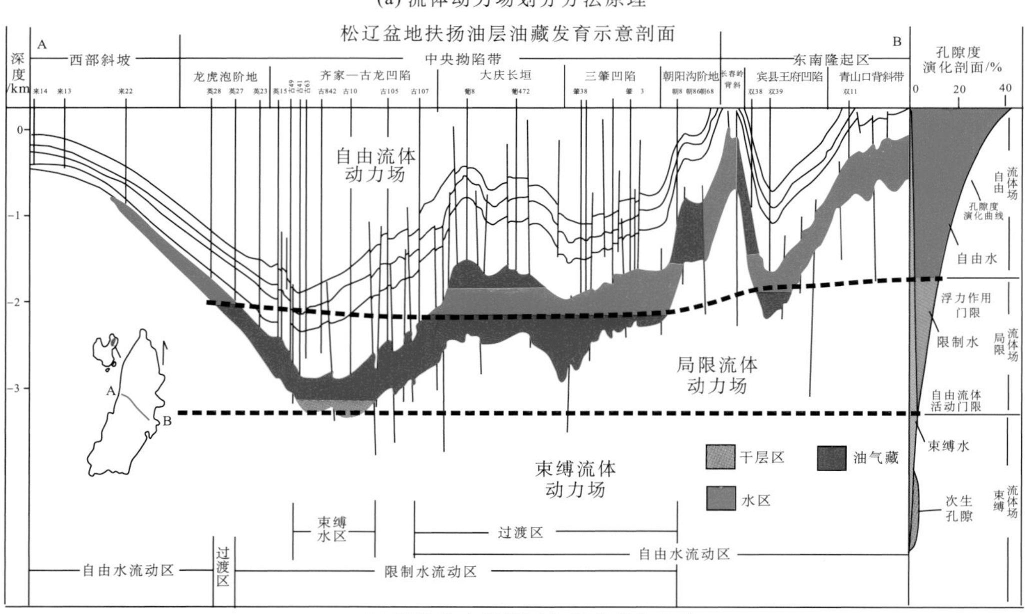

(b) 流体动力场剖面边界确定与分布

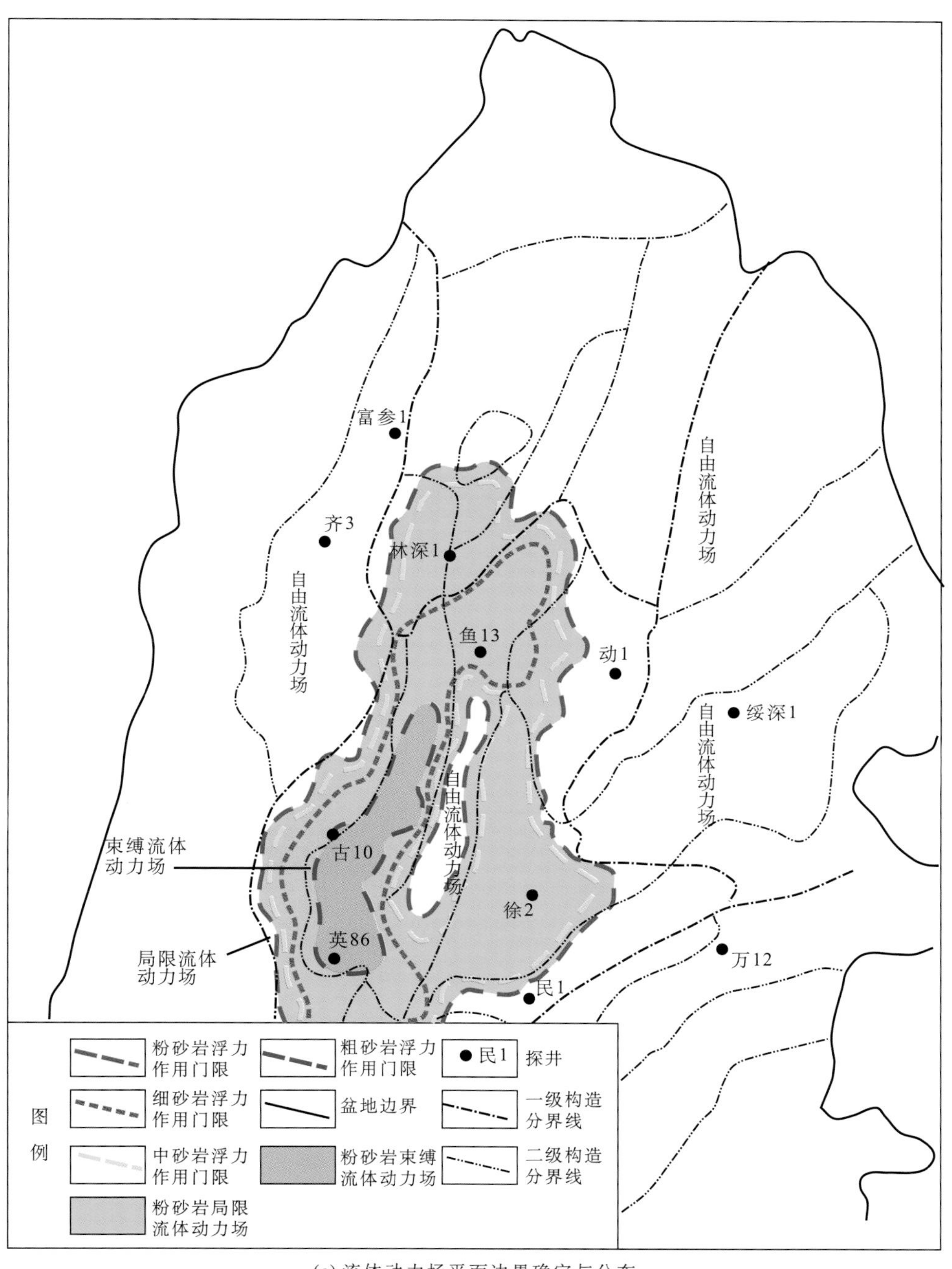

(c) 流体动力场平面边界确定与分布

图 1-5-5 松辽盆地扶扬油层流体动力场划分与叠复连续油气藏有利领域预测

目前整体埋深大，平面上没有出现自由流体动力场，理论上都有利于叠复连续致密天然气藏的形成和分布。

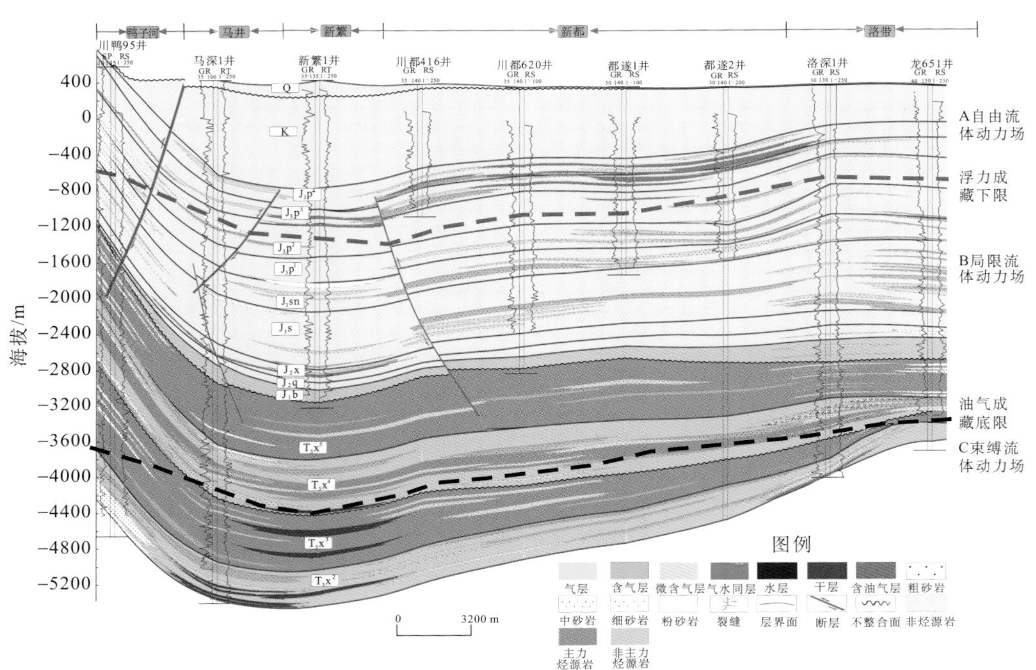

(a) 川西拗陷浮力成藏下限、油气成藏底线与流体动力场剖面分布特征

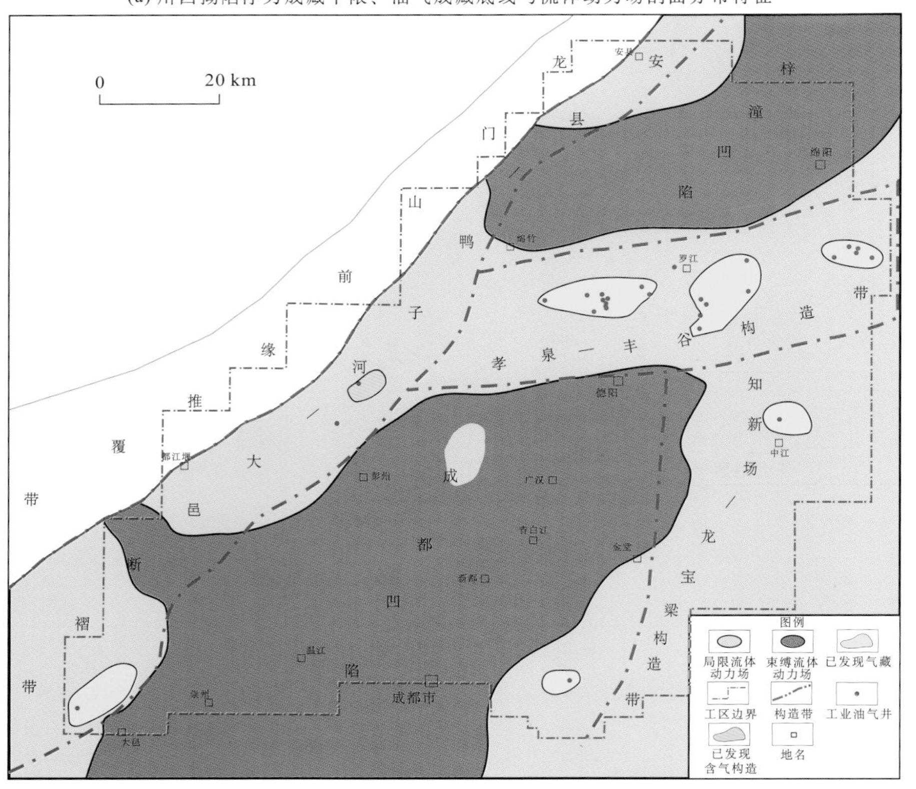

(b) 川西拗陷须2段浮力成藏下限、油气成藏底线与流体动力场平面分布

图 1-5-6 川西拗陷流体动力场划分与叠复连续油气藏有利发育领域预测

2. 局限流体动力场油气成藏条件分析

局限流体动力场非常有利于油气藏的形成和保存，与自由流体动力场相比具有四个有利条件(图 1-5-7)。第一，储层普遍致密，浮力对油气运移和聚集成藏不起主导作用，说明源岩在这一阶段排出的所有油气都不会轻易散失，保存条件远较上部的自由流体动力场好；第二，源岩层热演化程度高，地层温度较高，分布在 100～200℃，R_o 在 1.2%～2.5%，单位重量母质生成的烃量达 1.0～2.2t/t 有机碳，排烃效率 25%～99%，平均分别是自由流体动力场的 2 倍和 5 倍；第三，源岩层排出的油气进入紧密相邻的储层后能马上就地富集起来构成资源，运聚效率特别高，超过自由流体动力场 3～10 倍；第四，目前处在局限流体动力场内的含油气目的层，都曾经历过自由流体动力场演化阶段，它们早期形成的常规油气藏在进入局限流体动力场后将因压实作用而转变为致密常规油气藏，构成了局限流体动力场内油气资源的一部分。

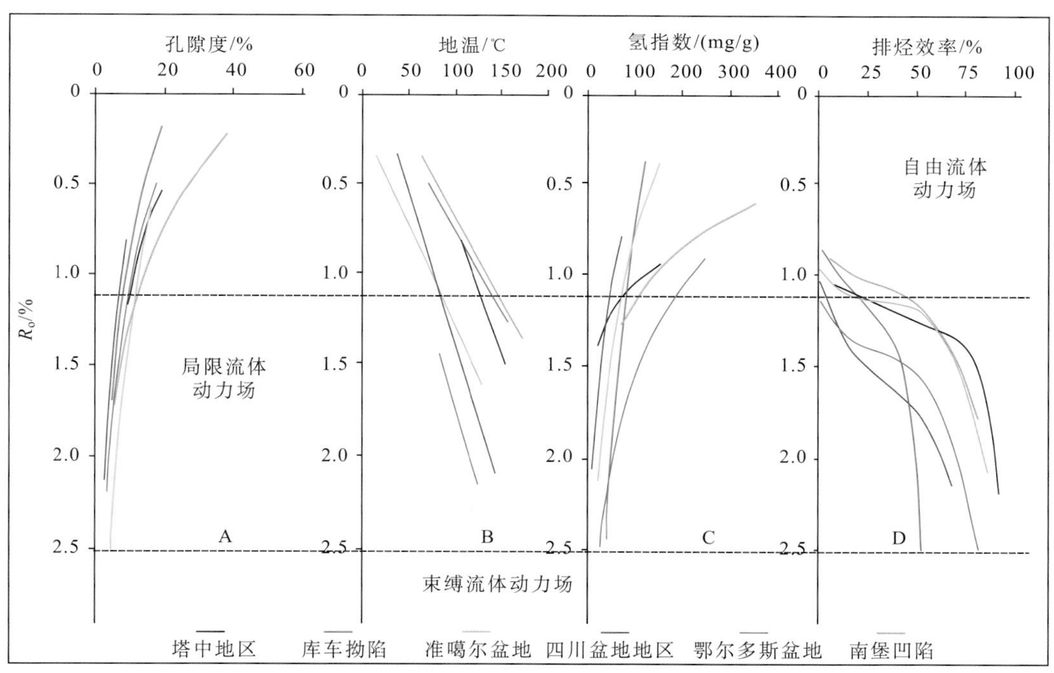

图 1-5-7 中国主要含油气盆地局限流体动力场内油气成藏条件对比分析

图 1-5-8 是对中国东部、中部、西部三个代表性含油气盆地局限流体动力场内烃源岩排烃过程特征的研究结果。渤海湾盆地发育的古近系主力烃源岩层在进入浮力成藏下限之后的局限流体动力场内排出的烃量约占总排烃量的 83%；四川盆地川西拗陷发育的须家河组主力烃源岩层在进入浮力成藏下限之后的局限流体动力场内排出的烃量约占总排烃量的 97%；塔里木盆地寒武系主力烃源岩层在进入浮力成藏下限之后的局限流体动力场内排出的烃量约占总排烃量的 77%。三者平均超过 80%，这表明局限流体动力场内赋存的油气资源至少是自由流体动力场内的 5 倍以上。

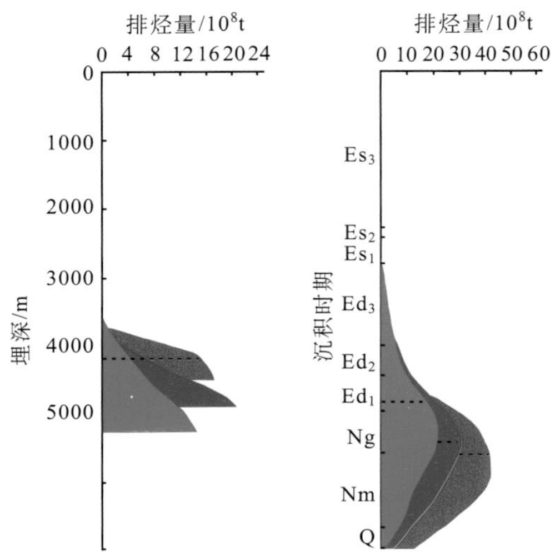

(a) 我国东部渤海湾盆地古近系烃源排烃过程特征 (83%在局限动力场排出)

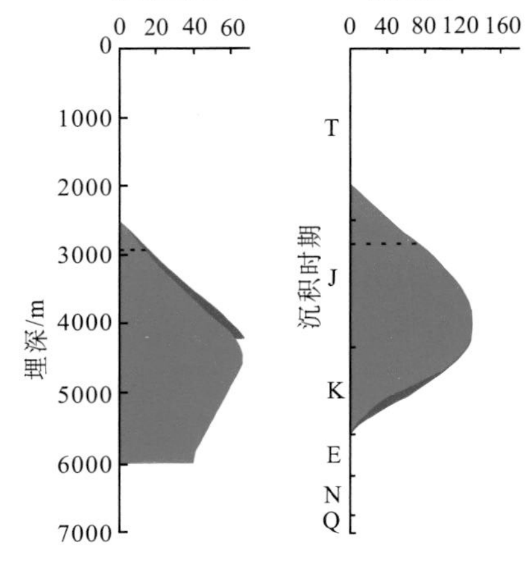

(b) 我国中部四川盆地三叠系烃源岩排烃过程特征(97%在局限动力场排出)

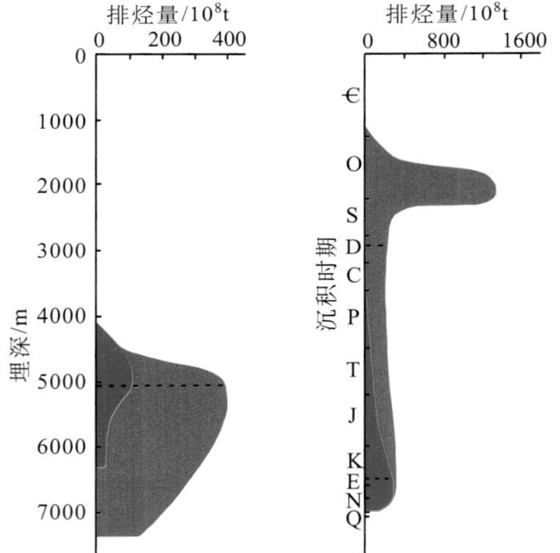

(c) 我国西部塔里木盆地寒武奥附近源岩排烃过程特征 (77%在局限动力场排出)

图 1-5-8 含油气盆地局限流体动力场烃源岩排烃特征

3. 局限流体动力场内油气资源定量评价

评价局限流体动力场内油气资源关键是研究源岩排出烃量变化史、储层成岩致密史及二者的匹配关系(图 1-5-9)。基本原理是计算出源岩层自进入浮力成藏下限或进入局限流体动力场或储层变得致密(孔隙度<12%)后排出的烃量，将排出烃量乘以运聚系数可以得出资源量。理论上，源岩进入浮力成藏下限后，因周边储层变得致密，浮力对油气运移不起作用，它们能够遍地聚集成藏，聚集系数可取 1，源岩排出烃量在理论上可全部视为资源。

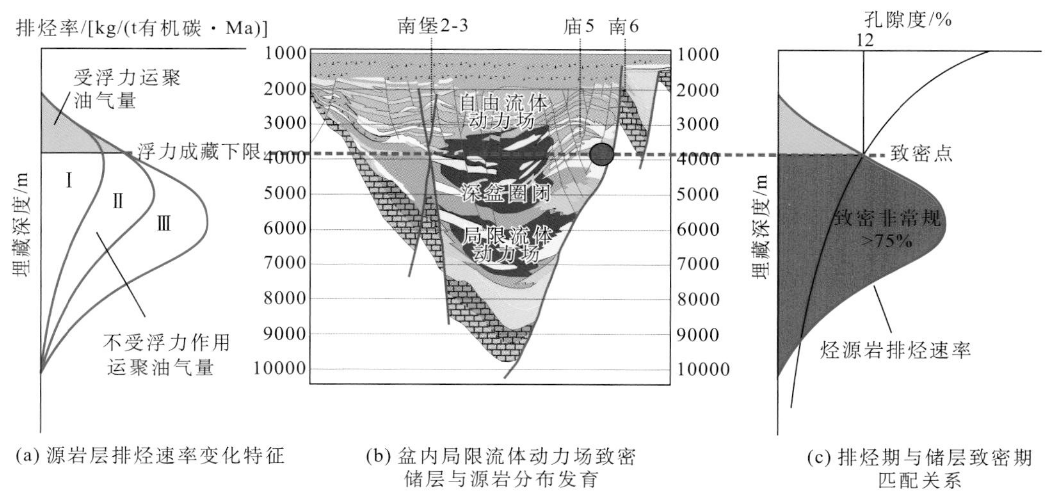

图 1-5-9 局限流体动力场内源岩排烃史与储层致密史匹配关系及资源潜力分析

表 1-5-1 是依据源岩层生排油气史与局限流体动力场内致密储层成岩史匹配关系研究，模拟计算获得的我国五个重点地区致密油气资源量与相对量。五个盆地或地区致密油气所占总资源比例为 37%～98%，平均 82%，主要源岩排烃总量约 9695×10^{8}t，其中致密油气约 7950×10^{8}t。以 15%可利用率折算成油气当量，资源当量超过 100×10^{12} m^{3}，勘探前景广阔。

表 1-5-1 我国五个主要含油气盆地局限流体动力场内油气资源相对量评价

地区名称	地层或源岩	排烃量/10^8t	常规油气/10^8t	致密油气/10^8t	致密油气比例/%	致密深盆油气/10^8t	致密深盆油气比例/%	致密常规油气/10^8t	致密常规油气比例/%
塔里木盆地	奥陶系	824.11	516.06	308.05	37.38	172.13	20.89	135.92	16.49
	寒武系	3587.62	504.00	3083.62	85.95	1936.01	53.96	1147.61	31.99
	排油气总量	4411.73	1020.06	3391.67	76.88	2108.14	47.78	1283.53	29.09

续表

地区名称	地层或源岩	排烃量/10^8t	常规油气/10^8t	致密油气/10^8t	致密油气比例/%	致密深盆油气/10^8t	致密深盆油气比例/%	致密常规油气/10^8t	致密常规油气比例/%
库车拗陷	侏罗系	1436.55	67.01	1369.54	95.34	607.46	42.29	762.08	53.05
	三叠系	950.83	304.57	646.26	67.97	457.32	48.10	188.94	19.87
	排油气总量	2387.38	371.58	2015.80	84.44	1064.78	44.60	951.02	39.84
准噶尔盆地	侏罗系泥岩	1524.92	101.89	1423.02	93.32	857.19	56.21	565.83	37.11
	侏罗系煤	501.26	89.54	411.72	82.14	165.66	33.05	246.05	49.09
	排油气总量	2026.18	191.44	1834.74	90.55	1022.85	50.48	811.89	40.07
川西拗陷	下侏罗统	11.48	0.17	11.31	98.52	6.77	58.97	4.54	39.55
	上三叠统	744.21	19.83	724.38	97.34	527.20	70.84	197.18	26.50
	排油气总量	755.69	20.00	735.69	97.35	533.97	70.66	201.72	26.69
南堡凹陷	东三段	22.24	12.91	9.33	41.95	8.92	40.11	0.41	1.84
	沙一段	30.65	4.36	26.29	85.77	14.79	48.25	11.50	37.52
	沙三段	63.00	4.70	58.30	92.54	42.48	67.43	15.82	25.11
	排油气总量	115.89	21.97	93.92	81.04	66.19	57.11	27.73	23.93

二、叠复连续油气藏发育于源岩层系之内，三种致密油气藏分布需分别预测和评价

1. 叠复连续油气藏有利目的层系选择

局限流体动力场内叠复连续油气藏的形成和分布严格受烃源岩层系的控制，含油气目的层系的分布发育与烃源岩层系的分布发育紧密相关(图 1-5-10)。纵向上，它们或发育于烃源岩层系之内或分布于顶底。松辽盆地扶扬油层中的叠复连续致密油分布发育于主力烃源层青山口组底界面之下的致密储层内；塔里木盆地库车拗陷白垩系内叠复连续致密气藏发育于主力源岩层侏罗系顶面之上的致密储层内；四川盆地川西拗陷须家河组两个目的层段的叠复连续气藏(须 2 段和须 4 段)分布发育在三套主力源岩层(须 1 段、须 3 段、须 5 段)之间；鄂尔多斯盆地下古生界叠复连续致密气藏的三个含气目的层段(山 1 段、山 2 段、盒 8 段)分布发育在主力源岩层山西组之内及顶界面之上。局限流体动力场内烃源岩层系对叠复连续油气藏的控制作用还表现在对目的层富油气程度的控制上。研究表明，源岩层排油气强度越大，与其相邻的目

的层内油气充满度越高，储层内含油气饱和度越大；离源岩层纵向距离越大，目的层内被油气充注的储层厚度所占比率越小。图 1-5-10 是鄂尔多斯盆地各目的层段含气性与主力源岩层山西组和太原组的相对距离及其含气性的关系，清楚地表明在源岩层系内或紧邻其上下发育的目的层(山 1 段、山 2 段、盒 8 段)含气性最好，含气砂岩厚度比率超过 40%；离源岩层距离越来越大的盒 7 段、盒 6 段、盒 1 段，直至更上的千 5 段、千 4 段、千 1 段，含气砂岩厚度比逐步降至不到 1%。平面上，叠复连续油气藏分布在源岩层有效排烃范围之内(图 1-2-4)。

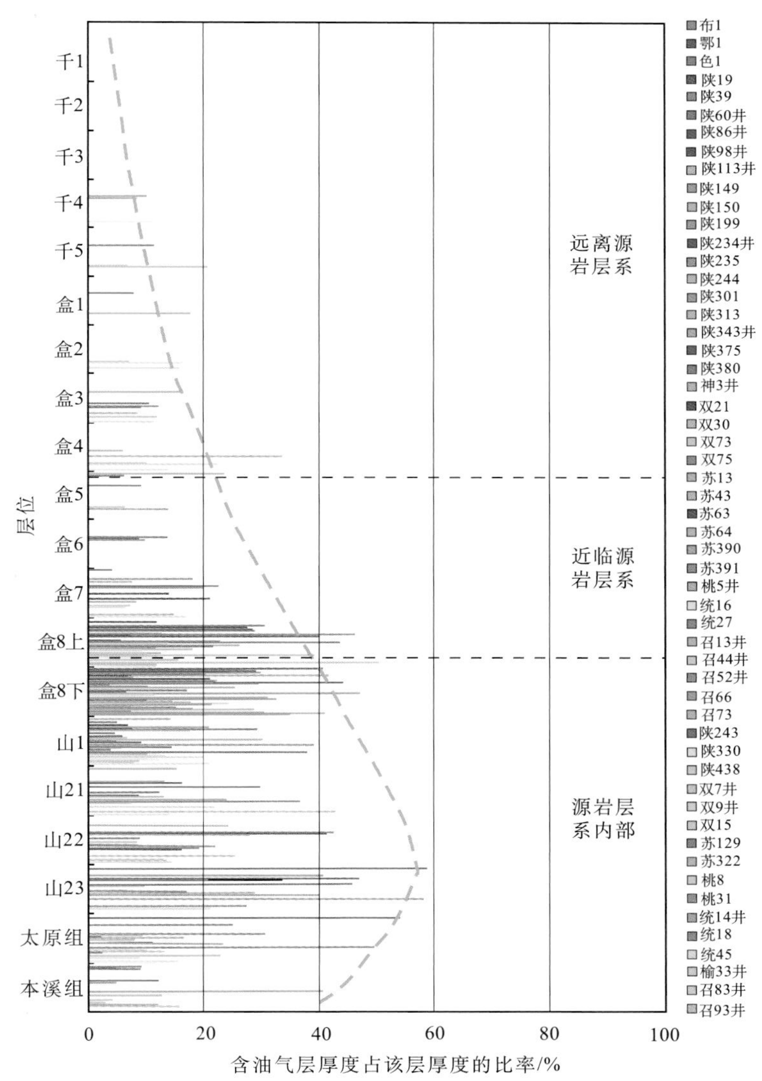

图 1-5-10 叠复连续油气藏多目的层段纵向发育特征及其与烃源岩层系的关系

2. 叠复连续油气藏有利成藏区带预测评价方法原理

预测和评价叠复连续油气藏须在预测和评价三种不同类型致密油气藏的基础上进行，主要原因是它们各自的成因机制、主控因素和分布规律不同。烃源层对叠复连续油气藏的形成和分布也表现出三种不同的形式(图 1-5-11)。第一种是在源岩层系内部或顶底相接触的储层内形成致密常规油气藏(图 1-5-11 中的 B_1)，这类油气藏主要分布发育于与源岩层系紧密相邻的致密储层的构造高部位，在油气源不充足的情况下，聚集后的油气不与源岩层接触；第二种是在源岩层系内部或顶底相接触的储层内形成致密深盆油气藏(图 1-5-11 中的 B_2)，这类油气藏主要分布发育于与源岩层系紧密相邻的致密储层的低凹区；第三种是在源岩层系内部或顶底相接触的储层内形成致密复合油气藏(图 1-5-11 中的 B_3)，这类油气藏主要分布发育于致密常规油气藏与致密深盆油气藏叠加复合的斜坡区或隆起区。三类油气藏在同目的层段内连续分布，构成一个完整的广泛连续分布的油气藏。源岩层供油气充足是形成广泛连续叠复油气藏的关键。在叠复连续油气藏内还发育有两种致密油气藏，在勘探过程中需要特别注意：一是分布发育在烃源岩层内的致密页岩油气(图 1-5-11 中的 C)，它们属于烃源岩层系的一部分，属于原生型致密页岩油气藏，成因机制可概括为边致密边成藏；二是在局限流体动力场内孤立存在的致密常规油气藏(图 1-5-11 中的 A 在埋深更大并进入局限流体动力场后属于这一类)，它们所在的目的层并不与源岩层接触，同一目的层段内也很难形成致密深盆油气藏，不能视为叠复连续油气藏的一部分。

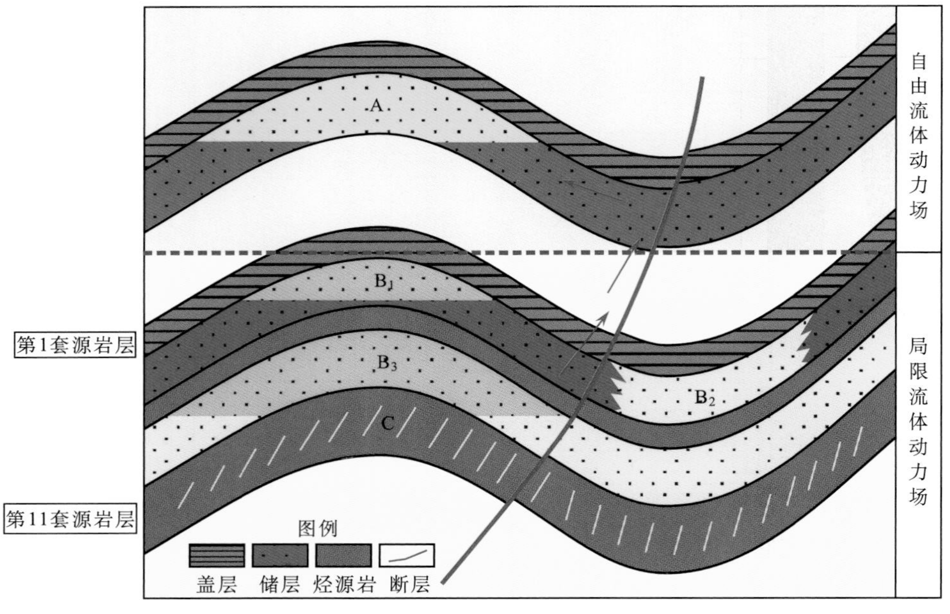

图 1-5-11 流体动力场控油气成藏作用及其与烃源岩层系关系

A. 远源常规油气藏；B_1. 远源致密常规油气藏——先成藏后致密；B_2. 近源致密深盆油气藏——先致密后成藏；B_3. 近源致密复合油气藏；C. 源内致密页岩油气藏——边致密边成藏

开展有利成藏区带预测与评价，关键是要对含油气盆地已发现的油气藏进行静态圈闭特征、储层介质特征、流体化学特征及成藏过程特征等进行剖析，结合油气钻探结果的统计分析，找出控制每一类致密油气藏的主控因素及各主控因素控油气成藏临界条件(边界、范围、概率)，在此基础上总结各要素时空组合控藏模式并研发相关技术。这些技术包括：基于成藏期(T)、区盖层(C)、地质相(D)、低势区(P)、烃源灶(S)五大功能要素组合预测常规油气藏技术；基于成藏期(T)、浮力成藏下限(L)、构造稳定性(W)、地质相(D)、烃源灶(S)五大功能要素组合预测致密深盆油气藏技术；基于致密常规油气藏成因模式(T-C/D/P/S)与致密深盆油气藏成因模式(T-L・W・DS)复合预测致密复合油气藏技术。应用这些技术先预测出某一目的层段有利于常规油气藏和致密常规油气藏分布发育区，再预测出有利于致密深盆油气藏分布发育区，通过二者预测结果的叠加复合预测出有利致密复合油气藏分布发育区，图 1-5-12 为叠复连续油气藏有利发育区预测与评价研究技术路线和工作流程，详细讨论参有关文献(Pang et al.，2002，2004；Wang et al.，2010；庞雄奇等，2012)。在实际工作过程中分下列三个步骤进行。

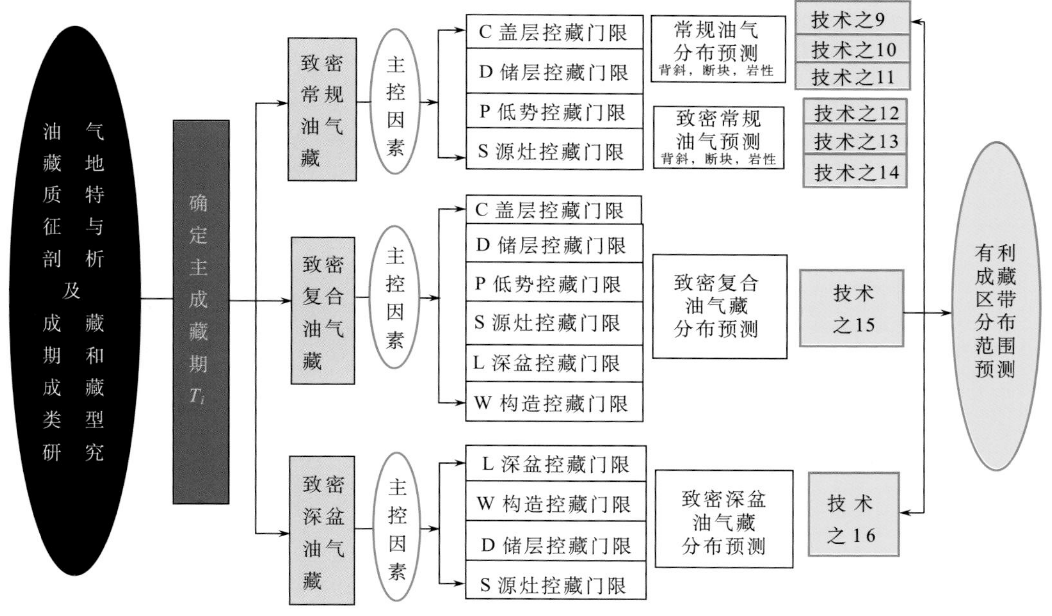

图 1-5-12　叠复连续油气藏有利发育区预测与评价技术路线

第一，基于 T-CDPS 模式预测评价常规和致密常规油气藏分布。通过上述方法确定目的层系后，开展研究区常规和致密常规油气藏形成条件正演和油气藏地质特征剖析反演两种方法确定它们的主要成藏期(T)；基于研究区油气藏成因特征剖析结果建立四个功能要素(C、D、P、S)控油气分布临界条件(边界、范围、概率)定量模式；将功能要素恢复到成藏期并圈定每一个功能要素控油气分布范围，通过叠加复合的形式预测出最有利的成藏区带。将多期成藏的最有利成藏区带叠加复合后确定出当前条件下同一套目的层常规和致密常规油气藏的最有利勘探区带(图 1-5-13)。

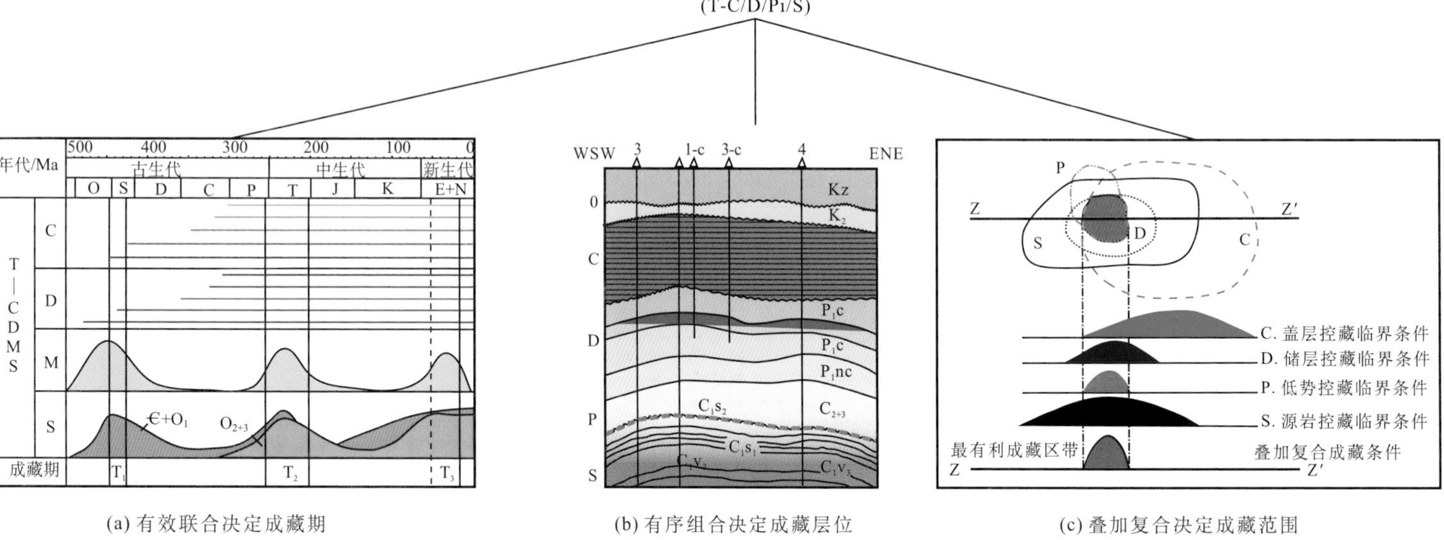

(a) 有效联合决定成藏期　(b) 有序组合决定成藏层位　(c) 叠加复合决定成藏范围

图 1-5-13　常规与致密常规油气藏功能要素组合预测模式

T. 主成藏期；C. 盖层控藏区；D. 优相控藏区；P. 低势控藏区；S. 源灶控藏区

第二，基于 T-LWDS 模式预测评价致密深盆油气藏分布。通过上述方法确定目的层系后，开展研究区致密深盆油气藏形成条件正演和油气藏地质特征剖析反演两种方法确定它们的主要成藏期(T)；基于研究区油气藏成因特征剖析结果建立四个功能要素(L、W、D、S)控油气分布临界条件(边界、范围、概率)定量模式；将功能要素恢复到成藏期并圈定每一个功能要素控油气分布范围，通过叠加复合的形式预测出最有利的成藏区带。将多期成藏的最有利成藏区带叠加复合后确定出当前条件下同一套目的层致密深盆油气藏的最有利勘探区带(图 1-5-14)。

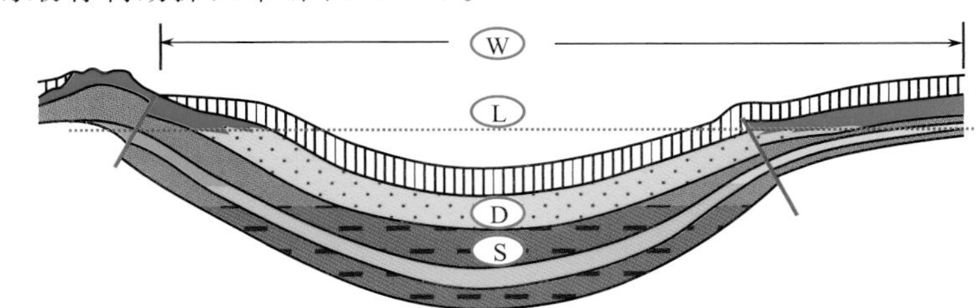

(a) 源储紧密组合决定成藏层位

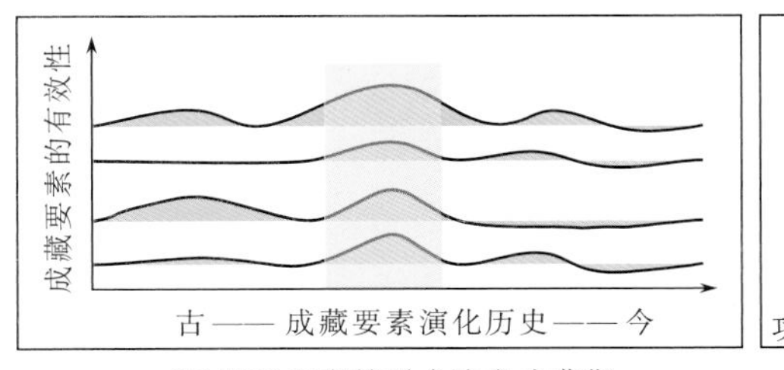

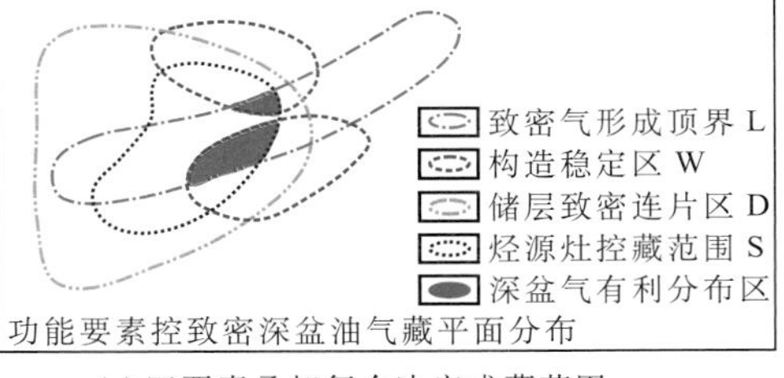

(b) 四要素有效联合决定成藏期　　(c) 四要素叠加复合决定成藏范围

图 1-5-14 致密深盆油气藏功能要素组合分布预测模式

L. 局限流体场；W. 构造稳定区；D. 储层冻片区；S. 源灶控藏区

第三，联合 T-CDPS 模式和 T-LWDS 模式预测评价致密复合油气藏分布。通过上述方法确定目的层系后，开展研究区致密复合油气藏形成条件正演和油气藏地质特征剖析反演两种方法确定它们的主要成藏期(T)；基于研究区油气藏成因特征剖析结果建立六个功能要素(L、W、D、S)控油气分布临界条件(边界、范围、概率)定量模式；将功能要素恢复到成藏期并圈定每一个功能要素控油气分布范围，通过 C、D、P、S 四个功能要素同一成藏期控油气分布范围的叠加复合(T-CDPS)预测常规和致密常规油气藏的有利成藏区，通过 L、W、D、S 四个功能要素同一成藏期控油气分布范围的叠加复合(T-CDPS)预测致密深盆油气藏的有利成藏区，将两个成藏区叠加复合后确定出致密复油气藏有利成藏区。最后，将多期成藏形成的最有利成藏区带叠加复合后确定出当前条件下同一套目的层致密复合油气藏的最有利勘探区带(图 1-5-15)。

本书基于这一概念模型对塔里木盆地库车拗陷白垩系目的层叠复连续气藏分布发育区进行了预测评价。白垩系目的层在库车拗陷除个别地区外目前普遍致密，进入了浮力成藏下限，处于局限流体动力场内(L)；它们下部与主力源岩层侏罗系直接接触，侏罗系之下的三叠系也发育有良好的烃源岩层系，有利于提供大规模的油气来源(S)；上部存在厚层区域性膏盐盖层(C)，有利于构造变动条件下常规油气藏形成和保存，也有利

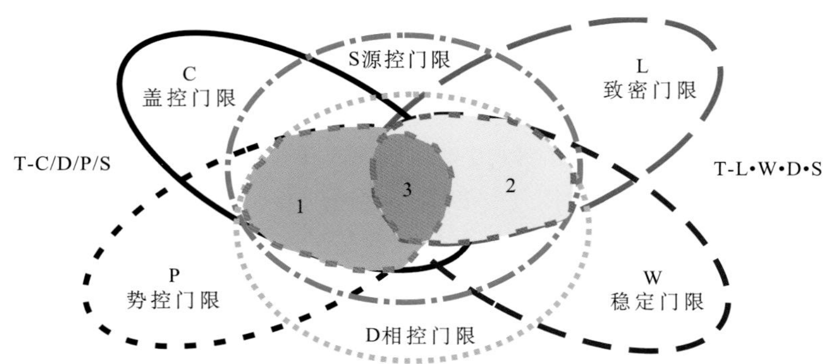

图 1-5-15　叠复连续油气藏内致密复合油气藏有利分布发育区预测概念模型

1. 致密常规油气藏；2. 致密复合油气藏；3. 致密深盆油气藏

于它们早期成藏后在晚期转变为致密常规油气藏；白垩系自身发育广泛连续分布的厚层砂岩储层(D)，有利于油气运移和聚集，也有利于油气大规模聚集后向外排运孔隙水。此外，库车坳陷是一个前陆盆地，地层在形成和发育过程中长期受到挤压，内部形成了大量隆起、断裂和岩性变化带，各类低势圈闭(P)发育，有利常规和致密常规油气藏形成；在断裂带之间的坳陷区，源岩层生排烃量大、储层致密时间早、构造相对稳定(W)，有利致密深盆油气藏形成。研究表明，库车坳陷白垩系目的层在地史过程中可能经历了三个主要的成藏期(>12Ma、12～5Ma、5～0Ma)。本书基于前述方法和原理，将与白垩系成藏有关的地质条件(C、D、P、S、L、W)恢复到三个不同的成藏时期，应用功能要素组合模式对各时期常规和致密常规油气藏、致密深盆油气藏和致密复合油气藏有利分布发育区进行了预测评价，图 1-5-16 和图 1-5-17 分别为常规和致密常规油气藏、致密深盆油气藏的预测与评价结果。

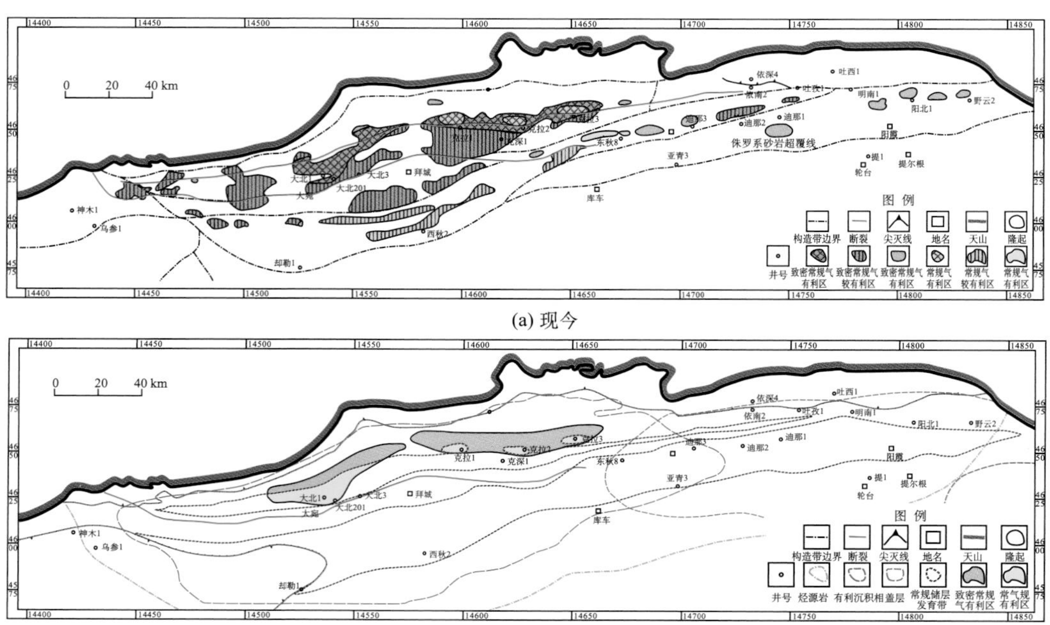

(a) 现今

(b) 12Ma

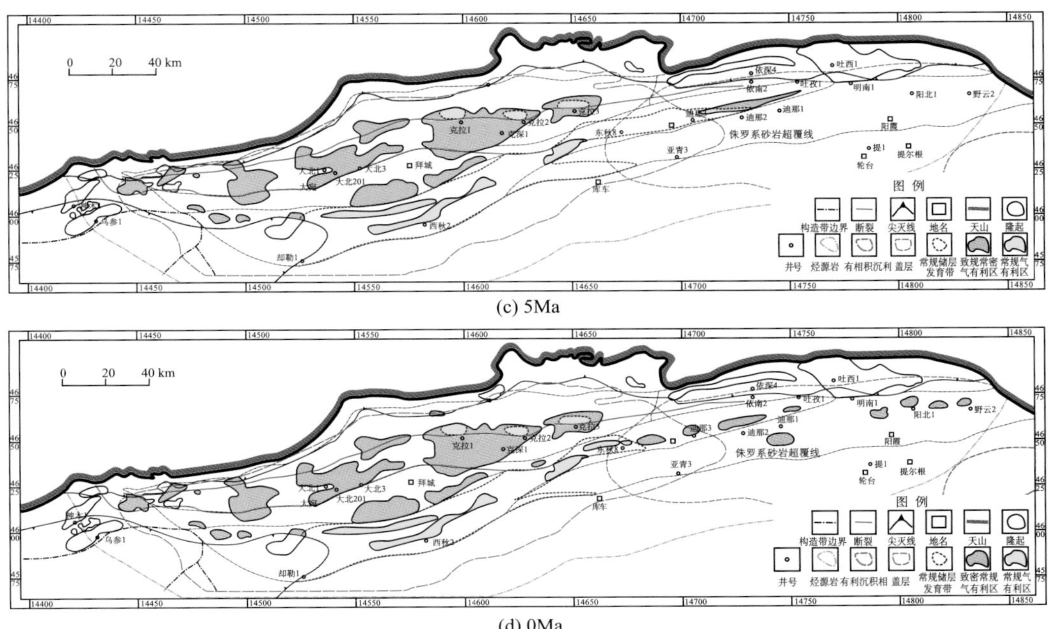

图 1-5-16 白垩系常规与致密常规油气藏各成藏期有利发育区预测

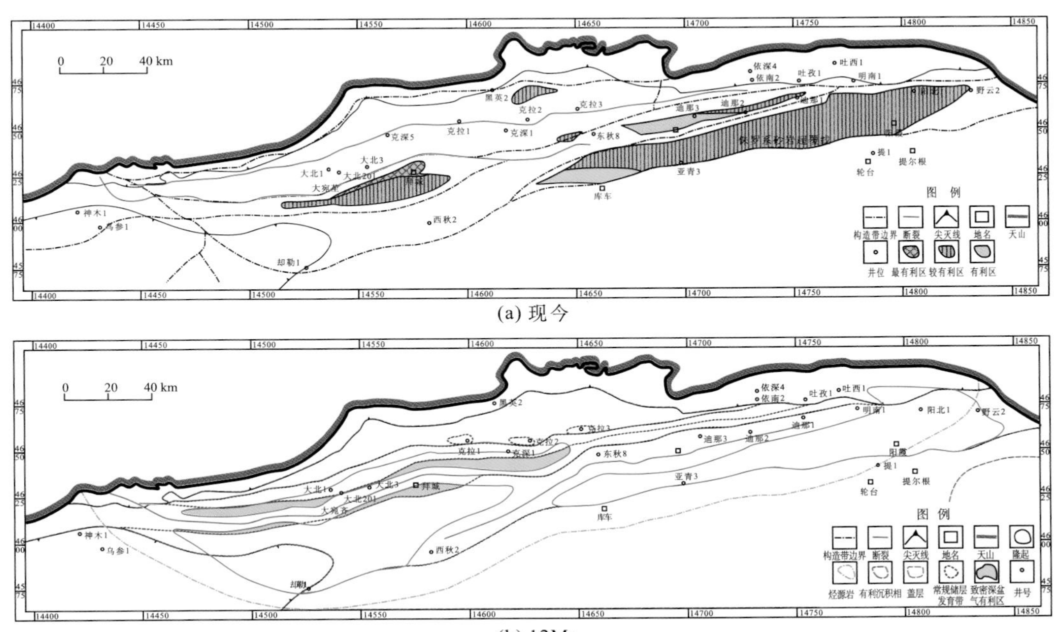

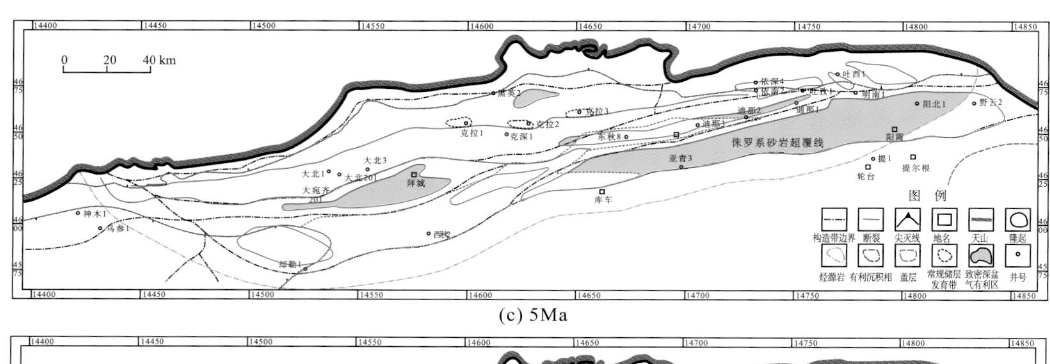

(c) 5Ma

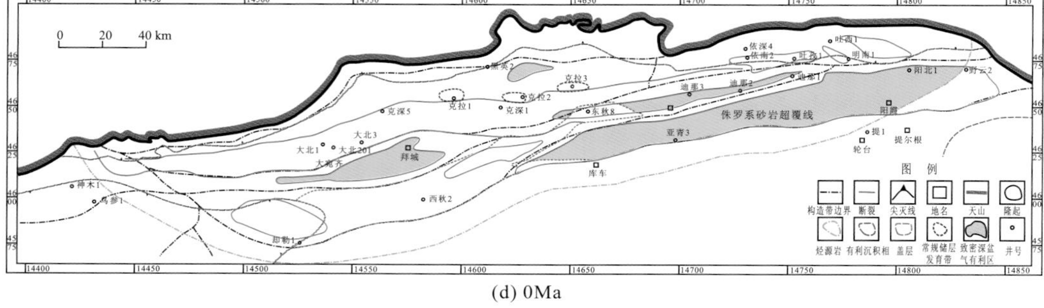

(d) 0Ma

图 1-5-17 库车拗陷白垩系目的层致密深盆油气藏有利发育区预测

图 1-5-18 是三个成藏期各类油气藏叠加复合后的最终复合结果。结合目的层平面厚度分布，根据探井钻遇含气层厚度比率计算获得含气层厚度分布，利用研究区获得的储层孔隙度、含气饱和度、体积因子等相关参数，计算出白亚系等目的层段的常规天然气资源总量为 $21526\times10^8\,m^3$、占 20.7%，致密常规气资源量 $25194\times10^8\,m^3$、占

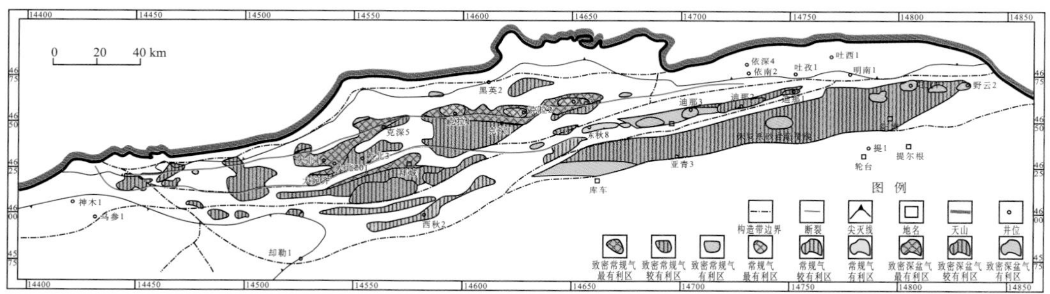

(a) 库车拗陷白垩系天然气成藏过程叠加有利勘探区分布图

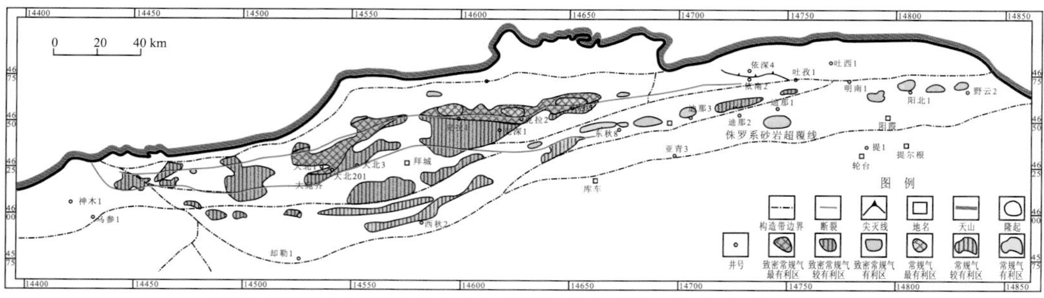

(b) 库车拗陷白垩系常规及致密常规气成藏过程叠加有利勘探区分布图

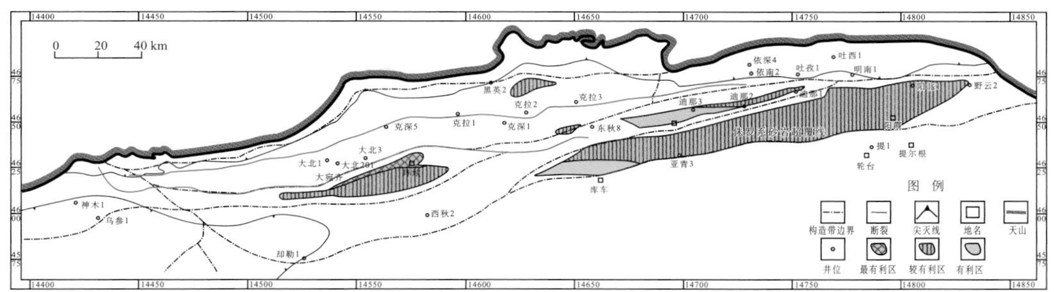

(c) 库车拗陷白垩系致密深盆气成藏过程叠加有利勘探区分布图

图 1-5-18 库车拗陷白垩系目的层叠复连续油气藏分布发育预测结果

24.2%，致密深盆气资源量 $35278\times10^8\,m^3$、占 33.9%，致密复合气资源量 $22195\times10^8\,m^3$，占 21.3%。叠复连续油气资源总量达到 $10.5\times10^{12}\,m^3$，展示出了一个广阔的勘探前景。

三、叠复连续油气藏富油气目标受众多因素影响，近源-优相-低势复合区最有利

1. 多种地质因素控制叠复连续型油气藏的含油气性

局限流体动力场内叠复连续油气藏的含油气性受多种地质因素的影响，它们可能富集在向斜区，也可能富集在构造高部位，还可能富集在斜坡地带，在目的层非匀质性很强的情况下，含油气水的变化更加难以预料(图 1-5-19)。

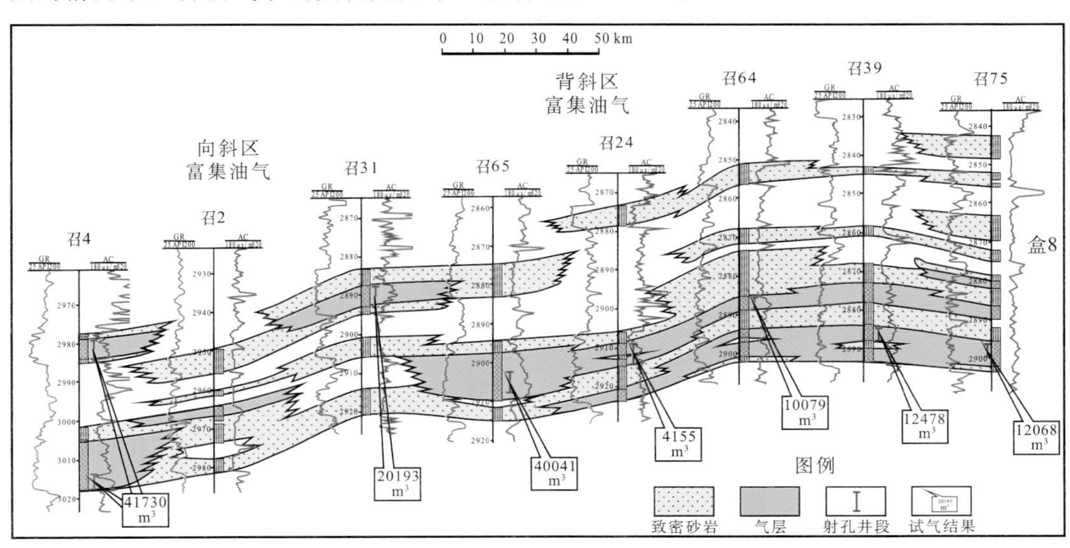

图 1-5-19 鄂尔多斯盆地盒 8 段叠复连续气藏富气甜点发育特征

从宏观要素分析，储层的含油气情况可能受到三方面条件的控制。第一是受浮力作用的控制。常规油气藏是在浮力作用下形成的，它们因埋深增大转变为致密常规气藏后，很难再得到远源油气的继续补充，因为绝大多数的油气在排出源岩后被源岩周边的致密储层所捕获，所以致密常规油气藏只分布在构造高部位，在时空上显现出不连续性；第二是受非浮力作用的控制，向斜或低凹区内的致密储层在形成深盆油气藏时，油气只能在低孔渗储层内富集，孔隙度较大的储层中油气易在浮力作用下向上运移，在这种情况下埋深越大孔渗越小的储层内越容易富集油气，它们与常规和致密常规油气藏中的情况相反。第三是受后期构造变动及其调整、改造和破坏作用的控制。致密深盆油气藏受到调整改造后，它们之中的油气可能全部被破坏，也可能被调整到高孔渗的储层内形成“改造型”常规油气藏；常规油气藏经历调整改造后可能被破坏，也可能被埋藏到更深处形成致密常规油气藏；致密常规油气藏也可能因调整改造而变成了“改造型”常规油气藏。图 1-5-20 表明了不同地质条件控制下油气富集特征：鄂尔多斯盆地苏里格庙地区目的层含油气性与沉积岩相关系密切，砂体厚度较大的地区油气富集程度较高[图 1-5-20(a)]；同时砂岩储层的孔隙度对含油气性有很大的控制作用，孔隙度越大的目的层的含油气饱和度越高[图 1-5-20(b)]；四川盆地川西拗陷致密连续气藏的产能与构造条件关系较为密切，构造隆起区断裂周边探井产能较高，离断裂带越远，目的层产能越低[图 1-5-20(c)]。

2. 相、势、源是控制叠复油气藏内富油气甜点目标的关键要素

制约叠复连续型油气藏富油气程度的因素众多，可以归结为三类：一类代表汇聚油气容积空间大小的储层地质相(F)，二类代表提供油气来源多少的烃源灶(S)，三类代表汇聚油气动力大小的流体势(P)。这三类地质要素缺少一个都不可能导致油气富集成藏。

图 1-5-21 是鄂尔多斯盒 8 段储层地质相(沉积相、岩相、岩石物理相)对致密油气藏富油气程度控制特征。从图中可以明显看出，在广泛连续分布的致密油气藏内部，目的层砂地比越大，油气产能具有增大趋势[图 1-5-21(a)]；粉砂岩的含油气饱和度低于细砂岩，细砂岩的低于中砂岩，中砂岩的低于粗砂岩。它们的含油气饱和度数值分别从10%增加到 20%，再从 20%增加到 40%和 60%，反映了砂粒粒径越粗越有利油气富集的基本特征[图 1-5-21(b)]。随着砂岩孔隙度增大，含油气饱和度明显增加。当孔隙度从不到 3%增加到 5%和 10%，再到 14%以上时，储层含油气饱和度则从不到 20%增加到 40%和 50%，再到 60%以上[图 1-5-21(c)]。

图 1-5-22 表征了流体势对致密储层富油气程度的影响。严格意义上讲，流体势对油气富集程度的影响包括了含油气盆地内低位能、低压能、低界面能、低动能对油气富集程度的综合影响。对于局限流体动力场内的油气成藏而言，毛细管力差引起的油气富集作用远较其他三种势场作用要大。在致密界质条件下，油气不受浮力作用或作用很小，因此低位能的影响可以忽略；在致密介质条件下，深部流体的运动基本停止，因此低压能和低动能的影响也可以被认为很小；低界面势能或储层与外部介质的毛细管力差是影响油气在致密介质条件下富集的最主要动力。这种动力作用主要表现在三个方面：

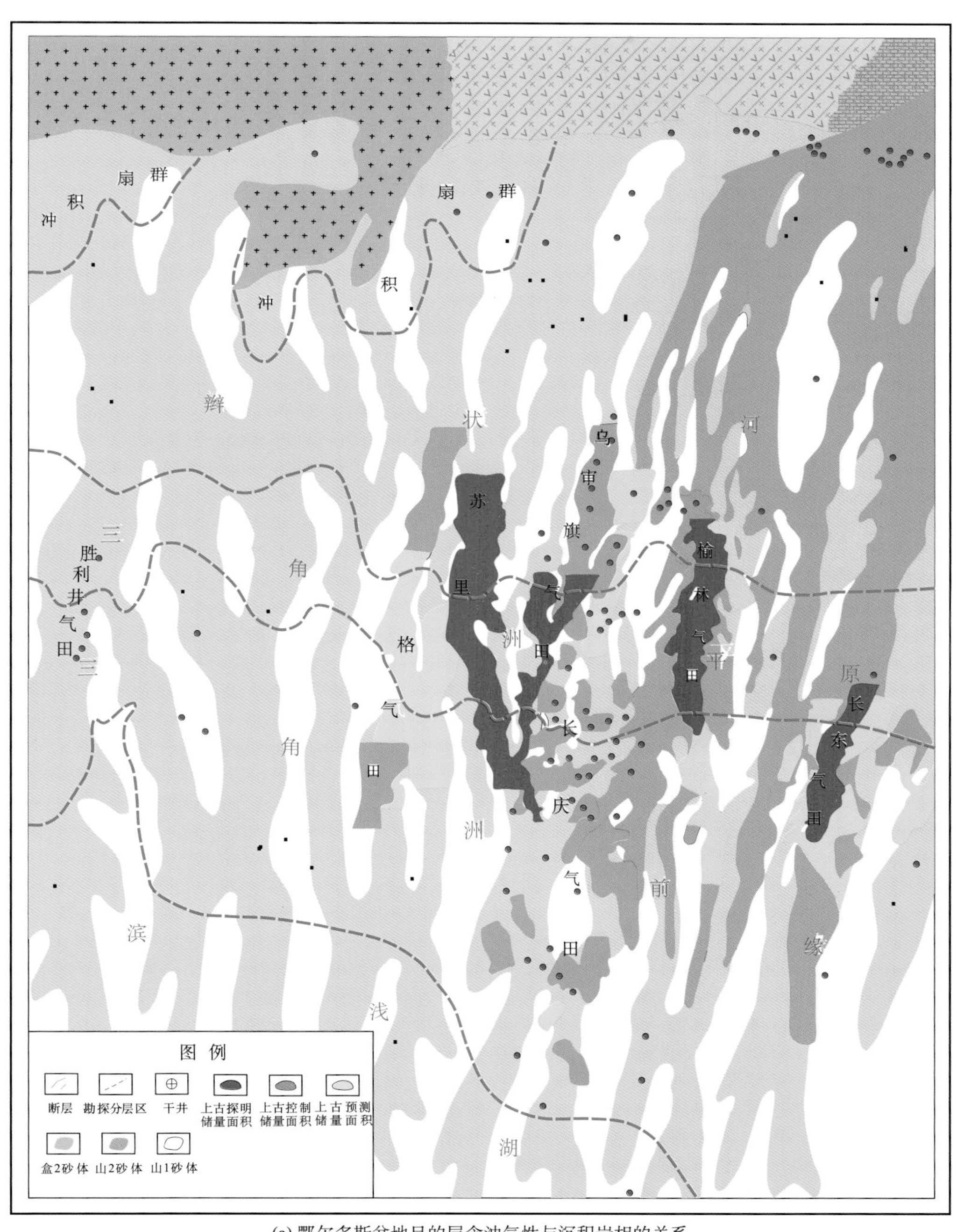

(a) 鄂尔多斯盆地目的层含油气性与沉积岩相的关系

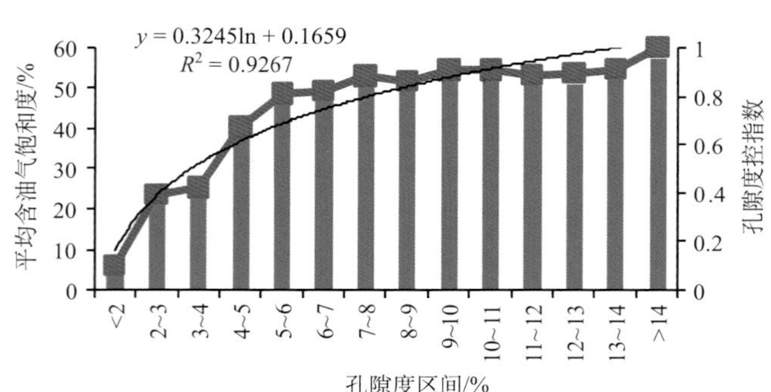

(b) 鄂尔多斯盆地目的层含油气性与储层孔隙度的关系

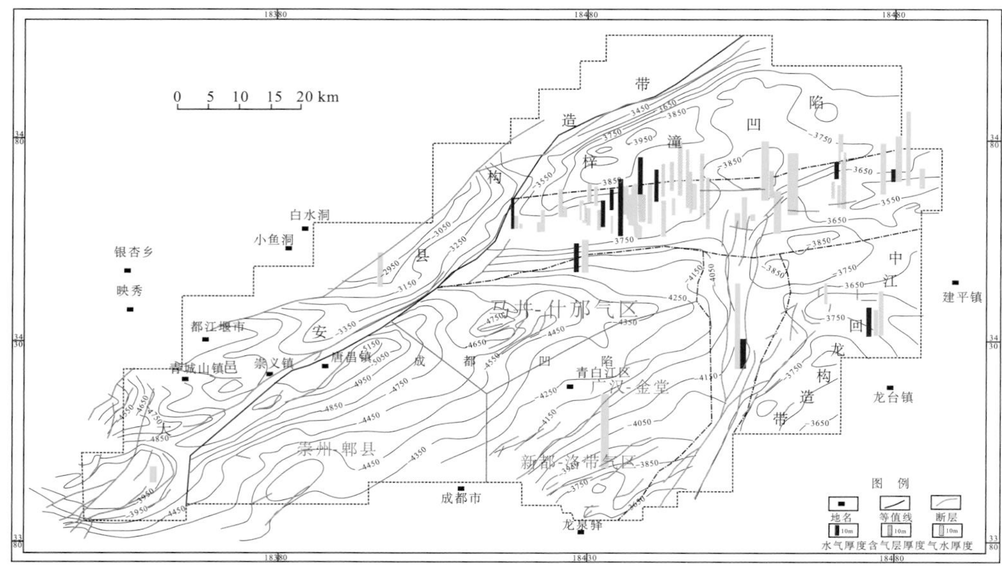

(c) 川西拗陷目的层含油气性与构造隆起的关系

图 1-5-20 叠复连续致密油气藏在有利目的层段的含油气性分布特征

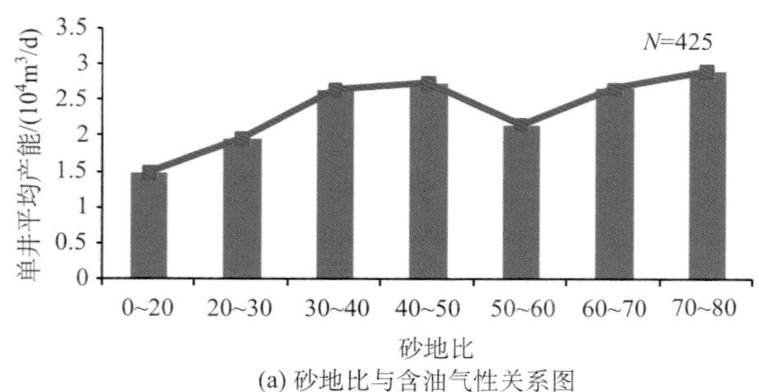

(a) 砂地比与含油气性关系图

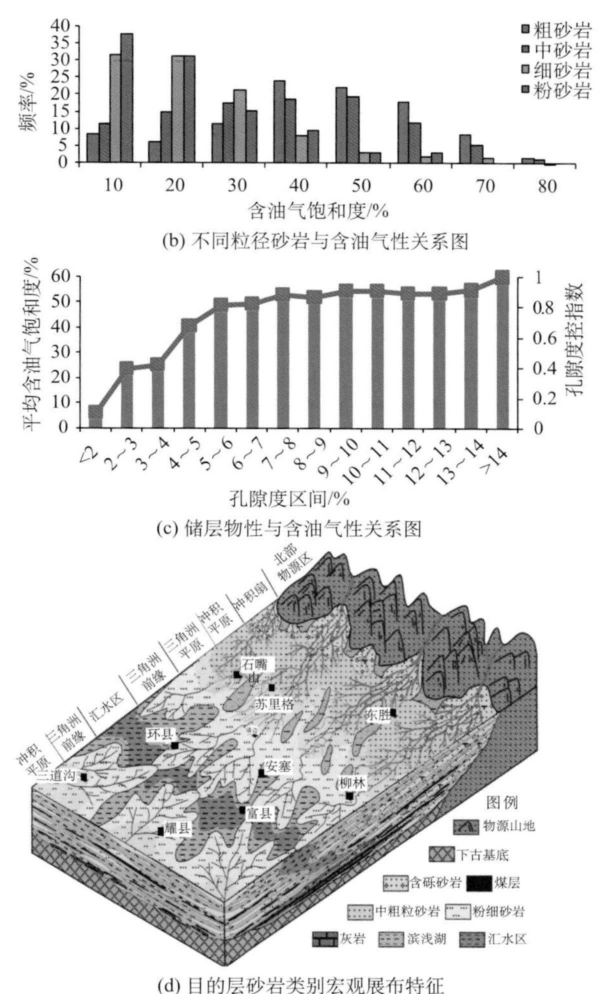

(b) 不同粒径砂岩与含油气性关系图

(c) 储层物性与含油气性关系图

(d) 目的层砂岩类别宏观展布特征

图 1-5-21 鄂尔多斯盒 8 段储层地质相对致密油气藏富油气程度控制特征

一是油气生成后自源岩层向储层内运移，它们之间的毛细管力差是促使油气进入储层的基本动力[图 1-5-22(a)]。储层内外毛细管力差越大，或储层内外界面势差越大，储层的势指数(PI)越小，储层内含油气饱和度越高[图 1-5-22(b)]；在这种情况下含油气储层的产能也越大[图 1-5-22(c)]。二是油气进入致密储层之后，它们在毛细管力差作用下总是趋于从低孔渗岩石向高孔渗岩石聚集，从而有利于形成富油气甜点。三是致密储层产生断层或裂隙后，它们的毛细管力变小，界面势能降低，有利于周边油气在毛细管力差作用下富集形成甜点。勘探实践表明，广泛连续型致密砂岩气藏中的富油气甜点大多数都是由于后期产生的裂缝和裂隙而形成。

图 1-5-23 表征了烃源灶对致密储层富油气程度的控制作用。叠复连续油气藏紧邻源岩层分布发育，它们的富油气程度主要与源岩层排烃强度有关。鄂尔多斯盆地盒 8 段储层与下伏源岩层紧密接触，其储层含油气饱和度随源岩层排烃强度的增大而增大[图

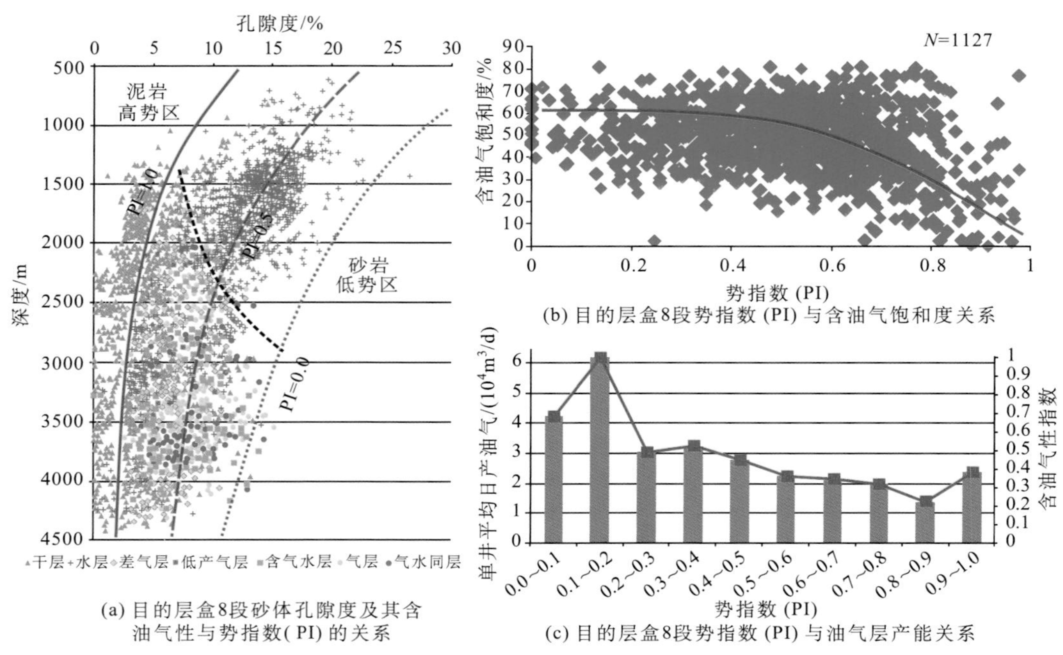

(a) 目的层盒8段砂体孔隙度及其含油气性与势指数(PI)的关系

(b) 目的层盒8段势指数 (PI) 与含油气饱和度关系

(c) 目的层盒8段势指数 (PI) 与油气层产能关系

图 1-5-22　鄂尔多斯盆 8 段储层内外界面势差对致密储层富油气程度控制作用

1-5-23(a)]；它们的油气产能也随源岩层排烃强度的增大而增加[图 1-5-23(b)]。

在宏观上，含油气盆地任意圈闭的成藏概率都要受到烃源岩层生排油气中心的控制。一般说来，它们离源灶中心越远，圈闭的成藏概率越低，含油气性越差，之间的关联性能够定量表征。姜福杰(2008)在研究国内外含油气盆地的烃源灶分布与油气藏分布的关系的基础上，建立了烃源灶控油气藏分布概率模式(式 1-5-1)：

$$F_e = 0.046 \times e^{0.12q_e} - 0.16\ln L + 0.65 \times e^{-8.2357(l+0.1)^2} + 0.1345 \qquad (1\text{-}5\text{-}1)$$

式中，F_e 为某一范围内烃源灶单因素控制下的成藏概率；L 为标准化的油气成藏区至排烃中心的距离，这里 $L=L_1/L_0$，L_1 为气藏到烃源灶排烃中心的距离，L_0 为排烃边界到烃源灶排烃中心的距离；l 为标准化的油气成藏区至排烃边界的距离，$l=l_1/L_0$，l_1 为气藏到排烃边界的距离，气藏在排烃边界外 l 为正值，当气藏在排烃边界内 l 为负值；q_e 为烃源灶最大排烃强度，$10^6\,t/km^2$。基于烃源岩层对油气成藏的控制作用，不少学者发表过相关的论著，其中包括源控油气成藏理论(胡朝元，1982，2005)、含油气系统理论(Magoon et al.，1994)、油气成藏体系(金之钧等，2003)。总之，烃源岩作为油气成藏与富集的主要因素长期以来受到国内外学者的关注和重视。

3. 近源-优相-低势复合区有利油气富集高产

前面分别讨论了相、势、源三个关键地质因素对致密油气藏富油气程度的控制作用，并分析了在油气富集成藏之中的不可缺性。在实际地质条件下，只有这三个条件都达到最佳时，油气藏的富油气程度才能达到最高。基于大量的统计分析结果，本书提出

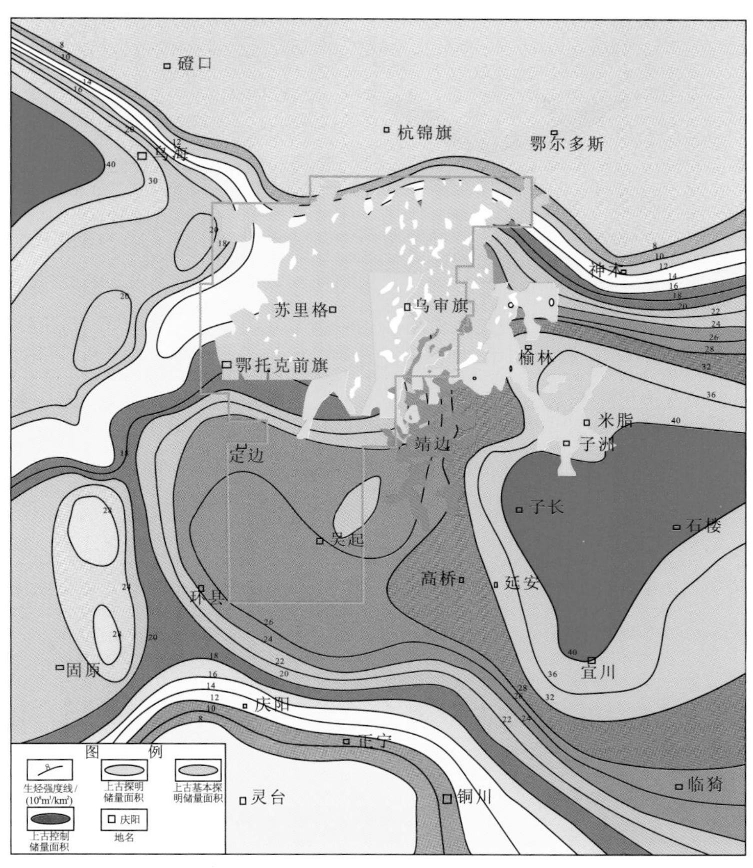

(a) 天然气藏分布与源岩生油气强度关系

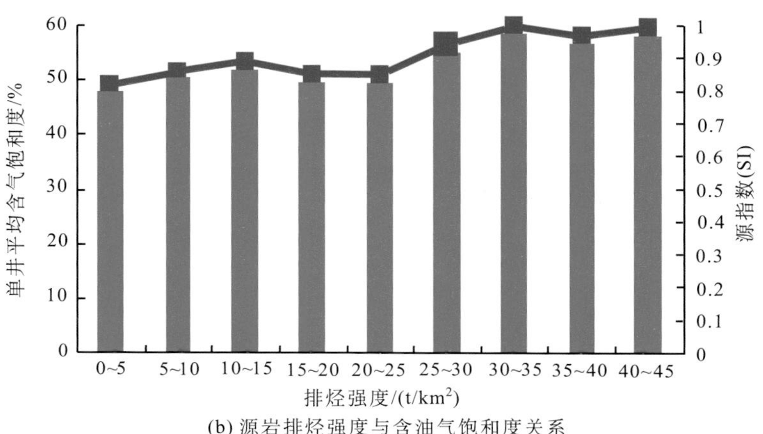

(b) 源岩排烃强度与含油气饱和度关系

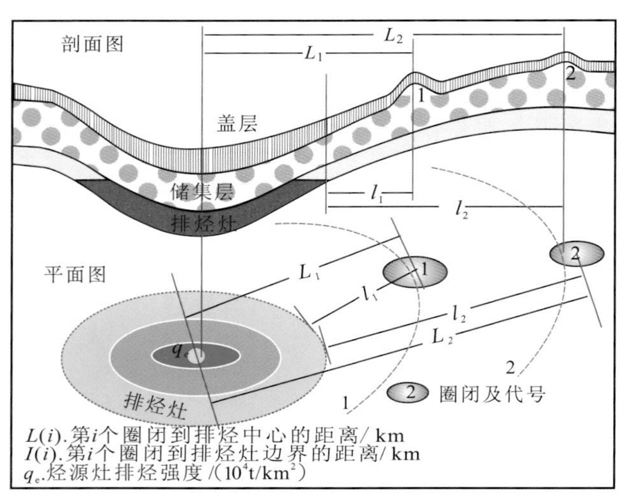

(c) 源岩排烃强度与目标含油气性关系模型

图 1-5-23　鄂尔多斯盆地相关烃源岩排烃强度与目的层盒 8 段富油气程度的关系

用相-势-源复合指数(FPSI＝facies & potential & source index≤1)表征叠复连续油气藏的富油气程度(式 1-5-2)

$$\mathrm{FPSI}=a\times\mathrm{FI}+b\times(1-\mathrm{PI})+c\times\mathrm{SI} \tag{1-5-2}$$

式中，FPSI 为相-势-源复合指数；FI 为相指数；PI 为势指数；SI 为源指数；a、b、c 为权系数，$a+b+c=1$，各参数取值可由灰色相关度分析法确定。通过建立相-势-源复合指数 FPSI 与目的层含油气性的定量关系模型，可以实现有利目标成藏概率、储层含油气饱和度、储层测试产能等地质参数的定量预测与评价，图 1-5-24 是依据相关研究成果确立的相-势-源复合指数 FPSI 与甜点目标富油气程度关系模型，基于这些模式可以实现目标区块成藏概率、含油气饱和度和探井产能的定量预测与评价。

4. 叠复连续油气藏有利富油气目标预测评价技术路线

在实际地质条件下，只有相、势、源三个条件都达到最佳时，油气藏的富油气程度才能达到最高。基于 FPSI 开展有利富油气目标预测与评价，关键是要对含油气盆地已发现油气藏的富油气程度进行剖析和研究，找出控制每一类致密油气藏富油气程度的主控因素及各主控因素控油气富集程度的临界条件(边界、范围、概率)，在此基础上总结各要素的时空组合控油气富集模式并研发相关技术(图 1-5-25)。这些技术包括：基于相控油气作用预测油气富集程度的相控指数(FI)技术；基于势控油气作用预测油气富集程度的势控指数(PI)技术；基于源控油气作用预测油气富集程度的源控指数(SI)技术；基于相-势-源复合控油气作用预测油气富集程度的相-势-源复合指数(FPSI)技术。

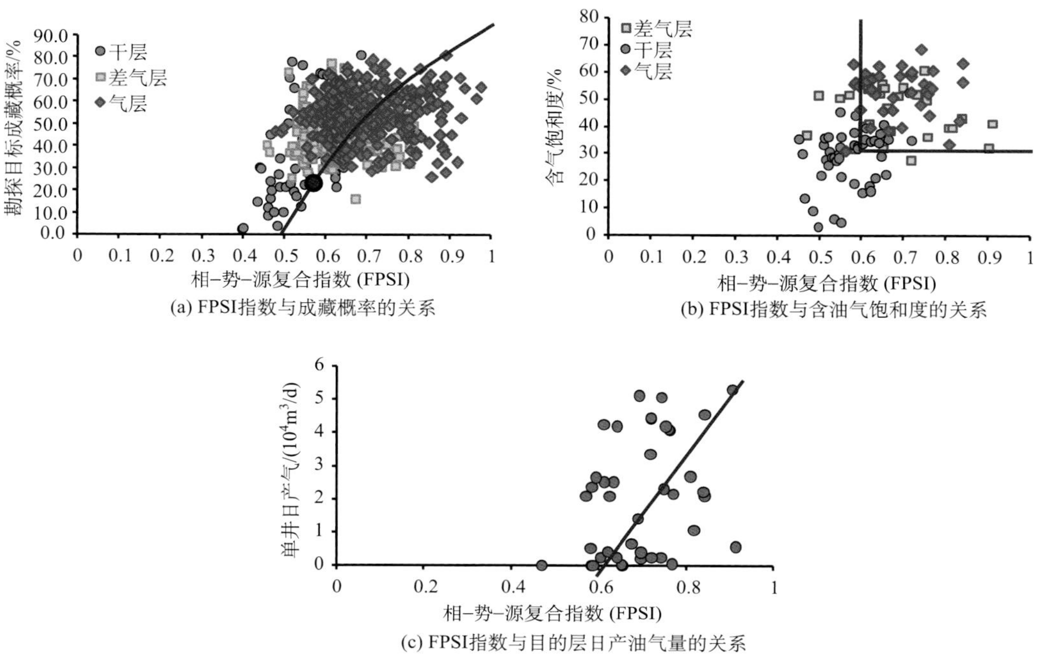

(a) FPSI指数与成藏概率的关系
(b) FPSI指数与含油气饱和度的关系
(c) FPSI指数与目的层日产油气量的关系

图 1-5-24 鄂尔多斯盆8段相-势-源复合指数与目的层含油气性关系

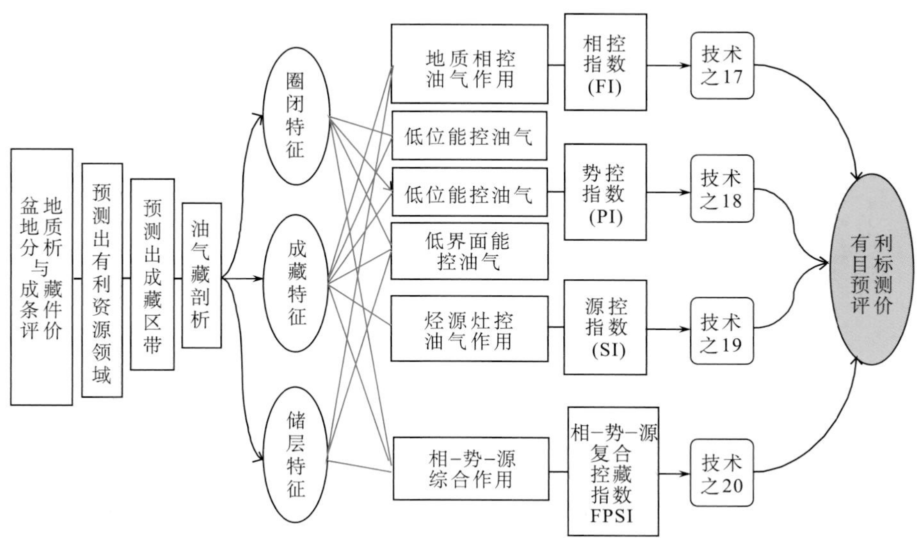

图 1-5-25 叠复连续油气藏富油气目标预测与评价技术路线

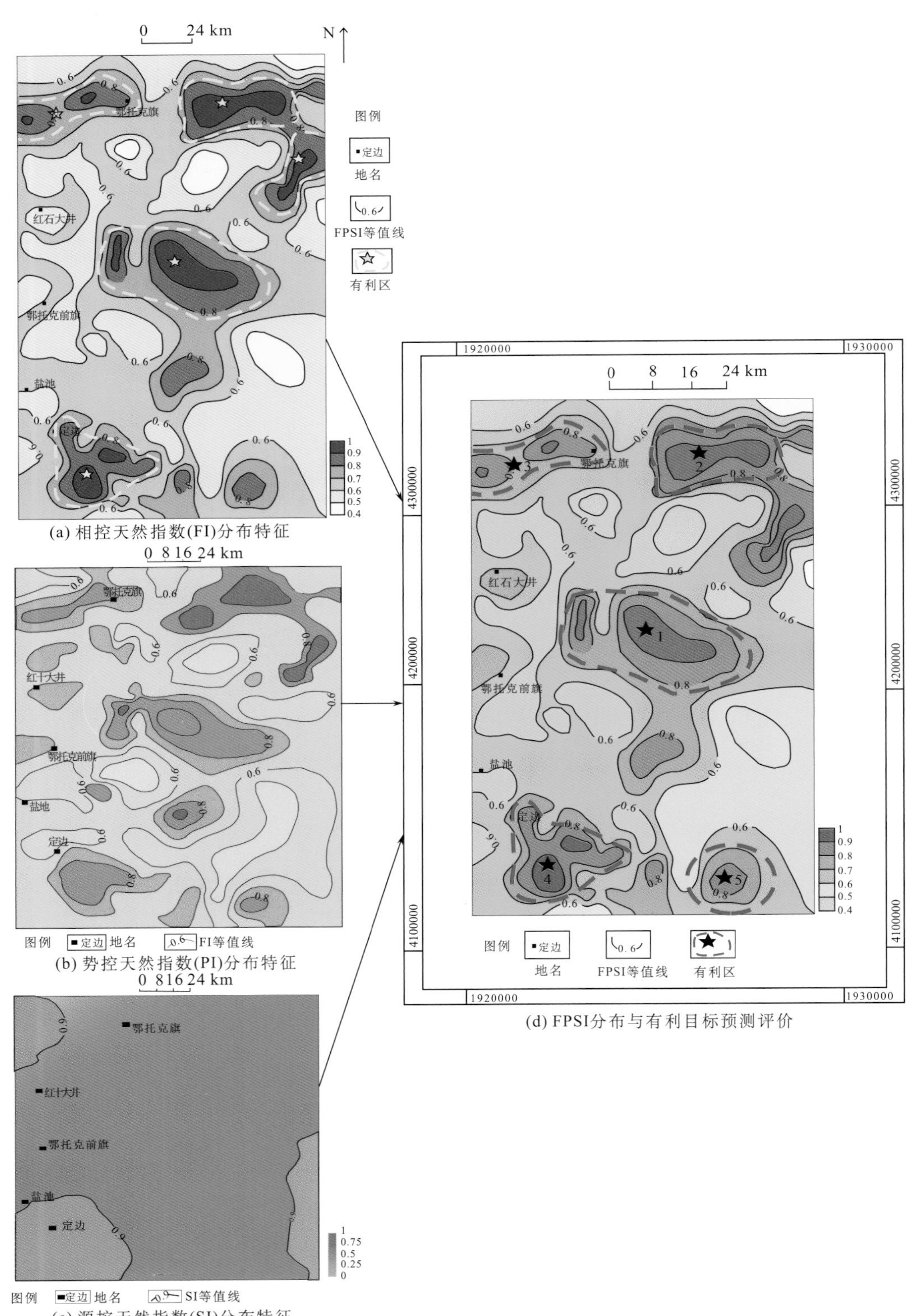

图 1-5-26 鄂尔多斯盆地苏里格庙地区盒 8 段潜在富油气区预测图

5. 叠复连续油气藏有利富油气目标预测评价研究实例

应用FPSI模式预测并评价鄂尔多斯盆地苏里格地区盒8段叠复连续气藏富气目标。首先，应用2013年之前的248口探井资料建立盒8段目的层的相-势-源复合指数FPSI模型，建立了FPSI指数与目的层成藏概率、含油气饱和度和试井产能之间的定量关系模式，基于相关模式对2013年新钻39口探井可能钻遇的目的层的含油气性进行了预测与评价。结果表明：FPSI＞0.5的目的层，钻探后发现94%的目的层段聚集有油气；对于FPSI＜0.5的目的层段，钻探发现超过90%的没有聚集油气[图1-5-24(a)]。

FPSI＞0.75的目的层段100%为含油气层，含油气饱和度超50%；FPSI＝0.5～0.75的目的层段85%为含油气，含油气饱和度超过30%。综合考虑这两类目的层，钻探结果与预测结果的总吻合率超过92%[图1-5-24(b)]。FPSI＞0.5的储层段100%都被解释为油气层；PFSI＞0.5的层段射孔测试均获工业产能。FPSI越大，单井产能越高[图1-5-24(c)]。所有这些都反映了FPSI在预测目的层含油气性方面的可行性与可靠性。图1-5-26是基于FPSI对鄂尔多斯盆地苏里格庙地区盒8段含油气性平面分布预测结果，优选出五个潜在有利区并部署了预探井，期待通过钻探能够发现更多油气储量。五个潜在含油气区面积共约3750km^2，预计天然气可采储量可达2217×10^8m^3。

第六节 叠复连续油气藏的基本认识与相关问题讨论

一、基本认识

1. 叠复连续油气藏是一种多机制形成的复杂非常规致密油气藏

叠复连续油气藏是同一源岩层系控制的不同目的层段在不同时期形成的不同类型的油气藏叠加复合形成的一种复杂的非常规油气藏。它们表现出高点与低点富油气共存、高压与低压含油气层共存、早成与晚成油气藏共存、产油气岩体与产水岩体共存及纵向上各目的层段叠加、平面上多目的层段复合成片的分布特征，不能用浮力成藏机制解释，也不能完全用非浮力成藏机制解释。

2. 叠复连续油气藏发育在局限流体动力场内，勘探前景广阔

叠复连续(致密)油气藏形成和分布在浮力成藏下限和油气成藏底限两个动力学边界限定的局限流体动力场内。地层普遍致密，目的层孔隙度为12%～2%，渗透率为1～0.01mD，孔喉半径为2～0.01μm，烃源岩镜质体反射率(R_o)为1.2%～2.5%。局限流体动力场内源岩层排烃效率高、运聚效率高；排出烃量占盆地总排烃量的80%以上，赋存的油气资源量约为自由流体动力场内的5～10倍。

3. 叠复连续油气藏分布发育在有效源岩系内，受六大地质因素控制

叠复连续油气藏主要分布发育于源岩层系内或紧领源岩层顶底，由致密常规油气藏、致密深盆油气藏、致密复合油气藏、改造型常规油气藏叠加复合构成。它们的形成

和分布受源岩层有效排烃范围(S)、储层有利地质相(D)、盖层有效封盖区(C)、低势有利聚油气区(P)、局限流体动力场(L)、构造稳定区(W)等六大功能要素控藏临界条件的时空组合控制。应用致密常规油气藏发育模式(T-C/D/P/S)和致密深盆油气藏发育模式(T-L·W·DS)，结合盆地分析和油气地质条件恢复，可以实现三类致密油气藏及它们叠复形成的连续油气藏的分布预测与定量评价。

4. 叠复连续油气藏在近源-优相-低势复合区内的油气富集程度最高

叠复连续致密油气藏内油气富集甜点与最有利钻探目标受众多地质因素的控制和影响，但主要取决于相、势、源三要素的联合控制作用。目的层离源岩层排油气强度中心的距离越近越利于富集油气，用源指数 SI 定量表征；储层的孔隙度和渗透率越大越有利于富集油气，用相指数 FI 表征；勘探目标内外流体势差越高越有利于富集油气，用势指数 PI 表示。通过建立相-势-源复合指数(FPSI)与目标含油气性定量关系模式可以实现目的层段成藏概率、含油气饱和度、探井产能的定量预测与评价，大量的实用结果表明，近源、优相、低势的目标区块富油气程度最高。在鄂尔多斯盆地的预测结果与钻探结果的吻合率超过 90%。

二、相关问题讨论

(1) 构造稳定是叠复连续致密油气藏形成和广泛分布的基本前提。在构造变动强烈，尤其是断裂发育的盆地，叠复连续油气藏不容易形成，形成后也由于局限流体动力场内的致密介质条件受到破坏而转变为改造型常规油气藏，或完全受到破坏。

(2) 盖层对叠复连续油气藏的形成、分布和保存具有重要意义。没有盖层，叠复连续致密油气藏能够形成，但不易保存；有盖层存在且封盖能力很强时，它们既有利于叠复油气藏形成，还利于在构造变动改造储层孔隙度和渗透率的同时形成富油气高产甜点区。

(3) 叠复连续油气藏形成和分布的局限流体动力场内的天然气资源潜力远大于液态石油的勘探潜力。在含油气盆地中，Ⅲ型母质在局限流体动力场内主要形成致密气藏；Ⅰ型母质在 $R_o>1.5\%$ 的地层领域也主要形成致密气藏，Ⅰ型母质早期形成的常规油藏或致密常规油藏在 $R_o>1.5\%$ 后也将转变为致密油气藏。

(4) 通常情况下以砂岩储层的孔隙度大小为标志划分流体动力场比较方便，因为它们随埋深度变化规律性好，但实际地质条件下决定浮力是否对油气成藏起主导作用的关键动力学参数是储层内部的孔喉半径和渗透率，它们决定浮力成藏下限的存在。建议综合孔隙度、渗透率、孔喉半径，甚至源岩层热演化程度四方面条件综合确定浮力成藏下限。

(5) 叠复连续油气藏是致密非常规连续油气藏的普遍表现形式。致密常规油气藏、致密深盆油气藏、致密复合油气藏是地质条件较为简单情况下的特殊表现形式，因此可以将它们全部归类为叠复连续油气藏。不将“致密”作为这类油气藏的基本特征是因为它们在后期受到构造变动改造后，局部地区可能转化为“改造型常规油气藏”，即在大面积广泛分布的致密油气藏内局部出现高孔高渗富油气区带，这些区带正是我们努力寻找的目标。

(6) 含油气盆地局限流体动力场内叠复连续致密油气藏资源量约为常规油气资源量的5～10倍，但在不同时期意义不同。其中一部分在当前技术条件下经济可采，构成现实资源；还有一部分有待技术进步后才能经济开采，称之为远景资源。高效勘探和开发叠复连续油气资源的根本途径是研发新技术、降低勘探开发成本和提高采收率。

三、说明与致谢

本章研究成果获得了国家973项目(项目编号2011CB201100)、国家重点基金项目(项目编号U1262205)联合资助，还获得了中石油塔里木油田公司、新疆油田公司、长庆油田公司，中石化西南油气田公司等单位的领导支持和帮助；许多前辈专家和同行学者对项目研究过程中存在的问题提出了宝贵的修改意见；笔者在此深表感谢。在完成书稿过程中，马中振、邢恩袁、郭迎春、郭继刚等一批研究生协助完成了资料收集、物理模拟实验等方面工作，在此一并致谢。理论研究成果被系统地应用于哈萨克斯坦Marsel探区的油气地质研究，为南哈大气田的发现做出了重要贡献，相关应用在本书各章节中有详细介绍。南哈大气田的发现验证了叠复连续油气藏成因模式的正确，方法技术实用可靠，也为类似油气藏的勘探提供了新的思路和方法技术上的指导。

参考文献

陈刚. 1988. 沁水盆地向斜型水封气藏形成条件探讨. 石油与天然气地质，19(4)：302-306.

陈建渝，唐大卿，杨楚鹏. 2003. 非常规含油气系统的研究和勘探进展. 地质科技情报，22(4)：55-59.

成先海. 2004. 开展盆地中心气研究开辟新的油气勘探领域. 资源环境与工程，18(3)：31-35.

戴金星. 1983. 向斜中的油、气藏. 石油学报，4(4)：27-30.

戴金星，倪云燕，吴小奇. 2012. 中国致密砂岩气及在勘探开发上的重要意义. 石油勘探与开发，39(3)：257-264.

冯增昭. 1993. 沉积岩石学. 北京：石油工业出版社.

冯志强，张顺，冯子辉. 2011. 在松辽盆地发现“油气超压运移包络面”的意义及油气运移和成藏机理探讨. 中国科学D辑：地球科学，41(12)：1872-1883.

高楚桥，袁云福，吴洪深，等. 2003. 莺歌海盆地束缚水饱和度测井评价方法研究. 天然气工业，23(5)：38-41.

郝石生，黄志龙，高耀斌. 1991. 轻烃扩散系数的研究及天然气运聚动平衡原理. 石油学报，12(3)：17-24.

贺乘祖，华明琪. 1998. 油气藏中水膜的厚度. 石油勘探与开发，25(2)：75-77.

胡朝元. 1982. 生油区控制油气田分布——中国东部陆相盆地进行区域勘探的有效理论. 石油学报，3(2)：9-13.

胡朝元. 2005. “源控论”适用范围量化分析. 地质与勘探，25(10)：1-7.

胡文瑞. 2010. 中国非常规天然气资源开发与利用. 大庆石油学院学报，34(5)：9-16.

胡文瑞. 2012. 我国非常规天然气资源、现状、问题及解决方案. 石油科技论坛，(6)：1-4.

胡文瑞. 2013. 全球石油勘探进展与趋势. 石油勘探与开发，40(4)：409-413.

贾承造，郑民，张永峰. 2012. 中国非常规油气资源与勘探开发前景. 石油勘探与开发，39(2)：129-136.

姜福杰. 2008. 源控油气作用及其定量模式. 北京：中国石油大学(北京)博士学位论文.

金之钧，张金川，王志欣. 2003. 深盆气成藏关键地质问题. 地质评论，49(4)：400-407.

李宁，周克明，张清秀，等. 2002. 束缚水饱和度实验研究. 天然气工业，22(增刊)：110-113.

刘文碧，李德发，胡春涛. 1995. 砂岩油层原始含油饱和度的综合研究. 西南石油学院学报，17(3)：37-43.

柳广弟. 2009. 石油地质学. 北京：石油工业出版社

马新华，王涛，庞雄奇，等. 2002. 深盆气藏的压力特征及成因机理. 石油学报，23(5)：23-27.

庞雄奇. 1995. 排烃门限控油气理论与应用. 北京：石油工业出版社.

庞雄奇. 2014. 油气运聚门限与油气资源评价. 北京：科学出版社.

庞雄奇，陈章明，方祖康. 1993. 含油气盆地地史、热史、生留排烃史数值模拟研究与烃源岩定量评价. 北京：石油工业出版社.

庞雄奇，金之钧，左胜杰. 2000a. 油气藏动力学成因模式与分类. 地学前缘，7(4)：507-514.

庞雄奇，姜振学，李建青，等. 2000b. 油气成藏过程中的地质门限及其控制油气作用. 石油大学学报(自然科学版)，24(4)：53-57.

庞雄奇，金之钧，姜振学，等. 2003. 深盆气成藏门限及其物理模拟实验. 天然气地球科学，14(3)：207-214.

庞雄奇，李丕龙，张善文，等. 2007. 陆相断陷盆相-势耦合控藏作用及其基本模式. 石油与天然气地质，28(5)：641-652.

庞雄奇，李丕龙，陈冬霞，等. 2011. 陆相断陷盆地相控油气特征及其基本模式. 古地理学报，13(1)：55-74.

庞雄奇，周新源，姜振学，等. 2012. 叠合盆地油气藏形成、演化与预测评价. 地质学报，86(1)：53-57.

庞雄奇，周新源，董月霞，等. 2013. 含油气盆地致密砂岩类油气藏成因机制与资源潜力. 中国石油大学学报(自然科学版)，05：28-37，56.

邱中建，赵文智，邓松涛. 2012. 我国致密砂岩气和页岩气的发展前景和战略意义. 中国工程科学，14(6)：4-8.

沈守文，彭大钧，颜其彬，等. 2000. 试论隐蔽油气藏的分类及勘探思路. 石油学报，21(1)：16-23

王涛. 2001. 中国深盆气田. 北京：石油工业出版社.

吴河勇，梁晓东，向才富，等. 2007. 松辽盆地向斜油藏特征及成藏机理探讨. 中国科学 D 辑：地球科学，37(2)：185-191.

肖芝华，胡国艺，李志生. 2007. 封闭体系下压力变化对烃源岩产气率的影响. 天然气地球科学，18(2)：284-288.

杨华，付金华，刘新社，等. 2012. 鄂尔多斯盆地上古生界致密气成藏条件与勘探开发. 石油勘探与开发，9(3)：295-303.

杨华，张文正，刘显阳，等. 2013. 优质烃源岩在鄂尔多斯低渗透富油盆地形成中的关键作用. 地球科学与环境学报，35(4)：1-9.

杨克明，庞雄奇. 2012. 致密砂岩气藏形成机制与预测方法：以川西拗陷为例. 北京：科学出版社，1-312.

杨克明，朱宏权. 2013. 川西叠覆型致密砂岩气区地质特征. 石油实验地质，35(1)：1-8.

张大奎，周克明. 1990. 封闭气与储层下限的实验研究. 天然气工业，10(1)：30-34.

张金川. 1999. 深盆气成藏机理及其应用研究. 北京：中国石油大学(北京)博士学位论文

张金川，金之均. 2005. 深盆气成藏机理及分布预测. 北京：石油工业出版社.

邹才能，陶士振，袁选俊，等. 2009a. 连续型油气藏形成条件与分布特征. 石油学报，30(3)：324-331.

邹才能，陶士振，袁选俊，等. 2009b. "连续型"油气藏及其在全球的重要性：成藏、分布与评价. 石油勘探与开发，36(6)：669-682.

Athy L F. 1930. Porosity and compaction of sedimentary rock. AAPG Bulletin，14(1)：1-24.

Berkenpas P G. 1991. The Milk River shallow gas pool：Role of the updip water trap and connate water in gas production from the pool. SPE，229(22)：371-380.

Cant D J. 1986. Diagenetic traps in sandstones. AAPG Bulletin，70(2)：155-160.

EIA. 2014. International engergy outlook 2014. http：//www. eia. gov/forecasts/ieo/pdf/0484. 2014.

Gies R M. 1984. Case history for a major Alberta deep basin gas trap：The Cadomin formation//Masters J A. Elmworth-case study of a deep basin gas field. AAPG Memoir：38.

Gressly A. 1938. Observation geologiques sur le Jura soleurois，Neue Denkschr. Allg. Schwei2，Ges. Naturw，2：1-112.

Hiilis R R，Morton J G G，Warner D S，et al. 2001. Deep basin gas：A new exploration paradigm in the nappamerri trough，Cooper basin，South Australia. APPEA Journal：185-200.

Jiao Z S，Surdam R C. 1994. Stratigraphic/ Diagenetic pressure seals in the muddy sandstone. Powder River Basin，Wyoming. AAPG Memoir 61(Ortoleva P J. Compartmentation：Definitions and mechanisms).

Law B E. 2002. Basin-centered gas systems. AAPG Bulletin，86(11)：1891.

Law B E，Dickinson W W. 1985. Conceptual model for origin of abnormally pressured gas accumulation in low-permeability reservoirs. AAPG，69(8)：1295-1304.

Law B E，Spencer C W，Bostick N H. 1980. Evaluation of organic matter，subsurface temperature and pressure with regard to gas generation in low-permeability upper cretaceous and lower tertiary sandstones in Pacific Creek area，sublette and Sweetwater Counties，Wyoming. The Mountain Geologist，17(2).

Magoon L B，Dow W G. 1994. The petroleum system-from Source to Trap. AAPG Memoir 60：17-231.

Masters J A. 1979. Deep basin gas trap，Western Canada. AAPG Bulletin，63(2)：152-181.

Masters J A. 1984. Low cretaceous oil and gas in Western Canada//Masters J A. Elmworth-case study of a deep basin gas field. AAPG Memoir：38.

Pang X Q，Jin Z J，Zeng J H ，et al. 2002. Prediction of the distribution range of deep basin gas accumulations and application in the Turpan-Hami Basin. Energy Exploration and Exploitation，20：253-286.

Pang X Q，Li Y X，Jiang Z X. 2004. Key geological controls on migration and accumulation for hydrocarbons derived from mature source rocks in Qaidam Basin. Journal of Petroleum Science and Engineering，41：79-95.

Robert M C，Suzanne G C. 2004. The origin of Jonah field，Northern Green River basin，Wyoming//John W R，Keith W S. Jonah Field：Case Study of a Tight-gas Fluvial Reservoir. AAPG Studies in Geology：52.

Rose P R，et al. 1984. Possible basin centered gas accumulation，Raton basin，Southern Colorado. Oil & Gas Journal，82：190-197.

Schmoker J W. 1995. Method for assessing continuous-type(unconventional) hydrocarbon accumulation. National assessment of United States oil and gas resources-Results, methodology, and supporting data: U. S. Geological Survey Digital Data Series 30.

Schmoker J W. 2002. Resource-assessment perspectives for unconventional gas systems. AAPG Bulletin, 86(11): 1993-1999.

Schmoker J W, Fouch T D, Charpentier R R. 1996. Gas in the Uinta basin, Utah-Resources in continuous accumulations. Mountain Geologist, 33(4): 95-104.

Selley R C. 1970. Studies of sequence in sediments using a simple mathematical device. Quart J Geol Soc, 125: 557-581.

Spencer C W. 1989. Review of characteristics of low-permeability gas reservoirs in western Unites States. AAPG Bulletin, 73(5): 613-629.

Spencer C W, Mast R F. 1986. Geology of tight gas reservoirs. AAPG Study in Geology 24.

Sweeney J J, Burnham A K. 1990. Evaluation of a simple model of vitrinite reflectance based on Chemical kinetics. AAPG Bulletin, 54: 1559-1571.

Walls J, Nur A, Bourbie T. 1982. Effects of pressure and partial water saturation on gas permeability in tight sands: Experimental results. Journal of Petroleum Technology, 34(4): 930-936.

Wang H J, Pang X Q, Wang Z M, et al. 2010. Multiple-element matching reservoir formation and quantitative prediction of favorable areas in superimposed basins. Acta Geologica Sinica(English Edition), 84(5): 1035-1054.

White I C. 1885. The geology of natural gas. Science, ns-5(125): 521-522.

第二章 楚-萨雷苏盆地Marsel探区与周边油气勘探困境与研究思路

第一节 楚-萨雷苏盆地 Marsel 探区地质特征及其周边盆地差异

一、楚-萨雷苏盆地 Marsel 探区概况

哈萨克斯坦油气资源丰富，其大部分资源蕴藏在哈属里海地区。未来世界石油价格的增长趋势、向南欧和亚洲市场油气出口管线的铺设及大型国际公司不断参与哈萨克斯坦油气开采项目等仍将成为哈萨克斯坦油气领域进一步吸引投资的主要因素。

Marsel 探区勘探面积 $1.85\times10^4\ km^2$，位于哈萨克斯坦中部的楚-萨雷苏盆地内，工区呈现正方形分布，区块临近两条石油和天然气管道。探区北侧区块中国公司正在勘探，邻近的图尔盖盆地和南部的奇姆肯特已经大规模开采。截至目前，探区内已建成天然气管道(图 2-1-1)。

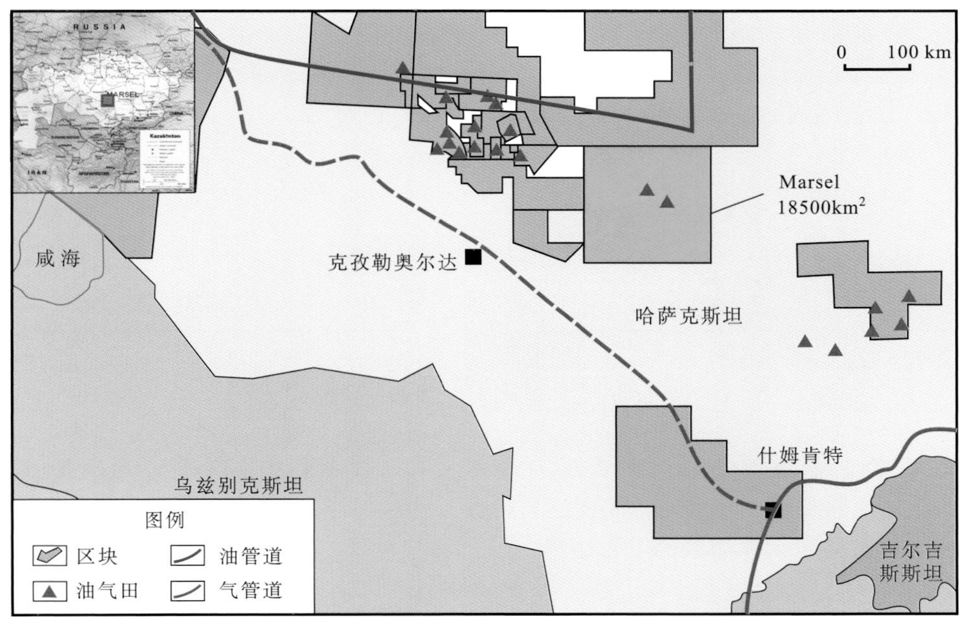

图 2-1-1 Marsel 区块周边油气勘探区块分布图

二、楚-萨雷苏盆地地质特征

1. 概况

楚-萨雷苏盆地大部分位于哈萨克斯坦共和国的南部，其东部的凹陷部分延伸到了吉尔吉斯斯坦境内。盆地为西宽东窄的长条形，大致呈北西-南东向展布，长约900km，宽约300km，盆地面积约$16\times10^4km^2$。盆地北端位于哈萨克斯坦的热孜卡孜甘州，萨雷苏河以西的少部分地区属于克孜勒奥尔达州，西南部属于希姆肯特州，中东部大部分地区属于江布尔州。现今楚-萨雷苏盆地是一个典型的内陆盆地，萨雷苏河向北流入盆地西部，楚河向北流入盆地南部，盆地因这两条河流而得名(图 2-1-2)。

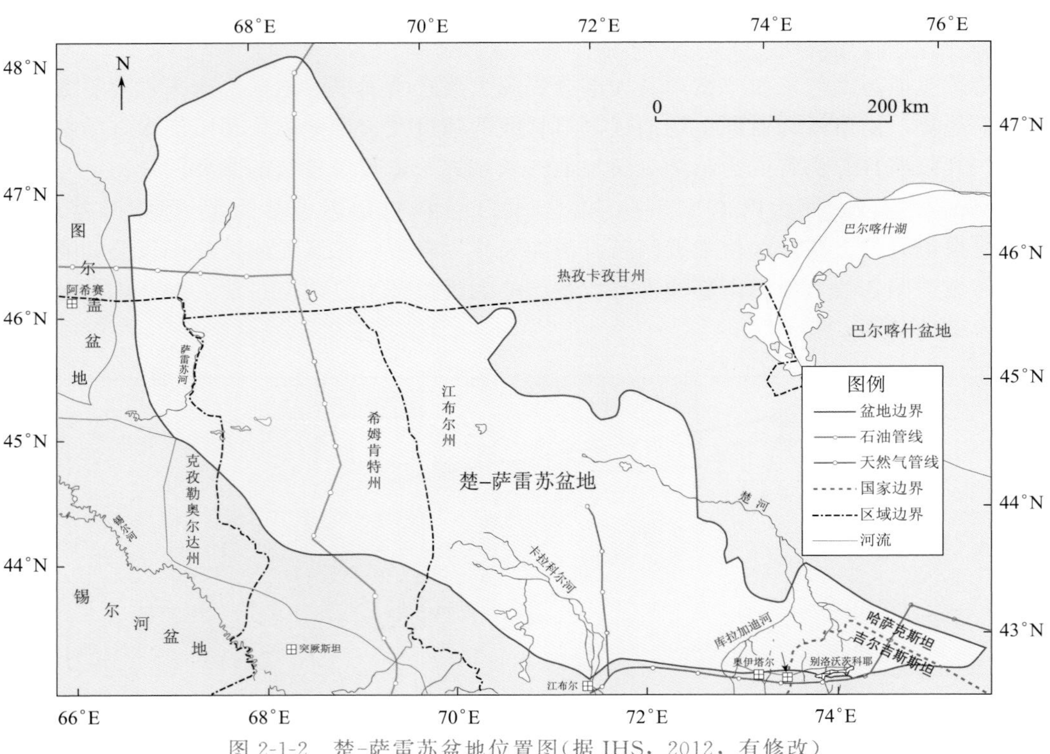

图 2-1-2　楚-萨雷苏盆地位置图(据 IHS，2012，有修改)

楚-萨雷苏盆地的主要沉积盖层为泥盆系—二叠系和中新生界，最大厚度可达6000m，盆地的基底主要由元古界变质岩构成，盆地中部的个别地方，基底上部存在强烈错断并被岩浆侵入体切割的下古生界。

2. 沉积地层特征

楚-萨雷苏盆地的沉积盖层包括上古生界和中、新生界，其中上古生界是盆地的主要盖层层系，也是主要含油气层系，而中、新生界没有含油气潜力。盆地的主要地层与构造演化、石油地质条件等之间的关系如图 2-1-3 所示。

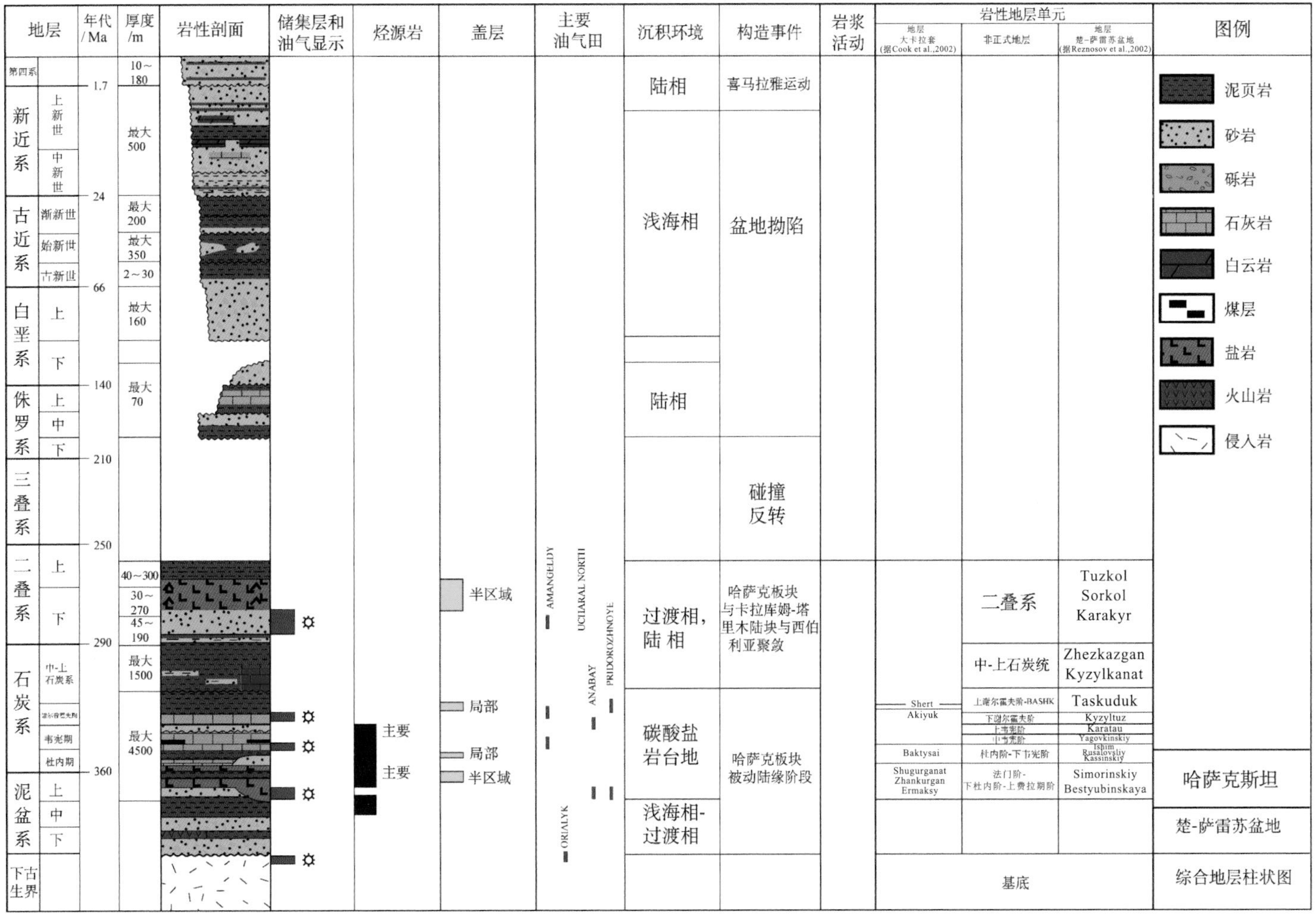

图 2-1-3 楚-萨雷苏盆地综合地层柱状图(据 IHS Energy Group，2012a，有修改)

1）上古生界

楚-萨雷苏盆地上古生界由下而上主要包括卡拉赛（Karasay）组、金戈尔迪（Zhingildy）组、塔斯库杜克（Taskuduk）组、克孜尔卡纳特（Kyzylkanat）组、卡拉基尔（Karakyr）组、索尔克尔（Sorkol）组和图兹科尔（Tuzkol）组。

下泥盆统—中泥盆统的卡拉赛组为浅海相-过渡相地层，主要岩性为砂岩、页岩和砾岩。

上泥盆统的金戈尔迪组为过渡相的局限海地层，岩性为砂岩、泥岩和蒸发岩，地层厚度为250～1500m，平均400m，与下伏卡拉赛组整合接触，与上覆塔斯库杜克组呈不整合接触。金戈尔迪组砂岩在考克潘索尔凹陷南部和莫因库姆凹陷北部构成了较好的局部储层。该组的泥岩含有腐殖-腐泥型有机质，成熟深度为1900m，总有机碳含量（TOC）为0.3%，镜质体反射率（R_o）为0.90%～0.97%，是盆地内的主要烃源岩之一。同时，金戈尔迪组蒸发岩构成了下伏储层的一套区域性盖层。

下石炭统的塔斯库杜克组为过渡相、浅海陆架相地层，主要岩性包括石灰岩、泥岩、砂岩、粉砂岩、煤层、黏土岩和蒸发岩地层厚度530～1000m，平均750m，与下伏金戈尔迪组和上覆克孜尔卡纳特组均呈不整合接触。塔斯库杜克组以含腐泥型有机质为主，石灰岩TOC为0.30%～0.53%，泥岩TOC含量在1.00%～1.25%，成熟深度为1900～2450m，R_o已经达到0.80%～1.04%，该组也是盆地的烃源岩。

中石炭统的克孜尔卡纳特组为过渡相地层，主要岩性为泥岩、粉砂岩和砂岩，地层厚度200～1500m，平均300m，该组与上覆卡拉基尔组呈整合接触，与下伏塔斯库杜克组呈不整合接触。该组的泥岩构成了区域性盖层。

下二叠统的卡拉基尔组为湖泊相和浅海相地层，主要岩性为粉砂岩、砂岩和泥岩，地层厚度45～180m，平均110m，与下伏基兹尔卡纳特组和上覆索尔克尔组均呈整合接触。卡拉基尔组泥岩含有腐泥-腐殖型有机质，TOC含量高达0.80%～4.00%，在盆地北部埋深达到1900～2450m，R_o为0.65%～0.85%，已经进入主要生油阶段，构成了盆地内的局部烃源岩。该组的粉砂岩和砂岩是盆地内的大部分地区的中等储层。

下二叠统的索尔克尔组为过渡相和海相地层，主要岩性包括盐岩、粉砂岩、砂岩、泥岩和泥灰岩，地层厚度50～270m，平均150m，与上覆图兹科尔组和下伏卡拉基尔组均呈整合接触。索尔克尔组泥岩和泥灰岩含有腐泥-腐殖型有机质，TOC含量高达1.0%～5.0%，埋深一般在1900～2450m，R_o在0.65%～0.85%，是盆地内的局部烃源岩。在盆地内的大部分地区，索尔克尔组砂岩和粉砂岩具有中等的储集性能。索尔克尔组上部的盐岩是盆地内较好的区域性盖层。

下二叠统—上二叠统的图兹科尔组为过渡相地层，主要岩性包括粉砂岩、砂岩、泥岩、盐岩、硬石膏、石膏和黏土岩。地层厚度100～1000m，平均700m。图兹科尔组的泥岩和黏土岩含有腐泥-腐殖型有机质，TOC含量高达1.0%～4.5%，在盆地北部已经进入了生油窗，R_o达到0.65%～0.85%。图兹科尔组下部的盐岩和硬石膏及索尔克尔组上部的盐岩组合构成了是盆地内最好的半区域性盖层。

2）中生界

楚-萨雷苏盆地中生界是在三叠纪泛大陆解体和逐步海侵的背景上发育的，前期以陆相地层为主，后期以海相地层为主。这套没有含油气潜力，地层厚度较小，由下而上主要包括塔斯科米尔赛(Taskomyrsay)组、包拉尔代(Boralday)组、卡什卡拉塔(Kashkarata)组、博罗尔赛(Borolsay)组和上白垩统。

3) 新生界

楚-萨雷苏盆地新生界古近系仍以海相陆源碎屑岩沉积为主，由于上新世后期开始海退，盆地此后以陆相砂砾沉积为主。同中生界一样，盆地的新生界也没有含油气潜力，由下而上主要包括古新统、始新统、巴克迪卡里(Baktykary)组、阿斯卡赞索尔(Askazansor)组、阿拉尔(Aral)组、巴甫洛达尔(Pavlodar)组、伊犁(Ili)组、霍尔果斯(Khorgos)组和第四系。

3. 构造特征及演化

1)构造单元划分

楚-萨雷苏盆地位于图兰地台的东北部，其东北侧是中哈萨克地盾，东侧和东南侧为西天山褶皱系，盆地周边全部由早古生代褶皱系构成。楚-萨雷苏盆地存在非常明显的构造分异，包括一系列正向和负向构造单元。盆地内的负向构造单元构成了一系列相互独立的凹陷，凹陷之间以活动性较强的隆起带为分界。尽管盆地及其次级凹陷带和隆起带具有近南北走向的特征，凹陷内的更低级别构造却表现出更多的走向，证明在盆地演化和构造形成过程中存在多方向和多因素的区域构造作用，盆地边缘及内部存在的构造活动带导致断裂在沉积盖层中广泛发育，这一方面保证了不同级别构造的形成，另一方面降低了局部或区带圈闭的封闭性。

楚-萨雷苏盆地，一般将区域上可追踪的基底反射界面作为下石炭统底面。盆地的实际基底在地震反射上模糊不清，因此在盆地的构造研究中，一般采用下石炭统底界面的构造图作为构造分区的依据。

根据石炭系碳酸盐岩层系底界面的构造特征，对盆地进行了构造区划。盆地中部发育了方向与盆地走向大致平行的中贝特帕拉斯隆起和塔斯金-塔拉斯隆起带，两个隆起带将整个盆地划分为东北侧、西南侧两个近平行的凹陷带。东北侧的凹陷带包括特斯布拉克(Тесбулакский)凹陷和莫因库姆(Моинкумский)凹陷，西南侧的凹陷带包括考克潘索尔(Кокпансорский)凹陷和苏扎克-拜卡达姆(Сузак-Байкадамский)凹陷。各凹陷沉积盖层厚度不同，断层切割程度有别，各凹陷与隆起之间均以断层带为界(图 2-1-4)。

楚-萨雷苏盆地的另一个特征是，各凹陷之间相对独立，形成了各自独立的封闭体系。凹陷之间的差异不仅表现在高程的明显差别，还表现在沉积盖层的断层切割程度的明显差异，其中，莫因库姆凹陷北部和考克潘索尔凹陷西部断层切割程度较高。

盆地不同的凹陷，地层构造、埋深和厚度有很大的差异(图 2-1-5)。考克潘索尔凹陷北部石炭系地层埋深较深，达 3000～4000m，泥盆系部分地区被剥蚀，在凹陷南部和苏扎克-拜卡达姆凹陷受到构造挤压影响，石炭系和泥盆系埋深较浅，达 2000～3000m。特斯布拉克凹陷和莫因库姆凹陷石炭系和泥盆系保存完整，地层厚度比西南侧的凹陷地层厚度大。

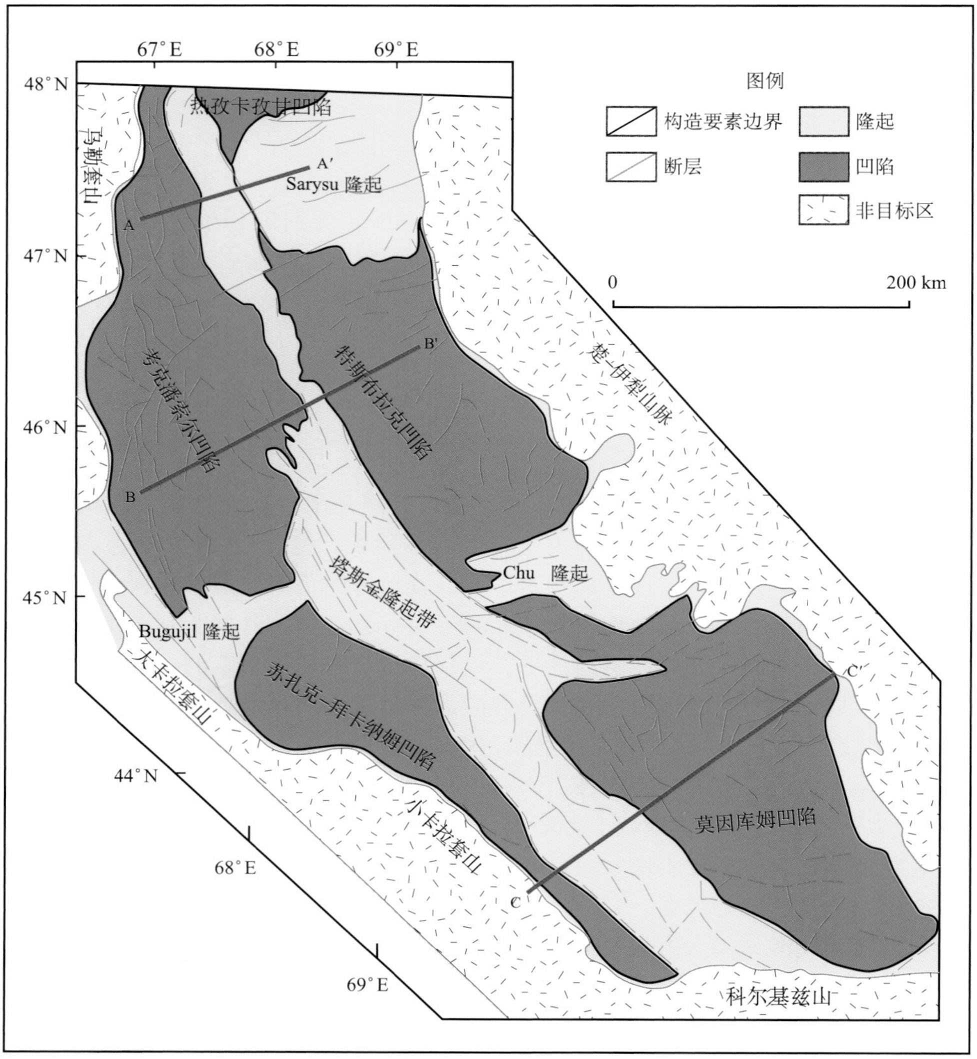

图 2-1-4　楚-萨雷苏盆地构造纲要图(据 IHS，2012，有修改)

2）构造演化

楚-萨雷苏盆地的演化大致可以划分为基底形成、晚古生代被动边缘、海西碰撞、中生代裂谷、盆地拗陷和喜马拉雅挤压运动等六个发育阶段(图 2-1-5)。

(1) 基底形成阶段。

楚-萨雷苏盆地的基底是哈萨克斯坦-北天山大陆的一部分，盆地的基底是前寒武纪大陆地体与早古生代岛弧碎块碰撞形成的增生构造。盆地基底形成阶段几乎涵盖了整个早古生代，包括从早寒武世托莫特期到晚志留世普里多利期，经过加里东期褶皱和变质形成了盆地的基底，岩性包括变质岩、花岗岩和各种基性火山岩。

(2) 晚古生代被动边缘阶段。

加里东褶皱之后，楚-萨雷苏盆地所在地区作为哈萨克斯坦古陆的一部分，构成了

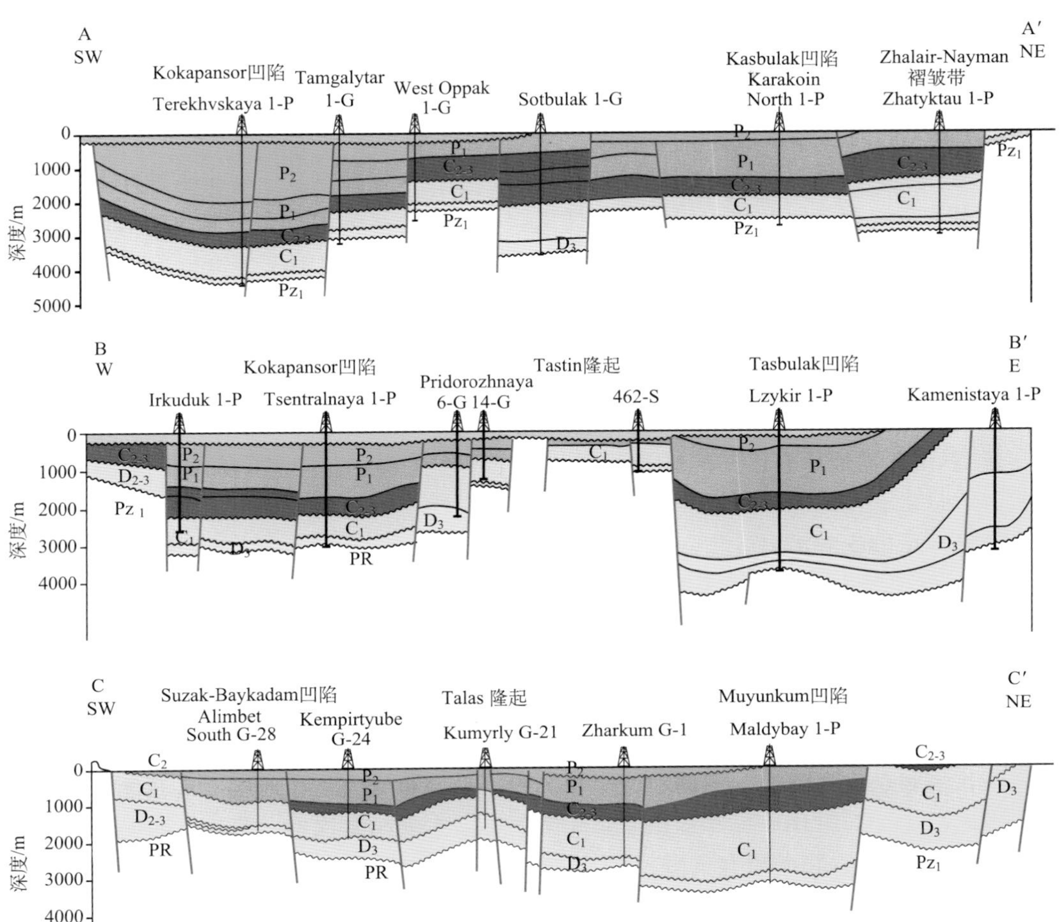

图 2-1-5 楚-萨雷苏盆地构造纲要图（据 IHS，2012，有修改）

哈萨克古陆的被动边缘，被动边缘环境一直从早泥盆世持续到早石炭世。

（3）海西碰撞阶段。

从中石炭世到晚三叠世，哈萨克斯坦古陆与卡拉库姆-塔里木古陆发生碰撞，同时与西伯利亚板块汇聚。由于板块碰撞，楚-萨雷苏盆地所在的前期被动边缘转变为挤压型前陆汇聚边缘，板块汇聚过程从中石炭世巴什基尔期一直持续到晚二叠世鞑靼期。碰撞作用导致在下伏的下石炭统碳酸盐岩与上覆的中、上石炭统浊积岩-滑塌岩之间的明显界面。楚-萨雷苏盆地所在地区在晚二叠世末—晚三叠世初受到了抬升和强烈的剥蚀。

（4）中生代裂谷阶段。

在三叠世末—侏罗纪，潘基亚联合大陆开始解体，在中亚-西伯利亚地区引发了区域的伸展作用。楚-萨雷苏盆地发生了裂谷作用，在盆地周围形成了狭长的地堑。此时楚-萨雷苏盆地的局部地区沉积了湖泊相和冲积扇相，并填充了南北向延伸的狭长半地堑。这套沉积物在侏罗纪末—白垩纪初的抬升和剥蚀过程中部分受到了剥蚀。

(5) 后裂谷拗陷阶段。

在晚白垩世—上新世期间，楚-萨雷苏盆地发生了缓慢的热沉降，在陆相盆地中同时沉积了厚度不大但广泛分布的沉积盖层。

(6) 喜马拉雅挤压阶段。

喜马拉雅期碰撞早在晚渐新世就已经开始，但在中亚地区从上新世末期才开始发生挤压。由于碰撞相关的剪切作用和断裂作用，在盆地边缘的卡拉套山麓地区形成了小型凹陷，库拉盖提隆起发生抬升，将楚河凹陷从楚-萨雷苏盆地的主体部分分离出来，形成了一个独立的凹陷。

4. 油气地质特征

1) 烃源岩

楚-萨雷苏盆地所有已知的烃源岩都分布于上古生界，其中包括泥盆系—石炭系页岩和碳酸盐岩、作为主要烃源岩的含煤沉积及下二叠统页岩，另外上二叠统页岩和泥灰岩也具有一定的生烃潜力。

一般认为，楚-萨雷苏盆地一套重要烃源岩是上泥盆统法门阶—下石炭统的富含腐殖型有机质的海相-潟湖相陆源碎屑岩-碳酸盐岩地层，另一套是发育于莫因库姆凹陷的北东部的韦宪阶含煤地层。

上泥盆统—石炭系碳酸盐岩和碎屑岩含有丰富的有机质，平均有机质含量石灰岩中达 4.6%，页岩中达 4.5%，砂岩和粉砂岩中达到 3.7%，TOC 含量为 0.30%～1.25%，主要是浅海陆架、潟湖和近岸相沉积，局部相变为陆相地层，这套地层的岩性与滨里海盆地的同时代地层非常相似。碳酸盐岩中主要是腐泥型有机质，而碎屑岩中主要为腐殖型和腐殖-腐泥型有机质。在法门阶和杜内阶的潟湖相蒸发岩中的深灰色碎屑岩，腐泥型有机质含量最高，平均有机质含量达到 3.0%～4.0%，最大为 16.5%，这些有机质主要来源于浮游动植物。

下二叠统和上二叠统页岩夹沥青质泥灰岩刚刚进入主要生油窗，由于遭受剥蚀，烃源岩在盆地内的分布范围并不广，大部分集中在北部，其对盆地内的含油气潜力的贡献还不能确定，该套烃源岩 TOC 含量达到 5.0%，因而推测其在上部生气窗内可能曾生成了部分天然气。

2) 储集层

在楚-萨雷苏盆地下古生界到下二叠统中已经证实存在多套产层。盆地主要包括四套储集层：泥盆系法门阶储集层、石炭系杜内阶—下韦宪阶储集层、上韦宪阶-谢尔普霍夫阶储集层、二叠系储集层。其中在奥塔里克气田发育下古生界储集层，同时还存在与基底有关的产层，岩性为裂缝型片岩，孔隙度为 2.0%。

法门阶储集层由盐下的潟湖相砂岩组成，厚度达到 150m，孔隙度为 2.0%～20.0%，渗透率为 0.21～38.5mD，储集类型为孔隙-裂缝型，该套储层见于考克潘索尔凹陷南部和莫因库姆凹陷北部的普里多罗日诺耶(Pridorozhnaya)气田和阿纳拜(Anabay)气田。

杜内阶—下韦宪阶储集层为海相近岸碳酸盐岩、砂岩和粉砂岩，累计厚度达到

300m。砂岩孔隙度为15.0%～22.0%，渗透率为10～20mD，主要的储集类型为孔隙型，部分为孔隙-裂缝型，这套储层在除楚河凹陷之外的所有凹陷中都有分布。

上韦宪阶—谢尔普霍夫阶储集层为浅海陆架相碳酸盐岩，厚度达到200m，孔隙度为1.5%～4.0%，渗透率为0.21m，储集类型主要是裂缝型，部分为孔洞-裂缝型。这套储层在除了楚河凹陷之外的所有凹陷中也都有分布。

二叠系的阿赛尔阶—阿丁斯克阶储集层主要是卡拉基尔组和索尔克尔组，为潟湖相碎屑岩，厚度为150～250m，孔隙度为0.8%～10.7%，渗透率为1.4～12.0mD，储集类型主要是孔隙型。在盆地大部分地区发育，只在盆地的南部和西南部、阿库姆-塔拉斯克隆起带、楚河凹陷及盆地北部缺失。

一般来说，上泥盆统—下石炭统储集层在盆地大部分区域内广泛分布，仅在盆地南部边缘、盆地东部与楚-伊犁山脉边界地区、下楚河底辟构造带和楚河凹陷等地区缺失。二叠系储层物性受断裂作用影响剧烈，不同气田中靠近断层的井中天然气产量有所差异。由于成岩演化程度较高，楚-萨雷苏盆地中储集层的物性一般都不好，储集层物性在单个气田内变化也很大。

3）盖层

楚-萨雷苏盆地存在多套油气藏盖层，主要盖层包括法门阶蒸发岩和金基尔迪组页岩为代表的区域性优质盖层、杜内阶塔斯库杜克组下部的泥岩为代表的半区域盖层、韦宪阶—下谢尔普霍夫阶塔斯库杜克组上部的页岩、硬石膏和蒸发岩为代表的局部盖层及阿丁斯克阶—空谷阶索尔克尔组上部和图兹科尔组下部的盐岩层为代表的盆地内最重要的区域性盖层。

4）圈闭

受多次复杂构造运动影响，盆地内发育了大量挤压变形构造和断裂构造，在盆地的主要发育阶段，即晚古生代期间，盆地的发育表现出明显的分割性，后期的裂谷作用、构造挤压和反转导致上古生界沉积盖层构造的进一步复杂化，形成了各种类型的圈闭，包括构造型、地层-构造型、地层-不整合型等，盆地内迄今为止发现的圈闭类型主要是构造型圈闭，绝大多数圈闭与背斜、断背斜、断块遮挡有关。

5）油气成藏及主控因素

一般认为，上泥盆统—下石炭统的烃源岩生烃过程开始于晚石炭世，晚二叠世达到高峰，盆地内主要烃源灶分布于古生代凹陷的沉积中心，烃源岩之上曾经覆盖了厚层的上石炭统—二叠系，但后来被剥蚀。到目前为止，盆地上泥盆统—下石炭统烃源岩已证实具有很大的生烃潜力，处于生气窗，二叠系烃源岩在上新世—第四纪开始生气。目前盆地东南部凹陷发现的气田主要分布在烃源岩中心附近。

在楚-萨雷苏盆地，只有一个已证实含油气系统，其基本要素和事件如图2-1-6所示，生烃和成藏的关键时期在二叠纪。该含油气系统主要烃源岩分布于上泥盆统—下石炭统的金基尔迪组和塔斯库杜克组，其中包括下韦宪阶碳酸盐岩和含煤碎屑岩及法门阶—杜内阶蒸发岩层系中的页岩。一般认为，该系统的上泥盆统—下石炭统烃源岩于晚石炭世开始生成液态石油，在晚二叠世达到高峰。在晚二叠世—三叠纪构造幕期间原先形成的石油聚集遭到破坏。在盆地的再次埋藏过程中，烃源岩开始生气并在盆地中保存下来，形成了现今的含气盆地。

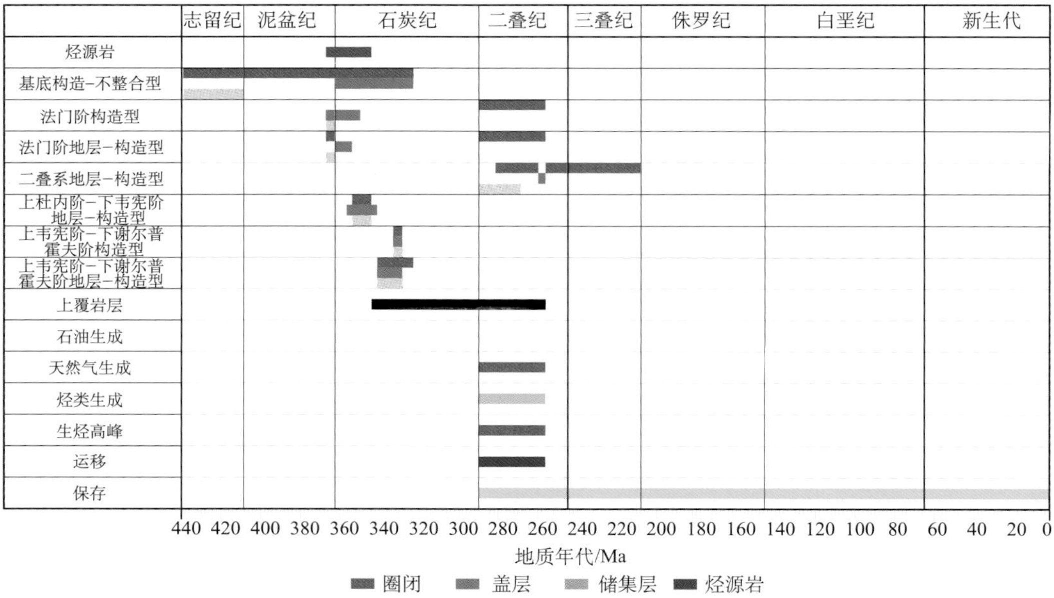

图 2-1-6 楚-萨雷苏盆地含油气系统事件图(据 IHS Energy Group，2012a，2012b)

楚-萨雷苏盆地内的天然气以较高的氮含量和氦含量为特征，天然气的组分变化有这样的规律：下石炭统气藏主要是甲烷 75.0%～95.0%，含重烃达到 2.0%和氮气 4.0%～14.0%，盐下的泥盆系产层中氮气含量有所增加，达到 28.0%，下二叠统气藏中氮气含量更高，达 43.0%～100.0%。储集层主要集中在上古生界，储层岩性既有碎屑岩，也有碳酸盐岩。在下古生界风化的基岩中也发育了储集层，二叠系的盐岩是盆地内最有效的区域性盖层。

盆地中不同类型的天然气分布不均衡。含氮和富氦的天然气主要分布在塔斯金和阿库姆塔拉斯克隆起带及考克潘索尔凹陷，天然气中的酸性组分可能与硫酸盐细菌还原作用有关，CO_2 含量最高的天然气见于盐下地层，其含量随深度的增加而减少。盐上层系中的所有天然气都仅含有痕量 H_2S。中-上石炭统气藏中 H_2S 和 CO_2 含量最高，二者之和达到 55.0%。下石炭统储集层中的凝析液中含有烃类比例达 77.3%、氮气和稀有气体比例达 12.5%～15.0%，石蜡达 17.6%～56.0%、硫达 0.01%～0.03%。下二叠统储集层的凝析液中烃类含量达 50.9%、氮和稀有气体 43.8%、石蜡 10.6%、二氧化碳 0.33%、硫 0.01%。

5. 典型气田解剖

到目前为止，楚-萨雷苏盆地内共发现了 13 个气田，大部分气藏分布于上古生界储层内。根据 IHS(IHS Energy Group，2012a，2012b)数据库资料，在 Marsel 探区内有 4 个气田，分别是西奥帕克(West Oppak)气田、普利多罗日诺耶(Pridorozhnoye)气田、奥尔塔里克(Ortalyk)和 Tamgalytar 气田，下面对前两个气田进行解剖。

1）West Oppak 气田

West Oppak 气田发现于 1980 年，位于考克潘索尔凹陷中部、区块北部，主要的储集层是 C_1sr 的灰岩和 D_3 的砂岩（表 2-1-1），盖层为同期沉积的膏岩，油气储量为 8.8MMBOE①（图 2-1-7）。由顶面构造图可以看出，该构造为短轴断背斜褶皱，东北走向，面积为 17.5km×2.5km，高度为 250m。West Oppak 气田储量占盆地总储量的 3.0%，C_1sr的灰岩气藏的闭合高度 88.5m，而 D_3 的砂岩气藏闭合高度 58.5m，所以，C_1sr 的灰岩气藏充满度较高。在 West Oppak 1-G 井目的层 D_3 深度 1809～1875m 出射孔试油方式日产气量 $3.5\times10^4m^3$。

表 2-1-1 West Oppak 气田主要圈闭属性表

层位	岩性	盖层	可采储量/MMBOE	孔隙度/%
C_1sr	灰岩	同期沉积的膏盐	4.7	3.0～10.0
D_3	砂岩	膏盐	3.6	9.0～14.0

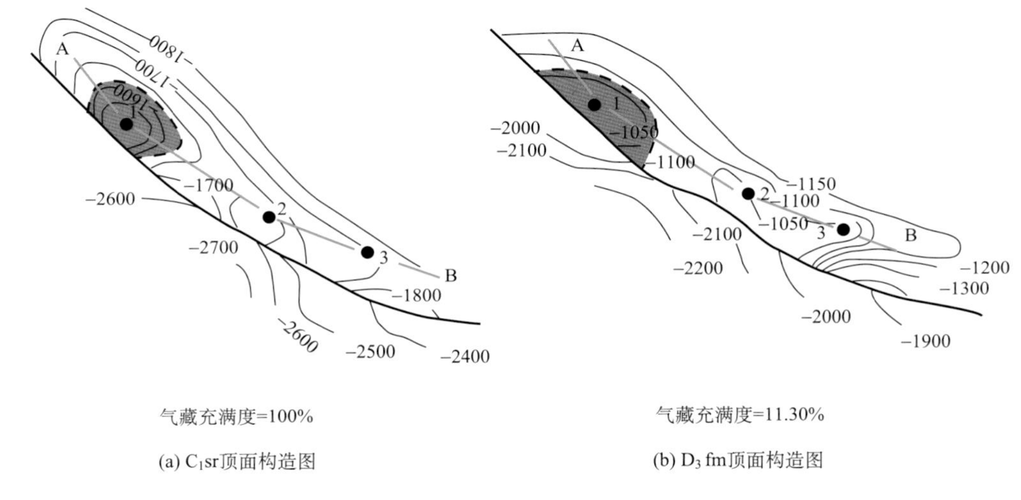

(a) C_1sr顶面构造图

(b) D_3 fm顶面构造图

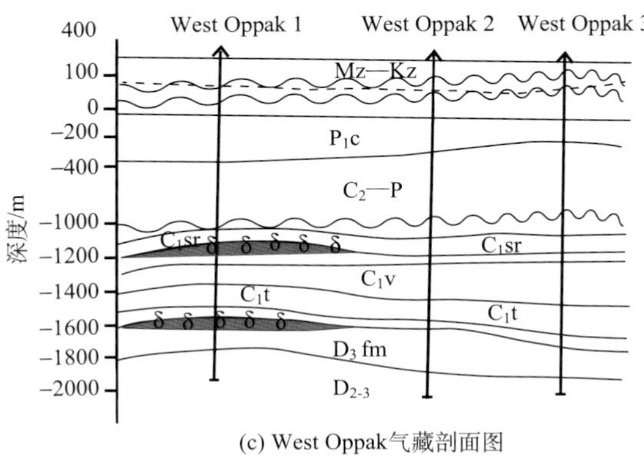

(c) West Oppak气藏剖面图

图 2-1-7 West Oppak 气田剖面图（据苏联内部报告）

① MMBOE 为百万桶油当量。

2）Pridorozhnoye 气田

Pridorozhnoye 气田发现于 1972 年，位于考克潘索尔凹陷中部、热兹卡兹甘市以南 260km 处，Marsel 探区东部，是盆地第二大气田，油气储量占盆地总储量的 13.8%，主要的储集层是 C_1 sr 的灰岩和 D_3 的砂岩（表 2-1-2），盖层为膏岩，油气储量为 37.5MMBOE，其中泥盆系的砂岩储量为 29.3MMBOE，目前该气田的天然气主要储集在泥盆系的盐下地层中（图 2-1-8）。该气田的圈闭为一个近东西走向的沿断裂褶皱，规模 9km×2.5km，构造幅度 210m。

表 2-1-2 Pridorozhnoye 气田主要圈闭属性表

层位	岩性	盖层	可采储量/MMBOE	孔隙度/%	渗透率/mD
C_1sr	灰岩	膏盐	8.2	3.0～18.0	0.21～38.5
D_3	砂岩	膏盐	29.3		

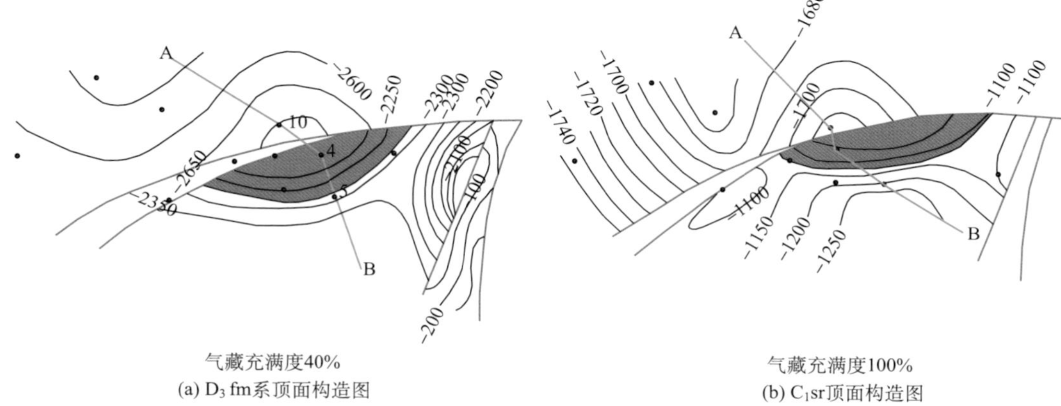

(a) D_3 fm系顶面构造图　(b) C_1sr顶面构造图

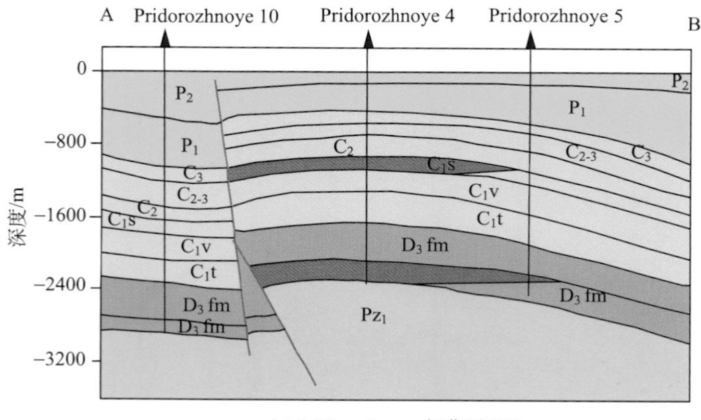

(c) Pridorozhnoye 气藏剖面图

图 2-1-8 Pridorozhnoye 气田剖面图

该气田包括两个构造型气藏，产层分别为法门阶砂岩和粉砂岩及谢尔普霍夫阶裂缝性石灰岩。法门阶气藏的气柱高度为140m，谢尔普霍夫阶气藏的气柱高度为107m。

法门阶气藏裂缝-孔隙型储层的孔隙度为3.0%～18.0%，渗透率为38mD，地层压力为25.8MPa，地层温度86℃，用4.9mm孔板的产能为$7.5\times10^4m^3/d$。

谢尔普霍夫阶气藏的储层为裂缝性石灰岩，孔隙度为3.8%，地层压力为15.1MPa，地层温度59℃，用22.6mm孔板获得的产能为$9.6\times10^4m^3/d$。

Pridorozhnoye气田的天然气的甲烷含量为90.0%，乙烷约为2.0%，氮气含量可达22.0%，硫化氢含量可达2.57%，目前该气田已停产。

6. 天然气分布规律

1）分布特征

截至2012年5月，楚-萨雷苏盆地内已经发现了13个气田，分别是West Oppak、Tamgalytar、Ortalyk、Pridorozhnoye、Usharal North、Usharal Kempyrtobe、Barkhannoye、Maldybay、Anabay、Amangeldy、Zharkum、Ayrakty、Kumyrly气田。区域上，西北部的考克潘索尔凹陷内有4个气田，东南部的莫因库姆凹陷内有9个气田，北部气田储量占盆地总储量的19%，南部占到了盆地总储量的81%(图2-1-9)。层系上，盆地的天然气主要储集在上泥盆统、下石炭统和下二叠统，凝析油主要分布在东南部的莫因库姆凹陷(图2-1-10、2-1-11)。

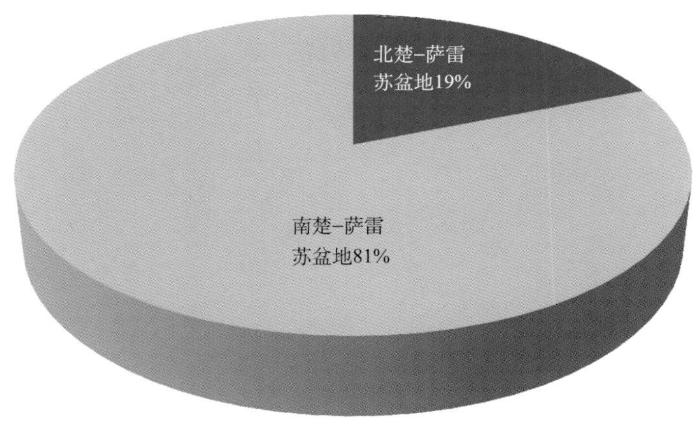

图2-1-9 楚-萨雷苏盆地气田南北部油气田储量百分比

不同凹陷的不同油气田的主力产层有所差别，北部主要是泥盆系和二叠系，南部主要是石炭系(图2-1-11)，此外，明显的特征是北部气藏数量小、规模小，南部气藏数量多、规模大。

盆地内不同区域储层的岩性和油气当量所占比例也有所不同，在盆地北部碳酸盐岩储层中的油气储量为15.85MMBOE、砂岩中为31.67MMBOE，砂岩储量占到了66.65%，碳酸盐岩占到了33.35%，盆地南部的碳酸盐岩储层中的油气储量为38.3MMBOE、砂岩中为179.62MMBOE，砂岩储量占到了82.43%，碳酸盐岩占到

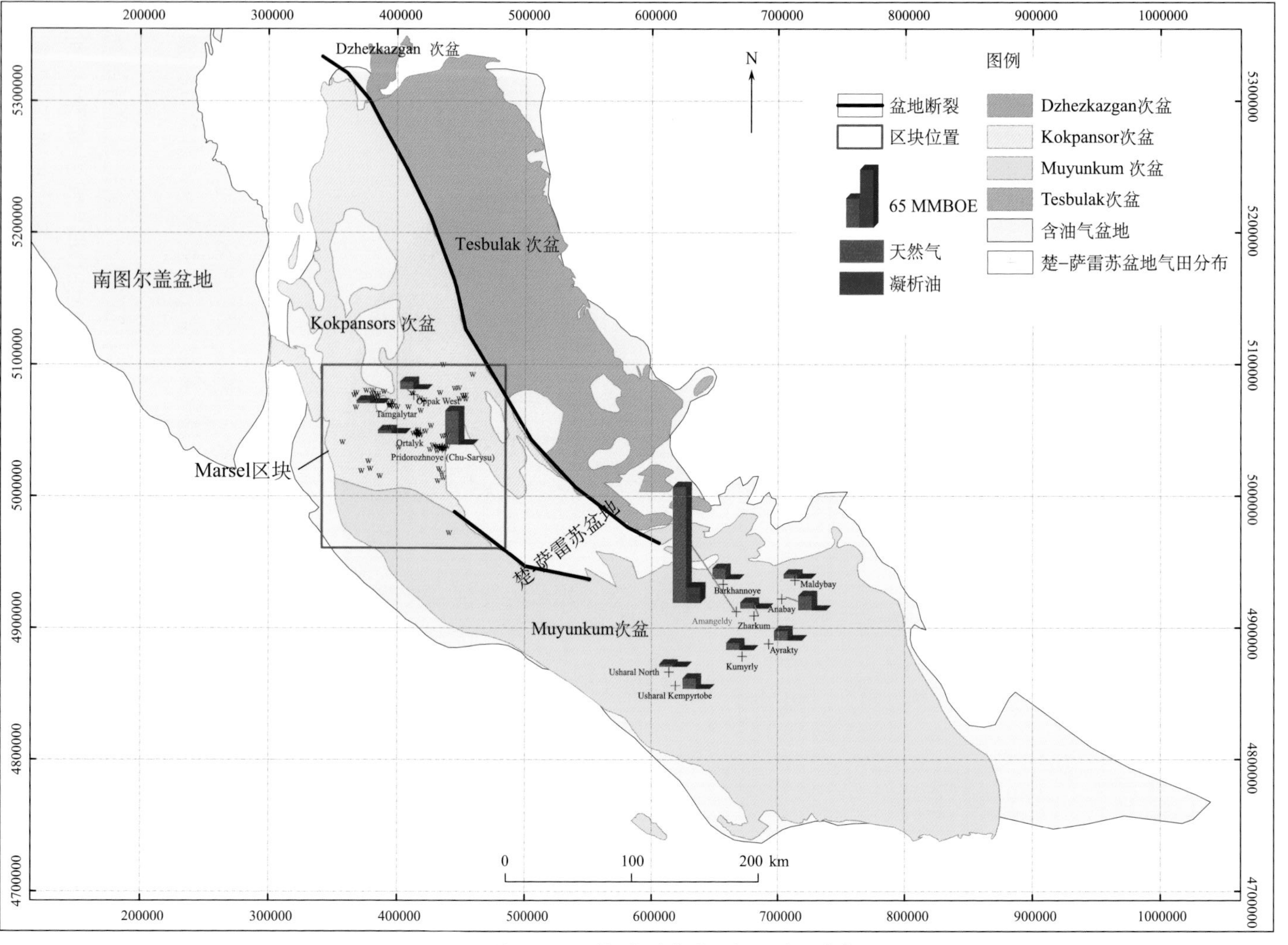

图 2-1-10 楚-萨雷苏盆地气田平面分布图

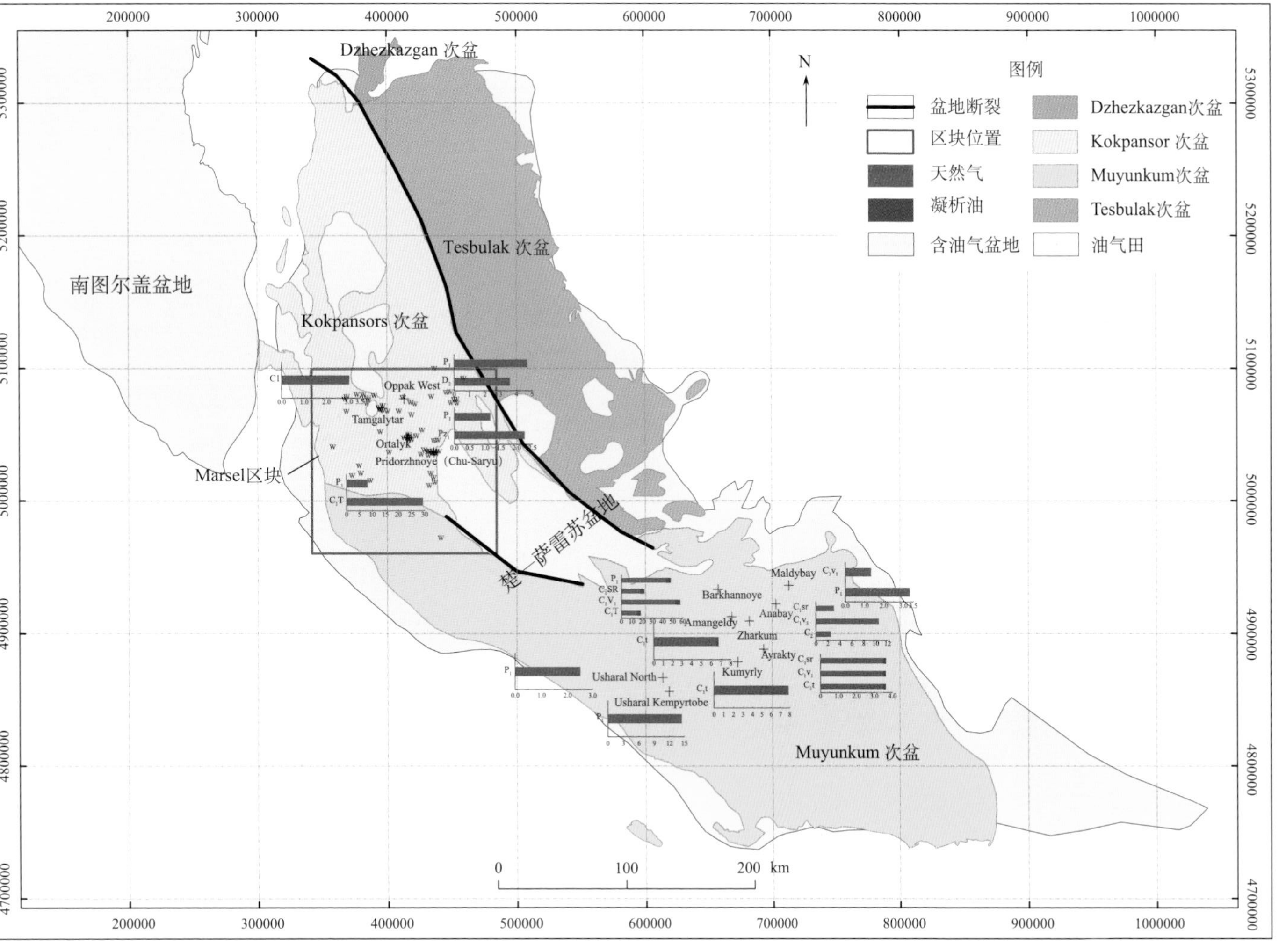

图 2-1-11 楚-萨雷苏盆地气田油气储量层系分布图

了 17.57%(图 2-1-12)。

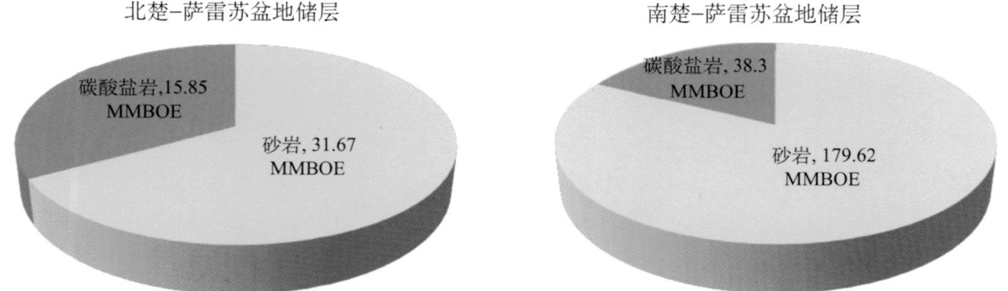

图 2-1-12 楚-萨雷苏盆地气田不同储层岩性油气储量百分比

2）气藏类型

盆地内除存在断背斜等构造型的气藏，如 West Oppak、Pridorozhnoye 气田之外，通过试气、沉积相物性分析、储层反演、压力数据分析及流体预测等方法证明盆地内可能还存在广泛连续性致密砂岩气藏和广泛叠复型致密碳酸盐岩气藏(图 2-1-13、图 2-1-14、图 2-1-15)。

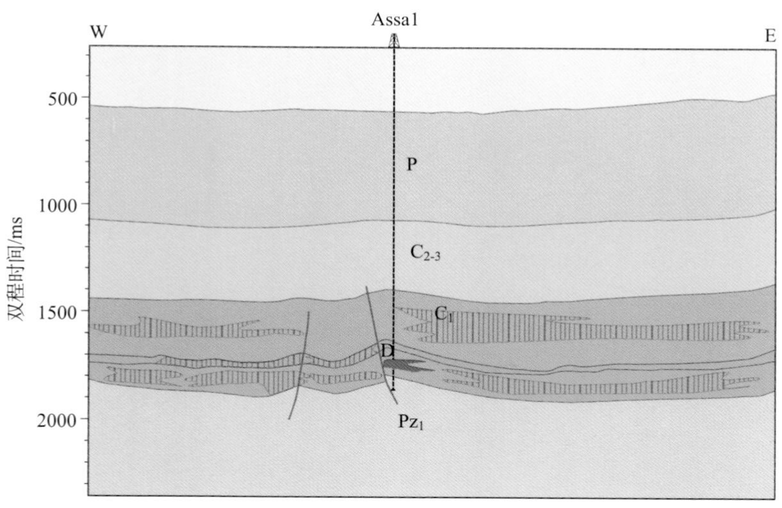

图 2-1-13 楚-萨雷苏盆地 Marsel 探区内 Assa 区气藏类型示意图

Assa 区的 Assa 1 井在泥盆系 2530～2580m 砂岩段已试油出气，日产气 21.5×10^4～$38.4\times10^4m^3$，此段储层致密，渗透率很低，孔隙度只有 4.0%，其中，预测的可能存在的气藏用虚线表示。石炭系，测井解释认为存在类似储层，建议在下石炭统的 C_1v_3 和 C_1sr 层位的某些储集层段试气。

Tamgalytar 区的 C_1sr 储层有效厚度 38.2m，孔隙度不足 5.0%，已试油出气，日产 $7.54\times10^4m^3$，测井解释建议在 C_1v_2、C_1v_3 试气，同时 Tamgalytar 1-G 井在 D_3 含泥

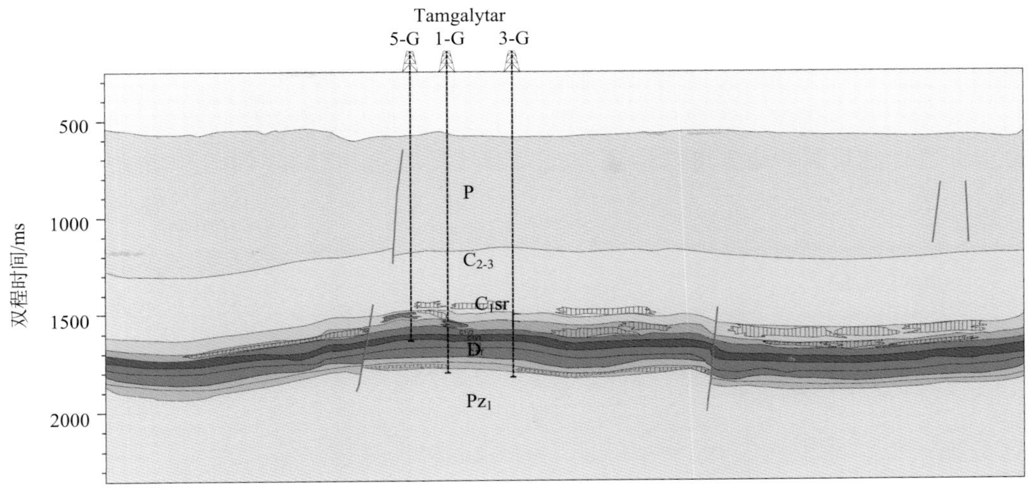

图 2-1-14 楚-萨雷苏盆地区 Marsel 探区内 Tamgalytar 区气藏类型示意图

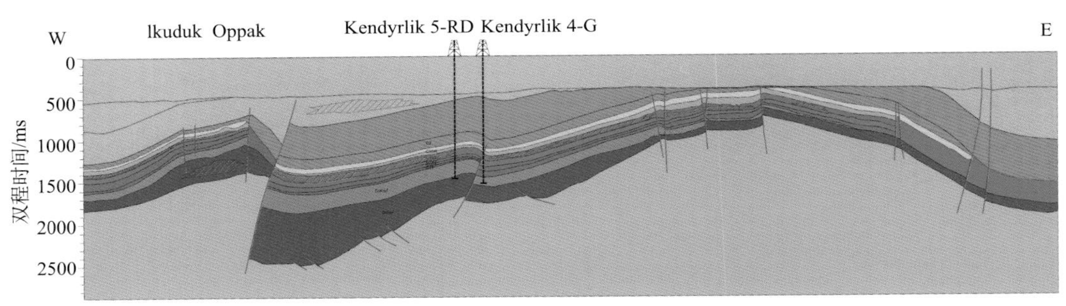

图 2-1-15 楚-萨雷苏盆地 Marsel 探区内 Kendyrlik 区气藏类型示意图

砂岩段、2825～2938m 处发生泥浆漏失，测井解释建议试气，可能存在连续致密砂岩气藏。大面积分布的礁滩叠置证明可能存在致密碳酸盐岩气藏。

Kendyrlik 区 Kendyrlik 2-G 在 C_1v_3 储层 1733～1786m、1793～1810m 处已试气出气，日产分别为 80×10^4～$90\times10^4m^3$、$72.2\times10^4m^3$，Kendyrlik 2-G 位置与 Kendyrlik 5-RD 比较接近，所以，由物性分析及区域沉积构造分析可知，Kendyrlik 5-RD 也可能存在气藏，且 Kendyrlik 4-G 的泥盆系测试的压力系数小于 1.0，该区泥盆系压力普遍为常压到负压，可能存在广泛连续型致密砂岩气藏(图 2-1-15)。

三、楚-萨雷苏盆地与图尔盖盆地类比分析

1. 概况

图尔盖盆地为乌拉尔山东侧的一个大型长条形盆地，大致呈南北向延伸，面积约 $20\times10^4km^2$。盆地全部位于哈萨克斯坦境内，位于北边的西西伯利亚盆地与南部的中

亚地体之间的纽带，其北界是西西伯利亚盆地的北哈萨克斯坦单斜，西界是乌拉尔褶皱带，盆地的西南侧以阿雷斯库姆断裂与卡拉套山脊为界，盆地的东界是哈萨克地盾的两个地块，北部的科克切塔夫地块和南部的乌勒套地块，位于两个地块之间的一条断层将图尔盖盆地与古生代田尼兹盆地分开(图 2-1-16)。盆地内沉积盖层的厚度一般在 600～1900m，在盆地最深的地方可能达到 5000m 以上，在盆地北部，中生代沉积盖层相对较薄。

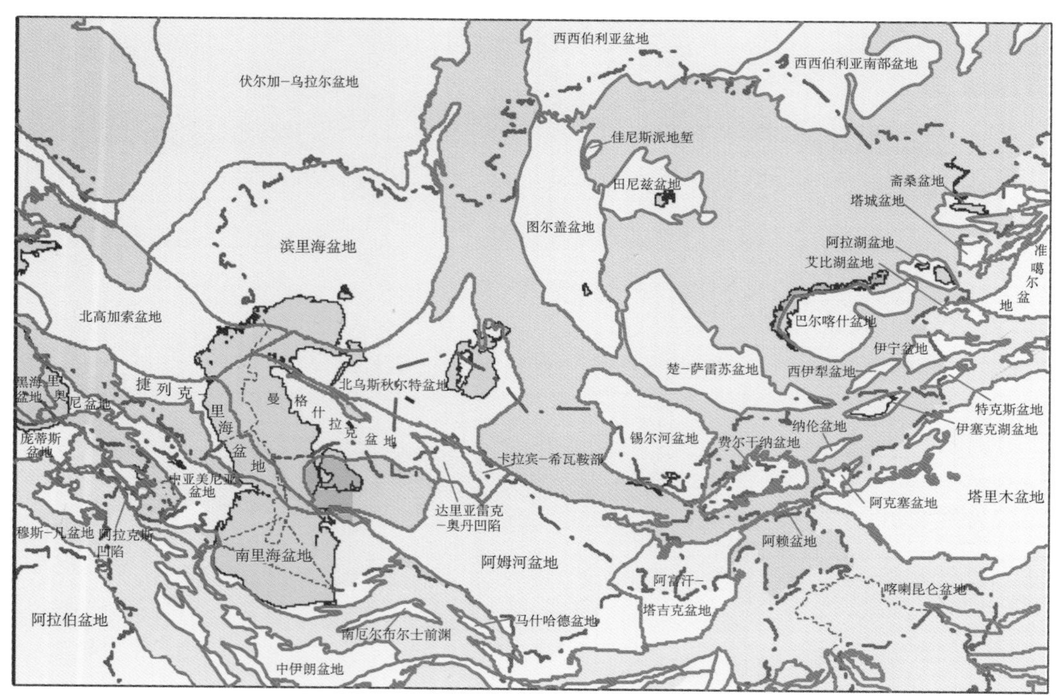

图 2-1-16　中亚-里海沉积盆地分布图

2. 基础地质特征

1）沉积地层特征

图尔盖盆地发育了上古生界和中、新生界地层，但在上古生界仅发现了一些沥青，因而不是石油地质研究的重点，与楚-萨雷苏盆地不同，中生界是该盆地的主要含油气层系(图 2-1-17)，主要包括萨济姆拜组、阿伊博里组、多襄组、卡拉干赛组、库姆科尔组、阿克沙布拉克组和达乌尔组。

2）构造特征及演化

在区域构造上，图尔盖盆地位于图兰地台北部，西邻乌拉尔褶皱带，东为哈萨克地盾，基底为前寒武纪(贝加尔期)古老地块和加里东期褶皱带。该盆地的基底的固结时间与田尼兹盆地、楚-萨雷苏盆地等相似，大致在晚泥盆世—石炭纪，所以在这些盆地中形成了晚古生代沉积层序。

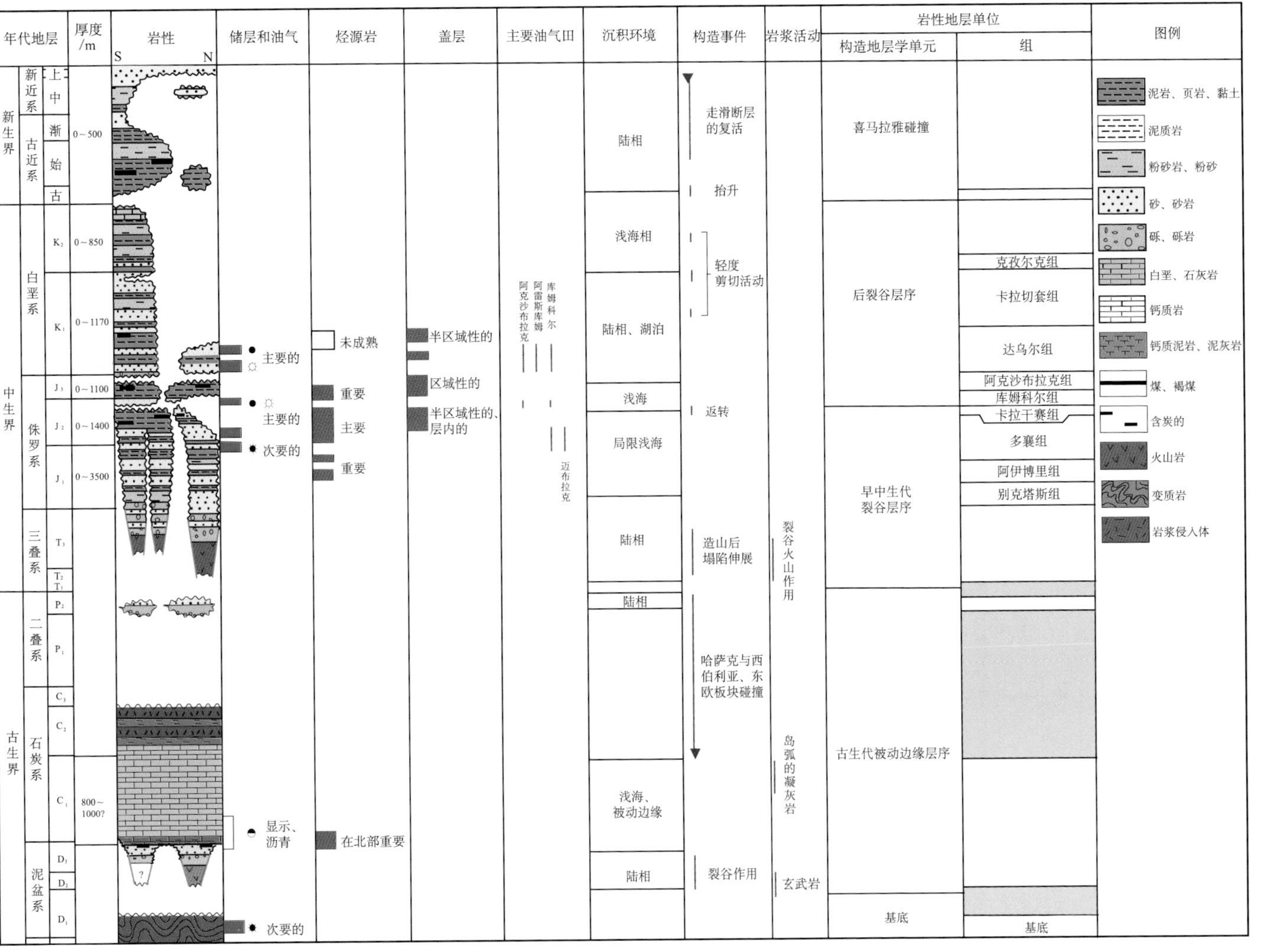

图 2-1-17 图尔盖盆地综合地层柱状图(据 IHS Energy Group，2012b，有修改)

图尔盖盆地可以分为南部次盆和北部次盆(图 2-1-18)，进一步可分为多个独立的构造单元。南部次盆有两个凹陷，分别为阿雷斯库姆凹陷和支兰奇克凹陷，两个凹陷之间以门布拉克鞍部相隔。阿雷斯库姆凹陷中发育了一系列较小的侏罗纪地堑，但在白垩系地层中表现为一个整体。南部次盆中的侏罗纪地堑大致呈北西向延伸，显示受剪张性构造活动影响。在支兰奇克凹陷以北，薄层的沉积盖层覆盖于盆地基底之上，向北到科斯塔奈凹陷盖层再次加厚，北部次盆的中新生界厚度很小。在盆地最北部发育了北东—南西向延伸的库什穆伦地堑，其中发育了厚度较大的三叠系—侏罗系裂谷层序，但白垩系及以上地层绝大部分缺失。

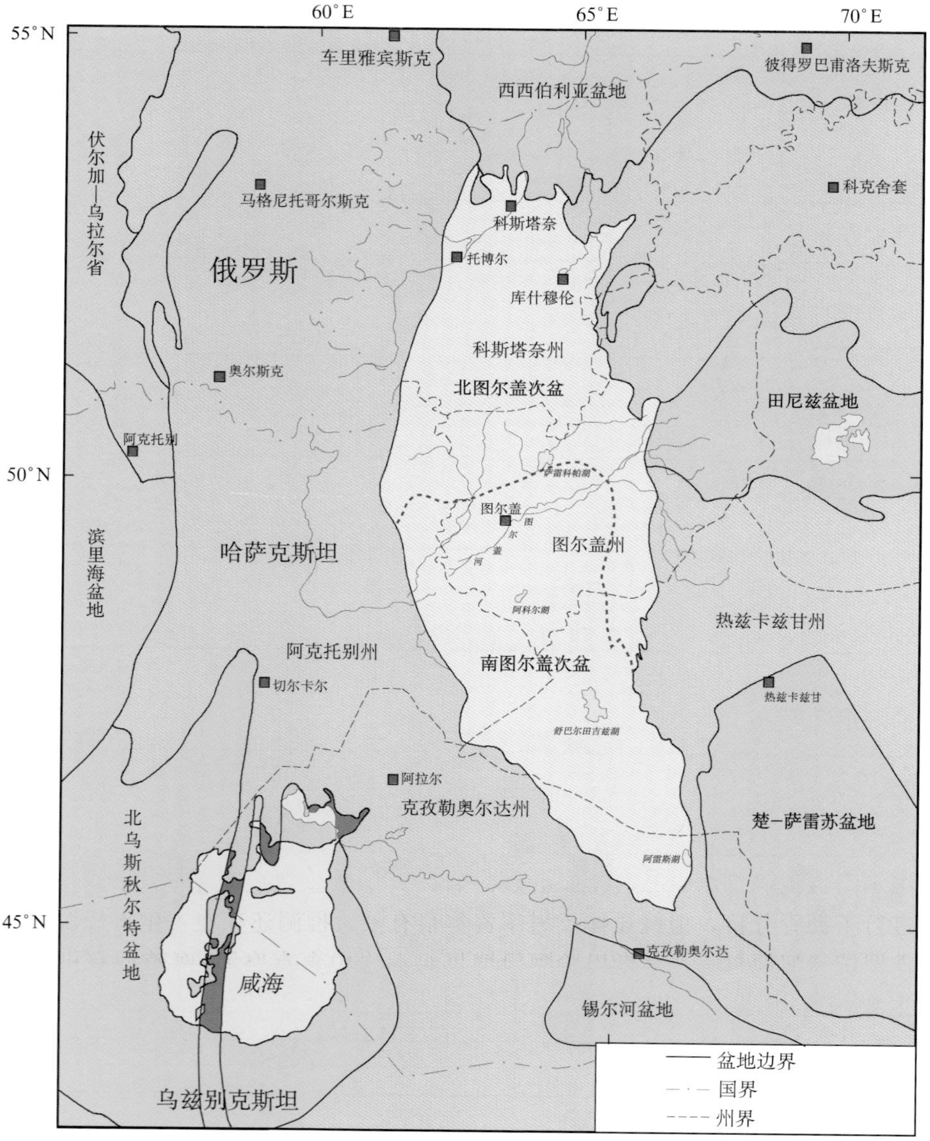

图 2-1-18　图尔盖盆地的位置图(据 IHS Energy Group，2012b，有修改)

图尔盖盆地经历了5个主要演化阶段：基底形成阶段、古生代被动边缘阶段、中生代裂谷作用阶段、裂谷后拗陷阶段和喜马拉雅碰撞阶段。

（1）基底形成阶段。

基底岩可能为角闪岩相的变质岩、花岗岩和基性火山岩，主要是前寒武系地体与早古生代岛弧的缝合作用形成的增生组合。所有前中泥盆统都是变质岩。

（2）古生代被动边缘阶段。

中泥盆世到早三叠世，盆地处于被动边缘演化阶段，哈萨克大陆边缘发生伸展和裂谷作用，随后发生了裂谷后沉降并发育了被动边缘。该阶段终止于晚古生代造山挤压、抬升和侵蚀作用。

（3）中生代裂谷作用阶段。

中三叠世，乌拉尔山脉的造山后塌陷作用导致了一个伸展期，形成了一系列地堑和半地堑，这些构造的走向在盆地的北部为北东—南西向，到南部变为北西—南东向，地堑走向的这种变化可能与不同地壳的非均质块体的重新活动有关。盆地北部地堑中充填了三叠系火山岩，南部则充填了含有火山岩夹层的晚三叠世—早侏罗世陆相粗碎屑岩。中侏罗世末发生了一次构造反转期，并导致了一系列背斜构造的形成。

（4）裂谷后拗陷阶段。

晚侏罗世到白垩纪末，盆地主要发生了裂谷后热沉降。到晚侏罗世，沉降作用导致沉积区面积扩展，在盆地的大部分地区形成了库姆科尔组砂岩和泥岩，充填了中侏罗世残留下来的地形并超覆覆盖了基底隆起之上，上侏罗统厚度在地垒部分只有几十米，而在地堑区内厚度增大，最大可达到1100m。

（5）喜马拉雅碰撞阶段。

从古新世(65Ma)至今，南方的印度大陆与欧亚大陆南缘的碰撞作用导致的局部挤压，在新近纪导致了广泛的走滑变形。古近纪早期的抬升作用导致了沉积物的局部侵蚀，在支兰奇克凹陷和门布拉克鞍部的局部地区甚至侵蚀到了中侏罗统，而上侏罗统和白垩系完全缺失。始新世—渐新世期间印度板块与欧亚大陆南缘的碰撞导致了先存断层的重新活动，发生了右旋走滑作用，引起了盆地构造的进一步发育和分异，以及卡拉套褶皱带的变形和隆升。

3. 油气地质特征

1）烃源岩

在图尔盖盆地识别出了三套主要的烃源岩，其中最重要的是下-中侏罗统。对这些烃源岩进行了沥青分析，但镜质体反射率资料很有限，推测还存在古生界烃源岩。

下侏罗统辛涅缪尔—普林斯巴阶阿伊博里组泥岩中含有腐泥-腐殖型有机质，干酪根类型主要为Ⅱ～Ⅲ型，TOC为1.0%～3.7%，沥青含量较高，达到了0.01%～0.46%。在阿雷斯库姆凹陷，其最大埋深曾达到约4000m，在很多地堑中都达到了成熟生油的阶段，而在埋藏最深的一些地区可能已过成熟。

下—中侏罗统托阿尔—巴通阶多襄组和卡拉甘赛组的泥岩和沥青质页岩也含有腐泥-腐殖型有机质，干酪根类型主要为Ⅱ～Ⅲ型，粉砂岩中的TOC为0.6%～4.5%，泥岩中为1.6%～5.0%，在页岩中达到12.0%～15.0%，沥青含量在0.07%～0.8%。

下—中侏罗统卡洛夫阶—牛津阶库姆科尔组泥岩的TOC含量为8.0%，页岩中为10.0%～15.0%。沥青含量平均为0.08%，这套地层的埋深在800～3000m，在盆地的大部分地区未达到成熟，在最深的部分地区可能达到了成熟生油阶段。

2）储集层

图尔盖盆地的主要储层是中侏罗统、上侏罗统和下白垩统的碎屑岩，阿雷斯库姆凹陷中的石油就储存在这些地层中（表2-1-3）。此外，在肯雷克（Kenlyk）油田，含油气的储层是古生界基底中的风化的和发育裂缝的变质岩，其中发现了一个小型气藏，但没有更详细的资料。

表2-1-3　南图尔盖次盆已发现油气储量在不同层系中的分布

含油气层位	液态石油/MMb	天然气/Bcf	合计/MMBOE	比例/%
基底	8	12	10.4	0.9
多襄组（托阿尔—巴柔阶）	42	24	46.8	4.2
库姆科尔组（卡洛夫阶—牛津阶）	537	348	606.6	54.8
达乌尔组（尼欧克姆统—巴列姆阶）	357	426	442.2	40
合计	944	810	1106	100
比例/%	85.4	14.6	100	
总计/MMBOE	1106			

注：MMb＝百万桶；1Bcf＝10^9ft^3＝2.831685×10^7m^3。

3）盖层

在图尔盖盆地的整个地层剖面中，盖层广泛发育。已证实的盖层主要分布于中侏罗统—下白垩统。盆地内最重要的油气藏盖层是上侏罗统和下白垩统上部。

中侏罗统多襄组上部和卡拉干赛组泥岩，构成了多襄组砂岩储层之上的半区域性盖层或层内盖层。

上侏罗统库姆科尔组上部和阿克沙布拉克组泥岩，构成了库姆科尔组下部砂岩储层的区域性盖层。

下白垩统达乌尔组泥岩，构成了达乌尔组储层半区域性层内盖层。

另外，还发现了一套潜在的盖层是下侏罗统阿伊博里组和多襄组下部的泥岩及下伏砂岩单元构成了盆地潜在的半区域性盖层。

4）圈闭特征

图尔盖盆地的含油气圈闭主要是地层-构造复合型，少数为单纯的构造型。

在盆地的古生界基底顶面上也发现了油气藏，属于基岩构造-不整合型圈闭，或称潜山型圈闭，储层为古生界裂缝性变质岩，盖层为超覆于其上的侏罗系页岩。

下侏罗统爱博里（Ayboli）组储层不整合超覆于古生界基底隆起之上，形成了构造-不整合型圈闭，如多襄油田。

5）油气成藏及主控因素

在图尔盖盆地中识别出了两个含油气系统：一个位于盆地的北部，而另一个位于南部。

盆地中主要的、尚在活跃的含油气系统是盆地南部的爱博里/卡拉甘赛组—库姆科尔组含油气系统，也称之为侏罗系—白垩系含油气系统，其中含有下、中、上侏罗统阿伊博里组和卡拉甘赛组烃源岩，这些烃源岩从白垩纪中期开始生成油气，而生烃高峰是在白垩纪末到古近纪，该含油气系统可能仍在活动，该系统的烃源岩生成的油气向中上侏罗统、下白垩统碎屑岩储层中运移，甚至向古生界基岩风化壳和裂缝性碳酸盐岩储层中运移，并被上覆的多套页岩盖层所封闭(图 2-1-19)。

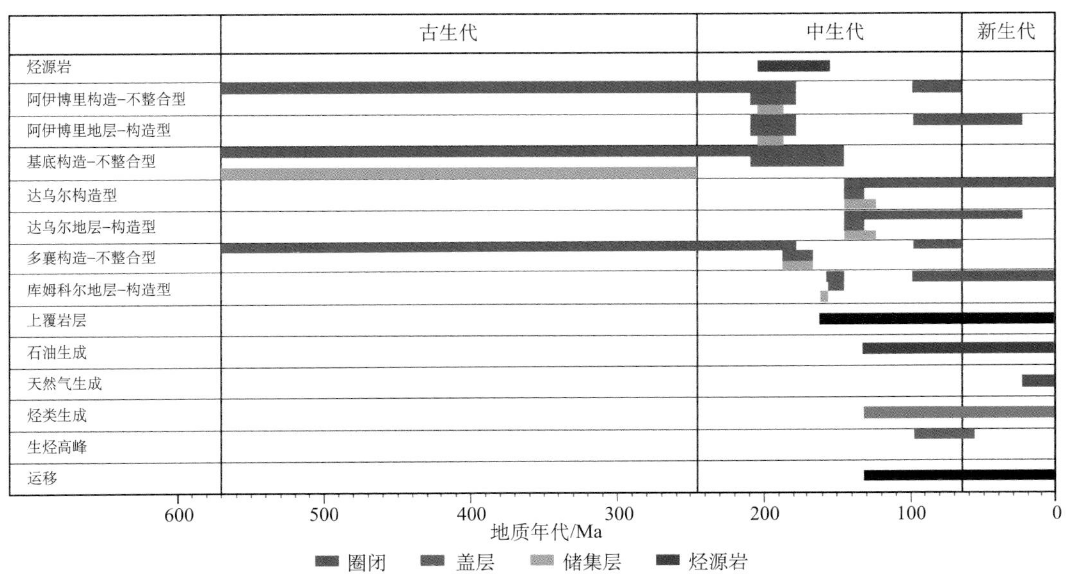

图 2-1-19 南图尔盖次盆的阿伊博里/卡拉甘赛组—库姆科尔组含油气系统事件图
（据 IHS，2012，有修改）

在古近纪和新近纪的挤压变形过程中，油气发生了再次运移，某些圈闭被部分破坏，而油气沿着断层向上运移至上覆下白垩统达乌尔组碎屑岩储层中。

石炭系—石炭系含油气系统是推测的含油气系统，其中包括了上古生界，可能为下石炭统的烃源岩，该套地层在晚石炭世到二叠纪期间曾生成了油气，所生成的油气或已散失出去，或已降解为在盆地北部的下石炭统碳酸盐岩中发现的沥青和超重质油，但南部次盆的古生界风化壳储层或裂缝性碳酸盐岩储层中生产出来的石油是中生界含油气系统的产物。

图尔盖盆地的油气主要分布在南部次盆，即南图尔盖盆地，且以石油为主，而北部次盆的油气田较少(图 2-1-20)。

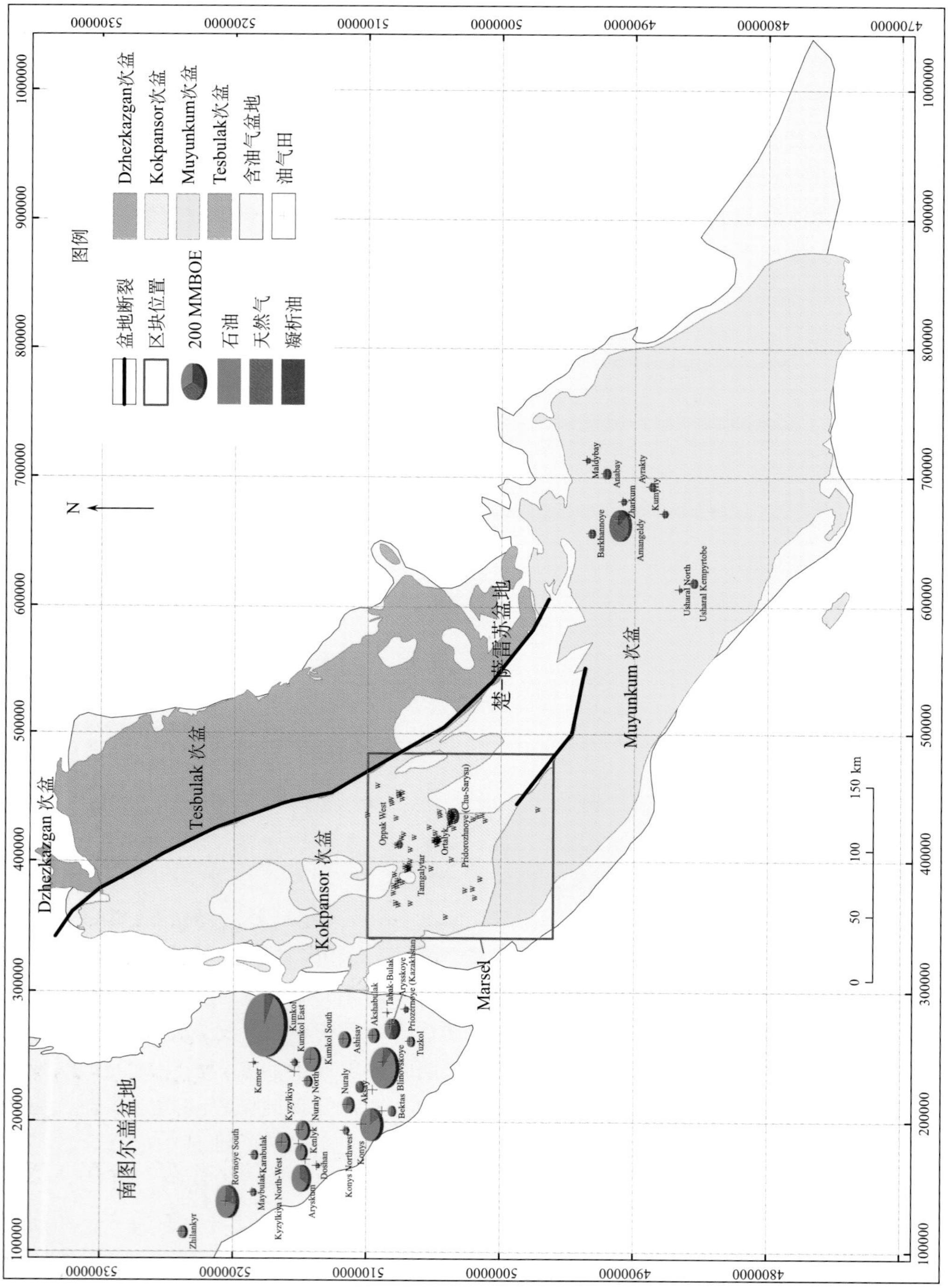

图 2-1-20　南图尔盖盆地与楚-萨雷苏盆地油气田分布图

4. 类比分析

楚-萨雷苏盆地与图尔盖盆地的油气地质特征存在着巨大的差异，主要体现于以下几个方面。

楚-萨雷苏盆地主要发育上古生界含油气系统，而图尔盖盆地主要发育中生界含油气系统，即侏罗系—白垩系含油气系统。

楚-萨雷苏盆地是一含气盆地，已发现的天然气储量占油气总储量的93.3%，而图尔盖盆地是一含油盆地，已发现的石油储量占盆地油气总储量的85.4%（图2-1-21）。

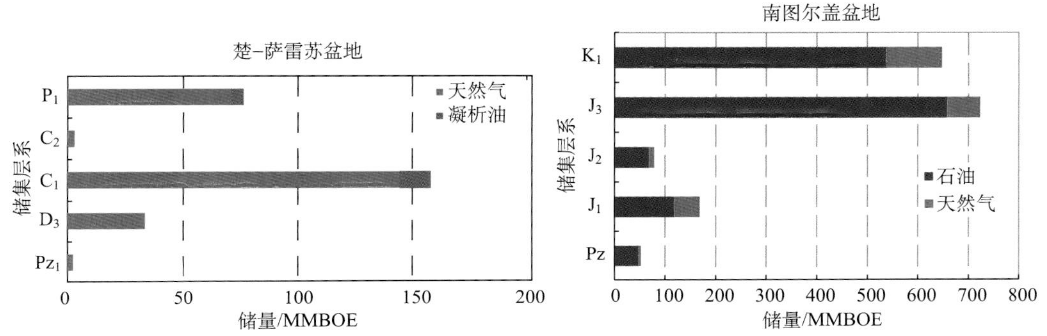

图2-1-21 楚-萨雷苏盆地与南图尔盖盆地油气储量层系分布图

图尔盖盆地的油气主要储于中生界，而楚-萨雷苏盆地的油气则主要储于上古生界，且油气田的规模一般较小（图2-1-20）。

四、楚-萨雷苏盆地与滨里海盆地类比分析

1. 概况

滨里海盆地（Pre-Caspian Basin）位于中亚地区里海的北部，是世界上特大型的含油气盆地，盆地东西长约850km，南北最宽处达650km，呈近椭圆形南北走向，面积约为$55\times10^4km^2$。滨里海盆地约80%的面积位于哈萨克斯坦境内，北部、西部及西南部约20%的面积属于俄罗斯，盆地呈东西方向延伸，长1000km，最宽处达650km，轮廓近似椭圆形，沉积物最大厚度达22km。盆地可划分为北部-西部次盆地、东部次盆地、南部次盆地和中央坳陷（图2-1-22）。

2. 基础地质特征

1）沉积地层特征

滨里海盆地的沉积建造发育在前寒武纪的结晶基底之上，泥盆纪—新生代为盆地沉积建造的发育阶段，盆地内部形成巨厚的沉积地层，基底顶面分异为大型的隆起和凹陷，并由于构造运动而被切割成大小不一的断块。下二叠统空谷阶发育巨厚的蒸发岩，

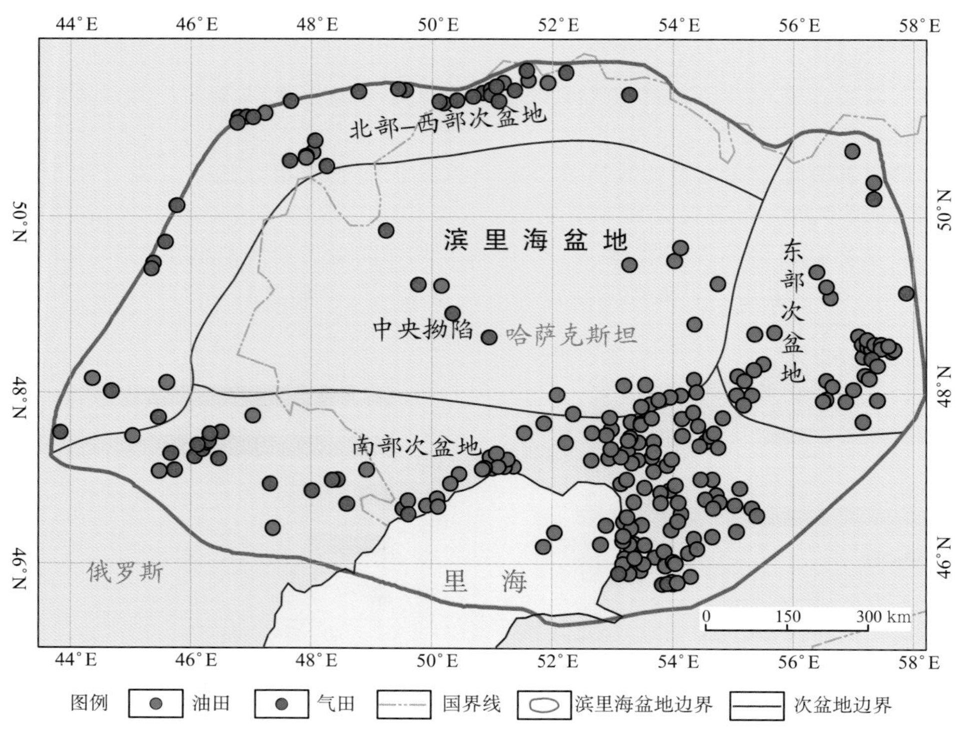

图 2-1-22 滨里海盆地次盆地与油气田分布图(据 IHS Energy Group，2013，有修改)

对盆地的中生代和新生代沉积体系具有巨大的影响(图 2-1-23)。下面简述一下该盆地的沉积地层特征。

(1) 下古生界。

这套地层岩性为片麻岩，上覆结晶片岩，结晶片岩的年代范围从晚元古代到志留纪。由于钻井资料较少，对于更古老的沉积地层特征不详。

(2) 泥盆系。

泥盆系是在结晶基底上发育的第一套沉积盖层，此前的地层多发生变质作用，岩石以变质岩为主。泥盆纪开始滨里海盆地进入裂谷发育阶段，盆地主要受到拉张应力的作用，在裂谷系中形成泥盆系盖层沉积。

(3) 石炭系。

石炭系厚度较大，上巴什基尔阶至莫斯科阶多被剥蚀，因此石炭系主要指杜内阶至下巴什基尔阶。下石炭统和上石炭统主要发育两套沉积岩相，分别是浅海陆棚相大型碳酸盐岩台地建造和深水盆地相的陆源碎屑岩。台地相碳酸盐岩主要分布于阿斯特拉罕隆起和卡拉通-田吉兹隆起带及比伊科扎尔隆起带和南恩巴隆起带上，一旦这些构造带进入深水盆地，则沉积岩相演变为碎屑岩。

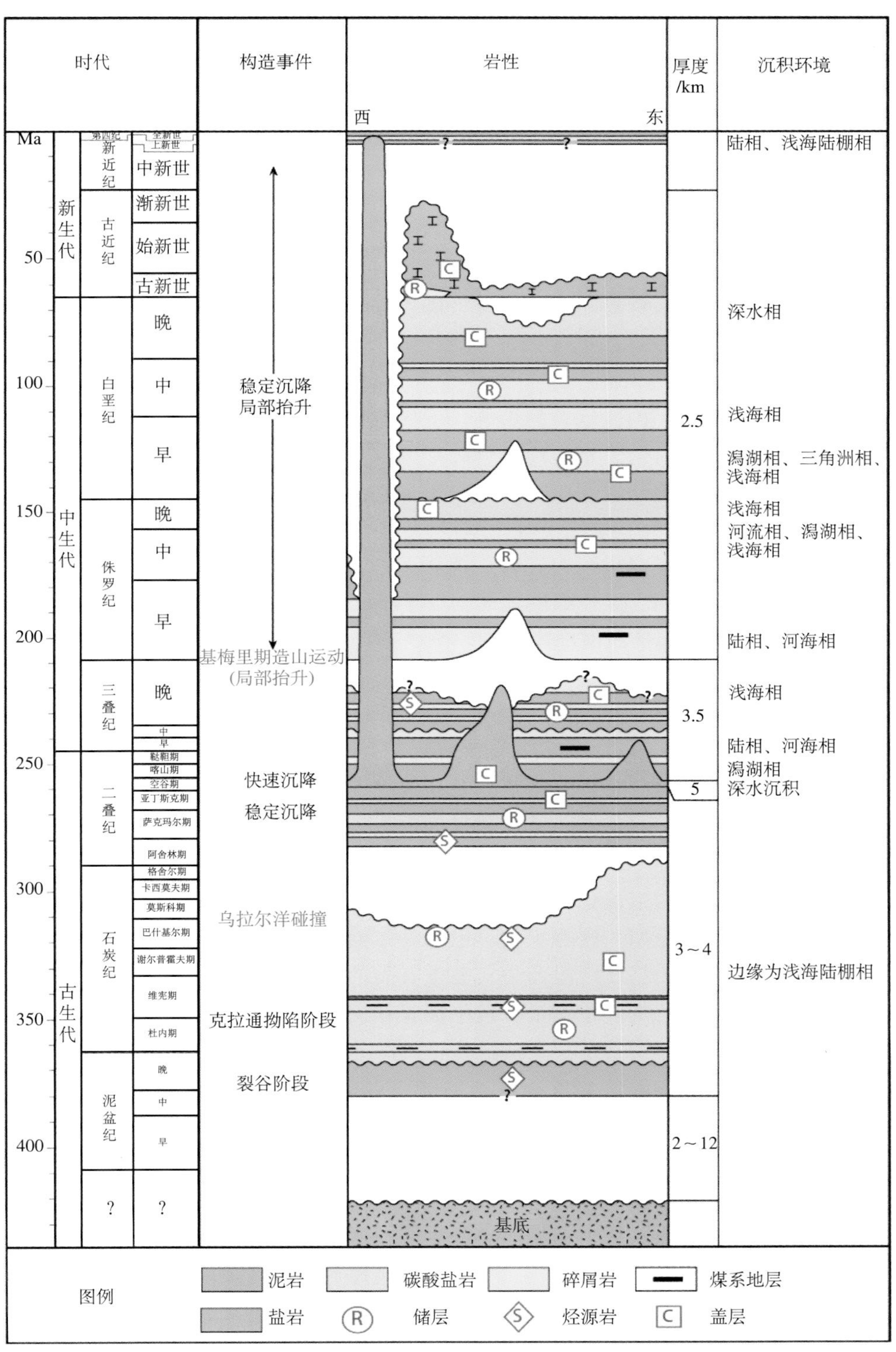

图 2-1-23 滨里海盆地南部隆起带地层综合图(据 Tellus 等，2011，有修改)

(4) 二叠系。

二叠系以下二叠统空谷阶盐岩为界，分为盐上和盐下两个部分。下二叠统的阿舍林阶、萨克马尔阶、亚丁斯克阶和空谷阶由于地壳抬升而暴露于地表遭受风化淋滤剥蚀，部分缺失，以不整合覆盖于石炭系之上。下二叠统空谷阶盐岩全盆分布，主要为层状的石盐、结晶石膏、含层状或条带状陆源碎屑物质，盐丘的形态主要受到构造运动和差异压实作用的影响。

(5) 三叠系。

三叠系以陆源碎屑岩为主，下三叠统下部为砂砾岩和杂色泥岩，上部为碳酸盐岩-碎屑岩，局部地区下部为钙质泥岩、砂岩、砾岩等，上覆盖泥质碳酸盐岩层，地层厚度十几米到上千米。

(6) 侏罗系。

侏罗系的沉积受到了构造运动的影响，下侏罗统主要为含泥岩和碳酸盐岩夹层的砂岩、粉砂岩。向上渐变为含大量陆地植物碎片的深色泥岩与粉砂岩互层。中侏罗统为泥岩、钙质泥岩、砂岩和粉砂岩互层，厚度约为200m。

(7) 白垩系。

白垩系发育完整，下白垩统为砾岩、钙质泥岩、石灰岩等，地层的厚度受盐构造影响。在滨里海盆地的北部-西北部断阶带，下白垩统为钙质泥岩和砂质泥岩，厚度为120～400m。在东部隆起带和南部隆起带，下白垩统为泥岩和砂岩互层，含有泥灰岩和石灰岩夹层。上白垩统的岩性主要为石灰岩、含燧石和黄铁矿结核等，另外还有泥岩和泥灰岩夹层，厚度为200～1000m。

(8) 新生界。

新生界沉积建造全盆分布，古新统—始新统在滨里海盆地周缘发育，古新统为黏土岩，始新统为泥岩含粉砂岩夹层，其他地区为泥岩和泥质灰岩，含砂岩夹层。

2) 构造特征及演化

滨里海盆地主要的构造演化可分为四个阶段，分别为中泥盆世—早石炭世杜内期的裂谷阶段、早石炭世维宪期—晚石炭世早巴什基尔期的克拉通拗陷阶段、晚石炭世中晚巴什基尔期—早二叠世的挤压阶段及中二叠世开始的克拉通拗陷阶段。

中泥盆世开始，东欧板块东南边缘发生裂谷作用，形成了三叉裂谷，并在盆地的基底形成了洋壳。

晚泥盆世，盆地中心部位形成一系列的陆内裂谷系，裂谷的拉张及地幔物质的侵入，导致基底大规模基性岩化和次洋壳的形成。

早石炭世开始，盆地发生整体沉降，强烈的沉降作用形成了深水盆地及其周围的大陆坡。碳酸盐岩台地在早期沉积的硅质碎屑岩地层上发育，阿斯特拉罕、卡拉通-田吉兹等大型碳酸盐岩台地均在杜内期就已经开始沉积。

早维宪期，东欧板块与北乌斯丘尔特板块的碰撞形成了盆地南部的隆起。晚维宪期的火山活动导致了碳酸盐岩地层沉积间断，沉积了一套凝灰质页岩。晚石炭世巴什基尔期开始东欧板块、哈萨克斯坦板块和西伯利亚板块发生一系列碰撞。

晚二叠世以后，滨里海地区重新发育造山后拗陷，再次沉降并接受中、新生代持续沉积。三叠纪之后盆地结束了海相沉积环境，开始以陆源碎屑沉积为主，一直持续到新生代。晚白垩世时期，特提斯洋快速闭合，导致了盆地的再一次抬升剥蚀。这两次的抬升剥蚀也与盐岩的活动息息相关，促成了现今盆地的构造格局。

3. 油气地质特征

1）烃源岩

滨里海盆地不同地区烃源岩的发育存在差别，综合来看，盆地盐下古生界发育4套烃源岩，分别为中泥盆统艾菲尔阶—吉维特阶烃源岩、上泥盆统弗拉斯阶—下石炭统杜内阶烃源岩、下石炭统维宪阶—上石炭统巴什基尔阶烃源岩和上石炭统莫斯科阶—下二叠统亚丁斯克阶烃源岩，其中上泥盆统弗拉斯阶—下石炭统杜内阶烃源岩和下碳统维宪阶—上碳统巴什基尔阶烃源岩为主力烃源岩。盐上中生界局部发育烃源岩，盐上油气主要是通过盐下烃源岩供给。

中泥盆统艾菲尔阶—吉维特阶烃源岩：该套烃源岩岩性为泥质碳酸盐岩和硅质页岩，沉积环境主要为潟湖环境，有机质为海相腐殖-腐泥型有机质，Ⅱ型干酪根，TOC值最高达3.9%，平均1.1%。

上泥盆统弗拉斯阶—下石炭统杜内阶烃源岩(主力烃源岩)：该套烃源岩岩性为钙质页岩、硅质页岩和泥质碳酸盐岩，沉积环境为海相与潟湖相，有机质为海相腐殖泥，干酪根类型主要Ⅰ型或Ⅱ型至Ⅲ型，烃源岩在盆地内分布不均匀，多在生物礁的附近分布。上泥盆统烃源岩在盆地北缘发育，厚度10～260m，平均厚度为80m，TOC值为1.5%～1.8%。

下石炭统维宪阶—上石炭统巴什基尔阶烃源岩(主力烃源岩)：该套烃源岩岩性为泥质碳酸盐岩和页岩，沉积环境为浅海至深海环境。含Ⅰ型或Ⅱ型、Ⅲ型干酪根，TOC含量1.0%～8.4%，平均为4%，平均厚度可达400m。

上石炭统莫斯科阶—下二叠统亚丁斯克阶烃源岩：该套烃源岩岩性为泥质碳酸盐岩、页岩，沉积环境为浅海至深海环境，含Ⅰ型或Ⅱ型、Ⅲ型干酪根，为海相腐殖型，TOC含量0.7%～6.4%，平均为2.6%。

2）储集层

滨里海盆地发育多套储层，根据储层与盐岩纵向上的位置关系，自下而上依次可分为盐下储层、盐上储层。盐下储层以浅海陆棚相碳酸盐岩为主，盐上储层以陆源碎屑岩为主。

(1) 盐下储层。

滨里海盆地盐下储层为泥盆系至下二叠统，根据岩性组合特征可以划分为三类：法门阶—杜内阶碳酸盐岩储层(KT-3)、维宪阶—巴什基尔阶碳酸盐岩储层(KT-2)和莫斯科阶—亚丁斯克阶碎屑岩-碳酸盐岩储层(KT-1)(图2-1-24)。

KT-3(法门阶—杜内阶)这套储集层形成于滨浅海环境，岩性为石灰岩和白云岩，厚度150～1500m，孔隙度分布范围为2.0%～33.0%，平均孔隙度为9.0%；渗透率分布范围为7～73mD，平均渗透率为50mD。由于受到压裂破碎作用，裂缝较发育。

KT-2(维宪阶—巴什基尔阶)这套储层是滨里海盆地盐下物性最好、油气含量最丰

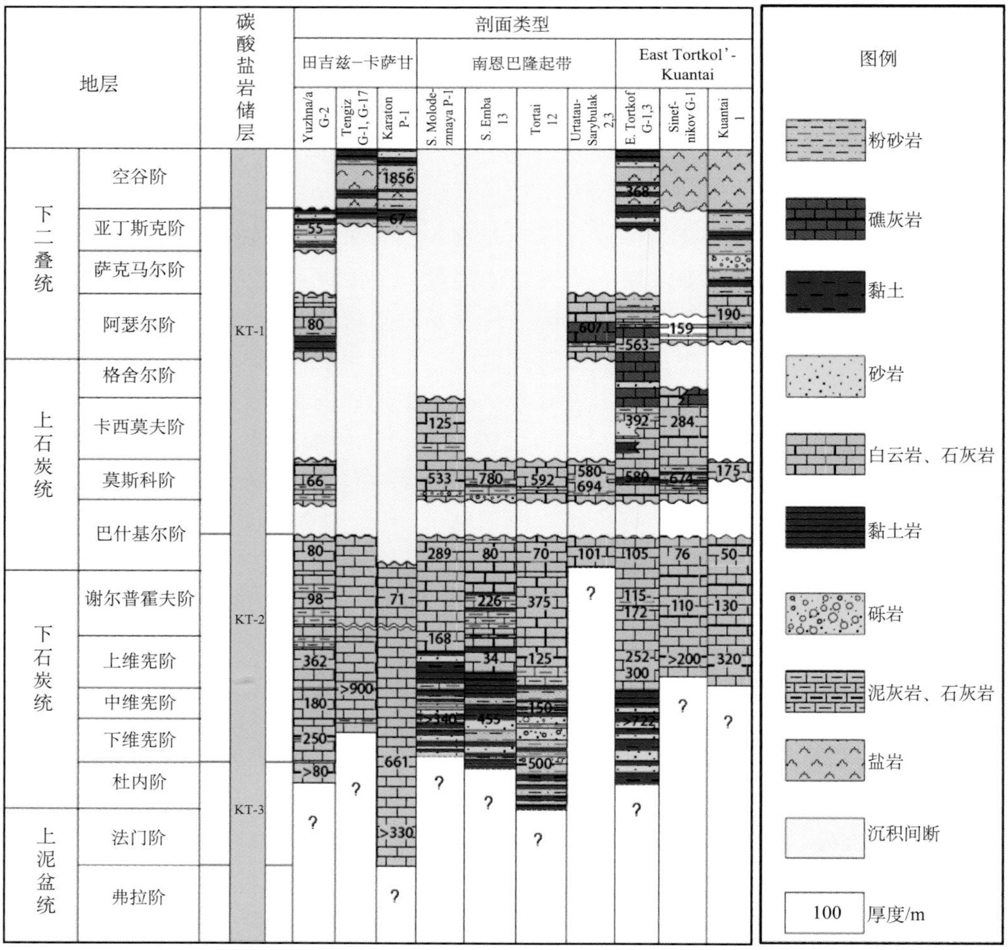

图 2-1-24 滨里海盆地南部隆起带连井剖面图

富的储层。厚度为 50～1600m，平均为 440m；孔隙度为 1.0%～24.0%，平均为 6.7%；渗透率为 1～173mD，平均为 14.95mD。以浅海、滨海环境沉积的生物碎屑灰岩为主，原生孔隙以粒间孔和体腔孔为主，晶间孔不发育。盆地东部隆起带和南部隆起带的南恩巴隆起局部发育碎屑岩。该储层在晚泥盆世—早二叠世的构造挤压作用下抬升而暴露地表遭受淋滤风化，形成了风化壳储层。巴什基尔阶顶部缺失几十米至上百米，与上覆的莫斯科阶呈不整合接触。

KT-1(莫斯科阶—亚丁斯克阶)这套储层为浅海相灰岩和白云岩，其中上石炭系储层以碳酸盐岩为主，次生白云岩是其主要储层，其次为生物礁灰岩。下二叠统以碎屑岩为主，尤其是在东部隆起带受到乌拉尔造山影响的地区。储层孔隙度为 6.0%～26.0%，渗透率为 0.1～500mD。溶蚀孔洞对储层的物性有很重要的作用，孔隙直径为 0.06～1.00mm。储层厚度差距较大，主要是受到差异沉降及构造剥蚀的影响。

（2）盐上储层。

滨里海盆地盐上储层分布层位分散，纵向分布较广。侏罗系和白垩系储层储集油气最多，其次为三叠系、古近系和新近系。纵向上根据其岩性及构造特征可分为三个主要层系：上二叠统—三叠系储层、侏罗系储层和白垩系—新生界储层。

3）盖层

滨里海盆地最重要的区域性盖层是下二叠统空谷阶盐岩，它具有很强的韧性。这套区域性盖层覆盖整个盆地，连续性较好，仅在盆地的东部隆起带和南恩巴地区有局部的缺失。除了区域性盖层外，盐下还发育多套直接性盖层，如石炭系内发育的凝灰岩和泥岩夹层及下二叠统亚丁斯克阶泥页岩等。

盐上层系从下三叠统—上新统各时期发育多套厚层泥页岩，可以为油气藏提供良好的保存条件。

4）圈闭特征

滨里海盆地的圈闭类型包括盐下圈闭和盐上圈闭(图 2-1-25)。滨里海盆地盐下油气主要分布在泥盆系至下二叠统，圈闭类型主要为生物礁圈闭。田吉兹、卡拉恰加纳克、阿斯特拉罕等大型油气田均为发育在隆起部位的大型生物礁建造之上。少数油气藏为背斜型，油气储量较小。

盐下碳酸盐岩台地地层-构造成藏组合主要发育于南部次盆(图 2-1-26)，其储集层为上泥盆统法门阶—上石炭统浅海碳酸盐岩和下二叠统滩相灰岩，碳酸盐岩储集层厚度大，分布广，且具有良好的储集性能。而盐下盆地内碳酸盐岩台地地层-不整合成藏组合主要分布于北部-西部次盆地，在卡拉恰干纳克(Karachaganak)气田，该成藏组合的主要储集层为法门阶—杜内阶和维宪阶—巴什基尔阶碳酸盐岩。

5）油气成藏及主控因素

滨里海盆地内存在确定含油气系统为中泥盆统—石炭系含油气系统和若干不确定的含油气系统。中泥盆统—石炭系含油气系统属于盐下-盐上含油气系统(图 2-1-27)，它的烃源岩是中泥盆统沥青质灰岩、泥质灰岩和页岩，这些烃源岩在北部—西部次盆地、东部次盆地和南部次盆地都有分布，形成了不同的成藏组合。滨里海盆地的油气富集的主要因素之一为烃源岩的分布及成熟度。滨里海盆地南部隆起带盐下油气资源非常丰富，根本原因在于具有优越的石油地质条件，优质烃源岩的存在可以为油气的富集提供良好的物质基础。

优势运移通道有利于油气近距离成藏，此外，成岩环境及成岩作用有利于储层储集空间发育，这些因素综合控制了滨里海盆地的油气富集。

4. 类比分析

通过分析对比可知，楚-萨雷苏盆地从构造演化、烃源岩、储集层、盖层等时代和油气地质条件与滨里海盆地比较相似，同时都存在生物礁滩储层类型，但也存在一些差别，具体主要体现于以下几个方面。

楚-萨雷苏盆地与滨里海盆地都发育上古生界含油气系统，烃源岩时代相同，都存在盐下的烃源岩，虽然主要储集层时代都是石炭系储集层，但楚-萨雷苏盆地的主要储集层是下石炭统，而滨里海盆地的主要是上石炭统(图 2-1-28)。

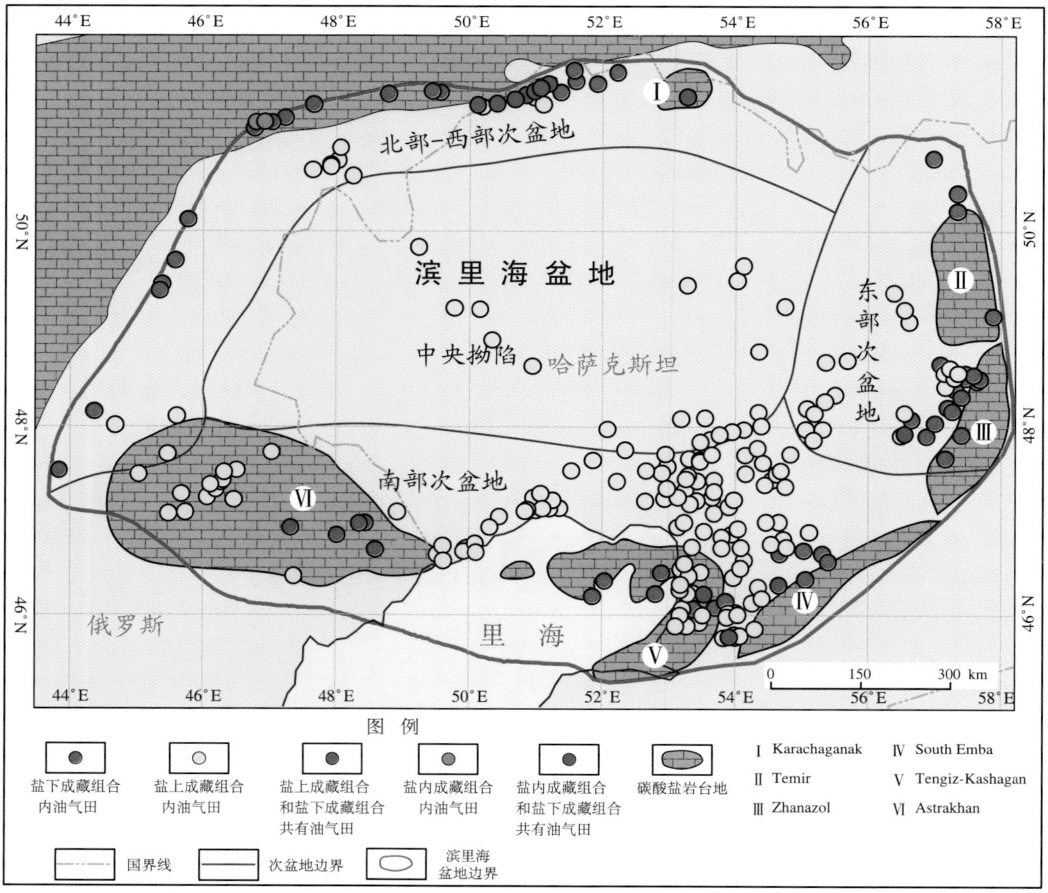

北部-西部次盆地
滨里海盆地
中央坳陷
哈萨克斯坦
东部次盆地
南部次盆地
俄罗斯
里海
图例
盐下成藏组合内油气田
盐上成藏组合内油气田
盐上成藏组合和盐下成藏组合共有油气田
盐内成藏组合内油气田
盐内成藏组合和盐下成藏组合共有油气田
碳酸盐岩台地
Ⅰ Karachaganak
Ⅱ Temir
Ⅲ Zhanazol
Ⅳ South Emba
Ⅴ Tengiz-Kashagan
Ⅵ Astrakhan
国界线
次盆地边界
滨里海盆地边界

图 2-1-25 滨里海盆地盐上-盐下成藏组合油气田平面分布图

N
Terenozek East
Koshkimbet (projected)
Akniyaz
Karaama
Tengiz
Nurzhanov
S
深度/m
图例
油藏
碳酸盐岩
蒸发岩
基底

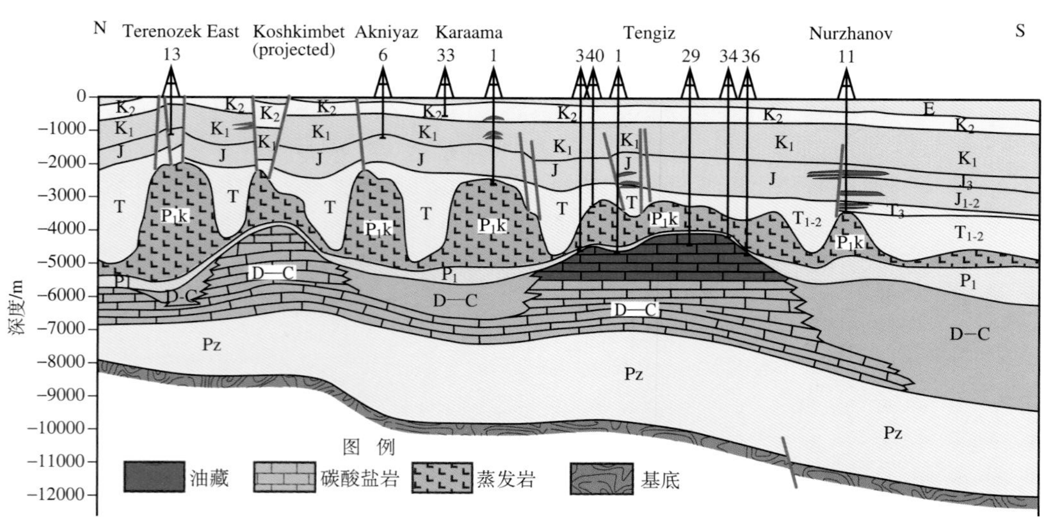

图 2-1-26 滨里海盆地南部次盆地南北向剖面图

400 350 300 250 200 150 100 50 Ma								系统事件
晚古生代			中生代			新生代		
泥盆纪	石炭纪	二叠纪	三叠纪	侏罗纪	白垩纪	古近纪	新近纪	
								烃源岩
								储集层
								盖层
								圈闭
								盐下盆地内碳酸盐岩台地地层-构造成藏组合
								盐下盆地内碳酸盐岩台地地层-不整合成藏组合
								侏罗系地层-构造成藏组合
								白垩系地层-构造成藏组合
								上覆地层
								生油
								生气
								生烃
								生烃高峰
								运移

图 2-1-27 滨里海盆地含油气系统(据 IHS Energy Group，2013，有修改)

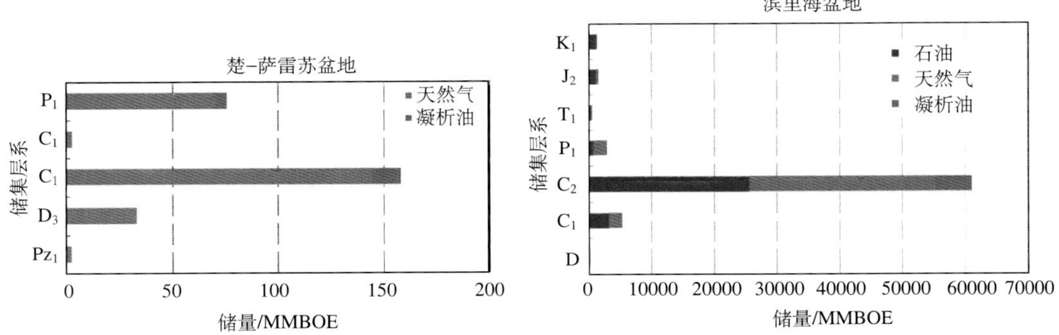

图 2-1-28 楚-萨雷苏盆地与滨里海盆地油气储量层系分布图

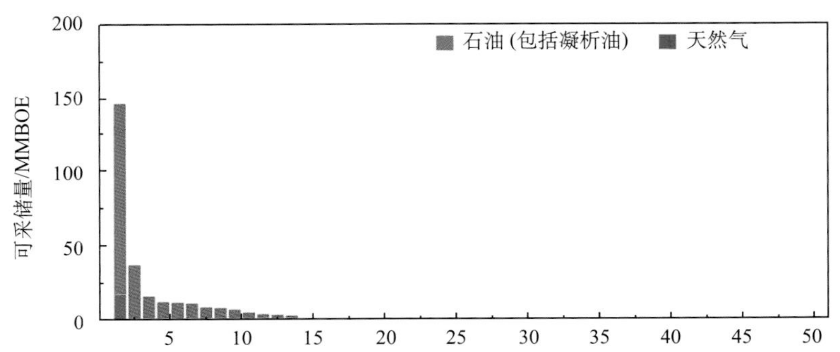

图 2-1-29 楚-萨雷苏盆地油气田大小直方图(据 IHS Energy Group，2012a，有修改)

楚-萨雷苏盆地是一含气盆地，而滨里海盆地是石油与天然气并存的盆地，前者的主力储层除下石炭统外，上泥盆统和下二叠统也是主要的产层，而滨里海盆地的主力储层主要是上石炭统。此外，两个盆地的油气田规模具有很大差别，楚-萨雷苏盆地最大的气田可采储量不超过150MMBOE(相当于 $254.8\times10^8m^3$ 天然气)，其他气田的规模普遍较小(图 2-1-29)，而滨里海盆地的油气田储量规模和油气田个数比楚-萨雷苏盆地的更大、更多(图 2-1-30)。

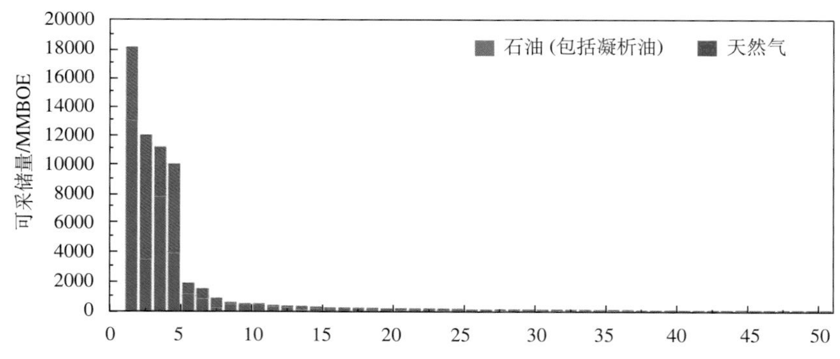

图 2-1-30　滨里海盆地油气田大小直方图(据 IHS Energy Group，2013，有修改)

第二节　楚-萨雷苏盆地 Marsel 探区勘探历程

楚-萨雷苏盆地的勘探成熟度中等，但盆地从来没有成为主要勘探靶区，其主要原因是盆地内发现油气田规模小、主要的烃类相态是气体及距离现有的勘探开发基础设施遥远。楚-萨雷苏盆地的勘探工作主要分为两个阶段。

一、苏联时期(1950～1985 年)：发现天然气储量 $137\times10^8m^3$

自 20 世纪 50 年代开始，苏联就对该地区进行过地质普查工作，并持续到 80 年代中叶(图 2-2-1、图 2-2-2)。

1950 年，盆地开始勘探，20 世纪 60 年代开展了精细地震勘探和一些区域勘探，目标是塔斯金隆起带和塔斯布拉克凹陷边缘，以及下楚河底辟构造带。面积反射和共深度点法勘探覆盖了楚-萨雷苏盆地的南部和东部，主要是苏扎克—贝卡达姆和考克潘索尔凹陷。早期以地表地质填图为主，并同时进行了重力、航磁测量。在 20 世纪七八十年代，采用平行二维地震测线方式，采集了少量地震资料，并对深部地质结构进行了刻画。在此期间发现了 15 个局部构造并提交钻探。1976～1980 年，通过 CDP 地震勘探在莫因库姆凹陷的北部和考克潘索尔凹陷的北部和东北部识别出了 11 个局部构造。在 1975 年在盆地南部的莫因库姆凹陷中，发现了最大的 Amangeldy 气田，天然气可采储量为 $219.1\times10^8m^3$。虽然，此阶段发现了多个油气田，但规模比较小，在苏联勘探的 1950～1985 年中只找到了可采储量总计 $137\times10^8m^3$ 的天然气。

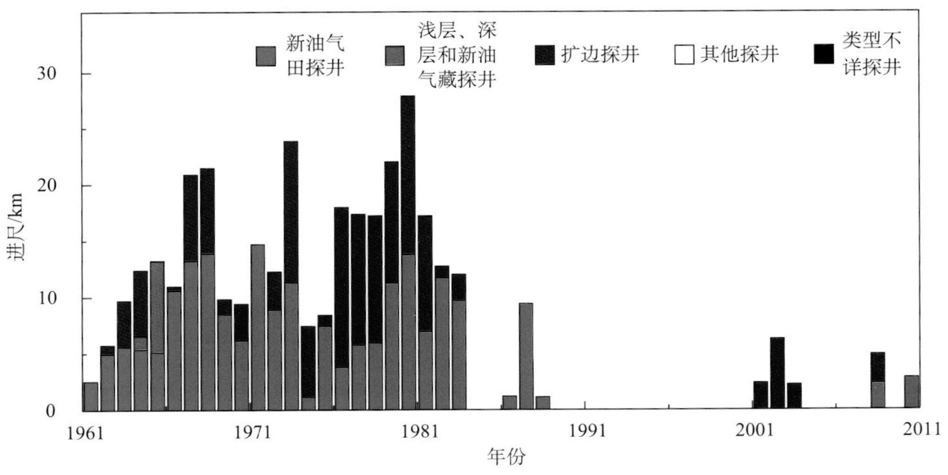

图 2-2-1　楚-萨雷苏盆地历年油气勘探探井进尺对比图(据 IHS Energy Group，2012a，有修改)

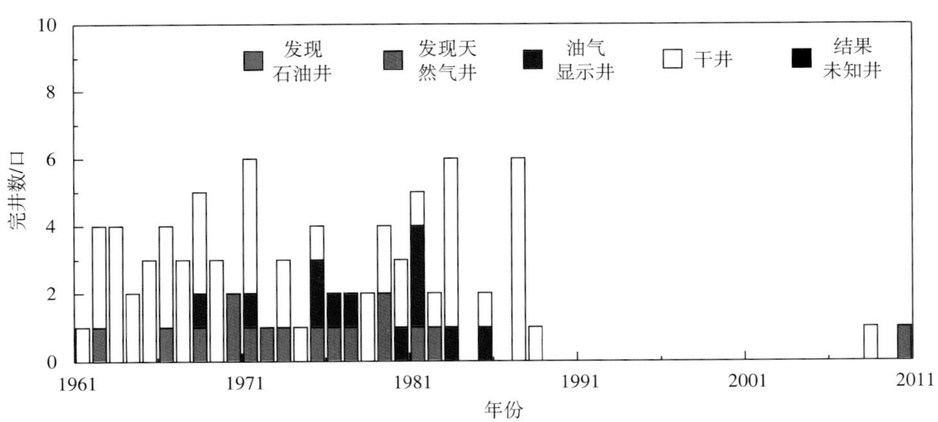

图 2-2-2　楚-萨雷苏盆地历年油气勘探探井钻探结果对比图(据 IHS Energy Group，2012a，有修改)

在 1984 年，由于图尔盖盆地发现了油田，导致工作的重点发生转移，使得楚-萨雷苏盆地的勘探工作停止。从那时起，仅在工区进行了少量的勘探工作。80 年代末期到 90 年代初期，没有开展新的地震勘探。

针对 Marsel 探区，经过这一时期的勘探，确定了区块内的 34 个构造，并在 1974～1985 年对其中的 16 个进行了钻探，在钻探的构造中，7 个具有天然气显示，其中 3 个具有商业价值，即普利多罗日诺耶、西奥巴克和奥尔塔里克(图 2-2-3)。在 Kendyrlik 钻探了一口井，试气日产量 185.5m^3，另外，其他 50%以上的构造没有被钻探。

二、加拿大康道尔公司(2008～2012 年)：发现天然气储量 $60\times10^8 m^3$

Marsel 公司和加拿大的康道尔公司联合对 Marsel 探区进行勘探工作，先后开展了二维

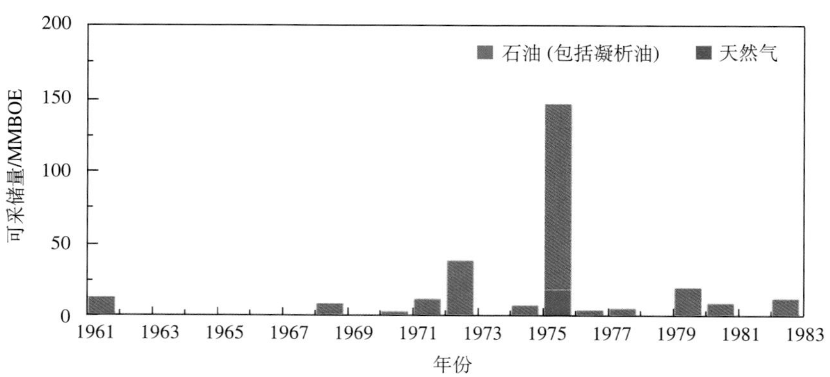

图 2-2-3 楚-萨雷苏盆地年增可采储量直方图(据 IHS Energy Group，2012a，有修改)

和三维地震的测量(表 2-2-1、图 2-2-4)。在 Tamgalytar 构造钻探了 Tamgalytar 5-G 井，该井的钻探揭示了石炭系的礁滩体沉积，证实了该套沉积体的含气性。试气日产量 $1.4\times10^4\sim16.8\times10^4m^3$，但在 Kendyrlik 构造附近钻探的一口探井落空，表明该区地质条件的复杂性。另外，在区内无开采权的 3 个气田及其他构造共有 20 多口探井见气流或气显示(表 2-2-2)，展示了储层普遍含气的地质特征。从钻井测试结果来看，产气层主要为石炭系和泥盆系，二叠系和基底地层仅见天然气显示。康道尔公司勘探五年里只找到 $60\times10^8m^3$ 天然气。

表 2-2-1 2008 年以来 Marsel 探区完成地震勘探工作量

项目	2008 年	2009～2010 年	2010 年	2011 年
工作量	450km	700km	610km、$426km^2$	900km
采集特征	二维	二维	二维、三维	二维

表 2-2-2 Marsel 探区主要探区探井测试油气显示表 (单位：Mcf/d)

井名	层位				
	P_1	C_1sr	C_1v	D_3fm	Pz_1
Terekhovskaya		显示			
Oppak 1-n			显示	显示	
South Pridorozhnia 15			353		
South Pridorozhnia 16			NCF		
South Pridorozhnia 17			NCF		
North Pridorozhnia 1		388	353		
Ortalyk 1-r			3531	658	
Ortalyk 2-r	NCF				
Ortalyk 3-r			939	显示	显示
Ortalyk 4-r			显示		
Tamgalytar 1-G		2800	显示		
Kendyrlik 2-r			6263		

续表

井名	层位				
	P_1	C_1sr	C_1v	D_3fm	Pz_1
Kendyrlik 3-r				NCF	
West Oppak 1			NCF	971	
West Oppak 2		94			
Pridorozhnia 3-G				56502	
Pridorozhnia 2		501			
Pridorozhnia 4		1002		25834	
Pridorozhnia 5		2944			
Pridorozhnia 6				NCF	
Pridorozhnia 12		689			

注：1Mcf＝0.02846m^3。

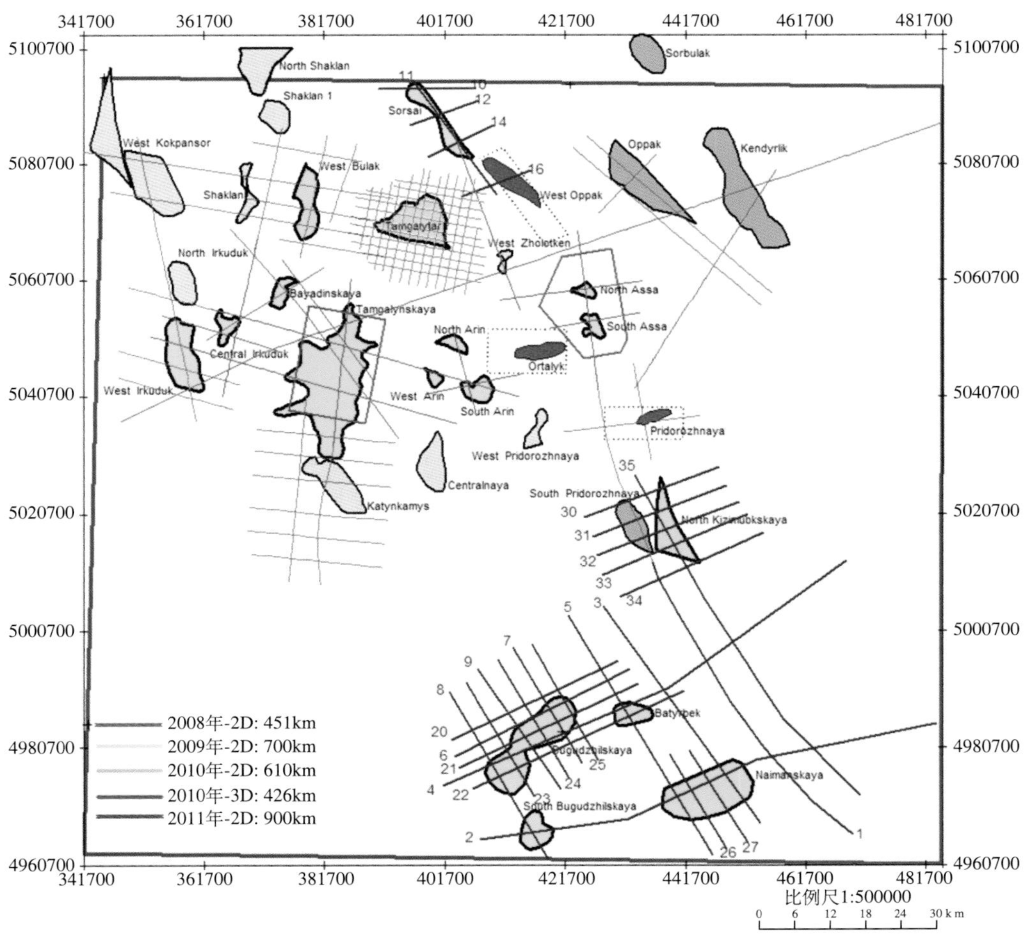

图 2-2-4 Marsel 探区已完成二维、三维地震工作量分布图

第三节　楚-萨雷苏盆地Marsel探区油气勘探与面临的挑战和研究思路

一、Marsel探区油气勘探面临的挑战

研究区油气勘探面临的最大挑战是已发现的天然气藏成因机制十分复杂，它们既不能用常规气藏的成因机制解释，也不能基于深盆气藏或连续气藏的成因机制解释，而是二者兼有或都不是。

由于早古生代盆地经历较高的热流和深部热源也使区块烃源岩具有较高的成熟度，此外，区块内的压力数据分析、物性分析等都证明可能存在广泛连续型气藏；局部地区裂缝和次生孔隙对储层物性也起到了明显的改善作用。区块内已发现油气藏具有局限流体动力场内致密常规气藏、致密深盆气藏和致密复合气藏的共存的复杂特征，无法基于某一种成因机制解释，主要表现在以下几个方面。

1. 低凹汇聚与高点和低点富集共存特征

区块内，深拗区的探井产气量比较高。根据Pridorozhnaya构造所钻探井收集试油信息可知，D_3处于构造圈闭范围外的Pridorozhnaya 2和Pridorozhnaya 12，其中Pridorozhnaya 2试气日产量为$1.6\times10^4m^3$，Pridorozhnaya 12试气日产量达到$2\times10^4m^3$。C_1sr处于深拗区的North Prodorozhnaya 1-G井，钻杆测试日产气$1.0\times10^4\sim1.2\times10^4m^3$。此外，区块内深拗区的探井基本都有油气显示。而目前在深拗区外的隆起构造区所钻探井含气性明显变差，甚至出现水层。

2. 储层普遍致密背景下低孔和高孔富气特征

在测井解释过程中，将测井特征与气测录井、测试成果相结合，并对储层进行了岩性、物性和电性上的综合分析，选取合适的处理参数，对储层的流体性质进行识别，并对储层做出了电阻率-孔隙度交会图、含气饱和度-电阻率交会图，得到目的层系的孔隙度。C_1sr孔隙度集中分布在3.0%～7.0%，C_1v孔隙度集中分布在2.0%～7.0%，D_3孔隙度集中分布在4.0%～7.0%，除局部气层孔隙度较大外，大部分气层基本小于12.0%。其中孔隙度相对较大的为上泥盆统含气层，下石炭统解释出的气层平均孔隙度为5.0%左右，储层比较致密。在普遍致密的背景下，较高孔隙中富含天然气，较低孔隙中也富含天然气。

3. 构造稳定背景下低位倒置的含气特征

埋藏较浅的构造含油水层，且没有统一的油水界面，Terekhovskaya 1-P、Naiman 1-P、Oppak 1-G等为水井(表2-3-1)，不论是C_1sr、C_1v、$D_3fm_1^2$、$D_3fm_1^1$，产水的部位基本位于全区构造最高处。

表 2-3-1 试油与测井解释复查后水井情况统计

层位	井位	油气显示	试油结果	水型
C_1sr	Terekhovskaya 1-P	全烃	关井，产水 16m³，含油可燃气	氯化钠型
	Naiman 1-P		封隔器测试，水层	
	Oppak 1-G		裸测，水层	
D_3	Kendyrlik 3-G		封隔器测试，水层	氯化钠型
	Naiman 1-P		封隔器测试，水层	硫酸钠、硫酸钾型

构造高部位探井含油气性比低部位差。在 West Oppak 构造 C_1v 层测试时，West Oppak 1-G 射孔产水，而低部位的 West Oppak 2-G 钻杆测试弱气显示；酸化后日产气 $0.2\times10^4m^3$，Ortalyk 构造 C_1v 测试时也是如此，Ortalyk 1-G 钻杆测试，$2.6\times10^4m^3$，下套管，无产量，而低部位的 Ortalyk 3-G 裸测，日产气 $3.0\times10^4m^3$。South Prodorozhnaya 的 C_1sr 测试时，高部位的 South Prodorozhnaya15-G 为干层，但低部位的 South Prodorozhnaya 16-G 有气。Kendyrlik 构造也是如此，C_1v_3 测试时，高部位的 Kendyrlik 3-G 为干层，而构造低部位的 Kendyrlik 2-G 日产气达到 $80.0\times10^4\sim90.0\times10^4m^3$。这种低位倒置的含气特征无法基于常规天然气成藏机制予以解释。

4. 负压与高压共存但以负压为主特征明显

目前含油气层普遍呈负压特征，实测点大部分为负压特征，少数为常压特征，在 Terekhovskaya 1-P 存在一个异常高压点(表 2-3-2)。上泥盆统 4 口井，8 个测试点，实测点全在静水柱压力线左侧显示为负压特征(图 2-3-1)。

表 2-3-2 Marsel 探区探井压力测试统计表

井名	顶深/m	底深/m	层位	地层压力/atm	地层压力/MPa
Tamgalytar 1-G	2315	2274	C_1sr		22.43
Terekhovskaya 1-P	3340	3395	C_1sr		45.09
Kendyrlik 2-G	1793	1810	C_1v_3		18.65
Kendyrlik 4-G	2233	2239	D_3		26.10
Kendyrlik 4-G	1792	1965	$C_1v_3-C_1v_2$		16.00
Pridorozynaya 2	1283	1315.6	C_1v	161.93	15.87
Pridorozynaya 4	1239.5	1280	C_1v	151.39	14.84
Pridorozynaya 4	2233	2260	D_3	261	25.58
West Oppak 1	1861		D_3		18.4
West Oppak 1	1809	1875	D_3		15.33
West Oppak 2	1366	1460	C_1sr		18.00
West Oppak 2	1386	1605	$C_1sr-C_1v_3$		16.50
West Oppak 2	1736	1844	C_1v_1		18.50
Assa 1	2555		D_3		26.01
Assa 1	2414		D_3		24.58

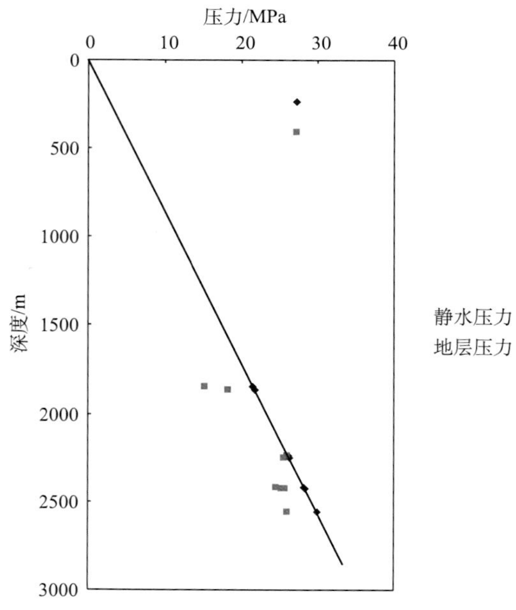

图 2-3-1 D_3实测压力随深度变化与静水柱压力分布图

埋深较大的个别井压力高可能与泄压速度慢有关，压力较高的井仅 Terekhovskaya 1-P 在 3348m 处测得地层压力为 45.09MPa，相对其他探井，该井埋深最大，处于向斜部位，且二叠系膏岩很发育，临近膏岩湖中心，其异常高压可能与其泄压速度慢有关。由于膏盐岩发育，该区又不发育断层，同时下石炭沉积以来未发生过隆升和剥蚀，因此其流体压力一直处于“憋着”状态，导致压力偏高，压力系数达到 1.14。处于平衡状态的气藏压力能够反映其成因机制。研究表明，常规气藏或致密常规气藏在形成之后常表现为高压特征，它们属于“水托”气藏；深盆气藏在形成后通为负压气藏，因为它们多属“水封”气藏。目前发现的气藏中既有高压也有低压，表明它们的成因机制复杂或目前尚未达到平衡。

5. 源-藏共生特征

下石炭统和上泥盆统的一些探井具有源-藏共生特征，如 Kendylik 2-G 在 C_1v_3层系的 1793～1810m，15.58mm 油嘴，测试无阻流量 $72.2\times10^4m^3$，同时 C_1v_3为下石炭主力烃源岩，West Oppak 1-G 井在 D_3fm_{2+3}层系 1860～1878m 试气日产气 $4\times10^4m^3$。经研究知 D_3fm_{2+3}为烃源岩段，因此可认为该井也为源藏共生，源藏紧密相邻且含气层连续分布。广泛连续型致密油气藏形成和分布于烃源灶生排油气中心或周边，源-藏紧密相邻。研究表明，油气大量生成并进入到邻近的致密储层内聚集后，由于浮力不能克服储层内的毛细管力，它们滞留在储层内，随着源岩供烃量的增大，油气通过扩大自身的体积而不断扩大面积，储层面积越大，连通性越好，扩展越容易；储层厚度越大，源岩供烃量越大，致密砂岩油气藏的储量规模也就越大。

二、Marsel 探区油气勘探研究思路与技术路线

综上所述，Marsel 探区的这种成藏模式与非常规的油气地质特征比较吻合，只是由于局部受后期改造影响，会有部分早期聚集在深凹里的气向构造高部位运移和运移至裂缝密集区聚集成藏。所以，无论是压力、物性和源藏配置及无统一的气水界面等方面，都证明 Marsel 探区在非常规资源方面有很大潜力，是未来勘探的主要方向，据此确定的新的勘探思路和技术路线如图所示(图 2-3-2)。

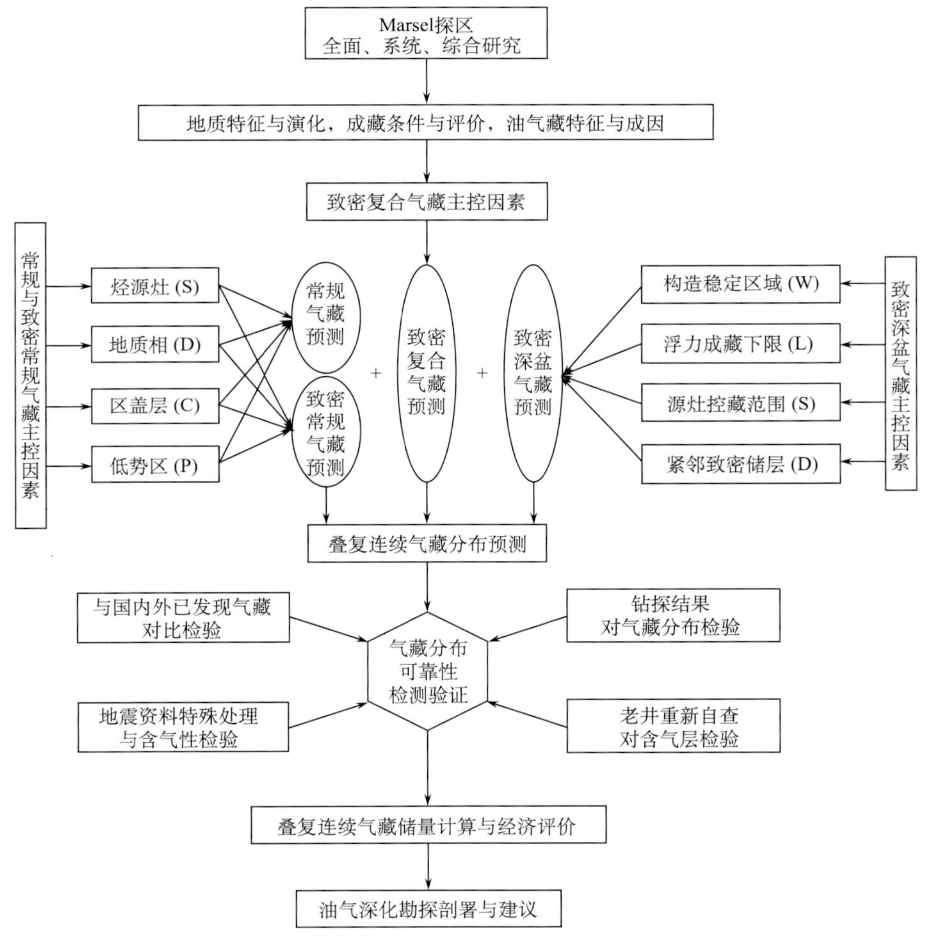

图 2-3-2 哈萨克斯坦 Marsel 探区油气勘探研究技术中路线

第一步，对 Marsel 探区开展全面、系统、综合的油气地质研究。

研究解决三个方面的问题。一是搞清研究区地质特征及其形成演化，包括开展构造特征分析、地层被剥蚀厚度计算、构造形态演化、演化过程划分、断层与裂缝分布发育预测等；同时开展地温场特征分析与地温变化历史恢复，包括开展地层分布特征研究与

演化历史恢复；研究地层沉积发育历史、重现古地理条件，预测粗相带和细相带分布与厚度展布，包括开展层序地层格架分析与演化过程研究。二是基于上述分析，预测和评价油气地质条件，指明有利油气生、储、盖、运、圈、保的地质条件，搞清它们的分布范围、演化过理和相互组合。三是剖析已发现的气藏，搞清它们的静态地质特征(圈闭、储层、流体、温压介质)和成因过程特征(油气来源、来期、来路、来量、来力)。

第二步，基于叠复连续模式预测 Marsel 探区天然气藏的分布发育。

首先，在搞清了研究区常规气藏和致密常规气藏的形成条件(S、C、D、P)后，基于 T-CDPS 模式预测常规气藏和致密常规气藏的分布范围；然后，在搞清了致密深盆气藏的形成条件(W、L、D、S)后，基于 T-WLDS 模式预测致密深盆气藏的分布范围后，通过叠加预测出致密复合气藏的分布范围；最后，将同一目的层不同地史时期形成的常规气藏、致密常规气藏、致密深盆气藏和致密复合气藏叠加复合得到叠复连续气藏的分布范围和厚度分布。

第三步，检验叠复连续气藏理论预测结果的可靠性。

通过四种不同的方法进行可靠性检验。一是与已发现的世界公认的或勘探程度较高地区的叠复连续气藏进行对比分析和检验；二是对地震资料进行特殊处理，对目的层段含油气性进行检测；三是通过钻井验证和检验；四是通过老井复查或新解释含油气层段分布进行验证。

第四步，对通过多种方法验证的含油气区开展储量计算与经济评价。

评价时采用国际公认的 PRMS 体系和蒙特卡洛模拟计算方法。这样获得的结果可以与国际同行交流，也可以对结果给出相应的风险评价。就 Marsel 探区目前的条件而言，计算获得的都是条件储量，即目前尚不能即时开发的可采储量(C 级)。依据目前的井控程度与获得的地质参数的精度，C 级储量又分成了 1C、2C 和 3C。

第五步，对确认的气田提出深化勘探部署与建议。

参考文献

IHS Energy Group. 2012a. International petroleum exploration and production database includes data current as of August, Database available from IHS Energy Group, Chu-Sarysu Basin.

IHS Energy Group. 2012b. International petroleum exploration and production database includes data current as of August, Database available from IHS Energy Group, Turgay Basin.

IHS Energy Group. 2013. International petroleum exploration and production database includes data current as of August: Database available from IHS Energy Group, Pre-Caspian Basin.

Tellus, Fugro, Robertson. 2011. Date Services AG or Fugro Robertson Limited. Sinopec Research August. Llandudno, North Wales LL20 1SA, United Kingdom.

第三章 构造演化有利叠复连续气藏形成分布

第一节 构造界面识别与追踪

一、构造界面识别

Marsel 探区发育的地层主要为古生界和中—新生界，古生界自早到晚可划分为下古生界、上古生界泥盆系、密西西比系、宾夕法尼亚系、二叠系。其中，下古生界为变质岩系，构成褶皱基底；密西西比系包括下统杜内阶、中统维宪阶、上统谢尔普霍夫阶，是主要目的层；宾夕法尼亚系包括下统塔斯库杜克阶、上统杰兹卡兹甘阶；二叠系

表 3-1-1 Marsel 探区地层层序序列表

地层 系	统	阶（亚阶、段）			代码	地震反射层代码	典型井分层数据/m Kendylik 5-RD	Tamgalytar 1-G	Assa 1
中—新生界					Kz-Mz	T_{40}			
二叠系	上统	P_2	盐上段		P_2-above salt	T_{41}			
	下统	P_1	含盐段		P_1-salt	T_{42}			
			盐下段		P_1-sub salt	T_{50}			
宾夕法尼亚系	上统	杰兹卡兹甘阶			$C_{2\text{-}3}$	T_{51}	1318	2140	1952
	下统	塔斯库杜克阶			C_2ts	T_{52}	1445	2210	2046
密西西比系	上统	谢尔普霍夫阶	蒸发盐段		Evaporite	T_{53}	1503	2274	2078
			盐下段		Base Evaporite	T_{54}	1544	2329	2131
			礁灰岩段		Reefal Limestone	T_{55}	1615	2390	2188
			礁下段		Base Reef	T_{56}	1636	2415	2219
	中统	维宪阶	上亚阶		C_1v_3	T_{57}	1816	2530	2378
			中亚阶		$C_{12}v$	T_{58}	1980	2628	2384
			下亚阶		$C_{11}v$	T_{59}	2069	2701	×
	下统	杜内阶			C_1t	T_{60}	2096	2715	×
泥盆系	上统	法门阶	盐上段 含盐段		$D_3\ fm_{2+3}$	T_{61}	2186	2740	×
			盐下段	盐下砂岩	$D_3\ fm_1^2$	T_{62}	2320*	2771	2455
				盐下砾岩	$D_3\ fm_1^1$	T_{63}		2808	2670*
		弗拉阶			$D_{2\text{-}3}\ fr_2$	T_{70}			
下古生界					Pz_1				

注：×表示地层缺失；*表示测井曲线截止深度。

包括下统含盐段和上统含盐段，构成盖层。根据钻井资料和岩性组合特征可进一步划分出17个四级层序单位，与17个地震反射层相对应(表3-1-1)。目前，研究区内已有的38口钻井资料中，能够进行合成记录标定的井仅有6口，其中较为典型的井有3口，分别为Tamgalytar 1-G、Kendyrlik 5-RD、Assa 1(表3-1-1)。通过三口典型井合成记录标定，在二维地震测线可识别出T_{52}和T_{60}两个地震反射界面(图3-1-1～图3-1-3)，其他三个地震反射界面(T_{40}、T_{50}、T_{70})无测井曲线，只有在地震剖面上通过反射特征和接触关系进行识别。五个主要地震界面识别特征如下。

1. T_{40}地震反射界面

该界面为中生界与二叠系分界面，地震剖面上表现为明显的削截关系，为区域性不整合界面(图3-1-4)。界面之上的中生界为产状近水平的板状层，反射轴连续；界面之下的二叠系为低角度倾斜的板状层，下部为强反射层，上部为弱反射层，因削截局部分布不连续(图3-1-5)。

2. T_{50}地震反射界面

该界面为二叠系与宾夕法尼亚系分界面，大部分地区地震剖面上表现为整合接触关系，仅在东南部靠近主干断层上下盘表现为超覆接触关系(图3-1-6)。界面之上为连续的强反射层，界面之下为弱反射层，区域上易于追踪。

3. T_{52}地震反射界面

该界面为宾夕法尼亚系与密西西比系分界面，全区表现为整合接触关系。界面之上为弱反射的碎屑岩系，之下为膏岩和碳酸盐岩，表现为强反射特征(图3-1-6)。

4. T_{60}地震反射界面

该界面为密西西比系与泥盆系分界面，为区域性不整合界面，具有上超下削特征，局部表现为整合特征(图3-1-6)。

5. T_{70}地震反射界面

该界面为泥盆系与下古生界分界面，为区域性不整合界面，具有上超下削特征(图3-1-5)。界面之下为褶皱基底，反射不连续，产状不稳定，具有弱反射特征；界面之上为泥盆系上统碎屑岩，反射连续，在东南部因后期反转，“鱼叉”状构造发育(图3-1-5)。

二、构造界面追踪

先在研究区选择5条格架剖面(图3-1-7)，以2009_M_01测线为标准调整闭合差，然后完成全区所有测线闭合差校正工作。根据井震标定识别出的5个界面，先在5条格

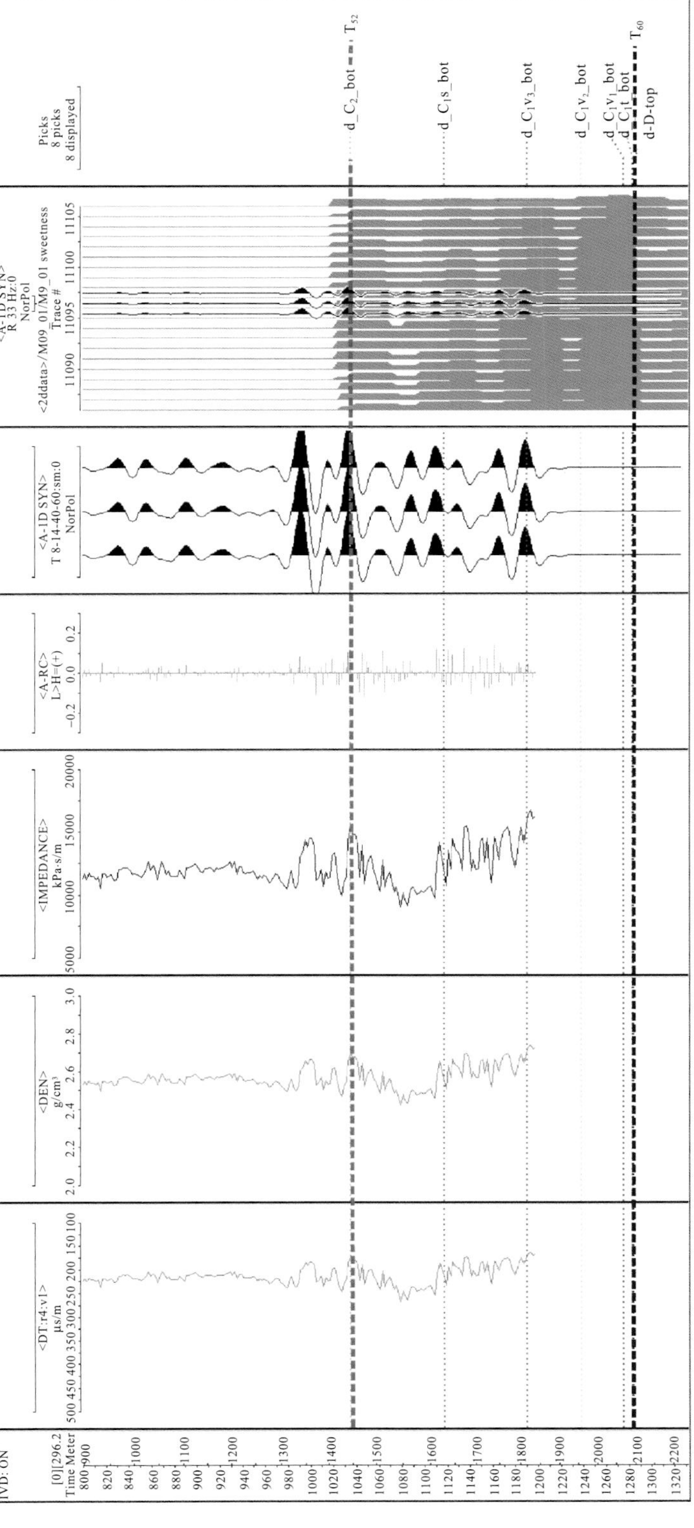

图 3-1-1 Marsel 探区 Kendyrlik 5-RD 合成记录图

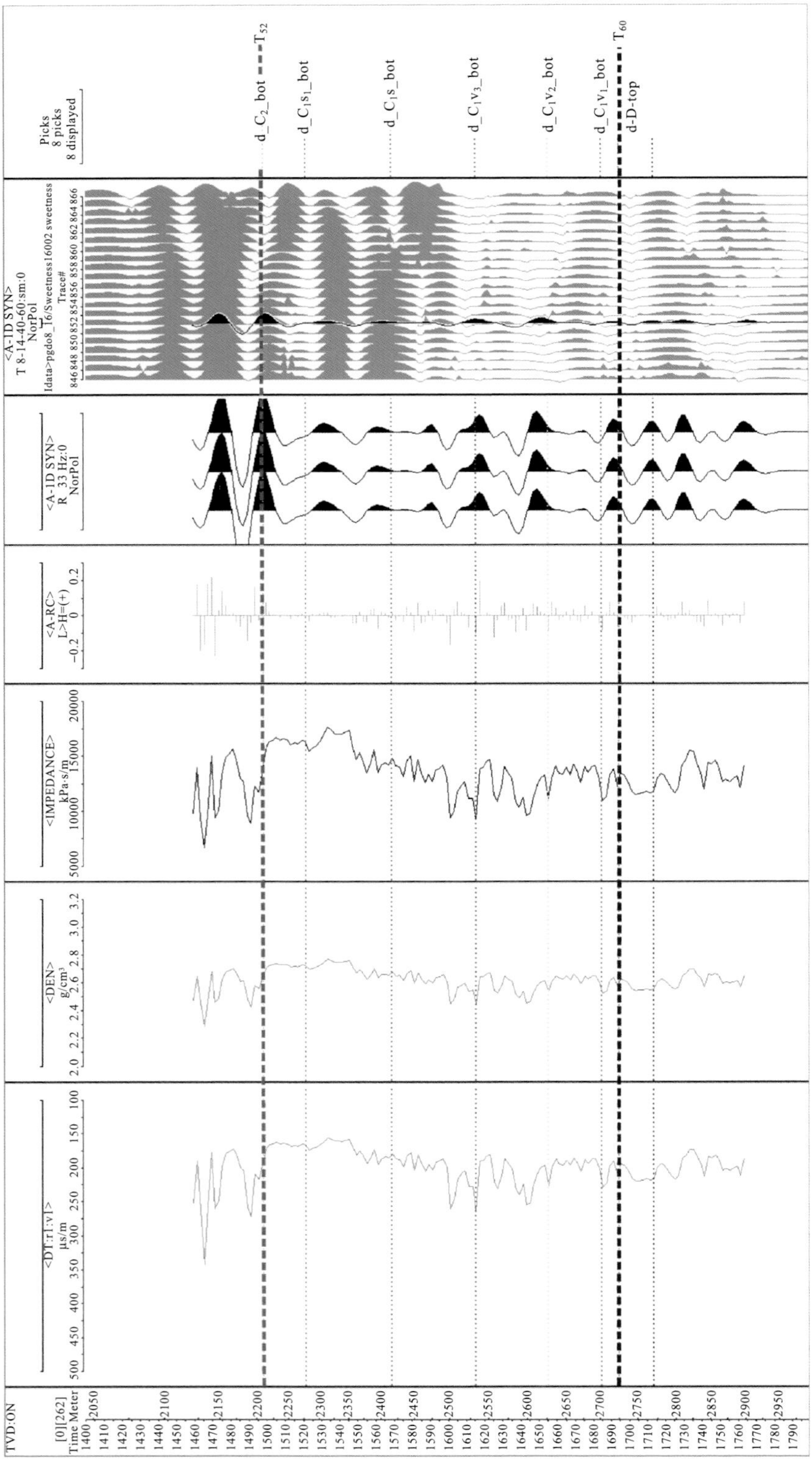

图 3-1-2 Marsel 探区 Tamgalytar 1-G 合成记录图

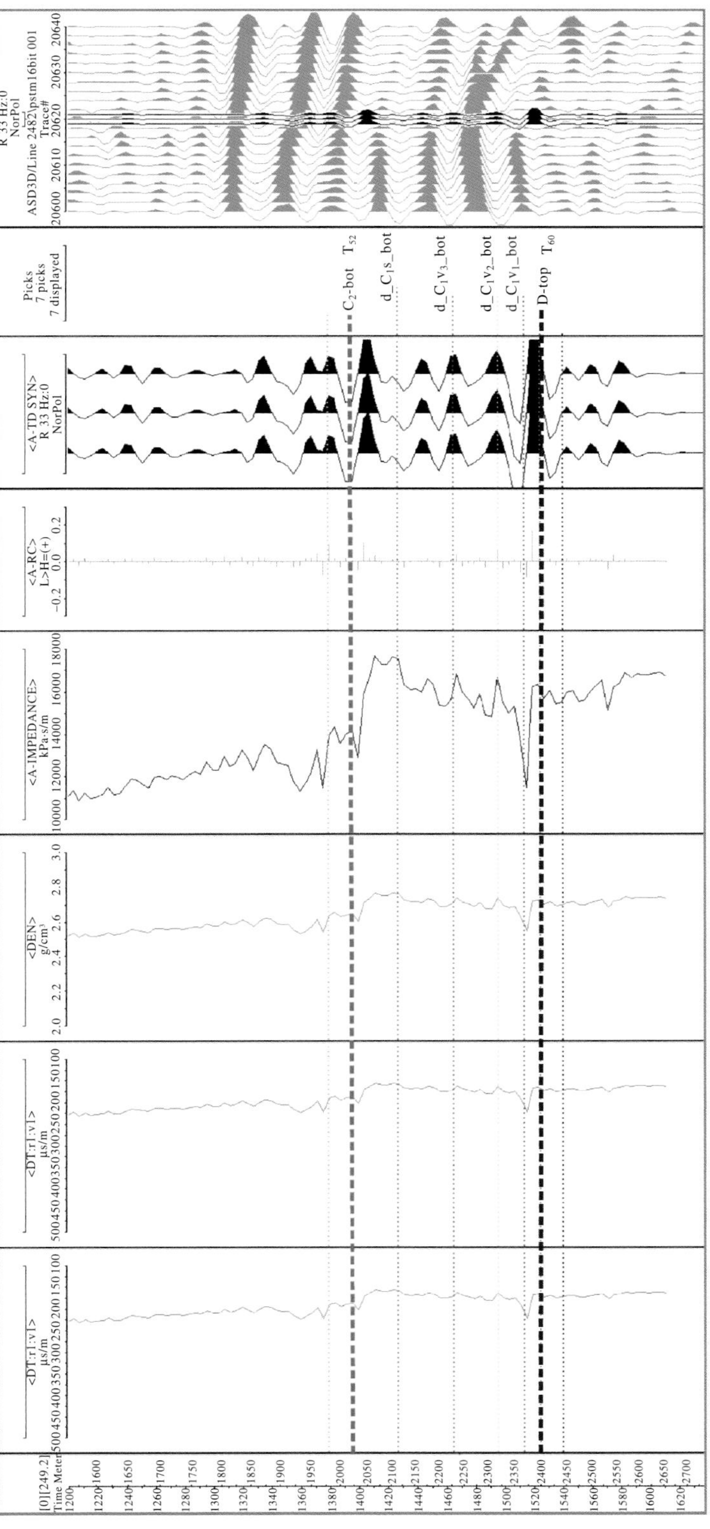

图 3-1-3 Marsel 探区 Assa 1 合成记录图

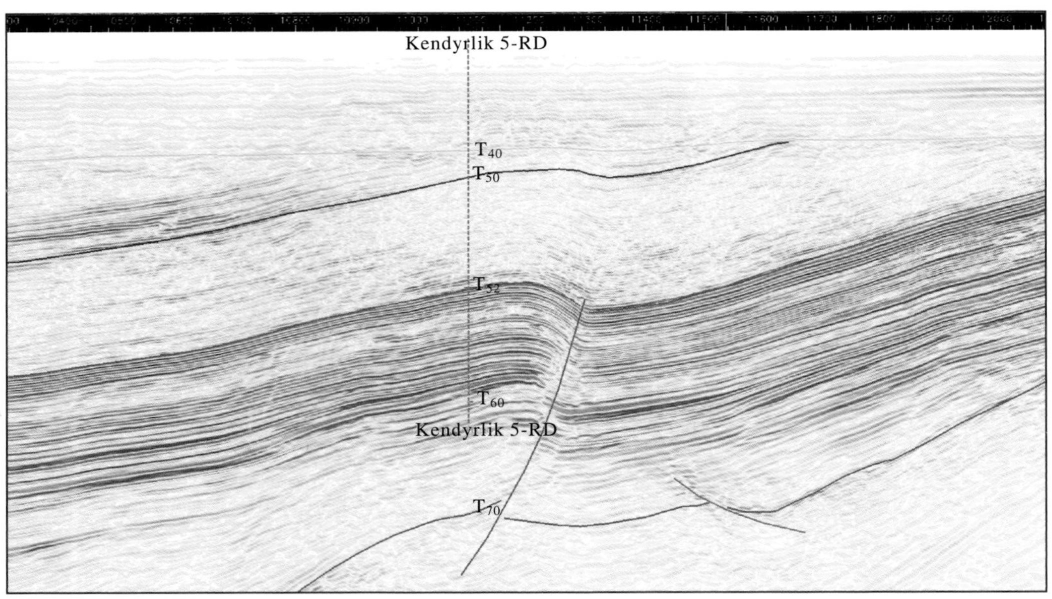

图 3-1-4 Kendyrlik 5-RD 井震标定剖面图(2009 _ M _ 01 测线)

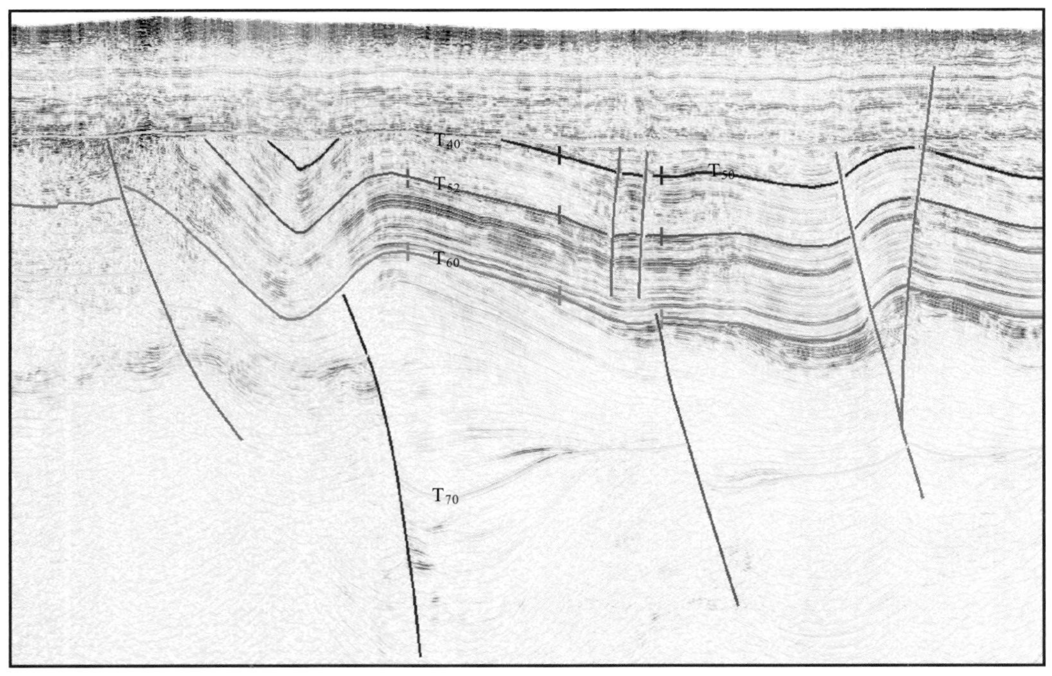

图 3-1-5 Marsel 探区 2011 _ M _ 01 测线主要地震反射层标定剖面图

架剖面上进行解释闭合(图 3-1-8～图 3-1-10)，然后再进行全区追踪闭合。

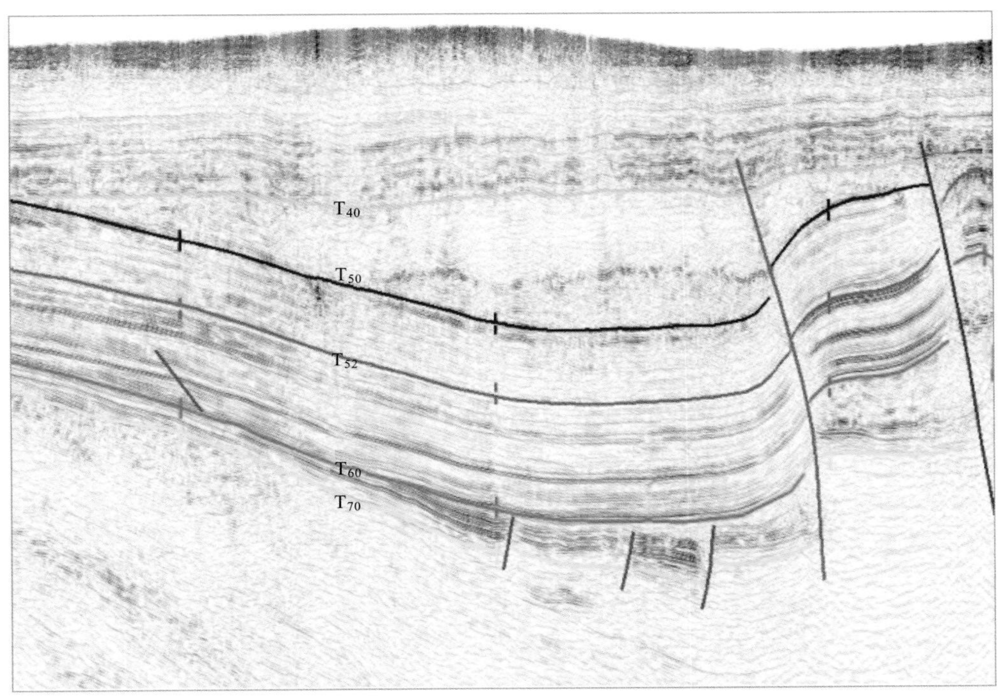

图 3-1-6 Marsel 探区 2011 _ M _ 06 测线主要地震反射层标定剖面图

根据 Tamgalytar 1-G 标定结果对 Tamgalytar 二维区块进行解释(图 3-1-11)；根据 Assa 1 井标定结果对 Assa 三维区块进行精细解释；利用 2009 _ M _ 01 测线与 2010 _ M _ 27测线解释结果对 Tamgalynskaya 三维区块进行追踪闭合。全部解释成果均已闭合，最大误差不超过半个同相轴。

三、构造界面分布特征

1. T_{40} 地震反射界面(二叠系顶界面)

与下伏地层为削截不整合接触关系。在全区内均有分布，具有北东高、南西低的趋势，深度等值线变化范围 300～1000m。

2. T_{50} 地震反射界面(宾夕法尼亚系顶界面)

与下伏地层为超覆或假整合接触关系。Kendyrlik 5-RD 以东和 Bugudzhilskaya 1 井以南区域被剥蚀，深度等值线变化范围 500～1800m；最深处位于南西侧 Shaklan 地区。

3. T_{52} 地震反射界面(密西西比系顶界面)

与下伏地层为整合接触关系。South Pridorozhnaya 以东区域被剥蚀，其他区域均有分布，整体呈南东高、北西低的趋势。深度等值线变化范围 800～2600m；最深处位于南西侧 Shaklan 地区。

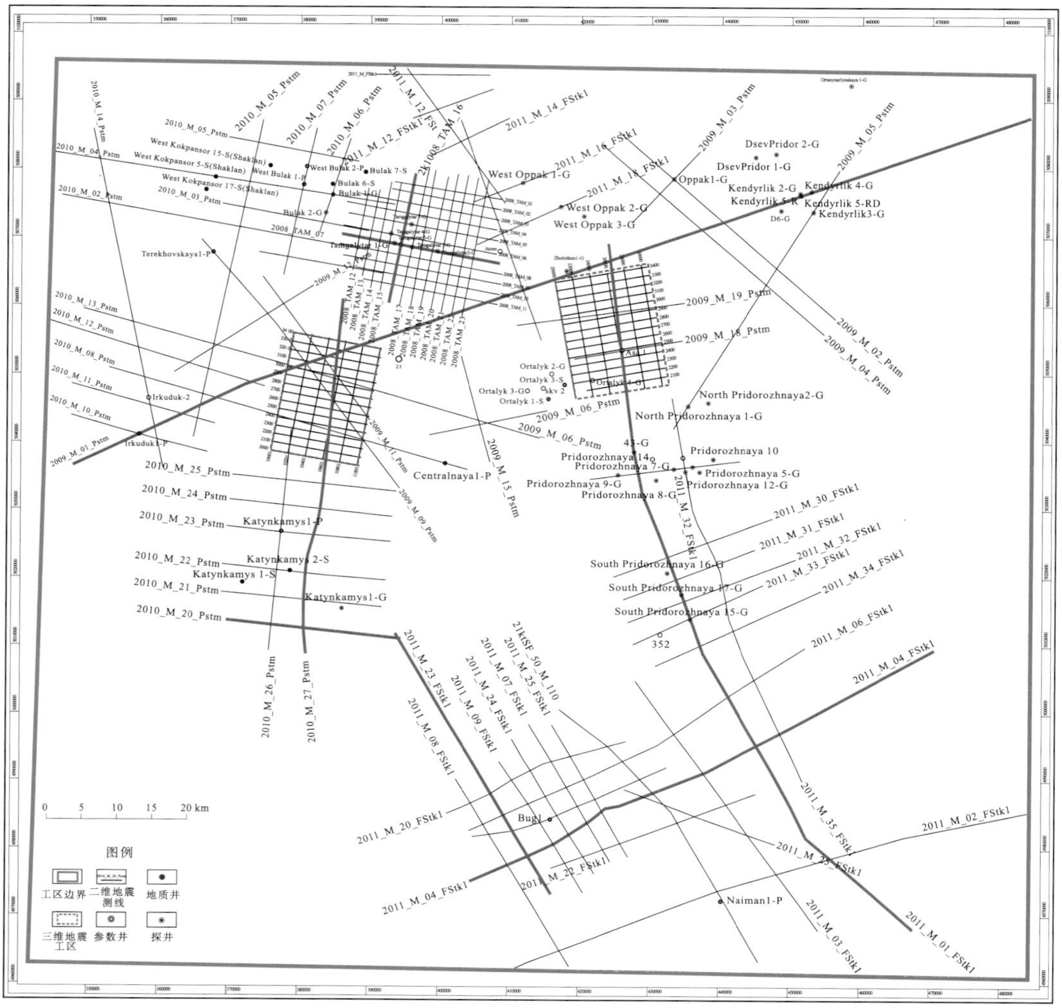

图 3-1-7　Marsel 探区地震测线及格架剖面分布图

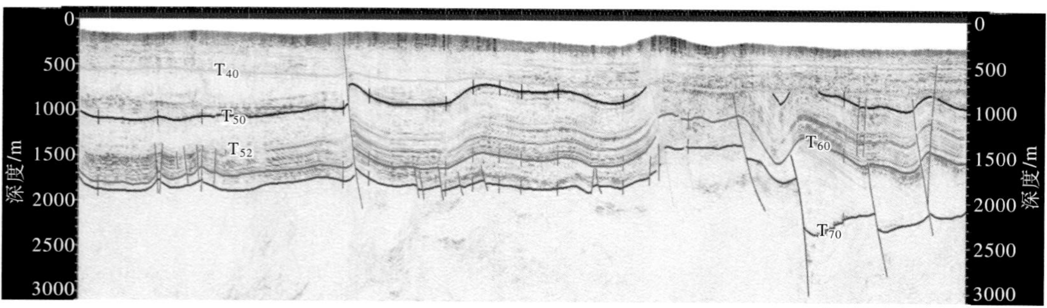

图 3-1-8　Marsel 探区 2011 _ M _ 01 测线地震解释剖面图

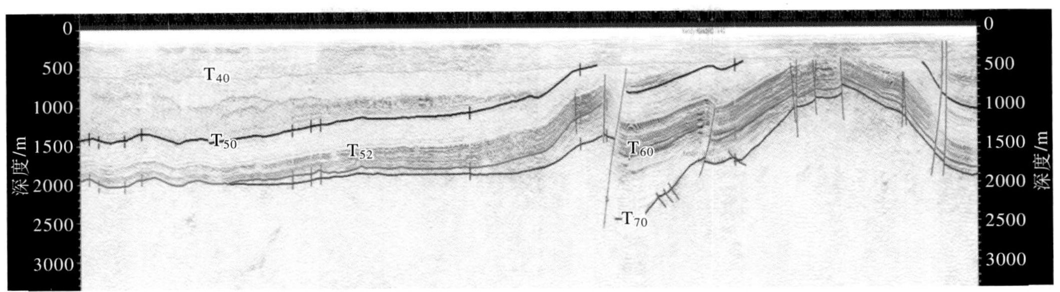

图 3-1-9 Marsel 探区 2009 _ M _ 01 测线地震解释剖面图

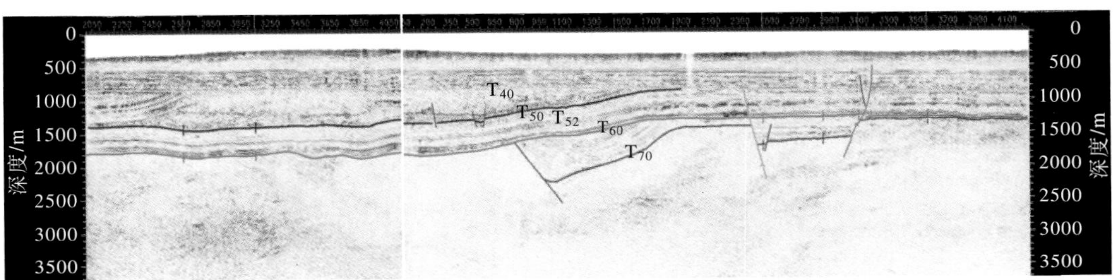

图 3-1-10 Marsel 探区 2001 _ M _ 20～2001 _ M _ 23 测线地震解释剖面图

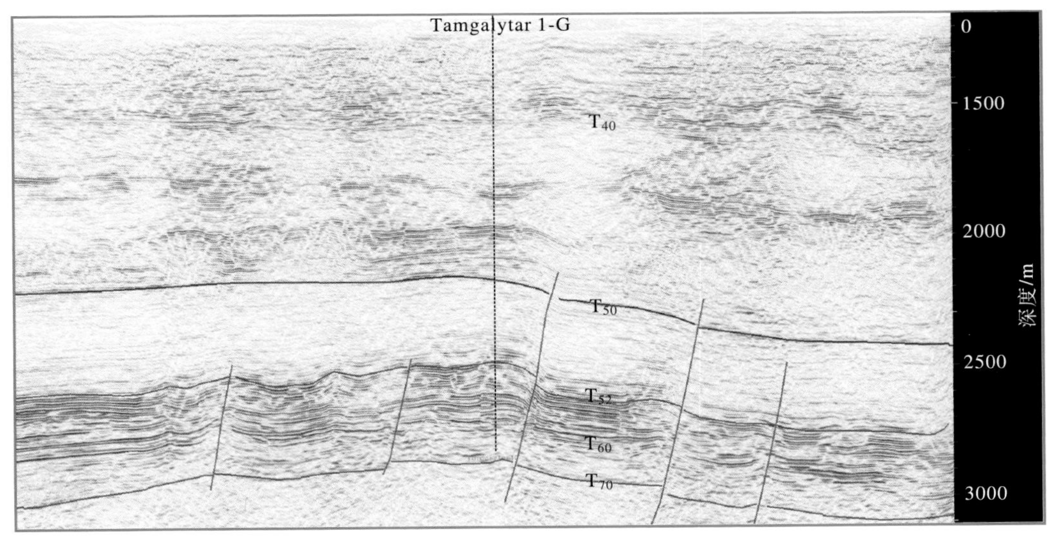

图 3-1-11 Marsel 探区过 Tamgalytar 1-G 地震解释剖面图

4. T_{60} 地震反射界面(泥盆系顶界面)

与下伏地层为超覆或削截接触关系。Pridorozhnaya 东侧被剥蚀，深度等值线变化范围 1000～3300m；最深处位于南西侧 Shaklan 地区，与石炭系顶界面分布形态特征相似。

5. T_{70} 地震反射界面(泥盆系底界面)

与下伏地层为削截接触关系。分布局限，且深度不均匀，表现多沉降中心特征；深度等值线变化范围 1200～3600m；深度较大区域受正断层控制。

第二节　主要构造变动期特征与地层被剥蚀厚度恢复

一、构造变形期划分

根据区域不整合面分布特征、地震剖面反射特征、构造变形样式特征、区域构造演化历史综合分析，可将研究区构造变形期次划分为初始裂陷期、被动大陆边缘期、俯冲碰撞期、陆内拗陷期等四个阶段(图 3-2-1)。初始裂陷期从上泥盆统沉积开始到密西

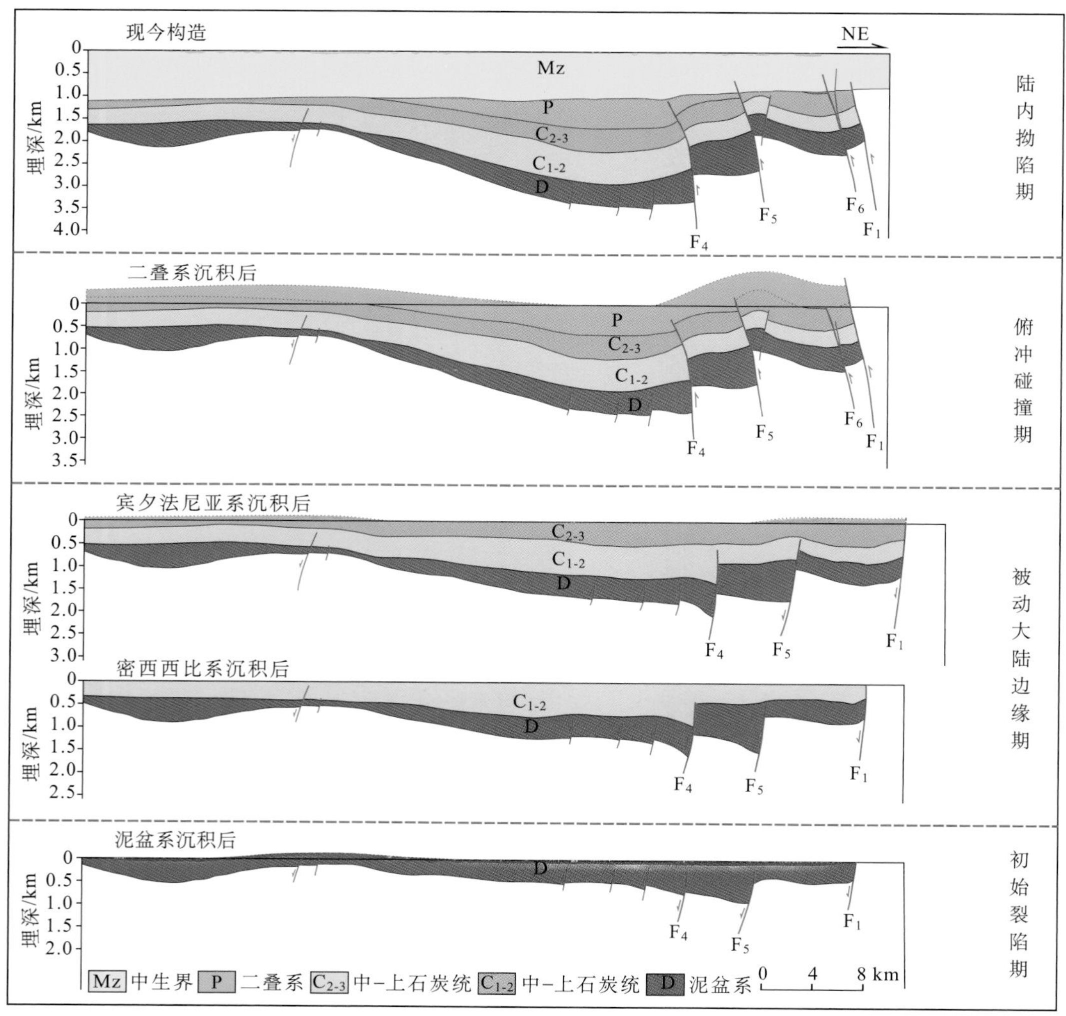

图 3-2-1　Marsel 探区 2011_M_04 测线构造演化剖面图

西比系沉积前，主要发育伸展构造变形样式，沉积充填为陆相碎屑岩，受正断层控制(图 3-2-2)。被动大陆边缘期从密西西比系沉积开始到宾夕法尼亚系沉积结束，断裂构造不发育，沉积海相碳酸盐岩和膏岩建造，沉积不受断层控制。俯冲碰撞期从二叠系沉积开始，到中生界沉积前结束，主要发育收缩构造变形样式，该期形成的背斜构造是研究区重要的含油气圈闭构造。陆内拗陷期从中生界沉积开始至今，表现为整体拗陷沉降，沉积厚度薄，构造作用较弱，仅在先存断层带内发育走滑构造样式。

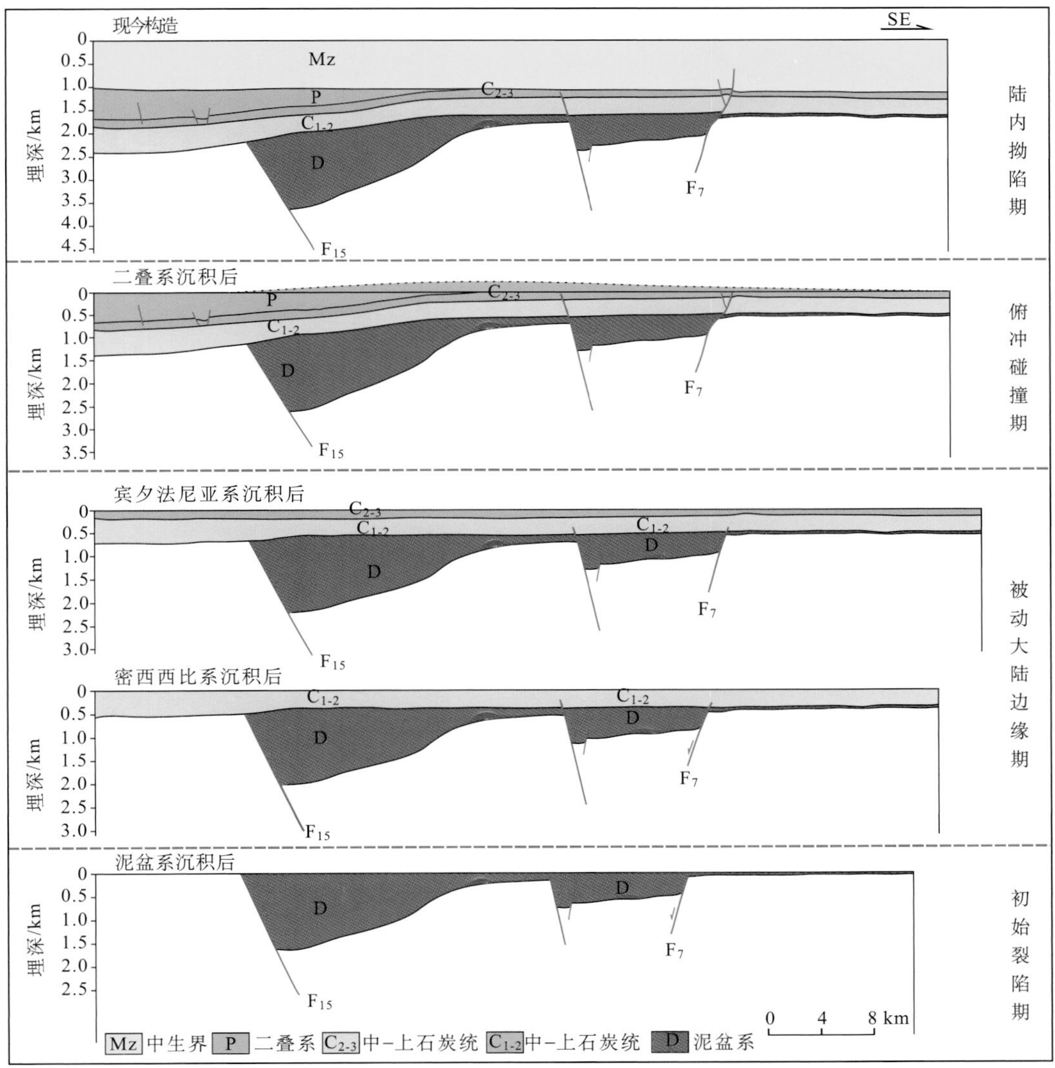

图 3-2-2 Marsel 探区 2011 _ M _ 23 测线构造演化剖面图

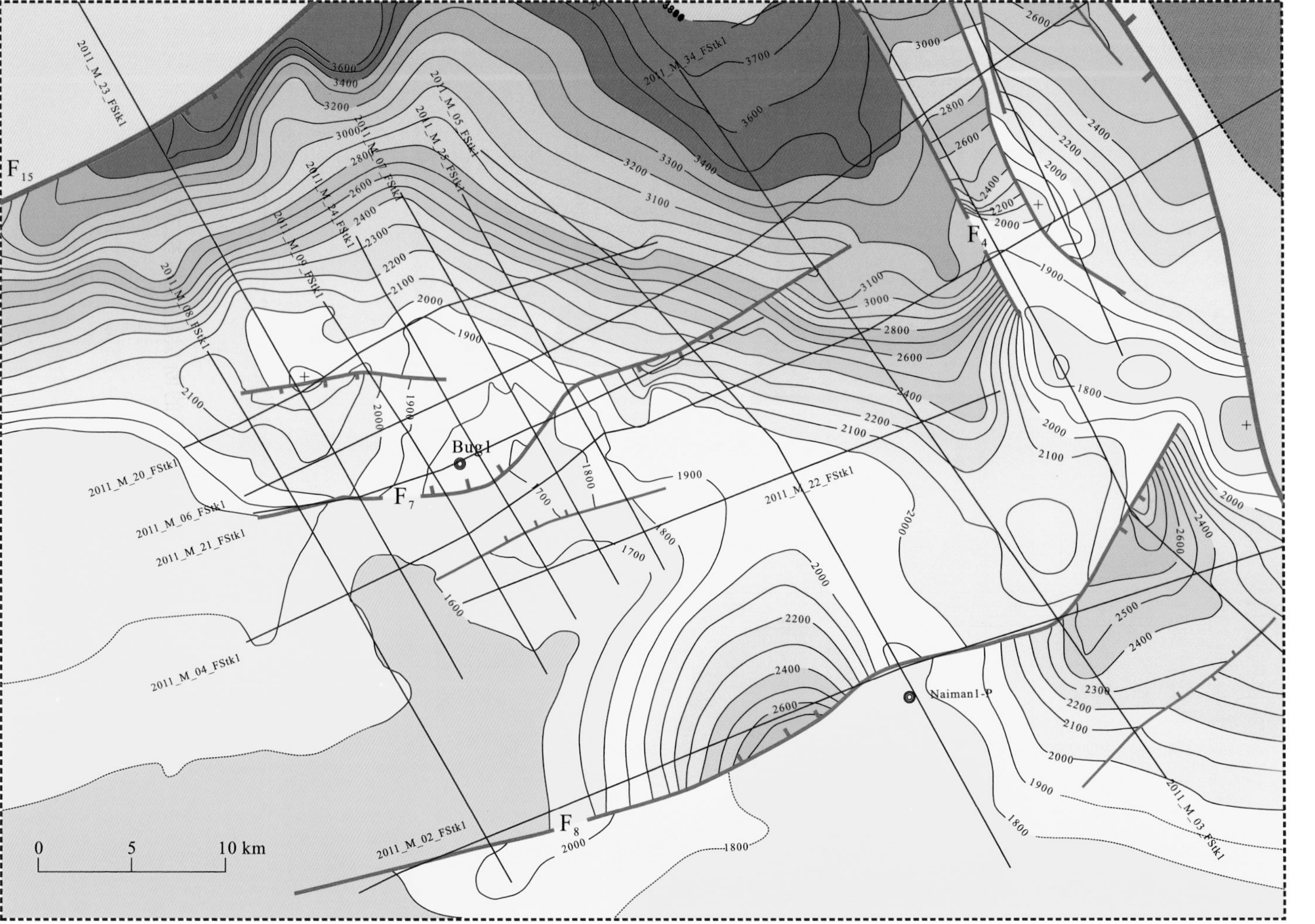

图 3-2-3 Marsel 探区初始裂陷期北东东正断层平面组合（泥盆系底面构造图）

二、主要构造变形期特征

1. 构造变形样式特征

1)初始裂陷期变形样式

初始裂陷期发育基底卷入式伸展断裂系统，主要分布在研究区南部(图 3-2-3)，由 F_8、F_7、F_{15}等北东东走向的正断层组合成地垒式组合、地堑式组合、半地堑式组合、阶梯状组合，对泥盆系沉积充填具有控制作用。

(1)地堑式组合。

发育在 Bugudzhilskaya 1 井附近，由 F_7 与其北侧次级断层组成地堑式组合，控制的上泥盆统呈对称的板状层，F_7 断层切割基底(图 3-2-4)。F_7 断层自西向东倾向发生变化，其控制的两个半地堑在走向上表现为串联式组合。

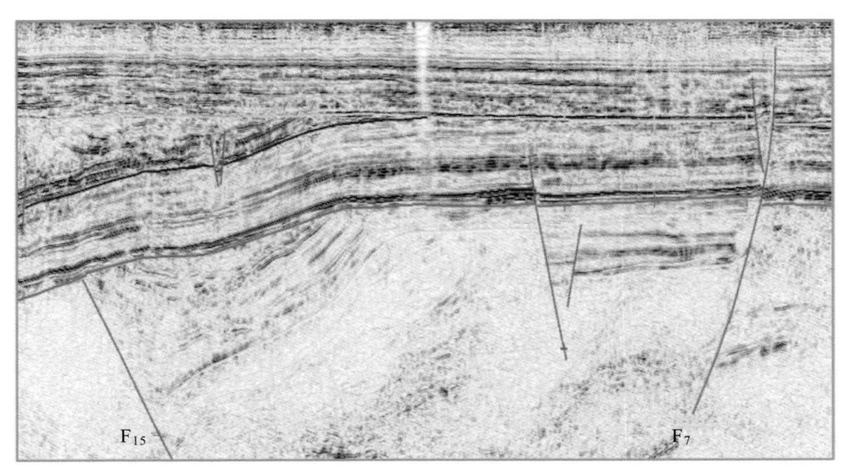

图 3-2-4 Marsel 探区初始裂陷期地堑、半地堑式断层组合(2011 _ M _ 23 测线)

(2)半地堑式组合。

在 Bugudzhilskaya 1 井北侧主边界断层 F_{15} 上盘发育半地堑构造，控制的上泥盆统呈不对称的楔状层，F_{15} 断层切割基底(图 3-2-4)。在 Kendyrlik 5-RD 钻井附近发育半地堑组合，现反转为逆断层(图 3-1-9)。

(3)地垒式组合。

发育在 2011 _ M _ 01 测线，由两条倾向相反的断层组成地垒式组合，被后期挤压作用改造(图 3-2-5)。

(4)阶梯状组合。

发育在 2011 _ M _ 02 测线，由 5 条倾向相同的断层组成阶梯式组合，主干断层被后期挤压作用改造(图 3-2-6)。

2)被动大陆边缘期变形样式

该时期构造活动不强烈，仅有初始裂陷期形成的规模较大的基底断层发生继承性活

图 3-2-5 Marsel 探区初始裂陷期地堑、半地堑式断层组合(2011_M_01 测线)

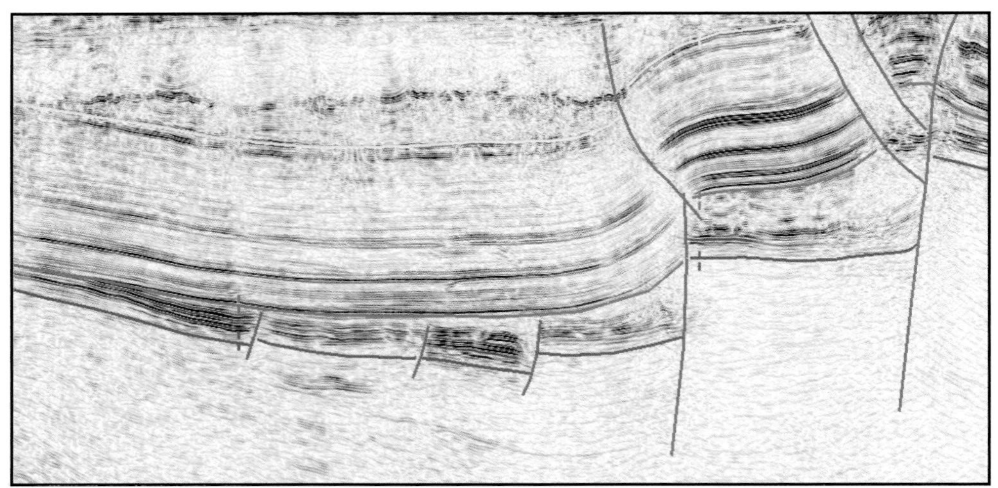
图 3-2-6 Marsel 探区初始裂陷期地堑、半地堑式断层组合(2011_M_02 测线)

动，断距较小，对沉积控制作用不明显。

3)俯冲碰撞期变形样式

该期构造变形是研究区由伸展变形向挤压变形转换的关键构造变革时期，形成的逆冲断层及其相关的背斜构造是目前已发现油气田的主要圈闭构造样式。主要构造样式包括逆冲叠瓦式组合、背冲式组合、对冲式组合、蛇头构造、反转构造等，主要形成于二叠系沉积之后。

(1)逆冲叠瓦式组合。

主要发育在 South Pridorozhnaya 区块及其东部隆起区，由多条走向北西、倾向北东的逆冲断层组成，使元古界和下古生界变质岩系逆冲在上古生界之上(图 3-1-3、图 3-2-7)，其上被中生界覆盖。

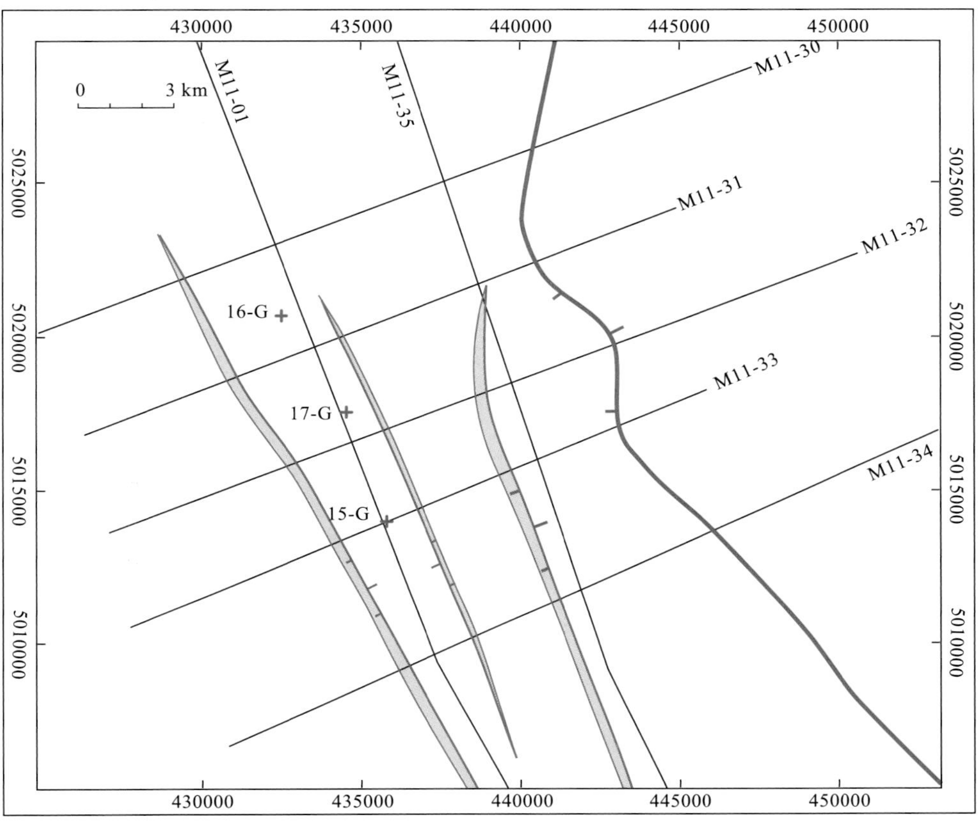

图 3-2-7 South Pridorozhnaya 区块挤压碰撞期北西向逆断层平面组合图

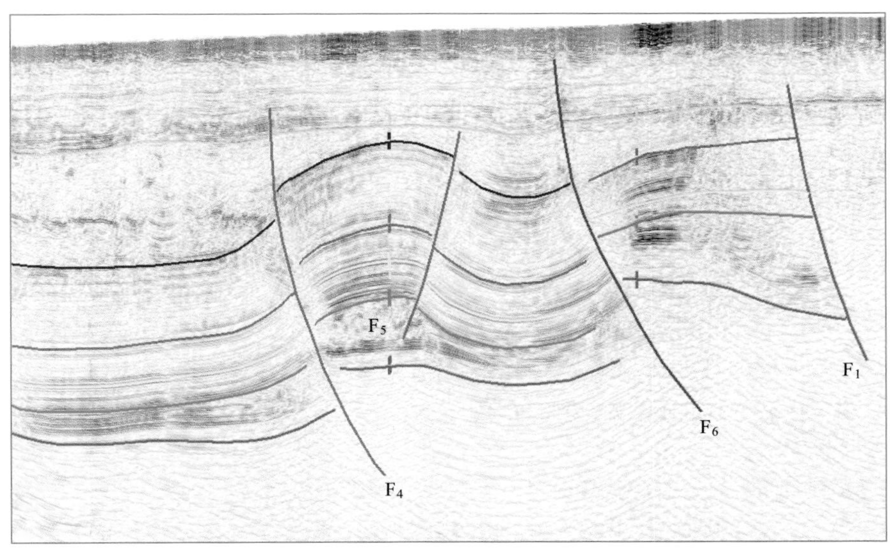

图 3-2-8 Marsel 探区挤压碰撞期逆断层组合(2011 _ M _ 32 测线)

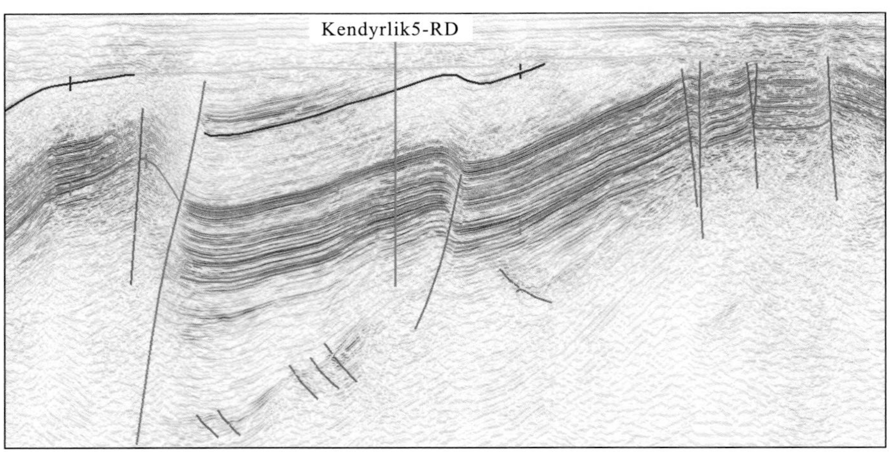

图 3-2-9　Marsel 探区挤压碰撞期蛇头构造(2009_M_01 测线)

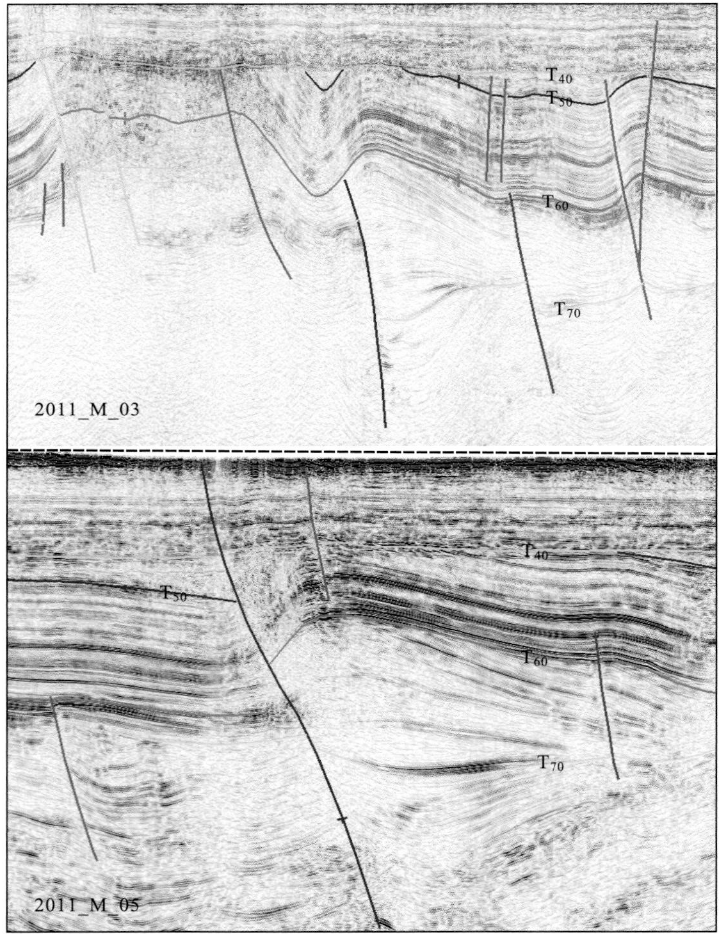

图 3-2-10　Marsel 探区挤压碰撞期反转构造剖面图

(2)背冲式组合、对冲式组合。

主要发育在South Pridorozhnaya区块及其南部背斜构造带上，卷入的地层从泥盆系到中生界，逆冲断距主要发生在二叠系沉积之后(图3-2-8)。由F_4和F_5组成的背冲构造是主要油气圈闭构造，F_5与F_6组成对冲式构造。

(3)蛇头构造。

发育在Kendyrlik构造带，由单条逆冲断层和其上盘的相关褶皱构成，是主要的含油气构造(图3-2-9)。

(4)反转构造。

主要发育在Naiman 1-P井附近，由初始裂陷期形成的控制泥盆系沉积的正断层，在二叠系沉积后开始反转，形成“鱼叉”状构造(图3-2-10)。

4)陆内拗陷期变形样式

经历二叠纪末期的强烈隆升剥蚀后，研究区自中生界沉积开始进入均匀拗陷沉降阶段，构造活动不强烈。在先存基底主干断层顶部发育“Y”形、反“Y”形、“V”形等压扭性或张扭性构造(图3-2-11)。

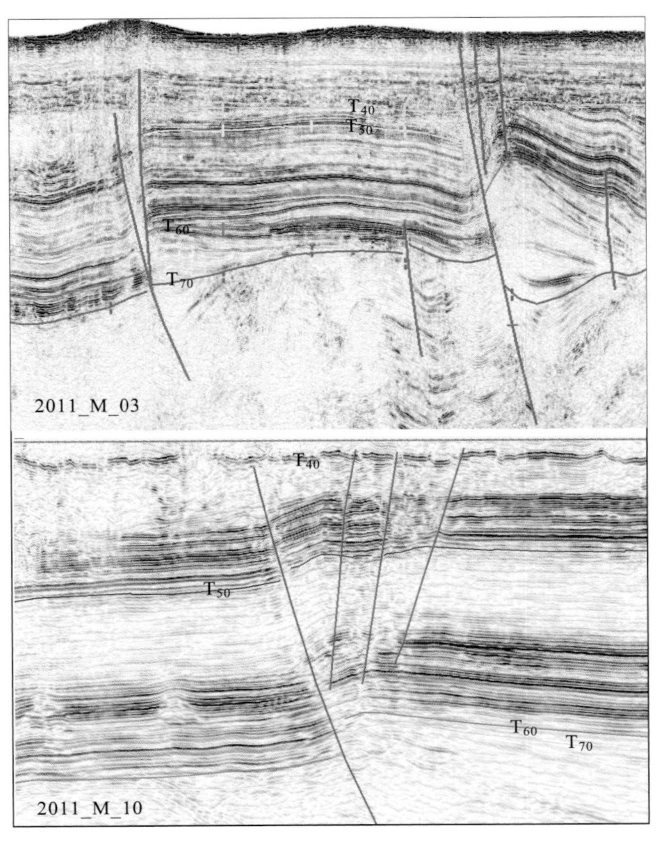

图3-2-11 Marsel探区陆内拗陷期反Y形构造剖面图

2. 构造应力场特征

通过区域板块构造演化特征和构造演化阶段综合分析，南哈萨克地区经历两个关键构造期，即泥盆纪为关键伸展构造期，控制泥盆系沉积和变形作用；二叠纪末期为关键挤压构造期，导致泥盆系—二叠系所有地层发生挤压变形，形成逆冲断层和挤压背斜构造。

1)泥盆纪伸展构造应力场特征

根据泥盆纪古断裂特征和数值模拟结果，认为主应力 σ_1 近直立；主应力 σ_2 走向为北东东向，沿近东西向断层带应力集中分布；主应力 σ_3 走向为北北西向，沿同向断裂的应力集中分布。

2)二叠纪末期挤压构造应力场特征

根据二叠纪末期挤压作用形成的逆冲断裂系统分布特征和数值模拟结果，主应力 σ_1走向为北东—南西向，在 Tamgalynskaya 三维区发生局部变化，为近东西走向；主应力 σ_2走向为北西—南东向；主应力 σ_3近直立(图 3-2-12)。

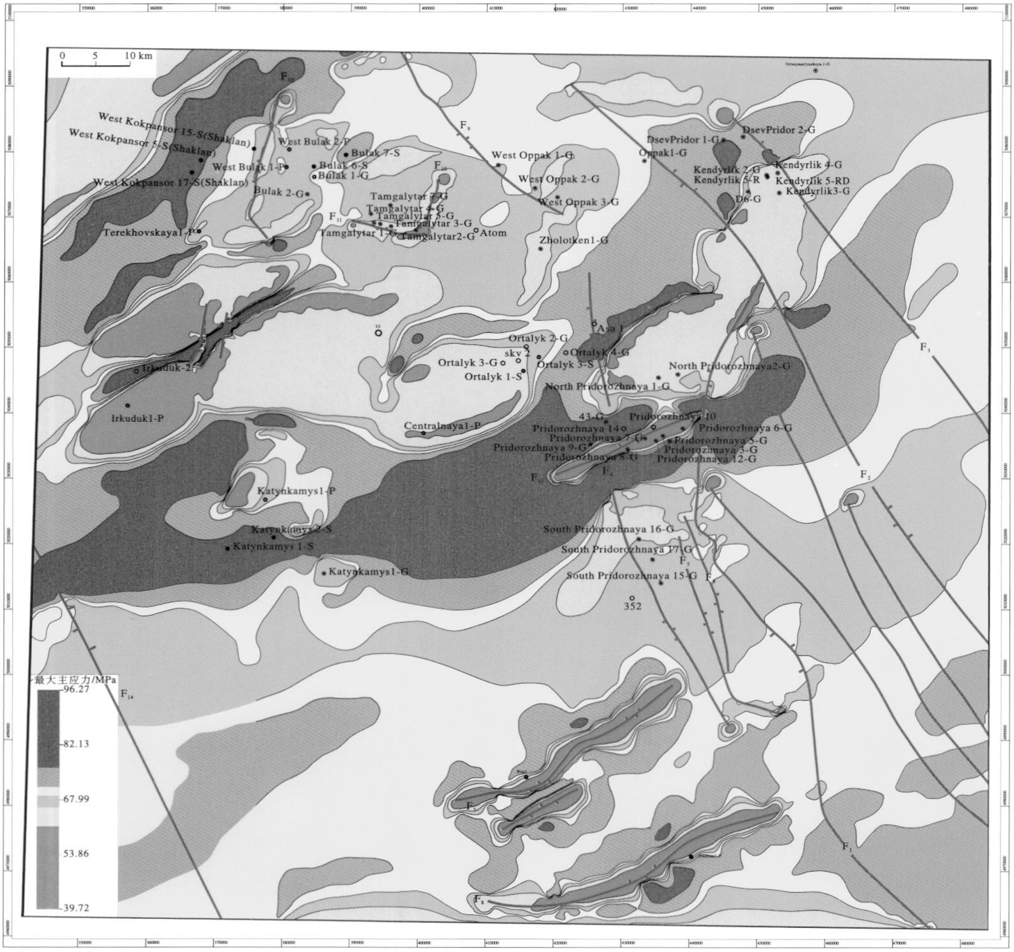

图 3-2-12　Marsel 探区二叠纪末期最大主应力分布特征预测图

三、地层被剥蚀厚度恢复

1. 剥蚀量恢复技术

剥蚀量的准确分析和计算在石油地质领域中至今还是一个没有得到很好解决的世界性难题。剥蚀量恢复的方法主要包括地层构造趋势外推法、声波测井曲线法(Magara，1976)、镜质体反射率(R_o)法(Dow，1977)、沉积速率法(van Hinte，1978)、地震地层学法(尹天放，1992)、最优化方法(郝石生等，1988)、宇宙成因核素法、裂变径迹法、波动方程分析法等。尽管上述各种方法都能计算地层剥蚀厚度，但每种方法都有其一定的适用范围和约束条件，都存在影响计算结果准确性的因素(表 3-2-1)。

表 3-2-1 影响计算剥蚀量结果准确性的因素

计算剥蚀量的方法	影响计算结果准确性的因素
地层构造趋势外推法	无法估算平行不整合面以下的地层剥蚀量， 计算结果小于真正的剥蚀量
声波测井曲线法	是否存在异常压力带， 剥蚀掉的地层厚度大于剥蚀后沉积地层的厚度， 剥蚀前的压实效应是否被后沉积的地层所改造
镜质体反射率法	数据点少影响成熟度曲线的准确确定， 热史记录是否被后期所改造， 热异常影响计算结果
裂变径迹法	
宇宙成因核素法	核素生成后，如果经历的时间太长，会使核素衰变殆尽，无法测得
波动方程分析法	各地层单位地质年代界线是否准确、 地层划分是否准确、沉积速率的计算是否准确

本书主要利用平衡剖面技术和地层构造趋势外推法来初步估算剥蚀量。具体是在构造演化、地层沉积厚度宏观特征分析的基础上，结合地震剖面的反射特征和平衡地质演化剖面的古构造分析，利用构造趋势分析法，先在单个剖面上分析确定剥蚀界面以下地层的剥蚀量(图 3-2-13)，再利用工作站将全区剥蚀量进行闭合，最后编制剥蚀量分布等值线图。

2. 剥蚀量分布特征

1)二叠系剥蚀量分布特征

Marsel 探区二叠系剥蚀量等值线分布图(图 3-2-14)显示剥蚀量等值线连续分布在 Bugudzhilskaya、South Pridorozhinaya、Assa 1、Oppak 等地区，最大剥蚀量为 550m，分布在 2011 _ M _ 21 测线与 2011 _ M _ 21 测线交汇处。剥蚀厚度在逆冲断层的上盘数值较大。

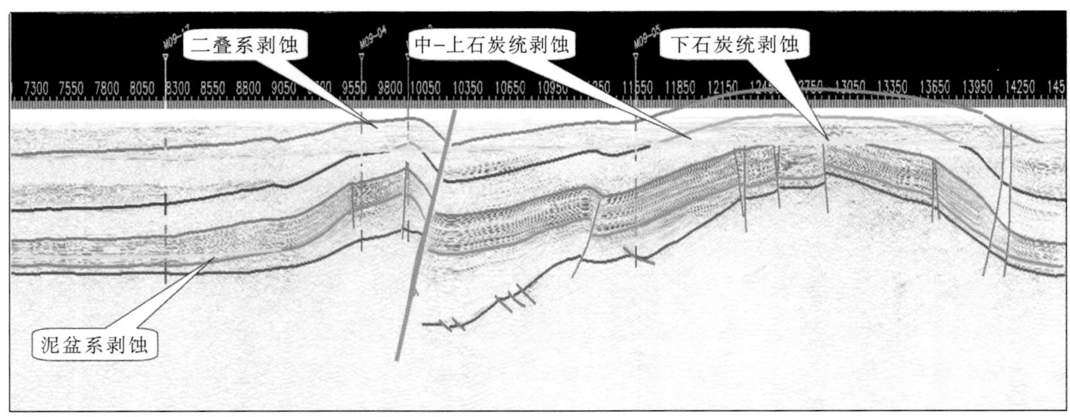

图 3-2-13 地层构造趋势外推法恢复剥蚀量原理示意图(2009_M_01 测线)

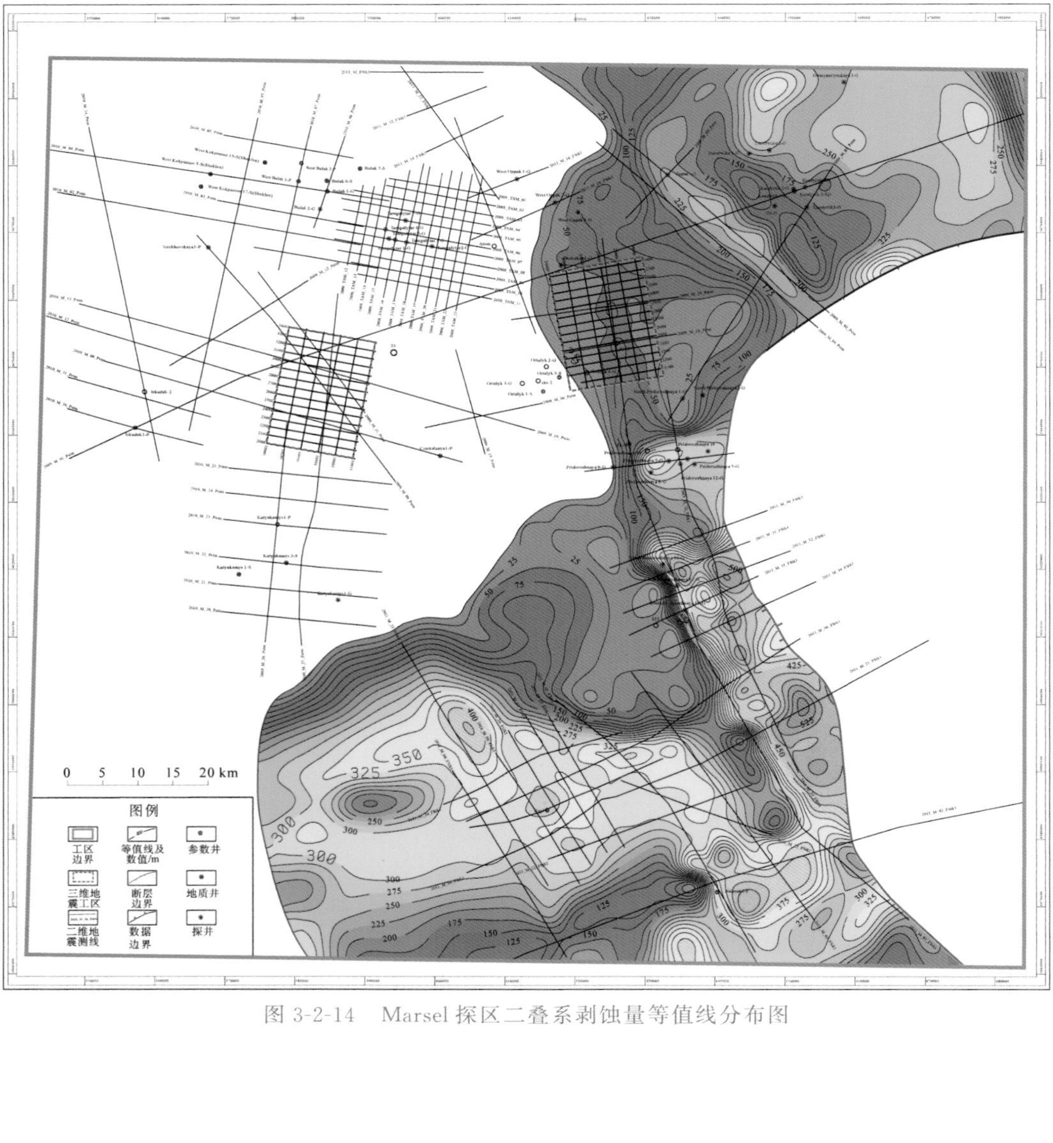

图 3-2-14 Marsel 探区二叠系剥蚀量等值线分布图

2)宾夕法尼亚系剥蚀量分布特征

Marsel 探区宾夕法尼亚系剥蚀量等值线分布图(图 3-2-15)显示剥蚀量等值线不连续分布，在 Bugudzhilskaya、South Pridorozhinaya、Oppak 等地区，最大剥蚀量为 360m。

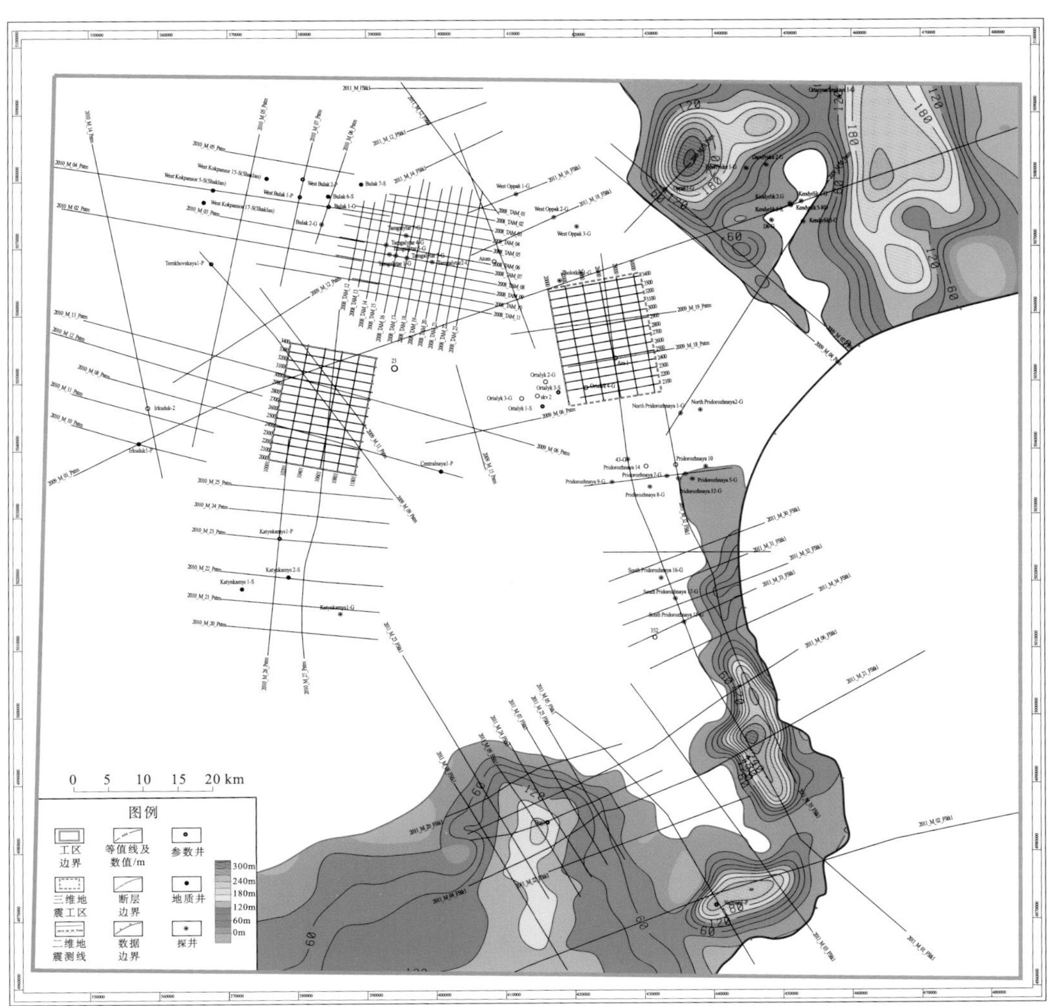

图 3-2-15 Marsel 探区宾夕法尼亚系剥蚀量等值线分布图

3)泥盆系剥蚀量分布特征

Marsel 探区泥盆系剥蚀量等值线分布图(图 3-2-16)显示剥蚀量等值线仅分布在 Bugudzhilskaya 地区，最大剥蚀量为 120m。

3. 原始沉积厚度特征

1)泥盆系原始沉积厚度特征

在残存厚度图基础上加上剥蚀厚度数值便得到原始沉积厚度。新编制的 Marsel 探

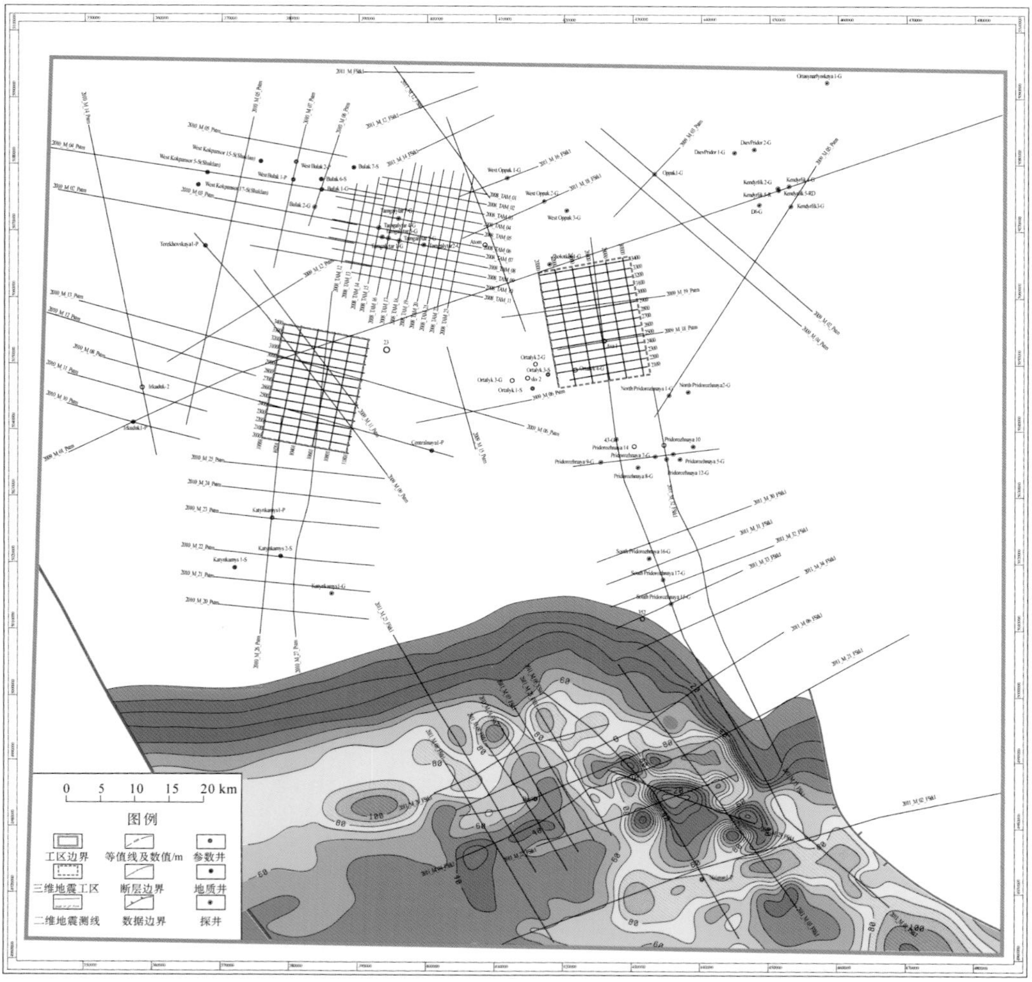

图 3-2-16　Marsel 探区泥盆系剥蚀量等值线分布图

区泥盆系原始沉积厚度等值线分布图(图 3-2-17)显示泥盆系厚度等值线在 Centralnaya 以西沉积尖灭，在东侧主边界断层以东为断层边界。发育多个独立的沉积中心，沉积中心轴向呈北东东向展布，受同向正断层控制，最大沉积厚度为 1200m。

2)密西西比系原始沉积厚度特征

新编制的 Marsel 探区密西西比系原始沉积厚度等值线分布图(图 3-2-18)显示沉积范围增大，除东侧主边界断层上盘缺失外，在其他区域均有分布。厚度等值线整体呈北西向展布，整体显示东厚西薄的特点。发育 2 个范围较大沉积中心，最大沉积厚度为 1200m。

3)宾夕法尼亚系原始沉积厚度特征

新编制的 Marsel 探区中-上石炭统原始沉积厚度等值线分布图(图 3-2-19)显示等值线形态继承了中-上石炭统东厚西薄的特征，但南部厚度有所减小，北部厚度略有增大，

图 3-2-17 Marsel 探区泥盆系原始沉积厚度等值线分布图

最大沉积厚度为 1700m。

4)二叠系原始沉积厚度特征

新编制的 Marsel 探区二叠系原始沉积厚度等值线分布图(图 3-2-20)显示等值线形态仍为北西走向，但沉积厚度发生了变化，表现为南西、北东区域厚度明显减薄，而在北西区域厚度增大，最大沉积厚度 1200m。

上述四期原始沉积厚度分布特征表明，在泥盆系发育北东东走向多沉积中心，到石炭系发育北西走向沉积中心，厚度具有西薄东厚的特点，到二叠系沉积厚度转换为西厚东薄的特点。沉积厚度的变化反映构造应力场泥盆纪北西—南东向伸展向二叠系北东—南西向挤压转换的特点。

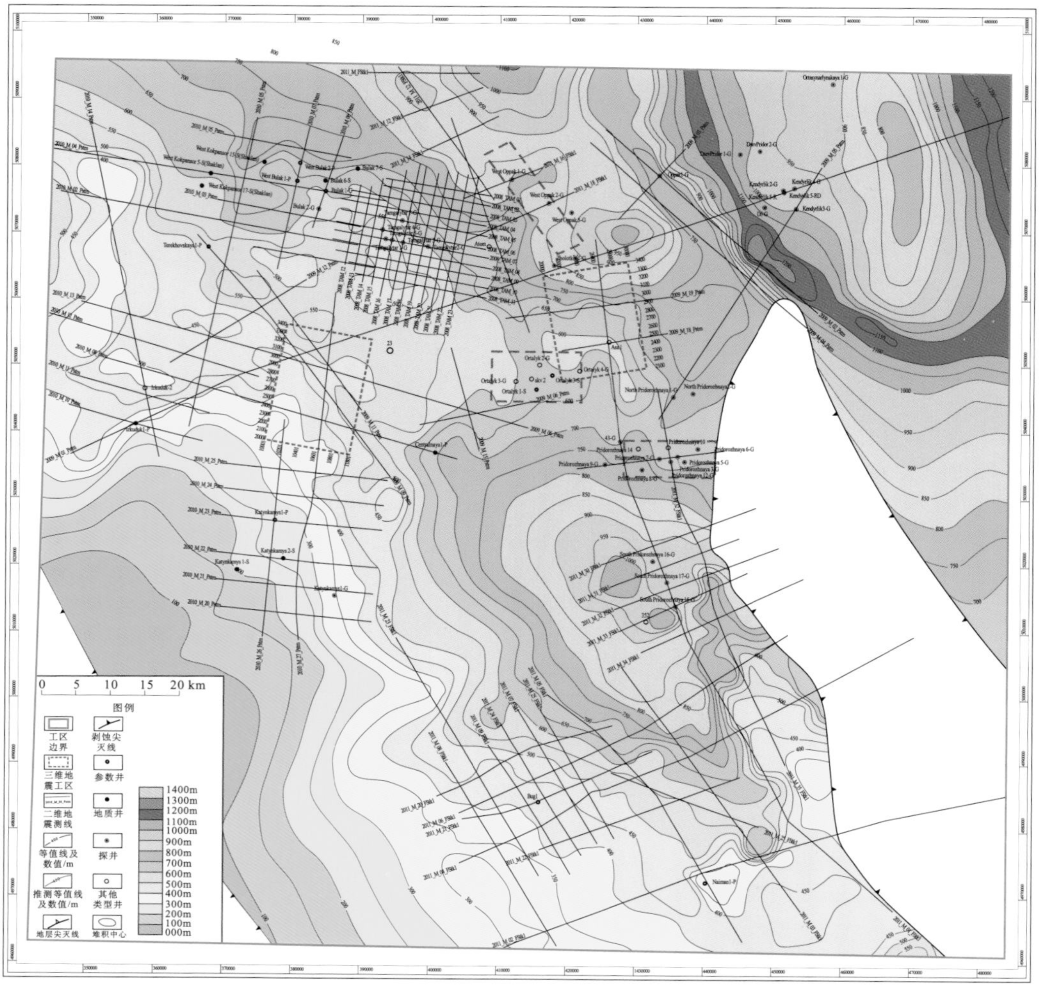

图 3-2-18　Marsel 探区密西西比系原始沉积厚度等值线分布图

第三节　主要目的层构造特征与演化历史

一、主要目的层现今构造特征

经钻井资料证实和地震资料分析，研究区主要目的层为泥盆系和密西西比系，其中泥盆系为初始裂陷期形成的陆相碎屑岩建造，密西西比系为被动大陆边缘期形成的海相碳酸盐岩建造。两个主要目的层均为二叠纪末期挤压作用所改造，现今的构造形态主要反映二叠纪末期的挤压构造变形。

图 3-2-19 Marsel 探区宾夕法尼亚系原始沉积厚度等值线分布图

1. 泥盆系底面构造特征

通过井震标定和地震资料解释编制的泥盆系底界等深度构造图(图 3-3-1)显示现今的构造特征如下。

(1) 泥盆系底界面在研究区发育不全，在 Ortalyk 3-G 至 West Kokpansor 15-S 一线西侧被剥蚀或断失，出露下古生界；在 F_1 与 F_2 两条断层之间被断失，出露下古生界和元古界。

(2) 构造线走向不均一，夹在 F_1、F_{15}、F_{12} 断层范围内的构造线走向为近东西向，整体呈南高北低之势，等深线变化为 1600～4000m，最低区域位于 South Pridorozhnaya 西侧的向斜区域，在 Ortalyk 2-G 至 Assa 1 井附近构造平缓。位于 F_2 断层以东区域构造线走向

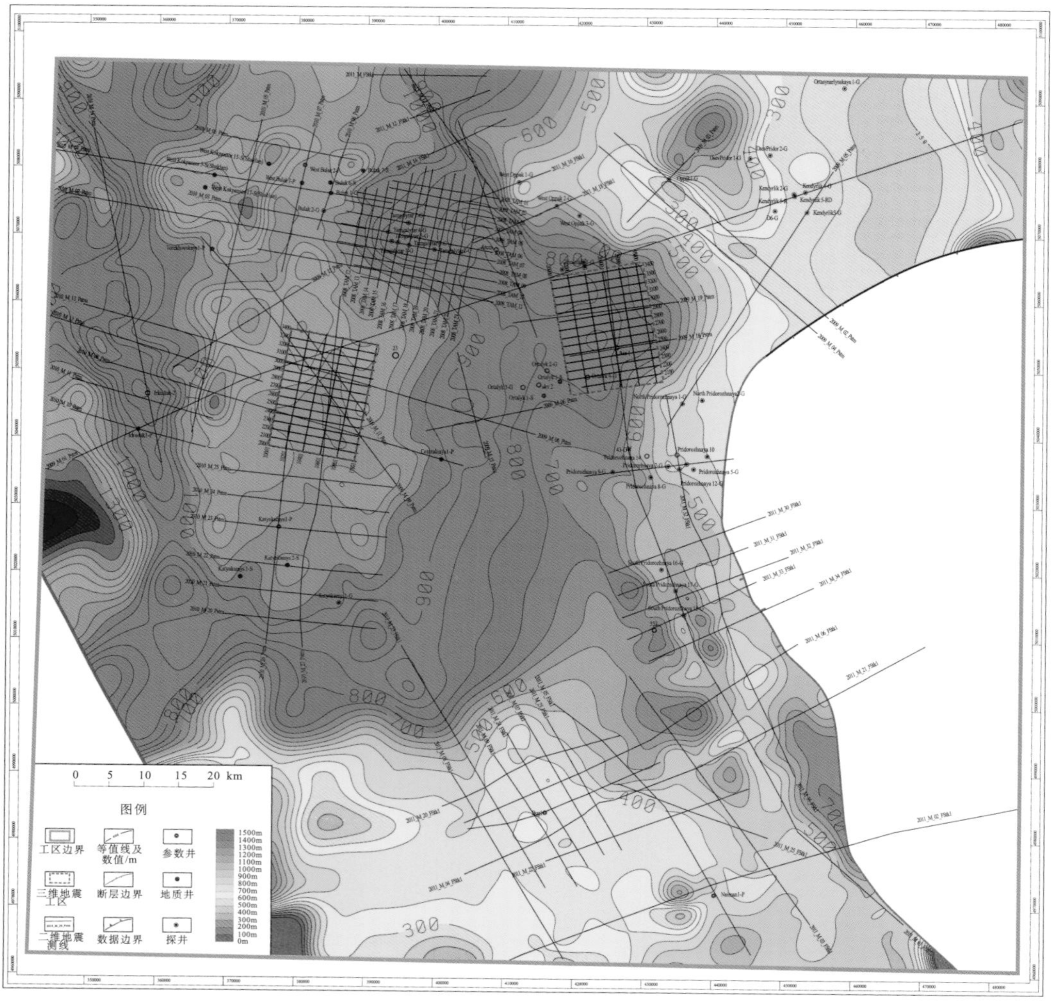

图 3-2-20 Marsel 探区二叠系原始沉积厚度等值线分布图

为北西向，线性褶皱构造发育，等深线变化为 1200～3500m。

(3) 断层发育，地震剖面上能识别出的断层有 19 条(图 3-3-1，表 3-3-1)。

除 4 条初始裂陷期发育的正断层外，其余断层均为二叠纪末期挤压作用形成的北西走向的逆断层，其中 F_1、F_2、F_3、F_7 等 4 条断层为先正后逆的反转断层。F_7 与 F_8 断层在走向上产状发生变化。F_1 与 F_2 组成背冲式构造，F_2 与 F_3 组成向北东逆冲的叠瓦式构造，F_1、F_6、F_4 组成向南西逆冲的叠瓦式构造。主要断层要素特征如表 3-3-1 所示。

(4) 除断层外，褶皱构造也比较发育，共识别出具有一定规模的断鼻、断背斜、背斜构造 9 处(图 3-3-1)，根据三维资料和间距较密的二维测线可以落实的构造圈闭特征如下。

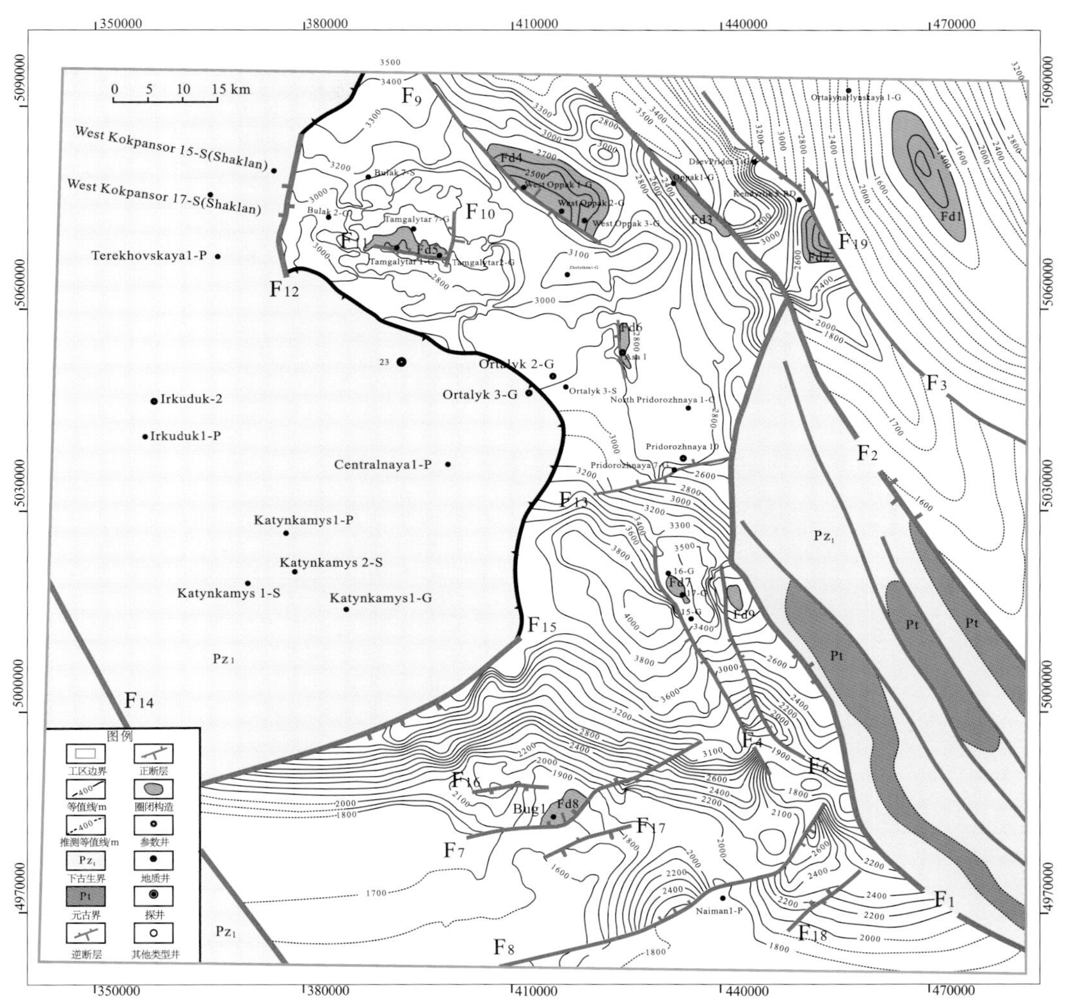

图 3-3-1 Marsel 探区泥盆系底界等深度构造图

表 3-3-1 Marsel 探区泥盆系底界断裂要素表

断层编号	断层性质	延伸长度/km	走向	倾向	发育时期
F_1	先正后逆	114.81	NW—NNE	NE—SEE	D_3—P_2
F_2	先正后逆	108.31	NW	SW	D_3—P_2
F_3	先正后逆	67.73	NW	SW	D_3—P_2
F_4	逆断层	38.55	NW	NE	P_2
F_5					
F_6	逆断层	32.49	NW	NE	P_2
F_7	先正后逆	38.16	NE	NW—SE	D_3—P_2
F_8	正断层	55.22	NE	NW—SE	D_3
F_9	逆断层	36.52	NW	NE	P_2
F_{10}	逆断层	8.41	NNE	SEE	P_2

续表

断层编号	断层性质	延伸长度/km	走向	倾向	发育时期
F_{11}	逆断层	10.8	NWW	NNE	P_2
F_{12}	逆断层	21.76	NNE	SEE	P_2
F_{13}	逆断层	20.36	NE	SE	P_2
F_{14}	逆断层	69.86	NW	SW	P_2
F_{15}	正断层	51.49	NE	SE	D_3
F_{16}	正断层	11.12	EW	SN	D_3
F_{17}	逆断层	13.41	NE	NW	P_2
F_{18}	逆断层	13.68	NE	SE	P_2
F_{19}	正断层	10.78	NW	NE	D_3

① South Pridorozhnaya 区块 17-G 背斜圈闭(Fd7)：形成于二叠纪末期北东—南西向挤压作用，圈闭面积为 7.31km^2，闭合高度 20m，圈闭深度 2900m(图 3-3-2)。

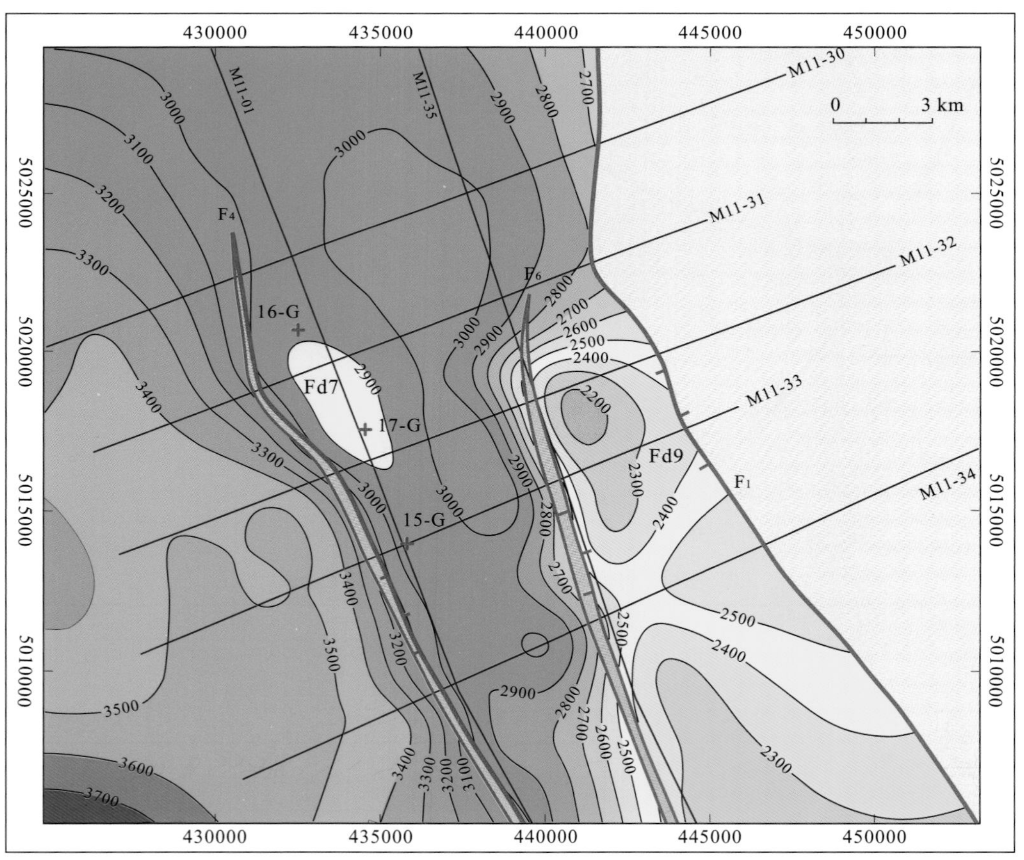

图 3-3-2 Marsel 探区 South Pridorozhnaya 区块泥盆系底界构造图

② South Pridorozhnaya 区块 17-G 东断背斜圈闭(Fd9)：形成于二叠纪末期北东—南西向挤压作用，为 F_1反转断层下盘形成的断鼻构造。圈闭面积为 9.50km²，闭合高度 100m，圈闭深度 2300m。

③ Bugudzhilskaya 1 井断鼻圈闭(Fd8)：形成于二叠纪末期北东—南西向挤压作用，为 F_8断层上盘形成的背斜构造。圈闭面积为 20.72km²，闭合高度 100m，圈闭深度 1800m。

④ Tamgalytar 1-G 断鼻圈闭(Fd5)：形成于二叠纪末期北东—南西向挤压作用，为 F_{11}断层上盘形成的断鼻构造。圈闭面积为 3.2km²，闭合高度 30m，圈闭深度 2600m。

2. 密西西比系底面构造特征

相当于泥盆系顶面构造图，现今表现的构造特征主要为二叠纪末期挤压构造形态(图 3-3-3)，其主要特征如下。

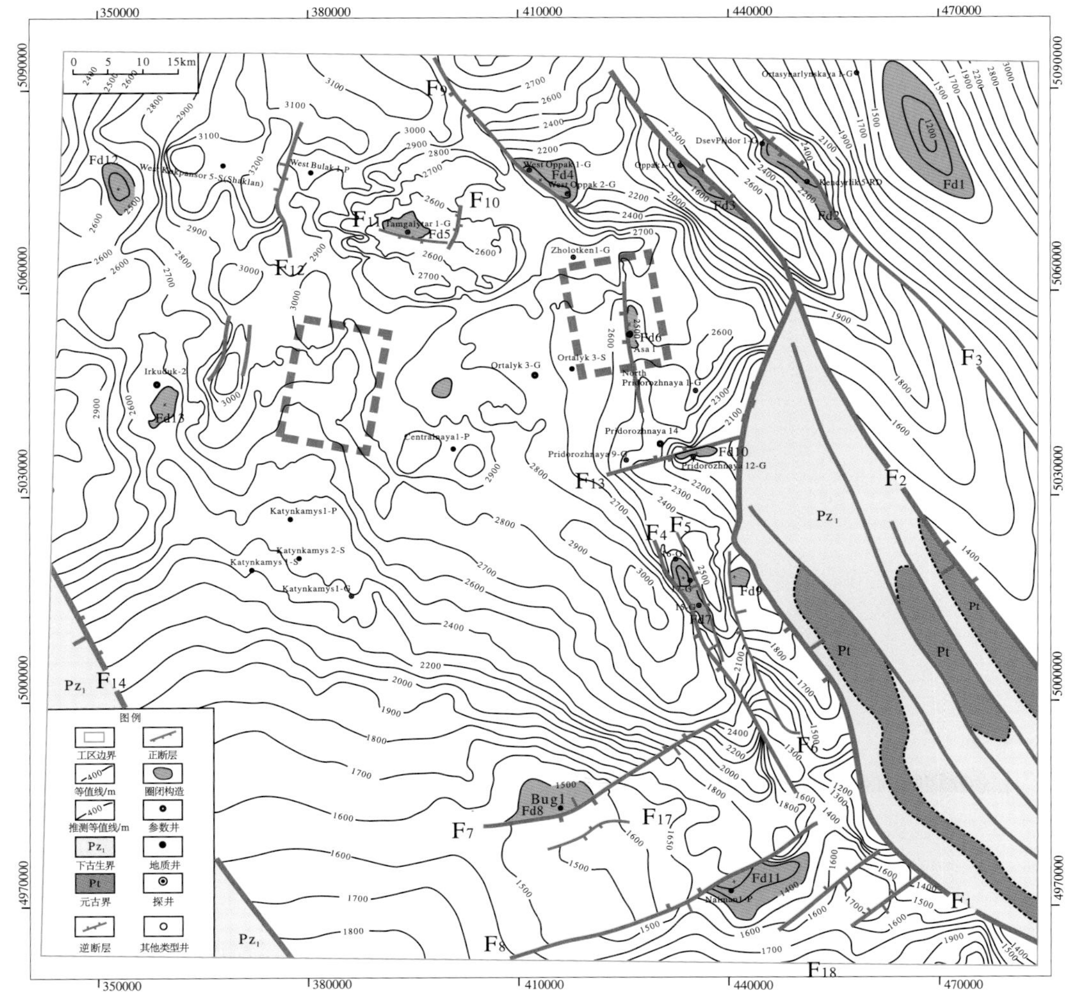

图 3-3-3 Marsel 探区密西西比系底界等深度构造图

（1）密西西比系底界面发育面积超过泥盆系底面，除在 F_{14} 断层西侧、F_1 与 F_2 两条断层之间被剥蚀或断失外，其他地区均有出露。

（2）构造线走向整体为北西向，表现为北东—南西向挤压作用特点。构造趋势表现为北东端和南西端高、中间低的特点，等深线变化为 1100～3300m。深度较大区域位于 South Pridorozhnaya 17-G—Centralnaya 1-P—West Kokpansor 5-S 一线的向斜区域，构造平缓，断裂不发育。

（3）断层发育，地震剖面上能识别出的大小断层合计 19 条(图 3-3-3)，性质均为逆断层，形成于二叠纪末期的挤压作用。断层产状和延伸规模与泥盆系底面断层相同(表 3-3-1)，主要差异是在 South Pridorozhnaya 17-G 的东侧新增加 F_5 断层，其走向北西，倾向南西，是控制 South Pridorozhnaya 17-G 圈闭的主要断层。

（4）该界面是分隔泥盆系与密西西比系两套目的层的构造界面，也是由伸展构造变形向挤压构造变形转换的关键构造界面，其形成的褶皱构造是研究区重要的油气圈闭构造，共识别出具有一定规模的断鼻、断背斜、背斜构造 13 处(图 3-3-3)，根据三维资料和间距较密的二维测线可以落实的构造圈闭特征如下。

① South Pridorozhnaya 区块 17-G 背斜圈闭(Fd7)：形成于二叠纪末期北东—南西向挤压作用，圈闭面积为 10.61km²，闭合高度 80m，圈闭深度 2300m(图 3-3-4)。

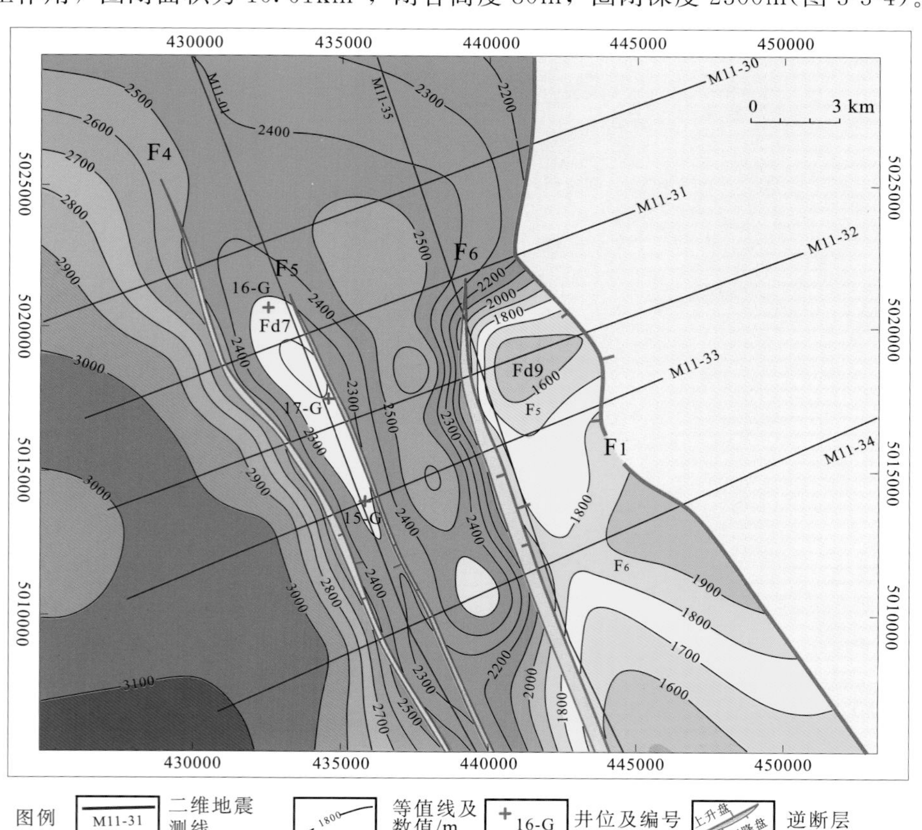

图 3-3-4　South Pridorozhnaya 区块密西西比系底界构造图

② South Pridorozhnaya 区块 17-G 东断背斜圈闭(Fd9)：形成于二叠纪末期北东—南西向挤压作用，为 F_1 反转断层下盘形成的断鼻构造。圈闭面积为 10.80km²，闭合高度 100m，圈闭深度 1700m。

③ Assa 1 井圈闭(Fd6)：通过三维地震测线解释编制的构造图显示该背斜圈闭以 Assa 1 井核部表现为近等轴的穹窿构造，北东翼、南东翼被断层破坏。以 2350m 作为圈闭深度计算的圈闭面积为 3.46km²，闭合高度 60m(图 3-3-5)。

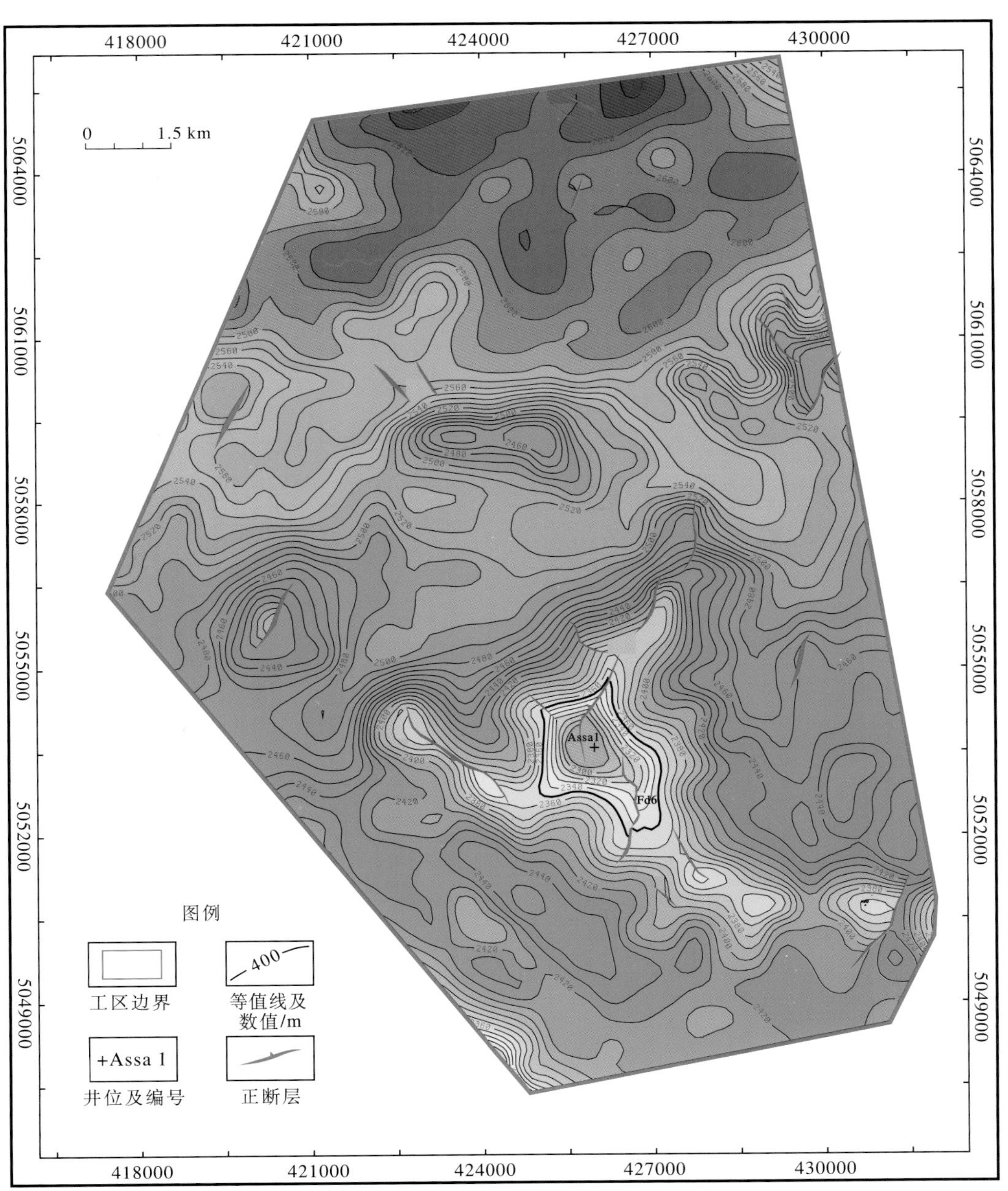

图 3-3-5 Marsel 探区 Assa1 区块密西西比系底界构造图

④ Tamgalytar1-G 断背斜圈闭(Fd5)：通过 Tamgalytar 二维测线解释编制的密西西比系底界构造图显示 Tamgalytar 1-G 井区为一断背斜圈闭构造，圈闭面积为 8.78km²，闭合高度 60m，圈闭深度 2120m(图 3-3-6)。

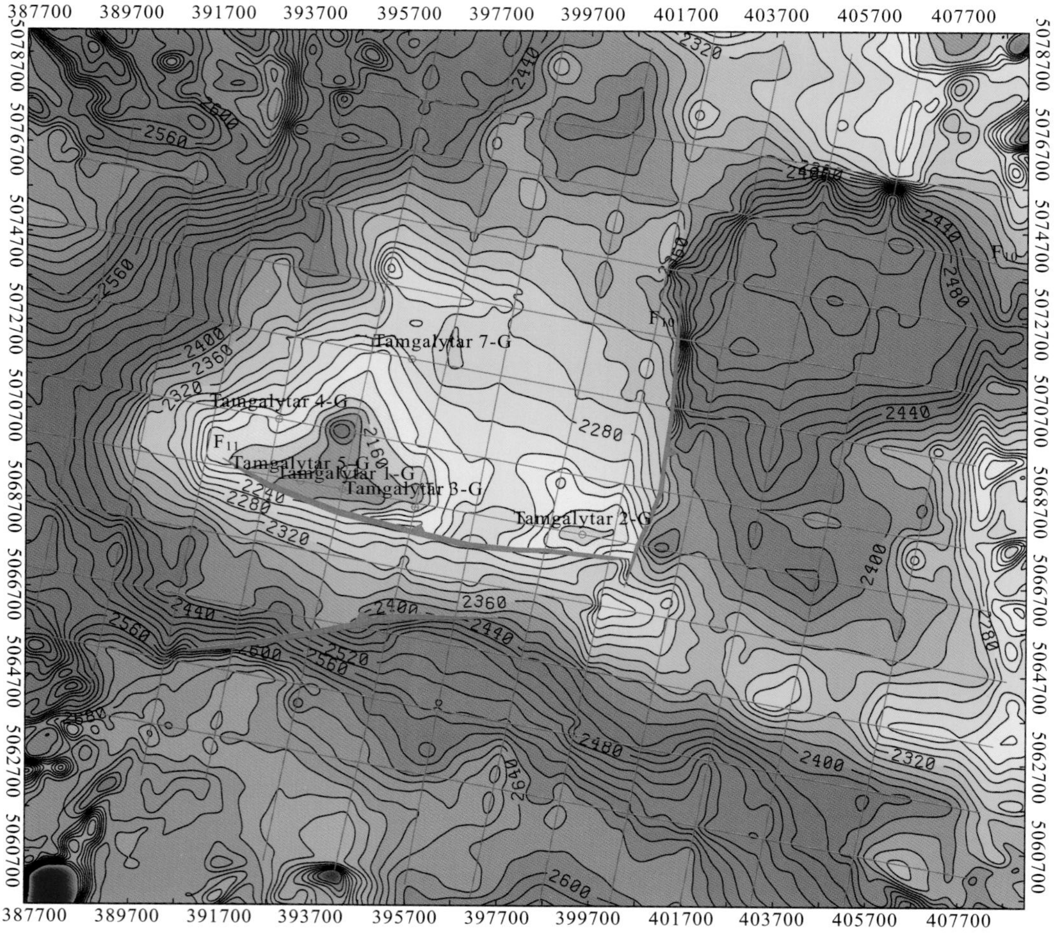

图 3-3-6 Marsel 探区 Tamgalytar 二维区密西西比系底界构造图

⑤ Tamgalynskaya 三维区背斜圈闭：通过 Tamgalynskaya 三维测线解释编制的密西西比系底界构造图显示出北北东走向的背斜圈闭构造。背斜的核部由 3 个串珠状高点组成，被两条纵向小断层破坏，南东翼被两条横向小断层破坏。圈闭面积为 32.16km²，闭合高度 50m，圈闭深度 1800m(图 3-3-7)。

3. 密西西比系顶面构造特征

该界面之下为密西西比系谢尔普霍夫阶蒸发岩段，界面之上为宾夕法尼亚系塔斯库杜克阶碎屑岩段。现今表现的构造特征主要为二叠纪末期挤压构造形态，分布特征整体与密西西比底面构造形态相似(图 3-3-8)。

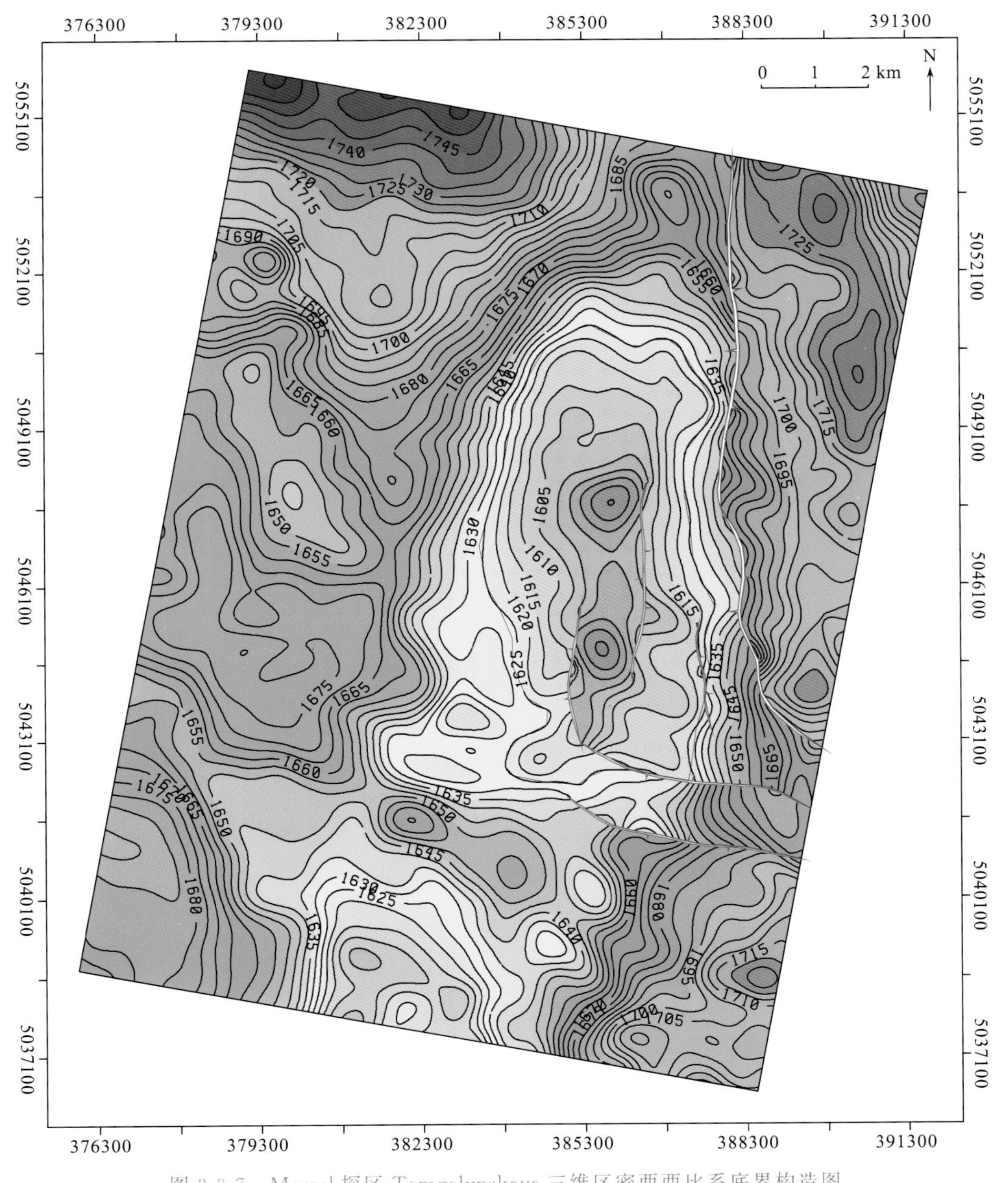

图 3-3-7 Marsel 探区 Tamgalynskaya 三维区密西西比系底界构造图

（1）密西西比系顶界面发育面积与密西西比系底界面相同，除在 F_{14} 断层西侧、F_1 与 F_2 两条断层之间被剥蚀或断失外，其他地区均有出露。

（2）构造线走向整体为北西向，表现为北东—南西向挤压作用特点。构造趋势表现为北东端、南西端高，中间低的特点，等深线变化范围为 500～2400m。深度较大区域位于 South Pridorozhnaya 17-G—Centralnaya 1-P—West Kokpansor 5-S 一线的向斜区

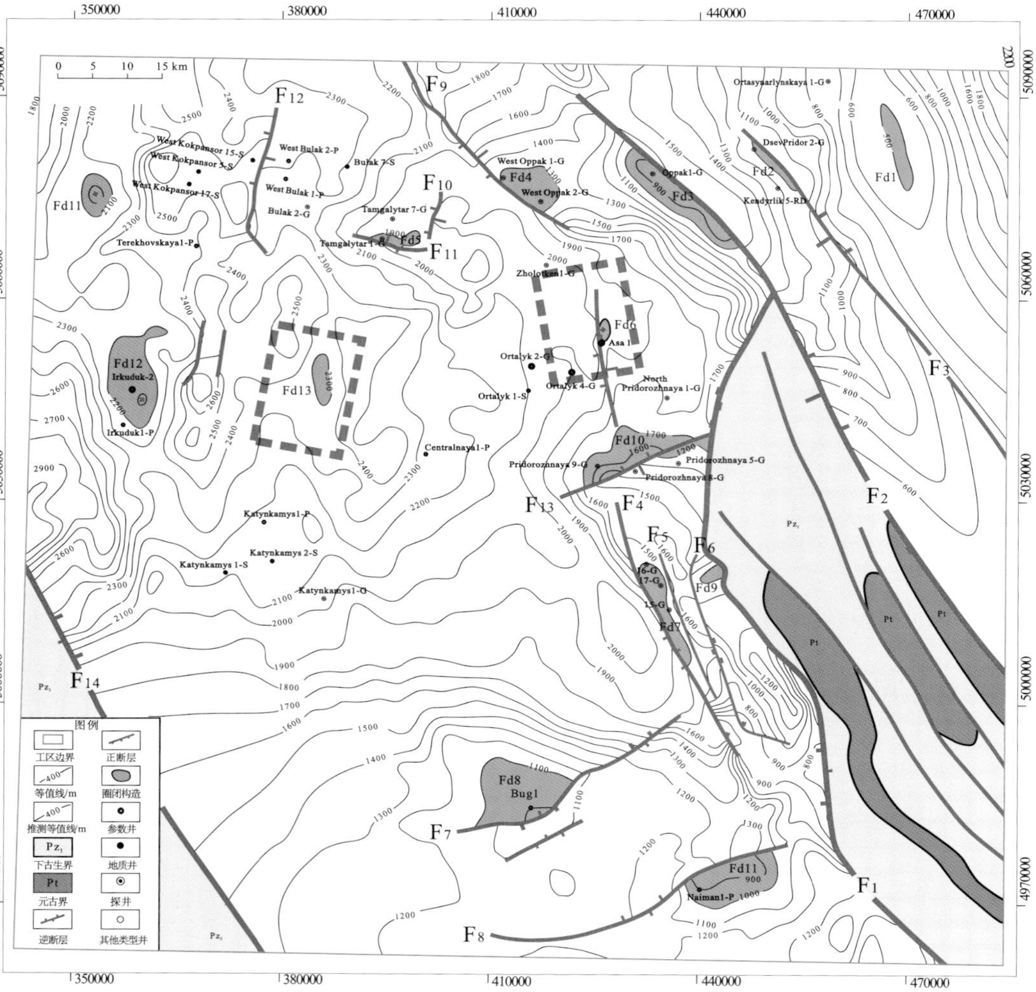

图 3-3-8 Marsel 探区密西西比系顶面等深度构造图

域，构造平缓，断裂不发育。

(3) 断层发育，地震剖面上能识别出的大小断层合计 16 条(图 3-3-8)，性质均为逆断层，形成于二叠纪末期的挤压作用。断层产状和延伸规模与泥盆系顶面断层相同。

(4) 该界面为密西西比系目的层的顶界面，二叠纪末期的挤压作用形成的背斜构造是研究区主要的含油气圈闭构造，共识别出具有一定规模的断鼻、断背斜、背斜构造 14 处(图 3-3-8)，根据三维资料和间距较密的二维测线可以落实的构造圈闭特征如下。

① South Pridorozhnaya 区块 17-G 背斜圈闭(Fd7)：形成于二叠纪末期北东—南西向挤压作用，圈闭面积为 11.34km^2，闭合高度 65m，圈闭深度 1550m(图 3-3-9)。

② South Pridorozhnaya 区块 17-G 东断背斜圈闭(Fd9)：形成于二叠纪末期北东—南西向挤压作用，为 F_1 反转断层下盘形成的断鼻构造。圈闭面积为 6.10km^2，闭

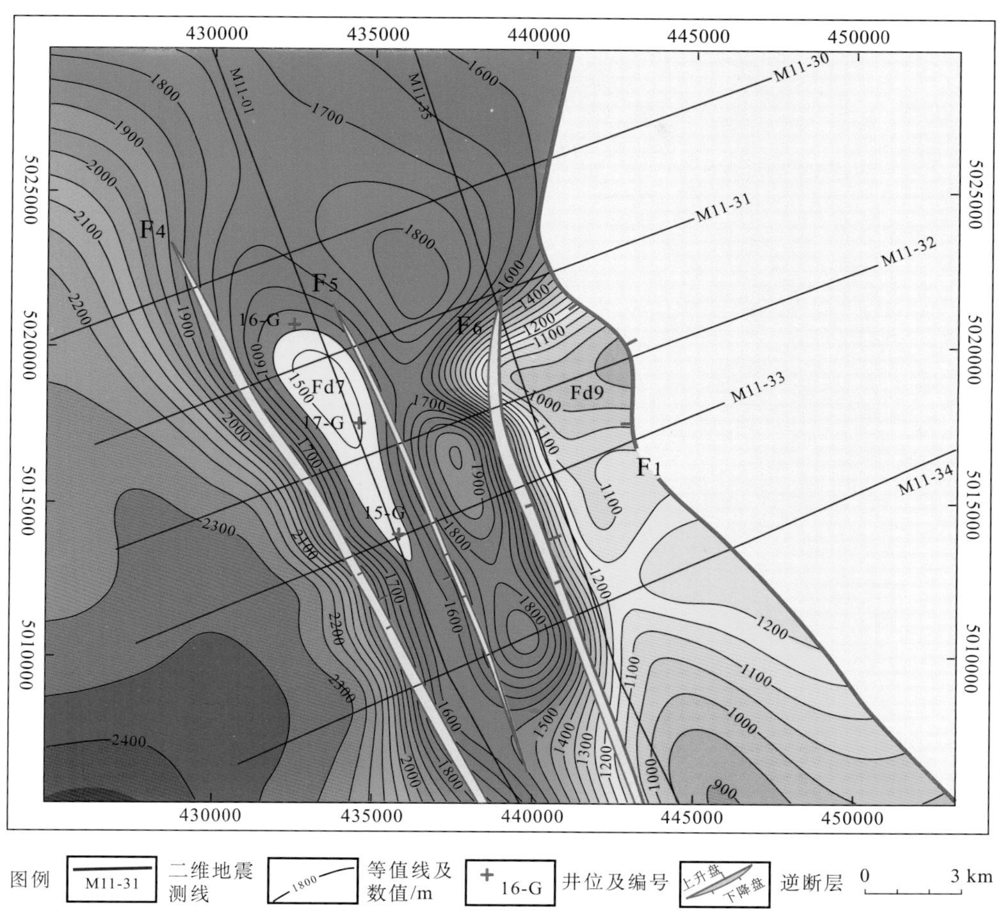

图 3-3-9 Marsel 探区 South Pridorozhnaya 区块密西西比系顶界构造图

合高度 100m，圈闭深度 1000m。

③ Tamgalytar 1-G 断背斜圈闭(Fd5)：通过 Tamgalytar 二维测线解释编制的密西西比系顶界构造图显示 Tamgalytar 1-G—Tamgalytar 2-G 井区为断背斜圈闭构造，圈闭面积为 15.66km^2，闭合高度 30m，圈闭深度 1900m(图 3-3-10)。背斜受 F_{11} 断层上盘控制。

④ Tamgalynskaya 三维区背斜圈闭—通过 Tamgalynskaya 三维测线解释编制的密西西比系顶界构造图显示出北北东走向的背斜圈闭构造。背斜的核部由 3 个串珠状高点组成，被两条纵向小断层破坏，南东翼被两条横向小断层破坏。圈闭面积为 29.76km^2，闭合高度 45m，圈闭深度 1625m(图 3-3-11)。

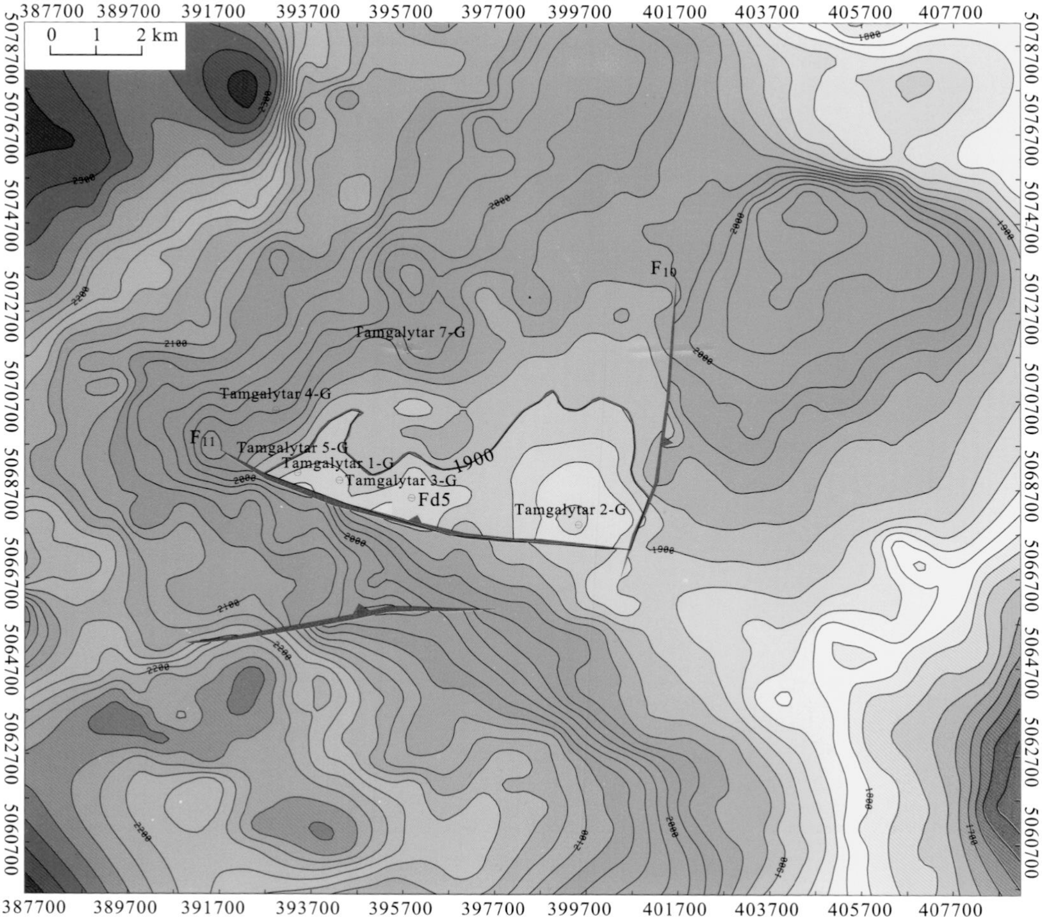

图 3-3-10　Marsel 探区 Tamgalytar 二维区密西西比系顶界构造图

二、主要目的层古构造特征

1. 古构造图的编制原理

“宝塔图”中复原古构造等高线图的传统方法最初是由 Low(1957)提出的，其基本原理是将构造演化视为“垂直简单剪切变形”过程。编制的方法是采用逐层回剥的方法，如图 3-3-12 所示，存在Ⅰ、Ⅱ、Ⅲ、Ⅳ层现今构造图，用下面 3 层依次减掉第Ⅰ层构造图，便得到Ⅰ层沉积前的古构造图，以此类推，便可以得到最后一层的古构造图。

利用上述方法编制古构造图存在两种缺点：

(1) 既没有考虑断层造成的水平位移，也没有考虑上覆岩层倾斜造成的岩层铅直厚度与真厚度的差异，因此所有古构造图中的断层线并不能精确地表示出地质时期的古断层形态。

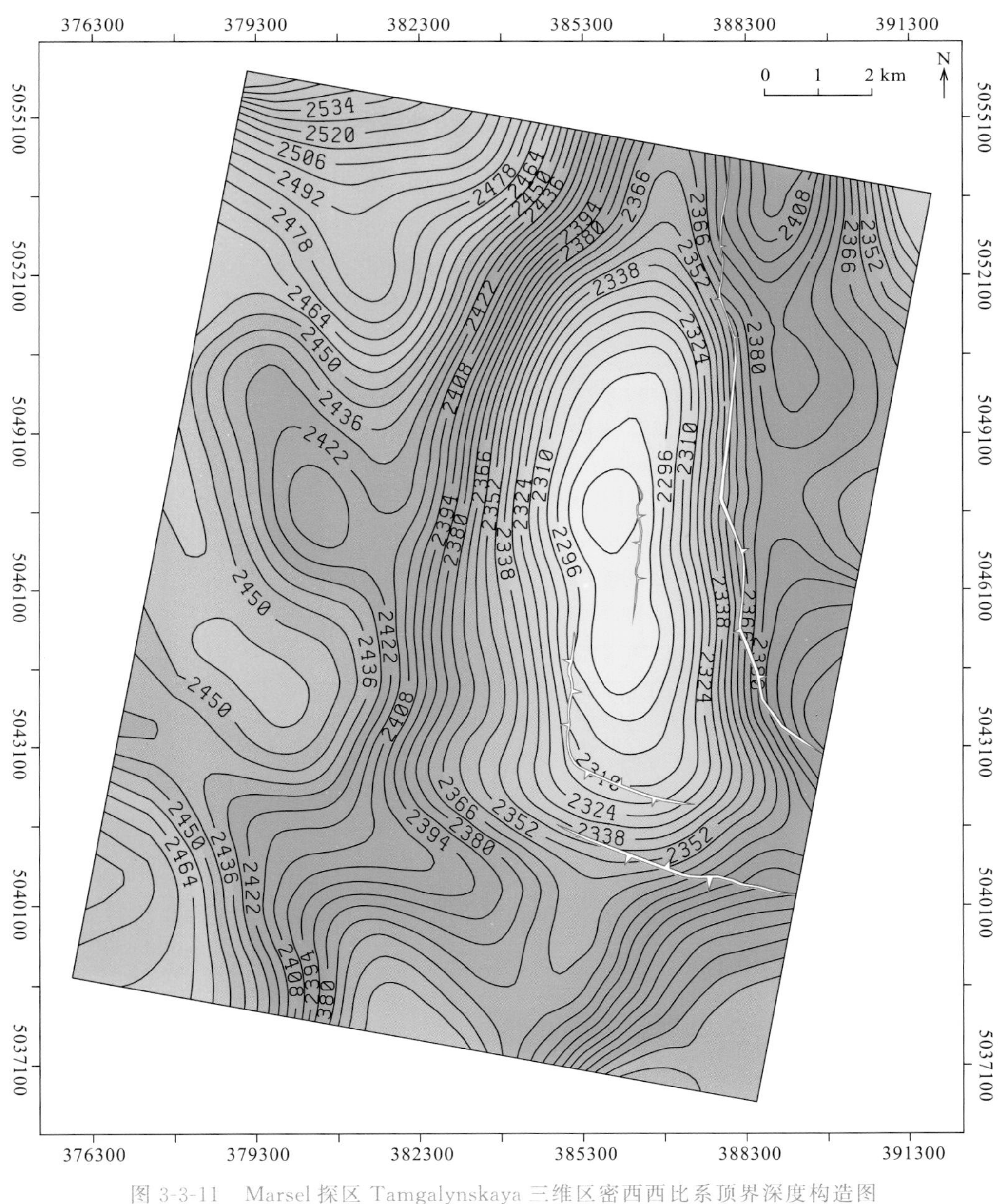

图 3-3-11 Marsel 探区 Tamgalynskaya 三维区密西西比系顶界深度构造图

(2) 通过地层回剥编制古构造图时没有考虑区域不整合面及局部地区的地层剥蚀，因此可能会导致古构造形态的失真，特别是在断层两盘剥蚀厚度不同的情况下，“宝塔图”不能合理地表示断层的形成和演化过程。

为了弥补上述缺点，本次研究过程中先恢复了二叠系顶面古构造形态，然后，再用二叠系顶面以下的每个界面等深度数值减去二叠系顶面构造等深线数值，便得到二叠系顶面变形前的古构造形态。

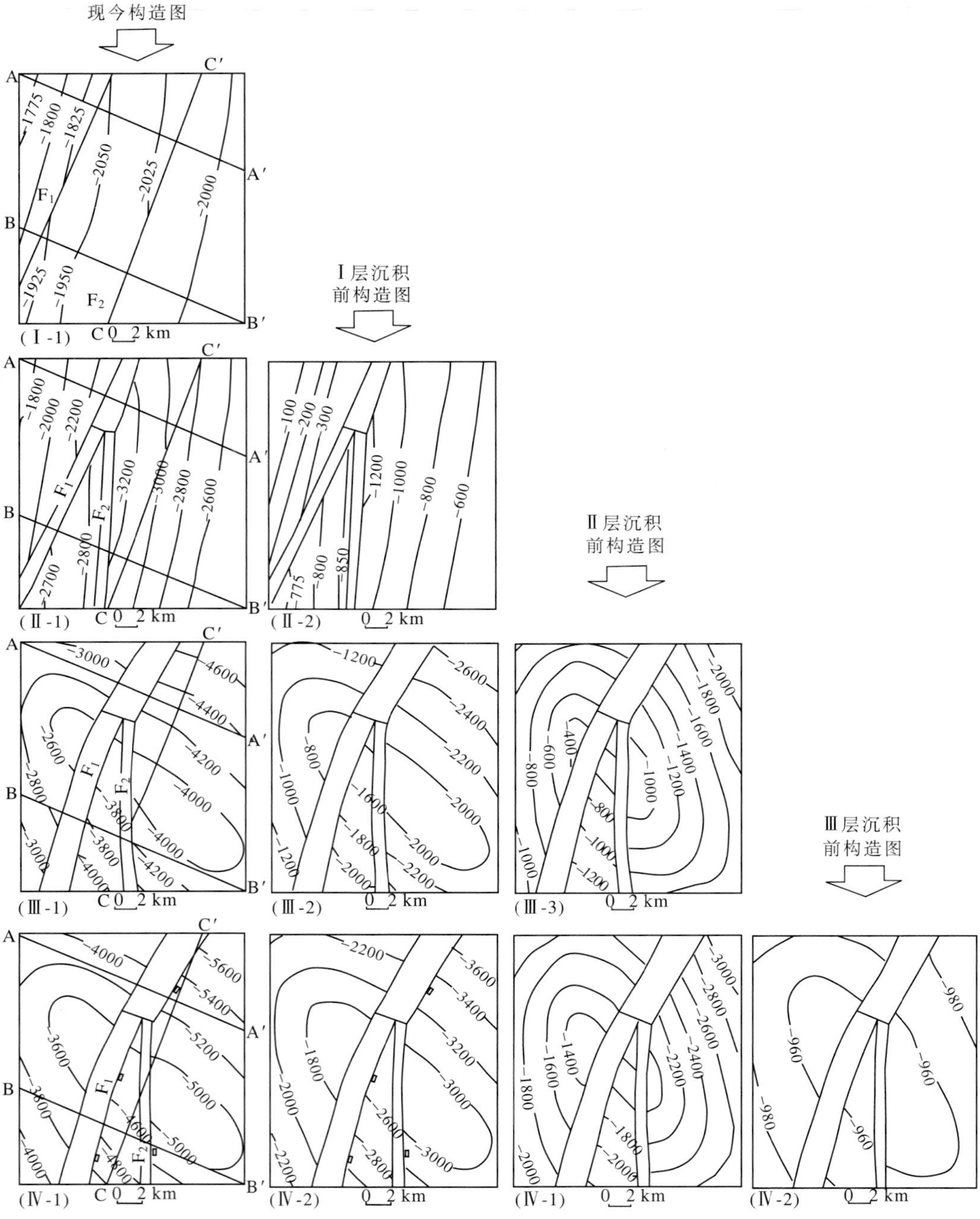

现今构造图

Ⅰ层沉积前构造图

Ⅱ层沉积前构造图

Ⅲ层沉积前构造图

图 3-3-12　古构造图编制方法示意图

2. 泥盆系底面构造演化历史

(1) 密西西比系沉积前的泥盆系底界古构造图(图 3-3-13)显示同沉积断层为正断

层，走向为北东东向和北西向，构造等值线走向与正断层走向一致，发育的沉降中心与原始沉积厚度中心吻合，最大埋藏深度为1500m。

图 3-3-13 密西西比系沉积前泥盆系底界古构造图

(2) 二叠系沉积前的泥盆系底界古构造图(图 3-3-14)特征与密西西比系沉积前的泥盆系底界古构造图特征相似，最大埋藏深度为3200m。

(3) 二叠系顶面变形前的泥盆系底界古构造图特征与二叠系沉积前的泥盆系底界古构造图特征相似，最大埋藏深度为3400m。

上述三个时期的古构造图背斜构造均不发育，断层性质均为正断层，表现为伸展构造变形特点。

(4) 中生界沉积前的泥盆系底界古构造图与前三个时期相比显著的特点是逆断层发育，表现为二叠纪末期挤压构造变形的特征(图 3-3-15)。

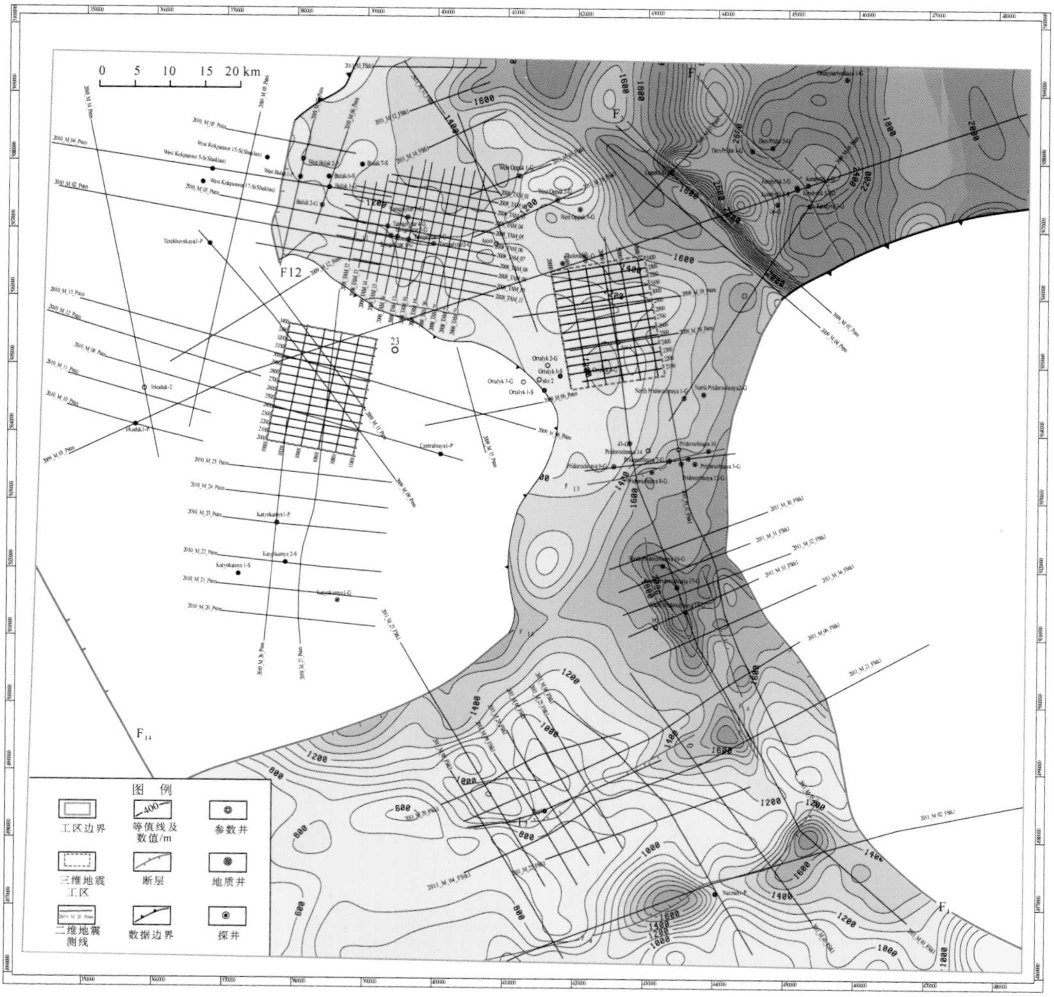

图 3-3-14　二叠系沉积前泥盆系底界古构造图

3. 密西西比系底面构造演化历史

(1) 二叠系沉积前的密西西比系底界古构造图(图 3-3-16)等值线走向整体为北西走向，最大埋藏深度为 1700m。断裂构造不发育，只有边界断层活动，体现了被动大陆边缘时期的构造特点。

(2) 二叠系顶面变形前的密西西比系底界古构造图特征与二叠系沉积前的密西西比系底界古构造图特征相似，最大埋藏深度为 2400m。

(3) 中生界沉积前的密西西比系底界古构造图(图 3-3-17)表现为挤压构造变形特征，发育北西走向的逆断层和褶皱构造，同时，早期北东东走向的正断层发生反转，形成逆断层。

图 3-3-15 中生界沉积前泥盆系底界古构造图

4. 密西西比系顶面构造演化历史

（1）二叠系沉积前的密西西比系顶界古构造图等值线走向整体为北西走向。断裂构造不发育，只有边界断层活动，体现了被动大陆边缘时期的构造特点。

（2）中生界沉积前的密西西比系顶界古构造图（图 3-3-18）表现为二叠纪末期挤压构造变形特征，发育北西走向的逆断层和褶皱构造，同时，早期北东东走向的正断层发生反转，表现为逆断层。

图 3-3-16 二叠系沉积前密西西比系底界古构造图

三、区域板块构造演化特征

哈萨克斯坦地区构造演化主要受控于斋桑-额尔齐斯缝合带和主乌拉尔-突厥斯坦-阿特巴什-依内里切克缝合带(图 3-3-19)。

斋桑-额尔齐斯缝合带是斋桑-额尔齐斯洋盆消亡，西伯利亚板块与哈萨克斯坦-准噶尔板块碰撞形成的板块缝合带，发育于泥盆纪—石炭纪，上石炭统为陆相磨拉石建造，说明此时洋盆已闭合。出露的石炭纪—二叠纪花岗岩多为富碱-碱性花岗岩-碱性岩，多为后碰撞-非碰撞期产物。

主乌拉尔-突厥斯坦-阿特巴什-依内里切克缝合带是哈萨克斯坦-准噶尔板块与塔里木-卡拉库姆板块的缝合带，为中亚地区最大的缝合带之一，长约 2000km，沿缝合带分布有蛇绿岩、混杂岩。

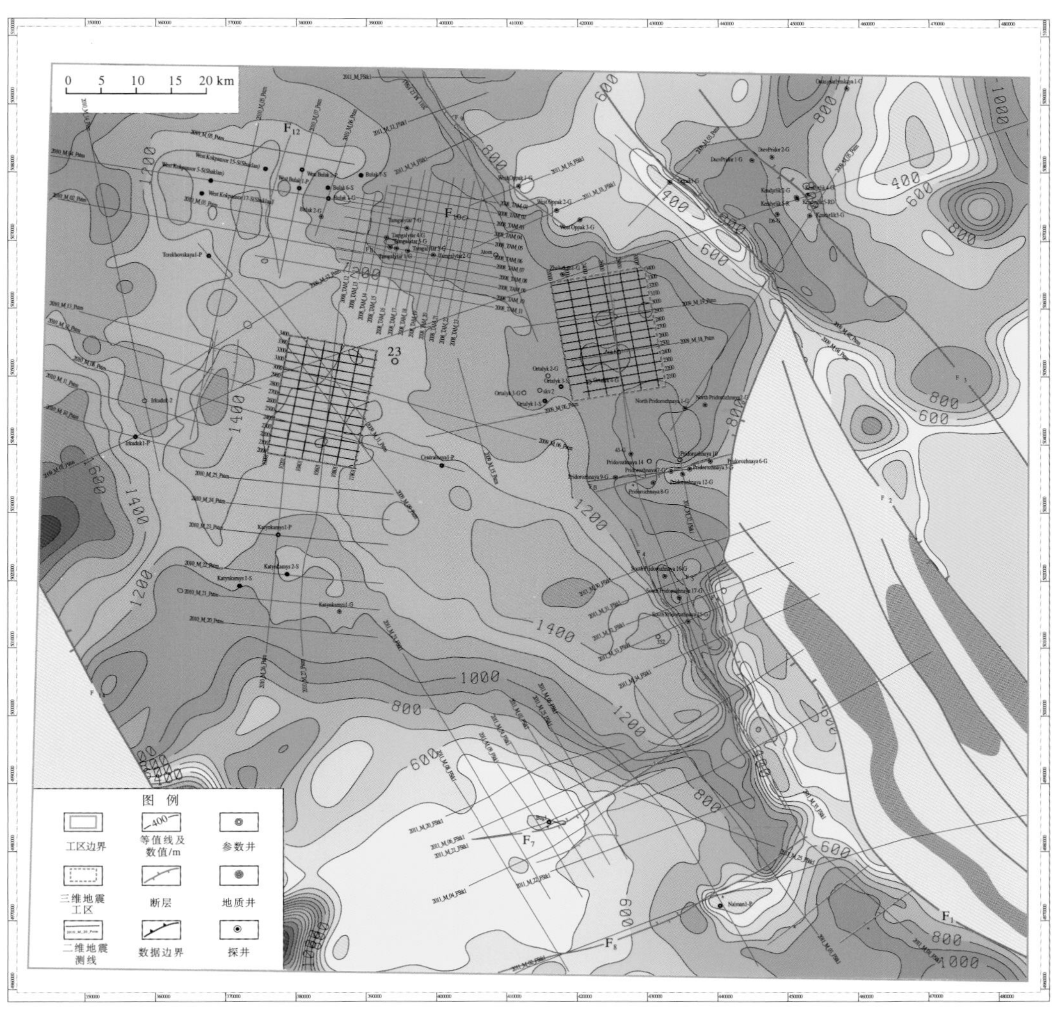

图 3-3-17 中生界沉积前密西西比系底界古构造图

晚泥盆世时期，古亚洲洋从南东、南西、北西三个方向向哈萨克斯坦板块俯冲(图 3-3-20)，由于突厥斯坦洋(Turkestan Ocean)的俯冲作用较强，在哈萨克斯坦板块内部形成北西—南东向伸展作用，形成初始裂陷期的陆相沉积盆地和正断层。

早石炭世—早二叠世洋壳开始俯冲，但关闭时间具有差异。斋桑洋首先闭合，然后是乌拉尔洋与突厥斯坦洋(图 3-3-21)。由于陆块间的碰撞，最后准噶尔-巴尔喀什洋关闭，产生北东—南西向挤压作用(图 3-3-22)。

晚二叠世哈萨克斯坦东部地区古生代的构造演化与古亚洲洋的开闭导致的增生-碰撞有着密切关系，Buslov 等(2004)提出晚古生代哈萨克斯坦发生两次大的碰撞(分别对应斋桑洋关闭和乌拉尔洋、突厥斯坦洋关闭)，伴随大规模的走滑运动和地块的旋转。

中生代以来研究区进入陆内拗陷状态，沉积厚度不大的陆相碎屑岩沉积，构造作用微弱，仅有少量走滑断层活动。

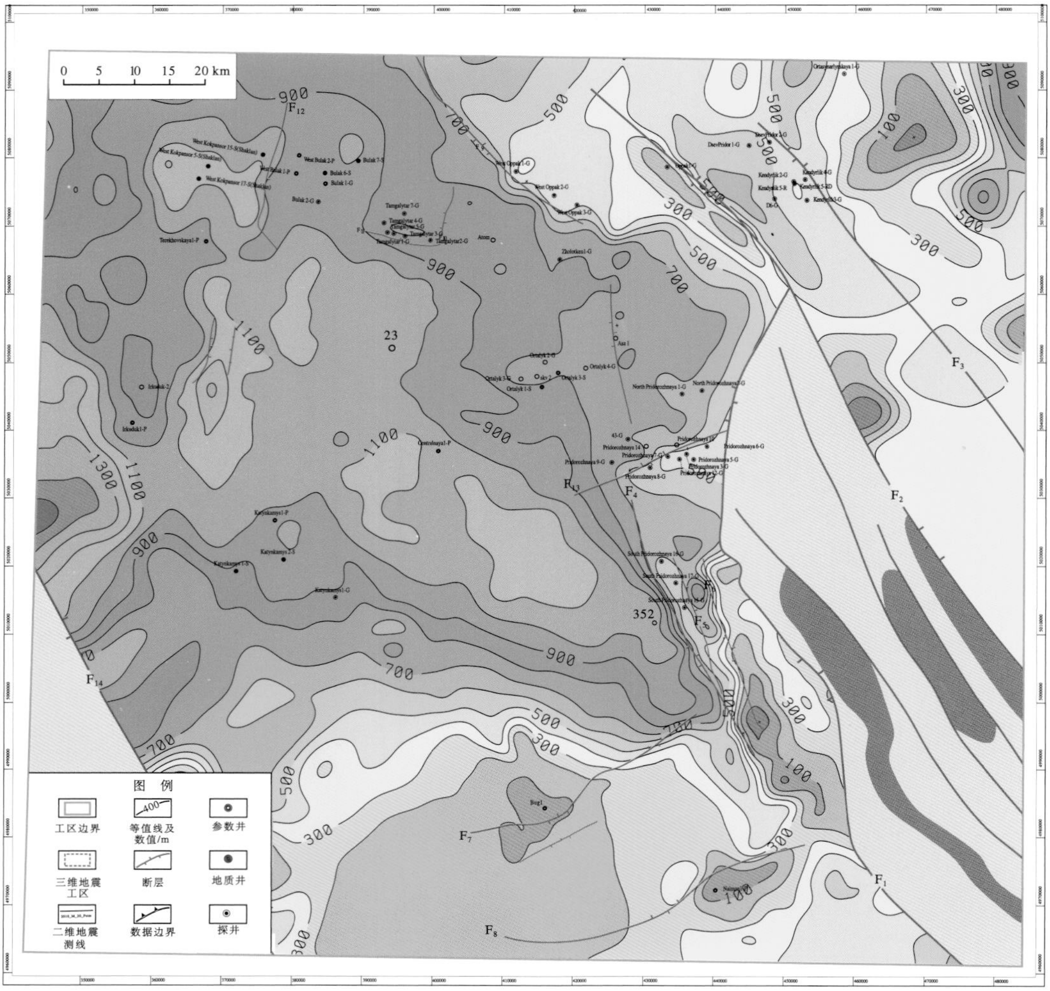

图 3-3-18　中生界沉积前密西西比系顶界古构造图

第四节　有利叠复连续气藏发育的构造区带预测

一、有利构造条件分析

通过主要目的层构造特征与演化历史分析认为，有利于致密油气发育的构造区带包括两方面含义，其一为断裂与裂缝发育的背斜区，其二为断裂不太发育的稳定向斜区。结合生、储、盖条件和钻井成功率认为 Marsel 探区有利的构造条件主要分布在中北部地区(图 3-4-1)，具体特征为以下几点。

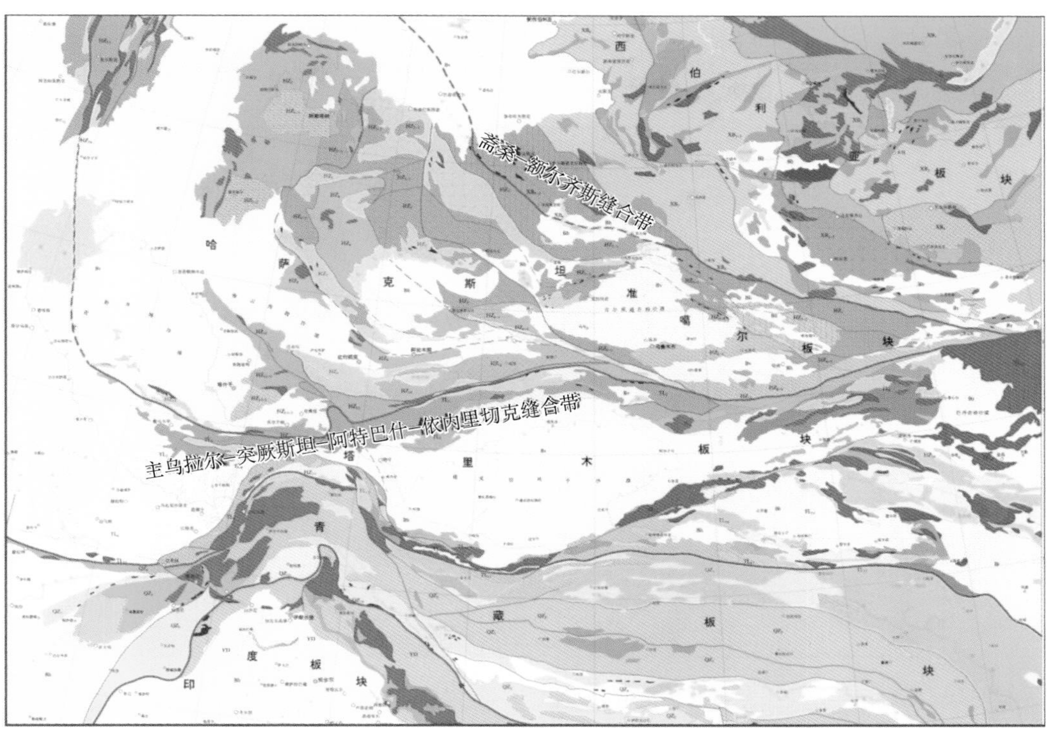

图 3-3-19 哈萨克斯坦板块大地构造位置图(现今时期)

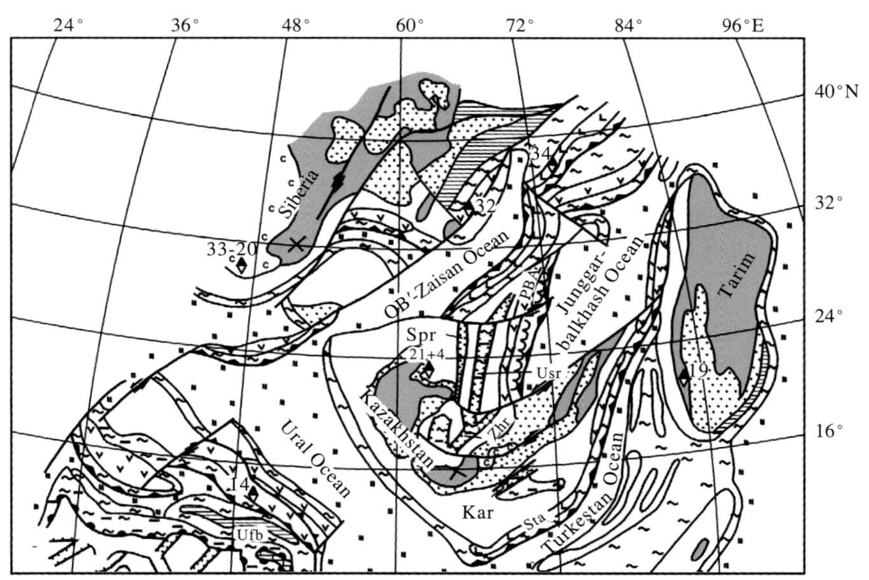

图 3-3-20 晚泥盆世哈萨克斯坦板块大地构造位置图

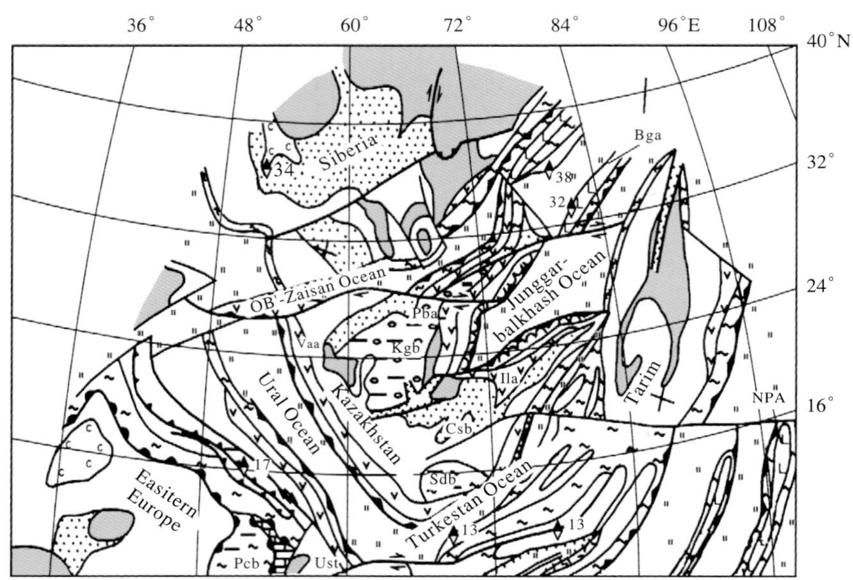

图 3-3-21　早石炭世哈萨克斯坦板块大地构造位置图

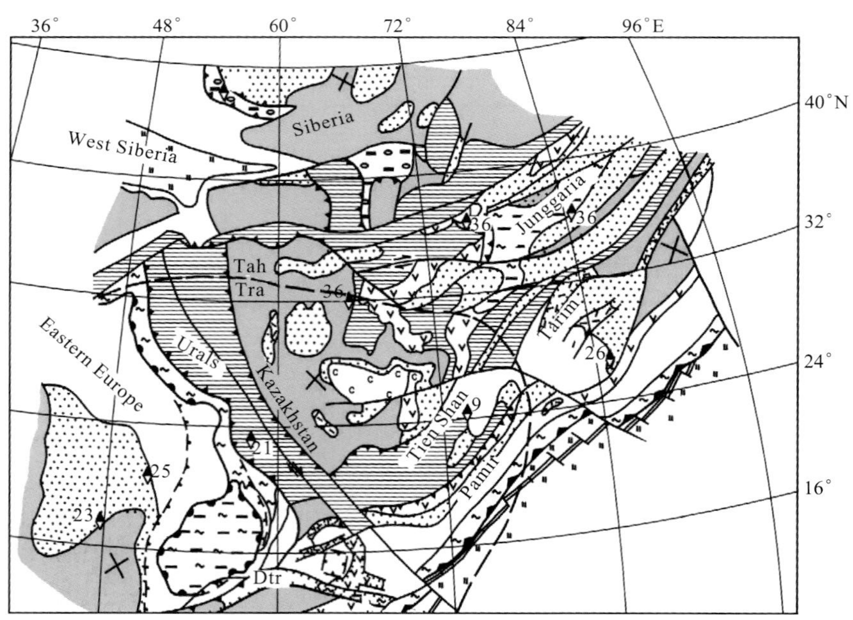

图 3-3-22　早二叠世哈萨克斯坦板块大地构造位置图

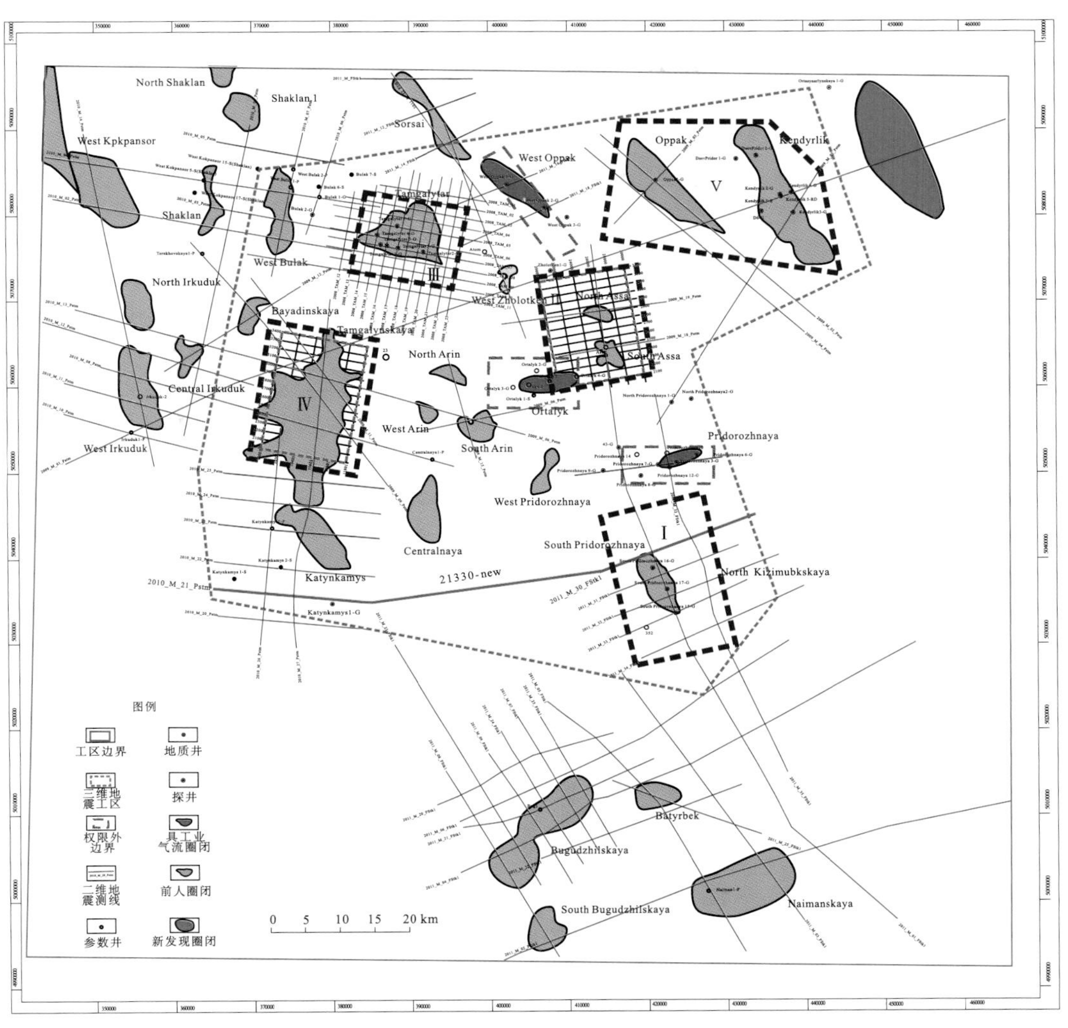

图 3-4-1 Marsel 探区有利构造圈闭分布图

(1) 有利的背斜构造区域包括 5 个，按照勘探程度、圈闭落实程度、圈闭面积等因素依次排序为 South Pridorozhnaya(Ⅰ)、Assa 1(Ⅱ)、Tamgalytar(Ⅲ)、Tamgalyskaya(Ⅳ)、Oppark-Kendyrlik(Ⅴ)。这 5 个地区均有三维或密集二维测线控制，构造落实程度高，除 Tamgalyskaya(Ⅳ)外，都有高产井钻遇；录井资料和数值模拟结果显示泥盆系和密西西比系两个目的层裂缝发育，且裂缝发育区与高产井区吻合程度高。

(2) 在每个区块内部的背斜高点间的向斜区域构造稳定，储层发育，储层内部油气检测效果好，有利于连续型致密气藏形成。

(3) 位于东部背斜区带(South Pridorozhnaya)和西部背斜区带间的(Tamgalyskaya)向斜区域构造稳定，靠近东部背斜区泥盆系、密西西比系两套目的层发育，靠近西侧背斜带，仅密西西比系目的层发育(图 3-4-2)。

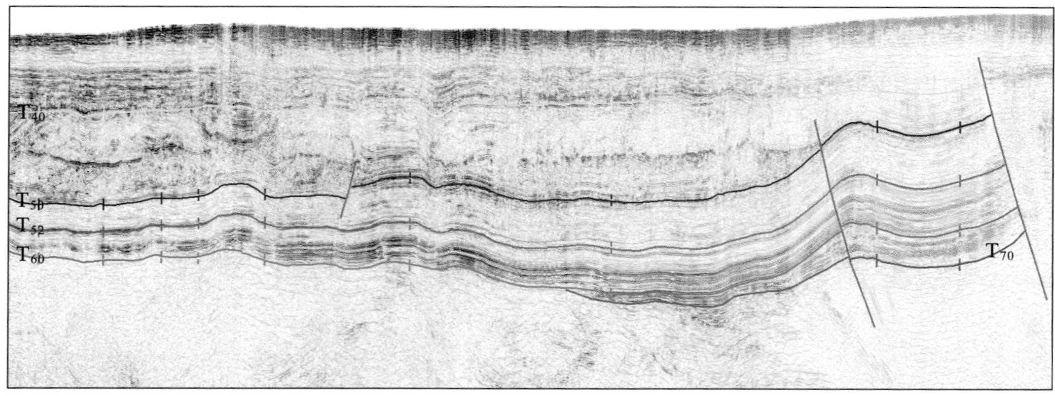

图 3-4-2 Marsel 探区 21330-new 测线地震解释剖面图

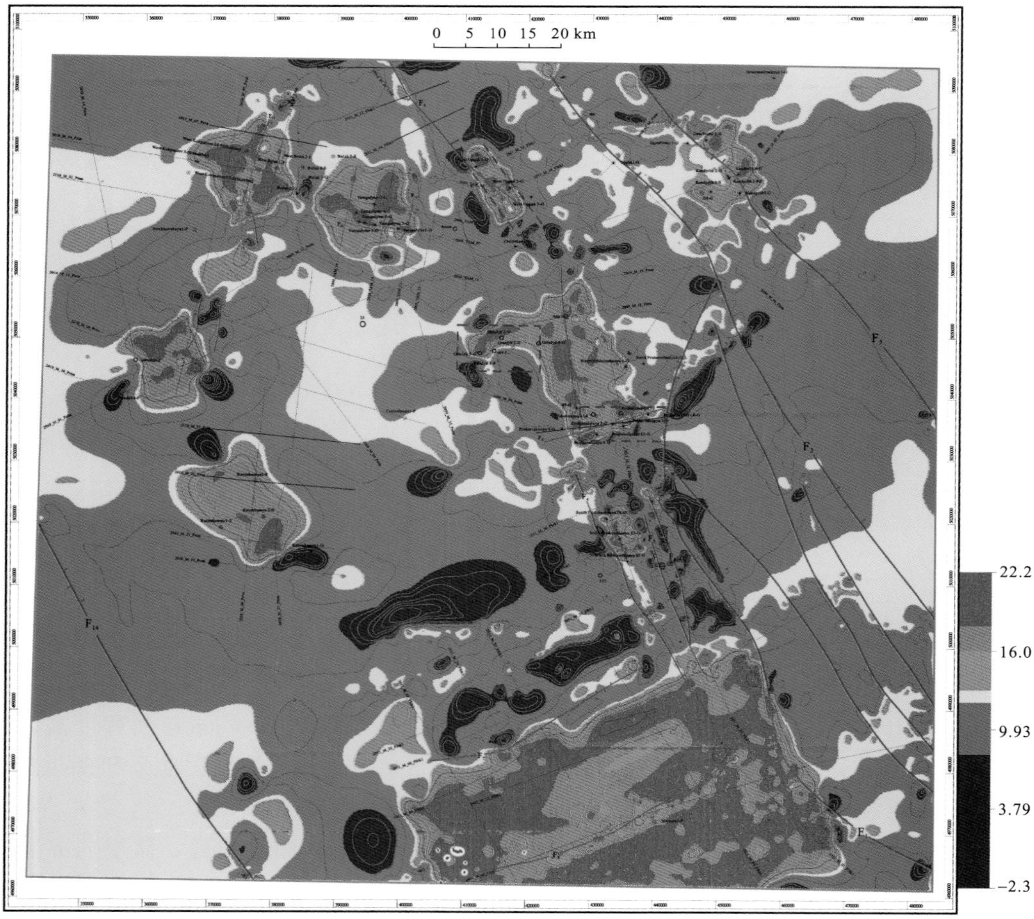

图 3-4-3 Marsel 探区泥盆系在北西—南东向伸展应力作用下裂缝预测结果图

二、有利裂缝发育预测

1. 泥盆系裂缝发育特征

泥盆系在伸展应力作用下裂缝预测结果图(图 3-4-3)显示裂缝密度较大区域主要发育在 Bugudzhilskaya、South Pridorozhnaya、Oppak、Assa 1、Kendyrlik、Tamgalytar、West Bulak 等局部背斜构造发育区，而在无断裂和褶皱区域，裂缝发育程度较低。

2. 石炭系裂缝发育特征

石炭系在二叠纪末期北东—南西向挤压应力作用下裂缝预测结果图(图 3-4-4)显示裂缝密度较大区域主要发育在 South Pridorozhnaya、Assa 1、Tamgalytar、West Kokpansor 等局部背斜构造发育区，而在其他区域裂缝发育程度较低。

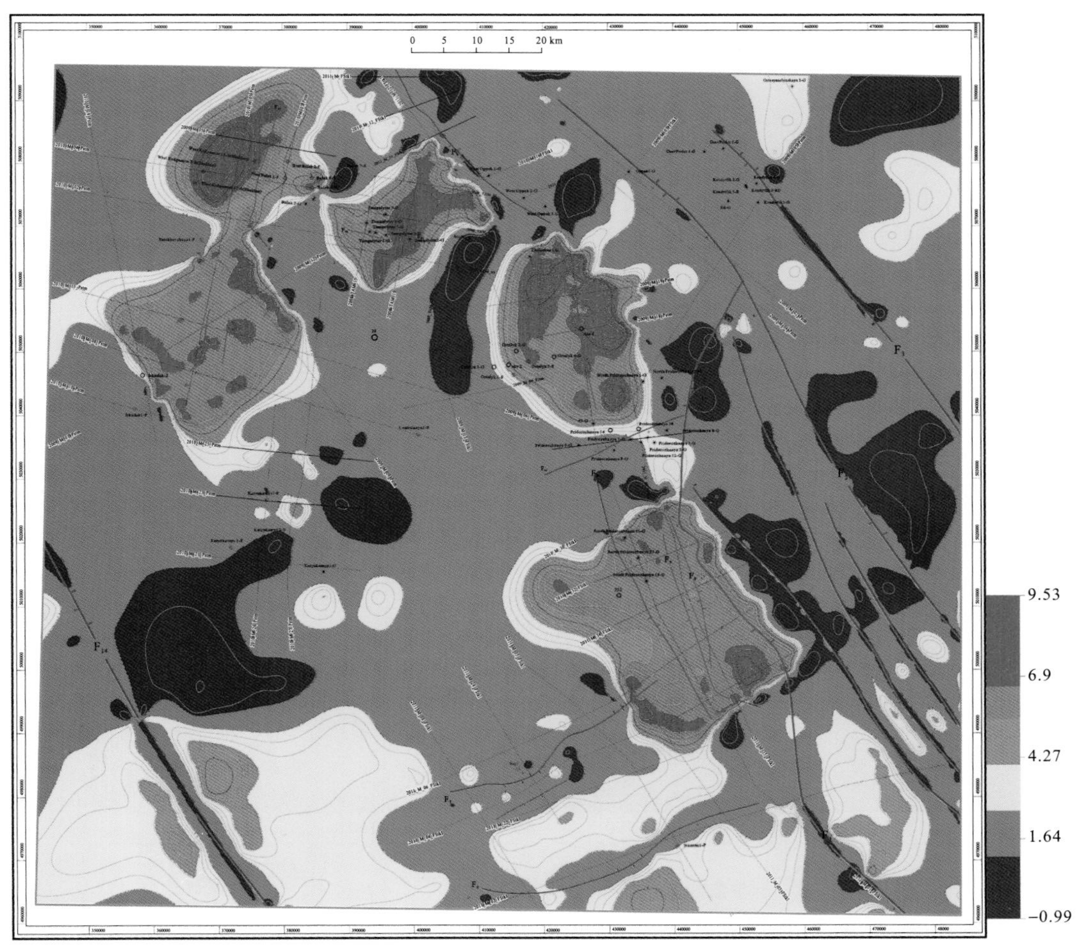

图 3-4-4 Marsel 探区石炭系在北东—南西向挤压应力作用下裂缝预测结果图

三、有利构造区带优选

根据圈闭构造要素特征和裂缝发育预测结果综合分析认为上述研究的四个重点区块都可作为优选目标。依据圈闭发育面积、裂缝发育程度、已有钻井成功率三条原则进行排序依次为：South Pridorozhnaya 区块、Assa 1 三维区、Tamgalytar 二维区、Tamgalynskaya 三维区。

1. South Pridorozhnaya 有利区带

根据裂缝发育程度和圈闭要素特征部署探井 3 口(图 3-4-5)。

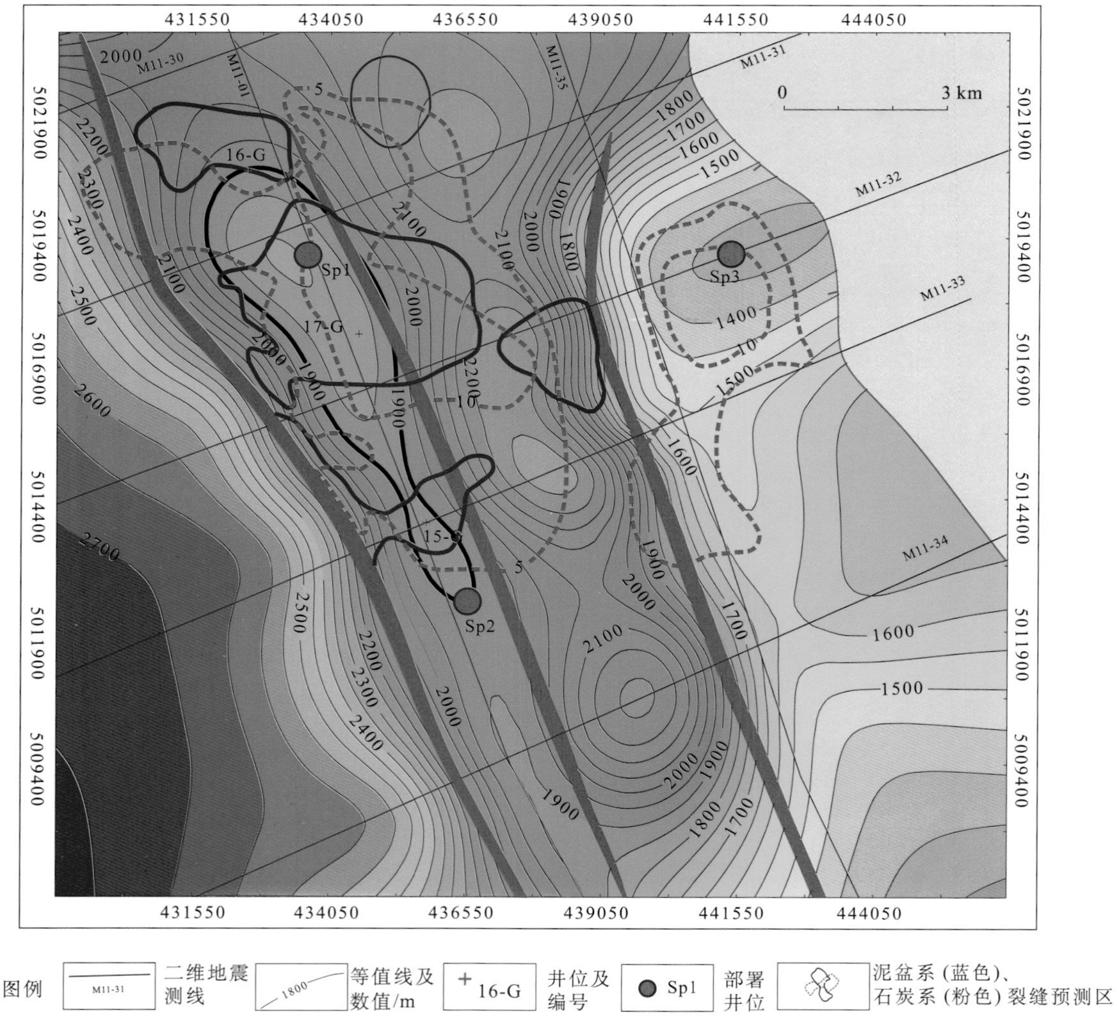

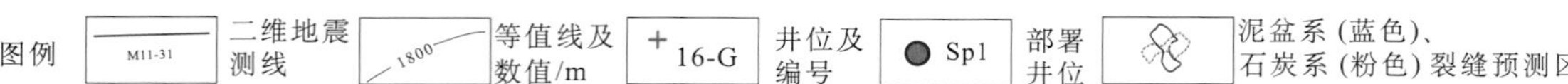

图 3-4-5　South Pridorozhnaya 有利区带井位部署图

Sp1 位于 M11-01 测线背斜圈闭构造最高点位置，目的是保证钻井成功率，预计钻遇石炭系和泥盆系所有目的层，井深 2900m。

Sp2 位于 M11-01 测线背斜圈闭构造最低点位置，目的是探明油水边界、计算储量，预计钻遇石炭系和泥盆系所有目的层，井深 3000m。

Sp3 位于 M11-35 测线以北 M11-32 测线之上断鼻构造高点位置，目的是扩边、增大储量，预计钻遇石炭系和泥盆系所有目的层，井深 2200m。

2. Assa1 井有利区带

根据裂缝发育程度和圈闭要素特征部署探井 4 口(图 3-4-6)。

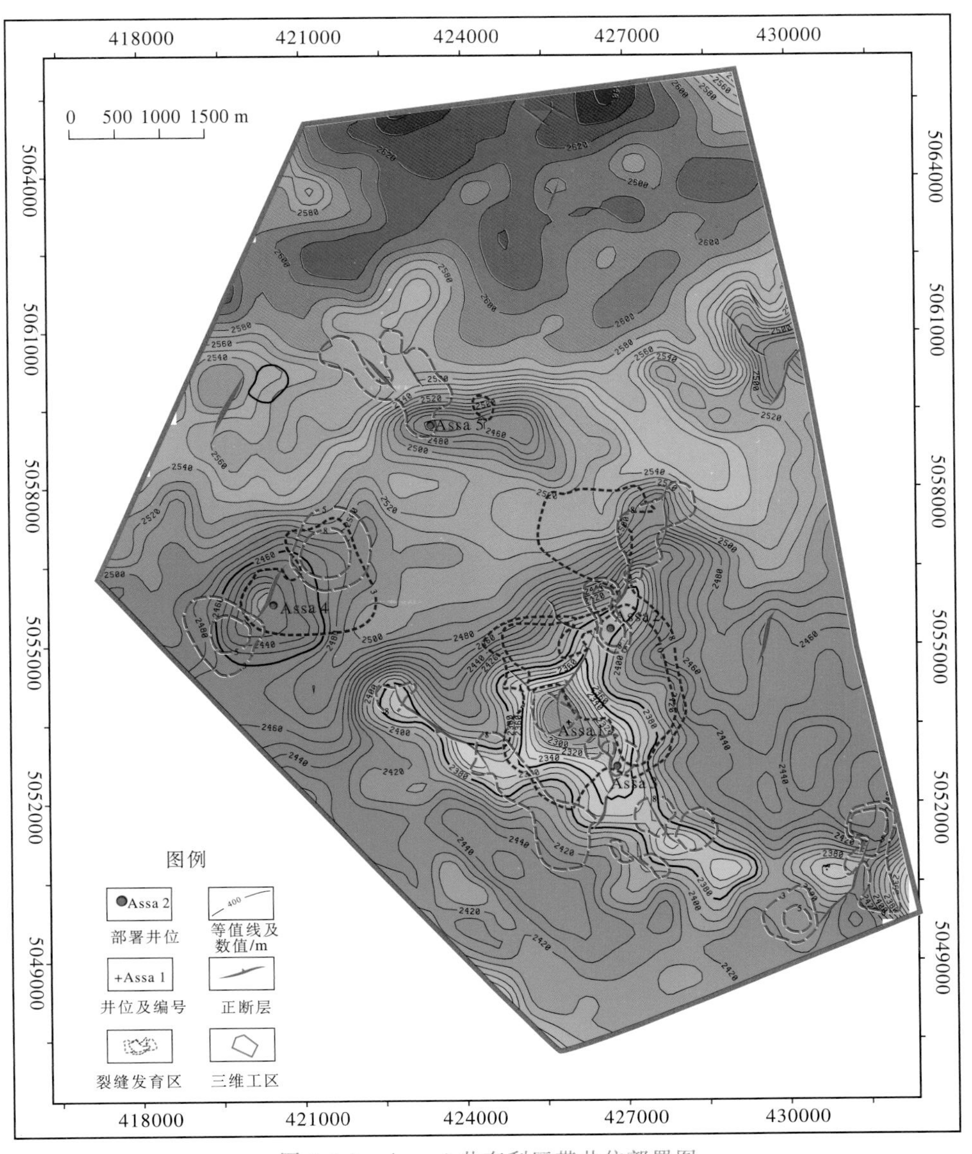

图 3-4-6 Assa 1 井有利区带井位部署图

Assa 2 位于 Assa 1 井北东方向 2km 低幅度背斜构造高点上，目的是探测圈闭范围，预计钻遇石炭系和泥盆系所有目的层，井深 2380m。

Assa 3 位于 Assa 1 井南东方向 1.2km 低幅度背斜构造高点上，目的是探测圈闭范围，预计钻遇石炭系和泥盆系所有目的层，井深 2350m。

Assa 4 位于 Assa 1 井北西西方向 5.8km 低幅度背斜构造高点上，目的是探测新圈闭，扩大储量，为以后部署开发井网作准备，预计钻遇石炭系和泥盆系所有目的层，井深 2460m。

Assa 5 位于 Assa 1 井北西方向 6.2km 近东西向低幅度背斜构造高点上，目的是探测圈闭范围，预计钻遇石炭系和泥盆系所有目的层，井深 2520m。

3. Tamgalytar 有利区带

根据裂缝发育程度和圈闭要素特征部署探井 2 口(图 3-4-7)。

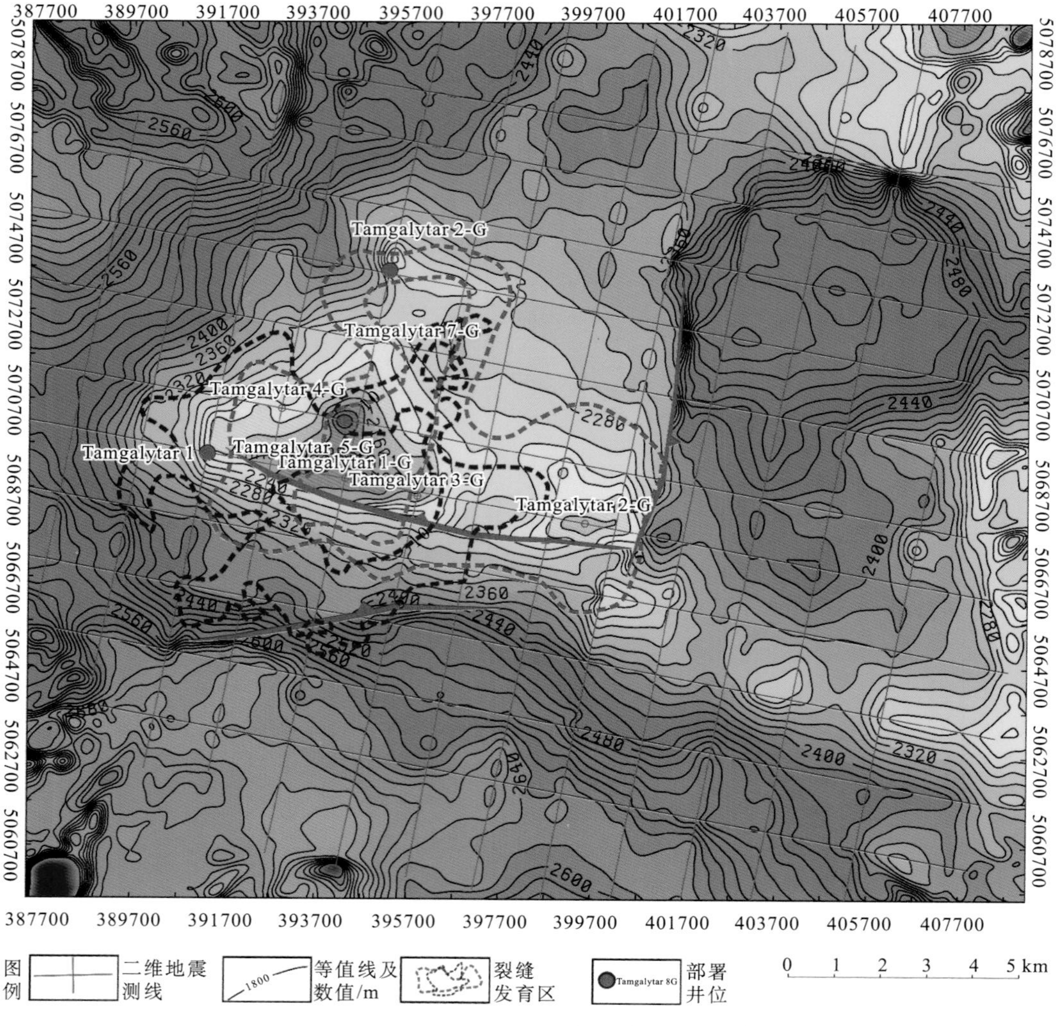

图 3-4-7　Tamgalytar 有利区带井位部署图

Tamgalytar 1-G 井位于 pdg08-07 与 pdg08-14 两条测线交点的低幅度背斜带上，目的是扩大圈闭范围，预计钻遇石炭系和泥盆系所有目的层，井深 2240m。

Tamgalytar 2-G 井位于 pdg08-04 与 pdg08-17 两条测线交点的低幅度背斜带上，目

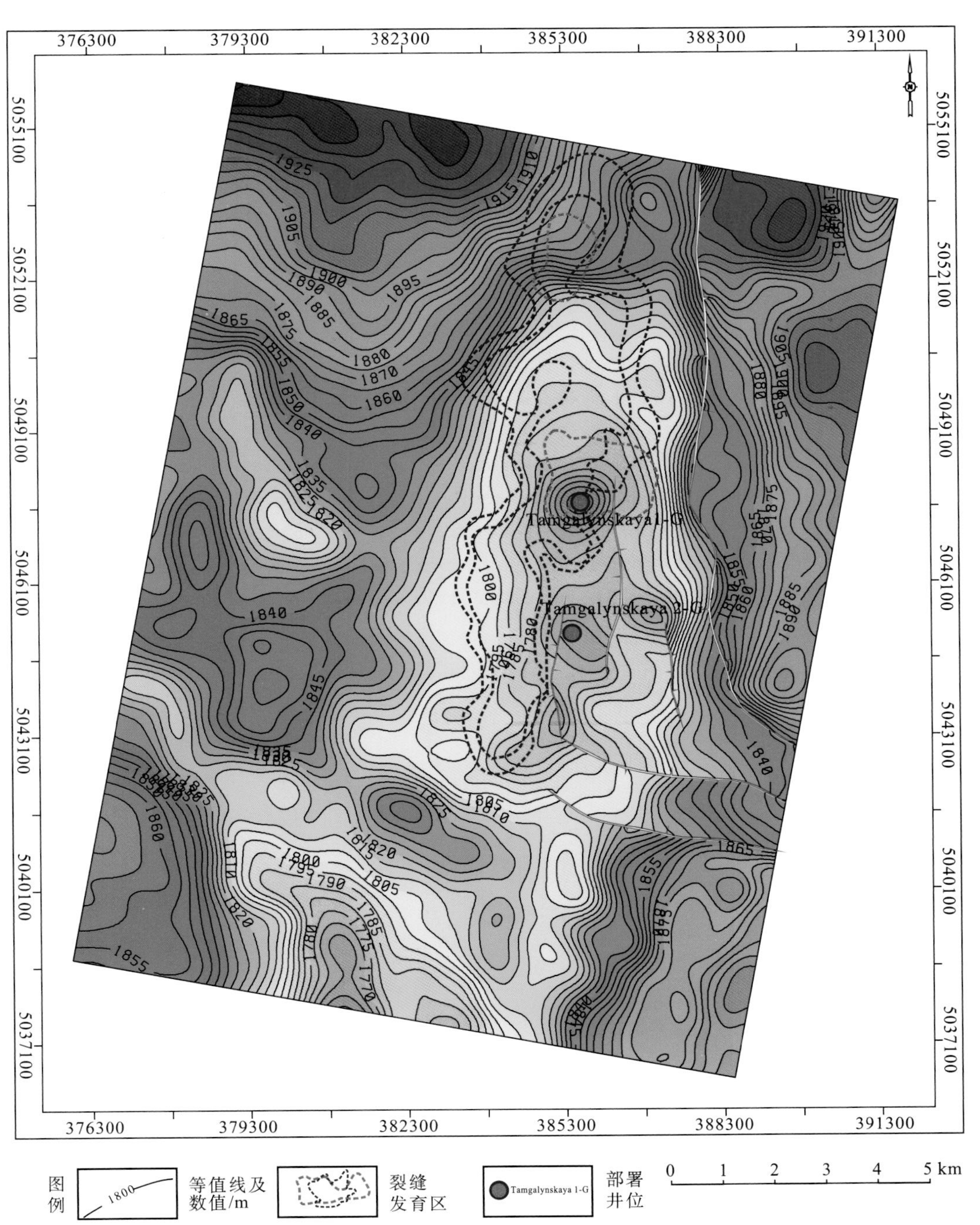

图 3-4-8 Tamgalynskaya 有利区带井位部署图

的是寻找新圈闭，预计钻遇石炭系和泥盆系所有目的层，井深 2260m。

4. Tamgalynskaya 有利区带

根据裂缝发育程度和圈闭要素特征部署探井 2 口(图 3-4-8)。

Tamgalynskaya 1 井位于 Line2835 与 Trace10653 测线交点处的背斜高点上，目的是寻找新目标区，预计钻遇石炭系所有目的层，井深 1805m。

Tamgalynskaya 2 井位于 Line2653 与 Trace10643 测线交点处的背斜高点上，目的是寻找新圈闭，预计钻遇石炭系所有目的层，井深 1800m。

参考文献

赫石生，贺志勇，高耀斌，等. 1988. 恢复地层剥蚀厚度的最优化方法. 沉积学报，6(4)：93-99.

尹天放. 1992. 多种信息综合计算剥蚀厚度方法. 石油勘探与开发，19(5)：42-47.

Buslov M M，Fujiwara Y，Iwata K. 2004. Late paleozoic-early mesozoic geodynamics of central Asia. Gondwana Research，7(3)：791-808.

Dow W G. 1977. Kerogen studies and geological interpretations. Journal of Geochemical Exploration，7(2)：79-99.

Low J W. 1957. Geological Field Methods. New York：Harper Brothers：489.

Magara K. 1976. Thickness of removed sedimentary rocks，paleoporepressure，and paleotemperature，southern part of Western Canada basin. AAPG Bulletin，60(4)：554-565.

van Hinte. 1978. Geohistory analysis－application of micropaleontology in exploration geology. AAPG Bulletin，62(2)：201-22Maxim Alexyutin. 2005. Paleozoic Geography and Paleomagnetism of Kazakhstan，Curriculum Vitae，Juni，1-89.

2.

第四章 石炭系沉积演化有利叠复连续致密储层形成分布

第一节 石炭纪地层特征和层序地层格架

一、地层特征与岩相组合

Marsel探区石炭系包括下石炭统(密西西比亚系)和上石炭统(宾夕法尼亚亚系)，其中下石炭统碳酸盐岩为研究区的重要含油气层段(图4-1-1)，自下而上可划分为杜内阶(C_1t，Tournaisian)、维宪阶(C_1v，Visean)和谢尔普霍夫阶(C_1sr，Serpukhovian)；上石炭统主要以碎屑岩沉积为主。

1. 杜内阶(C_1t)

杜内阶为早石炭世早期(早密西西比期)沉积，时限为358.9～346.7Ma。该地层在下石炭统各阶中厚度最薄，仅为15～30m。杜内阶发育的主要岩相组合为中-薄层深灰-黑色泥晶灰岩、泥质泥晶灰岩，夹薄层黑色灰质泥岩和黏土岩，生物化石含量较少，因此又被称为“泥灰岩段”。岩石普遍较致密，构造裂缝较发育，多为方解石或石膏所充填。

2. 维宪阶(C_1v)

维宪阶为早石炭世中期(中密西西比期)沉积，时限为346.7～330.9Ma。依据发育的主要岩相的差异，可将该套地层自下而上划分为C_1v_1、C_1v_2和C_1v_3等三套地层单元：C_1v_1地层厚度为55～125m，主要为中-厚层浅灰色-灰色灰岩岩相组合，局部夹薄层泥岩，因此该段又被称为“纯灰岩段”；C_1v_2地层厚度为50～190m，下部发育深灰色泥灰岩、含泥泥晶灰岩岩相组合，被称为“泥灰岩段”，向上部过渡为以浅灰色-灰色泥粒灰岩、颗粒灰岩岩相组合为主，同时以普遍含白云质成分为特征，局部夹白云岩，又被称为“灰岩段”；C_1v_3地层厚度为45～140m，主要为深灰色含泥泥晶灰岩、泥质灰岩和灰质黏土岩岩相组合，局部夹薄层泥粒灰岩和颗粒灰岩，因此又被称做“泥灰岩-泥岩段”。

3. 谢尔普霍夫阶(C_1sr)

谢尔普霍夫阶为早石炭世晚期(晚密西西比期)沉积，时限为330.9～323.2Ma。该地层总体厚度为100～200m。依据主要岩相特征差异，可将谢尔普霍夫阶划分为四段：底部以泥灰岩、生屑粒泥灰岩等岩相为主，被称为“礁下段”；其上“礁灰岩段”发育的主

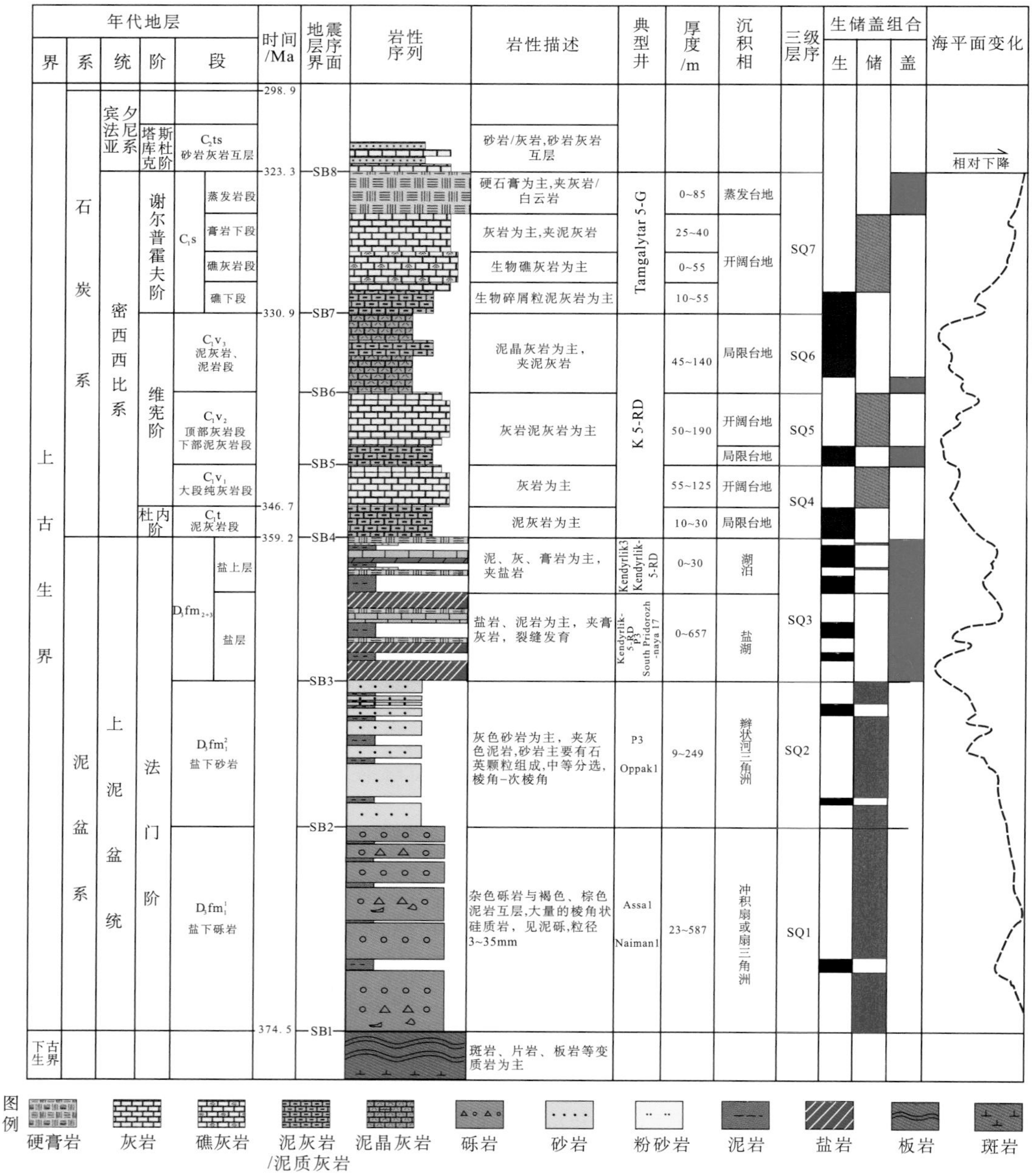

年代地层 界	系	统	阶	段	时间/Ma	地震层序界面	岩性描述	典型井	厚度/m	沉积相	三级层序
上古生界	石炭系	宾夕法尼亚系	塔斯库杜克阶	C_2ts 砂岩灰岩互层	298.9		砂岩/灰岩,砂岩灰岩互层				
		密西西比系	谢尔普霍夫阶	C_1s 蒸发岩段	323.3	SB8	硬石膏为主,夹灰岩/白云岩	Tamgalytar 5-G	0~85	蒸发台地	SQ7
				C_1s 膏岩下段			灰岩为主,夹泥灰岩		25~40	开阔台地	
				C_1s 礁灰岩段			生物礁灰岩为主		0~55		
				C_1s 礁下段			生物碎屑粒泥灰岩为主		10~55		
			维宪阶	C_1v_3 泥灰岩、泥岩段	330.9	SB7	泥晶灰岩为主，夹泥灰岩	K 5-RD	45~140	局限台地	SQ6
				C_1v_2 顶部灰岩段 下部泥灰岩段		SB6	灰岩泥灰岩为主		50~190	开阔台地 局限台地	SQ5
				C_1v_1 大段纯灰岩段		SB5	灰岩为主		55~125	开阔台地	SQ4
			杜内阶	C_1t 泥灰岩段	346.7		泥灰岩为主		10~30	局限台地	
	泥盆系	上泥盆统	法门阶	D_3fm_{2+3} 盐上层	359.2	SB4	泥、灰、膏岩为主，夹盐岩	Kendyrlik3 Kendyrlik-5-RD	0~30	湖泊	SQ3
				D_3fm_{2+3} 盐层			盐岩、泥岩为主，夹膏灰岩，裂缝发育	Kendyrlik-5-RD P3 South Pridorozh-naya 17	0~657	盐湖	
				$D_3fm_1^2$ 盐下砂岩		SB3	灰色砂岩为主，夹灰色泥岩,砂岩主要有石英颗粒组成,中等分选,棱角-次棱角	P3 Oppak1	9~249	辫状河三角洲	SQ2
				$D_3fm_1^1$ 盐下砾岩		SB2	杂色砾岩与褐色、棕色泥岩互层,大量的棱角状硅质岩，见泥砾,粒径3~35mm	Assa1 Naiman1	23~587	冲积扇或扇三角洲	SQ1
下古生界					374.5	SB1	斑岩、片岩、板岩等变质岩为主				

图 4-1-1　楚-萨雷苏盆地上古生界柱状图

要岩相为生物礁灰岩，岩屑上可见苔藓虫、珊瑚、腕足、腹足和棘皮等生物化石；上部为“膏盐岩下段”，主要发育生屑粒泥灰岩、泥粒灰岩和颗粒灰岩等岩相；顶部以发育石膏、硬石膏、盐岩等岩相为主，还有灰岩、白云质灰岩和白云岩等岩相，被称为“蒸发岩段”。

4. 塔斯库杜克阶(Taskuduk)

塔斯库杜克阶为早宾西法尼亚期沉积，时限为323.2～315.2Ma。该套地层及其上部的宾夕法尼亚亚系普遍为陆源碎屑岩沉积，岩相以砂岩、粉砂岩、泥岩为主，局部夹灰色-深灰色灰岩。

二、层序划分与沉积演化序列

等时层序地层格架的建立是研究区域沉积演化的基础，而层序格架准确建立的关键是各级别层序界面的客观识别、追踪与对比。在经典的层序地层学理论中，层序被定义为“由不整合和与之对应的整合界面所限定的一套相对整合的、重复出现的、在成因上有联系的地层”。层序内进一步可划分出沉积体系域、准层序组及准层序，它们是以海(湖)泛面及与其对应的面为界。层序、准层序组和准层序的边界，提供了沉积岩对比和作图的等时地层框架。从海相到陆相盆地的沉积序列，一般都可划分出与多级别沉积旋回相对应的沉积层序，代表了相对应的海(湖)平面或沉积基准面变化周期的沉积记录，各级层序地层单元的界面具有特定的物理性质。一般来说，三级层序地层单元是建立盆地地层格架的基本地层单位。三级以下的层序地层单元为低级次的层序地层单元，由高频的沉积旋回组成，在海或湖相环境中，主要是以水进界面为界进行划分的。这些层序地层单元的划分和对比可建立高精度的层序地层格架。我们定义的四、五级层序地层单元是由海、湖(洪)泛面所限定的相应沉积旋回的沉积体，即由三级层序内四、五级的沉积旋回所组成。海、湖泛面或洪泛面均属水进面，代表沉积基准面的相对上升。四级层序地层单元一般包含若干个五级层序地层单元，后者应与准层序相对应。在海或湖盆沉积序列中，四级层序地层单元是指由四级沉积旋回的水进界面所限定的准层序组，一般显示出从进积到退积的叠置结构。在陆源碎屑盆地中，四级层序地层单元代表了碎屑体系一次较明显的推进到衰退、最后水进的沉积幕。在碳酸盐岩沉积序列中，四级的层序地层单元也具有从进积到退积的沉积结构，但退积沉积一般较薄，而以进积沉积为主。这种高频的沉积幕或沉积周期受控于海或湖平面或气候等的周期变化，主要是属于与沉积过程本身无直接关系的“它旋回”。五级层序地层单元代表一次单一的进积到退积的沉积体。退积或水进期沉积层一般很薄或表现为无沉积作用面，或为水进的弱侵蚀面。这些沉积旋回厚度小，分布不稳定，部分可能是河流改道或三角洲废弃等沉积“自旋回”的产物。六级或更小的旋回除了在稳定的台地或盆地中具有一定的对比意义，一般不具有作为地层单元的意义。

1. 层序划分和沉积旋回结构

利用基本覆盖全区的二维地震测线和局部重点区的三维地震数据体，通过VSP资料和钻井合成记录的精细标定，依据单井和地震上层序界面的识别追踪，确定了各级层序及体系域的划分方案，建立了研究区内的下石炭统层序地层格架。下石炭统可划分为一个二级层序和四个三级层序。下石炭统由底部的 C_1t 底(SB4)不整合和顶部的 C_1sr 顶界(SB8)所限定，构成了一个二级层序且总体上由区域性的水进-水退旋回构成；其内部进一步划分出四个三级层序，由下至上分别为 SQ4(由 C_1t 和 C_1v_1 构成)、SQ5(C_1v_2)、SQ6(C_1v_3)和 SQ7(C_1sr)。层序界面由下至上分别为 C_1v_2 底(SB5)、C_1v_3 底(SB6)和 C_1sr 底(SB7)。各三级层序识别出水进体系域和高体系位域及最大水进期发育的凝缩段(图 4-1-2)。下石炭统二级层序的最大水进期位于 C_1v_3 段，即 SQ6 的水进体系域。

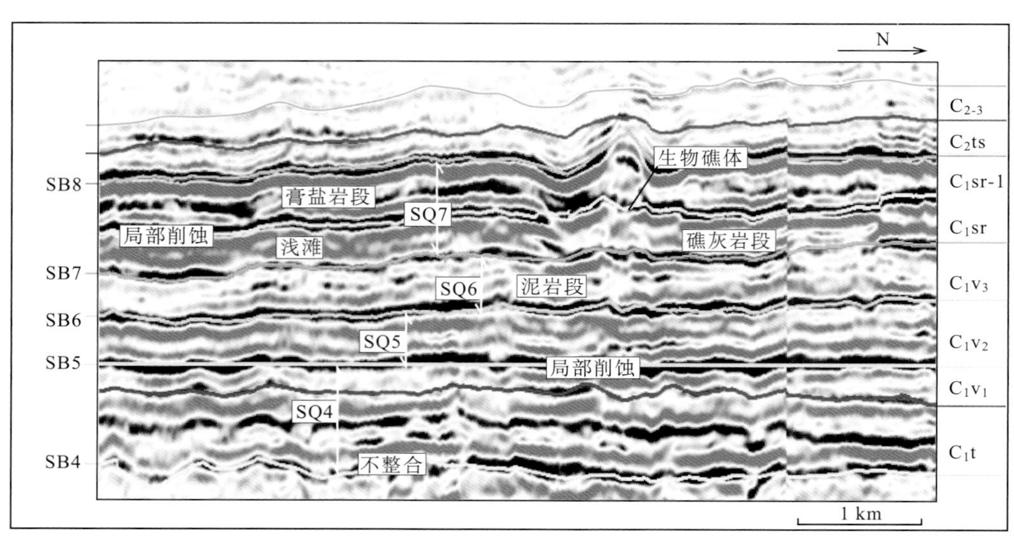

图 4-1-2 研究区下石炭统地震剖面上各层序界面的标定

1）主要层序界面与层序结构特征

SQ4 层序由 C_1t 和 C_1v_1 组成，该层序底界即 C_1t 底界(SB4)。该界面是区内的重要不整合面，为下石炭统碳酸盐岩沉积与泥盆系顶部的湖相泥岩、蒸发岩等沉积的分界。在全区该界面之下的泥盆系及其以下的地层显示为中-弱振幅、中-弱连续性、中-低频率的反射特征；界面之上的下石炭统地震反射突变为强振幅、强连续性、中等频率的特征。在工区的南部该界面表现为角度不整合，界面之下泥盆系的削截现象和界面之上石炭系的上超现象明显；到工区中部、北部由角度不整合过渡为平行不整合和整合接触(图 4-1-3)。SQ4 层序厚 60～120m，具有从水进到水退的层序结构：层序下部发育泥灰岩，向上过渡为泥岩为主的沉积，构成最大海侵界面附近的凝缩段，GR 表现为高值；再向上岩相过渡为大段的纯灰岩、云灰岩夹薄层泥灰岩，GR 曲线呈现微齿化、高幅、近箱形的特点，代表高位域沉积。

SQ5 层序由 C_1v_2 组成，该层序底界即 C_1v_2 底(SB2)是维宪阶内部的 C_1v_1 和 C_1v_2 的分界，作为下石炭统内部的一个三级层序界面。层序界面之下为 C_1v_1 上部的中-厚层灰岩岩相，GR 测井曲线主要表现为漏斗型且数值较低；界面之上为 C_1v_2 下部的泥灰岩-泥岩岩相组合，GR 测井曲线值显著增大。在 Tamgalytar 地区 pdg08-16 二维地震剖面上可见 C_1v_2 向该界面之上的超覆现象，局部可见 C_1v_1 上部弱振幅的反射削截于强振幅

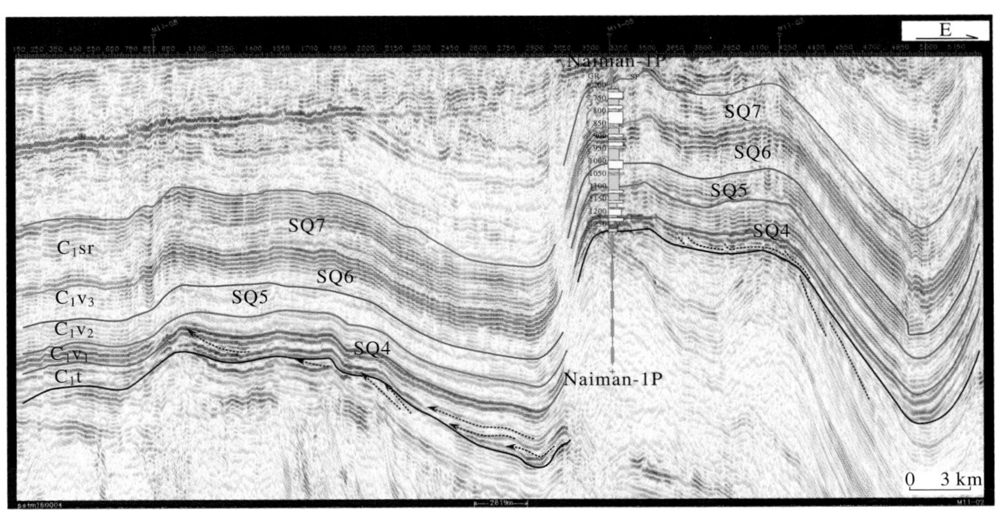

图 4-1-3 研究区南部过 Naiman 1 井 M11-02 二维地震剖面地震层序划分

的同相轴之下。该层序厚 50～190m，具有完整的且较为对称的从水进到水退的层序结构：层序下部为泥岩、泥灰岩；向上出现的第一泥岩段代表初始水进面；中下部发育海侵域凝缩段。层序 SQ4 与 SQ5 在厚度上大致相当。

SQ6 层序由 C_1v_3 组成，其底界即 C_1v_3 底(SB3)是维宪阶内部的 C_1v_2 和 C_1v_3 的分界，可作为下石炭统内部的又一个三级层序界面。界面之下为 C_1v_2 上部的中-厚层灰岩岩相，局部夹膏岩、盐岩，GR 测井曲线表现为低值与高值的强齿化振荡；界面之上为 C_1v_3 底部发育的泥灰岩，GR 测井曲线值明显增大。在地震上该层序的底界面不十分清晰，没有形成明显的水退面，横向对比有时较为困难；界面之上 C_1v_3 的地震反射特征与界面之下相比连续性变差、振幅变弱。该层序厚约 140m，总体是一个以水退为主的层序，最大海泛面发育于下部(C_1v_3 顶部)，岩性上主要为纯的泥岩和泥灰岩组成，GR 曲线表现为高值。

SQ7 层序由 C_1sr 组成，其底界 C_1sr 底(SB4)是维宪阶与谢尔普霍夫阶的分界，作为一个下石炭统内部的一个三级层序界面。界面之下为 C_1v_3 顶部的泥灰岩-灰岩岩相组合，GR 测井曲线表现为漏斗型；界面之上为谢尔普霍夫阶底部的泥灰岩-泥岩岩相组合，GR 测井曲线值显著增大。在局部地区地震剖面上可见 C_1sr 向界面之上上超的现象。层序 SQ7 厚 100～200m，其中发育大套的礁灰岩段，GR 值表现为低幅箱状，层序顶部发育大段的膏岩夹灰岩，在地震剖面上表现为连续平行、强振幅反射，GR 值较礁灰岩和颗粒灰岩更低。

C_1sr 顶界(SB5)是谢尔普霍夫阶的顶界、上下石炭统的分界，是区内重要的二级层序界面。该界面之下为谢尔普霍夫阶顶部的灰岩-云灰岩-膏岩-盐岩岩相组合，GR 测井曲线表现为低值与高值的强的齿化振荡；界面之上为塔斯库杜克阶下部的泥岩为主夹少量泥灰岩的岩相组合，GR 测井曲线值整体发生明显的增大。

自然伽马能谱测井能有效区分地层中天然放射性元素钍(Th)、铀(U)和钾(K)等的含量，这些放射性元素的绝对和相对含量能较好地指示岩石的沉积要素和成岩作用的特征。与碎屑岩地层相比，碳酸盐岩地层通常对常规测井曲线的反应较不明显，而自然伽马能谱测井能为碳酸盐岩层系的岩性、层序界面识别、层序及体系域划等研究提供重要的依据，尤其是在未取心的碳酸盐岩系地层中的应用十分关键。针对研究区钻井数量有限且下石炭统取心稀少的情况，研究利用部分钻井的自然伽马能谱测井资料，结合常规测井曲线及井震标定综合分析，开展了下石炭统的层序地层分析，并取得了较好的应用效果。

总体来看，较高的U值和较低的Th/U比代表着较深水的沉积背景，通常发育在层序界面之上，解释为海侵体系域，且在最大海泛附近，U值通常持续较大；层序界面下部附近通常以较低的U值和显著较高的Th/U值为特征。在Assa 1井中(图4-1-4)，下石炭统的底界面即SQ4底界之上可观察到U含量显著增大，指示水体突然加深；之上的C_1v_1地层GR、Th/U和U含量向上逐渐减小，代表沉积水体变浅，沉积环

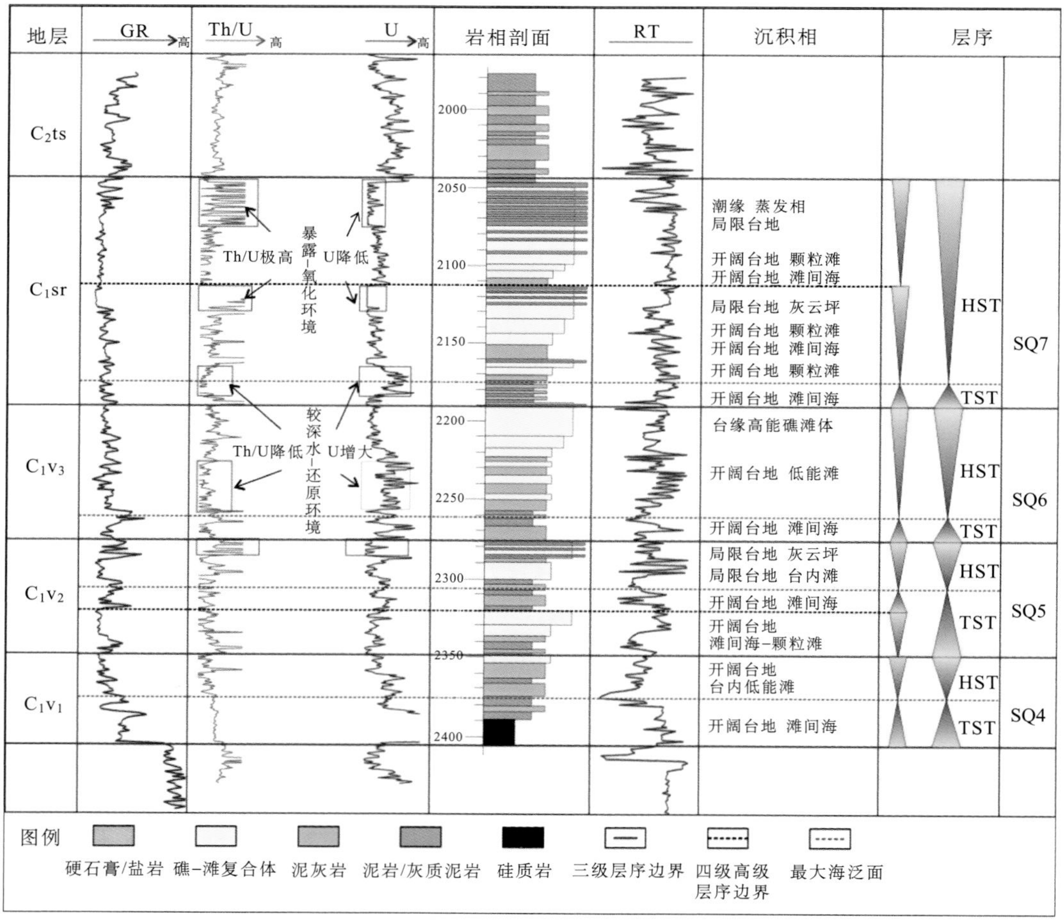

图4-1-4　Assa 1井层序划分和沉积解释

境向正常碳酸盐台地演变。在 SQ5 底界可观察到 GR 和 U 含量略有增加，而在最大海泛附近 U 和 GR 值相对最高；SQ5 的顶界面附近，Th/U 值存在明显的异常高值，表明可能存在一定时限的暴露。SQ6(C_1v_3)下部以连续的、较高的 U 值和较低的 Th/U 值为特征，指示相对海平面持续较高，海侵体系域更为发育；向层序的顶部 U 值明显减小，Th/U 值略有增大。SQ7(C_1sr)底部海侵域也以较高的 U 值和较低的 Th/U 值为特征，向上发育两套向上变浅的沉积旋回，在每套旋回的顶部具有较高的 Th/U 值和低的 U 值。

结合声波时差、密度曲线数据与地震剖面，通过精细的井-震标定，将单井层序界面标定于地震剖面，可知层序界面在地震剖面上表现的特征，主要表现为上超不整合接触界面，地层之间以上超/超覆接触关系为主(图 4-1-5)，每个地震层序可在全区追踪对比。层序 SQ4、SQ5、SQ6 可见较为明显的两侧上超，推测Assa 1井附近地区在早石炭世为一古隆起，下石炭统的维宪阶明显上超于古隆起南北两侧，其中层序 SQ4 时间厚度最薄，层序 SQ5、SQ6 时间厚度较大；层序 SQ7(C_1sr)由北向南一侧逐渐上超于下伏地层之上。

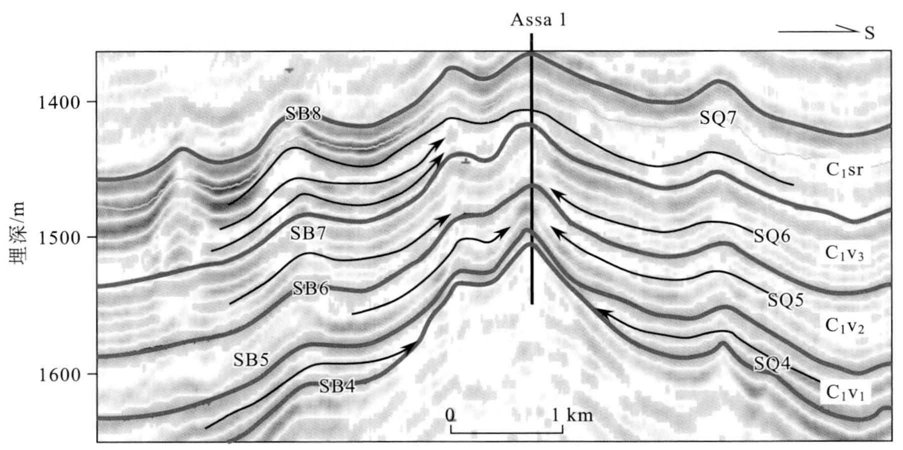

图 4-1-5 过 Assa 1 井地震剖面的各层序界面特征

2）主要海侵期和最大海泛面

在由以上各层序界面所限定的多个层序内部，均以海侵过程的沉积记录为开始，以相对海退过程的沉积为结束，其中各层序内部的最大海泛面可被客观的识别和对比。海泛面附近主要沉积了泥灰岩与黏土岩的岩相组合，代表着相对深水台地或深水潟湖沉积环境，具有凝缩段的表现特征(图 4-1-6)。

第一期海侵过程发生在 SQ4 内部，最大海泛面位于杜内阶顶部，发育泥灰岩-灰质泥岩-泥岩岩相组合。最大海泛面之下为海侵期的沉积，发育杜内阶的泥灰岩-灰岩岩相组合；最大海泛面之上为泥粒灰岩-颗粒灰岩岩相组合构成多个向上变浅的沉积序列，构成了高位期的沉积序列。

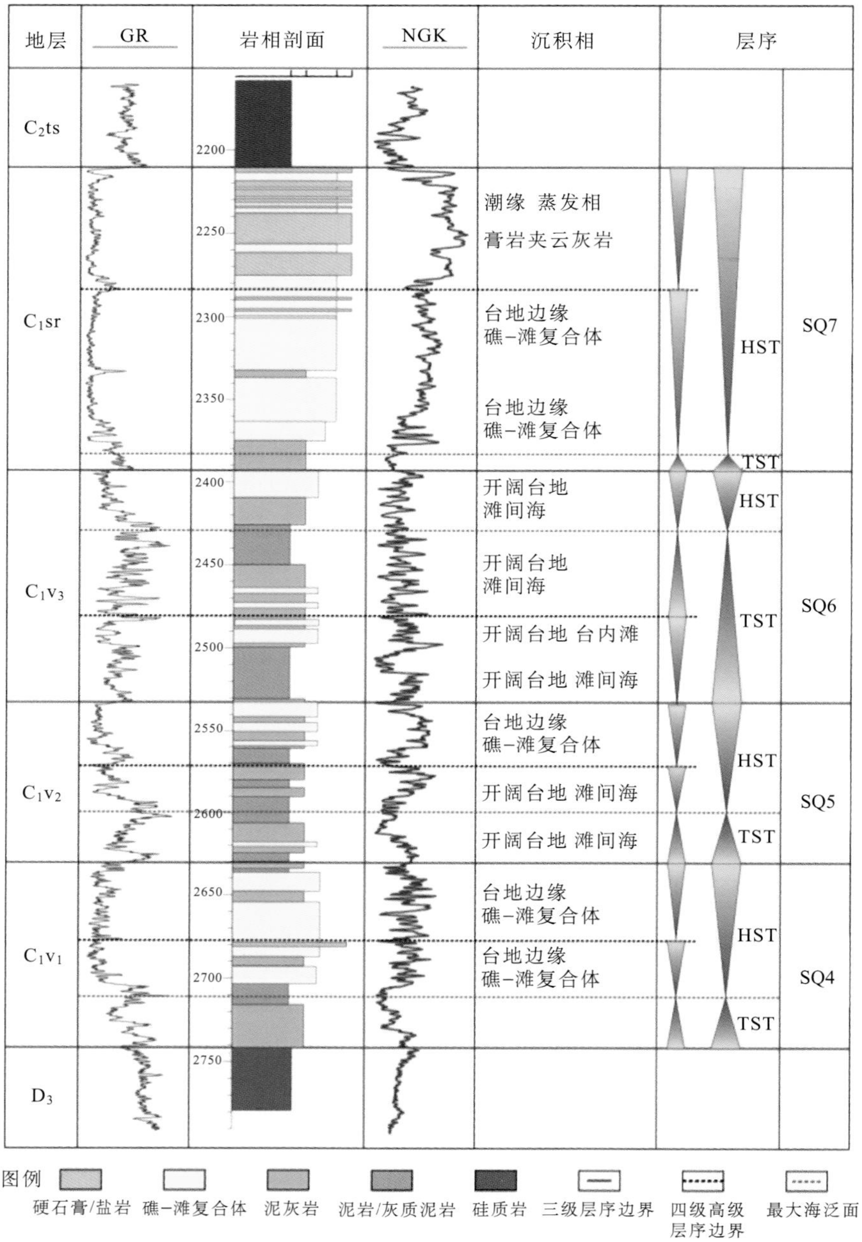

图 4-1-6　Tamgalytar 1-G 井层序划分和沉积相解释

第二期海侵过程发生在 SQ5 内部，最大海泛面位于维宪阶 C_1v_2 中部，发育超过 10m 厚的泥灰岩-泥岩组合。在最大海泛面之下，发育向上加深的灰岩-泥灰岩-泥岩岩相组合序列；在最大海泛面之上，岩相组合过渡为泥灰岩-灰岩组合，表现为多个向上变浅的沉积序列，构成了该层序的高位域。

第三期海侵过程位于维宪阶 C_1v_3 内部，最大海泛面附近发育 20～30m 厚的薄层泥岩-泥灰岩岩相组合，为早石炭世最大规模的海侵期。在该最大海泛面之下发育多套向上加深的沉积序列；在最大海泛面附近的泥岩段厚度最大；在其之上发育泥晶灰岩-泥粒灰岩岩相组合，代表沉积环境由相对深水的台地向正常开阔台地转变，解释为该层序的高位域沉积。

第四期海侵过程位于 C_1sr 底部，海侵记录相对较薄，仅发育约 10m 厚的泥灰岩-泥岩岩相组合序列，最大海泛面处位于该套沉积序列的顶部。在最大海泛面之上岩相转变为以颗粒灰岩、礁灰岩、云灰岩、膏岩组合，为该层序的高位域沉积。

2. 层序分布和沉积演化序列

1）层序分布特征

下石炭统内部发育的四个三级层序在区内均发育稳定且对比良好，各层序在平面上的分布特征呈现出规律性的差异。总体来看，层序 SQ4 和 SQ5（C_1v_1 和 C_1v_2）在研究区东北部（Kendyrlik 井区附近）更为发育（图 4-1-7）；层序 SQ6 为区内的早石炭世的最大海泛沉积期，稳定沉积了一套厚层泥岩段可作为良好的对比层，沉积环境转变为深水-淹没台地；SQ7 在工区中北部更为发育，形成了厚层的礁滩体沉积；在早石炭世晚期沉积环境由开阔台地最终彻底演变为局限-蒸发台地，发育的膏岩、盐岩为主体的沉积亦在北部更为发育。

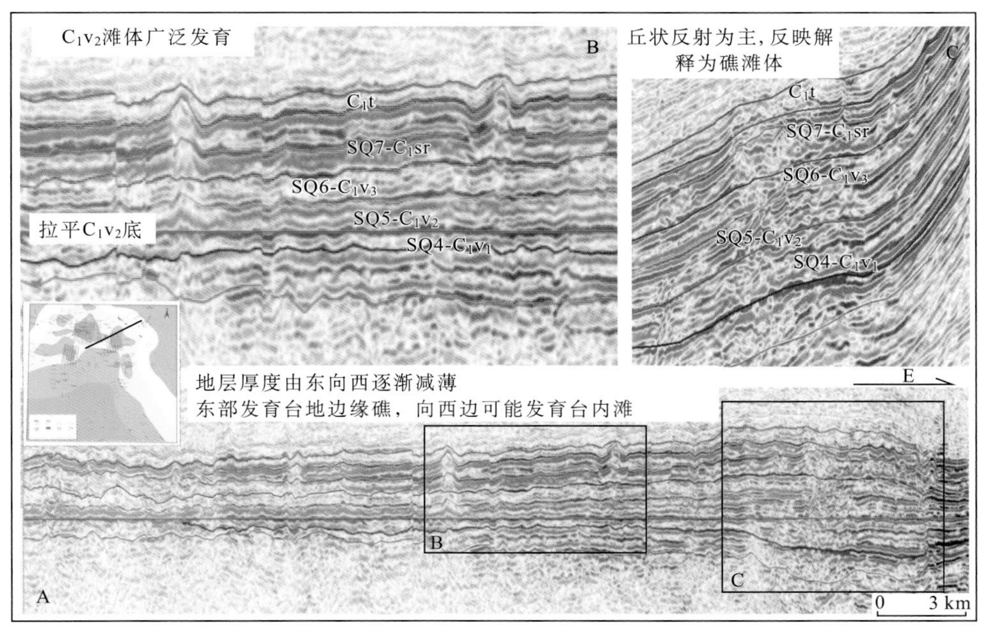

图 4-1-7 研究区北部东西向二维地震剖面下石炭统层序格架和沉积解释

在研究区北部，下石炭统及其内部各层序从西到东呈现出明显的变化。在工区东北部的 Oppak 井区和 Kendyrlik 井区，下石炭统及内部各层序的厚度均有明显的增厚，地震反射结构以外部呈丘状、内部弱连续-杂乱的反射特征为主，解释为礁-滩复合体相对发育的地区。在该井区以西地震剖面上以相对连续的反射特征为主，局部可见小型的外部丘状、内部弱连续-杂乱的反射结构体，解释为以滩体为主，局部发育点礁的沉积特征。同时向东部 C_1v_1、C_1v_2 和 C_1sr 沉积层序增厚现象更为明显，其他层序厚度变化不大，异常反射体在 C_1v_1 和 C_1v_2 更为发育。反映出早石炭世研究区东北部为向开阔海方向，尤其在 C_1v_1 和 C_1v_2 沉积期，该区主要发育礁-滩复合体沉积；向其西部为广阔的碳酸盐台地或缓坡沉积主体，以连片发育的滩体和台内潟湖沉积为主，仅局部发育小型礁体。

研究区中北部 Tamgalytar 井区是研究区内重要的含油气构造单元，在二维地震剖面上可明显观察到该区下石炭统为一个典型的碳酸盐岩建隆(图 4-1-8)，面积约为 $90km^2$。与邻区相比，该区的下石炭统及其内部的三级层序厚度有明显的增厚，且地震反射多为丘状、弱连续-中等连续反射为特征。该井区为发育在浅海背景下的小型孤立台地，内部以发育礁-滩复合体为主，礁、滩体之间局部发育潟湖沉积。

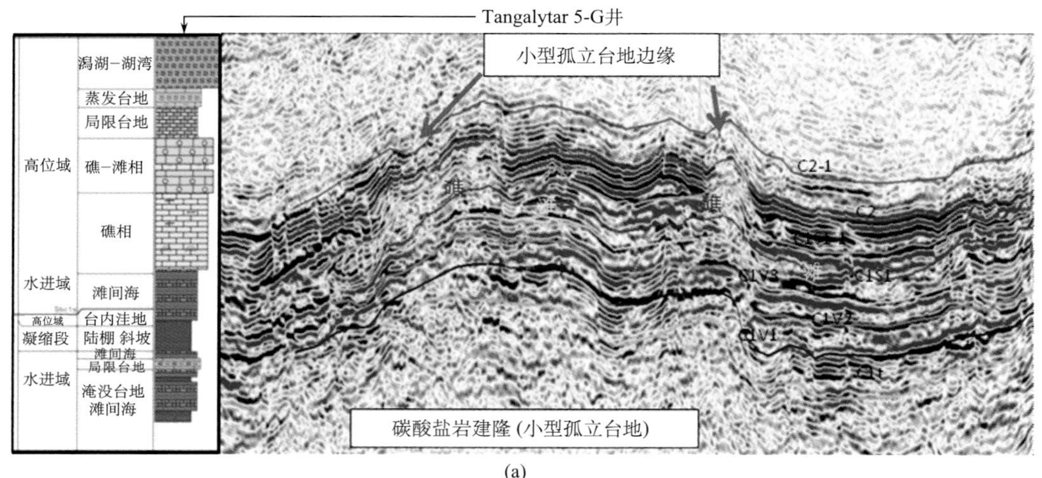

(a)

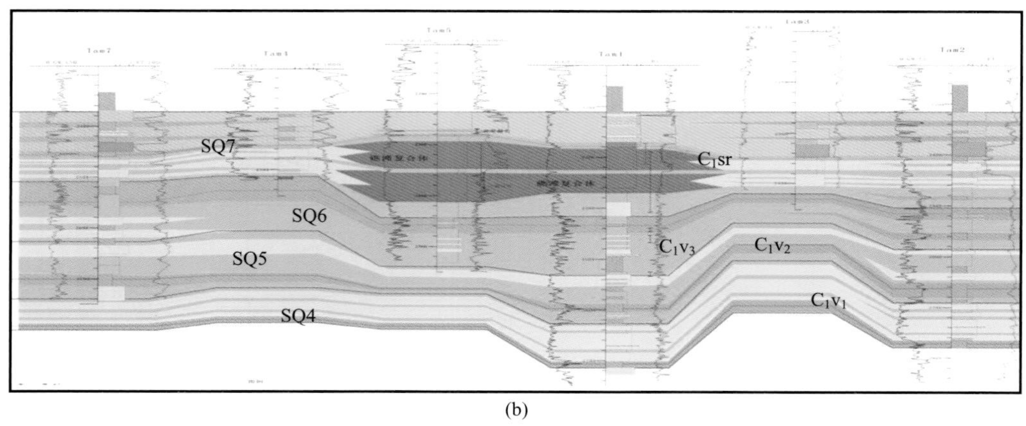

(b)

图 4-1-8 研究区北部 Tamgalytar 重点区地震相分析(a)和连井沉积剖面(b)

2）沉积演化序列

通过区内多口钻井的连井层序和沉积对比，结合过井的地震剖面综合分析发现，Tamgalytar井区下石炭统内部的各三级层序亦呈现出规律性的演化特征。下石炭统的底界面为泥盆系碎屑岩与下石炭统碳酸盐岩的突变界面，地震剖面上表现为弱的削截不整合和平行不整合，自然伽马测井曲线由界面之下的低幅齿状突变为界面之上的高幅箱状。层序SQ4(C_1v_1沉积期)是第一期的碳酸盐台地建造过程，在Tamgalytar井区的1井和2井钻遇到该层位，主要发育颗粒灰岩、泥粒灰岩夹少量膏岩岩相组合，构成了至少3期开阔台地潟湖到滩体的高频沉积旋回，海侵期的沉积记录较薄。层序SQ5(C_1v_2沉积期)体系域结构较为对称，受海侵过程的影响，层序的厚度略有减薄且岩相转变为以灰岩、泥灰岩组合为特征，高位域发育的开阔台地滩体分布稳定。层序SQ6(C_1v_3沉积期)为最大海侵期，其海侵域更为发育，以发育泥岩、泥灰岩组合为特征构成多个反映水体向上加深的高频沉积序列。尤其以稳定发育10～20m厚的泥岩、灰质泥岩为特征，成为区内重要的标志层，可以很好地识别和对比，指示台地普遍遭到淹没。层序SQ7(C_1sr沉积期)的海侵期沉积相对较薄，其高位域是该区的又一重要的礁滩体建造期，局部(Tamgalytar 1-G井、Tamgalytar 5-G井)可观察到明显的沉积加厚，岩相以浅灰色厚层礁灰岩、颗粒灰岩为主，地震上观察到的小型丘状正向隆起最为明显，指示该时期礁-滩复合体的快速建造。在层序SQ7沉积晚期，在该区形成了云灰岩、白云岩、膏岩、盐岩岩相组合，在区域内发育十分稳定，代表沉积环境由前期的开阔台地转变局限-蒸发台地背景。

工区北部近东西向的Tamgalytar 7-G井、Tamgalytar 1-G井、Tamgalytar 2-G井、Zholotken 1井、Oppak 1井、Kendyrlik 5-RD井、Kendyrlik 4井的连井层序与沉积相对比很好地揭示了区内的下石炭统及其内部各三级层序、体系域发育演化序列特征(图4-1-9)。总体而言下石炭统各层序及体系域有很好的对比，层序及体系域内的沉积相横向分布和纵向演化存在规律性变化，早石炭世礁滩体沉积相带具有从研究区的东北部(Kendyrlik井区，SQ4和SQ5)向中北部(Tamgalytar井区，SQ7)迁移的趋势；早石炭世晚期(SQ6和SQ7)研究区东北部逐渐转变为相对深水台地环境，而中北部演变成礁滩体集中发育区，沉积末期(SQ7)转变为局限-蒸发台地沉积环境。

早石炭世初期(SQ4层序沉积期)，C_1v_3底部以发育约10m厚的泥岩为主的岩相组合为特征，作为良好的标志层可很好地对比且与下部的上泥盆统碎屑岩显著区别，标志着早石炭世初期的海侵奠定了下石炭统的碳酸盐岩台地环境的基础。该区随即进入了碳酸盐岩台地的快速形成阶段，SQ4在Oppak 1井和Kendyrlik 5-RD井区沉积厚度最大(100～120m)，层序以高位域沉积为主，多发育大段厚层颗粒灰岩、泥粒灰岩与薄层泥灰岩的岩相组合，由两个向上变浅的潟湖-台内滩体的沉积旋回所构成。早石炭世早期(SQ5层序沉积期)，C_1v_2基本继承了C_1v_1沉积时期的沉积相带分布格局，层序内部海侵域的厚度有所增加，高位期主要的礁滩体发育带仍位于Oppak 1井、Kendyrlik 5-RD井、Kendyrlik 4井一带，但在Tamgalytar井区该层序礁滩体优于SQ4沉积期的发育规模。早石炭世中期(SQ6层序沉积期)沉积的C_1v_3与早石炭世早期的沉积差别明显，

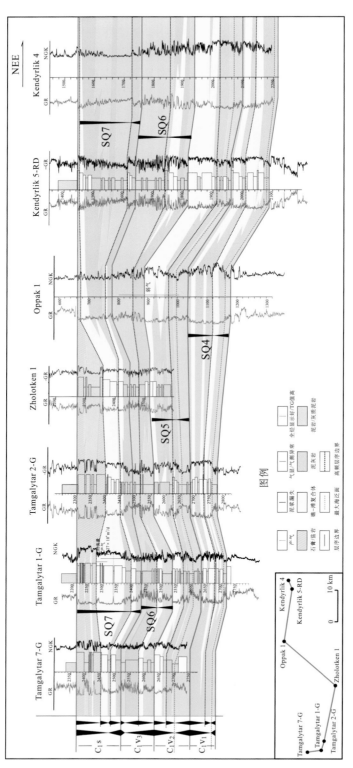

图 4-1-9　研究区北部 Tamgalytar 7-G 井至 Kendyrlik 4 井下石炭统连井沉积剖面

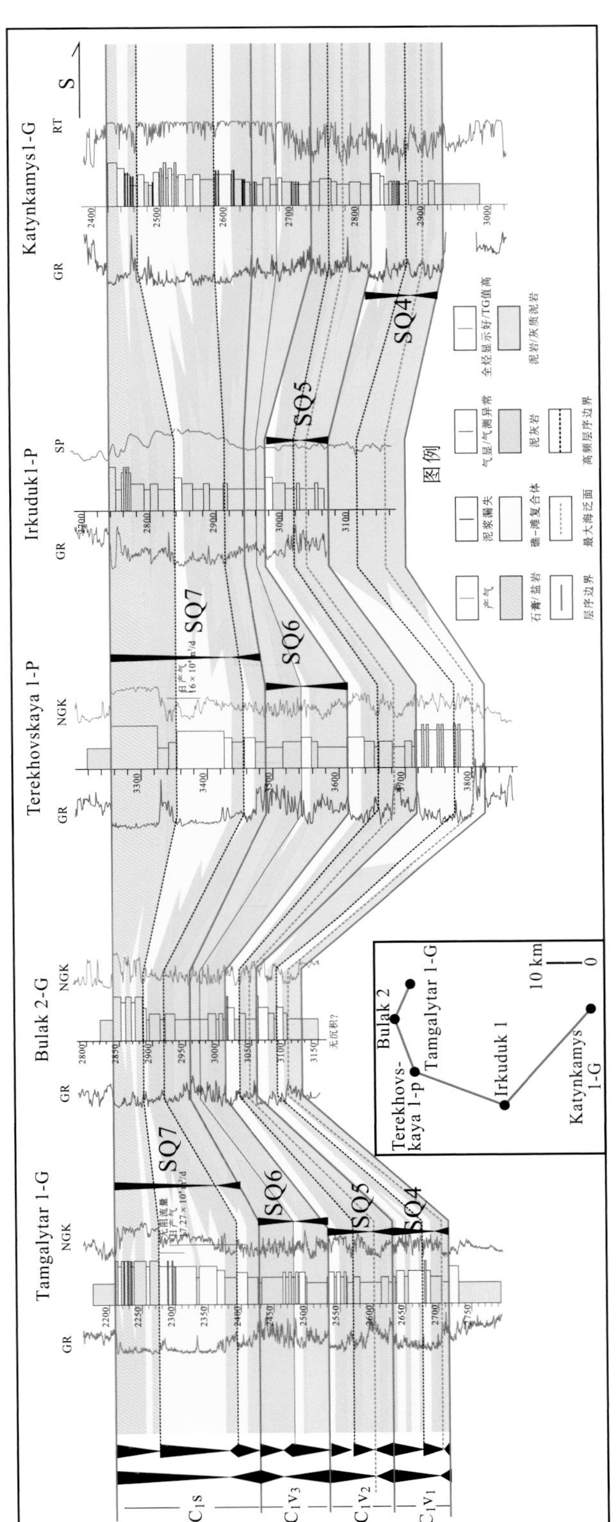

图 4-1-10 研究区西部 Tamgalytar 1 井至 Katynkamys 1-G 井下石炭统连井沉积剖面

层序的主体为海侵体系域，沉积了以厚层泥岩、泥灰岩为主的岩相组合(50～80m)，代表深水-淹没台地沉积环境，高位域欠发育。发育于该层序内的海侵作用是早石炭世最大规模的海侵，在最大海泛期形成的以厚层暗色泥岩为主的沉积为一套区域上较易对比的凝缩段沉积，且东部的泥岩段的沉积厚度较西部的更大。早石炭世晚期(SQ7 沉积期)，沉积格局再次发生明显变化，东部的 Oppak 井、Kendyrlik 井区发育的 C_1sr 以沉积泥岩、泥灰岩岩相组合为主，代表相对深水台地或淹没台地背景，仅在顶部发育薄层膏岩、盐岩；在西部的 Tamgalytar 井区，高位域以发育厚层礁滩体沉积为主(50～100m)，成为该时期最重要的碳酸盐建隆沉积区；SQ7 沉积晚期该井区发育较厚的以盐岩、膏岩、灰云岩等岩相组合为主的沉积，指示沉积环境转变为局限-蒸发台地背景。

从工区中北部到南部的 Tamgalytar 1 井、Bulak 2-G 井、Terekhovskaya 1-P 井、Irkuduk 1-P 井和 Katynkamys 1-G 井的连井剖面可看出(图 4-1-10)，下石炭统内各层序及体系域在工区内均可对比，但体系域的发育和沉积相构成在不同井区差异较明显。Irkuduk 井区主要发育海侵体系域，以泥岩-泥灰岩岩相组合为主，Bulak 井区各层序及体系域厚度均为最薄。

早石炭世早期(SQ4 沉积期)，C_1v_1 在 Tamgalytar 井区和 Terekhovskaya 井区发育厚度最大，且以高位域为主体，主要发育泥灰岩、灰岩、云灰岩、膏岩的岩相组合，代表相对开阔的沉积环境背景，在南部的 Katynkamys 井区则以泥岩、泥灰岩、灰岩岩相组合为特征，指示相对深水台地背景。SQ5 沉积期 C_1v_2 厚度差异较小，主要发育泥岩、泥灰岩、灰岩岩相组合，指示相对深水台地至开阔台地滩体的演化过程。SQ6 沉积期区内沉积的 C_1v_3 以泥岩、泥灰岩岩相组合为主，是早石炭世最大规模海侵的结果，区内沉积环境多为相对深水至淹没台地环境。SQ7 沉积期层序和沉积结构分异最为明显，Tamgalytar 井区、Terekhovskaya 井区和 Katynkamys 井区以厚层的颗粒质灰岩、云灰岩沉积为主，构成礁滩体的主要沉积区(厚度可达 80～120m)，而 Bulak 井区和 Irkuduk 井区的沉积厚度略薄，且以泥灰岩、灰岩岩相组合为主，指示相对深水台地或台内潟湖的沉积背景；沉积晚期北部的云灰岩、膏岩、盐岩组合更为发育，厚度可达 40～60m，向南部减薄至 20～30m。

第二节　石炭系沉积相类型和古地理演化

一、沉积相类型

依据录井岩屑描述、测井及地震资料，在 Marsel 探区下石炭统主要识别出以下沉积相类型(表 4-2-1)：①开阔台地相组合，包括生物礁、礁-滩复合体、浅滩、灰泥丘及滩间海等相类型；②蒸发台地、局限台地相组合，包括膏泥坪和潟湖相类型；③深水-淹没台地沉积组合。垂向上，C_1v_1 到 C_1sr 即从 SQ4 到 SQ7 显示了从开阔台地—局限台地—淹没台地—开阔台地—蒸发台地的总体演化过程。

表 4-2-1 研究区主要沉积相组合和沉积相类型及其特征描述

沉积相组合	主要相类型	沉积特征	主要分布层位
开阔台地	生物(点)礁	岩相主要为礁灰岩；GR 曲线呈现平直-微锯齿的箱型且低值；地震剖面显示丘形、内部杂乱/弱反射的特征	C_1sr、C_1v_2、C_1v_1
	浅滩	岩相主要为生屑泥粒/颗粒灰岩；GR 曲线呈现微锯齿化箱型且低值；地震剖面显示席状中低频、强连续、强反射特征	C_1sr、C_1v_2、C_1v_1
	滩间海	岩相主要为水平纹层状泥晶灰岩或黏土质泥晶灰岩；GR 曲线呈现高值、强锯齿化；地震剖面显示席状中低频、中等连续、弱反射特征	C_1v_1—C_1sr
局限-蒸发台地	潟湖	岩相主要为水平纹层状泥晶灰岩或黏土质泥晶灰岩；GR 曲线呈现高值、强锯齿化；地震剖面显示席状中低频、中等连续、弱反射特征	C_1v_1—C_1sr
	蒸发坪	岩相主要为硬石膏/石膏为主，夹薄层的黏土岩，整体呈现红褐色；GR 曲线呈现平直-弱锯齿化箱状，且极低值；地震剖面显示中高频、强连续、强反射特征	C_1sr
深水-淹没台地	低能中/外缓坡	岩相主要为水平纹层状泥晶灰岩或黏土质泥晶灰岩；GR 曲线呈现高值、强锯齿化；地震剖面显示席状中低频、中等连续、弱反射特征	C_1v_3

1. 礁-滩相沉积

在 Tamgalytar 重点二维区内，钻遇生物礁的钻井有 Tamgalytar 1-G 井、Tamgalytar 5-G 井，录井岩屑显示礁灰岩为珊瑚、苔藓虫等造礁生物的格架灰岩，GR 曲线呈现平直箱状且低值的特征（图 4-2-1），地震剖面呈现丘形且顶部强、底部弱的反射特征，内部杂乱反射，拉平地震剖面显示礁体建隆厚度比围岩厚（图 4-2-2）。对整个工区而言，Tamgalytar 井区生物礁分布较为集中，其他地区零星分布。

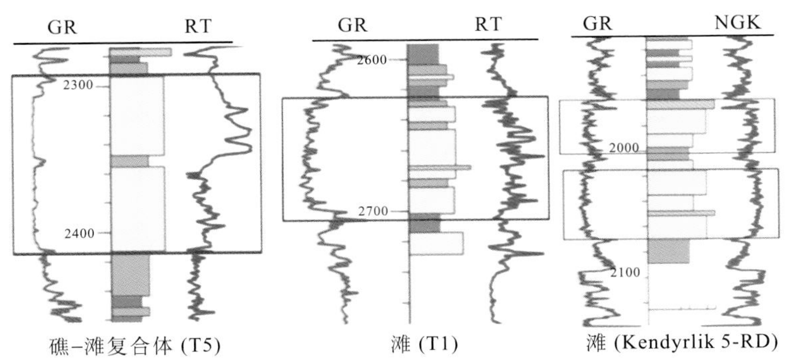

图 4-2-1 生物礁-滩相测井响应特征

在 Assa 三维区，依据三维地震响应特征可区分出两种类型的生物礁（表 4-2-2），两种生物点礁均主要分布于三维区的北部，都具有丘形且底部弱的地震反射特征，礁体翼部存在上超。这两种礁体在发育规模、分布层位、地震反射特征和发育数量上都存在一定差异：Ⅰ型礁体比Ⅱ型礁体略大；Ⅰ型礁体顶部可能强反射或弱反射，而Ⅱ型礁体顶

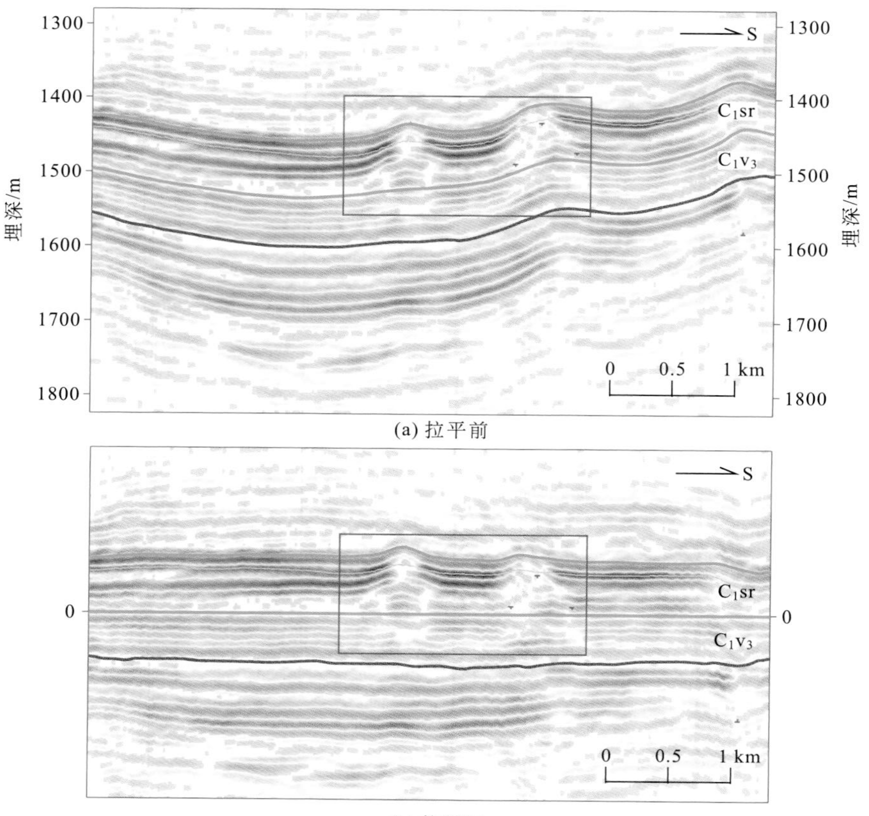

(a) 拉平前

(b) 拉平后

图 4-2-2　生物点礁地震剖面特征

部呈现强反射特征为主；Ⅰ型礁体内部弱成层、杂乱反射为主，Ⅱ型礁体内部成层的弱反射为主；Ⅰ型礁体主要分布在 C_1sr 目的层，Ⅱ型礁体主要分布在 C_1sr 和 C_1v_3 目的层。

表 4-2-2　研究区生物礁的类型及特征

项目	Ⅰ型	Ⅱ型
规模	较大(直径约 1000m)	较小(直径约 500m)
数量	较少	较多
地震反射特征	丘状外形 内部杂乱、空白/倾斜层反射 顶底弱反射	丘状外形 内部成层/弱成层-空白反射 顶部强反射，底部弱反射
地震剖面特征		
主要分布层位	C_1sr	C_1sr、C_1v_3

碳酸盐滩体及礁-滩复合体在研究区发育十分普遍。录井资料显示浅滩体的岩性主要为生物碎屑灰岩等颗粒灰岩类型，生物碎屑可见腕足、双壳等。滩体的GR曲线特征呈现平直-微锯齿化的箱形且低幅的特征。地震剖面上浅滩体呈现中等连续-连续、中强振幅的前积反射(图4-2-3)。在东北部Kendyrlik、Zholotken地区、北部Tamgalytar地区、西北部Terekhovskaya、Katynkamys地区较为集中分布。

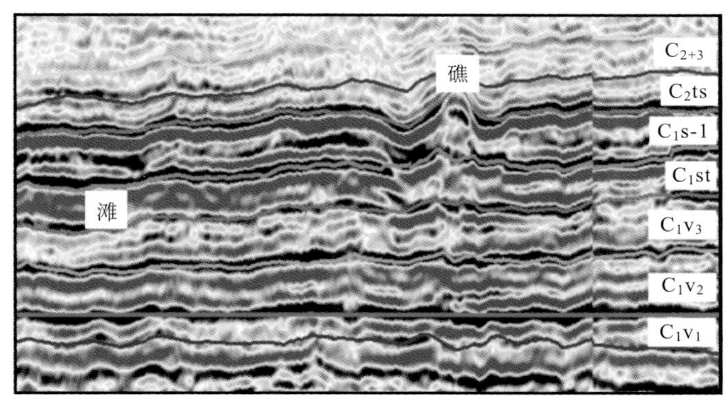

图4-2-3 浅滩体在地震剖面的反射特征

在三个重点研究区，浅滩体的垂向分布在不同地区略有差异。在Tamgalytar二维区、Tamgalyskaya三维区，浅滩体集中分布在C_1v_1、C_1v_2、C_1sr目的层；在Assa三维区，浅滩体集中分布在C_1v_1、C_1v_3、C_1sr目的层。

2. 滩间海沉积

研究区多口井钻遇滩间海、潟湖等低能沉积，其主要分布于研究区的中部、南部地区，在North Pridorozhnaya、Pridorozhnaya、Irkuduk等井区集中分布。滩间海、潟湖等低能沉积的岩性主要为泥质岩-泥晶灰岩、粒泥灰岩等，GR曲线呈现强锯齿化高值特征(图4-2-4)，地震剖面上呈现中等-弱连续、低频、中等振幅的反射特征。

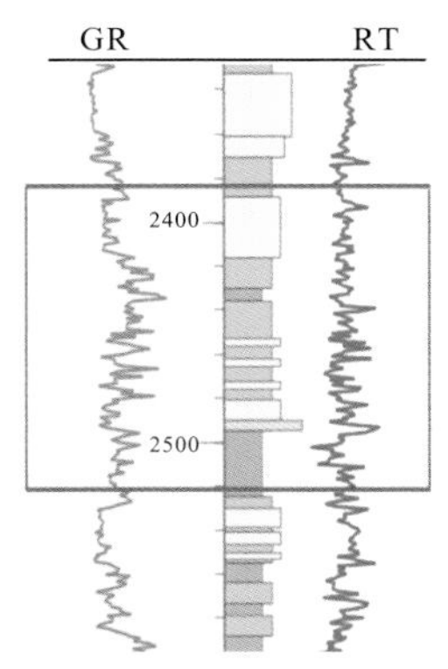

图4-2-4 滩间海测井曲线特征

在三个重点研究区，滩间海、潟湖等低能沉积集中分布在各重点区的南部，但在各重点区的垂向分布上存在差异。在Tamgalytar二维区和Tamgalynskaya三维区，滩间海、潟湖沉积主要在C_1v_3最为发育，在Assa三维区，滩间海、潟湖沉积在C_1v_2最为发育。

3. 半淹没中-外缓坡沉积

研究区识别出的中-外缓坡沉积主要广泛分布在C_1v_3地层中，研究区东北部Kendyrlik地区较为发育。其岩性主要为大段的泥晶灰岩、泥质岩，Kendyrlik 5-RD井中C_1v_3岩性段显示较好的水平层理构造(图4-2-5)。GR测井曲线表现为强齿化高值，电阻率曲线值变小的特点，地震上表现连续、中-强振幅反射特征。

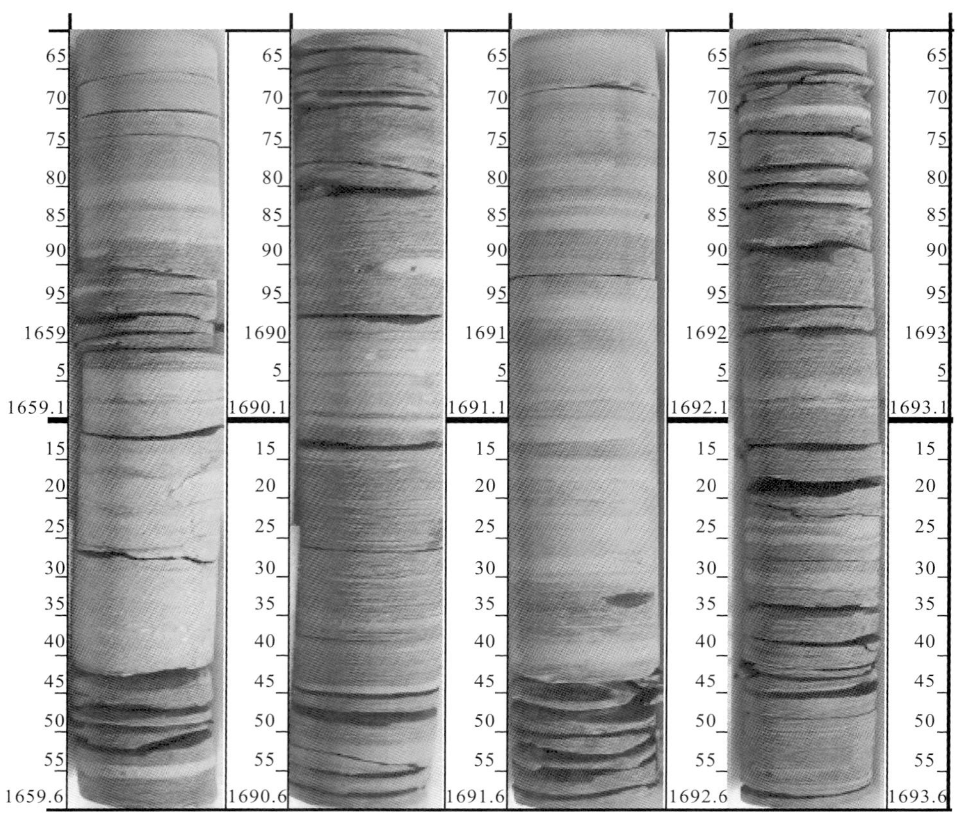

图 4-2-5　半淹没中-外缓坡沉积特征岩心照片

深灰色泥岩与泥灰岩互层，发育水平层理，可见生物扰动构造 Kendyrlik 5-RD 井，C_1v_3

4. 蒸发坪沉积

研究区蒸发台地相主要分布在 C_1sr 地层的顶部，北部较为集中。岩性主要为石膏/硬石膏夹黏土岩等，整体呈褐色；GR 曲线呈现平直箱型且极低值的特征，随泥质含量增多，曲线锯齿化增强(图 4-2-6)，地震剖面上为平行连续的强振幅反射特征，北部区域的地震剖面基本都可见这套波组的反射。

在三个重点区内，和 Marsel 探区一样，蒸发台地相主要分布在 C_1sr 地层的顶部。在 Assa 及 Tamgalynskaya 重点区地震反射剖面上，顶部膏盐岩主要为连续性好、低频的强反射，此特征基本上全区可见，在 Assa 工区的中—北部表现地最为明显。在 Tamgalytar 二维区，C_1sr 顶部膏盐岩的特征与两个三维区有所不同，地震剖面上主要表现为平行、连续性好、强振幅、高频的反射特征，这可能由于厚度较大的膏盐岩与泥晶灰岩薄互层形成的这种地震反射特征。GR 曲线均呈现平直箱型且极低值的特征，随泥质含量增多，曲线锯齿化增强。

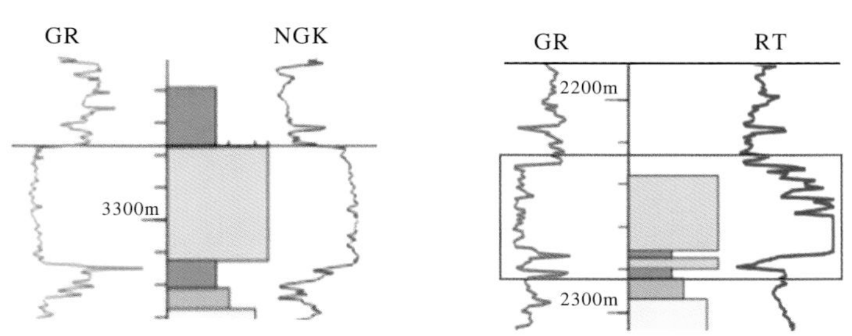

图 4-2-6 蒸发岩类测井曲线特征

二、沉积古地理演化

以沉积层序或层序组为地层单元，综合井、震资料分析并编制研究区沉积相平面分布图，基本上阐明了 Marsel 探区下石炭统的沉积相平面分布及垂向演化特征。

1. 早石炭世早期(C_1v_1和 C_1v_2)

早石炭世早期，研究区由南向北可大致分为 5 个沉积相带(图 4-2-7)，依次为潮缘带(潮间-潮上)-局限台地相带、开阔台地(潮下带)、台内高能带(潮下带)、台内-边缘高能带(潮下带)和低能外缓坡带。低能外缓坡带为较深水环境，水动力弱，该环境以泥灰岩、泥岩、泥晶灰岩沉积为主；在台内-边缘高能带(潮下带)，为浅水高能沉积环境，以浅滩、生物礁沉积为主，Tamgalytar 井区礁滩体较为发育；台内高能带内水动力较强，台内浅滩较为发育，水动力较弱位置发育滩间海沉积；开阔台地水循环性好，局部水动力强的地区发育浅滩，水动力弱地区沉积泥晶灰岩；潮缘相带为潮间带和潮上带交互式的低能沉积，干旱气候情况下发育膏岩，研究区该相带主要表现为膏岩、云岩/泥岩的互层。该时期碳酸盐台地分布范围广。

2. 早石炭世中期(C_1v_3)

早石炭世中期，平面沉积相分带明显，总体以低能相带为主。由南向北可分为 3 个相带，分别为：潮缘带、开阔台地-中缓坡带和低能外缓坡-半浅海带(图 4-2-8)。C_1v_3 时期为早石炭世最大海侵期，C_1v_1 和 C_1v_2 时期的台地高能相带消失，广阔的台地普遍遭到淹没，前期的高能礁滩相带转变为该时期的低能中缓坡沉积。Kendyrlik 地区发育以泥岩、泥灰岩为主的外缓坡-半浅海沉积。

3. 早石炭世晚期(C_1sr)

早石炭世晚期，沉积环境再次发生明显的分异，由南向北可将沉积相划分为 5 个区带，分别为：潮缘带(潮间—潮上)-局限台地相带、开阔台地相带(潮下带)、台地边缘高能相带、低能外缓坡带和低能外缓坡-浅海相带(图 4-2-9)。各相带的分布呈现弧形。

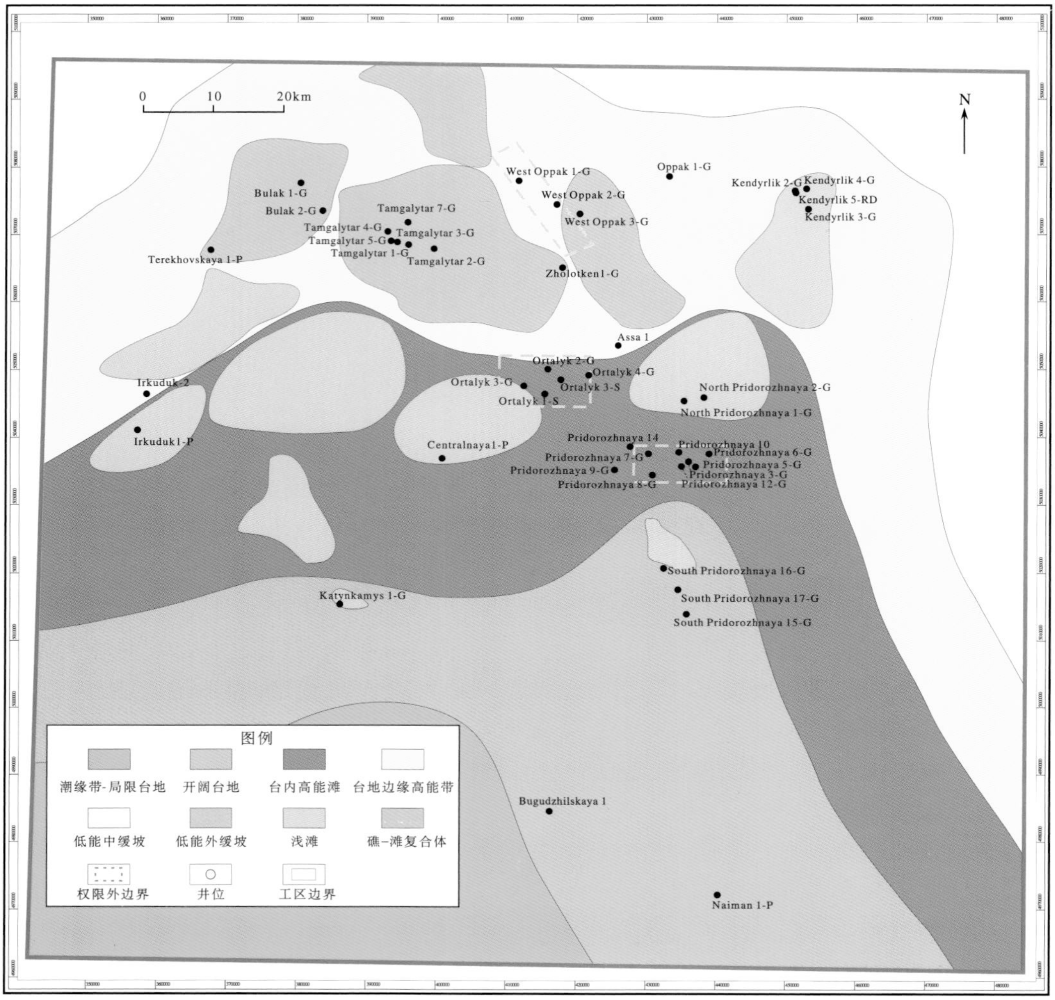

图 4-2-7 Marsel 探区早石炭世早期(C_1v_1—C_1v_2沉积期)沉积古地理图

研究区东北部主要为低能外缓坡-半深海相带，岩性主要为泥灰岩、泥岩、泥晶灰岩等低能沉积；低能中缓坡带为深-浅水过渡区域，主要为粒泥灰岩或泥灰岩沉积，在 Kendyrlik 地区连井剖面上表现明显。台地边缘高能带为浅水且水动力扰动较强的环境，主要沉积颗粒滩、礁-滩复合体等高能环境沉积物，该相带宽约 10km，内部广泛分布点礁和浅滩，局部可能发育环礁，岩性以原地礁灰岩、生屑/鲕粒/球粒灰岩为主。Tamgalytar 二维区生物礁较为发育，地震剖面上可见碳酸盐岩建隆。由边缘高能相带向陆过渡为开阔台地潮下-海湾沉积相带，水动力变弱，内部发育浅滩和滩间海沉积。台地与陆地过渡的地区主要发育潮缘相带，为潮间带和潮上带交互式的低能沉积，干旱气候条件下发育膏岩，研究区主要表现为膏岩、云岩/泥岩的互层。

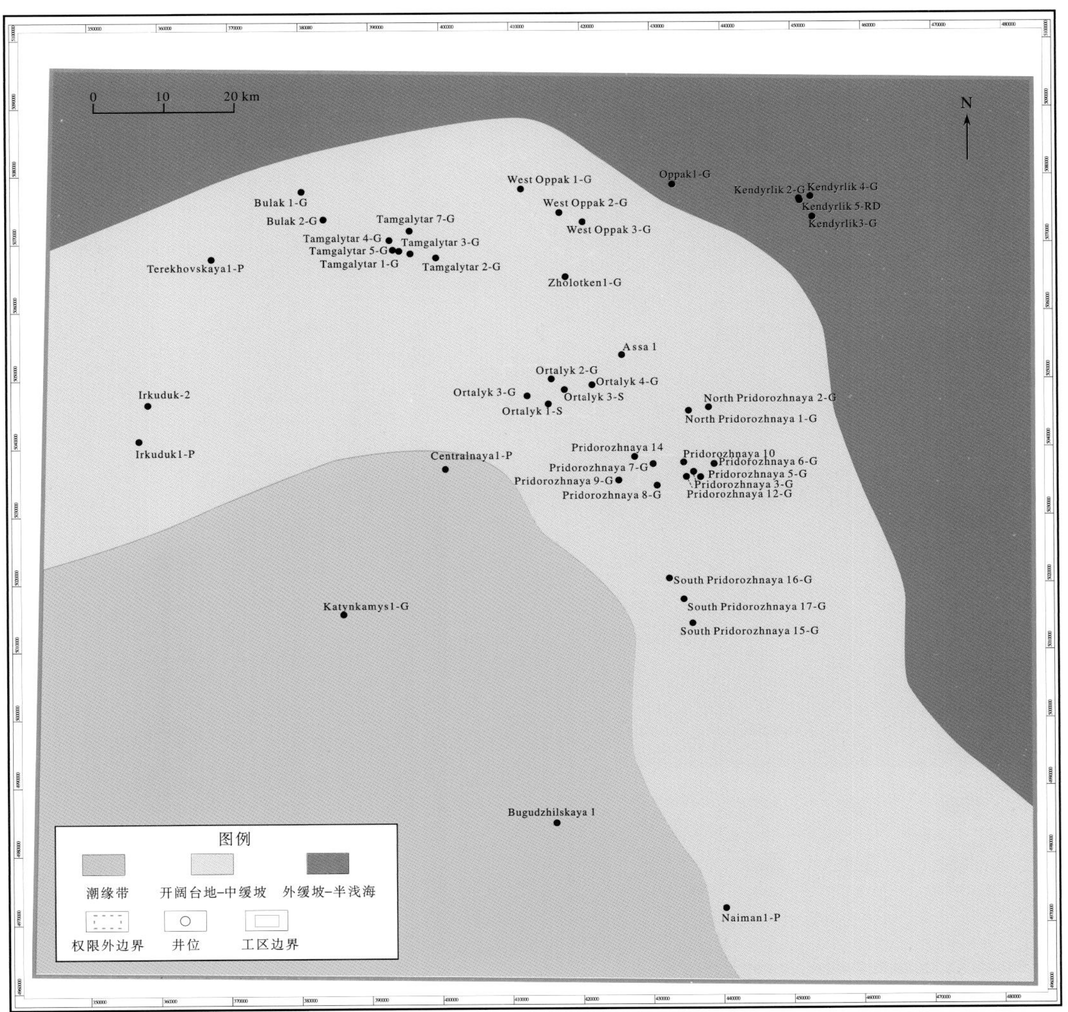

图 4-2-8 Marsel 探区早石炭世中期(C_1v_3沉积期)沉积古地理图

三、重点区带的沉积相分析

利用重点区 Tamgalytar 井区的高分辨的二维地震测网及 Tamgalynskaya 区和 Assa 区的三维地震数据体，在精细的地震层位解释追踪基础上，在等时地层格架内开展了精细的沉积相研究。在二维区主要通过逐个测线的沉积相分析，进而确定了各层序内的沉积相分布特征；在三维区主要利用地层切片技术，根据均方根振幅属性的不同所反映的碳酸盐岩岩相和岩相组合的差异，进而解释不同的沉积相类型：其中强振幅区（均方根振幅属性图中偏绿色的区域）对应地震波反射速度较高的区域，反映相对较纯的灰岩沉积，代表高能的礁、滩等相带；弱振幅区（均方根振幅属性图中偏紫色的区域）对应地震

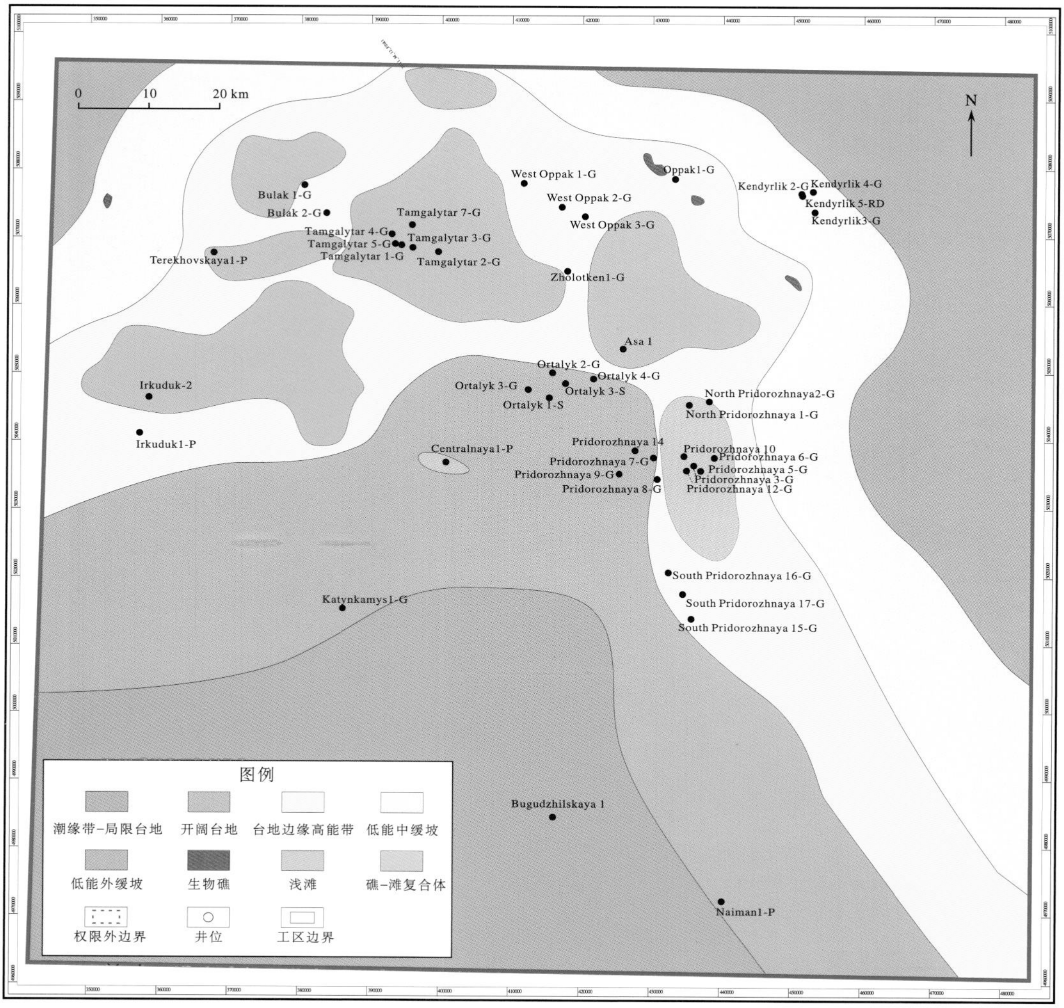

图 4-2-9　Marsel 探区早石炭世晚期(C_1sr 沉积期)沉积古地理图

波反射速度较低的区域，反映岩石中一定的泥质含量，代表低能滩间海、潟湖等相带(图 4-2-10)。利用以上资料和关键技术，研究最终揭示了 3 个重点区内的沉积相的平面分布及演化特征，对区内的有利勘探目标优选具有重要意义。

1. Tamgalytar 区沉积演化

在 Tamgalytar 二维区，主要利用密集的二维测线剖面和多口钻井的沉积相分析和标定，对生物礁和浅滩相的地震反射特征进行识别追踪，进而编制了 Tamgalytar 二维区的下石炭统各层序的礁滩体分布图(图 4-2-11)。不同时期高能相带的平面分布及规模具有明显差异。C_1v_1—C_1sr 沉积演化过程中，高能礁滩体具有从有限发育到广泛发育的演化趋势，C_1v_1—C_1v_3 期间的礁滩体零星分布，连续性差，C_1sr 时期的礁滩体连片发育。

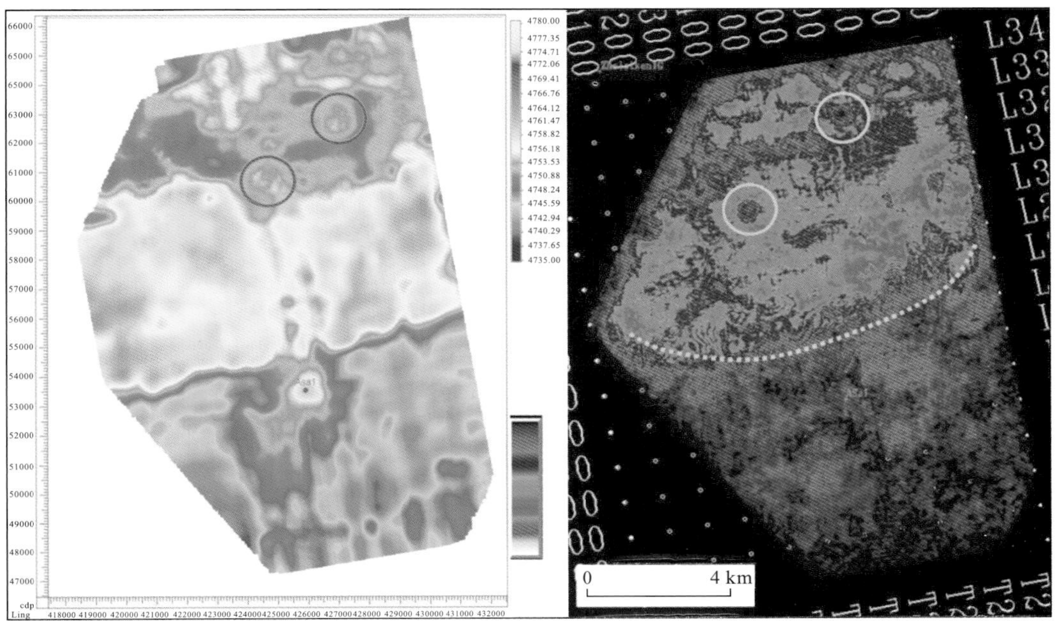

图 4-2-10 Assa 地区 C_1sr 下灰岩段的地震反演速度切片(左)与均方根振幅属性(右)对比

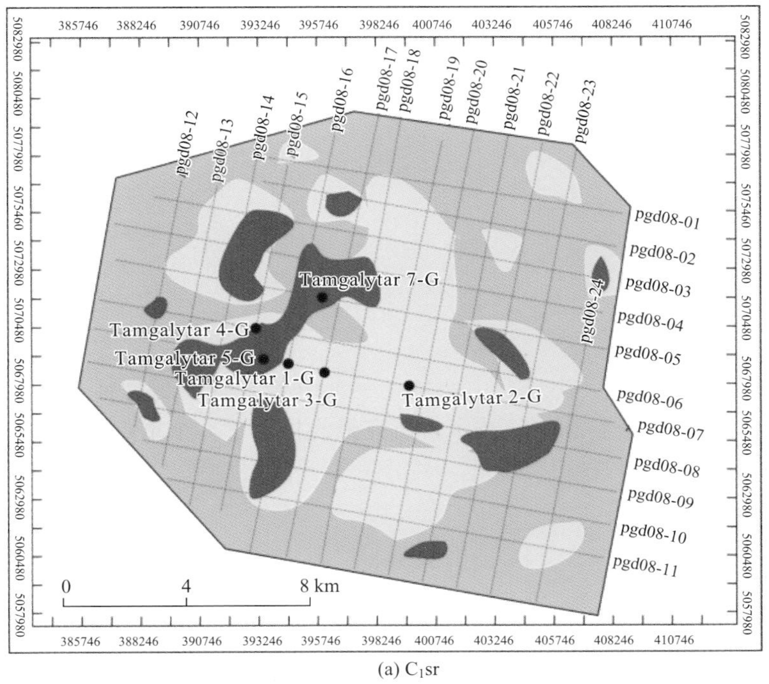

(a) C_1sr

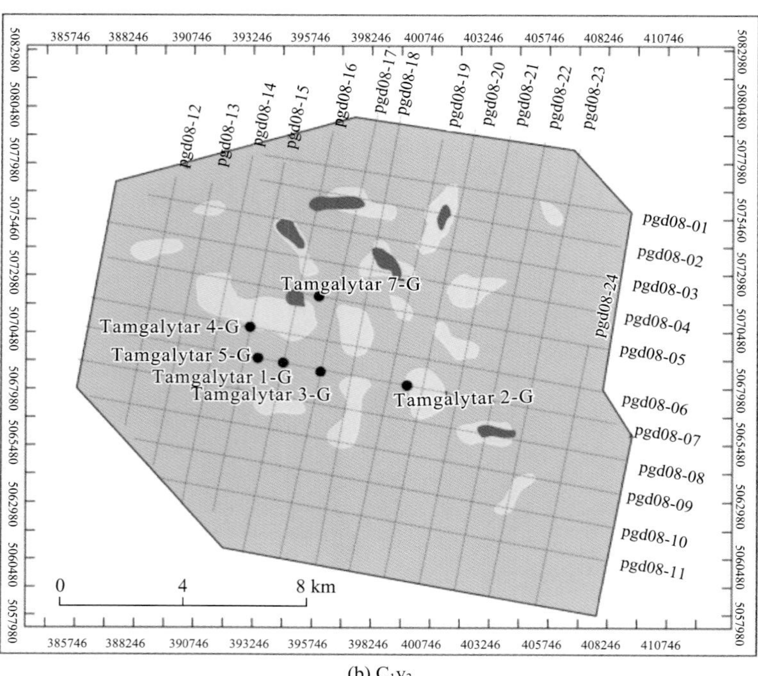
Tamgalytar 7-G
Tamgalytar 4-G
Tamgalytar 5-G
Tamgalytar 1-G
Tamgalytar 3-G
Tamgalytar 2-G
0 4 8 km

(b) C_1v_3

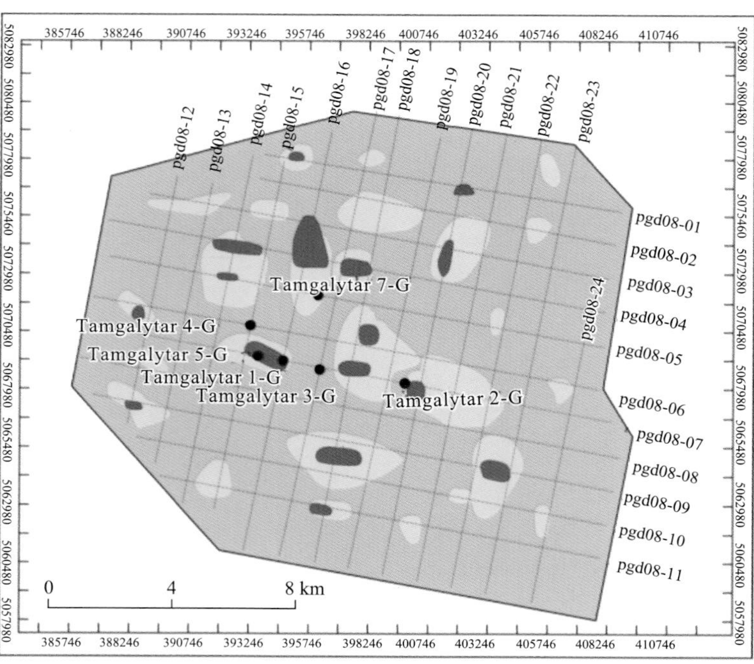
Tamgalytar 7-G
Tamgalytar 4-G
Tamgalytar 5-G
Tamgalytar 1-G
Tamgalytar 3-G
Tamgalytar 2-G
0 4 8 km

(c) C_1v_2

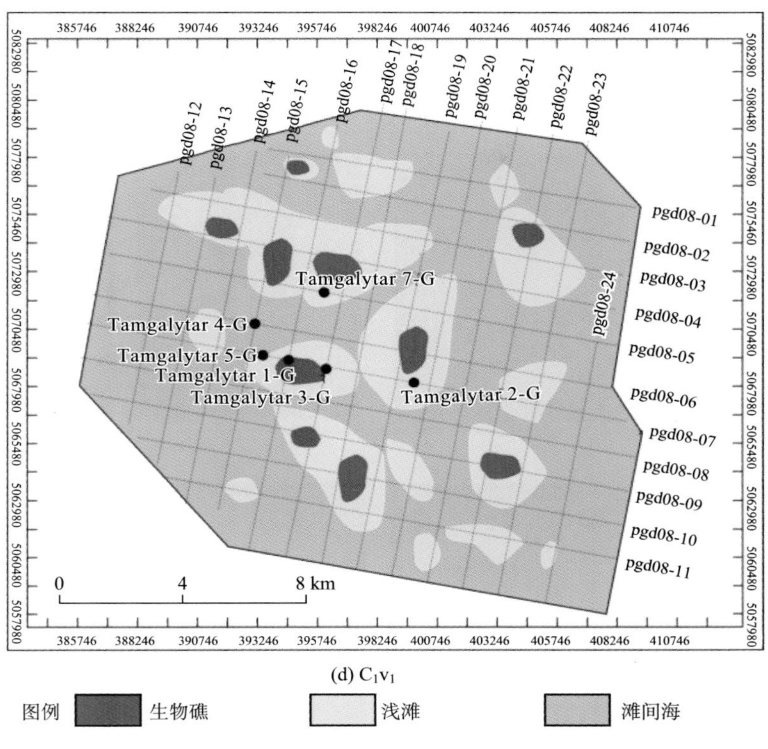

图 4-2-11 Tamgalytar 二维区早石炭世 C_1v_1—C_1sr 沉积期沉积相分布图

C_1v_1时期是维宪期区内发育的浅滩体总体规模最大的时期，生物礁体通常发育在较大规模的滩体之中，滩体之间为滩间海低能沉积；C_1v_2时期浅滩体发育基本继承了C_1v_1时期的总体格局，但是滩体间受到更多滩间海低能沉积的分隔，因此分布更加不连续，滩体数量增多但单个滩体面积变小；C_1v_3时期，滩体的数量最少且单个规模最小，沉积区广泛分布低能沉积；C_1sr 时期是早石炭世礁滩体发育规模最大的时期，高能礁滩体亦连片发育，规模相对之前增加明显。由于研究区早石炭世构造相对稳定，C_1v_1—C_1sr 期间的高能相带的演替关系可能主要反映相对海平面的变化关系。C_1v_1—C_1v_3相对海平面持续上升造成高能相带的淹没减少，C_1sr 相对海平面下降，区域内浅滩相普遍发育。

2. Tamgalynskaya 区沉积演化

由于 Tamgalynskaya 地区无钻井资料，依据地层切片对该三维区进行了沉积体系演化分析。C_1v_1时期显示一次完整的海侵—海退旋回。海侵早期，浅滩在区内中部集中发育，南部零星分布；海侵期，中部滩体为低能沉积替代，浅滩向南部推移；海侵晚期—海退期，南部滩体向北部扩大，但整体而言浅滩发育程度低。C_1v_2时期，区内整体为海退趋势，早期滩间海、潟湖等低能沉积分布广泛，在中部局部分布滩体。随着海退趋势明显，滩体面积明显扩大，在区内南部亦零星分布浅滩。C_1v_3时期，区内以海侵沉积为主，低能滩间海广泛分布(图 4-2-12)。C_1v_3的 b、c 时期仅西南局部分布浅滩。d 时期，浅滩分布在中部、南部，面积变大、连续性差。该时期以滩间海、潟湖等低能沉积广泛发育为明显特征。

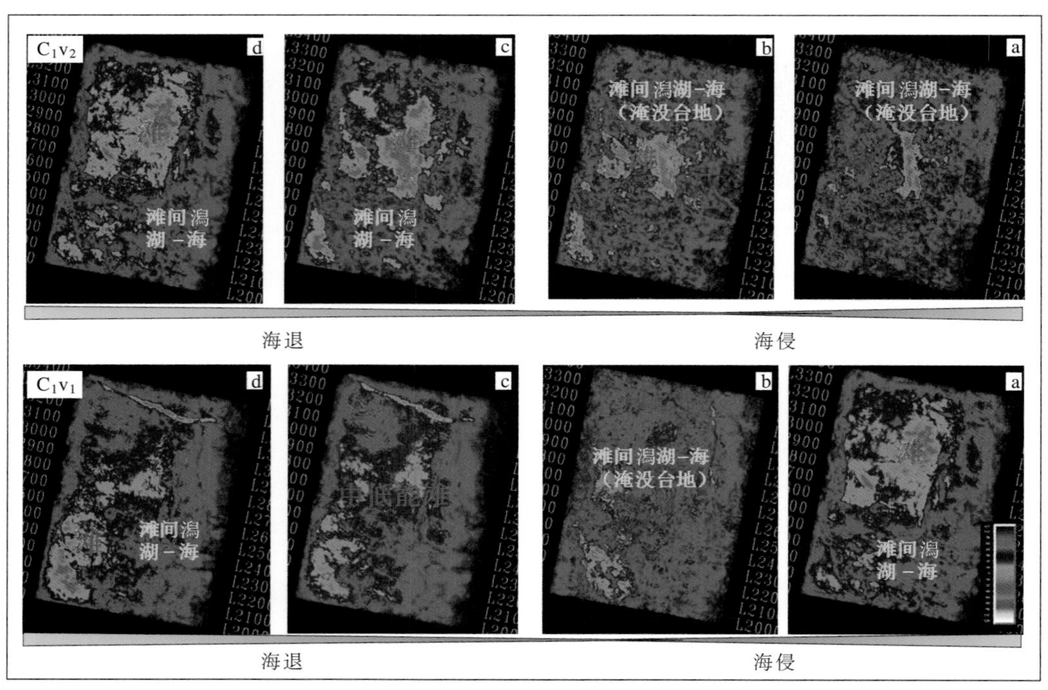

图 4-2-12　C_1v_2与C_1v_1平面均方根振幅属性切片与沉积解释

C_1sr 的沉积也刻录了一次完整的海侵—海退旋回。海侵初期，区内北部、中部、南部均有滩体分布(图 4-2-13)，但连续性差，以低能沉积为主(a)；海侵晚期，北部滩体数量及面积明显减小，南部发育低能潟湖和淹没台地沉积(b)；海退初期，北部滩体面积增大且向北推移；海退末期，浅滩体连续分布呈带状，南部滩体增多，东南部以滩间海低能沉积为主。

整体而言，以沉积层序为地层单元编制的平面沉积相图具有以下特征及演化规律(图 4-2-14)：C_1v_1—C_1sr 浅滩体演化反映了一个完整的海侵—海退旋回，其中 C_1v_3时期为最大海侵期；C_1v_3时期浅滩发育程度最低，以低能沉积滩间海、潟湖相为主，其他时期浅滩体规模相对于 C_1v_3发育程度高，且连续性好；C_1v_1时期以北部、南部分布浅滩体，中部被低能沉积分隔，其他时期滩体连续分布。Marsel 探区早石炭世整体构造稳定，浅滩体的演化关系反映了相对海平面的升降变化，以 C_1v_3时期为相对海平面上升最大时期。

3. Assa 区沉积演化

结合 Assa 1 井钻井资料和地震资料的地层切片分析，浅滩体的发育在单井，属性切片上具有较好的响应(图 4-2-15)。C_1v_1时期，单井与属性切片整体揭示出该期以海侵

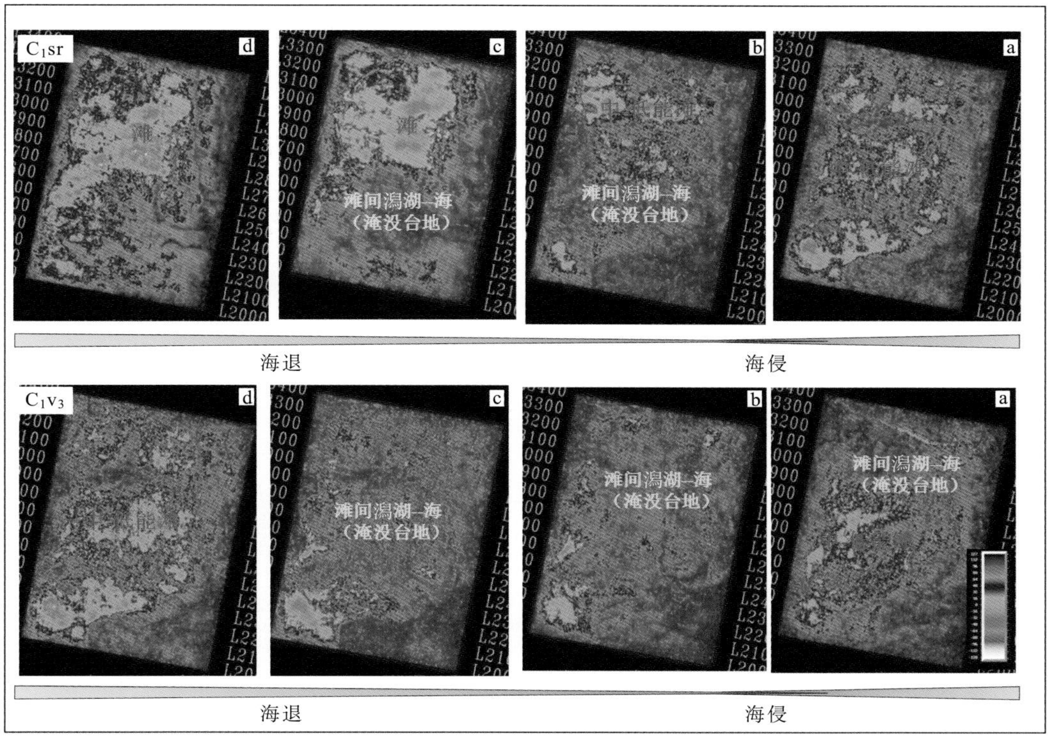

图 4-2-13 C_1sr 与 C_1v_3 平面均方根振幅属性切片与沉积解释

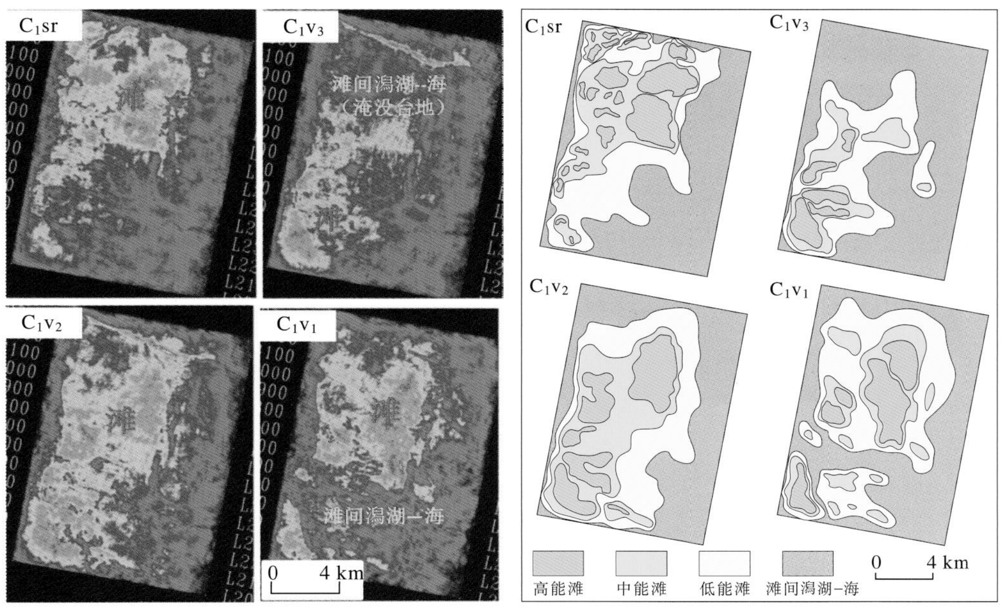

图 4-2-14 C_1v_1—C_1sr 各个时期平面沉积相与沉积解释（Tamgalynskaya 地区）

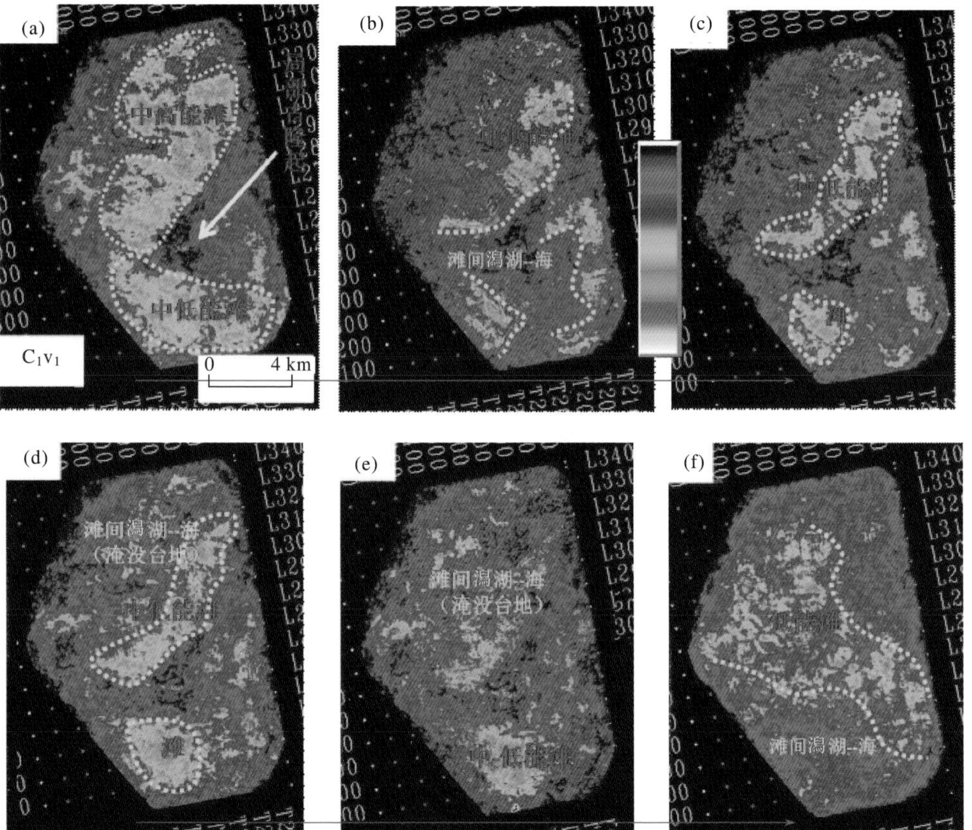

图 4-2-15　C_1v_1平面均方根振幅属性切片与沉积解释

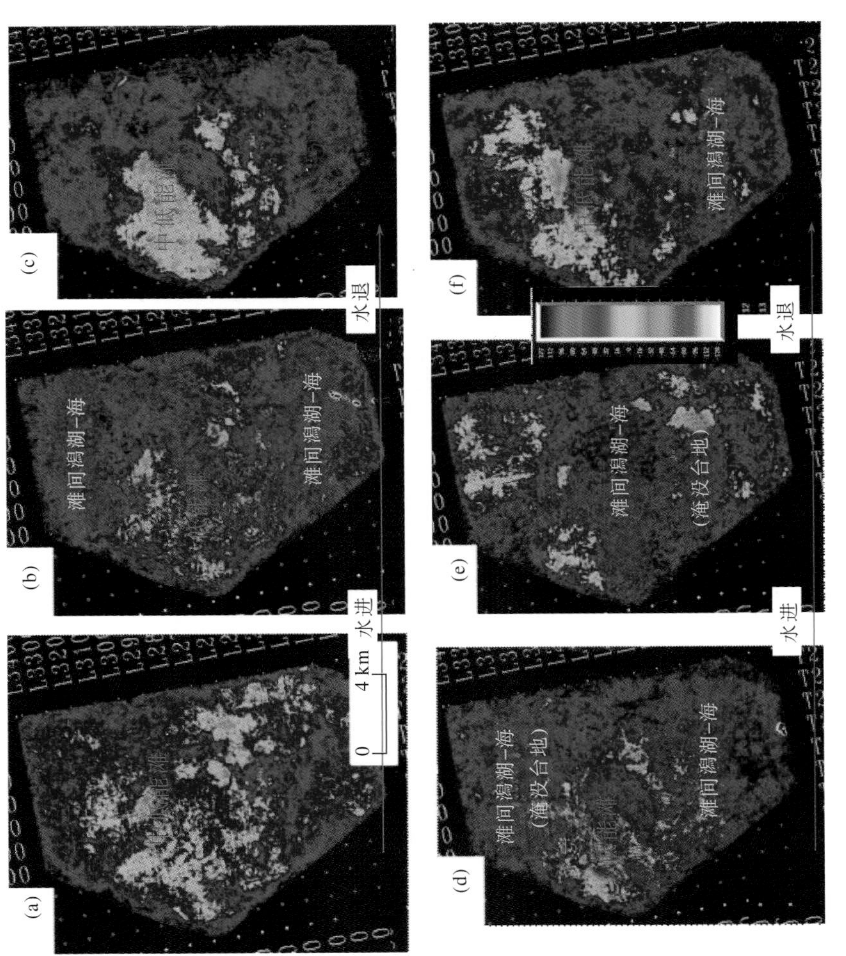

图 4-2-16 C_1v_2 平面均方根振幅属性切片与沉积解释

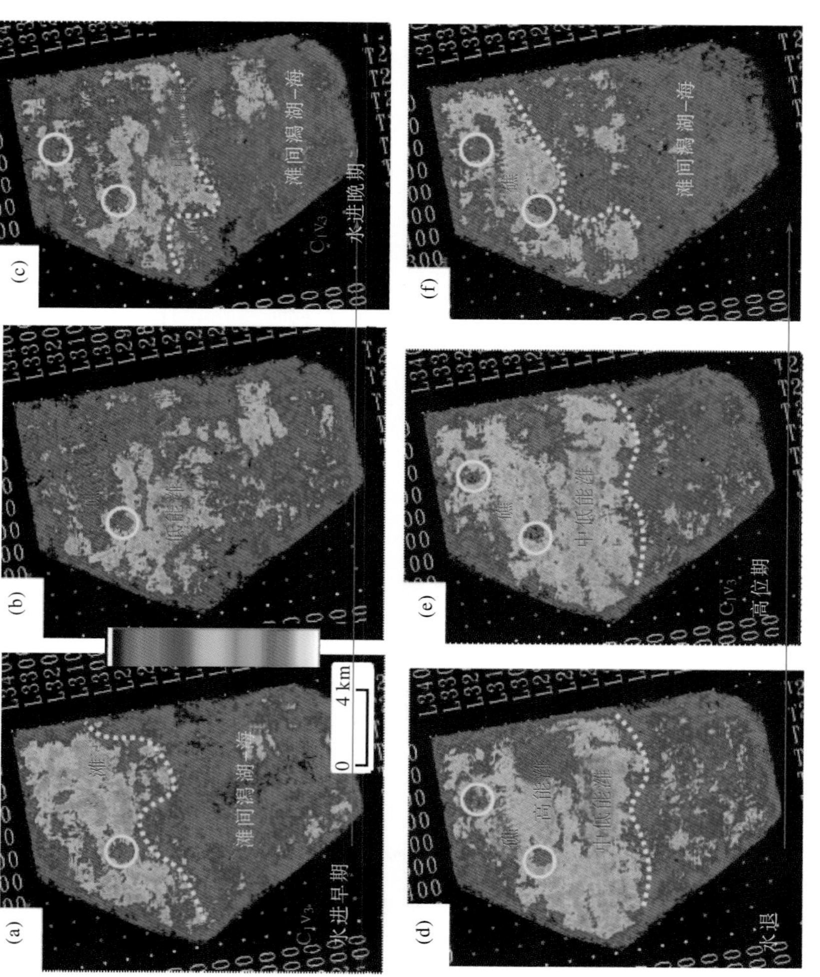

图 4-2-17 C_1v_3 平面均方根振幅属性切片与沉积解释

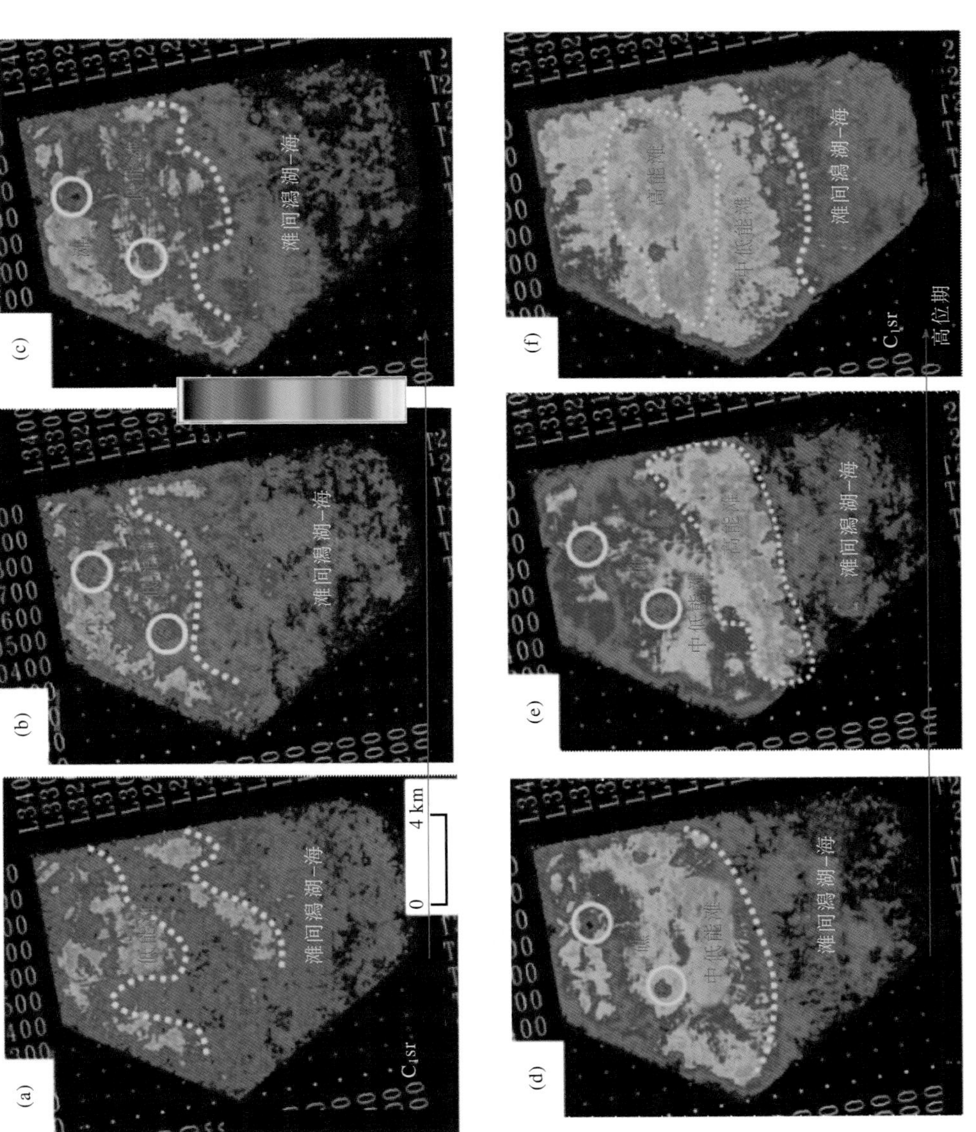

图 4-2-18　C_1sr 平面均方根振幅属性切片与沉积解释

为主(图 4-2-16)。海侵早期，浅滩在中部—东北部、南部广泛分布且规模大；随着海侵趋势增强，浅滩被低能沉积分隔且呈条带状分布，最终呈漏斗状分布。C_1v_2时期(图 4-2-16)，单井及属性切片表现出两次明显的海侵—海退旋回。快速的海侵—海退发生在较短的时间内，浅滩的规模相对较小，主要分布在中部及北部；海侵期低能滩间海、潟湖较为发育，礁体少见。C_1v_3时期与 Marsel 探区表现的最大海侵有所不同，Assa 地区表现为整体海侵—海退(图 4-2-17)，海退旋回相对发育。海侵期北部浅滩规模变小，主要分布在中部，海退期北部滩体扩大至中部，与单井呈现的短期海侵、长期海退相对应。礁体在该期的数量和规模减小。

C_1sr 时期，浅滩体的分布反映了该期经历了海退—海侵—海退的过程(图 4-2-18)。海退早期，浅滩在中部、北部呈条带状分布且规模小，随海退趋势明显，北部滩体发育规模增大；海侵期，滩体在中部呈带状分布，规模中等；再次海退，区内北部广泛分布浅滩且面积大。这种变化趋势在 Assa 1 井上有较好响应特征。礁体在该时期较为发育，主要分布在工区北部。

整体而言，以沉积层序为地层单元编制的平面沉积相图具有以下特征及演化规律(图 4-2-19)：C_1v_1—C_1sr 浅滩体演化反映了一个完整的海侵—海退旋回，其中 C_1v_2时期为最大海侵期；C_1v_2时期浅滩发育程度最低，以低能沉积滩间海、潟湖相为主，其他时期浅滩体规模相对于 C_1v_2发育程度高，且连续性好，主要分布在区块的北部；礁体主要在 C_1v_3、C_1sr 目的层段发育，且分布在区块的北部。Marsel 探区早石炭世整体构造稳定，浅滩体的演化关系反映了相对海平面的升降变化，以 C_1v_2时期为相对海平面上升最大时期。

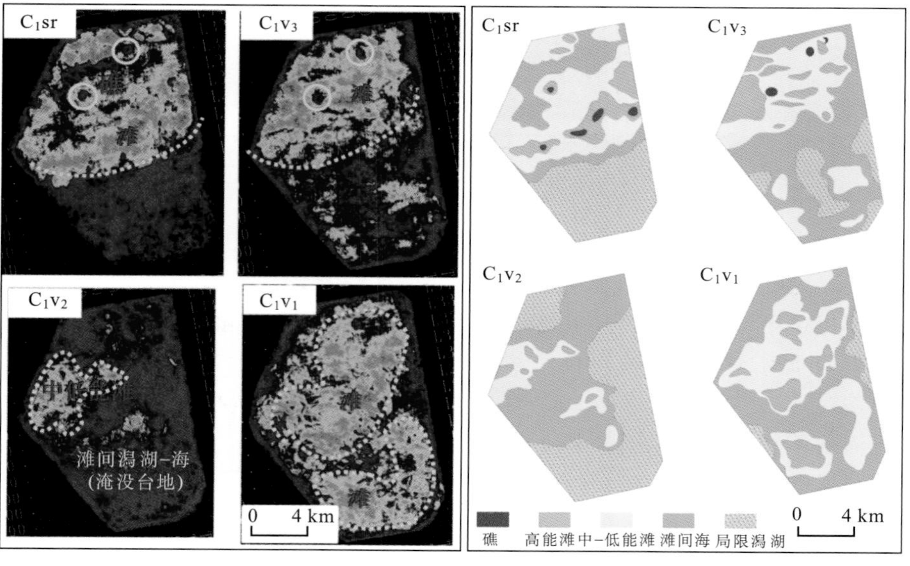

图 4-2-19 Assa 地区下石炭统 C_1v_1—C_1sr 主要沉积期均方根振幅属性切片与沉积解释

第三节 石炭系碳酸盐岩储层评价与预测

一、生、储、盖组合

对研究区下石炭统的层序和沉积相分析表明，该区的下石炭统内部发育的最有利的主力烃源岩段形成于 SQ6 层序发育期，即 C_1v_3 沉积期的大规模海侵时形成的富泥质沉积。这套烃源岩在全区内分布较为稳定，从连井和地震剖面对比来看，其厚度分布在全区略有差异，北部区域比南部区域发育的厚度更大，东部区域比西部区域厚度略大，如 Terekhovskaya 地区分布的泥岩厚度相比其他地区偏厚。除 SQ6 层序发育期即 C_1v_3 沉积期所形成的主力烃源岩以外，在 SQ4 和 SQ5 的海侵期(C_1v_1 和 C_1v_2 的下部)沉积的泥岩、泥灰岩为主的岩石也构成了区内下石炭统内部的两套一定规模的烃源岩段。其中 Assa 区在 SQ5 层序发育期即 C_1v_2 沉积期的海侵规模也较大，形成的富泥质沉积同样构成了该重点区内的重要烃源岩段。

研究区下石炭统的有利储集相带类型包括台地边缘的浅滩、生物礁及礁-滩复合体，以及台地内部的开阔台地背景下的浅滩和局部的生物礁沉积。这些较有利的沉积相主要发育在各三级层序中的高位域中，其中 SQ7 层序的高位域(C_1sr 沉积期)为最主要的礁滩体发育期，开阔台地到台地边缘的有利储集相带的分布范围较大；其次为 SQ4 和 SQ5 层序的高位域(C_1v_1 和 C_1v_2)。有利相带在平面上的分布区域也不尽相同：Tamgalytar 井区是 SQ7 层序(C_1sr)发育期最有利储层的沉积区域，厚度在 60～100m，东部厚度在 20～60m，Irkuduk、路边、Terekhovskaya 地区，Tamgalytar 5 井孔隙度较大，平均值可达约 10%。Kendyrlic 井区和 Terekhovskaya 井区是 SQ4 和 SQ5 层序(C_1v_1 和 C_1v_2)最有利储层的沉积区域，相比 C_1sr 储层，C_1v 的储层厚度平均值大，最厚在 Terekhovskaya 地区，约 160m，最薄约 20m；整个下石炭统的有利相带范围表现为向西部、北部变宽，向南部、东部减薄的趋势。

早石炭世 C_1v_3 时期海侵造成该区主要为富泥质沉积物，可作为其下伏 C_1v_1 和 C_1v_2 储集层的区域性盖层。同时在 SQ7 沉积晚期，C_1sr 上部在研究区大部发育膏岩、盐岩等蒸发岩类，尤其在工区北部厚度最大、分布最为稳定，这套蒸发岩层为下石炭统碳酸盐岩储集层提供了十分有利的区域性盖层条件。此外在 C_1v_1 和 C_1v_2 的海侵期形成的泥岩、泥灰岩段也可作为下部碳酸盐岩储层的盖层。

综合层序和沉积相分析，总体上研究区发育的主要储层段包括 SQ4、SQ5、SQ7 的高位域礁滩体，主要烃源岩为水进期形成的泥岩、泥灰岩段，盖层为最大水进域的海侵泥岩和顶部的膏盐层。这些层段在构成了研究区下石炭统内部三套主要的生、储、盖组合(图 4-3-1)，即 SQ4 高位域浅滩与上部 SQ5 的水进域沉积的储盖组合；SQ5 高位域的浅滩与上部 SQ6 最大海泛沉积的储盖组合；SQ7 高位域礁-滩复合体与上部的区域性膏岩的储盖组合。其中在 Tamgalytar 井区 C_1sr 高位域的礁、浅滩相储层与顶部的膏盐层构成最重要的储盖组合。另一套较好的储盖组合是 SQ6 的最大水进期泥岩、泥灰岩与其下覆的浅滩、礁滩相灰岩储层。

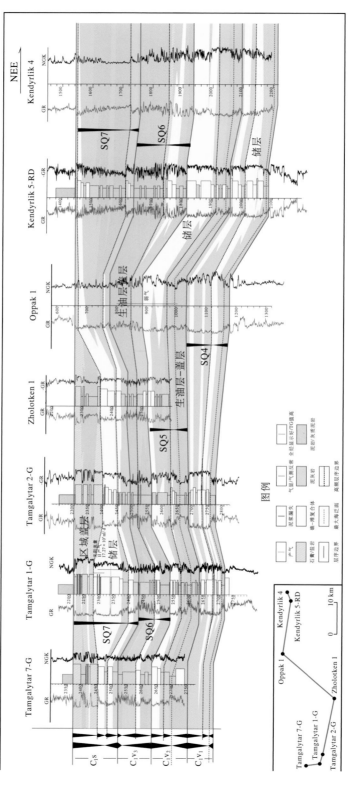

图 4-3-1 研究区下石炭统层序格架内的三套储盖组合分布特征

二、有利储层特征和影响因素

1. 储层物性特征

由于缺少直接的基于岩心资料的储层物性测试数据，依据测井课题组的成果，研究区下石炭统碳酸盐岩储层具有基质孔隙度较低、渗透性较差的基本特点。谢尔普霍夫阶(C_1sr)的孔隙度主要集中在3%～7%，平均孔隙度为4.81%；维宪阶(C_1v)的孔隙度主要集中在2%～7%，平均孔隙度为4.75%(图4-3-2)；下石炭统的渗透率分布则主要集中在0.1～10mD。

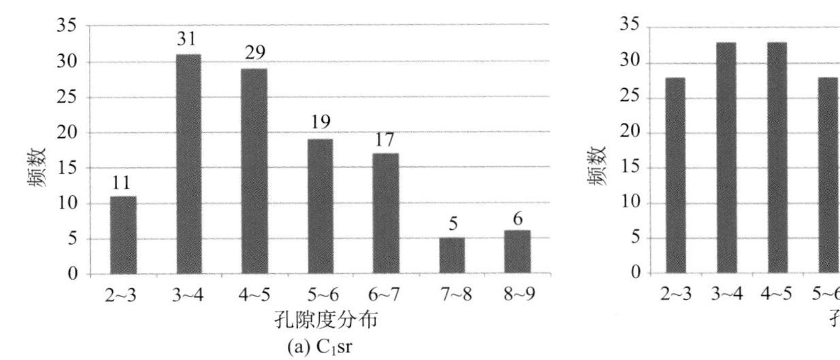

图4-3-2 下石炭统谢尔普霍夫阶(C_1sr)和维宪阶(C_1v)储层孔隙度频率分布(据测井组)

2. 有利储层的影响因素

1) 白云岩化作用

研究区的下石炭统碳酸盐岩地层普遍发生的不同程度的白云岩化作用，对储层具有重要的积极影响。对区内25口钻井的测井综合解释及录井、取心描述等资料分析发现，下石炭统内C_1sr、C_1v_3、C_1v_2、C_1v_1都发生白云岩化作用，纵向上C_1sr和C_1v_3白云岩化程度相对较高，C_1v_2、C_1v_1白云岩化作用稍弱(图4-3-3)。此外，白云岩化程度与沉积相带有一定关系，例如，在Tamgalytar井区，Tamgalytar 5-G井、Tamgalytar 1-G井在C_1sr膏岩下部发育的颗粒滩和生物礁相灰岩所发育的白云岩化程度较高，而在Tamgalytar 2-G井、Tamgalytar 3-G井主要发育滩间海相，白云岩化程度较低。平面上，C_1sr和C_1v白云岩化程度分布与沉积相带在平面上的分布趋势有很好的相似性(图4-3-4)，即白云岩化程度高的区域集中在工区北部和东部，沉积相带上位于潮下高能带，位于构造相对高部位、断裂发育的区域。工区西南部、南部白云岩化程度较低或无白云岩化。初步研究表明，C_1sr的盐下段灰岩的白云岩化和C_1v灰岩(常有膏盐层共生)的白云岩化可能与蒸发性的膏盐沉积环境有关。在膏盐发育期的卤水环境有利于早期白云岩化作用的发生。这一作用可能对这两套储层的形成起到有利的影响。

2) 岩溶作用

影响区内下石炭统有利储层的另一重要因素为表生或准同生岩溶作用的改造(图4-3-5)。根据沉积相分析，在C_1sr顶膏盐层底界面应存在暴露面或短暂的剥蚀作用，在

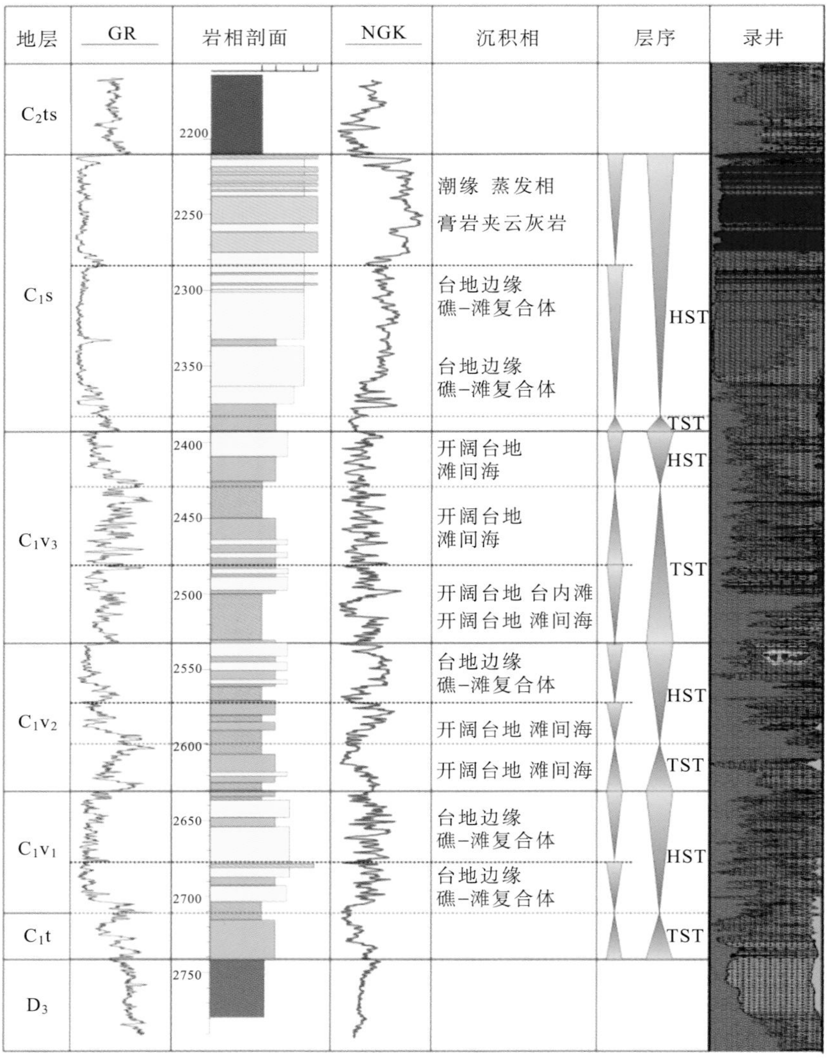

图 4-3-3　Tamgalytar 1-G 井层序和沉积相剖面与录井岩性剖面对比

录井图中绿色表示白云石含量，指示白云岩化程度

地震剖面上可观察到局部的剥蚀现象，和钻井中在这一层位的漏空均可能与岩溶的存在有关。另外该层段的灰岩、云灰岩普遍含石膏夹层，准同生期或表生期的暴露易导致石膏层发生溶解，从而形成有效孔隙。石膏夹层在 C_1v 层段也有较广泛的分布，表明这些层序的高位域晚期也应遭受一定程度的暴露，应存在短暂的岩溶或准同生岩溶作用，这些都可能对区内的储层起到明显的改良作用。

3）裂缝作用

从 Tamgalytar 5-G 井的成像测井上可以看出，C_1sr 发育大量的缝洞。在大量的单井取心井段的描述中也可以看出，裂缝是普遍发育的，例如 Terekhovskaya 1-P 井、South

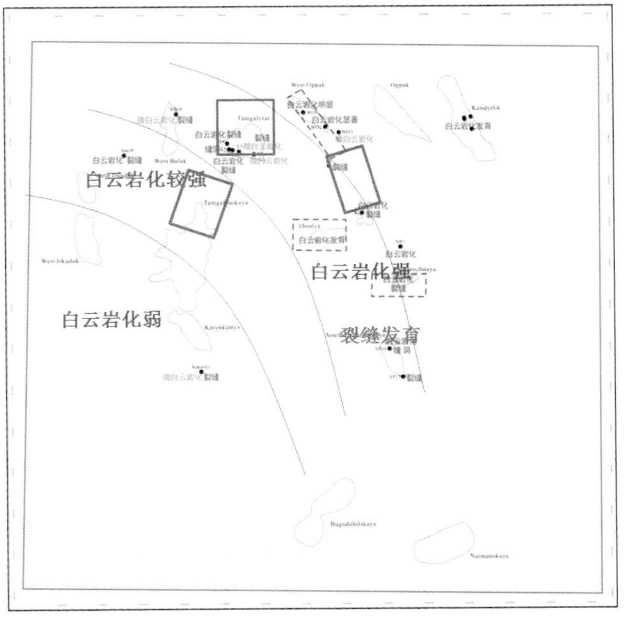

图 4-3-4 研究区 C_1sr 白云岩化与裂缝发育程度评价

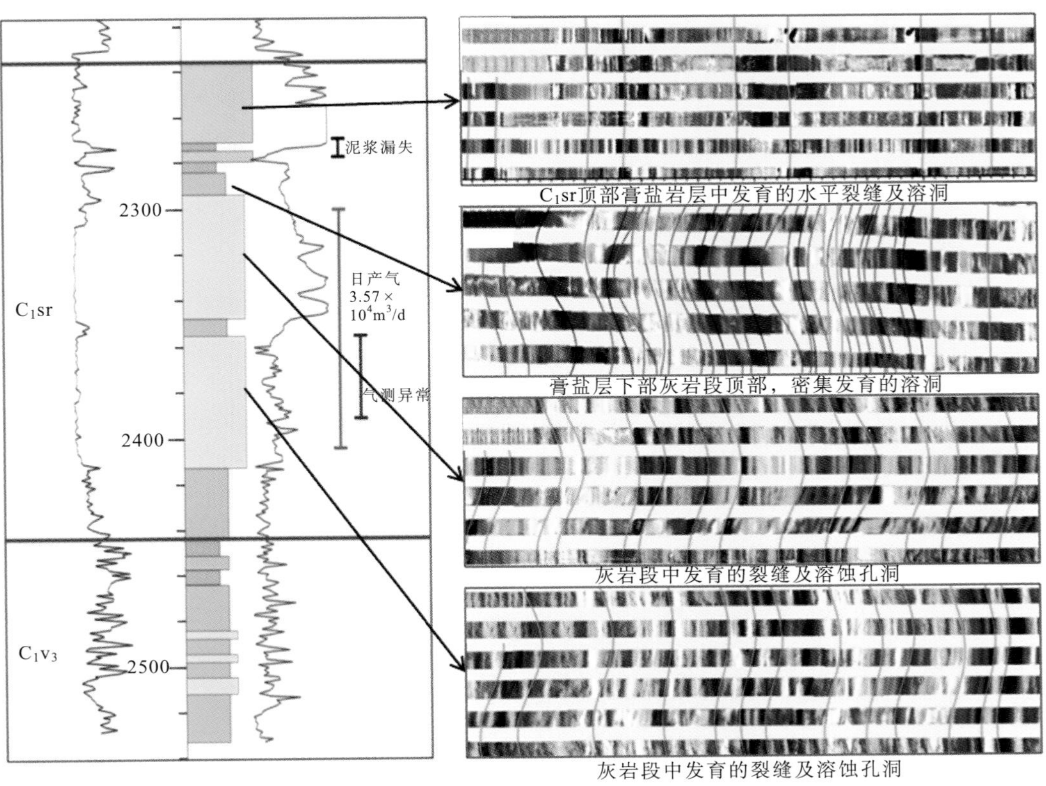

图 4-3-5 Tamgalytar 5-G 井 C_1sr 缝洞发育情况

Pridorozhnaya 16 井在 C_1sr、C_1v 段的取心段中发现大量的垂直裂缝，在 Tamgalytar 1-G 井、Tamgalytar 2-G 井、Tamgalytar 3-G 井、Tamgalytar 7-G 井和 North Pridorozhnaya 井区在 C_1sr、C_1v 中也描述到裂缝，且裂缝的平面展布与断裂分布密切相关。从目前气层显示情况来看，裂缝的发育可能是很重要的因素。

3. 储层类型和分布

结合上述可能的成岩因素、储层厚度及沉积相分析，可以将研究区的 C_1sr 的储层大致分为 6 种类型(图 4-3-6)：礁滩-缝洞-白云岩化储层、滩-缝洞-白云岩化储层、台地边缘高能带-缝洞-白云岩化储层、开阔台地白云岩化储层、开阔台地-微白云岩化储层、潮坪-裂缝储层。不同类型的储层特征不同，其储层的优质性由前至后变差。在平面分布上，位于研究区北部的 Tamgalytar、Bulak、West Bulak 和 Terekhovskaya 井区

图 4-3-6　研究区 C_1sr 储层类型及其平面分布

是最有利的礁滩体发育带，同时叠加了缝洞和白云岩化作用，因而形成了最有利的储层(图 4-3-6)；研究区北部和东部的台地边缘高能带，尤其是其内部发育的滩体叠加缝洞和白云岩化作用形成的储层也十分有利；在临近台地边缘开阔台地相带东侧一带后期叠加白云岩化也发育成为较有利储层；研究区西南部的大面积区域为开阔台地内部的微白云岩化储层和发育于潮坪相带后期叠加裂缝作用的储层，其储集性能相对较差。

C_1v 的储层主要有以下 6 种类型：礁滩-缝洞-白云岩化储层、滩-缝洞-白云岩化储层、台内至边缘高能带-裂缝-白云岩化储层、台内高能带-裂缝-白云岩化储层、潮坪-微白云岩化-微裂缝储层、潮坪-裂缝储层。在平面分布上，位于研究区北部的 Tamgalytar、Bulak、West Bulak、Terekhovskaya 和 West Oppak 井区同时是礁滩体叠加缝洞、白云岩化作用形成的最佳储层的分布区域(图 4-3-7)；台地边缘尤其是局部连片发育的滩体，以及台内至台缘高能带叠加裂缝和白云石化构成了较好的储层分布区带，位

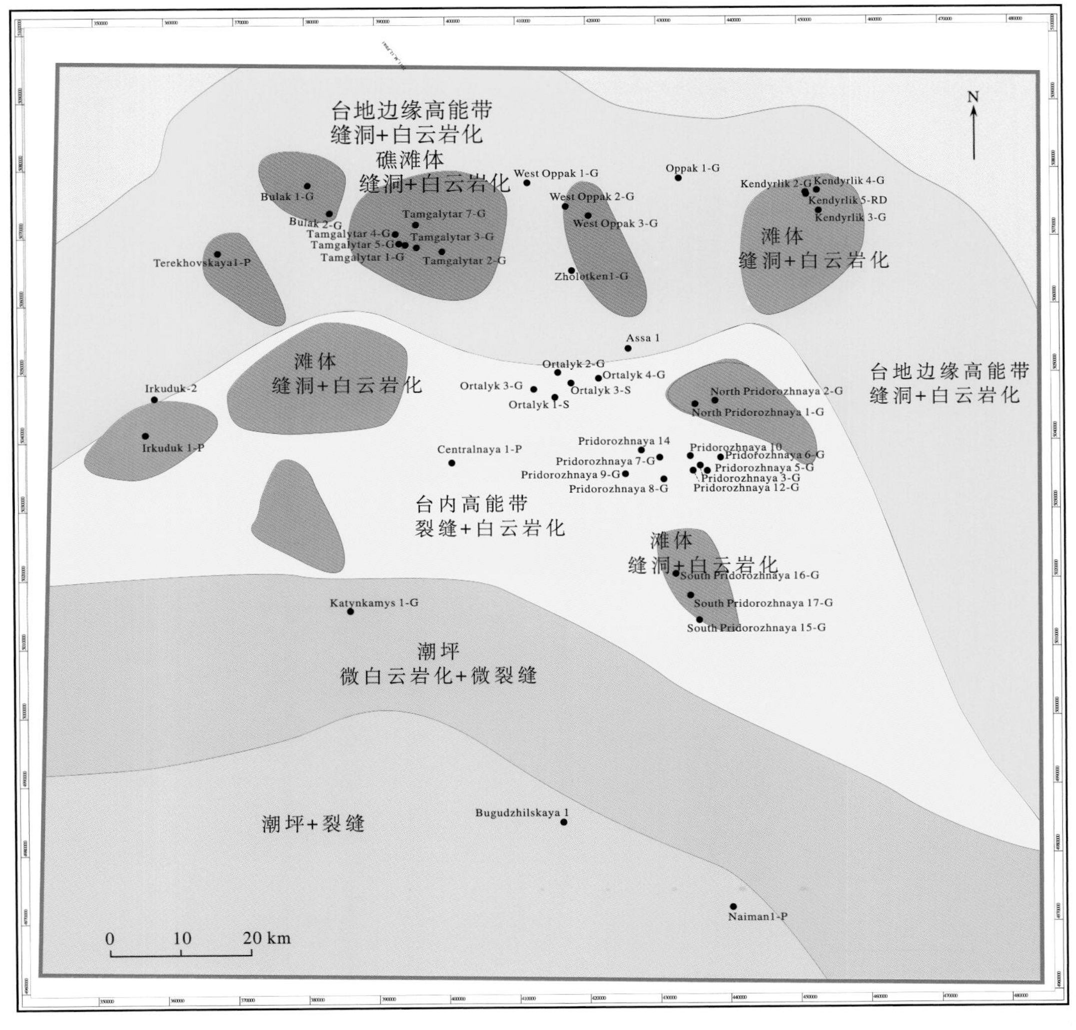

图 4-3-7 研究区 C_1v 储层类型及其平面分布

于研究区北部、东部及东南部呈带状局部成片状分布；其次为潮坪叠加微白云岩化和微裂缝作用及潮坪叠加裂缝作用的储层，分别位于研究区西南部，储层物性相对较差。

三、主要盖层条件

由于资料限制，缺少主要盖层质量的实验分析数据，本次研究从盐层和泥质岩层厚度的沉积结构分布做粗略的估计。对 C_1sr 顶膏盐层的沉积厚度和沉积结构特征上看，划分出 5 个带(图 4-3-8)：①厚度状、较纯的膏岩，几乎无泥质夹层，是最好的盖层。这类盖层主要分布于 Tamgalytar、Terekhovskaya 区，平均膏盐岩厚度在 60～80m，主要集中在局限台地-蒸发台地相带；②厚层状膏岩夹薄层泥岩，是较好的盖层，主要分布在 Tamgalytar 区，厚度在 50～80m，地震上表现为几个连续性较好的、强反射的地震同向轴，相

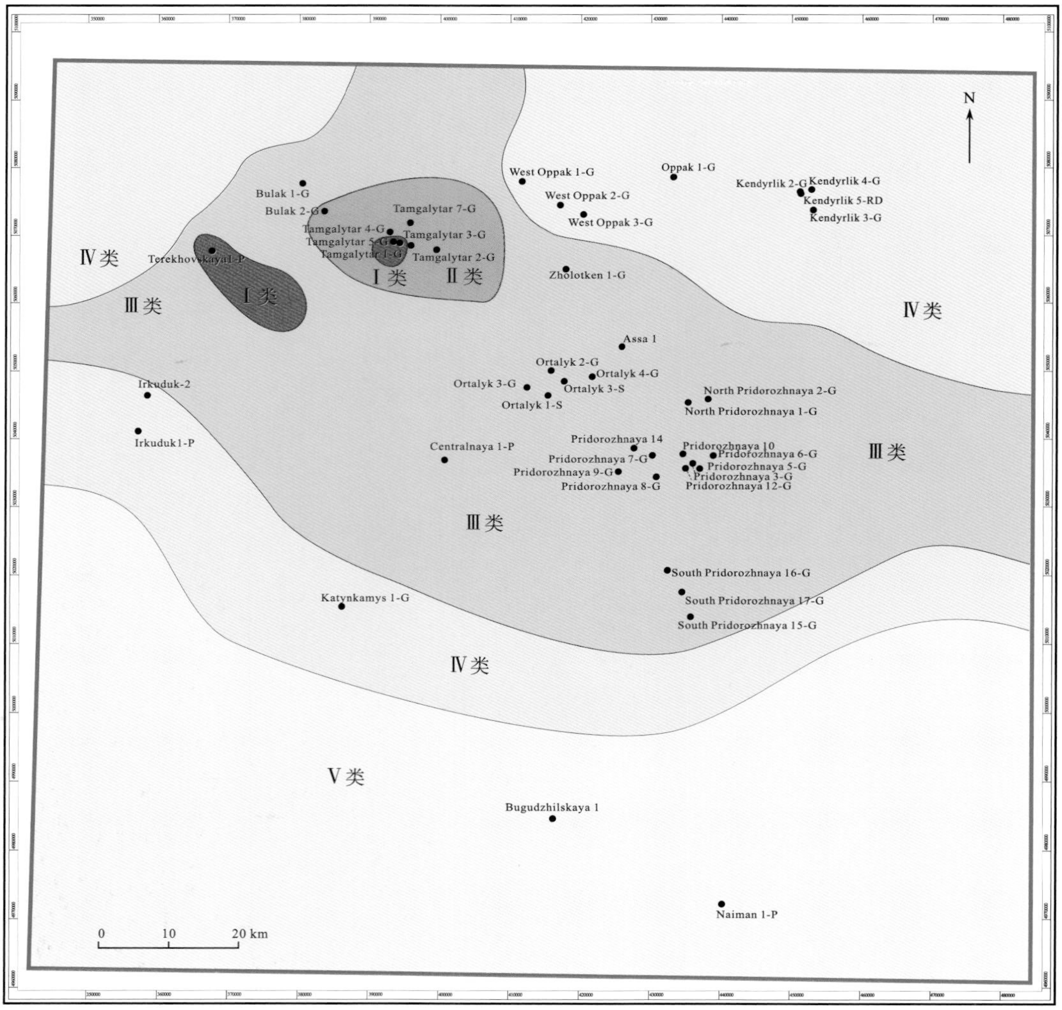

图 4-3-8　研究区 C_1sr 膏岩盖层分布图

带上属于局限台地-蒸发台地相带；③较厚，膏岩与泥岩/灰岩互层，这类盖层主要分布于 Bulak、Ortalyk、Zholotken、Oppak、North Pridorozhnaya、Pridorozhnaya 和 South Pridorozhnaya 等地区，平均厚度在 20～40m，主要集中在局限台地-潮缘相带；④薄层状膏岩，含泥质夹层，主要分布在 Irkuduk、Katynkamys 地区，平均厚度在 5～20m，主要集中在潮缘带及局限台地临近浅海地带；⑤膏盐层缺失区并缺少泥质盖层区，是相对较差的盖层分布区，主要位于该区的西南角，地震上表现为较弱的反射特征。

对 C_1v_3 盖层情况可从该段的泥岩、泥质岩的厚度分布作初步分析(图 4-3-9)。较好的盖层分布于东北部、北部的斜坡-半深海相带，泥岩段厚度在 110～170m。较差的区域主要分布于 Irkuduk、Ortalyk、Pridorozhnaya 和 South Pridorozhnaya 等地区，主要集中在淹没台地-深水台地和潟湖-潮缘相带区，平均厚度在 70～110m。

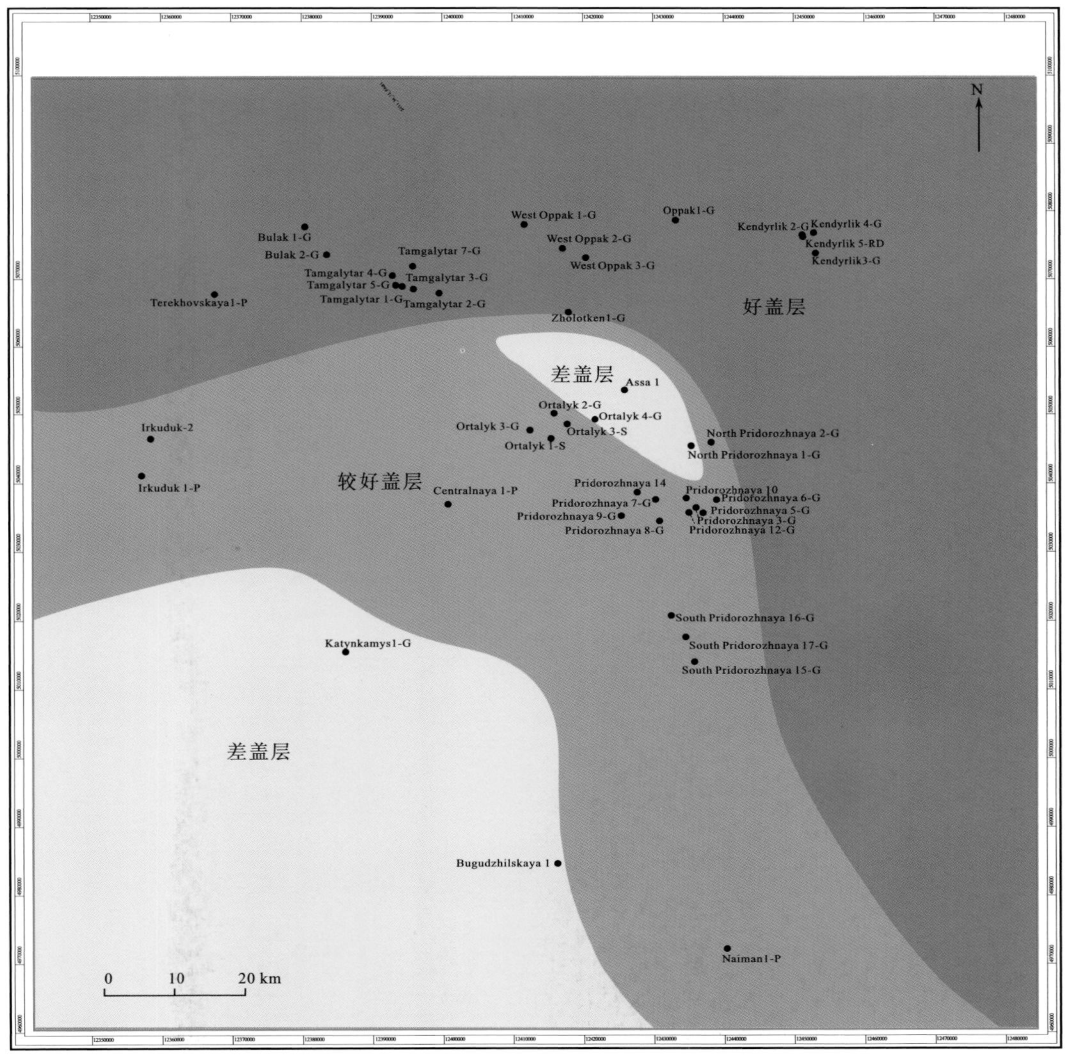

图 4-3-9 C_1v_3泥岩盖层分布图

四、致密气有利储层区带分布预测

通过对 C_1sr 储层与其上部的膏盐岩盖层的叠合、C_1v 储层与其上部的泥岩盖层的叠合，将该区有利的储盖叠合区域进行归类，大致分为 6 类，其优选顺序由Ⅰ类至Ⅵ类依次变差。总体来看，虽然研究区下石炭统具有低孔、低渗的基本属性，但在白云岩化作用、岩溶作用和裂缝作用对各相带的储层叠加改造的机制下，区内的含油气储层具有连片分布的特征。

C_1sr 灰岩储层与其上部的膏盐岩盖层叠合形成的最有利的储盖组合，分布于 Tamgalytar、Terekhovskaya、Tamgalynskaya、Assa、Bulak 和 North Pridorozhnaya 井区一带连片分布(图 4-3-10)，其次为位于该带南部的 Centralnaya、Ortalyk 和 Pridorozh-

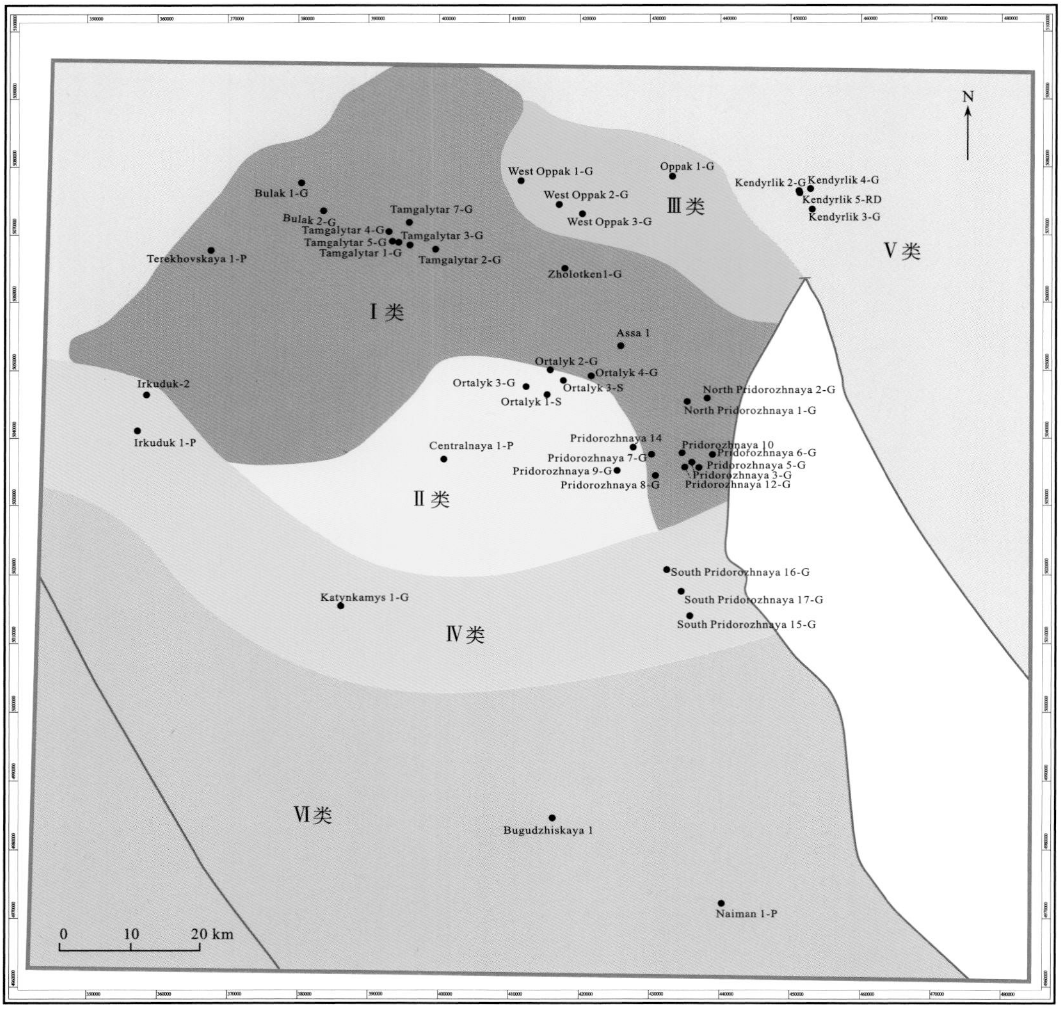

图 4-3-10　Marsel 探区 C_1sr 灰岩及其上覆膏岩的储盖组合图(Ⅰ类至Ⅵ类逐渐变差)

naya 井区一带，以及位于该带北东部的 West Oppak 和 Oppak 井区。位于该区域以南的 Irkuduk、Katynkamys 和 South Pridorozhnaya 井区是第Ⅳ类储盖组合发育区，剩余的研究区西北部、东北部的 Kendyrlik 井区和工区西南部的 Bugudzhilskaya 和 Naiman 井区属于相对最差的储盖组合发育区。

C_1v 灰岩储层与其上部的泥岩盖层叠合形成的最有利的储盖组合分布于工区北部（图 4-3-11），包括 Terekhovskaya、Bulak 和 Tamgalytar 井区一带，Kendyrlik 井区，Irkuduk 和 Tamgalynskaya 井区一带，North Pridorozhnaya 和 South Pridorozhnaya 井区一带 4 个区带。其次为这些区带周边的工区北部地区，整体呈东西向、北西—南东向展布的宽带状分布。此外位于工区最西南部和南部的 Katynkamys、Bugudzhilskaya 和 Naiman 井区，以及工区西北、东北边缘的区域储盖组合质量相对略差。

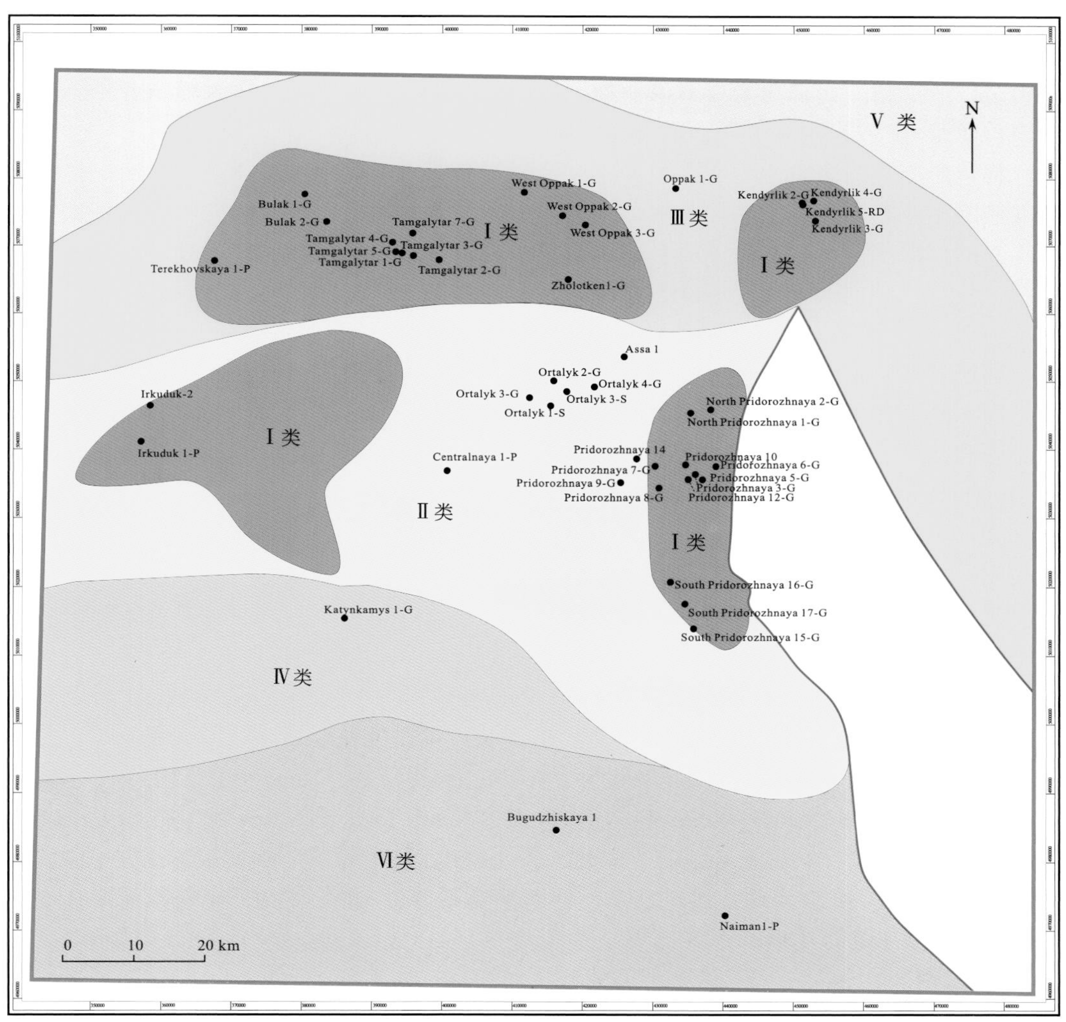

图 4-3-11 Marsel 探区 C_1v 灰岩及其上覆膏岩的储盖组合图（Ⅰ类至Ⅵ类逐渐变差）

第五章 泥盆系沉积演化与有利叠复连续致密储层形成分布

第一节 泥盆纪地层发育特征

一、泥盆纪地层特征

楚-萨雷苏盆地位于哈萨克斯坦中部，面积约 $15\times10^4km^2$，被古生代俯冲碰撞的两条构造线所夹持，南部为卡拉套海西期俯冲带，北部为热尔套加里东碰撞结合带。南哈气田位于楚-萨雷苏盆地中部，区块勘探面积约 $1.85\times10^4km^2$。

构造研究认为南哈气田泥盆纪处于盆地初始裂谷期，盆地主要为多个由断层控制的孤立洼陷组成。研究区钻遇和出露的地层自下向上依次为下古生界的变质结晶基底、上古生界的陆源碎屑沉积和碳酸盐台地沉积及中生界—新生界沉积(图 5-1-1)。

1. 下古生界

前泥盆系是由元古宇片麻岩、斑岩、石英岩、片岩等组成的巨厚变质岩系与其上覆呈角度不整合的下古生界板岩、片岩、斑岩联合构成。楚-萨雷苏盆地边缘的乌勒套、卡拉套和热尔套山出露下古生界，研究区内仅 Tamgalytar 1-G 井、Tamgalytar 2-G 井和 North Pridorozhnaya 2-G 井钻遇(图 5-1-1)。

2. 上古生界泥盆系

泥盆系是研究区最重要的勘探目的层之一，目前发现的气藏分布局限，主要集中在三个气田中(West Oppak、Ortalyk、Pridorozhnaya)，区块北部的 Oppak 和 Kendyrlik 构造有气显示。泥盆系出露在楚-萨雷苏盆地东部的背斜中，出露厚度较大，研究区内泥盆系往西剥蚀尖灭消失，往东与边界陡崖接触，仅在区块北、中、南部发育，资料显示 Tamgalytar 1-G 井、Tamgalytar 2-G 井、Kendyrlik 3-G 井、Kendyrlik 5-RD 井、Assa 1 井、Oppak 1-G 井、North Pridorozhnaya 1-G 井、North Pridorozhnaya 2-G 井、South Pridorozhnaya 17-G 井、Pridorozhnaya 3-G 井、Pridorozhnaya 8-G 井、Pridorozhnaya 10-G 井、Naiman 1-G 井等 26 口井均钻遇泥盆系，钻遇泥盆系厚度 40～889m。泥盆系与下伏变质基底多为角度不整合接触，自下而上划分为盐下层(D_3fm_1)、盐层(D_3fm_2)和盐上层(D_3fm_3)三段(图 5-1-2)。

1) 盐下层(D_3fm_1)

盐下层位于泥盆系下部，与下伏变质基底多为角度不整合接触。分为下部的盐下砾岩段($D_3fm_1^1$)和上部的盐下砂岩段($D_3fm_1^2$)。盐下砾岩段($D_3fm_1^1$)主要为巨厚的、互层

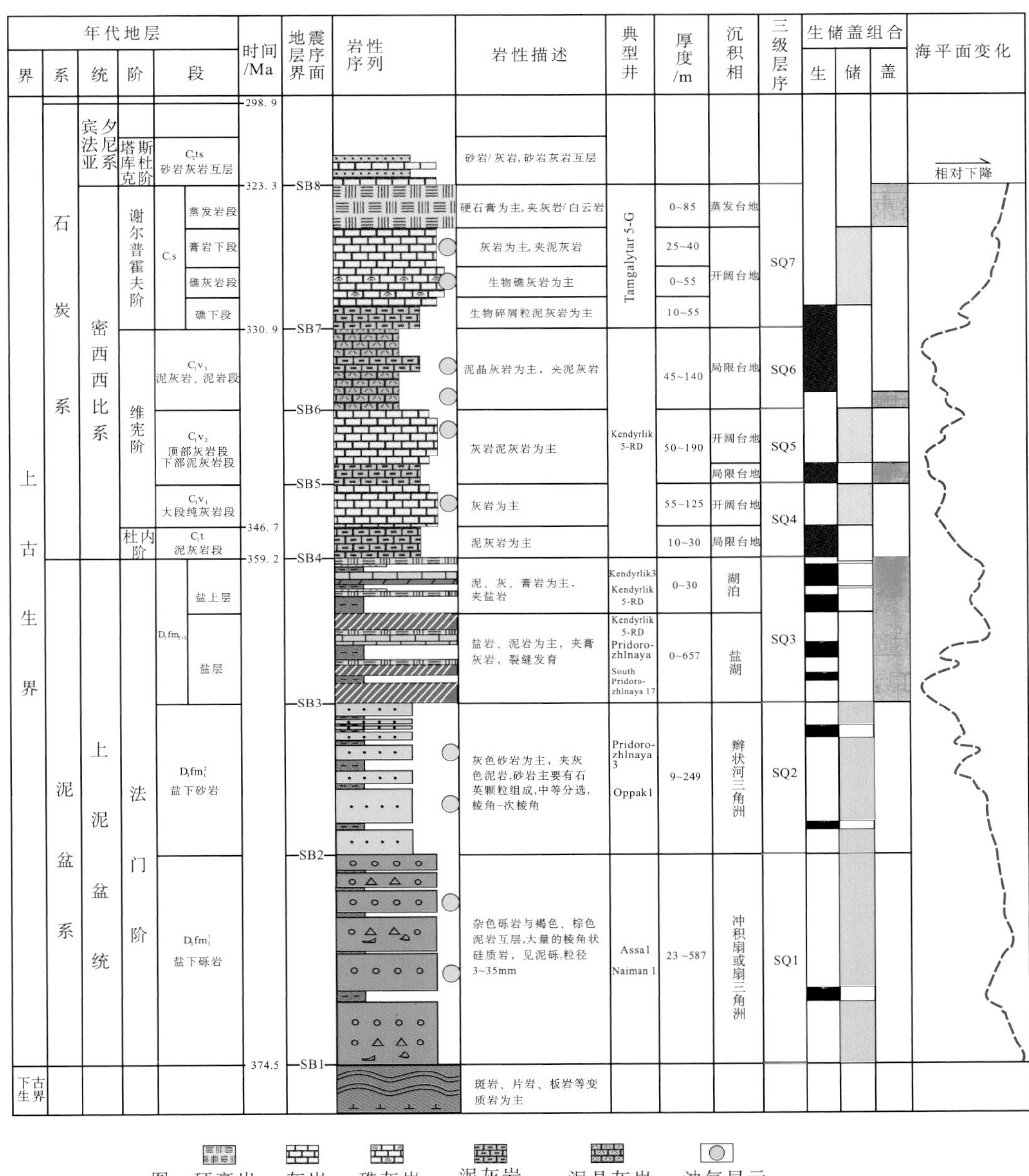

图 5-1-1 楚-萨雷苏盆地南哈气田石炭系—泥盆系层序和沉积相综合柱状图

棕色/褐色角砾岩、砂砾岩和薄层红褐色泥岩，厚度 23～587m，砾石直径达 3～35mm，砾石成分有泥质、石英、长石，为冲积扇-扇三角洲-湖泊沉积。盐下砂岩段（$D_3fm_1^2$）主要为较厚的褐色/灰色砂岩和薄层的灰色粉砂岩及还原色泥岩沉积，亦可见砂砾岩或角

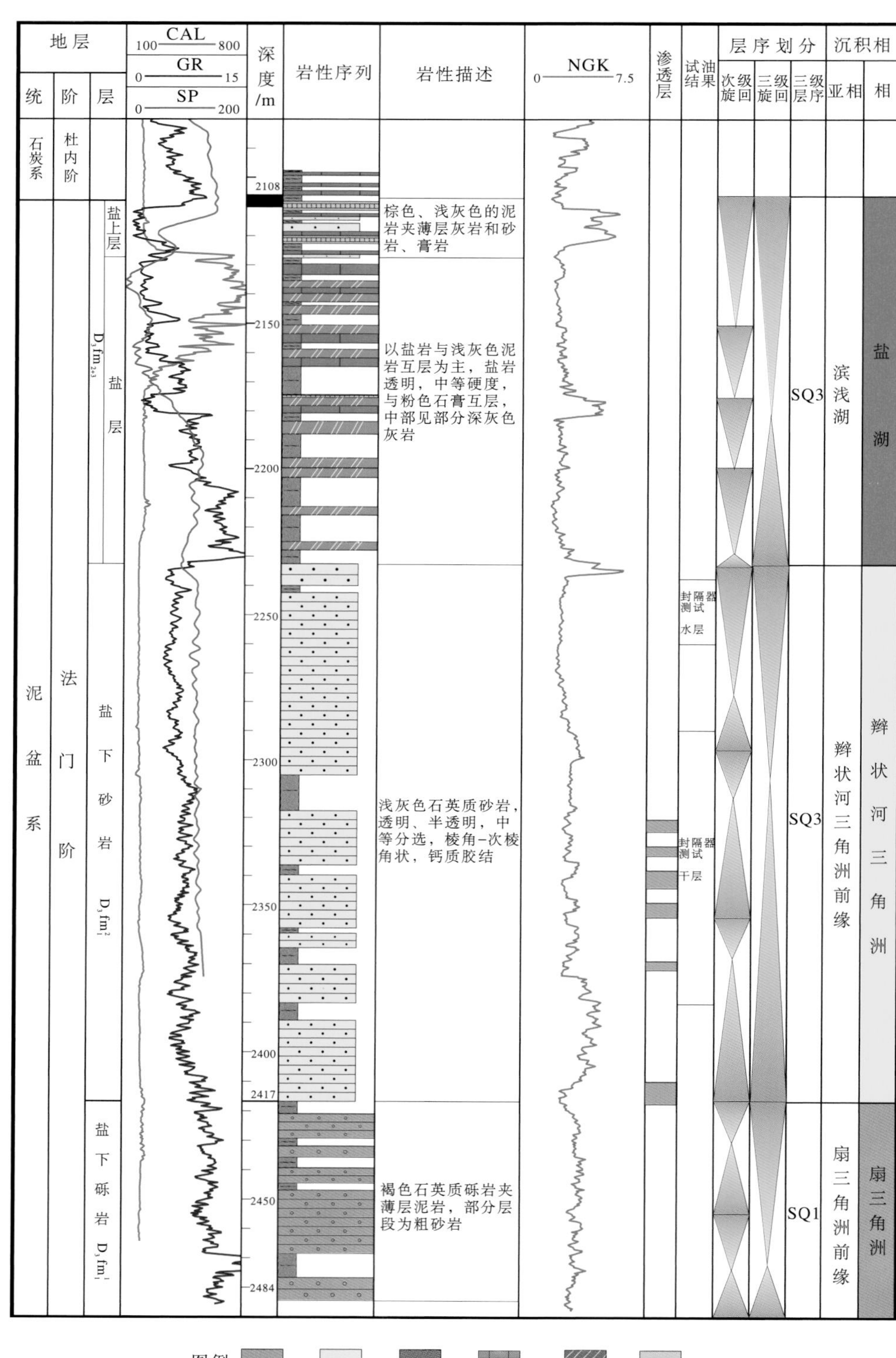

图 5-1-2 楚-萨雷苏盆地南哈气田 Kendyrlik 3-G 井泥盆系层序和沉积综合柱状图

砾岩，厚度为 9～249m，砂岩成分多为石英和长石，构造裂缝异常发育，缝内常见钙质胶结，为相对远离物源的扇三角洲或冲积平原-辫状河三角洲-湖泊沉积。

2）盐层和盐上层（D_3fm_{2+3}）

盐层和盐上层（D_3fm_{2+3}）在大部分地区很难区分，仅在 Kendyrlik 区容易识别，岩性电性分界面清晰。

盐层主要为互层的浅褐色盐岩与灰绿色/浅灰色泥岩，含石膏、灰岩、白云岩夹层，厚度 0～657m，在 Pridorozhnaya、South Pridorozhnaya 地区沉积厚度最大。

盐上层以灰色灰岩、浅灰色泥岩为主，夹石膏层和粉砂岩层，厚度为 0～30m(图 5-1-2)。

二、层序地层格架及层序边界特征

根据地震反射终止关系和钻井岩电层序界面特征，在楚-萨雷苏盆地南哈气田泥盆系共识别出 4 个区域不整合界面，从而将泥盆系自下向上依次划分为 $D_3fm_1^1$、$D_3fm_1^2$、D_3fm_{2+3} 3 个三级层序（表 5-1-1）。

表 5-1-1　楚-萨雷苏盆地南哈气田泥盆系层序划分方案

<table>
<tr><th colspan="2">地层</th><th>三级层序</th><th>体系域</th><th>主要岩性</th><th>层序边界</th><th>构造标志层</th><th>四级层序</th></tr>
<tr><td>C</td><td colspan="4">与上覆地层不整合接触明显</td><td>SB4</td><td>T60</td><td></td></tr>
<tr><td rowspan="8">D</td><td>盐上</td><td rowspan="2">SQ3</td><td>HST</td><td>膏岩、泥岩、粉砂岩互层，少量灰岩</td><td></td><td></td><td></td></tr>
<tr><td>盐</td><td>TST</td><td>盐岩、泥岩互层</td><td>SB3</td><td></td><td></td></tr>
<tr><td rowspan="6">盐下</td><td rowspan="3">SQ2</td><td>HST</td><td rowspan="3">厚层砂岩、砂砾岩为主，少量泥岩夹层</td><td></td><td></td><td></td></tr>
<tr><td>TST</td><td></td><td></td><td></td></tr>
<tr><td>LST</td><td></td><td></td><td></td></tr>
<tr><td rowspan="3">SQ1</td><td>HST</td><td rowspan="3">厚层砾岩、角砾岩为主，有泥岩夹层</td><td>SB2</td><td>T62</td><td>SQ1上</td></tr>
<tr><td>TST</td><td></td><td>T63</td><td></td></tr>
<tr><td>LST</td><td>SB1</td><td>T70</td><td>SQ1下</td></tr>
<tr><td>PZ1</td><td colspan="4">与下伏地层不整合接触</td><td></td><td></td><td></td></tr>
</table>

三级层序主要是根据构造幕、气候旋回、湖平面变化及物源供给等因素导致的三级湖平面的升降旋回产生的不整合及其对应的整合为界的等时地层单元。泥盆系 3 个三级层序分别为盐下层下部的 $D_3fm_1^1$ 层序、盐下层上部的 $D_3fm_1^2$ 层序、盐层和盐上层的 D_3fm_{2+3} 层序。每个三级层序内部虽然整体上表现出相似的旋回变化规律，但受物源供给变化等因素的影响，地层厚度、岩性及沉积体系类型等方面存在很大的差异。

1. 地震层序界面识别

地震层序界面的识别主要是依据地震剖面中各种反射终止类型，包括上超、下超、顶超和削截(图 5-1-3)。

削截代表在下伏地层沉积之后，构造运动(区域抬升或褶皱作用)和海(湖)平面的下降

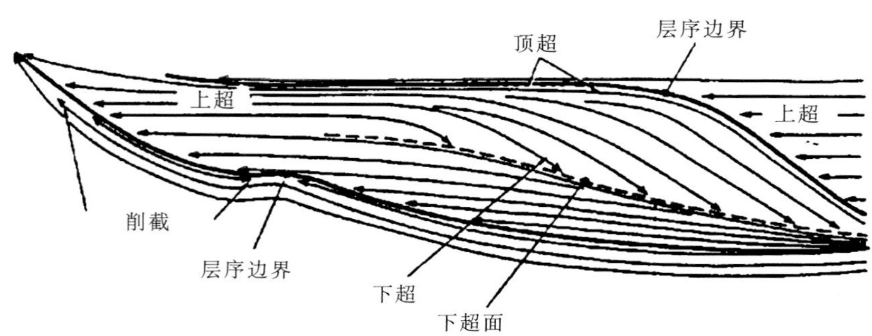

图 5-1-3 层序地层中的反射终止类型示意图

造成沉积间断，并遭受了强烈的切割侵蚀，是层序界面识别的最直接、可靠的依据。依据反射特征共识别出 4 个层序界面，自下而上分别是 SB1、SB2、SB3、SB4(表 5-1-1)。

楚-萨雷苏盆地南哈气田基底与上覆泥盆纪削截反射特征明显(图 5-1-4)，基底与上覆的泥盆系盐下层存在一个重大的不整合界面 SB1，其界面之下见清晰的削截反射特征(角度不整合)，界面之上为清晰的上超反射特征。基底局部成层特征明显，为板岩变质基底。

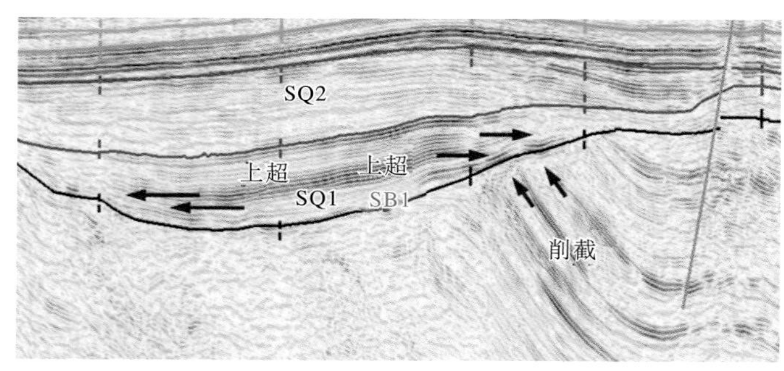

图 5-1-4 楚-萨雷苏盆地南哈气田泥盆系盐下层底界面 SB1 削截和上超反射(2011 _ M _ 06)

楚-萨雷苏盆地南哈气田泥盆系盐下层内部广泛存在一个波阻抗差异界面 SB2(图 5-1-5)，其界面之下可识别削截反射特征，界面之下为中频弱振、弱连续杂乱-亚平行地震相，界面之上为高频强振、高连续平行地震相。界面上下地震反射特征存在明显差异。泥盆系盐下地层发生轻度变形，是后期构造挤压所致。

楚-萨雷苏盆地南哈气田 Pridorozhnaya 地区盐层异常发育，厚度可达 400～600m，其底界面为一个清晰的波阻抗差异界面 SB3(图 5-1-6)，界面之下可识别出削截反射特征，对应高频强振、高连续平行地震反射的砂泥岩沉积；界面之上可见上超等不整一反射特征，对应地震反射杂乱的盐岩层沉积。

楚-萨雷苏盆地南哈气田泥盆系沉积后遭遇强烈的剥蚀作用，与石炭系存在一个明显的不整合界面 SB4。泥盆系的盐层和盐上层均遭受不同程度剥蚀，盐上层与石炭系呈明显的剥蚀不整合关系(图 5-1-7)。

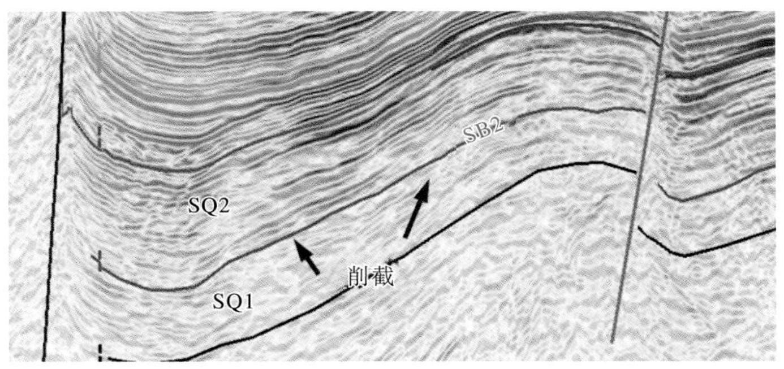

图 5-1-5 楚-萨雷苏盆地南哈气田泥盆系盐下层内部界面 SB2 削截反射(2009_M_05)

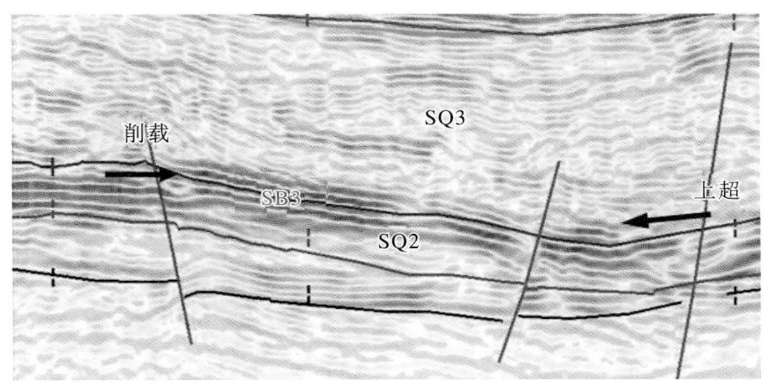

图 5-1-6 楚-萨雷苏盆地南哈气田泥盆系盐层底界面 SB3 削截和上超反射(2011_M_01)

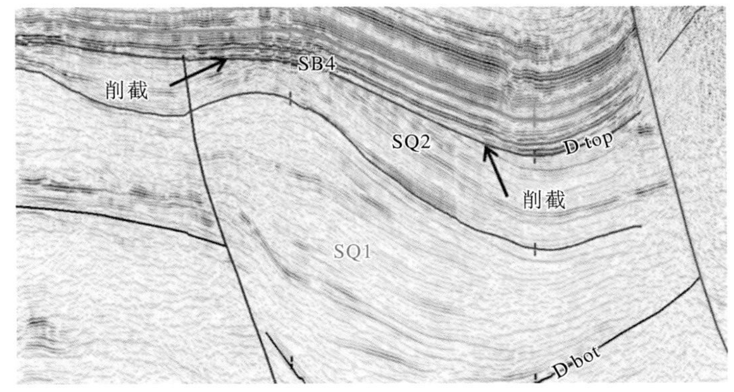

图 5-1-7 楚-萨雷苏盆地南哈气田泥盆系顶界面 SB4 削截反射(2011_M_02)

2. 钻井层序界面识别

钻遇楚-萨雷苏盆地南哈气田泥盆系的井有 26 口，其中 5 口井钻穿泥盆系。层序界面在单井上表现为岩性和电性的突变界面。通过井震结合研究，在泥盆系共识别出 4 个层序界面，自下而上分别是 SB1、SB2、SB3、SB4(图 5-1-2、表 5-1-1、图 5-1-8)。

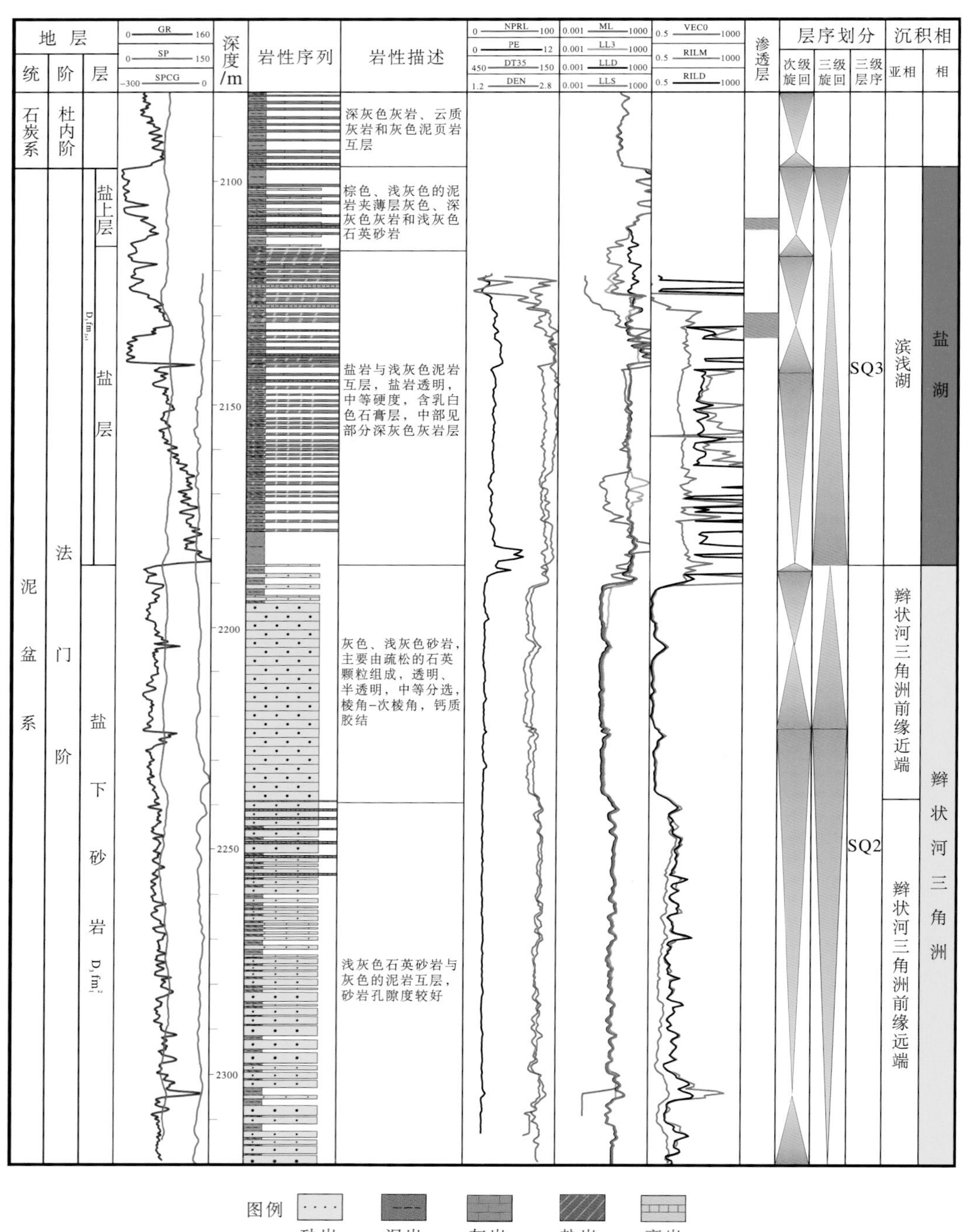

图 5-1-8　楚-萨雷苏盆地南哈气田 Kendyrlik 5-RD 井泥盆系层序和沉积综合柱状图

泥盆系 SB1 层序界面以上为砂砾岩、砾岩，部分夹泥岩层，GR 测井曲线表现为齿状；SB1 层序界面以下为板岩、片岩、斑岩等变质岩，GR 测井曲线较为平滑。SB1 是泥盆系陆源碎屑沉积与变质结晶基底之间的分界面。

泥盆系 SB2 层序界面以上为砂岩层，部分夹泥层；以下为砂砾岩、砾岩，部分夹泥岩层。SB2 是泥盆系盐下层砂岩、砾岩之间的内部分界面。

泥盆系 SB3 层序界面以上为互层盐岩、泥岩，以下为砂岩、砂砾岩。GR 曲线及电阻率曲线发生突变。SB3 是泥盆系盐下层砂岩与盐层之间分界面。

泥盆系 SB4 层序界面以上为互层灰岩、泥岩，以下为膏盐岩层，夹少量粉砂岩、灰岩。GR 曲线及电阻率曲线发生突变。SB4 是石炭系与泥盆系的分界面(图 5-1-2、图 5-1-8)。

三、泥盆系层序充填和分布特征

1. 层序 $D_3fm_1^1$(盐下层下部)充填和分布特征

泥盆系 $D_3fm_1^1$ 的底界面为不整合面 SB1，顶界面为不整合面 SB2，界面之下削截反射特征明显，之上上超反射特征明显。地层展布以西部较薄，东北、东南较厚为特征，Tamgalynskay 1-G 井较薄，仅 23m，南部 Naiman 1-G 井最厚，可达上千米(图 5-1-9)。岩性主要为互层的褐色角砾岩、砂砾岩与薄层的红褐色泥岩。随着湖平面的不断上升，垂向上形成由粗到细旋回沉积。在西部缓坡带发育冲积扇-扇三角洲-湖泊沉积，在东北部缓坡带发育扇三角洲-湖泊沉积，在东部陡坡带沉积物很少。

2. 层序 $D_3fm_1^2$(盐下层上部)充填和特征

泥盆系 $D_3fm_1^2$ 的底界面为不整合面 SB2，顶界面为不整合面 SB3，界面之下存在削截现象。地层展布以东北部—中部—东南部较厚为特征(图 5-1-10)，Tamgalynskay 1-G 井最薄，仅 9m，北部 Oppak 1-G 井巨厚，可达 235m(未穿)。岩性主要为互层的、浅灰色石英质、长石质砂岩与薄层灰色粉砂岩，灰绿色、灰色泥岩，夹少量褐色角砾岩。该时期湖平面继续上升，湖泊面积不断扩大，垂向上以向上变细的沉积旋回(湖平面上升半旋回)为主。在西部缓坡带发育冲积扇-扇三角洲-湖泊沉积，在东北部缓坡带发育冲积扇-辫状河三角洲-湖泊沉积，在东部陡坡带沉积物很少。

3. 层序 D_3fm_{2+3}(盐层、盐上层)充填和分布特征

泥盆系 D_3fm_{2+3} 底界面为不整合面 SB3，顶界面为不整合面 SB4，界面之下存在削截现象，界面之上存在上超地震反射特征。D_3fm_{2+3} 地层厚度在 South Pridorozhnaya、Pridorozhnaya 最厚，可达 600m(参见该层序沉积相图)。岩性主要为互层浅褐色的盐岩与灰绿色、浅灰色的泥岩，夹有石膏、灰岩、白云岩。该时期湖平面先上升再下降，湖平面达到最高点后发生下降和湖泊蒸发浓缩作用，垂向上发育向上沉积水体加深再变浅的完整沉积序列。在西部发育砂体范围很小的扇三角洲-湖泊沉积，南部发育较小的辫状河三角洲砂体，在东部陡坡带发育一系列连续的小型扇三角洲砂体。

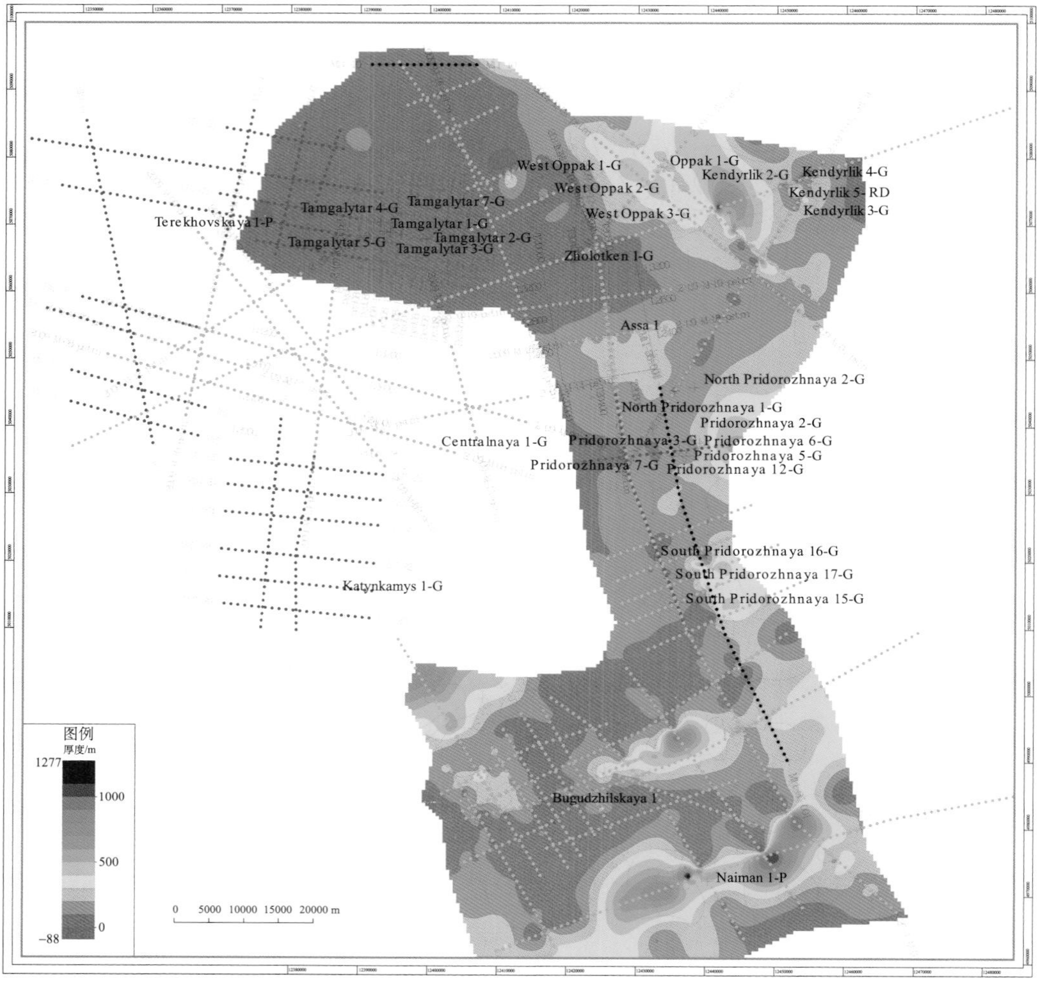

图 5-1-9 楚-萨雷苏盆地南哈气田泥盆系 $D_3fm_1^1$(盐下层下部)层序地层厚度图

泥盆纪沉积初期，$D_3fm_1^1$时期湖泊孤立且沉积范围较小，全区以粗粒的冲积扇、扇三角洲砂砾岩沉积为主；$D_3fm_1^1$—$D_3fm_1^2$，湖平面不断上升，湖泊沉积范围不断变大，发育扇三角洲和辫状河三角洲；至泥盆纪 D_3fm_{2+3}初期，湖平面达到最高，湖泊在全区连片沉积，后期湖泊蒸发萎缩，湖平面下降，以膏盐岩沉积为主(图 5-2-7～图 5-2-9)。

四、重点区泥盆系层序充填及分布特征

1. 重点区泥盆系发育情况

楚-萨雷苏盆地南哈气田 Tamgalinskaya 三维区、Tamgalytar 二维区、Assa 三维区

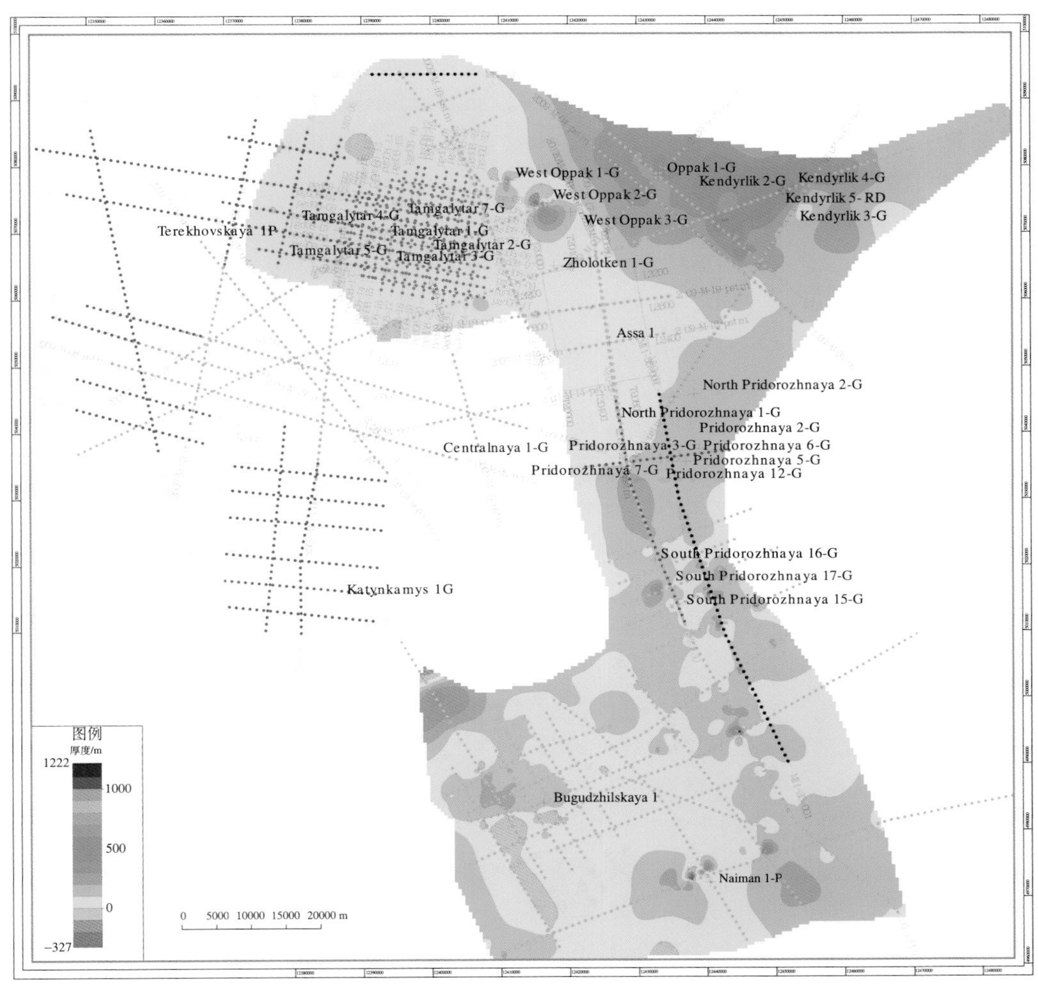

图 5-1-10 楚-萨雷苏盆地南哈气田泥盆系 $D_3fm_1^2$（盐下层上部）层序地层厚度图

是该地区重点勘探的三个区块。根据地震剖面上明显的削截、上超等地震反射终止关系和地震标志界面的追踪闭合，确立了三个重点区块泥盆系层序地层格架和地层分布特征（表 5-1-1）。在 Tamgalytar 二维区，泥盆系厚度较薄，井上厚度 SQ1 和 SQ2 均在 40～50m，SQ3 极薄，约 10m 厚，地震剖面上无法识别，只能依靠井上岩性划分；Tamgalytar 二维区整个泥盆系沉积厚度约 90m；南哈气田泥盆系东厚西薄，往西泥盆系尖灭，至 Tamgalinskaya 三维区，泥盆系不发育；Assa 三维区泥盆系相对较厚，单井上 SQ1 厚约 200m、SQ2 厚约 70m，Assa 三维区可能发育 SQ3，同样由于厚度过薄，在地震剖面上无法与 SQ2 区分开来。

2. 重点区泥盆系层序发育与充填特征

1）Tamgalinskaya 三维区泥盆系层序地层发育特征

根据构造研究成果和层序地层对比追踪，Tamgalinskaya 三维区不发育泥盆系。尽管目前还有争论，Tamgalinskaya 三维区泥盆系是否发育及其地质条件如何等问题需要更多的资料来回答。

2）Tamgalytar 二维区泥盆系层序地层发育特征

通过对全区二维地震剖面层序解释并追踪闭合，结合两口钻遇泥盆系的井 Tamgalytar 1 和 Tamgalytar 2 岩性、测井资料，将 Tamgalytar 二维区泥盆系划分为 3 个三级层序，自下而上分别为 SQ1($D_3fm_1^1$)、SQ2($D_3fm_1^2$)和 SQ3(D_3fm_{2+3})，对应的层序边界自下而上分别为 SB1、SB2、SB3、SB4，其中 SB1 对应地震反射标志层 T70，SB2 对应地震反射标志层 T62，SB4 对应地震反射标志层 T60，由于 SQ3 厚度过薄，大约只有 10m，无法在地震剖面上与 SQ2 区分开来，所以在地震剖面上不划分 SB3。

Tamgalytar 二维区泥盆系厚度较薄，钻遇泥盆系的井仅有 Tamgalytar 1 和 Tamgalytar 2 井。Tamgalytar 1 井泥盆系 SQ1、SQ2、SQ3 厚度分别为 37m、31m、17m；Tamgalytar 2 井泥盆系 SQ1、SQ2、SQ3 厚度分别为 23m、9m、8m。通过地震层序划分，结合单井厚度制作 SQ1 和 SQ2+SQ3 地层厚度图，发现 Tamgalytar 区地层厚度总体较薄，且分布差异不大，SQ1 厚度平均 40m 左右，SQ2＋SQ3 厚度稍大，平均约 45m。

3）Assa 三维区泥盆系层序地层发育特征

Assa 区泥盆系自下而上可划分为 SQ1($D_3fm_1^1$)、SQ2($D_3fm_1^2$)、SQ3(D_3fm_{2+3})，其地震层序界面自下而上分别为 T70(SB1)、T62(SB2)、T60(SB4)，由于泥盆系 SQ3 厚度过薄，在地震剖面上难以识别。随着研究的深入及三维资料的补充，在 T62 和 T70 之间可以通过上超等地震反射终止关系识别出一个地震反射界面 T63，从而将 Assa 三维区泥盆系 SQ1 分为上下两个四级层序 $SQ1^{上}$ 和 $SQ1^{下}$。总体来说，SQ2 具有低频中振幅、中好连续反射波组特征；$SQ1^{上}$ 为中高频中高振幅、中差连续反射波组；$SQ1^{下}$ 为中低频弱振幅、差连续反射波组。T63 在研究区内靠近边缘的三维地震剖面上反射特征明显，在中部反射特征较弱，难以识别。

与 Tamgalytar 二维区类似，Assa 三维区泥盆系不同层序界面发育具有继承性，Assa 1 井处于构造高部位，泥盆系 SQ2 厚度 73m，SQ1 厚度 215m 且未钻遇基底。根据地震层序划分结果，结合 Assa 1 井单井地层厚度，制作了不同层序的地层厚度图。SQ2+SQ3 地层厚度较薄，最厚处位于三维区东部、东南部，大约为 70m，Assa 1 井区厚度较薄，大约为 30m；SQ1 地层厚度较大，其分布具有北薄南厚的特点，北部平均厚度在 100m，东部、西部和南部厚度相对较大，大约 300m。$SQ1^{上}$ 厚度比 $SQ1^{下}$ 厚度薄，平均厚度在 80m，分布差异不大，南部存在高值区，达到 180m；$SQ1^{下}$ 地层厚度为 50～200m，北薄南厚，同时西部和东部边缘存在厚度较大区域。

第二节 泥盆纪岩相古地理特征重建

一、沉积相类型及特征

通过录井岩性、测井曲线形态、地震剖面、井壁取心、岩心等资料的详细研究，在研究区泥盆系共识别出了5种沉积相：冲积扇、扇三角洲、辫状河三角洲、冲积平原、湖泊(盐湖)(表5-2-1)。不同沉积类型具有较为典型的沉积特征。

表5-2-1 楚-萨雷苏盆地南哈气田泥盆系沉积相类型

相	代表井	主要发育层位
冲积扇	Tamgalytar 1-G、Tamgalytar 2-G、Assa 1	SQ1、SQ2
扇三角洲	South Pridorozhnaya 17、Pridorozhnaya 3 Kendyrlik 5-RD、Kendyrlik 3、Oppak 1	SQ1
辫状河三角洲	Assa 1 Kendyrlik 3、Kendyrlik 5-RD、North Pridorozhnaya 1、North Pridorozhnaya 2	SQ2
冲积平原	North Pridorozhnaya 1、North Pridorozhnaya 2	SQ2、SQ3
湖泊(盐湖)	Kendyrlik 5-RD、South Pridorozhnaya 17	SQ2、SQ3

1. 冲积扇相

泥盆系$D_3fm_1^1$、$D_3fm_1^2$时期，冲积扇主要发育在研究区西部缓坡区，在$D_3fm_1^2$时期在区块东北部也可见冲积扇沉积。岩性以褐色、红褐色的砂砾岩、角砾岩为主，砂砾成分为多种岩屑及石英、长石，可见泥砾，构造裂缝较发育，颗粒分选差—中等，磨圆次棱角状。砾岩夹灰色、灰绿色的砂岩和红褐色的泥岩层。岩性比较单一，整体反映了氧化环境沉积。代表井为Tamgalytar 1-G井、Tamgalytar 2-G井、Assa 1井(图5-2-1)，由于后期的剥蚀作用，泥盆系在Tamgalytar 1-G井、Tamgalytar 2-G井附近仅发育30～70m，在Assa 1井较厚，可达215m。

2. 扇三角洲相

扇三角洲在泥盆系$D_3fm_1^1$时期异常发育，分为北部、南部的靠山型扇三角洲和西部的较缓坡扇三角洲。$D_3fm_1^2$时期西部、北部的扇三角洲逐渐演化成辫状河三角洲，南部的扇三角洲依旧发育。D_3fm_{2+3}时期仅在西部低缓区发育很小规模的扇三角洲。扇三角洲岩性以褐色砂砾岩、浅灰色砂岩为主，含薄层的粉砂岩层和泥岩，构造裂缝发育，裂缝内常被石膏、方解石充填。代表井为South Pridorozhnaya 17-G井、Pridorozhnaya 3-G井、Kendyrlik 3-G井(图5-1-2)、Kendyrlik 5-RD井(图5-1-8)、Oppak 1-G井。在Kendyrlik地区泥盆系厚度可达70m以上，在South Pridorozhnaya 17-G井泥盆系厚度达到最大，达250m。

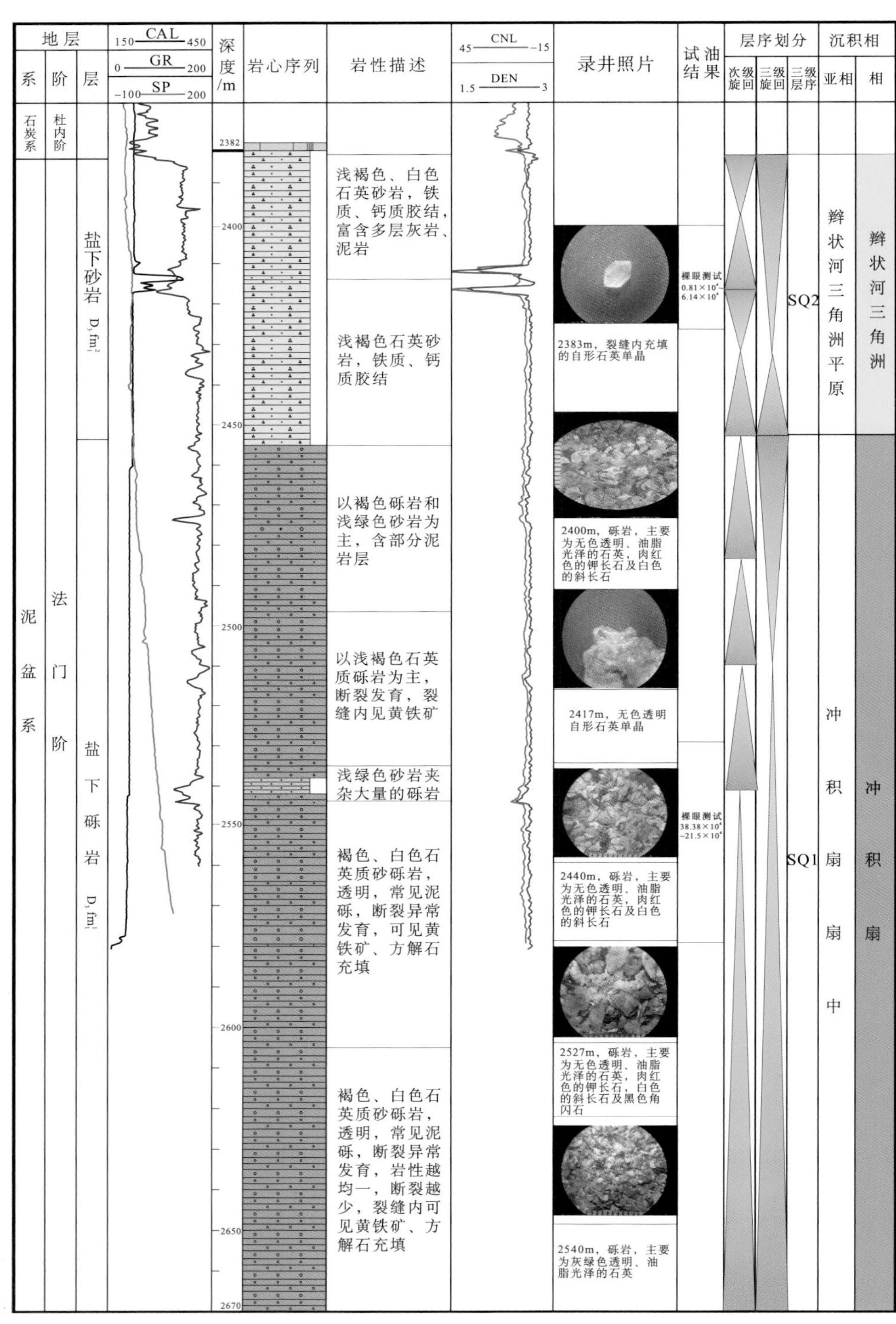

图 5-2-1 楚-萨雷苏盆地南哈气田 Assa 1 井泥盆系层序和沉积综合柱状图

3. 辫状河三角洲相

在泥盆系 $D_3fm_1^2$ 时期，辫状河三角洲发育于研究区北部，$D_3fm_1^1$、D_3fm_{2+3} 时期仅在西南部发育较小的辫状河三角洲沉积体。岩性以灰色的砂质细粒沉积物为主，分选中等—较好，磨圆次圆状，夹薄层的粉砂岩层和泥岩层，构造裂缝发育，裂缝内常被石膏、方解石充填。代表井为 Kendyrlik 3-G 井(图 5-1-2)、Kendyrlik 5-RD 井(图 5-1-8)、North Pridorozhnaya 1-G 井、North Pridorozhnaya 2-G 井。在 Assa 1 井泥盆系厚度可达 70m(图 5-2-1)，在 Pridorozhnaya 3-G 井巨厚，可达 345m。

4. 河流冲积平原相

冲积平原相在泥盆系 $D_3fm_1^1$、$D_3fm_1^2$ 时期大范围广泛分布，其上辫状河较发育，岩性以浅灰色的砂砾岩、砂岩为主，泥质含量较低。North Pridorozhnaya 2-G 井钻遇泥盆系厚度仅 25m。

5. 湖泊(盐湖)相

湖泊(盐湖)相在泥盆系 $D_3fm_1^1$、$D_3fm_1^2$、D_3fm_{2+3} 时期均发育。在 $D_3fm_1^1$ 时期为几个相对孤立的湖盆，$D_3fm_1^2$ 时期湖平面上升，形成南北两个相对较大的湖盆，$D_3fm_1^2$ 末期、D_3fm_{2+3} 早期发生湖泛，湖平面上升到最高，之后开始强烈的蒸发萎缩。盐湖相岩性以下部的膏盐岩夹泥岩层为主，上部以泥灰岩夹薄层的膏岩、粉砂岩为主，代表井为 Kendyrlik 3-G 井(图 5-1-2)、Kendyrlik 5-RD 井(图 5-1-8)、North Pridorozhnaya 1-G 井、North Pridorozhnaya 2-G 井、South Pridorozhnaya 17-G 井。在 South Pridorozhnaya 17-G 井区钻遇泥盆系最厚的盐岩层，达 650m，在 Kendyrlik 区较薄，泥盆系盐岩层厚度仅 90～125m。

二、关键井单井相分析

单井相分析是楚-萨雷苏盆地南哈气田泥盆系沉积相分析的基础。在井壁取心描述及测井曲线分析的基础上，结合沉积储层分析化验资料，对该区 10 余口井进行了单井相分析。现以 Assa 1、Kendyrlik 5-RD 井为例进行分析(图 5-1-8，图 5-2-1)。

1. Kendyrlik 5-RD 井单井相分析

Kendyrlik 5-RD 井钻遇了泥盆系，但未钻穿。在 2008～2320m 井段进行了井壁取心(图 5-1-8)。

Kendyrlik 5-RD 井 2008～2186m 井段对应泥盆系 D_3fm_{2+3}，井壁取心及岩屑录井表明，该井段顶部为盐上层的棕色、浅灰色的泥岩夹薄层灰色、深灰色灰岩和浅灰色石英砂岩，为正常湖泊沉积；下部为粉色盐岩与浅灰色泥岩互层的盐层，盐岩透明，中等硬度，表现为明显的扩径、低 GR，含乳白色石膏层，中部见部分深灰色灰岩层，为干旱蒸发盐湖沉积。

Kendyrlik 5-RD 井 2186～2320m 井段对应 $D_3fm_1^2$，井壁取心及岩屑录井岩性为灰色、浅灰色砂岩，颗粒多为石英，透明、半透明，中等分选，棱角—次棱角，钙质胶结，下部泥质夹层增多，为辫状河三角洲沉积。

2. Assa 1 井单井相分析

Assa 1 井钻遇了泥盆系，但未钻穿。该井 2382～2670m 井段进行了井壁取心(图 5-2-1)。

Assa 1 井 2382～2455m 井段对应 $D_3fm_1^2$，井壁取心为浅褐色、白色的石英砂岩，矿物成分多为石英、斜长石和钾长石，分选磨圆中等—较好，普遍被铁质、钙质胶结，富含多层的泥岩、灰岩夹层；测井曲线表现为高 GR，可能与钾长石含量高有关。据此判断该井段为辫状河三角洲沉积。在 2410～2420m 井段处，测井曲线发生突变，在 2417m 处发育晶形良好的石英单晶，表示该层段发育较大的孔洞缝。

Assa 1 井 2455～2670m 井段对应 $D_3fm_1^1$，井壁取心为褐色、浅褐色的角砾岩、砂砾岩。砾石的分选磨圆较差—中等，常见泥砾，断裂异常发育，裂缝内可见黄铁矿、方解石充填；2538～2542m 井段处夹一层浅绿色的砂岩，推断该井段为冲积扇沉积。

三、多井沉积相分析

基于单井沉积相分析和多井层序地层格架分析，开展了多井沉积对比研究。沉积对比剖面包含下列关键：①Tamgalytar 1-G—West Oppak 1-G—Oppak 1-G—Kendyrlik 5-RD—Kendyrlik 3-G；②Kendyrlik 3-G—North Pridorozhnaya 1-G—South Pridorozhnaya 17-G—Naiman 1-G；③West Oppak 1-G—Assa 1—North Pridorozhnaya 1-G—North Pridorozhnaya 2-G；④Ortalyk 1-G—Ortalyk 2-G—Assa 1—Kendyrlik 5-RD。

图 5-2-2 为近东西向的多井沉积相剖面，顺物源方向。泥盆系 $D_3fm_1^1$ 时期以砂砾质粗粒沉积物为主，含薄层砂岩层和泥岩层，主物源来自西部低缓隆起，发育冲积扇-扇三角洲-湖泊沉积；东部为次要物源，发育扇三角洲-湖泊沉积。Oppak 1-G 井沉积厚度最大，达 595m，Tamgalytar 1-G 井沉积厚度最薄，仅 37m。泥盆系 $D_3fm_1^2$ 时期湖平面上升，主要沉积砂质沉积物，含薄层的粉砂岩层和泥岩沉积。主物源依然来自西部低缓隆起，冲积扇后退变小，发育冲积扇-冲积平原-辫状河三角洲-湖泊沉积；东部次要物源供源形成辫状河三角洲-湖泊沉积。Oppak 1-G 井沉积厚度最大，达 235m，Tamgalytar 1-G 井沉积厚度最薄，仅 31m。泥盆系 D_3fm_{2+3} 早期发生湖泛，全区以泥膏灰沉积为主，湖泊沉积范围达到最大，仅在西部地区见到规模较小的辫状河三角洲沉积，后期气候干燥，湖泊蒸发萎缩，在东部 Kendyrlik 地区转变为蒸发盐湖沉积。

图 5-2-3 为近南北向的多井剖面，横切物源方向。泥盆系 $D_3fm_1^1$ 时期以砂砾质粗粒沉积物为主，含薄层砂岩层和泥岩层，从北向南发育三个相对低洼区，Kendyrlik 3-G 井区存在东部物源，发育扇三角洲-湖泊沉积；North Pridorozhnaya 1-G、South Pridorozhnaya 17-G 井区物源来自西部，发育扇三角洲-湖泊沉积；Naiman 1-G 井区物源来自南部，发育扇三角洲-湖泊沉积或冲积平原-湖泊沉积。该时期 Naiman 1-G 井沉积厚度最大，达 385m。泥盆系 $D_3fm_1^2$ 时期湖平面上升，以砂质沉积物为主，含薄层的粉砂岩层和泥岩层。

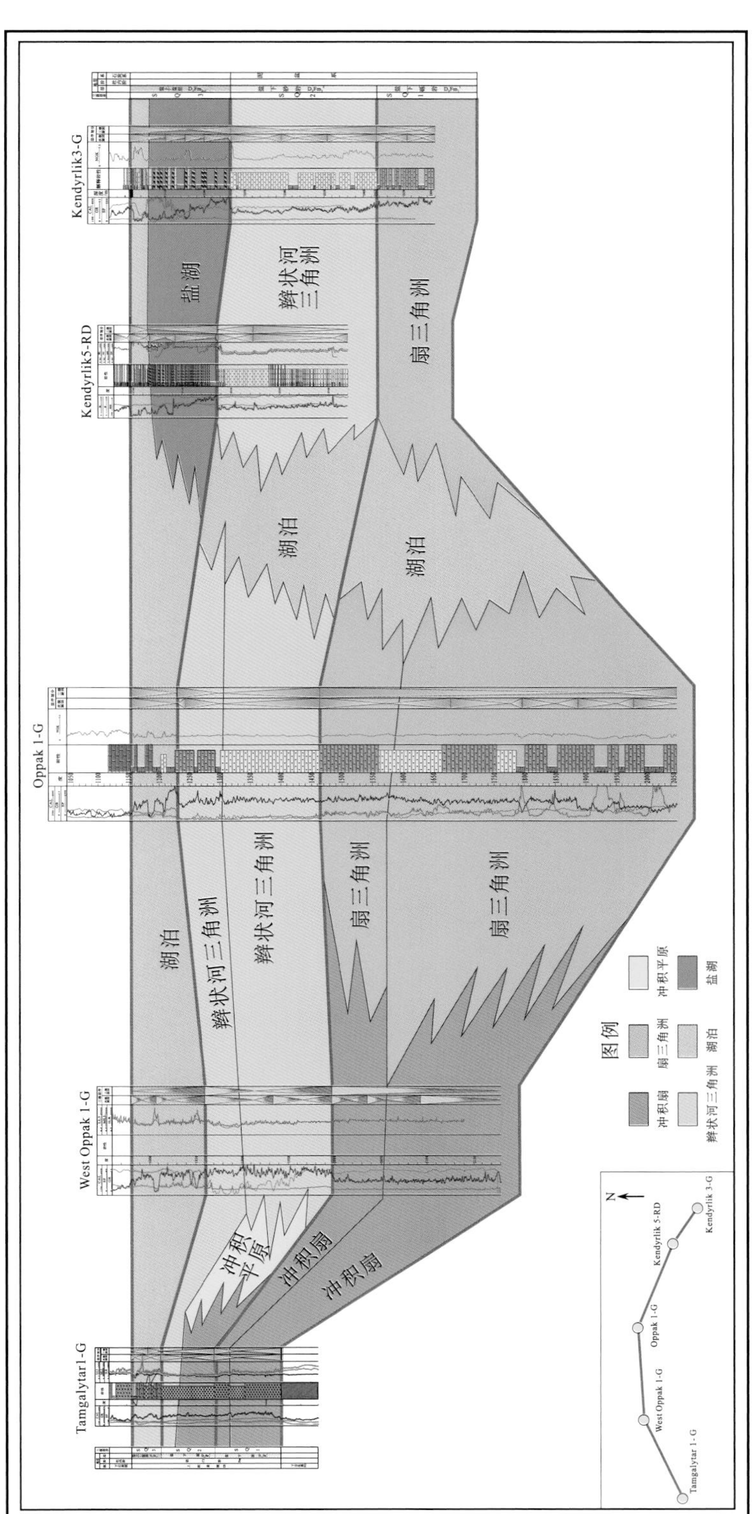

图 5-2-2 楚-萨雷苏盆地南哈气田 Tamgalytar 1-G—Kendyrlik 3-G 井泥盆系多井沉积对比图

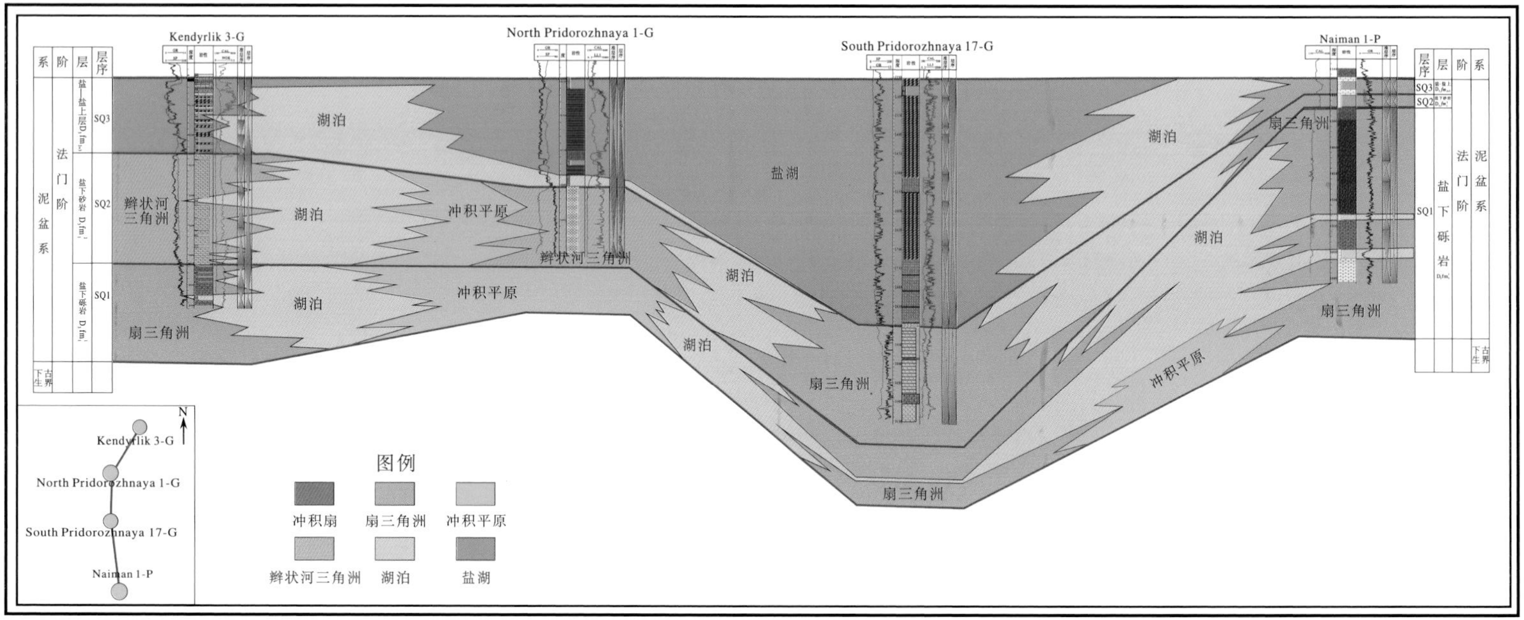

图 5-2-3　楚-萨雷苏盆地南哈气田 Kendyrlik 3-G—Naiman 1-G 井泥盆系多井沉积对比图

随着湖泊沉积范围增大，扇三角洲发生继承性萎缩，出现辫状河三角洲沉积。泥盆系 D_3fm_{2+3} 早期发生湖泛，全区以泥膏灰沉积为主，湖泊沉积范围达到最大，后期气候干燥，湖泊蒸发萎缩，在东部 Kendyrlik、Pridorozhnaya 地区转变为蒸发盐湖沉积。

四、典型地震相分析

对于无井区和少井区的沉积盆地沉积相研究，选用可信度较高的地震反射内部结构和外部形态开展地震相分析是确定划分沉积相的重要方法之一。

通过对全区二维和三维地震剖面解释分析，主要依据可信度较高的地震反射内部结构和外部形态，考虑地震反射动力学特征，在泥盆系主要识别出以下 7 种地震相类型：①中频弱振、弱连续杂乱-亚平行地震相；②中频弱振、弱连续丘状地震相；③中频弱振、中连续前积楔状地震相；④高频强振、高连续平行地震相；⑤低频中振、高连续平行亚平行地震相；⑥高频中高振、中连续楔状地震相；⑦中频弱强振、弱连续乱岗状地震相(图 5-2-4～图 5-2-6)。

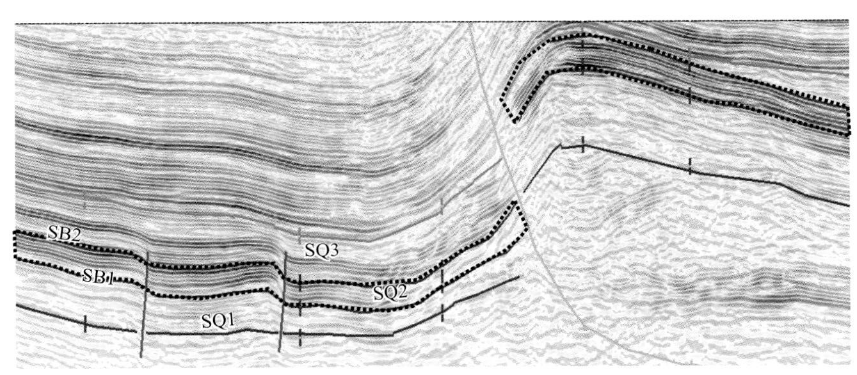

图 5-2-4 泥盆系高频强振、高连续平行地震相(2011-35)

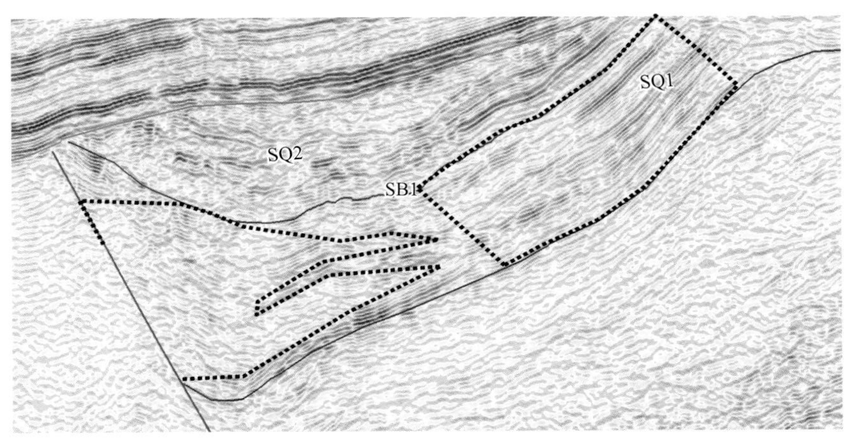

图 5-2-5 泥盆系中频弱振、中连续前积楔状地震相(左)和高频强振、高连续平行地震相(右)特征(2011-23)

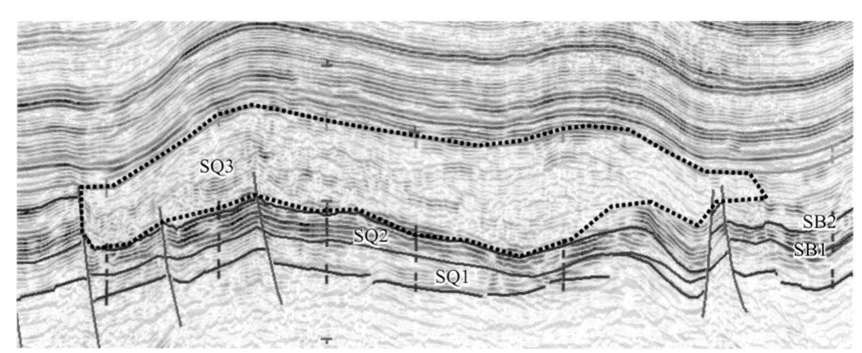

图 5-2-6　泥盆系中频弱强振、弱连续乱岗状地震相特征(2011-01)

根据地震地层学和沉积学原理，依据地震反射内部结构和外部形态与沉积体系之间的对应关系，综合少数钻遇泥盆系目的层单井沉积相分析成果，推断上述地震相类型对应的沉积类型。中频弱振、弱连续杂乱-亚平行地震相反映了沉积物杂乱分布的特征，可能对应冲积扇沉积；中频弱振、弱连续丘状地震相常出现在与前积体垂直的地震剖面上，可能是扇体横剖面的地震响应；中频弱振、中连续前积楔状地震相常代表了三角洲砂体的进积；高频强振、高连续平行地震相反映了岩性稳定分布，频繁互层，可能为滨浅湖沉积；低频中振、高连续平行亚平行地震相往往对应着三角洲的平原部分；高频中高振、中连续楔状地震相可能指示了近源砂体的堆积；中频弱强振、弱连续乱岗状地震相则代表了盐湖相的膏盐岩沉积层(图 5-2-4～图 5-2-6)。

五、沉积相平面分布特征

以井壁取心资料和单井沉积相分析为基础，以多井沉积相分析为格架，结合地震相分布特征，以三级层序为作图单元，编制了南哈气田泥盆系沉积相平面分布图。

1. $D_3fm_1^1$沉积相平面分布特征

泥盆系 $D_3fm_1^1$时期(SQ1)，湖盆由多个小湖泊组成。物源主要来自西部低缓区，次要物源来自东北部及南部山区。随着湖平面的不断上升，垂向上发育由粗到细沉积序列。在西部缓坡带发育物源供给多、分布范围大的冲积扇-扇三角洲-湖泊沉积，在东北部缓坡带物源供给相对少，发育规模较小的扇三角洲-湖泊沉积，在东部陡坡带沉积物很少，南部发育扇三角洲-湖泊沉积(图 5-2-7)。

2. $D_3fm_1^2$沉积相平面分布特征

泥盆系 $D_3fm_1^2$时期(SQ2)继承 $D_3fm_1^1$发展，湖盆沉积范围扩大，主要由两个较大湖泊组成。主物源来自西部缓坡区，物源后退，冲积扇范围变小，在其前方发育三角洲沉积；次要物源来自东北部及南部山区，对应形成规模较小的三角洲沉积。该时期后期湖平面继续上升，湖泊面积不断扩大，垂向上以向上变细沉积序列为主。在西部缓坡带

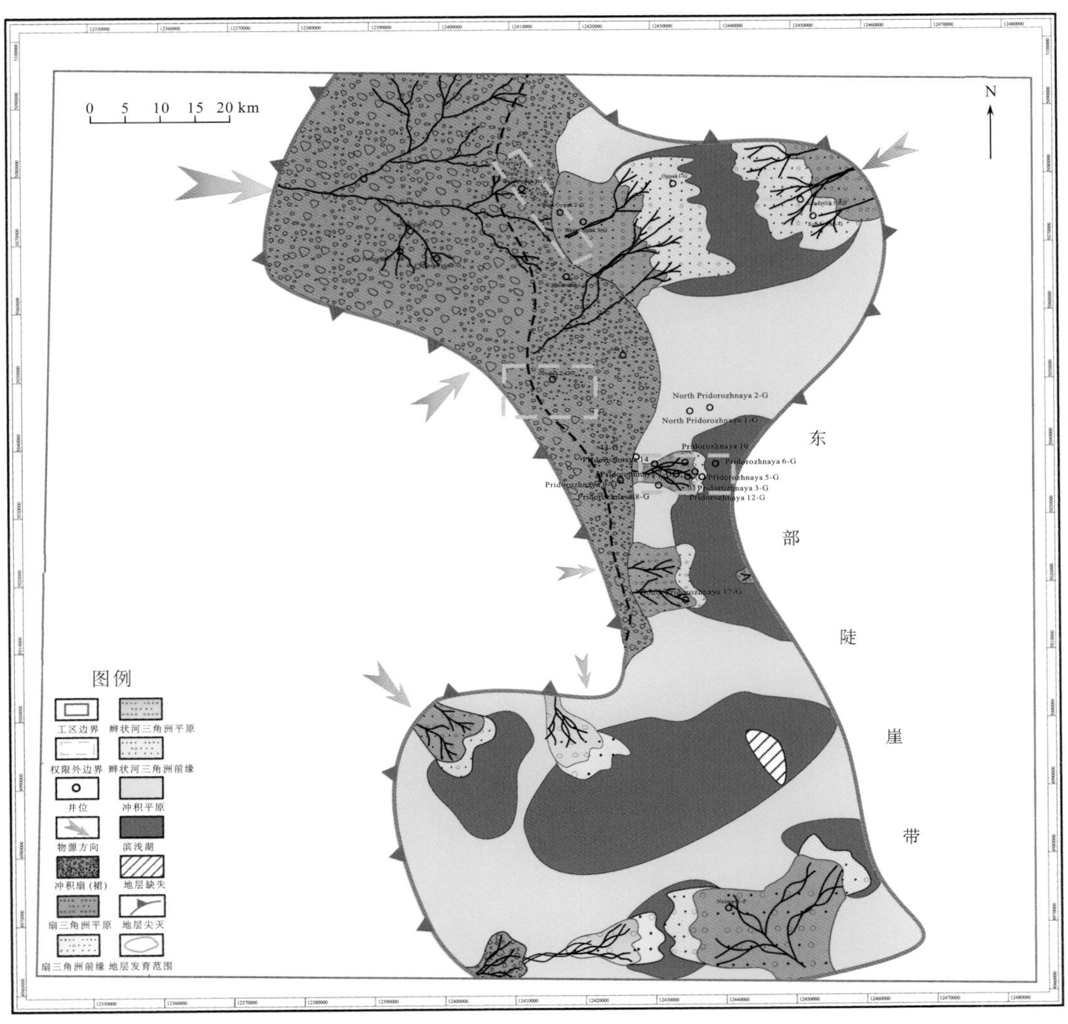

图 5-2-7 楚-萨雷苏盆地南哈气田泥盆系 $D_3fm_1^1$(盐下层下部)沉积相平面图

发育冲积扇-辫状河三角洲-湖泊沉积，冲积扇向后退缩变小，冲积平原沉积范围扩大。在东北部缓坡带发育冲积扇-辫状河三角洲-湖泊沉积体系，在东部陡坡带沉积物很少(图 5-2-8)。

3. D_3fm_{2+3}沉积相平面分布特征

泥盆系 $D_3fm_1^2$末期或 D_3fm_{2+3}早期湖平面范围达到最大。该时期湖平面先上升再下降，湖平面到达最高点后发生蒸发浓缩作用，垂向上发育向上变细再变粗的完整沉积序列。据沉积特征分析，该层序(SQ3)在西部只发育较小规模的扇三角洲。南部地区发育规模更小的辫状河三角洲，在东部陡坡带发育一系列连续的小型扇三角洲(图 5-2-9)。

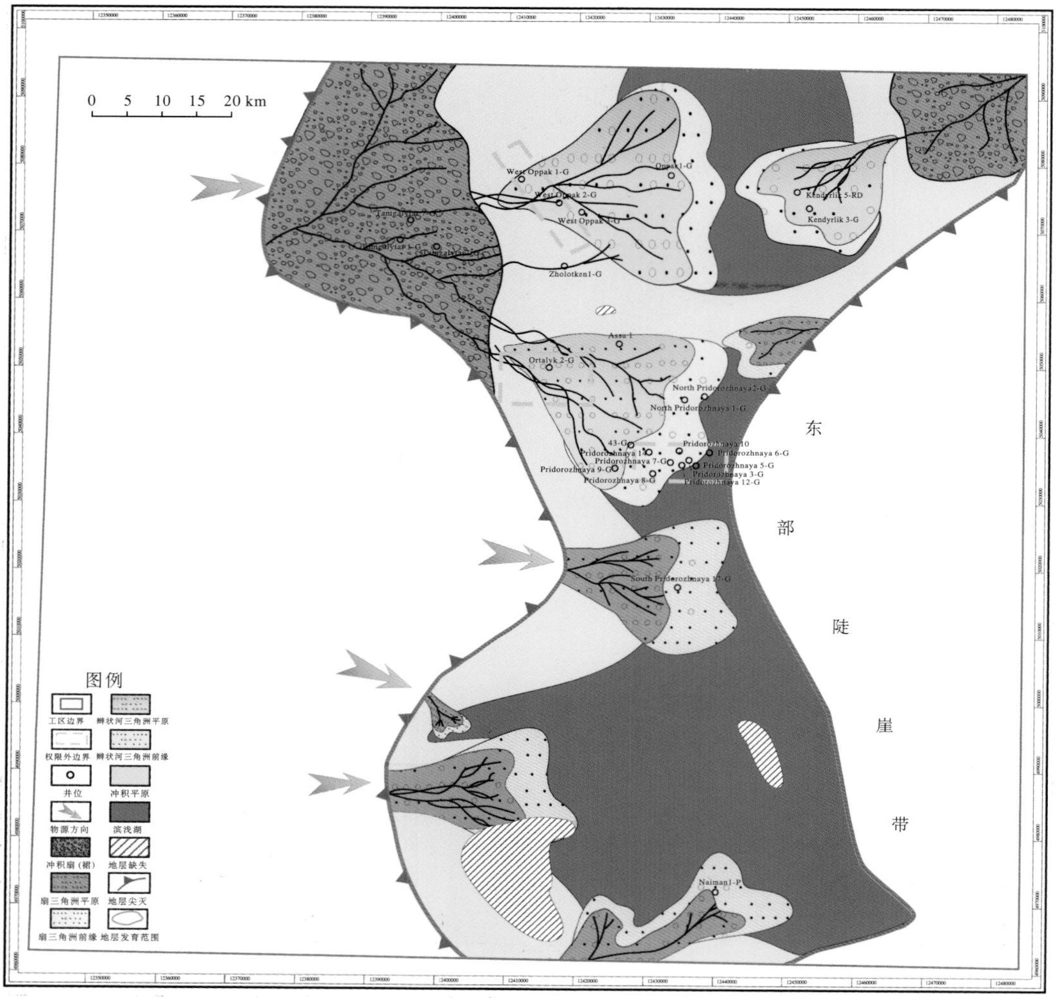

图 5-2-8 楚-萨雷苏盆地南哈气田泥盆系 $D_3fm_1^2$（盐下层上部）沉积相平面图

泥盆系沉积类型和沉积范围明显受构造演化作用影响。泥盆系 $D_3fm_1^1$ 时期，相对孤立的断陷小湖盆受边界断层控制作用强，湖盆堆积大量的近源粗粒沉积物；$D_3fm_1^2$ 时期，湖平面上升，边界断层的控制作用减弱，盆地演化处于断拗转化阶段，湖泊沉积范围大，以较细粒的扇三角洲、辫状河三角洲沉积为主；D_3fm_{2+3} 时期，先发生湖泛，之后气候干旱、湖泊蒸发萎缩，沉积范围只受东部边界陡崖的影响。

六、重点区泥盆系沉积相展布研究

沉积相类型和展布特征研究需要综合运用露头、岩心、钻测井、地震等多种资料，结合岩心相分析、测井相分析和地震相分析等常规手段，依托现代沉积相模式研究，预

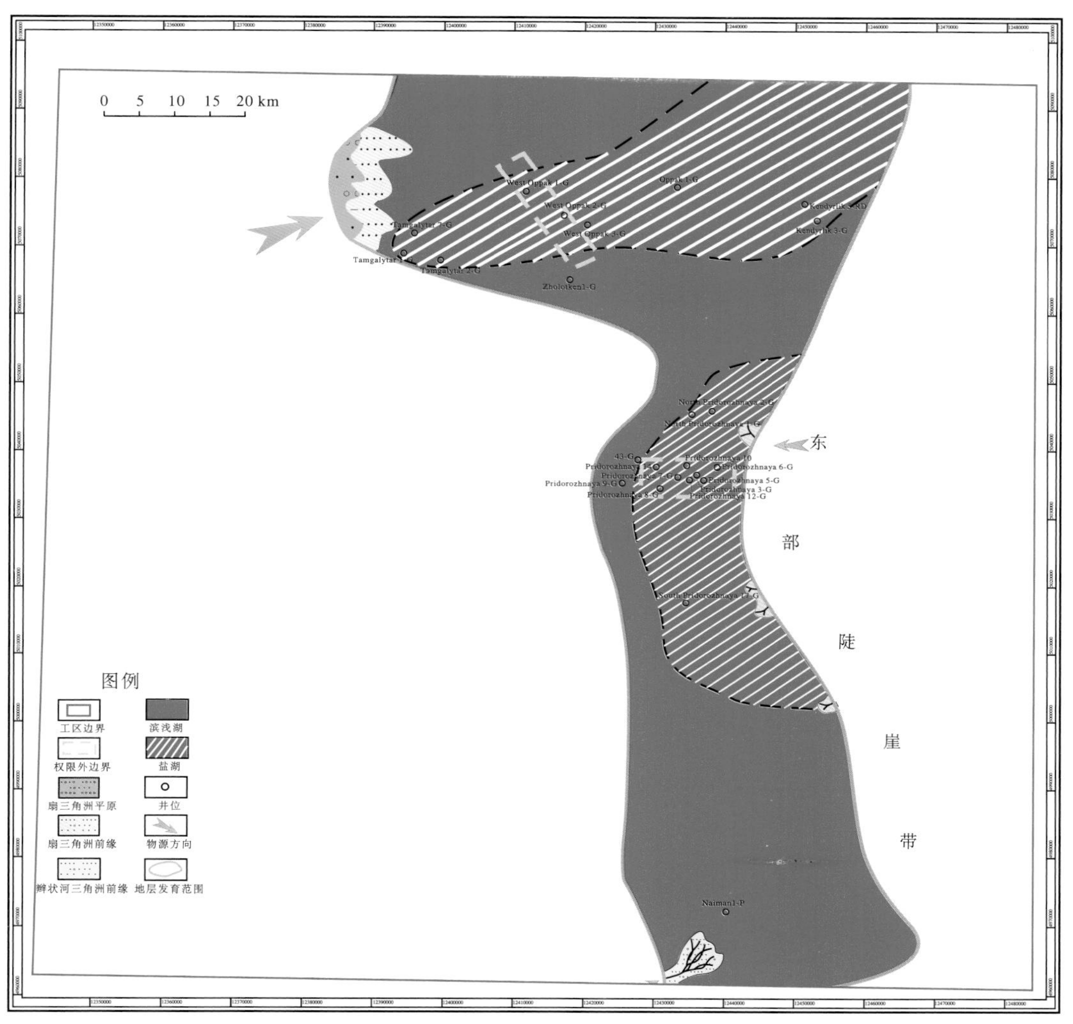

图 5-2-9 楚-萨雷苏盆地南哈气田泥盆系 D_3fm_{2+3}(盐间和盐上层)沉积相平面图

测古代沉积体系展布特征，落实砂体展布，明确有利储层空间发育情况。在楚-萨雷苏盆地南哈气田三个重点区中，Tamgalinskaya 三维区不发育泥盆系；Tamgalytar 二维区仅有 Tamgalytar 1 和 Tamgalytar 2 井钻遇泥盆系；Assa 三维区仅有 Assa 1 井钻遇泥盆系。由于钻井岩心资料少，二维地震资料品质较差，加之地层厚度较薄，给沉积相研究带来了较大困难。

鉴于此，本次研究将传统沉积学研究与地震沉积学研究(地震属性分析)相结合，综合开展重点区沉积相展布特征研究工作。

1. 传统沉积学研究

传统沉积学研究主要依靠露头、岩心、钻测井和地震资料，本次研究没有露头和岩心资料，仅有三口单井钻井资料、Tamgalytar 密集二维地震数据和 Assa 三维地震数据。研究结果表明，楚-萨雷苏盆地南哈气田泥盆系主要发育冲积扇、扇三角洲、辫状河三角洲、河流冲积平原及湖泊沉积。自下而上，湖盆沉积范围由小变大再变小，对应发育了冲积扇(河流冲积平原)、扇三角洲、辫状河三角洲和湖泊沉积，最后演化为盐湖沉积(参见本章沉积相分析)。

2. 地震属性分析

地震波在地层中传播，必然受到地层性质(岩性、物性、流体性质等)的影响。地下储层性质的差异会导致储层的波阻抗差异，进而引起地震波的运动学和动力学特征的变化(即地震响应)。地震属性对储层性质的响应是储层预测的基础。

地震属性与地质目标(如储层孔隙度)之间虽然存在一定的关系，但没有严格的一一对应的成因关系，其中，波阻抗是速度与密度的乘积，波阻抗与岩性、孔隙度甚至流体性质均有较大的关系，而振幅的影响因素主要为岩性、孔隙度、流体性质、埋藏深度、构造应力等。频率则与岩层组合(不同岩性的界面组合)、储层厚度、埋藏深度(随深度增大而减小)、物性等因素有关(表 5-2-2)。

表 5-2-2　常用地震属性可能反映的储层性质(据吴胜和，2010)

地震属性或指示特征	可能反映的地质特征
波阻抗	岩性、孔隙度、含油气性、压力
振幅(瞬时＋能量)	岩性差异、岩层连续性、孔隙度
频率(瞬时＋能量)	岩层厚度及流体性质
相位(瞬时＋能量)	岩层连续性
波形	岩性、岩相
互相关属性	侧向间断性(断层、砂体边界等)
AVO	岩层中流体性质

基于以上认识，在无井或者少井地区，可以依靠地震属性分析，结合现代沉积学和地震沉积学理论方法，确定泥盆系沉积发育及展布特征。

3. 地震沉积学研究(精细刻画沉积类型)

1998 年，美国学者曾洪流等发表了关于利用地震资料制作地层切片的文章，首次使用地震沉积学一词，标志着地震沉积学的诞生。地震沉积学是以现代沉积学和地球物理学为理论基础，利用三维地震资料，经过层序地层、地震属性分析和地层切片，研究地层岩石宏观特征、沉积结构、沉积体系、沉积相平面展布及沉积发育史的地质学科。地震岩性学和地震地貌学是地震沉积学的核心内容。地震岩性学采用完善的处理工具(如相位调整、AVO 分析和波阻抗反演)将三维地震数据体转换为测井岩性数据体。在岩性数据体中，各井点处的岩性测井以很小的允许误差与井旁地震道建立关系，以确保储集层段井数据与地震数据的最佳结合。应用地震地貌学，结合不同沉积体系的几何形态分析，特别是经过关键井的岩性(沉积相)刻度，可以将经特殊处理的平面或立体地震数据体进一步转换成沉积相图。

通常采用的地震资料切片方法是时间切片和沿层切片。时间切片是沿某一固定地震旅行时对地震数据体进行切片显示(图 5-2-10)，切片方向沿垂直于时间轴的方向，此方法适用于席状且平卧的地层；沿层切片是沿某一个没有极性变化的反射界面，即沿着或平行于追踪地震同相轴所得的层位进行切片(图 5-2-10)，它更具有地球物理意义，此方法适用于席状但非平卧的地层。实际地震资料研究中常以非席状且非平卧状地层为主，所以应用地层切片比其他切片更接近于等时意义。目前，地层切片技术是在精细层序地层格架建立的基础上，选取两条具有等时对比意义的地震参考同相轴，在其间按线性比例内插产生一系列切片(图 5-2-10)，这种方法产生的切片能容易地拾取振幅型或结构异常型沉积体系，特别是对河流、三角洲砂体的识别吻合性较高。地层切片是盆地分析和储集层精细描述的新方法，不仅使少井区沉积相研究变为可能，而且使少井区沉积相研究变为精细。

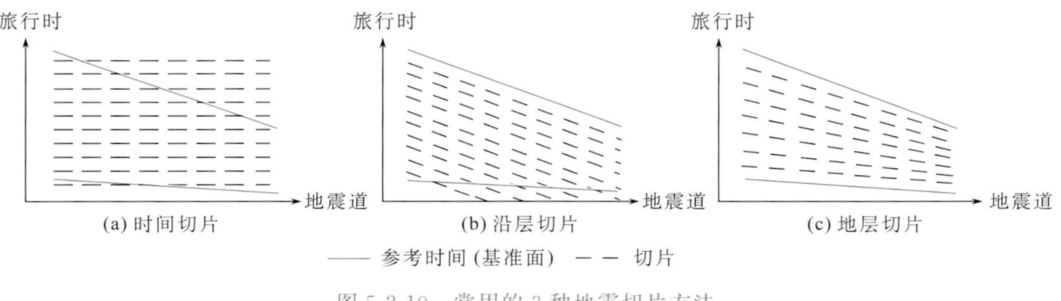

图 5-2-10 常用的 3 种地震切片方法

1）Tamgalytar 二维区泥盆系沉积相分布特征研究

楚-萨雷苏盆地南哈气田 Tamgalytar 二维区泥盆系很薄，SQ1 和 SQ2 平均厚度大约 45m，在二维地震剖面上对应 1～2 个地震同相轴。从地震相特征来看，Tamgalytar 二维区主要为一些弱振幅中低频、差连续杂乱地震相，这种地震相大多数情况下反映了岩性变化较大、砂泥砾岩混杂堆积、成层性较差的特点。据此推断可能为一种近源快速堆积沉积体，比如冲积扇。当然，杂乱地震相在有些情况下也可能是地震品质较差所致，因此，还需要和单井相分析结合才能更加合理可信地落实沉积相类型。Tamgalytar 二维区钻遇泥盆系的井仅有 Tamgalytar 1 和 Tamgalytar 2 井。Tamgalytar 1 井泥盆系可以划分出 SQ1、SQ2 和 SQ3 3 个三级层序。泥盆系 SQ1 主要为红褐色碎屑角砾岩、砾岩，富含大量的板岩、浅褐红色的大理岩、石英质燧石岩屑，红褐色反映了母岩颜色，也可能是遭受到氧化所致，角砾岩和砾岩一般分选、磨圆均较差，是一种近源快速堆积产物，常常发育在冲积扇或扇三角洲平原；泥盆系 SQ2 主要为褐色砂岩、成分以石英、长石为主，偶见白云母，钙质胶结，也见硅质胶结，致密，裂缝发育，与 SQ1、SQ2 相比岩性较细，揭示了一定程度的搬运，与湖平面上升沉积三角洲有关；泥盆系 SQ3 主要为白云岩和灰岩、盐岩沉积，反映了一种较为安静的湖相(盐湖)沉积(图 5-2-11)。

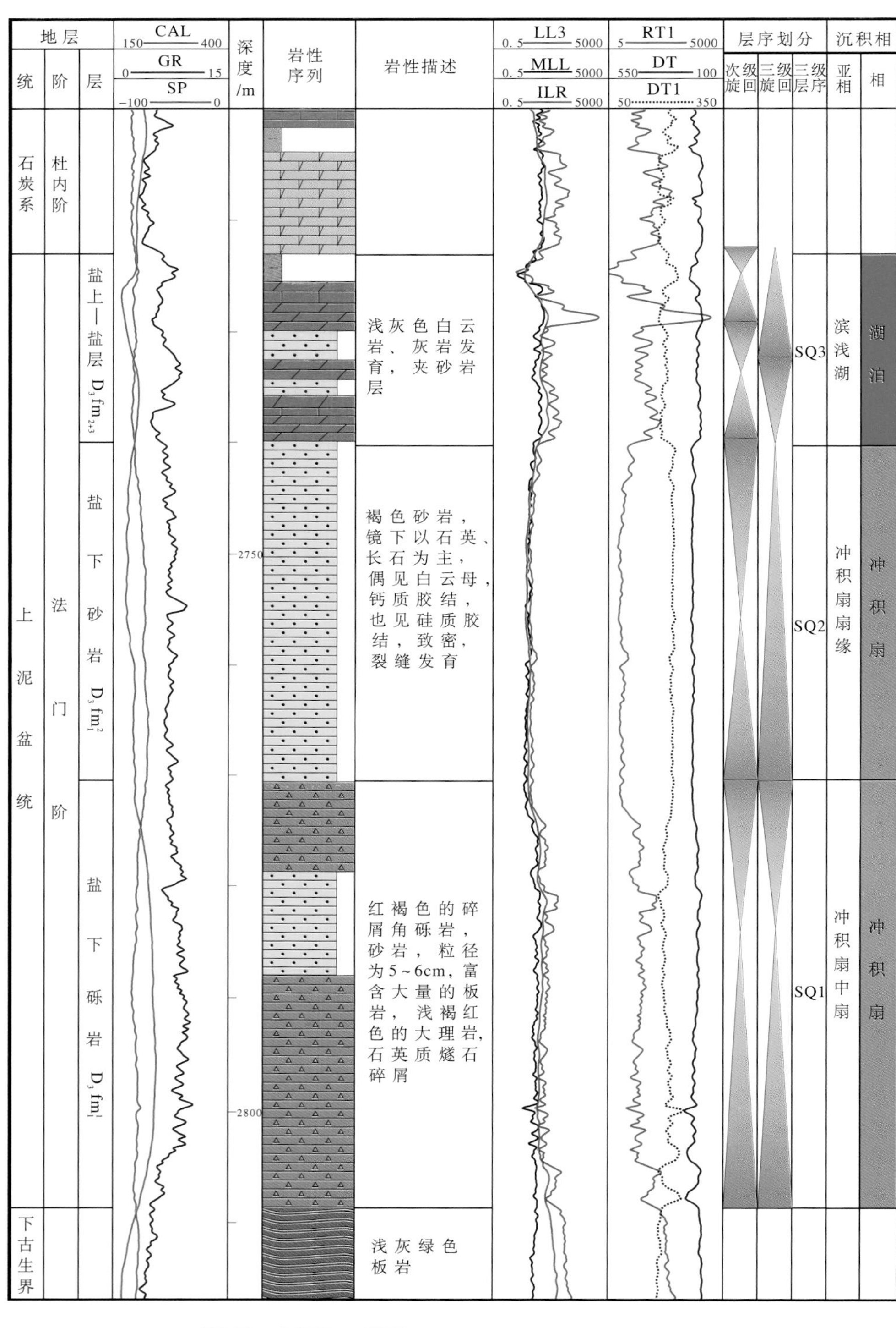

图 5-2-11 楚-萨雷苏盆地南哈气田 Tamgalytar 1-G 井泥盆系层序和沉积综合柱状图

Tamgalytar 2-G 井自下而上同样可以将泥盆系划分为 SQ1、SQ2、SQ3 3 个层序。泥盆系 SQ1 主要为深棕色细—中砾岩，夹浅棕色砂岩，下部为褐色巨砾岩，砾石多为火成岩岩屑；泥盆系 SQ2 主要为砂岩沉积，底部可见砾岩，砂岩和砾岩中可见薄层石膏；SQ3 岩性主要为膏岩。因此，认为 Tamgalytar 1-G 和 Tamgalytar 2-G 井泥盆系自下而上沉积类型分别为：SQ1 为冲积扇中扇沉积，SQ2 为冲积扇扇缘沉积，SQ3 为滨浅湖沉积。

一般情况下，地震属性分析多应用于三维地震资料中，本次研究为提高研究精度，使沉积相展布解释更加可信合理，对密集二维地震资料分别作了频率、相位和均方根振幅时窗切片(图 5-2-12)，鉴于钻遇泥盆系单井过少，Tamgalytar 1-G 和 Tamgalytar 2-G 井均钻遇泥盆系砂砾岩，对应判断地层切片上振幅强度较大的区域为砂砾岩发育区，振幅较弱区域泥质含量变高，储层性能相对较差。从均方根振幅属性切片可以看出，振幅较强区域主要集中在 Tamgalytar 二维区西部和西北部，在垂向上，泥盆系 SQ2 强振幅区域略多于 SQ1。

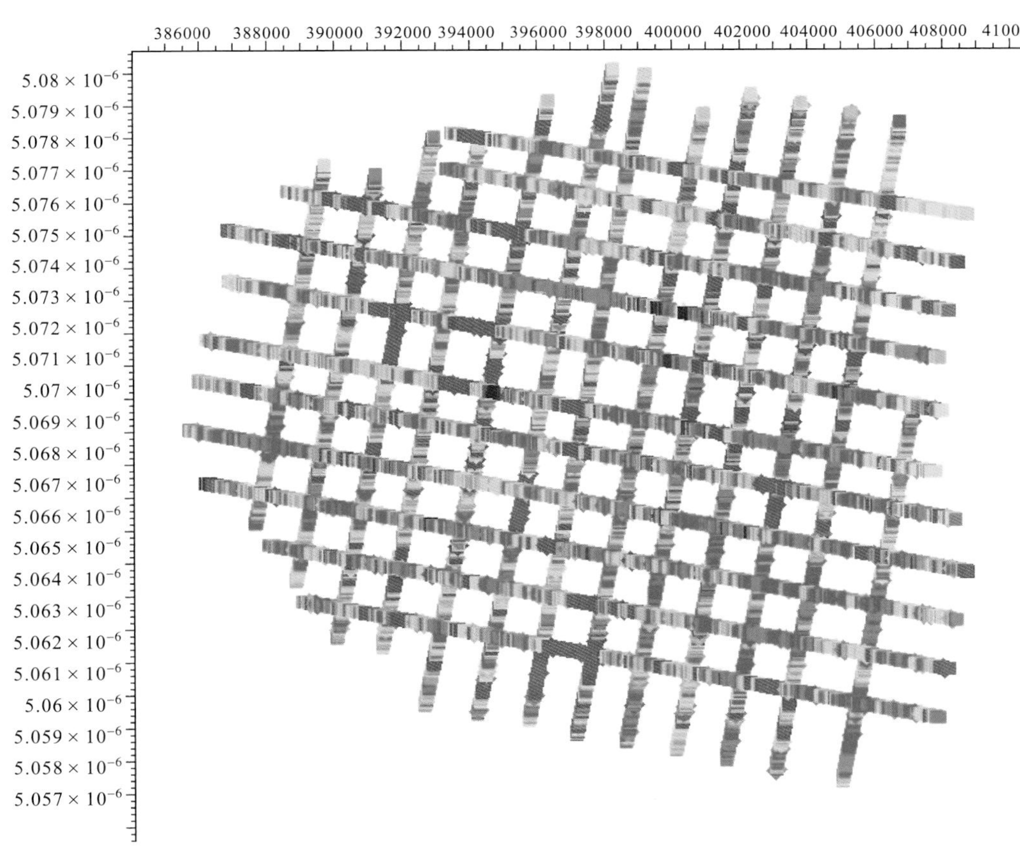

图 5-2-12 楚-萨雷苏盆地南哈气田 Tamgalytar 二维区 SQ2 均方根振幅时窗切片

红色和黄色表示强振幅，绿色和蓝色表示弱振幅

依据地震沉积学研究方法，在 Tamgalytar 二维区已经搭建好的层序格架内部分别做地层切片，试图在等时格架内部落实沉积体变化特征。在泥盆系 SQ1 内部做瞬时频

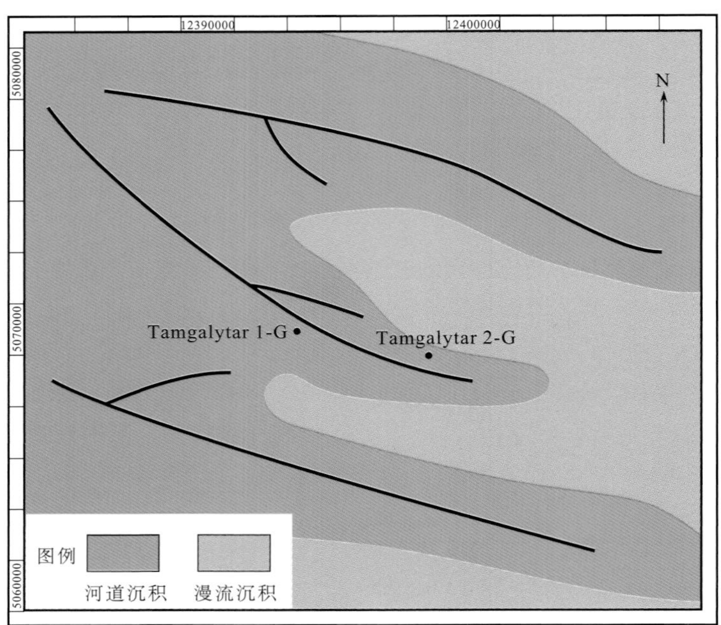

图 5-2-13　楚-萨雷苏盆地南哈气田 Tamgalytar 二维区泥盆系 SQ2 沉积亚相分布图

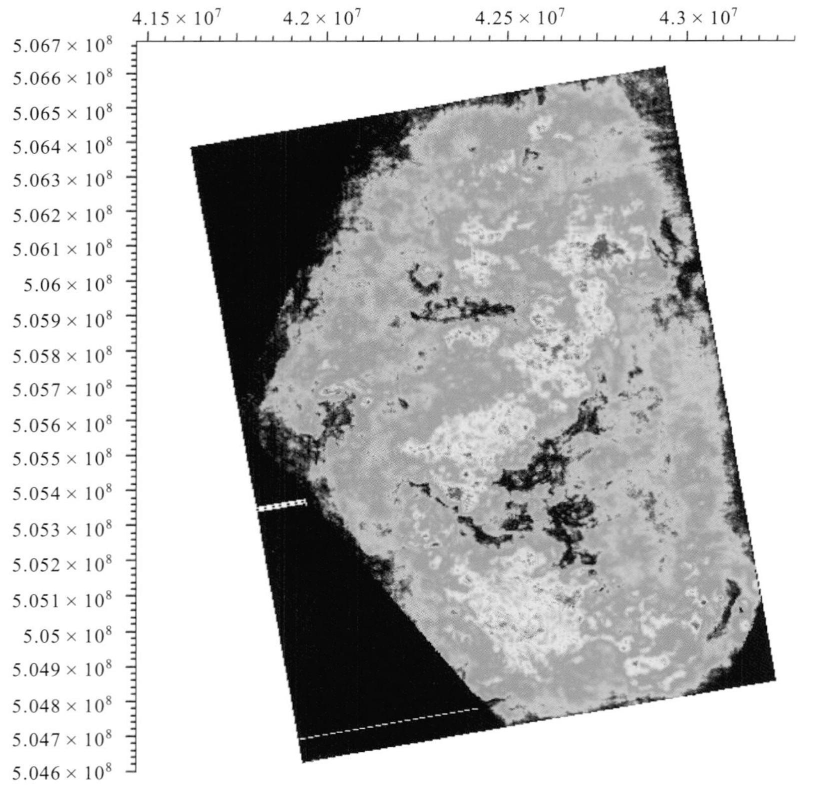

图 5-2-14　楚-萨雷苏盆地南哈气田 Assa 三维区泥盆系 SQ2 均方根振幅时窗切片

红色和黄色表示强振幅，绿色和蓝色表示弱振幅

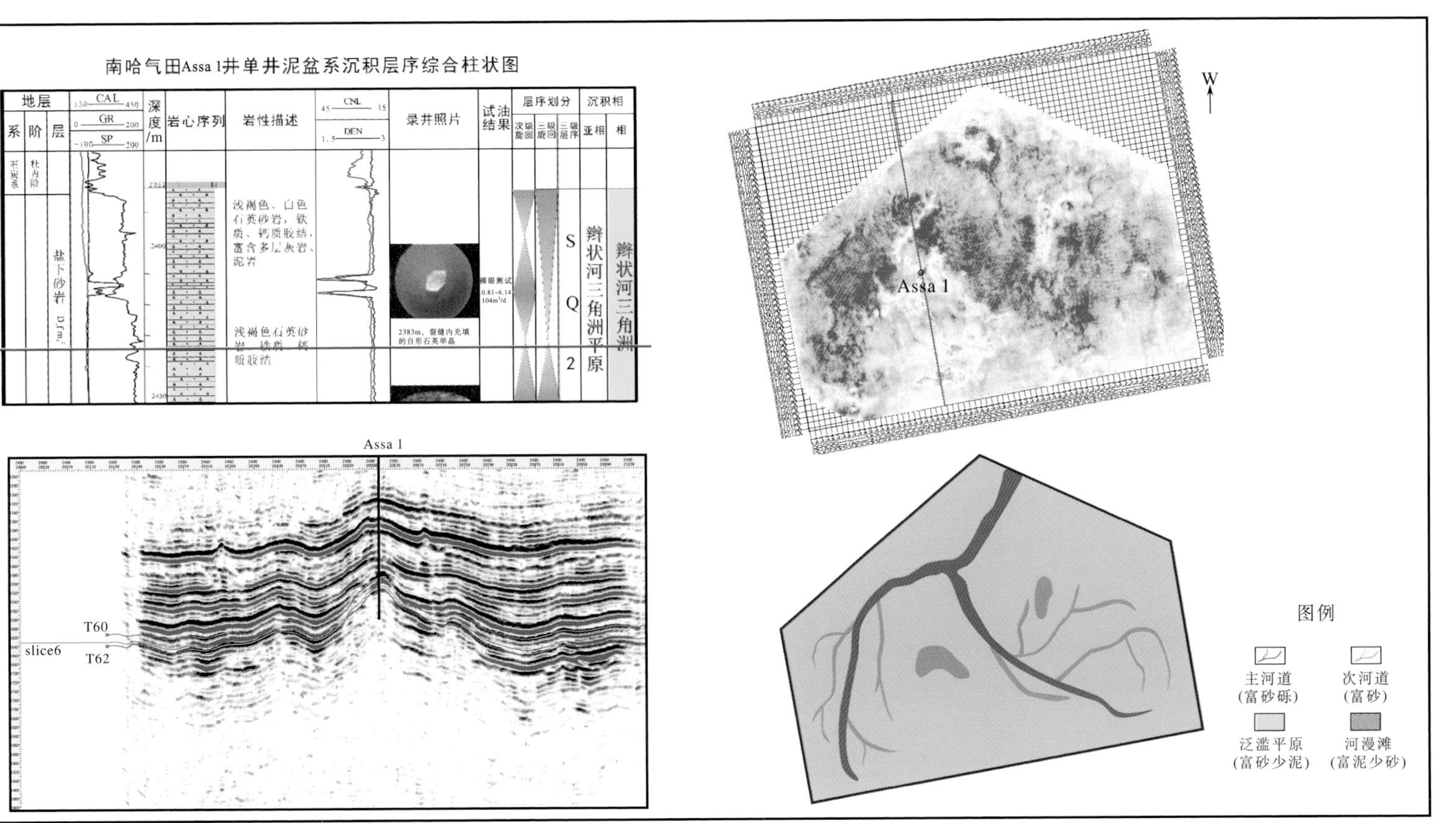

图 5-2-15 楚-萨雷苏盆地南哈气田 Assa 三维区泥盆系 SQ2 地层切片综合地质解释

率、瞬时相位和瞬时振幅切片各10张；在SQ2内部做瞬时频率、瞬时相位和瞬时振幅切片各10张。通过比较发现，瞬时频率和瞬时相位的变化不具备明显规律性，与沉积体展布模式对应不好。因此，优选瞬时振幅地震属性来刻画泥盆系沉积类型及其发育特征(图5-2-13)。

2) Assa三维区泥盆系沉积相分布特征研究

同楚-萨雷苏盆地南哈气田Tamgalytar二维区类似，Assa三维区钻遇泥盆系井少，目的层厚度较薄，泥盆系SQ1厚约200m，SQ2厚约70m。泥盆系SQ1中2个四级层序SQ1上和SQ1下的分界面为T63。

Assa 1井钻遇了泥盆系，但未钻穿。岩屑录井表明，在2455～2670m井段(SQ1)，岩屑为褐色、浅褐色的角砾岩、砂砾岩，砾石的分选磨圆较差—中等，常见泥砾，断裂异常发育，裂缝内可见黄铁矿、方解石充填；其中在2538～2542m井段夹一层浅绿色的砂岩。据此判断该井段为冲积扇沉积。2382～2455m井段对应SQ2，岩屑为浅褐色、浅灰色石英砂岩，矿物成分多为石英、斜长石和钾长石，分选磨圆中等—较好，普遍被铁质、钙质胶结，富含多层的泥岩、灰岩夹层。据此判断该井段为辫状河三角洲沉积(图5-2-14)。

在三维地震剖面上，地震反射标志层T60～T62对应于SQ2，为一套低频中振幅、中好连续反射波组，解释为辫状河三角洲平原沉积，T62～T63对应于SQ1上，为一套中高频中高振幅、中差连续反射波组，解释为冲积扇河道或扇三角洲平原沉积，T63～T70对应于SQ1下，为一套中低频弱振幅、差连续反射波组，解释为冲积扇泥石流沉积。

通过Assa 1井泥盆系砂砾岩的岩性刻度，在Assa三维区沿层瞬时属性切片(频率、相位、振幅)上(图5-2-14)，地层切片振幅强度较大的区域为砂砾岩发育区，振幅较弱区域泥质含量变高。从均方根振幅属性切片可以看出，SQ1振幅较强区域主要集中在Assa三维区东部，SQ2振幅较强区域主要集中在Assa三维区中部，呈南北向纵向分布。在垂向上，SQ2强振幅区域略多于SQ1。

对比Assa三维区泥盆系SQ1、SQ2波阻抗切片，瞬时相位切片，瞬时振幅切片和瞬时频率切片，发现瞬时振幅切片能够反映沉积岩性及其沉积形态特征。通过Assa 1单井岩性和沉积亚相标定，结合地震剖面上同相轴反射特征，综合确定泥盆系SQ2为三角洲前缘分流河道沉积(图5-2-15)。

第三节　泥盆系有效致密砂岩储层预测与评价

一、泥盆系生储盖组合

楚-萨雷苏盆地南哈气田泥盆系SQ2和SQ3($D_3fm_1^2$、D_3fm_{2+3})发育颜色偏暗的、还原环境下形成的泥质烃源岩，北部和中部地区烃源岩厚度较大，沉积厚度为50～130m，分布面积广；TOC为0.2%～1.2%，R_o>1.3%，处于高—过成熟阶段，构成了天然气有效源岩发育的主要地质层段和分布地区(图5-3-1)。

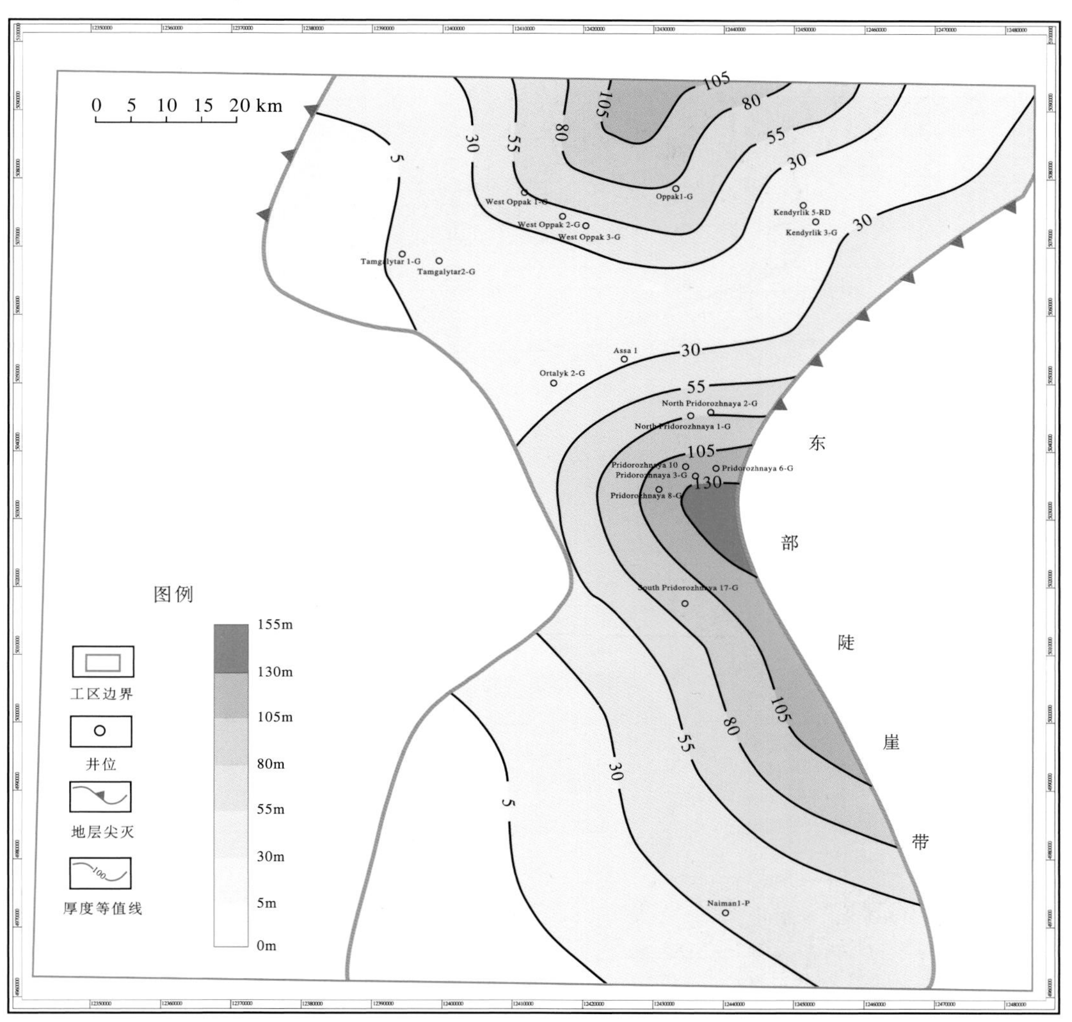

图 5-3-1 楚-萨雷苏盆地南哈气田泥盆系 SQ1+SQ2 暗色泥岩厚度图

楚-萨雷苏盆地南哈气田泥盆系含气储层可细分为孔隙型和裂隙型碎屑岩储层两种类型。以 SQ1+SQ2($D_3fm_1^1$、$D_3fm_1^2$)的冲积扇、扇三角洲砂砾岩、辫状河三角洲的砂岩为主(图 5-3-2，图 5-3-3)，砂砾岩沉积厚度大，受沉积亚相控制呈朵叶状分布在南哈气田西北部和中部，受湖平面上升和后期湖盆演化为盐湖沉积，SQ3(D_3fm_{2+3})砂岩储层不发育，仅仅在北部东西两侧有三角洲成因砂体小规模分布(图 5-3-2～图 5-3-4)。镜下鉴定泥盆系碎屑岩储层矿物成分多为石英、长石，粒度不等(可为砾石级，最大可至35mm)，分选中等—较好，磨圆次棱角状—中等。储层厚度几十米到几百米不等，孔隙以粒间孔为主，孔隙度为 3%～12%，储层的非均质性强。

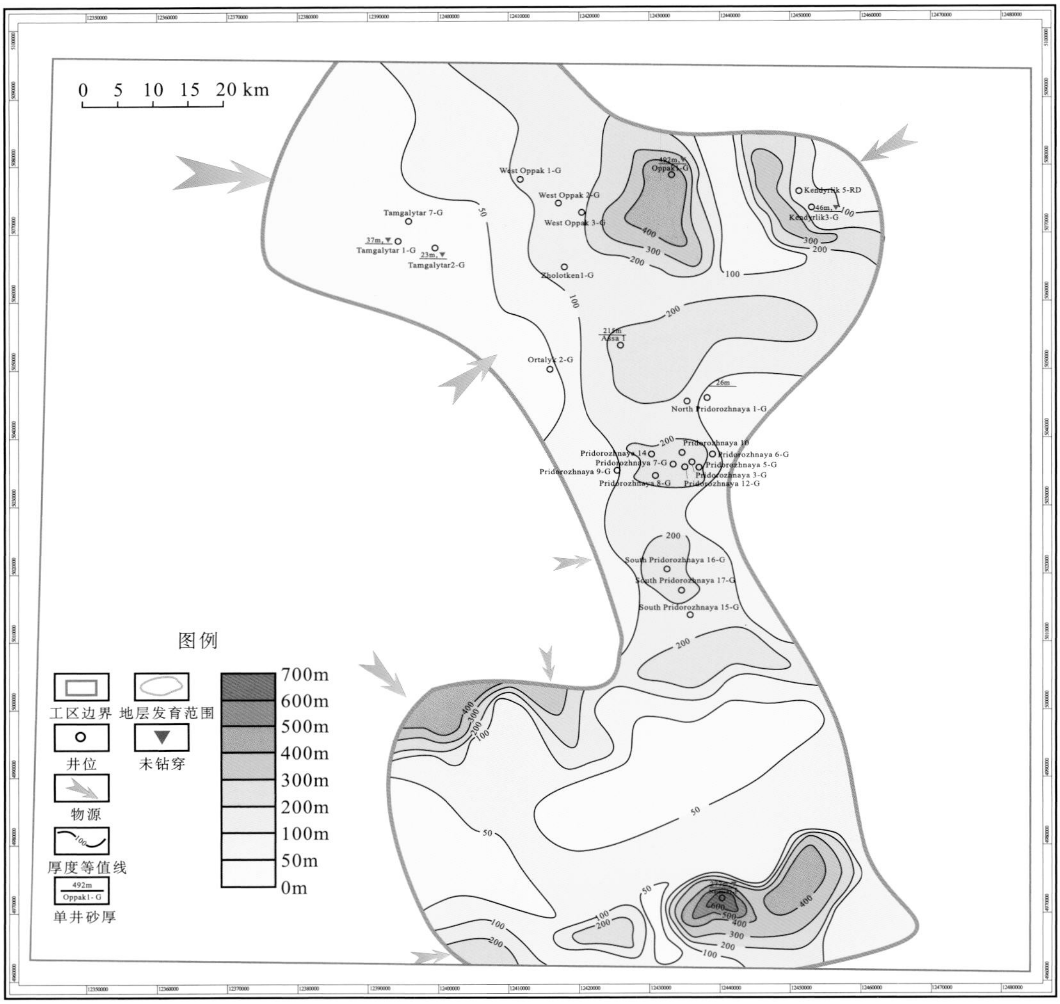

图 5-3-2　楚-萨雷苏盆地南哈气田泥盆系 SQ1 砂岩厚度图

楚-萨雷苏盆地南哈气田泥盆系盖层以 SQ3(D_3fm_{2+3})的膏盐岩和泥岩为主，该套盖层厚度较大，20～657m，且平面上分布较广，主体分布在南哈气田的北部和中部，不仅埋深大，而且封隔性很强，与中部和北部 SQ1 和 SQ2 发育冲积扇和三角洲成因的砂砾岩储层构成良好的储盖组合(图 5-3-5)。

现以 Kendyrlik 5-RD 井为例，对生储盖组合进行分析(图 5-1-8)。烃源岩以 SQ2($D_3fm_1^2$)辫状河三角洲前缘的灰色泥岩和 SQ3(D_3fm_{2+3})的湖泊泥岩、深灰色灰岩为主，储层以 SQ2($D_3fm_1^2$)辫状河三角洲前缘的细粒砂体为主、SQ3(D_3fm_{2+3})的浅湖滩坝薄层砂体为次，盖层以 SQ3(D_3fm_{2+3})互层的膏盐岩和泥岩为主，盖层全区发育，封隔性很强。垂向上形成数套优良的生储盖组合。

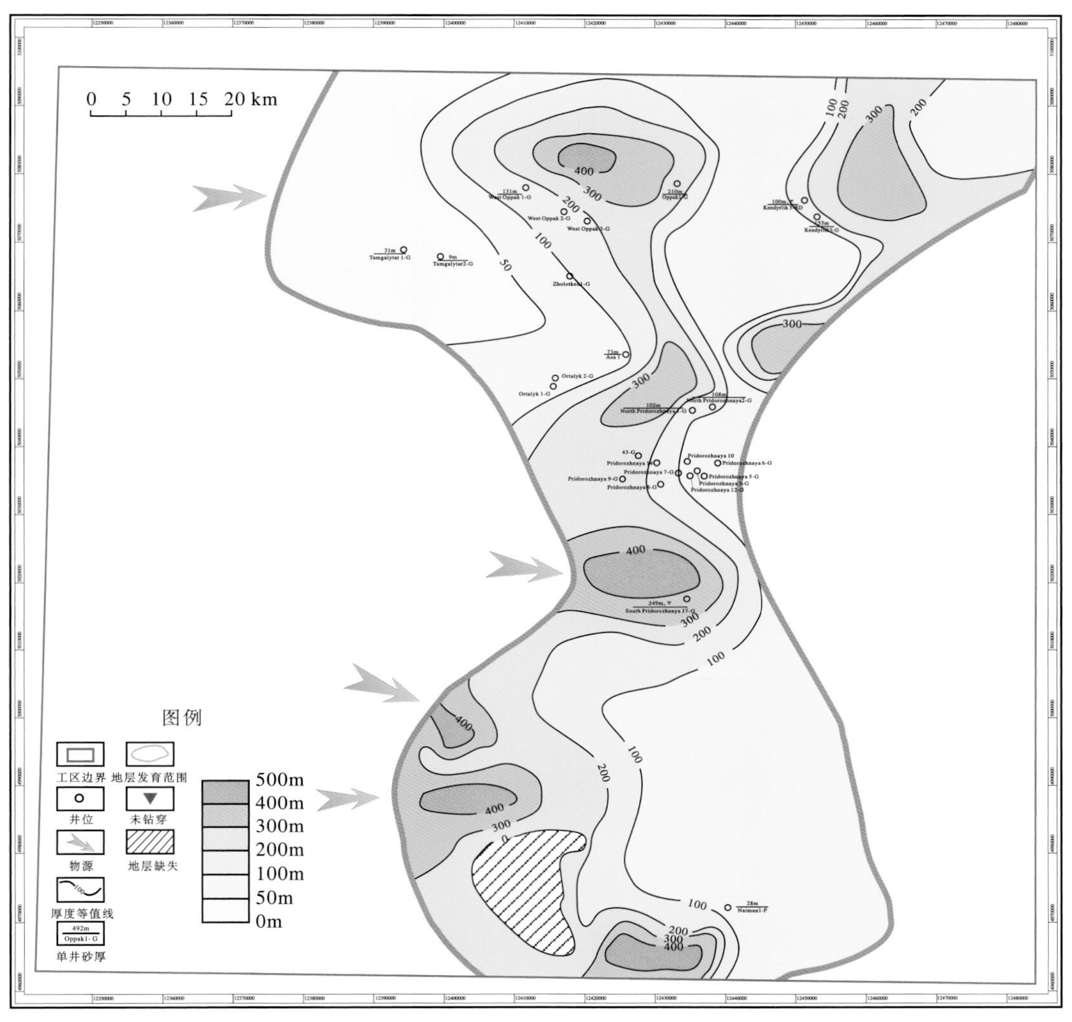

图 5-3-3 楚-萨雷苏盆地南哈气田泥盆系 SQ2 砂岩厚度图

二、有效致密砂岩储层预测评价

1. 区域有效致密砂岩储层预测评价

根据楚-萨雷苏盆地南哈气田泥盆系不同层序地层厚度、沉积相带展布、储层厚度分布、不同层序界面构造部位、孔隙度分布和裂缝发育分布特征，对泥盆系储层进行了预测评价。受湖平面升降和沉积体系类型分布特征影响，泥盆系储层主要发育在 SQ1 和 SQ2 冲积扇、扇三角洲和辫状河三角洲成因的砂砾岩中。

根据泥盆系、沉积相带展布特征，储层测井解释，天然气试采结果及储层物性特征，可将南哈气田泥盆系储层划分为Ⅰ、Ⅱ、Ⅲ、Ⅳ、Ⅴ类等多种类别的储层。其中Ⅰ、

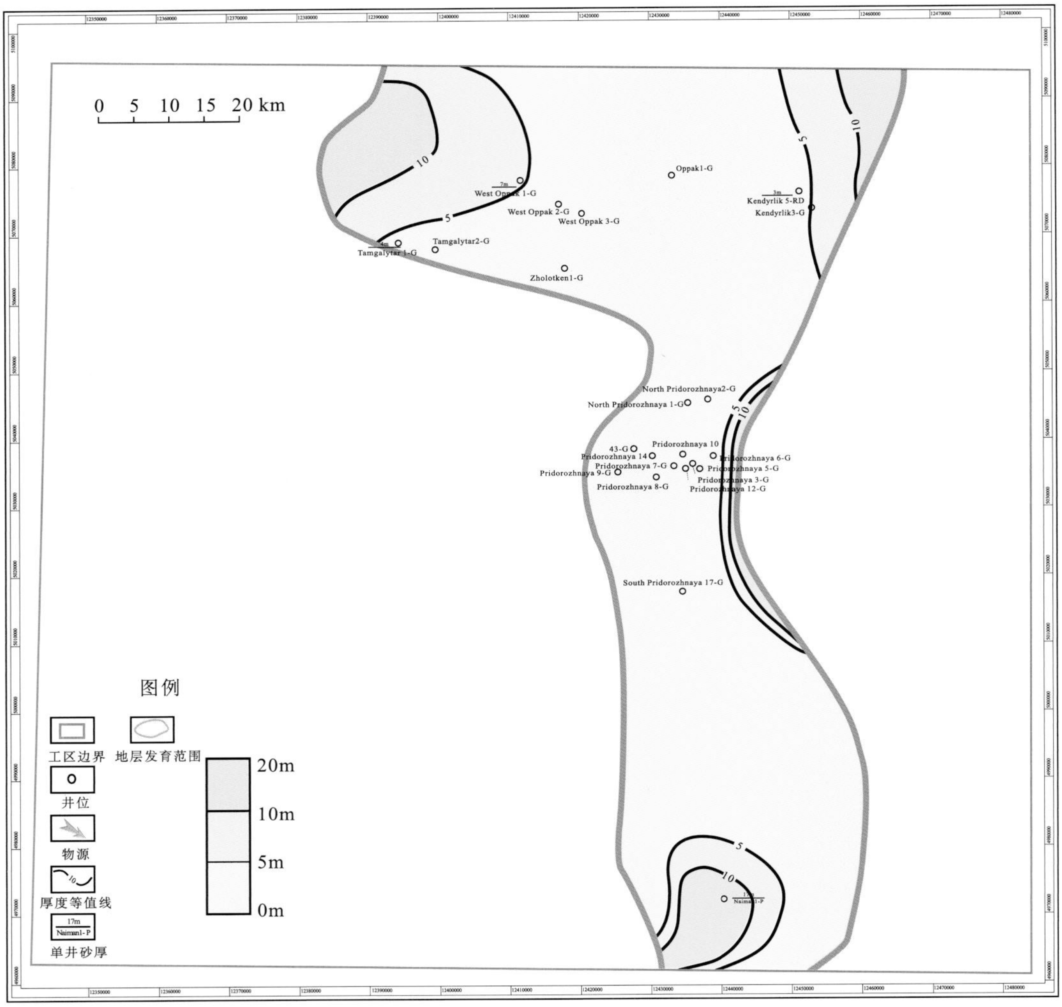

图 5-3-4　楚-萨雷苏盆地南哈气田泥盆系 SQ3 砂岩厚度图

Ⅱ类为好储层，Ⅲ类为中等储层，Ⅳ、Ⅴ类为较差储层。

楚-萨雷苏盆地南哈气田泥盆系 SQ1($D_3\,fm_1^1$)时期，泥盆系Ⅰ类好储层主要分布在西部冲积扇扇中砂砾岩及 Pridorozhnaya 地区的扇三角洲砂砾岩沉积区，以 Assa 1 井、Ortalyk 1-G 井、West Oppak 1-G 井、Pridorozhnaya 3-G 井、Pridorozhnaya 11-G 井为例，该区 Assa 1 井试气 $36\times10^4\,m^3/d$，油气显示良好，孔隙度较高。West Oppak 区块的扇三角洲砂砾岩、东北部 Kendyrlik 区扇三角洲砂砾岩、North Pridorozhnaya 区的冲积平原砂岩及 South Pridorozhnaya 区的扇三角洲砂砾岩为Ⅱ类好储层，以 Oppak 1-G 井、Kendyrlik 3-G 井、Kendyrlik 5-RD 井、North Pridorozhnaya 1-G 井、North Pridorozhnaya 2-G 井、South Pridorozhnaya 17-G 井为例，该区 Kendyrlik 3 井测井解释为水层，孔隙度>7%。北部的冲

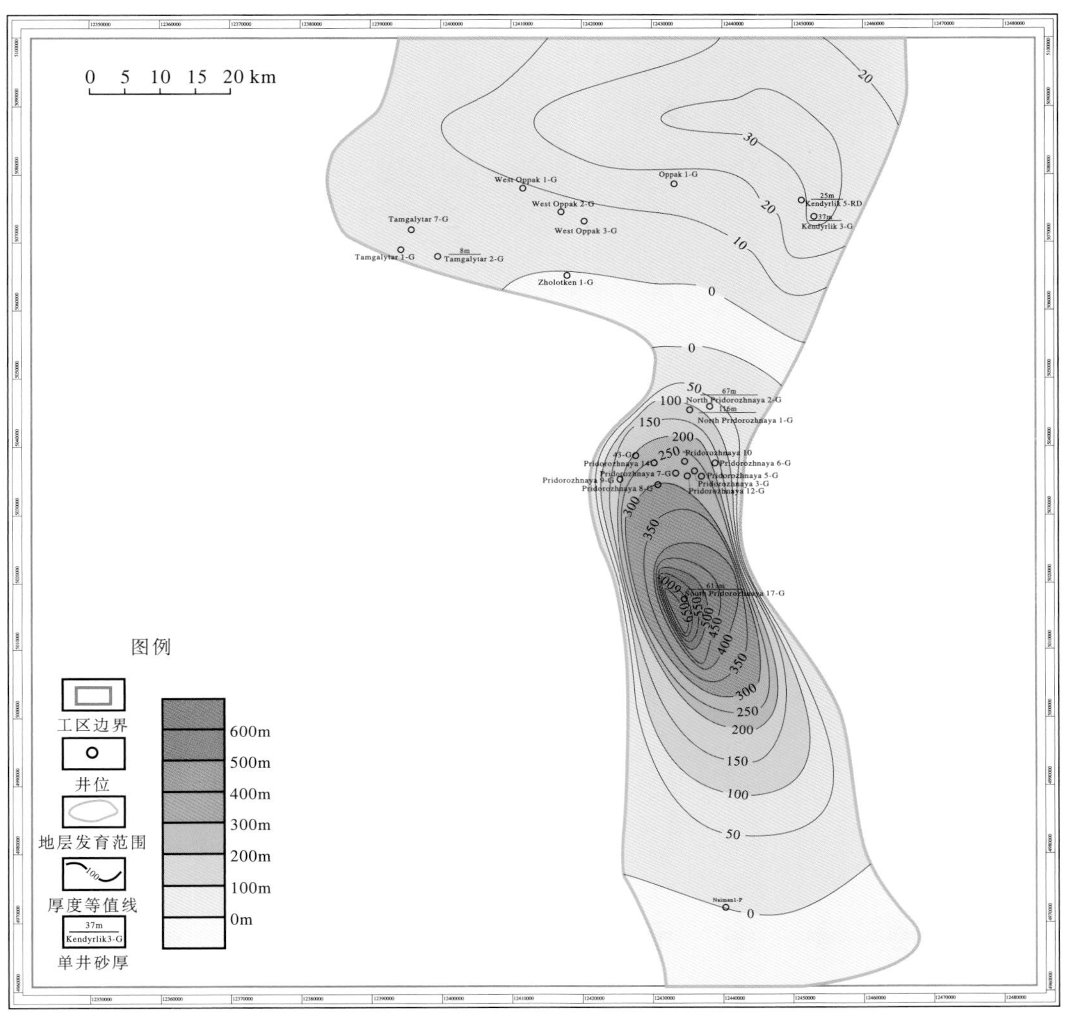

图 5-3-5 楚-萨雷苏盆地南哈气田泥盆系 SQ3 膏盐岩厚度图

积平原砂岩、南部的扇三角洲砂砾岩、辫状河三角洲砂砾岩为Ⅲ类中等储层，以 Naiman 1-P 井为例，无油气显示，孔隙度 6.39%(图 5-3-6)。

楚-萨雷苏盆地南哈气田泥盆系 SQ2($D_3fm_1^2$)时期，Ⅰ类好储层主要分布在 Oppak、West Oppak 区块和 Ortalyk、Assa、Pridorozhnaya 区块两大辫状河三角洲砂岩发育区，以 West Oppak 1-G 井、West Oppak 2-G 井、West Oppak 3-G 井、Oppak 1-G 井、Ortalyk 1-G 井、Ortalyk 2-G 井、Assa 1 井、Pridorozhnaya 3-G 井、Pridorozhnaya 11-G 井为例，区内 West Oppak 1-G，试气 $3.5\times10^4m^3/d$，孔隙度 6.96%。Kendyrlik 区块的辫状河三角洲的砂岩为Ⅱ类好储层，以 Kendyrlik 3-G 井、Kendyrlik 5-G 井为例，区内 Kendyrlik 3-G 井试气为水层，孔隙度 4.89%。北部的冲积平原相砂岩及南部的扇三角洲相砂砾岩为Ⅲ类中等储层，如 Naiman 1-P 井 SQ2 发育较为厚层的砂砾岩(图 5-3-7)。

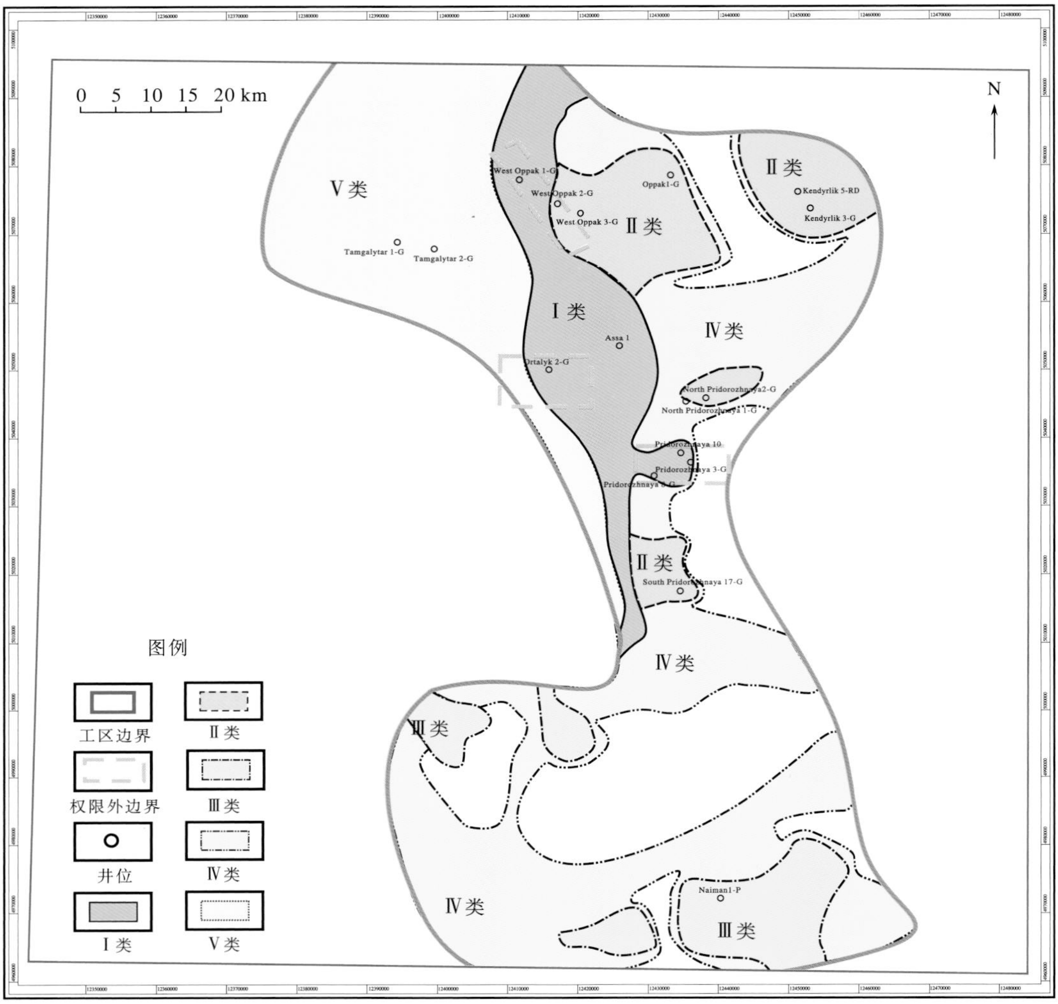

图 5-3-6 楚-萨雷苏盆地南哈气田泥盆系 SQ1 储层预测评价图

2. 重点区有效致密砂岩储层预测评价

楚-萨雷苏盆地南哈气田 Tamgalytar 二维区和 Assa 三维区泥盆系 SQ1、SQ2 是天然气最为富集的含气储层。依据有利沉积相带、地层和储层厚度、不同层序界面埋深、孔隙度分布及裂缝发育情况，认为 Tamgalytar 二维区有利储层集中分布在工区西部和北部，综合评价泥盆系 SQ1 储层质量略好于 SQ2。Assa 三维区有利储层分布在工区中部或东部，综合评价泥盆系 SQ2 略好于 SQ1。

1）Tamgalytar 二维区泥盆系有利储层预测评价

楚-萨雷苏盆地南哈气田 Tamgalytar 二维区泥盆系 SQ1 和 SQ2 沉积类型主要为冲积扇、扇三角洲及辫状河三角洲沉积。地震振幅较强区域可解释为冲积扇河道沉积物，

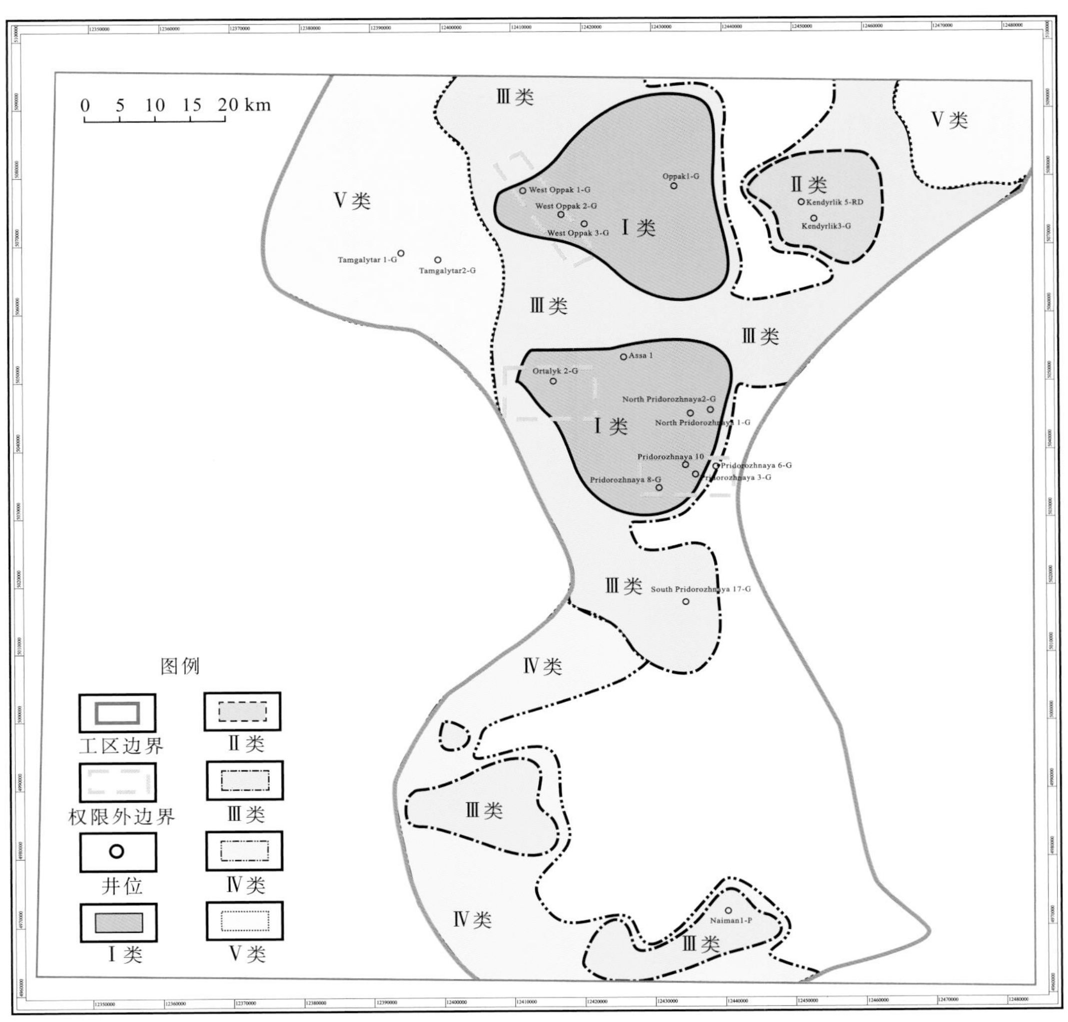

图 5-3-7 楚-萨雷苏盆地南哈气田泥盆系 SQ2 储层预测评价图

振幅相对较弱区域可以解释为冲积扇漫溢沉积。河道亚相富砂少泥，储层物性相对更好。在建立层序地层格架的基础上，考虑 Tamgalytar 二维区泥盆系 SQ1 和 SQ2 沉积体系分布和砂砾岩储层厚度特征，认为 Tamgalytar 二维区北部和西部最为有利。

纵向上，认为泥盆系 SQ2 主要为冲积扇扇缘-扇三角洲平原沉积；SQ1 主要为冲积扇扇中沉积，砂砾岩体厚度大，向两侧减薄，粒度适中，胶结疏松，分选稍好；SQ1 储层厚度、孔隙度均大于 SQ2；SQ1 为最有利储层，SQ2 次之。

显然，储层厚度较大，埋深相对较浅的 Tamgalytar 二维区泥盆系西部和北部 SQ1 冲积扇中扇和扇三角洲前缘河道砂体应为下一步勘探重点，研究区西部和北部 SQ2 扇三角洲和辫状河三角洲前缘砂体应为下一步次要勘探重点(图 5-3-7)。

2）Assa 三维区泥盆系有利储层预测评价

楚-萨雷苏盆地南哈气田 Assa 三维区泥盆系 SQ1 和 SQ2 发育冲积扇和扇（辫状河）三角洲沉积体系形成的厚层砂砾岩。研究认为，泥盆系 SQ2 辫状河三角洲平原至辫状河三角洲前缘砂体及 SQ1 扇三角洲平原末端与冲积平原为有利储层发育区。结合 Assa 三维区四级层序 SQ1^{下}、SQ1^{上}和泥盆系 SQ2 地层厚度分布、孔隙度分布、不同层序界面等 T0 分布以及储层厚度分布和裂缝预测特征，认为泥盆系 SQ2（T62～T60）辫状河三角洲砂岩为最有利储层；SQ1^{上}（T63～T62）冲积扇-扇三角洲-辫状河三角洲砂砾岩为次有利储层；SQ1^{下}（T63～T62）冲积扇砾岩储层相对较差。

综上所述，Assa 三维区泥盆系平面上可以划分出不同级次的有利区带，纵向上则以泥盆系 SQ2 最好，SQ1^{上}次有利，SQ1^{下}相对较差。比如 Assa 1 井 $D_3fm_1^1$对应冲积扇扇中亚相，岩性为分选磨圆中等的砾岩，粒径 3～35mm，储层砂体厚度＞200m，孔隙度＞4.5%，试气达 $36\times10^4m^3/d$，流体检测结果良好。

总之，楚-萨雷苏盆地南哈气田泥盆系 $D_3fm_1^1$、$D_3fm_1^2$储层可划分为Ⅰ、Ⅱ、Ⅲ、Ⅳ、Ⅴ类储层。SQ1 中Ⅰ类好储层主要分布在西部 West Oppak、Ortalyk 区块冲积扇扇中砂砾岩及 Pridorozhnaya 地区的扇三角洲前缘砂岩、砂砾岩沉积区；SQ2 中Ⅰ类好储层主要分布在 Oppak、West Oppak 区块和 Ortalyk、Assa、Pridorozhnaya 区块两大辫状河三角洲砂岩沉积区。

参考文献

吴胜和. 2010. 储层表征与建模. 北京：石油工业出版社：1-448.

第六章 烃源岩演化有利叠复连续气藏形成分布

第一节 烃源岩地质地化特征与厚度分布预测

一、烃源岩的地质特征

1. 烃源岩的岩性

通过对 Marsel 探区录井岩性的统计和分析，发现该区块下石炭统的烃源岩主要以灰泥岩为主，夹少量泥岩(图 6-1-1)；而泥盆系烃源岩则主要以泥岩为主(图 6-1-2)。

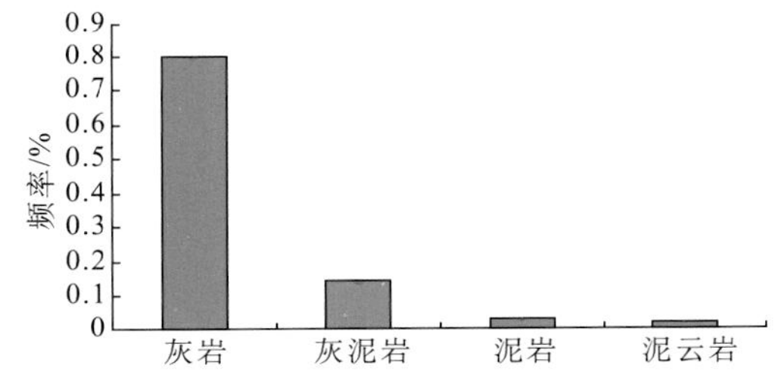

图 6-1-1 Marsel 探区 North Pridorozhnaya 2-G 井下石炭统录井岩性比例图

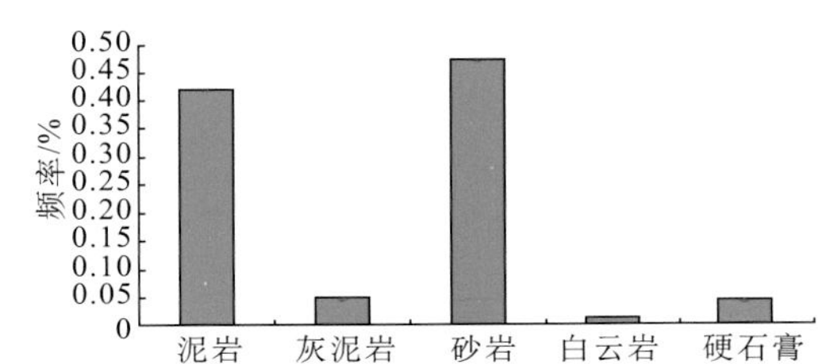

图 6-1-2 Marsel 探区 North Pridorozhnaya 2-G 井泥盆系录井岩性比例图

2. 烃源岩的发育层段

确定烃源岩的方法通常是采用系统分析可能烃源岩的有机质丰度来判断烃源岩的分布；在缺乏有机质丰度分析的情况下可利用测井数据评价烃源岩。常用的测井方法主要有自然伽马测井、$\Delta \lg R$ 技术、人工神经网络拟合法等三种方法。

对研究区我们利用 $\Delta \lg R$ 技术系统地评价已钻井地区烃源岩的分布。结果表明 Marsel 探区的主力烃源岩主要发育在下石炭统与上泥盆统。下石炭统各层均有不同发育，主要发育在维宪阶(C_1v)与谢尔普霍夫阶(C_1sr)，少量分布在杜内阶(图 6-1-3、图 6-1-4)。

泥盆系烃源岩主要发育在上泥盆统法门阶(D_3fm)的盐层和盐下层，即位于泥盆系三个层序中 $D_3fm_1^2$ 的中上部，以及 D_3fm_{2+3} 的下部(图 6-1-5、图 6-1-6)。

3. 烃源岩的分布范围

在单井烃源岩厘定的基础上，结合地层厚度和沉积相的特征分层段确定了研究区烃源岩的平面分布特征，总体分布如下。

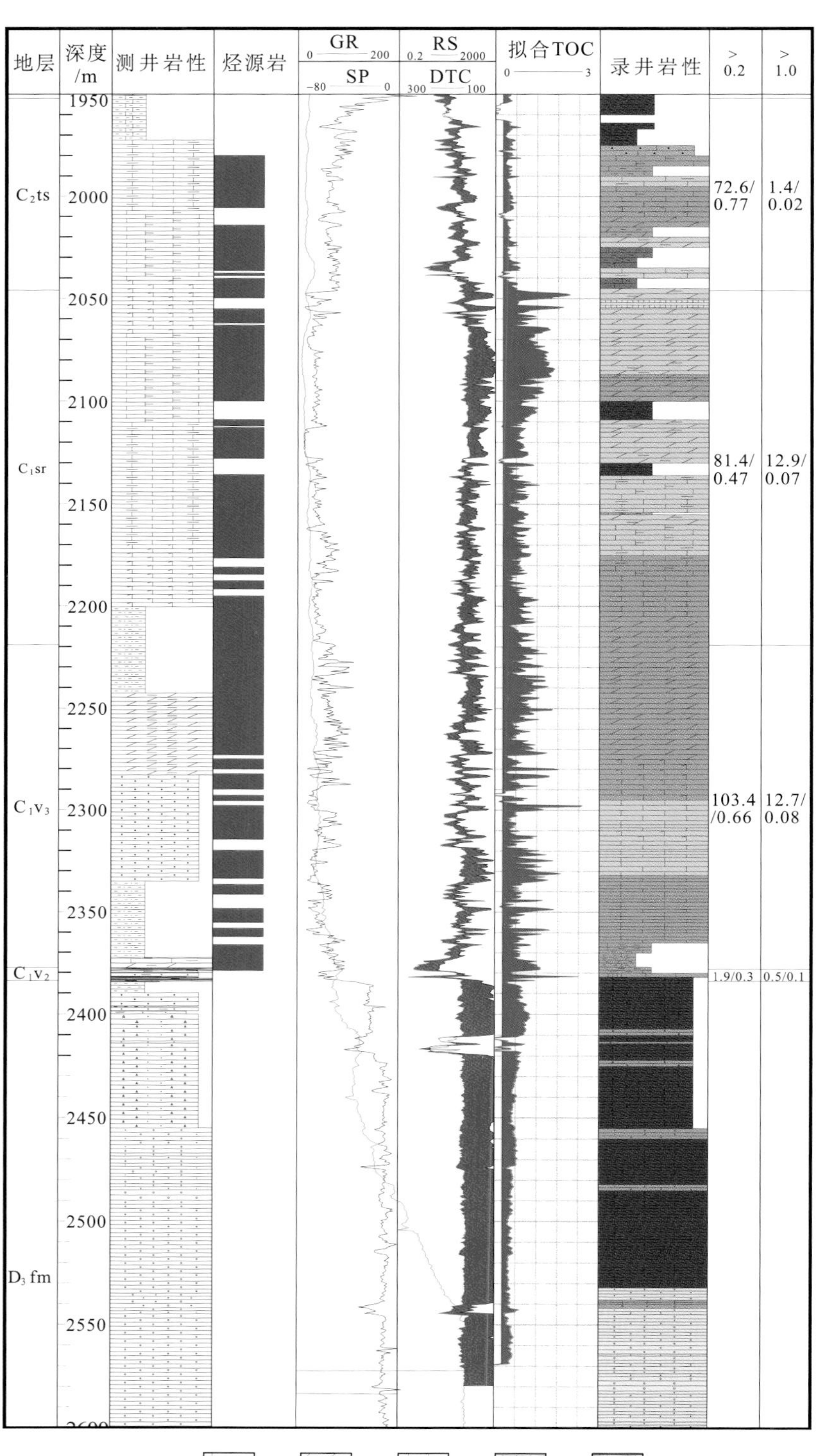

图 6-1-3 Marsel 探区 Assa 1 井下石炭统烃源岩发育层段综合柱状图

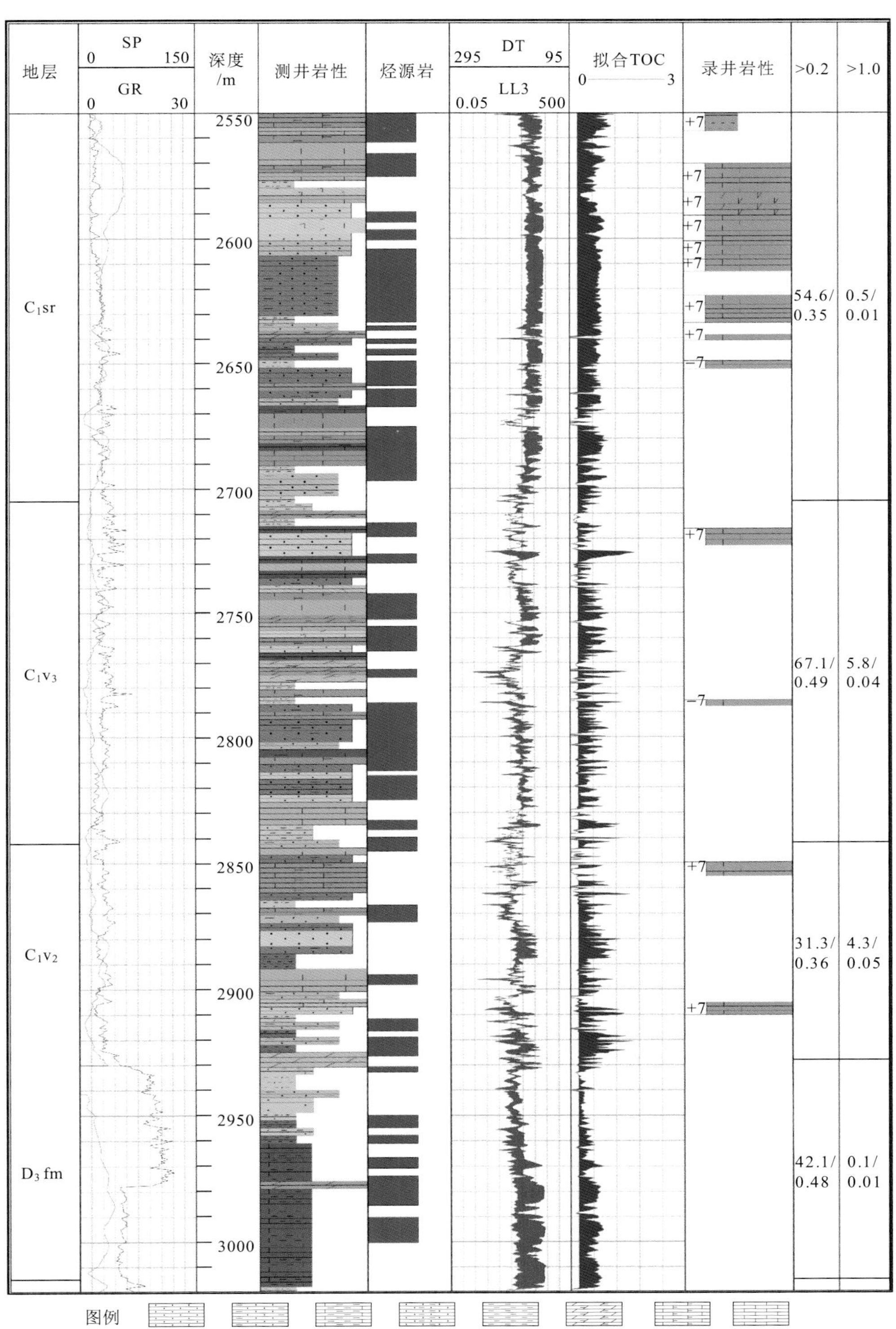

图 6-1-4 Marsel 探区 Katynkamys 1-G 井下石炭统烃源岩发育层段综合柱状图

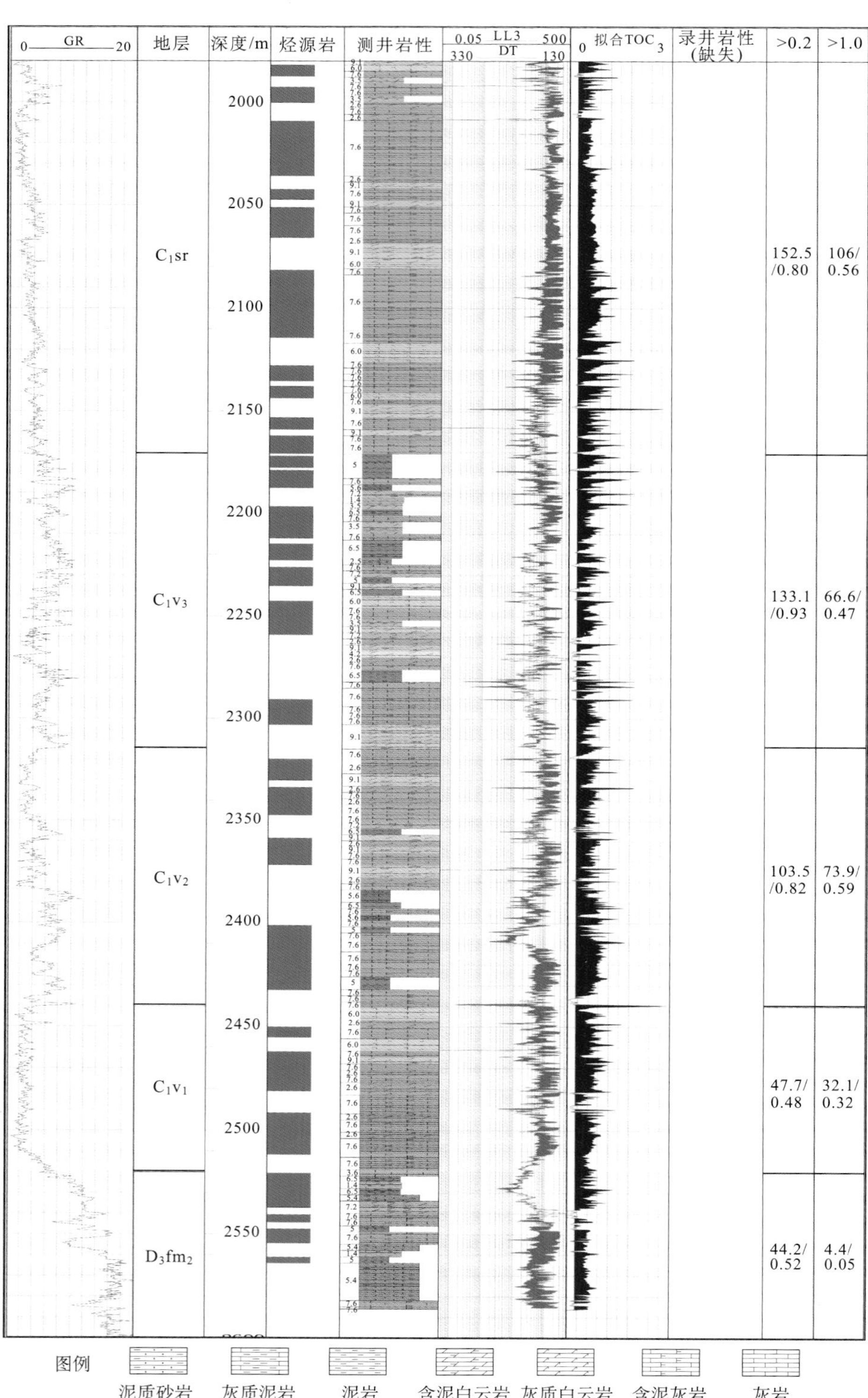

图 6-1-5　Marsel 探区 Otalyk 1-G 井石炭系、泥盆系烃源岩发育层段综合柱状图

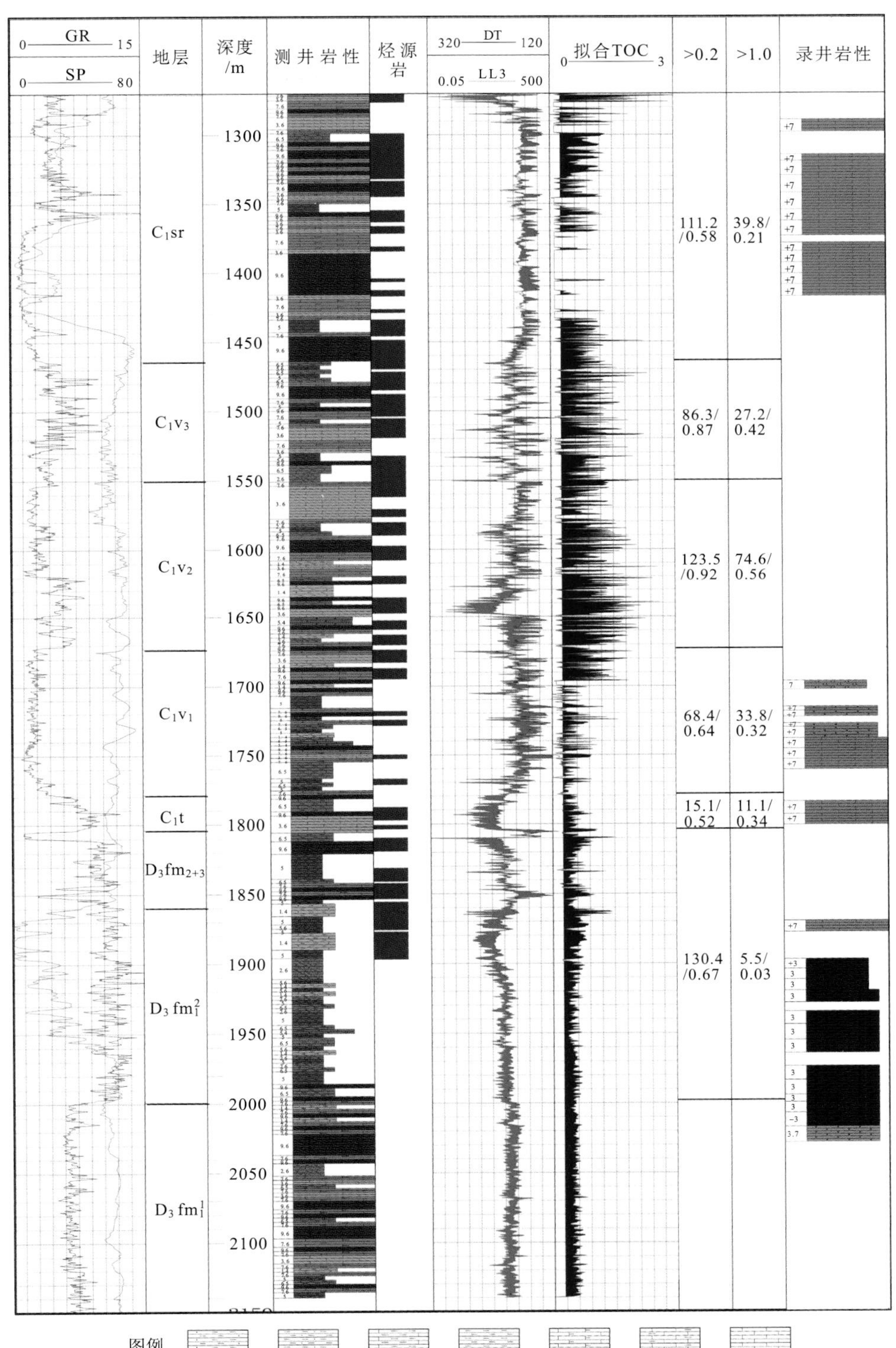

图 6-1-6 Marsel 探区 West Oppak 1-G 井石炭系、泥盆系烃源岩发育层段综合柱状图

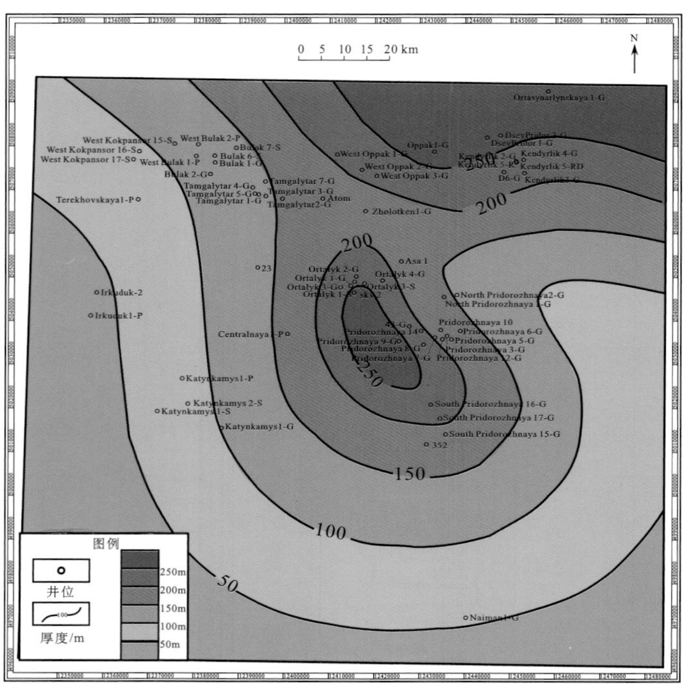

图 6-1-7　Marsel 探区石炭系优质烃源岩厚度分布

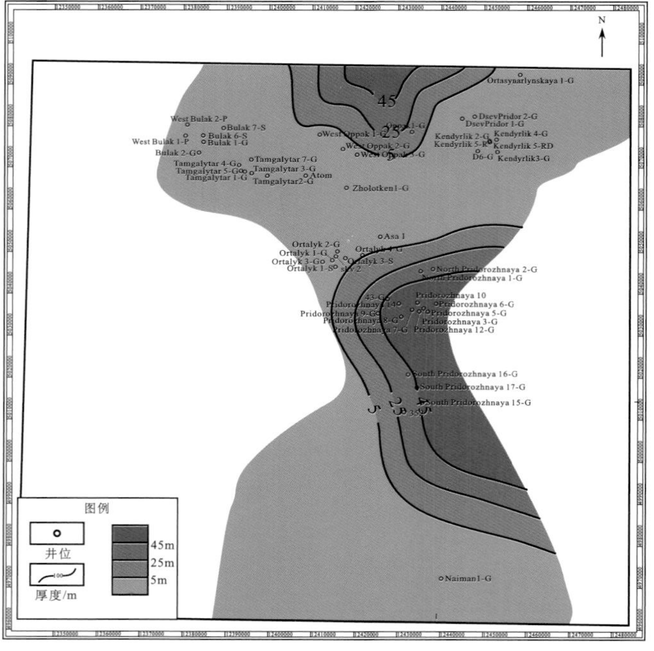

图 6-1-8　Marsel 探区泥盆系优质烃源岩厚度分布

石炭系烃源岩具有厚度大、分布广的特征，该地层发育完整，仅部分区域缺失C_1v_1，主力烃源岩层段（C_1sr、C_1v_3）基本覆盖整个研究区块。优质烃源岩（TOC＞1.0％）主要分布在研究区东北部（图 6-1-7）。

泥盆系烃源岩发育总体受沉积相控制，由于研究区的泥盆系主要为陆相裂陷湖盆沉积，因此烃源岩发育明显受沉积相范围控制，主要集中在研究区东北部及中东部，在研究区西部和东南部出现大面积缺失（图 6-1-8）。

4. 烃源岩的厚度

Marsel 探区石炭系主力烃源岩层段（C_1sr、C_1v_3）总体在全区均有分布，但从北往南略有减薄的趋势。谢尔普霍夫阶（C_1sr）烃源岩（TOC 大于 0.2％）厚度达 100～195m（图 6-1-9），优质烃源岩（TOC 大于 1.0％）厚度达 25～130m（图 6-1-13）；维宪阶上亚阶（C_1v_3）烃源岩厚度在 125～225m（图 6-1-10），优质烃源岩厚度范围在 25～125m（图 6-1-14）；而维宪阶中、下亚阶（$C_1v_{1\text{-}2}$）烃源岩厚度在 125～225m（图 6-1-11），优质烃源岩厚度在 25～175m（图 6-1-15）。

泥盆系烃源岩厚度变化范围较大，烃源岩厚度分布在 55～275m（图 6-1-12），优质烃源岩主要分布在研究区的中部和北部地区，厚度较薄，为 5～65m（图 6-1-16）。

二、烃源岩的有机质丰度与预测

1. 测井评价烃源岩

利用测井数据评价烃源岩常用的方法主要有自然伽马测井、$\Delta\lg R$ 技术、人工神经网络拟合法等三种方法，但是研究区块严重缺乏中子、密度等相关测井数据，因此，研究区的大部分测井资料不能满足人工神经网络拟合法。另外该区部分岩石中重矿物含量较高，导致一部分砂砾岩也具有较高的 GR 值（图 6-1-17）。因此，结合实际情况，在该区域应用 $\Delta\lg R$ 法拟合 TOC 值比较合适。

$\Delta\lg R$ 法的原理是利用声波时差曲线与电阻率曲线对烃源岩层段的不同响应特征来确定有机质含量。声波时差曲线主要对岩石骨架响应，当岩石中含有有机质时，由于有机质（干酪根）结构相对疏松，因此，富有机质的岩层在测井响应上表现为高声波时差。电阻率曲线对孔隙流体响应，当岩石空隙中不含有烃类流体时，电阻率表现为低值，当地层中含有烃类流体时，由于烃类流体的电阻率远远大于地层水的电阻率，电阻率表现为异常高值。

该方法是将声波测井曲线和电阻率曲线进行叠合，两条曲线在“一定深度”内一致时为基线，在贫有机质层段，这两条曲线相互重合或平行；富含有机质层段中两条曲线分离，主要由于低密度、低速率干酪根在声波时差曲线的反应和地层流体在电阻率曲线的反应。在未生过烃的富含有机质层段，仅声波时差增大造成曲线分离；在生过烃的富含有机质层段，除声波时差偏大外，由于烃类的存在使得电阻率也增大。通过读出两条曲线间的间距在对数电阻率坐标上的读数，就可以确定 $\Delta\lg R$，通过有机质含量与 $\Delta\lg R$ 的定量关系便可算出有机质的含量。

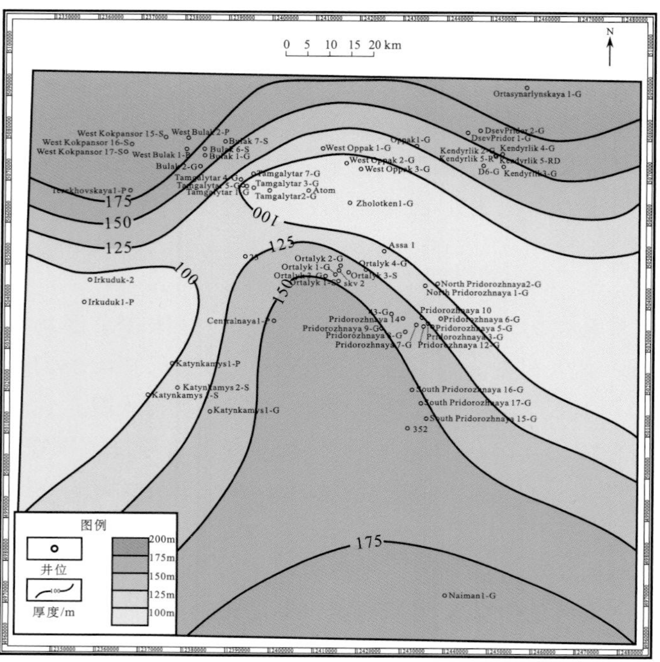

图 6-1-9 Marsel 探区 C_1sr 烃源岩厚度等值线图

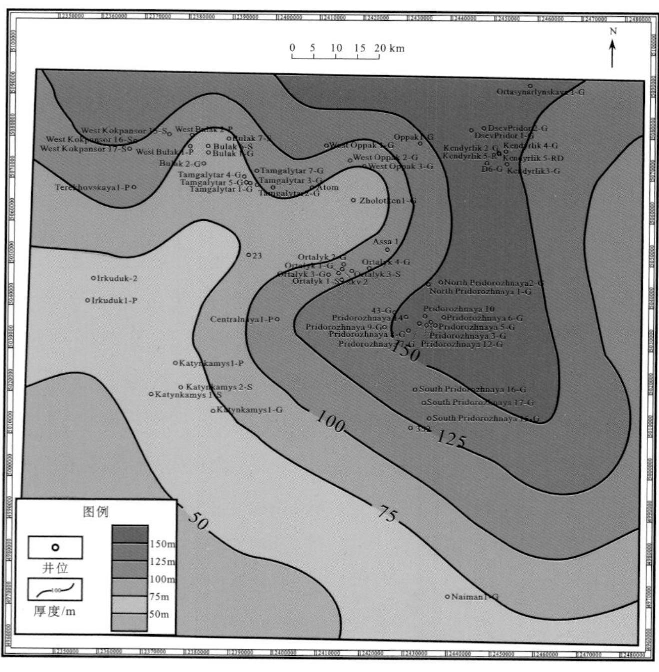

图 6-1-10 Marsel 探区 C_1v_3烃源岩厚度等值线图

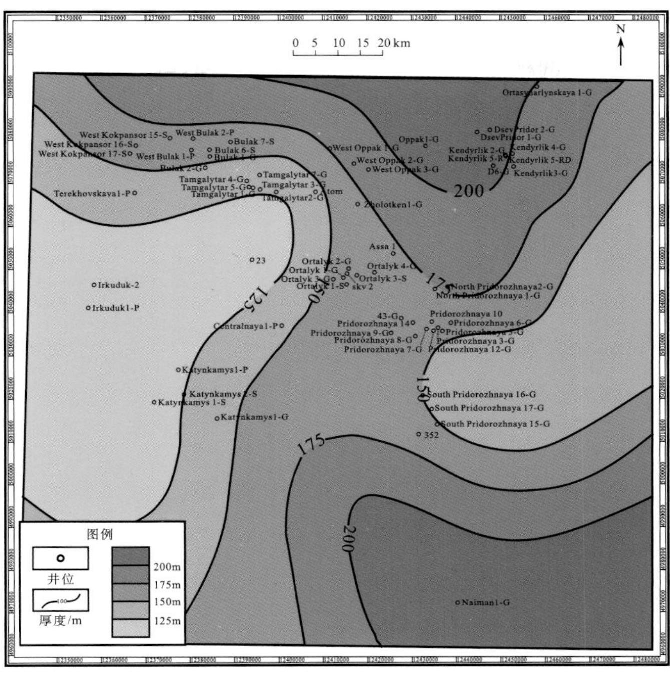

图 6-1-11 Marsel 探区 C_1v_{1-2} 烃源岩厚度等值线图

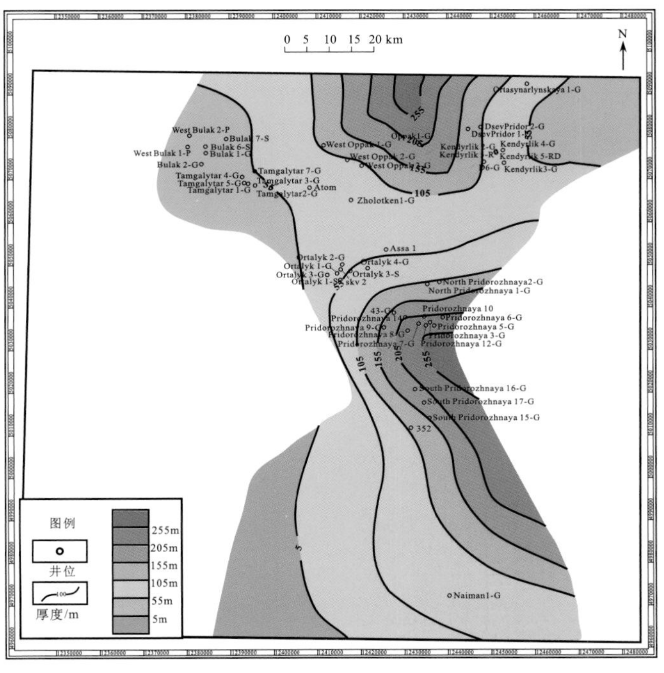

图 6-1-12 Marsel 探区泥盆系烃源岩厚度等值线图

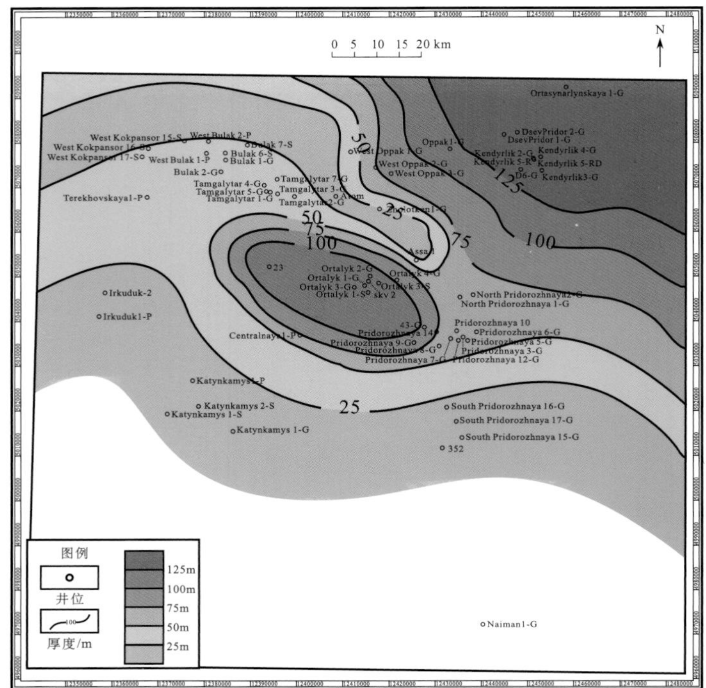

图 6-1-13 Marsel 探区 C_1 sr 优质烃源岩厚度等值线图

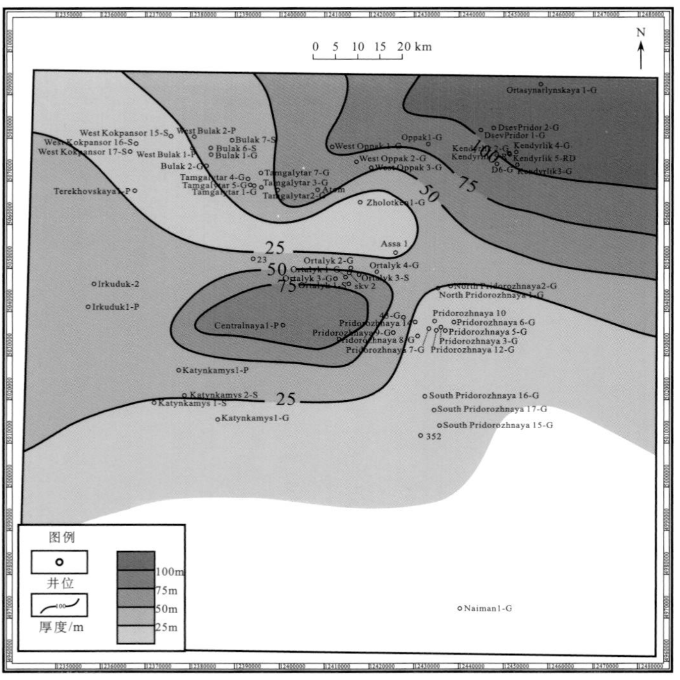

图 6-1-14 Marsel 探区 $C_1 v_3$ 优质烃源岩厚度等值线图

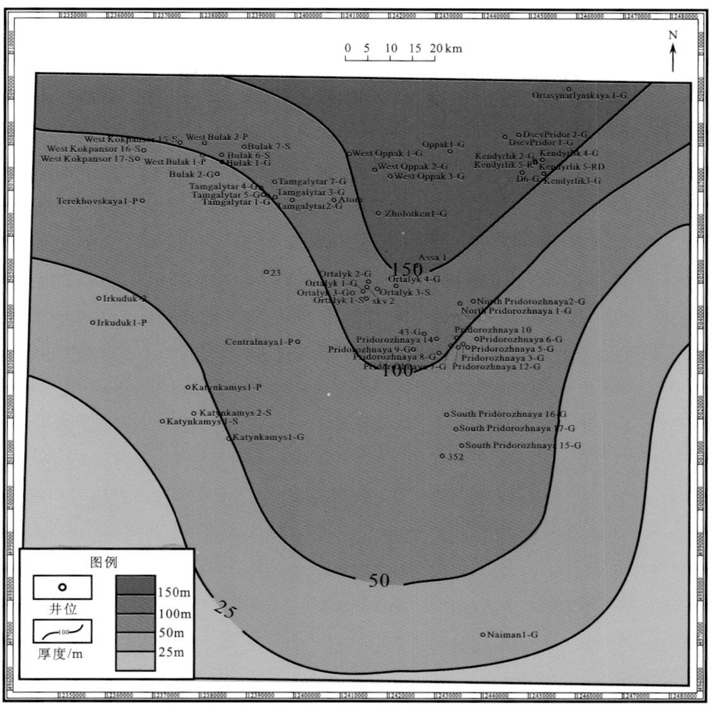

图 6-1-15 Marsel 探区 C_1v_{1-2} 优质烃源岩厚度等值线图

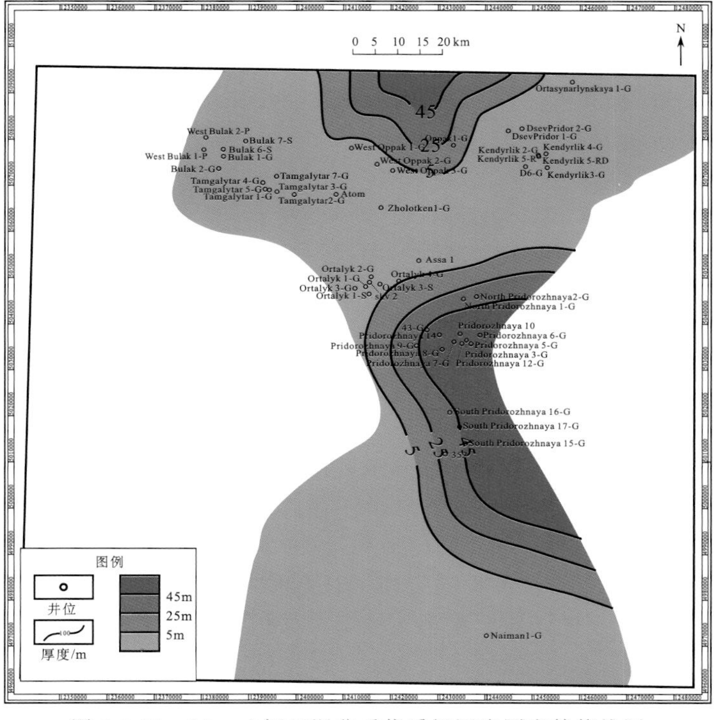

图 6-1-16 Marsel 探区泥盆系优质烃源岩厚度等值线图

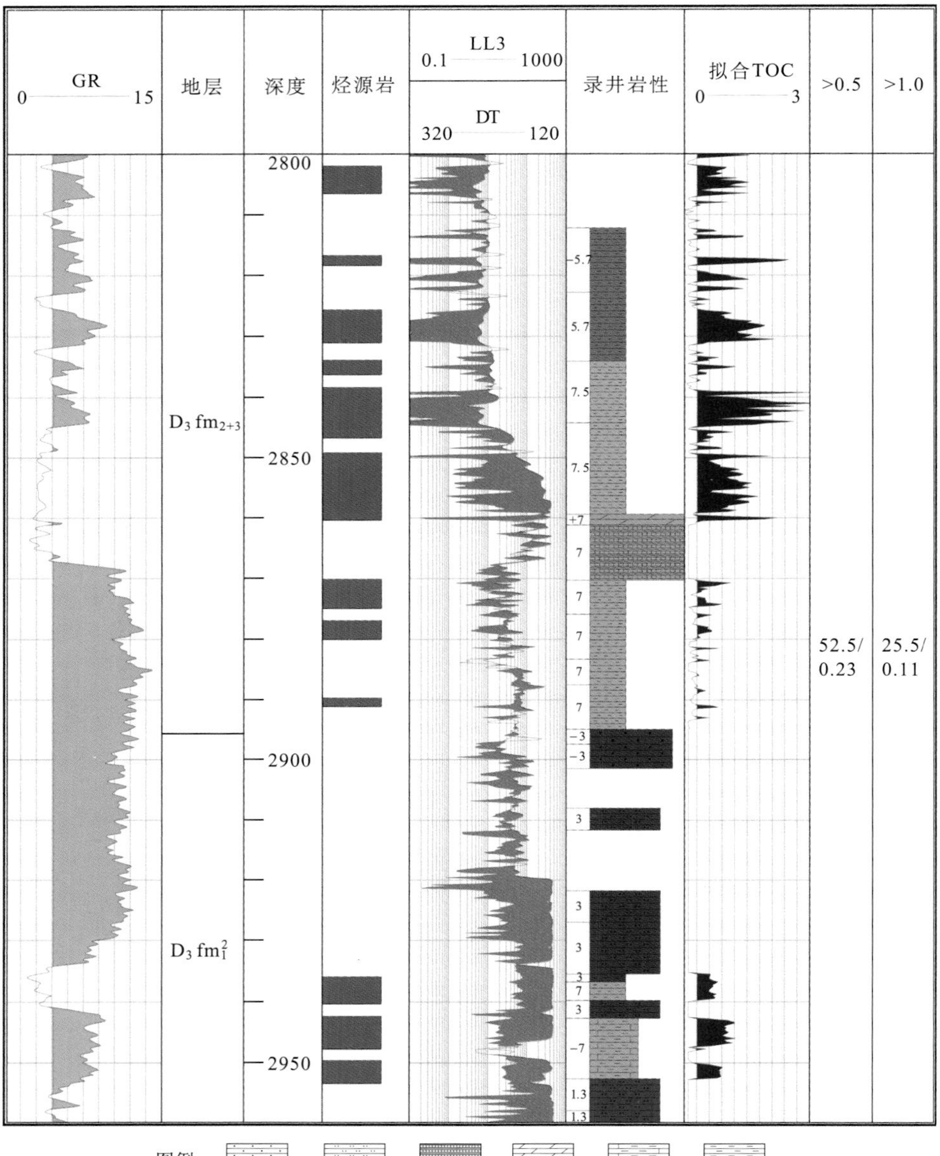

GR 0 15 | 地层 | 深度 | 烃源岩 | LL3 0.1 1000 DT 320 120 | 录井岩性 | 拟合TOC 0 3 | >0.5 | >1.0

$D_3\ fm_{2+3}$

$D_3\ fm_1^2$

2800 2850 2900 2950

52.5/0.23 25.5/0.11

图例 砂岩 粉砂岩 石膏层 白云岩 灰质泥岩 泥岩

图 6-1-17 Marsel 探区 North Pridorozhnaya 2-G 井泥盆系烃源岩发育层段综合柱状图

Passey 等(1990)经过分析后，提出了相应的经验公式：$TOC=\Delta\lg R\times 10a$，其中 $a=2.297-0.1688LOM$，a 是由不同层段的成熟度确定。另外，$\Delta\lg R$ 幅度差与 TOC 是线性关系并且是成熟度的函数。因此在实际工作中对于样品较多的层位可以拟合出其间的关系式：

$$TOC=A\Delta\lg R+\Delta TOC \tag{6-1-1}$$

式中，A 为拟合公式的系数；ΔTOC 相当于非生油层的有机碳背景值。

本次研究利用具有较为系统的实测 TOC 资料的 West Oppak 2-G 井建立了测井资料拟合 TOC 关系(表 6-1-1、图 6-1-18)，并进行可靠性分析，认为在研究区利用 $\Delta \lg R$ 技术厘定烃源岩是较为有效的方法。

在拟合出 $\Delta \lg R$ 值与实测 TOC 值之后，利用拟合出来的关系式计算检验井的 TOC 值(表 6-1-2)，将计算出来的 TOC 值与原本实测的 TOC 值进行比较，发现二者误差较小，相关系数 R^2 达到 0.83(图 6-1-19)，说明此方法计算出来的 TOC 值真实可信。

表 6-1-1 标准井 West Oppak 2-G 计算 $\Delta \lg R$ 值与实测 TOC 值数据表

深度/m	$\Delta \lg R$	实测 TOC/%
1295.9	0.96	0.91
1308.9	0.45	0.28
1400.0	0.18	0.15
1422.5	−0.12	0.21
1698.8	1.34	1.91
1701.5	0.76	1.21
1701.8	0.98	1.62
1702.7	1.50	1.88
1705.9	1.31	1.58
1707.6	1.24	1.55
1709.5	0.56	0.78
1715.7	1.12	1.72
1739.0	−0.30	0.43
1734.3	0.60	0.78
1774.2	0.45	0.71
1781.0	1.15	1.46
1793.0	0.39	0.45
1794.7	0.47	1.2
1800.0	0.51	0.48
1890.7	0.72	0.7

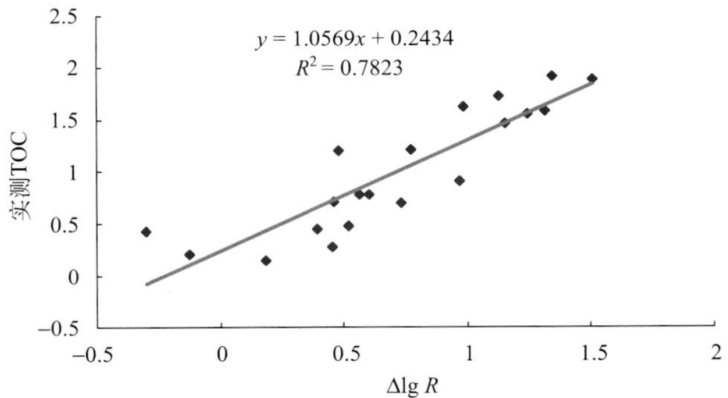

图 6-1-18 标准井 West Oppak 2-G 计算 $\Delta \lg R$ 值与实测 TOC 值拟合关系式图

表 6-1-2　检验井 West Bulak 1-P 计算 TOC 值与实测 TOC 值数据表

深度/m	实测 TOC/%	计算 TOC/%
3010.7	0.19	0.38
3017.5	0.55	0.62
3023.0	0.51	0.72
3114.3	0.37	0.40
3126.6	0.08	0.17
3132.0	0.16	0.17
3142.9	0.25	0.50
3151.1	0.12	0.27
3155.2	0.58	0.65
3166.1	0.32	0.33
3171.6	0.15	0.24
3182.5	0.21	0.33
3296.9	0.07	0.20

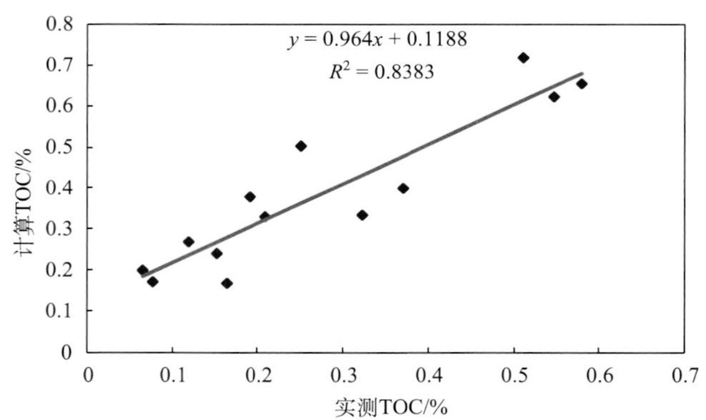

图 6-1-19　检验井 West Bulak 1-P 计算 TOC 值与实测 TOC 值关系图

2. 有机质丰度的剖面特征

通过对 Marsel 探区 36 口钻井的岩芯、岩屑资料、试油试气结果及区域总结报告等相关资料的收集、整理，发现本区烃源岩的岩性主要为泥灰岩与泥岩，运用实测 TOC 与测井曲线拟合了 22 口钻井烃源岩的 TOC 值(图 6-1-20)，对其进行进一步分层统计，其结果如表 6-1-3 所示。

由表 6-1-3 可知，Marsel 探区泥灰岩及泥岩有机碳分布为 0.55%～1.71%，平均值为 1.13%，具有较好的生烃潜力。

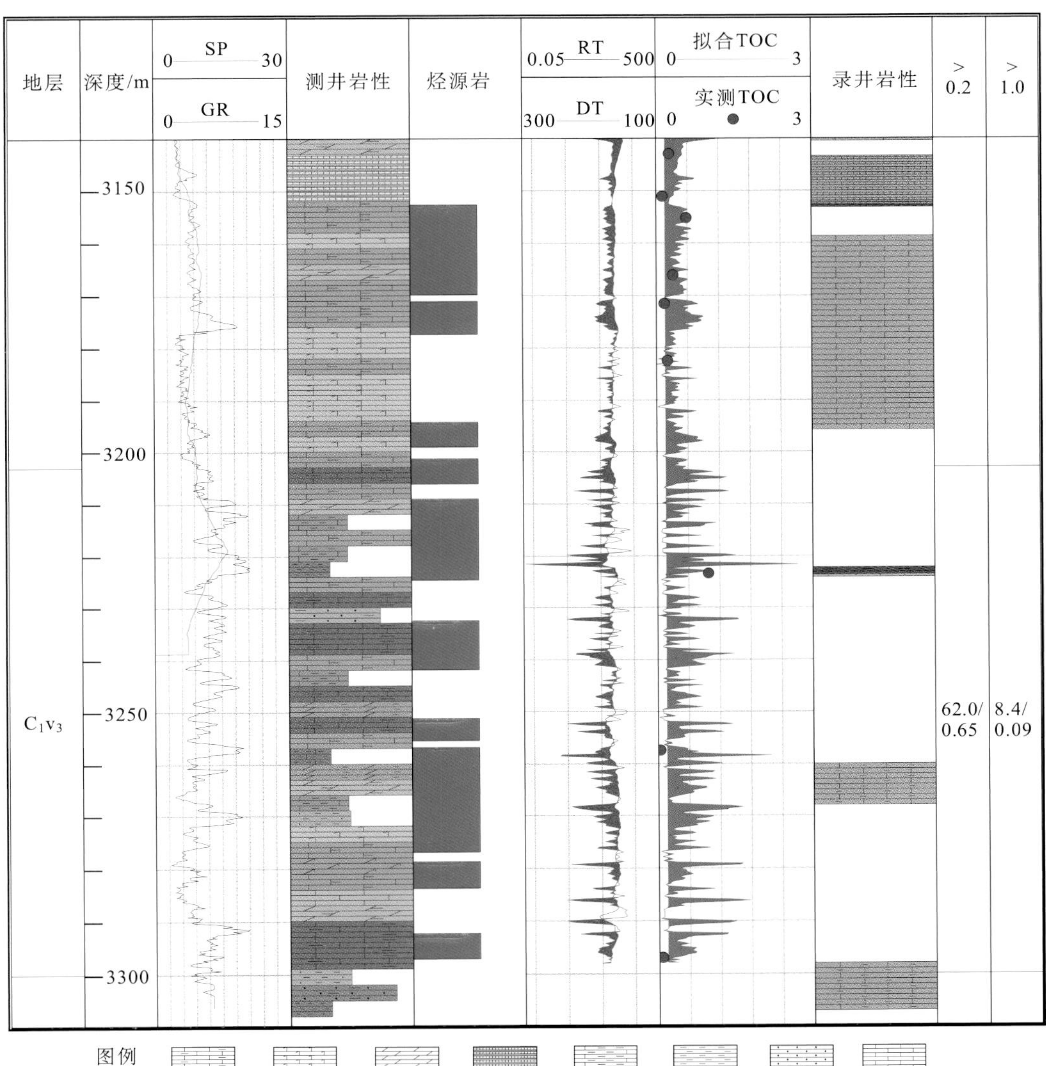

图 6-1-20 Marsel 探区 West Bulak 1-P 单井烃源岩综合柱状图

表 6-1-3 Marsel 探区烃源岩评价资料表

层位		岩性	烃源岩厚度/m	TOC 均值/%
C_1	C_1sr	泥灰岩	100～195	0.62～1.46
	C_1v_3	泥灰岩	125～225	0.59～1.56
	C_1v_{1-2}	泥灰岩	75～175	0.63～1.71
D_3		泥岩	55～275	0.55～1.12

3. 有机质丰度的平面特征

通过区内拟合的 22 口钻井烃源岩 TOC 值，在单井研究的基础上，结合沉积相平面展布及相关资料的研究，绘制出研究区主力烃源岩 TOC 平面等值线图(图 6-1-21～图 6-1-23)。

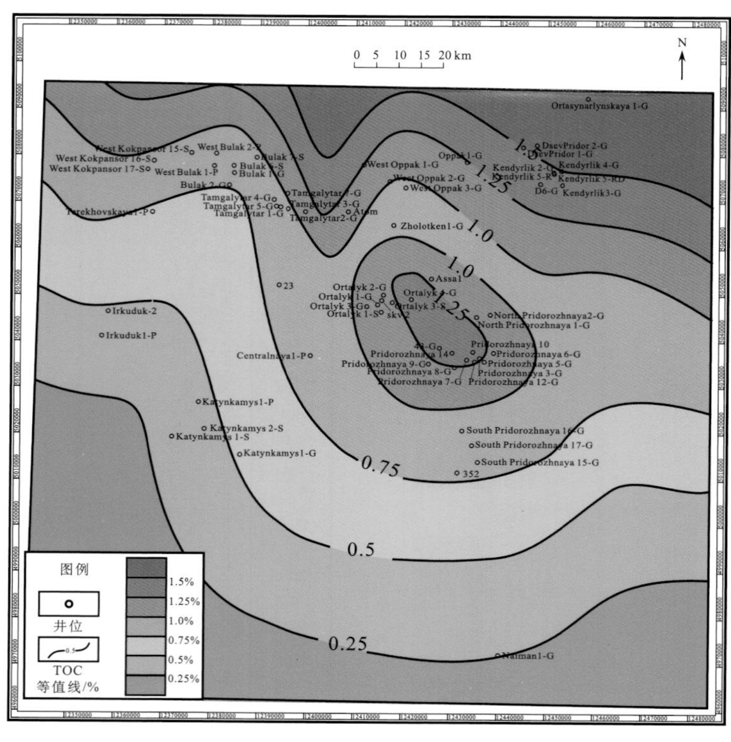

图 6-1-21 Marsel 探区 C_1sr 烃源岩 TOC 平面等值线图

由图 6-1-21 可知，Marsel 探区 C_1sr 层段烃源岩 TOC 值从研究区北部的 1.5%逐渐减小到南部的 0.25%。平面 TOC 分布总体呈现北东高、西南低的特征，但在研究区的中部 Ortalyk 构造区、Pridorozhnaya 构造区显著分布高 TOC 区域，优质烃源岩(TOC>1.0%)主要分布在研究区的北部及中部高 TOC 区域。

由图 6-1-22 可知，Marsel 探区 C_1v 层段烃源岩 TOC 值从研究区东北方向的 1.5%逐渐减小到西南方向的 0.25%。平面分布具有一定的渐变性，但在研究区的中部显著分布高 TOC 区域。区内 Ortalyk 构造区、Tamgalytar 构造区及 Kendylik 构造区形成一个 TOC 大于 1.0%的优质烃源岩三角区，具有较好的生烃潜力。

由图 6-1-23 可知，Marsel 探区泥盆系烃源岩 TOC 值在北部 Oppak 构造区及中部的 Pridorozhnaya 构造区出现高值区，并由此两高值区分别向南、西南方向减小，最大 TOC 达到 1.2%，具有较好的生烃潜力。

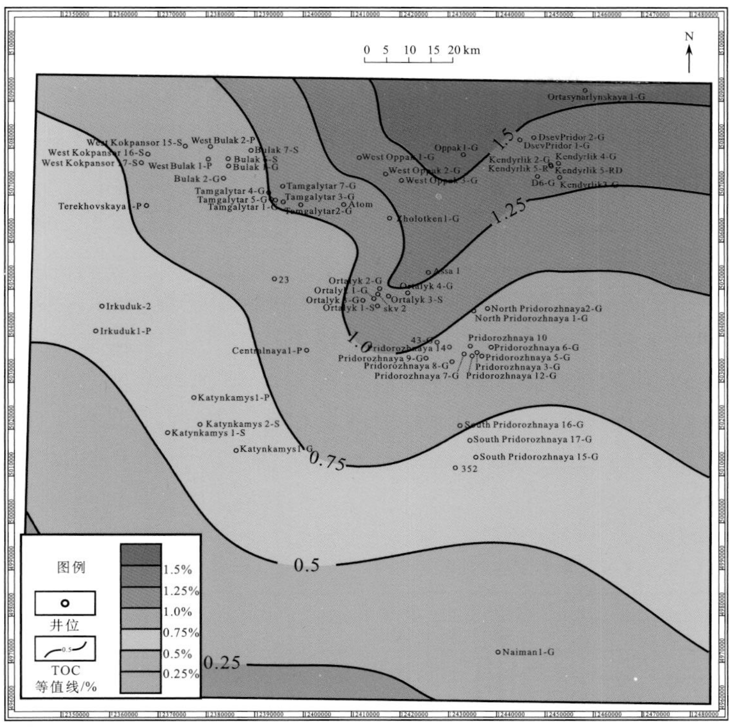

图 6-1-22 Marsel 探区 C_1v 烃源岩 TOC 平面等值线图

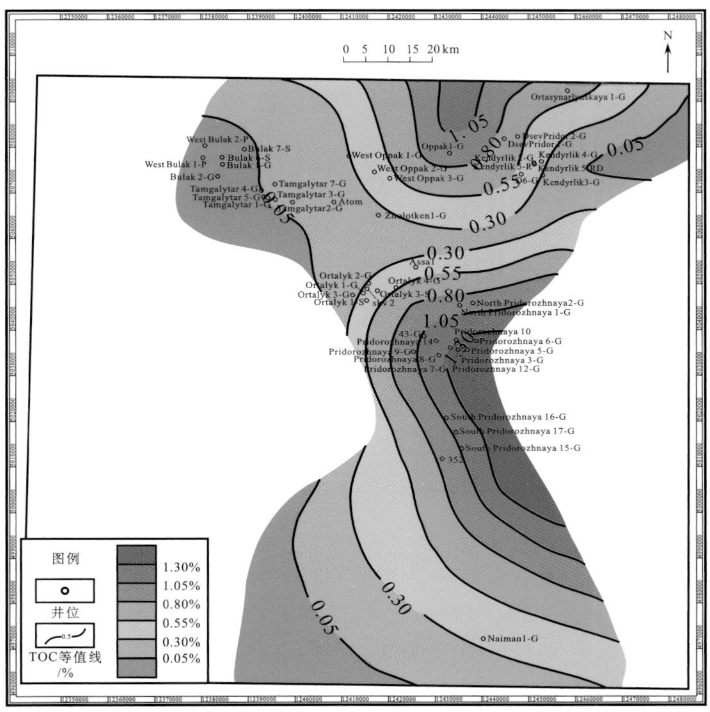

图 6-1-23 Marsel 探区泥盆系烃源岩 TOC 平面等值线图

三、烃源岩有机质类型

由于该区缺乏相关烃源岩有机质类型的地球化学分析数据，因此只能通过与邻近相似盆地——滨里海盆地作比较，来确定该区的烃源岩有机质类型。

1. 烃源岩沉积环境及物源对比

滨里海盆地内充填了巨厚的古生代、中生代和新生代沉积物。在剖面上可分为三套地层组合，即盐下层系、含盐层系和盐上层系。其中盐下层系沉积环境与研究区相似，为下古生界—下二叠统，包括巨厚的碎屑岩和碳酸盐岩，在泥盆纪—早二叠世，滨里海盆地周缘广大地区普遍发育碳酸盐沉积，在许多古隆起上还发育生物礁体，说明这一时期盆地的滨、浅海地带具有浅、清、暖的沉积环境，盆外陆源碎屑供应较少(表 6-1-4)。

表 6-1-4　滨里海盆地的地层和沉积特征(据刘洛夫等，2003)

地层划分				生储盖组合			地层厚度/m	岩性特征简述	岩相分析
界	系	统	阶	生	储	盖			
古生界	P	P_2	鞑靼阶				980	泥岩，局部有砂岩或粉砂岩夹层	湖泊相
			喀赞阶						
		P_1	空谷阶				2000	盐岩、硬石膏、石膏、白云岩	潮上蒸发环境
			亚丁斯克阶				80	白云岩、灰岩、页岩、硬石膏夹层、生物碎屑灰岩	浅海相
			萨克马尔阶				150		
			阿瑟林阶				60		
	C	C_3	斯蒂分阶					灰岩、白云岩夹层，页岩和砂岩	
		C_2	威斯特法阶				370		
			纳缪尔阶				75	灰岩、白云质石灰岩、夹黑色页岩和砂泥岩、石膏	
		C_1	维宪阶				605		
			杜内阶				200		
	D	D_3	法门阶				205		
			弗拉阶				312		
		D_2	吉维特阶				94		
			艾菲尔阶				60		
		D_1					400+	砂岩、泥岩	海陆过渡相
	S						20000?	砂岩、灰岩、白云质灰岩、黏土岩	
	O—C							泥岩、灰岩、砂岩	
								砂岩、泥岩、灰岩、反韵律	
元古界			文德-里菲群				不详		

注：400+表示400m以上的厚度。

通过研究认为 Marsel 探区石炭系中上段(C_2ts—$C_{2\text{-}3}$)发育大段的碎屑岩，少量的灰岩夹层，处于下段的早石炭世被认为是烃源岩的主要发育层段。整个早石炭世相当于二级层序，总体由一个大的水进—水退旋回组成；进一步可划分出 3 个三级层序，即 C_1t—C_1v_1、C_1v_2、C_1v_3—C_1sr；每个层序主要由水进和高位域组成，最大水进期发育凝缩段(图 6-1-24)。

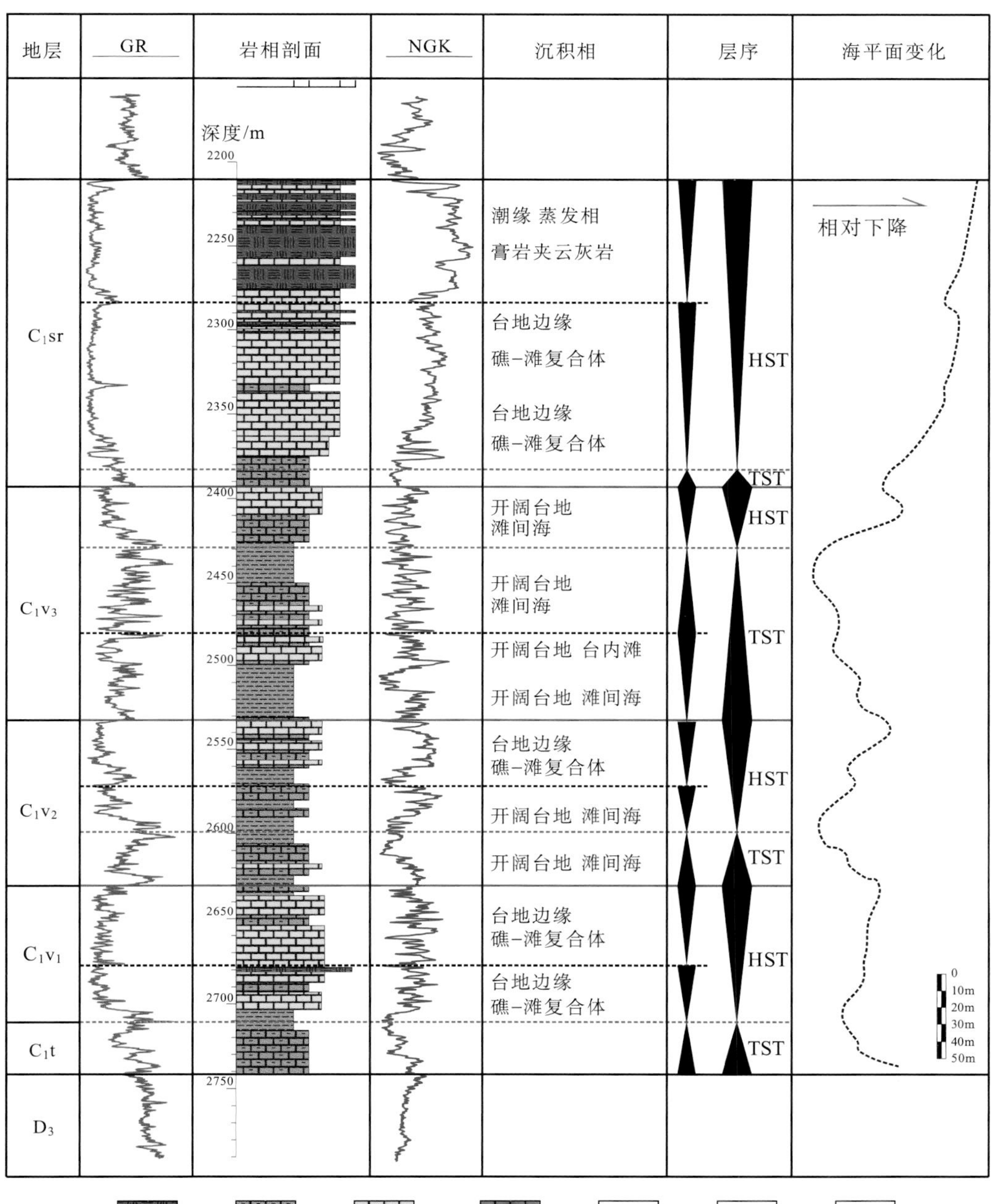

图 6-1-24 Marsel 探区 Tamgayltar 1-G 井早石炭世沉积层序和体系域组成图

另外，根据测井、取芯，岩屑、生物化石等资料，展开沉积微相的研究，认为该研究区早石炭世主要发育潮缘带(潮间—潮上)蒸发台地、潟湖、开阔台地、台地边缘、缓坡、局部淹没台地等环境(图 6-1-25、图 6-1-26)；三级层序的高位域发育开阔台地，以

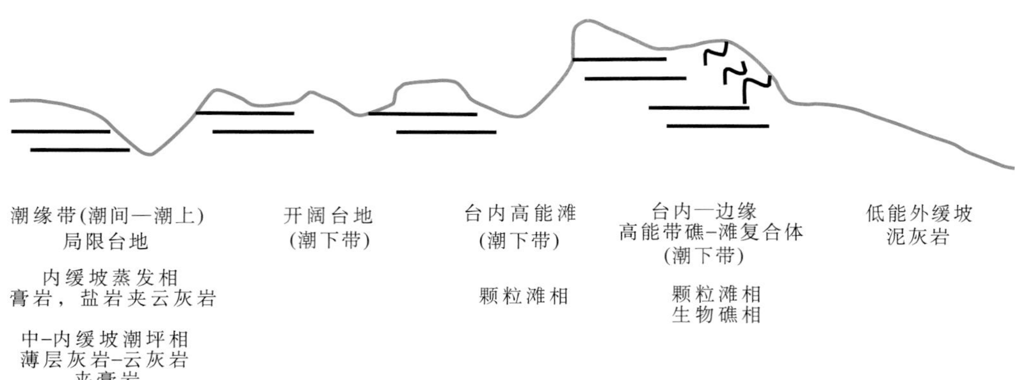

图 6-1-25 Marsel 探区主要沉积体系和沉积相带划分

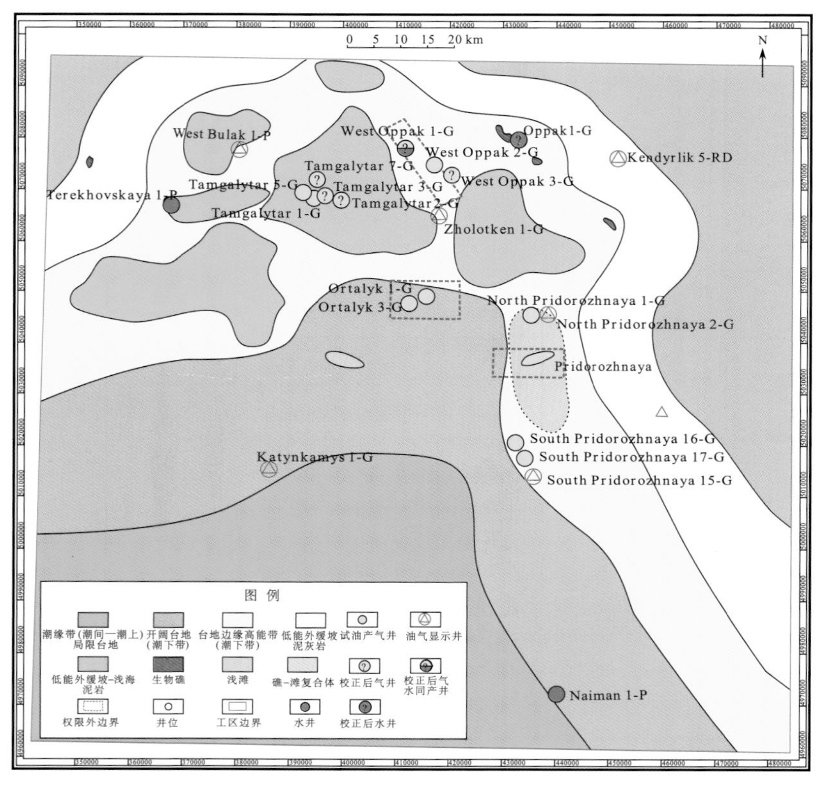

图 6-1-26 Marsel 探区 $C_1 sr$ 沉积相平面展布图

浅滩沉积为主，发育有礁-滩复合体；水进域以滩间海、潟湖、深水台地沉积为主，存在三个凝缩段，为主要烃源岩发育段；$C_1 v_1$—$C_1 sr$ 具有从开阔台地—局部淹没台地、深水台地—开阔台地—蒸发台地、潟湖的演化过程。

另外，该区域泥盆系主要发育 5 种沉积相：冲积扇相、扇三角洲相、辫状河三角洲相、冲积平原相、湖泊(盐湖)相(图 6-1-27)。总体沉积以陆相湖盆沉积为主，$D_3 fm_{2+3}$ 上段发育有部分海陆过渡相沉积。沉积物源主要来自区块西部，东北部及南部也有局部物源。

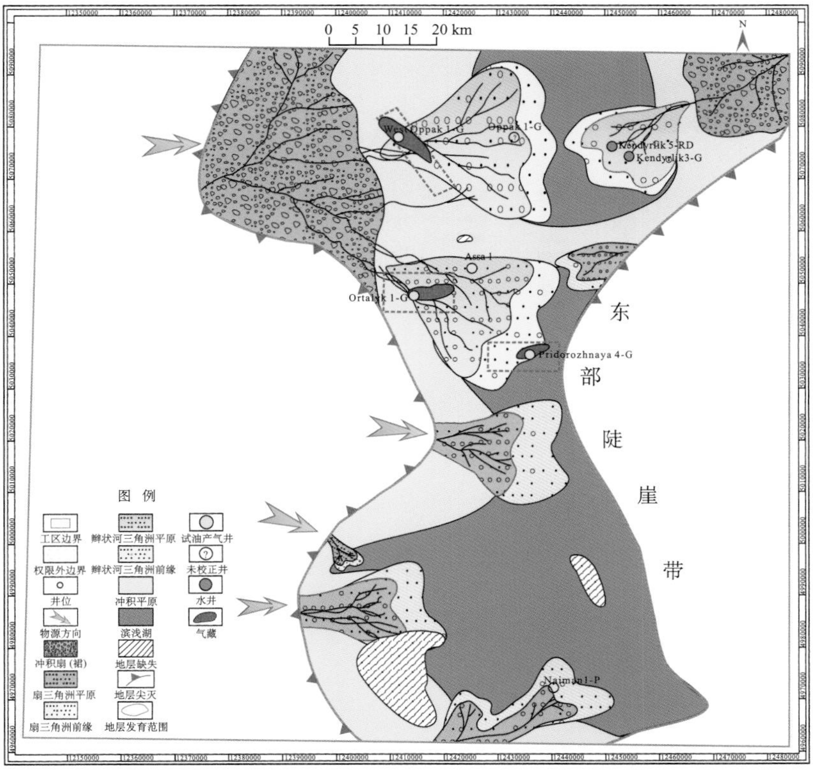

图 6-1-27　Marsel 探区泥盆系 $D_3fm_1^2$ 沉积相展布图

综上所述，Marsel 探区与滨里海盆地石炭系沉积环境都是以浅海相沉积为主，物源主要以海相自生物源为主；但是泥盆系沉积环境存在差异，滨里海盆地以海陆过渡相为主，而 Marsel 探区主要是以陆相沉积为主，D_3fm_{2+3} 上段发育有部分海陆过渡相沉积。因此，从沉积环境来看，二者存在着一定的相似性及可对比性。

2. 烃源岩岩性对比

滨里海盆地石炭系中下段主要是以浅海相沉积为主，沉积岩性也多以灰岩、云灰岩、泥页岩为主，而海陆过渡相沉积的泥盆系则主要是以砂岩和泥岩为主(表 6-1-4、图 6-1-28)。

通过对 Marsel 探区录井岩性的统计和分析，发现该区块石炭系下段的下石炭统主要以灰岩、灰泥岩为主，夹少量泥云岩；而泥盆系则主要是以砂岩和泥岩为主。

3. 烃源岩分布层段对比

通过参考国内外文献资料，滨里海盆地烃源岩主要分布在石炭系下段及泥盆系中上段(表 6-1-5、图 6-1-28)。Marsel 探区的主力烃源岩也主要发育在下石炭统与上泥盆统。

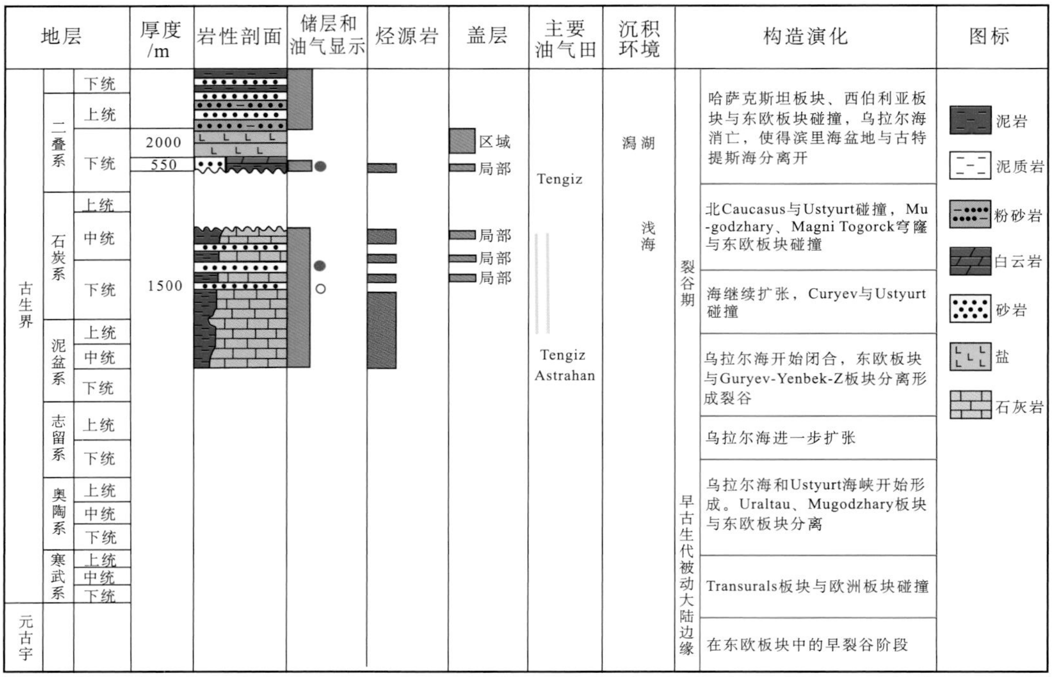

图 6-1-28　滨里海盆地 Adaiski 区块盐下油气成藏组合模式图

下石炭统各层均有不同发育，主要发育在维宪阶(C_1v)与谢尔普霍夫阶(C_1sr)，少量分布在杜内阶。泥盆系烃源岩主要发育在上泥盆统法门阶(D_3fm)的盐层和盐下层，即位于泥盆系三个层序中 $D_3fm_1^2$ 的中上部，以及 D_3fm_{2+3} 的下部。

表 6-1-5　滨里海盆地盐下层系主要油气田烃源岩特征

地区	油气田	烃源岩时代	烃源岩岩性
南部	卡拉通—田吉兹	D_3、C_1—C_2、P_1	页岩和石灰岩
	拉夫宁纳	C_1—C_2	页岩
	阿斯特拉罕	C_1	石灰岩
	科罗廖夫	C_1—C_2、D_3	石灰岩、页岩
	萨兹久别	C_2	页岩
东部	科扎赛	C_1—C_2	石灰岩和页岩
	肯基亚克	C	石灰岩
	乌里赫陶	C_1	页岩
	扎纳诺尔	C_1、P	页岩
北部	卡拉恰加纳克	D_2—C_2	页岩和碳酸盐岩

4. 研究区烃源岩有机质类型

刘洛夫等(2002)在研究滨里海盆地盐下层系的油气地质特征时认为不同地区的有机质具有不同的类型，其中田吉兹地区盐下阿丁斯克阶和石炭系的有机质为Ⅰ型和$Ⅱ_1$型。乌普利亚莫夫地区的阿丁斯克阶和中石炭统的干酪根属于$Ⅱ_1$型，而在塔日加里地区$Ⅱ_2$型。

Bembeyev 等认为中泥盆统—上二叠统(D_2—P_2)的滨岸-海相页岩和碳酸盐岩具有较强的生烃潜力。其烃源岩有机质丰度较高，石炭系灰岩中有机碳含量平均为24%～54%，生物碎屑灰岩有机碳含量平均为2.04%。其有机质类型以Ⅰ型$Ⅱ_1$型为主。

金之钧等(2007)在研究滨里海盆地盐下油气成藏主控因素及勘探方向时认为滨里海盆地中下石炭统的烃源岩类型主要为Ⅰ型Ⅱ型，局部为Ⅱ型和Ⅲ型(表6-1-6)。

表6-1-6 滨里海盆地不同区带盐下烃源岩特征统计(据金之钧等，2007)

二级构造单元	烃源岩	样品位置	层位	TOC/%	干酪根类型
中央拗陷	中石炭统	南部边缘	中石炭统	6	Ⅰ，Ⅱ
西北次盆	中-上泥盆统、下石炭统、下二叠统	西部边缘	下二叠统	1.3～3.2	Ⅰ，Ⅱ
		卡拉恰加纳克油田	下二叠统	10	Ⅰ，Ⅱ
东部次盆	上泥盆统、中-下石炭统	阿里别克莫拉油田	中石炭统	7.8	Ⅰ，Ⅱ
			上泥盆统—下石炭统	0.1～7.8	Ⅱ，Ⅲ
南部次盆	上泥盆统、中-下石炭统、下二叠统	田吉兹油田	中石炭统	1.2～1.4	Ⅰ，Ⅱ

Gurgey(2002)通过分析滨里海盆地南缘侏罗系—石炭系55块岩样的干酪根类型认为，滨里海盆地石炭系的烃源岩有机质类型主要为Ⅲ型，少量为Ⅱ型(图6-1-29)。

综上所述，根据对比两个地区的沉积环境、物源、岩性及分布层段，发现二者具有很强的可对比性；沉积环境总体以浅海与海陆过渡环境为主，石炭系物源多为海相，泥盆系物源多为陆相；烃源岩总体以分布在下石炭统的灰泥岩与分布在泥盆系中上段的泥岩为主。

因此，在缺乏相关实测地化数据的情况下，通过系统比较可以将该研究区的有机质类型确定为$Ⅱ_2$型。

四、烃源岩的热演化特征

烃源岩的成熟度及其热演化历史决定了一个地区所能找到油气资源的类型和潜力，是评价烃源岩品质和油气勘探潜力最重要的参数之一。

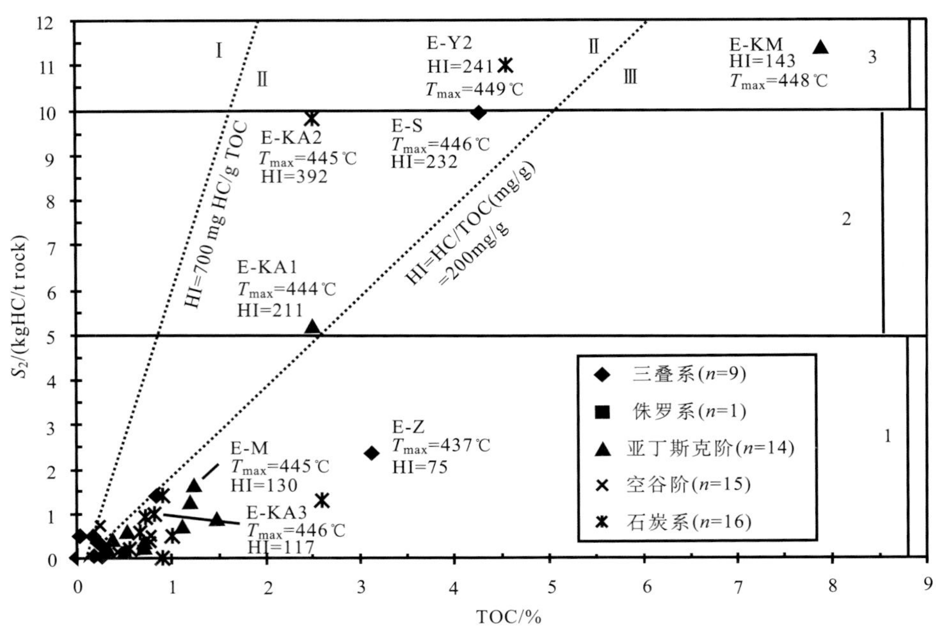

图 6-1-29 滨里海盆地南缘侏罗系—石炭系岩样 S_2 与 TOC 关系图

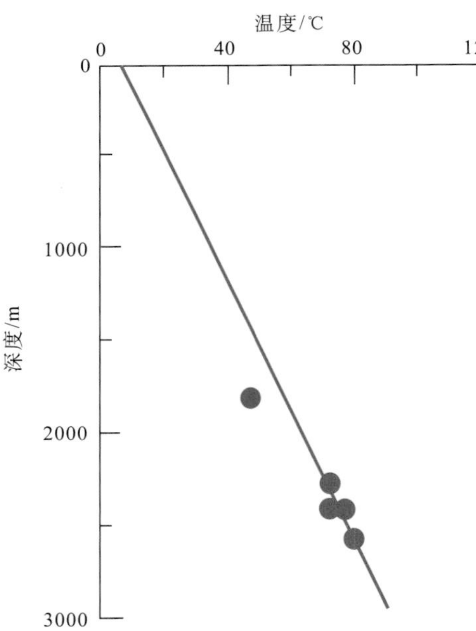

图 6-1-30 Marsel 探区地层温度与埋深关系图

1. 现今地温场特征

现今地温场分布特征是进行源岩热演化和盆地地温场演化分析的初始出发点。在系统资料整理与文献查阅的基础上，收集整理了研究区已有的钻井 DST 数据和地层测试数据。在此基础上拟合了地层温度与深度的关系(图 6-1-30)。可见现今地层温度＜120℃，地温梯度约为 2.7℃/100m，现今地表温度约为 10℃。这与研究区位于中亚腹地、地温梯度和大地热流值偏低的区域构造背景一致(潘长春等，1997；Qiu et al.，2008)。

地层温度与深度的线性关系为分析不同源岩层现今所处的温度区间指明了方向。根据现今地层埋藏深度做出了泥盆系和石炭系地层底界现今的温度分布(图 6-1-31、图 6-1-32)。

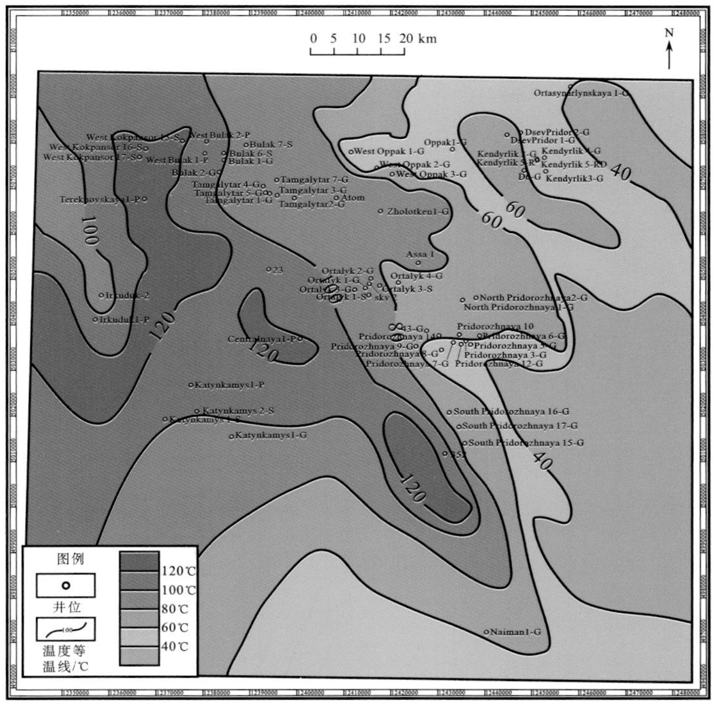
图 6-1-31 Marsel 探区石炭系现今地温分布图

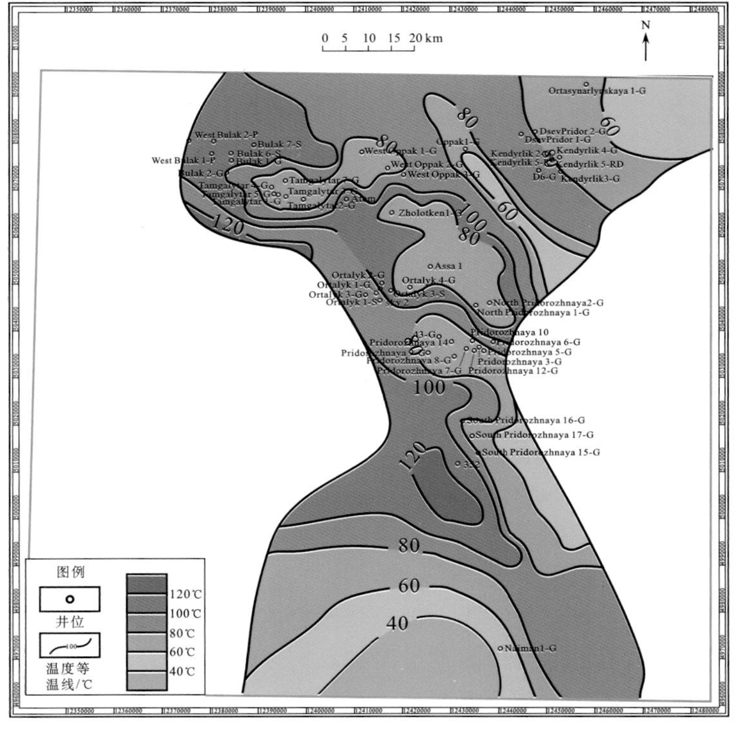
图 6-1-32 Marsel 探区泥盆系现今地温分布图

由图可以看出，石炭系和泥盆系现今地层温度低于150℃，并具有西北部高、东南部低的宏观分布特征。其中泥盆系地层温度受局部断陷的控制和相邻的隆起控制，宏观上具有高温和低温相间出现的特征，宏观温度低于150℃。石炭系温度总体表现为西部高于东部，但最高温度小于140℃。石炭纪地层温度表现出统一的自西向东逐渐降低的趋势，在研究区的西北部温度低于120℃。

2. 烃源岩现今成熟度特征

已有的勘探理论证实，一个地区只有烃源岩达到成熟阶段并且发生过生排烃才能有较高的油气勘探成功率。因而评价烃源岩的成熟度对油气的勘探起着至关重要的作用。目前用来评价生油岩成熟度的方法有镜质体反射率(R_o)、岩石热解参数(T_{max}等)、干酪根颜色、H/C-O/C原子比、正烷烃奇偶优势比(OEP)、C_{21}前/C_{22}后、氯仿沥青“A”/TOC、HC/TOC、甾萜烷异构化比值[22S/22R-C_{31}、Ts/Tm、20S/(20S+20R)-C_{29}、ββ/(αα+ββ)-C_{29}]等。系统收集了研究区已有的镜质体反射率(R_o)数据，在此基础上做出了图6-1-33。

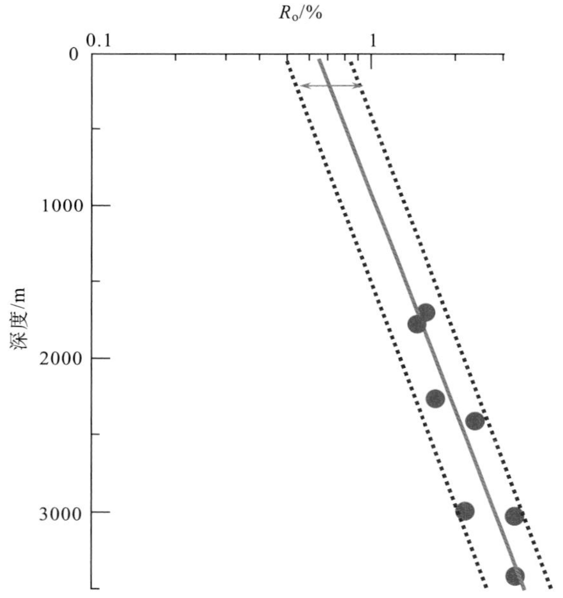

图6-1-33　Marsel探区镜质体反射率与地层埋深关系图

从图6-1-33中可以看出，研究区R_o>1.5%，表明烃源岩已经进入大规模成气阶段。R_o与深度表现出良好的对数线性关系(相关系数>0.83)，随着埋藏深度的增加而增加。地表R_o值接近0.6%～0.7%，反映该区地层曾经遭受了严重的抬升剥蚀。

依据实测R_o值与深度的线性关系，结合现今地层埋藏深度，理论上可以对不同层位烃源岩的成熟度进行估算，从平面上评价烃源岩成熟度的空间分布特征。

研究区的泥盆系和石炭系烃源岩均已经进入大规模成气门限，是有效的烃源岩。泥盆系烃源岩成熟度特征表现为区块西部成熟度较高，R_o值可达3.5%以上。向东其R_o值逐渐降低至1.5%左右(图6-1-34)。石炭系烃源岩成熟程度与泥盆系烃源岩成熟度具

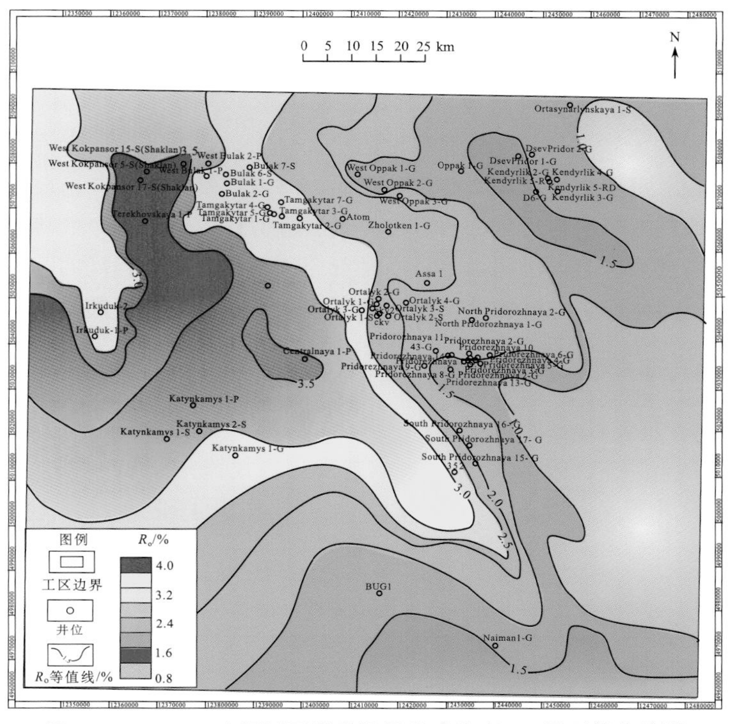

图 6-1-34 Marsel 探区石炭系烃源岩成熟度 R_o 平面等值线图

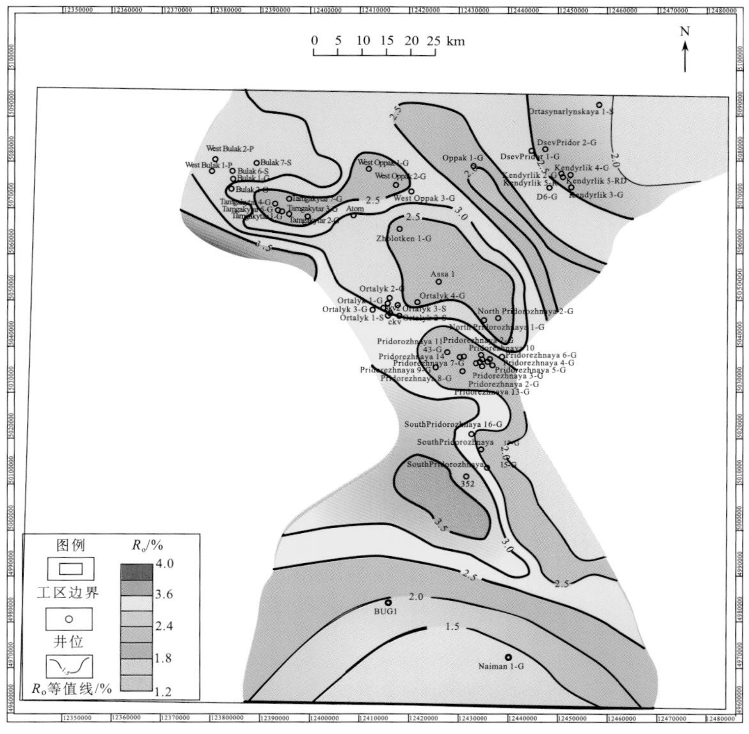

图 6-1-35 Marsel 探区泥盆系烃源岩成熟度 R_o 平面等值线图

有相似的特征，总体特征表现为西北部 R_o 值较大，向东南部成熟度依次下降。烃源岩大部分位于大于1.5%的高成熟区，仅在东部隆起高部位烃源岩成熟度相对低，但是 R_o>1.2%，已经进入生油高峰期(图6-1-35)。

对比烃源岩的热成熟度与现今地层温度的空间分布，可以发现两者在空间上具有良好的匹配性，现今地层温度相对较高的部位，烃源岩的成熟度亦较高。这反映烃源岩达到高热演化程度时期的构造格局与现今的构造格局具有相似性。但是现今的地层温度明显不能解释现今源岩的高成熟状态，说明烃源岩不是现今达到高热演化程度的，而是在某个地质历史时期达到高成熟阶段，此后构造格局变化不大，仅遭受了整体的抬升和剥蚀。

3. 高熟烃源岩形成机理探讨

1）高熟烃源岩可靠性验证

为了验证本区烃源岩的热演化程度及其空间分布规律是否可靠，系统收集整理了研究区已有的天然气干燥系数资料(表6-1-7)，并据此作出了研究区天然气的干燥系数的平面分布图。

表6-1-7 Marsel探区天然气干燥系数统计表

井名	层位	深度/m	干燥系数范围(均值)
West Oppak 1	D_3	1860～2180	0.93
Tamgalytar 5	C_1sr	2350～2436	0.98
Tamgalytar 1	C_1sr	2315～2274	0.98～0.99(0.99)
Ortalyk 1-G	C_1v	2135～2140	0.98
North Pridorozhnaya 1-G	C_1sr	2117～2270	0.94～0.97(0.95)
Pridorozhnaya 6-G	C_1v_2	1290～1361	0.95～0.98(0.96)
Pridorozhnaya 4-G	C_1v_2	1405	0.95～0.99(0.97)
	D_3	2456	0.92～0.98(0.96)
Pridorozhnaya 2-G	C_1v_3	1235～1300	0.92～0.98(0.98)
	D_3	2350～2500	0.96～0.98(0.98)
Pridorozhnaya 2	C_1v_3	1267.5	0.97～0.98(0.98)
Pridorozhnaya 4	C_1v_3	1273～1410	0.98～0.99(0.98)
Pridorozhnaya 6	C_1v_2	1290～1361	0.97～0.98(0.97)
South Pridorozhnaya 15-G	C_1v_3	1816～1922	0.98

干燥系数的平面分布图(图6-1-36)显示，在研究区的西北部，干燥系数高，达到了干气的演化阶段(>0.95)，而研究区的东部和东南部天然气的干燥系数相对较低(<0.95)，说明存在湿气或者原油伴生气。天然气干燥系数的空间分布与烃源岩热成熟度西北部高、东部和东南部低的宏观分布格局匹配良好，说明对烃源岩热演化程度的分析是可靠的。

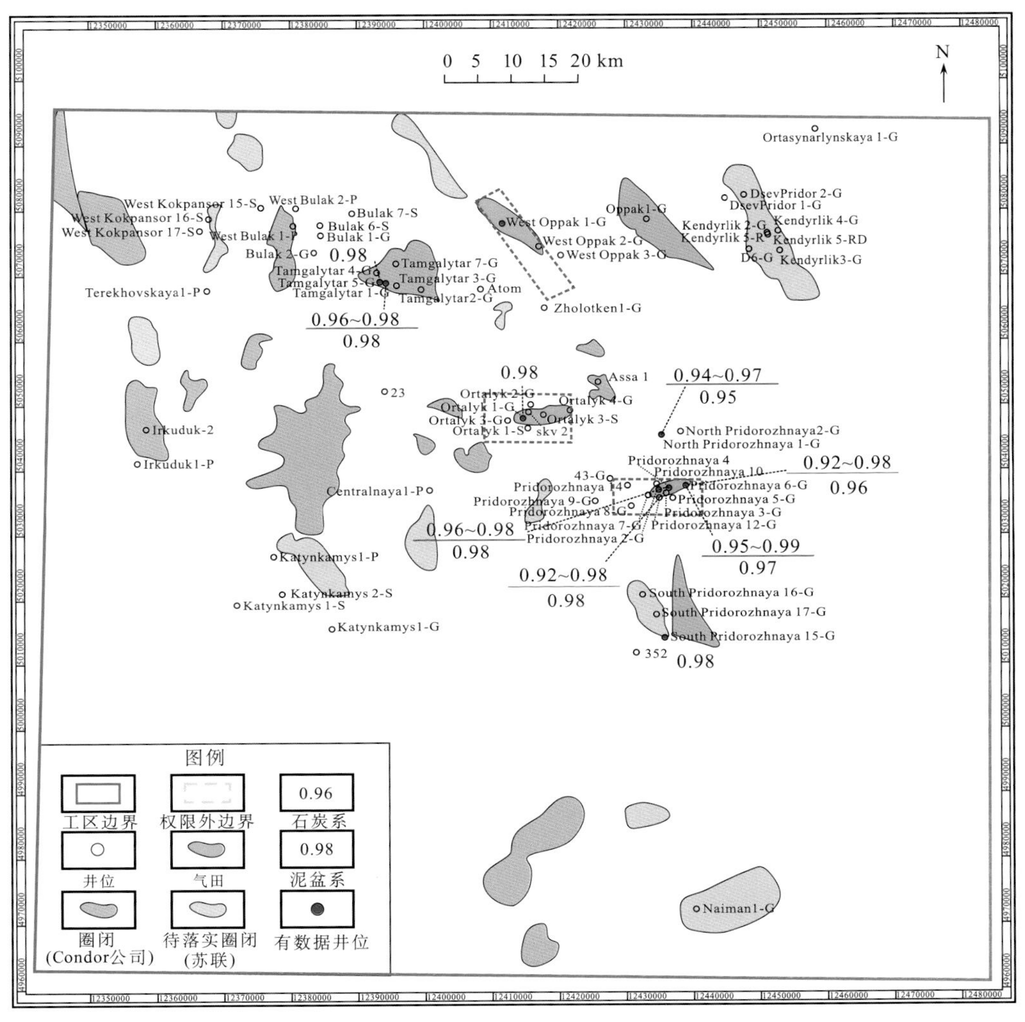

图 6-1-36 Marsel 探区天然气干燥系数平面分布图

2）二叠系后的侏罗山式褶皱对源岩热演化影响的探讨

根据前人研究成果（Abrajevitch et al.，2008；Choulet et al.，2011）及作者的研究成果，研究区自二叠系之后即进入了整体抬升剥蚀和夷平阶段，决定了烃源岩的热演化在二叠系之后基本定型。这是造成由现今源岩热演化程度所确定的温度（>150℃）远远高于现今地层温度的原因之一。从源岩热演化程度的角度，认为以下两方面的地质作用强烈控制了烃源岩的热演化。

其一是二叠系末期发生的侏罗山式褶皱作用。侏罗山式褶皱由互相平行的背斜和向斜相间排列而成，其代表性构造是隔挡式与隔槽式褶皱。褶皱过程中，在向斜的部位，埋藏深度增加，地层温度增加，源岩的热演化程度增加，而背斜的部位地层抬升剥蚀，地层温度降低，源岩的热演化程度降低。因此这种过程决定了烃源岩的热演化是受控于构造活动的，与构造同期发生的。这是和大家头脑中固定的思维模式——源岩先埋藏，使源岩达到高成熟阶段，然后发生褶皱抬升，从而使向斜和背斜部位的热演化程度相差不大是完全不一样的。如果不能理解这个过程就不能很好地理解该区所保留的源岩热演化程度与深度呈线性相关的现象，从而不能解析该区的源岩热演化历史。

其二是二叠系之后的抬升剥蚀和夷平作用。研究区二叠系之后遭受了长时期的整体抬升剥蚀作用，最典型的特征是褶皱的背斜基本被削平，在盆地范围内形成了一个近于水平的地貌特征，后期古近系＋新近系基本呈水平分布(图 6-1-37)。根据构造组所估算的抬升剥蚀量在 1000m 左右，而根据作者的估算，在背斜的核部其抬升剥蚀量，特别是东部的抬升剥蚀量大于 1500m。这里的重点不在于争论这个量的多少，而在于强调这种规模的抬升剥蚀量所造成的源岩热演化效应。

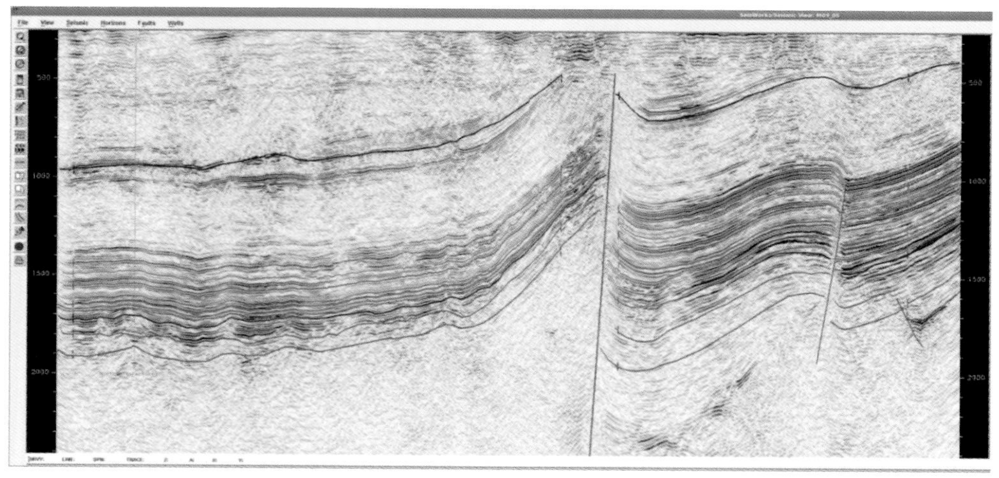

图 6-1-37　Marsel 探区近东西向 LineM09-05 地震测线图

抬升剥蚀量大于 1000m 意味着原始厚度至少比现今的残留厚度增加 1000m，从而任何一点在二叠系的埋藏深度增加 1000m。按现今的地温梯度(2.7℃/100m)计算，说明二叠系的埋藏温度相对于现今的地层温度增加值在 30℃左右。已经可以较好地解释现今源岩的热演化程度。

3）二叠系的热异常及其对源岩热演化的控制

二叠系是幔源构造活动非常强烈的一个时期，从南部的德干高原，北部的西伯利亚大火成岩省，以及最近的研究热点，二叠系峨眉山地幔柱和塔里木地幔柱，无不证明这样一个事实，即二叠系是大地热流值偏高，地温梯度偏高的时期(陈汉林等，1997；杨树锋等，2007；张伟林等，2010；Zhang et al.，2010)。需要特别留意的是，研究区位于从峨眉山玄武岩—塔里木地幔柱—西北利亚地幔柱的迁徙路径上，为这一假设提供了间接的证据。

根据文献调研的结果，研究区在二叠系是大规模岩浆活动(Korobkin and Buslov，2011)、大规模流体活动和金属矿床成矿的时期(Mitchell and Westaway，1999)。所有这些都暗示在二叠系时期，研究区处于一个高热流、高地温梯度的时期。这种高的地温梯度，对源岩的快速成熟并达到高热演化状态，无疑是十分有利的。

总体来看，二叠系末期的高埋藏深度和二叠时期的高地温梯度控制了研究区源岩的高热演化。

4. 烃源岩热演化历史

根据上述烃源岩热演化程度主控因素，借助研究者在西部准噶尔盆地和塔里木盆地的研究成果，选取适当的参数，开展了研究区烃源岩热演化历史模拟分析。模拟结果的可靠性可以从两方面进行验证，其一是模拟的现今地层温度基本与实测的地温条件吻合，同时，基于 Easy%R_o 的源岩热程度与实测的源岩 R_o 匹配，说明模拟参数选取和模拟结果可靠(图 6-1-38)。

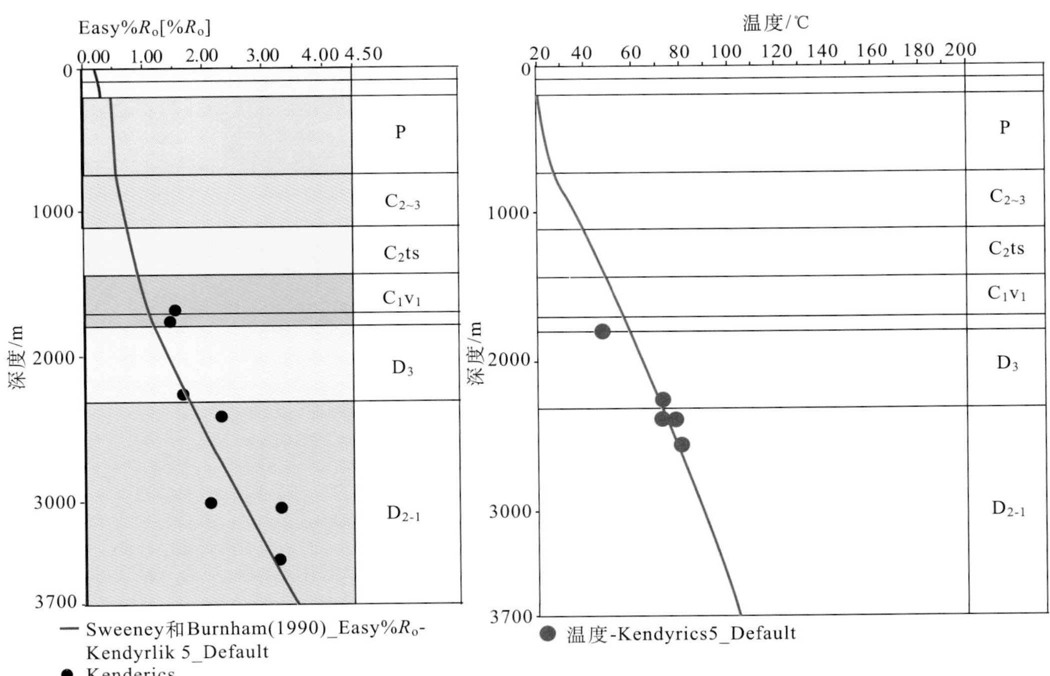

图 6-1-38 Marsel 探区 Kendyrik 5-RD 单井模拟结果与实测数据对比关系图

Kendyrik 5-RD 单井的模拟结果显示，研究区烃源岩在二叠系末期达到成气的高峰时刻，是研究区天然气成藏的关键时刻。烃源岩的热演化受大的埋藏深度和高的热流值控制。二叠系末期之后，研究区遭受抬升剥蚀和夷平作用，烃源岩总体处于温度不断降低的过程中，烃源岩离开门限深度，没有发生二次生烃和成藏作用(图 6-1-39)。

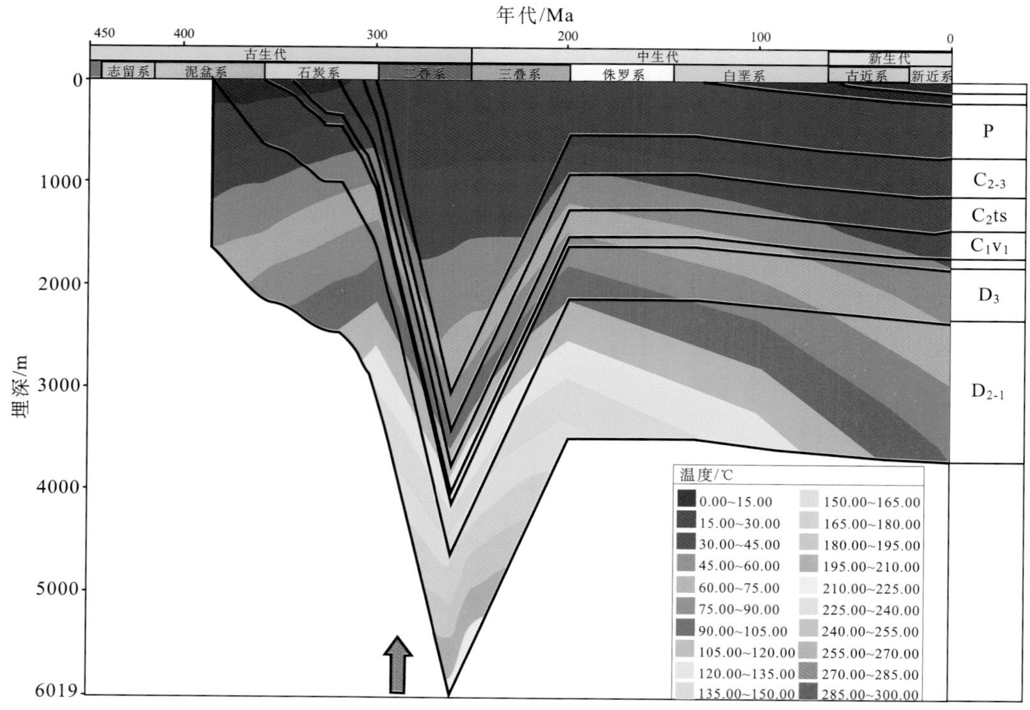

图 6-1-39　Marsel 探区 Kendyrik 5-RD 单井埋藏史图

第二节　烃源岩原始有机母质丰度恢复与评价

一、烃源岩原始有机母质丰度恢复研究现状

1. 地史过程中 TOC 的变化特征

烃源岩中有足够数量的有机质是油气形成的物质基础，是决定岩石生烃能力的主要因素，通常用有机质丰度来代表岩石中有机质的相对含量，衡量和评价岩石的生烃潜力。常用的有机质丰度指标包括总有机碳含量(TOC)、氯仿沥青“A”、总烃(HC)含量和岩石热解生烃潜量(S_1+S_2)等。国内外普遍采用的有机质丰度的指标是单位质量岩石中有机碳的质量分数——总有机碳含量(TOC)(胡见义，1991；柳广第，2009)。

通过对国内不同盆地烃源岩的生烃潜力(S_1+S_2)/TOC 及柴达木盆地不同层系烃源岩的油气生排烃特征进行统计分析(图 6-2-1、图 6-2-2)，可以发现烃源岩内残留有机质丰度的变化规律：随着埋藏深度的增加，烃/有机碳含量呈现先增加后降低的“大肚子”特征。对某一地区的烃源岩而言，烃源岩的埋藏深度与热演化程度呈正相关关系，因此，用热演化程度 R_o 来评价烃源岩中烃/有机碳含量的变化时，也有着相似的规律。

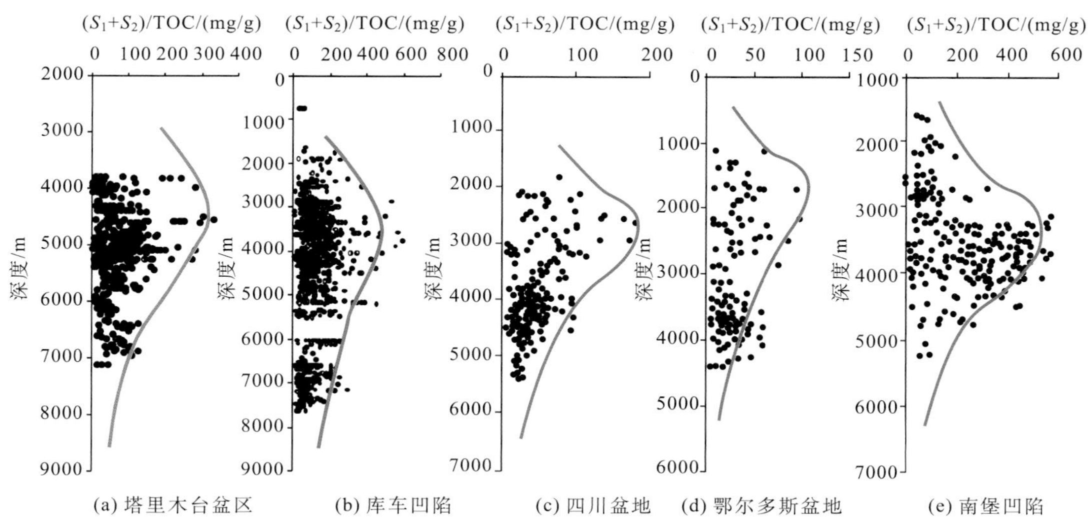

图 6-2-1　国内不同盆地生油岩埋藏深度与油气生成的关系

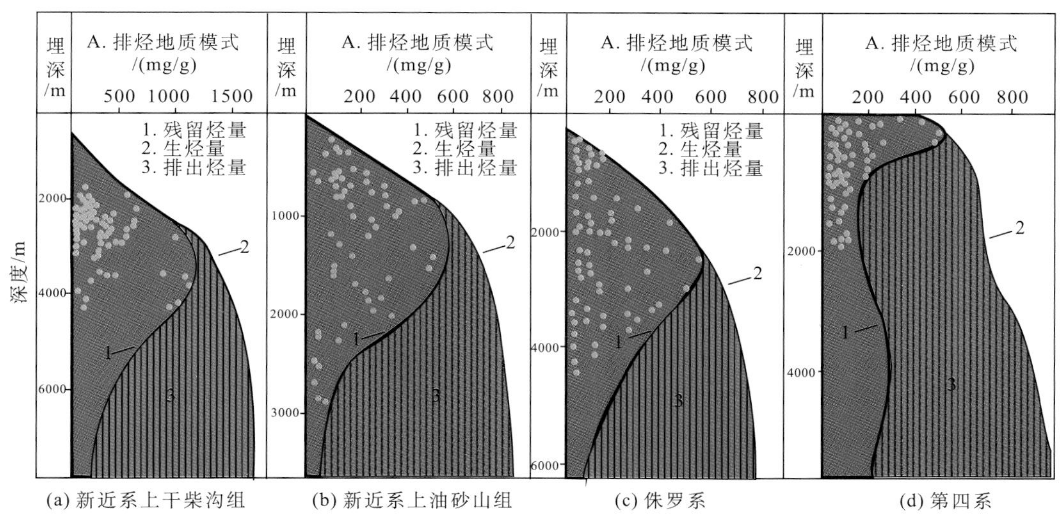

图 6-2-2　柴达木盆地不同时代不同埋深的生油岩埋藏深度与油气生成和排出的关系

倪春华等(2009)研究认为，影响烃源岩有机质丰度变化的因素主要为有机质来源、生物生产率、沉积环境、沉积速率及矿物岩石，此外，微量元素、物理化学作用、保存条件和演化程度等也会对有机质丰度产生一定的影响。影响有机质丰度的因素较多，但每种因素的影响程度各不相同。其中，有机质来源直接决定了烃源岩有机质类型，沉积环境决定了烃源岩中有机质的富集与保存条件，生物生产率则控制了烃源岩中有机碳的富集程度，因此，这三种因素对有机质丰度和有机碳含量大小影响是最主要的，其他几个因素的影响相对来说较为次要。

2. TOC 恢复方法研究

基于上述认识，许多学者认为用现今残余的有机碳含量去评价一个地区的烃源岩必然会引起一定的误差，因此有必要将残余 TOC 恢复到原始状态。从 20 世纪 80 年代开始，许多学者提出了不同的有机质丰度恢复方法，主要有自然演化剖面法(Leythaeuser and Schaefer，1984)、热解模拟法(邬立言等，1986；庞雄奇等，1988；郝石生等，1996)、物质平衡法(金强，1989；程克明等，1996；肖丽华等，1998)、理论推导法(程克明等，1996；卢双舫等，2000)及谱学类型模型法(秦匡宗，1985)。

自然演化剖面法是指通过采集层位相同但埋深不同的烃源岩样品，实测其中的有机碳含量和生烃潜量，进而求出不同成熟度烃源岩的原始有机质丰度的恢复系数(王杰和陈践发，2004)。从理论上看，该方法最科学也最接近地质历史，但符合理想的自然演化剖面的样品很难采到，而且该方法要求整个剖面的岩性相似、有机相相近、成熟度变化范围大，因而操作困难，难以普遍应用(秦建中等，2005)。

热解模拟法(郝石生，1884；邬立言，1986；庞雄奇等，1988；程克明和王兆云，1996；夏新宇等，1998；熊永强等，2004)是指对成熟度较低并且有机质类型相同的烃源岩进行加热，测量不同热演化阶段(一般以 R_o 来表示)的生烃量或热解参数，进而得到有机碳恢复的经验公式或图版。庞雄奇等(1988)通过对不同干酪根类型的泥岩进行热解模拟实验，得到了有机质丰度恢复的经验公式。郝石生等通过对低成熟的碳酸盐岩进行热解模拟实验，也得到了一系列的经验公式和图版，这些经验公式和图版可应用于高演化程度烃源岩样品的原始有机碳含量恢复。由于该方法操作简单、容易实现，故经常被使用，但实验要求烃源岩样品的成熟度较低，而现今残余的烃源岩中满足此项要求的样品又很少，受高温短时间实验条件的限制，该方法的准确性并不高，因此该方法虽被普遍使用但也有很多局限性。

物质平衡法是以物质平衡理论为基础，直接推导出原始有机质含量与残余有机质含量之间的数学关系，得到原始有机碳恢复系数，避免了有机质演化过程的影响。不同学者从物质守恒的不同角度出发，推导出了不同的恢复系数公式，方法主要有化学元素守恒法(又称“元素法”)(金强，1989；陈增智和郝石生，1991；程克明和王兆云，1996；王杰和陈践发，2004)、无效碳守恒法(肖丽华等，1998)和有机质守恒法(王杰和陈践发，2004)。相对而言，该方法较为简单且易操作，但它仅从有机质热演化的角度出发，没有考虑无机反应的影响，因此，必然会造成恢复结果与预期存在一定的偏差(姜福杰等，2008)。

理论推导法是从有机质的演化规律出发，进而推导出有机碳恢复系数的数学公式。卢双舫等根据化学反应的动力学模型，提出了化学动力学法(卢双舫等，1995)，进而得出了原始有机碳的计算公式，随后又提出了用有机质演化规律法进行原始有机碳的恢复(卢双舫等，2003)；郝石生和程克明基于降解率法分别提出了自己的计算公式(程克明和王兆云，1996；郝石生等，1996)；王子文等(1991)利用回归分析法也提出了原始有机碳的计算公式。理论推导法的优越之处在于理论性强，考虑因素全面，但公式中所需参数较多，且许多参数是由热模拟实验得到或是人为确定的，因此计算繁琐且会存在一定偏差。

谱学类型模型法(秦匡宗，1985)是从干酪根在热演化过程中有机质性质和结构的变化出发，探讨有机质丰度的恢复系数。秦匡宗的研究结果表明，干酪根在热演化过程中，发生降解的主要是脂构碳和杂原子碳，芳构碳则相对稳定；程克明也利用该方法提出了相应的计算公式(程克明和王兆云，1996)。该方法有一定的理论依据，但由谱学分析手段得到的参数准确性较低，而且受源岩非均质性的影响较大，因此适用程度有限。

3. TOC 恢复影响因素

使用不同的恢复方法，得出的 TOC 恢复系数均有差别，究其原因，主要是有机碳的恢复过程受到很多因素的影响。王杰等认为，影响 TOC 恢复系数的主要因素有反应物体系是否封闭、液态烃产物是否已充分排出源岩、烃类产物的 H/C 值的大小及烃源岩有机质类型的变化，在原始有机质类型较好、烃类产物 H/C 值较低、中间产物液态烃排出源岩较完全的情况下，所求得的有机碳恢复系数较大。姜福杰等(2008)认为，除了上述因素外，烃源岩样品的非均质性、地质演化过程中 CO_2 的生成及热模拟实验时“水热生烃”作用和实验压力的影响也会对原始有机碳的恢复结果产生一定的影响。

上述这些方法均是在一定的假设和前提下提出的，因此均有一定的适用性，但是通过上述分析也可看出，每种方法都有一定的局限性，很难普遍适用，这也是目前有机碳恢复的方法和公式较多的原因。为了克服这些局限性，将在下面的章节中根据干酪根热降解生烃理论和物质平衡理论，从烃源岩地质演化的角度出发，直接推导出 TOC 恢复系数相关公式，具有一定的理论依据；推导公式的过程中同时考虑到了地层压实作用和烃源岩热演化程度的影响，具有一定的普遍适用性；且公式中参数简单较易获得，因此操作简便，容易实现。

将上述研究成果总结如表 6-2-1 所示。

表 6-2-1 TOC 恢复研究方法总结

作者	时间	恢复方法	恢复系数
Leythaeuser 和 Schaefer	1984	自然演化剖面法	
郝石生	1984	热解模拟法	经验公式和图版
金强	1989	化学反应守恒法(元素模型法)	$K_c=\frac{x}{x'}=\frac{4p-pn'+4n'-4m'}{4p-pn+4n-4m}$
肖丽华等	1998	有机质守恒法	$F=\frac{1-0.01D}{1-0.01D_0}$
陈增智和郝石生	1991	化学反应守恒法(元素模型法)	$C_{re}=C_{KO}/C_r$
程克明等	1996	降解率法	$K_c=\frac{1-D_{残}}{1-D_{原}}$
		化学反应守恒法(元素模型法)	$R_c=1/[1-(m-m_0)/(n_0-m_0)]$
		谱学类型模型法	$R_c=(1-Fl_1-Fh_1)/(1-Fl_0-Fh_0)$
王杰和陈践发	2004	物质平衡法	$R=1+W/(1220C_r)$
庞雄奇等	1988	热解模拟实验法	$K_{ji}=(1-k_{wij})/[1-k_{cij}(1-1.22C_j)]$

二、地史过程中源岩层内 TOC 变化特征与主控因素

1. 烃源岩演化过程中 TOC 变化地质概念模型

根据 Tissot 提出的干酪根热降解生烃理论，有机质在演化过程中，会有油气的生成和排出，有机母质的转化过程，不论其作用机理如何，都是一个物质平衡过程。以此为基础，提出了 TOC 在地史过程中变化的地质概念模型，如图 6-2-3 所示。假定 A 阶段为烃源岩演化的初始阶段，单位面积一定厚度（H_o）的烃源岩柱经过一定的地史时期演化到 B 阶段，在这个过程中，由于垂向压实作用，烃源岩的厚度减小（仍是单位面积）到 H，减少了 ΔH，源岩中一些物质的参数（如 ϕ、ρ）也发生相应变化，同时，该过程还伴随着一定的烃量 Q_{ec} 的排出。庞雄奇认为，有机母质在转化过程中 C、H、O、N、S 等 5 种元素不与其他元素发生化学反应，只在彼此之间相互作用，形成 CH_4、C_2H_6、C_3H_8、C_4H_{10}、CO_2、H_2S、N_2、H_2、H_2O、OIL 等 10 种产物。该假设应用于模型的推导过程。

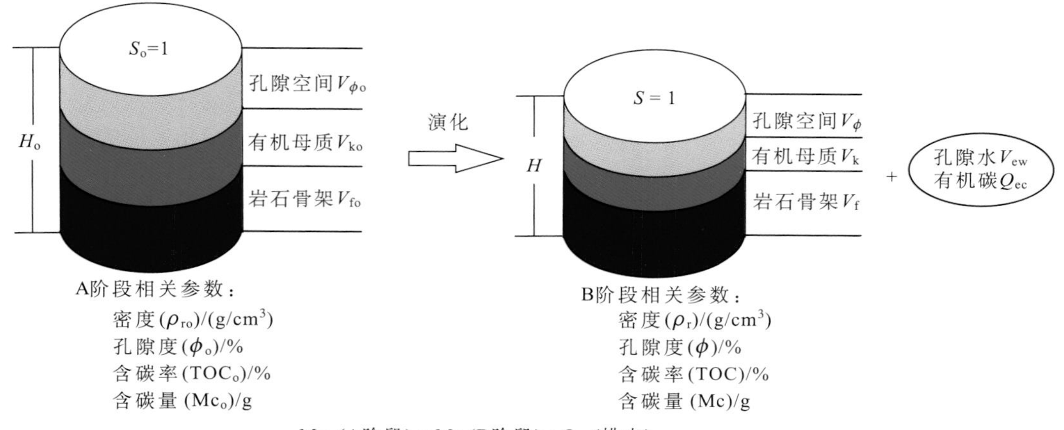

图 6-2-3　烃源岩演化概念图

图中表示的是单位面积烃源岩从 A 阶段演化到 B 阶段的相关参数变化：H_o 和 H 分别为两阶段的烃源岩厚度，ΔH 为减小的厚度，TOC_o 和 TOC 分别为两阶段烃源岩中有机碳的百分含量，ρ_{ro} 和 ρ_r 分别为两阶段烃源岩的密度，ϕ_o 和 ϕ 分别为两阶段烃源岩的孔隙度，Mc_o 和 Mc 分别为两阶段烃源岩的质量，Q_{ec} 为烃源岩从 A 阶段演化到 B 阶段时的累积排烃量

2. 烃源岩演化过程中 TOC 变化定量关系模型

根据图 6-2-3 的模式图，利用上述假定的参数，可推导出残余有机碳含量 TOC 和原始有机碳含量 TOC_o 之间的数学关系模型，在此过程中引入了一些新的参数，其中，Q_e 为单位面积烃源岩的排出烃量，K_c 为排出烃类的含碳系数，S_e 为单位质量的有机质所排出的烃量，K_e 为烃源岩的排烃效率，R_p 为有机母质的油气发生率，即当前单位重量母质在演化过程中已累积生成烃量。

由物质平衡方程可知：原始有机碳量＝残留有机碳量＋排出烃类中有机碳量，即

$$\mathrm{Mc_o} = \mathrm{Mc} + Q_{ec} \tag{6-2-1}$$

上述平衡式中

$$\mathrm{Mc_o} = H_o S_o \rho_{ro} \mathrm{TOC_o} \tag{6-2-2}$$

$$\mathrm{Mc} = HS\rho_r \mathrm{TOC} \tag{6-2-3}$$

$$Q_{ec} = Q_e K_c \tag{6-2-4}$$

将式(6-2-2)～式(6-2-4)代入式(6-2-1)中，得

$$H_o \rho_{ro} \mathrm{TOC_o} = H\rho_r \mathrm{TOC} + Q_e K_c \tag{6-2-5}$$

$$Q_e = S_e H \rho_r \mathrm{TOC} \tag{6-2-6}$$

将式(6-2-6)代入式(6-2-5)，即

$$H_o \rho_{ro} \mathrm{TOC_o} = H\rho_r \mathrm{TOC} + S_e H \rho_r \mathrm{TOC} K_c \tag{6-2-7}$$

$$H_o \rho_{ro} \mathrm{TOC_o} = H\rho_r \mathrm{TOC}(1 + S_e K_c) \tag{6-2-8}$$

根据骨架不变原理

$$H = \frac{1-\phi_o}{1-\phi} H_o \tag{6-2-9}$$

将式(6-2-9)代入式(6-2-8)，整理可得

$$\mathrm{TOC_o} = \frac{1-\phi_o}{1-\phi} \frac{\rho_r}{\rho_{ro}} (1 + S_e K_c) \mathrm{TOC} \tag{6-2-10}$$

式中

$$S_e = R_p K_e \tag{6-2-11}$$

将式(6-2-11)代入式(6-2-10)，即可得最终表达式，如下：

$$\mathrm{TOC_o} = \frac{1-\phi_o}{1-\phi} \frac{\rho_r}{\rho_{ro}} (1 + R_p K_e K_c) \mathrm{TOC} \tag{6-2-12}$$

式(6-2-12)即为残余有机碳含量 TOC 与原始有机碳含量 $\mathrm{TOC_o}$ 之间的关系模型。

3. 影响烃源岩中 TOC 变化的主控因素讨论

由上述定量关系模型不难看出，影响烃源岩 TOC 变化的因素主要有烃源岩的密度(ρ_{ro}、ρ_r)、孔隙度(ϕ_o、ϕ)、油气发生率 R_p、排出烃类的含碳率 K_c 和排烃效率 K_e 等因素，这几个参数分别受烃源岩的岩性(碳酸盐岩、泥岩)、地层压实作用(埋藏深度 H)和有机质类型及其热演化程度(R_o)的影响。

1) 烃源岩的岩性特征

烃源岩是指粒细、色暗、富含有机质和微体生物化石的岩石，常见的烃源岩类型主要是黏土岩类烃源岩、碳酸盐岩类烃源岩和煤系烃源岩。由于煤系地层在压实过程中不符合骨架不变原理(李绍虎等，2000；漆家福和杨桥，2001)，其有机碳含量很高但与热解生烃潜量没有相关关系(陈建平等，1997)，因此本书提出的数学模型不适用于煤系地层，只适用于碎屑岩类烃源岩的原始 TOC 恢复。

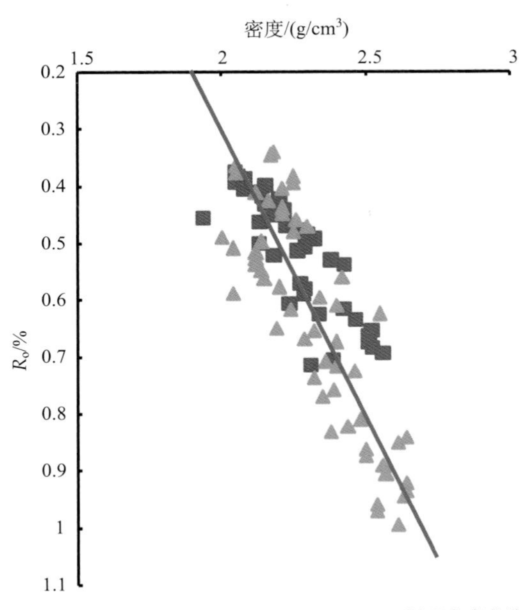

图 6-2-4　泥岩密度随 R_o 变化趋势统计

黏土岩类和碳酸盐岩类两种烃源岩的岩石性质大不相同，导致受压实作用影响的密度和孔隙度变化程度有所差别，原始或残余的有机碳含量也有所不同。一般来说，碳酸盐岩类烃源岩中残余有机碳的含量较黏土岩类烃源岩要低(Athy，1930)，有机质类型可能会出现Ⅰ型、Ⅱ型、Ⅲ型三种类型，因此，烃源岩内 TOC 的变化也有所不同。

2）烃源岩的压实作用

式(6-2-12)中与压实作用有关的参数是烃源岩在演化初始和现今状态时的孔隙度(ϕ_o、ϕ)和密度(ρ_{ro}、ρ_r)。对某一种岩性的烃源岩(如泥岩)而言，随着埋藏深度的增加，岩石密度增加，孔隙度减小，并且一般情况下，随埋深的增加，密度随线性关系增加(许平等，2010)，孔隙度呈指数关系递减(Athy，1930)。由于地温场特征不同，不同盆地同一埋深下的孔隙度(ϕ_o、ϕ)和密度(ρ_{ro}、ρ_r)有很大不同。为讨论方便，将他们转化为同一热演化程度(R_o,%)下的数值进行比较，这样得到的变化规律更加明显。图 6-2-4～图 6-2-6 是相关的统计结果。

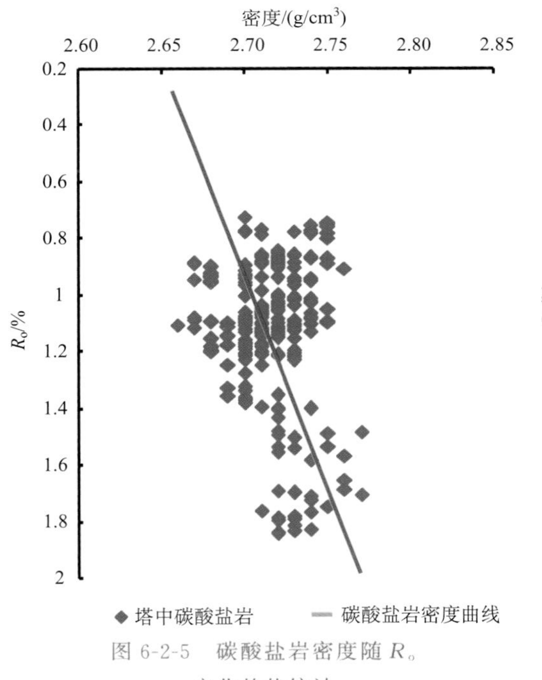

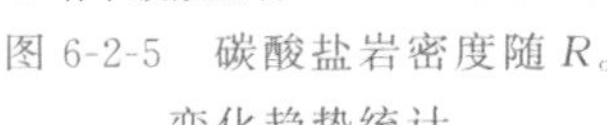

图 6-2-5　碳酸盐岩密度随 R_o 变化趋势统计

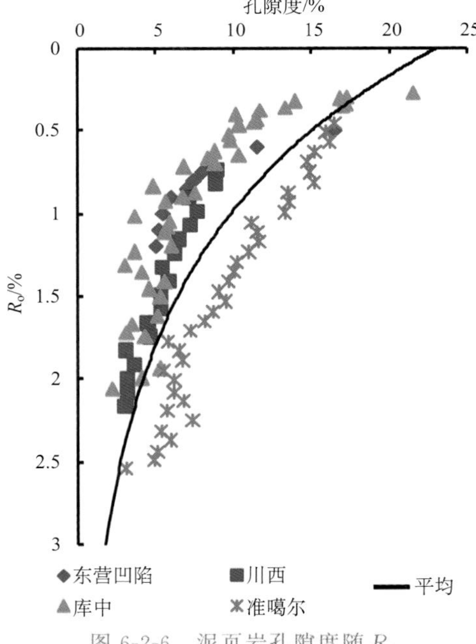

图 6-2-6　泥页岩孔隙度随 R_o 变化趋势统计结果

3）烃源岩热解特征

式(6-2-12)中与热演化过程有关的参数是油气发生率 R_p、生成烃类的含碳系数 K_c 和烃源岩排烃效率 K_e。

(1) 油气发生率。指当前一吨有机母质在转化过程中已累积产生的油气量，符号 R_p，常用的单位为：液态产物 kg/t，气态产物 m^3/t。随干酪根类型和热演化程度的变化，R_p 也相应变化。基于庞雄奇等(1993)进行干酪根生烃量物质平衡优化模型计算结果做出了 R_p 随 R_o 变化的曲线(图 6-2-7)。这里假定有机母质转化的初始点均为 R_o=0.2%；Ⅰ、Ⅱ、Ⅲ类干酪根的类型指数(KTI)分别为 100、50、0。

(2) 生成烃类的含碳系数。指单位质量的有机母质在转化过程中生成的烃类中所含有机碳的质量，符号 K_c，单位为百分数或小数。理论计算中，K_c 为 10 种产物中所含有机碳的质量与 10 种产物的总质量之比，随着干酪根类型和热演化程度的不同而改变，基于庞雄奇等(1993)进行干酪根生烃量物质平衡优化模型计算结果的相关数据，做出了 K_c 随 R_o 变化的曲线(图 6-2-8)。实际应用时，由于该过程中生成的产物远不止假定的 10 种，因此，常用热解模拟实验得到的参数进行 K_c 的计算，用这种方法计算的 K_c 值基本保持不变，一般为 0.87。

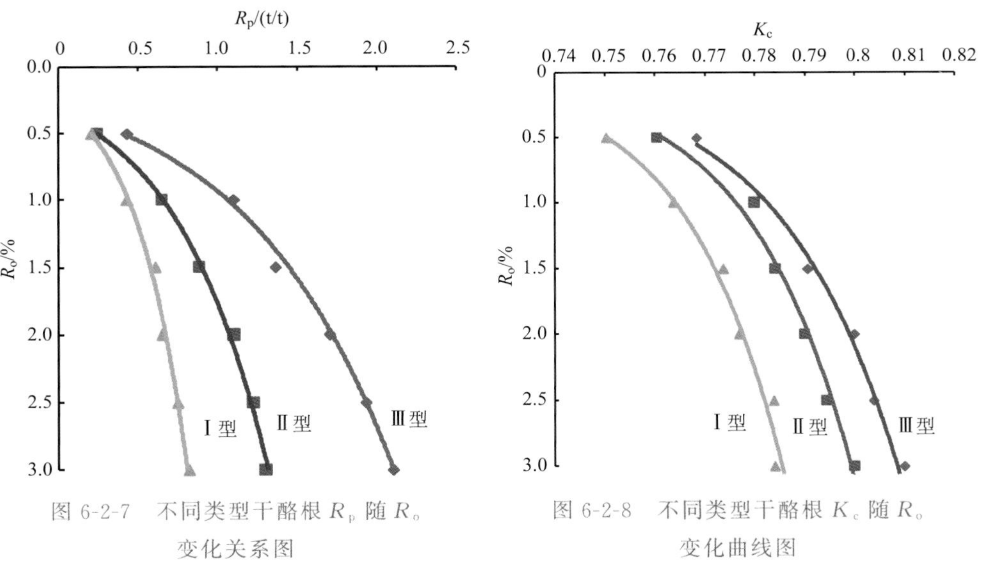

图 6-2-7 不同类型干酪根 R_p 随 R_o 变化关系图

图 6-2-8 不同类型干酪根 K_c 随 R_o 变化曲线图

(3) 烃源岩排烃效率。指烃源岩排烃量占生烃量的百分数，符号 K_e，单位为百分数。对烃源岩排烃特征的研究，国内外学者提出了许多方法，归纳起来主要有以热模拟实验为基础的模拟实验法(Lewan et al，1979；Saxby et al，1986)、以化学反应过程为基础的化学动力学法(周杰和庞雄奇，2002；卢双舫等，2006)和基于物质守恒的物质平衡法(庞雄奇，1995)等。这里选取基于排烃门限理论的生烃潜力法(庞雄奇，1995)作为评价的模型(图 6-2-9)。源岩中生烃潜力的变化反映了生烃量与排出烃量的关联作用，能更为合理有效地评价烃源岩；此外，生烃潜力法建立在大量热解资料的基础上，体现了源岩层整体排烃特征的变化趋势，可靠性高，方法简单易行，所需资料容易满足(庞雄奇，1995)。

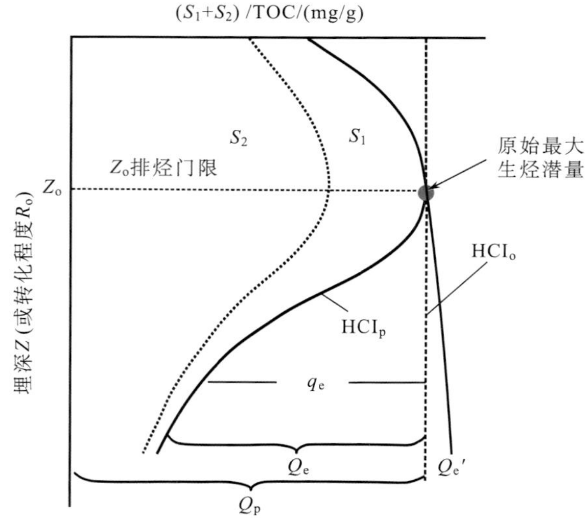

图 6-2-9　生烃潜力法研究生排烃量概念模型(据庞雄奇，1995，修改)

该模式图中，S_1 为加热不超过 300℃ 的可溶烃量，S_2 为加热温度在 300～600℃ 裂解烃量，TOC 为有机碳质量分数(单位：%)，Q_e 为单位体积烃源岩单位重量母质(单位：TOC)排出烃量(单位：g)，Q_e'为 Q_e 校正后增加的排烃量(单位：g)，Q_p 为烃源岩生成总烃量(单位：g)，Z_o 为最大原始生烃潜力所对应的埋深(单位：m)，Z 为烃源岩某一演化阶段时的埋深(单位：m)。

利用生烃潜力法对不同盆地的烃源岩排烃过程进行统计分析，分别作出(S_1+S_2)/TOC、排烃速率、排烃效率随深度的变化曲线，结果如图 6-2-10 所示。

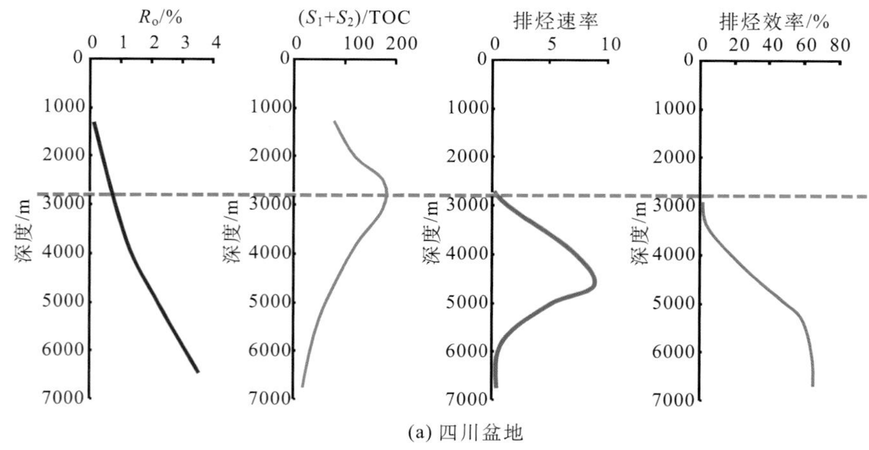

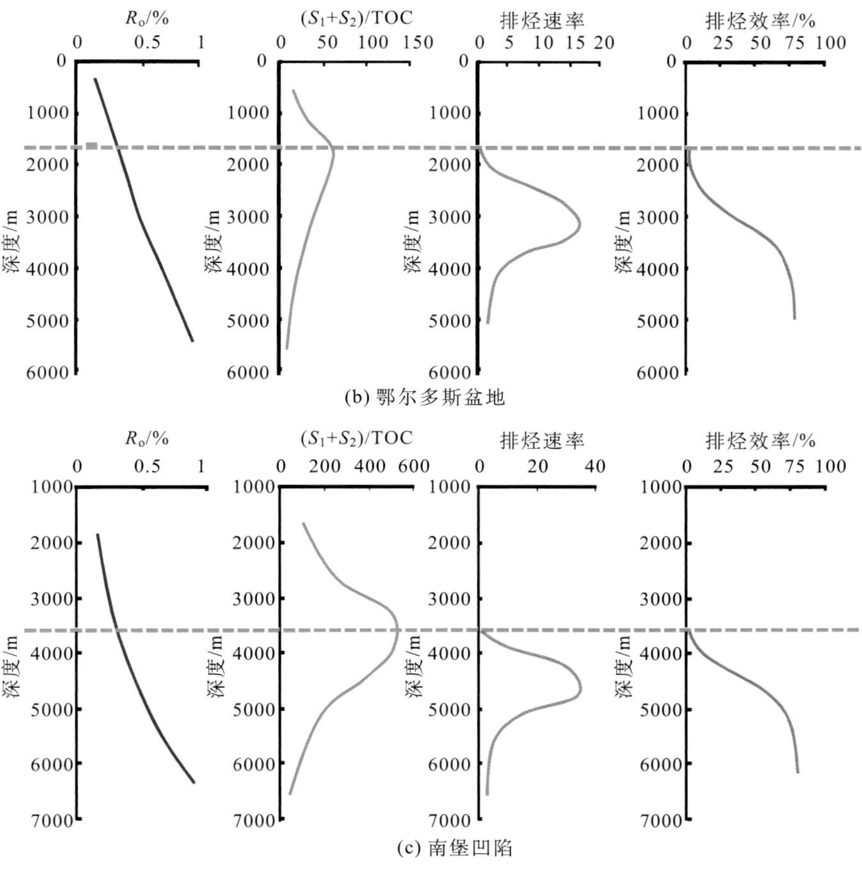

图 6-2-10 不同盆地不同凹陷烃源岩排烃效率模式图

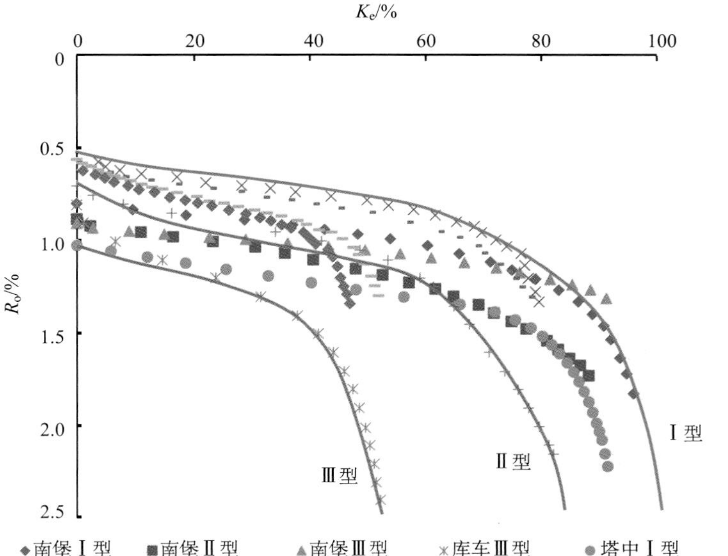

图 6-2-11 国内不同地区烃源岩排烃效率随 R_o 变化规律统计

从图 6-2-10 可以看出，不同干酪根类型、不同热演化程度的烃源岩，其排烃效率有所差别，但均有相同的规律，即随着埋藏深度的增加，达到某一值时 K_e 从零开始增加，并且增加的速率很大，达到一定深度时，K_e 的增加速率开始降低，直至最后趋近某一固定值为止。对不同盆地而言，即使埋藏深度相同，烃源岩的排烃效率也可能差别很大，但排烃效率属于烃源岩的热解参数，与热演化程度关系更为密切，因此需要知道某一地区的 R_o 与深度的关系，作出 K_e 随 R_o 的变化曲线，结果如图 6-2-11 所示，图中的三条曲线分别表示Ⅰ型、Ⅱ型和Ⅲ型干酪根的平均排烃效率。

三、Marsel 探区烃源岩原始有机质丰度 TOC 恢复

1. 计算参数取值

1）烃源岩孔隙度

研究区油气藏的性质为叠复连续气藏，生储盖组合为互层状，孔隙度小于 12%，渗透率大于 1mD。由于研究区缺乏烃源岩层的测井解释数据，因而无法得到烃源岩层的孔隙度变化，但由于研究区生储盖的这种独特性质，使得烃源岩层和储集层的孔隙度差别不大，并且计算公式中使用的孔隙度参数是两种状态的孔隙度的比值，因此可用储层的孔隙度变化来代替烃源岩的孔隙度变化。研究区的储层同烃源岩一样，也主要分布在石炭系和泥盆系，但岩性基本为泥灰岩，故将石炭系和泥盆系的孔隙度变化作统一分析。

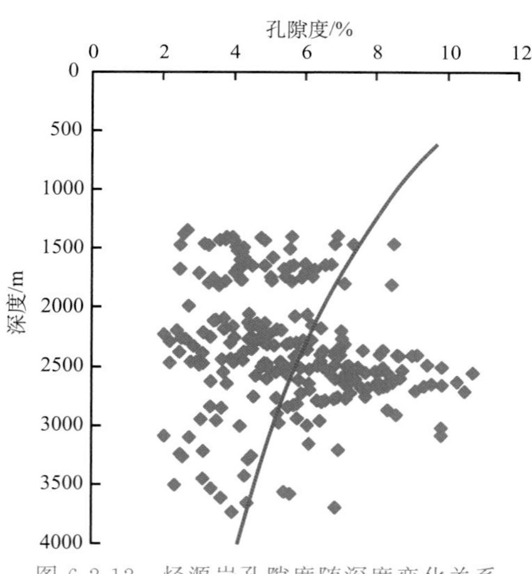

图 6-2-12 烃源岩孔隙度随深度变化关系

作出研究区孔隙度随埋深变化的关系如图 6-2-12 所示，通过分析拟合，可以得出该区的孔隙度与深度的关系式为：$\phi=12e^{-0.0003H}$。

2）烃源岩密度

根据本章第一节可知，下石炭统的烃源岩岩性以灰泥岩为主，而泥盆系烃源岩则以泥岩为主。不同岩性的烃源岩其密度是不同的。选择 Assa 1 井的密度测井曲线，对上石炭统的泥灰岩密度进行分析，得出石炭系泥灰岩密度随深度变化关系式为：$\rho=7/10^5H+2.53$；选择 Kendyrlik 5-RD 井的密度测井曲线，对泥盆系的泥岩密度进行分析，得出石炭系泥灰岩密度随深度变化关系式为：$\rho=8/10^5H+2.35$。作出两口单井中烃源岩的密度随深度变化曲线，分别如图 6-2-13、图 6-2-14 所示。

3）烃源岩油气发生率 R_p

根据本章第一节可知，研究区烃源岩有机质类型主要为Ⅱ$_2$型，这种类型的 R_p 与热演化程度 R_o 的关系式为：$R_p=0.593\ln R_o+0.651$，结合图 6-2-15，二者之间的关系图如图 6-2-16 所示。

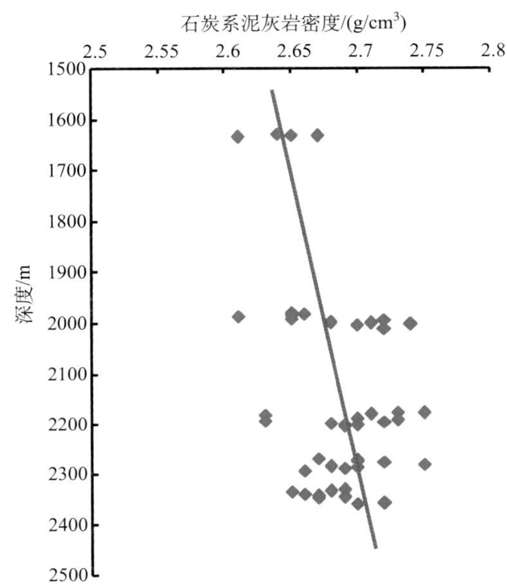

图 6-2-13　石炭系泥灰岩随深度变化关系

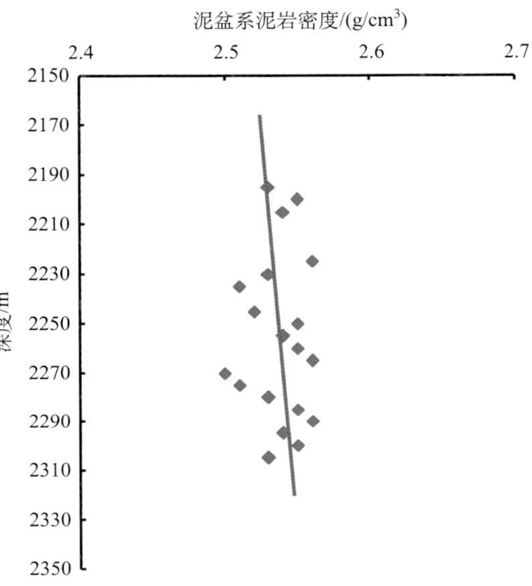

图 6-2-14　泥盆系泥岩密度随深度变化

4）生成烃类的含碳系数 K_c

根据本章第一节可知，研究区烃源岩有机质类型主要为Ⅱ$_2$型，这种类型的 R_p 与热演化程度 R_o 的关系式为：$K_c=0.021\ln R_o+0.775$，结合图 6-2-15，作出二者之间的关系图如图 6-2-17 所示。

5）烃源岩的排烃效率 K_e

由于本次研究资料数据的局限，无法获得该区的源岩热解数据。基于类比法原理，选取了济阳坳陷的Ⅱ$_2$型有机质排烃地质模式(图 6-2-18)作为研究区源岩的排烃模式。依据两区 R_o 值与地层埋深的相关性，得出排烃效率 K_e 随 R_o 变化的关系(图 6-2-19)，相关公式为：$K_e=474R_o^3-197.6R_o^2+2284R_o-889$。

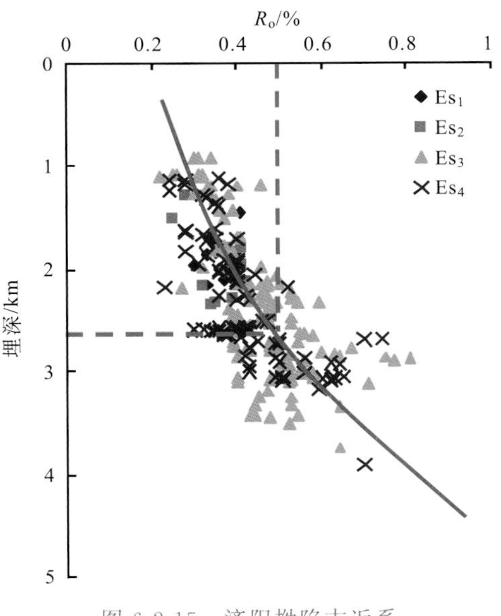

图 6-2-15　济阳坳陷古近系源岩 R_o 与埋深关系

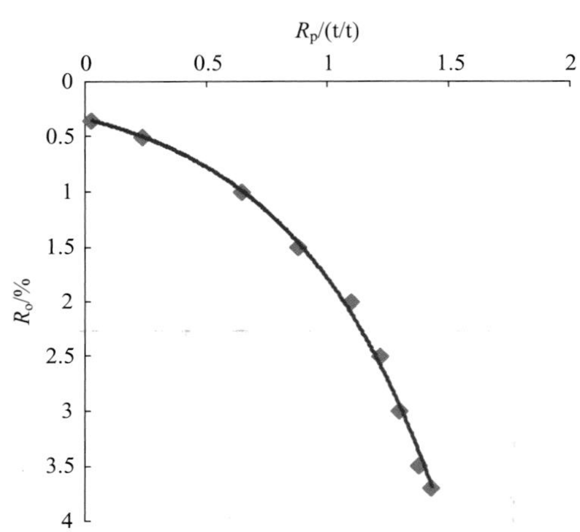

图 6-2-16　Ⅱ₂型有机质 R_p 随 R_o 变化关系

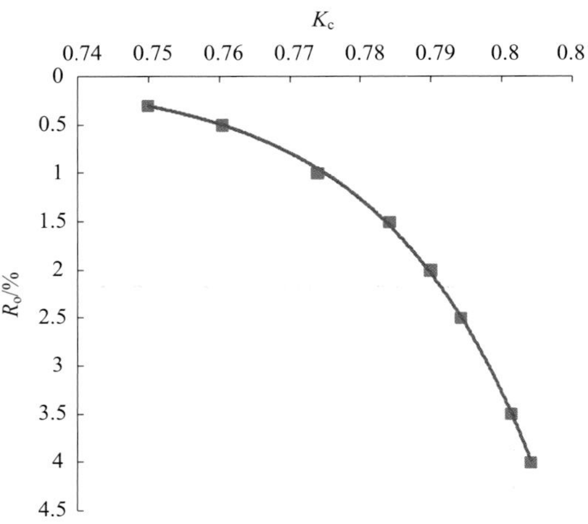

图 6-2-17　Ⅱ₂型有机质含碳系数 K_c 随 R_o 变化关系

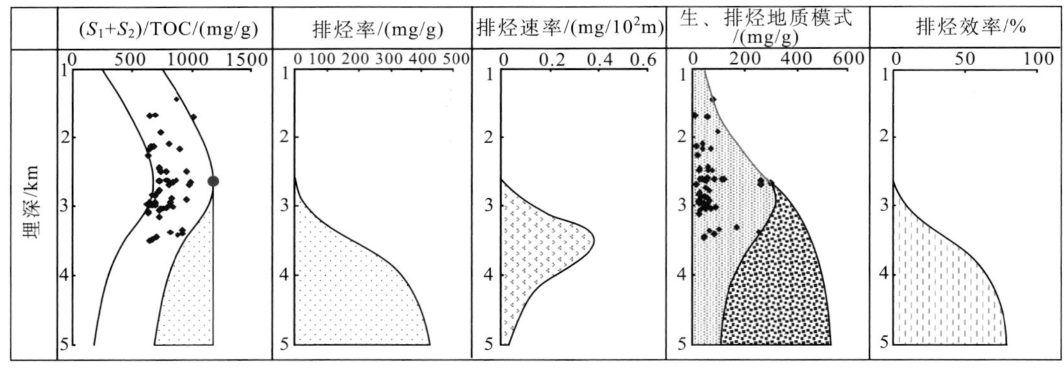

图 6-2-18　济阳拗陷古近系暗色泥岩Ⅱ₂型有机质排烃地质模式(据庞雄奇，1995，有修改)

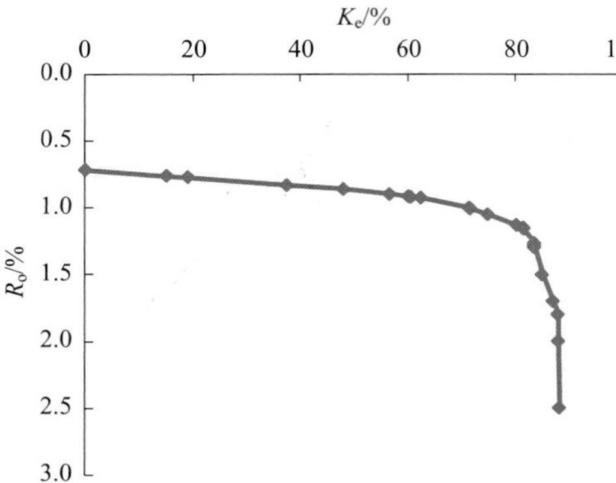

图 6-2-19　研究区烃源岩排烃效率

2. 烃源岩 TOC 恢复图版

将以上参数选定后，代入恢复系数公式，就可以求出 Marsel 探区Ⅱ₂型烃源岩的 TOC 恢复系数，公式为 $R=\dfrac{\mathrm{TOC_o}}{\mathrm{TOC}}=\dfrac{1-\phi_o}{1-\phi}\dfrac{\rho_r}{\rho_{ro}}(1+R_pK_eK_c)$，计算结果如表 6-2-2 所示。

根据表 6-2-2 所列的 TOC 恢复系数，利用插值法可以精确地求出某一深度或热演化程度(R_o)时的烃源岩的原始有机碳 $\mathrm{TOC_o}$ 的含量，为了更方便地估算出 TOC 恢复系数，可以应用 TOC 恢复公式，做出 Marsel 探区Ⅱ₂型烃源

表 6-2-2 Marsel 探区石炭系和泥盆系烃源岩 TOC 恢复系数

均深/m	石炭系		泥盆系	
	R_o/%	恢复系数	R_o/%	恢复系数
0	0.200	1.0000	0.200	1.0000
100	0.332	0.9987	0.332	0.9994
300	0.600	0.9966	0.595	0.9985
500	0.859	1.2002	0.859	1.2040
1000	1.103	1.4325	1.103	1.4414
1500	1.416	1.5747	1.416	1.5891
2000	1.818	1.6879	1.818	1.7083
2500	2.334	1.7998	2.334	1.8266
3000			2.997	1.9491
3500			3.848	2.0983

岩原始有机碳恢复图版（图 6-2-20），从图版上读数就可以很方便地对某一演化程度的烃源岩 TOC 进行恢复。

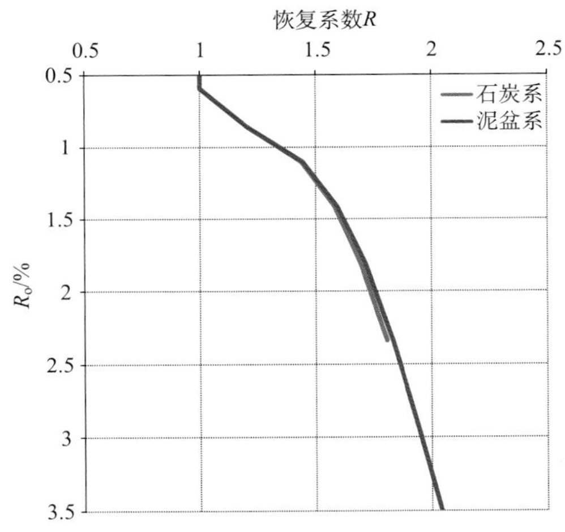

图 6-2-20 Marsel 探区烃源岩有机碳恢复系数 R 随 R_o 变化图版

3. 探区烃源岩 TOC 恢复应用

1）Marsel 探区 TOC 在地史过程中的变化特征

将本章第二节中推导出的模型应用于 Marsel 探区，得到了其Ⅱ$_2$型烃源岩的原始有机碳恢复系数，并做出了相应的图版。通过对 TOC 恢复系数的计算，可以反推原始有机碳含量 TOC_o 随 R_o 的演化的变化规律，并作出了如图 6-2-21 和图 6-2-22 所示的 TOC 演化图版。

分析 TOC 演化图版，不难看出 TOC 的演化规律：在地史过程中，随热演化程度 R_o 的增加，TOC 呈现先微小增加，后大量减少，最后趋于平衡的变化规律。当烃源岩原始沉积时，R_o 一般为 0.2%左右，随着 R_o 的增加 TOC 略有增加，但幅度小到几乎可以忽略不计；当 R_o 增加到 0.5%左右时，由于此时达到生排烃门限，TOC 大幅度减小；当 R_o 增加到高—过成熟阶段时（R_o >1.2%），TOC 值变化较小。由此可见，上述分析的 TOC 演化过程与定性分析的结果是一致的，用此图版可以很方便地对 TOC 的变化规律进行定量分析。

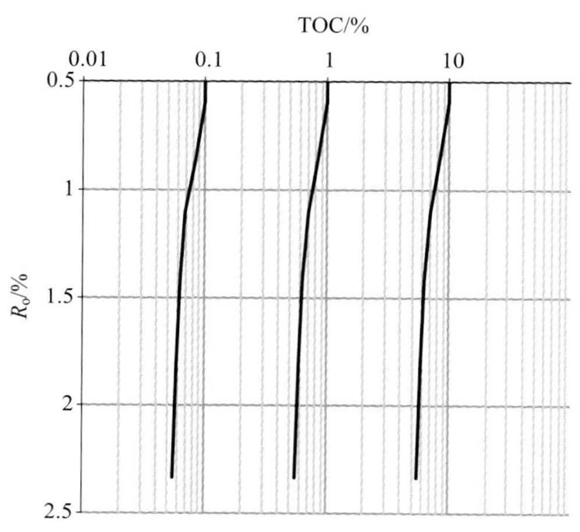

图 6-2-21　石炭系Ⅱ$_2$型泥灰岩 TOC 演化图版

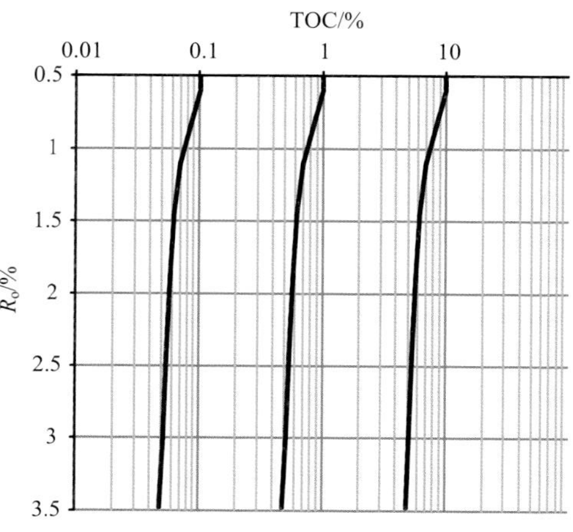

图 6-2-22　泥盆系Ⅱ$_2$型泥岩 TOC 演化图版

2）Marsel 探区有效烃源岩 TOC 下限值确定

有效烃源岩是指不仅能够生成油气并且能够排出油气而形成工业性油气田的烃源岩(Hunt，1979；金强等，2001)，它是油气藏形成的关键条件。作为有效的烃源岩，最基本的要求是生成的油气要排出，要满足这一条件就要使生烃量高于饱和吸附量，对一定的烃源岩来说，饱和吸附量应基本保持常量，而生烃量与 TOC 含量成正比。这样，只有当 TOC 含量达到一定的值，生烃量满足饱和吸附时，多余的烃类才能排出，此时的 TOC 值即为有效烃源岩的有机碳含量下限值(高岗等，2012)。烃源岩的有效性一直是烃源岩评价的难点，主要原因是作为烃源岩评价关键的有机碳含量下限值难以确定。

对于泥质烃源岩的评价标准而言，国内外学者的观点相对来说较为统一，大都采用 TOC＝0.3％～0.5％作为有效烃源岩的有机碳含量下限值(秦建中等，2004)。而碳酸盐岩类烃源岩的有机碳下限值则一直是众多学者争论的焦点(成海燕，2007；彭平安等，2008；霍志鹏等，2013)，每种标准的提出都有其各自的地质背景，统计结果如表 6-2-3 所示。

表 6-2-3　不同单位或学者提出的碳酸盐岩 TOC 下限值

机构或学者	TOC/％	机构或学者	TOC/％
美国地化公司	0.12	陈丕济(1985)，秦建中等(2004)	0.10
法国石油研究所	0.24	傅家谟和刘德汉(1982)	0.08、0.10
Ronov(1958)	0.20	刘宝泉等(1985)	0.05、0.1
挪威大陆架研究所	0.20	郝石生等(1996)	0.30
庞加实验室	0.25	彭平安等(2008)	0.4
Hunt(1979)	0.29、0.33	戴金星(2000)	0.50
Tissot 和 Welter(1978)	0.30	金之钧和王清晨(2005)	0.50
陈建平等(1997)	0.12	霍志鹏等(2013)	0.10

有机碳下限值的标准难以达到统一主要有两个原因，一是不同学者所指的对象不一样，有的学者认为标准里的TOC值应指现今残余的TOC，而有的学者则认为应是原始状态的TOC；二是许多学者未考虑到TOC值受有机质热演化程度的影响，尤其是热演化程度很高时，该影响就不可忽略了。笔者在第4章中提出的TOC恢复方法同时考虑到了上述两种因素的影响，因此用它来修订TOC下限值，进而恢复评价有效烃源岩的厚度是有一定的依据的。将原始有机碳含量下限值定为0.5%，根据TOC恢复系数，就可以得到TOC演化图版，进而可重新拟定不同成熟度的烃源岩TOC下限值(图6-2-23、图6-2-24)。

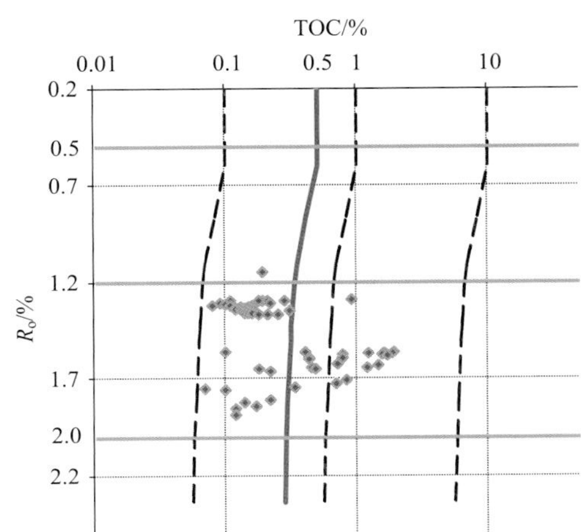

图6-2-23 石炭系Ⅱ$_2$型泥灰岩TOC演化图版

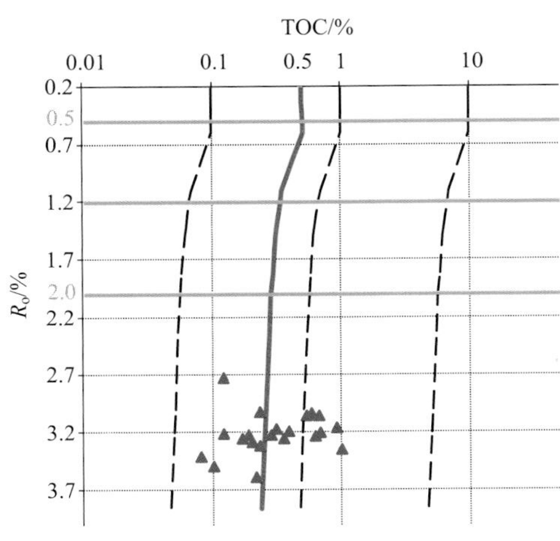

图6-2-24 泥盆系Ⅱ$_2$型泥岩TOC演化图版

考虑到有机质的热演化程度后，烃源岩中有机碳含量TOC的下限值就不止一个，而是多个。实际上，不仅演化程度R_o值的变化会造成TOC下限值的不同，有机质类型也同样会对TOC下限值产生一定的影响，由于本书只是为了阐述TOC恢复公式对有机碳含量下限值确定的应用，仅以Marsel探区烃源岩为代表对有机碳含量下限值进行修订，结果如表6-2-4所示。若要用现今残余的TOC值去确定有效烃源岩的下限值，由于石炭系泥灰岩类烃源岩处于高成熟阶段，则其有效烃源岩的TOC下限值应定为0.3%左右；泥盆系泥质烃源岩处于过成熟阶段，则其有效烃源岩的TOC下限值应定为0.25%左右。

表6-2-4 Marsel探区Ⅱ$_2$型烃源岩的TOC下限值标准

演化程度	石炭系泥灰岩	泥盆系泥岩
未成熟(R_o<0.5%)	0.50	0.50
成熟(R_o为0.5%～1.2%)	0.42	0.42
高成熟(R_o为1.2%～2.0%)	0.31	0.30
过成熟(R_o>2.0%)	0.28	0.25

重新拟定了有效烃源岩 TOC 下限值后，最直观地表现在 TOC 等值线图上，可以很容易地看出 TOC 下限值等值线的扩大，即有效烃源岩平面分布面积的增加(图 6-2-25～图 6-2-27)。

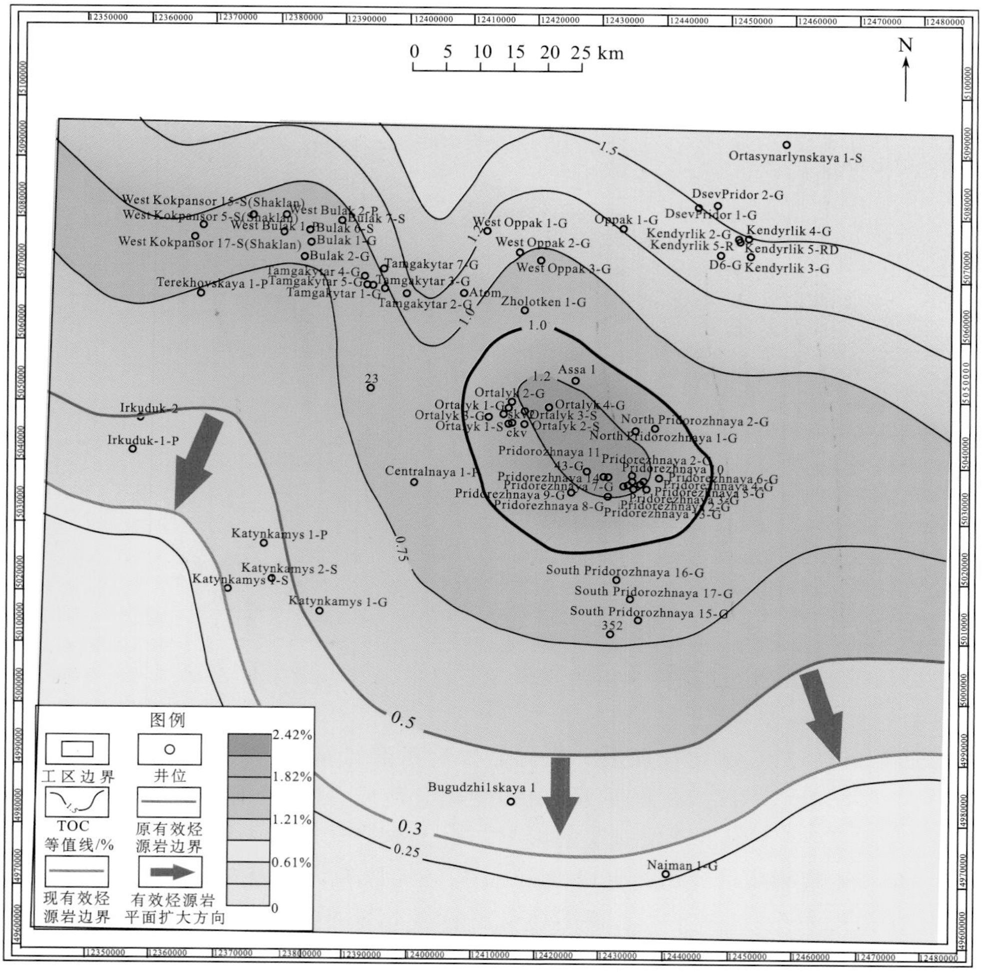

图 6-2-25　重新拟定 TOC 下限值后 C_1sr 烃源岩 TOC 等值线图

3) Marsel 探区优质烃源岩厚度评价

优质烃源岩一般指 TOC 含量大于 1.0%的烃源岩。按照上述方法，进行原始 TOC 恢复后，能在不同演化阶段时降低其 TOC 含量，增加该 TOC 标准下的烃源岩厚度值。相对于有效烃源岩的厚度而言，我们更关心的通常是一个地区的优质烃源岩的厚度及其分布，因此本章将以 Marsel 探区石炭系和泥盆系的优质烃源岩的厚度变化为例，来说明 TOC 恢复如何增加烃源岩的厚度值。

对于石炭系的泥灰岩烃源岩而言，现今阶段优质烃源岩的标准应为 TOC>0.6%，该标准降低后，优质烃源岩的厚度也会增加；对于泥盆系的泥质烃源岩而言，现今阶段优质烃源岩的标准应为 TOC＞0.5%。对各井优质烃源岩厚度进行统计，结果如表 6-2-5 所示。

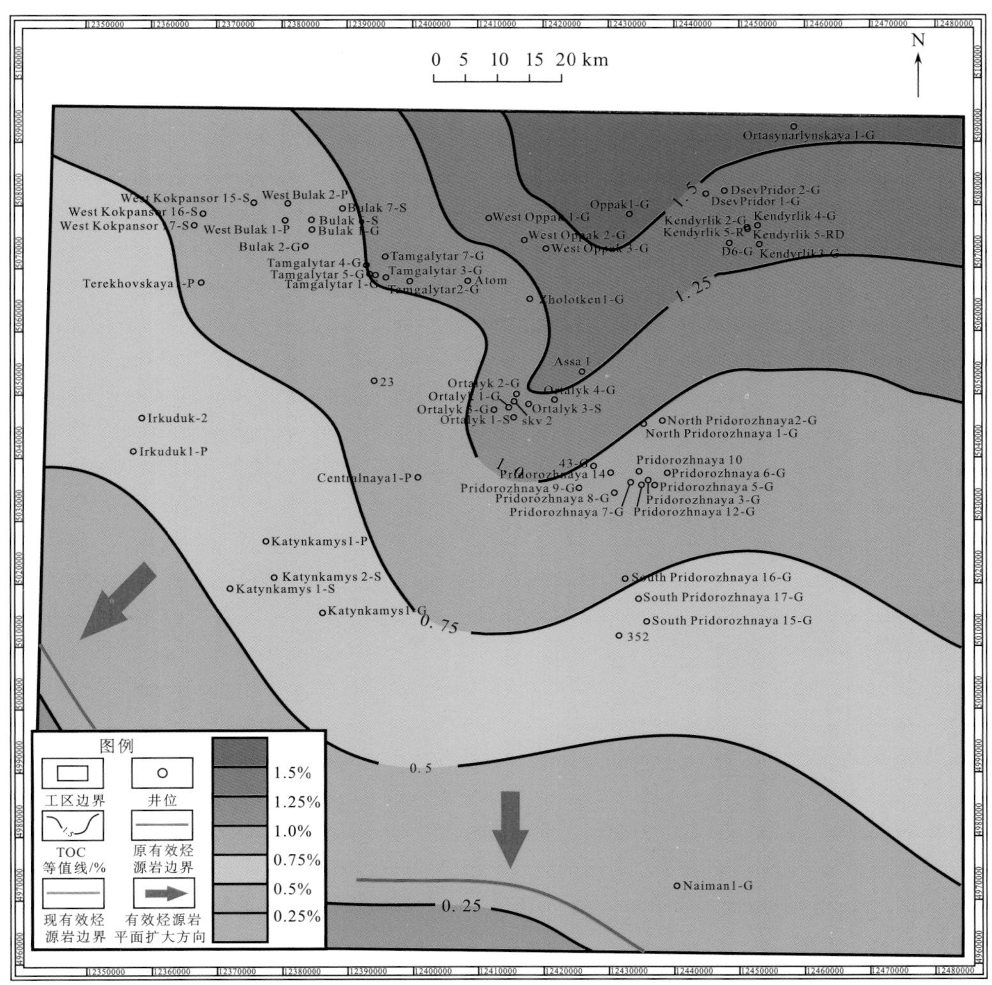

图 6-2-26 重新拟定 TOC 下限值后 C_1v 烃源岩 TOC 等值线图

从表中统计数据可以看出，对烃源岩进行恢复之后，C_1v 层优质烃源岩厚度大致由原来的 20～150m 增加为 60～250m，C_1sr 层优质烃源岩厚度由原来的 10～120m 增加为30～160m，泥盆系优质烃源岩厚度由原来的 10～100m 增加至 40～160m。为了更直观地显示烃源岩的厚度变化及该厚度变化所引起的烃源岩分布情况的变化，做出了 TOC 恢复前后下石炭统和泥盆系优质烃源岩厚度等值线图，分别如图 6-1-3、图 6-1-7、图 6-2-28、图 6-2-29 所示。

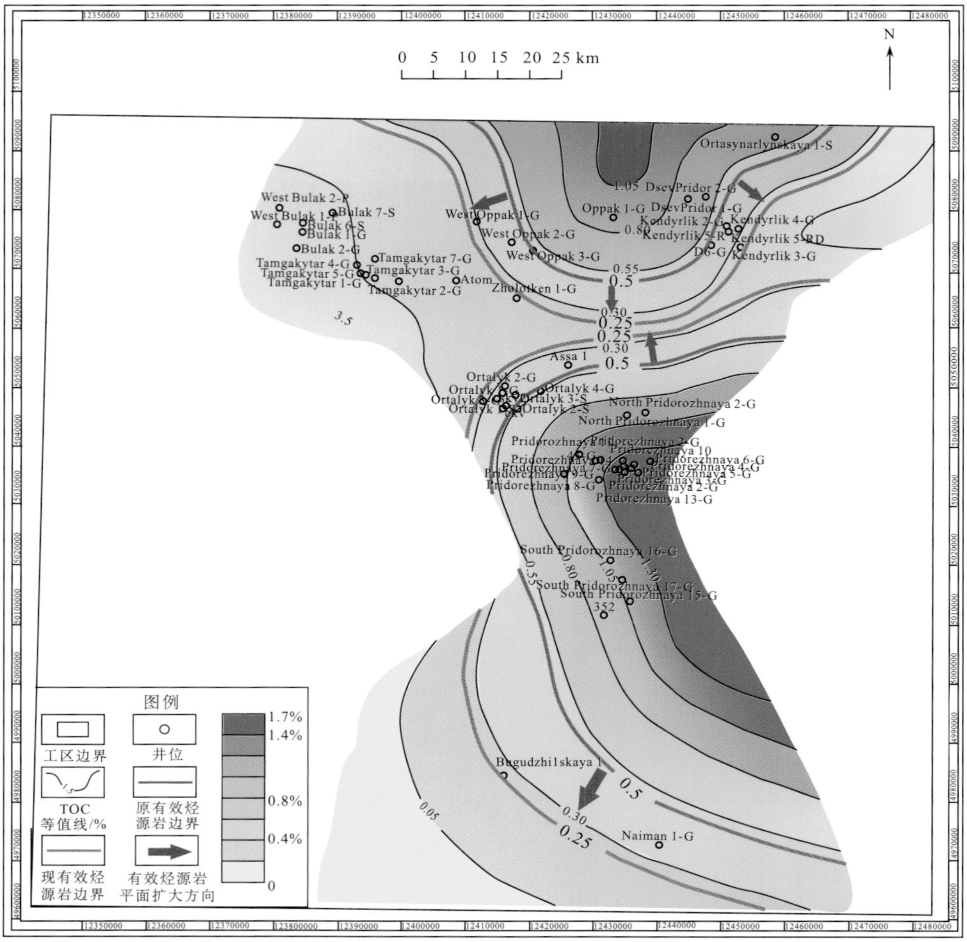

图 6-2-27 重新拟定 TOC 下限值后泥盆系烃源岩 TOC 等值线图

表 6-2-5 Marsel 探区三个生烃层位 TOC 恢复前后优质烃源岩厚度变化

（单位：m）

井号	C_1v 优质烃源岩厚度		C_1sr 优质烃源岩厚度		泥盆系优质烃源岩厚度	
	恢复前	恢复后	恢复前	恢复后	恢复前	恢复后
Assa 1	17.7	64.3	17.0	46.6	0.0	0.0
Bulak 2-G	20.9	65.9	25.5	65.2		
Katynkamys 1-G	10.1	39.7	0.5	31.6	32.8	69.6
Kendyrlik 2-G	99.8	135.7	142.2	166.3		
Kendyrlik 4-G	22.3	78.5	4.1	19.5		
Kendyrlik 5	31.1	87.6	115.8	159.7	48.6	78.7
North Pridor 1-G	72.9	157.0	61.2	92.2	84.1	100.7

续表

井号	C_1v 优质烃源岩厚度		C_1sr 优质烃源岩厚度		泥盆系优质烃源岩厚度	
	恢复前	恢复后	恢复前	恢复后	恢复前	恢复后
Ortalyk 1-G	172.6	268.5	106.0	148.3	37.7	40.3
Ortalyk 2-G	251.1	270.8	120.8	144.1	82.7	84.8
Ortalyk 3-G	92.6	139.1	102.1	154.1		
Ortalyk 4-G	115.0	215.9	38.6	118.6		
Tamgalytar 1-G	102.9	174.9	9.1	25.9	4.2	71.0
Tamgalytar 2-G	106.8	151.2	40.5	58.7		
Tamgalytar 5-G	2.2	34.0	13.1	38.1		
Terekhov 1-P	60.4	160.0	36.5	103.7	8.2	12.0
West Oppak 1-G	135.6	219.2	39.8	83.9	44.9	82.0
West Oppak 2-G	46.1	114.6	22.2	52.1	110.6	137.9
West Oppak 3-G	7.6	12.3	80.4	100.2	62.7	169.4
West Bulak 1-P	8.4	28.9	30.4	75.6		
Zholotken 1-G	8.9	34.4	16.0	54.9		

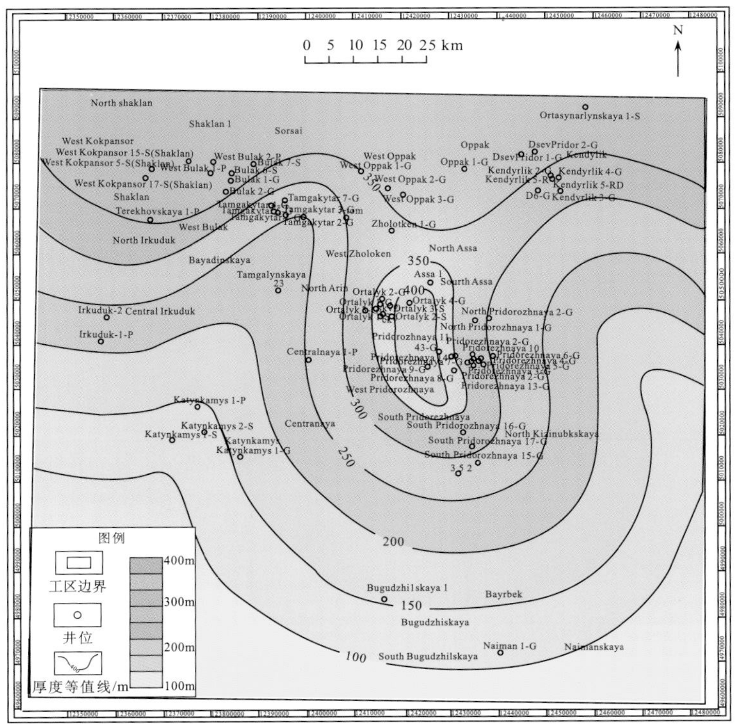

图 6-2-28 Marsel 探区 C_1 优质烃源岩厚度等值线图(恢复后)

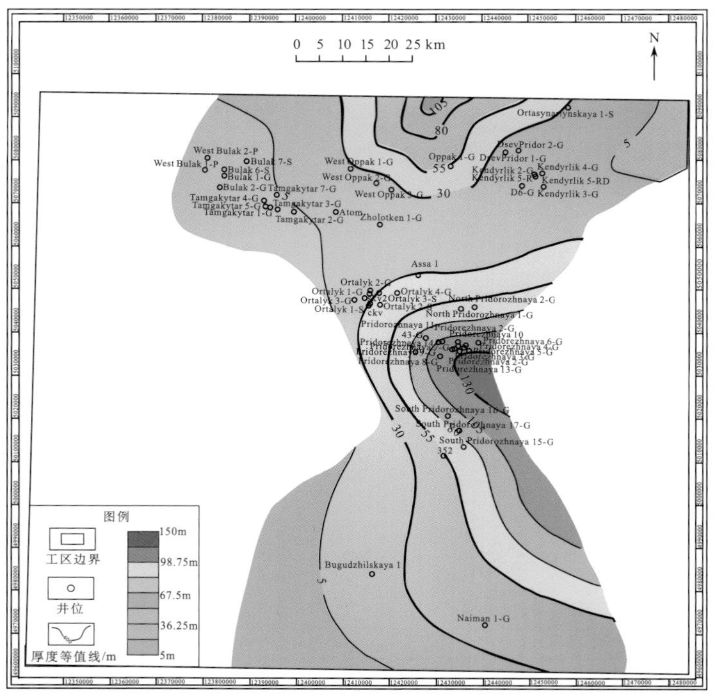

图 6-2-29　Marsel 探区 D_3 优质烃源岩厚度等值线图(恢复后)

第三节　烃源岩生排烃强度与历史恢复研究

一、烃源岩排烃模式

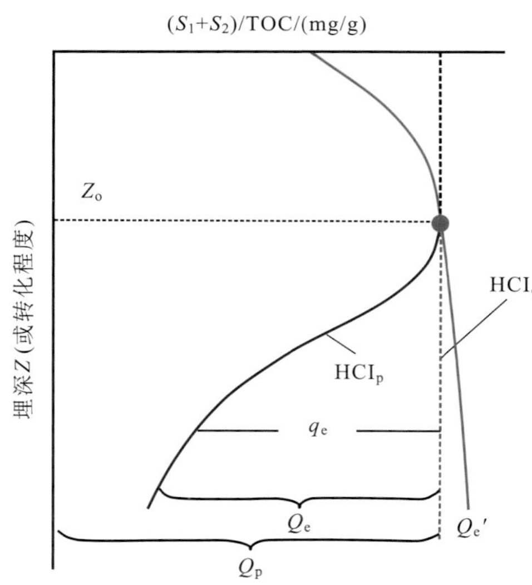

图 6-3-1　生烃潜力法研究生排烃量概念模型(据庞雄奇，1995，修改)

对烃源岩排烃特征的研究，国内外学者提出了许多方法，归纳起来主要有以热模拟实验为基础的模拟实验法、以化学反应过程为基础的化学动力学法和基于物质守恒的物质平衡法等。在本次研究中，拟选取生烃潜力法作为评价的模型(图 6-3-1)。生烃潜力法以排烃门限理论为基础，能更为合理地评价有效烃源岩。此外，生烃潜力法建立在大量热解资料的基础上，体现了整体的变化趋势，可靠性高，方法简单易行，所需资料容易满足。

该方法中，S_1 为加热不超过 300℃的可溶烃量，S_2 为加热温度在 300～600℃裂解烃量，TOC 为有机碳质量分数(单位:%)，Q_{eo} 为各阶段烃源岩排出烃量(单位：g)，Q_e' 为校正后增加的排烃量(单位：g)，Z_o为最大原始生烃潜力所对应的埋深(单位：m)，Z为烃源岩某一演化阶段时的埋深(单位：m)，q_p为烃源岩生烃率(单位：mg/g)，q_e为烃源岩排烃率(单位：mg/g)，HCI_o为最大生烃潜力指数(单位：mg/g)，HCI_p为剩余生烃潜力指数(单位：mg/g)，Q_p为烃源岩生成总烃量(单位：g)。

由于本次研究资料数据的局限，无法获得该区的源岩热解数据。基于类比法原理，选取了济阳拗陷的Ⅱ$_2$型有机质排烃地质模式(图 6-3-2)作为本次研究的源岩排烃模式。

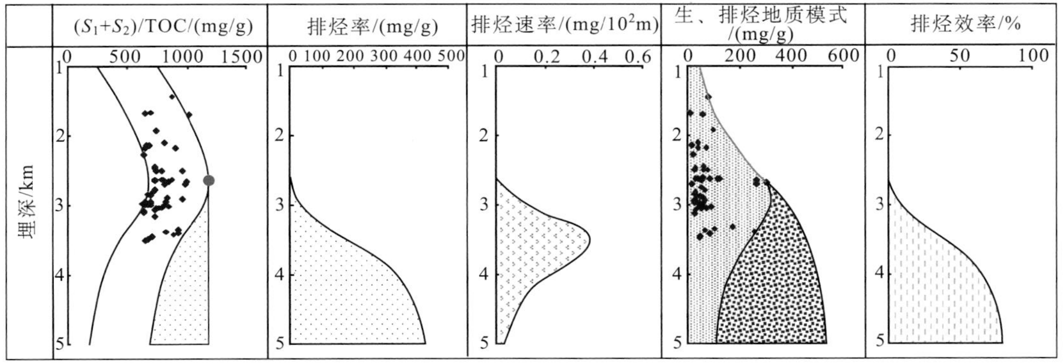

图 6-3-2 济阳拗陷古近系暗色泥岩Ⅱ$_2$型有机质排烃地质模式(据庞雄奇等，2014，有修改)

在资料整理分析的基础上，利用 Marsel 区块的 R_o 平面等值线图作为烃源岩热演化的评价基础。由于模型中使用的源岩排烃模式是排烃率与深度的关系，这就必须要有 R_o 与深度的关系转换图。依据该区 R_o 值与地层埋深的相关性，我们进行了生排烃强度评价。

二、烃源岩排烃强度特征

在排烃模式已经建立的基础上，计算排烃强度公式如下：

$$E_{HC}=\int_{R_{o_0}}^{R_o} 10^{-1}q_e(R_o)H\rho(R_o)\text{TOC}\mathrm{d}R_o \tag{6-3-1}$$

式中，E_{HC}为排烃强度，10^4t/km^2；$q_e(R_o)$为单位质量有机碳的排烃率，mg/g；R_o为镜质体发射率，%；R_{o_0}为排烃门限，%；$\rho(R_o)$为烃源岩密度，g/cm^3；TOC 为有机碳含量，%；H 为烃源岩厚度，m。

依据生烃潜力法，再结合有机碳含量及源岩厚度等资料，做出了 Marsel 探区泥盆系和下石炭统的烃源岩排烃强度等值线图(图 6-3-3～图 6-3-6)。

泥盆系烃源岩排烃强度最大值为 216×10^4t/km^2，存在着两个排烃中心，其中东部的排烃强度大于北部的排烃强度。石炭系的排烃强度大于泥盆系的排烃强度，其最大值为 400×10^4t/km^2，也存在两个排烃中心，分别位于区块的中部和北部，排烃强度向南部逐渐减小。

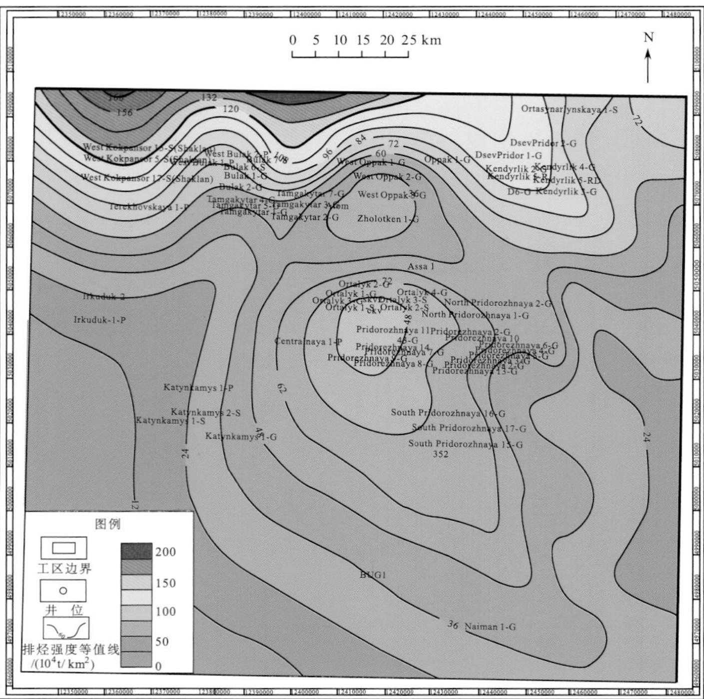

图 6-3-3　Marsel 探区 C_1sr 烃源岩排烃强度平面等值线图

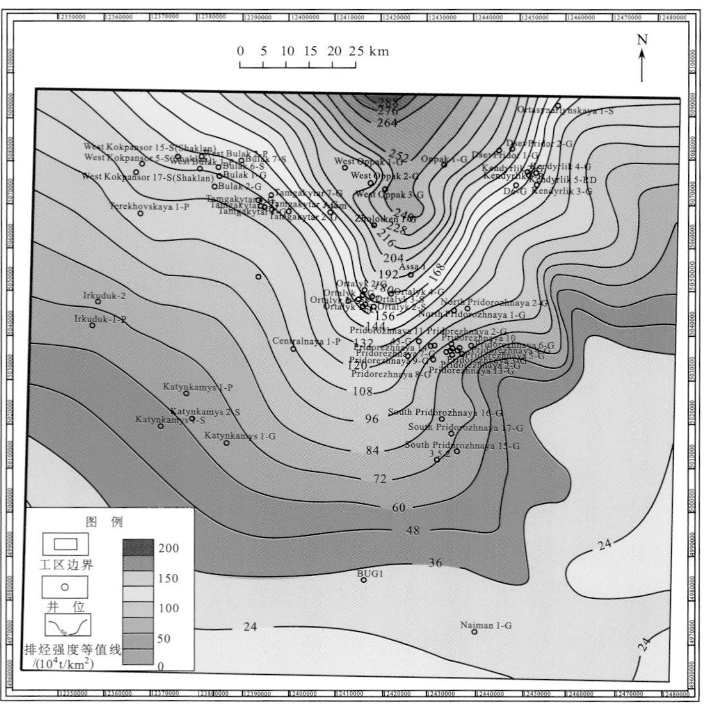

图 6-3-4　Marsel 探区 C_1v 烃源岩排烃强度平面等值线图

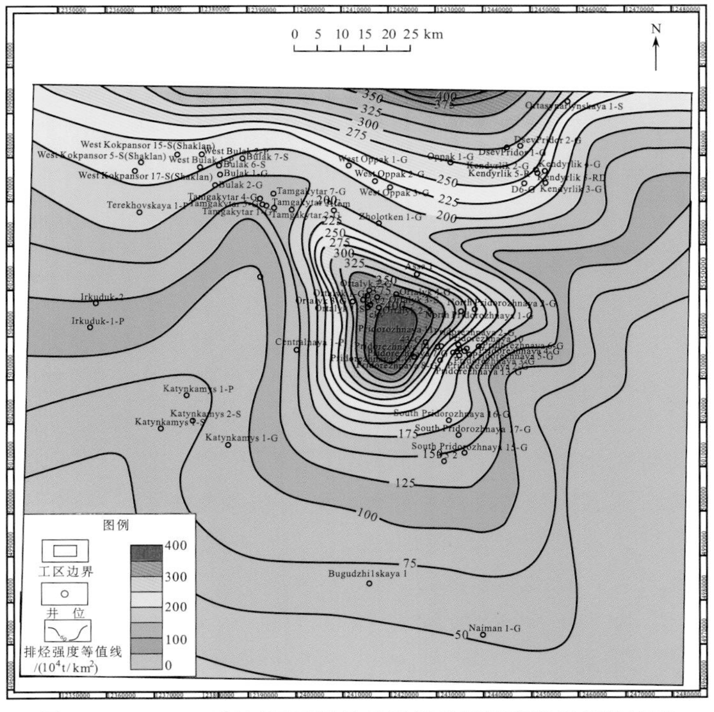

图 6-3-5 Marsel 探区下石炭统烃源岩排烃强度平面等值线图

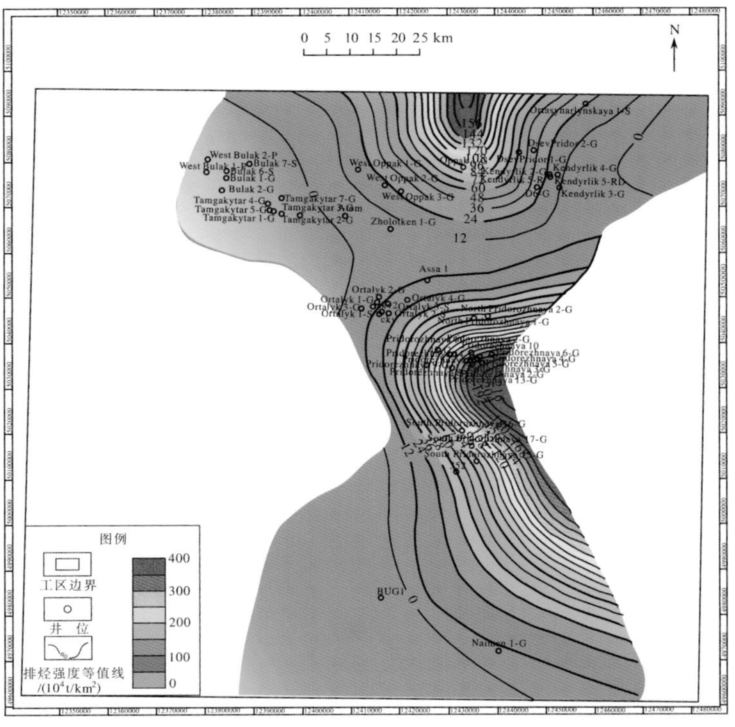

图 6-3-6 Marsel 探区上泥盆统烃源岩排烃强度平面等值线图

综上所述，由于缺乏烃源岩实测数据资料，排烃率主要是基于类比法获得的。因而对于 Marsel 探区烃源岩排烃强度的大小还有待商榷。如果要想获得较确切的排烃强度值，还必须取样分析建立适合该研究区的排烃模式。从而获得可信的排烃强度。

第四节　有利气藏发育的源岩区预测与资源潜力评价

一、有利源控成藏区预测

依据源控理论，烃源岩的发育程度对油气的分布与聚集起着决定性的作用。烃源岩的好坏决定了其邻近储层的含气性情况。研究区两套烃源岩均为 II_2 型，演化程度较高，均已达到成熟—过成熟阶段，以生气为主，生排烃时期均在二叠纪末期，所以烃源岩分布的范围、厚度与有机质丰度决定了有利勘探区的分布。

下石炭统烃源岩在区内分布广泛，厚度大，有机质丰度高，排烃强度大，尤其在研究区北部和中部地区为油气最为有利的勘探区(图 6-4-1)；泥盆系烃源岩分布于区内的中部和北部，厚度较大，有机质丰度高，排烃强度较大，结合构造演化、储层发育与油气藏成藏模式，认为最有利的油气勘探区为北部和中部的 Pridorozhnaya 地区(图 6-4-2)，西北部与南部地区的含油气性有待进一步研究。

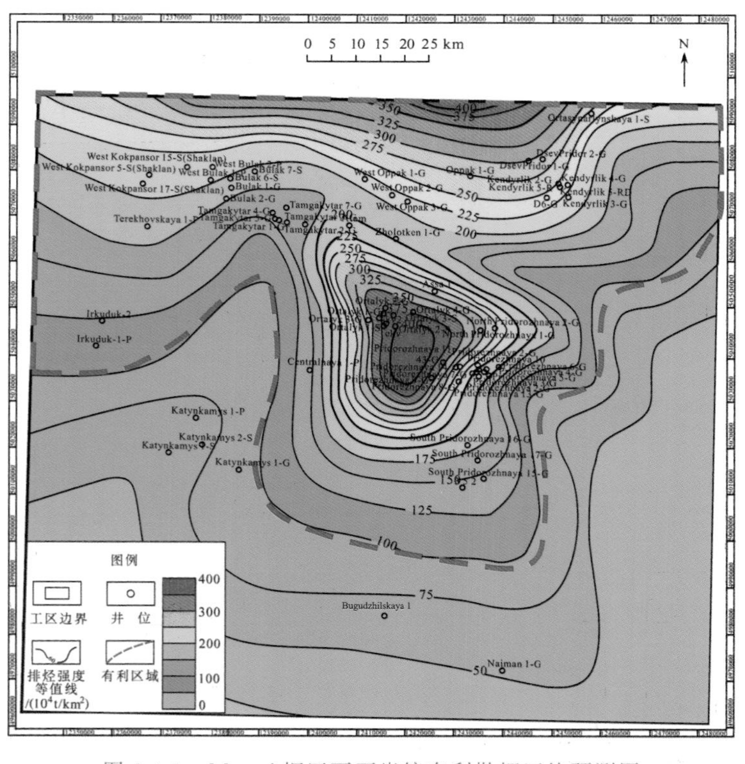

图 6-4-1　Marsel 探区下石炭统有利勘探区块预测图

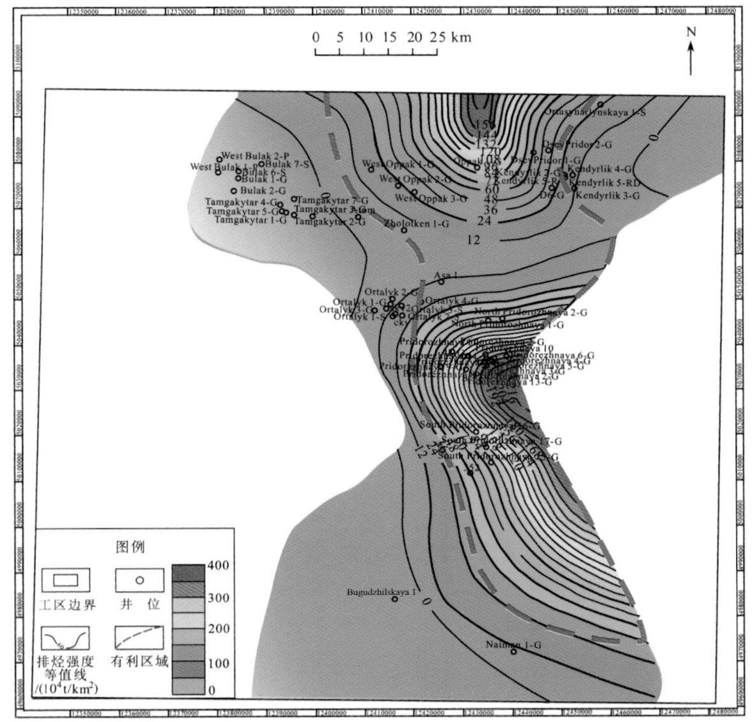

图 6-4-2 Marsel 探区上泥盆统有利勘探区块预测图

二、天然气资源潜力评价

1. 资源评价方法原理

成因法评价资源量表明，通过计算研究区生烃量或排烃量，再乘以运聚系数或聚集系数，可以得到研究区的总资源量，其表达式如下：

$$资源量=生烃量\times运聚系数$$

或

$$资源量=排烃量\times聚集系数$$

式中，生烃量或排烃量可以通过研究区实际地质资料计算获得，运聚系数或聚集系数可以通过类比国内外相似盆地获得。

2. 资源评价结果与讨论

Marsel 探区存在石炭系和泥盆系两套烃源岩，按照目前烃源岩计算的生烃量为 $178\times10^{12}\,m^3$，排烃量计算结果为 $26.7\times10^{12}\,m^3$，类比我国鄂尔多斯盆地的运聚系数 4%～5%，计算的远景资源量为 $7.12\times10^{12}\sim8.9\times10^{12}\,m^3$，平均为 $8.01\times10^{12}\,m^3$。如

果类比我国济阳拗陷的聚集系数30%～40%，远景资源量为$8.0\times10^{12}\sim10.7\times10^{12}$ m^3，平均为$9.4\times10^{12}m^3$。总体来看，按照常规方法评价的资源量在$8\times10^{12}\sim9\times10^{12}$ m^3，说明区块具有丰富的资源前景。

参考文献

陈汉林，杨树锋，董传万. 1997. 塔里木盆地二叠纪基性岩带的厘定及其大地、构造意义. 地球化学，26(6)：77-87.

陈建平，赵长毅，何忠华. 1997. 煤系有机质生烃潜力评价标准探讨. 石油勘探与开发，24(1)：1-5.

陈丕济. 1985. 碳酸盐岩生油地化中几个问题的评述. 石油实验地质，7(1)：3-12.

陈增智，郝石生. 1991. 排烃效率对于酪根累计产烃率影响的数学模拟. 石油大学学报(自然科学版)，15(6)：7-14.

成海燕. 2007. 海相碳酸盐岩烃源岩的评价参数. 海洋地质动态，23(12)：14-18.

程克明，王兆云. 1996. 高成熟和过成熟海相碳酸盐岩生烃条件评价方法研究. 中国科学(D辑)，26(6)：537-543.

程克明，王兆云，钟宁宁，等. 1996. 碳酸盐岩油气生成理论与实践. 北京：石油工业出版社.

戴金星. 2000. 海相碳酸盐岩与油气国际讨论会闭幕词. 海相油气地质，5(1-2)：3-4.

傅家谟，刘德汉. 1982. 碳酸盐岩有机质演化特征与油气评价. 石油学报，1：1-10.

高岗，柳广弟，付金华，等. 2012. 确定有效烃源岩有机质丰度下限的一种新方法. 西安石油大学学报(自然科学版)，27(2)：22-26.

郝石生. 1984. 对碳酸盐生油岩的有机质丰度及其演化特征的讨论. 石油实验地质，6(1)：67-71.

郝石生，高岗，王飞宇，等. 1996. 高-过成熟海相烃源岩. 北京：石油工业出版社.

胡见义，黄第藩，徐树宝，等. 1991. 中国陆相石油地质理论基础. 北京：石油工业出版社.

霍志鹏，庞雄奇，张宝收，等. 2013. 低丰度碳酸盐岩有效烃源岩存在的证据及其TOC下限. 地质论评，59(6)：1165-1176.

姜福杰，庞雄奇，姜振学，等. 2008. 海拉尔盆地乌尔逊及贝尔凹陷烃源岩有机质丰度的恢复. 石油实验地质，30(1)：82-86.

金强. 1989. 生油岩原始有机碳恢复方法的探讨. 石油大学学报(自然科学版)，13(5)：1-10.

金强，查明，赵磊. 2001. 柴达木盆地西部第三系盐湖相有效生油岩的识别. 沉积学报，19(1)：125-129.

金之钧，王骏，张生根，等. 2007. 滨里海盆地盐下油气成藏主控因素及勘探方向. 石油实验地质，29(2)：111-115.

金之钧，王清晨. 2005. 国家重点基础研究发展规划(973)项目：中国典型叠合盆地油气形成富集与分布预测(G1999043300). 石油与天然气地质，26(3)：3-4.

李绍虎，吴冲龙，吴景富，等. 2000. 一种新的压实校正方法. 石油实验地质，22(2)：110-114.

刘宝泉，梁狄刚，方杰，等. 1985. 华北地区中上元古界、下古生界碳酸盐岩有机质成熟度与找油远景. 地球化学，(2)：150-162.

刘洛夫，朱毅秀，胡爱梅，等. 2002. 滨里海盆地盐下层系的油气地质特征. 西南石油学报，24(3)：11-15.

刘洛夫，朱毅秀，熊正祥，等. 2003. 滨里海盆地的岩相古地理特征及其演化. 古地理学报，5(3)：279-290.

柳广弟. 2009. 石油地质学. 第四版. 北京：石油工业出版社.

卢双舫，刘晓艳，曲佳燕，等. 1995. 海拉尔盆地呼和湖凹陷烃源岩原始生烃潜力和原始有机碳的恢复. 大庆石油学院学报，19(1)：31-33.

卢双舫，付晓泰，李启明，等. 2000. 塔里木盆地熟化有机质成烃动力学模型原始参数的恢复及意义. 地质论评，46(5)：556-560.

卢双舫，薛海涛，钟宁宁. 2003. 地史过程中烃源岩有机质丰度和生烃潜力变化的模拟计算. 地质论评，49(3)：292-297.

卢双舫，徐立恒，申家年，等. 2006. 富台油田成藏期与生排烃期的匹配关系. 新疆石油地质，27(3)：270-272.

倪春华，周小进，王果寿，等. 2009. 海相烃源岩有机质丰度的影响因素. 海相油气地质，14(2)：20-23.

潘长春，周中毅，范善发，等. 1997. 准噶尔盆地热历史. 地球化学，26(6)：1-7.

庞雄奇. 1995. 排烃门限控油气理论及应用. 北京：石油工业出版社.

庞雄奇，陈章明，陈发景. 1993. 含油气盆地地史、热史、生留排烃史数值模拟研究与烃源岩定量评价. 北京：地质出版社.

庞雄奇，方祖康，陈章明. 1988. 地史过程中的岩石有机质含量变化及其计算. 石油学报，9(1)：17-24.

庞雄奇，李倩文，陈践发. 2014. 含油气盆地深部高过成熟烃源岩古 TOC 恢复方法及其应用. 古地理学报，16(6)：769-789.

彭平安，刘大永，秦艳，等. 2008. 海相碳酸盐岩烃源岩评价的有机碳下限问题. 地球化学，37(4)：415-422.

漆家福，杨桥. 2001. 关于碎屑岩的去压实校正方法的讨论——兼论李绍虎等提出的压实校正法. 石油实验地质，23(3)：357-360.

秦建中，刘宝泉，国建英，等. 2004. 确定有效烃源岩有机质丰度下限的一种新方法. 石油实验地质，26(3)：281-286.

秦建中，金聚畅，刘宝泉. 2005. 海相不同类型烃源岩有机质丰度热演化规律. 石油与天然气地质，26(2)：177-184.

秦匡宗. 1985. 论干酪根芳碳率的石油地球化学意义. 石油勘探与开发，12(6)：15-21.

王杰，陈践发. 2004. 关于碳酸盐岩烃源岩有机质丰度恢复的探讨：以华北中、上元古界碳酸盐岩为例. 天然气地球学，15(3)：306-310.

王子文，赵锡嘏，卢双舫，等. 1991. 原始有机质丰度的恢复及其意义. 大庆石油地质与开发，10(4)：20-26.

邬立言，顾信章，盛志纬，等. 1986. 生油岩热解快速定量评价. 北京：科学出版社.

夏新宇，洪峰，赵林. 1998. 烃源岩生烃潜力的恢复探讨：以鄂尔多斯盆地下奥陶统碳酸盐岩为例. 石油与天然气地质，19(4)：307-312.

肖丽华，孟元林，高大岭，等. 1998. 地化录井中一种新的生、排烃量计算方法. 石油实验地质，20(1)：98-102.

熊永强，耿安松，张海祖，等. 2004. 油型气的形成机理及其源岩生烃潜力恢复. 天然气工业，24(2)：11-13.

许平，贺振华，文晓涛，等. 2010. 碳酸盐岩地层密度与纵波速度关系研究. 石油天然气学报(江汉石油学院学报)，32(6)：391-384.

杨树锋，余星，陈汉林，等. 2007. 塔里木盆地巴楚小海子二叠纪超基性脉岩的地球化学特征及其成因探讨. 岩石学报，23(5)：1087-1096.

张传林，周刚，王洪燕，等. 2010. 塔里木和中亚造山带西段二叠纪大火成岩省的两类地幔源区. 地质通报，29(6)：779-794.

周杰，庞雄奇. 2002. 一种生、排烃量计算方法探讨与应用. 石油勘探与开发，29(1)：24-27.

Abrajevitch A，Voo R V D，Bazhenov M L， et al. 2008. The role of the Kazakhstan orocline in the late Paleozoic amalgamation of Eurasia. Tectonophysics，455：61-76.

Athy L F. 1930. Porosity and compaction of sedimentary rock. AAPG Bulletin，14(1)：1-24.

Choulet F，Chen Y，Wang B，et al. 2011. Late paleozoic paleogeographic reconstruction of Western Central Asia based upon paleomagnetic data and its geodynamic implications. Journal of Asian Earth Sciences，42：867-884.

Gurgey K. 2002. An attempt to recognise oil populations and potential source rock types in Paleozoic sub- and Mesozoic-Cenozoic supra-salt strata in the southern margin of the Pre-Caspian Basin. Organic Geochemistry，33：723-741.

Hunt J M. 1979. Petroleum Geochemistry and Geology. San-Francisco：Freeman and Company.

Korobkin V V，Buslov M M. 2011. Tectonics and geodynamics of the western Central Asian Fold Belt (Kazakhstan Paleozoides). Russian Geology and Geophysics，52：1600-1618.

Lewan M D，Winters J C，McDonald J H. 1979. Generation of oil-like pyrolyzates from organic-rich shale. Science，203(3)：897-899.

Leythaeuser D，Schaefer R G. 1984. Effects of hydrocarbon expulsion from shale source rocks of high maturity in upper carboniferous strata of the Ruhr area，Federal Republic of Germany. Organic Geochemistry，6(84)：671-681

Mitchell J，Westaway R. 1999. Chronology of neogene and quaternary uplift and magmatism in the Caucasus：Constraints from K-Ar dating of volcanism in Armenia. Tectonophysics，304：157-186.

Passey Q R，Creaney S，Kulla J B. 1990. A practical model for organic richness from porosity and resistivity logs. AAPG，74(12)：1777-1794.

Qiu N S，Zhang Z H，Xu E S. 2008. Geothermal regime and Jurassic source rocks maturity in the Junggar Basin，Northwest China. Journal of Asian Earth Science，31(4-6)：464-478.

Ronov A B. 1958. Organica carbon in sedimentary rocks(in relation to the presence of petroleum). Geochemistry，5：497-509.

Saxby J D，Bemett A J R，Corran J F. 1986. Petroleum generation：Simulation over six years of hydrocarbon formation from tor-banite and brown coal in a subsiding basin. Organic Geochemistry：69-81.

Sweeney J J，Burnham A K. 1990. Evaluation of a simple model of vitrinite reflectance based on chemical kinetics. AAPG Bulletin，54：1559-1571.

Tissot B P，Welter D H. 1978. Petroleum Formation and Occurrence. Berlin：Springer-Vevlag：1-554.

Zhang C L，Li Z X，Li X H，et al. 2010. A permian large igneous province in Tarim and Central Asian Orogenic Blet (CAOB)，NW China：Results of a ca. 275 Ma mantle plume. GSA Bulletin. doi：10. 1130/B30007. 1

第七章 生储盖组合有利叠复连续气藏形成分布

第一节 生储盖组合基本特征

楚-萨雷苏盆地的沉积盖层包括上古生界和中新生界。其中，上古生界是盆地的主要盖层层系，也是主要含油气层系。从沉积环境上，泥盆系为一套陆相沉积，是在下古生界基底之上沉积了海陆过渡相-陆相的沉积，是盆地形成的初始时期，属于断陷盆地，石炭系为一套海相沉积地层，盆地范围比泥盆系要大。盆地的主要地层层系与构造演化、石油地质条件等之间的关系如图 2-1-3 所示。

一、泥盆系生储盖组合特征

Marsel 探区泥盆系具有典型的砂泥互层特征，下部为砂砾岩夹泥岩，顶部发育一套膏盐岩层，构成了泥盆系的直接盖层，泥盆系内部的 $D_3fm_1^2$、D_3fm_{2+3} 还原色泥岩是主要烃源岩，北部和中部地区发育较好，厚度 20～120m，TOC 为 0.2%～1.2%，R_o>1.3%，处于高—过成熟阶段。

储集层为 $D_3fm_1^1$ 和 $D_3fm_1^2$ 的冲积扇、扇三角洲砂砾岩、辫状河三角洲的砂岩，镜下鉴定矿物成分多为石英、长石，粒度不等，最大可至 35mm，分选中等—较好，磨圆次棱角状，厚度几十米到几百米不等，含气储层有孔隙型储层和裂隙型储层两种类型。孔隙以粒间孔为主，孔隙度为 3%～12%，储层的非均质性强。

直接盖层以 D_3fm_{2+3} 的膏盐岩和泥岩为主，该套盖层厚度较大，20～657m，且平面上分布较广，埋深大，其封隔性很强。

以 Kendyrlik 5-RD 井为例(图 5-1-8)，可知烃源岩以 $D_3fm_1^2$ 辫状河三角洲前缘的灰色泥岩和 D_3fm_{2+3} 的湖泊相泥岩、深灰色灰岩为主，储层以 $D_3fm_1^2$ 辫状河三角洲前缘的细粒砂体为主，D_3fm_{2+3} 的浅湖滩坝薄层砂体为主，盖层以 D_3fm_{2+3} 的膏盐岩和互层泥岩为主，盖层全区发育，封隔性很强，垂向上形成数套优良的生储盖组合。

二、石炭系生储盖组合特征

Marsel 探区石炭系整体属于海相沉积，C_1v_3 沉积时期为大规模海侵期，形成了一套较厚的泥质沉积，成为了区块的主力烃源岩，该主力烃源岩段基本全区分布，厚度上北部地区比南部地区偏厚，如 Terekhovskaya 地区分布的泥岩厚度比其他地区偏厚。另外在 C_1v_1、C_1v_2 时期，内部小规模的海侵形成的泥质沉积为另外两套厚度较小的烃源岩段。

储集层主要为 C_1v_1、C_1v_2 和 C_1sr，属于高位域沉积，两个最大水进域的海侵泥岩和顶部的膏盐层构成主要盖层。在 Tamgalytar 区 C_1sr 高位域的礁、浅滩相储层与顶部的膏盐层构成最重要的储盖组合。另一套较好的储盖组合是 SQ6 层序（C_1v_3）的最大水进期泥岩、泥灰岩与其下覆的浅滩、礁滩相灰岩储层（图 7-1-1）。

C_1sr(SQ7)高位域沉积期的主要储层是发育于开阔台地到台地边缘的浅滩、生物礁沉积，且开阔台地、台地边缘相带主要分布在北部 Terekhovskaya、Tamgalytar、Zholotken、Assa、路边等地区，分布范围表现为西部、北部相带宽，东部、东南部相带窄的特点，其中最有利的礁滩体集中在 T 区及其附近区域，T 区、西北部 Terekhovskaya、Katynkamys 地区厚度在 60～100m，东部厚度在 20～60m。Irkuduk、路边、Terekhovskaya 地区，T5 井孔隙度较大，平均值约 10%。

SQ4、SQ5（C_1v_1、C_1v_2）高位域沉积期的有利储层主要集中在 Kendyrlik 地区和 Terekhovskaya 地区的开阔台地到台地边缘的生物礁-滩复合体相带。开阔台地在北部、西北部的相带宽，东南部相带窄。相比于 C_1sr 储层，C_1v 的储层厚度平均值大，最厚在 Terekhovskaya 地区，约 160m，最薄约 20m。

从盐层和泥质岩层的厚度的沉积结构分布可知，C_1sr 顶膏盐层的沉积厚度和沉积结构特征明显受控于沉积相带：①厚层状、较纯的膏岩，几乎无泥质夹层，是最好的盖层。这类盖层主要分布于 Tamgalynskaya、Terekhovskaya 区，平均膏盐岩厚度在 60～80m，主要集中在局限台地-蒸发台地相带。②厚层状膏岩夹薄层泥岩，是较好的盖层。主要分布在 Tamgalynskaya 区，厚度在 50～80m，地震上表现为几个连续性较好的、强反射的地震同向轴，相带上属于局限台地-蒸发台地相带。③较厚，膏岩与泥岩/灰岩互层。这类盖层主要分布于 Bulak、Ortalyk、Zholotken、Oppak、路边、北路边及南路边等地区，平均厚度在 20～40m，主要集中在局限台地-潮缘相带。④薄层状膏岩，含泥质夹层。主要分布在 Irkuduk、Katynkamys 地区，平均厚度在 5～20m，主要集中在潮缘带及局限台地临近浅海地带。⑤膏盐层缺失区和泥质岩层缺失区，是相对较差的盖层分布区，主要位于该区的西南角，地震上表现为较弱的反射特征。

对 C_1v_3 盖层情况可从该段的泥岩、泥质岩的厚度分布作初步分析。较好的盖层分布于东北部、北部的斜坡-半深海相带，泥岩段厚度在 110～170m。较差的区域主要分布于 Irkuduk、Ortalyk、路边、南路边等地区，主要集中在淹没台地-深水台地和潟湖-潮缘相带区，平均厚度在 70～110m。

综合而言，Marsel 探区泥盆系和石炭系两套地层可以划分出 4 套储盖组合，分别对应于上泥盆统的 $D_3fm_1^1$、$D_3fm_1^2$ 和下石炭统的 C_1v 和 C_1sr 四套目的层。储盖组合类型以自生自储型为主（图 7-1-2）。

三、已发现天然气分布特征

从目前油气发现来看，泥盆系和石炭系存在一定差异。通过分析盆地及区块内各种气藏勘探和研究现状，基于对天然气分布本质特征的认识，盆地内石炭系和泥盆系存在大范围非常规连续分布的非常规圈闭气藏，以广泛连续分布的致密碳酸盐岩和砂岩储集层为主。

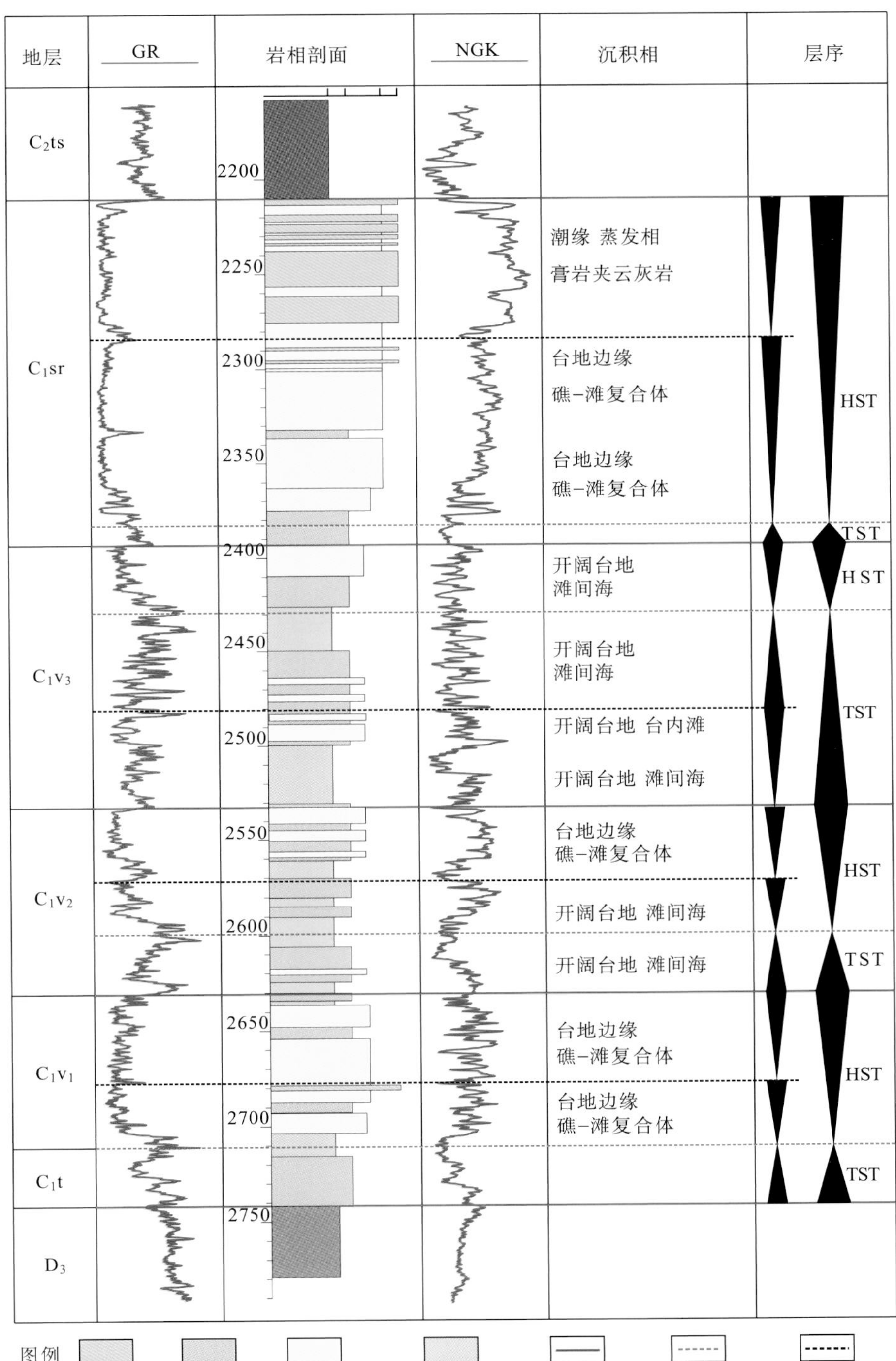

图 7-1-1 Marsel 探区 Tamgalytar 1 井储盖组合划分图

界	系	统	阶	段	时间/Ma	地震层序界面	岩性描述	典型井	厚度/m	沉积相	三级层序
上古生界	石炭系	宾夕法尼亚系	塔斯库杜克阶	C_2ts 砂岩灰岩互层	298.9		砂岩/灰岩,砂岩灰岩互层				
		密西西比系	谢尔普霍夫阶	C_1sr 蒸发岩段	323.3	SB8	硬石膏为主,夹灰岩/白云岩	Tamgalytar 5-G	0~85	蒸发台地	SQ7
				膏岩下段			灰岩为主夹泥灰岩,		25~40	开阔台地	
				礁灰岩段			生物礁灰岩为主		0~55		
				礁下段			生物碎屑粒泥灰岩为主		10~55		
			维宪阶	C_1v_3 泥灰岩、泥岩段	330.9	SB7	泥晶灰岩为主，夹泥灰岩	Kendyrlik 5-RD	45~140	局限台地	SQ6
				C_1v_2 顶部灰岩段 下部泥灰岩段		SB6	灰岩泥灰岩为主		50~190	开阔台地 局限台地	SQ5
				C_1v_1 大段纯灰岩段		SB5	灰岩为主		55~125	开阔台地	SQ4
			杜内阶	C_1t 泥灰岩段	346.7		泥灰岩为主		10~30	局限台地	
	泥盆系	上泥盆统	法门阶	D_3fm_{2-3} 盐上层	359.2	SB4	泥、灰、膏岩为主，夹盐岩	Kendyrlik 3 Kendyrlik 5-RD	0~30	湖泊	SQ3
				盐层			盐岩、泥岩为主，夹膏灰岩，裂缝发育	Kendyrlik 5-RD Pridorozhilaya 3 South Pridorozhnaya 17	0~657	盐湖	
				$D_3fm_1^2$ 盐下砂岩		SB3	灰色砂岩为主，夹灰色泥岩,砂岩主要有石英颗粒组成,中等分选,棱角–次棱角	Pridorozhnaya 3 Oppak 1	9~249	辫状河三角洲	SQ2
				$D_3fm_1^1$ 盐下砾岩		SB2	杂色砾岩深褐色、棕色泥岩互层,大量的棱角状硅质岩，见泥砾，粒径3~35mm	Assa1 Naiman 1	23 ~587	冲积扇或扇三角洲	SQ1
下古生界					374.5	SB1	斑岩、片岩、板岩等变质岩为主				

图例
硬膏岩 灰岩 礁灰岩 泥灰岩(/泥质灰岩) 泥晶灰岩 油气显示 砾岩
砂岩 泥岩 盐岩 板岩 斑岩

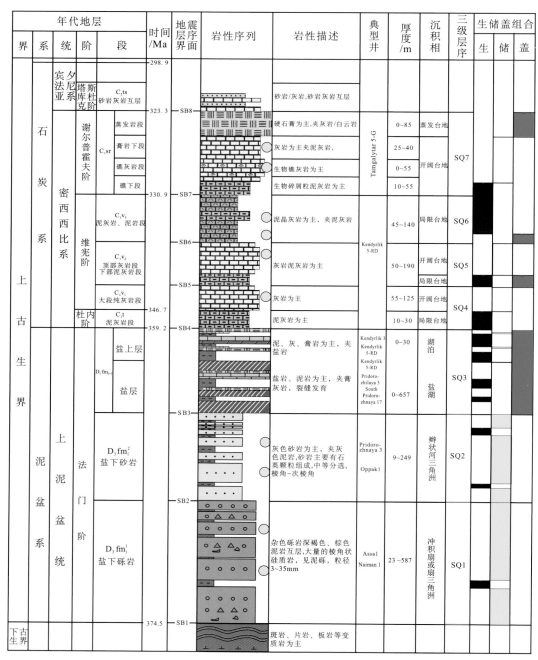

图 7-1-2　Marsel 探区储盖组合划分综合图

通过统计分析区块内已有的试气资料，试气结果表明产气层在深度上主要分布在2000～2500m，层系主要分布在 C_1sr 和 C_1v(图 7-1-3、图 7-1-4)。

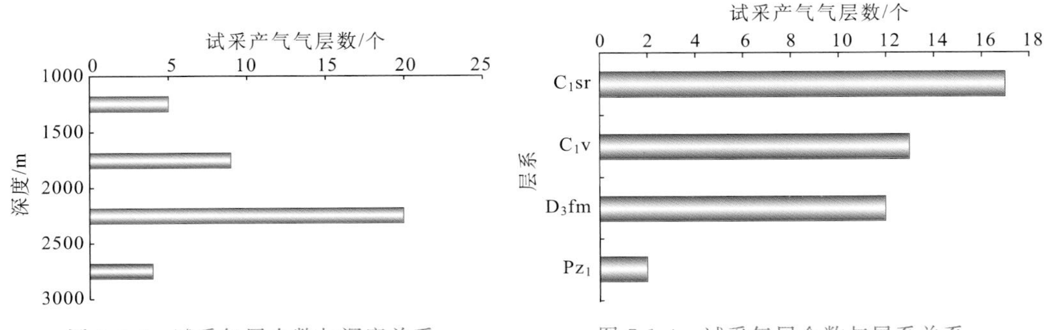

图 7-1-3　试采气层个数与深度关系

图 7-1-4　试采气层个数与层系关系

通过分析石炭系与泥盆系含气区与已发现气藏物性、埋深、储层岩性及温度压力和含气饱和度等特征，可以看出石炭系和泥盆系具有显著的不同，如在 West Oppak 气田石炭系和泥盆系的孔隙度差别较大，泥盆系的孔隙度明显大于石炭系的孔隙度，但在含油气饱和度方面又具有较大的相似性，且同一层系差别不是很大(表 7-1-1)。

表 7-1-1　石炭系与泥盆系气藏特征表

油田名	顶部埋深/m	储层岩性	储层时代	烃源岩岩性	烃源岩时代	平均孔隙度/%	渗透率/mD	地层压力/MPa	温度/℃	含气饱和度/%
West Oppak	1286.0	灰岩	C_1sr	泥灰岩	C—D	3～10	5.77	15.3		60.57
West Oppak	1861.1	砂岩	D_3	泥炭岩	D	9～14		18.4		62.8
Ortalyk	1122.0	砂岩	P	页岩	C—D					67.58
Ortalyk	2517.0	片岩	Pz_1	页岩	C—D	2				61.2
Pridorozhnoya	929.9	灰岩	C_1sr	泥灰岩	C—D	3.78	0.21～38.5	16.2		
Pridorozhnoya	2190.9	砂岩	D_3	泥岩	D	7		26.1		
Tamgalytar	1370.1	灰岩	C_1	泥炭岩	C—D	8.37	0.63	22.4	72	62.19

第二节　源储紧密相邻有利叠复连续气藏形成

早在 20 世纪 60 年代，我国著名石油地质学家胡朝元通过对松辽盆地的研究，发现油气田的分布受到生油区分布的控制，于是提出：油气自烃源岩生成后，就近聚集在生油有利区或其临近地带，后来简称“源控论”。80 年代初期，我国石油地质工作者在对中国东部盆地的油气勘探中，再次认识到油气田的分布受到生烃凹陷的控制，“源控论”的思想得到进一步发展。此时，“源控论”开始强调“油气田的分布紧密围绕生烃中心，受到生烃凹陷的严格控制”，油气勘探注重采取选凹定带的勘探方法。80 年代中后期到

90 年代初期，胡朝元将源控论的适用范围推广到中国西北、近海的部分盆地及天然气区，实践检验证明，源控油气理论在中国的陆相盆地中具有广泛的适用性。Demaison 对全球 12 个大型含油气盆地进行分析后认为，油气运移距离范围一般只有几十英里，只有少量特殊的前陆盆地具有长距离的油气运移，这充分说明烃源岩对油气的分布具有控制作用。

一、国内外源控致密气特征

随着勘探的深入，人们逐渐认识到在致密砂岩气藏中同样存在这种情况。对于致密砂岩气藏的地质特征与成藏条件，国内外学者做了大量研究，归纳起来主要有：烃源岩供气充足、储层致密、构造稳定、地层倾角平缓、气水倒置、压力异常、分布不受构造控制、浮力不起作用、无需盖层封盖、储量巨大、产能较低等，但最基本的地质特征表现在 4 个方面：①气水倒置或气水关系极其复杂；②储层致密连片，孔隙度和渗透率低；③气藏压力呈异常低压或异常高压；④烃源岩和致密储层紧密相邻，天然气近源成藏(图 7-2-1)。

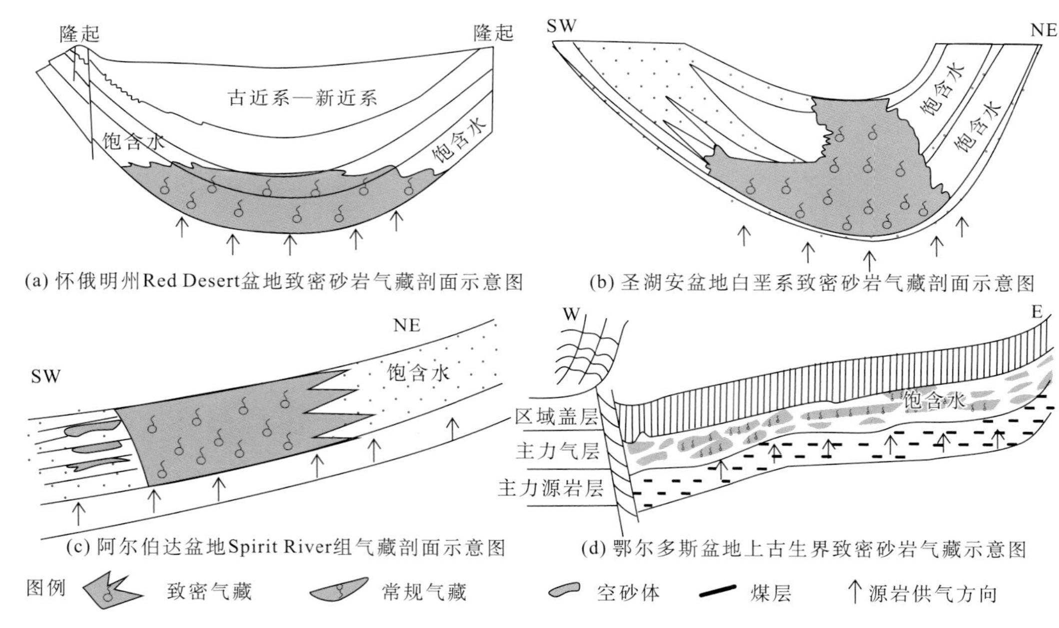

图 7-2-1　国内外典型致密砂岩气藏分布特征与地质模式

二、致密储层天然气充注动力与实例分析

如图 7-2-2 所示，天然气能够进入到致密储层并呈整体排驱水的方式向上运移，必须要有足够的充注动力，这种动力主要是源自气体的自身膨胀力。在致密储层中，天然

气充注的阻力主要是上覆水柱产生的压力和毛细管力，气体膨胀力必须克服这两种阻力才能够进入致密储层。因此，对于致密气充注而言，存在着力学平衡条件：即气体膨胀力(P_e)等于边界点上的致密储层孔喉产生的毛细管力(P_c)与上覆静水柱压力(P_w)之和[式(7-2-1)]。在这种情况下，致密气藏分布的最大范围明显受控于烃源岩和储集条件，当储集层的孔喉增加到一定值时，孔隙空间变大，毛细管力不足以形成有效封闭，天然气将在浮力的作用下向上运移。

$$P_e = P_w + P_c \tag{7-2-1}$$

式中，P_e为气体膨胀力，Pa；P_w为上覆静水柱压力，Pa；P_c为毛细管力，Pa。

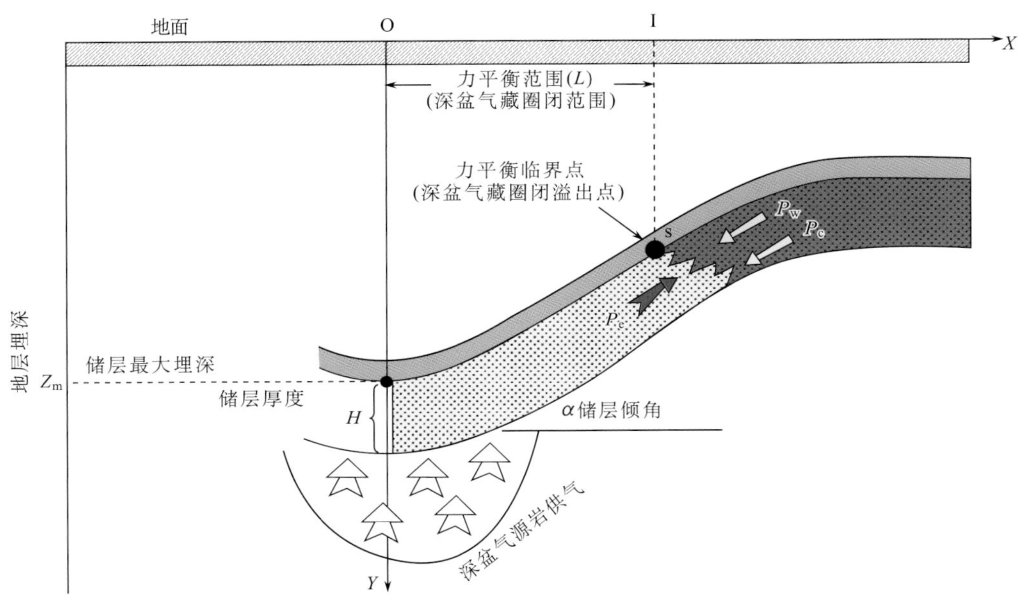

图 7-2-2 致密气藏的力平衡控藏机制

综合以上分析，结合目前致密气勘探现状不难发现，源储紧邻对致密气成藏具有重要作用。中国的鄂尔多斯盆地上古生界连续型致密砂岩气藏就属于源储紧邻成藏的特征。

根据鄂尔多斯盆地上古生界烃源岩生烃强度和连续型致密砂岩气分布来看，上古生界连续型致密砂岩气藏主要分布在烃源岩生烃强度大于$12\times10^8 m^3/km^2$的范围之内(图7-2-3)。钻井试产结果也表明鄂尔多斯盆地上古生界烃源岩生烃强度对连续型致密砂岩气藏的分布具有明显的控制作用。图7-2-4为鄂尔多斯盆地上古生界烃源岩生烃强度与盒8下亚段产量分布图，从图中可以看出，上古生界盒8下亚段产气井主要分布在生烃强度大的区域内，而在生烃强度小的区域，产水井逐渐增多。盒8上亚段、山西组、太原组、本溪组钻井产量均表现为生烃强度对上古生界钻井产量具有一定的控制作用。从上古生界产气量与烃源岩生烃强度统计关系图来看，生烃强度对连续型致密砂岩气藏钻井产气量的控制作用有一定的规律性，即生烃强度大的区域，钻井产气量有增大的轻微趋势。但由于钻井产气量受控于多种因素，如储层非均质性、裂缝的发育程度、储层压力的大小等，因此这种控制作用并不是十分明显。总的来说，烃源岩对连续型致密砂岩气藏在平面上的分布具有控制作用。

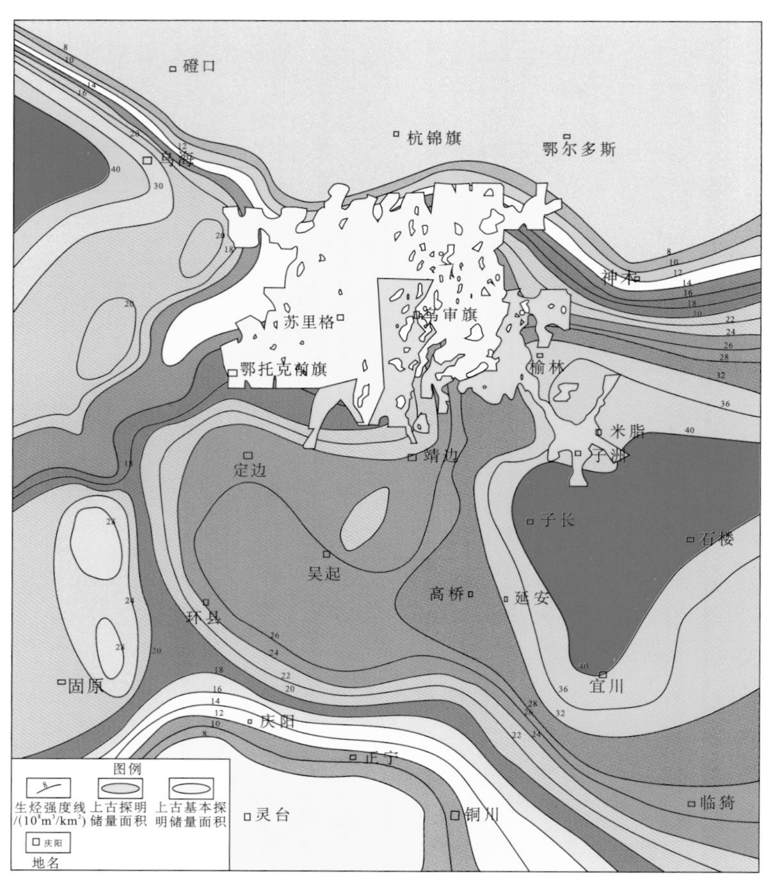

图 7-2-3　鄂尔多斯盆地上古生界烃源岩生烃强度与连续型致密砂岩气藏分布图(据长庆油田公司资料，2011 年)

三、Marsel 探区源储紧邻有利于致密气成藏

前已述及，Marsel 探区储盖组合以典型的自生自储自盖式为主，泥盆系和石炭系都分布着膏盐岩的直接盖层。这种源储组合特点，有助于天然气的直接充注成藏。泥盆系和石炭系烃源岩大量排气后，天然气直接进入致密储层，排驱水后形成大面积连续的天然气聚集(图 7-2-5)。

从钻遇 C_1 探井天然气显示来看，主要围绕生烃中心分布。并且越靠近生烃中心工业气流井数量越多(图 7-2-6)。说明近源对叠复连续性致密气形成有利。而该区源储紧邻的地质特点为形成致密气的大规模聚集提供了很好的条件。

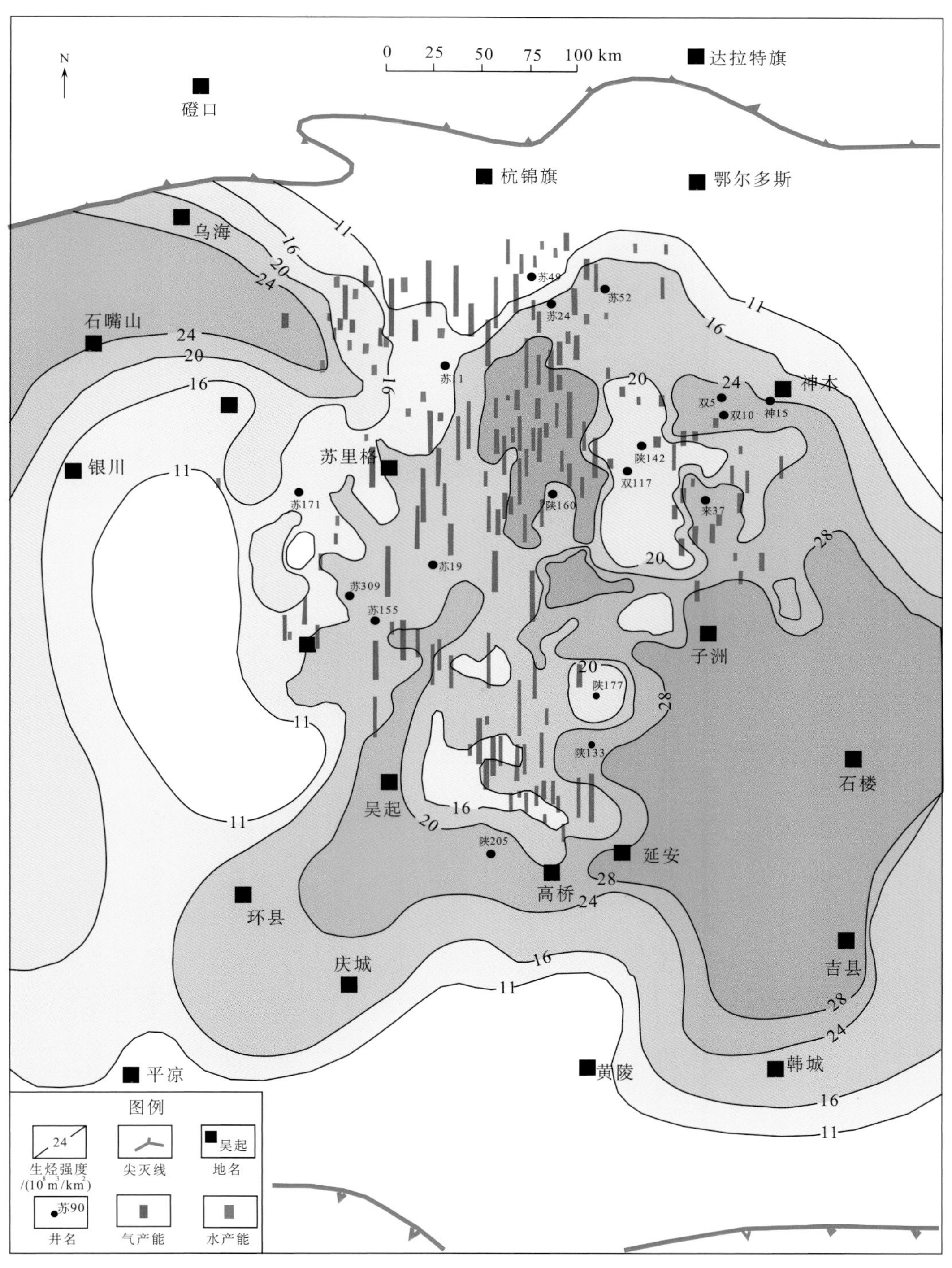

图 7-2-4 鄂尔多斯盆地上古生界烃源岩生烃强度与盒 8 下亚段产量分布图(据长庆油田分公司资料，2012 年)

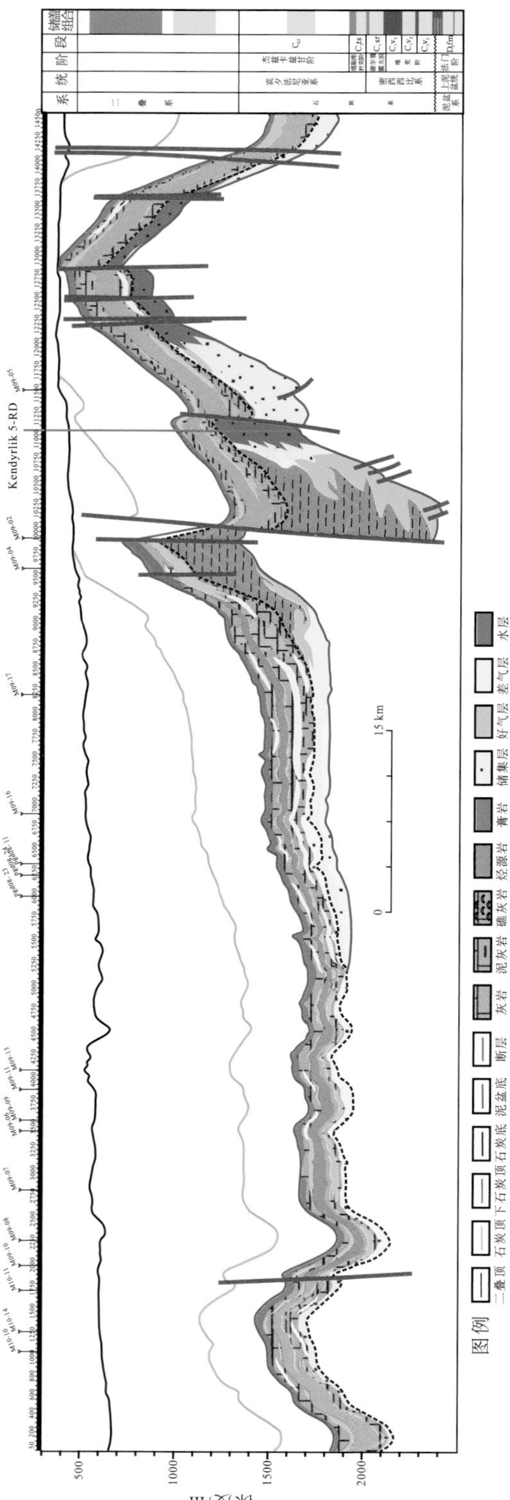

图 7-2-5 Marsel 探区过 M09-01 测线气藏剖面示意图(东西向)

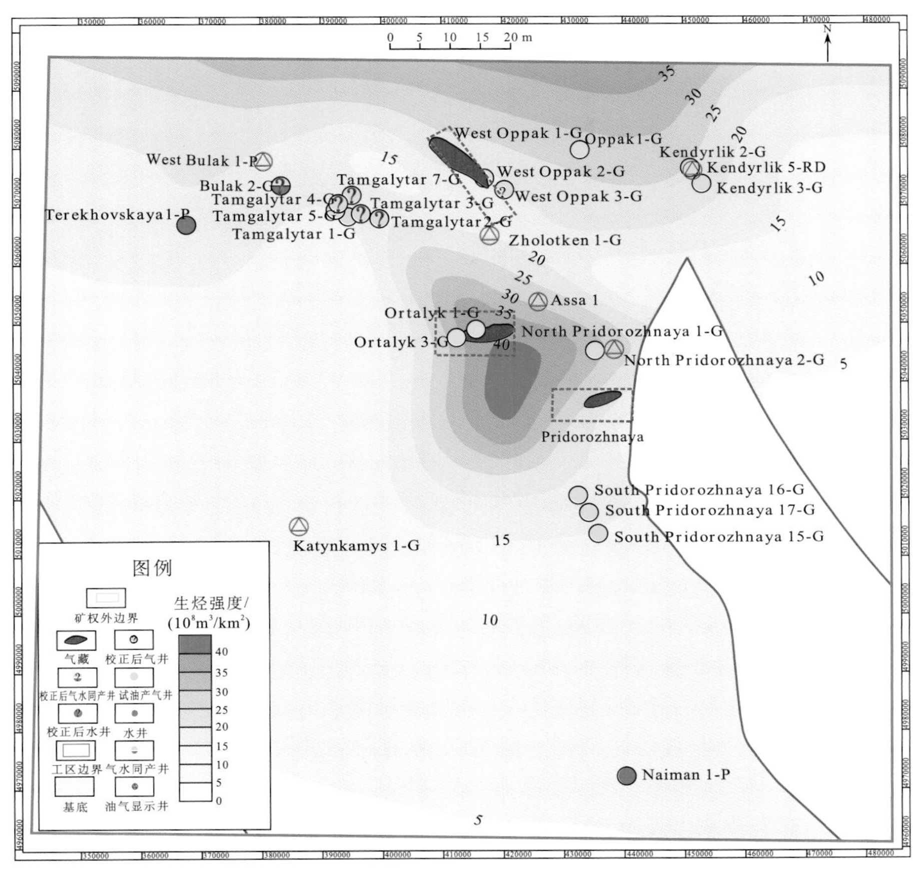

图 7-2-6 Marsel 探区石炭系 C_1 油气显示与烃源岩分布图

第三节 多套膏盐盖层发育有利叠复连续气藏保存

从烃源岩的评价结果(第六章)可知，该区烃源岩目前主要处在高成熟—过成熟阶段，这种状况表明，烃源岩已经过了大量生油阶段，处于大量生气阶段。这种演化过程实际上经历了后期的构造抬升，因为该区中新生界沉积地层很薄，在这种情况下，对于天然气的聚集而言，保存条件是一个非常重要的问题。因为天然气聚集和散失存在着动平衡的过程，如果没有持续充足的气源或者保存条件很差的话，天然气将不断地散失。即使有盖层的保护，天然气的扩散损失仍会不断发生，最终导致气藏被破坏。在以往的研究中，学者们已经注意到，不同的岩性对于天然气的扩散具有不同的影响。郝石生等(1991)研究发现，甲烷在膏盐岩中的扩散系数要比在泥岩中小 100 倍(表 7-3-1)，所以，膏盐更能阻挡天然气的扩散。

表 7-3-1 甲烷在不同岩性中的扩散系数(郝石生等，1991)

样号	岩性	扩散系数/($10^{-7}cm^2/s$)
1	粉砂质泥岩	9.8
2	粉砂质泥岩	8.57
3	粉砂质泥岩	52.5
4	粉砂质泥岩	7.87
5	粉砂质泥岩	6.86
6	泥岩	6.23
7	泥岩	5.01
8	盐岩	0.051

一、二叠系膏盐岩分布特征

从前述可知，Marsel 探区存在着优越的保存条件。因为该区膏盐岩盖层十分发育，对天然气的保存非常有利。区域二叠系可以分为下二叠统(P_1)和上二叠统(P_2)，其中下二叠统进一步可分为膏盐段(salt)和盐下段(sub salt)，上二叠统(P_2)又被称为盐上段(above salt)。Marsel 探区的二叠系主要是下二叠统日杰里赛阶(P_1gd)。通过普里多罗日构造的二叠系与杰兹卡兹甘盆地的地层对比，该段地层分为三段。

(1) 下部膏盐段，与下伏石炭系($C_{2\sim3}$)整合接触，岩性上为红色粉砂岩和砂岩互层，含薄层硬石膏和灰岩夹层，广泛可见硬石膏结核。见单个的深灰色砂岩夹层。该层厚度达 112m，在构造顶部完全被剥蚀。

(2) 下部碎屑岩段，与下伏地层整合接触。其下半部为深棕色、棕色粉砂岩，含砂岩和泥岩夹层，断面见硬石膏结核，达 1cm。上半部为深棕色泥岩，含薄层粉砂岩和砂岩夹层，为波浪状和平行状层理，见单个硬石膏结核。该段厚度达 345m，在构造顶部完全被剥蚀掉。

(3) 上部膏盐段，在构造北翼同下伏地层整合接触，在构造顶部和南翼冲蚀严重。岩性上，为红棕色粉砂岩、泥岩和石膏，含有硬石膏结核，同下伏地层相比，该段盐层更容易形成溶洞。由于剥蚀原因，地层厚度变化范围从 120m 到 368m。

从探井统计资料可知，二叠系埋深普遍较浅，最深不到 2000m；岩层厚度不一，最薄为 71m，最厚可达 1202m，平均厚度 545m。总体上，南路边和 Tamgalytar 构造所钻探井膏盐岩厚度较大，Ortalyk 构造厚度相对较薄，一般在 100m 左右(表 7-3-2)。

二叠系膏盐岩的平面上主要分布于 Marsel 探区西南大部分地区(图 7-3-1)。厚度高值在 Bulak 2 井区附近，最厚达到 1200m，其次是在 Katin-Kamis 1 井附近，厚度近 1000m。南路边构造附近最厚也有 1000m 左右，但受到两侧断层的影响，膏盐岩分布相对局限，在 Ortalyk 1 附近厚度较薄，在 200m 以下。其他地区，厚度主要在 200～600m。但是由于平面上钻井分布不均，加之地震测网密度相对不足，所以这种认识与实际地质情况之间可能会存在一定的偏差。不过，总体而言，二叠系膏盐岩非常发育，并且全区相对稳定分布，这也是 Marsel 探区油气成藏的非常有利条件。

表 7-3-2 Marsel 探区探井钻遇二叠系膏盐岩厚度统计表

序号	油气田或构造	井号	深度/m	膏盐厚度/m
1	Terekhovskaya	1-П		0
2	Irkuduk	1-П		0
3	Oppak	1-П		0
4	South Pridorozhnaya	15-Г		0
5	South Pridorozhnaya	16-Г		0
6	South Pridorozhnaya	17-Г	430～1389	959
7	North Pridorozhnaya	1-Г	875～1085	210
8	North Pridorozhnaya	2-Г	874～1085	211
9	Ortalyk	1-Г	954～1025	71
10	Ortalyk	2-Г	1001～1090	89
11	Ortalyk	3-Г	995～1130	135
12	Ortalyk	4-Г	980～1060	80
13	Centralnaya	1-П	1035～1803	768
14	Naimanskaya	1-Г		0
15	Katin-Kamis	1-П	951～1748	797
16	Tamgalytar	1-Г	780～1320	540
17	Tamgalytar	2-Г	815～1373	558
18	Tamgalytar	3-Г	792～1325	533
19	Tamgalytar	4-Г	790～1440	650
20	Tamgalytar	7-Г	783～1432	649
21	West Bulak	1-Г		0
22	Kendyrlik	2-Г		0
23	Kendyrlik	3-Г		0
24	Kendyrlik	4-Г		0
25	Zholotken-Assa	1-Г	817～1202	385
26	Bulak	2-Г	640～1842	1202

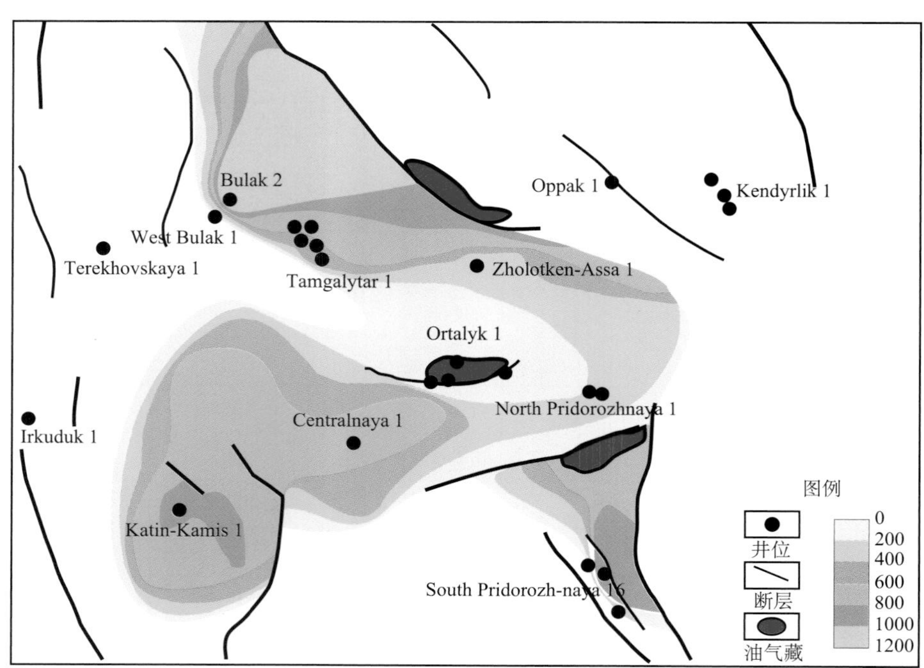

图 7-3-1 Marsel 探区二叠系膏盐岩厚度分布图

二、其他层系膏盐岩分布特征

除了二叠系之外，Marsel 探区下石炭统至上泥盆统，发育膏盐岩地层的就有D_3fm_{2+3}、C_1t、C_1v_1、C_1v_2、C_1sr。其中，D_3fm_{2+3}、C_1sr 膏盐岩发育，并且连续性好。C_1sr膏盐岩发育于顶部，在 Tamgalytar 1 井录井岩心能够发现，在 C_1sr 顶部的膏盐岩层厚度超过 50m(图 7-3-2)。区域内其他探井也有不同程度的揭示，只是各井膏盐岩厚度变化较大，但总体上全区均有分布(图 7-3-3)。D_3fm_{2+3} 是覆盖于上泥盆统两套目的层 $D_3fm_1^1$、$D_3fm_1^2$的直接盖层，厚度在 South Pridorzhnaya 构造最大，可达到 600 多米，但在 Assa 构造，膏盐岩盖层缺失(图 7-3-4)。这种分布特征，明显受控于泥盆系的沉积环境。在泥盆系沉积时期，Assa 构造属于扇三角洲和辫状河三角洲沉积，陆源物质供应充足，水体相对较浅。

总体上，Marsel 探区盖层是非常发育的，尤其是顶部稳定发育的二叠系膏盐岩，对全区的天然气保存具有重要的作用。并且从地震剖面上可以清晰地看到，区内断层向上延展基本都消失在二叠系膏盐岩地层中。另外，泥盆系、石炭系内的膏盐岩可以形成有效的直接盖层，这些盖层的分布对于防止天然气的扩散具有重要的保护作用。因此，从盖层的角度看，Marsel 探区致密气形成条件非常有利。

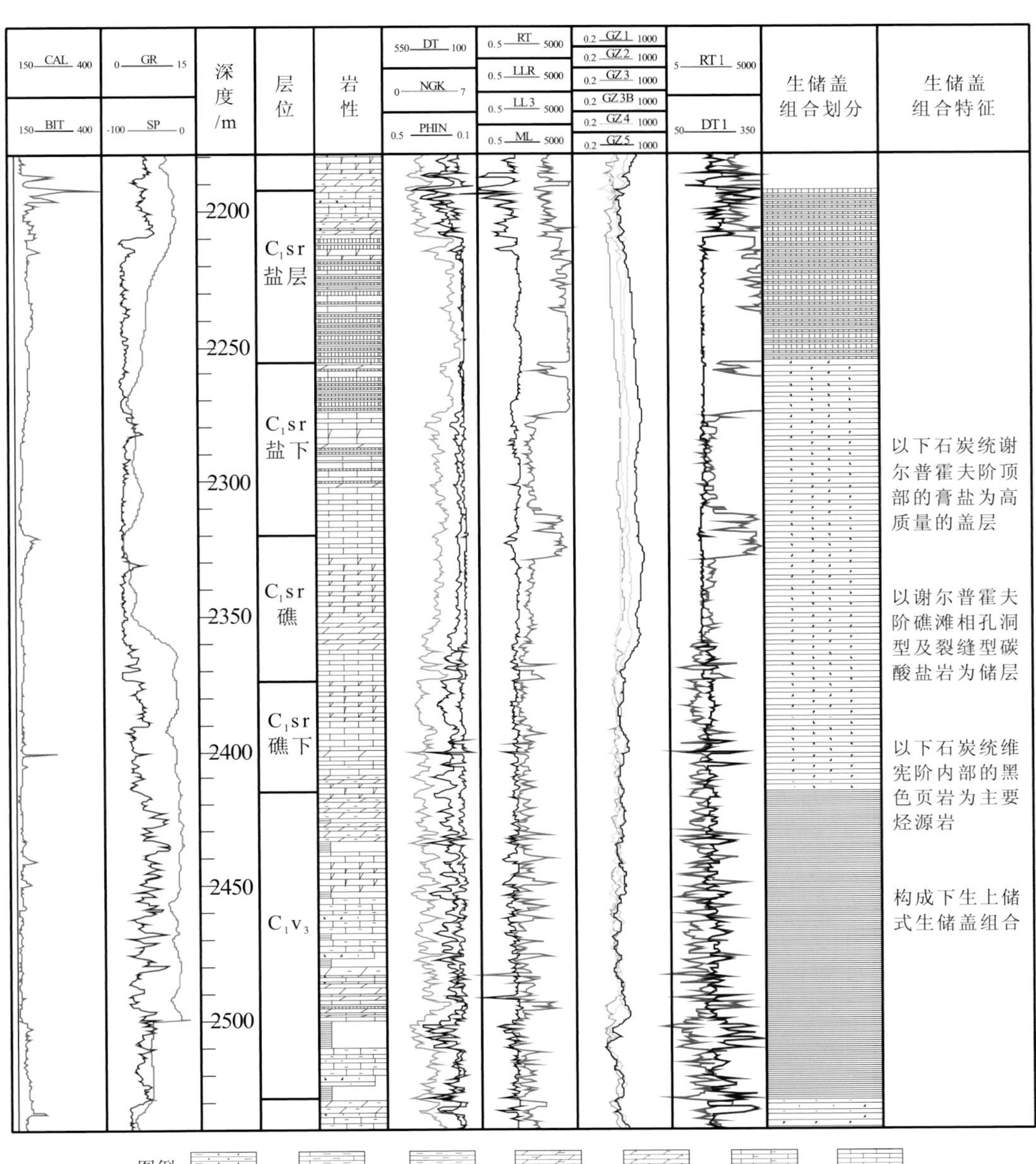

图 7-3-2 Tamgalytar 1-G 井石炭系岩性柱状图

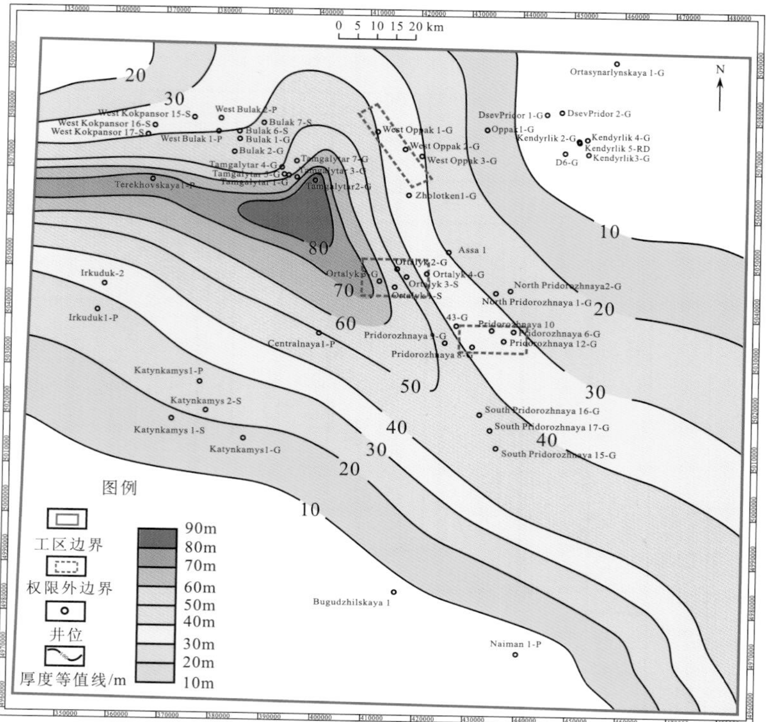

图 7-3-3 Marsel 探区石炭系 C_1sr 膏盐岩厚度分布图

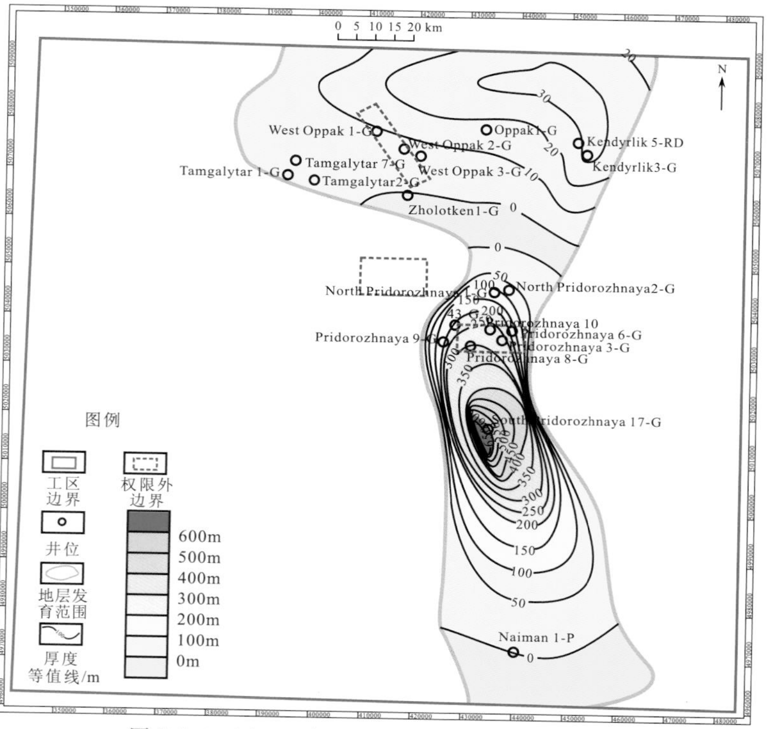

图 7-3-4 Marsel 探区泥盆系膏盐岩厚度分布图

第四节 生储盖组合有利连续气藏发育的区带综合预测

生储盖组合是形成油气聚集的基本条件。Marsel 探区烃源岩、储集层和盖层都很发育，并且形成了自生自储自盖式的组合关系，对于形成叠复连续气藏十分有利。从目前的油气勘探发现来看，在已经钻遇的构造高部位基本都发现了天然气聚集，并且这些局部构造上气水边界仍未确定。有一些探井在埋藏较深的斜坡和凹陷区也有天然气的发现，说明该区天然气分布不受构造控制。为了更好地了解已发现天然气藏分布特征，本节对生、储、盖三个要素的控气分布特征做了统计分析。

一、烃源岩与已发现气藏分布的关系

石炭系烃源岩排烃强度总体较高，存在两个排烃中心，一个在北路边构造附近，排烃强度达到 $40\times10^8\,m^3/km^2$，另一个在 Marsel 探区北部，排烃强度为 $35\times10^8\,m^3/km^2$。在区块范围内，排烃强度总体在 $10\times10^8\,m^3/km^2$ 以上。目前已发现的工业气流井和天然气显示井都围绕在两个排烃中心附近分布(图 7-2-6)。这种分布与构造背景关系不大，在深凹区和构造高点都有分布。

在南路边构造的 15-G、16-G、17-G 井，都有天然气的发现，产能也较高，这三口井处于构造的高部位。而在路边气田，已发现多口工业气流井，该气田距离排烃中心更近，在北路边构造的 1-G 井，属于工业气流井，2-G 井为天然气显示井。再到工区北侧的 Tamgalytar 构造，Tamgalytar 1-G、Tamgalytar 5-G 井都有工业气流，而其他多口井则为干井。通过查阅钻井报告可知，这些井中有一些在钻井过程中本来有天然气显示，但由于钻井液比重过大完井后反而无显示。在下石炭统，目前探明的 West Oppak 气田与 Pridor 气田都处于生烃中心。

上泥盆统烃源岩排烃中心在路边构造附近和工区北部，相比石炭系烃源岩排烃强度要小得多，最大值为 $21.6\times10^8\,m^3/km^2$。目前已发现的气田和工业气流井也都分布在生烃中心附近。Assa 1 井 2013 年 10 月完钻，该井在泥盆系 2402～2426m 深度段测试获得工业气流，单井日产量 $0.81\times10^4\sim6.14\times10^4\,m^3$。另外，在 Ortalyk 构造的 1-G 和 2-G 井同样发现了工业气流(图 7-4-1)。

二、沉积储层展布与已发现气藏分布的关系

沉积相是人们广泛接受的概念。1938 年瑞士地质学家 Gressly(1938)提出了沉积相的概念：相是沉积物变化的总和，它表现为这种或那种岩性的、地质的或古生物的差异。1953 年苏联学者鲁欣将相定义为：相就是能表明沉积条件的岩性特征和古生物特征的有规律综合(姜在兴，2003)。因此，相是沉积物形成条件的物质表现。塞利(Selley，1970)提出：应该从沉积岩体几何形态、岩石学特征、沉积物特征、沉积物构造特征和古流向特征来限定相或沉积相。冯增昭(1993)认为：沉积相是在一定条件下形成的、能够反映特定

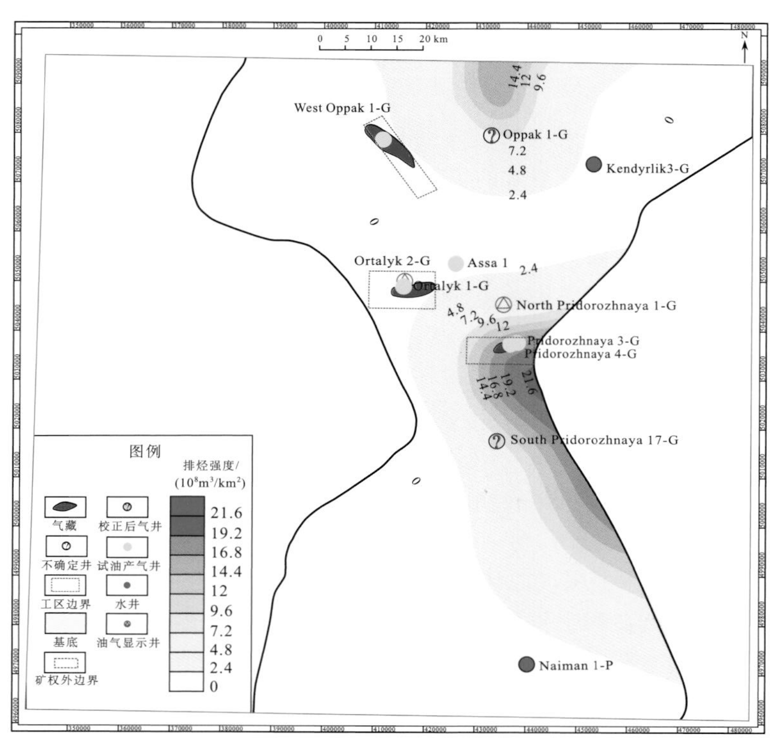

图 7-4-1 Marsel 探区泥盆系 D_3 油气显示与烃源岩排烃强度分布关系图

的环境或过程的沉积产物。沉积相是依据自然地理条件和地貌特征及沉积物综合特征进行划分，并根据各类型相中亚环境、微环境及沉积物特征，确定出相应的沉积相和沉积微相。不同沉积相带甚至沉积微相带的岩石类型、岩石类型组合及其所经历的成岩作用都是不同的，因此对油气分布的控制作用也是有区别的。这种差别对于油气的分布具有明显的控制作用。

庞雄奇等(2007)对东营凹陷碎屑岩沉积体系与油气的分布关系进行了研究。发现东营凹陷主要发育洪积扇、河流、扇三角洲、近岸水下扇、滨浅湖滩坝、三角洲、浊积扇沉积体系等。东营凹陷四个洼陷带、北部陡坡带、南部缓坡带及中央隆起带的有利相带分布统计结果显示，有利沉积相带的顺序依次是浊积扇、三角洲、近岸水下扇、河流相、滨浅湖滩坝和扇三角洲(图 7-4-2)。由于这些沉积体系所处的构造位置、砂体的储集性能、与烃源岩的接触关系等的差异，造成不同的沉积体系、沉积相带和微相对油气富集作用存在差异。

实际上，Marsel 探区同样存在着相控油气的作用。探井中工业气流井及天然气显示井与沉积相的统计表明，已发现天然气的分布与沉积相有很好的对应关系。对于碳酸盐岩，台地边缘相是最有利相；对于碎屑岩，辫状河三角洲前缘亚相最为有利。表7-4-1是南哈探区 4 套目的层不同相带中已钻探井统计表。目前探井主要集中分布在石炭系的台地边缘相和泥盆系的扇三角洲和辫状河三角洲亚相中。

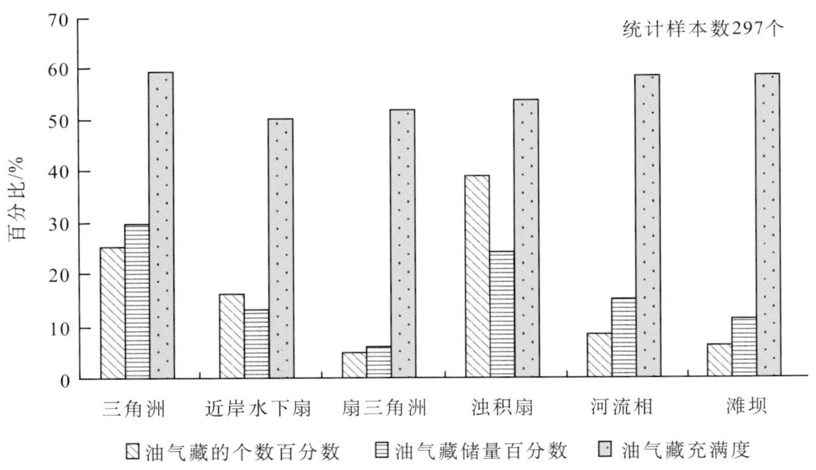

图 7-4-2　中国渤海湾盆地东营凹陷不同沉积相油藏分布柱状图

1. C_1sr

Marsel 探区 C_1sr，已钻探井 25 口，其中工业气流井 8 口，老井复查后确认工业气流井 4 口，这 12 口工业气流井中有 10 口分布在台地边滩相，2 口分布在开阔台地相。

表 7-4-1　南哈探区 4 套目的层不同相带已钻探井统计表

层位	沉积相	探井井数
C_1sr	低能外缓坡-浅海	没有钻井
	低能外缓坡	Kendyrlik 5-RD(共 1 口井)
	台地边缘	Tamgalytar 1-G、Tamgalytar 2-G、Tamgalytar 3-G、Tamgalytar 5-G、Tamgalytar 7-G、West Bulak 1、West Oppak 1、West Oppak 2、West Oppak 3、North 1、North 2、South 15、South 16、South 17、Zolotken 1、Pridorozhnaya 2、Pridorozhnaya 4、Pridorozhnaya 6、Pridorozhnaya 10、Pridorozhnaya 12(共 20 口井)
	开阔台地	Katykamys 1，Ortalyk 1、Ortalyk 3、Pridorozhnaya 14(共 4 口井)
	潮缘带	没有钻井
C_1v	低能外缓坡	没有钻井
	台地边缘	Tamgalytar 1-G、Tamgalytar 2-G、Tamgalytar 5-G、Bulak 2、West Oppak 1、West Oppak 2、West Oppak 3、Oppak 1、Kendyrlik 2、Kendyrlik 3、Kendyrlik 5-RD、Terekhovskaya 1-P(共 12 口井)
	台内高能滩	Ortalyk 1、Ortalyk 3、Assa 1、North 1(共 4 口井)
	开阔台地	Katykamys 1，South 15，Pridorozhnaya 2-气层、Pridorozhnaya 4-气层、Pridorozhnaya 6-气层、Pridorozhnaya 11-气显示(共 6 口井)
	潮缘带	没有钻井

续表

层位	沉积相	探井井数
$D_3fm_1^1$	扇三角洲	West Oppak 2、West Oppak 3，Kendyrlik 3、Pridorozhnaya 2、Pridorozhnaya 3、Pridorozhnaya 4、Pridorozhnaya 5、Pridorozhnaya 7、Pridorozhnaya 10、Pridorozhnaya 11、Pridorozhnaya 12、Pridorozhnaya 13、Pridorozhnaya 14(共 13 口井)
	辫状河三角洲	没有钻井
	冲积扇	Tamgalytar 1-G、Ortalyk 2、Assa 1、West Oppak 1、Pridorozhnaya 9(共 5 口井)
	冲积平原	Pridorozhnaya 8(共 1 口井)
	滨浅湖	Pridorozhnaya 6(共 1 口井)
$D_3fm_1^2$	扇三角洲	没有钻井
	辫状河三角洲	Assa 1、Pridorozhnaya 13 口井(共 14 口井)
	冲积扇	参考 SQ1
	冲积平原	Ortalyk 1、West Oppak 1，West Oppak 2，West Oppak 3(共 4 口井)
	滨浅湖	Pridorozhnaya 6(共 1 口井)

天然气显示井 6 口，4 口分布在台地边滩相。总体来看，目前探井主要是集中在台地边滩相带，并且都有不同程度的天然气显示(图 7-4-3)。

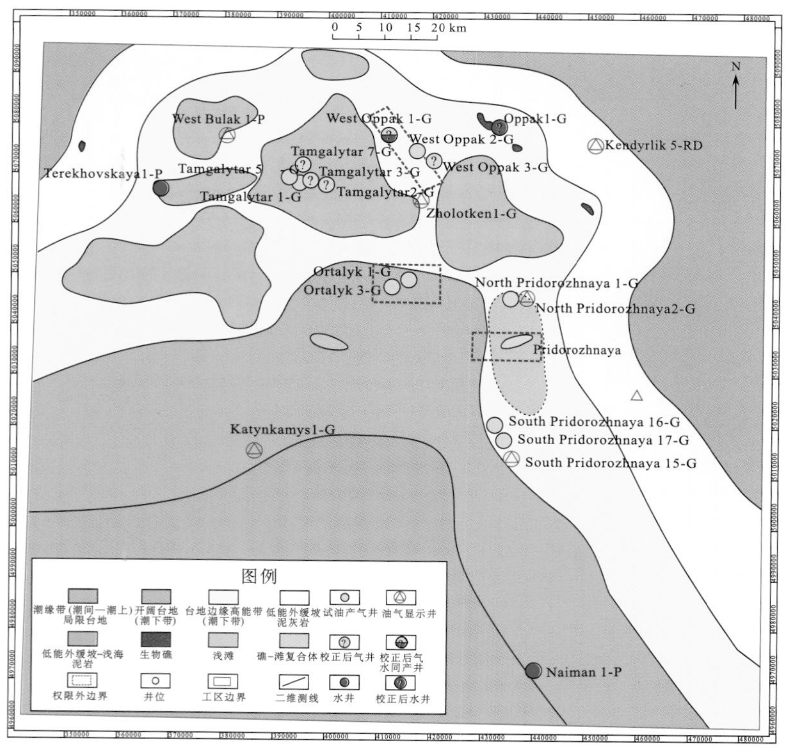

图 7-4-3 Marsel 探区 C_1sr 沉积相与油气显示叠合图

2. C_1v

Marsel 探区钻遇 C_1v 探井 22 口，其中工业气流井和老井复查后确认的工业气流井 14 口，主要分布在台地边滩和开阔台地相中。5 口天然气显示井中有 4 口在台地边滩相中，在其他相带发现的气流井相对很少。苏联时期已经发现的路边气田、West Oppak 气田和 Ortalyk 气田都在前述两种相带中。从这种分布情况来看，沉积相与天然气的聚集有着明显的控制关系(图 7-4-4)。

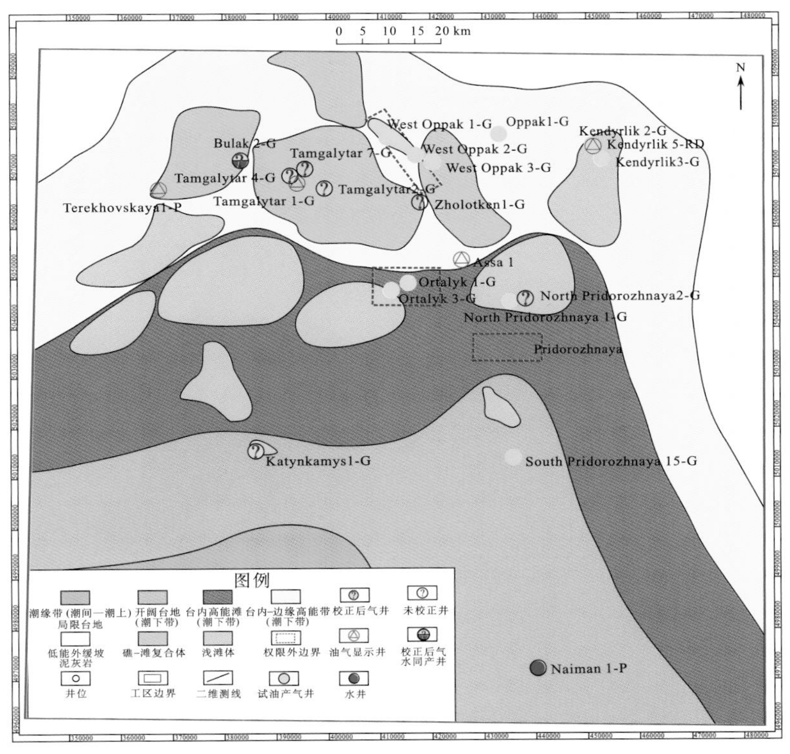

图 7-4-4　Marsel 探区石炭系 C_1v 沉积相与油气显示叠合图

3. $D_3fm_1^2$

Marsel 探区钻遇 $D_3fm_1^2$ 探井 19 口。从 $D_3fm_1^2$ 沉积相展布图可以看出，该套地层沉积时期，Marsel 探区为南北走向的狭长断陷，两侧为陡坡带，物源主要在区块的西北部和东北部，形成了近距离的冲积扇-冲积平原-辫状河三角洲/扇三角洲-湖泊沉积。沉积水体总体上呈现出南部较深且范围大，北部较浅且范围小，沉积物源北侧多，南侧少的特点。并且在此时期地表气候表现为干旱、炎热的特点，主要发育较细粒的砂岩、粉砂岩，以及砂砾岩和泥岩薄夹层；砂体展布在研究区北部，以西薄东厚为特征，Tamgalytar 区最薄，均小于 50m，中部 Oppak 区块和东部 Kendyrlik 区块较厚，可达 300～400m；研究区南部以西厚东薄为特征，西部三角洲砂体可达 400m，东部较薄，在 100m 以下。目前发现的工业气流井包括 Assa 1 井和路边构造

的13口井，都分布在辫状河三角洲沉积相中。老井复查后确定的工业气流井Oppak 1-G也分布在辫状河三角洲沉积相中（图7-4-5）。

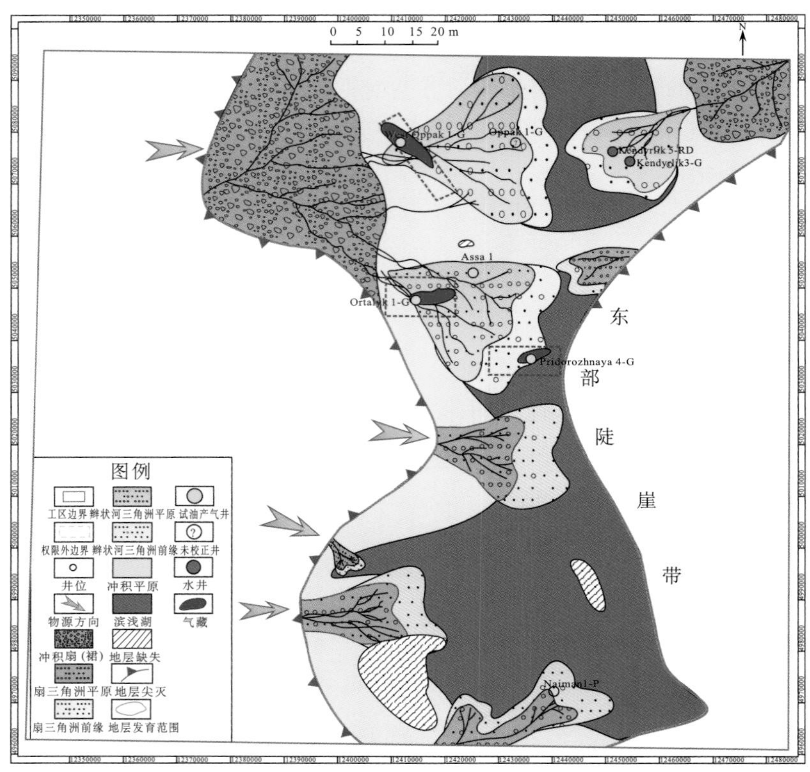

图7-4-5　Marsel探区$D_3fm_1^2$沉积相与油气显示图

4. $D_3fm_1^1$

Marsel探区钻遇$D_3fm_1^1$探井20口。$D_3fm_1^1$时期，物源主要来自西部低缓区，次要物源来自东北部及南部山区。随着湖平面的不断上升，垂向上以由粗到细上升半旋回为主。在西部缓坡带发育冲积扇-扇三角洲-湖泊沉积，在东北部缓坡带发育扇三角洲-湖泊沉积，在东部陡坡带沉积物很少，南部发育扇三角洲-湖泊沉积。主要发育较粗粒的角砾岩、砾岩、砂砾岩及砂岩，局部夹泥岩，砂体展布以北部Oppak区块（可达400m）和南部Naiman区块（可达上千米）最厚，区块西部最薄，仅20～40m。目前已发现的工业气流井主要分布在扇三角洲相带中（图7-4-6）。

三、盖层与已发现气藏分布的关系

Marsel探区区域性盖层为二叠系的膏盐岩，全区稳定分布。此外，还发育D_3fm_{2+3}、C_1t、C_1v_1、C_1v_2、C_1sr等局部盖层，局部盖层除了膏盐岩以外，泥岩厚度也较大。盖层

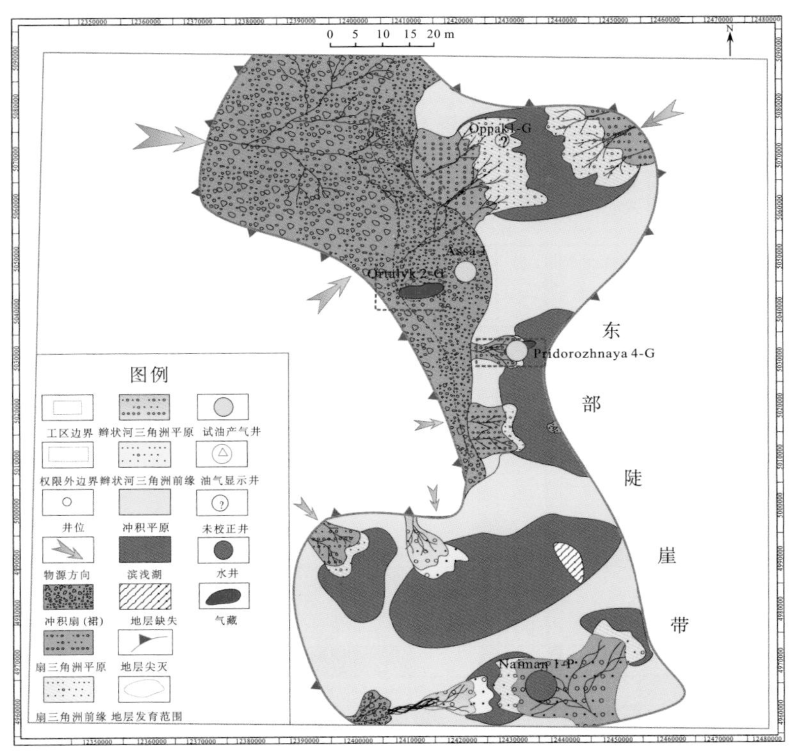

图 7-4-6 Marsel 探区 $D_3fm_1^1$ 沉积相与油气显示图

层位与天然气显示的统计关系图(图 4-3-9、图 4-3-20 和图 5-3-5)中可见，在区块内主要的几个构造上，泥盆系和石炭系盖层都很发育，但是存在一定的差异。C_1sr 盖层在主要构造都有分布，C_1v 则存在局部缺失，C_1v_3 在 Assa 构造缺失，C_1v_2 在南路边和北路边构造缺失。泥盆系 D_3fm_{2+3} 膏盐岩盖层主要分布在南路边、北路边和 Kendyrlik 构造，这与当时的沉积环境有直接关系。

纵向上，气层和天然气显示层的分布与直接盖层具有重要关系。实际上 Marsel 探区二叠系膏盐岩盖层相当于一套巨厚的被子形成了区域上的有效封盖，而对于天然气的聚集来讲，直接盖层则决定了分布的层位。$D_3fm_1^1$ 和 $D_3fm_1^2$ 两套陆相储层中的天然气分布主要是在直接盖层的作用下，而对于 C_1v 和 C_1sr 来讲，膏盐岩作为直接盖层发挥了关键的作用。纵向上天然气显示与膏盐岩发育有一定关系，这种关系依赖于直接盖层与间接盖层的共同作用(图 7-4-7)。

四、叠复连续气藏有利成藏区带综合预测

Marsel 探区存在多套烃源岩、多套储层和多套盖层，构成了多套生储盖组合。从目前的勘探结果来看，生、储、盖三个要素对天然气的分布都有控制作用。这种控制作用主要表现在如下几个方面：①已发现工业气流井和天然气显示井在排烃中心附近分布。泥盆系和石炭系都有这样的特征，越靠近排烃中心，工业气流井越多。②在有利的

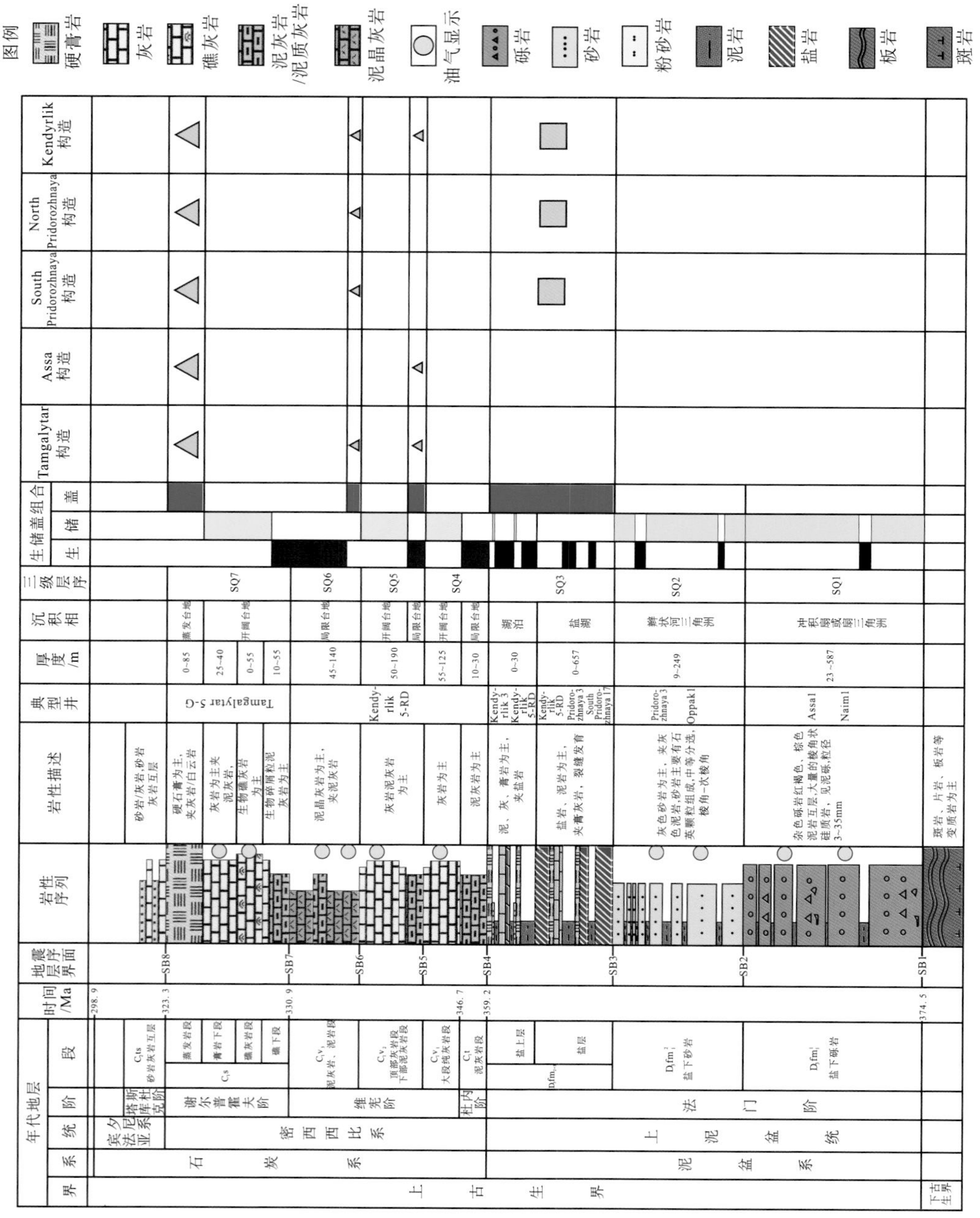

图 7-4-7 Marsel 探区盖层与气藏关系图

相带分布。目前所发现的天然气井，在泥盆系主要分布在辫状河三角洲和扇三角洲沉积相带中，在石炭系主要分布在台地边滩和开阔台地相中。③受直接盖层控制。在泥盆系和石炭系都有膏盐岩盖层发育，这些局部的直接盖层决定了天然气分布的纵向层位。

依据前述分析，采用多因素叠合的方法对 Marsel 探区有利的成藏区带进行了预测。预测方法是将生储盖各单一因素进行平面成图并叠加，根据三个要素与天然气分布的不同关系，以近源-有利相带-盖层发育叠合区作为最有利区，如果三个要素同时存在，但只满足两个条件的作为有利区，这样平面叠加获得了依据生储盖组合预测的有利成藏范围。从 4 套目的层的预测结果来看，Marsel 探区有利成藏范围主要在工区北部，从南路边构造开始，一直延伸到区块北部边界。但泥盆系和石炭系存在一定差异。

1. C_1sr 有利区

C_1sr 目的层有利区主要分布在区块的北部，包括路边构造、Tamgalytar 构造、West Oppak 构造等。在路边和 Ortalyk 构造附近的很大范围，都是最有利的成藏范围。主要是由于在这片范围内，恰好处于烃源岩的排烃中心，储层的沉积相类型以台地边滩和开阔台地为主。目前已经发现的天然气井主要分布在这个区域。West Oppak 构造附近的有利区靠近北部的排烃中心，沉积相类型与 Ortalyk 构造附近相一致，为开阔台地。在 Tamgalytar 构造附近则属于有利的勘探区，这一区带储层沉积相类型很有利，盖层也很发育，但是距排烃中心相对较远(图 7-4-8)。

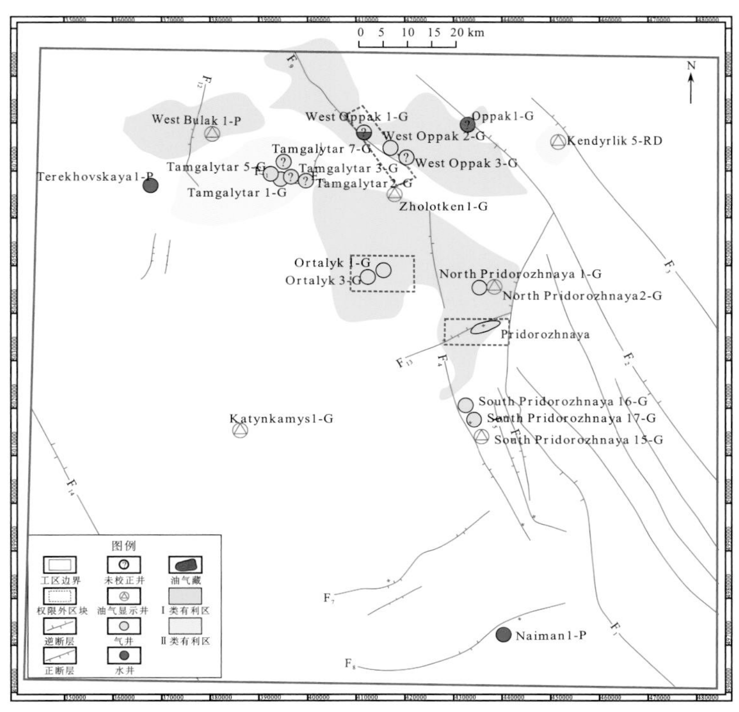

图 7-4-8 Marsel 探区 C_1sr 有利区预测图

2. C_1v 有利区

C_1v 目的层有利区范围比 C_1sr 大得多，在区块的西北大部分地区属于有利区范围。这与 C_1v 目的层的沉积相类型和烃源岩的分布有重要关系。石炭系烃源岩主要分布在 C_1v，并且，C_1v 本身储集层很发育，属于开阔台地和台地边滩相。几个主要构造在该套目的层都已发现天然气。包括 Tamgalytar 构造、Ortalyk 构造、West Oppak 构造、路边构造等。但由于该套目的层在南路边构造以南，储集层沉积相类型不好，且烃源岩不发育，所以，不具备天然气成藏的有利条件(图 7-4-9)。

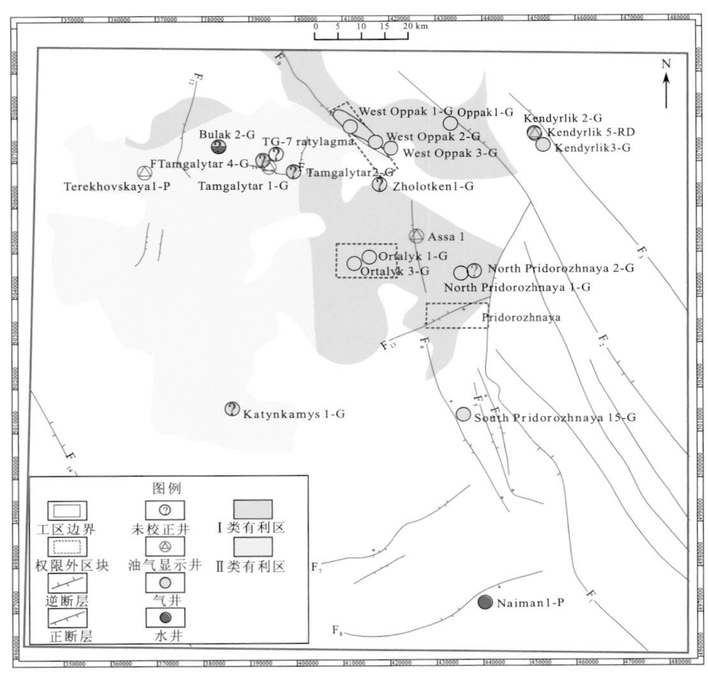

图 7-4-9　Marsel 探区 C_1v 有利区预测图

3. $D_3fm_1^2$ 有利区

由于石炭系和泥盆系沉积环境的差异，使得两套地层的生储盖组合分布差别较大，有利区预测结果同样存在较大差异。

$D_3fm_1^2$ 目的层有利区范围主要在工区的东部偏北，围绕着路边、北路边和南路边等构造形成一个连片的有利区范围。此外，在 Oppak 构造和 West Oppak 构造附近也发育一片有利区。目前已经勘探发现的 Assa 构造和 Ortalyk 构造也具有有利的储盖组合(图 7-4-10)。

4. $D_3fm_1^1$ 有利区

$D_3fm_1^1$ 目的层生储盖组合预测的有利区范围与 $D_3fm_1^2$ 差别不大，同样存在两个有利

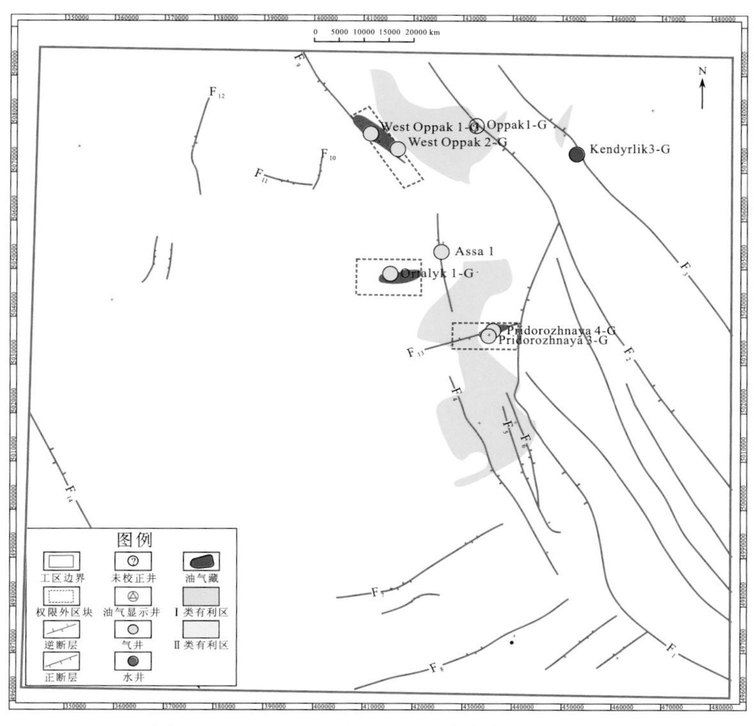

图 7-4-10 Marsel 探区 $D_3fm_1^2$ 有利区预测图

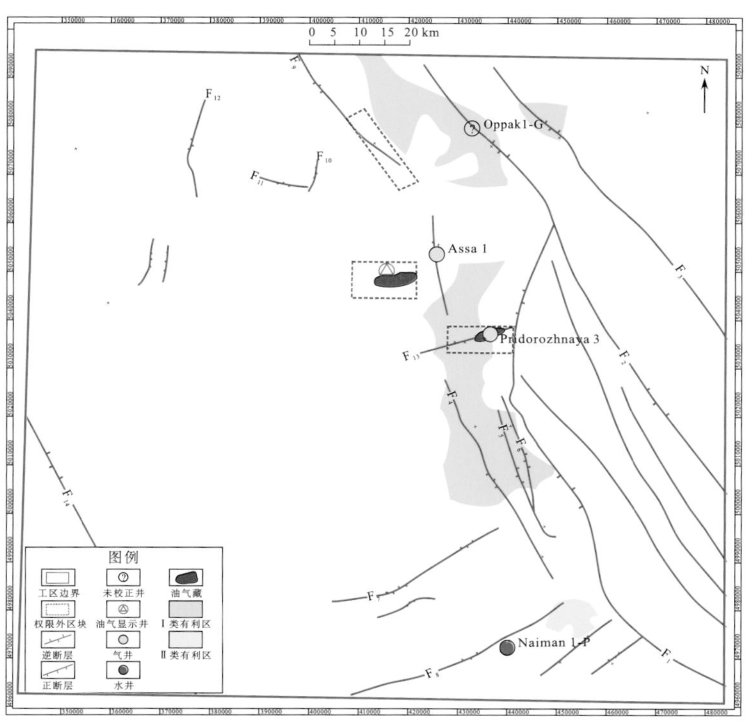

图 7-4-11 Marsel 探区 $D_3fm_1^1$ 有利区预测图

区范围，围绕着路边、北路边和南路边等构造形成的有利区范围与 $D_3fm_1^2$ 目的层基本相当。但在 Oppak 构造和 West Oppak 构造附近的有利区具有一定差别，主要是在 West Oppak 构造生储盖组合有利区范围相对要小(图 7-4-11)。

参考文献

冯增昭. 1993. 沉积岩石学. 北京：石油工业出版社.

郝石生，黄志龙，高耀斌. 1991. 轻烃扩散系数的研究及天然气运聚动平衡原理. 石油学报，12(3)：17-24.

姜在兴. 2003. 沉积学. 北京：石油工业出版社.

庞雄奇，李丕龙，张善文，等. 2007. 陆相断陷盆地相势耦合控藏作用及其基本模式. 石油与天然气地质，28(5)：641-652.

Gressly A. 1938. Observation geologiques sur le jura soleurois，Neue Denkschr. Allg. Schweiz，Ges. Naturw，2：1-112.

Selley R C. 1970. Studies of sequence in sediments using a simple mathematical device. Qautely the Geological，125：557-581.

第八章 叠复连续气藏最有利成藏区地质预测与评价

第一节 叠复连续气藏有利发育领域预测与评价

一、Marsel 探区浮力成藏下限与油气成藏底限研究

1. 浮力成藏下限控制深部致密油气成藏顶界

浮力成藏下限系指地层介质因埋深增大、压实作用增强而普遍使孔隙度降低、渗透率降低、孔喉半径变窄之后，浮力对油气运移成藏不再起主导作用的深度下限（图 8-1-1）。浮力成藏下限之下，储层致密，孔隙空间缺少自由流动的流体，油气成藏的主要动力为毛细管压力，形成多种类型的致密油气藏。因此，浮力成藏下限控制了深部油气藏的顶界。

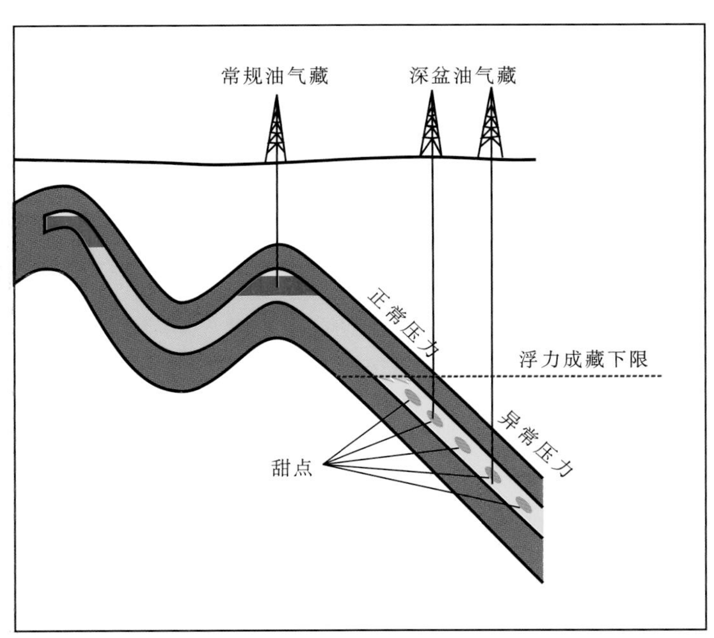

图 8-1-1 浮力作用成藏下限地质概念模型及其控油气分布规律（Hill et al.，2001，修改）

浮力作用条件分析和物理模拟实验结果表明，浮力成藏下限是油气藏内部压力（P_e）、上部静水压力（P_w）、介质内毛细管力（P_c）三者之间平衡的结果（庞雄奇等，2003a）。对于具体的研究

区域可以通过计算这三者的大小来确定浮力成藏下限。通常用与深度对应的储层孔隙度、孔喉半径或渗透率表征，一般为孔隙度小于12%、渗透率小于1mD、孔喉半径小于2μm。

Marsel探区主要目的层沉积储层的研究表明，下石炭统为碳酸盐岩沉积，测井资料重新处理解释结果表明属于致密储层，孔隙度分布主要为3%～7%，渗透率小于1mD；上泥盆统湖相沉积砂岩储层同样致密，孔隙度分布主要为4%～8%，渗透率小于1mD。由此可以确定研究区主要目的层石炭系和泥盆系处于浮力成藏下限之下。在上石炭系沉积之上发育的二叠系为一套海陆过渡相沉积，发育巨厚的膏盐岩沉积。由于研究区资料有限，通常难以通过计算的方法获得精确的浮力成藏下限值，因此本次研究主要是通过目的层储层特征分析确定石炭系和上泥盆统处于浮力成藏下限之下，将石炭系顶界初步确定为浮力成藏下限(图8-1-2)。

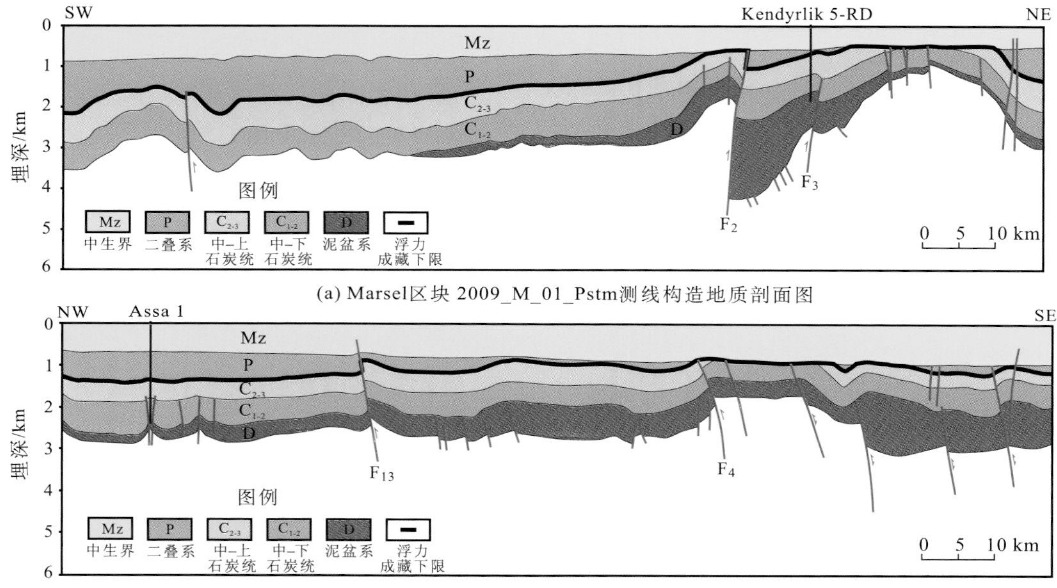

(a) Marsel区块 2009_M_01_Pstm测线构造地质剖面图

(b) Marsel区块 2011_M_01_FStk1测线构造地质剖面图

图8-1-2 Marsel探区浮力成藏下限剖面分布图

2. 油气成藏底限控制油气成藏下限

油气成藏底限系指工业性油气藏形成的理论下限，它与地层束缚水饱和度达到100%的深度界面对应一致。在这一底界之下，油气难以继续富集，早前富集的油气在这一阶段被排出储层之外或被完全束缚于储层之中而难于开采(图8-1-3)。实际地质条件下可以是与这一动力学边界对应的埋深等临界地质条件，包括储层孔隙度、渗透率或孔喉半径。油气成藏底限不是储层内显示有油气存在的底限，或者说见到油气显示并不能说明还没有进入油气成藏底限。储层内见到的油气可能是它在进入成藏底限之前聚集的；油气成藏底限之下油气勘探风险很大，但并非为油气勘探的死亡之地，早期聚集的油气在埋深变大后可能还得到了保存，例如碳酸盐岩溶蚀孔洞中聚集的油气。一般情况下，进入成藏底限之后的储层孔隙度非常小、渗透率非常低，即便目前保存有早期阶段形成的一定数量的油气，在现有技术与条件下也不可能得到商业性开采。

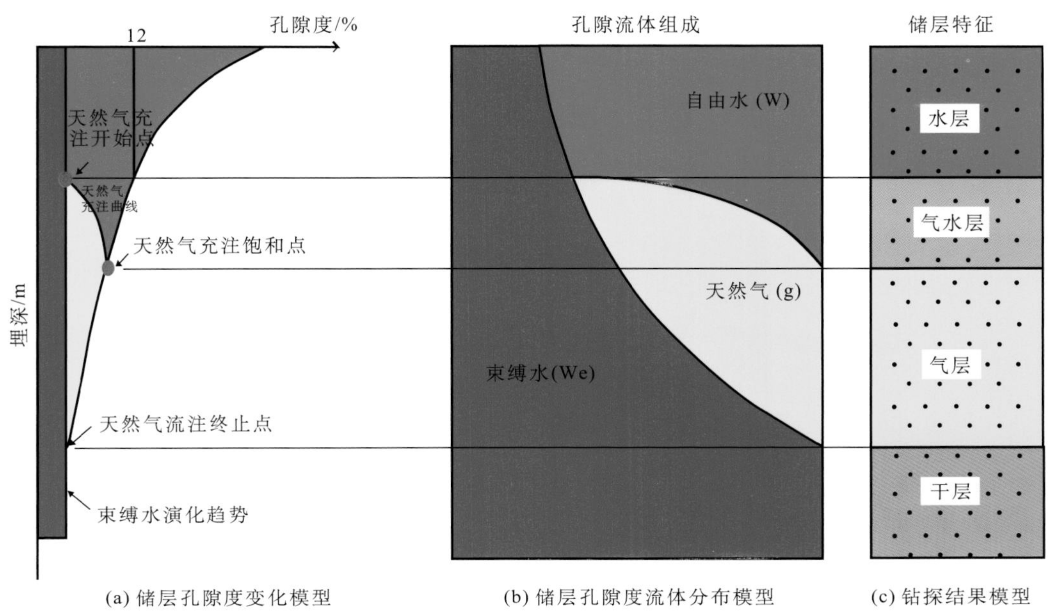

图 8-1-3 含油气目的层孔隙度变化与油气成藏底限概念模型

根据第一章油气成藏底限及其控油气作用分析可知，油气成藏底限可以由多种方法确定：①研究目的层随埋深增大过程中的孔隙度和渗透率变化特征确定成藏底限。当孔隙度太低、渗透率太小、油气不能在储层内运移时，它们将会导致油气成藏作用结束。判别标准是渗透率不大于 0.001mD 或孔隙度不大于 2.4%。②研究目的层内外界面势差随埋深增大的变化特征确定油气成藏底限。由于致密储层内油气成藏动力为毛细管压力差，当目的层内外势差随埋深增大而减小到某一临界值后，油气不能继续汇聚而导致成藏作用结束。③研究目的层内有效孔隙度或束缚水饱和度随埋藏深度增大的变化规律确定油气成藏底限。由于研究区钻遇泥盆系的井比较少，相关资料相对较少。研究区泥盆系沉积之下为下古生界(Pz_1)基底，主要岩性为浅变质的板岩、片岩。因此，可以初步地将研究区油气成藏底限定为泥盆系底界。由于油气成藏底限受众多因素的影响，储层岩石颗粒变好、分选变好、断裂发育等因素都会使油气成藏底限变深(图 8-1-4)。因此，在断裂发育的区域，其油气成藏底限可能更深。

二、Marsel 探区纵向上局限流体动力场分布

依据浮力成藏下限和油气成藏底限将研究区含油气盆地划分为三个流体动力场(图 8-1-5)：中浅层自由流体动力场、中深层局限流体动力场和深部束缚流体动力场。

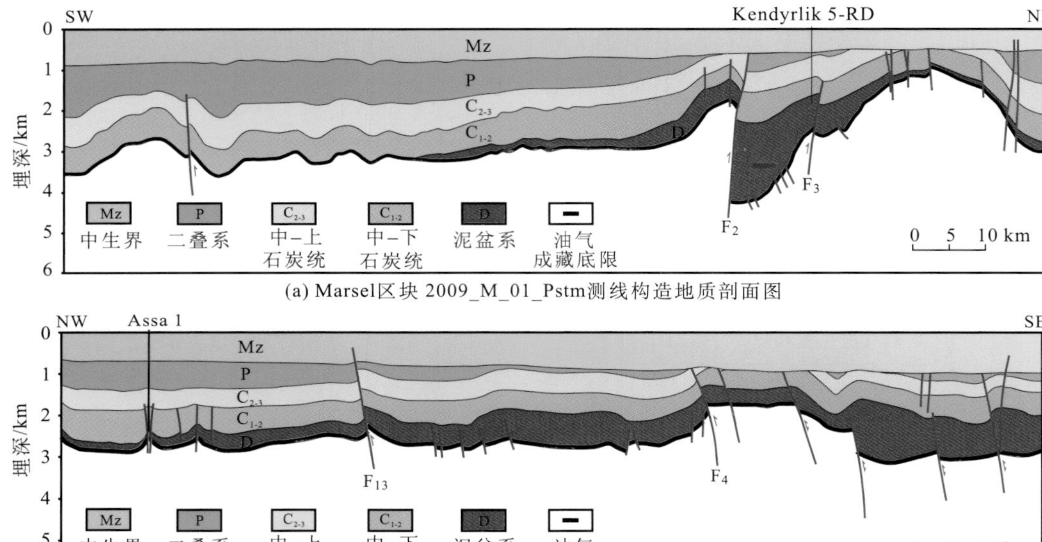

(a) Marsel区块 2009_M_01_Pstm测线构造地质剖面图

(b) Marsel区块 2011_M_01_FStk1测线构造地质剖面图

图 8-1-4 Marsel 探区油气成藏底界剖面分布图

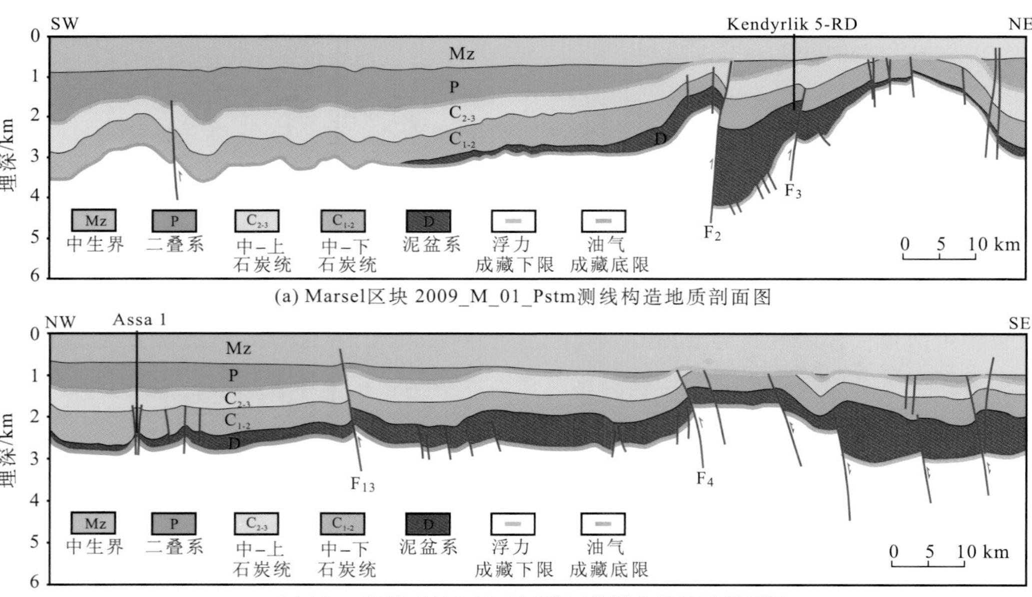

(a) Marsel区块 2009_M_01_Pstm测线构造地质剖面图

(b) Marsel区块 2011_M_01_FStk1测线构造地质剖面图

图 8-1-5 Marsel 探区流体动力场划分剖面图

由图 8-1-5 可以看出二叠系及其以上主要为中浅层自由流体动力场，在该流体动力场内，浮力在油气成藏中起主导作用，主要形成常规构造油气藏。石炭系和泥盆系处于中深层局限流体动力场，在该流体动力场内缺乏自由流动的自由水，浮力作用受到限制，毛细管力成为油气成藏的主要动力，主要形成不同类型致密油气藏，纵向上相互叠置，平面上大面积成片，研究区目前已发现的气藏及主要的产气井均位于该流体动力场内，平面上已经表现出大面积含气的特征。泥盆系以下的基底则属于深部束缚流体动力场，该流体动力场内由于储层缺少有效孔隙，一般只存在束缚水膜，浮力作用消失，毛细管力作用有限，通常属于无油气聚集区，特殊情况下，油气可以在次生孔隙中聚集形成次生孔隙油气藏。

三、Marsel 探区平面上局限流体动力场分布

平面上，根据浮力成藏下限和油气成藏底限可以划分出不同类型流体动力场的分布。测井结果显示，研究区主要目的层 C_1sr、C_1v、$D_3fm_1^2$、$D_3fm_1^1$ 表现出储层普遍致密，孔隙度均小于 12%。其中 C_1sr、C_1v 碳酸盐岩储层孔隙度均小于 10%，研究区中部储层孔隙度相对较好，由中部向北部和南部变差；上泥盆统致密砂岩储层孔隙度均小于 11%，而 $D_3fm_1^2$ 储层孔隙度相对 $D_3fm_1^1$ 储层孔隙度较好，同时研究区北部储层孔隙度要好于研究区南部。总而言之，研究区主要目的层下石炭统和上泥盆统储层普遍致密，现今平面上整个研究区均处于局限流体动力场(图 8-1-6)。

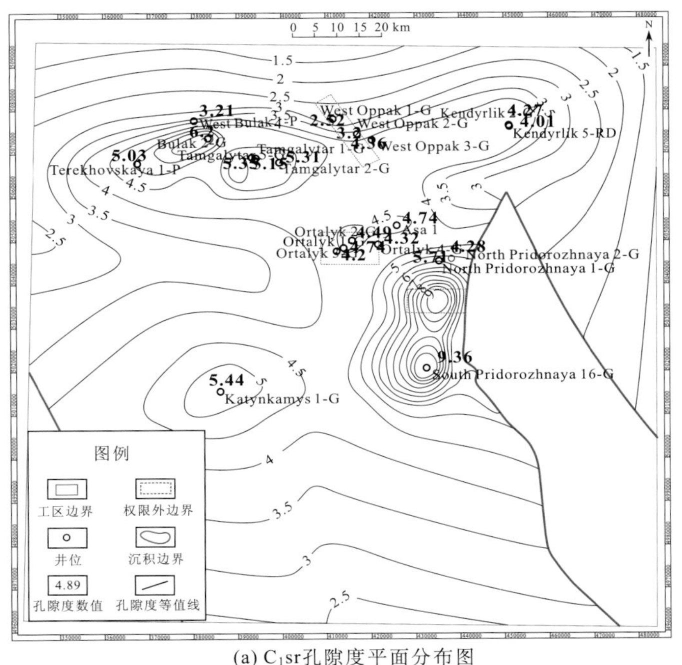

(a) C_1sr孔隙度平面分布图

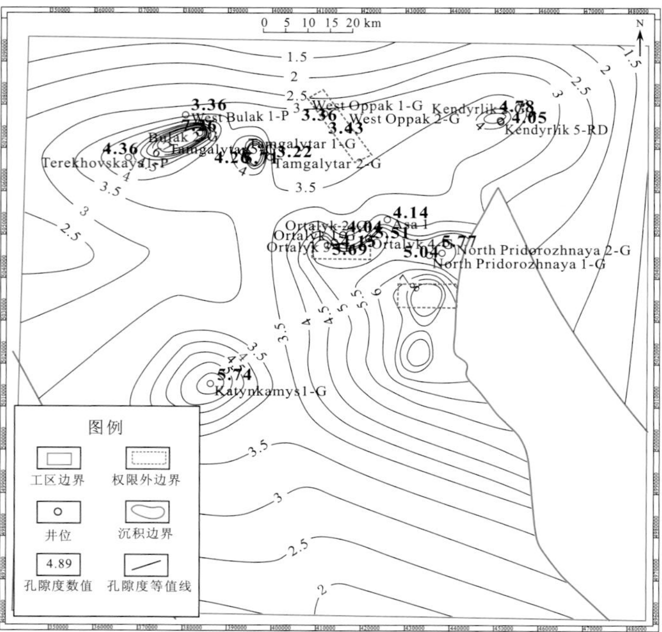

(b) C_1v孔隙度平面分布图

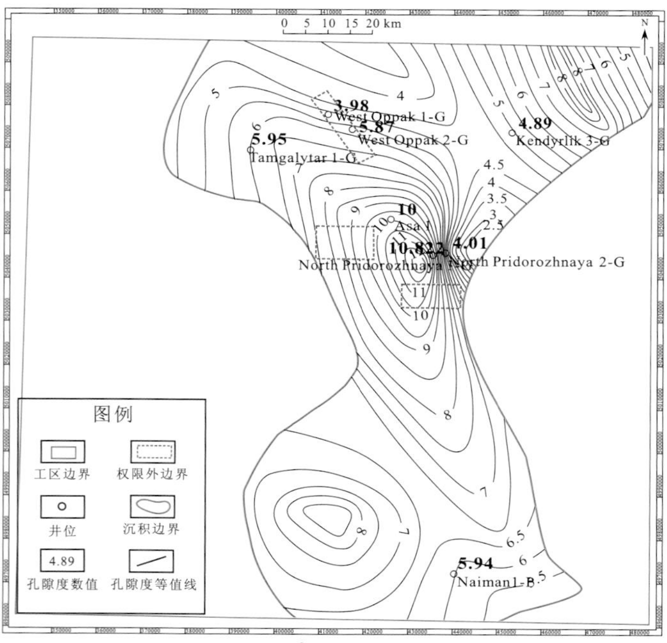

(c) $D_3fm_1^2$孔隙度平面分布图

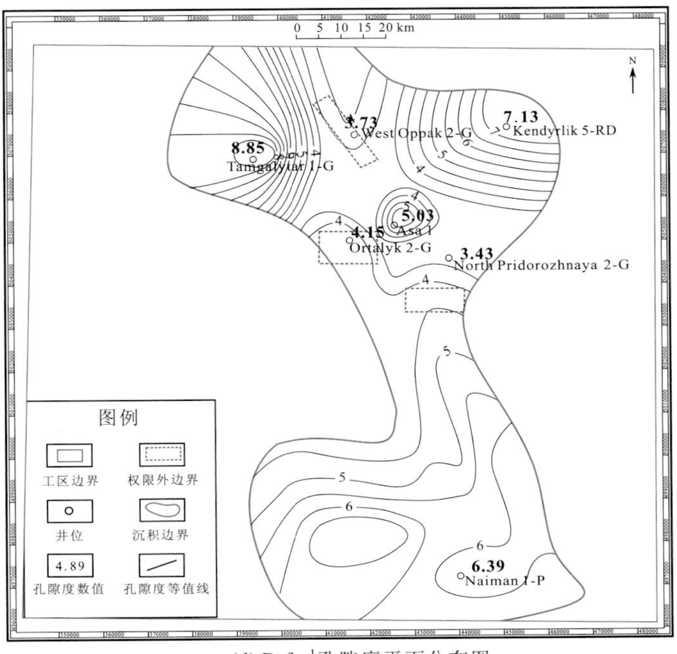

(d) $D_3fm_1^1$孔隙度平面分布图

图 8-1-6 Marsel 探区主要目的层孔隙度平面分布图

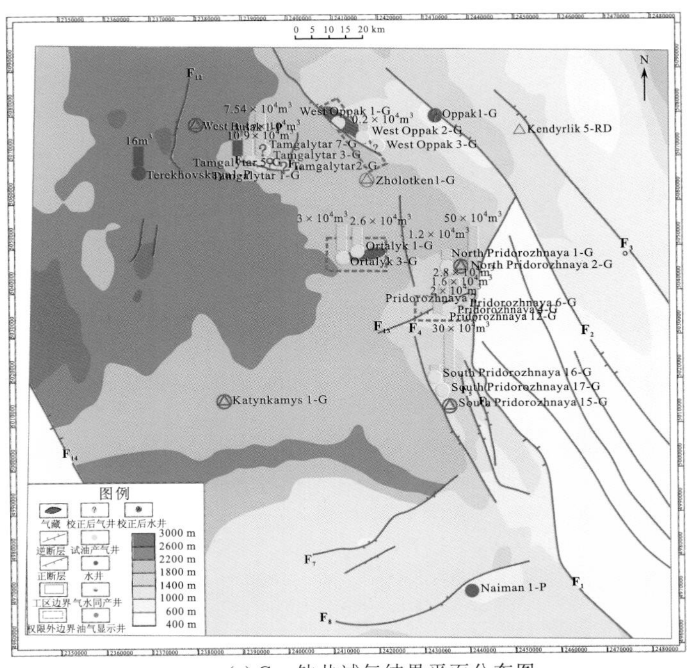

(a) C_1sr钻井试气结果平面分布图

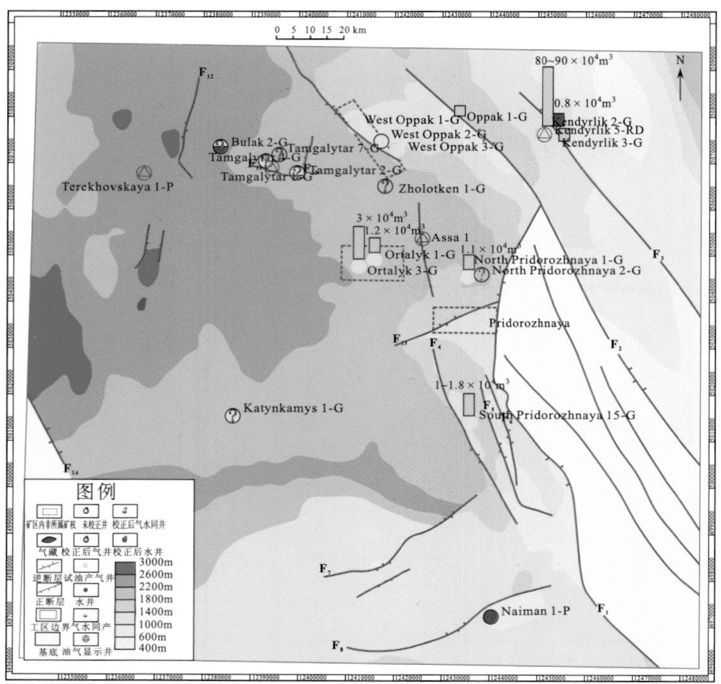

(b) C_1v钻井试气结果平面分布图

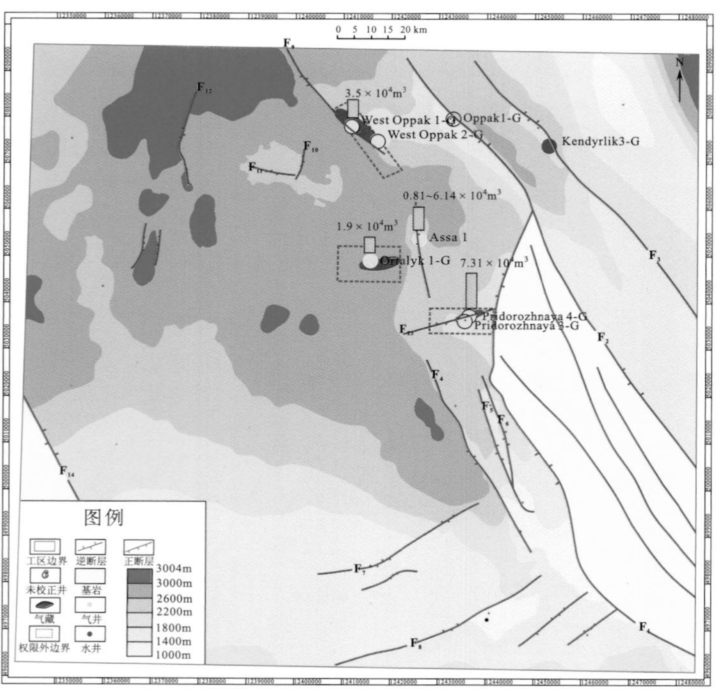

(c) $D_3fm_1^2$钻井试气结果平面分布图

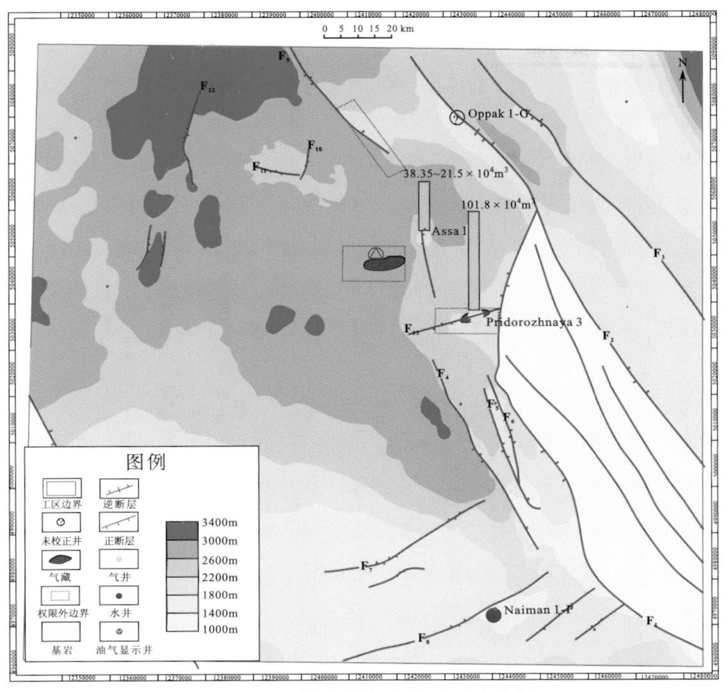

(d) $D_3fm_1^1$钻井试气结果平面分布图

图 8-1-7 不同目的层钻井试气结果

平面上已有的探井试气结果也表现出局限流体动力场特征。研究区至目前为止已发现 34 个局部构造，在其中的 13 个局部构造上已钻探 76 口井，在其中 9 个局部构造上已有油气显示。根据不同层位钻井试气结果可以看出(图 8-1-7)，已发现的气井均位于研究区斜坡带；在拗陷的深凹区，测试基本不含水。目前已经证实的含水构造 Kendyrlik 构造和 Naiman 构造均位于研究区隆起部位。整体上表现为高部位含水，低部位产气的特征。

第二节 叠复连续气藏有利发育区带地质预测与评价

一、致密常规气藏有利分布发育区预测与评价

根据第一章阐述的“T-CDMS”常规型致密气藏预测模型，本次研究对区域盖层(C)、有利的沉积相带(D)、古隆起(M)和烃源灶(S)四大主控因素进行了控油气作用分布范围预测，并利用功能要素叠合方法预测了致密常规气藏的有利发育区。

1. 烃源灶控油气分布范围预测

烃源灶是指某一地史时期或成藏期源岩大量排运油气的范围。烃源灶的存在为沉积

盆内油气藏的形成提供了油气来源，且烃源灶的大小及其生排烃量决定了周边油气成藏的规模、分布范围、资源潜力和圈闭的含油气性(周兴熙，2000)。统计研究表明，我国已发现的73个大中型油气田都分布在成藏期有效烃源岩内或周边100km^{2}的范围，其中油藏的分布离烃源灶中心不超过50km^2(庞雄奇等，2008)；源灶内生排油气强度越大，能够形成的油气藏规模越大，1km^{2}生气量小于10×10^8 m^{3}或生油量小于45×10^4 t的烃源灶内不能形成具有工业价值的油气藏(戴金星等，1996；金之钧等，2003)。赵文智等(2005)认为高效气源灶的存在对大中型气藏的形成发挥着高效的作用。

Marsel探区共发育三套有效的烃源岩，按照沉积的先后顺序自底部向顶部分别是上泥盆统法门阶湖相烃源岩(D_3fm)、下石炭统维宪阶(C_1v)和谢尔霍夫阶(C_1sr)海相烃源岩。

下石炭统烃源岩具有厚度大、分布广的特征，主力烃源岩层段(C_1sr、C_1v_3)基本覆盖整个研究区块，因此整个下石炭统又可以认为发育一整套优质烃源岩。优质烃源岩(TOC＞1.0％)主要分布在研究区东北部。有效烃源岩排烃研究结果显示，下石炭统有效烃源岩存在两个排烃中心，分别位于区块的中部和北部，排烃中心排烃强度达400×10^4 t/km^2，排烃强度向南部逐渐减小。上泥盆统烃源岩发育总体受沉积相控制，研究区的泥盆系主要为陆相裂陷湖盆沉积，因此烃源岩发育明显受沉积相控制，范围主要集中在研究区东北部及中东部，在研究区西部和东南部出现大面积缺失。有效烃源岩排烃研究结果显示，上泥盆统有效烃源岩存在着两个排烃中心，中东部排烃中心的排烃强度大于北部排烃中心的排烃强度，排烃中心最大排烃强度达216×10^4 t/km^2。

根据已钻探井试气结果和探井油气显示情况与不同目的层有效烃源岩的排烃强度关系可以看出(图7-2-6、图7-4-1)，研究区的试气采气井均出现在排烃中心附近，靠近排烃中心边缘，则出现采水井。目前已发现的三个气田：West Oppak气田、Ortaly气田、Pridorozhnaya气田，均处于排烃中心附近。由此可见，烃源灶的分布控制着天然气藏的分布。

2. 古隆起控油气分布范围预测

古隆起是有利的成藏区域，且控制油气藏分布(冉启贵等，1997；张宗命和贾承造，1997；徐旭辉，2004)，这一观点已被广大学者所接受，并且国内外许多实例也可证明该观点的科学性(Kamerling，1979；张子枢，1990；邱中建和张一伟，1998；卫平生和郭彦如，1998；翟光明和何文渊，2004；孙冬胜等，2007；王怀杰，2010)。戴金星等(1997)认为古隆起及古构造史是形成大中型气田的重要因素，生气中心或周缘的长期性古隆起是天然气长期运移和聚集的有利场所。古隆起对油气藏的形成分布控制原理是：古隆起具有低势的特点，凹陷中的烃经源岩排出后，在浮力作用下，自然地由凹陷高势区向隆起低势区运移，在适合的圈闭内聚集成藏。

这里研究的古隆起即盆地或凹陷的正向构造单元。通过对研究区构造演化的分析，编制了主要目的层的层顶面构造图，可以识别出凹陷的正向构造单元。构造运动产生的古隆起对后期气藏的形成起着控制作用。早期储层未致密化时，天然气的聚集是沿着纵横向的优势运移通道在古隆起构造高点发生聚集，而地层尖灭形成的地层岩性圈闭也受控于古隆起。研究区现今的构造分布与已发现的油气关系证明隆起对气藏分布有着明显的控制作用(图 8-2-1)。

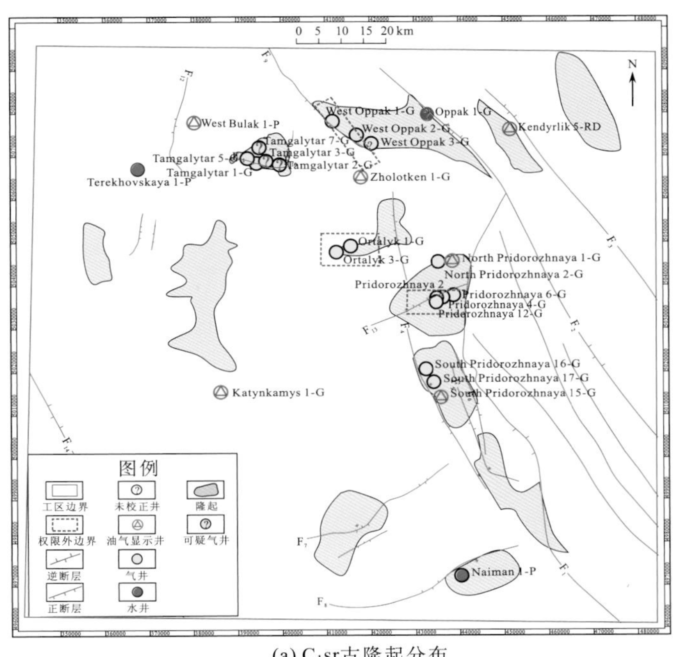

(a) C_1sr古隆起分布

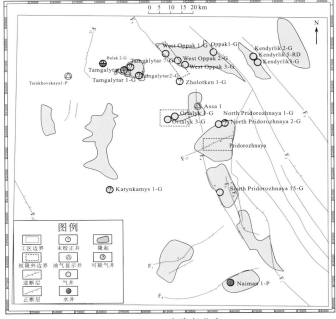

(b) C_1v古隆起分布

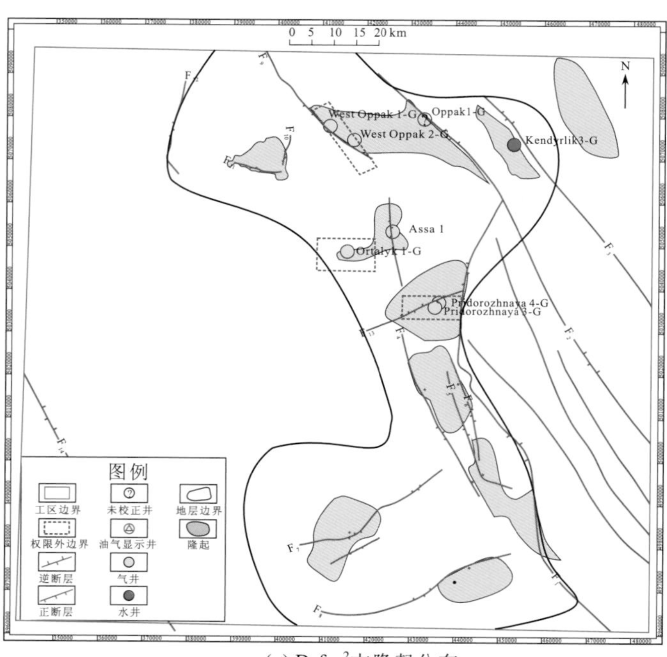

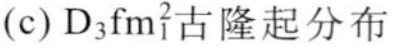
(c) $D_3fm_1^2$古隆起分布

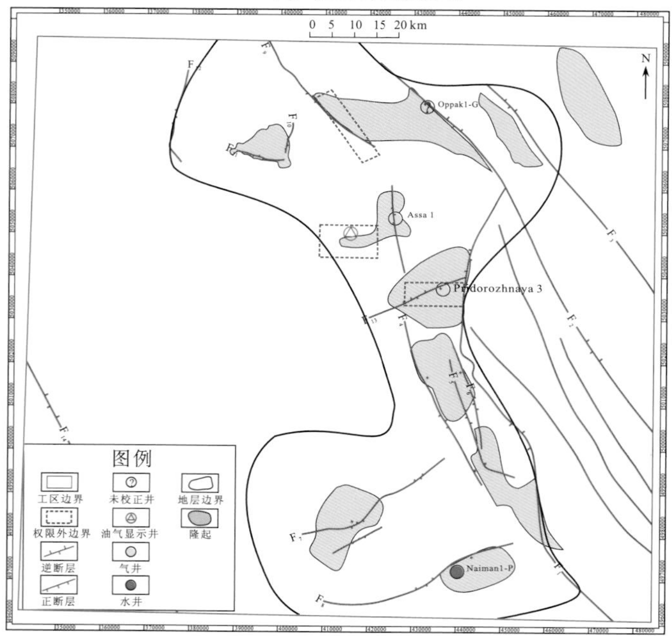

(d) $D_3fm_1^1$古隆起分布

图 8-2-1 Marsel 探区主要目的层古隆起分布图

3. 沉积相控油气分布范围预测

有利的沉积相带是形成有效储层并使油气聚集成藏的最佳场所。研究区下石炭统是一套海相碳酸盐岩沉积，层序整体自下而上表现为一个从水进到水退的二级沉积序列，最大水进期位于 C_1v_3段。下石炭统沉积期盆地整体表现为相对平缓地势，水动力条件中等。盆地边缘为相对平缓的潮缘带，向海方向过渡为潟湖、浅滩环境，再向海方向为相对宽的台地环境，发育星状分布的点礁和局部环礁及浅滩沉积。礁体分布范围比镶边台地的台地边缘的线状礁分布要广。平面上，C_1sr 从南向北沉积相带展布依次为：潮缘带、开阔台地、台地边缘高能带、低能外缓坡、低能外缓坡-浅海，其中台地边缘高能带中发育礁-滩复合体和浅滩；C_1v 从南向北沉积相带展布依次为：潮缘带、开阔台地、台内高能滩、台内-边缘高能带、低能外缓坡。台内-边缘高能带的礁-滩复合体、浅滩及台内高能带的浅滩是储层发育的地带。

研究区泥盆系主要发育上泥盆统法门阶(D_3fm)，是一套断陷湖盆沉积。它可以划分为 3 个三级层序，分别为盐下层下部的 $D_3fm_1^1$层序、盐下层上部的 $D_3fm_1^2$层序、盐层和盐上层的 D_3fm_{2+3}层序。泥盆系沉积初期 $D_3fm_1^1$时期湖泊孤立且沉积范围较小，全区以粗粒的冲积扇、扇三角洲砂砾岩沉积为主；$D_3fm_1^1$—$D_3fm_1^2$，湖平面不断上升，湖泊沉积范围不断变大，发育扇三角洲和辫状河三角洲；至 D_3fm_{2+3}初期湖平面达到最高，湖泊在全区连片沉积，后期湖泊蒸发萎缩，湖平面下降，以膏盐岩沉积为主。

根据探井试气结果与沉积相展布的关系可以看出(图 7-4-3～图 7-4-6)，下石炭统已发现的气井主要分布在碳酸盐岩台内高能滩内，又以礁滩相为主；上泥盆统中发现的气藏和气井主要分布在辫状河三角洲和扇三角洲内，同时冲积扇远端扇也是有利发育相带。

4. 盖层控油气分布范围预测

区域性盖层是油气在浮力作用下运移的纵向终点，同时在平面上控制着盖层下部油气的分布范围。在断层发育的情况下，区域性盖层下的油气运移层位取决于断层断距与区域性盖层厚度之间的相对大小，即断层错开盖层的厚度影响圈闭气柱高度(吕延防等，2008)。若在断裂错开区域性盖层情况下，盖层失效，不能保存油气，油气会沿着断裂继续向浅部圈闭中运移聚集；若上部无区域性盖层保护，油气将逸散到地表散失。

该区盖层比较发育。研究区主要发育有四套盖层，岩性主要为膏盐岩和泥灰岩。从下至上依次为 D_3fm_{2+3}膏盐盖层、C_1v 灰泥岩盖层、C_1sr 膏盐岩盖层、上二叠统膏盐盖层。其中上二叠统膏盐岩发育厚度较大，厚度从近百米至上千米，主要分布于研究区中部至北部，南部地区在二叠纪末经历抬升遭受剥蚀不发育(图 7-3-1)。本次研究的主要目的层上泥盆统和下石炭统中盖层发育，并且连续性好。C_1sr 沉积期研究区构造活动平稳，地层稳定沉积，在 C_1sr 顶部沉积一套良好的直接盖层，从南至北膏盐岩厚度增大，范围从 10m 至 80m(图 7-3-3)。C_1v 沉积期为构造活动平稳的水进期，全区发育大套的灰泥岩，厚度从南至北依次增大，范围从 10m 至 170m(图 8-2-2)。D_3fm_{2+3}是覆盖于本次上泥盆统两套目的层 $D_3fm_1^1$、$D_3fm_1^2$的直接盖层，D_3fm_{2+3}沉积期为萎缩的盐湖沉积，主要分布在研究区中部，向南向北依次减薄，厚度从 South Pridorzhnaya 构造的 600 多米到 Assa 缺失(图 7-3-4)。虽然这几套盖层厚度不是非常大，但是由于研究区除边界主断裂外的大部分区域断层并不发育，盖层有效性得到保证。目前已发现的气藏都位于上述几套盖层覆盖的范围之内。

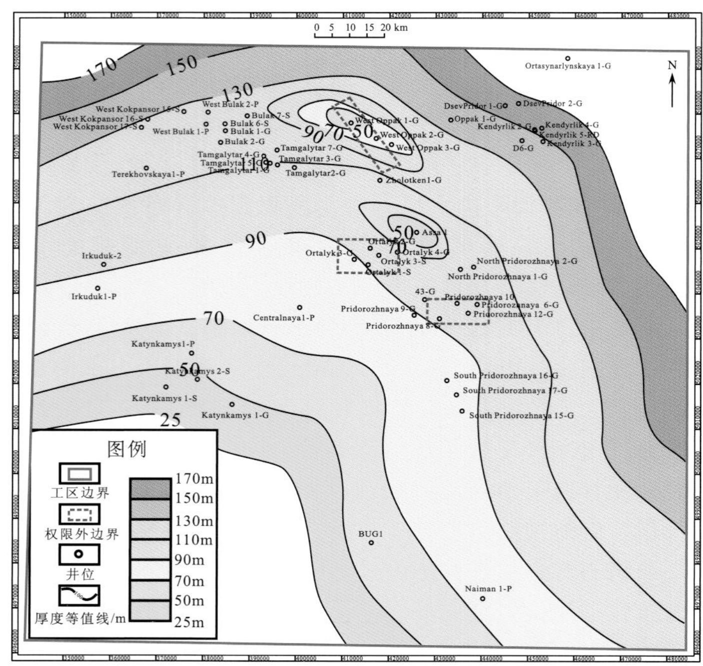

图 8-2-2 C_1v 泥岩盖层厚度分布

5. 致密常规气藏有利成藏区带预测与评价

1）预测原理

烃源灶(S)、古隆起(M)、沉积相(D)和区域盖层(C)共四大要素在时间上和空间上的匹配控制着沉积盆地的油气成藏及其时空分布。研究证实，四大要素在纵向上的有序组合控制油气富集的层位，四大要素在平面上的叠加控制油气富集的范围，四大要素在时间上有效地联合控制油气富集的时期或大量成藏期(T)(图 8-2-3)，即 T-CDMS 深盆型致密砂岩气藏成因模式。

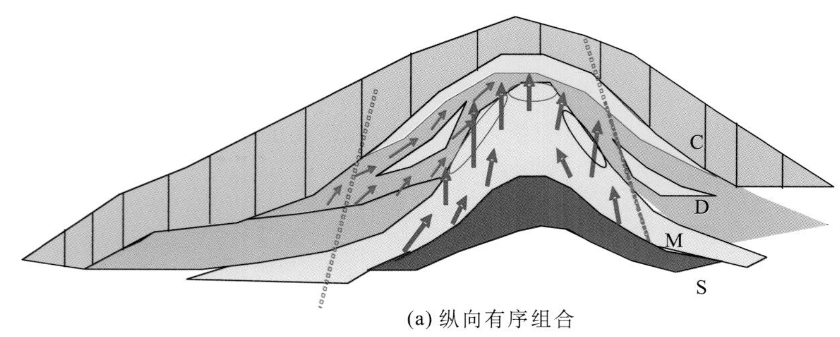

(a) 纵向有序组合

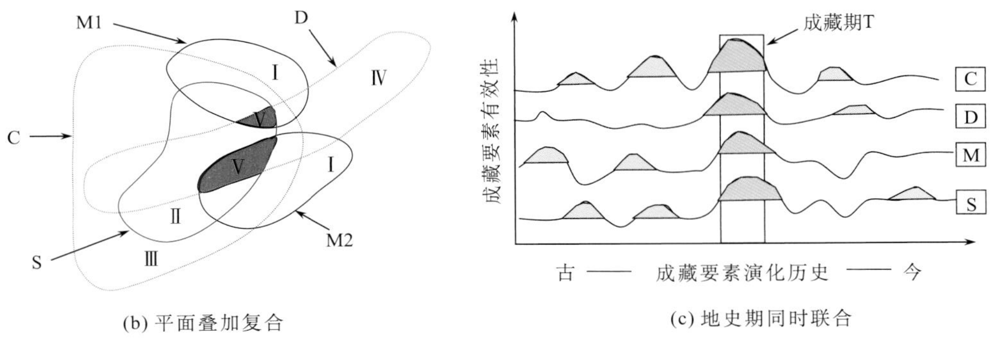

(b) 平面叠加复合　　(c) 地史期同时联合

图 8-2-3　功能要素组合控致密常规气藏分布发育模式

该类型气藏的预测方法为：烃源灶(S)是依据油气分布门限来确定其有效范围的，古隆起(M)、沉积相(D)和区域盖层(C)则依据归一化的统计结果优选有利的区带作为有效范围，通过纵向上有序的叠合、平面上有效的叠加和时间上的联合匹配最后优选出现今最有利的致密气藏分布区带。

2）预测结果

将 C、D、M、S 四要素的控油气作用范围进行叠合，可以得到不同目的层现今致密常规气藏的有利成藏区。由预测结果可以看出(图 8-2-4)，C_1sr、C_1v 致密常规气藏有利发育区分布比较一致，主要分布在研究区的中部和北部，位于 Irckude 构造、Tamgayltar 构造、West Oppak-Oppak 构造、Kendyrlik 构造、Assa 构造、Pridorozhnaya 构造、South Pridorozhnaya 构造。D_3 fm_1^2、D_3 fm_1^1 有利区主要分布在 Assa 构造、West Oppak-Oppak 构造、Kendyrlik 构造、Pridorozhnaya 构造和 South Pridorozhnaya 构造。

在已有的预测结果之上，建立不同要素的评分标准(表 8-2-1)。根据不同目的层、不同构造每个要素的发育情况进行打分，将不同要素的得分根据其权重计算出每一个构造的综合评价得分，并进行排序，定量评价不同目的层每个有利成藏区。评价结果如表 8-2-2～表 8-2-5 所示。

表 8-2-1　勘探等级评价标准

层位	评分要素		0.95	0.75	0.5
下石炭统	烃源岩	排烃强度/(10^4t/km^2)	大于 20	20～15	小于 15
	储层	相带和厚度/m	礁	滩	其他
	盖层	厚度/m	80～60m	60～30m	30～0m
	古隆起	断层封闭与连通	断层上盘	断层不发育	断层下盘
上泥盆统	烃源岩	排烃强度/(10^4t/km^2)	大于 12	6～12	小于 6
	储层	相带和厚度/m	400～200	200～100	小于 100
	盖层	厚度/m	大于 150	150～75	小于 75
	古隆起	断层封闭与连通	断层上盘	断层不发育	断层下盘

表 8-2-2 Marsel 探区 C_1sr 目的层勘探等级评价排序结果

对应的构造区	烃源岩	储集层	盖层	隆起	评价值	排序
Tamgalytar	0.75	0.95	0.95	0.95	0.64	1
Pridorozhnaya	0.95	0.95	0.5	0.95	0.43	2
S-Pridorozhnaya	0.75	0.75	0.75	0.95	0.40	3
Assa	0.95	0.5	0.75	0.95	0.34	4
West Oppak	0.95	0.75	0.5	0.95	0.34	5
Irckude	0.5	0.95	0.75	0.75	0.27	6
Kendyrlik	0.75	0.5	0.5	0.95	0.18	7

表 8-2-3 Marsel 探区 C_1v 目的层勘探等级评价排序结果

对应的构造区	烃源岩	储集层	盖层	隆起	评价值	排序
Tamgalytar	0.75	0.95	0.95	0.95	0.64	1
Assa	0.95	0.75	0.75	0.95	0.51	2
West Oppak	0.95	0.95	0.5	0.95	0.43	3
S-Pridorozhnaya	0.75	0.5	0.75	0.95	0.27	4
Kendyrlik	0.75	0.75	0.5	0.95	0.27	5
Pridorozhnaya	0.95	0.5	0.5	0.95	0.23	6
NE Kendyrlik	0.75	0.5	0.5	0.75	0.14	7
Irckude	0.5	0.5	0.75	0.75	0.14	8

表 8-2-4 Marsel 探区 $D_3fm_1^2$ 目的层勘探等级评价排序结果

对应的构造区	烃源岩	储集层	盖层	隆起	评价值	排序
Pridorozhnaya	0.95	0.95	0.95	0.95	0.81	1
S-Pridorozhnaya	0.95	0.95	0.95	0.95	0.81	2
Assa	0.95	0.75	0.75	0.95	0.51	3
West Oppak	0.75	0.95	0.5	0.95	0.34	4
Kendyrlik	0.75	0.75	0.5	0.95	0.27	5
NE Kendyrlik	0.5	0.95	0.5	0.75	0.18	6
Naiman	0.5	0.5	0.5	0.95	0.12	7

表 8-2-5 Marsel 探区 $D_3fm_1^1$ 目的层勘探等级评价排序结果

对应的构造区	烃源岩	储集层	盖层	隆起	评价值	排序
Pridorozhnaya	0.95	0.95	0.95	0.95	0.81	1
S-Pridorozhnaya	0.95	0.75	0.95	0.95	0.64	2
Assa	0.95	0.95	0.75	0.95	0.64	3
West Oppak	0.75	0.95	0.5	0.95	0.34	4
Kendyrlik	0.75	0.95	0.5	0.95	0.34	5
Naiman	0.5	0.95	0.5	0.95	0.23	6
NE Naiman	0.5	0.5	0.75	0.95	0.18	7

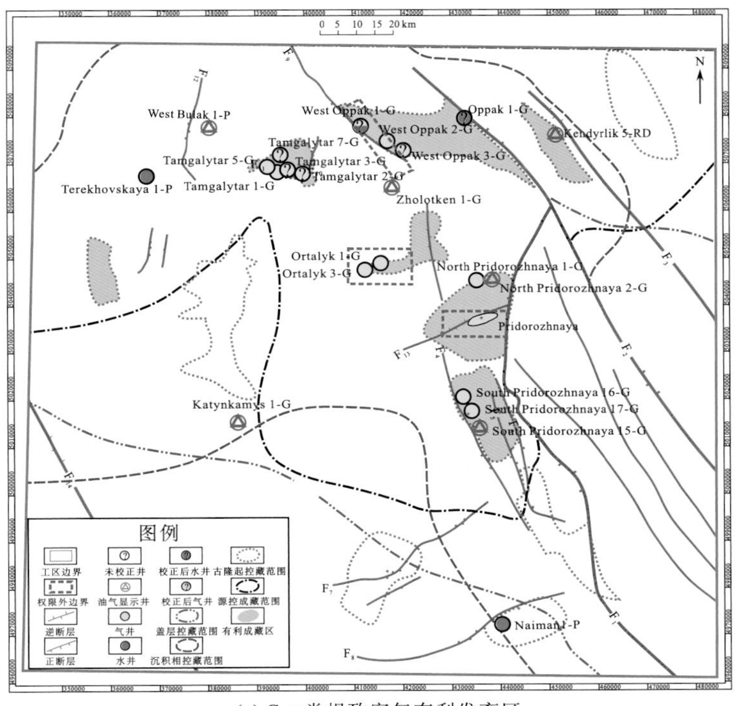

(a) C_1sr常规致密气有利发育区

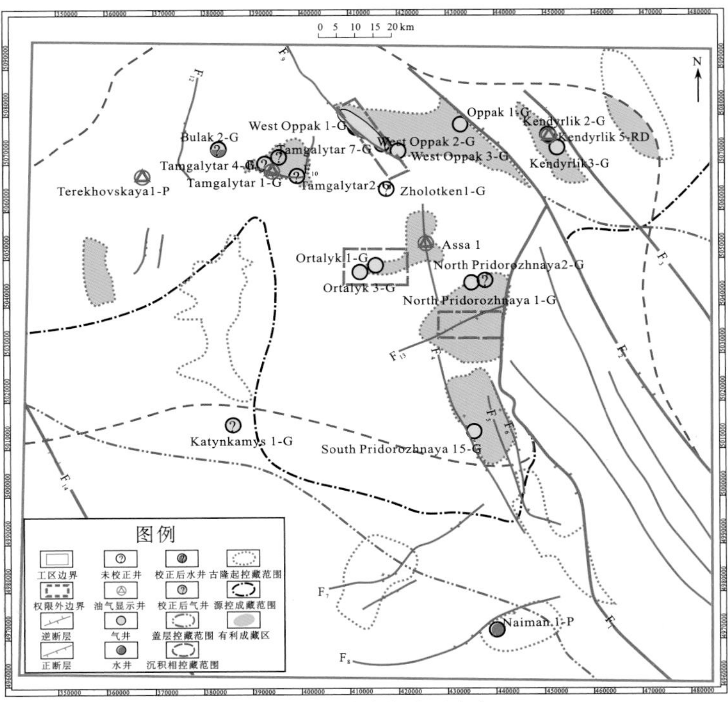

(b) C_1v常规致密气有利发育区

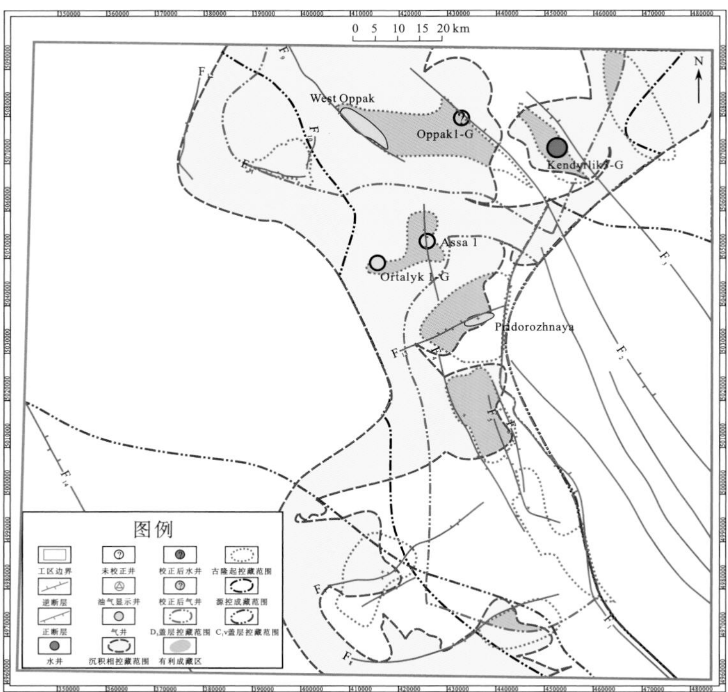

(c) $D_3fm_1^2$常规致密气有利发育区

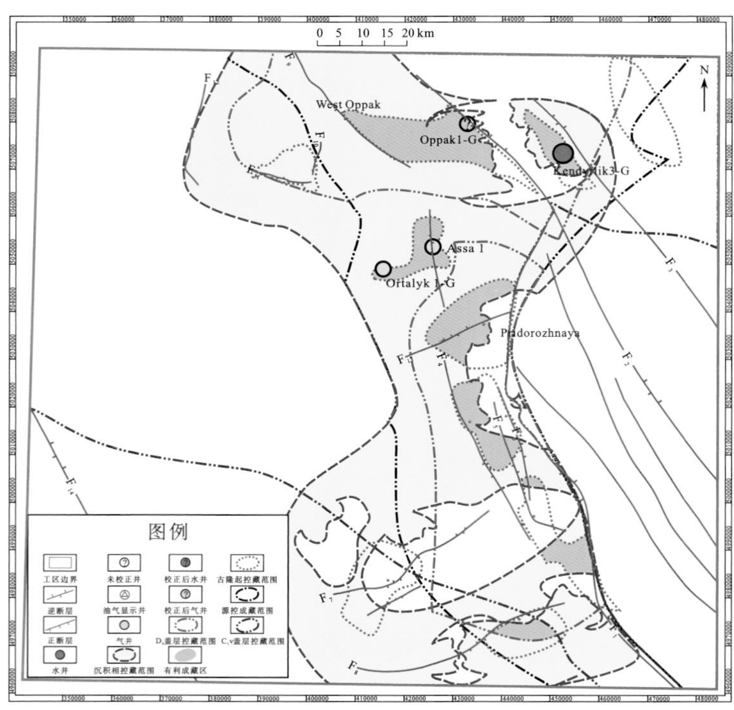

(d) $D_3fm_1^1$常规致密气有利发育区

图 8-2-4　Marsel 探区主要目的层常规致密气有利发育区

二、致密深盆气藏有利分布发育区预测与评价

根据第一章阐述的“T-WLDS”深盆气藏的有利勘探区预测模型，本次研究对构造稳定区(W)、浮力成藏下限(L)、有利的沉积相带(D)和烃源灶(S)四大主控因素进行了控油气作用分布范围预测，并利用功能要素叠合方法预测了致密深盆气藏有利发育区。

1. 浮力成藏下限与非浮力成藏领域分布预测

根据本章第一节所述，研究区浮力成藏下限为孔隙度小于12%，因此非浮力成藏领域主要是储层孔隙度小于12%的区域。根据主要目的层孔隙度平面分布图可以发现，C_1sr、C_1v碳酸盐岩储层非常致密，孔隙度均小于10%，研究区中部孔隙度相对较高，其孔隙度分布范围为4%～10%，由研究区中部向四周储层物性变差，孔隙度减小。$D_3fm_1^2$、$D_3fm_1^1$碎屑岩储层也比较致密，孔隙度均小于11%。$D_3fm_1^2$在研究区中部和北部储层物性相对较好，孔隙度分布范围为5%～11%，南部数据较少，只有一口井显示其孔隙度处于6%左右；$D_3fm_1^1$在研究区北部储层物性相对较好，在中部比较致密，孔隙度小于4.5%，南部孔隙度分布范围为4.5%～6.5%。由主要目的层孔隙度平面分布可知，C_1sr、C_1v、$D_3fm_1^2$、$D_3fm_1^1$储层致密，孔隙度均小于11%，由力平衡边界确定的深盆型致密成藏圈闭范围较大，基本上覆盖了研究区由边界断层所限定的区域(图8-1-6)。

2. 构造稳定区分布范围预测

致密深盆气藏的形成需要平稳的构造环境，这对致密深盆气藏的形成和保存具有十分突出的意义。构造平稳带是指地层构造活动弱，地层倾角一般小于15°的缓坡或者凹陷带，或者具有严密有效封盖层的断裂带。具体主要表现在四个方面：第一，在平稳的构造环境下，才能孕育有利于大量天然气形成和排运的烃源岩；第二，研究区只有在平稳的构造环境下，才能保障沉积砂体大面积分布；第三，致密深盆气藏形成后的大规模断裂与抬升作用会导致气藏中的天然气向浅部运移，而破坏气藏，因此在无顶部盖层而仅靠力平衡封闭的致密深盆气藏不能发育在构造活动过于强烈的环境中；第四，若在储层顶部发育良好盖层，且盖层范围内断层断距小于盖层厚度，断层疏导性则仅限于活动时期，即相对于漫长的地质历史过程，调整只是短暂的、局部的，且无破坏，该情况下也可形成深盆型致密气藏(邢恩袁，2011)。

研究区自泥盆系开始沉积，经历泥盆系的初始裂陷阶段、石炭系的大陆边缘阶段、二叠系的俯冲碰撞阶段、中生界以来的陆内拗陷阶段。研究区只在二叠系末构造活动相对强烈，发育基底卷入式压扭断裂系统。从近东西向测线构造演化可以看出，研究区构造平缓，断裂系统不发育，整个研究区除了边界断层，不发育通天断层，只有东部断裂相对发育，且在二叠纪末有少量剥蚀(图8-2-5)。研究区主要目的层下石炭统之上的中上石炭统是一套比较稳定的碳酸盐岩沉积，以及上二叠统的巨厚膏盐沉积，形成了良好的区域性盖层。因此研究区致密深盆气藏的构造平稳带所包含的范围是构造稳定带与上

覆盖层分布的范围(图 8-2-6、图 8-2-7)。

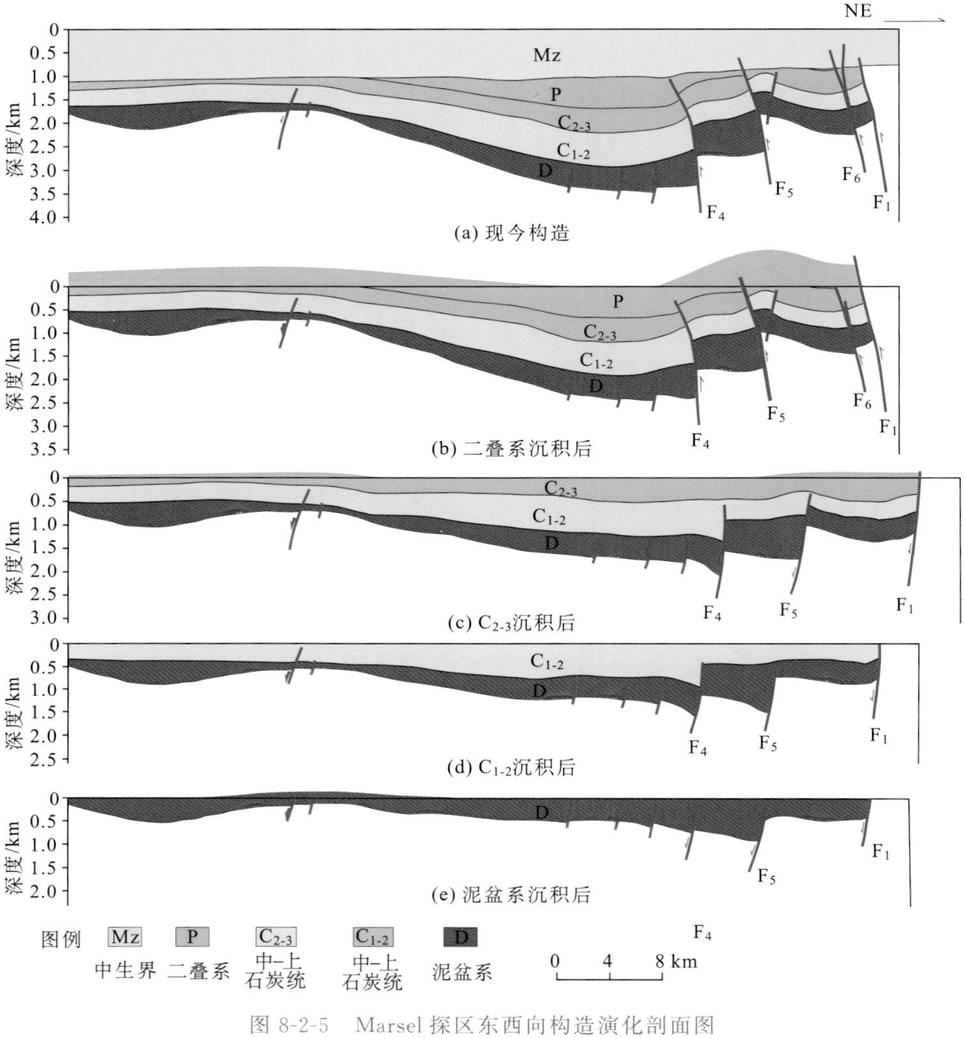

图 8-2-5　Marsel 探区东西向构造演化剖面图

3. 源岩层序控藏有利范围分布预测

天然气在源岩中形成之后，在满足了源岩残留[吸附、孔隙水溶和油溶(气)]条件后在毛细管压力差的作用下向储层中运移(庞雄奇等，2004；陈冬霞等，2005；陈冬霞等，2006)。当储层是常规储层时，形成常规型砂岩气藏；当储层为致密储层时，形成深盆型致密气藏。天然气在致密储层中的聚集规模随着地层压力的调整逐渐增大，当储层内气体聚集到一定量时，天然气便在气体分子膨胀力的作用下将顶部的地层水向外排驱，形成活塞式的运动方式，这一过程中烃源岩对气藏的供给量等于气藏内部的含气量与顶部散失量。由于深盆型致密气藏是靠力平衡形成的动态封闭系统维持，因此，相对弱的、短暂供气的源岩不能满足形成深盆型致密气藏的条件。如我国鄂尔多斯盆地上古生

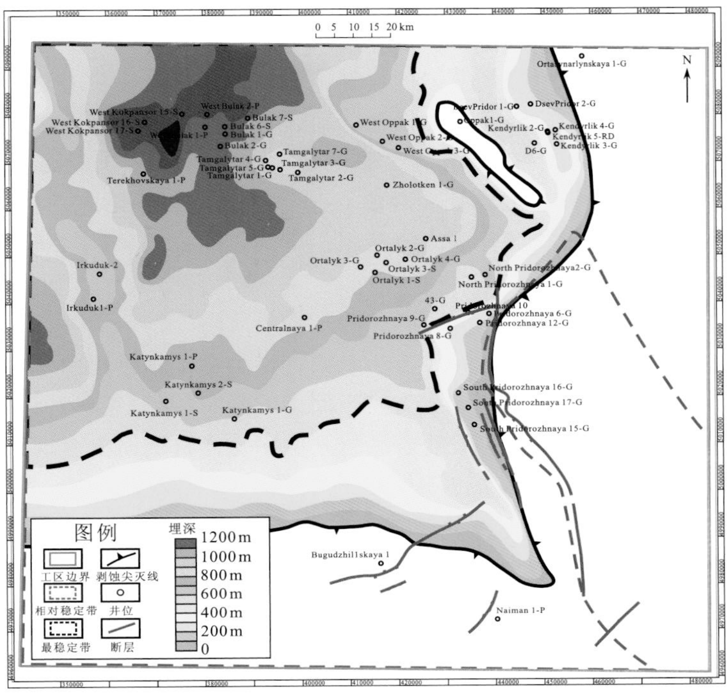

图 8-2-6 Marsel 探区下石炭统构造平衡带分布

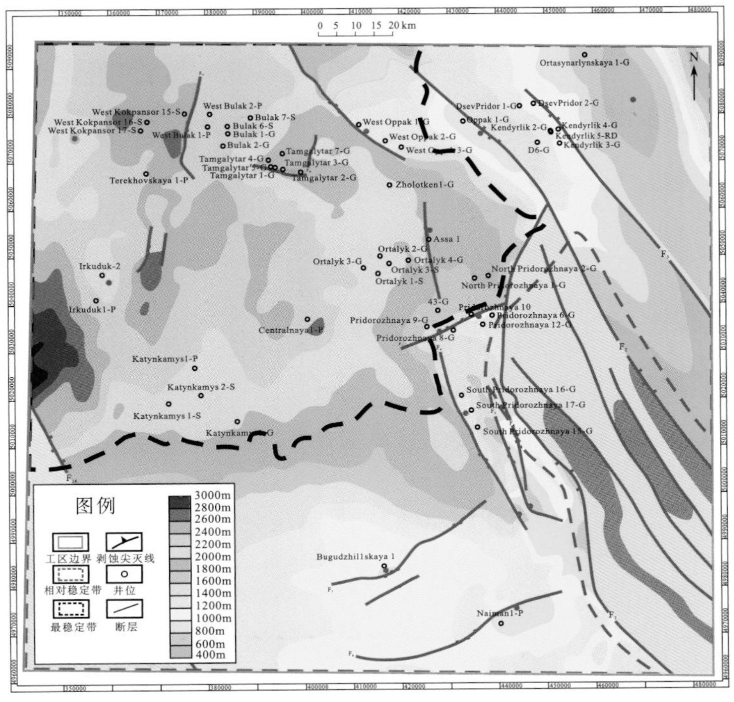

图 8-2-7 Marsel 探区上泥盆统构造平衡带分布

界总生气量 $484\times10^{12}m^3$、最大生气速率 $15m^3/(m^2\cdot Ma)$，阿尔伯达盆地侏罗系古生界总生气量 $275\times10^{12}m^3$、最大生气速率 $360m^3/(m^2\cdot Ma)$，都具有大量生气背景和较高的生气速率，且气藏都分布在烃源岩的排烃范围内，距离排烃中心越近，气藏储量越高(庞雄奇等，2008)。因此，对于致密深盆气而言，烃源灶的分布范围控制了天然气藏的分布范围。Marsel 探区主要存在两套主要的烃源岩：下石炭统烃源岩和上泥盆统烃源岩，其中下石炭统烃源岩又可以分为两段 C_1sr 和 C_1v。根据第六章生排烃研究成果，可以得出不同目的层烃源岩控藏范围为排烃半径所确定的范围(图 7-2-6、图 7-4-1)。

4. 紧邻源岩层序广泛连续储层分布预测

深盆型致密砂岩气藏由于运聚方式为活塞式，浮力在运移过程中基本不起作用，因此其分布不受构造等高线控制，而主要受控于储层的分布(邢恩袁，2011)。

研究区下石炭统是一套海相碳酸盐岩沉积，层序整体自下而上表现为一个从水进到水退的二级沉积序列，最大水进期位于 C_1v_3段。同时又可以细分出 4 个三级层序，每个层序主要由水进和高位域组成。三级层序的高位域发育开阔台地，以浅滩沉积为主，发育有礁-滩复合体，是储层的主要发育段；水进域以滩间海、潟湖、深水台地沉积为主，是烃源岩发育段。纵向上表现为储层与烃源岩紧临，平面上台内-边缘高能带的礁-滩复合体、浅滩及台内高能带的浅滩是储层发育的地带(图 7-4-3、图 7-4-4)。

研究区泥盆系主要发育上泥盆统法门阶(D_3fm)，是一套断陷湖盆沉积。泥盆系沉积初期($D_3fm_1^1$时期)湖泊孤立且沉积范围较小，全区以粗粒的冲积扇、扇三角洲砂砾岩沉积为主；$D_3fm_1^1$—$D_3fm_1^2$，湖平面不断上升，湖泊沉积范围不断变大，发育扇三角洲和辫状河三角洲；至 D_3fm_{2+3}初期湖平面达到最高，湖泊在全区连片沉积，后期湖泊蒸发萎缩，湖平面下降，以膏盐岩沉积为主。剖面上致密储层与湖相烃源岩侧向接触，平面上叠置成片。因此，根据上泥盆统有利相带展布和储层分布可以确定出广泛连续储层分布范围(图 7-4-5、图 7-4-6)。

5. 深盆气有利成藏区带预测与评价

1）预测原理

构造稳定区(W)、浮力成藏下限(L)、沉积相(D)和烃源灶(S)共四大要素在时间上和空间上的匹配控制着沉积盆地的油气成藏及其时空分布。四大要素在纵向上的有序组合控制油气富集的层位；四大要素在平面上的叠加控制油气富集的范围；四大要素在时间上有效联合控制油气富集的时期或大量成藏期(T)(图 8-2-8)，即 T-WLDS 深盆型致密气藏成因模式。

该类型气藏的预测方法为：烃源灶(S)依据油气分布门限确定有效范围确定，沉积相(D)依据归一化的统计结果优选有利的区带作为有效范围，浮力成藏下限(L)以物性致密边界为有效范围，构造稳定区(W)以斜坡、凹陷及有效盖层(未被断裂错断的区域性盖层)分布的范围确定，它们通过纵向上有序的叠合、平面上有效的叠加和时间上的联合匹配最后优选出现今最有利的致密气藏分布区带。

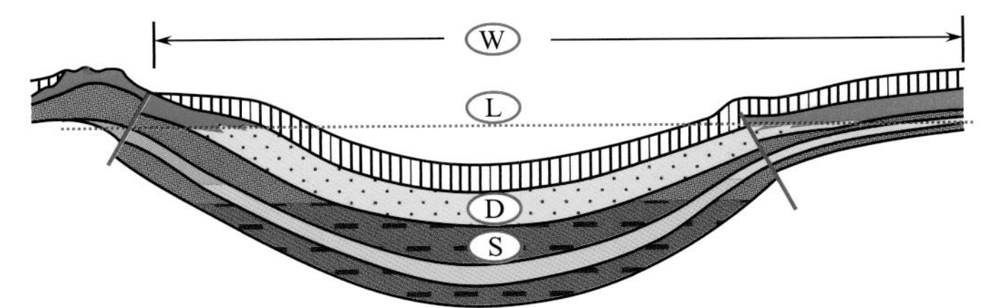

(a) 源储紧密组合决定成藏层位

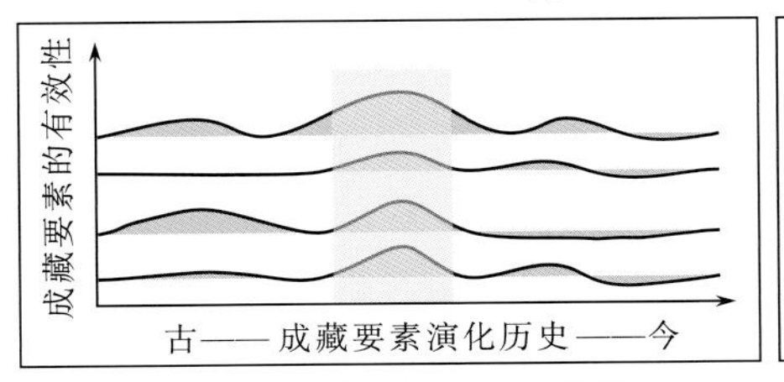

(b) 四要素有效联合决定成藏期

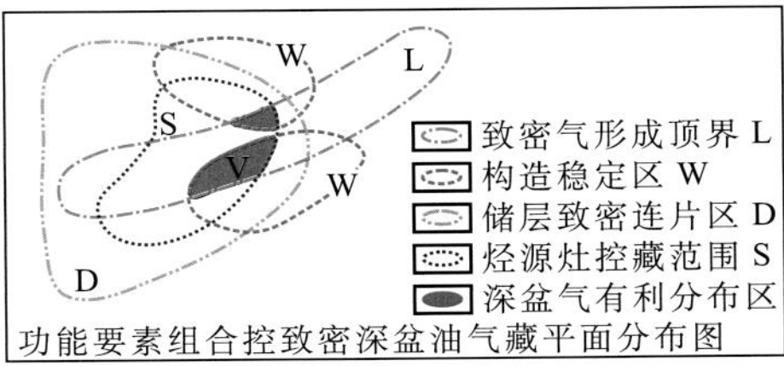

(c) 四要素叠加复合决定成藏范围

图 8-2-8 功能要素组合控致密深盆气藏分布发育模式

2）预测结果

将 W、L、D、S 四要素的控油气作用范围进行叠合，可以得到不同目的层现今深盆型致密气藏有利成藏区(图 8-2-9)。由预测结果可以看出，目的层 C_1sr、C_1v 深盆型致密气藏分布范围比较广，在研究区大范围分布。目的层 $D_3fm_1^2$、$D_3fm_1^1$ 受盆地结构的限制，深盆型致密气发育在研究区中部以南北向展布。

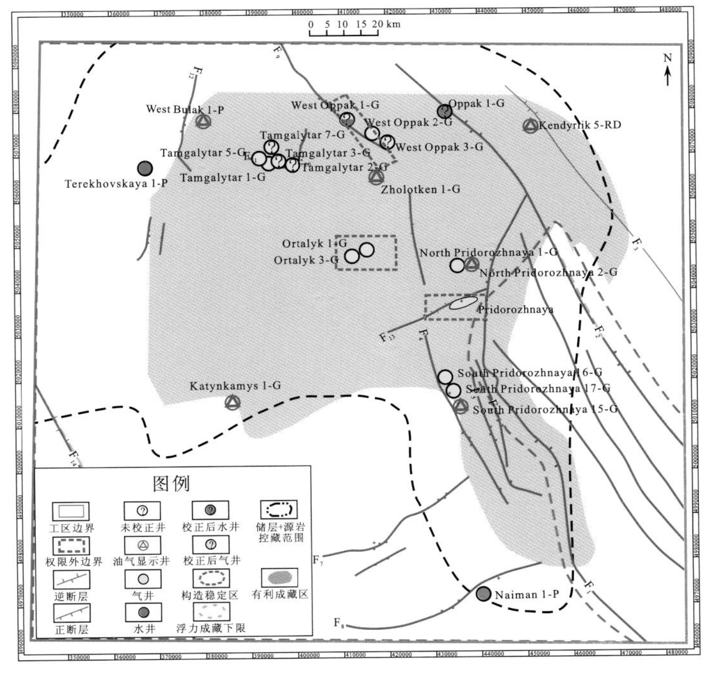

(a) C_1sr深盆型致密气有利发育区

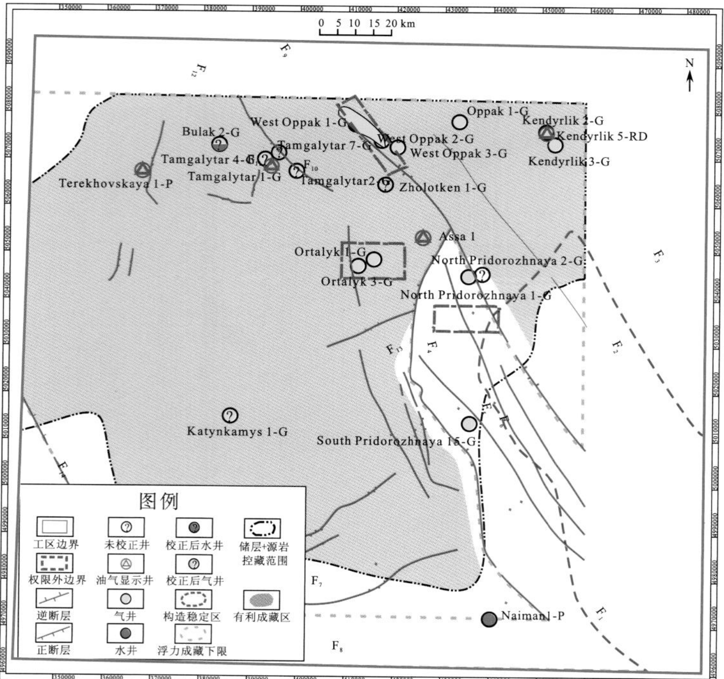

(b) C_1v深盆型致密气有利发育区

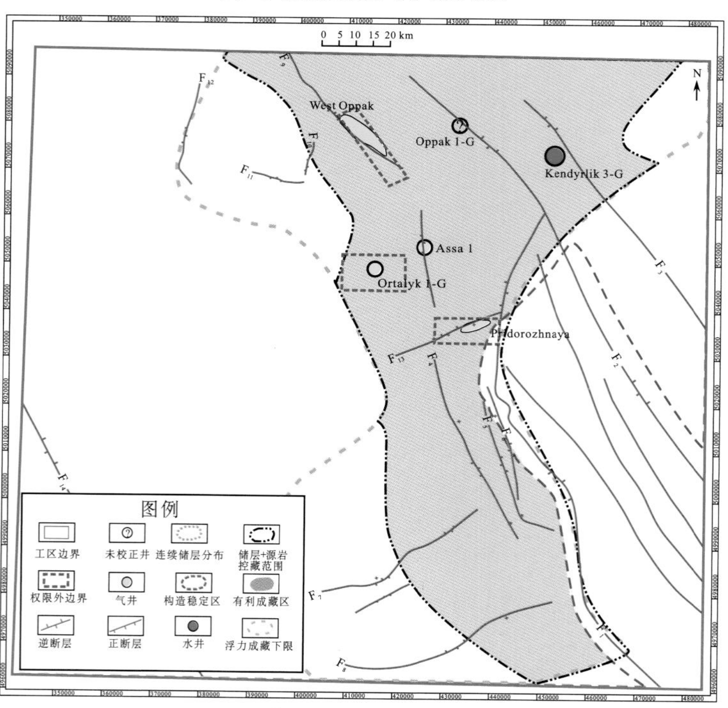

(c) $D_3\,fm_1^2$ 深盆型致密气有利发育区

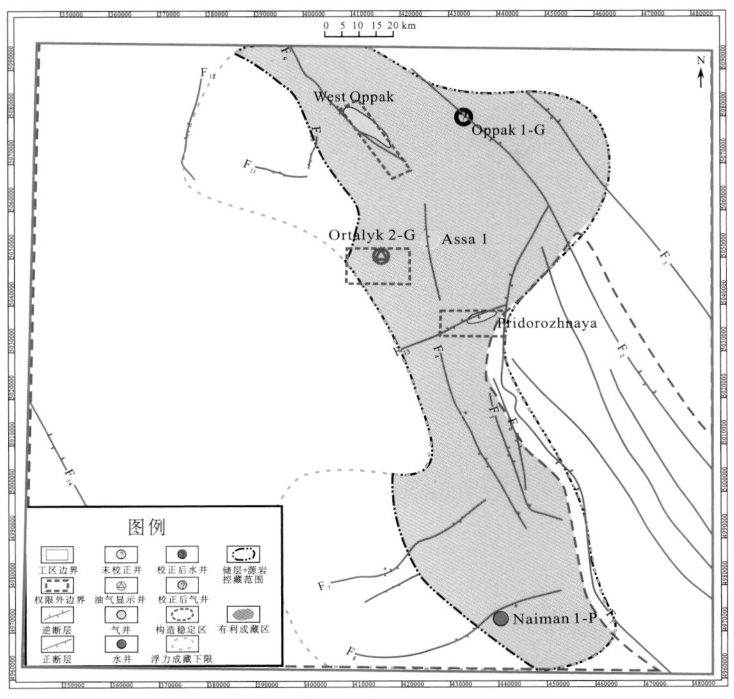

(d) $D_3fm_1^1$ 深盆型致密气有利发育区

图 8-2-9 Marsel 探区主要目的层深盆型致密气有利发育区

三、复合致密气藏有利分布发育区预测与评价

1）预测原理

平稳的构造区带（W）、区域性盖层（C）、力平衡边界（L）、有利的沉积相带（D）、古隆起（M）与烃源灶（S）共六大要素在时间上和空间上的匹配控制着沉积盆地的油气成藏及其时空分布。六大要素在纵向上的有序组合控制油气富集的层位；六大要素在平面上的叠加控制油气富集的范围；六大要素在时间上有效地联合控制油气富集的时期或大量成藏期（T），即 T-WCLDMS 复合型致密砂岩气藏成因模式（图 8-2-10）。

该类型气藏的预测方法是建立在前两类气藏预测基础之上，平面上的分布范围与常规气藏的分布范围一致，但纵向上与常规型致密气藏的区别是圈闭充满度高，虽然可能有残余地层水，但不可误认为是边（底）水，因为参与地层水的分布是无规律的，其下部依然含气，只是含气饱和度低于顶部储层的含气饱和度，这是由油气充注时期储层的物性决定的。这里需要强调的是，晚期调整形成的复合型致密气藏不是常规型致密气藏与深盆型致密气藏的叠合，而是深盆型致密气藏本身的晚期调整改造，因此，在上述两类气藏进行叠加后，还应将现今构造运动中形成的正向构造叠加进去，才是完整的复合型致密砂岩气藏的平面分布预测结果。

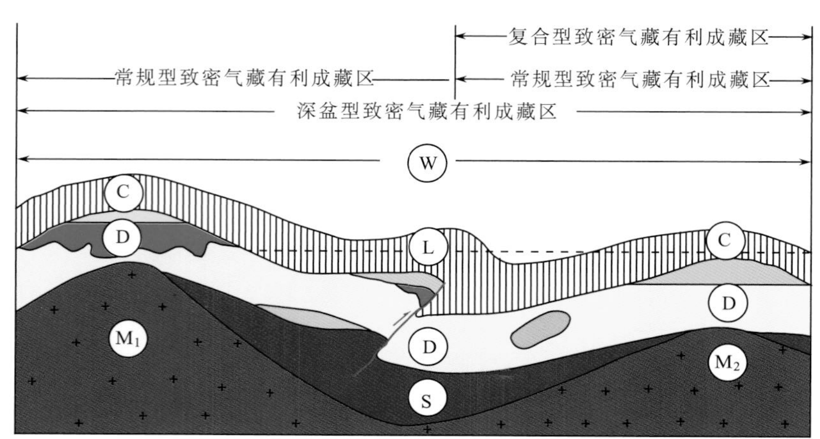

(a) 纵向有序组合

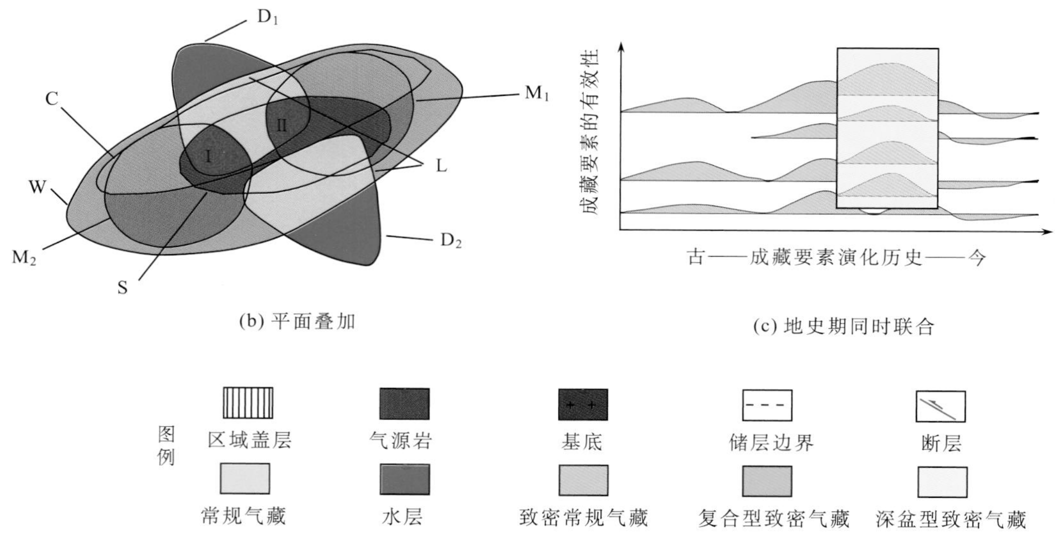

(b) 平面叠加

(c) 地史期同时联合

图 8-2-10　6 功能要素组合控致密复合气藏分布发育基本模式

2）预测结果

根据致密常规气藏和致密深盆气藏的有利发育区，以及构造发育情况，可以得出复合致密气藏有利发育区(图 8-2-11)。目的层 C_1sr、C_1v 复合致密气藏有利发育区比较一致，主要分布在研究区的北部，而 $D_3fm_1^2$、$D_3fm_1^1$ 致密复合气藏有利发育区也比较一致，在研究区中部从南至北呈带状分布。同时可以看出，研究区目前发现的位于构造高部位的气藏都属于致密复合气藏。

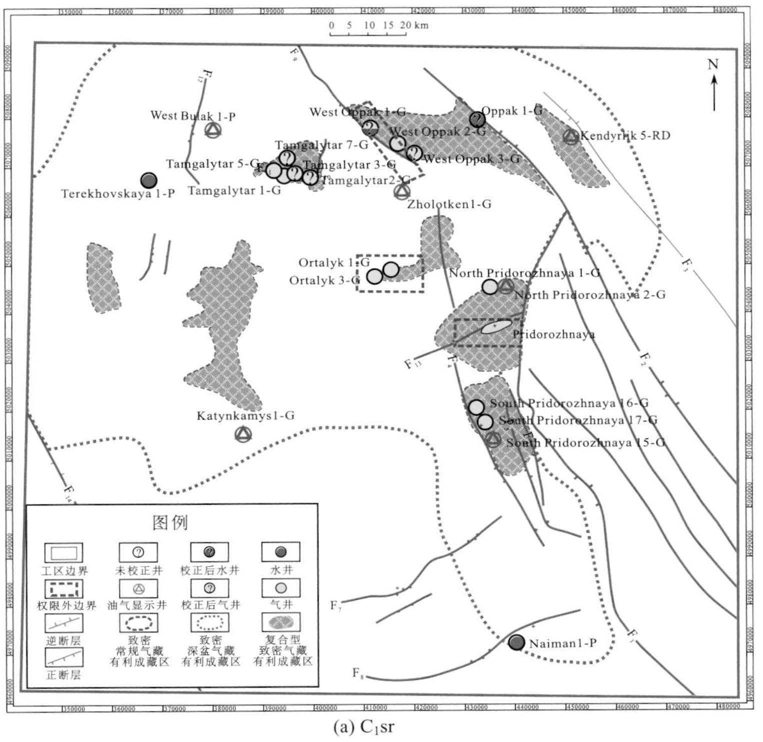
0 5 10 15 20 km
N
West Bulak 1-P
West Oppak 1-G
Oppak 1-G
West Oppak 2-G
Kendyrlik 5-RD
Tamgalytar 7-G
Tamgalytar 5-G
Tamgalytar 3-G
West Oppak 3-G
Tamgalytar2-G
Terekhovskaya 1-P
Tamgalytar 1-G
Zholotken1-G
Ortalyk 1-G
Ortalyk 3-G
North Pridorozhnaya 1-G
North Pridorozhnaya 2-G
Pridorozhnaya
South Pridorozhnaya 16-G
South Pridorozhnaya 17-G
South Pridorozhnaya 15-G
Katynkamys1-G
Naiman1-P
图例
工区边界
未校正井
校正后水井
水井
权限外边界
油气显示井
校正后气井
气井
逆断层
致密常规气藏有利成藏区
致密深盆气藏有利成藏区
复合型致密气藏有利成藏区
正断层

(a) C_1sr

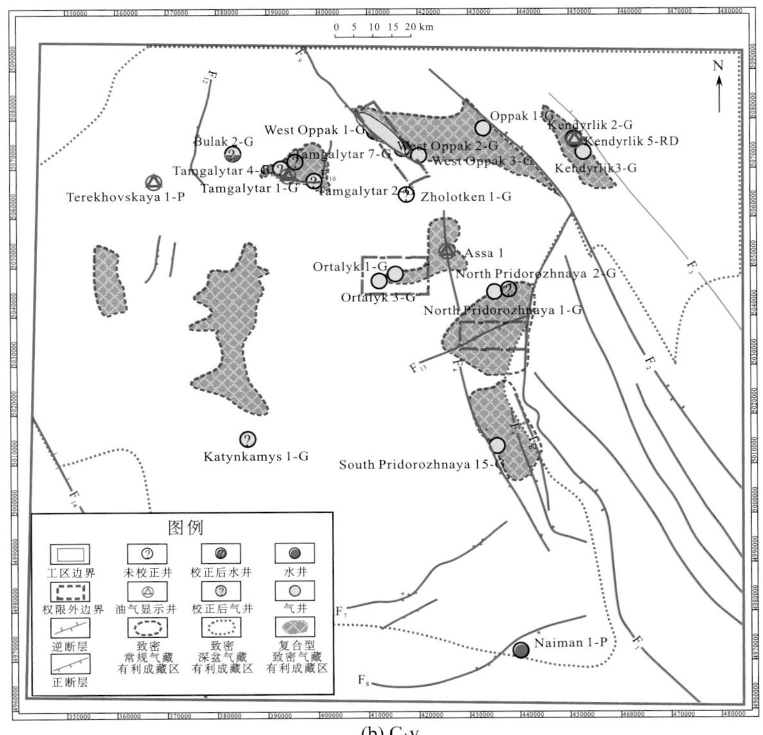
0 5 10 15 20 km
N
Bulak 2-G
West Oppak 1-G
Oppak 1-G
Kendyrlik 2-G
Kendyrlik 5-RD
Tamgalytar 7-G
West Oppak 2-G
West Oppak 3-G
Kendyrlik3-G
Tamgalytar 4-G
Tamgalytar 1-G
Tamgalytar 2-G
Zholotken 1-G
Terekhovskaya 1-P
Assa 1
Ortalyk 1-G
Ortalyk 3-G
North Pridorozhnaya 2-G
North Pridorozhnaya 1-G
Katynkamys 1-G
South Pridorozhnaya 15-G
Naiman 1-P
图例
工区边界
未校正井
校正后水井
水井
权限外边界
油气显示井
校正后气井
气井
逆断层
致密常规气藏有利成藏区
致密深盆气藏有利成藏区
复合型致密气藏有利成藏区
正断层

(b) C_1v

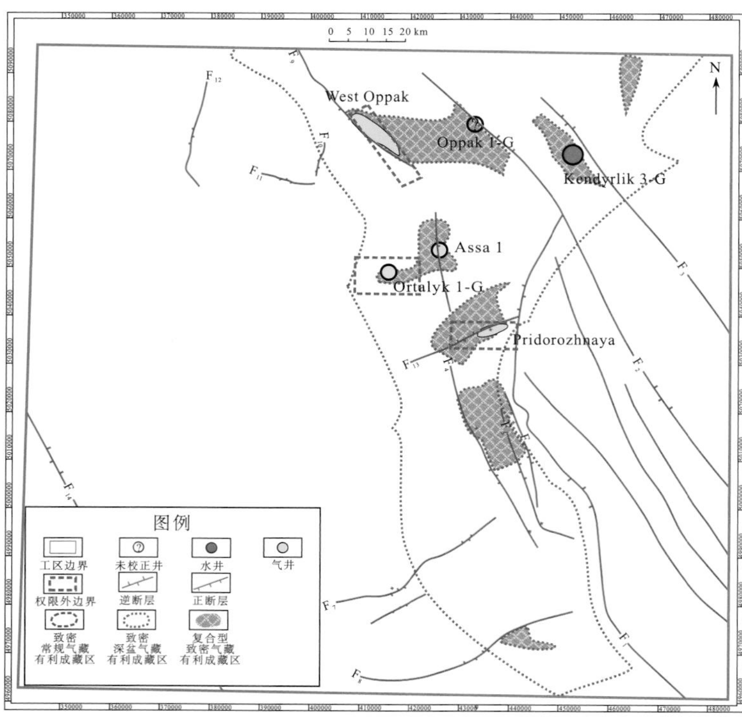

(c) $D_3fm_1^2$

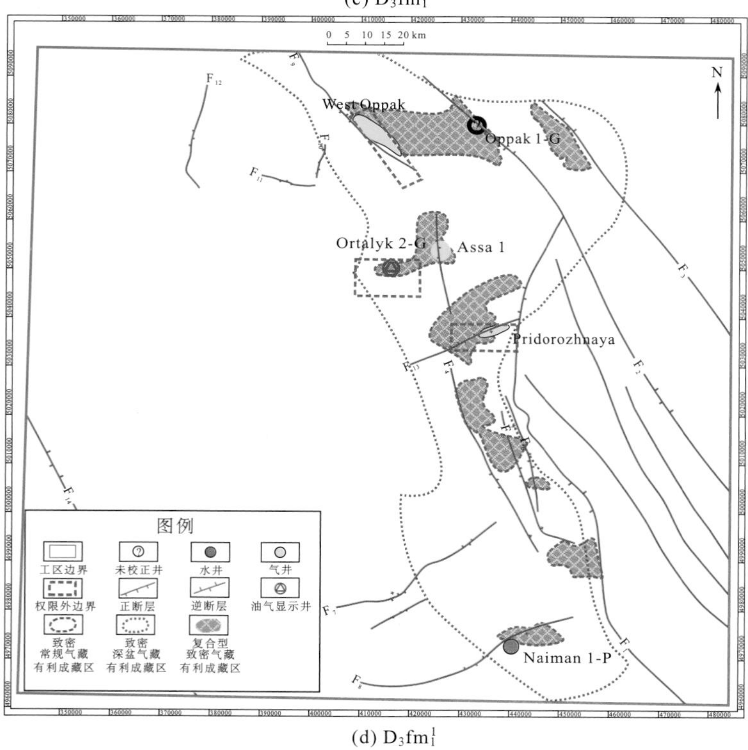

(d) $D_3fm_1^1$

图 8-2-11 Marsel 探区复合致密气藏有利发育区预测结果

第三节 叠复连续气藏有利富气目标地质预测与评价

研究表明，油气藏的形成和分布受烃源灶、地质相和流体势多重要素的联合控制，宏观上它们控制着油气藏的时空分布，微观上控制着油气藏的含油气性，简称“相-势-源复合控藏”。我国东部陆相盆地东营凹陷目前已发现的油气藏有90%以上分布发育在近源、优相和低势叠合的圈闭内，说明近源、优相和低势叠合最有利于油气富集成藏；近源、优相和低势复合控制了圈闭的含油气性，复合指数越高，圈闭含油气性越大(庞雄奇等，2007；Chen et al.，2010)。本次研究过程中通过分析研究区相、势、源控油气作用地质特征，定量表征相、势、源控油气作用，建立相-势-源复合指数并预测三个重点区主要目的层致密气有利富集目标。

一、相-势-源复合控油气作用特征与模式

1. 相控油气作用特征与模式

“相”从引入地质文献到广泛应用，其涵义内容丰富。在应用到油气成藏中时，“相”应该理解为油气运聚成藏的介质特征的表现。根据地质相所包含的内容和控制因素，从宏观到微观表征可划分为四个不同的研究层次，即构造相、沉积相、岩石相和岩石物理相。

构造相是在特征上具有相似的变形与变位特征的一组地层与构造的组合(Hsu，1991；许靖华，1994)；沉积相是沉积物变化的总和，在一定条件下形成的、能够反映特定的环境或过程的沉积产物(Gressly，1938；冯增昭，1993)；岩相是一定沉积环境中形成的岩石或岩石组合；岩石物理相是一定沉积环境中形成的岩石的渗流特征，主要指岩石的孔隙度和渗透率(Spain，1992；熊琦华等，1994)。

不同层次的相在油气勘探中对油气的控制作用有不同的含义，构造相和沉积相是宏观尺度的概念，控制着宏观上油气藏的分布范围和规模，适用于在含油气盆地勘探的早、中期寻找有利的勘探领域和勘探区带；对应的岩相和岩石物理相是微观尺度的概念，控制着微观上油气藏内部储层的非均质性和油气藏的含油气性，适用于含油气盆地勘探的晚期和在油气藏开发阶段寻找有利目标和油气藏内部的有利部位。

1）构造相控油气作用特征

不同类型盆地的基本构造、盆地地质构造特征和发育演化历史控制了含油气盆地内部的沉积模式、生油环境、油气藏类型、形成条件，并进一步控制了油气富集程度分布规律。Marsel探区所属的楚萨雷苏盆地经历四期构造演化，形成泥盆纪(期)的断陷型盆地、石炭纪(期)的被动大陆边缘型盆地、二叠纪(期)的压扭型盆地、中生代的陆内拗陷型盆地。区块东部和南部为隆起带，西北部为洼陷带，已发现油气的探井均位于构造缓坡带的局部构造高部位(图8-1-7)。

2）沉积相控油气作用特征

世界各含油气盆地的油气勘探实践证明，盆地各时代的油气形成和分布，严格受控

于盆地的古沉积条件(田在艺和张庆春，1996)。沉积相是沉积环境及在该环境下形成的沉积物或沉积岩特征的综合。沉积环境和沉积物特征是控制油气生、储、盖、圈、运、保的基础。不同的沉积相，由于其沉积环境的差异，油气储集和保存条件也有所不同，因此，研究不同类型的沉积相对油气的控制作用，对于预测油气富集区、提高勘探成效具有重要意义。Marsel 探区下石炭统主要发育碳酸盐岩沉积体系，上泥盆统沉积地层以冲积扇-三角洲-滨浅湖沉积体系为主。受沉积相控制，下石炭统中发现的油气井几乎全部分布于碳酸盐岩台内高能滩亚相内，其中以礁滩微相为主；上泥盆统中发现的油气藏和油气显示井主要是在辫状河三角洲和扇三角洲相内，同时冲积扇远端扇亚相也是有利发育相带(图 7-4-3～图 7-4-6)。

3）岩相控油气作用特征

储层微观性质包含形成孔隙空间的岩石特征和孔隙性质两方面内容，岩石性质是指其岩石学特征，通常用岩相来表征。岩石相是指一定沉积环境中形成的岩石或岩石组合。一个单一的岩相是一个岩石单位，它依其独特的岩性特征(包括组分、粒径、层理特征和沉积构造)(Mail，1991)而定义。岩相研究的内容主要为岩石骨架特征，包括矿物成分、颗粒大小与分布、分选、磨圆度、粒间基质、胶结物的含量等特征。不同的沉积体系形成不同类型的沉积砂体，各类砂体由于具有不同的岩相特征和组合，表现出砂体的储集性能存在差异，而使得油气在不同沉积相砂体中的成藏存在差异。对岩石相研究的最终目的就是揭示岩石相对油气分布的控制作用，从而分析油气有利的储集空间特征和可能的聚集区带。

研究区下石炭统整体自下而上表现为一个从水进到水退的二级沉积序列，可划分为 4 个三级层序，基本可全区对比，每个层序主要由海侵域和高位域组成，形成的多类型的碳酸盐岩、高能的浅滩颗粒灰岩是下石炭统主要的储层。以 Tamgalytar 1-G 为例，在该井的 2274～2315m 进行试气无阻流量日产气 $17.27\times10^4m^3/d$，二次酸化后日产气 $7.54\times10^4m^3$，其岩性主要为颗粒灰岩。

研究区块泥盆系自下向上可划分为 3 个三级层序，每个三级层序内部整体上表现出相似的旋回变化规律，但受物源供给变化等因素的影响，地层厚度、岩性及沉积体系类型等方面存在很大差异。发育有膏盐、泥岩、厚层砂岩、砂砾岩、厚层砾岩、角砾岩，其中砂岩物性要好于砾岩，是研究区泥盆系重要的储层。以 Assa 1 井为例，在该井的 2400～2435m 和 2530～2580m 段进行试气，其采量分别为 $6.14\times10^4m^3/d$、$38.35\times10^4m^3/d$。产气层主要岩性为致密砂岩。

4）岩石物理相控油气作用特征

岩石物理相是指具有一定岩石物理特性的储层成因单元，是沉积作用、成岩作用和后期构造作用的综合效应，它最终表现为现今的储层孔隙网络特征(熊琦华等，1994)。岩石物理相的最终表征是流体渗流孔隙网络介质特征的高度概括模型。在实际应用时，一般选择能够表征储层岩石物理特征的孔隙度、渗透率、粒度中值等参数来定量评价储层岩石物理相。其中，孔隙度、渗透率反映储层的物性特征，是岩石物理相最直接的、定量的表征参数。孔隙度是衡量岩石储集流体能力的参数，渗透率是衡量岩石传递流体能力的参数。因此，岩石孔隙度、渗透率是最直接的衡量和影响岩石中流体(包括油气)

的两个物性参数，这两个参数的大小和均质性控制着岩石孔隙内油气的运聚成藏。

对 Marsel 探区下石炭统碳酸盐岩气层孔隙度进行统计(图 8-3-1)，统计结果显示气层孔隙度主要集中在 3%～9%；而上泥盆统致密砂岩气层孔隙度整体小于 11%，3%～5%范围之内的气层所占比例较大。下泥盆统储层裂缝发育会改善储层的孔渗性(图 8-3-2)，如 Assa 1 井 2394～2426m 试气产量达 $6.14\times10^4m^3/d$，其测井曲线表明产气层段扩径严重，低密度，为裂缝特征，测井解释孔隙度达 14.3%。下石炭统和上泥盆统气层渗透率统计结果显示(图 8-3-3)，气层渗透率主要小于 1mD。

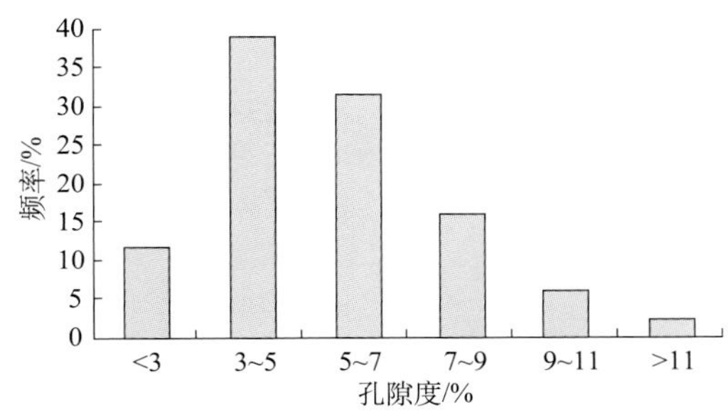

图 8-3-1 下石炭统气层孔隙度分布

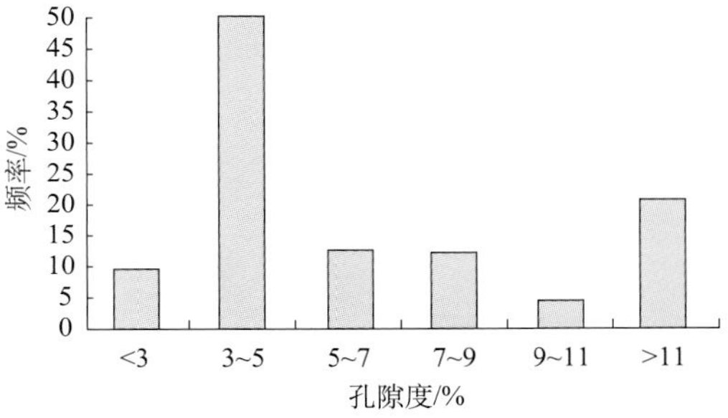

图 8-3-2 上泥盆统气层孔隙度分布

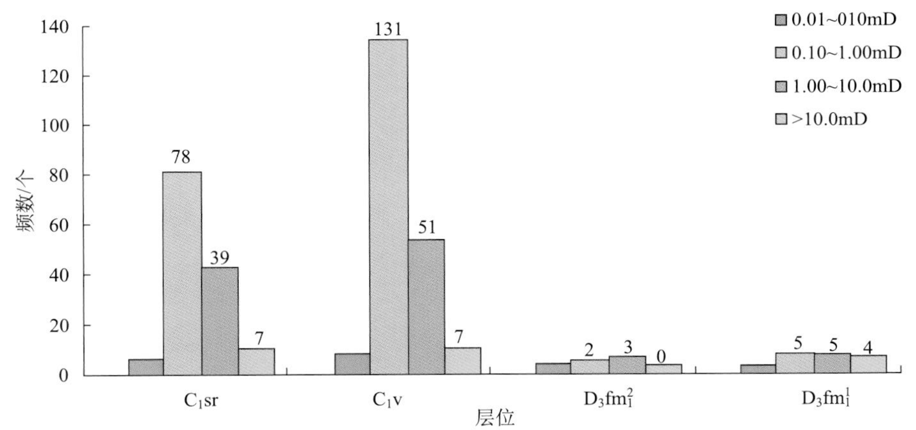

图 8-3-3 下石炭统和上泥盆统气层渗透率分布

5）相控油气作用模式

通过前面的地质相对油气的控制作用分析可知，无论是构造相、沉积相、岩相还是岩石物理相，油气在任一层次的地质相中都是不均匀分布的，而是集中分布在其中的一种相带或几种相带之中，我们将这种地质相控油气作用的规律称之为“优相控藏”。不同的相控油气作用表现出不同的地质特征，优相控藏是相控油气作用的基本特征，概念模型如图 8-3-4 所示。

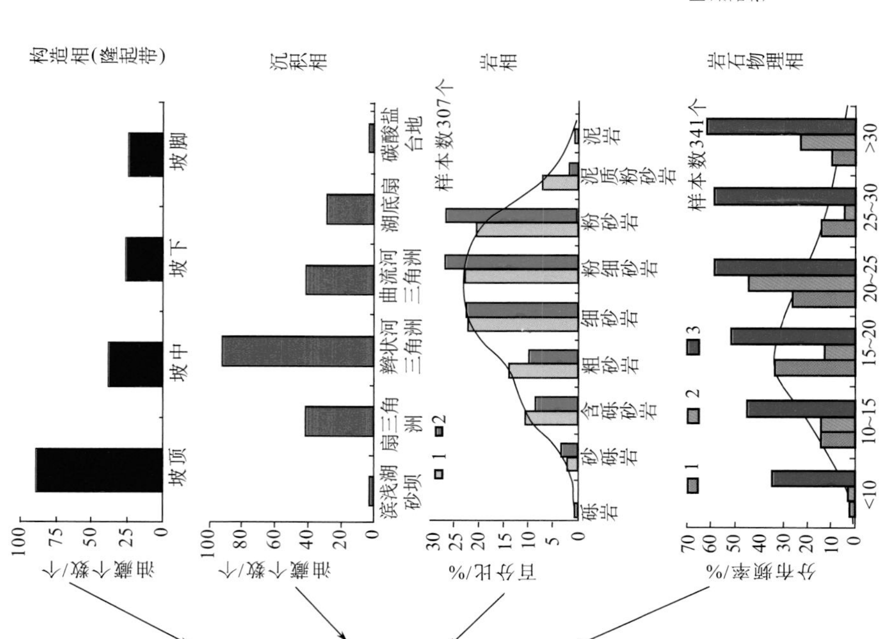

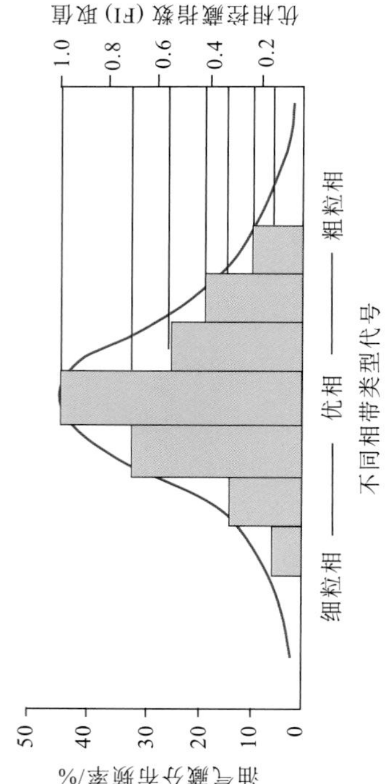

图 8-3-4 优相控藏概念模型(庞雄奇,2013)

2. 势控油气作用特征与模式

1）势控油气作用特征

Hubbert(1953)用流体势的概念深入阐述了地下流体(油、气、水)的运动规律。将单位质量流体所具有的机械能量定义为流体的势。由于流体势反映水动力、流体压力、浮力和毛细管力对地下流体运动状态的共同作用，故其在油气运移、聚集中的作用备受石油地质工作者重视，现已成为被普遍接受的定量描述方法之一。

地下流体所具有的势能，主要包括重力势能(由于主要与流体所处的位置有关，所以简称位能)、界面势能(简称界面能)、弹性势能(在地质条件下主要与流体所受的压力有关，简称压能)和流体动能。这四种势能由不同的动力形成，当其中的任一一种势能起主导作用时，它就可以控制流体由不同的高势能区向低势能区运移，最终聚集并形成不同类型的油气藏。因此，油气可以在浮力作用下的低位能的构造高部位聚集形成背斜油气藏，在压力作用控制下的低压能的断裂等泄压处聚集形成断块油气藏，在毛细管压力差作用下的低界面能处的岩性体中聚集形成岩性油气藏，在水动力作用下的低动能的地层边缘处聚集形成地层油气藏。

对于局限流体动力场内的致密油气成藏而言，毛细管压力差对油气富集的作用远较其他三种势场要大。在致密介质条件下，油气不受浮力作用或作用很小，因此低位能的影响可以忽略；在致密介质条件下，深部流体的运动基本停止，因此低压能和低动能的影响也可以被认为很小；低界面势能或储层与外部介质的毛细管力差是影响油气在致密介质条件下富集的最主要动力。这种动力作用主要表现在三个方面：一是油气生成后自源岩层向储层内运移，它们之间的毛细管力差是促使油气进入储层的基本动力。储层内、外毛细管力差越大，或储层内、外界面势差越大，储层的势指数(PI)越小，储层内含油气饱和度越高。二是油气进入到致密储层之后，它们在毛细管力差作用下总是趋于从低孔渗岩石向高孔渗岩石聚集，从而有利于形成富油气甜点。三是致密储层产生断层或裂隙后，它们的毛细管力变小，界面势能降低，有利于周边油气在毛细管力差作用下富集形成甜点。因此，只要弄清连续型致密气低界能的分布，就可以确定油气富集的目标。

Marsel 探区目前已发现的气藏显示出岩性气藏的特征。如 Tamgalytar 构造，Tamgalytar 1-G 和 Tamgalytar 5-G 在下石炭统的碳酸盐岩储层中均获得高产气流，经分析 Tamgalytar 构造下石炭统的气藏为岩性气藏(图 8-3-5)；路边气田在下石炭统的构造圈闭中钻探出气，而在构造圈闭之外的井产气量仍然较高，综合认为路边气田下石炭统的气藏为构造岩性气藏。

2)势控油气作用模式

对于叠复连续气藏的含气甜点而言，其成藏动力主要为毛细管压力差，通过对毛细管压力的计算可以获得界面势能的分布。毛细管压力的大小主要与多相流体接触角(θ)大小、岩石介质的孔喉半径(r)、流体界面张力(σ)等因素有关。表达式为

$$P_c = 2\sigma\cos\theta / r \tag{8-3-1}$$

由于碳酸盐岩储层的储集空间类型多样，孔喉系统复杂，孔喉半径(r)、油水界面的润湿角(θ)数据通常不易获得，同时研究区资料有限，本次研究毛细管压力大小的求取采用

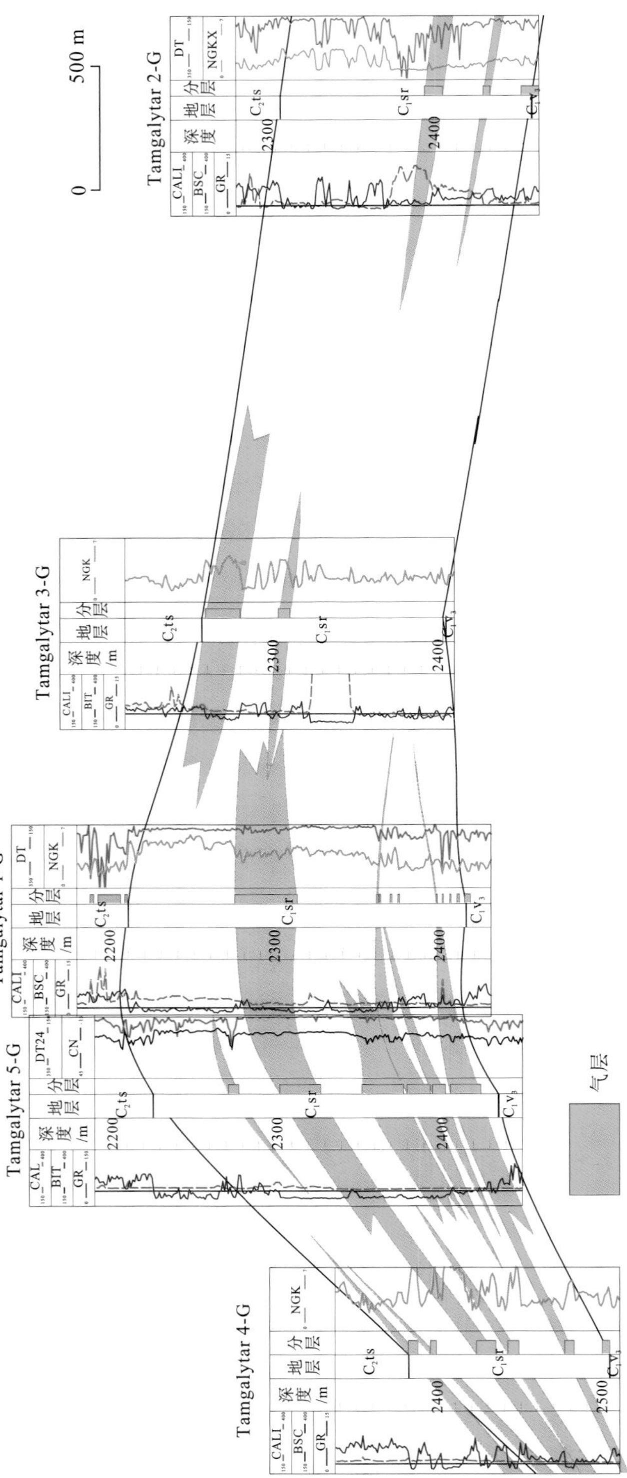

图 8-3-5 Tamgalytar 构造 C_1sr 气藏剖面图

Pittman 于 1992 年运用孔隙度(ϕ)、渗透率(K)和界面张力(σ)拟合的毛细管力经验公式，即

$$P_c = 2\sigma \times 10^{-0.459} \times K^{-0.5} \times \phi^{0.385} \tag{8-3-2}$$

式中，界面张力(σ)通达类比采用塔里木台盆区的经验常数 0.7354，孔隙度(ϕ)和渗透率(K)采用研究区实际的测井解释数据。计算结果如图 8-3-6 所示。

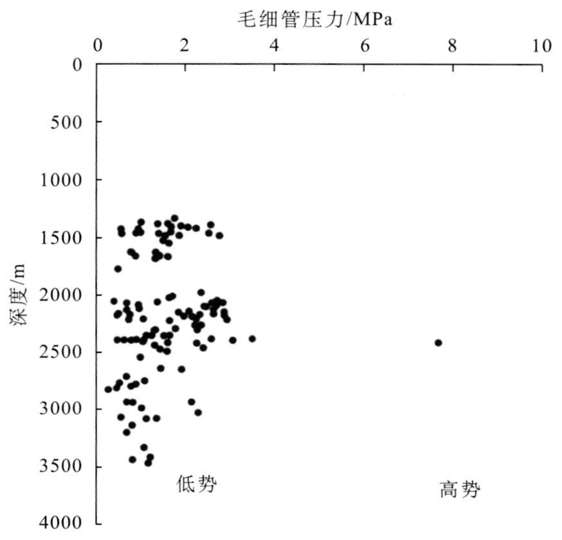

图 8-3-6 Marsel 探区石炭系碳酸盐岩低势控油气作用特征

由图 8-3-6 可以看出，研究区石炭系储层毛细管压力普通小于 4MPa。当储层越致密，孔隙度越小，渗透率越低，毛细管压力会越大，储层相对围岩界面势能会越小，越有利于油气聚集，表现出低势控油气作用的特征。因此叠复连续气藏含气甜点势控油气作用模式为：天然气在毛细管压力差的作用下，由致密处向相对高孔渗透的低界能处运聚，形成有利目标(图 8-3-7)。

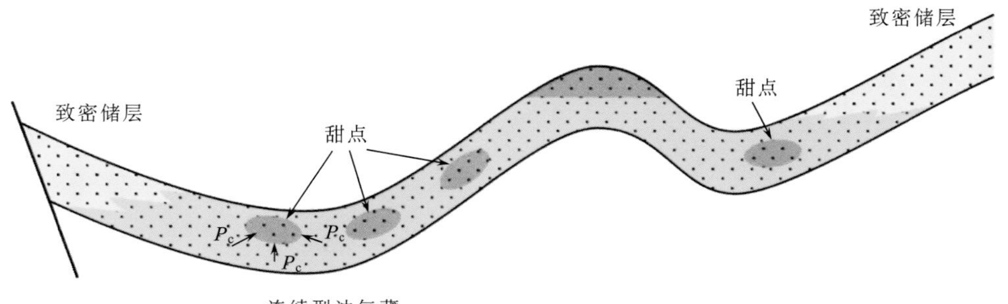

图 8-3-7 Marsel 探区界面能控油气作用模式

3. 源控油气作用特征与模式

1) 源控油气作用特征

烃源岩是形成油气藏的物质基础，烃源岩对油气藏的形成和分布具有直接的控制作

用。该控制作用体现在两个方面，即烃源岩的排烃强度和排烃距离。

统计研究表明，形成大中型油气田的盆地或地区，其烃源岩的生烃强度需要达到某一特定标准，如苏联学者维索斯基认为生气强度小于 $20\times10^8m^3/km^2$ 的盆地中不存在大中型的气田；庞雄奇等(2003b)认为能够形成商业油气流的源岩，其最大生烃强度要大于 $1\times10^6t/km^2$，平均生烃强度要大于 $0.5\times10^6t/km^2$。实际上，在其他地质条件相似的情况下，烃源岩的排烃强度越大，则形成油气田(藏)的规模往往也越大。

通过统计全国油气藏与排烃中心的距离发现，距离排烃中心越远，发现油气藏的数量越来越小，发现的储量也越来越小。油气藏表现为近源成藏。

Marsel 探区发育的三套烃源岩分别为 C_1sr、C_1v、D_3。下石炭统烃源岩最大排烃强度达 $40\times10^8m^3/km^2$，而上泥盆统烃源岩最大排烃强度为 $10.5\times10^8m^3/km^2$，这两套大的烃源岩为 Marsel 探区气藏的形成提供了充足的物质基础。路边气田上泥盆统正是由于三角洲前缘的储层近生烃灶中心，才使 Pridorozhnaya 3-G 井在上泥盆统 2400～2435m 和 2380～2400m 进行试气时，其产气量分别达 $58\times10^4m^3/d$ 和 $101.82\times10^4m^3/d$。

通过 Marsel 探区烃源岩排烃强度与探井试气采能的关系可以看出，下石炭统试气井产量与排烃强度相关性好，越靠近排烃中心，试气井产量越高，越靠近排烃边界，油气显示越差。其中 C_1sr 的 Ortalyk 构造和 Kendyrlik 构造的异常可能与储层不发育有关。上泥盆统试气井产量与排烃强度相关性好，越靠近排烃中心，试气井产量越高，已发现的气藏均处于排烃半径之内(图 8-3-8)。

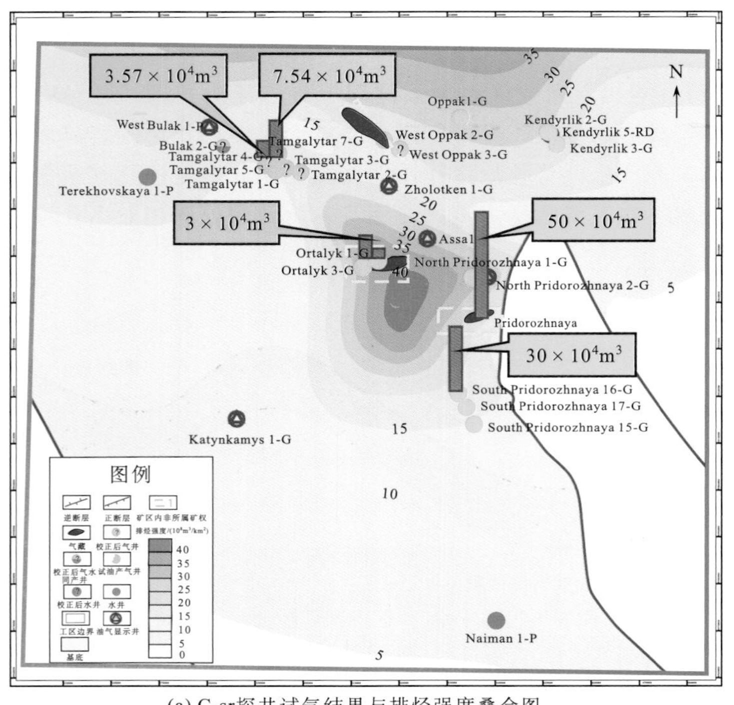

(a) C_1sr探井试气结果与排烃强度叠合图

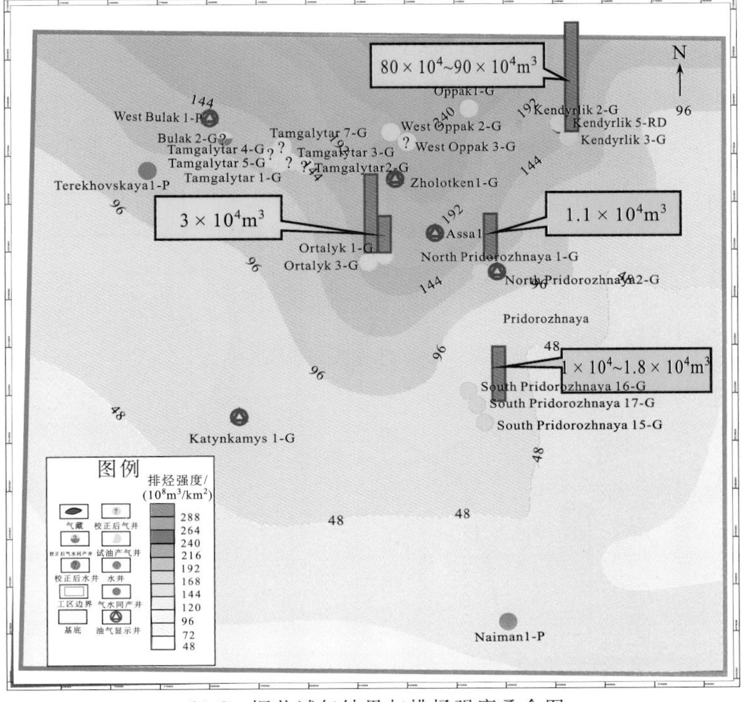

(b) C_1v探井试气结果与排烃强度叠合图

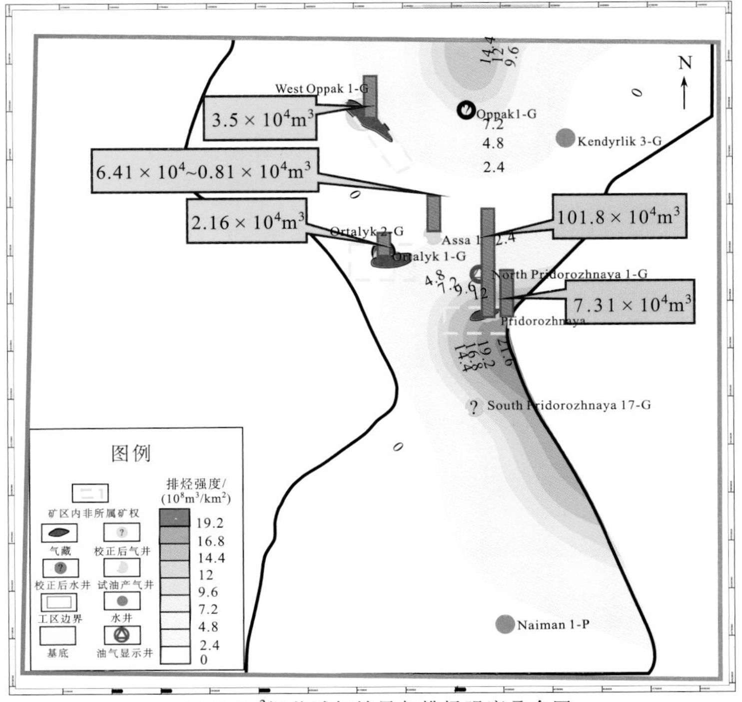

(c) $D_3fm_1^2$探井试气结果与排烃强度叠合图

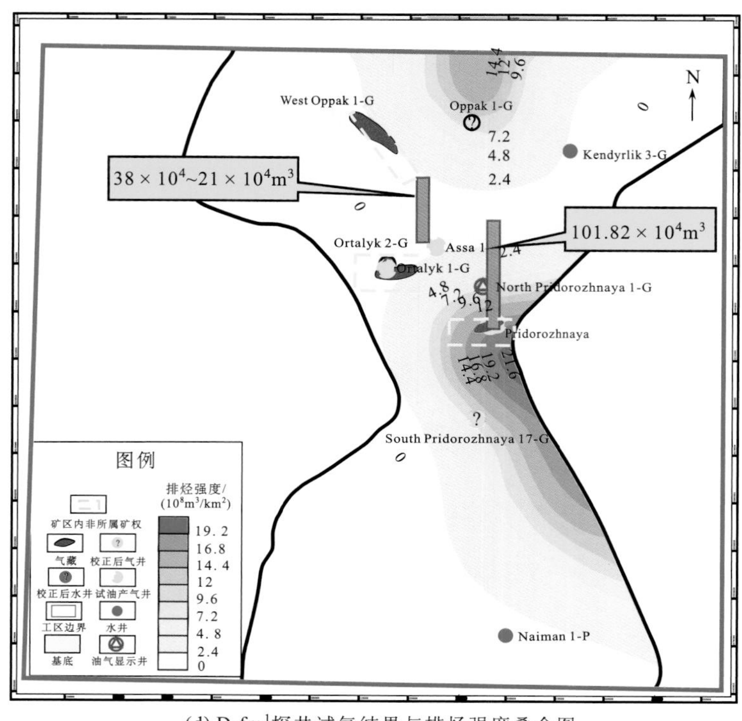

(d) $D_3fm_1^1$探井试气结果与排烃强度叠合图

图 8-3-8　Marsel 探区主要目的层探井试气结果与排烃强度关系叠合图

2）源控油气作用模式

通过 Marsel 探区统计下石炭统和上泥盆统烃源岩排烃强度与探井试气采能的关系，由于试气井少，数据点少，排烃强度与探井试气采量的关系并不明显(图 8-3-9)，而探井与烃源岩生排烃中心的距离与探井的试气采量有很好的相关性(图 8-3-10)。由统计结果可知，越靠近排烃中心，探井的试气采量越高；离排烃中心越远探井试气采量越小。

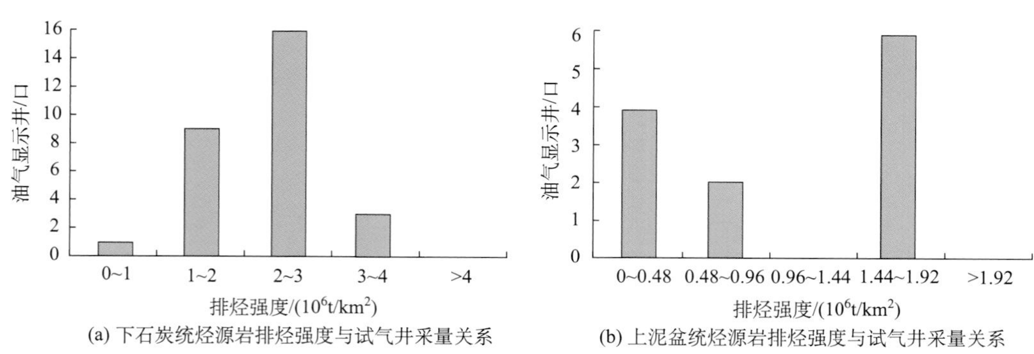

(a) 下石炭统烃源岩排烃强度与试气井采量关系　(b) 上泥盆统烃源岩排烃强度与试气井采量关系

图 8-3-9　Marsel 探区烃源岩排烃强度与探井试气采量关系

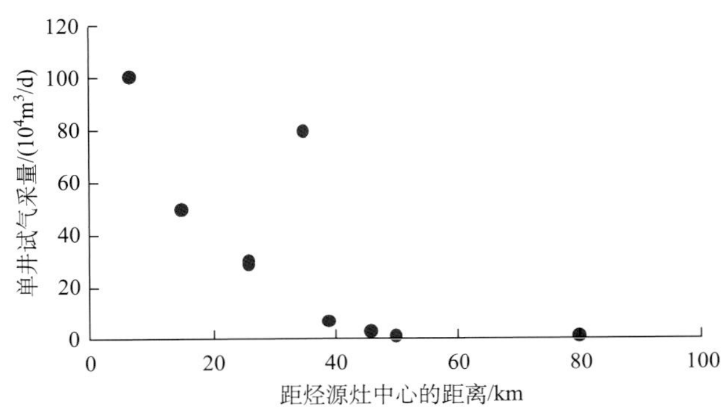

图 8-3-10 Marsel 探区探井与烃源灶排烃中心的距离与探井试气采量的关系

烃源灶对油气藏的控制表现为近源成藏：越靠近烃源灶中心，油气藏形成概率越大；离烃源灶中心越远，油气藏形成的概率越来越小。将油气藏与烃源岩的这种关系定量化之后，可以得到其概率分布模型(图 8-3-11)。

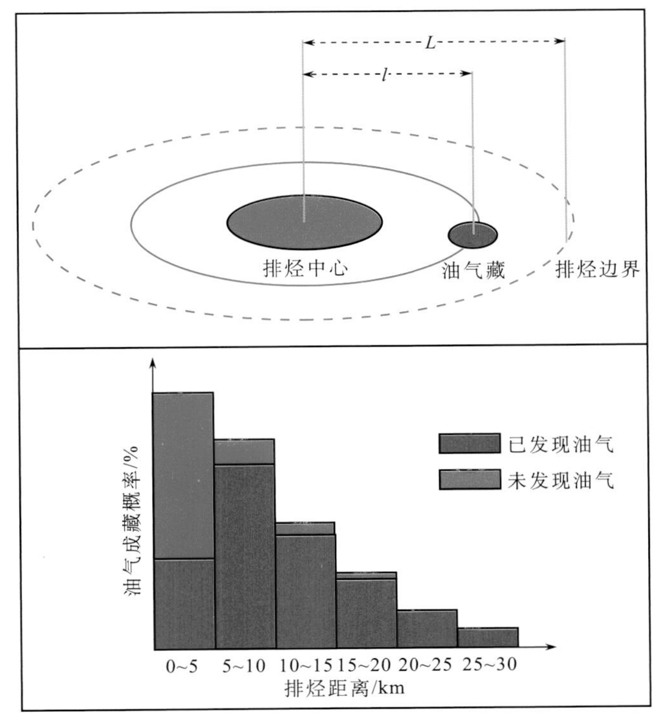

图 8-3-11 源控油气成藏作用分布模式图(范柏江，2012)

4. 相-势-源复合控油气富集基本模式

油气藏的形成受烃源灶的形成、复式输导体的存在、油气成藏期与圈闭形成期的时间匹配等的控制。在众多要素中，相、势、源是三个至关重要的成藏要素，庞雄奇等(2003b)通过对我国东部断陷盆地重点油气藏的解剖和大量已发现油气藏的统计，研究结果认为：相、势、源是形成油气藏的三大必备要素。源灶大小决定着油气藏能否形成及可能的规模大小，相的组合和分布决定着油气可能富集的位置，势梯度或势差大小决定着油气运聚的方向和速度。近源、优相、低势叠合区是有利勘探区带。相、势、源联合控制着油气藏的形成、分布和含油气性。

通过前面的分析可知，Marsel 探区显示出近源、优相、低势的特征。近源、优相、低势复合控制了油气藏的形成。用相、势、源分别作为同源环境下相-势-源复合控藏的三个端元，可以建立相-势-源复合控藏模式三元图(图 8-3-12)：三元分别为 R_f(相对优相指数)、R_p(相对源指数)、R_l(烃源岩控藏指数)。当储层满足近源、优相、低势三方面条件时，储层具有高含油气饱和度。

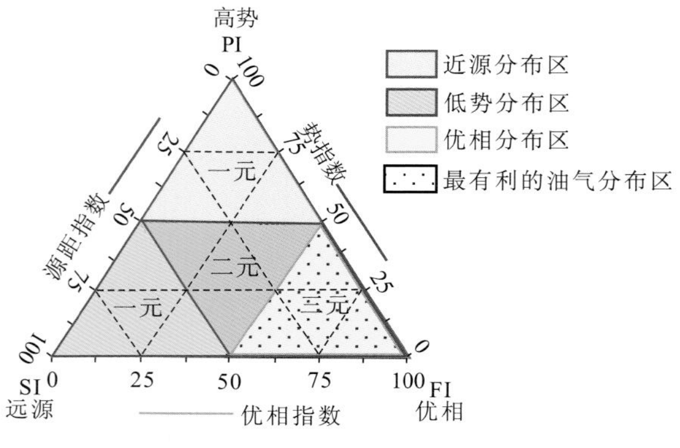

图 8-3-12　相-势-源复合控藏模式

二、相-势-源复合控油气作用定量表征

1. 相控油气作用定量表征

构造相—沉积相—岩石相—岩石物理相是从宏观到微观控油气的过程，可以说构造相控制沉积相，沉积相控制岩石相，而岩石相又进而控制岩石物理相。不同层次的相在油气勘探中对油气的控制作用有不同的含义，构造相和沉积相是宏观尺度的概念，控制着宏观上油气藏的分布范围和规模，适用于在含油气盆地勘探的早、中期寻找有利的勘探领域和勘探区带；对应的，岩相和岩石物理相是微观尺度的概念，控制着微观上油气藏内部储层的非均质性和油气藏的含油气性，适用于含油气盆地勘探的晚期和油气藏开发阶段的寻找有利目标和油气藏内部的有利部位。因此，在对相控油气作用进行定量表征时，需要视盆地不同的勘探阶段，选用不同的定量评价参数进行表征。在盆地勘探的早、中期，利用相同类型的其他盆地的不同构造带和不同沉积相带已发现的油气藏的个数和储量百分比，可以预测要研究的盆地的不同构造单元和沉积相带的油气分布情况。在盆地勘探的中、晚期，由于探井个数较多，有关的地震、录井、测井和各类分析测试

资料较多，能够较准确的获得地层的岩相和岩石物理相方面的信息，可以更深入、更精确地定量评价相对油气的控制作用。

本次研究过程中，主要根据沉积相来进行优相定量表征。通过对 Marsel 探区探井钻井显示、录井资料、试气资料进行整理，统计各主要目的层油气显示井和沉积相的关系，对不同的沉积相带进行综合评价打分后，进行优相的定量表征。以 C_1sr 为例，通过统计 Marsel 探区油气显示井和沉积相的关系发现，已发现的油气井主要位于碳酸盐岩台地边缘高能带、浅滩和礁-滩复合体之内(图 8-3-13)；试气井平均单产量为台地边缘高能带最高，其次为浅滩和礁-滩复合体(图 8-3-14)。综合储层评价结果，认为礁-滩复合体为 Marsel 探区碳酸盐岩主要储层类型，其优相指数赋值为 1，而油气主要发现在台内-台地边缘高能带内，其优相指数赋值为 0.5，其余各相根据统计结果按比例进行优相指数赋值。根据这种方法对 Marsel 探区四个主要目的层进行了优相定量表征(图 8-3-15)。结合三个小区块沉积相分布，分别对每个区块的每个目的层进行优相定量表征(图 8-3-16～图 8-3-18)。

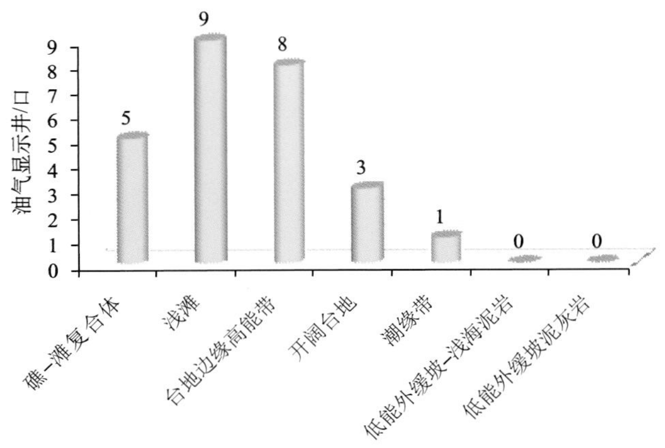

图 8-3-13　C_1sr 沉积相与油气显示井关系

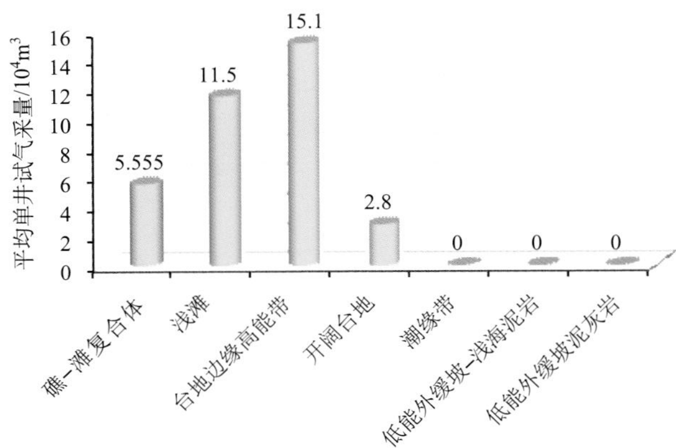

图 8-3-14　C_1v 沉积相与试气井平均单井采量关系

C_1sr优相定量表征		
沉积相	优相指数	油气显示井
礁–滩复合体	1	5
浅滩	0.9	9
台地边缘高能带	0.8	8
开阔台地	0.3	3
低能外缓坡泥灰岩	0.1	1
潮缘带	0	0
浅海泥岩	0	0

(a)

C_1v优相定量表征		
沉积相	优相指数	油气显示井
礁–滩复合体	1	6
浅滩体	0.83	4
台内边缘高能带	0.67	4
台内高能滩	0.5	2
开阔台地	0.33	2
潮缘带	0	0
低能外缓坡泥灰岩	0	0

(b)

$D_3fm_1^2$优相定量表征					
相	辫状河三角洲	扇三角洲	冲积扇	冲积平原	滨浅湖
优相指数	1	0.7	0.5	0.38	0.25
油气显示井/口	7	0	0	0	2

(c)

$D_3fm_1^1$优相定量表征					
相	扇三角洲	冲积扇	辫状河三角洲	冲积平原	滨浅湖
优相指数	1	0.75	0.5	0.38	0.25
油气显示井/口	5	2	0	0	1

(d)

图 8-3-15 Marsel 探区优相定量表征

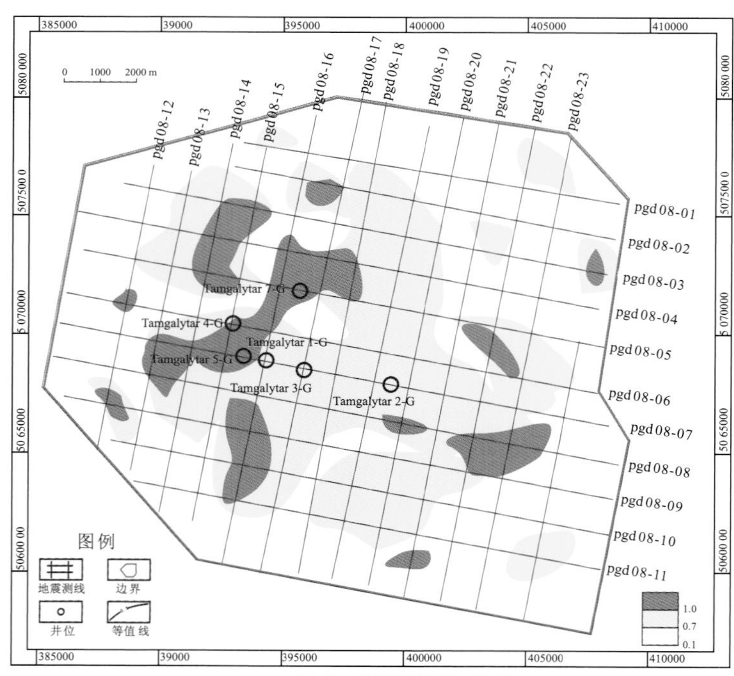

(a) C_1sr优相指数平面分布

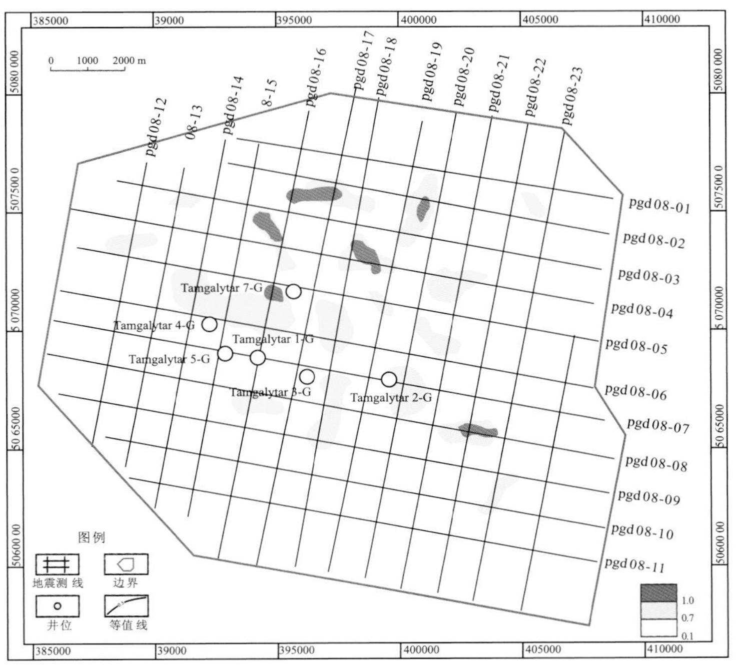

(b) C_1v_3优相指数平面分布

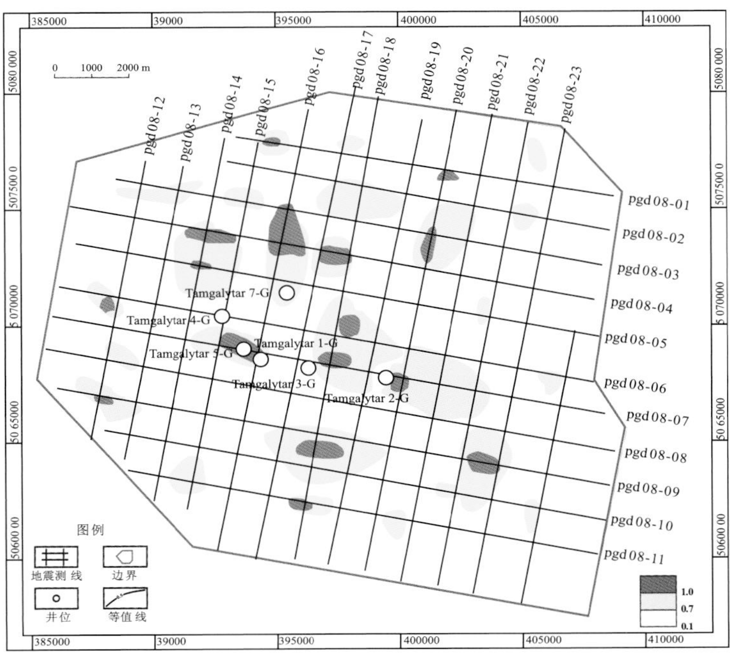

(c) C_1v_2优相指数平面分布

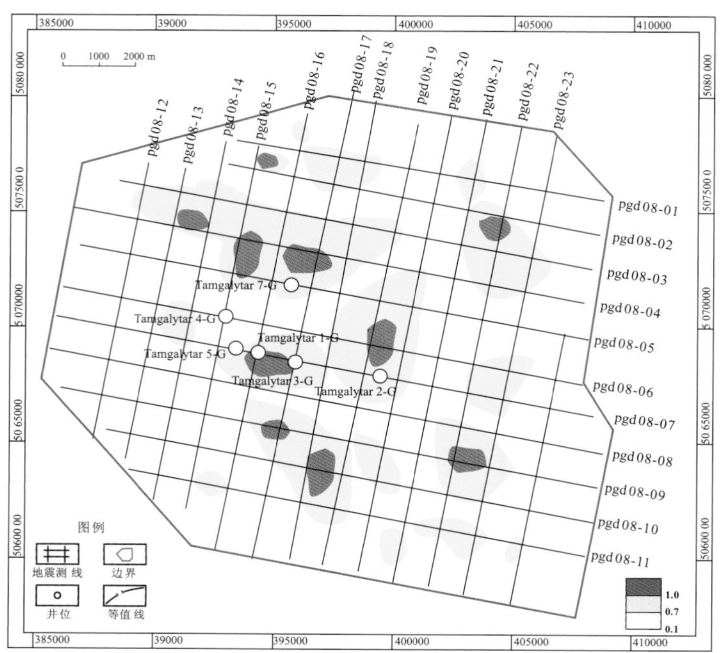

(d) C_1v_1优相指数平面分布

图 8-3-16 Tamgalytar 地区相控油气作用定量表征结果

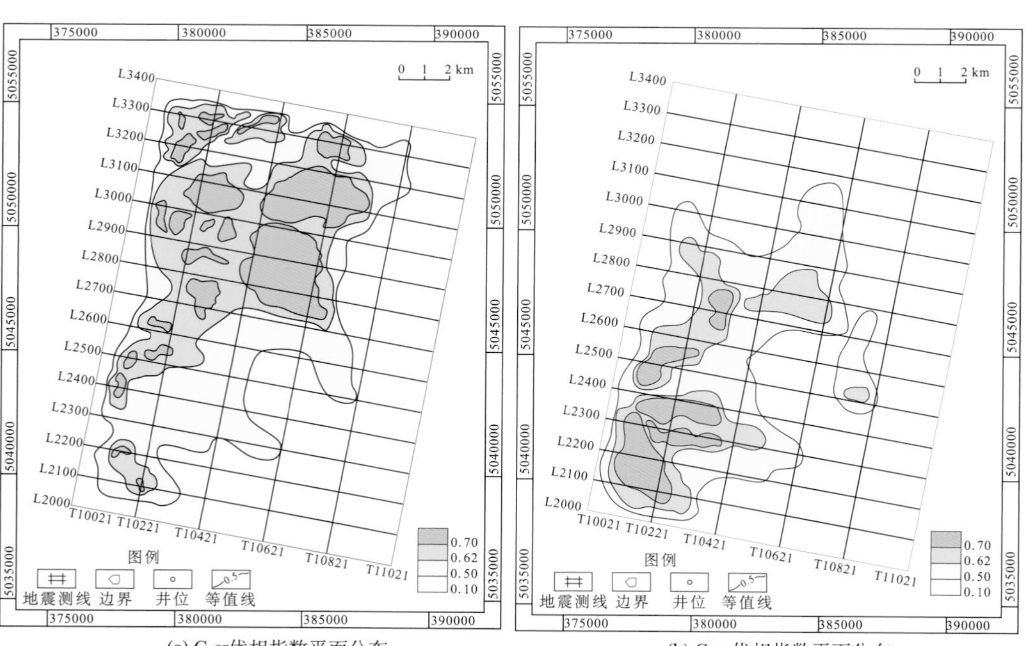

(a) C_1sr优相指数平面分布

(b) C_1v_3优相指数平面分布

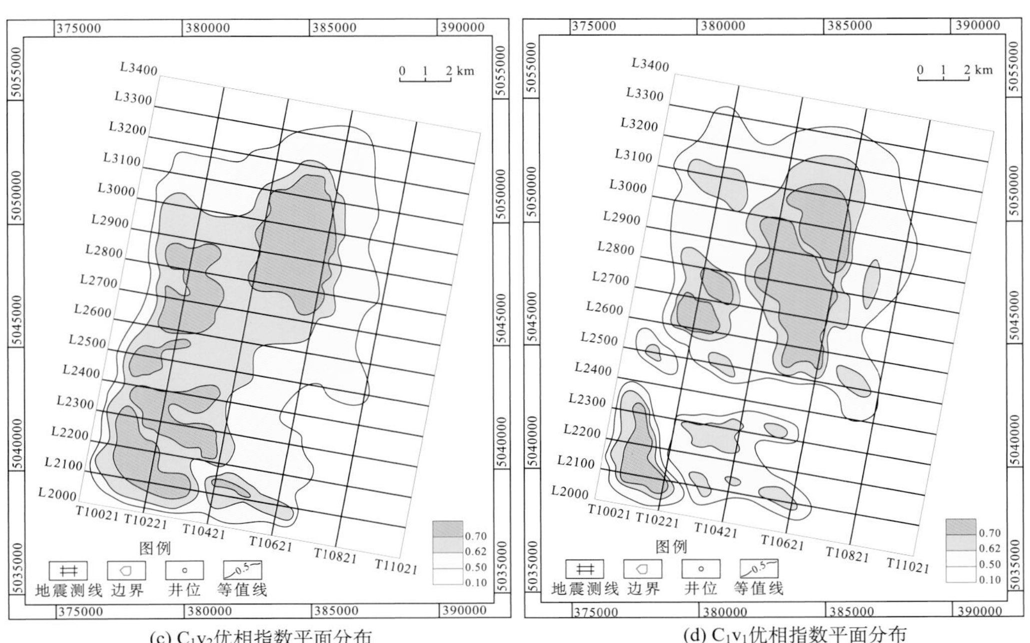

(c) C_1v_2优相指数平面分布　　(d) C_1v_1优相指数平面分布

图 8-3-17 Tamgalynskaya 地区相控油气作用定量表征结果

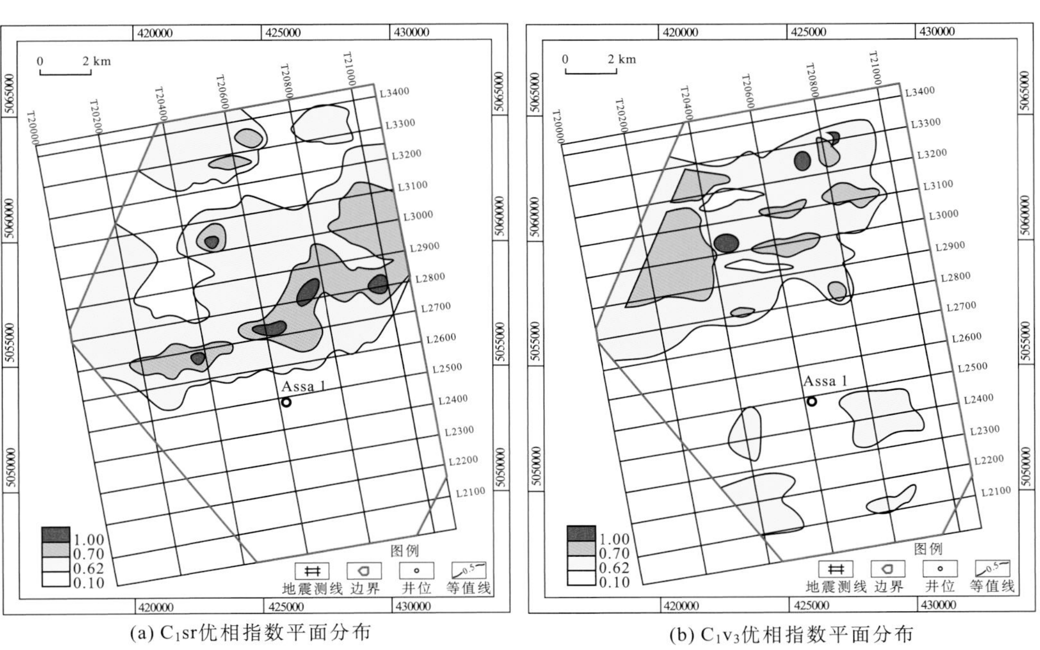

(a) C_1sr优相指数平面分布　　(b) C_1v_3优相指数平面分布

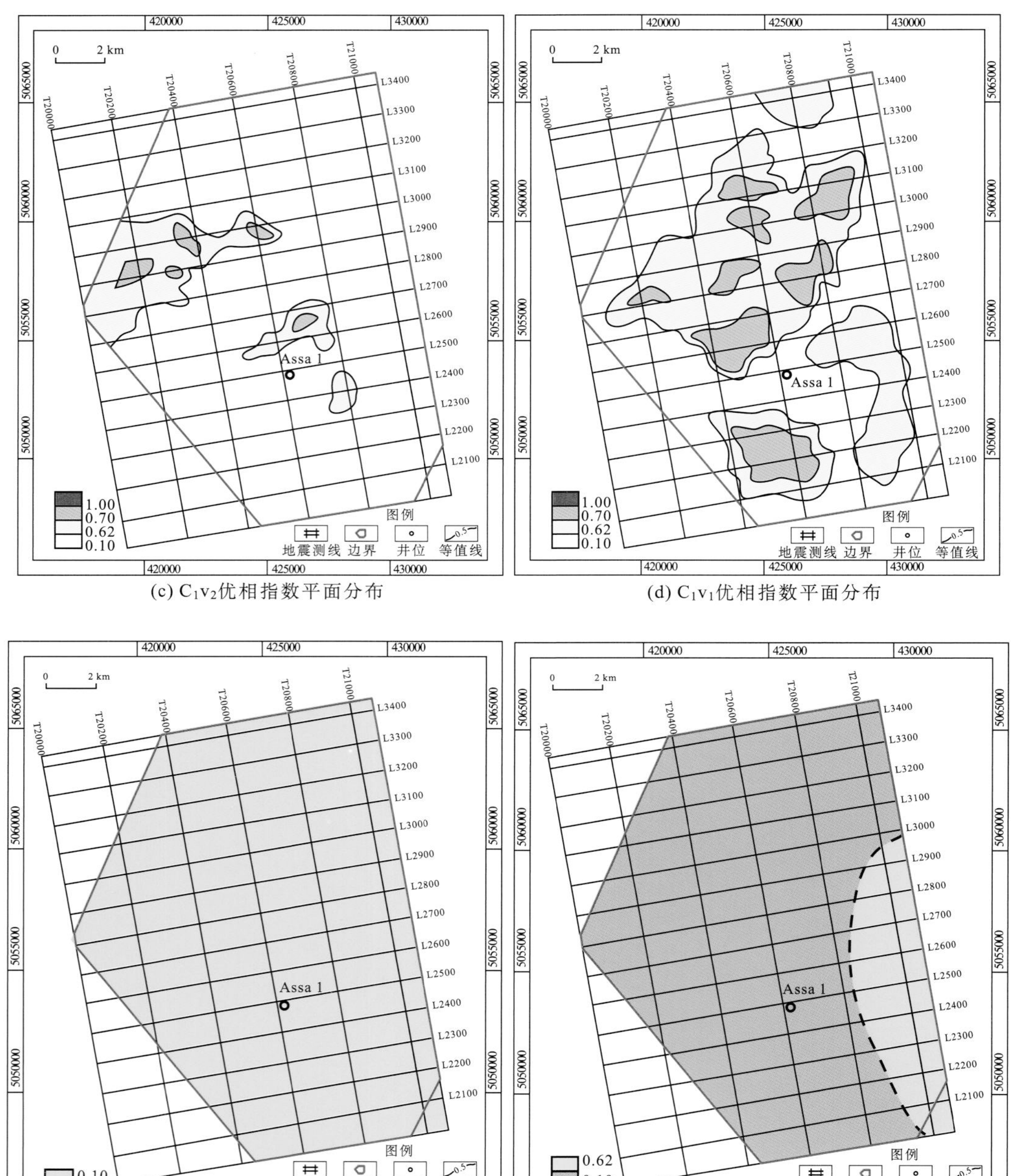

(c) C_1v_2优相指数平面分布

(d) C_1v_1优相指数平面分布

(e) $D_3fm_1^2$优相指数平面分布

(f) $D_3fm_1^1$优相指数平面分布

图 8-3-18 Assa 地区相控油气作用定量表征结果

2. 势控油气作用定量表征

研究过程中用“界面势能指数(surface potential index)”来表征目的层系展布空间内的相对界面势能大小。该指数具有相对性的概念，数值介于 0～1；数值越小表明储层物性越好，界面势能越低，越有利于油气藏的形成。

$$PI=(P-P_{min})/(P_{max}-P_{min}) \tag{8-3-3}$$

式中，PI 为界面势能指数；P 为储层自身的界面势能，J；P_{max} 为同一埋深条件下的临界最大界面势能，J；P_{min} 为同一埋深条件下的临界最小界面势能，J。

根据 Marsel 探区势控油气藏特征(图 8-3-19)，通过计算下石炭统和上泥盆统各单井气层的界面势能指数，统计测井解释气层与界面能控藏指数关系可知(图 8-3-20)，气层势指数 PI＜0.7，PI 值越小，气层厚度有增大趋势，表明储层含油气性变好(图 8-3-20)。结合三个小区块主要目的层孔隙度平面分布，可以得出每个小区块每个目的层的低势控藏指数平面分布(图 8-3-21～图 8-3-23)。

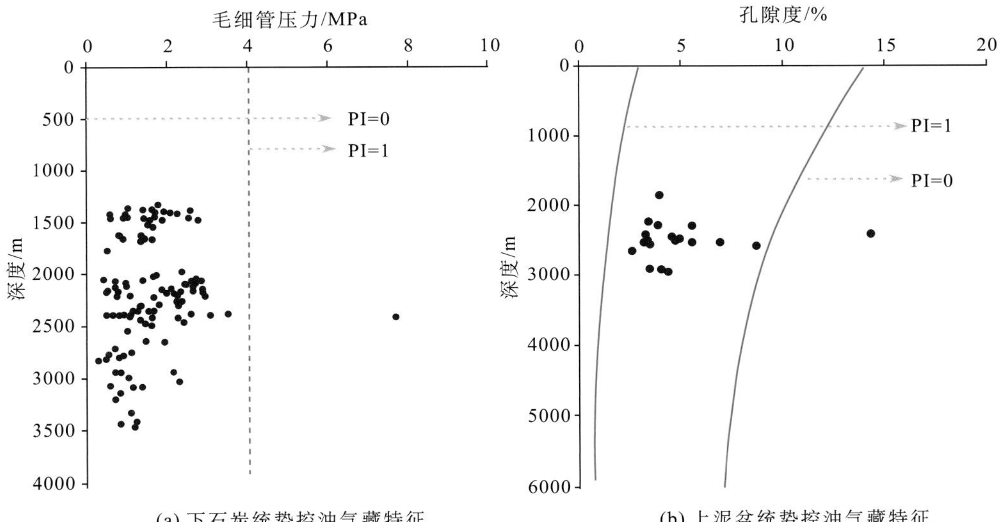

(a) 下石炭统势控油气藏特征　　(b) 上泥盆统势控油气藏特征

图 8-3-19　Marsel 探区势控油气藏特征

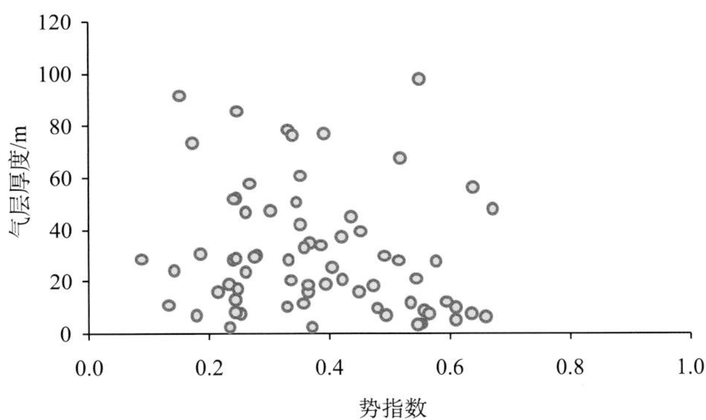

图 8-3-20　Marsel 探区气层厚度与界面能控藏指数统计关系

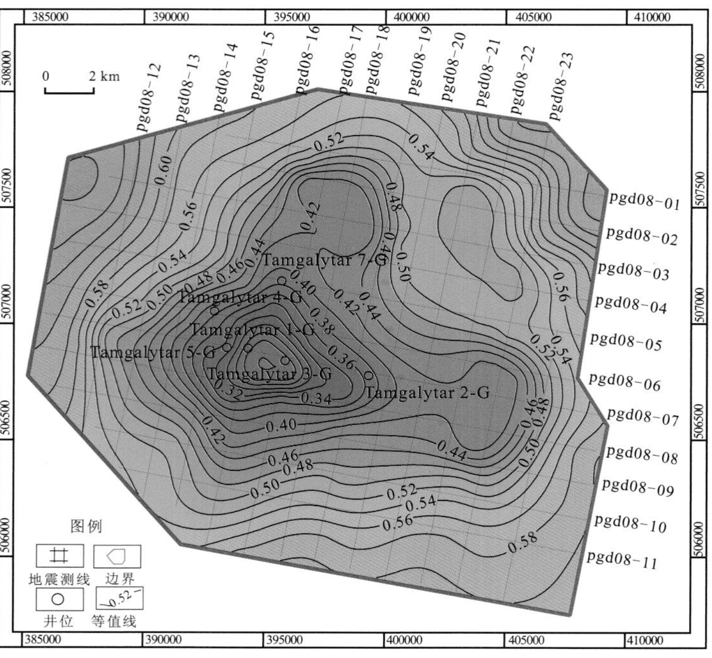

(a) C_1sr界面能控藏指数平面分布图

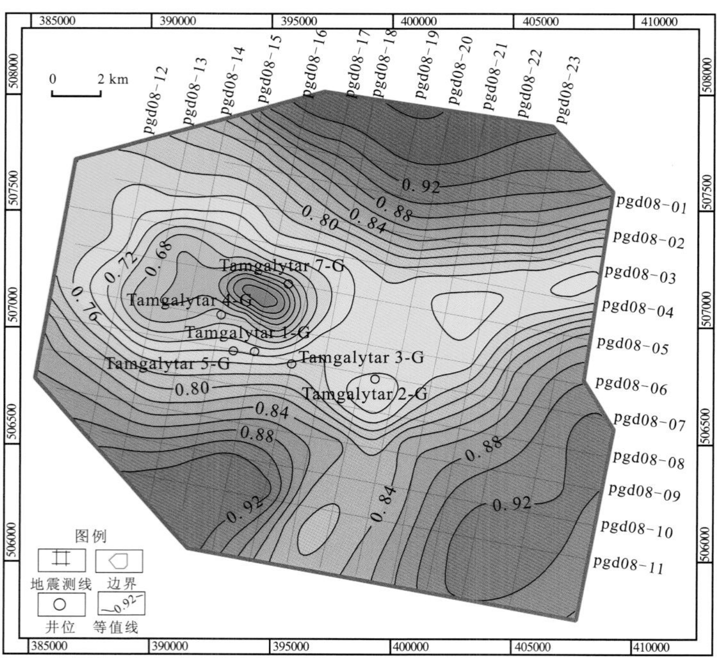

(b) C_1v_3界面能控藏指数平面分布图

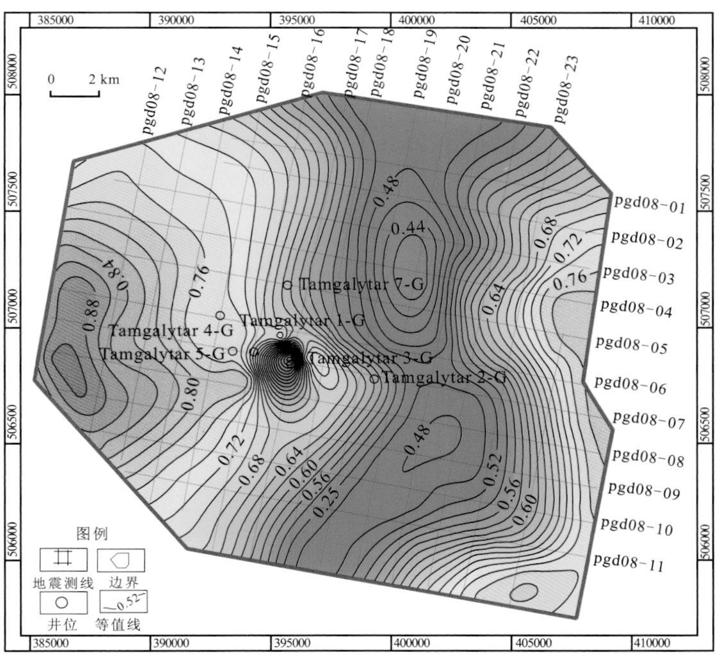

(c) C_1v_2界面能控藏指数平面分布图

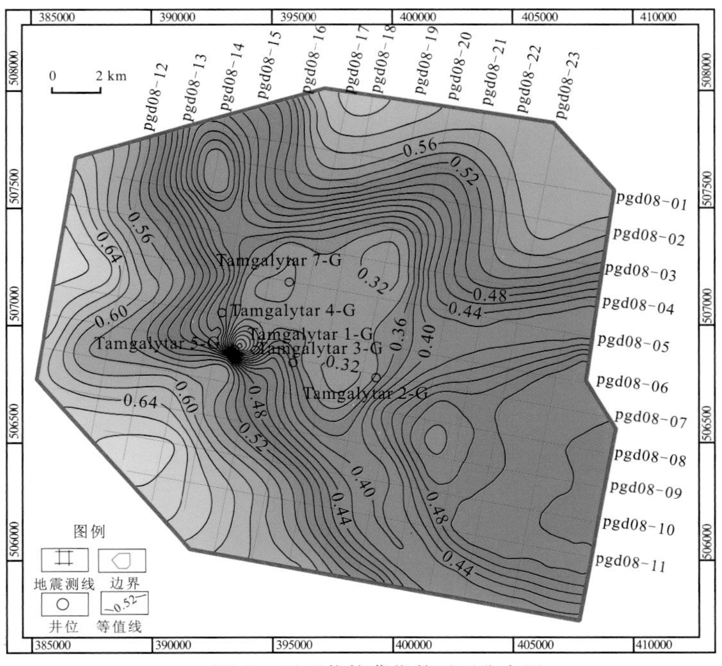

(d) C_1v_1界面能控藏指数平面分布图

图 8-3-21 Tamgalytar 地区势控油气作用定量表征结果

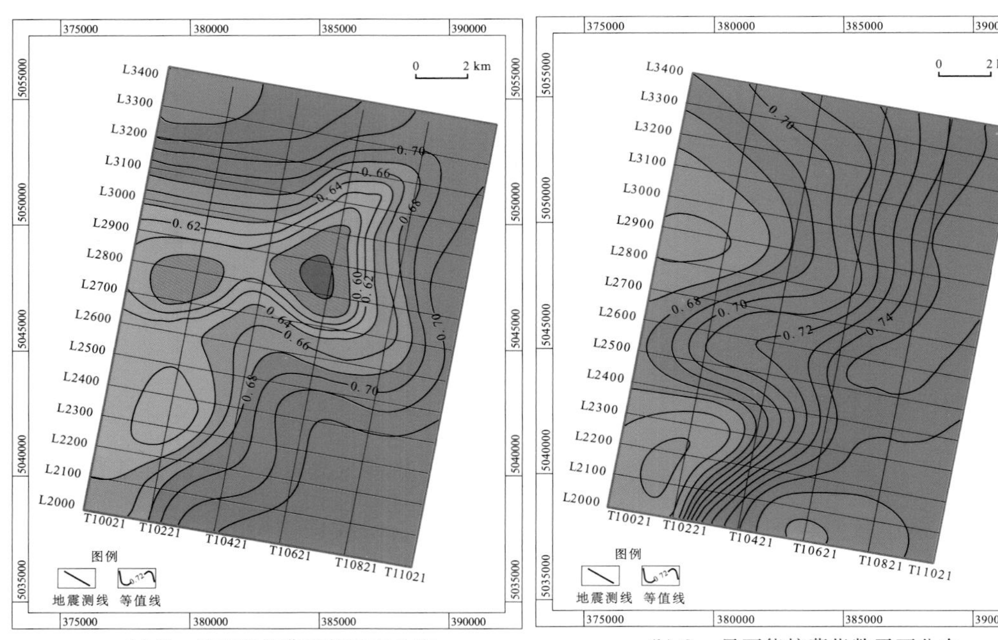

(a) C_1sr界面能控藏指数平面分布

(b) C_1v_3界面能控藏指数平面分布

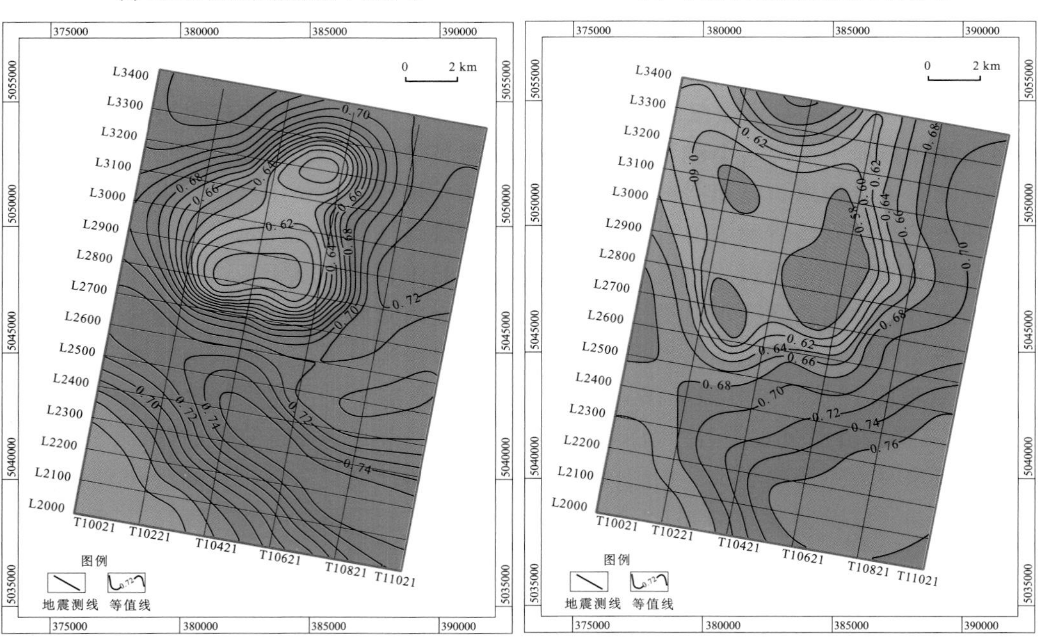

(c) C_1v_2界面能控藏指数平面分布

(d) C_1v_1界面能控藏指数平面分布

图 8-3-22 Tamgalyskaya 地区势控油气作用定量表征结果

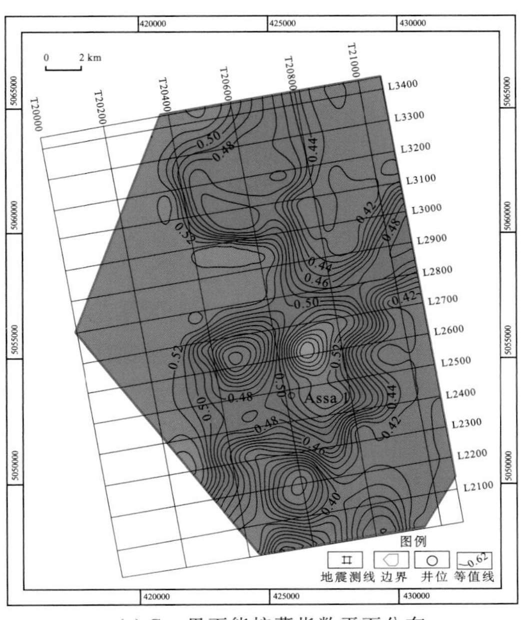

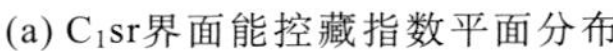
(a) C_1sr界面能控藏指数平面分布

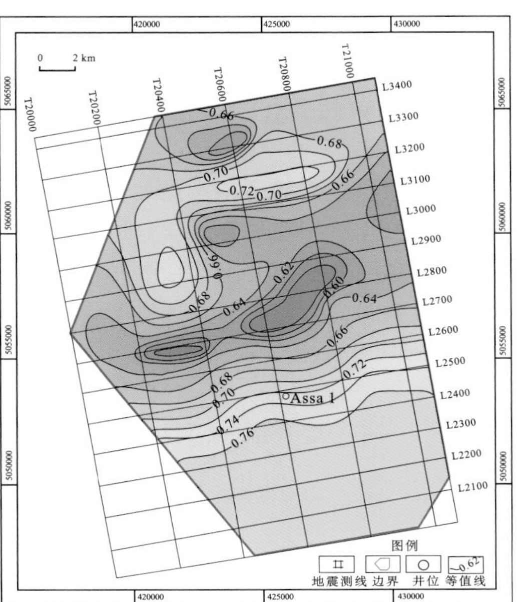

(b) C_1v_3界面能控藏指数平面分布

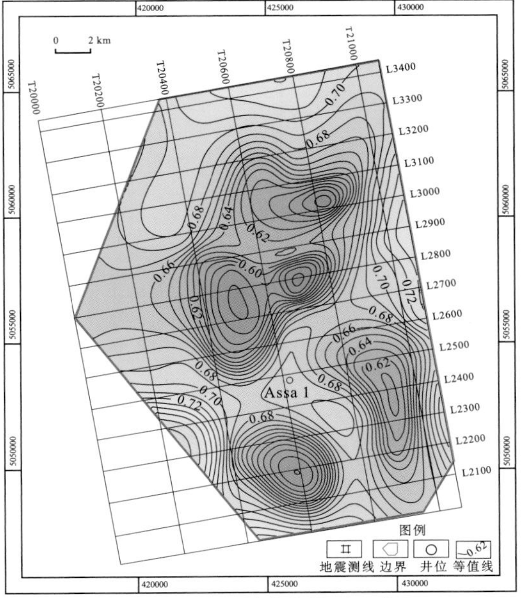

(c) C_1v_2界面能控藏指数平面分布

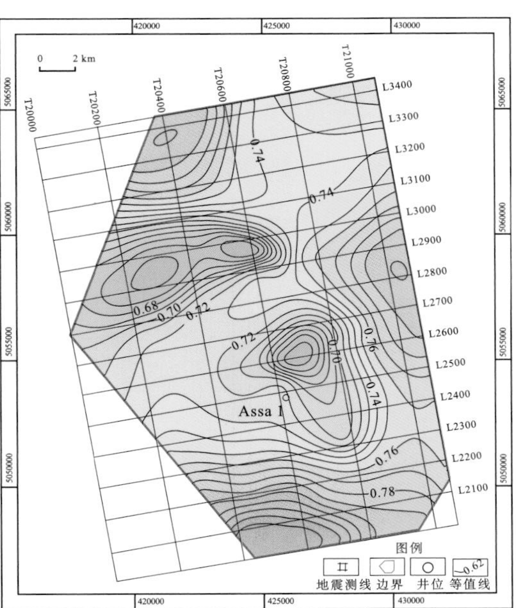

(d) C_1v_1界面能控藏指数平面分布

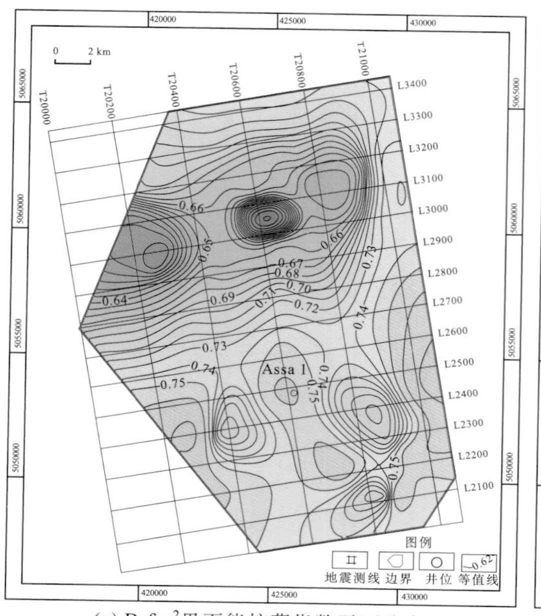

(e) $D_3fm_1^2$界面能控藏指数平面分布

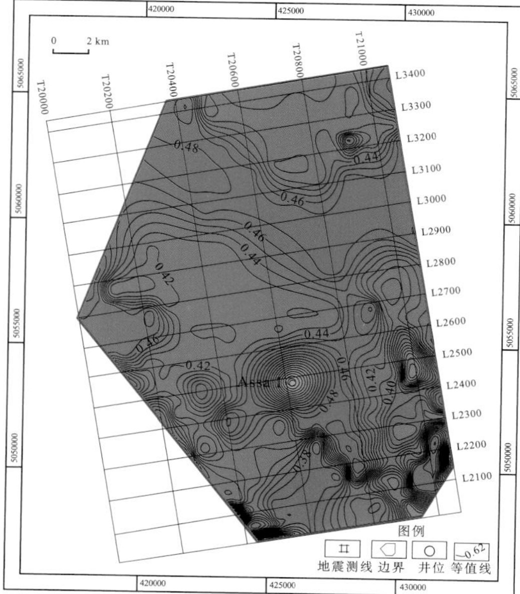

(f) $D_3fm_1^{1S}$界面能控藏指数平面分布

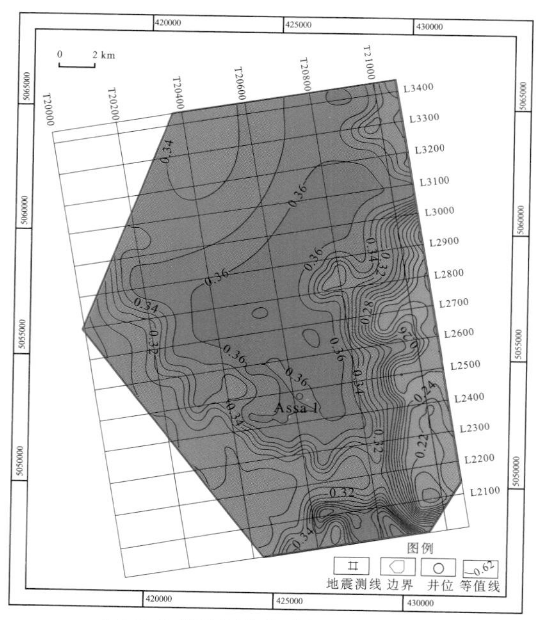

(g) $D_3fm_1^{1X}$界面能控藏指数平面分布

图 8-3-23 Assa 地区势控油气作用定量表征结果

3. 源控油气作用定量表征

Marsel 探区烃源灶与油气藏的这种关系与南堡凹陷的情况类似。将这两个地区的情况进行对比后发现，其主要烃源岩排烃强度大致相当。但是 Marsel 探区烃源岩分布面积相对较大，烃源灶排烃半径大。总体可对比性强，可以借用南堡凹陷源控成藏概率模型。根据范柏江建立的定量关系式，可以计算出 Marsel 探区主要烃源岩源控成藏概率(图 8-3-24～图 8-3-26)。

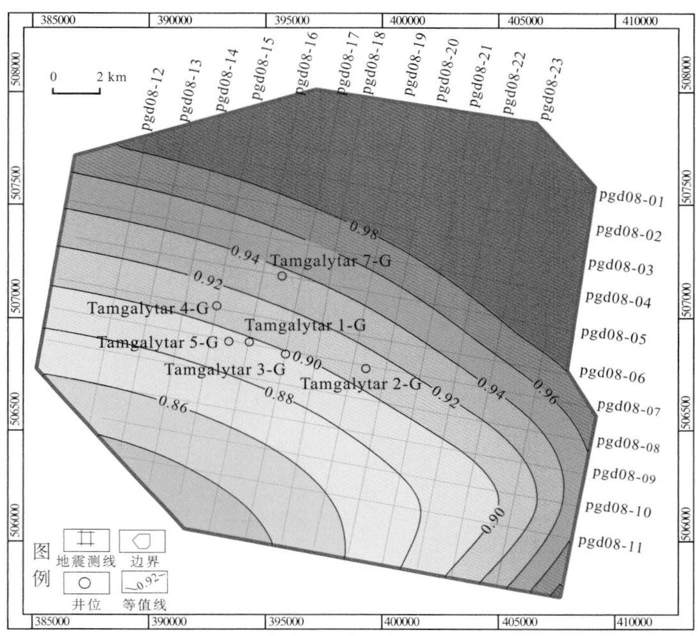

(a) C_1烃源岩控藏指数平面分布

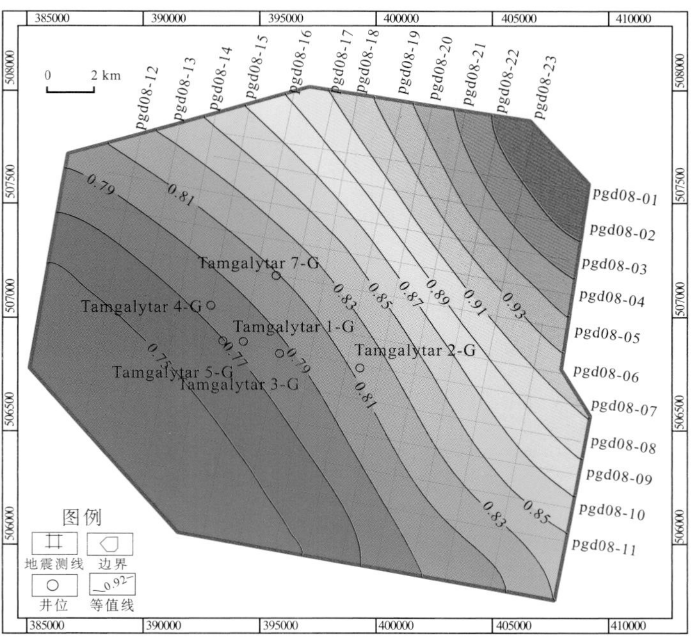

(b) C_1v烃源岩控藏指数平面分布

图 8-3-24 Tamgalytar 地区源控油气作用定量表征结果

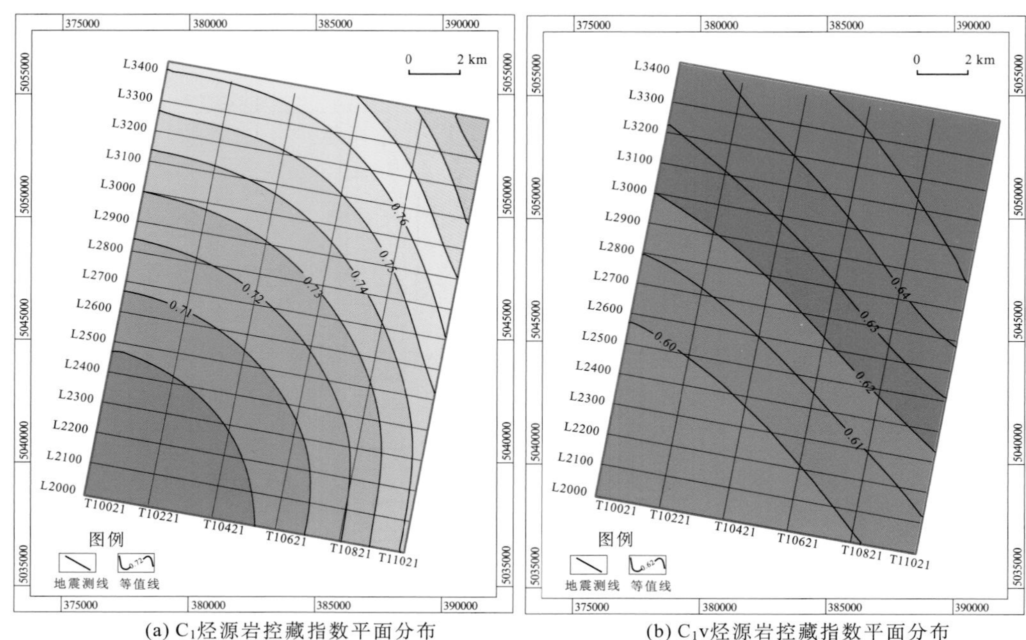

(a) C_1烃源岩控藏指数平面分布 (b) C_1v烃源岩控藏指数平面分布

图 8-3-25 Tamgalynskaya 地区源控油气作用定量表征结果

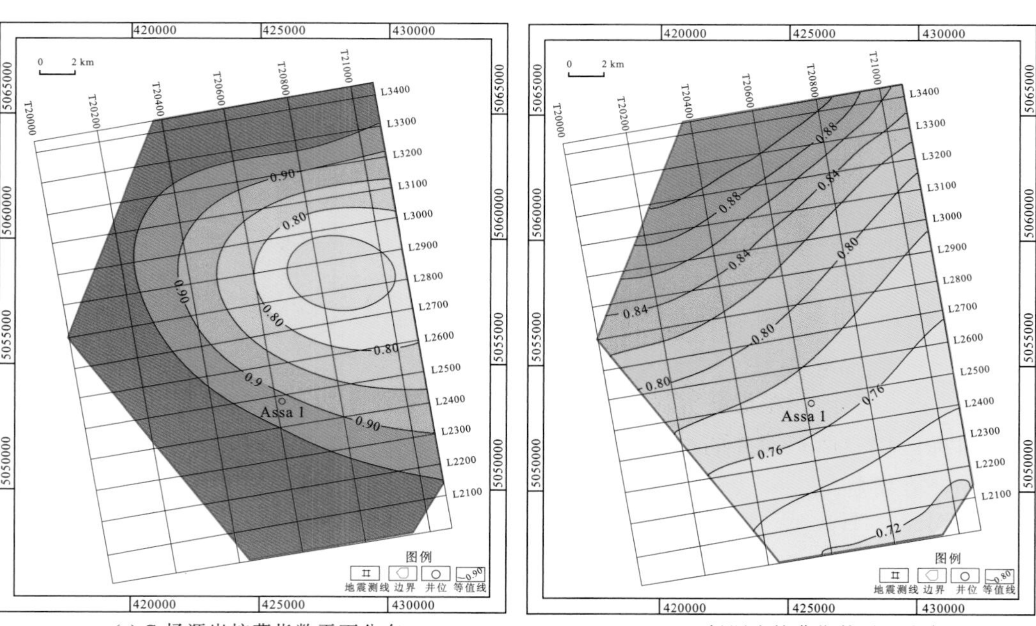

(a) C_1烃源岩控藏指数平面分布 (b) C_1v烃源岩控藏指数平面分布

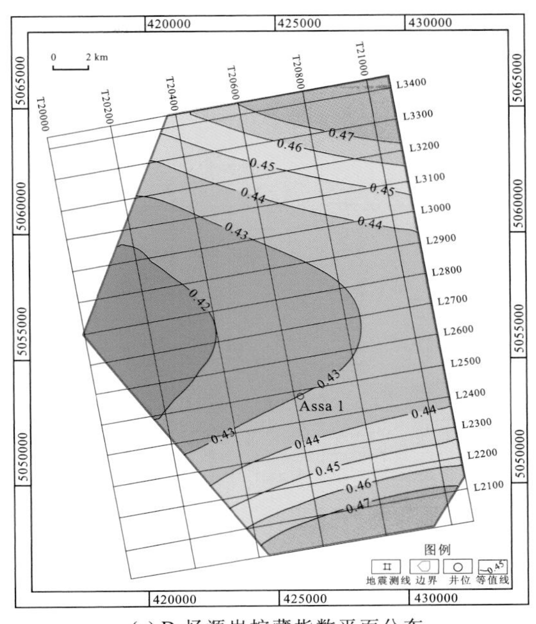

(c) D_3烃源岩控藏指数平面分布

图 8-3-26 Assa 地区源控油气作用定量表征结果

$$F_e = 0.14 \cdot \exp(0.024 q_e) - 0.3396 \cdot \ln(l/L) \tag{8-3-4}$$

式中，F_e 为油气成藏概率,%；L 为标准化的油藏至排烃中心的距离，无量纲；l 为标准化的油藏至排烃边界的距离，无量纲；q_e为烃源岩最大排烃强度，$10^6\,t/km^2$。

4. 相-势-源复合控油气作用定量表征

根据下列公式，可以定量计算出相-势-源复合控藏指数：

$$\text{FPSI} = \left[\frac{1}{\sqrt{2}}\sqrt[2]{\text{FI}^2 + (1-\text{PI})^2} + \text{SI}\right]/2 \tag{8-3-5}$$

式中，FPSI 为相-势-源复合控藏指数，小数；FI 为优相指数，小数；PI 为低势控藏指数，小数；SI 为烃源岩控藏指数，小数。

利用上述公式，根据研究区探井的优相指数、势控指数、烃源岩控藏指数，计算出三个目标区块中所有探井的相-势-源复合指数(表 8-3-1)，并统计各单井相-势-源复合指数与测井解释气层的关系。统计结果表明，研究区各探井的测井解释气层的相-势-源复合指数基本上都大于 0.5(图 8-3-27)，表明前面优相指数定量表征、低势控藏指数定量表征、烃源岩控藏指数定量表征方法可靠，可以用于后续的相-势-源复合指数平面计算。理论上而言，随相-势-源复合指数的增大，表示越有利于油气成藏，储层的含油气性越好。由于 Marsel 探区在三个目标区的探井有限，试气数据少，所以这种统计规律不是很明显，但是在进行有利目标预测时，相-势-源复合指数越大的有利区，是越有利的目标区。

表 8-3-1 Marsel 探区目标区各探井相-势-源复合指数计算结果

井位	层位	FI	PI	SI	FPI	FPSI	解释结论	有效厚度	试气
Tamgalytar 1-G	C_1sr	0.7	0.3	0.90	0.7	0.80	气层	46.8	气层，日产 $7.54\times10^4m^3/d$
Tamgalytar 2-G	C_1sr	0.7	0.44	0.91	0.64	0.775	气层	44.4	DST 测试，干层
Tamgalytar 3-G	C_1sr	0.7	0.52	0.90	0.6	0.75	气层	28.3	DST 测试，干层
Tamgalytar 4-G	C_1sr	1	0.45	0.91	0.8	0.85	气层	39.6	射孔，干层
Tamgalytar 5-G	C_1sr	1	0.55	0.90	0.78	0.69	气层	97.4	气层，日产 $2.29\times10^4m^3/d$
Assa 1	C_1sr	0.1	0.73	0.91	0.20	0.56	气层	67	
Tamgalytar 1-G	C_1v_3	0.1	0.34	0.78	0.47	0.62	气层	20.6	气测异常
Tamgalytar 2-G	C_1v_3	0.7	0.55	0.82	0.59	0.7	气层	21.1	DST 测试，干层
Tamgalytar 5-G	C_1v_3	0.1	0.33	0.77	0.48	0.62	气层	28	
Assa 1	C_1v_3	0.1	0.76	0.77	0.18	0.48	气层	60.9	
Tamgalytar 1-G	C_1v_2	1	0.35	0.78	0.84	0.81	气层	41.5	射孔，见地层水
Tamgalytar 2-G	C_1v_2	0.7	0.58	0.82	0.58	0.7	气层	27.5	DST 测试，干层
Assa 1	C_1v_2	0.1	0.72	0.77	0.21	0.49	气层	2.7	
Tamgalytar 1-G	C_1v_1	1	0.23	0.78	0.89	0.84	气层	25.2	
Assa 1	$D_3fm_1^2$	1	0.49	0.43	0.8	0.61	气层	20.4	气层，$6.41\times10^4m^3/d$
Assa 1	$D_3fm_1^{1S}$	0.75	0.62	0.43	0.59	0.51	气层	55.9	气层，$38.5\times10^4m^3/d$

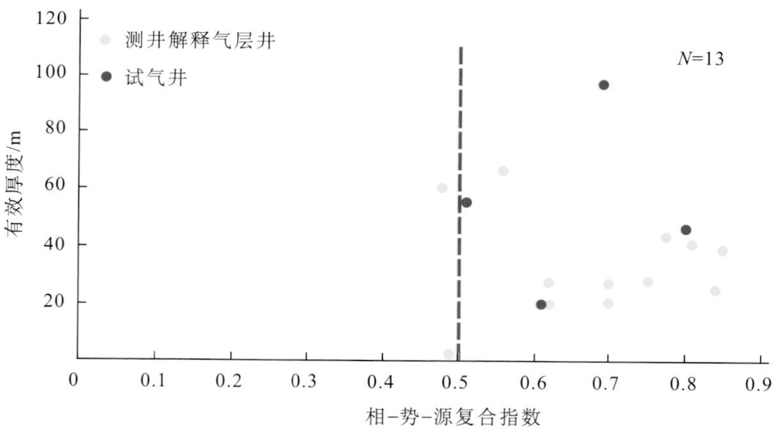

图 8-3-27 Marsel 探区探井相-势-源复合指数与气层厚度关系

三、相-势-源复合指数预测和评价有利目标

1. Tamgalytar 地区有利富气目标预测与评价

Tamgalytar 构造位于研究区北部的斜坡带，高精度二维地震覆盖面积为 422km^2，经高精度二维地震资料解释，该构造规模不大，圈闭面积 35km^2。该构造已钻 6 口探井，分别为 Tamgayltar 1-G、Tamgayltar 2-G、Tamgayltar 3-G、Tamgayltar 4-G、Tamgayltar 5-G、Tamgayltar 7-G，其中有两口探井测试获得天然气流：Tamgalytar 1-G 井和 Tamgalytar 5-G 井。钻井显示该地区发育两种类型的碳酸盐岩储集层：孔隙型生物(礁)储层、缝洞型储层。测井资料重新解释认为 C_1sr 和 C_1v 是主要勘探目的层，C_2ts 和 Pz_1 也值得探索。该构造是下一步勘探的重点区。

经高精度二维地震资料解释显示，Tamgalytar 区为一小型的碳酸盐岩岛环境，形成古地貌高地，发育有小型边缘礁滩相灰岩，岛内为相对低能的浅滩和潟湖相为主，整体为潟湖或浅海围绕。总体上，C_1sr 层序发育高位域小型边缘礁、滩相灰岩储层，C_1v_1，C_1v_3 礁滩相发育差，以潟湖、滩间海为主，处于较明显的水进期。Tamgalytar 区为一小型的碳酸盐岩岛环境，形成古地貌高地，发育有小型边缘礁滩相灰岩，岛内为相对低能的浅滩和潟湖相为主，整体为潟湖或浅海围绕。C_1sr 高位域小型边缘礁滩相灰岩储层为最有利储层。

根据本节所述相控油气作用表征方法，结合该区沉积相展布，对不同沉积相进行赋值，得到 Tamgalytar 区不同目的层优相指数平面分布图(图 8-3-15)；通过孔隙度平面分布图，计算界面能控藏指数，得到不同目的层低界面能控藏指数平面分面图(图 8-3-21)；通过源控油气作用定量表征方法，得到该区主要烃源岩控藏指数平面分布(图 8-3-24)；根据不同目的层优相指数平面分布图、界面能控藏指数平面分布图、烃源岩控藏指数平面分布图，可以计算出不同目的层相-势-源复合指数平面分布图(图 8-3-28)。

由相-势-源复合指数平面分布可以看出 C_1sr 为最有利目的层，相-势-源复合指数普遍大于 0.75，有利目标分布范围广；其次为 C_1v_2、C_1v_1 次之，相-势-源复合指数普遍大于 0.6，有利目标主要分布在该区块的中部和北部，南部次之，东西部分布有限，而 C_1v_1 有利目标主要分布在该区块的中部和北部，西部及西南部有利目标不发育；C_1v_3 有利目标分布区比较局限，主要分布在该区块的中部。

2. Assa 地区有利富气目标预测与评价

Assa 构造位于研究区北部的缓带，有 216km^2 的三维地震覆盖该构造，圈闭面积 4km^2。2012 年在该构造顶部钻探 Assa 1 井，在上泥盆统法门阶盐下段裂缝性和孔隙型致密砂砾岩中测试均获得了高产气流，在下韦宪亚阶 C_1v 地层中测井解释出了较好的储层，邻区的 Otarlyk 4 井在 C_2ts 和 Pz_1 地层中也解释出了良好的气层。

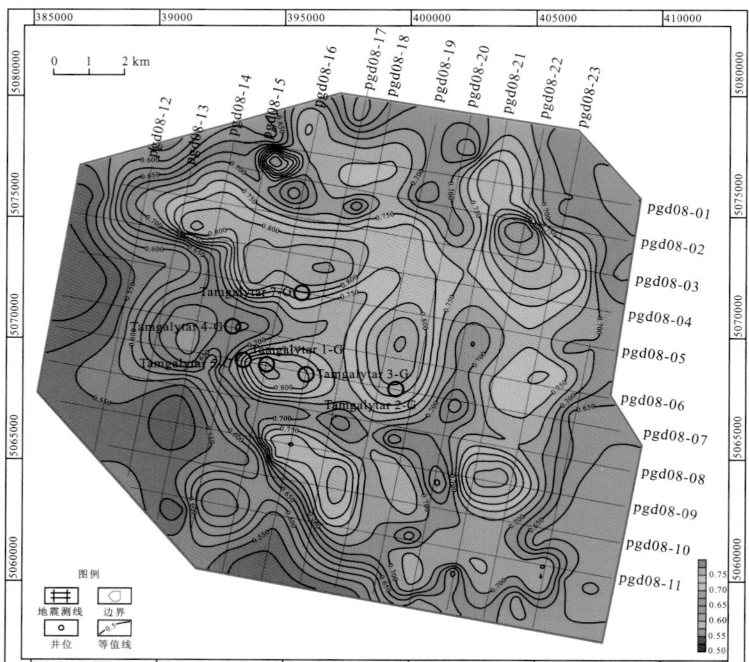

(a) C_1sr相-势-源复合指数平面分布

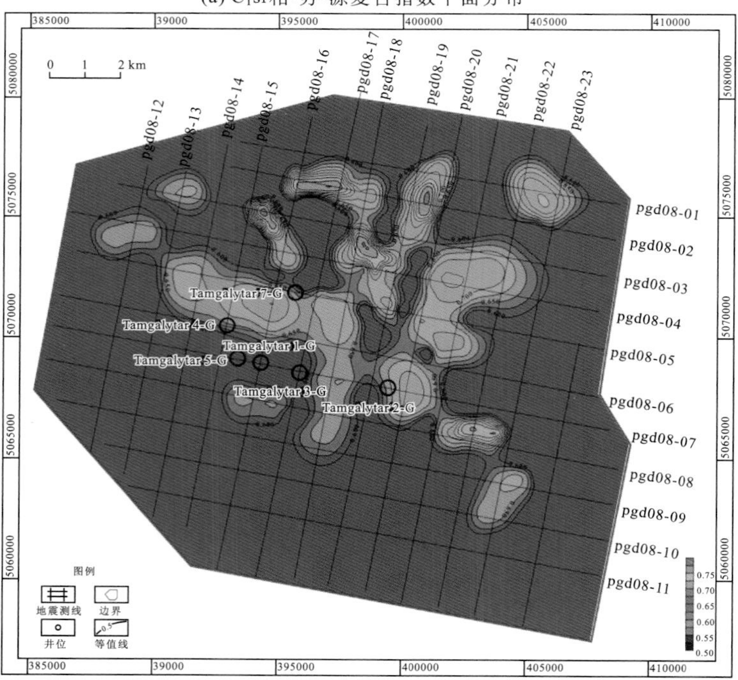

(b) C_1v_3相-势-源复合指数平面分布

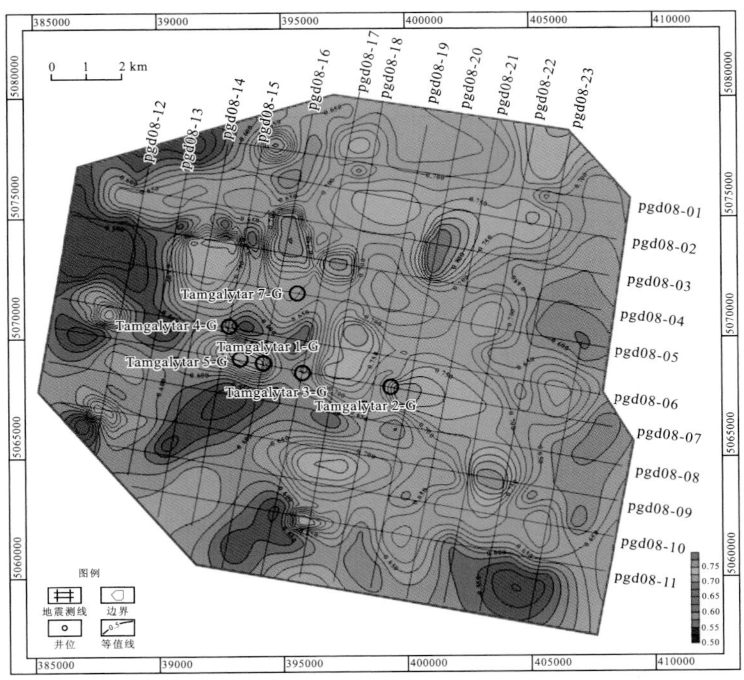

(c) C_1v_2相-势-源复合指数平面分布

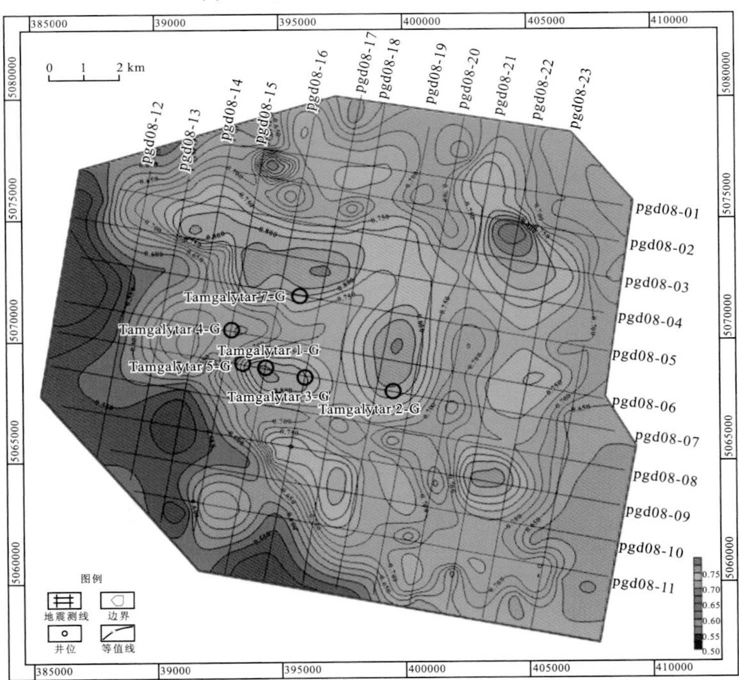

(d) C_1v_1相-势-源复合指数平面分布

图 8-3-28 Tamgalytar 区不同目的层相-势-源复合指数平面分布图

三维地震精细研究表明，Assa区下石炭统各层序的属性切片较好地反映出从水进到高位域的沉积微相变化。C_1v_1滩相发育广泛，几乎全区分布，C_1v_2相对比较差，C_1v_3滩体比较发育，平面上主要分布在Assa区西北部，呈东西向展布；C_1sr发育高位域的滩-礁-滩复合体，平面上主要分布在Assa区中北部，最大面积可达20多平方千米，整个滩体呈北东东或北东东到北东向展布。整体而言，Assa区在中西部发育高位域浅滩储层，只有C_1sr局部发育礁滩储层。

根据本节所述相控油气作用表征方法，结合该区沉积相展布，对不同沉积相进行赋值，得到Assa区不同目的层优相指数平面分布图(图8-3-17)；通过孔隙度平面分布图，计算界面能控藏指数，得到不同目的层低界面能控藏指数平面分面图(图8-3-23)；通过源控油气作用定量表征方法，得到该区主要烃源岩控藏指数平面分布图；根据不同目的层优相指数平面分布图、界面能控藏指数平面分布图、烃源岩控藏指数平面分布图，可以计算出不同目的层相-势-源复合指数平面分布图(图8-3-29)。

由相-势-源复合指数平面分布可以看出，下石炭统C_1sr为最有利目的层，相-势-源复合指数普遍大于0.65，有利目标主要分布在区块的北部，其中西部和北部则最为有利，有利目标分布范围广；C_1v_3、C_1v_1次之，相-势-源复合指数相对C_1sr要小，但是分布面积较广，主要集中在区块的北部；C_1v_2有利目标分布范围相对最小，主要集中在区块的中部和西部。上泥盆统整个Assa区块均为有利目标的分布范围，最有利的范围则在区块南部及东南部、东部。

3. Tamgalynskaya地区有利富气目标预测与评价

Tamgalynskaya构造位于研究区北部，有210km²的三维地震覆盖该构造。经高精度三维地震资料解释，圈闭面积约为35km²，闭合幅度中等，最小幅度在50m以上。

三维地震精细研究表明，Tamgalynskaya区块主要发育浅滩相灰岩储层，礁发育差。其中C_1sr北部发育浅滩相，南部为滩间海和中、低能滩相，局部有潮道沉积；C_1v_3的浅滩相分布于南部，处于明显的水进期；C_1v_2滩相广泛分布，面积大(30多平方千米)，局部发育有礁；C_1v_1的滩相主要分布于中北部，面积相对较小。

根据本节所述相控油气作用表征方法，结合该区沉积相展布，对不同沉积相进行赋值，得到Tamgalynskaya区不同目的层优相指数平面分布图(图8-3-16)；通过孔隙度平面分布图，计算界面能控藏指数，得到不同目的层低界面能控藏指数平面分面图(图8-3-22)；通过源控油气作用定量表征方法，得到该区主要烃源岩控藏指数平面分布图(图8-3-25)；根据不同目的层优相指数平面分布图、界面能控藏指数平面分布图、烃源岩控藏指数平面分布图，可以计算出不同目的层相-势-源复合指数平面分布图(图8-3-30)。

由相-势-源复合指数平面分布可以看出，C_1sr为最有利目的层，相-势-源复合指数为0.55～0.64，有利目标分布范围较广，主要集中在区块的中部和北部；C_1v_2、C_1v_1次之，相-势-源复合指数为0.52～0.60，有利目标分布范围主要集中在区块的中部和北部；C_1v_3有利目标分布区比较局限，有利目标分布范围主要集中在区块的西南角，呈带状分布。

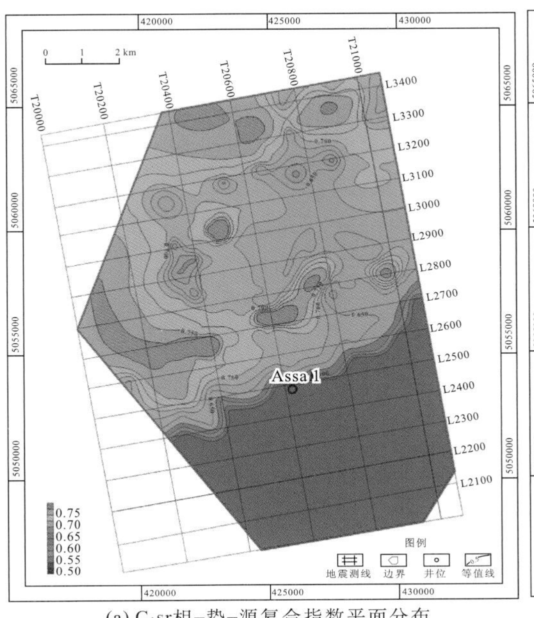

(a) C_1sr相-势-源复合指数平面分布

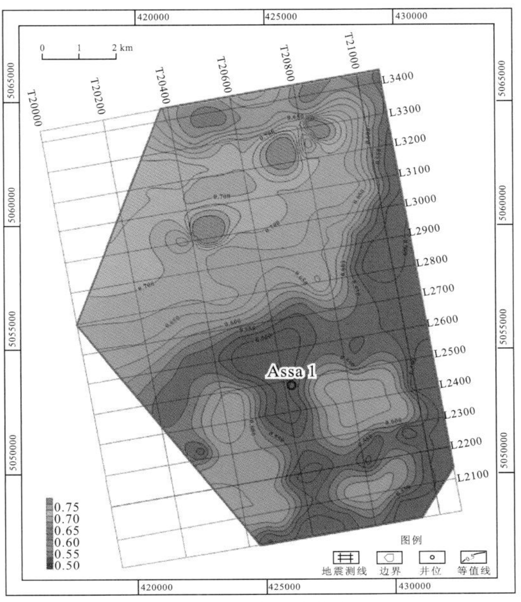

(b) C_1v_3相-势-源复合指数平面分布

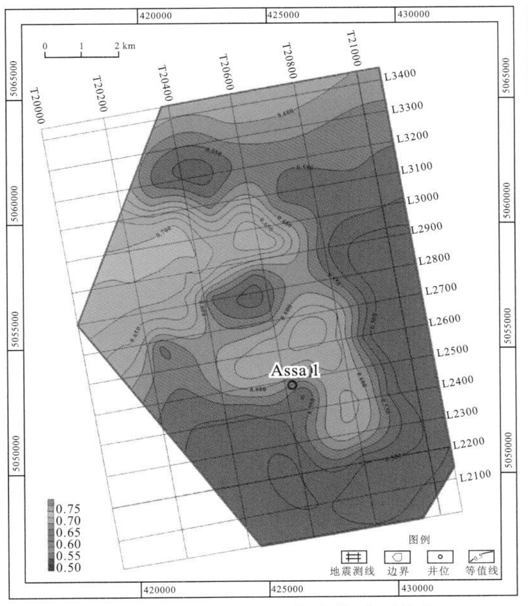

(c) C_1v_2相-势-源复合指数平面分布

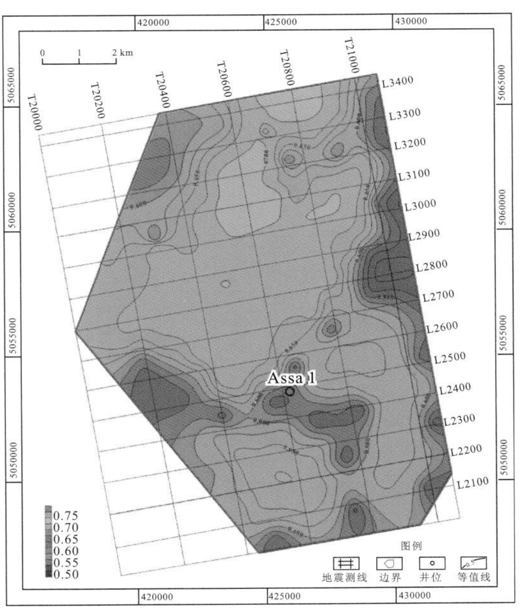

(d) C_1v_1相-势-源复合指数平面分布

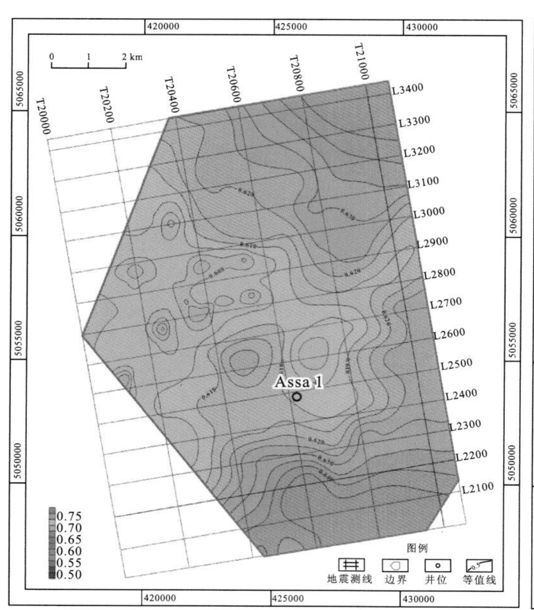

(e) $D_1\ fm_1^2$相-势-源复合指数平面分布

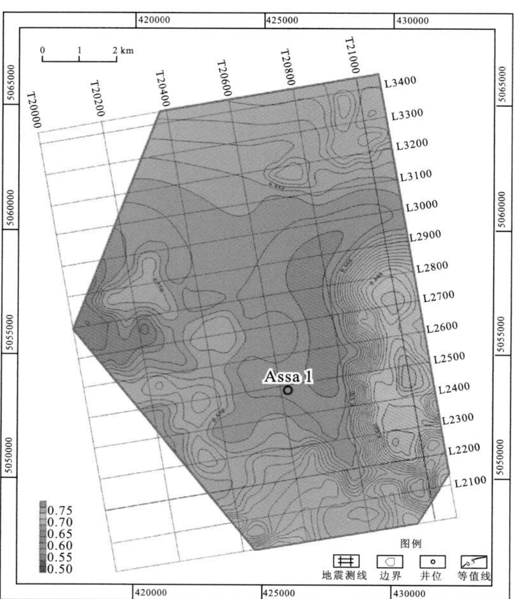

(f) $D_3fm_1^{IX}$相-势-源复合指数平面分布

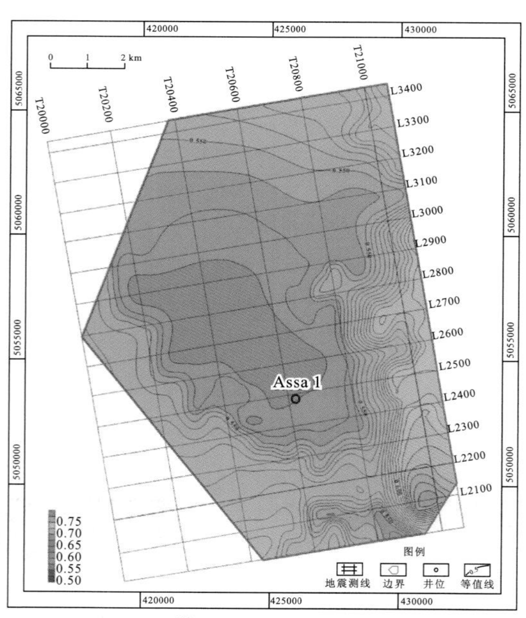

(g) $D_3fm_1^{IX}$相-势-源复合指数平面分布

图 8-3-29 Assa 区块不同目的层相-势-源复合指数平面分布图

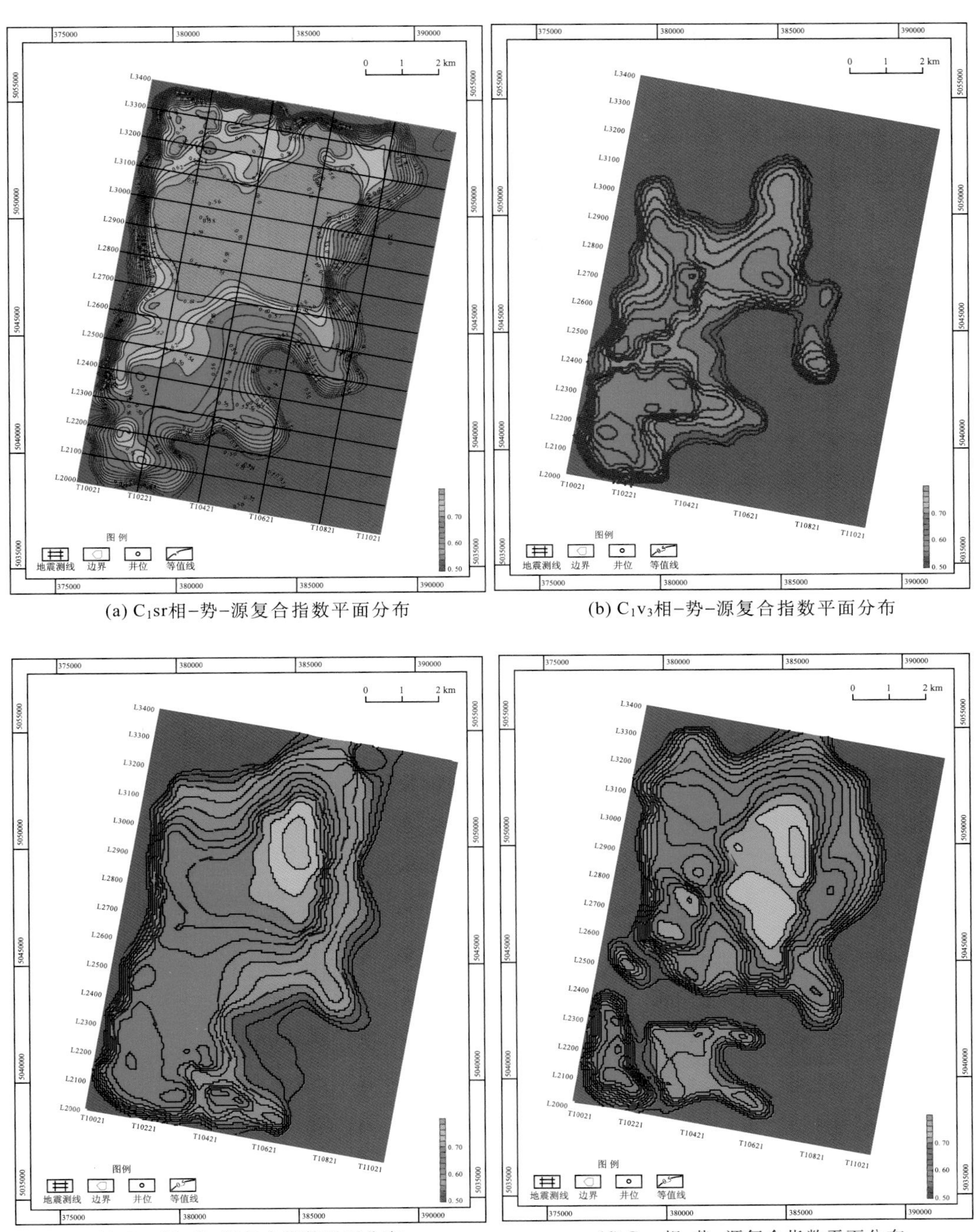

(a) C_1sr相-势-源复合指数平面分布

(b) C_1v_3相-势-源复合指数平面分布

(c) C_1v_2相-势-源复合指数平面分布

(d) C_1v_1相-势-源复合指数平面分布

图 8-3-30 Tamgalynskaya 区块不同目的层相-势-源复合指数平面分布

参考文献

陈冬霞，庞雄奇，邱楠生，等. 2005. 东营凹陷隐蔽油气藏的成藏模式. 天然气工业，25(12)：12-15.

陈冬霞，庞雄奇，姜振学，等. 2006. 中国东部陆相盆地隐蔽油气藏成藏机理与模式. 石油勘探与开发，33(2)：178-183.

戴金星，宋岩、张厚度. 1996. 中国大中型气田形成的主要控制因素. 中国科学：D辑，26(6)：481-487.

戴金星，王庭斌，宋岩，等. 1997. 中国大型天然气田形成条件与分布规律. 北京：地质出版社.

范柏江. 2012. 南堡凹陷源控油气作用及有利勘探方向. 北京：中国石油大学(北京)博士学位论文.

冯增昭. 1993. 沉积岩石学. 北京：石油工业出版社.

金之钧，张一伟，王捷，等. 2003. 油气成藏机理与分布规律. 北京：石油工业出版社.

吕延防，万军，沙子萱，等. 2008. 被断裂破坏的盖层封闭能力评价方法及其应用. 地质科学，(1)：162-174.

庞雄奇，金之钧，姜振学，等. 2003a. 深盆气成藏门限及其物理模拟实验. 天然气地球科学，14(3)：207-214.

庞雄奇，金之钧，姜振学，等. 2003b. 油气成藏定量模式//金之钧，张一伟. 油气成藏机理研究系列丛书(卷八). 北京：石油工业出版社.

庞雄奇，李素梅，金之钧，等. 2004. 排烃门限存在的地质地球化学证据及其应用. 地球科学：中国地质大学学报，29(4)：384-390.

庞雄奇，李丕龙，张善文，等. 2007. 陆相断陷盆地相-势耦合控藏作用及其基本模式. 石油与天然气地质，28(5)：641-652.

庞雄奇，高剑波，吕修祥，等. 2008. 塔里木盆地"多元复合—过程叠加"成藏模式及其应用. 石油学报，(2)：159-166.

庞雄奇，等. 2013. 中国叠合盆地油气富集门限与勘探目标优选. 北京：科学出版社.

邱中建，张一伟. 1998. 田吉兹、尤罗勃钦碳酸盐岩油气田石油地质考察及对塔里木盆地寻找大油气田的启示和建议. 海相油气地质，3(001)：49-56.

冉启贵，陈发景，张光亚. 1997. 中国克拉通古隆起的形成、演化及与油气的关系. 现代地质，(4)：71-80.

孙冬胜，金之钧，吕修祥，等. 2007. 库车前陆盆地古隆起及双超压体系对天然气成藏的控制作用. 石油与天然气地质，(6)：821-827.

田在艺，张庆春. 1996. 中国含油气沉积盆地论. 北京：石油工业出版社.

王怀杰. 2010. 复杂叠合盆地多元多期复合成藏模式实际应用. 北京：中国石油大学(北京)博士学位论文.

卫平生，郭彦如. 1998. 古隆起与大气田的关系. 天然气地球科学，9(005)：1-9.

邢恩袁. 2011. 库车拗陷致密气藏成因机理及有利勘探区带分布预测. 北京：中国石油大学(北京)博士学位论文.

熊琦华，彭仕宓，黄述旺，等. 1994. 岩石物理相研究方法初探——以辽河凹陷冷东—雷家地区为例. 石油学报，15(增刊)：68-79.

徐旭辉. 2004. 塔里木盆地古隆起的形成和油气控制. 同济大学学报(自然科学版)，(4)：461-465.

许靖华. 1994. 弧后造山带的大地构造相. 南京大学学报，6(1)：1-11.

翟光明，何文渊. 2004. 塔里木盆地石油勘探实现突破的重要方向. 石油学报，25(001)：1-7.

张子枢. 1990. 世界大气田概论. 北京：石油工业出版社.

张宗命，贾承造. 1997. 塔里木克拉通盆地内古隆起及其找油气方向. 西安石油学院学报(自然科学版)，(3)：8-13.

赵文智，王兆云，汪泽成，等. 2005. 高效气源灶及其对形成高效气藏的作用. 沉积学报，23(4)：709-718.

周兴熙. 2000. 复合叠合盆地油气成藏特征——以塔里木盆地为例. 地学前缘，7(3)：39-47.

Chen D X, Pang X Q, Kuang J, et al. 2010. Control of facies and potential on jurassic hydrocarbon accumulation and prediction of favorable targets in the Hinterland Region of the Junggar Basin. Acta Geologica Sinica, 84(5): 1256-1272.

Gressly A. 1938. Observation geologiques sur le Jura Soleurois, Neue Denkschr. Allgemeine Schweizerishe Gesammten Naturwissenschaften, 2: 1-112.

Hillis R R, Morton J G G, Warner D S, et al. 2001. Deep basin gas: A new exploration paradigm in the nappamerri trough, Cooper basin, South Australia. APPEA Journal: 185-200.

Hsu K J. 1991. The concept of tectonic facies. Bulletin of Technique University Istanbul, 44(2): 25-42.

Hubbert M K. 1953. Entrapment of petroleum under hydrodynamic conditions. AAPG Bulletin, 37(8): 1954-2026.

Kamerling P. 1979. The geology and hydrocarbon habitat of the Bristol Channel Basin. Journal of Petroleum Geology, 2(1): 75-93.

Mail A D. 1991. Principles of Sedimentary Basin Analysis. 2nd edition. Berlin: Springer-Verlag.

Spain D R. 1992. Petrophysical evaluation of a slope fan/basin-floor fan complex: Cherry canyon fromation, Ward County, Texas. AAPG Bulletin, 76(6): 805-827.

第九章 地球物理资料重新处理检测叠复连续气藏存在

第一节 地球物理检测致密储层厚度发育分布

一、叠后储层反演方法

1. 叠后储层反演方法发展现状

在复杂波场油气储层研究中，波阻抗或速度是识别地下介质岩性最有效的参数之一，具有明确的地质意义，地震波阻抗反演技术已成为储层反演和预测的重要技术之一。经过30多年的发展，各种反演软件琳琅满目，让解释人员应接不暇，正确评价和使用这些软件十分重要。目前，在实际生产中应用的地震反演技术主要有三大类：①基于地震数据的声波阻抗反演；②基于模型的测井属性反演；③基于地质统计的随机模拟与随机反演。其中，基于地震数据的声波阻抗反演可分为两种，即相对阻抗反演（常说的道积分）与绝对阻抗反演。主要算法有递归反演（早期的地震反演算法）与约束稀疏脉冲反演（优化的地震反演算法）。这种反演受初始模型的影响小，忠实于地震数据，反映储层的横向变化可靠，但分辨率较低。基于模型的测井属性反演可以得到多种测井属性的反演结果，分辨率较高，但受初始模型的影响严重，存在多解性，只有井数多时，才能得到较好的结果。基于地质统计的随机模拟与随机反演可以进行各种测井属性模拟与岩性模拟，分辨率高，能较好地反映储层的非均质性，受初始模型的影响小，在井点处忠实于井数据，在井间忠实于地震数据的横向变化，最终得到多个等概率的随机模拟结果。在本书的研究中，采用了中国石油大学自主研发的地震相控非线性随机反演技术（黄捍东等，2007），它与上述三类反演技术不同，具有“取各类方法所长，避其所短”的特点。在充分吸取宽带约束反演与模型法反演优点的同时，将标准化或重构之后的测井资料与地震信息有机结合，采用非线性最优化理论、随机模拟算法等（Shanor et al.，2001；Sams et al.，2002；慎国强等，2004），保证了反演结果既具有明确的地质意义又有较高的纵向分辨率和好的预测性，使反演理论得以创新和发展。

2. 地震相控约束外推计算

在地震相模型的控制下，通过原始数据将各个单个反演问题结合成一个联合反演问题可以降低反演在描述参数几何形态时的单个反演问题的自由度，从本质上提高了地球物理研究的效果。计算过程中采用了非线性随机反演算法，可以有效地提高地震资料的分辨率，并充分考虑地质条件的随机特性，使反演结果更符合实际地质情况。

地震相是沉积相在地震资料上的反映，任何一种地震相均有特定的地震反射特征，即具有特定的几何形态、内部结构，并对应于相应的沉积相。依据地震相的外部几何形态及其相互关系、内部结构，依据其在区域构造背景的位置，结合井的资料进行相转化，可以在宏观上初步确定其对应的沉积相。

为此，可以在地震剖面上对沉积体系进行宏观划分并确定出相界面或层序界面。首先利用该区钻井资料、综合录井资料编制多口井层序划分与地层界面解释对比图。利用这个结果，可以在对应的连井地震剖面图上解释出层序界面，建立层序或相控模型，进而可以在平面上和三维空间上勾画出目的层等不同层序间的匹配关系，为地震相控约束反演奠定约束条件。图 9-1-1 是综合利用钻井资料、录井资料再联合勘探区块的三维地震剖面解释层序界面的示意图。宏观模型最好与构造解释断层、地层起伏特征结合起来。反演过程中由于采用了随机反演算法，因此，地震相界面的划分和宏观模型的建立允许在纵向上有误差。

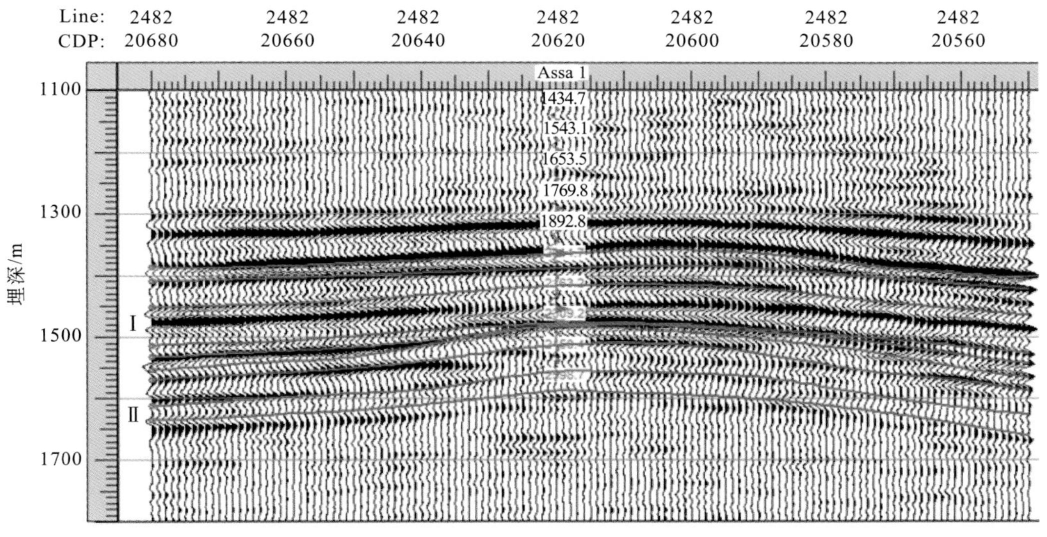

图 9-1-1 地震剖面层序解释示意图

考虑地下地质的随机性，相控外推计算中采用多项式相位时间拟合方法建立道间外推关系。具体做法是在相界面控制的时窗范围内从井出发，将测井资料得到的先验模型参数向量或井旁道反演出的模型参数向量，沿多项式拟合出的相位变化方向进行外推，参与下一地震道的约束反演。

设 N 为给定的正整数，给定数值 $f(-N), f(-N+1), \cdots, f(N)$，则可用一个 $2N$ 多项式拟合数据 $f(x)$，有

$$f(x)=c_0p_0(x)+c_1p_1(x)+\cdots+c_np_n(x) \tag{9-1-1}$$

式中，每个 $p_i(x)(i=0,1,2,\cdots,n)$ 为 x 的 i 次多项式，且满足

$$\begin{cases} p_0(x)=1 \\ \sum p_k(x)p_m(x)=0 \end{cases} \tag{9-1-2}$$

$p_k(x)$与$p_m(x)(k\neq m)$相互正交。由$p_0(x)=1$可以递推出全部的$p_i(x)(i>0)$。一般情况下，对地震信号来说，用3次多项式拟合即可。

由式(9-1-2)可得

$$c_0=\sum_{-N}^{N}p_0(x)f(x)/\sum_{-N}^{N}p_0^2(x) \tag{9-1-3}$$

有一般形式为

$$c_k=\sum_{-N}^{N}p_k(x)f(x)/\sum_{-N}^{N}p_k^2(x),\qquad k=0,1,2,\cdots,n \tag{9-1-4}$$

3. 随机模拟处理

随机模拟是利用变差函数来描述空间数据场中数据之间的相互关系，进而建立起空间储层参数点之间的统计相关函数。变差函数是指区域化变量$Z(x)$在x和$x+h$两点处的增量的平方累加起来再除以2倍的数据对个数m，得到的以两点间距h为变量的函数值

$$G(h)=\frac{1}{2m}\sum_{i=1}^{m}[Z_i(x)-Z_i(x+h)]^2 \tag{9-1-5}$$

在实际应用中，可以把模型参数(如速度、密度等测井曲线)作为区域化变量$Z(x)$来进行随机模拟处理。此时$Z(x)$不再是一个简单的数值，而是由测井曲线上的离散点构成的向量，向量的维数由层位或相界面控制下的测井曲线的采样点数来确定。基于变差函数建立的这种统计关系，采用高斯模拟来实现随机模拟处理，即将模型参数变量作为符合高斯分布的随机变量，空间上作为一个高斯随机场，以高斯随机函数来描述。

描述储层空间变化的变差函数是由测井来估算的，在外推计算中测井的高、低频信息被带到每一个地震道，因此在反演处理前有必要对测井曲线进行标准化和重建，一是突出储层特征，二是为了阻断测井误差向后续计算的传递。

4. 非线性随机反演算法

基于地震道非线性最优化反演的思想，将地震道与波阻抗关系的目标函数定义为式(9-1-6)，即求解目标函数在最小二乘意义下的极小值，若假设岩石密度为常数，则波阻抗反演变换为速度反演。

$$f(V)=\sum_{i=0}^{n-1}(S_i^{\Delta}-D_i)^2\rightarrow\min \tag{9-1-6}$$

式中，V为速度；S_i^{Δ}为模型响应，即速度预测结果对应的合成地震记录，由地震子波与反射系数褶积得到；D_i为实际地震记录；i为地震记录的采样点序号。

根据Cook的广义线性反演思想，用Taylor公式将$S_i^{\Delta}-D_i$在初始模型响应S_i处展开

$$S_i^{\Delta}-D_i=S_i-D_i+\sum_{k=0}^{n-1}\Delta V_k\frac{\partial S_i}{\partial V_k}+\frac{1}{2}\Delta V_k{}^2\left(\sum_{k=0}^{n-1}\frac{\partial^2 S_i}{\partial V_k\partial V_j}\right)+\cdots \tag{9-1-7}$$

式中，S_i 为速度初始模型对应的合成地震记录；ΔV 为模型参数摄动量。为便于求解，Cook 忽略了式(9-1-7)中一次项以上的高次项，将非线性问题线性化。这样虽然提高了求解的速度，但却降低了解的精度，不利于薄层反演。为此，保留了二次项，将以上的高次项略掉，即

$$S_i^{\Delta}-D_i=S_i-D_i+\sum_{k=0}^{n-1}\Delta V_k\frac{\partial S_i}{\partial V_k}+\frac{1}{2}\Delta V_k^2\left(\sum_{k=0}^{n-1}\frac{\partial^2 S_i}{\partial V_k\partial V_j}\right) \tag{9-1-8}$$

将式(9-1-8)对 ΔV 求一阶导数，可得

$$\frac{\partial S_i^{\Delta}}{\partial \Delta V_j}=\frac{\partial S_i}{\partial V_j}+\sum_{k=0}^{n-1}\Delta V_k\frac{\partial^2 S_i}{\partial V_j\partial V_k},\qquad i=0,1,\cdots,n-1;\ j=0,1,\cdots,n-1 \tag{9-1-9}$$

将式(9-1-6)右端对 ΔV 求一阶导数，并令该导数为 0，可得

$$\sum_{i=0}^{n-1}\frac{\partial(S_i^{\Delta}-D_i)^2}{\partial\Delta V_j}=2\sum_{i=0}^{n-1}(S_i^{\Delta}-D_i)\frac{\partial S_i^{\Delta}}{\partial\Delta V_j}=0 \tag{9-1-10}$$

将式(9-1-8)和式(9-1-9)代入式(9-1-10)，则有

$$2\sum_{i=0}^{n-1}\left\{\left[S_i-D_i+\sum_{k=0}^{n-1}\Delta V_k\frac{\partial S_i}{\partial V_k}+\frac{1}{2}\Delta V_k^2\left(\sum_{k=0}^{n-1}\frac{\partial^2 S_i}{\partial V_k\partial V_j}\right)\right]\left(\frac{\partial S_i}{\partial V_j}+\sum_{k=0}^{n-1}\Delta V_k\frac{\partial^2 S_i}{\partial V_j\partial V_k}\right)\right\}=0 \tag{9-1-11}$$

将式(9-1-11)左端展开并简化可得

$$A\Delta V+B\Delta V+C=0 \tag{9-1-12}$$

从式(9-1-11)～式(9-1-12)的详细推导如下：

$$2\sum_{i=0}^{n-1}\left\{\left[S_i-D_i+\sum_{k=0}^{n-1}\Delta V_k\frac{\partial S_i}{\partial V_k}+\frac{1}{2}\Delta V_k^2\left(\sum_{k=0}^{n-1}\frac{\partial^2 S_i}{\partial V_k\partial V_j}\right)\right]\left(\frac{\partial S_i}{\partial V_j}+\sum_{k=0}^{n-1}\Delta V_k\frac{\partial^2 S_i}{\partial V_j\partial V_k}\right)\right\}=0 \tag{9-1-13}$$

将式(9-1-13)两边除以 2，再将左端展开可得

$$\begin{aligned}&\sum_{i=0}^{n-1}\left[(S_i-D_i)\frac{\partial S_i}{\partial V_j}+\frac{\partial S_i}{\partial V_j}\sum_{k=0}^{n-1}\Delta V_k\frac{\partial S_i}{\partial V_k}+(S_i-D_i)\sum_{k=0}^{n-1}\Delta V_k\frac{\partial^2 S_i}{\partial V_j\partial V_k}\right]+\\&\sum_{i=0}^{n-1}\left[\sum_{k=0}^{n-1}\Delta V_k\frac{\partial S_i}{\partial V_k}\cdot\sum_{k=0}^{n-1}\Delta V_k\frac{\partial^2 S_i}{\partial V_j\partial V_k}+\frac{1}{2}\Delta V_k^2\left(\sum_{k=0}^{n-1}\frac{\partial^2 S_i}{\partial V_k\partial V_j}\right)\left(\frac{\partial S_i}{\partial V_j}+\sum_{k=0}^{n-1}\Delta V_k\frac{\partial^2 S_i}{\partial V_j\partial V_k}\right)\right]=0\end{aligned} \tag{9-1-14}$$

在式(9-1-14)中，省略部分高阶极小量，即将式(9-1-14)中左端第二项省略，简化为

$$\sum_{i=0}^{n-1}\left[(S_i-D_i)\frac{\partial S_i}{\partial V_j}+\frac{\partial S_i}{\partial V_j}\sum_{k=0}^{n-1}\Delta V_k\frac{\partial S_i}{\partial V_k}+(S_i-D_i)\sum_{k=0}^{n-1}\Delta V_k\frac{\partial^2 S_i}{\partial V_j\partial V_k}\right]=0 \tag{9-1-15}$$

为便于理解，将式(9-1-15)可用简单形式表示为

$$A\Delta V + B\Delta V + C = 0 \tag{9-1-16}$$

式中

$$A = \sum_{i=0}^{n-1}\left(\frac{\partial S_i}{\partial V_j}\sum_{k=0}^{n-1}\frac{\partial S_i}{\partial V_k}\right)$$

$$B = \sum_{i=0}^{n-1}\left[(S_i - D_i)\sum_{k=0}^{n-1}\frac{\partial^2 S_i}{\partial V_j \partial V_k}\right] \tag{9-1-17}$$

$$C = \sum_{i=0}^{n-1}\left[(S_i - D_i)\frac{\partial S_i}{\partial V_j}\right]$$

利用式(9-1-12)求取模型参数摄动量 ΔV 时，一般多采用矩阵求逆的方法，但这样很容易因矩阵奇异而无解。为此，本书将矩阵求逆蜕变为一元一次方程求解来减少反演的多解性，增强其稳定性。

由式(9-1-12)求出 ΔV，通过式(9-1-18)迭代得到最终的反演速度 V

$$V^{m+1} = V^m + \Delta V^m \tag{9-1-18}$$

式中，m 为迭代次数。

二、岩石物理统计分析

钻井岩性、录井资料与岩石地球物理参数间的统计研究，在地质和地球物理之间建立了彼此联系和综合解释的桥梁。利用研究区内钻井资料对储层与非储层、储层中含气储层与不含气储层的各种岩石物理参数进行了统计分析，得到了一些有益的结论，可以用来指导叠后波阻抗反演，将反演结果与地质意义联系起来，进而为进行流体检测打下坚实的基础。

首先对全区 8 口井进行岩石物理统计分析，图 9-1-2 为石炭系储层与非储层的岩石

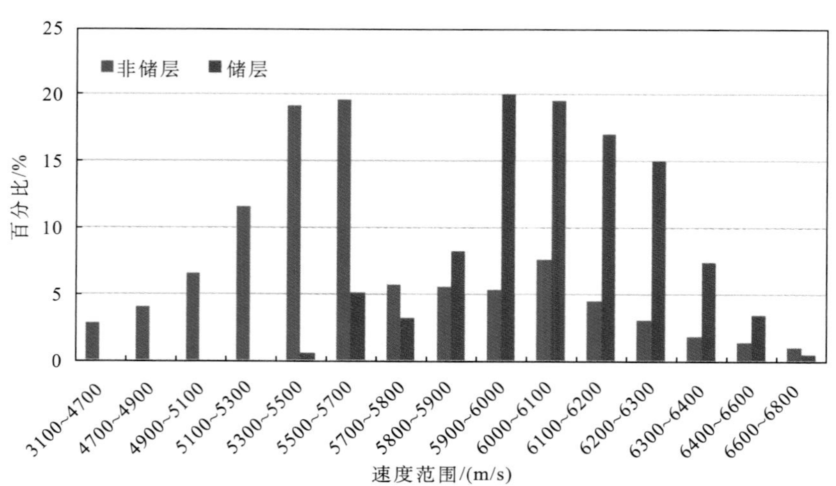

图 9-1-2　石炭系储层与非储层岩石物理统计

物理统计结果，图 9-1-3 为石炭系气层与干层的岩石物理统计结果，从图中可以得到如下认识：石炭系储层特征为高速特征，碳酸盐岩储层速度较高，分布在 5800～6600m/s,泥灰岩等非储层速度较低，分布于 4700～5900m/s，可见高速储层是气层聚集的必要条件。另外石炭系储层气层速度较低，分布在 5500～6100m/s；干层速度较高，分布在 5800～6500m/s。

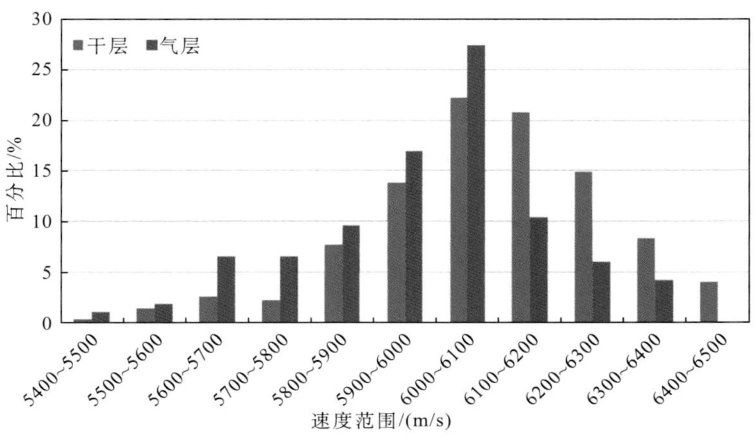

图 9-1-3 石炭系气层与干层岩石物理统计

含气储层速度仍高于泥灰岩速度。Marsel 探区的碳酸盐岩储集类型与普光、阿姆河的“孔隙-裂缝型”有明显差异，与建南地区石炭系黄龙组白云岩储层类似，属“裂缝-溶孔”型。

图 9-1-4 为泥盆系储层与非储层的岩石物理统计结果，从图中可以得到如下认识：砂岩储层速度较高，分布在 5100～6000m/s；泥岩速度较低，分布在 4100～5200m/s。

针对 Marsel 探区中 Assa 三维区的 Assa 1 井也进行了岩石物理统计分析。图 9-1-5 为 Marsel 探区 Assa 三维区石炭系储层与非储层速度的岩石物理统计结果，图 9-1-6 为

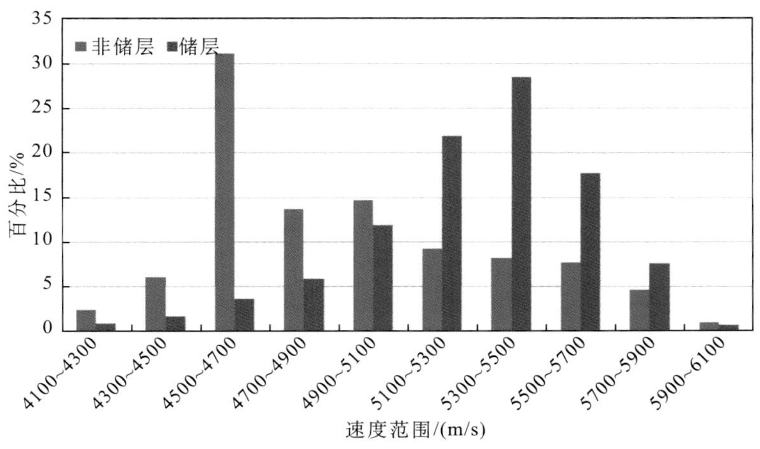

图 9-1-4 泥盆系储层与非储层岩石物理统计

Assa 三维区石炭系储层非储层纵波速度与自然伽马交会结果。从图中可以得到关于石炭系的如下认识：石炭系储层速度主要分布在 4800～5200m/s，非储层速度主要分布在 3800～5000m/s；石炭系储层(云灰岩)的自然伽马值总体小于 37API，非储层(泥岩)自然伽马值总体大于 30API，储层伽马值明显低于非储层伽马值。在目的层段统计岩性中石膏速度最大，一般大于 5500m/s。

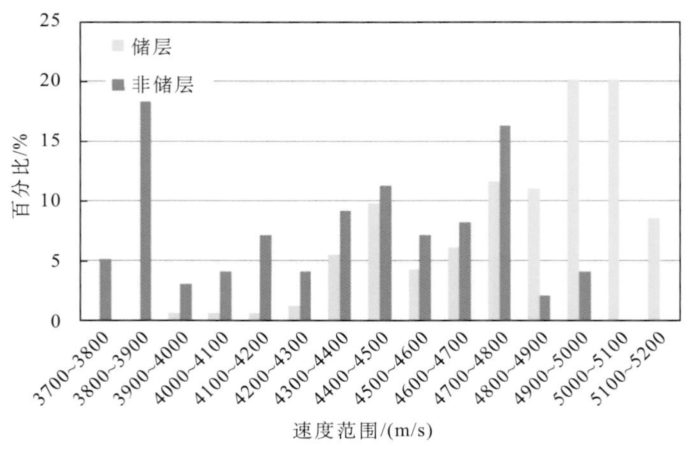

图 9-1-5 Assa 三维区主要目的层石炭系储层与非储层速度分布直方图

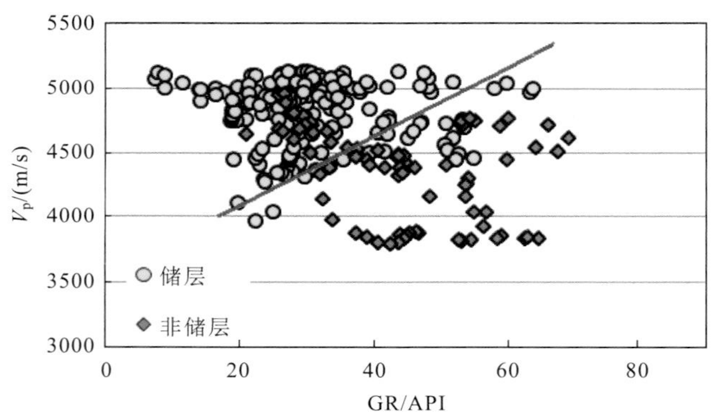

图 9-1-6 Assa 三维区主要目的层石炭系纵波速度与自然伽马交会图

图 9-1-7 为 Marsel 探区 Assa 三维区泥盆系储层与非储层的岩石物理统计结果，图 9-1-8 为 Assa 三维区泥盆系储层与非储层纵波速度与自然伽马交会图。从图中可以得到关于泥盆系的如下认识：泥盆系储层(砂砾岩)具有低速、低伽马值的特点；泥盆系储层尤其是含气储层速度明显低于非储层速度，其中泥盆系储层速度主要分布在 4300～4900m/s，非储层速度主要分布在 4800～5300m/s；泥盆系非储层自然伽马值较大，一般大于 115API，储层(砂砾岩)自然伽马值相对较小，总体小于 115API。

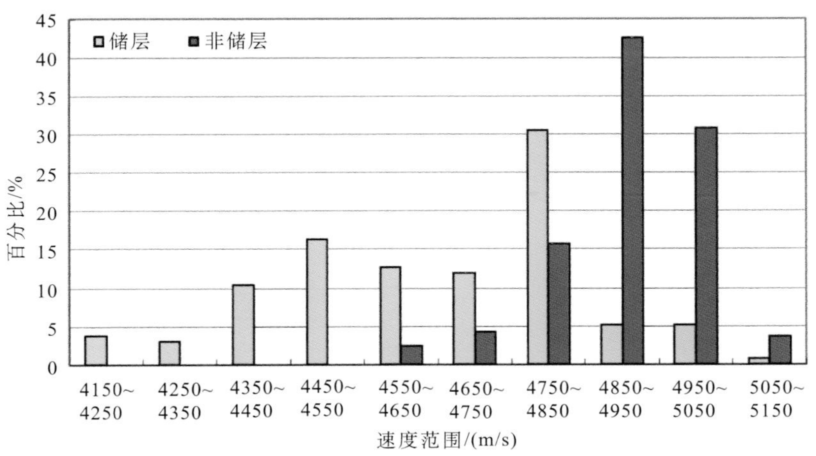

图 9-1-7 Assa 三维区主要目的层泥盆系储层与非储层速度分布直方图

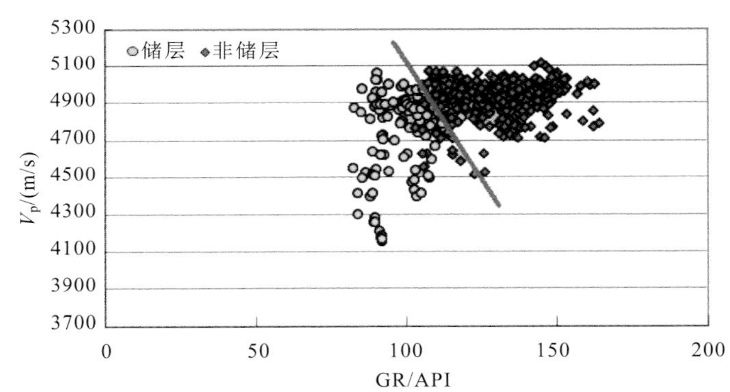

图 9-1-8 Assa 三维区主要目的层泥盆系纵波速度与自然伽马交会图

三、叠后地震反演效果分析

1. 地震资料分析

地震资料分辨率和信噪比的高低直接影响到构造解释、储层反演等地球物理方法的应用效果。所以在实际反演之前需要对实际地震资料的品质进行分析。

Marsel 探区中北部 Tamgalytar 5-G 井区共有 24 条二维地震测线。图 9-1-9 为 2009 _ 01线的地震剖面，图 9-1-10 为 01 线的频谱图，可以得到以下结论：北部 Tamgalytar 5-G 井区的地震剖面上有两组强反射，第一组为二叠系的膏、盐组合，第二组为石炭系的盐、碳酸盐岩组合，后者反射能量更强，是北区研究的主要目的层；主要目的层的地震频带宽度为 7～80Hz、主频为 43Hz，具有主频高、频带宽、分辨率高的特点，可以满足叠后地震反演的需要。

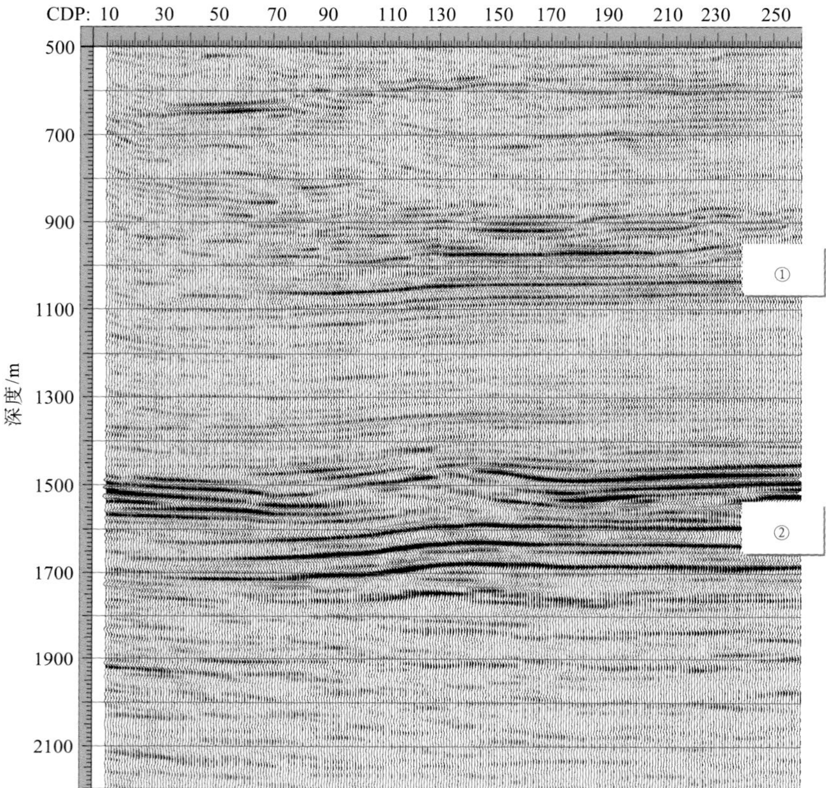

图 9-1-9 2009_01 线地震剖面

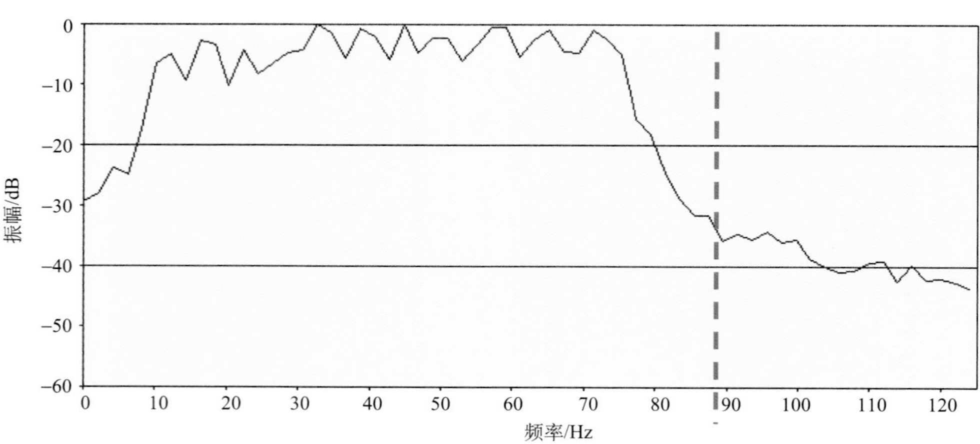

图 9-1-10 2009_01 线地震资料频谱图

南部断隆地区共有16条二维地震测线。图9-1-11为地震剖面图，图9-1-12为地震剖面的频谱图。可以得到如下结论：南区目的层是泥盆系的砂岩储层，地震剖面上表现

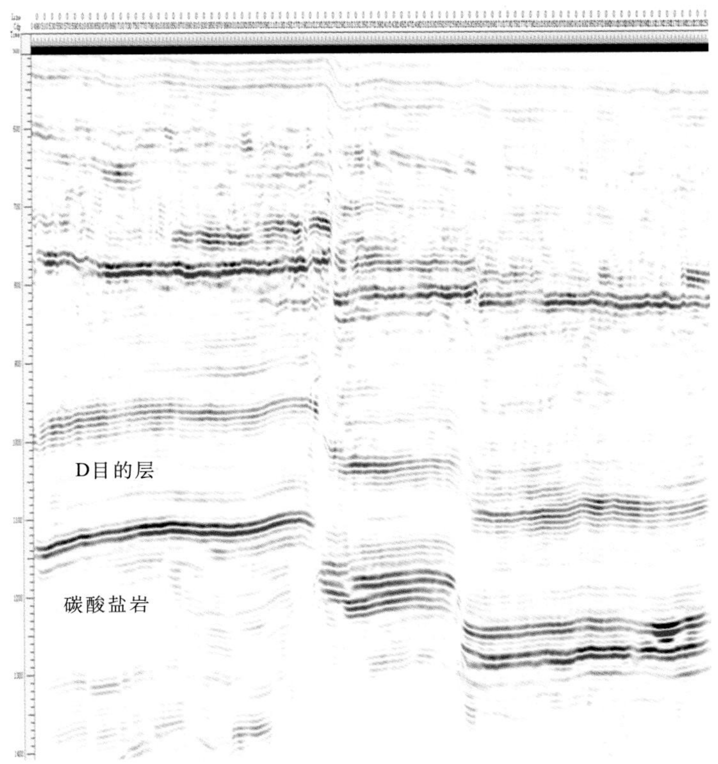

图 9-1-11 南部地震剖面

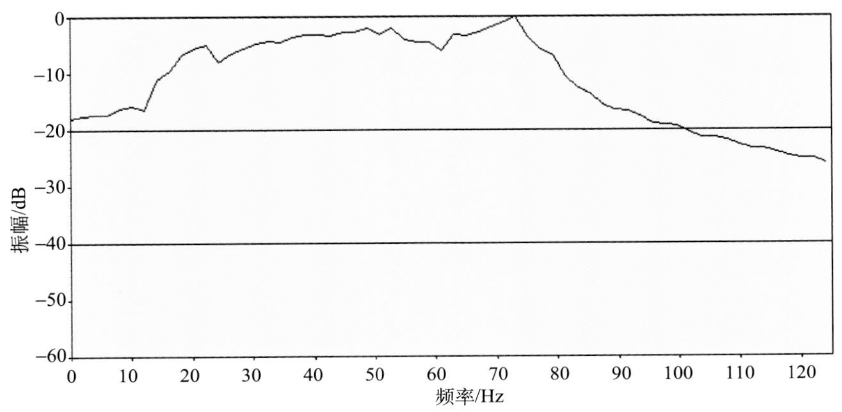

图 9-1-12 地震剖面频谱图

为均匀弱反射，上覆地震强反射为石炭系碳酸盐岩。目的层地震频带宽度 10～87Hz、主频 50Hz，具有主频高、频带宽、分辨率高的特点。南、北区主要目的层地震资料分辨率和信噪比较高，能够满足储层预测的需要。

Marsel 探区中北部 Assa 三维工区中 2482 测线地震剖面如图 9-1-1 所示，图 9-1-13 为 2482 测线地震剖面频谱图。通过对频谱图的分析可以得到以下结论：Assa 三维工区地震剖面上有两组强反射，第一组为石炭系的碳酸盐岩组合，第二组为泥盆系的砂砾岩组合。其中，前者反射能量更强，两者均为研究区的主要目的层。主要目的层地震频带宽度为 7～62Hz，地震资料主频为 35Hz，具有主频高、频带宽、分辨率高的特点，可以满足叠后地震反演的需要。

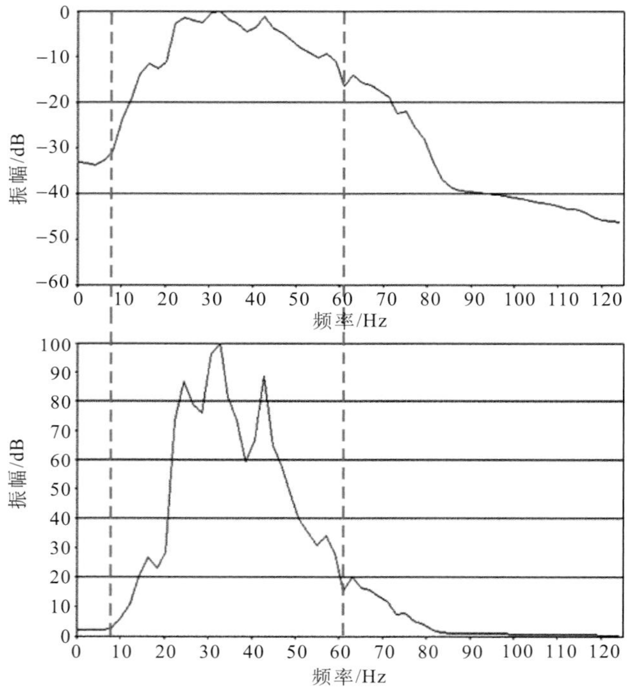

图 9-1-13 Marsel 探区 Assa 三维区 2482 测线地震剖面频谱图

图 9-1-14 为 Marsel 探区中西部 Tamgalynskaya 三维区 2808 测线地震剖面图，图 9-1-15 为 2808 测线地震剖面频谱图。通过对频谱图的分析可以得到以下结论：Tamgalynskaya 三维区地震剖面上仅有一组强反射，为石炭系的碳酸盐岩组合，下部地震剖面显示为均匀弱反射，表明工区泥盆系缺失。研究区目的层均位于石炭系内，主要目的层地震频带宽度为 7～75Hz，地震资料主频为 40Hz，具有主频高、频带宽、分辨率高的特点，可以满足叠后地震反演的需要。

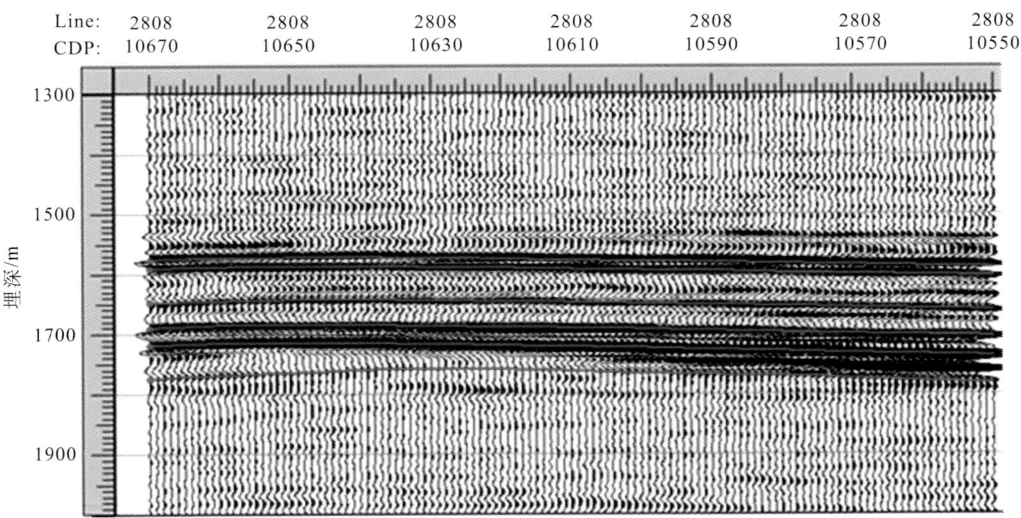

图 9-1-14 Marsel 探区 Tamgalynskaya 三维区 2808 测线地震剖面

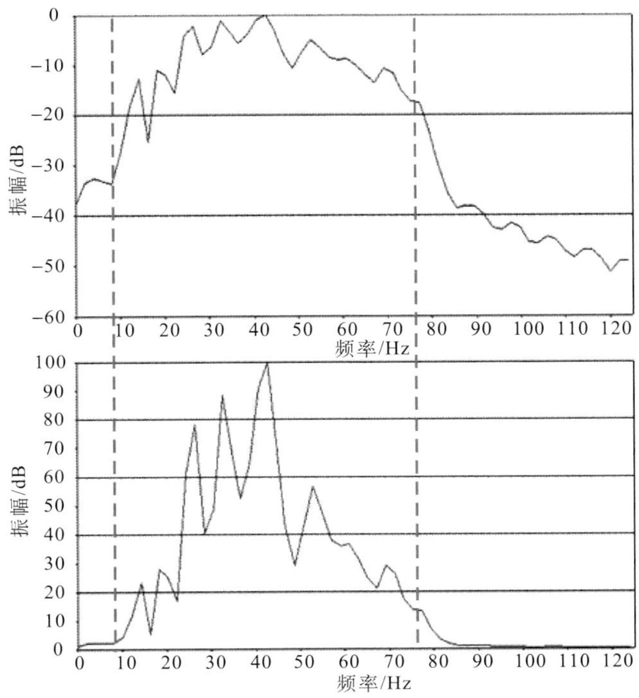

图 9-1-15 Marsel 探区 Tamgalynskaya 三维区 2808 测线地震剖面频谱图

2. 叠后地震反演剖面特征

在地震反演数据体上抽取任意线剖面，分析反演剖面上展示出的各种沉积现象和速度变化，并对其进行以下描述。

1)反演结果精度高、分辨率高，可识别薄储层

在速度反演剖面(图 9-1-16)上，储层甚至是薄储层，可以清晰识别，并可以在全区范围内追踪解释，预测储层的空间分布特征。

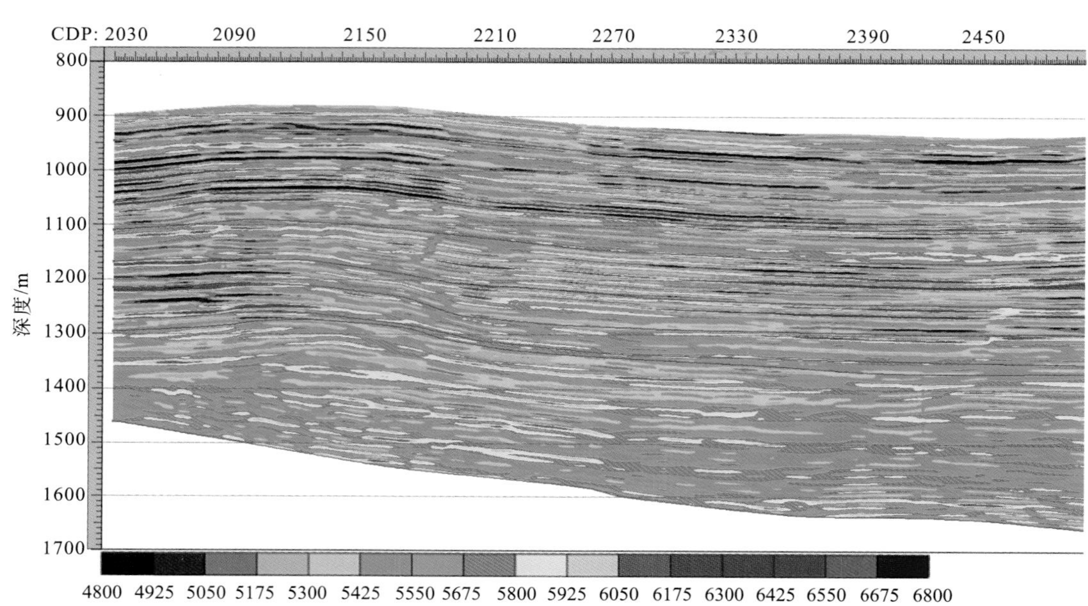

图 9-1-16 叠后速度反演剖面(Line2011_21)

2)反演剖面与岩性对比

储层分布范围广，高速特征明显：地震反演的主要目的之一是要使在地震剖面上无法看到或者比较模糊的隐蔽特征在反演后的速度剖面上得到清晰的展示。在项目研究过程中，由于采用了地震相控反演的思想，不仅有效地提高了地震资料的分辨率，还可以将地震剖面上很难看到的沉积现象清晰地展现出来，达到准确刻画储层沉积特征的目的。

在图 9-1-17 的速度反演剖面上可以看出储层范围在剖面上分布广，而且高速特征明显，储层速度为 5800～6500m/s。

将储层与非储层的速度按照岩性细分，通过上一部分的岩石物理统计分析，得到石膏速度总体大于 5500m/s，一类储层速度为 4800～4900m/s，二类储层速度为 4900～5100m/s，致密储层速度界定为大于 5200m/s。图 9-1-18 中速度反演剖面上石炭系反演结果中 2050～2055m 段测井显示为含泥石膏岩，2057.4～2065.9m、2370～2379.5m 及 2381.3～2383.0m 段解释为一类储层，2270.4～2278.4m、2289.4～2368.2m 等段

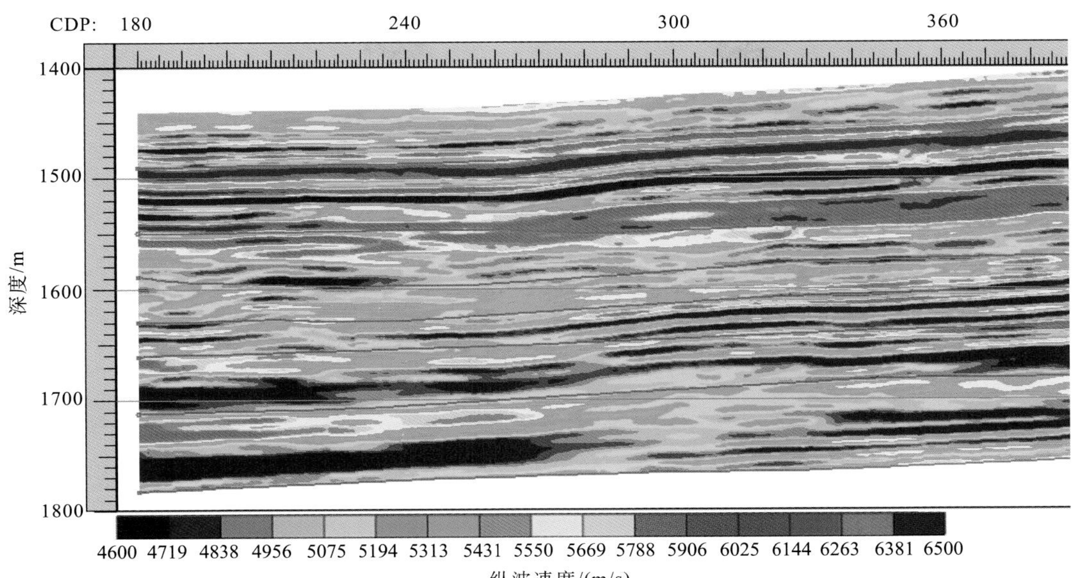

图 9-1-17 Line2008_20 速度反演剖面

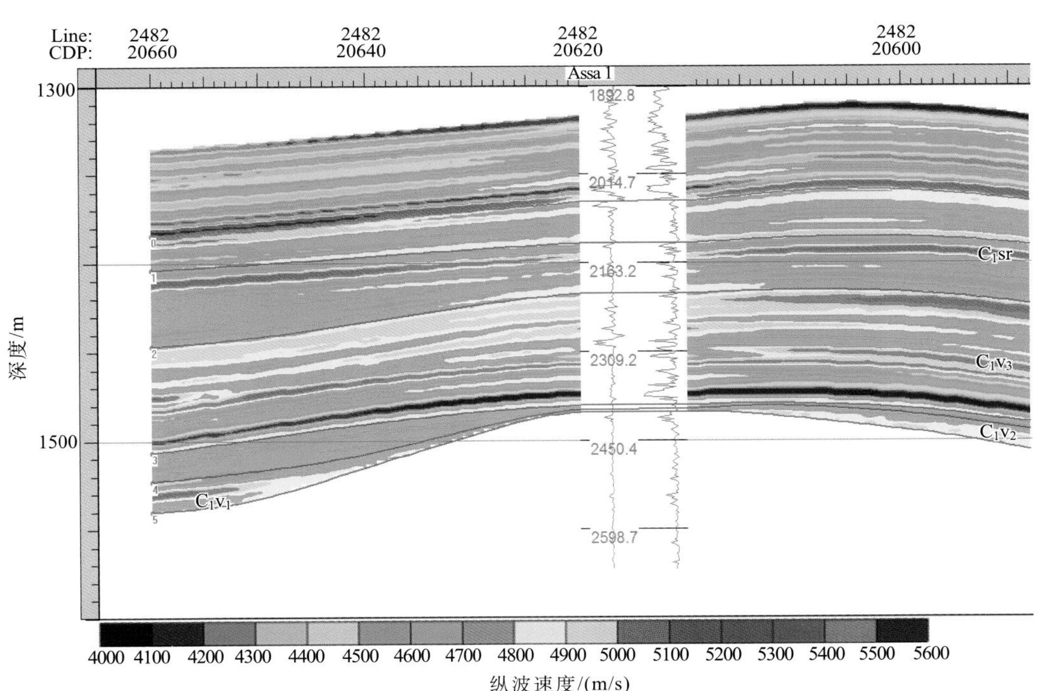

图 9-1-18 Assa 工区过 Assa 1 井速度反演剖面

为二类储层。反演剖面结果与岩性解释对应关系好，体现了反演结果的可靠性。

反演速度与含气砂岩吻合：将 Marsel 探区主要目标区泥盆系储层与非储层按照岩性进行岩石物理分析，得出含气砂岩速度为 4400～4770m/s，干层速度为 4800～4900m/s，非储层速度大于 4950m/s。图 9-1-19 中泥盆系反演岩性解释中 2410.6～2414.2m、2415.6～2417.9m 及 2539.2～2544.8m 段解释为气层，2473.0～2474.4m 段解释为干层，这与 Assa 1 井测井解释结果一致，体现了 Marsel 探区 Assa 区石炭系反演结果的可靠性，同时反演结果中 2410.6～2417.9m 段解释气层厚度为 5.9m，体现了反演结果对薄层的识别能力强的特点。

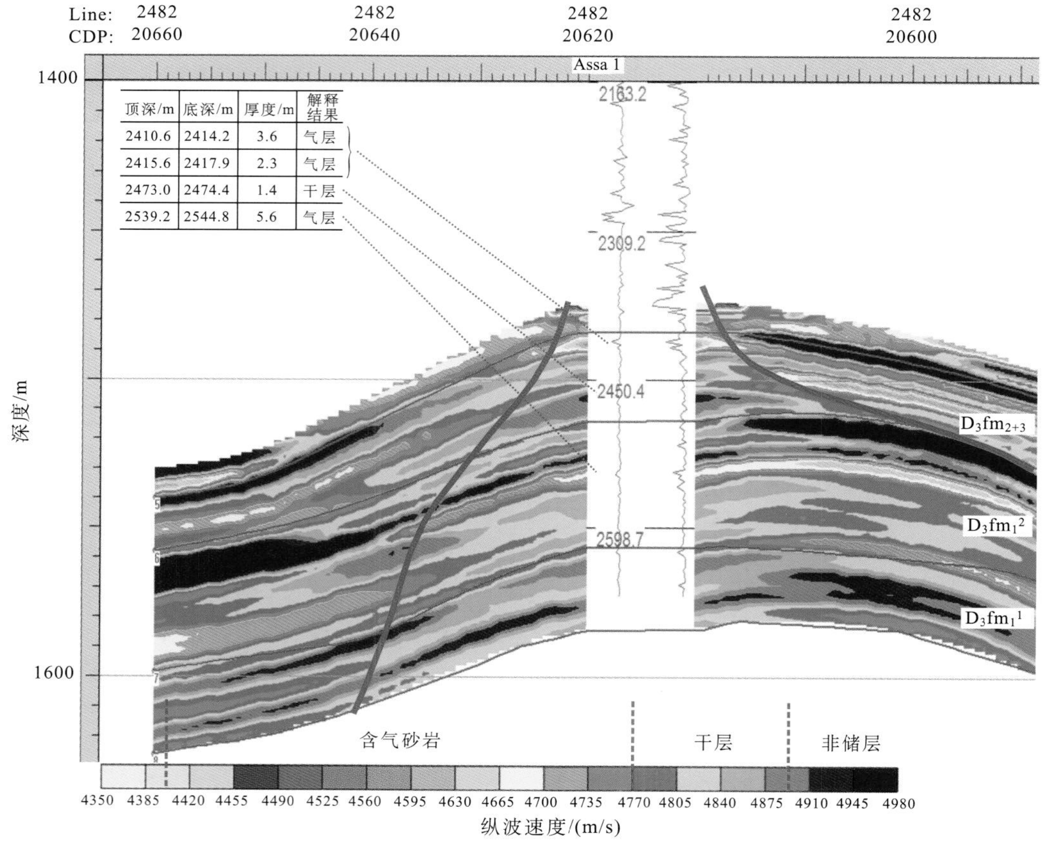

顶深/m	底深/m	厚度/m	解释结果
2410.6	2414.2	3.6	气层
2415.6	2417.9	2.3	气层
2473.0	2474.4	1.4	干层
2539.2	2544.8	5.6	气层

图 9-1-19　Marsel 探区 Assa 工区过 Assa 1 井速度反演剖面

泥灰岩与含气灰岩速度差异小：从图 9-1-20 的 Line2008 _ 07 速度反演剖面中，可以看出 Tamgalytar 5-G 井钻遇泥灰岩速度与 Tamgalytar 1-G 井钻遇气层速度差异小、区分难度大。

3)地震反演反映碳酸盐岩沉积特征

碳酸盐岩储层集中在 C_1sr 段；C_1v 段储层薄：图 9-1-21 为 2008 _ 07 线的速度反演剖面，可以看出石炭系的“生、储、盖”组合特征明显，气层聚集成藏条件好，但是储层

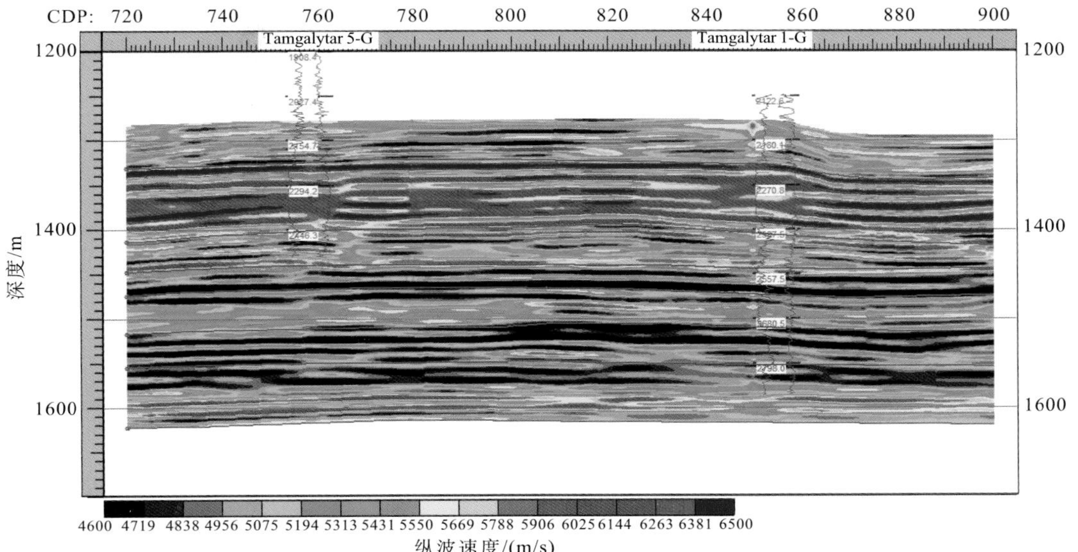

图 9-1-20 Line2008 _ 07 反演速度剖面

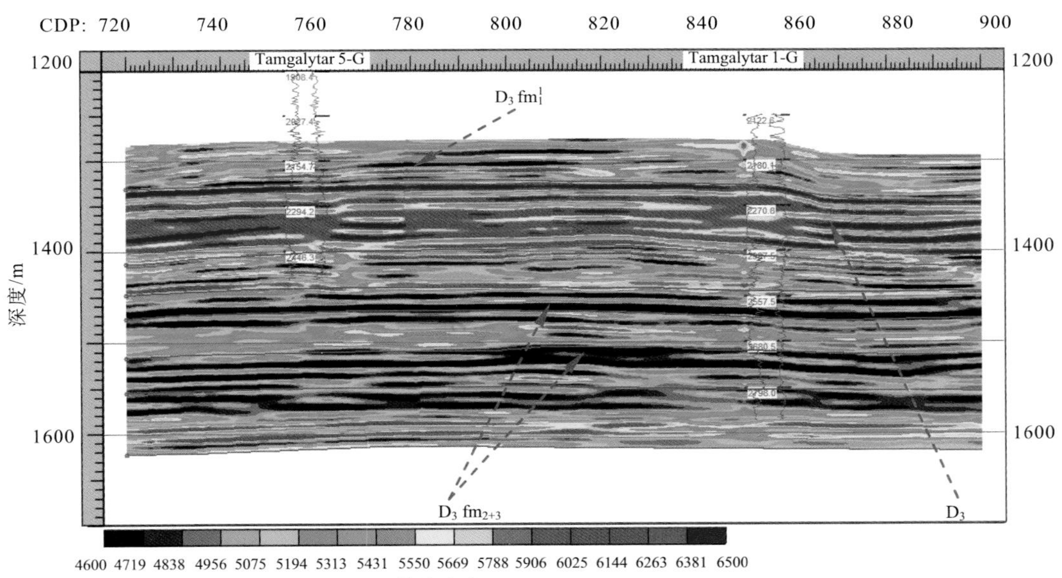

图 9-1-21 Line2008 _ 07 速度反演剖面

大部分都集中在 C_1sr 段；C_1v 段储层薄。

石炭系储层存在南北差异：对比图 9-1-21 的 2008 _ 07 线的速度反演剖面与图 9-1-22 的 2011 _ 01 线的速度反演剖面，可以发现石炭系的碳酸盐岩储层在南区和北区存在明显的变化。

图 9-1-23 中左边部分为 Assa 三维区 C_1sr 速度反演切片，切片中开阔台地低能滩、生物礁、点礁、台内边缘高能带滩-礁复合体等地质体清晰可见，点礁在反演切片上表

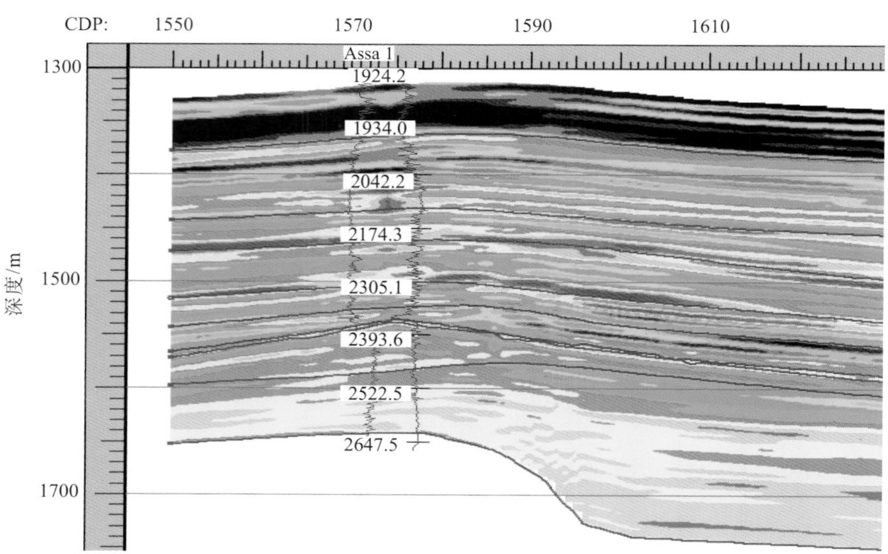

图 9-1-22 Line2011_01 速度反演剖面

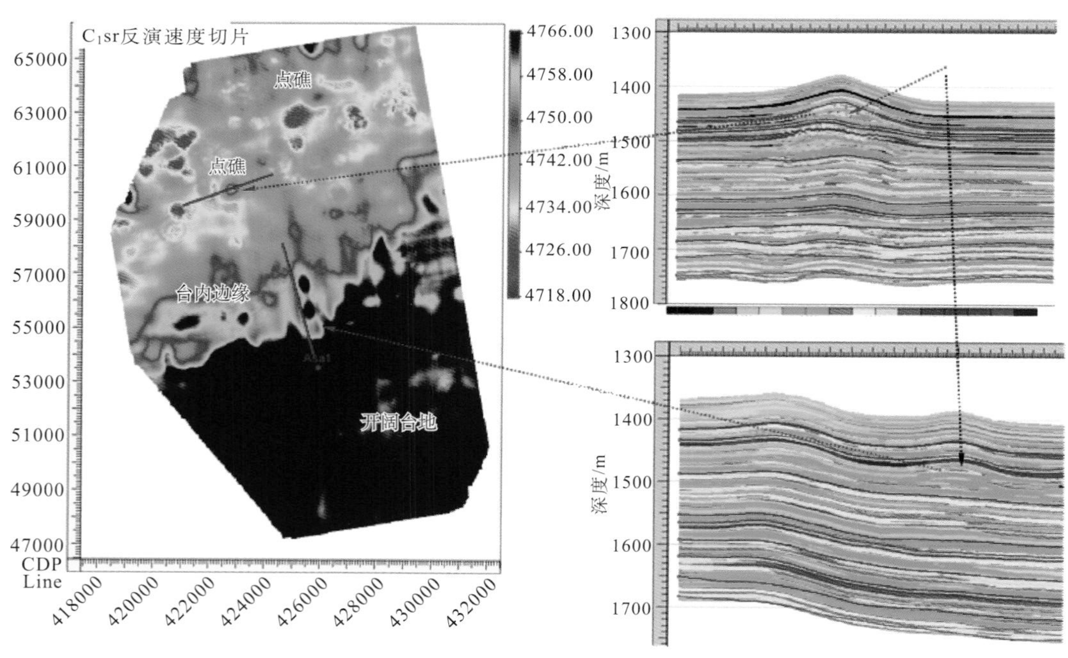

图 9-1-23 Marsel 探区 Assa 工区 C_1sr 速度反演切片与反演剖面印证

现为圆状、低速特征，点礁周围表现出高速特征。抽取过点礁地质体任意线剖面，石炭系反演剖面中点礁显示为“丘形”特征。地震反演结果反映了当时碳酸盐岩沉积特征。此外反演剖面点礁下部出现明显的“平点”现象，推断为含气特征。

4)反演结果与泥盆系沉积特征一致

泥盆系储层存在南北差异：图 9-1-24 为 2011 _ 01 线的速度反演剖面，可知泥盆系的高速砂岩储层在北区具有高低速互层特征，而在南区速度特征均一，同石炭系一样在南北区存在明显的变化。

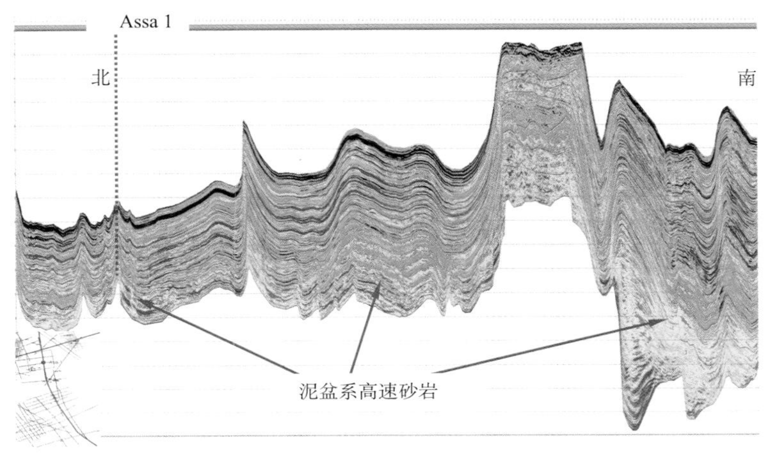

图 9-1-24 Line2011 _ 01 速度反演剖面

图 9-1-25 中左边部分为 Assa 三维区 SQ2 速度反演切片，切片中三角洲朵叶状特征

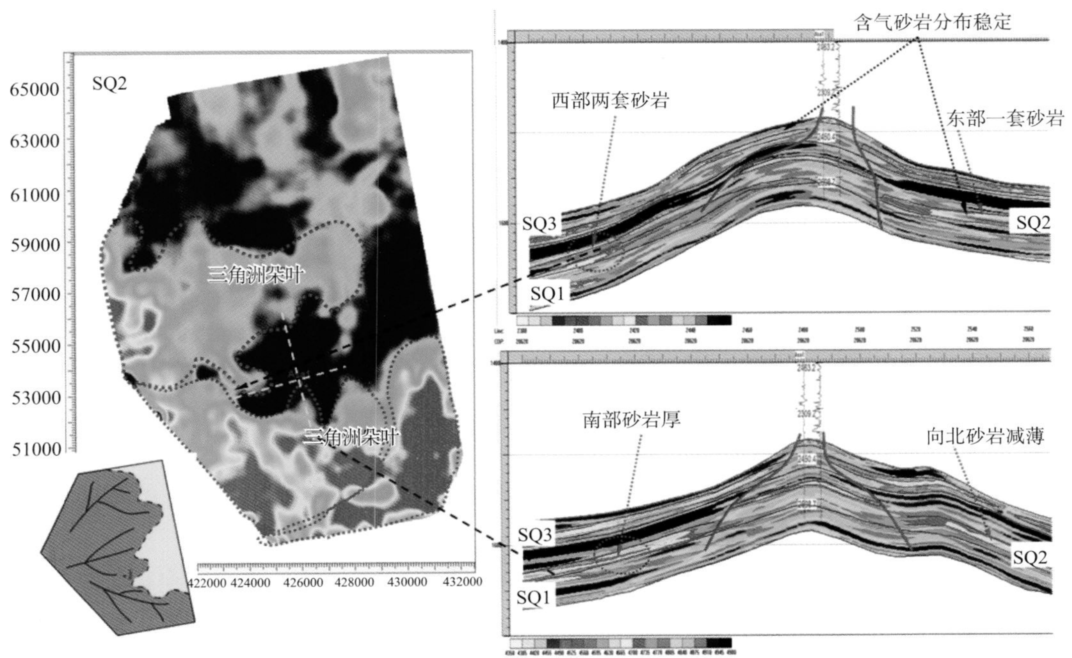

图 9-1-25 Marsel 探区 Assa 工区 SQ2 速度反演切片与反演剖面印证

清晰可见，与泥盆系 SQ2 沉积特征吻合。抽取过三角洲朵叶体任意线剖面，泥盆系反演剖面中以 Assa 1 井为界，在 Assa 1 井西部有两套砂体，在 Assa 1 井东部有一套砂体；工区南北方向剖面上则表现为在 Assa 1 井南部发育两套砂体，过 Assa 1 井向北砂体逐渐减薄，减薄至一套砂体。地震反演结果反映了当时扇三角洲不同期次的发育特征，表现 Assa 区叠后反演结果与沉积特征的一致性，说明了反演结果在目标区的适用性、可靠性。

四、致密储层厚度分布预测

1. 储层孔隙度反演

圈定 Marsel 探区三个重点目标区的含油气有利区，对于目标区的精细勘探是必不可少的工作之一，因此对目标区的储层物性的研究显得尤为重要。目标区石炭系与泥盆系沉积环境不同，储层物性也随之不同，特别是泥盆系。经综合研究发现，泥盆系内油气藏属于致密砂岩气藏类型，孔隙度低，一般分布在 3%～10%。在低孔隙的背景下寻找相对高孔隙部位在对分析油气成藏机理和寻找有利成藏区域及后续的井位设计是很重要的一个环节。依据现有搜集到的工区井资料，发现 Assa 三维区内只有 Assa 1 一口井，而 Tamgalynskaya 三维区没有勘探井。因此只能在现有井资料的基础上，利用常规方法根据 Assa 1 井的纵波速度与孔隙度的交会图，拟合出它们的一个关系式，然后利用该关系式预测整个 Assa 三维区的孔隙度分布情况。在 Tamgalynskaya 三维区则利用邻近的 Terekhovskaya 1-P 井按照上述思想进行拟合，进而推导得出 Tamgalynskaya 三维区孔隙度反演数据体，最终达到弄清重点目标区有效孔隙度分布情况、预测有利目标区的目的。

图 9-1-26 为 Marsel 探区 Assa 三维区纵波速度与孔隙度拟合关系图。图中横坐标代表纵波速度，单位为 m/s；纵坐标代表孔隙度，单位为%。通过纵波速度与孔隙度的交会图分析得到两者之间的一个拟合表达式，表达式为

$$\phi = 1 - 3.02644 \times 10^{-4} x + 2.2525 \times 10^{-8} x^2 \tag{9-1-19}$$

拟合系数高达 0.90427。

图 9-1-27～图 9-1-30 为 Marsel 探区 Assa 工区石炭系各层段孔隙度分布预测图，拟合关系为图 9-1-26 中所述。

对图 9-1-27～图 9-1-30 研究分析，结合石炭系(据林畅松)沉积体系研究成果，得出以下几点认识。

(1) Assa 工区石炭系 4 个目的层孔隙度分布范围为 6%～8.5%，其中孔隙度为 7.5%～8%的区域分布范围最广。

(2) 从石炭系孔隙度分布区域来看，C_1sr 段高孔隙度主要集中在工区中部，C_1v_3 段高孔隙度区域主要在西南及中东地区分布，C_1v_2 段高孔隙部分主要集中在工区的东部及西部区域，中部几乎全为低孔隙部分，C_1v_1 段高孔隙部分主要集中分布在工区南部、中部及西北部分地区。石炭系物源主要来自于东部、西部及南部方向，高孔隙度的分布区

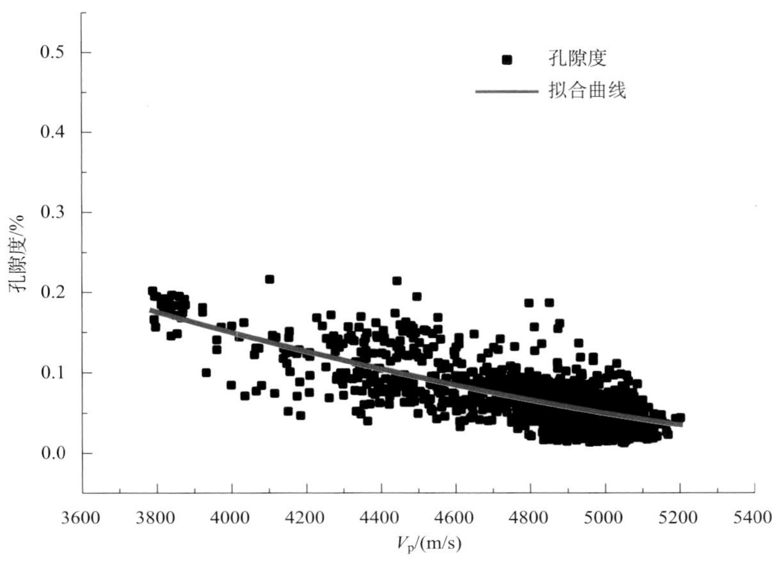

图 9-1-26 Marsel 探区 Assa 三维区纵波速度与孔隙度拟合关系图

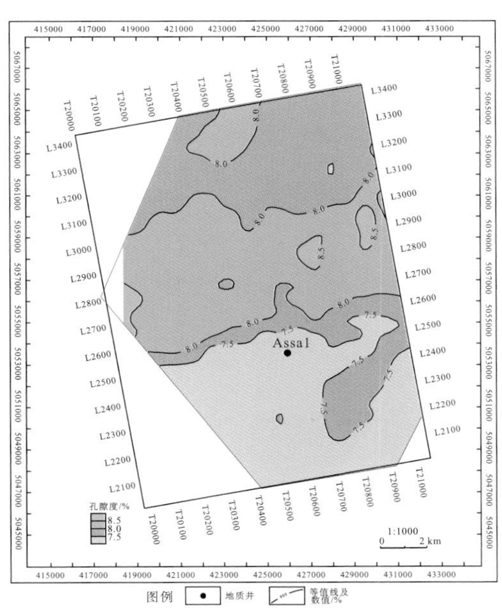

图 9-1-27 Marsel 探区 Assa 区块 C_1sr 孔隙度分布预测图

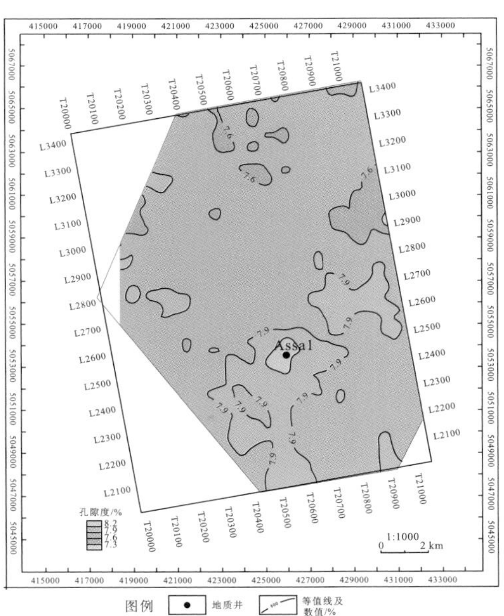

图 9-1-28 Marsel 探区 Assa 区块 C_1v_3 孔隙度分布预测图

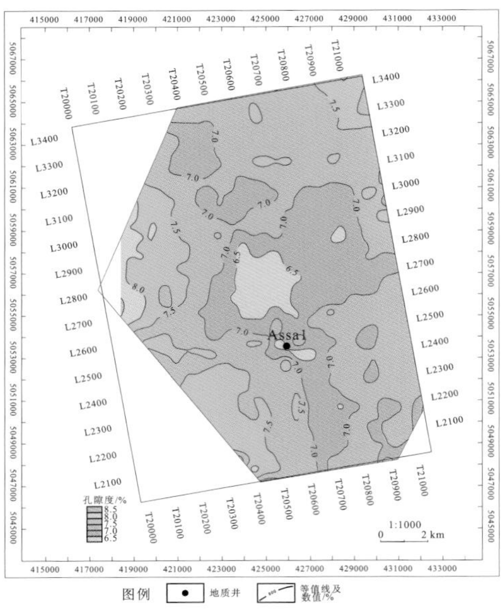

图 9-1-29　Marsel 探区 Assa 区块 C_1v_2 孔隙度分布预测图

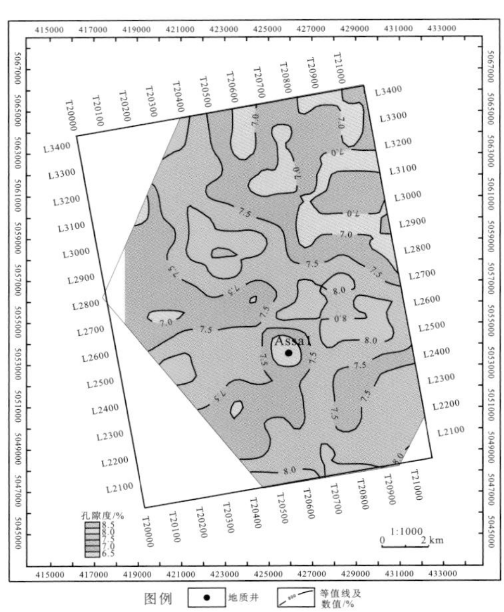

图 9-1-30　Marsel 探区 Assa 区块 C_1v_1 和 C_1t 孔隙度分布预测图

域与物源方向一致，说明孔隙度的分布情况符合石炭系沉积规律。

图 9-1-31～图 9-1-33 为 Marsel 探区 Assa 工区泥盆系各层段孔隙度分布预测图，拟合关系为图 9-1-26 中所述。

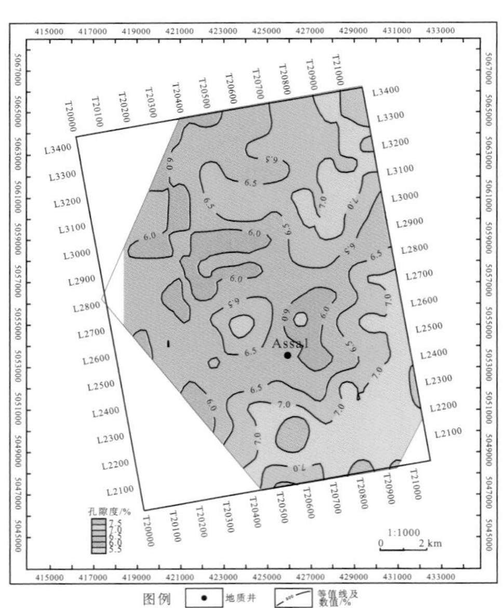

图 9-1-31　Assa 区块 $D_3fm_1^2+D_3fm_{2+3}$ 孔隙度分布预测图

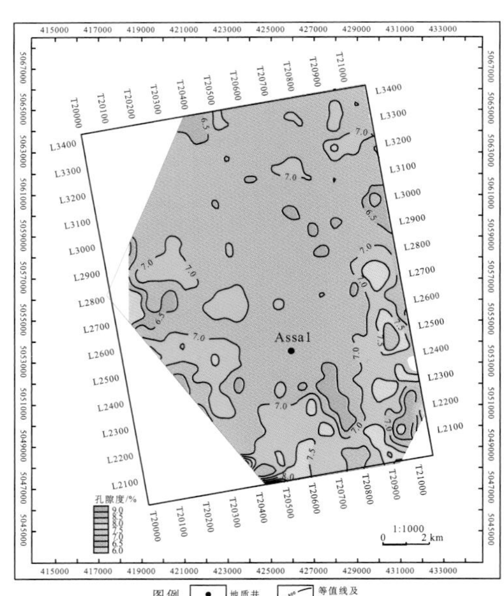

图 9-1-32　Assa 区块 $D_3fm_1^1$ 上孔隙度分布预测图

对图 9-1-31～图 9-1-33 研究分析，结合泥盆系沉积体系研究成果，得出以下几点认识。

（1）Assa 工区泥盆系 3 个目的层孔隙度范围为 5.5%～9%，其中孔隙度范围在 6.5%～7%分布区域最广。

（2）从泥盆系孔隙度分布区域来看，$D_3fm_1^2+D_3fm_{2+3}$ 段高孔隙度主要集中在工区南部及东部，$D_3fm_1^1$ 上段高孔隙度区域主要在南部及西部接近工区边界地区分布，$D_3fm_1^1$ 下段高孔隙部分主要集中在工区的东南部及西南部局部区域，泥盆系物源主要来自于东部、西部及南部方向，高孔隙度的分布区域与物源方向一致，说明孔隙度的分布情况符合泥盆系地层沉积规律。

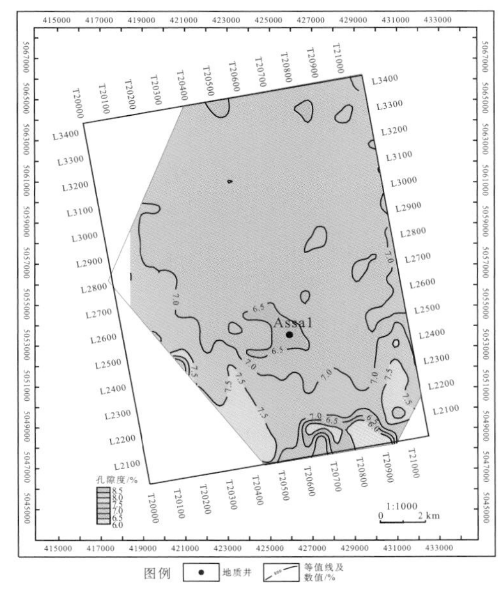

图 9-1-33 Assa 区块 $D_3fm_1^1$ 下孔隙度分布预测图

图 9-1-34 为 Marsel 探区 Tamgalynskaya 三维区及二维区纵波速度与孔隙度拟合关系图。图中横坐标代表纵波速度，单位为 m/s；纵坐标代表孔隙度，单位为%。通过纵波速度与孔隙度的交会图分析得到两者之间的一个拟合表达式，表达式为

$$\phi = 181.0163 - 0.0702x + 8.93086 \times 10^{-6}x^2 - 3.68541 \times 10^{-10}x^3 \quad (9\text{-}1\text{-}20)$$

拟合系数高达 0.92381。

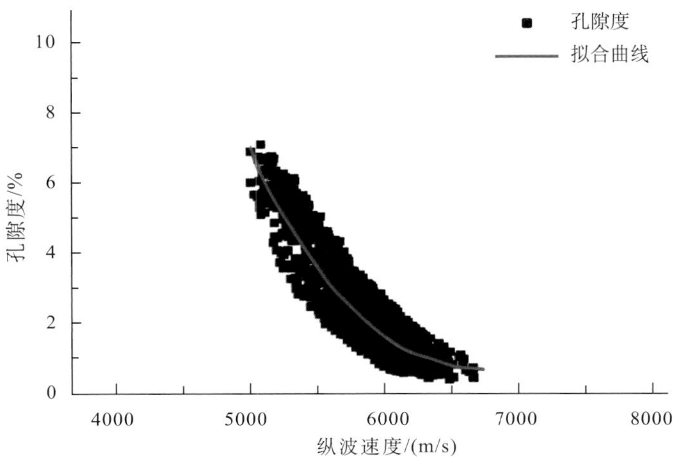

图 9-1-34 Tamgalynskaya 工区 C_1sr—C_1v_1 纵波速度与孔隙度拟合图

图 9-1-35～图 9-1-38 为 Marsel 探区 Tamgalynskaya 工区石炭系各层段孔隙度分布预测图，拟合关系为图 9-1-34 中所述。

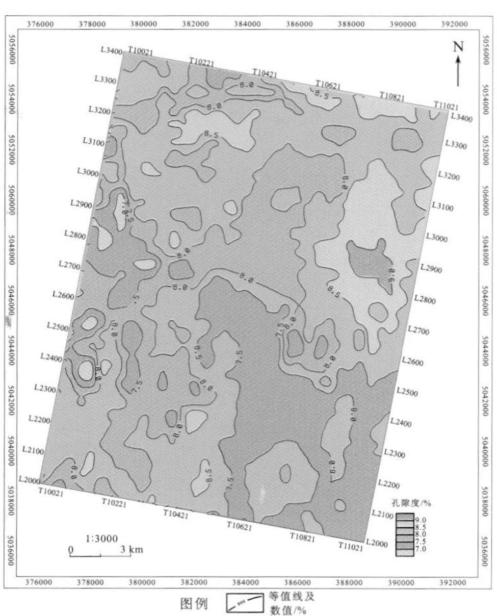

图 9-1-35　Marsel 探区 Tamgalynskaya 区块 C_1sr 孔隙度分布预测图

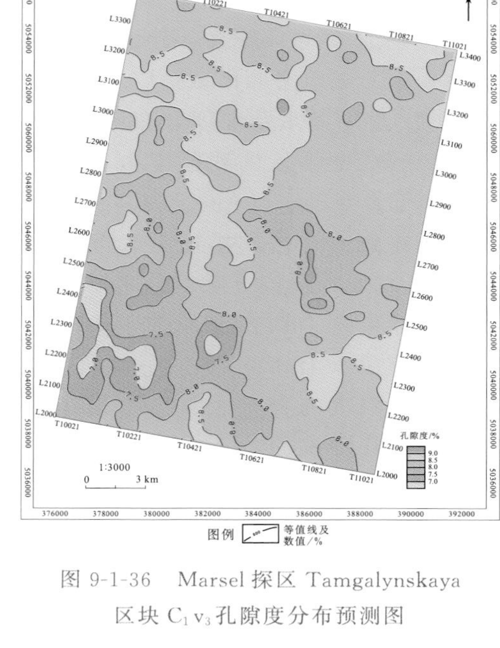

图 9-1-36　Marsel 探区 Tamgalynskaya 区块 C_1v_3 孔隙度分布预测图

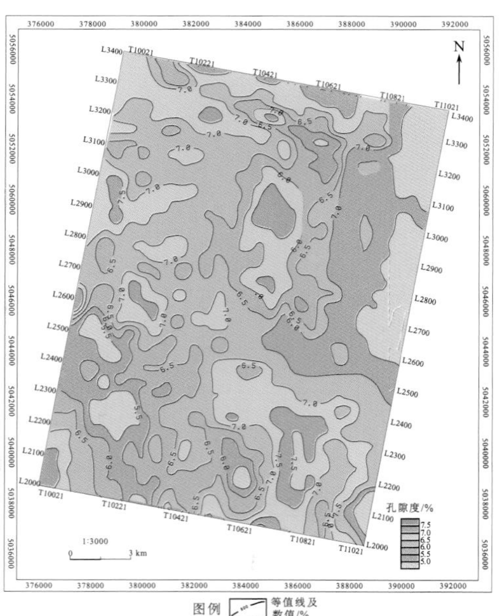

图 9-1-37　Marsel 探区 Tamgalynskaya 区块 C_1v_2 孔隙度分布预测图

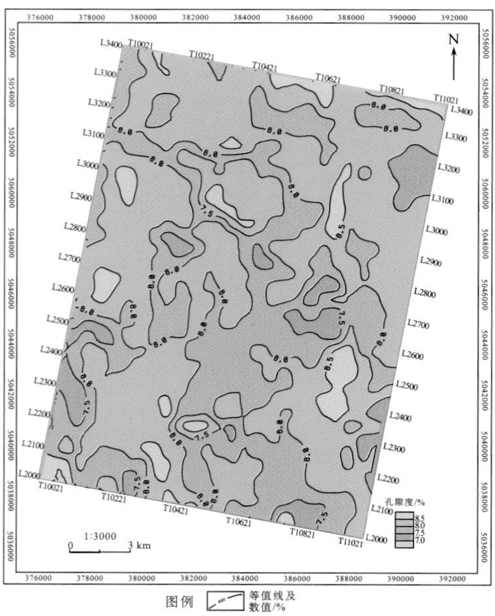

图 9-1-38　Marsel 探区 Tamgalynskaya 区块 C_1v_1 孔隙度分布预测图

对图 9-1-35～图 9-1-38 研究分析，结合石炭系沉积体系研究成果，得出以下几点认识。

(1) Tamgalynskaya 工区石炭系 4 个目的层孔隙度范围为 5.5%～9%，其中孔隙度范围在 6.5%～8.0%分布区域最广。

(2) 从石炭系孔隙度分布区域来看，C_1sr 段孔隙度大于 8%的区域主要分布在工区西北、东北部地区，孔隙度最大为 9%，C_1v_3 段孔隙度大于 8%的区域主要分布在西北部地区，最大为 9%，C_1v_2 段除东北、西南局部区域外，孔隙度大于 6.5%的区域广泛分布，孔隙度最大为 7.5%，C_1v_1 段全区孔隙度变化幅度小(7%～8.5%)，大于 7.5%区域分布广泛。石炭系物源主要来自东部、西部及南部方向，高孔隙度的分布区域与物源方向一致，说明孔隙度的分布情况符合石炭系地层沉积规律。

图 9-1-39～图 9-1-42 为 Marsel 探区 Tamgalytar 工区石炭系各层段孔隙度预测平面图，拟合关系为图 9-1-34 中所述。

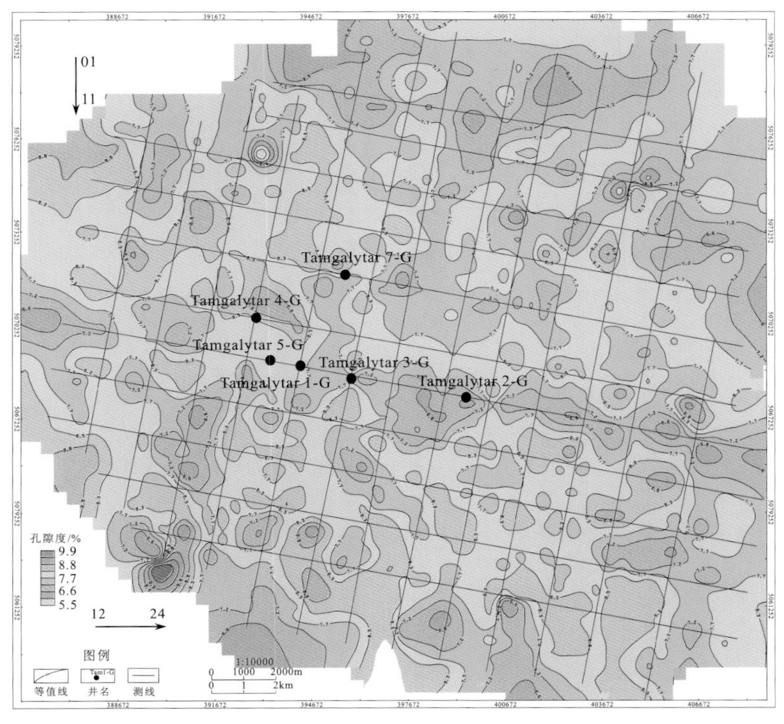

图 9-1-39 Marsel 探区 Tamgalytar 区块 C_1sr 孔隙度分布预测图

对图 9-1-39～图 9-1-42 综合研究分析，结合石炭系沉积体系研究成果，得出以下几点认识。

(1) Tamgalytar 工区石炭系 4 个目的层孔隙度范围为 2.3%～10.2%，其中孔隙度范围在 6.0%～8.0%分布区域最广。

(2) 从石炭系孔隙度分布区域来看，C_1sr 段孔隙度主要分布在 6.2%～8.5%，以中心 Tamgalytar 1-G、Tamgalytar 5-G 井为中心偏西北孔隙度较高，可达 9.5%；C_1v_3 段

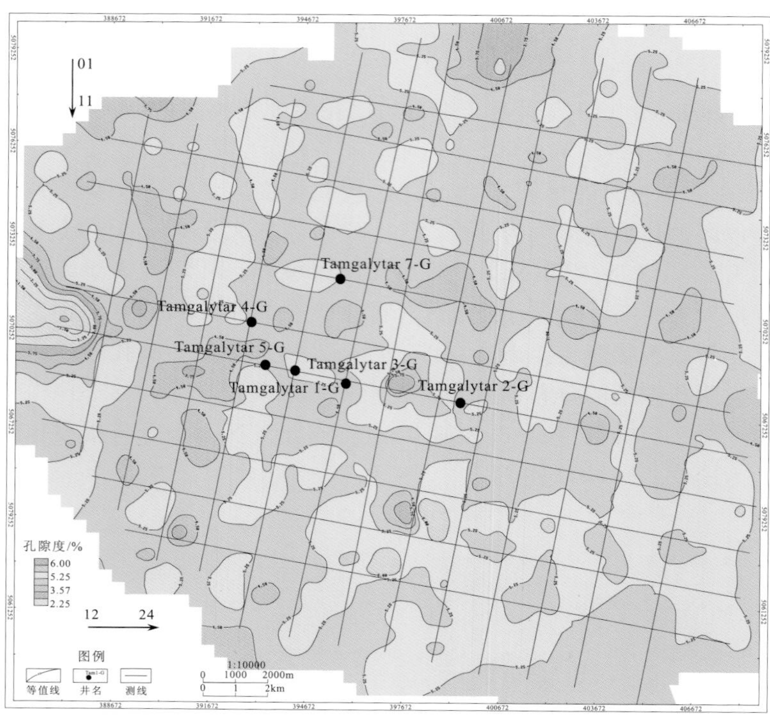

图 9-1-40 Marsel 探区 Tamgayltar 区块 C_1v_3 孔隙度分布预测图

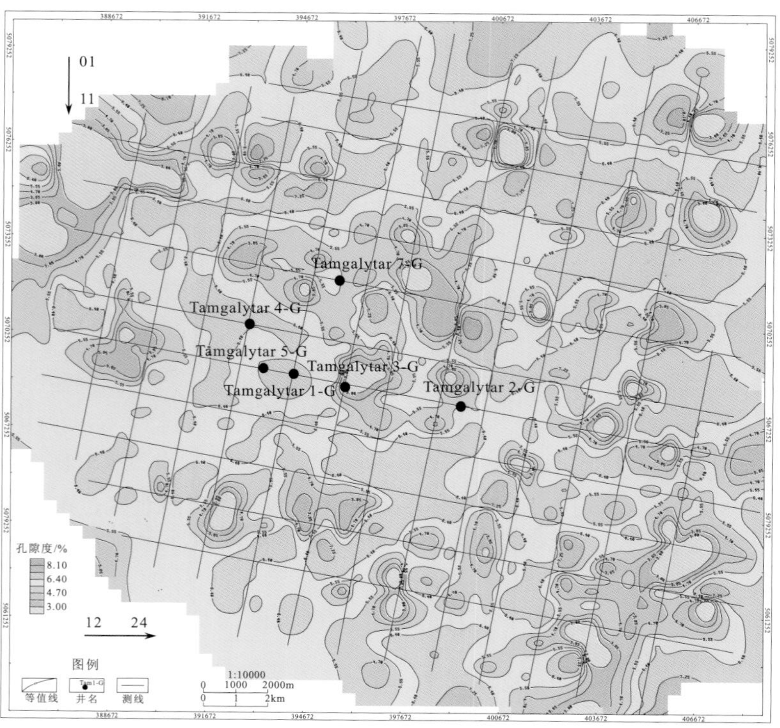

图 9-1-41 Marsel 探区 Tamgalytar 区块 C_1v_2 孔隙度分布预测图

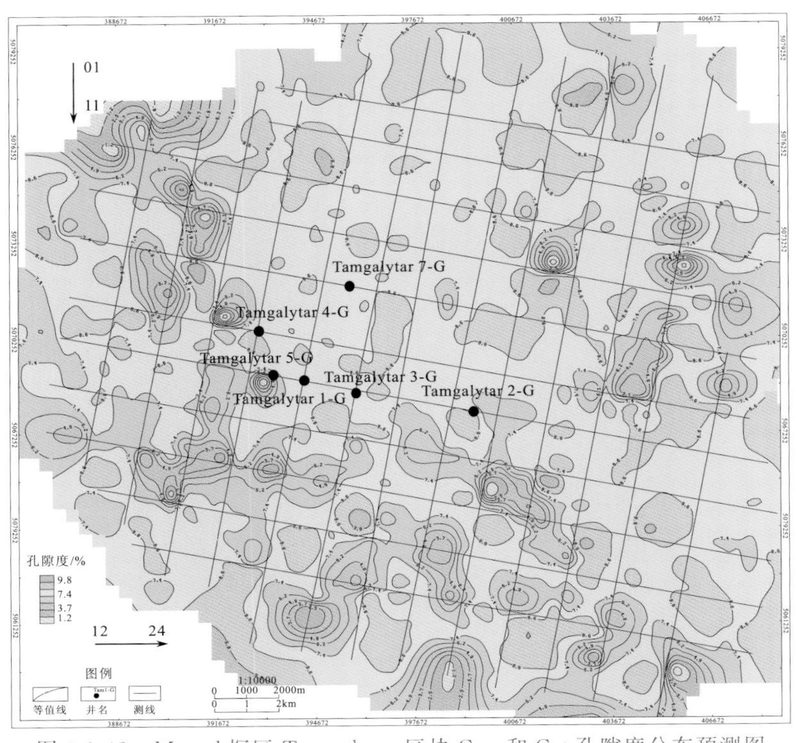

图 9-1-42 Marsel 探区 Tamgalytar 区块 C_1v_1 和 C_1t 孔隙度分布预测图

孔隙度大小在 2.5%～5.7%范围内，孔隙度较 C_1sr 段差，孔隙度分布较均一；C_1v_2 段孔隙度范围为 3.8%～7.2%，北部孔隙度好，中部呈条带状孔隙度较高，东部与西部边缘较差；C_1v_1 段孔隙度大小在 3.5%～8.2%范围内，孔隙分布北部好，南部变差，普遍 6%。石炭系物源主要来自东部、西部及南部方向，孔隙度的分布情况与石炭系沉积物源方向大体一致，说明孔隙度的分布情况与石炭系地层沉积规律吻合。

图 9-1-43 和图 9-1-44 为 Marsel 探区 Tamgalytar 工区泥盆系各层段孔隙度预测平面图，拟合关系式为图 9-1-34 中所述。

对图 9-1-43 和图 9-1-44 研究分析，结合泥盆系沉积体系研究成果，得出以下几点认识：

(1) Tamgalytar 工区泥盆系 2 个目的层孔隙度范围为 2%～10.5%，孔隙度变化范围较大，其中 7%～8%分布区域最广。

(2) 泥盆系孔隙度分布区域来看，$D_3fm_1^2+D_3fm_{2+3}$ 段孔隙度大小范围为 2.4%～8.2%，孔隙度整体较差；$D_3fm_1^1$ 段孔隙分布区域整体上表现为西北好，东南部变差，其中孔隙度为 7%在工区内分布广泛。泥盆系物源主要来自于东部、西部及南部方向，高孔隙度的分布区域与物源方向一致，说明孔隙度的分布情况符合泥盆系地层沉积规律。

2. 致密储层厚度分布预测

1) Naiman 井区储层厚度分布预测

对南部的 Naiman 井区分层段进行储层的平面刻画，分为 C_1sr 段、C_1v 段和泥盆系

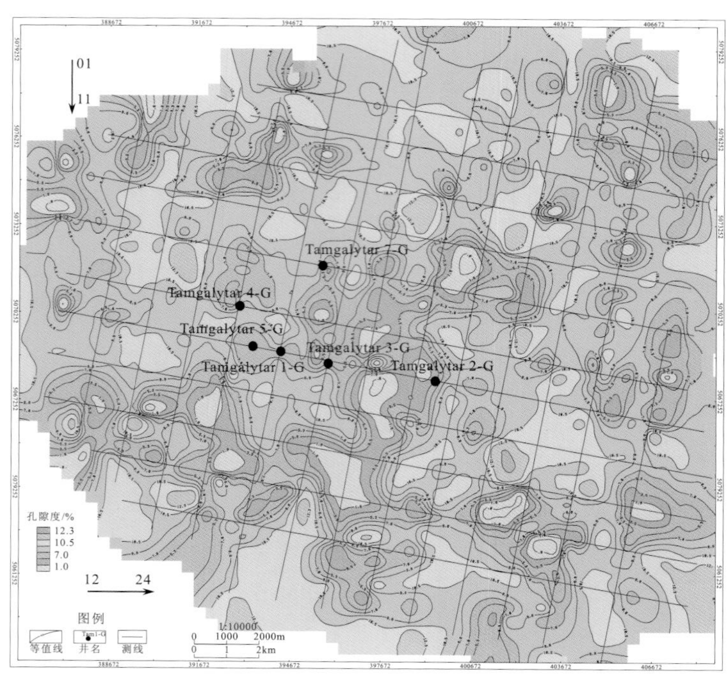

图 9-1-43 Marsel 探区 Tamgalytar 区块 $D_3fm_1^2+D_3fm_{2+3}$ 孔隙度分布预测图

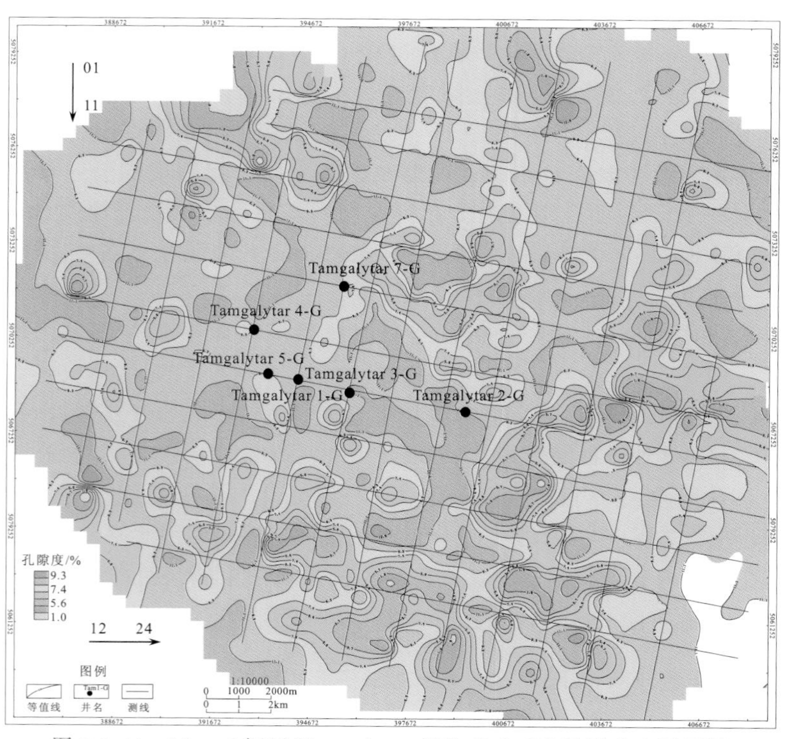

图 9-1-44 Marsel 探区 Tamgalytar 区块 $D_3fm_1^1$ 孔隙度分布平面图

(D)三个层段。

南部 Naiman 井区有 17 条剖面，共 841.7km，图 9-1-45 为 Naiman 井区 C_1sr 储层预测厚度平面图，可以看出 Naiman 井区 C_1sr 碳酸盐岩储层向北减薄、向东尖灭，最厚达 140m。为了进一步突出反演的应用效果，将平面与剖面进行相互验证，如图 9-1-46可以看出，反演的平面特征和剖面特征对应较好。

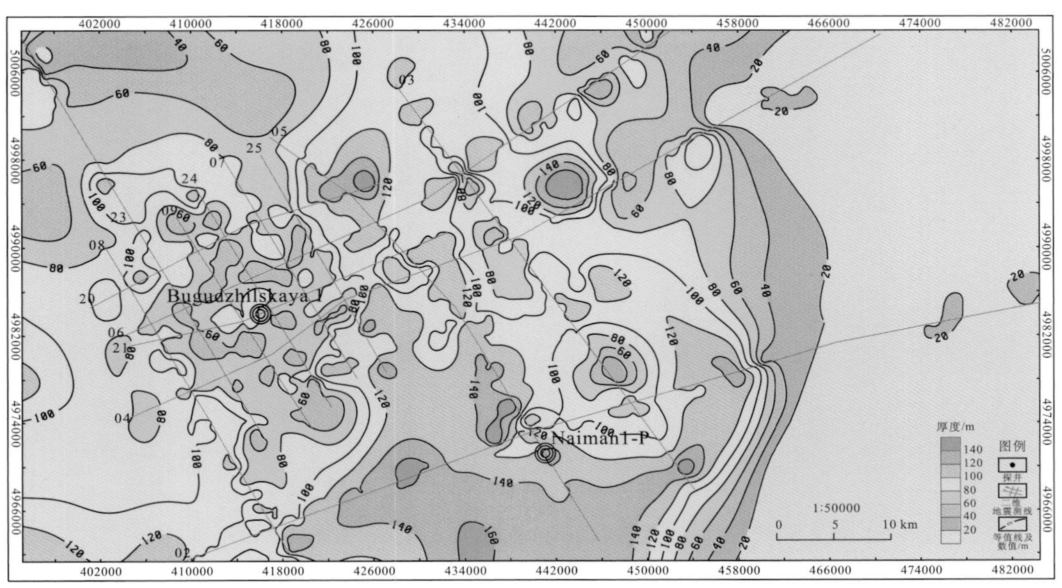

图 9-1-45 Marsel 探区 Naiman 井区 C_1sr 储层预测厚度平面图

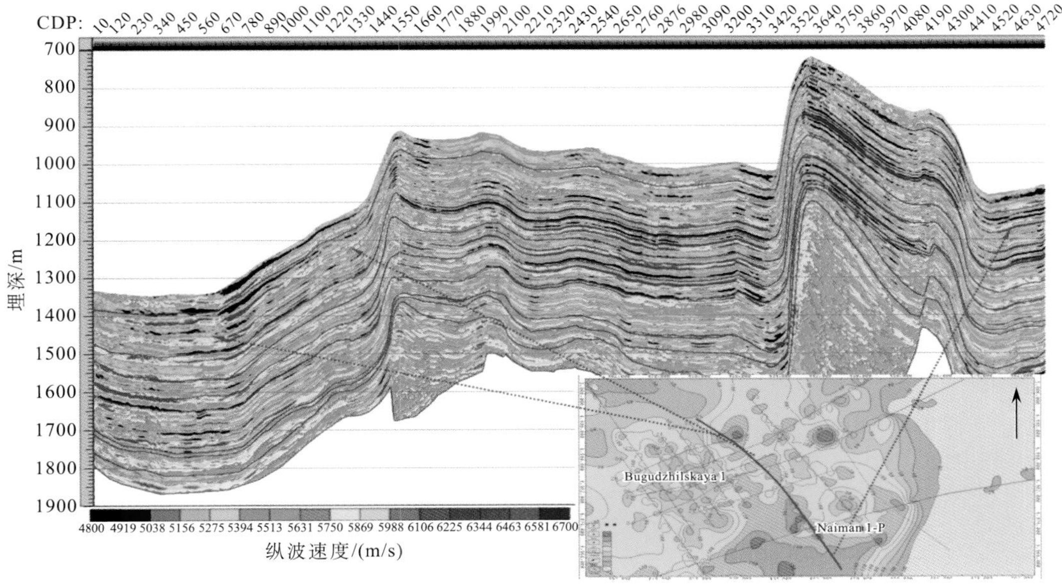

图 9-1-46 Marsel 探区 Naiman 井区 C_1sr 储层剖面与平面相互验证

图 9-1-47 为 Naiman 井区 C_1v 储层预测厚度平面图，可以看出 Naiman 井区 C_1v 碳酸盐岩储层向北西方向减薄、向东尖灭，最厚达 280m。为了进一步突出反演的应用效果，将平面与剖面进行相互验证如图 9-1-48，可以看出，反演的平面特征和剖面特征对应较好。

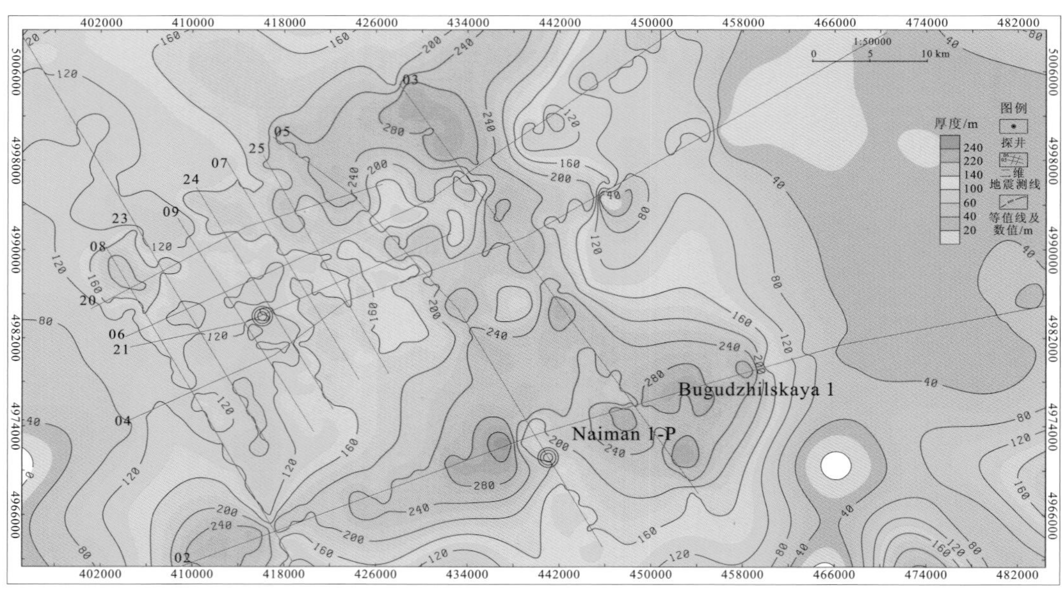

图 9-1-47　Marsel 探区 Naiman 井区 C_1v 储层预测厚度平面图

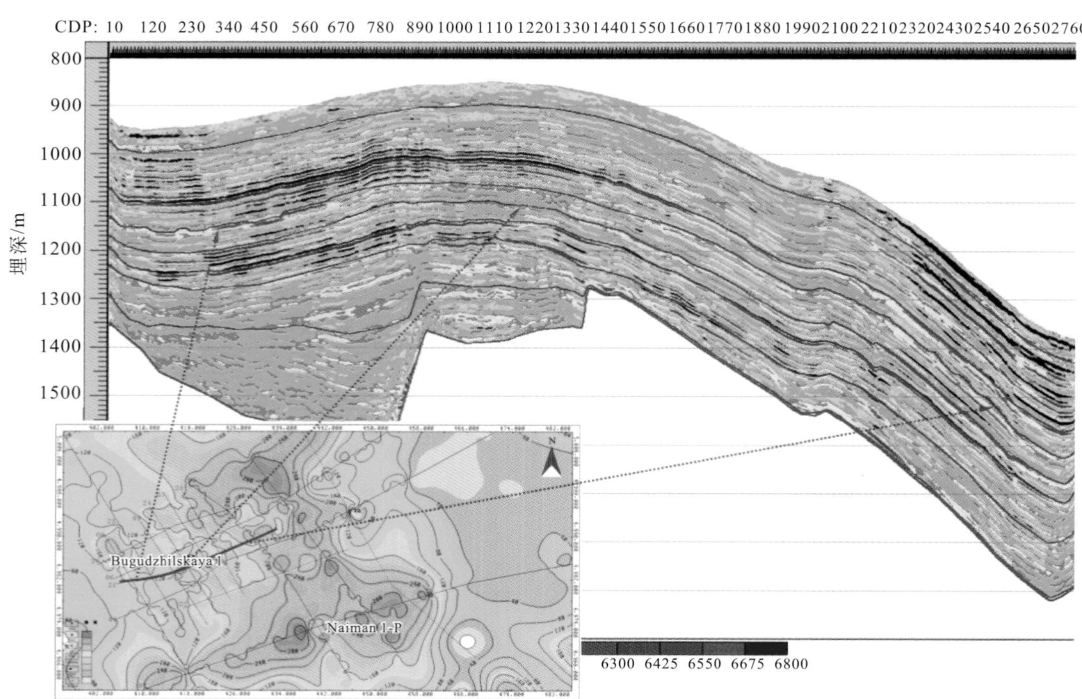

图 9-1-48　Marsel 探区 Naiman 井区 C_1v 储层剖面与平面相互验证

图 9-1-49 为 Naiman 井区 D 储层预测厚度平面图，可以看出 Naiman 井区 D 砂岩储层主要分布在工区中部、南北向展布，具有南厚北薄、东厚西薄、向东尖灭的特点，最厚 300m。为了进一步突出反演的应用效果，将平面与剖面进行相互验证如图 9-1-50 所示，可以看出，反演的平面特征和剖面特征对应较好。

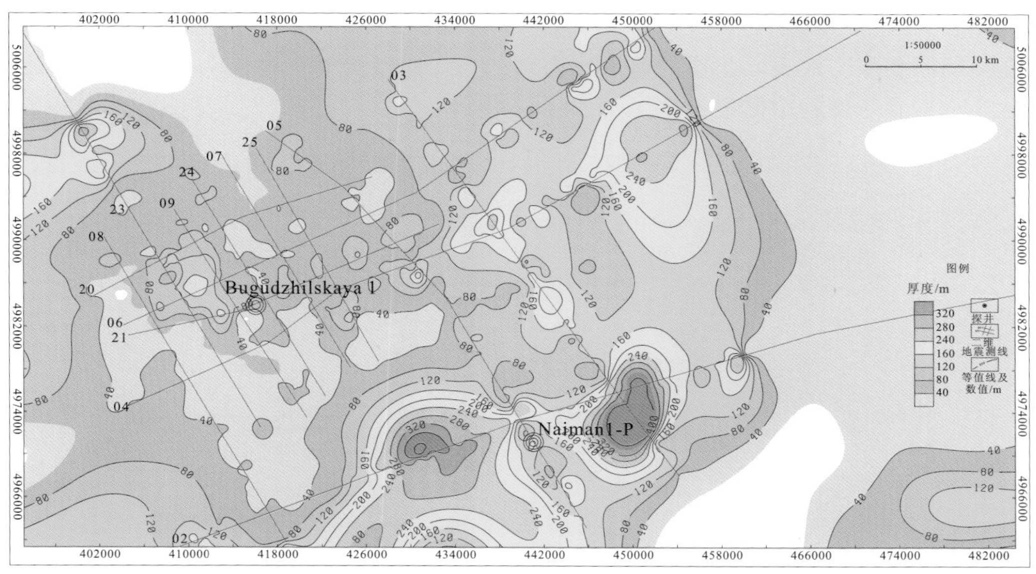

图 9-1-49 Marsel 探区 Naiman 井区 D 储层预测厚度平面图

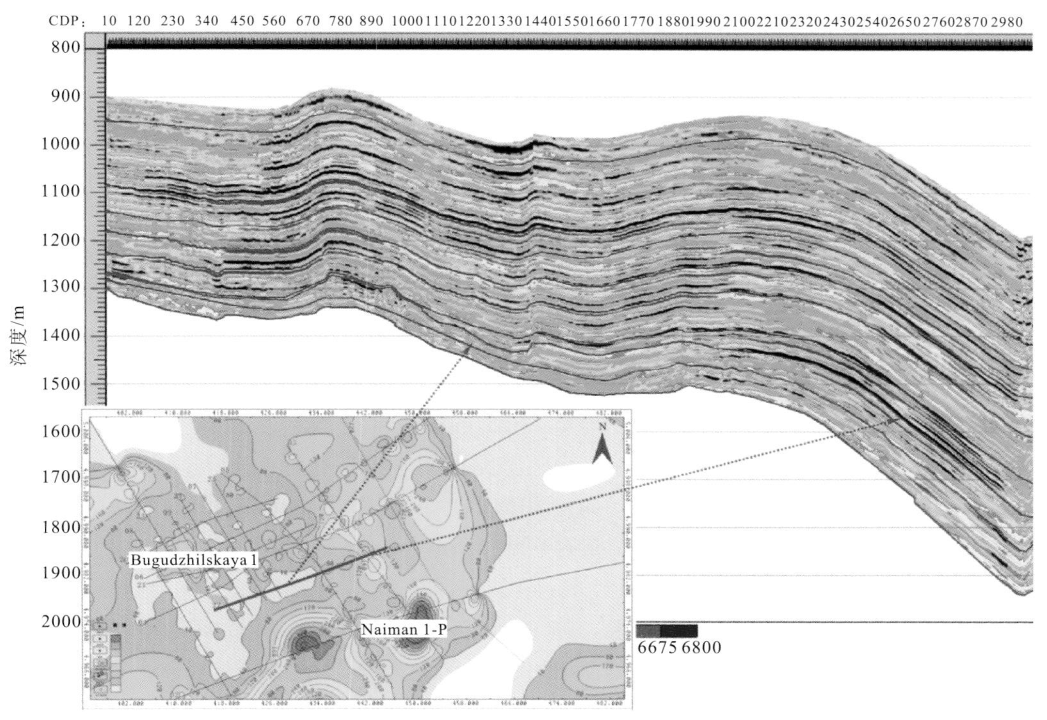

图 9-1-50 Marsel 探区 Naiman 井区 D 储层剖面与平面相互验证

对 Marsel 探区三个重点目标区（Assa、Tamglynskaya 三维区及 Tamglytar 二维区）进行分段提取厚度工作，其中包括 C_1sr、C_1v_3、C_1v_2、C_1v_1、D_3fm_{2+3}—$D_3fm_1^2$、$D_3fm_1^1$上及 $D_3fm_1^1$下 7 个层段，制作出相应的各层段储层厚度预测图。

2）Marsel 探区 Assa 井区储层厚度分布预测

图 9-1-51 为 Assa 构造 C_1sr 储层厚度预测平面图。C_1sr 储层的特征是分布范围广，在全区的厚度都比较大，北部的储层比南部的厚，储层的平均厚度为 30～35m，最厚可达 44m，在工区的中部和北部。

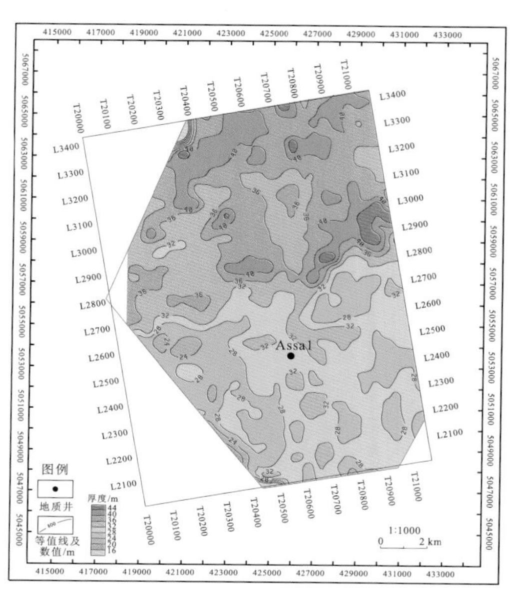

图 9-1-51　Marsel 探区 Assa 构造 C_1sr 储层厚度预测平面图

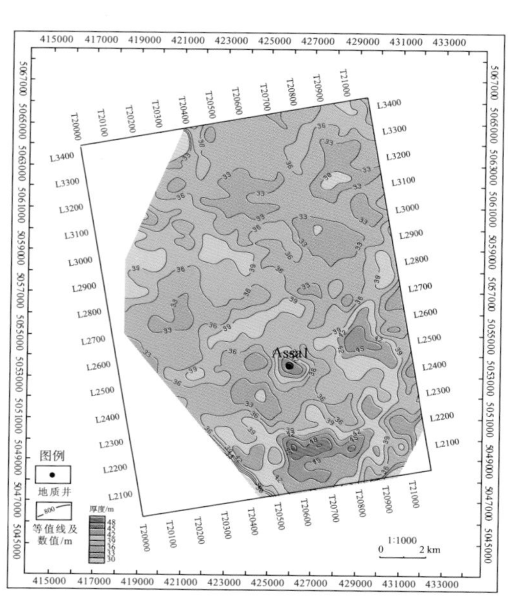

图 9-1-52　Marsel 探区 Assa 构造 C_1v_3 储层厚度预测平面图

图 9-1-52 为 Assa 构造 C_1v_3 储层厚度预测平面图。C_1v_3 的储层也是在全区分布，由北向南储层的厚度逐渐变大，储层的平均厚度为 33～36m，最厚可达 50m，在工区的北部。

图 9-1-53 为 Assa 构造 C_1v_2 储层厚度预测平面图。C_1v_2 的储层也是在全区分布，但是整体厚度偏小，储层的厚度从工区的边界向中间逐渐减小，在 Assa 1 井附近最小，储层的平均厚度约为 6m，最厚可达 15m，在工区的东部。

图 9-1-54 为 Assa 构造 C_1v_1 和 C_1t 储层厚度预测平面图。C_1v_1 和 C_1t 的储层也是在全区分布，工区的东北部厚度最大，向南和向西厚度逐渐减小，在 Assa 1 井附近厚度较小，储层的平均厚度为 16～20m，最厚可达 28m，在工区的东北部。

图 9-1-55 为 Assa 构造 $D_3fm_1^2$ 和 D_3fm_{2+3} 储层厚度预测平面图。$D_3fm_1{}^2$ 和 D_3fm_{2+3} 的储层也是在全区分布，厚度都比较大，在 Assa 1 井附近和工区中部偏北厚度较小，储层的平均厚度为 33～36m，最厚可达 50m，在工区的东部。

图 9-1-56 为 Assa 构造 $D_3fm_1^1$上储层厚度预测平面图。$D_3fm_1^1$上储层也是在全区分布，工区南部和中部 Assa 1 井附近厚度最大，厚度较小的区域也在工区的北部，储层

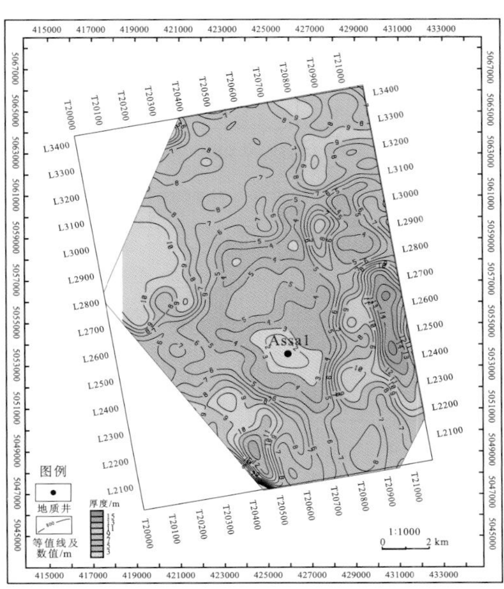

图 9-1-53 Marsel 探区 Assa 构造 C_1v_2 储层厚度预测平面图

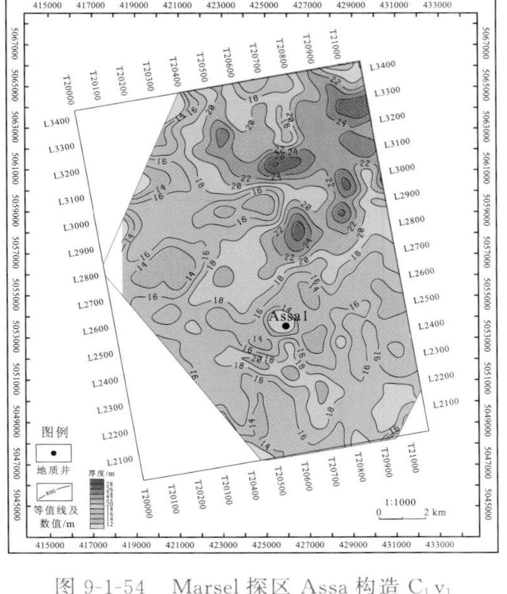

图 9-1-54 Marsel 探区 Assa 构造 C_1v_1 和 C_1t 储层厚度预测平面图

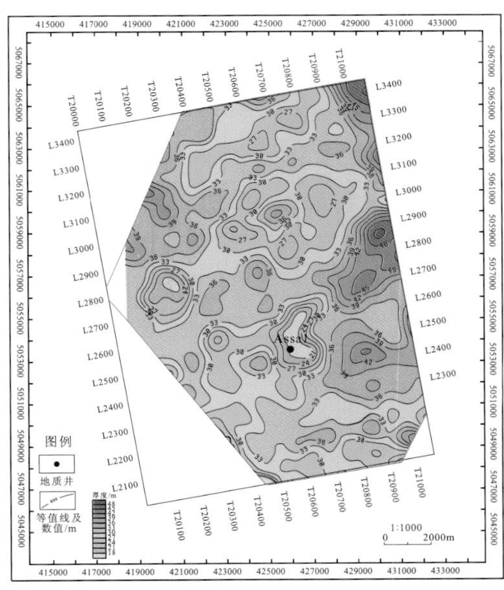

图 9-1-55 Marsel 探区 Assa 构造 $D_3fm_1^2$ 和 D_3fm_{2+3} 储层厚度预测平面图

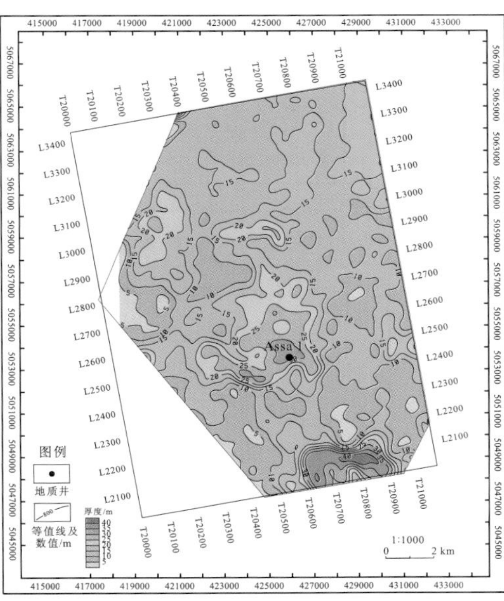

图 9-1-56 Marsel 探区 Assa 构造 $D_3fm_1^1$ 上储层厚度预测平面图

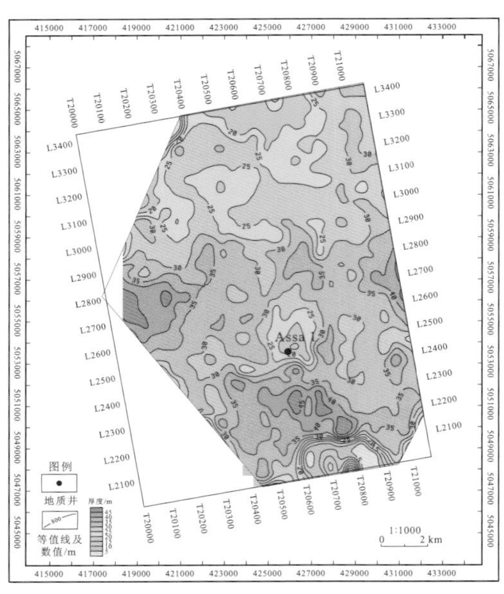

图 9-1-57 Marsel 探区 Assa 构造 $D_3fm_1^1$ 下储层厚度预测平面图

的平均厚度为 10～15m，最厚可达 40m，在工区的南部。

图 9-1-57 为 Assa 构造 $D_3fm_1^1$ 下储层厚度预测平面图。$D_3fm_1^1$ 下储层也是在全区分布，工区北部和中部附近厚度最大，工区的最北部储层厚度最小，Assa1 井附近储层的厚度也较小，储层的平均厚度为 30～35m，最厚可达 45m，在工区的北部和西部。

从图 9-1-51～图 9-1-57 各层段储层厚度图上可以看到 Marsel 探区 Assa 三维区目的层段具有如下宏观特征。

（1）Assa 三维区石炭系及泥盆系储层全区发育，Assa 1 井除了 C_1v_1 外，在其他层段内均发育。

（2）从储层厚度主要分布范围来看，石炭系 C_1sr 段储层平均厚度及以上地区主要分布在工区北部及中北部地区，C_1v_3 主要分布在工区南部及中西部地区，C_1v_2 主要集中在工区边界附近的东南部、西南部及西北部局部区域，C_1v_1 在工区东北部发育；泥盆系储层平均厚度及平均厚度以上部分 $D_3fm_1^2+D_3fm_{2+3}$ 层段除了工区中部、中北部局部范围外，在其他地区稳定分布，$D_3fm_1^2$ 上层段储层平均厚度及以上部分主要在工区的中南部、中部及西北局部区域发育，而 $D_3fm_1^1$ 下层段几乎在工区全区内稳定分布。

（3）从推断物源方向来看，石炭系 C_1sr 段推测物源主要来自工区的东部及西部，C_1v_3 及 C_1v_2 主要来自工区东部及南部物源的供给，C_1v_1 段物源供给来自工区的南部及西部，其中西部为主要物源方向。泥盆系 $D_3fm_1^2+D_3fm_{2+3}$ 层段推断物源主要来自工区的东部及西部；$D_3fm_1^1$ 上层段物源方向较单一，主要来自工区南部；$D_3fm_1^1$ 下层段物源供给充足，工区南部、东部及西部都是很有可能的物源供给方向。

（4）从储层预测吻合率上分析，在表 9-1-1 中可知储层预测厚度吻合率可达 83.33%。高吻合率结果反映出反演结果的高精度、高可信度。

450

表 9-1-1　Assa 1 井储层厚度吻合率表

地层	测井解释厚度	预测厚度	吻合率
C_1sr	21.5	29	83.33%
C_1v_3	45	46	
C_1v_2	1.7	1.5	
C_1v_1	0	0	
$D_3fm_1^2+D_3fm_{2+3}$	20.4	20.6	
$D_3fm_1^1$	55.9	52	

3）Tamgalynskaya 区块储层厚度分布预测

Tamgalynskaya 区块泥盆系缺失，工区勘探开发程度低，缺少井资料。因此根据地震资料来进行工区评价显得尤为重要。

图 9-1-58 为 Tamgalynskaya 区块 C_1sr 储层厚度预测平面图。C_1sr 储层在全区分布，工区西北部厚度最大，向工区的东南方向逐渐变小。储层的平均厚度为 30～35m，最厚可达 48m，在工区西北部。

图 9-1-59 为 Tamgalynskaya 区块 C_1v_3 储层厚度预测平面图。C_1v_3 储层在全区分布，工区南部厚度最大，向工区的北部逐渐变小。储层的平均厚度为 25～30m，最厚可达 40m，在工区南部。

图 9-1-60 为 Tamgalynskaya 区块 C_1v_2 储层厚度预测平面图。C_1v_2 储层在全区分布，工区北部厚度最大，向工区的南部逐渐变小。储层的平均厚度约为 15m，最厚可达 22m，在工区西北部。

图 9-1-61 为 Tamgalynskaya 区块 C_1v_1 储层厚度预测平面图。C_1v_1 储层在全区分布，工区西部和北部厚度最大，向工区的东部和南部逐渐变小。储层的平均厚度为25～30m，最厚可达 50m，在工区西北部。

图 9-1-58 ～ 图 9-1-61 中的各层段储层厚度图上可以看到 Marsel 探区 Tamgalynskaya 三维区目的层段具有如下宏观特征。

(1) 各层段储层全区发育，四个目的层中 C_1sr 段储层厚度大、分布范围广，厚度最大可达 48m。

(2) 从储层展布方向上来看，石炭系储层 C_1sr—C_1v_1 段展布方向基本一致，主要呈东南—近西北方向展布。

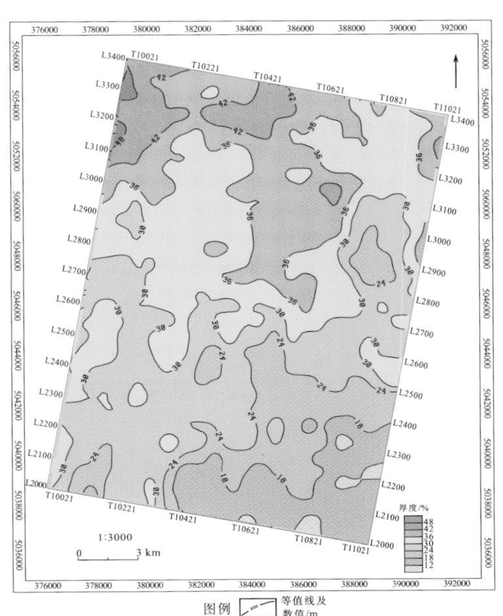

图 9-1-58 Marsel 探区 Tamgalynskaya 区块 C_1sr 储层厚度预测平面图

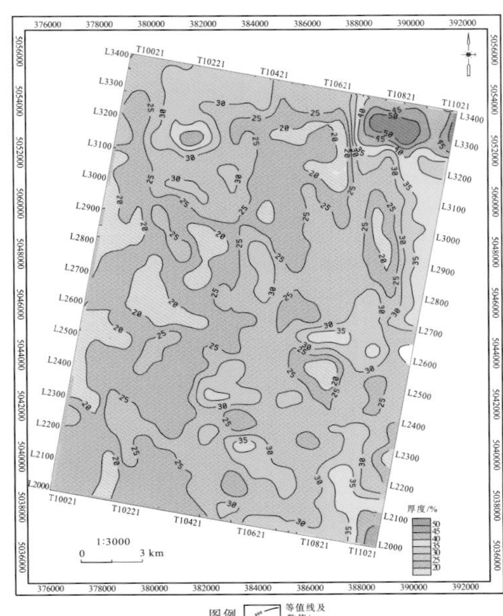

图 9-1-59 Marsel 探区 Tamgalynskaya 区块 C_1sr 储层厚度预测平面图

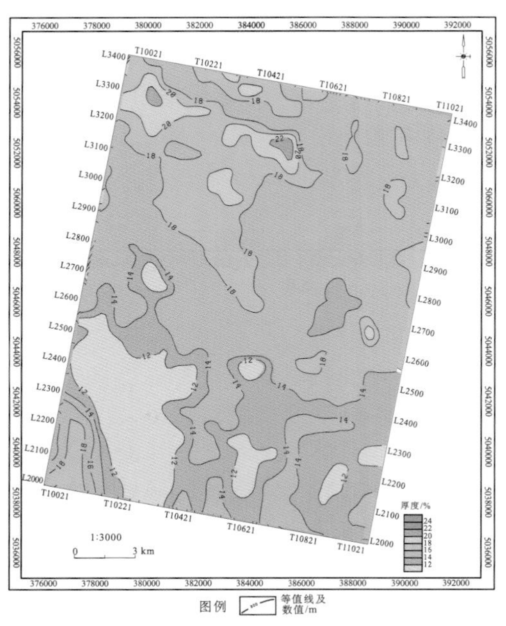

图 9-1-60　Marsel 探区 Tamgalynskaya 区块 C_1v_2 储层厚度预测平面图

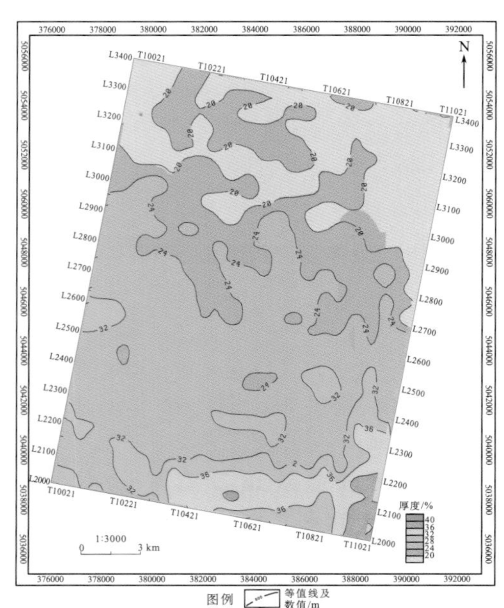

图 9-1-61　Marsel 探区 Tamgalynskaya 区块 C_1v_1 储层厚度预测平面图

(3) 从储层厚度主要分布范围来看，石炭系 C_1sr 段储层平均厚度及以上地区分布在工区东北部地区，C_1v_3 稳定分布在工区西南部区域，C_1v_2 主要集中在工区边界附近的西北部区域，C_1v_1 主要在工区东北部、东南部及西北局部范围内发育。其中以 C_1sr 段储层最厚，厚度最大达 48m。

(4) 从推断物源方向来看，石炭系 C_1sr 段推测物源来自工区的东部及西部，其中西部为主要的供源方向，C_1v_3 来自工区东部物源的供给，C_1v_2 段物源供给来自工区的东部，C_1v_1 段物源主要来自工区东部及南部，以东部供源为主。

4) Tamgalytar 区块储层厚度分布预测

Tamgalytar 高精度二维区位于 Marsel 探区的西北部，共 24 条二维测线(共 451km)。

图 9-1-62 为 Tamgalytar 构造 C_1sr 储层厚度预测平面图。C_1sr 储层在全区分布，厚度较大，在工区的北部和中部厚度较大，西南部厚度最小。

图 9-1-63 为 Tamgalytar 构造 C_1v_3 储层厚度预测平面图。C_1v_3 储层在全区分布，厚度分布比较均匀。整体上北部的厚度大于南部的厚度。

图 9-1-64 为 Tamgalytar 构造 C_1v_2 储层厚度预测平面图。C_1v_2 储层在全区分布范围较广，零星部分没有储层，厚度分布比较均匀。测线 09 附近厚度较大，工区的西南边缘厚度较大。

图 9-1-65 为 Tamgalytar 构造 $C_1v_1+C_1t$ 储层厚度预测平面图。$C_1v_1+C_1t$ 储层在全区分布范围较广，零星部分没有储层，整体厚度北部大于南部。

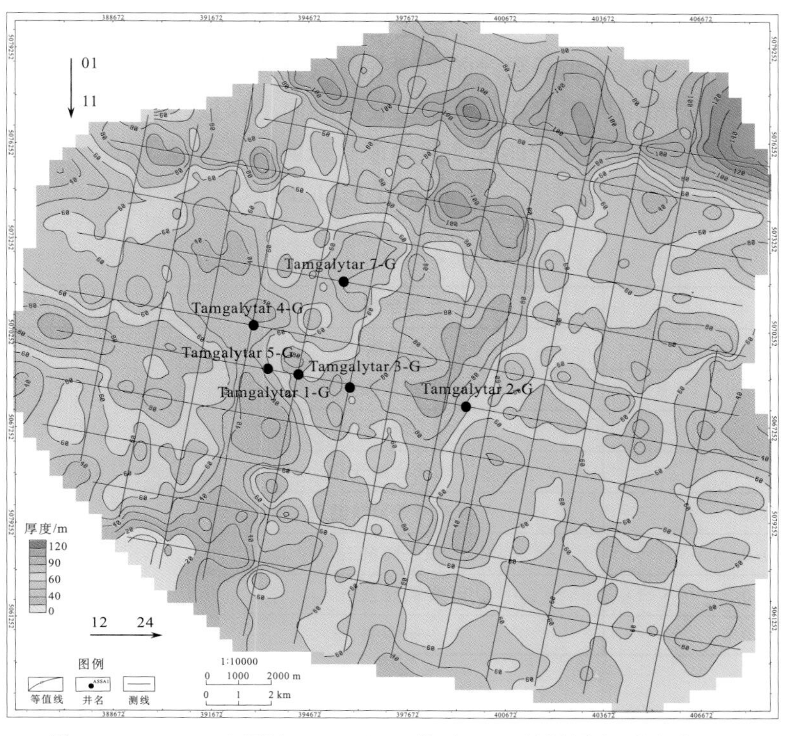

图 9-1-62 Marsel 探区 Tamgalytar 构造 C_1sr 储层厚度预测平面图

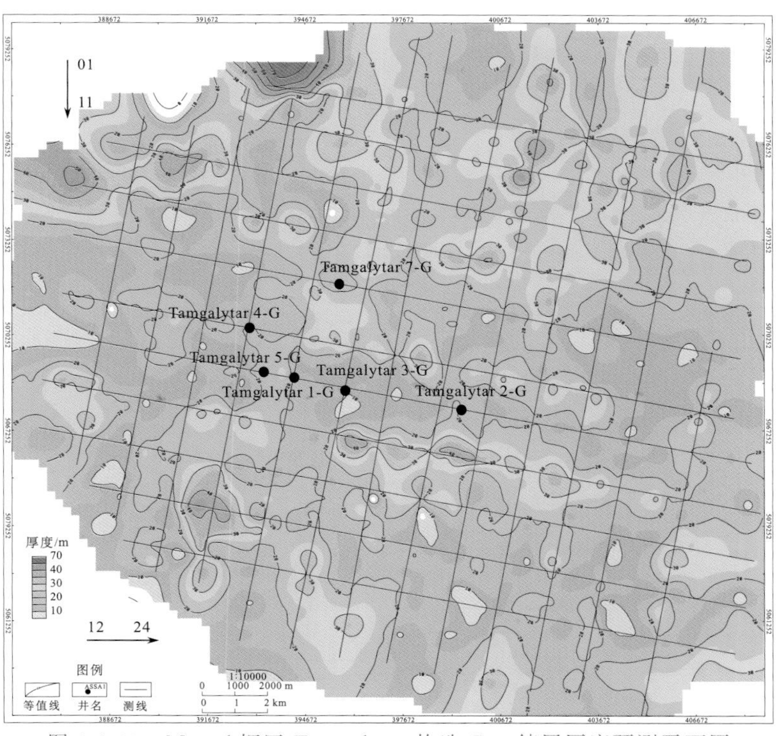

图 9-1-63 Marsel 探区 Tamgalytar 构造 C_1v_3 储层厚度预测平面图

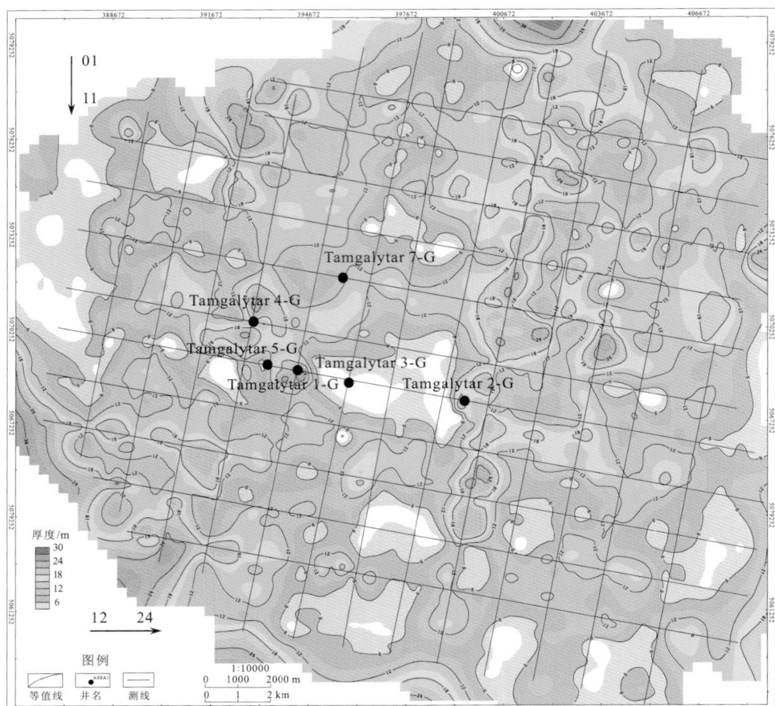

图 9-1-64 Marsel 探区 Tamgalytar 构造 C_1v_2 储层厚度预测平面图

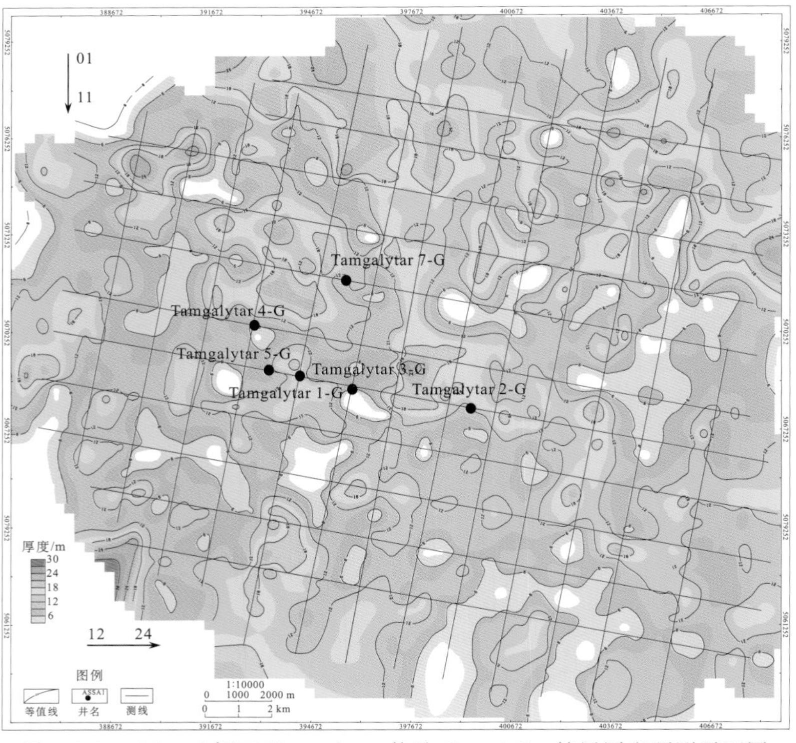

图 9-1-65 Marsel 探区 Tamgalytar 构造 $C_1v_1+C_1t$ 储层厚度预测平面图

图 9-1-66 为 Tamgalytar 构造 $D_3fm_1^2+D_3fm_{2+3}$ 储层厚度预测平面图。$D_3fm_1^2+D_3fm_{2+3}$ 储层在全区分布范围较小，储层分布零散，整体厚度东部大于西部。

图 9-1-67 为 Tamgalytar 构造 $D_3fm_1^1$ 储层厚度预测平面图。$D_3fm_1^1$ 储层在全区分布范围较小，储层分布零散，整体厚度工区西北部最大，有向东南方向逐渐减小的趋势。

图 9-1-62～图 9-1-67 为利用工区内 24 条地震测线采用地震相控非线性随机反演技术进行二维测线叠后反演后得到的石炭系 C_1sr—C_1v_1 储层厚度预测平面图。从图中可以归纳出 Tamgalytar 二维区石炭系及泥盆系储层的以下宏观特征。

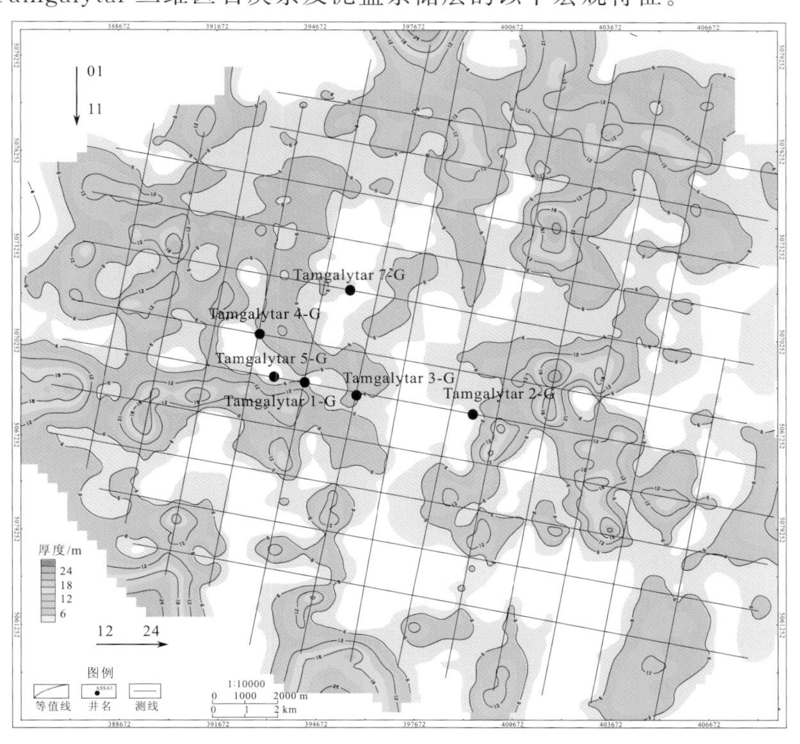

图 9-1-66 Marsel 探区 Tamgalytar 构造 $D_3fm_1^2+D_3fm_{2+3}$ 储层厚度预测平面图

(1) 工区石炭系储层除 C_1v_1 及 C_1v_2 局部区域外全区发育。石炭系的 4 个目的层中，C_1sr 储层厚度最大、分布范围广，厚度最大可达 140m。泥盆系 2 个目的层中 $D_3fm_1^1$ 储层厚度大，分布范围广。

(2) 从储层展布方向上来看，石炭系储层 C_1sr—C_1v_1 段展布方向基本一致，主要呈西南及近东西方向展布。泥盆系储层 $D_3fm_1^2+D_3fm_{2+3}$ 及 $D_3fm_1^1$ 段主要呈东南～近西南方向展布。

(3) 从储层厚度主要分布范围来看，石炭系 C_1sr 段储层平均厚度及以上地区在除中部局部区域外全区分布，C_1v_3 稳定分布在工区北部、中部及中南部局部区域，C_1v_2 储层主要分布于工区北部、中东部及西南部边界附近，C_1v_1 主要在工区北部及南部。其中以 C_1sr 段储层最厚，厚度最大达 140m；泥盆系 $D_3fm_1^2+D_3fm_{2+3}$ 段储层零星分布，主要在工区北部、西部及东部局部范围内发育。$D_3fm_1^1$ 段储层主要在西北及东南地区发

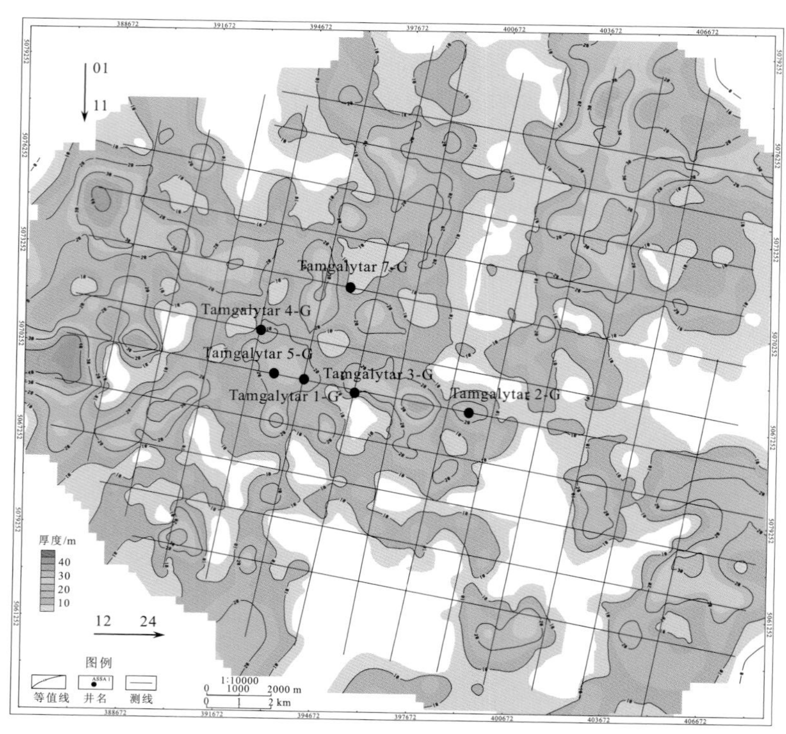

图 9-1-67　Marsel 探区 Tamgalytar 构造 $D_3fm_1^1$ 储层厚度预测平面图

育，其中储层最厚处可达 50m。

（4）从推断物源方向来看，石炭系主要物源基本一致，主要来源于工区的东部及西部。此外南部为物源次要供给方向。泥盆系两目的层物源方向一致，均接受来自于工区东部及西部的沉积物。

（5）从储层预测吻合率上分析，在表 9-1-2 中可知储层预测厚度吻合率可达 85%。高吻合率结果反映出反演结果的高精度、高可信度。

表 9-1-2　Tamgalytar 二维区 C_1sr—C_1v_2 储层厚度预测吻合率表

地层	井名	测井解释厚度	储层预测厚度	吻合率
C_1sr	Tamgalytar 1-G	56.8	63	85%
	Tamgalytar 2-G	44.4	50	
	Tamgalytar 3-G	28.3	35	
	Tamgalytar 4-G	39.6	43	
	Tamgalytar 5-G	87.4	75	
C_1v_3	Tamgalytar 1-G	20.6	20	
	Tamgalytar 2-G	21.1	20	
C_1v_2	Tamgalytar 1-G	41.5	38	
	Tamgalytar 2-G	27.1	25	

第二节 地球物理检测致密储层裂隙发育分布

一、地震裂缝检测原理

1. 小波变换原理

小波变换是在傅里叶分析的基础上发展起来的，它优于傅里叶分析之处在于具有空域和时域局部化特性，即在高频处取窄的时(空)间窗，在低频处取宽的时(空)间窗，非常适合非平稳信号的处理。因此小波分析在众多学科领域得到广泛应用。尤其是在图像处理领域，小波分析更是一种不可缺少的技术手段，如图像编码压缩、图像融合、图像去噪、特征检测及纹理分析等，再如多分辨率分析、时频域分析等，也源于小波分析范畴。

近年来，小波变换也已广泛应用于地球物理数据处理领域，并取得了可喜的研究成果。这些应用研究大致可分为两大类，一类是对地震信号进行小波变换，利用小波多分辨率分析进行分频去噪，以提高地震资料的信噪比和分辨率(Sinha et al.，2005)；另一类是小波域的地震属性分析与解释方法研究(Parra and Hackert，2002)。可直接用于断层或构造解释、储层参数预测等。如石玉梅和谢桂生(2000)提出的基于小波分析的断层检测方法；王西文等(2002a，2002b)提出基于小波变换的地震数据的相干体算法，利用模拟地震子波的小波函数(或高分辨导数小波函数)分频计算瞬时相位，根据分频瞬时相位计算相干体，再进行重构，提高了断层解释的精度。上述方法的共同特点是把地震数据看成是一维信号，然后对地震数据进行一维小波分析和处理。对地震信号的二维小波分析源于裂缝预测与图像分析中边缘检测的相似性，它不是直接利用叠前或叠后地震数据，而是利用经过地质人员解释后的振幅、相位、频率等各种地震属性的层位切片数据构成的二维图像。

1) 小波变换及其多尺度边界提取原理

设 $\psi(x)\in L^2(R)$ 且其频谱 $\psi(\omega)$ 满足容许条件，则称 $\psi(x)$ 为基本小波。将基本小波伸缩、平移就可构成小波基 $\{\psi_{a,b}(x)\}$，即 $\{\psi_{a,b}(x)\}=\frac{1}{\sqrt{a}}\times\psi\left(\frac{x-b}{a}\right)$。任一函数 $f(x)\in R$ 在小波基 $\{\psi_{a,b}(x)\}$ 上分解，就定义为 $f(x)$ 的小波变换：

$$W_f(a,b)=(f,\psi_{a,b})=\int_{-\infty}^{\infty}f(x)\psi_{a,b}(x)\mathrm{d}x \tag{9-2-1}$$

式中，a 为尺度因子，在时、空域它表征小波的宽窄，在频域表征小波的频率，“大尺度”即为宽(低频)小波，“小尺度”即为窄(高频)小波；b 为平移因子，它反映小波在时、空域上的位置。

与傅里叶变换一样，小波变换的系数为被变换函数与每一个基函数的内积，内积的大小表达了 f 与 $\psi_{a,b}$ 的相似程度，即 f 中 $\psi_{a,b}$ 分量的权重。Grossman 和 Morlet 给出的小波逆变换为

$$f(x)=\frac{1}{C_\psi}\int_0^{\infty}\int_{-\infty}^{\infty}W_f(a,b)\psi_{a,b}(x)\mathrm{d}b\,\frac{\mathrm{d}a}{a^2} \tag{9-2-2}$$

若 $\psi_a(x)=\frac{1}{\sqrt{a}}\psi\left(\frac{x}{a}\right)$ 表示尺度为 a 的小波基函数，则可定义其翻转共轭小波为

$$\bar{\psi}_a(x)=\psi_a^*(-x)=\frac{1}{\sqrt{a}}\psi\left(\frac{x}{a}\right) \tag{9-2-3}$$

这样，对 $f(x)\in L^2(R)$ 的小波变换可写为

$$W_f(a,b)=f(x)*\bar{\psi}_a(x)=\frac{1}{\sqrt{a}}\int_{-\infty}^{\infty}f(x)\psi\left(\frac{b-x}{a}\right)\mathrm{d}x \tag{9-2-4}$$

式(9-2-4)表示让 $f(x)$ 通过冲击响应函数为 $\bar{\psi}_a(x)$ 的滤波器。

至于数字图像中边缘空频紧支，其大边缘在空域中表现为宽边，在频域中表现为低频，这种特性正与大尺度的小波相似。因此在选择合适的小波前提下，大尺度小波变换将对大边缘有较好响应，能抑制细小边缘；反之，小尺度小波变换将对小边缘(锐边)有较好响应。由于噪声在空域中表现为瞬时突变的特性，故大尺度的小波变换有较强抑噪能力，小尺度的小波变换对噪声有较大的响应。由此可见，利用不同尺度的小波变换对图像进行分割有望取得较好的效果。

2)小波的构造及边缘检测

选择具有正态分布的高斯函数(图 9-2-1)，即

$$\theta(x,y,\sigma)=\frac{1}{2\pi\sigma^2}\exp\left(-\frac{x^2+y^2}{2\sigma^2}\right) \tag{9-2-5}$$

式中，$x,y\in R$，且有

$$\iint_R\theta(x,y,\sigma)\mathrm{d}x\mathrm{d}y=1 \tag{9-2-6}$$

$$\lim_{|x|或|y|\to\infty}\theta(x,y,\sigma)=0 \tag{9-2-7}$$

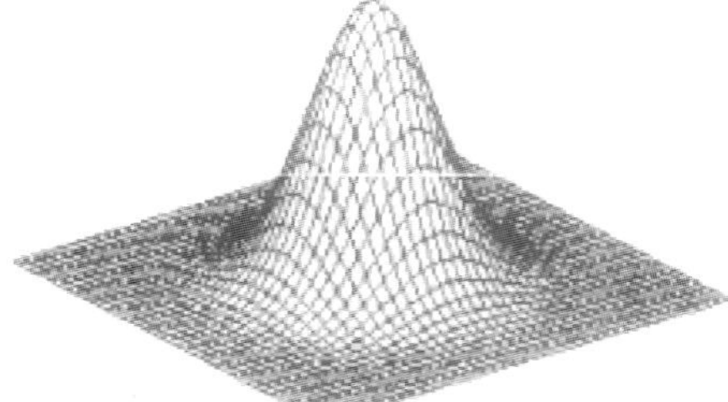

图 9-2-1 高斯函数

其一阶偏导数为

$$\psi^t(x,y,\sigma)=\frac{\partial\theta(x,y,\sigma)}{\partial x}=\frac{-x}{2\pi\sigma^4}\exp\left(-\frac{x^2+y^2}{2\sigma^2}\right) \tag{9-2-8}$$

由于 $\theta(x,y,\sigma)$ 的对称性，它在 Oxy 平面各个方向上的偏导数均为同一函数，这样可以均匀地取得四个方向上的一阶偏导数(图 9-2-2)。

不难验证 $\psi^t(x,y,\sigma)$ 满足容许条件，因此可作为一个基本小波。为了书写方便，记此基本小波为 $\psi(x,y,\sigma)$。尺度为 a 的小波基函数定义为

$$\psi_a(x,y,\sigma)=\psi\left(\frac{x}{a},\frac{y}{a},\sigma\right) \tag{9-2-9}$$

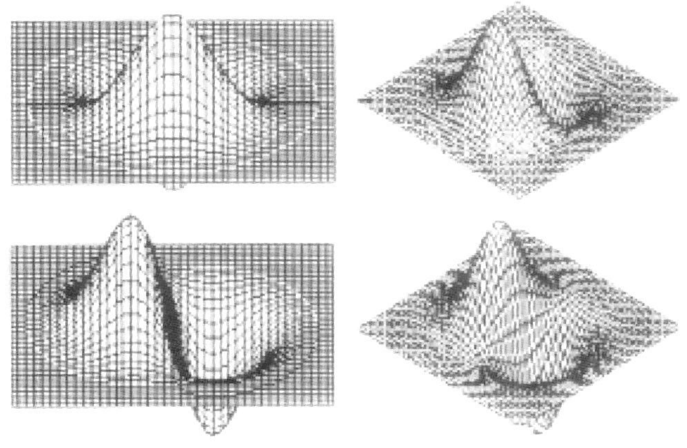

图 9-2-2 四个方向的一阶偏导数

观察图 9-2-2，不难发现所构造的小波与图像中的边缘是相似的，因此该小波可用于检测图像边缘。选择四个方向上的小波是为了检测这四个方向上的边缘，用不同尺度的小波基函数对图像作小波变换将得到图像的多尺度的边缘检测。此时的小波变换为

$$W_f(a,b_x,b_y)=f(x,y)*\psi_a(x,y,\sigma) \tag{9-2-10}$$

式中，b_x、b_y 分别为小波在 x、y 方向上的位置；$W_f(a,b_x,b_y)$表示图像 $f(x,y)$在 b_x、b_y 位置处与尺度为 a 的小波变换系数，此处 $W_f(a,b_x,b_y)$反映了边缘响应度。

变换系数与水平方向的夹角为

$$\arg[W_f(a,b_x,b_y)]=\arctan\left(\frac{W_f^{\mathrm{V}}}{W_f^{\mathrm{H}}}\right) \tag{9-2-11}$$

式中，$W_f^{\mathrm{H}}(a,b_x,b_y)$为 $f(x,y)$在水平方向上的小波变换系数；$W_f^{\mathrm{V}}(a,b_x,b_y)$为 $f(x,y)$在垂直方向上的小波变换系数。

综合四个方向上小波变换系数的模来反映图像 $f(x,y)$在 b_x、b_y 位置的边缘响应度，可以直接用阈值切割来检测边缘，也可用邻域模极值来检测边缘，在边缘的连接方面可利用小波变换的相位角。

为符合边缘检测准则，经严格的数学论证，Canny 指出：高斯函数的一阶导数 $\mathrm{d}Q(x)/\mathrm{d}x$可被选为满足上述准则的最佳边缘检测算子：

$$f(x)=\frac{\mathrm{d}Q(x)}{\mathrm{d}x}=-(x\sqrt{2\pi c}/c^2)\mathrm{e}^{-x^2/2c^2} \tag{9-2-12}$$

式中，c 为常数。

在此我们无需重复 Canny 的数学论证，但是可以从中体会到它的物理意义。首先高斯函数 $Q(x)$是一个平滑函数：

$$Q(x)=\frac{1}{\sqrt{2\pi c}}\mathrm{e}^{-\frac{x2}{2c2}} \tag{9-2-13}$$

其导数 $f(x)$是一个锐化函数，因为求导是寻找变化点(带)的有效方法。

取高斯函数的一阶导数做最佳边缘检测算子对地震数据进行处理，等价于先平滑后锐化，先积分后微分。这是因为地震数据处理 $S(x)$ 同 $f(x)$ 相褶积与下列过程等价：

$$\begin{aligned} S(x) * f(x) &= S(x) * \frac{\mathrm{d}Q(x)}{\mathrm{d}x} = \frac{\mathrm{d}}{\mathrm{d}x}[S(x) * Q(x)] \\ &= \frac{\mathrm{d}}{\mathrm{d}x}\int S(x')Q(x-x')\mathrm{d}x' \end{aligned} \tag{9-2-14}$$

平滑和锐化、积分和微分是一对矛盾的两个侧面，统一在一起后就变成了最佳因子，为什么呢？因为地震数据(或其他数据)中包含的随机噪音太多，平滑和积分可以滤掉这些噪音，消除噪音后再进行边缘检测(锐化和微分)就更可靠。值得注意的是高斯函数的一阶导数和二阶导数都是小波函数。因此使用高斯函数做最佳边缘检测算子的方法也可称为小波多尺度边缘检测。

2. 三维地震小波多尺度裂缝检测

当地下介质横向变化能引起地震记录特征的明显变化时，利用相干体技术通过识别地震记录的横向变化可经济、有效地推断地下介质的横向变化。但是，当地下情况较复杂时，相干数据体作为解释结果往往存在不确定性与模糊性，尤其在介质横向变化较小，不足以引起地震同相轴的可见变化时更显得无能为力。研究过程中，我们提出的地震边缘检测技术，把地震观测数据作为图像，把横向变化作为边缘，引入了图像边缘检测理论，特别是坎尼边缘检测准则，使横向识别有较可靠的理论基础。同时，又引入多尺度小波函数作为检测算子，它既能与实际地质异常的多尺度性达到合理匹配，同时又可将肉眼不能识别、隐藏在地震图像中且实际存在的横向变化检测出来，从而大大提高地震记录的横向分辨率。

1）二维小波变换

为了将小波变换用于三维地震数据水平切片 $f(x,y)$ 的处理，只需将一维小波变换推广到二维即可。设二维小波 $\psi_s^{(1)}(x,y)$、$\psi_s^{(2)}(x,y)$ 在尺度 s 下的伸缩为

$$\begin{cases} \psi_s^{(1)}(x,y) = \dfrac{1}{s}\psi^{(1)}\left(\dfrac{x}{s},\dfrac{y}{s}\right) \\ \psi_s^{(2)}(x,y) = \dfrac{1}{s}\psi^{(2)}\left(\dfrac{x}{s},\dfrac{y}{s}\right) \end{cases} \tag{9-2-15}$$

那么水平切片 $f(x,y)$ 的二维小波变换定义为

$$\begin{cases} W_s^{(1)}f(x,y) = f(x,y) * \psi_s^{(1)}(x,y) \\ W_s^{(2)}f(x,y) = f(x,y) * \psi_s^{(2)}(x,y) \end{cases} \tag{9-2-16}$$

式中，* 为褶积符号。

由式(9-2-16)可以看出，利用一维小波算法就可以完成二维小波变换。如果我们把式(9-2-15)中的尺度按二进离散化，由式(9-2-16)就可以得到二维信号的二进小波变换：

$$\begin{cases} W_{2^j}^{(1)}f(x,y) = f(x,y) * \psi_{2^j}^{(1)}(x,y) \\ W_{2^j}^{(2)}f(x,y) = f(x,y) * \psi_{2^j}^{(2)}(x,y) \end{cases} \tag{9-2-17}$$

$$\begin{cases}\psi_{2^j}^{(1)}(x,y)=\dfrac{1}{\sqrt{2^j}}\psi^{(1)}\left(\dfrac{x}{2^j},\dfrac{y}{2^j}\right)\\[2ex]\psi_{2^j}^{(2)}(x,y)=\dfrac{1}{\sqrt{2^j}}\psi^{(2)}\left(\dfrac{x}{2^j},\dfrac{y}{2^j}\right)\end{cases}\tag{9-2-18}$$

同样，可将一维算法扩展到二维上来。

2）三维地震多尺度边缘检测

由 Canny 边缘检测定义，对三维地震数据的层切片 $f(x,y)$ 进行多尺度边缘检测，等价于寻找小波变换模的局部极值，利用这些模局部最大值点就可以确定 $f(x,y)$ 的剧烈变化点或边缘点。设二维平滑函数 $\theta(x,y)$ 满足以下公式：

$$\begin{cases}\displaystyle\iint_{R^2}\theta(x,y)\mathrm{d}x\mathrm{d}y=1\\[2ex]\displaystyle\lim_{x,y\to\infty}\theta(x,y)=0\end{cases}\tag{9-2-19}$$

令 $\psi^x(x,y)=\dfrac{\partial\theta(x,y)}{\partial x}$，$\psi^y(x,y)=\dfrac{\partial\theta(x,y)}{\partial y}$ 为锐化函数，且是二维小波，记

$$\xi_s(x,y)=\frac{1}{s^2}\xi\left(\frac{x}{s},\frac{y}{s}\right)\tag{9-2-20}$$

则对三维地震振幅切片 $f(x,y)\in L^2(R^2)$ 的小波变换可写成

$$W_s^x f(x,y)=f(x,y)*\psi_s^x\left(\frac{x}{s},\frac{y}{s}\right)\tag{9-2-21}$$

$$W_s^y f(x,y)=f(x,y)*\psi_s^y\left(\frac{x}{s},\frac{y}{s}\right)\tag{9-2-22}$$

由此，我们可以证得

$$\begin{bmatrix}W_s^x f(x,y)\\W_s^y f(x,y)\end{bmatrix}=s\begin{bmatrix}\dfrac{\partial f*\theta_s(x,y)}{\partial x}\\[2ex]\dfrac{\partial f*\theta_s(x,y)}{\partial y}\end{bmatrix}=s\cdot\nabla[f(x,y)*\theta_s(x,y)]\tag{9-2-23}$$

式中

$$\theta(x,y)=\frac{1}{\sqrt{2\pi c}}\mathrm{e}^{-\frac{x^2+y^2}{2c^2}}\tag{9-2-24}$$

为二维 Gauss 函数，伸缩后为小波函数 $\theta_s(x,y)$，c 为常数，s 为尺度。

式(9-2-24)表明，$f(x,y)$ 的边缘点就是由 $W_s^x f(x,y)$ 与 $W_s^y f(x,y)$ 的模同时取极大值点确定，而边缘方向实际上是给定点 (x,y) 所在曲面 $f(x,y)*\theta_s(x,y)$ 的梯度方向。梯度向量的幅值为

$$M_s f(x,y)=\sqrt{|W_s^x f(x,y)|^2+|W_s^y f(x,y)|^2}\tag{9-2-25}$$

幅角为

$$\alpha=A_s f(x,y)=\arctan\frac{|W_s^y f(x,y)|}{|W_s^x f(x,y)|}\tag{9-2-26}$$

方法计算流程如图 9-2-3 所示，其实现步骤如下。

(1) 根据小波与平滑函数的关系，选取小波函数 $\psi(x,y)$及该小波对应的尺度函数 $\phi(x,y)$。

(2)对 $f(x,y)$的每一行执行二进小波分解，即通过

$$\begin{cases} A_{j+1}^{d}f = \sum_{k\in Z}\tilde{h}(2n-k)A_{j}^{d}f(k) \\ D_{j+1}f = \sum_{k\in Z}\tilde{g}(2n-k)A_{j}^{d}f(k) \end{cases} \tag{9-2-27}$$

迭代分解求出有限分辨率(J)时的小波变换$\{D_{j}^{x}f, j=1,2,\cdots,J\}$，找出小波变换$|D_{j}^{x}f|$随分辨率 j 的增大而增大的极值点(式中，$\tilde{h}$ 和 $\tilde{g}$ 分别为展开系数)。

(3) 对 $f(x,y)$的每一列重复执行式(9-2-23)的变换计算，找出小波变换$|D_{j}^{y}f|$随分辨率 j 的增大而增大的极值点。

(4) 将两次得到极值的点进行叠加，然后与门限进行比较，超出门限的则确认为边缘点，再将这些点连接，就可得到不同尺度(分辨率)时的边缘。

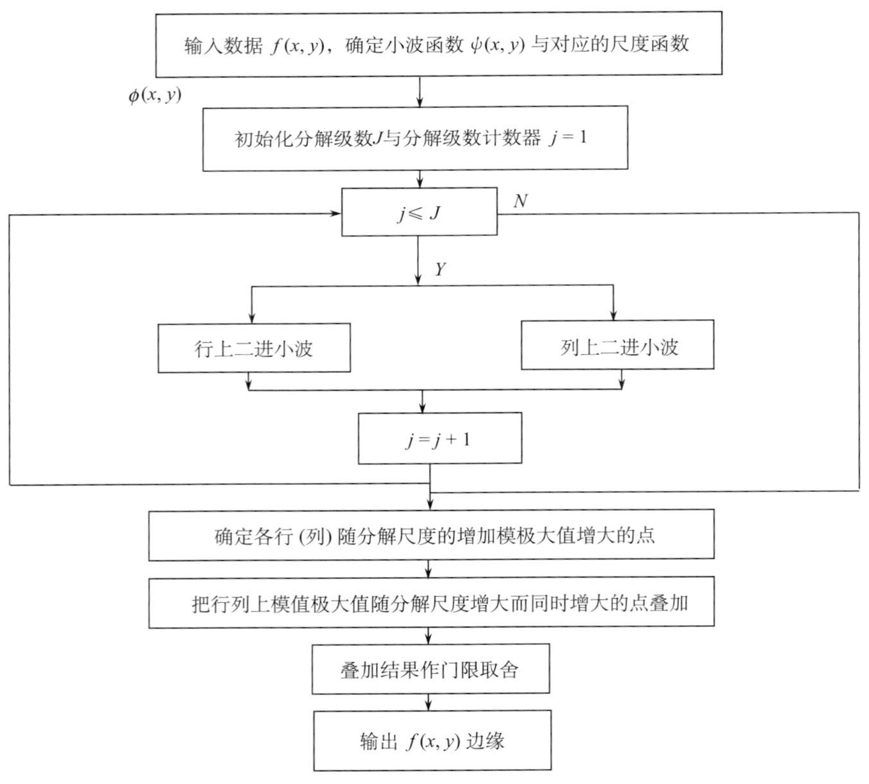

图 9-2-3 多尺度边缘检测流程图

二、地震裂缝检测应用效果分析

1．蚂蚁体与相干体裂缝检测效果对比

图 9-2-4 和图 9-2-5 为蚂蚁体与相干体裂缝检测效果对比图，两者均能够对工区断层及裂缝等岩石破碎系数较大的地方进行检测，但是横向对比发现蚂蚁体在成像方面比相干体裂缝检测精度更高，蚂蚁体能够检测到 Tamgalynskaya 工区内大面积存在的微裂缝发育地区，更加有助于裂缝性储层含气分布预测。

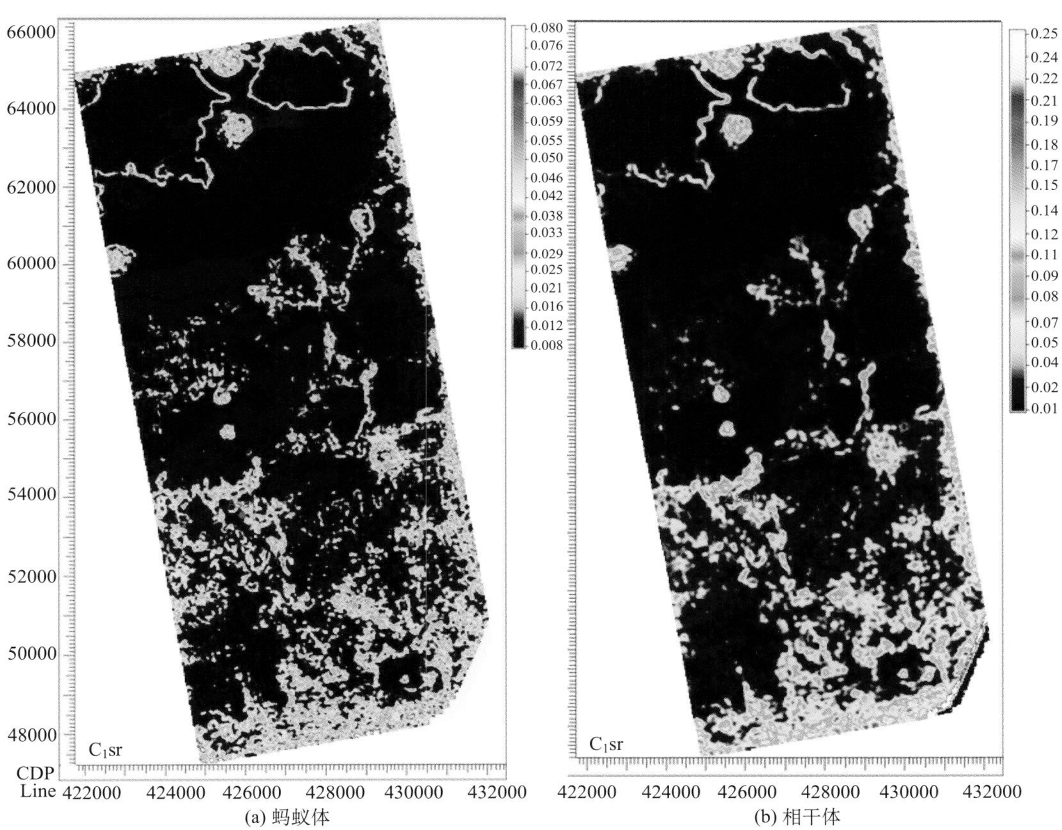

图 9-2-4 Tamgalynskaya 工区 C_1sr 段裂缝检测效果对比图

2．蚂蚁体与构造应力场裂缝预测对比

图 9-2-6 和图 9-2-7 为相干体与构造应力场裂缝预测效果对析图，据图 9-2-6 可以发现 Assasw 三维区 C_1sr 段存在三个裂缝发育区，其中 Assa 1 井区裂缝分布面积最大，由图 9-2-7 可推测 Tamgalynskaya 三维区 C_1sr 段裂缝发育区主要分布在工区东部。综合图 9-2-6 及图 9-2-7，可以得到以下认识：利用先进的蚂蚁体技术进行裂缝检测的结果

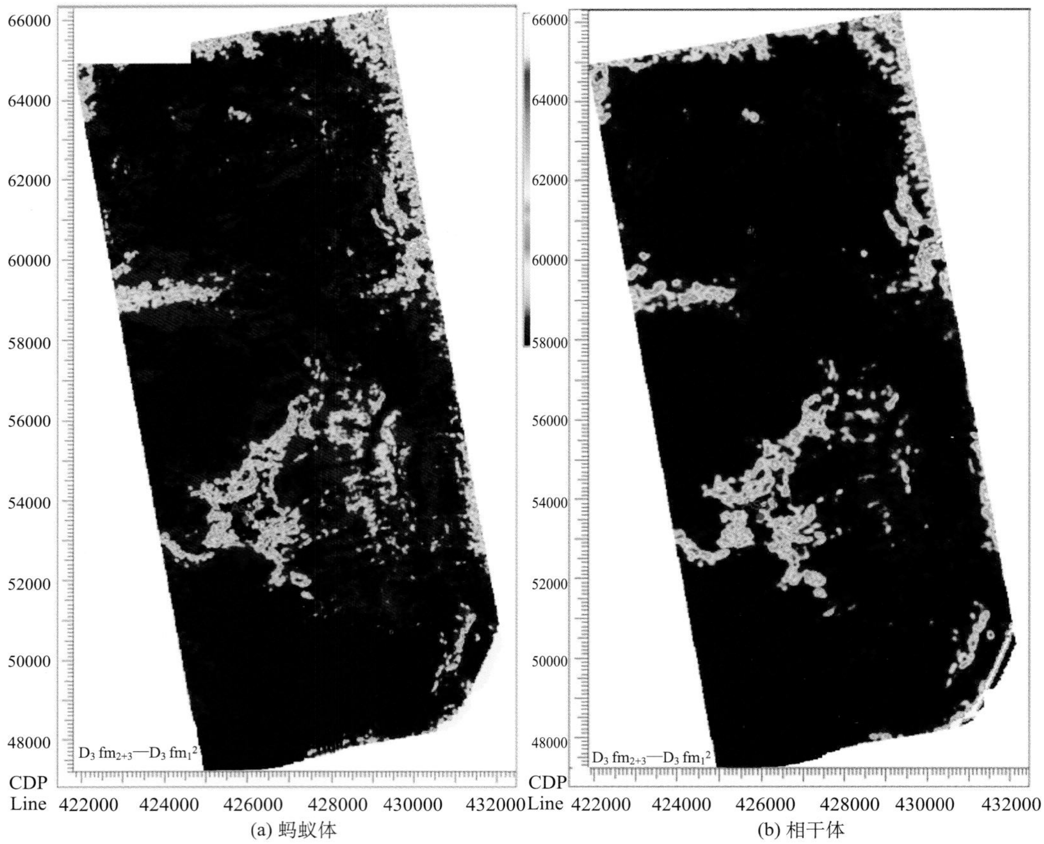

(a) 蚂蚁体　　(b) 相干体

图 9-2-5　Tamgalynskaya 工区 $D_3fm_1^2+D_3fm_{2+3}$—$D_3fm_1^1$ 段裂缝检测效果对比图

与构造应力场裂缝预测成果在裂缝发育密度和发育方位等方面具有较好的一致性。构造应力场只能对工区总体裂缝发育区域进行预测，但是蚂蚁体在断裂、裂缝及微裂缝上均能够进行有效的识别，通过以上分析，本书认为蚂蚁体在检测裂缝方面显示出强大的先进性、有效性及可靠性。

三、致密储层裂缝分布预测

研究发现，在 Marsel 探区三个重点目标区内利用蚂蚁体技术进行裂缝检测显示出极强的适用性。现将蚂蚁体裂缝检测技术引入到南哈研究区块三个重点目标区域，得到各工区不同层段的裂缝发育情况，裂缝研究结果将是后续的含气层检测及“甜点”区域预测结果的重要参考指标之一。

1. Assasw 三维区裂缝预测

通过对图 9-2-8 研究发现，Assasw 三维区石炭系裂缝发育状况有以下几点特征。

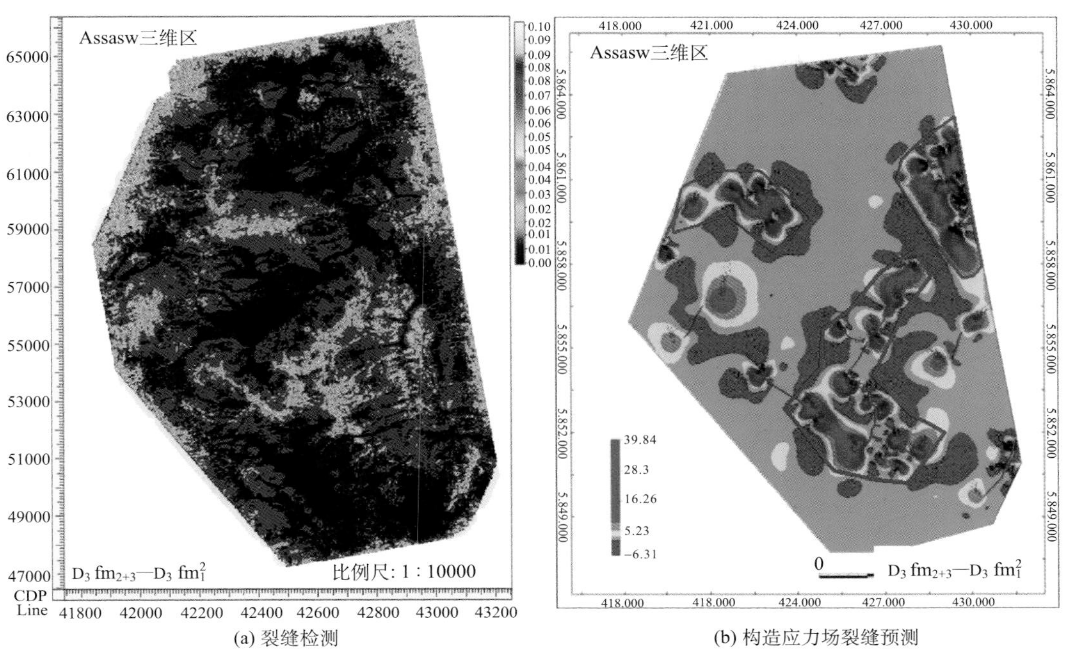

图 9-2-6 Assasw 工区 $D_3fm_1^2+D_3fm_{2+3}$—$D_3fm_1^2$段裂缝检测效果对比图

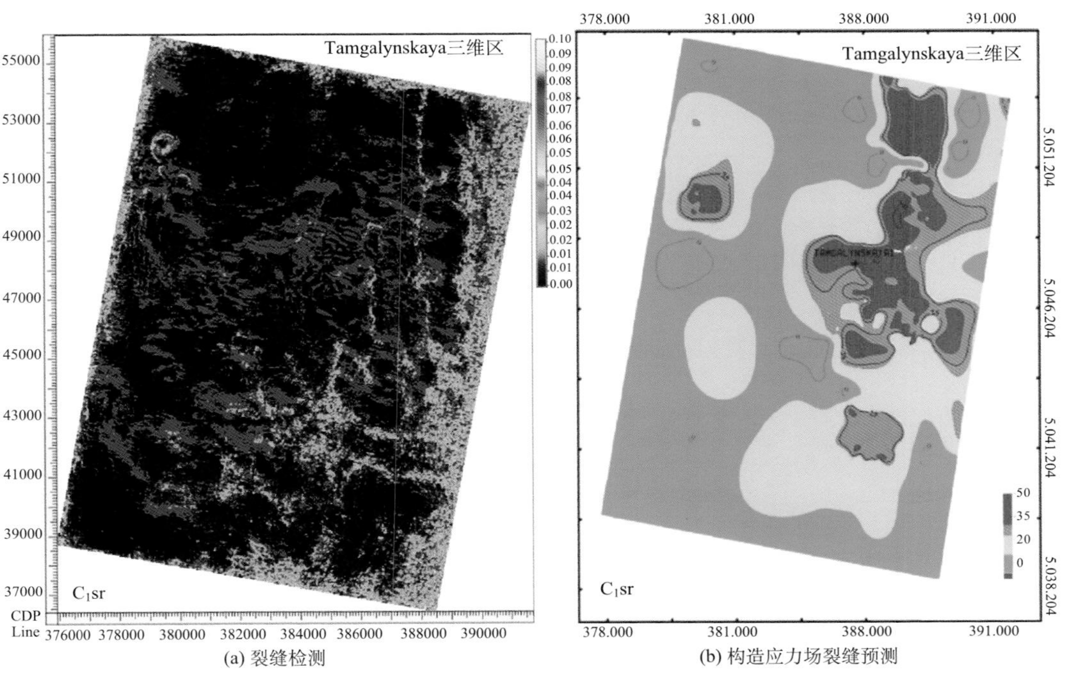

图 9-2-7 Tamgalynskaya 工区 C_1sr 段裂缝检测效果对比图

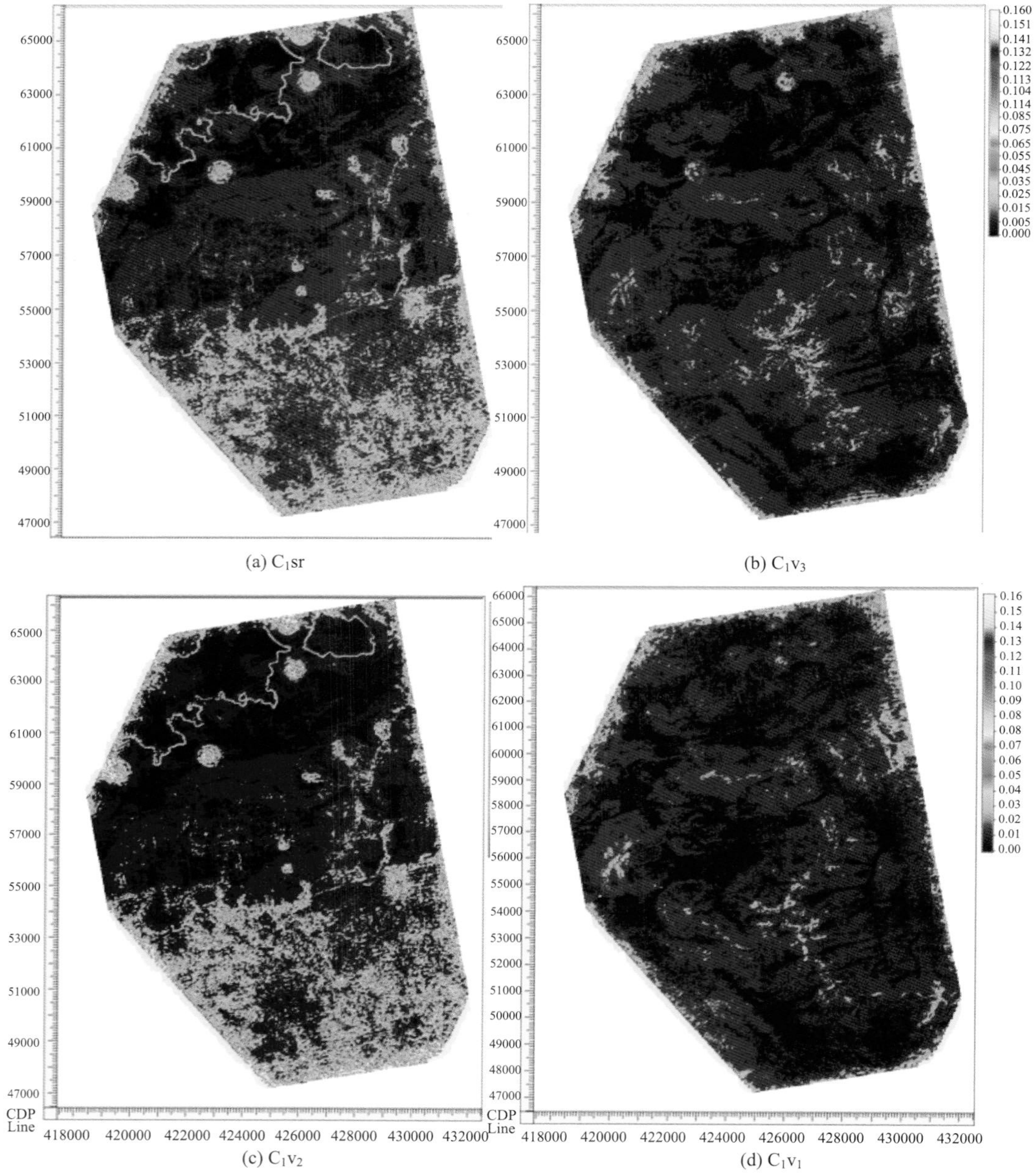

(a) C_1sr

(b) C_1v_3

(c) C_1v_2

(d) C_1v_1

图 9-2-8　Assasw 工区石炭系各层段裂缝检测平面图

(1) 石炭系各层段具有不同程度的裂缝发育，其中 C_1sr 及 C_1v_2 裂缝发育程度最高，C_1v_3 次之，最差的为 C_1v_1 段。

(2) 从裂缝发育程度上看，C_1sr 段大尺度裂缝及微裂缝发育，其中大尺度裂缝主要在工区北部呈零星状分布，微裂缝则主要集中分布在工区南部；C_1v_3 段只在 Assa 1 井周围见一定规模的微裂缝；C_1v_2 段裂缝在工区北部及南部发育，工区中部基本不发育裂缝。其中大尺度裂缝主要在工区南部及北部发育，在工区中偏北地区微裂缝发育，周围偶见大尺度裂缝存在；C_1v_1段裂缝基本不发育，仅在工区中偏西及 Assa 1 井周围发育少量的微裂缝。

(3) 从裂缝发育方向上考虑，C_1sr 段主要以北东向及北西向两组裂缝为主，C_1v_3段发育北东及北西方向的微裂缝，C_1v_2段同样以北东向及北西向裂缝为主，C_1v_1段仅发育少量沿着北东方向的微裂缝。

(4) 从沉积观点出发，研究发现在 C_1sr 及 C_1v_2 段北部点礁及潮道等特征明显，C_1v_3段圆状点礁特征明显，潮道特征不清晰，C_1v_1段点礁等地质特征不清晰。

按照图 9-2-8 分析思路，针对 Assasw 三维区泥盆系裂缝检测平面特征，总结得出关于 Assasw 三维区泥盆系的以下几点认识(图 9-2-9)。

(1) Assasw 工区泥盆系裂缝普遍发育，从 $D_3fm_1^2+D_3fm_{2+3}$—D_3fm_{2+3}段到$D_3fm_1^1$下段裂缝发育程度有所增强。

(2) 从裂缝发育程度上看，$D_3fm_1^2+D_3fm_{2+3}$—$D_3fm_1^2$段大尺度裂缝及微裂缝发育，其中大尺度裂缝主要在工区中部及中偏北部位，微裂缝与大尺度裂缝紧密相连，主要在工区中部及西北局部区域内分布；$D_3fm_1^1$上段与 $D_3fm_1^2+D_3fm_{2+3}$—$D_3fm_1^2$段相比裂缝发育情况有所增强，在 Assa 1 井周围见一定规模大尺度裂缝发育；$D_3fm_1^1$下段裂缝除工区东北部分外全区发育，相比与 $D_3fm_1^1$上段大尺度裂缝更加发育，微裂缝与大尺度裂缝相伴生，发育程度也有所增强。

(3) 从裂缝发育方向上考虑，$D_3fm_1^2+D_3fm_{2+3}$—$D_3fm_1^2$段发育北东向及北西向两组裂缝，其中以北东向裂缝为主；$D_3fm_1^1$下段发育北东及北西方向两组裂缝；$D_3fm_1^1$下段同样以北东向及北西向裂缝为主。

2. Tamgalynskaya 三维区裂缝预测

将 Assasw 三维区裂缝检测平面分布研究思路应用到 Tamgalynskaya 三维区裂缝检测中(图 9-2-10)，得到关于 Tamgalynskaya 三维区裂缝发育情况的如下几点认识。

(1) 石炭系各层段具有不同程度的裂缝发育，其中 C_1sr 及 C_1v_1 裂缝发育程度最高，C_1v_3次之，裂缝最不发育的为 C_1v_2段。

(2) 从裂缝发育程度上看，C_1sr 段裂缝主要在工区的南部及中部发育，向北裂缝发育程度降低；C_1v_3段裂缝发育程度有所降低，仅在工区西北及中偏北地区发育一定规模的微裂缝及少量的大尺度裂缝；C_1v_2段裂缝最不发育，仅在工区中部发育一组剪切缝；C_1v_1段裂缝与 Assasw 三维区 C_1v_1段裂缝相比发育程度有所增强，在工区南部、中偏西及中偏东部位可见大量的微裂缝存在。

(3) 从裂缝发育方向上考虑，C_1sr 段主要发育近东西向及近南北向两组裂缝，C_1v_3段同样发育近东西向及近南北方向的微裂缝，C_1v_2段仅发育东西向及南北向的一组剪切缝，C_1v_1段发育大量近东西向及近北西方向的微裂缝。

(4) 从沉积观点出发，Tamgalynskaya 三维区石炭系各层段均不存在明显的点礁及潮道等特征。

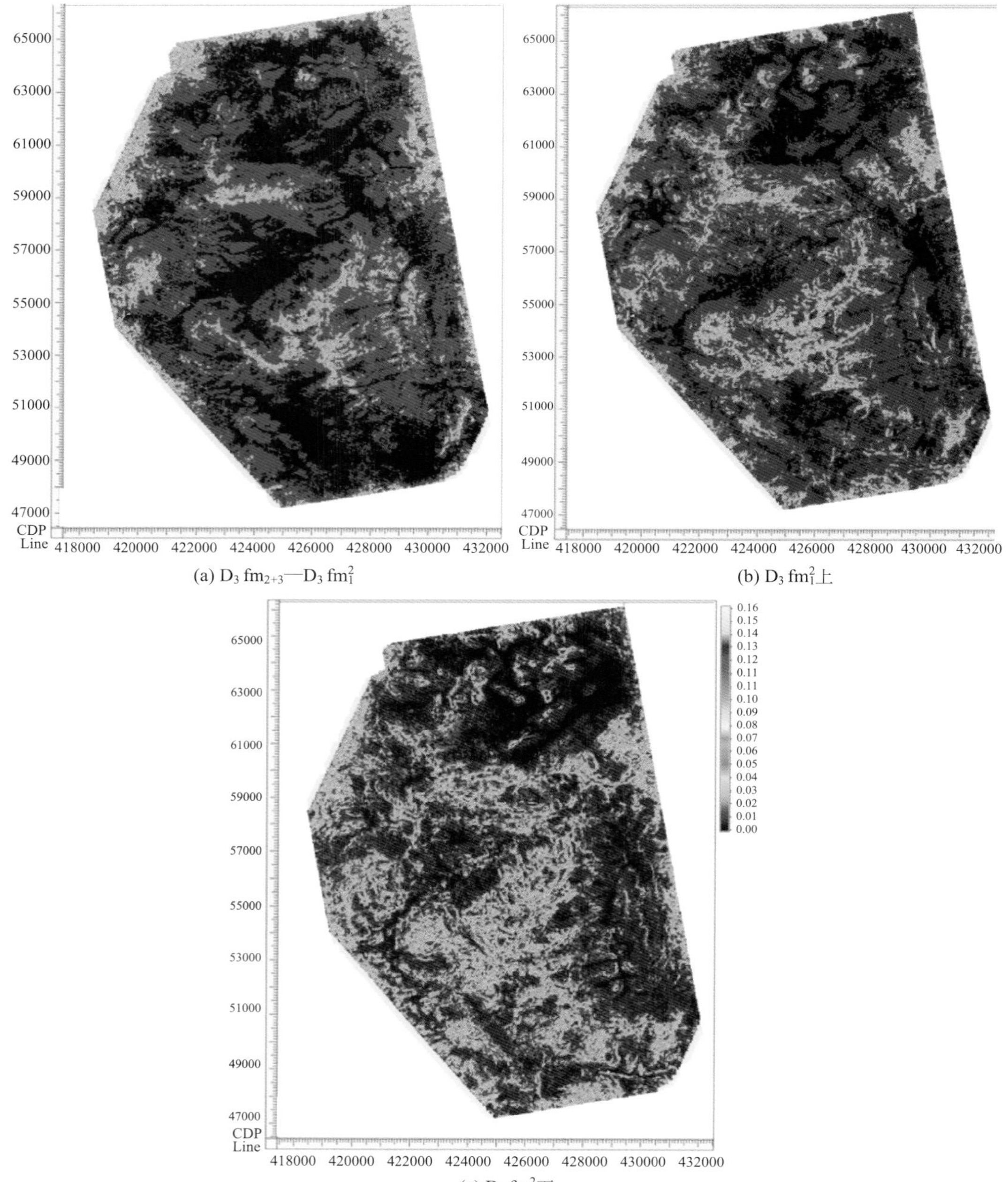

(a) $D_3\ fm_{2+3}$—$D_3\ fm_1^2$

(b) $D_3\ fm_1^2$上

(c) $D_3\ fm_1^2$下

图 9-2-9 Assasw 工区泥盆系各层段裂缝检测平面图

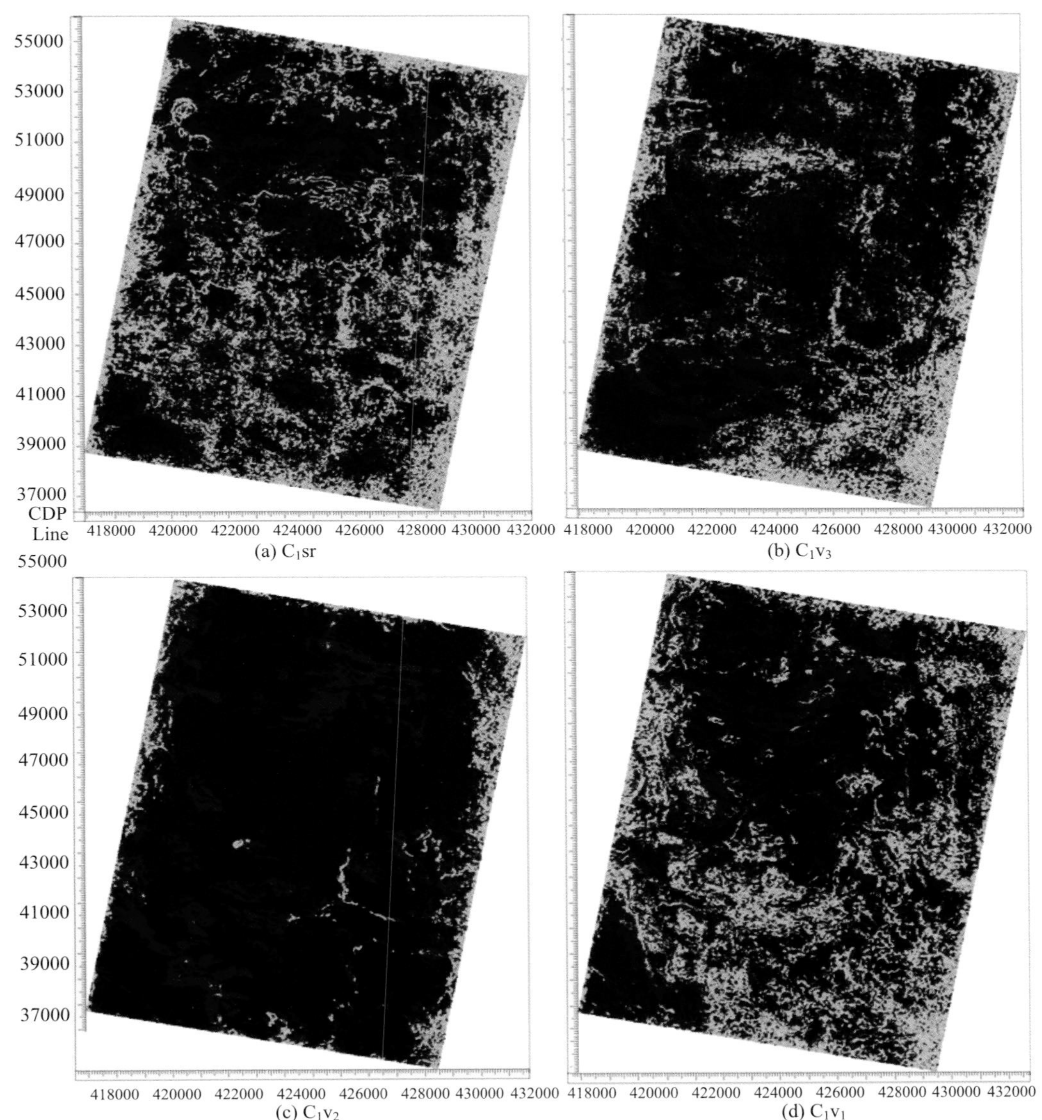

图 9-2-10 Tamgalynskaya 工区石炭系系各层段裂缝检测平面图

3. 全工区裂缝预测

1）研究区 C_1sr 段裂缝发育程度低

图 9-2-11、图 9-2-12 分别为北部 Tamgalytar 区和南部 Naiman 井区的裂缝检测剖面，可以明显看出 C_1sr 段的裂缝发育程度都很低。

2）“丘状”地震反射区裂缝发育

图 9-2-13 为 Line2008 _ 09 裂缝检测剖面与地震剖面对比，可以看出“丘状”地震反

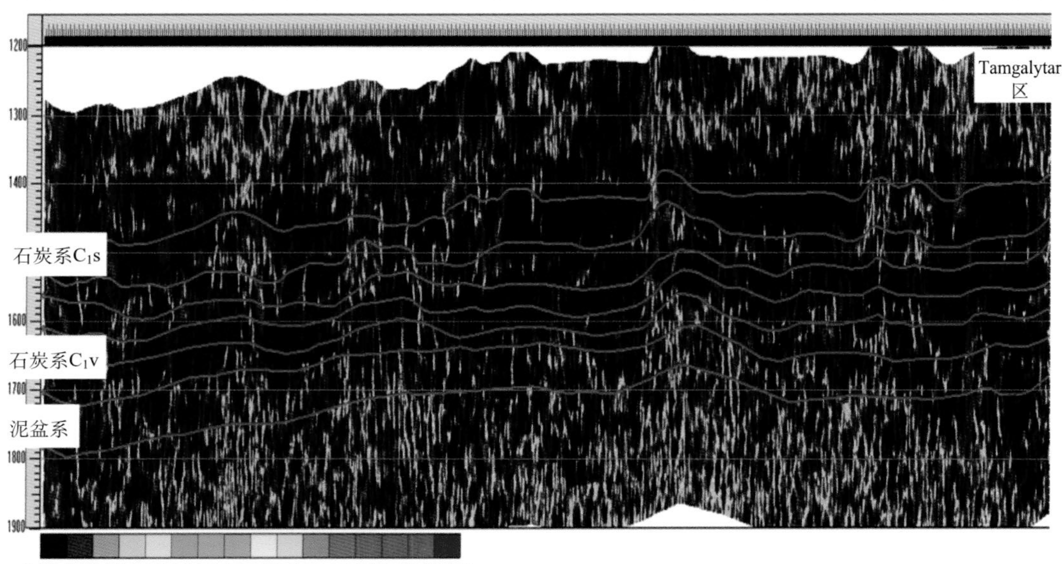

图 9-2-11　北部二维裂缝检测剖面

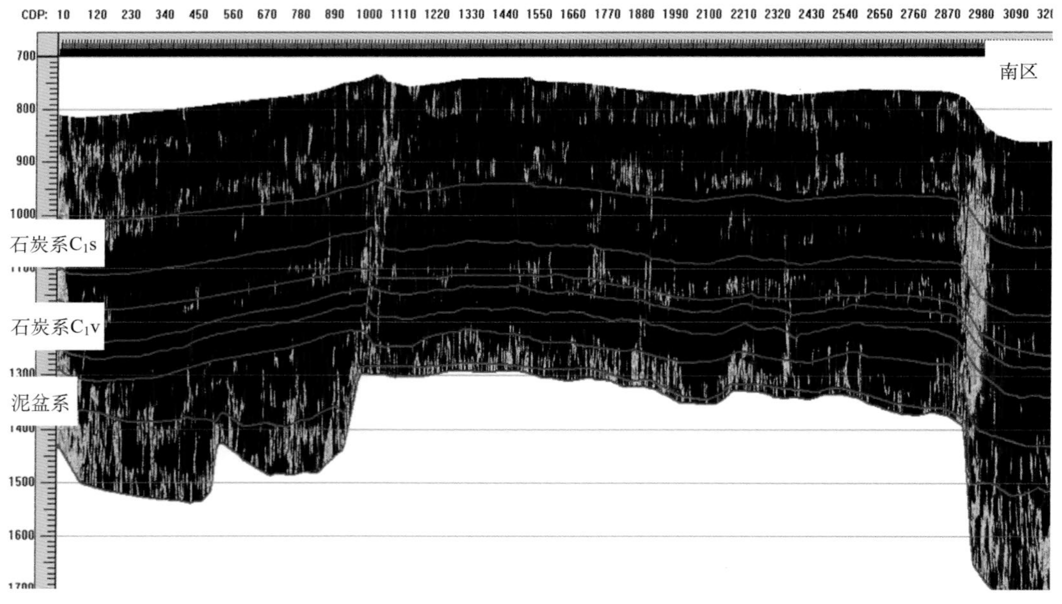

图 9-2-12　南部Naiman井区裂缝检测剖面

射区的裂缝发育程度都很高。

3）盆系裂缝相对发育

图 9-2-14 为 Line2011＿06 裂缝检测剖面，可以看出泥盆系的裂缝发育程度都很高。

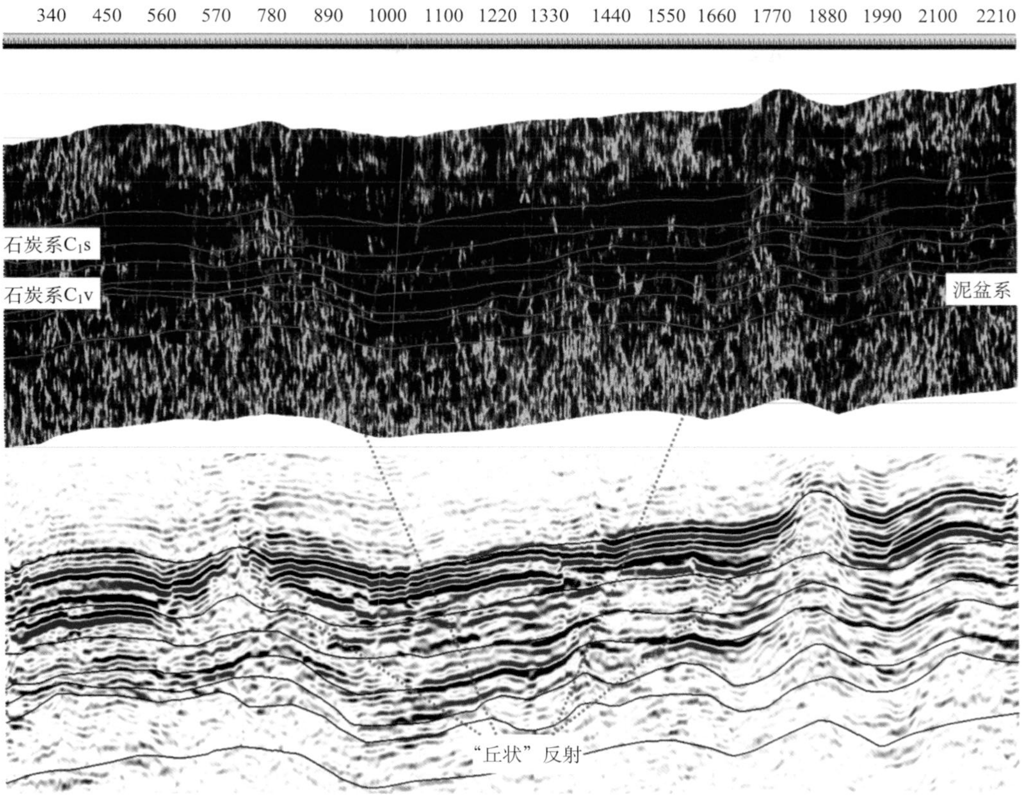

340 450 560 570 780 890 1000 1100 1220 1330 1440 1550 1660 1770 1880 1990 2100 2210
石炭系C_1s
石炭系C_1v
泥盆系
"丘状"反射

图 9-2-13 Line2008 _ 09 裂缝检测剖面与地震剖面对比

CDP: 4700 4810 4920 5030 5140 5250 5360 5470 5580 5690 5800 5910 6020 6130 6240 6350 6460 6570
800
900
1000
1100
1200
1300石炭系C_1s
1400
石炭系C_1v
1600
1700
1800
1900
2000
泥盆系

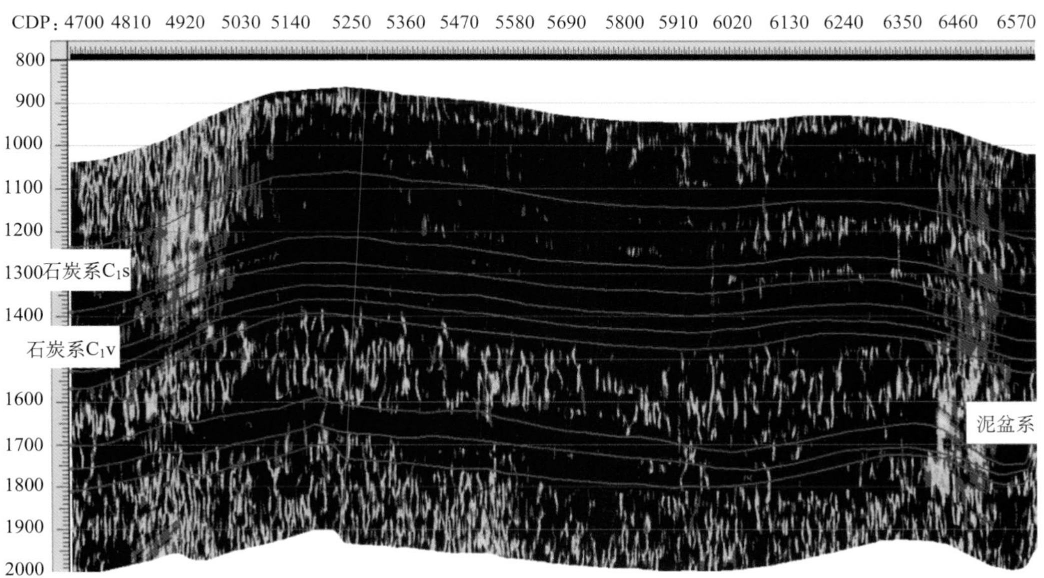

图 9-2-14 Line2011 _ 06 裂缝检测剖面

4）缝与气层产量关系密切

图 9-2-15 为过 Assa 1 井的 Line2011 _ 01 的裂缝检测剖面与含气检测剖面对比，发现在含气较多、气层产量较高（Assa1 井在泥盆系日产气 $30\times10^4m^3$）的区域，裂缝的发育程度也较高。

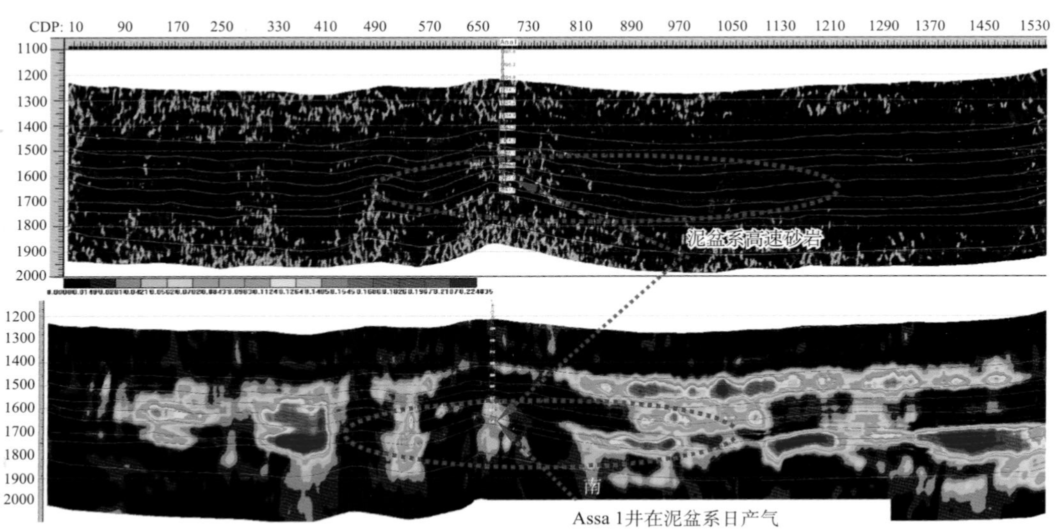

图 9-2-15 Line2011 _ 01 裂缝检测剖面（上）与含气检测剖面（下）对比

第三节 地球物理检测致密储层含气性发育分布

一、气层检测方法原理

1. 气层检测技术发展现状

近 30 年来，地震反演和 AVO 分析技术已成为储层预测和流体识别的核心技术。叠后地震波阻抗反演参数的单一性，使得它很难有效判断储层中流体的性质；基于反射振幅随偏移距变化来预测岩性、油气的 AVO 分析和叠前多参数反演技术，由于存在计算量大、稳定性差和噪音干扰等诸多问题，仍有待完善。利用地震资料的频率等相关信息来判断油气由来已久。Biot（1956a，1956b）基于油气双相介质地震波传播理论建立了双相介质耗散时的地震波方程，初步分析了地震波的吸收衰减机理；Dilay 和 Eastwood（1995）讨论了储层内部及储层上方和下方的频率谱，分析了含油气性对地震波频率的影响，引起了广泛的关注。

Castagna 等（2003）和 Sun 等（2002）及 He 和 Xiong（2008）利用基于时频分析技术观测到了在较厚或未固结含气储层的异常高衰减，并利用储层的低频特征异常（低频阴影）对含气储层进行了烃类预测；Kornee 等（2004）基于物理实验得到了带衰减的地震记录，并指出地层含流体后出现了地震波的高频能量衰减异常、低频阴影和旅行时延迟等现象；Ebrom(2004)针对含气储层的低频阴影产生原因，列出了与叠加相关和与叠加无关的可能的10种机制；2006年，俄罗斯国家重点实验室利用低频阴影现象进行油气预测，与实际的钻井吻合率达到90%以上；Mitchell等(1996)基于地层含流体后引起的地震波局部谱中高频成分的衰减异常(Klimentos，1995)提出了能量吸收分析技术(EAA)；董宁和杨立强(2008)利用小波变换提取地震资料的高频能量衰减梯度，成功地识别碳酸盐岩缝洞型油气储层；Silin等(2004)在低频域流体饱和多孔介质地震信号反射的简化近似表达式研究基础上(Winkler and Nur，1982)提出了流体活动属性，该属性可以用来反映储层的渗透性；代双和等(2010)在Silin等的研究的基础上，应用流体活动属性较好的识别了含油气的低孔低渗储集层，在小波变换的基础上，提出一种新的时频分析方法——S变换(Stockwen et al.，1996；Jurado and Saenz，2002；Pinnegar and Mansinha，2003a，2003b)。

随着高精度时频分析技术的不断完善，利用地震资料的低频和高频信息进行流体识别技术的研究成为新的热点。但是目前在应用地震频率属性进行流体识别方面还存在如下问题：常规叠后地震资料在处理过程中可能改变了原始频率或滤掉了低频分量，如果应用损失了对油气储层较敏感频率成分的叠后地震资料进行油气检测，就会产生虚假信息；频谱分解技术是地震资料时频属性提取和流体检测的关键，频谱分解方法比较多，并且各种方法对不同的流体检测方法适应性不同。诸多的频率属性流体识别因子对油气的敏感性不尽相同，与油气的关系不明确。

研究表明，地震波在聚集了石油、天然气的储层中传播时，对高频成分的吸收衰减更强，低频能量相对增强，因此可以利用高、低频率段的地震波吸收衰减特征间接预测油气存在及分布范围。

2. 基于流体活动属性的气层检测方法

1) 饱和流体多孔介质中地震波特征

在饱和流体多孔介质的研究中通过引入渗流理论，Silin推导了一个弹性波方程，该方程既可以描述地震波动力学特征，又能把储层的密度、渗透率与流体的黏度等油藏参数直接与地震传播特征联系起来。Silin推导的弹性波方程为

$$\begin{cases}\rho\dfrac{\partial^2 u}{\partial t^2}+\rho_f\dfrac{\partial W}{\partial t}=\dfrac{1}{\beta}\dfrac{\partial^2 u}{\partial x^2}-\dfrac{\partial P}{\partial x}\\ W+\tau\dfrac{\partial W}{\partial t}=-\dfrac{\kappa}{\eta}\dfrac{\partial P}{\partial x}-\rho_f\dfrac{\kappa}{\eta}\dfrac{\partial^2 u}{\partial t^2}\\ \dfrac{\partial^2 u}{\partial x\partial t}+\phi\rho_f\dfrac{\partial P}{\partial t}=-\dfrac{\partial W}{\partial x}\end{cases} \tag{9-3-1}$$

式中，W为饱和介质中流体的达西速度，表示单位时间内通过单位面积的流体流量；P为流体压力；u为固体骨架的位移；η和κ分别为流体黏度与储层的渗透率；β为固体骨架的拉梅系数；τ为弛豫时间，它是孔隙空间形态、流体黏度和流体拉梅系数的函数。假设饱和流体多孔介质的孔隙度为ϕ，则饱和流体的岩石密度ρ可用流体密度ρ_f和岩石基质密度ρ_g表示为

$$\rho = (1-\phi)\rho_g + \phi\rho_f$$

方程(9-3-1)两边同时除以密度 ρ，可以得到一种简化形式，如下：

$$\begin{cases} \dfrac{\partial^2 u}{\partial t^2} + \dfrac{\rho_f}{\rho}\dfrac{\partial W}{\partial t} = v_b^2 \dfrac{\partial^2 u}{\partial x^2} - v_f^2 \dfrac{\partial P}{\partial x} \\ \lambda_f \dfrac{\partial^2 u}{\partial t^2} + W + \tau \dfrac{\partial W}{\partial t} = -D\dfrac{\partial P}{\partial x} \\ \dfrac{\partial^2 u}{\partial x \partial t} + \dfrac{\partial P}{\partial t} = -\dfrac{\partial W}{\partial x} \end{cases} \tag{9-3-2}$$

式中，$v_b^2 = \dfrac{1}{\beta\rho}$；$v_f^2 = \dfrac{1}{\phi\beta_f\rho}$；压力扩散系数 $D = \dfrac{\kappa}{\phi\beta_f\eta}$；$\lambda_f = \rho_f\dfrac{\kappa}{\eta}$。

以分析沿 X 方向传播的平面简谐纵波为例来说明流体饱和多孔介质中地震波场的特征。设固体骨架位移、流体的达西速度和压力分别如下：

$$u = U_s e^{i(wt-kx)}, \quad \bar{u} = \bar{U}_f e^{i(wt-kx)}, \quad P = P_0 e^{i(wt-kx)} \tag{9-3-3}$$

将式(9-3-3)中的平面纵波和流体压力表达式代入简化方程(9-3-2)中，整理可得快纵波和慢纵波的低频域波场特征，其形式分别如下：

$$\begin{cases} \bar{U}_f^{\text{fast}} \approx \dfrac{-\varepsilon w(1-\gamma_\rho\gamma_v-\gamma_\rho)}{1+\gamma_\rho} U_s^{\text{fast}} + \cdots \\ \bar{U}_f^{\text{slow}} \approx -iw(1+\gamma_v)U_s^{\text{slow}} + \cdots \end{cases} \tag{9-3-4}$$

式中，$\gamma_v = \dfrac{v_b^2}{v_f^2} = \dfrac{\phi\beta_f}{\beta}$；$\gamma_\rho = \dfrac{\rho_f}{\rho}$；$\varepsilon = \dfrac{\kappa\rho w}{\eta}$(一般地震频率小于 1kHz，则 ε 的量纲小于 10^{-3})。

2)饱和流体多孔介质分界面的反射系数推导

实际地下介质一般具有层状结构，因此讨论两种弹性性质不同的介质分界面上波的传播十分重要。

设计如图 9-3-1 的地震反射模型，上覆介质 M1 为理想的非渗透弹性介质，下覆介质 M2 为饱和流体多孔介质，如果平面纵波入射到介质的分界面，则地震波应该满足以下边界条件：①位移、应力连续；②由于上覆的弹性介质无渗透性，因此在边界处流体的达西速度为零。边界条件可以写成如下形式：

$$\begin{cases} u_1 |_{x=0} = u_2 |_{x=0} \\ -\dfrac{1}{\beta_1}\dfrac{\partial u_1}{\partial x} |_{x=0} = -\dfrac{1}{\beta_2}\dfrac{\partial u_2}{\partial x} |_{x=0} + \phi p |_{x=0} \\ \bar{u}_f |_{x=0} = 0 \end{cases} \tag{9-3-5}$$

式中，u_1 和 u_2 分别为 M1 与 M2 的固相位移。

为了方便起见，仅讨论垂直入射的情况，则介质 M1 中的垂直入射和反射的平面波可以表示为

$$u_1 = U_1 e^{i(wt-k_1x)} + RU_1 e^{i(wt+k_1x)} \tag{9-3-6}$$

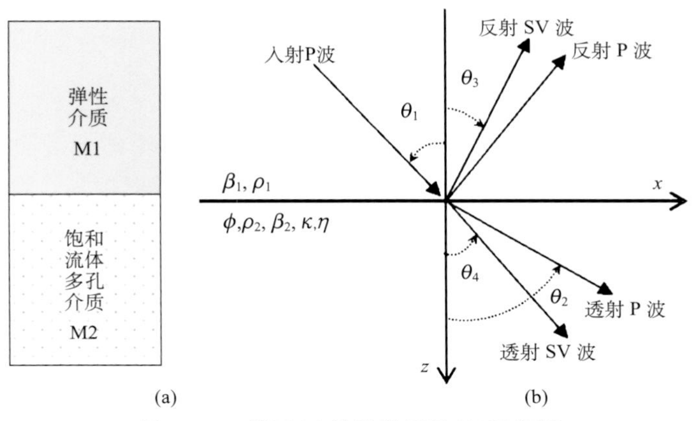

图 9-3-1 模型(a)及地震反射(b)示意图

介质 M2 中的位移和压力分别为

$$\begin{cases} p = \dfrac{1}{\phi\beta_f}P_0^s\,\mathrm{e}^{\mathrm{i}(wt-k_s x)} + \dfrac{1}{\phi\beta_f}P_0^f\,\mathrm{e}^{\mathrm{i}(wt-k_f x)} \\ u_2 = U_2^s\,\mathrm{e}^{\mathrm{i}(wt-k_s x)} + U_2^f\,\mathrm{e}^{\mathrm{i}(wt-k_f x)} \end{cases} \tag{9-3-7}$$

将式(9-3-4)、式(9-3-6)和式(9-3-7)代入边界条件式(9-3-5)，整理后可以得到如下方程：

$$\begin{cases} (1+R)U_1 = U_2^s + U_2^f \\ \dfrac{\mathrm{i}k_1}{\beta_1}(1-R)U_1 = \dfrac{\mathrm{i}k_2^s}{\beta_2}U_2^s + \dfrac{\mathrm{i}k_2^f}{\beta_2}U_2^f + \dfrac{P_0^f + P_0^s}{\beta_f} \\ 0 = \mathrm{i}w(1+\gamma_v)U_2^s + \dfrac{\varepsilon w(1-\gamma_\rho\gamma_v-\gamma_\rho)}{1+\gamma_\rho}U_2^f \end{cases} \tag{9-3-8}$$

式中，R 为界面的反射系数。

分析可知，在低频端$\left(\varepsilon = \dfrac{\kappa\rho w}{\eta} \to 0\right)$，饱和流体多孔介质分界面处的快纵波和慢纵波的位移近似成比例，并且慢纵波的位移趋近于零，说明慢纵波并不向前运动，主要在界面处产生反射，对界面的反射系数影响较大。对方程(9-3-8)进行化简，可以得到低频域反射系数的近似表达式，形式为

$$R \approx \frac{A_2 - A_1}{A_2 + A_1} + B(v_1, v_2, \rho_2, \kappa, \eta)\sqrt{\frac{\kappa\rho}{\eta}w} \tag{9-3-9}$$

式中，A_1 和 A_2 分别为上下介质的波阻抗；B 为饱和流体多孔介质速度、密度、流体黏度等的函数，与频率无关。

3)基于低频域反射系数推导流体活动属性

反射系数与地震频率有关，与储层的渗透性、密度及流体黏度等油藏参数有关。令流体活动属性 $M \approx \dfrac{\kappa\rho}{\eta}$，代入式(9-3-9)并对其进行角频率求导，便可以得到流体活动属性的表达式，形式如下：

$$M \approx F(v, \rho, \kappa, \eta)\left(\frac{\partial R}{\partial w}\right)^{2} w \tag{9-3-10}$$

式中，F 为流体函数，无量纲。

式(9-3-10)表明，低频域饱和流体多孔介质储集层中，流体的活动性与地震反射系数对反射频率的偏导的绝对值成正比，而实际地震记录为反射振幅，因此流体的活动性可以近似认为与地震反射振幅对反射频率的偏导的绝对值成正比。

通过地震波的衰减特征的研究，建立油气储层和地震波的低频信息与高频衰减特征的联系，依据理论推导的低频信息和高频衰减特性与油气储层的关系确定流体识别因子；结合实际钻井信息优选敏感流体因子，进行全区预测。

3. 实现步骤

气层检测的实现步骤如下。

(1)利用地震、测井等资料开展地震资料目的层频谱分析，并应用时频分析技术对井旁地震道进行谱分解，在时频分布基础上分析储层的谱变化特征，确定计算流体活动属性的频率范围。

(2)利用时频分析对地震记录逐道进行时频谱分解计算。

(3)沿目的层计算地震谱能量随频率变化的变化率，提取流体活动性属性。

(4)结合井和地震反演等数据，综合分析流体活动性属性识别含气火山岩的模式，预测火山岩气层分布范围。

二、气层检测效果分析

1. 流体识别与完钻井对比

图 9-3-2 为 Assasw 区块过 Assa 1 井的含气层检测结果，可以看出 Assa 1 井三组含

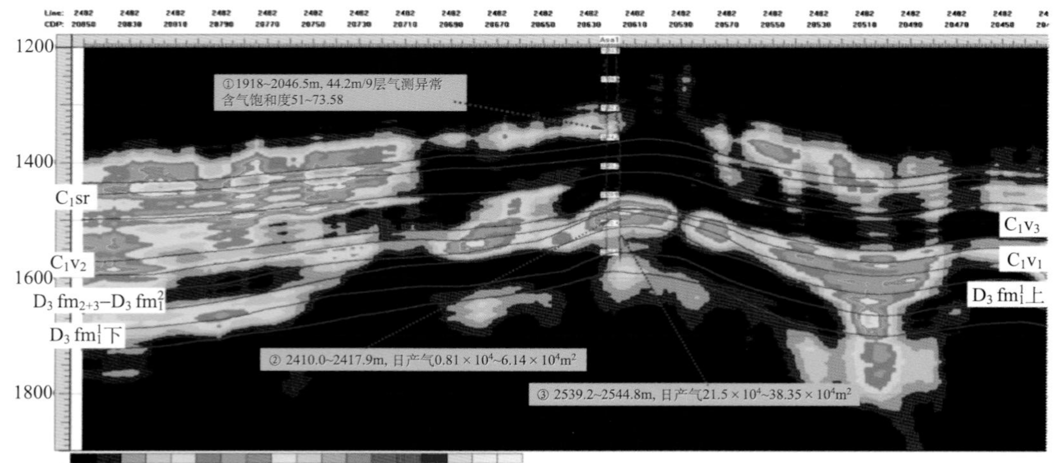

图 9-3-2　过 Assa 1 井含气层检测剖面

气异常段与完钻井试气结果对应关系较好。研究发现碳酸盐岩储层的纵向变化差异导致了不同层段含气性的变化。含气层主要在泥盆系富集（Assa 1 井 2410～2417.9m，日产气 0.81×10^4～$6.14\times10^4m^3$，2539.2～2544.8m 日产气 21.5×10^4～$38.25\times10^4m^3$），含气层检测结果与钻井试气结果一致。

2. 气层预测结果与钻井试气结果吻合

图 9-3-3 为 Line2008 _ 07 的气层检测结果，可以看出碳酸盐岩储层的纵向差异导致了不同层段含气性的变化，气层预测主要富集在 C_1sr 段，这与钻井试气的结果吻合（Tamgalytar 5-G 井在 C_1sr 段产气 $3.57\times10^4m^3/d$，Tamgalytar 1-G 井在 C_1sr 段产气 $10.31\times10^4m^3/d$）。

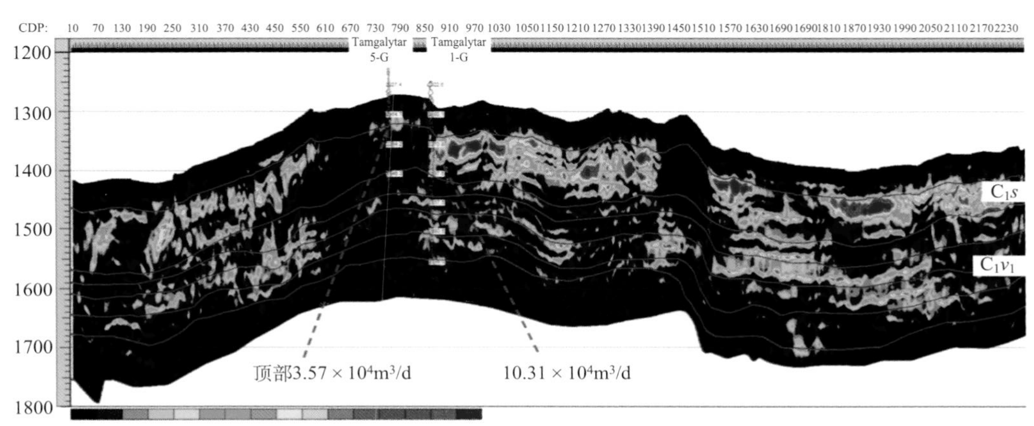

图 9-3-3 Line2008 _ 07 气层检测剖面

3.“丘状”反射含气特征差异明显

研究区内部存在很多的“丘状”反射，但是不同的“丘状”反射在地震剖面上可以看出顶部能量差异明显（图 9-3-4），不同的“丘状”反射含气性也存在着较大的差异，研究发现，只有地震反射连续性好的强“丘状”反射的含气性才较好，反之含气性较差（图 9-3-5），因此地震反射连续性好的、气层特征明显的“丘状”反射区域将是有利的勘探目标。

4. 工区中部两套目的层含气特征明显

图 9-3-6 为工区中部的东、西方向 Line2009 _ 01 的气层检测剖面，可以看出石炭系和泥盆系均有含气特征。

5. 泥盆系含气性南北差异明显

图 9-3-7 为南、北方向的 Line2011 _ 01 气层检测剖面，可以看出泥盆系的含气性在工区北部较好，向南明显变差。

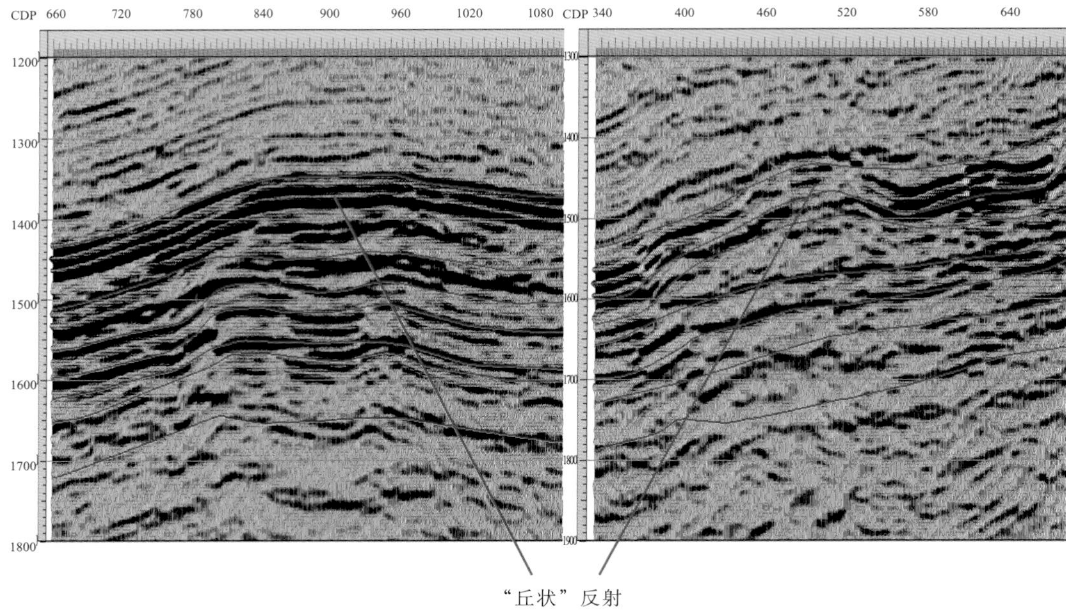

图 9-3-4 "丘状"反射地震剖面

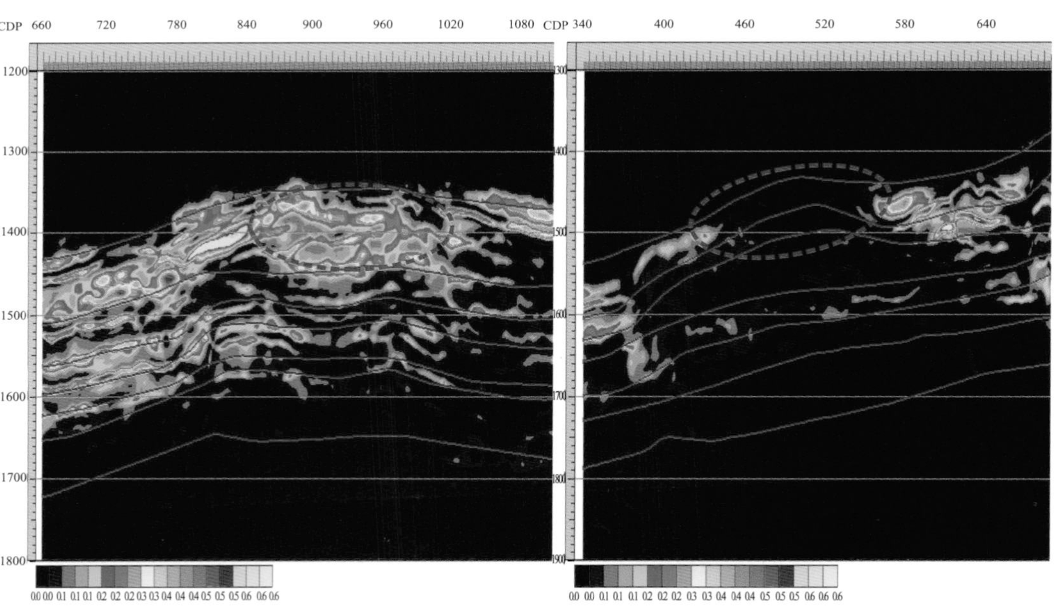

图 9-3-5 "丘状"反射气层检测剖面

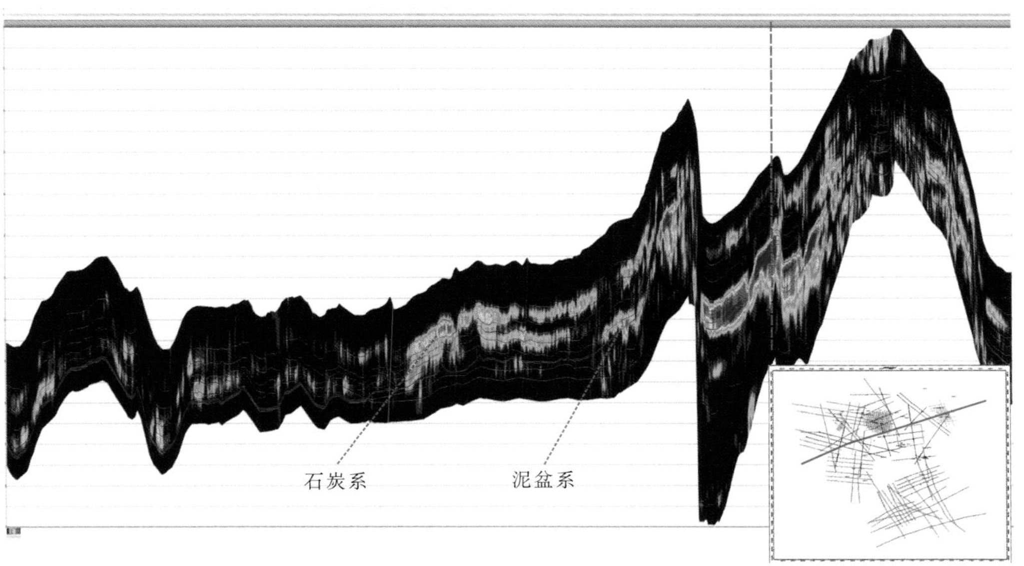

图 9-3-6 Line2009 _ 01 气层检测剖面

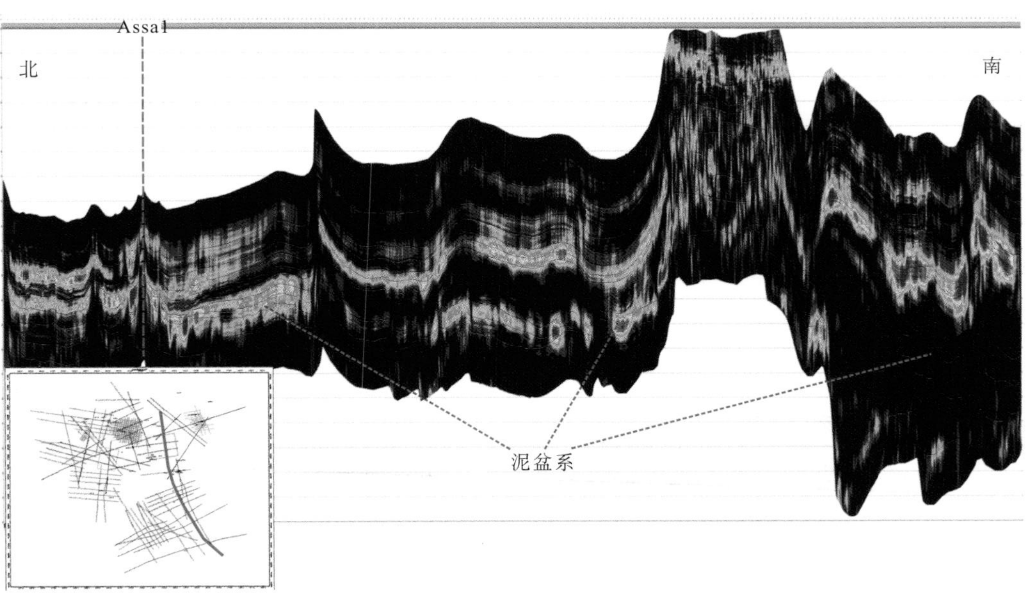

图 9-3-7 Line2011 _ 01 气层检测剖面

三、基于流体活动属性的有利含气区预测

1. Naiman 井区含气储层预测厚度分布预测

1）南部 Naiman 井区 C_1sr 含气储层预测

图 9-3-8 为南部 Naiman 区 C_1sr 含气储层预测厚度平面图，可以看出 Naiman 井区 C_1sr 段气层呈南北向带状展布，集中分布在 05 线附近，最厚 40m。为了进一步突出气层预测的应用效果，将平面与剖面进行相互验证如图 9-3-9 所示，可以看出，气层预测的平面特征和剖面特征对应较好。

2）南部 Naiman 井区 C_1v 含气储层预测

图 9-3-10 为南部 Naiman 区 C_1v 气层厚度预测平面图，可以看出 Naiman 井区 C_1v 段气层在东、西向分为两个条带、集中分布在 Naiman 1 和 Bugudzhilskaya 1 井区最厚 120m 处。为了进一步突出气层预测的应用效果，将平面与剖面进行相互验证如图 9-3-11 所示，可以看出，气层预测的平面特征和剖面特征对应较好。

3）南部 Naiman 井区 $D_3fm_1^2$ 含气储层预测

图 9-3-12 为南部 Naiman 区 $D_3fm_1^2$ 含气储层厚度预测平面图，可以看出 Naiman 井区 $D_3fm_1^2$ 段气层集中在工区北部向南减薄尖灭，北部最厚可达 70m。为了进一步突出气层预测的应用效果，将平面与剖面进行相互验证如图 9-3-13 所示，可以看出，气层预测的平面特征和剖面特征对应较好。

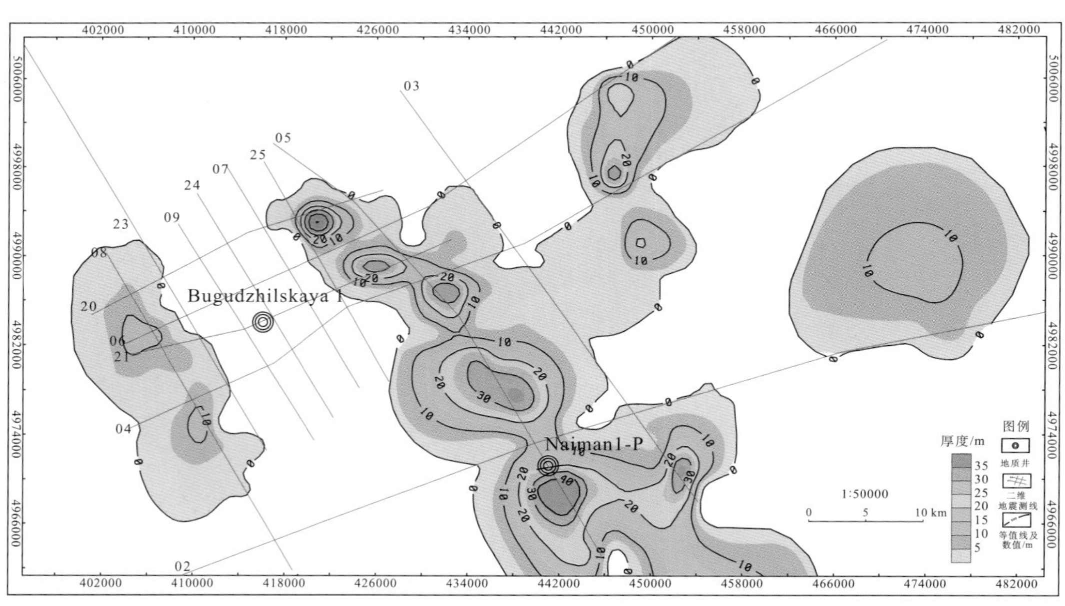

图 9-3-8　Naiman 井区 C_1sr 含气储层厚度预测平面图

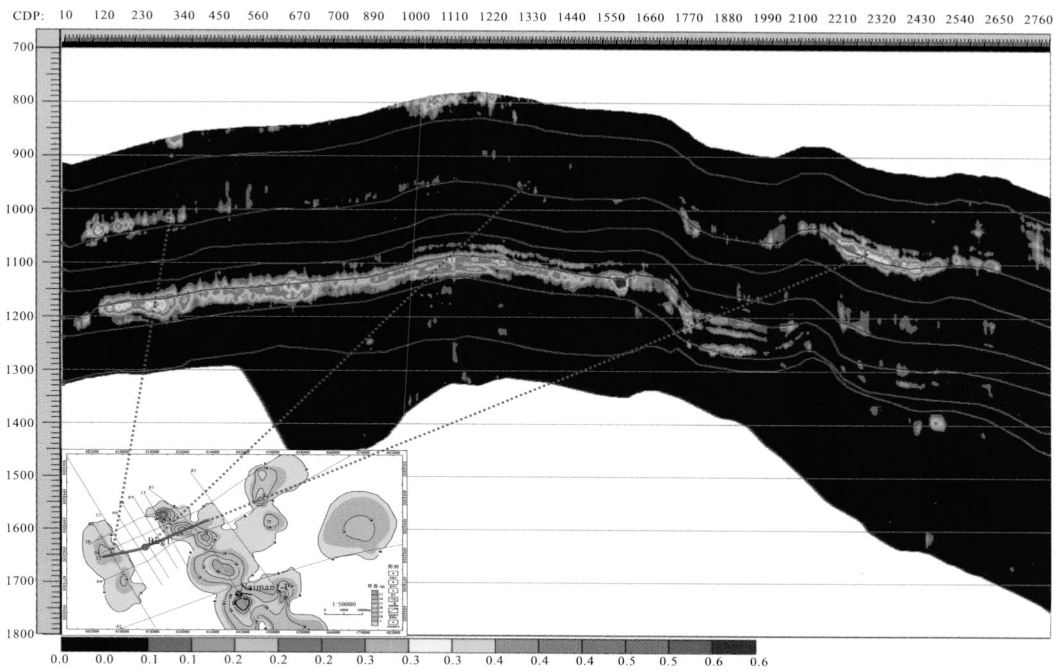

图 9-3-9 C_1sr 气层预测剖面与厚度平面图对比

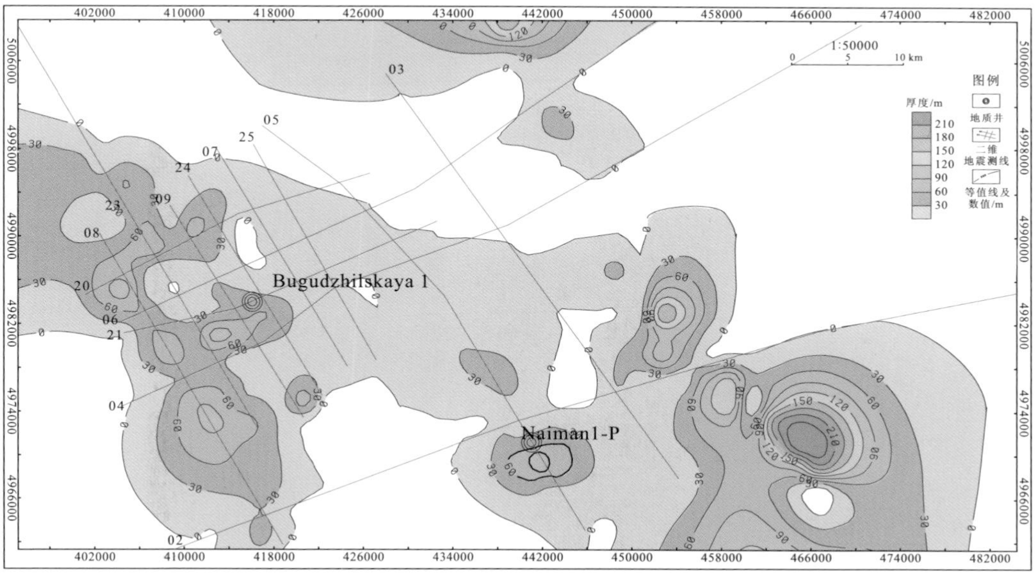

图 9-3-10 Naiman 井区 C_1v 含气储层厚度预测平面图

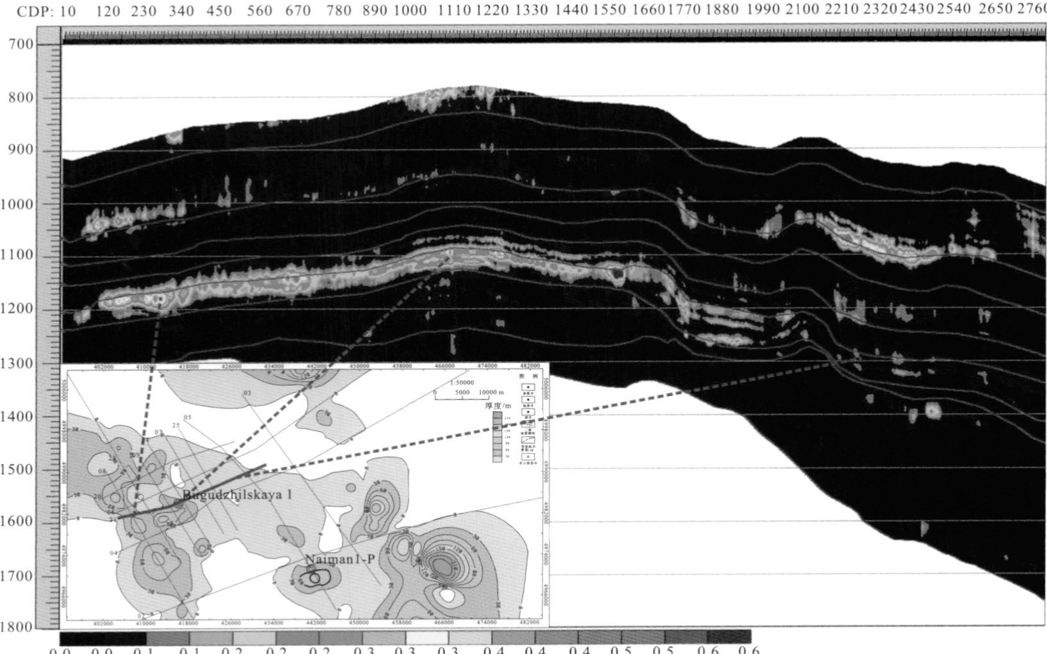

图 9-3-11 C_1v 气层预测剖面与厚度平面图对比

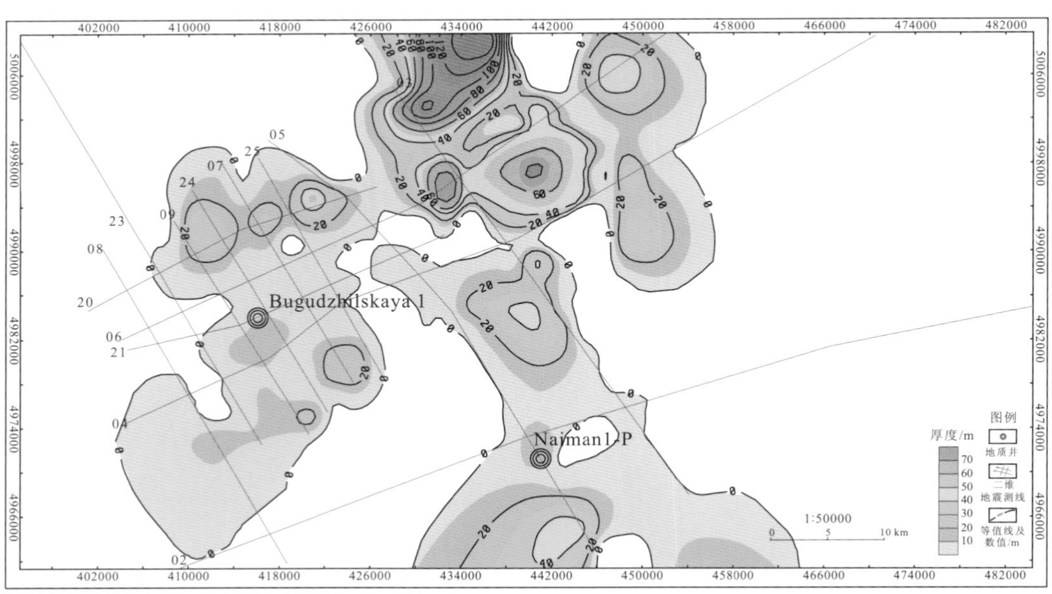

图 9-3-12 Naiman 井区 $D_3fm_1^2$ 含气储层厚度预测平面图

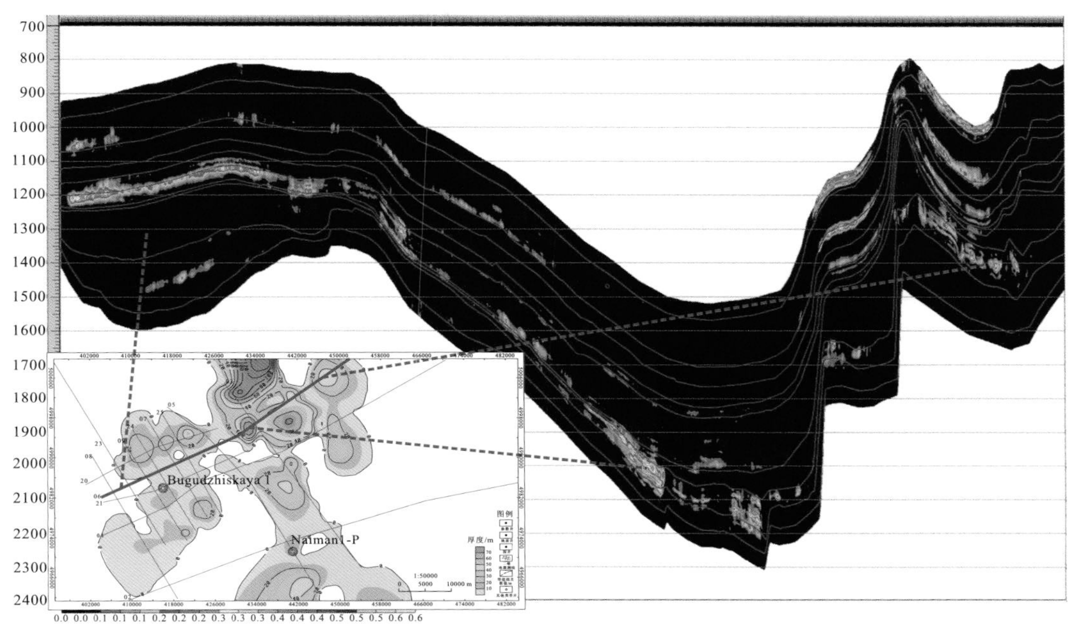

图 9-3-13 $D_3fm_1^2$ 气层预测剖面与厚度平面图对比

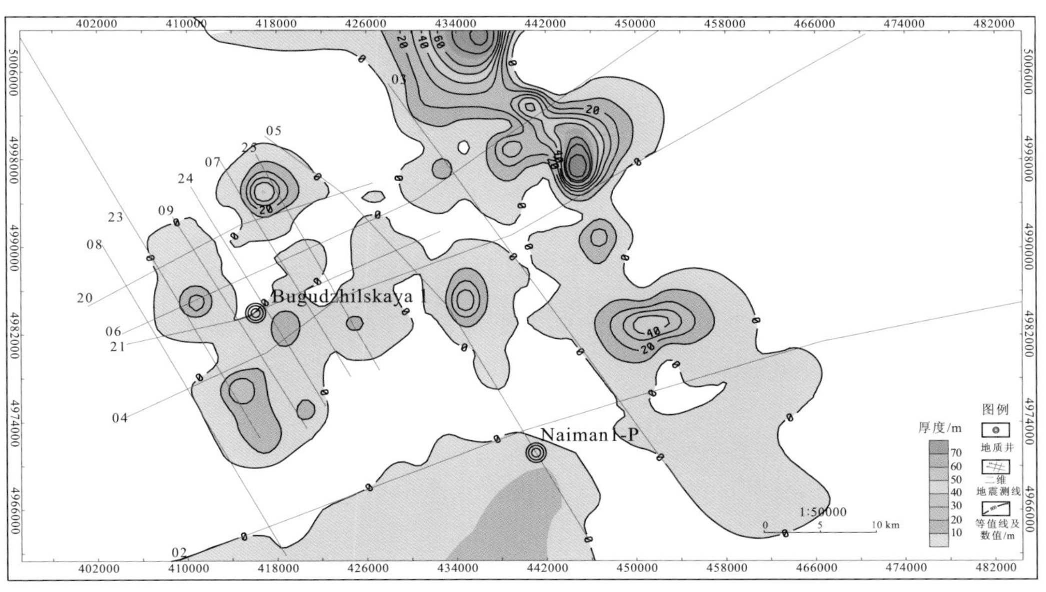

图 9-3-14 Naiman 井区 $D_3fm_1^1$ 含气储层厚度预测平面图

4）南部 Naiman 井区 $D_3fm_1^1$ 含气储层预测

图 9-3-14 为南部 Naiman 区 $D_3fm_1^1$ 含气储层厚度预测平面图，可以看出 Naiman 井区 $D_3fm_1^1$ 段气层集中在工区北部，向南减薄尖灭，北部最厚 50m。为了进一步突出气层预测的应用效果，将平面与剖面进行相互验证如图 9-3-15 所示，可以看出，气层预测的平面特征和剖面特征对应较好。

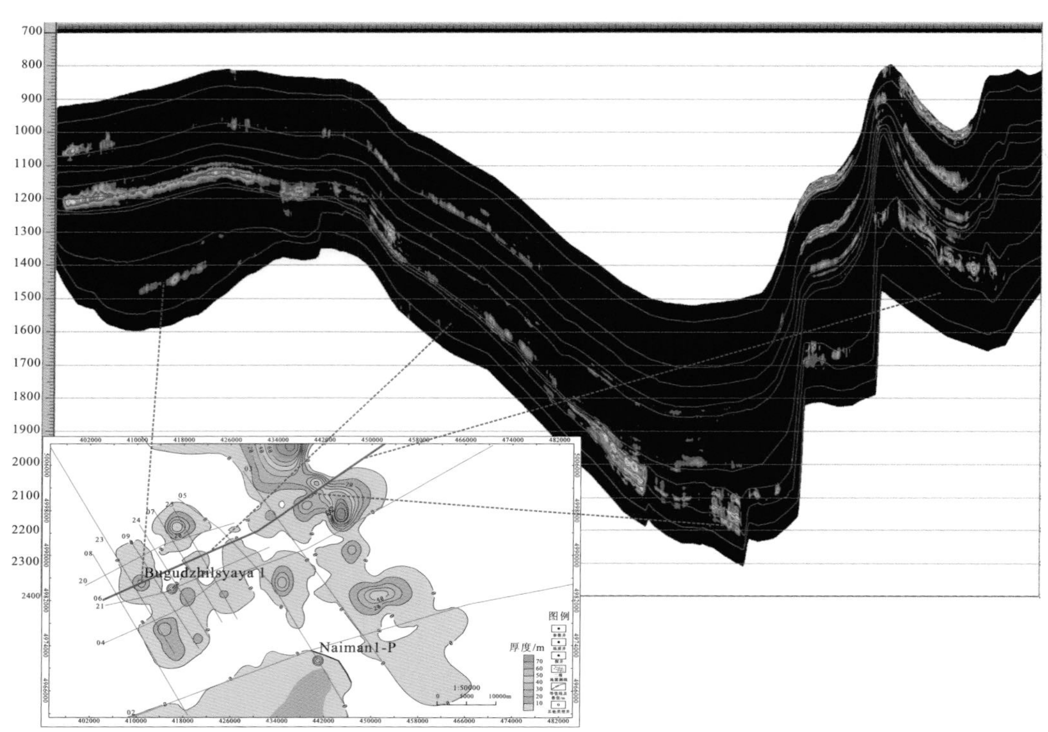

图 9-3-15　$D_3fm_1^1$ 气层预测剖面与厚度平面图对比

2. Assasw 三维区含气储层厚度分布预测

图 9-3-16 是 Assa 构造 C_1sr 含气储层厚度预测平面图，由图可知 C_1sr 含气储层主要分布在工区的北部和中部，中部分布范围较小但厚度较大，最厚可达 32m。北部含气储层分布范围广，但厚度普遍较小。

图 9-3-17 是 Assa 构造 C_1v_3 含气储层厚度预测平面图，由图可知 C_1v_3 含气储层主要分布在工区的中部和南部，中部分布范围较大且东西两侧厚度较大，最厚可达 45m，在工区南部含气储层零星分布。

图 9-3-18 是 Assa 构造 C_1v_2 含气储层厚度预测平面图，C_1v_2 含气储层相对其他层段厚度较小，主要分布在工区的中部和北部。工区北部含气储层厚度较大，中部则厚度较小，最厚的含气储层集中分布在工区中部的西侧，最厚可达 12m。含气储层在工区南部零星分布。

图 9-3-19 是 Assa 构造 $C_1v_1+C_1t$ 含气储层厚度预测平面图，C_1v_1 和 C_1t 含气储层

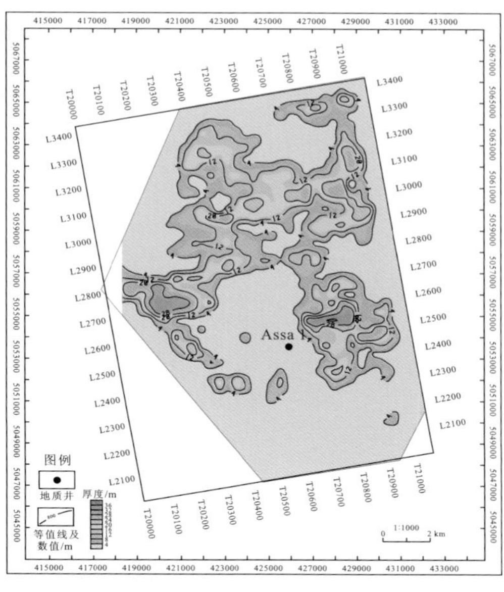

图 9-3-16 Marsel 探区 Assa 构造 C_1sr 含气储层厚度预测平面图

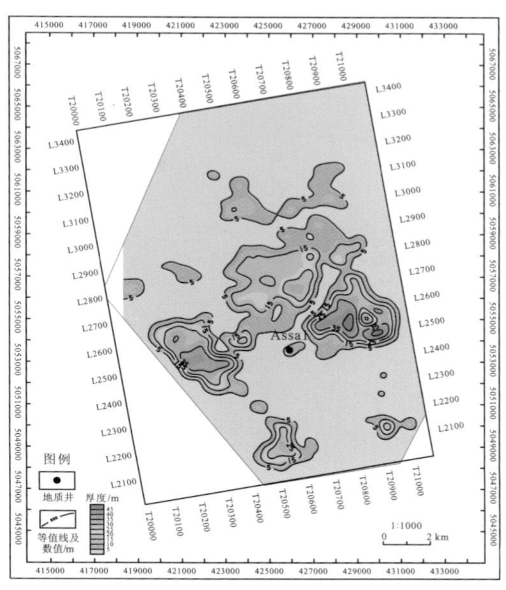

图 9-3-17 Marsel 探区 Assa 构造 C_1v_3 含气储层厚度预测平面图

集中分布在中区的中部，且中部的厚度较大，最厚可达 24m。含气储层在工区南部零星分布。

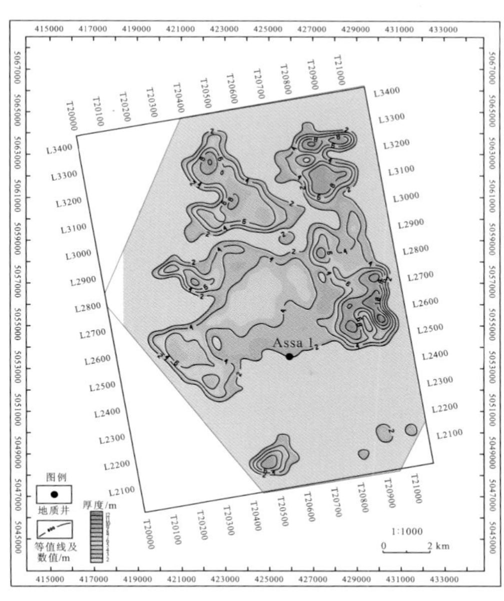

图 9-3-18 Marsel 探区 Assa 构造 C_1v_2 含气储层厚度预测平面图

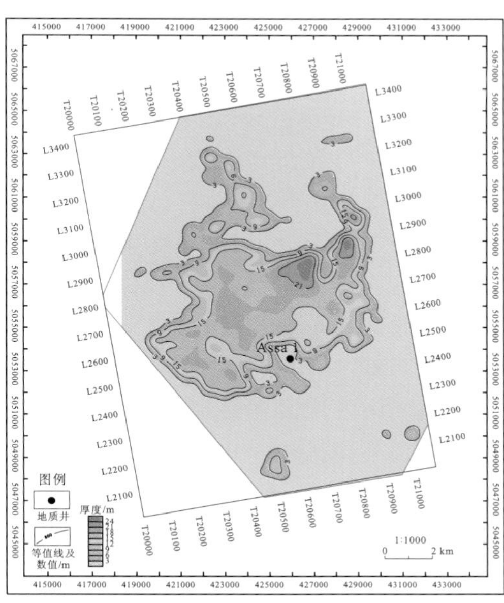

图 9-3-19 Marsel 探区 Assa 构造 $C_1v_1+C_1t$ 含气储层厚度预测平面图

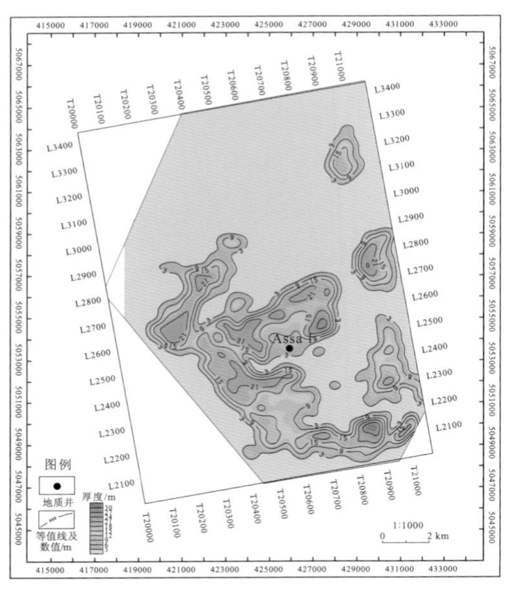

图 9-3-20 Marsel 探区 Assa 构造 $D_3fm_1^2+D_3fm_{2+3}$ 含气储层厚度预测平面图

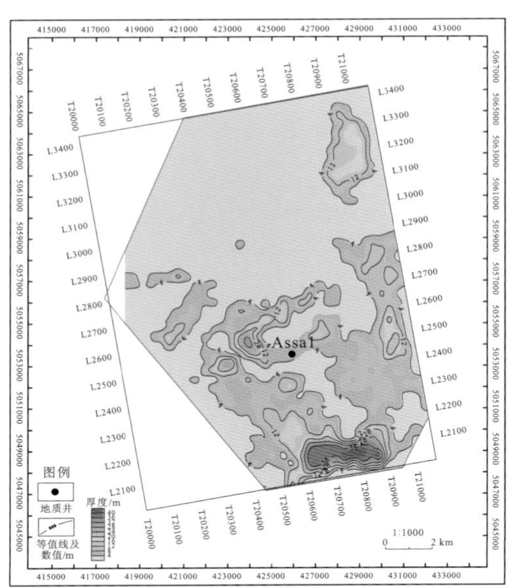

图 9-3-21 Marsel 探区 Assa 构造 $D_3fm_1^1$ 上含气储层厚度预测平面图

图 9-3-20 是 Assa 构造 $D_3fm_1^2+D_3fm_{2+3}$ 含气储层厚度预测平面图，$D_3fm_1^2$ 和 D_3fm_{2+3} 含气储层主要分布在工区的中部和南部。工区中部含气储层分布范围较广，南部含气储层分布较小，最厚的含气储层在工区的中部和南部，最厚可达 30m。含气储层在工区北部零星分布。

图 9-3-21 是 Assa 构造 $D_3fm_1^1$ 上含气储层厚度预测平面图，$D_3fm_1^1$ 上含气储层分布在中区的中部和南部，且中部的厚度较小，南部厚度较大，最厚可达 40m。含气储层在工区北部零星分布。

图 9-3-22 是 Assa 构造 $D_3fm_1^1$ 下含气储层厚度预测平面图，$D_3fm_1^1$ 下含气储层分布在中区的西部和南部，且南部厚度较小，西部的厚度较大，最厚可达 40m。含气储层在工区北部和东部零星分布。

图 9-3-16～图 9-3-22 分别为 Assasw 三维区石炭系及泥盆系含气储层厚度平面预测图。从图中各层段含气层厚度预测图上可以发现 Marsel 探区 Assa 三维区目的层具有如下宏观含气特征。

(1) Assasw 三维区含气层在各层段发育部位不同。石炭系含气层主要分布在工区北部，南部也存在零星状气层发育；泥盆系含气层主要集中在工区南部及中部，北部可见少量气层发育区。

(2) Assasw 区石炭系 4 个目的层中，C_1sr 段含气层厚度大、分布范围广，厚度最大可达 38m。C_1sr 段含气层绝大部分在工区北部发育，在工区中部只可见少量的气层发育区，含气层最厚达 38m，平均厚度为 12～20m，最厚处出现在工区的中偏西地区。C_1v_3 段含气层总体下移，总体趋于集中在工区中部，含气层最厚可达 55m，平均厚度为

10～20m，含气层最厚处出现在工区的中偏西地区。C_1v_2段含气层集中在工区的中部及北部，含气层最厚处厚度为 14m，总体厚度主要在 4～8m，含气层最厚处位于工区的中偏西地区。C_1v_1段含气层集中分布于工区中部，含气层最厚为 24m，平均厚度为 6～15m。

（3）Assasw 区泥盆系 3 个目的层中，$D_3fm_1^2+D_3fm_{2+3}$段含气层分布于工区南部及中部，最大厚度为 33m，平均厚度分布在12～18m，含气层最厚处在工区中部。$D_3fm_1^1$下段含气层在工区中部、南部集中发育，可见少量含气部分位于工区北部。含气层最大厚度为 40m，出现在工区南部，含气层平均厚度主要集中在 8～16m。$D_3fm_1^1$上段含气层同样主要集中在工区中部及南部，最厚可达 40m，分布在工区东部。平均厚度总体集中在 8～16m。

3. Tamgalynskaya 三维区含气储层厚度分布预测

图 9-3-23～图 9-3-26 为 Tamgalynskaya 三维区石炭系含气层厚度预测平面图。从图中各层段含气层厚度预测平面图上可以发现 Marsel 探区 Tamgalynskaya 三维区石炭系各目的层具有如下宏观含气特征。

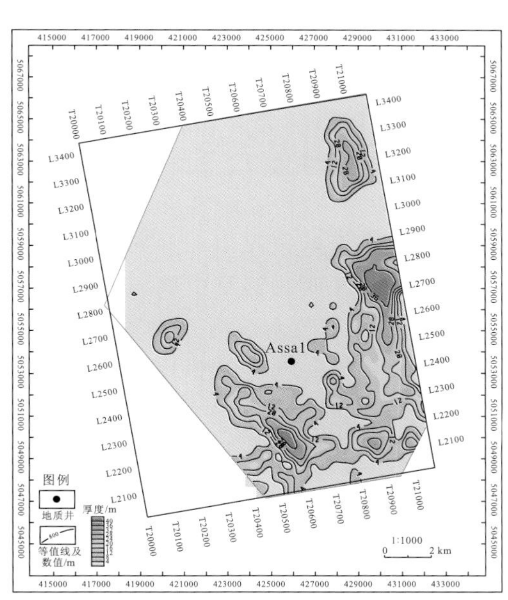

图 9-3-22　Marsel 探区 Assa 构造 $D_3fm_1^1$下含气储层厚度预测

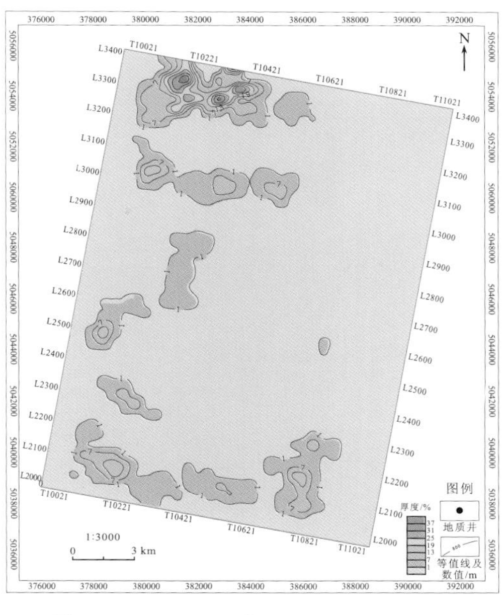

图 9-3-23　Marsel 探区 Tamgalynskaya 构造C_1sr含气层厚度预测平面图

（1）石炭系含气层主要在工区北部发育，在工区南部也有一定程度的发育（主要在C_1v_1段发育），工区中部缺乏含气层的发育。

（2）Tamgalynskaya 区石炭系 4 个目的层中，C_1sr段含气层主要在工区北部及南部边界附近发育。中部也有气层发育。气层最厚为 37m，发育在西北部。含气层平均厚度为 7～13m，13m 以上相对厚气层呈小规则的长椭圆形，北东至近北西向展布。C_1v_3

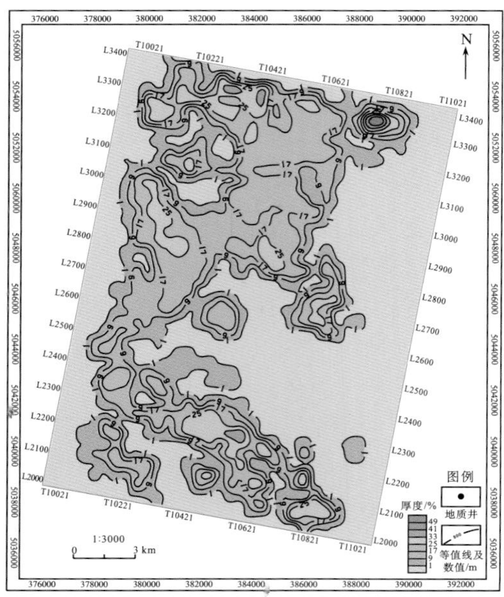

图 9-3-24　Marsel 探区 Tamgalynskaya 构造 C_1v_3 含气层厚度预测平面图

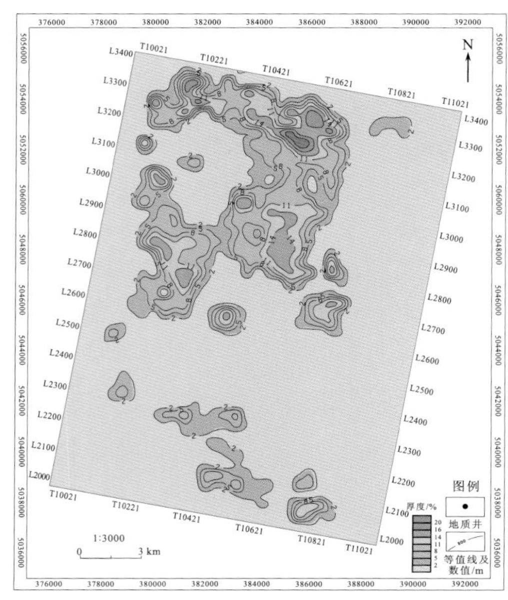

图 9-3-25　Marsel 探区 Tamgalynskaya 构造 C_1v_2 含气层厚度预测平面图

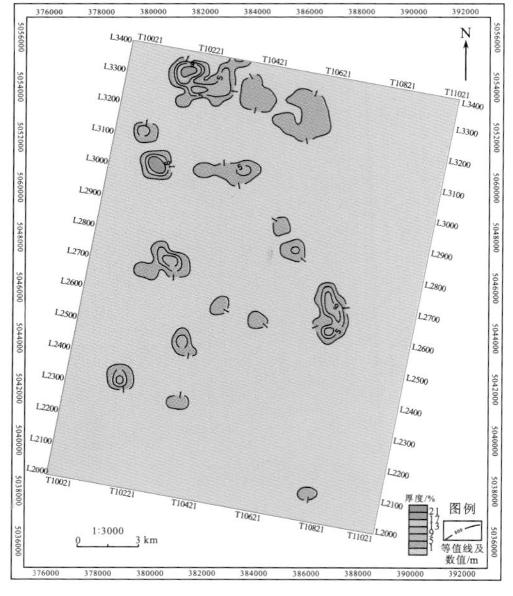

图 9-3-26　Marsel 探区 Tamgalynskaya 构造 C_1v_1 含气层厚度预测平面图

段气层在北部和中部发育，含气层最厚为 21m，发育在工区西北部。气层平均厚度为 9～17m，17m 以上的相对厚气层呈小规模的长椭圆形，东南至近东东南向展布。C_1v_2 段含气层主要在工区西北部及中部局部地区发育，气层主要呈东东南至近东南南向展布，多为条带状，含气层最厚为 20m，发育在北部，气层平均厚度为 8～14m，14m 以上的相对厚气层呈小规模的长椭圆形。C_1v_1 段含气层主要在工区北部、南部及西部大部分区域内发育，呈片状、带状分布。含气层最厚达 49m，发育在北部。气层平均厚度为 9～25m，25m 以上的相对厚气层主要呈条带状及不规则长椭圆形展布。

4. Tamgalytar 高精度二维区含气储层预测厚度分布预测

图 9-3-27～图 9-3-31 分别为 Tamgalytar 二维区石炭系及泥盆系含气储层厚度预测平面图。从图中各层段含气储层厚度预测平面图上可以发现 Marsel 探区 Tamgalytar 二维区目的层具有如下宏观含气特征。

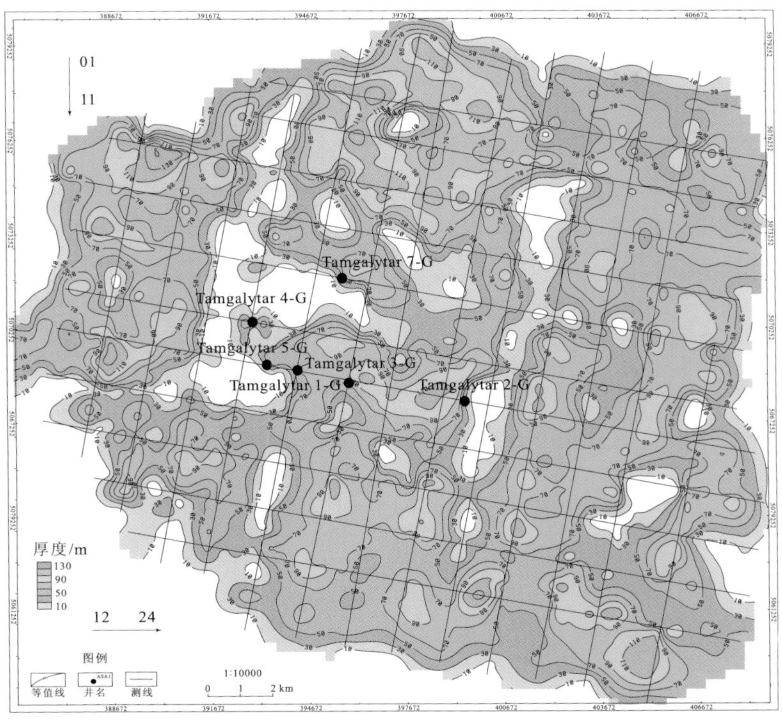

图 9-3-27 Marsel 探区 Tamgalytar 构造 C_1sr 含气储层厚度预测平面图

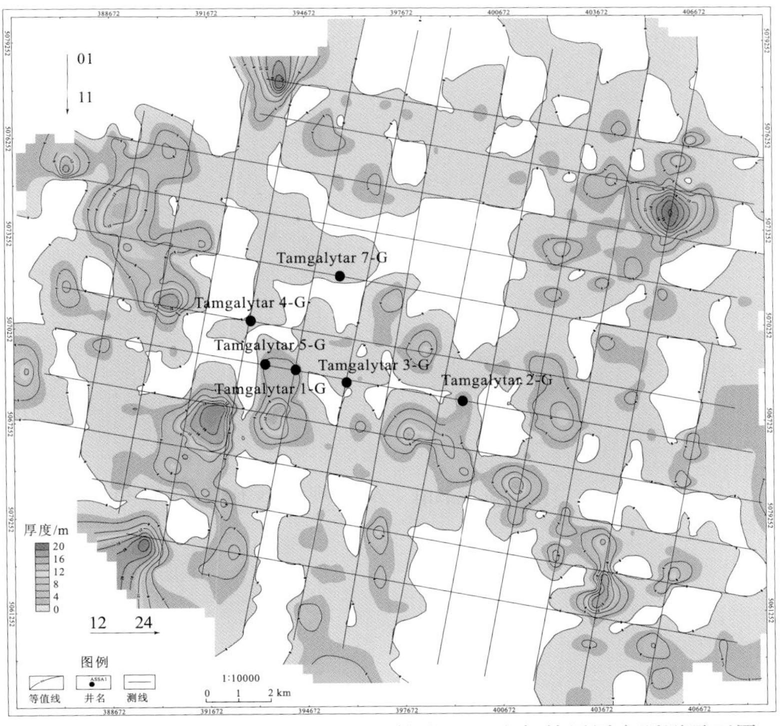

图 9-3-28 Marsel 探区 Tamgalytar 构造 C_1v_3 含气储层厚度预测平面图

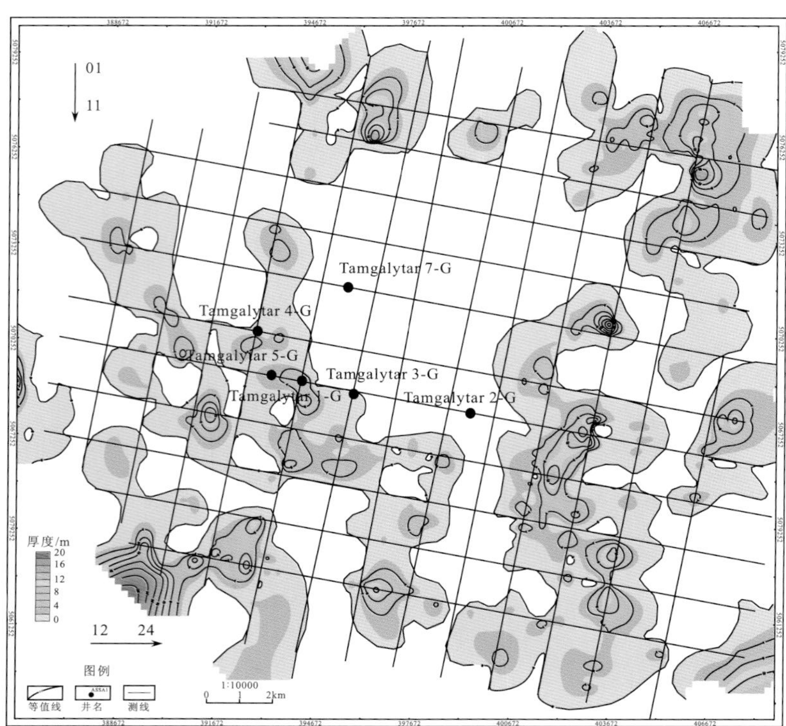

图 9-3-29 Marsel 探区 Tamgalytar 构造 C_1v_2 含气储层厚度预测平面图

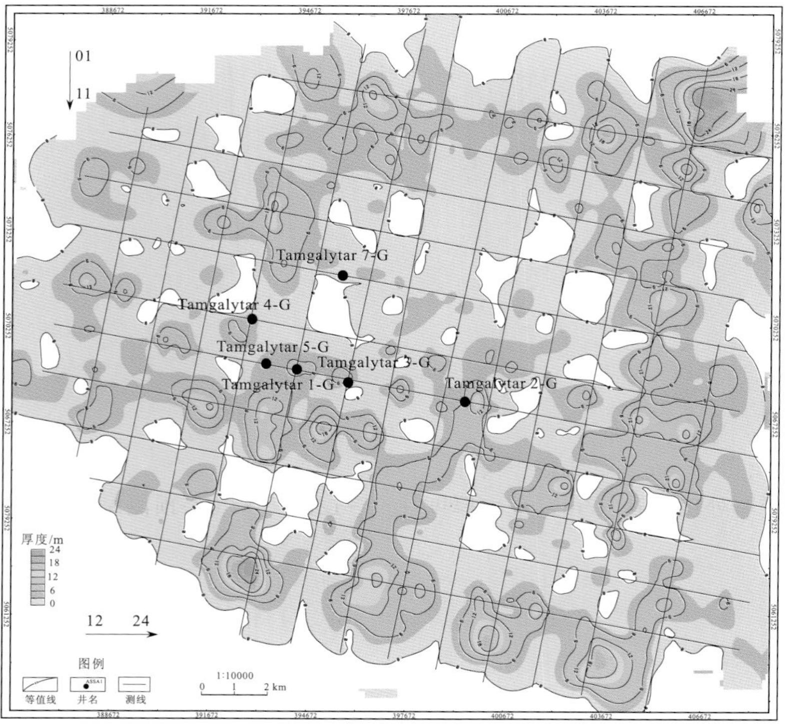

图 9-3-30 Marsel 探区 Tamgalytar 构造 $C_1v_1+C_1t$ 含气储层厚度预测平面图

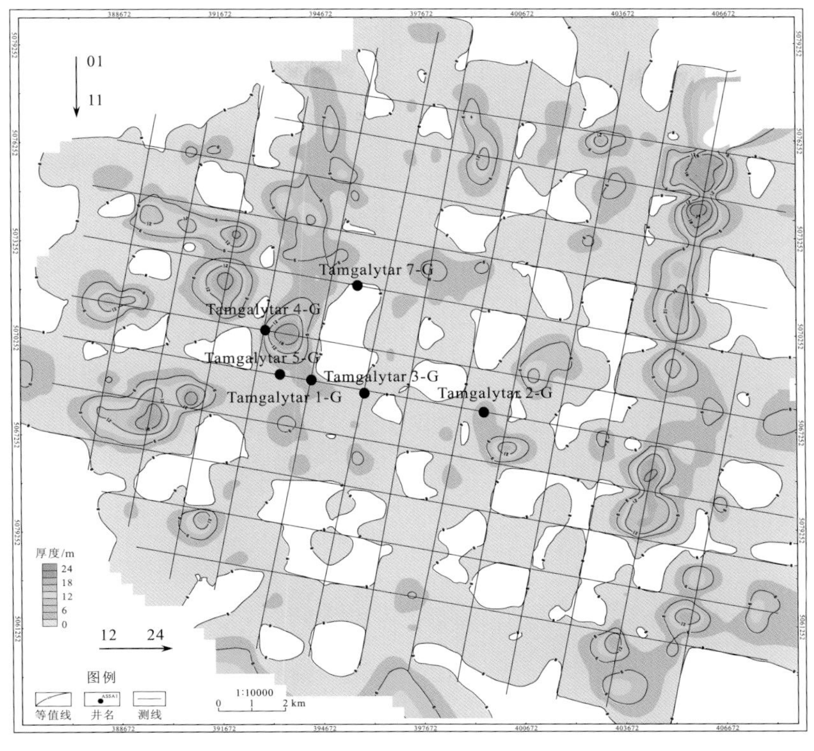

图 9-3-31 Marsel 探区 Tamgalytar 构造泥盆系含气储层厚度预测平面图

(1) Tamgalytar 三维区含气层在各层段发育部位不同。石炭系含气层主要分布在工区西北部及东南部，中部含气层基本不发育(除 C_1sr 段外)；泥盆系含气层主要集中在工区西北部，其他地区含气层零星发育。

(2) Tamgalytar 区石炭系 4 个目的层中，C_1sr 段含气层厚度大，含气层在工区内普遍发育，含气层最厚达 90m，平均厚度为 12～20m，最厚处出现在工区的东北部及南部地区。C_1v_3 段含气层总体趋于集中在工区东部和南部，含气层最厚可达 30m，含气层主要呈条带状分布。C_1v_2 段含气层厚度较薄，一般在 10～15m，含气层主要位于工区的南部及东北局部区域。C_1v_1 段含气层厚度薄，一般在 10m 左右。含气层零星分布，在工区东部及南部可见部分含气层发育。

(3) Tamgalytar 区泥盆系含气层发育区主要在工区西北部，其他区域零星分布。工区含气层最厚处厚度达 27m，平均厚度在 9～12m。含气层预测结果与储层预测结果吻合，均表现为工区西部及东部含气量大，在工区中部基本不发育。

5. 全工区含气储层厚度分布预测

1) 全区 C_1sr 气层预测

图 9-3-32 为 Marsel 探区全区的 C_1sr 含气储层厚度预测平面图，可以看出全区 C_1sr 段具有如下特征。

图 9-3-32　Marsel 探区全区 C_1sr 含气储层厚度预测平面图

（1）气层集中发育在工区北部，工区中部和南部变差趋于尖灭。

（2）Assasw 三维区和东部二维区 C_1sr 气层发育好，厚度大。

（3）在工区西部，Tamgalynskaya 三维区北部和西部气层较发育，但该三维区 C_1sr 气层不发育。

为了进一步突出气层预测的应用效果，将平面与剖面进行相互验证如图 9-3-33 所示，可以看出，气层预测的平面特征和剖面特征对应较好。

从图 9-3-34 也可以看出，工区西部，Tamgalynskaya 三维区北部气层发育较好，从剖面可以看出气层厚度由北向南变薄。

2）全区 C_1v 气层预测

图 9-3-35 为 Marsel 探区全区的 C_1v 含气储层厚度预测平面图，可以看出全区 C_1v 段具有如下特征。

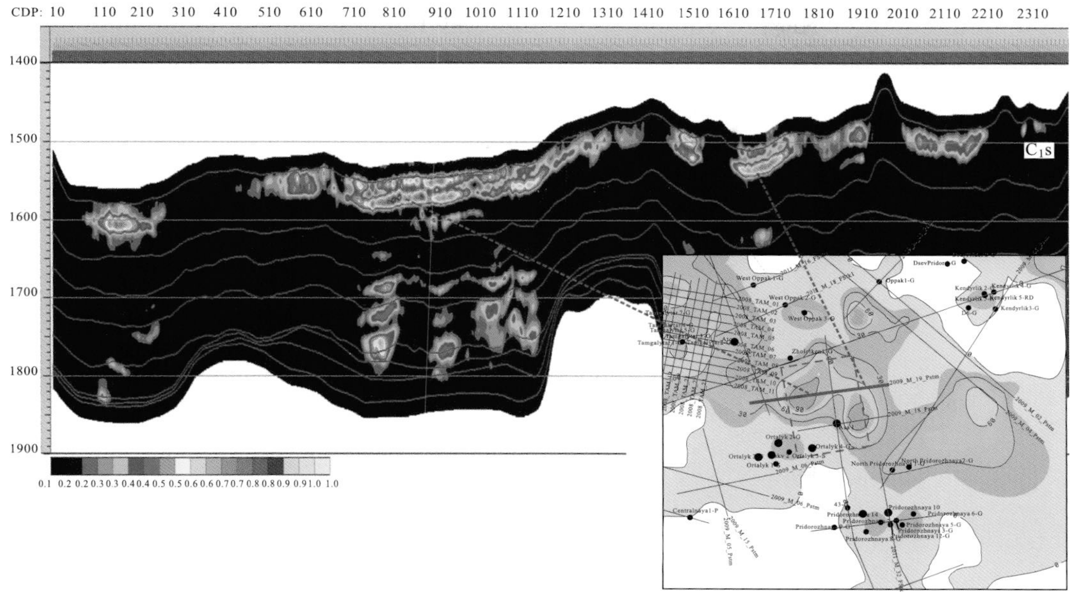

图 9-3-33 2009-M-19 测线气层预测剖面与 C_1sr 厚度平面图对比

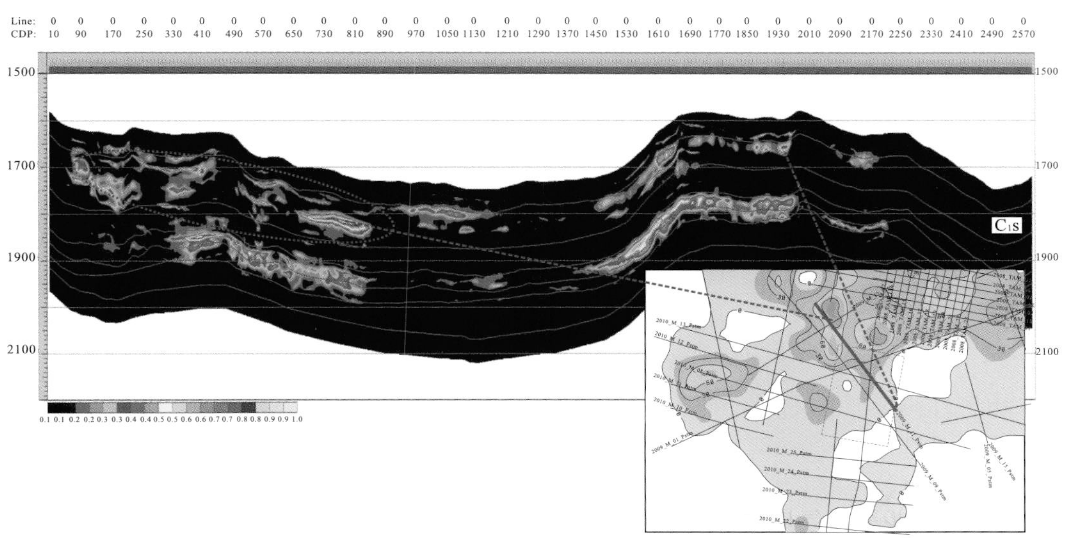

图 9-3-34 2009-M-11 测线气层预测剖面与 C_1sr 厚度平面图对比

(1) 相对 C_1sr 段 C_1v 段气层较分散，北部变差，西部和南部变好。

(2) 在 Assasw 三维区较 C_1sr 厚度有所减薄。

(3) Tamgalynskaya 三维区气层发育较 C_1sr 好，厚度增大呈条带状。

(4) 工区中部气层变薄尖灭。

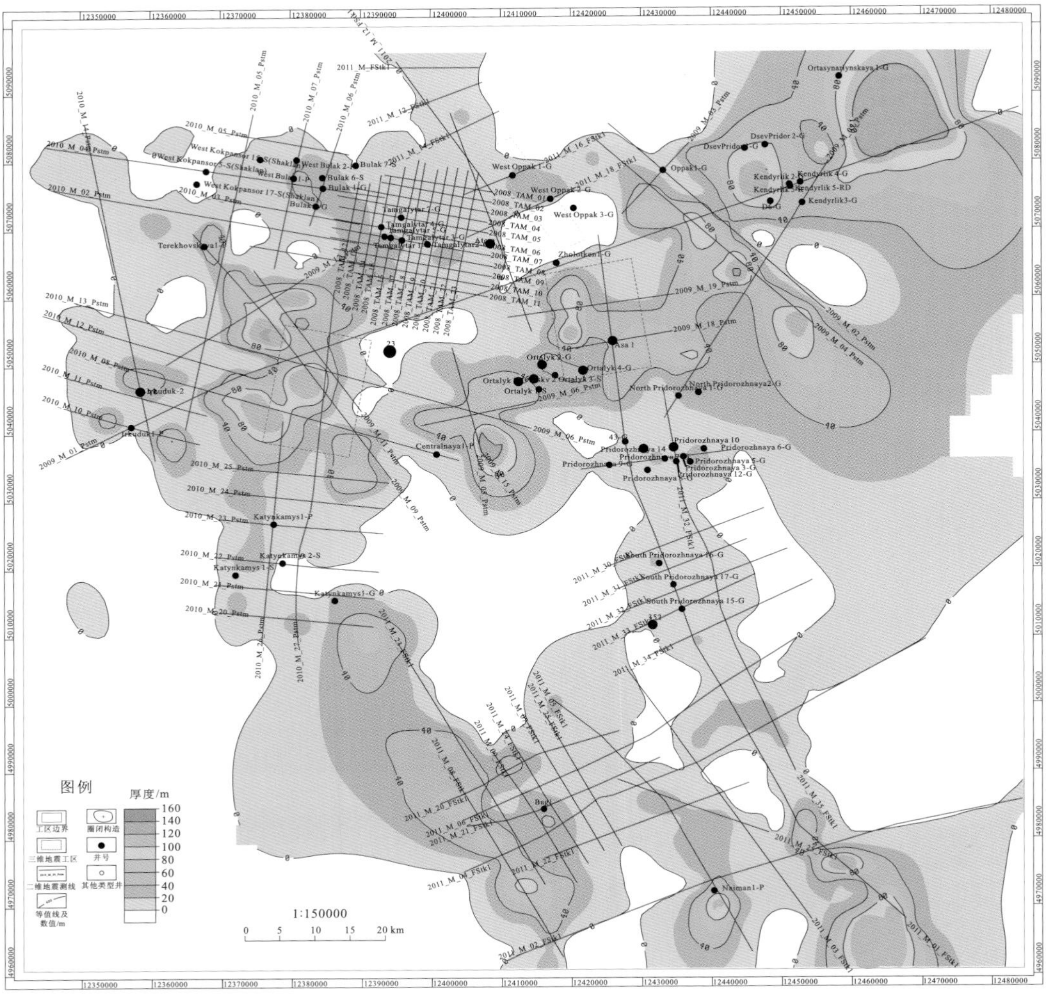

图 9-3-35　Marsel 探区全区的 C_1v 含气储层厚度预测平面图

为了进一步突出气层预测的应用效果，将平面与剖面进行相互验证如图 9-3-36 所示，可以看出，工区西部气层发育较好，位于 Tamgalynskaya 三维区附近的气层发育好，分布均匀，气层预测的平面特征和剖面特征对应较好。

从图 9-3-37 也可以看出，目的层 C_1v 在 Assasw 三维区处较 C_1sr 变差，厚度有所减薄，但仍然比中西部好。

3）全区 $D_3fm_1^1$ 气层预测

图 9-3-38 为 Marsel 探区全区的 $D_3fm_1^1$ 含气储层厚度预测平面图，可以看出全区 $D_3fm_1^1$ 段具有如下特征。

（1）气层集中发育在工区中部即 Assasw 三维区以南（Assa 1 井区），南部局部发育。

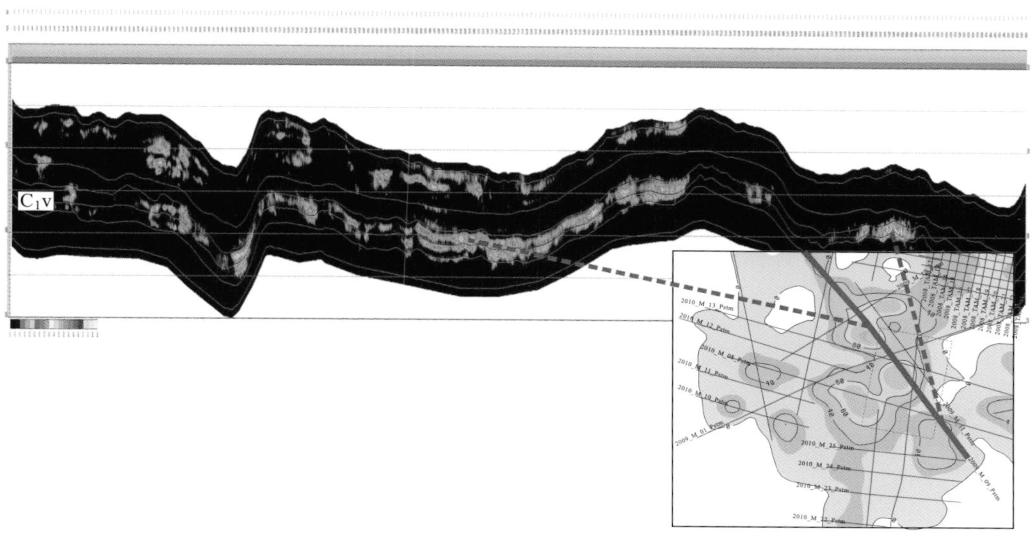

图 9-3-36　2009-M-09 测线气层预测剖面与 C_1v 厚度平面图对比

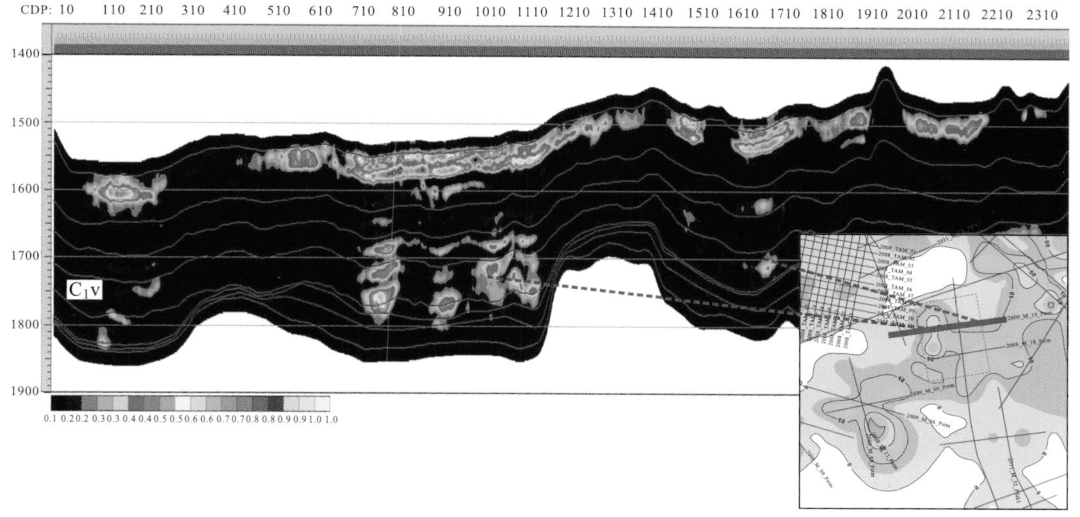

图 9-3-37　2009-M-19 测线气层预测剖面与 C_1v 厚度平面图对比

(2) 工区西部地层缺失，南、北部气层零星分布，普遍较差。

(3) 北部和中部厚度薄趋于尖灭。

为了进一步突出气层预测的应用效果，将平面与剖面进行相互验证如图 9-3-39 所示，可以看出，西部大部分地层缺失，南部气层零星分布，普遍较差。

4) 全区 $D_3fm_1^2$ 气层预测

图 9-3-40 为 Marsel 探区全区的 $D_3fm_1^2$ 含气储层厚度预测平面图，可以看出全区

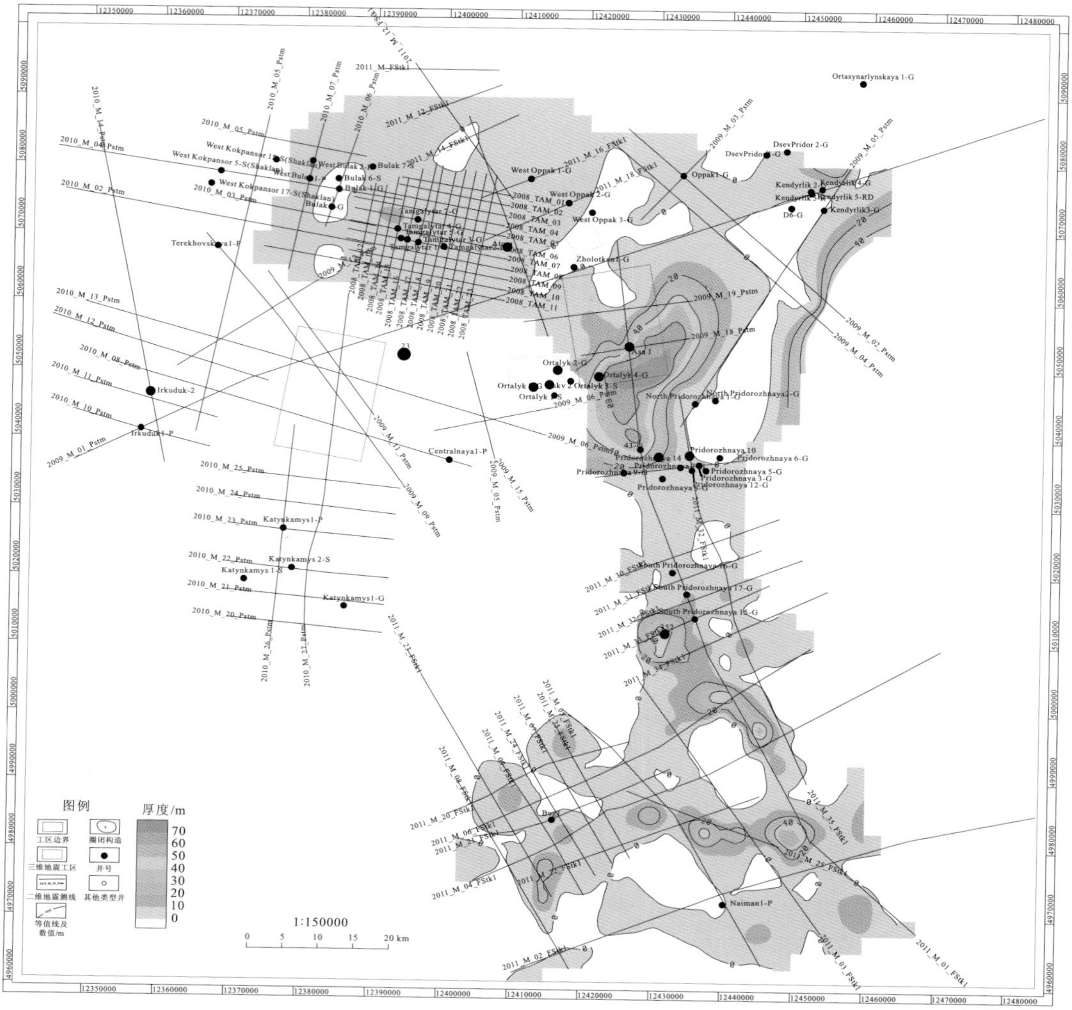

图 9-3-38 Marsel 探区全区的 $D_3fm_1^1$ 含气储层厚度预测平面图

$D_3fm_1^2$ 段具有如下特征。

（1）目的层 $D_3fm_1^2$（SQ2）整体厚度较 $D_3fm_1^1$ 厚，是泥盆系的主力储层，但在 Assasw 三维区处气层发育没有 $D_3fm_1^1$ 好，厚度稍薄。

（2）研究区东部成条带分布，厚度均匀。

为了进一步突出气层预测的应用效果，将平面与剖面进行相互验证如图 9-3-41 所示，可以看出，目的层 $D_3fm_1^2$ 东北部气层发育较好，但连续性差，在 Assasw 三维区处的南部气层发育较北部好。

从图 9-3-42 也可以看出，目的层 $D_3fm_1^2$ 南北向分布均匀，呈条带状，东西向气层不发育。

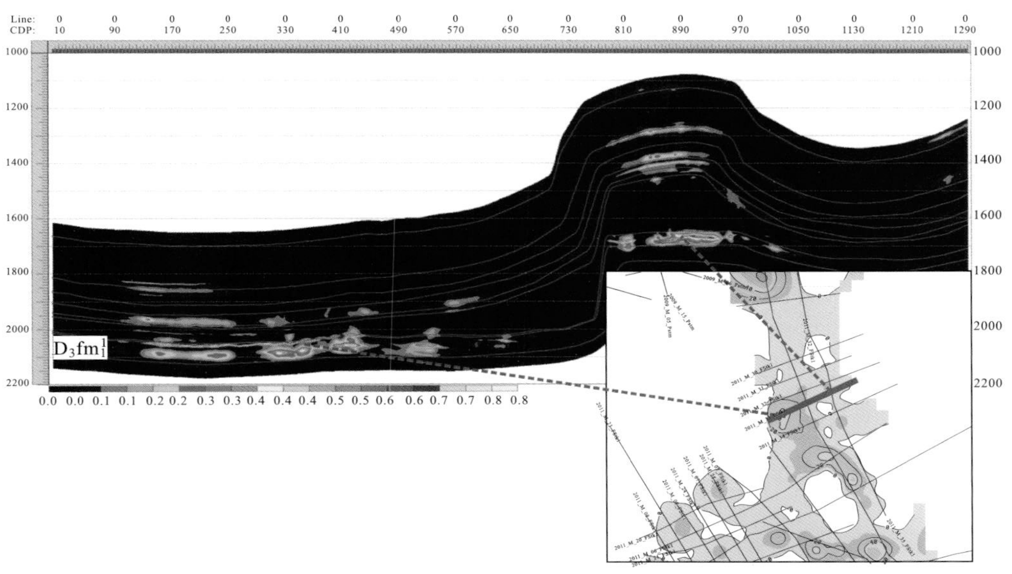

图 9-3-39 2011-M-33 测线气层预测剖面与 $D_2fm_1^1$ 厚度平面图对比

四、目标优选

1."甜点"区主控因素分析

通常目标优选区域即油气田勘探开发中定义的"甜点"部分。研究发现该次潜力区目标(即"甜点")优选可以分两部分进行，第一部分是对已知钻遇油气井的油气藏加以分析，寻找潜力区；第二部分是在目前还没有部署井位的新区挖掘潜力区，依据现有研究成果，以及周边钻井情况，提出新的井位建议。

"甜点"区优选的原则是：①圈闭落实可靠，且有一定的规模，裂缝发育；②目标区储层厚度厚，生源岩供应充足，盖层封堵能力强；③油气检测在目标区有良好的显示结果；④位于优势运移通道上(构造脊或鼻状构造)，符合该区油气运移成藏模式；⑤周边或者附近有钻井获得工业油气流或揭示有油气层存在，尤其是下倾方向有好的油气显示或综合分析成藏可能性大。

满足储层、含气性及裂缝发育条件的区域，可作为油气预测的"甜点"区。将这个标准应用到 Marsel 探区三个重点研究区，得到如下认识(图 9-3-43)。

(1) 对于石炭系而言，当满足纵波速度在 4750～5300m/s，流体活动因子在0.13～0.71，岩石破裂系数在 0.02～0.16 变化时，相对应的区域就是"甜点"区。

(2)对于泥盆系而言，当满足纵波速度在 4400～4770m/s，流体活动因子在 0.13～0.71，岩石破裂系数在 0.02～0.16 变化时，相对应的区域就是"甜点"区。

2. 有利"甜点"区预测

本书研究认为，Marsel 探区三个重点目标区的"甜点"区预测成果是在主控因素进行综合分析的基础之上结合先进的地球物理技术手段得到的研究区各层段"甜点"区厚度

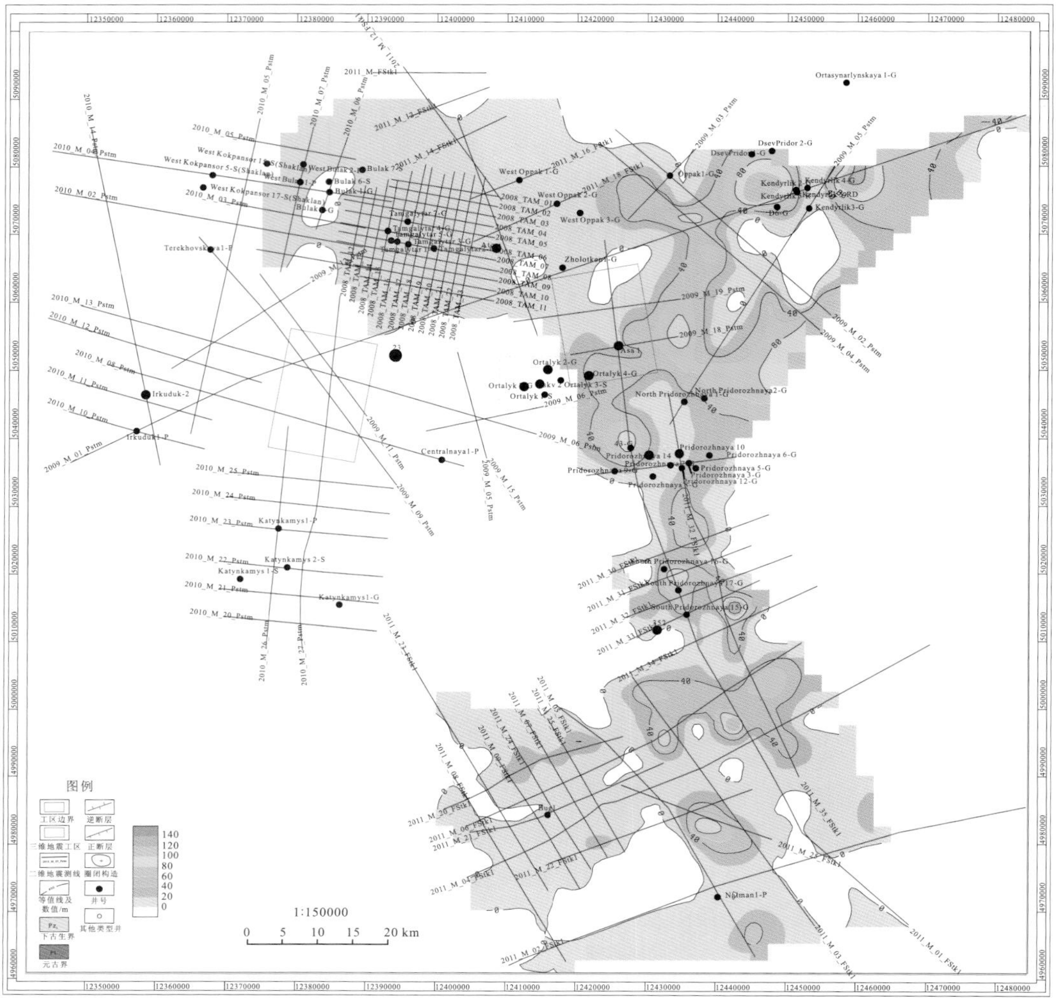

图 9-3-40　Marsel 探区全区 $D_3fm_1^2$ 含气储层厚度预测平面图

预测平面图。

1）Assasw 三维区“甜点”厚度预测平面图

图 9-3-44～图 9-3-47 为 Assasw 三维区石炭系“甜点”区厚度预测平面图，图 9-3-48～图 9-3-50 为泥盆系“甜点”区厚度预测平面图。对各层段厚度预测平面图进行纵向、横向的对比，总结归纳出关于 Assasw 三维区“甜点”区以下几点认识。

（1）Assasw 三维区“甜点”区在各层段发育部位不同。石炭系“甜点”区主要分布在工区北部，南部也存在零星状“甜点”区发育；泥盆系“甜点”区主要集中在工区南部及中部，北部可见少量“甜点”发育区。

（2）Assasw 区石炭系 4 个目的层中，C_1sr 段“甜点”区厚度大、分布范围广，厚度最大可达 27m。C_1sr 段“甜点”区绝大部分在工区北部发育，在工区中部只可见少量的“甜点”发育区，“甜点”最厚达 27m，平均厚度为 9～15m，最厚处出现在工区的中偏西

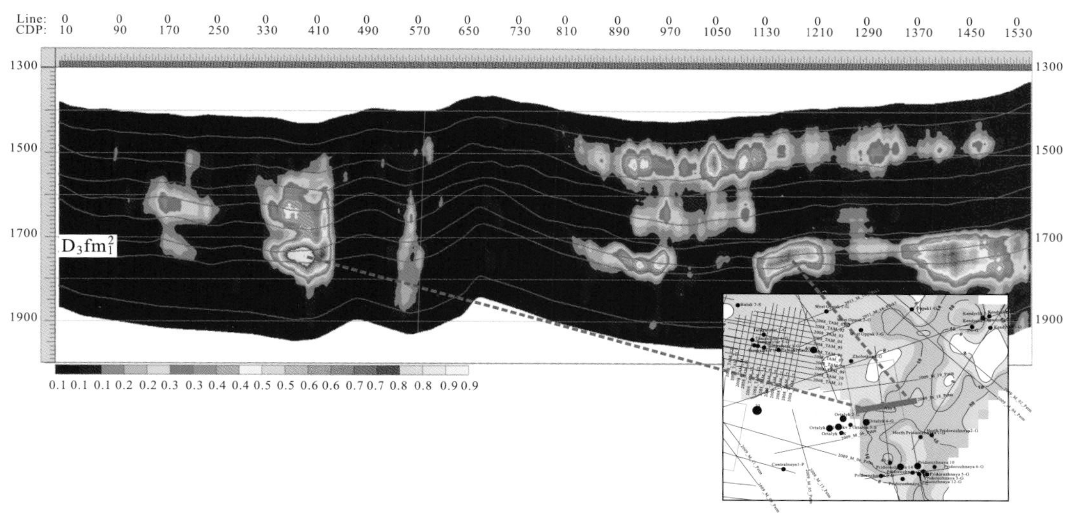

图 9-3-41 2009-M-18 测线气层预测剖面与 $D_2fm_1^2$ 厚度平面图对比

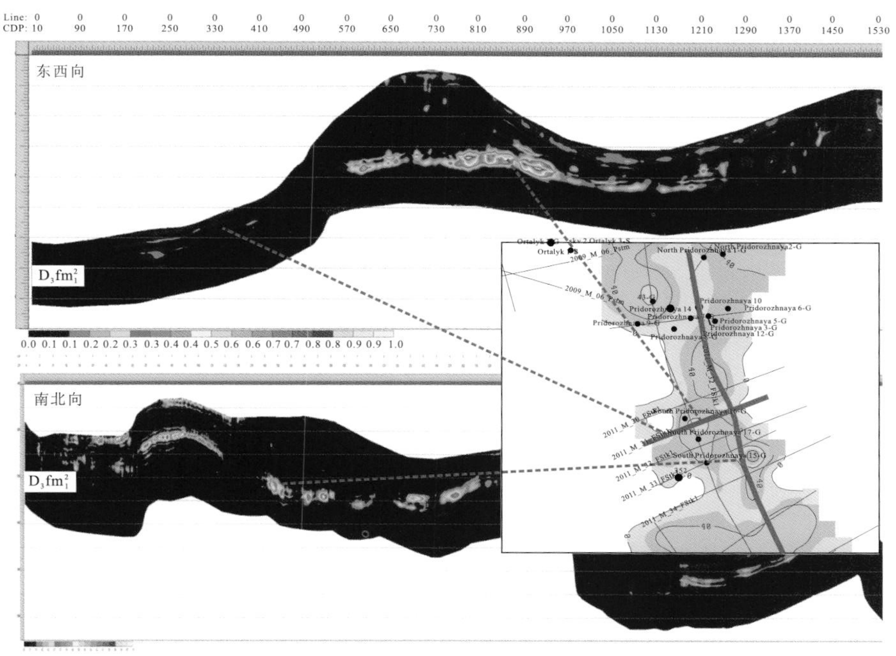

图 9-3-42 2011-M-31 测线气层预测剖面与 $D_2fm_1^2$ 厚度平面图对比

岩性、储层划分参数：

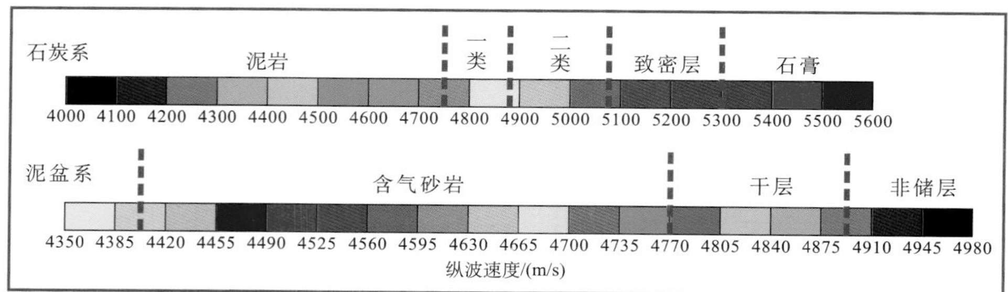

储层含气性判别参数：

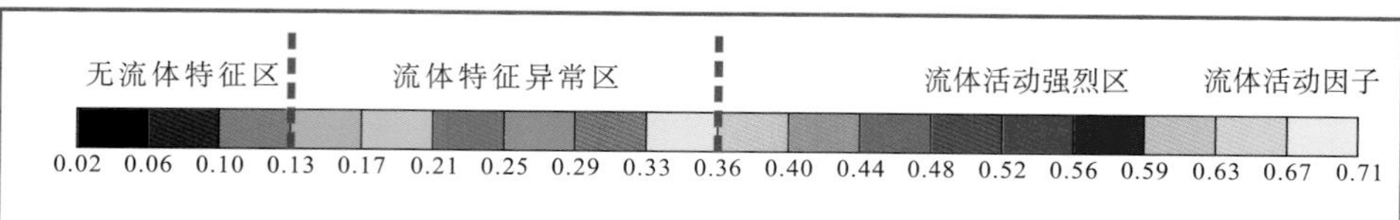

裂缝发育区判别参数：

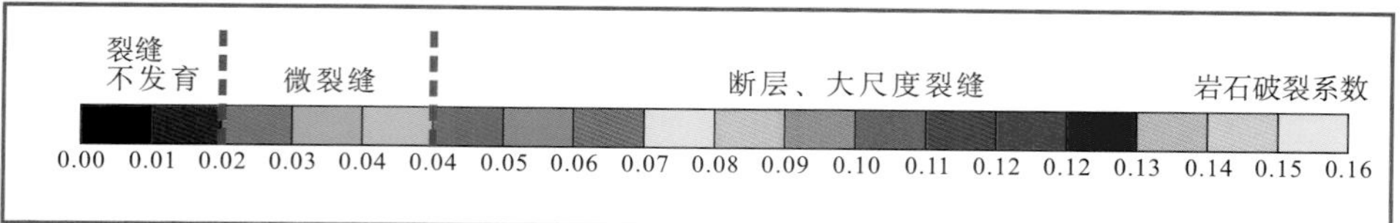

图 9-3-43　重点研究区有利目标优选判别依据

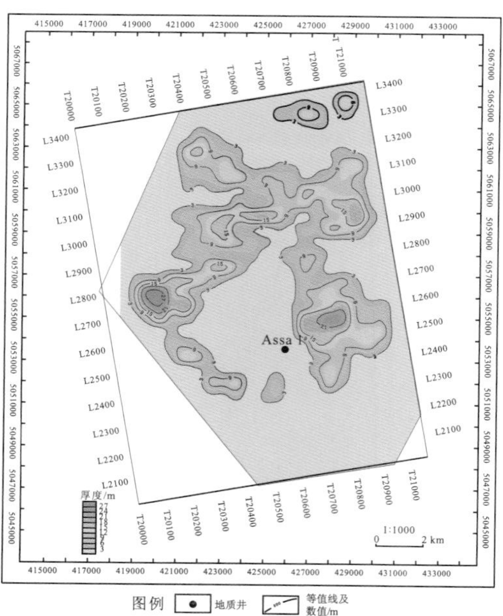

图 9-3-44　Marsel 探区 Assa 构造 C_1sr 甜点厚度预测平面图

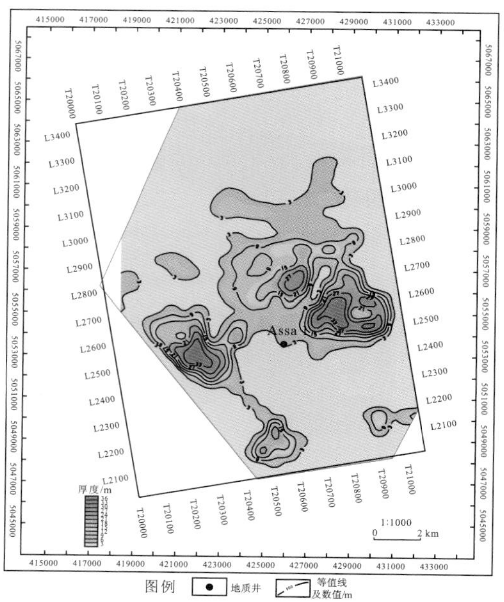

图 9-3-45　Marsel 探区 Assa 构造 C_1v_3 甜点厚度预测平面图

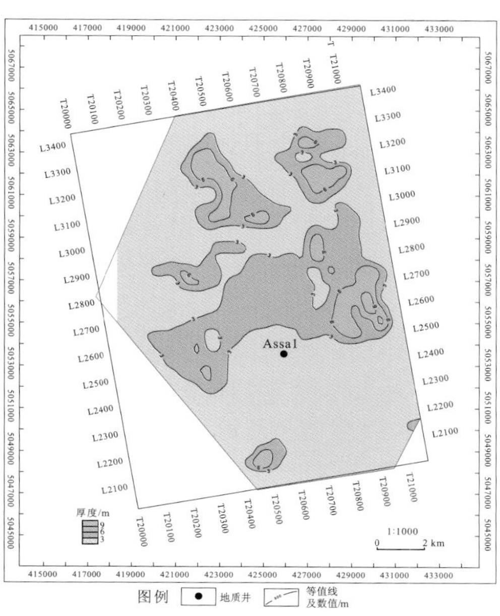

图 9-3-46 Marsel 探区 Assa 构造 C_1v_2甜点厚度预测平面图

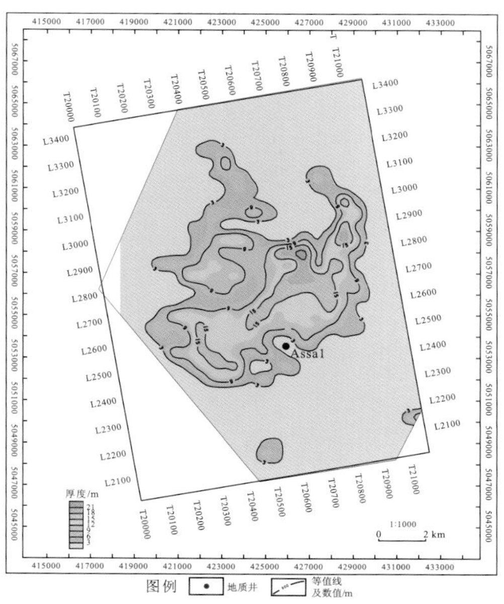

图 9-3-47 Marsel 探区 Assa 构造 $C_1v_1+C_1t$甜点厚度预测平面图

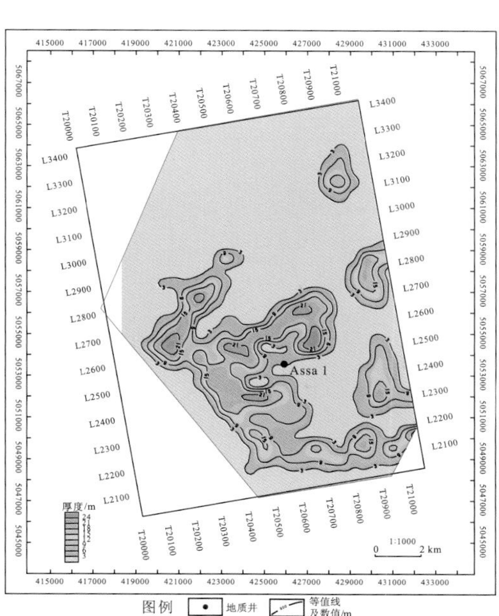

图 9-3-48 Marsel 探区 Assa 构造 $D_3fm_1^2+D_3fm_{2+3}$甜点厚度预测平面图

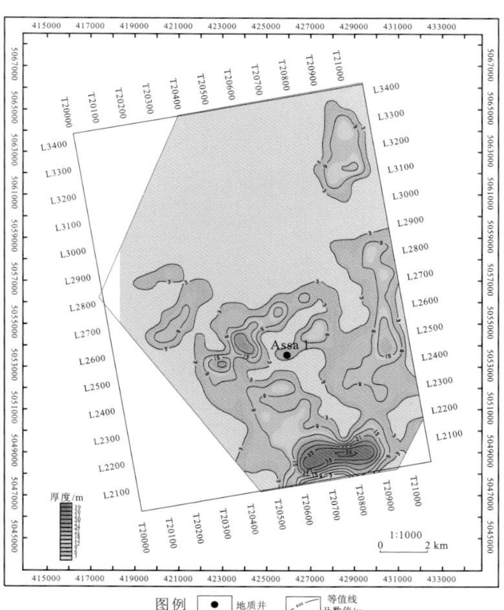

图 9-3-49 Marsel 探区 Assa 构造 $D_3fm_1^1$上甜点厚度预测平面图

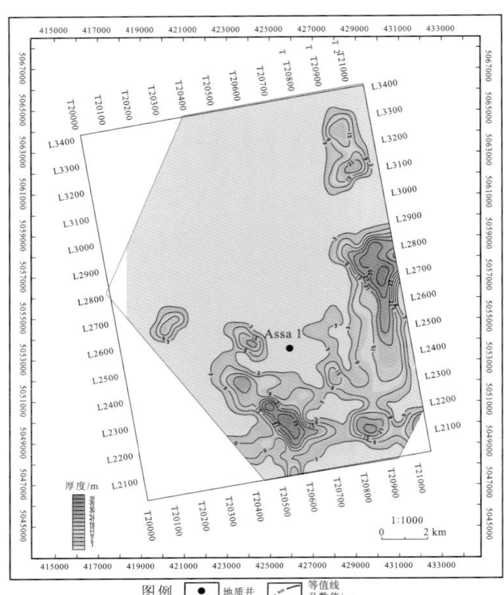

图 9-3-50 Marsel 探区 Assa 构造 $D_3fm_1^1$下甜点厚度预测平面图

地区。C_1v_3段"甜点"总体下移，总体趋于集中在工区中部，"甜点"最厚可达 36m，平均厚度为 9～15m，"甜点"最厚处出现在工区的中偏西地区。C_1v_2段"甜点"集中在工区的中部及北部，"甜点"最厚处厚度为 9m，总体厚度主要在 3～6m，"甜点"最厚处位于工区的中偏西地区。C_1v_1段"甜点"集中分布于工区中部，"甜点"最厚为 21m，平均厚度为 9～15m。

（3）Assasw 三维区泥盆系 3 个目的层中，$D_3fm_1^2+D_3fm_{2+3}$段"甜点"分布于工区南部及中部，最大厚度为 24m，平均厚度分布在 9～18m，"甜点"最厚处在工区中部。$D_3fm_1^1$下段"甜点"在工区中部、南部集中发育，可见少量"甜点"位于工区北部。"甜点"最大厚度为 39m，出现在工区南部，"甜点"平均厚度主要集中在 6～15m。$D_3fm_1^1$上段"甜点"同样主要集中在工区中部及南部，最厚可达 39m，分布在工区东部，平均厚度主要集中在 9～15m。

2）Tamgalynskaya 三维区"甜点"厚度预测平面图

图 9-3-51～图 9-3-54 为 Tamgalynskaya 三维区石炭系"甜点"厚度预测平面图。从图中各层段"甜点"厚度预测图上可以发现 Marsel 探区 Tamgalynskaya 三维区石炭系各目的层具有如下宏观含气特征。

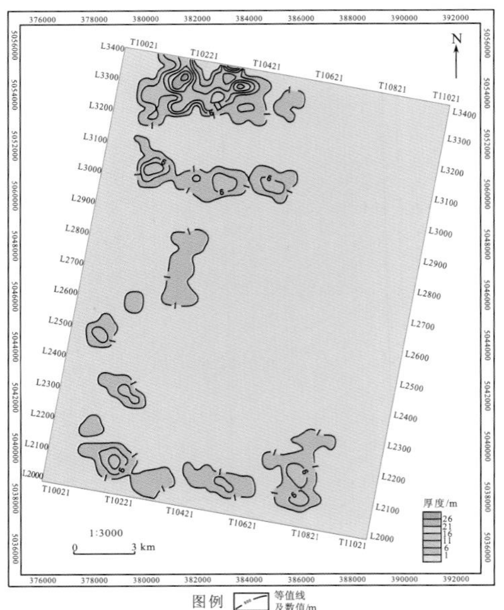

图 9-3-51 Marsel 探区 Tamgalynskaya 构造 C_1sr 甜点厚度预测平面图

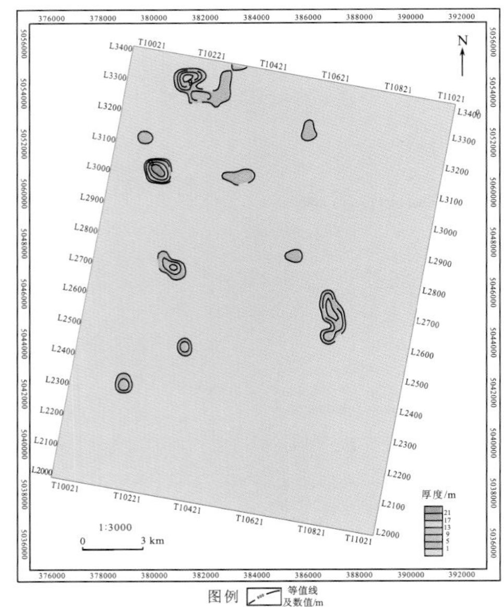

图 9-3-52 Marsel 探区 Tamgalynskaya 构造 C_1v_3 甜点厚度预测平面图

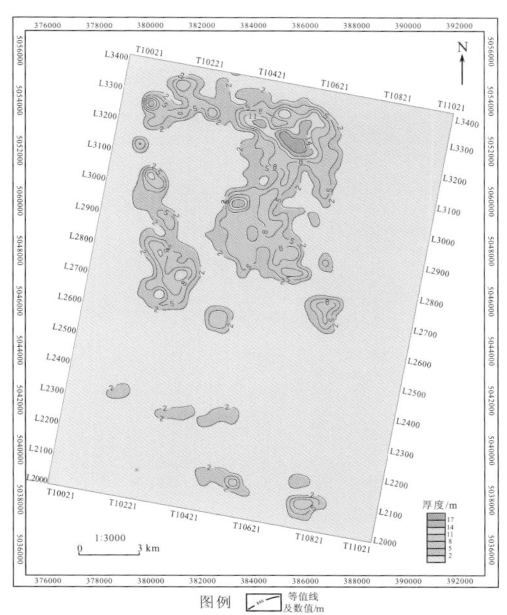

图 9-3-53 Marsel 探区 Tamgalynskaya 构造 C_1v_2 甜点厚度预测平面图

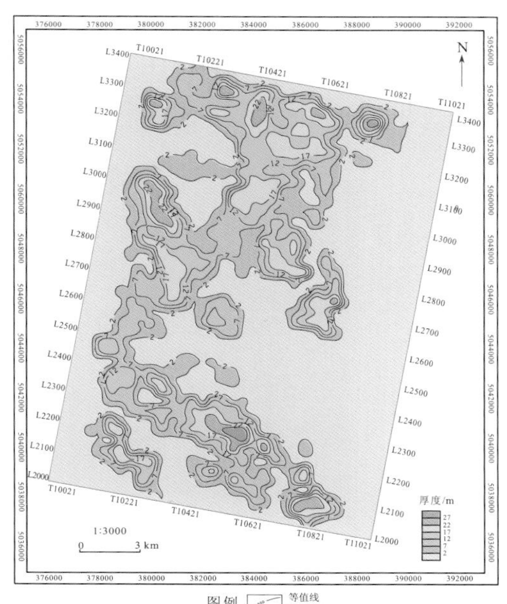

图 9-3-54 Marsel 探区 Tamgalynskaya 构造 C_1v_1 甜点厚度预测平面图

(1) 石炭系“甜点”区主要在工区北部发育，在工区南部也有一定程度的发育(主要在 C_1v_1 段发育)，工区中部缺少“甜点”区。

(2) Tamgalynskaya 区石炭系 4 个目的层中，C_1sr 段“甜点”主要在工区北部及南部边界附近发育。中部也有“甜点”发育。“甜点”区最厚为 37m，发育在西北部。“甜点”平均厚度为 7～13m，13m 以上相对厚“甜点”区呈小规则的长椭圆形，北东至近北西向展布；C_1v_3 段“甜点”区在北部和中部发育，最厚为 21m，发育在工区西北部。“甜点”平均厚度为 5～9m，9m 以上的相对厚“甜点”部分呈小规模的长椭圆形，东南至近东东南向展布；C_1v_2 段“甜点”主要在工区西北部及中部局部地区发育，“甜点”区主要呈东东南至近东南南向展布，多为条带状。“甜点”最厚为 20m，发育在北部。平均厚度为5～11m，11m 以上的相对厚“甜点”部分呈小规模的长椭圆形；C_1v_1 段“甜点”主要在工区北部、南部及西部大部分区域内发育，呈片状、带状分布。“甜点”区最厚达 49m，发育在北部。“甜点”平均厚度为 9～17m，17m 以上的相对厚“甜点”部位主要呈条带状及不规则长椭圆形展布。

3) Tamgalytar 二维区“甜点”厚度预测平面图

图 9-3-55 为 Tamgalytar 二维区 C_1sr 段“甜点”厚度预测平面图，“甜点”发育区主要集中在工区西北和中南部，最厚达 50m。“甜点”平均厚度为 40～70m。局部可见“甜点”不发育区。工区内 Tamgalytar 1-G 井主要产气段约为 35m 的裂缝性储层，“甜点”预测厚度为 33m。Tamgalytar 5-G 井综合裂缝成像测井评价约为 30m，“甜点”预测为 28m。综合分析认为“甜点”预测结果与实际测井解释成果一致，说明“预测”成果能够作为后续井位部署的一个重要参考依据。

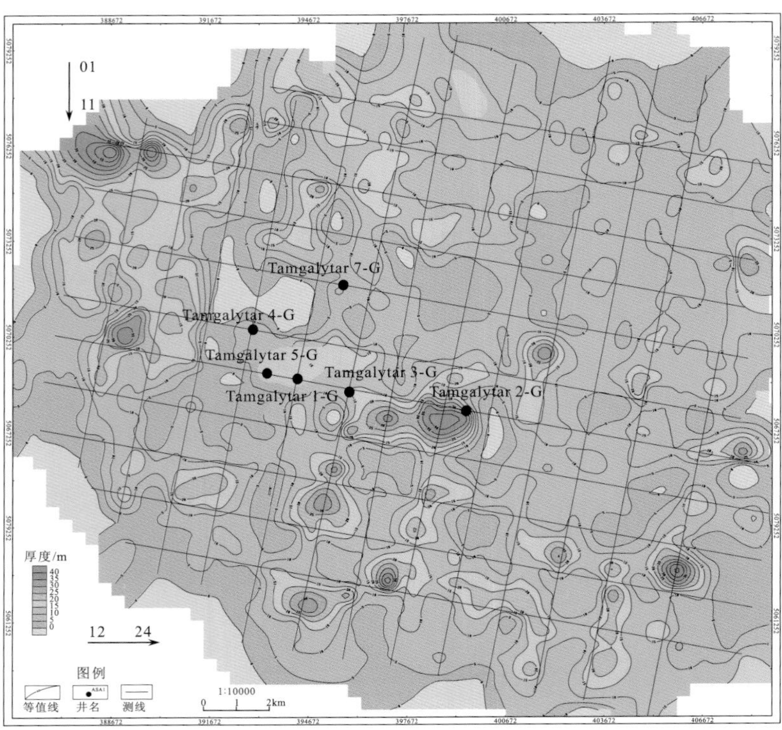

图 9-3-55　Marsel 探区 Tamgalytar 构造 C_1sr 甜点厚度预测平面图

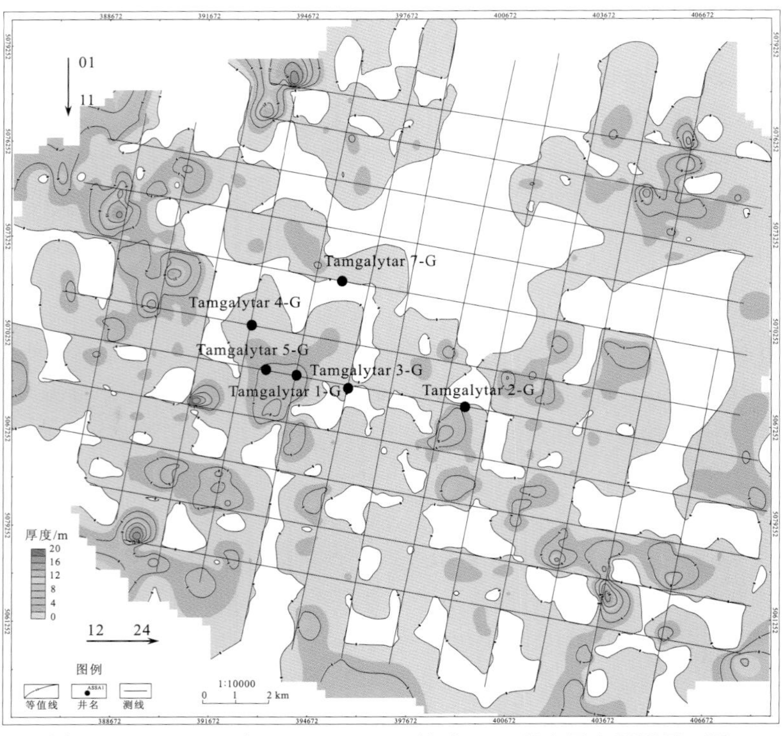

图 9-3-56　Marsel 探区 Tamgalytar 构造 C_1v_3 甜点厚度预测平面图

图 9-3-56 为 Tamgalytar 二维区 C_1v_3 段“甜点”厚度预测平面图，“甜点”在工区内零星分布。“甜点”发育区主要出现在工区西部和中南部，最厚达 20m。“甜点”平均厚度为 4～8m。，总体上表现为西好东差，南好北差的分布特点。

图 9-3-57 为 Tamgalytar 二维区 C_1v_2 段“甜点”厚度预测平面图，“甜点”在工区内零星分布。“甜点”发育区主要出现在工区西部和东部，最厚达 20m。“甜点”平均厚度为 4～8m。，“甜点”区总体上表现为东西好、南北差的分布特点。

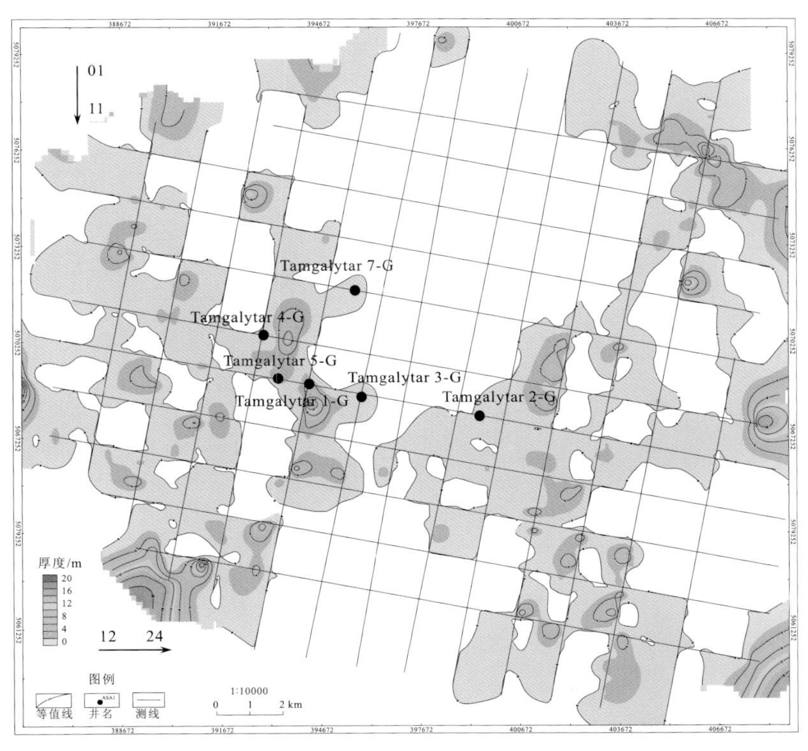

图 9-3-57 Marsel 探区 Tamgalytar 构造 C_1v_2 甜点厚度预测平面图

图 9-3-58 为 Tamgalytar 二维区 C_1v_1 段“甜点”厚度预测平面图，“甜点”在工区内零星分布。“甜点”发育区主要出现在工区西部和东部，最厚达 16m。“甜点”平均厚度为 4～8m。，“甜点”区总体上表现为西部好东部差、北部好南部差的分布特点。

图 9-3-59 为 Tamgalytar 二维区泥盆系“甜点”厚度预测平面图，“甜点”在工区内零星分布。“甜点”发育区主要出现在工区中部，“甜点”区厚度薄，最厚处不足 10m。“甜点”平均厚度为 3～6m，总体上表现为中间好、两边差的分布特点。

3. 勘探目标建议

结合 Marsel 探区实际地质情况，针对三个重点目标区的目的层段采用如下思路进行井位部署。

以目的层构造解释为基础、以钻井测试数据为依据，综合储层、裂缝和油气检测成果预测有利目标区，进而提出井位部署建议。具体做法是：第一步，储层、裂缝及油气检测

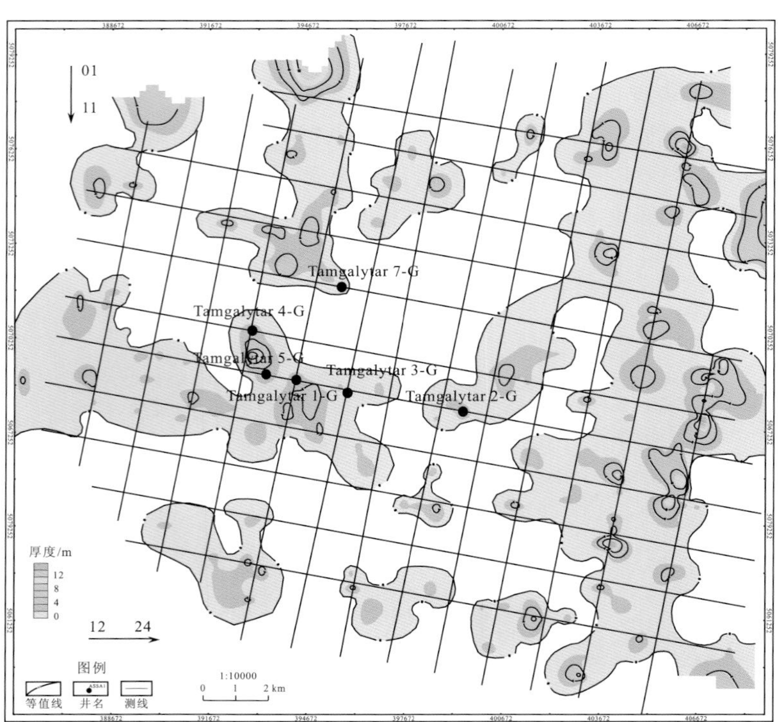

图 9-3-58 Marsel 探区 Tamgalytar 构造 $C_1v_1+C_1t$ 甜点厚度预测平面图

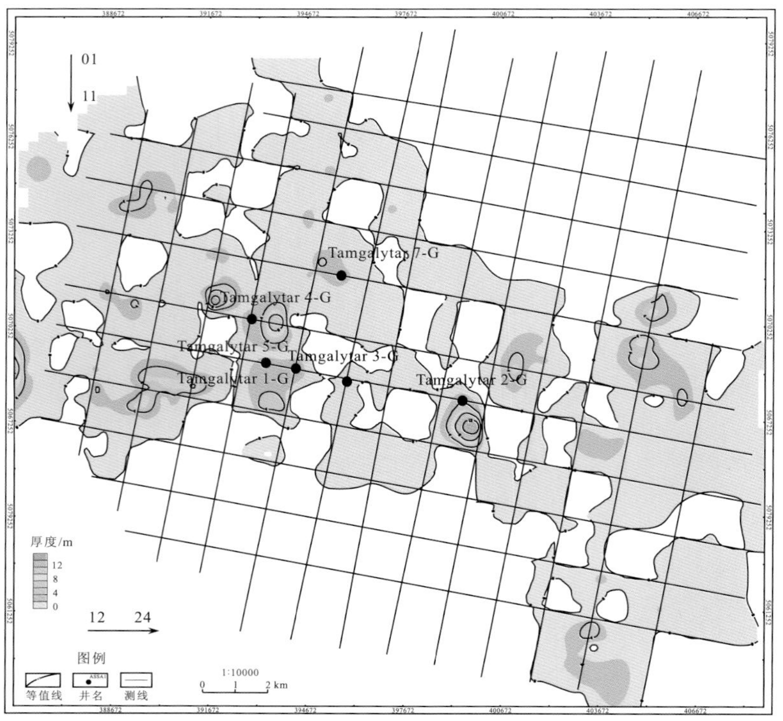

图 9-3-59 Marsel 探区 Tamgalytar 构造泥盆系甜点厚度预测平面图

“三元”汇聚，寻找储层厚度大、裂缝发育及油气显示结果好的区域作为含气“甜点”区；第二步，将研究区构造精细解释、已知井完钻井测试与“甜点”区域结合，进而提出勘探井位建议。

基于上述井位部署思路，结合前几节研究成果，现提出 13 口井的钻探建议，其中 Assasw 三维区布置 5 口建议井(JY1～JY5 井)，Tamgalynskaya 三维区布置 2 口建议井(JY6 井、JY7 井)，Tamgalytar 高精度二维区布置三口建议井(JY8～JY10 井)。具体井位部署设计情况如表 9-3-1 所示。

表 9-3-1 Marsel 探区重点目标区井位部署建议设计表

工区	序号	井名	基本要素			井别	线道号		其他
			完钻井位	设计深度/m	气层厚度/m		Line	CDP	
Assa 三维区	1	JY1	$D_3fm_1^1$	2750	58.0	探井	2630	20748	距 Assa 1 井 4031m
	2	JY2	$D_3fm_1^1$	2800	51.5	探井	2380	20478	距 Assa 1 井 3107m
	3	JY3	$D_3fm_1^1$	2950	56.0	探井	2600	20326	距 Assa 1 井 4848m
	4	JY4	$D_3fm_1^1$	3250	52.3	探井	2818	20855	距 Assa 1 井 8757m
	5	JY5	$D_3fm_1^1$	3150	80.0	探井	3116	20938	距 Assa 1 井 16341m
Tamgalynskaya 三维区	1	JY6	C_1t	3100	36.3	探井	2700	10701	
	2	JY7	C_1t	3140	23.5	探井	2732	10204	
Tamgalytar 二维区	1	JY8	C_1t	2950	60.2	探井	L2008 07	T528	距 Tam5 井 2300m
	2	JY9	C_1t	2850	56.0	探井	L2008 19	T798	距 Tam2 井 1500m
	3	JY10	C_1t	2950	57.5	探井	L2008 08	T930	距 Tam1 井 1200m

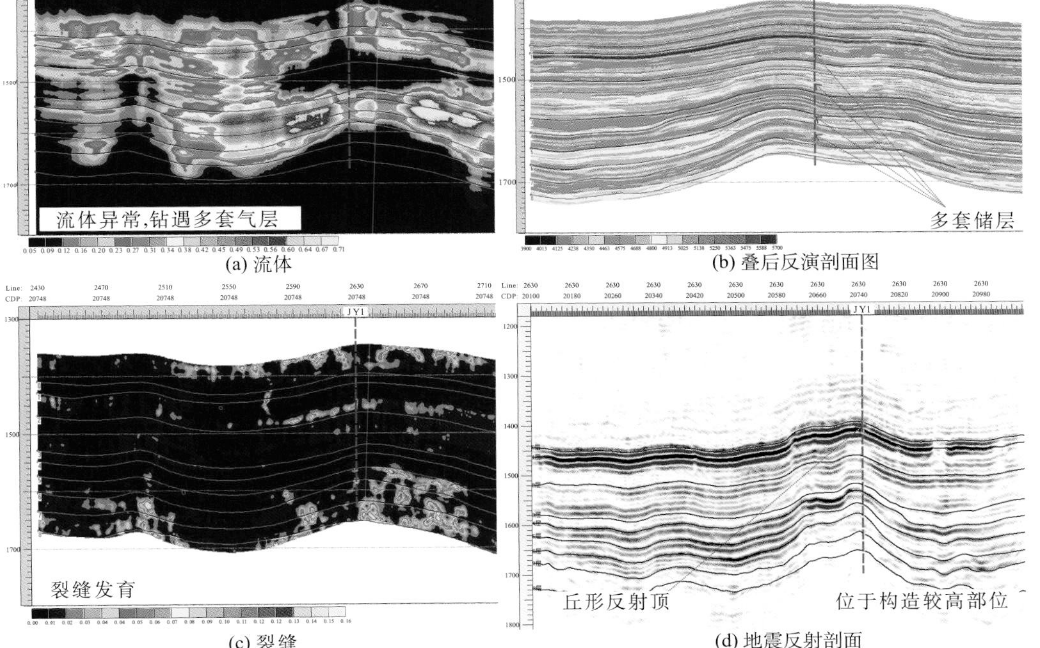

(a) 流体
(b) 叠后反演剖面图
(c) 裂缝
(d) 地震反射剖面

图 9-3-60 过建议 1 井叠后反演、气层检测、孔隙度反演及裂缝检测

1）Assasw 三维区具体的井位部署设计

（1）建议1井：根据叠后反演、气层检测、孔隙度反演及裂缝检测结果(图 9-3-60)得出的各层段“甜点”厚度预测结果(图 9-3-61)，结合地质精细构造解释及地震反射特征进行井位部署。主要目的层为泥盆系 $D_3fm_1^1$ 段，完钻层位 $D_3fm_1^1$，井所在线道号为 Line2630，CDP20748，预测可钻遇5个目的层的含气储层，预测钻遇气层厚度为 58.0m，设计井距 Assa 1 井 4031m，设计井深 2750m。

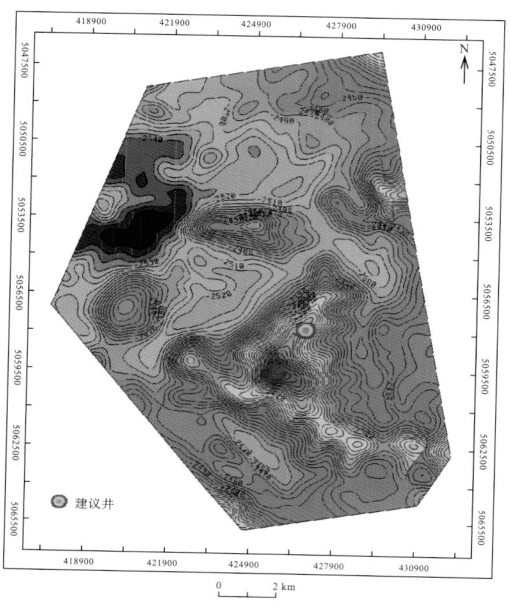

Assa三维区C_1sr顶界面构造图

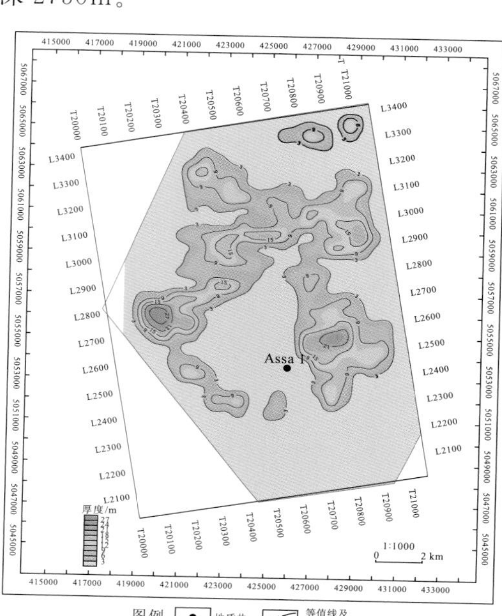

Assa三维区SQ7 (C_1sr) 甜点厚度预测图

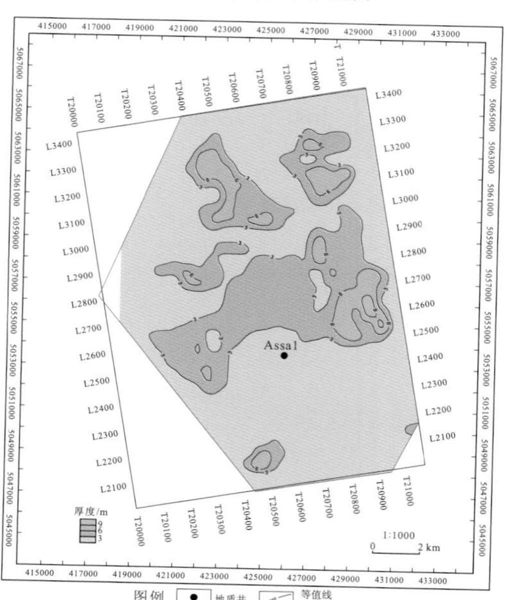

Assa三维区SQ5 (C_1v_2) 甜点厚度预测图

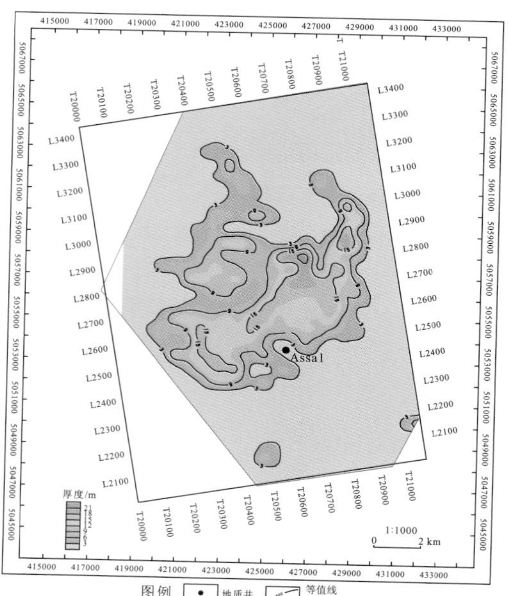

Assa三维区SQ4 (C_1v_1+C_1t) 甜点厚度预测图

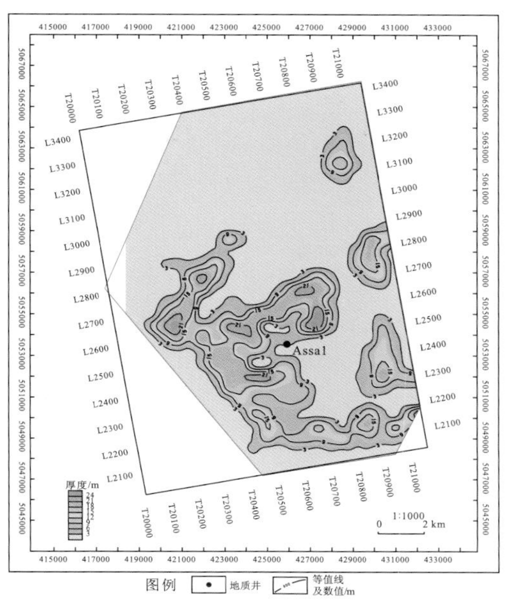

Assa三维区SQ2+SQ3($D_3fm_1^2+D_3fm_{2+3}$)甜点厚度预测图

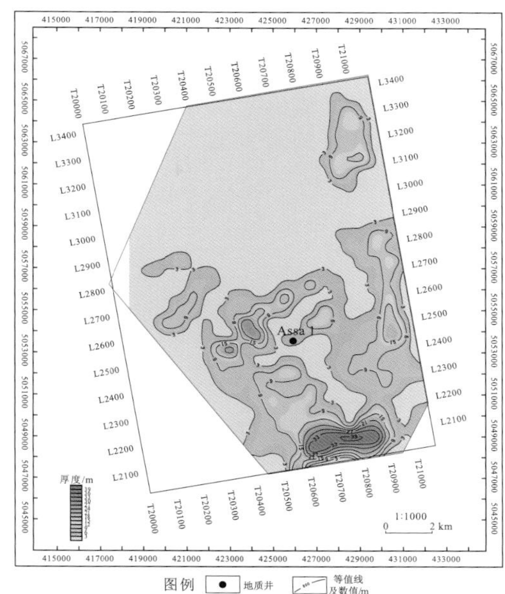

Assa三维区SQ1($D_3fm_1^1$T62-T63)甜点厚度预测图

图 9-3-61 建议 1 井"甜点"区厚度预测平面图及 T60 顶等深度图

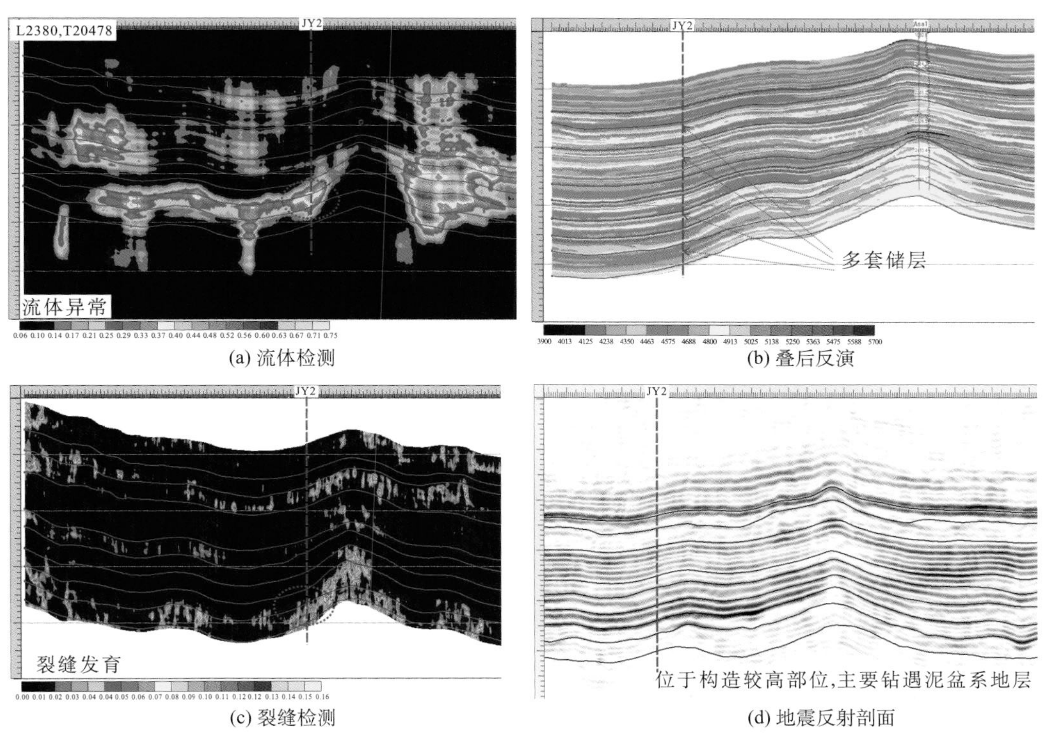

(a) 流体检测 (b) 叠后反演 (c) 裂缝检测 (d) 地震反射剖面

图 9-3-62 过建议 2 井流体检测、叠后反演、裂缝检测以及地震反射剖面

(2)建议2井:根据叠后反演、气层检测、孔隙度反演及裂缝检测结果(图9-3-62)得出的各层段"甜点"厚度预测结果(图9-3-63),结合地质精细构造解释及地震反射特征进行井位部署。完钻层位为泥盆系 $D_3fm_1^1$,井所在线道号为Line2380,CDP20478,预测可钻遇4个目的层的含气储层,预测钻遇气层厚度为51.5m,设计井距Assa 1井3107m,设计井深2900m。

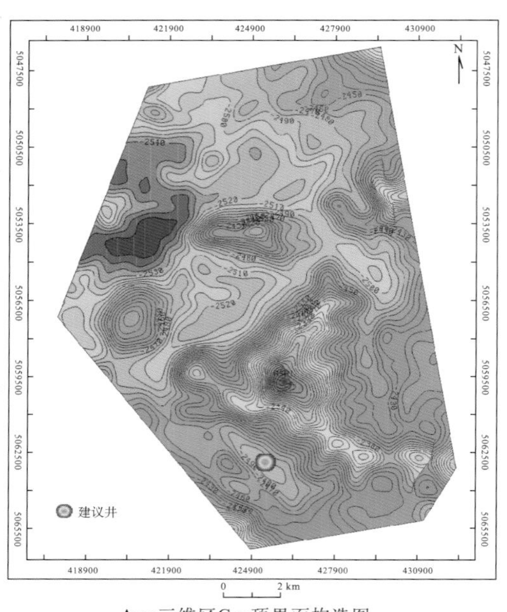

Assa三维区 C_1sr 顶界面构造图

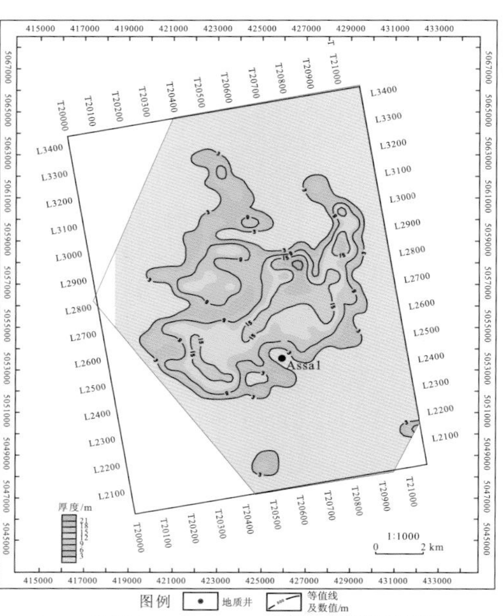

Assa三维区SQ4($C_1v_1+C_1t$)甜点厚度预测图

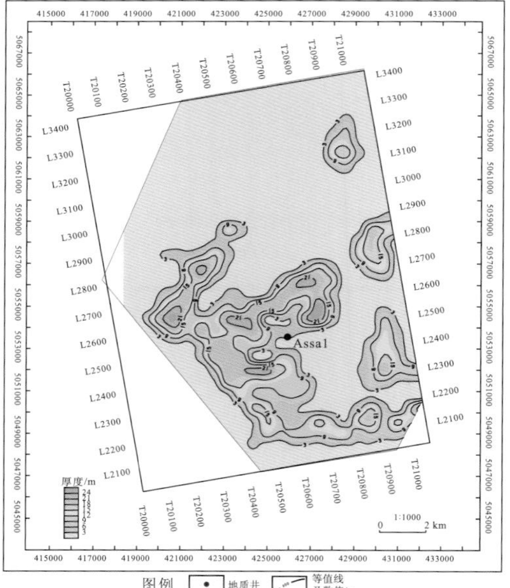

Assa三维区SQ2+SQ3($D_3fm_1^2+D_3fm_{2+3}$)甜点厚度预测图

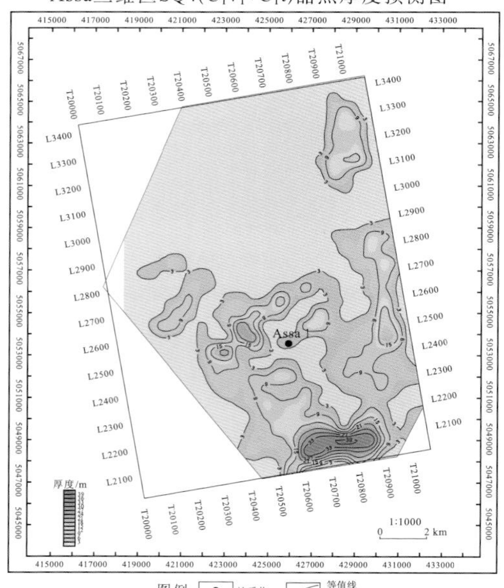

Assa三维区SQ1($D_3fm_1^1$+T62-T63)甜点厚度预测图

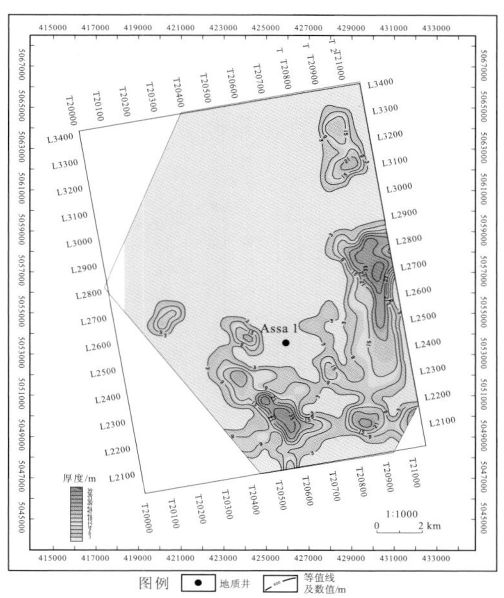

Assa三维区SQ1($D_3fm_1^1$T63 ~T70)甜点厚度预测图

图 9-3-63 建议 2 井"甜点"区厚度预测平面图及 T60 顶等深度图

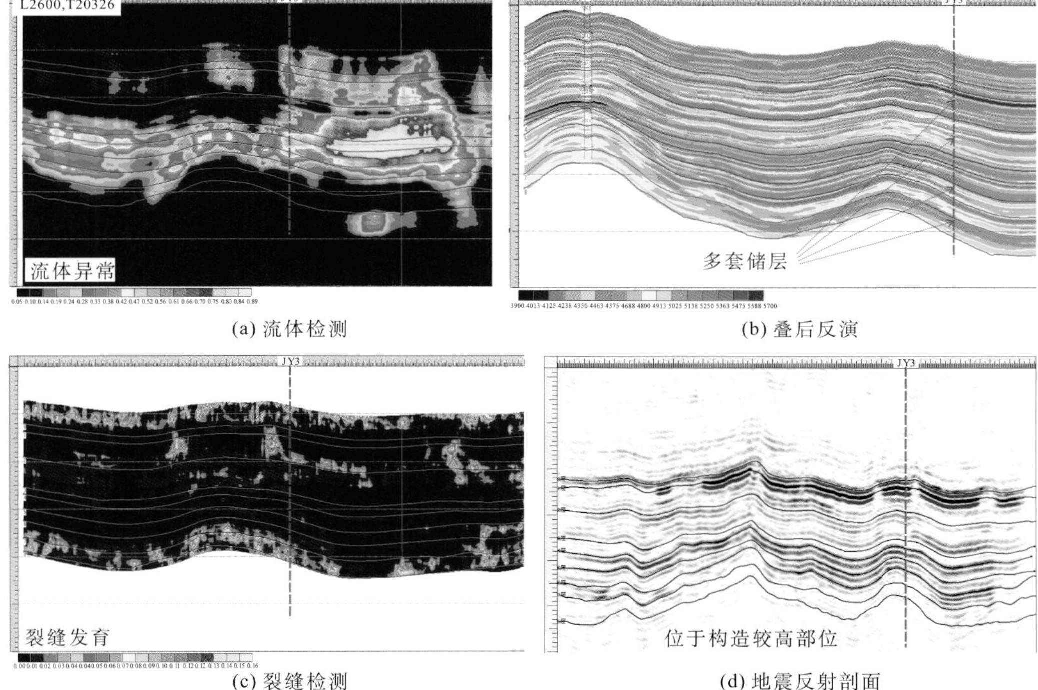

(a) 流体检测 (b) 叠后反演

(c) 裂缝检测 (d) 地震反射剖面

图 9-3-64 过建议 3 井流体检测、叠后反演、裂缝检测以及地震反射剖面

(3) 建议 3 井：根据叠后反演、气层检测、孔隙度反演及裂缝检测结果(图 9-3-64)得出的各层段“甜点”厚度预测结果(图 9-3-65)，结合地质精细构造解释及地震反射特征进行井位部署。完钻层位为泥盆系 $D_3fm_1^1$，井所在线道号为 Line2600，CDP20326，预测可钻遇 5 个目的层的含气储层，预测钻遇气层厚度为 56.0m，设计井距 Assa1 井 4748m，设计井深 2950m。

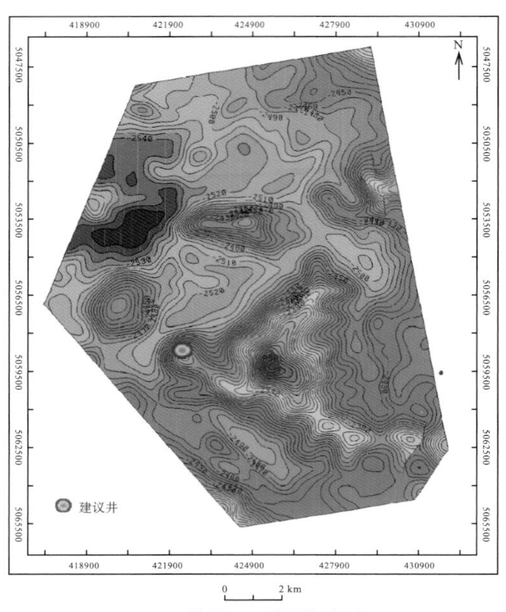

Assa三维区C_1sr顶界构造图

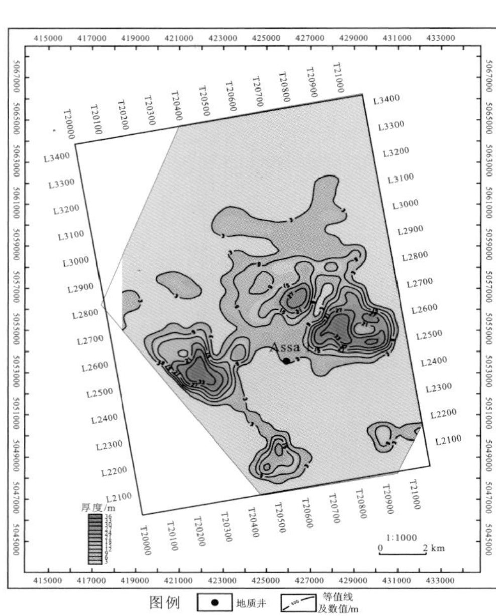

Assa三维区SQ6 (C_1v_3) 甜点厚度预测图

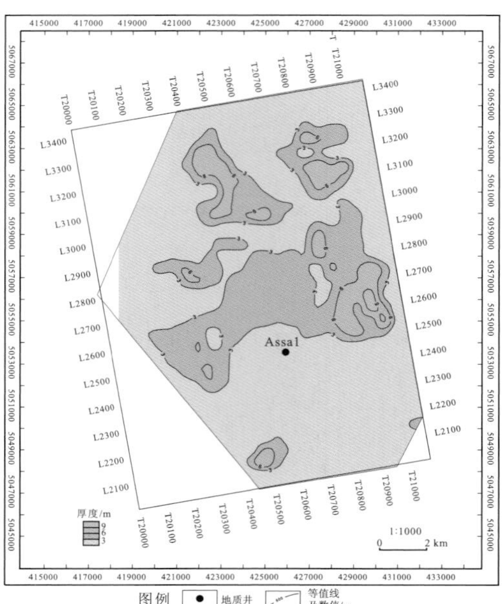

Assa三维区SQ5 (C_1v_2) 甜点厚度预测图

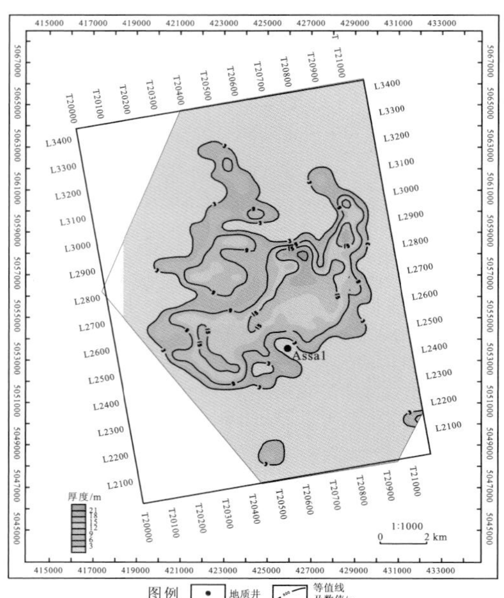

Assa三维区SQ4 ($C_1v_1+C_1t$) 甜点厚度预测图

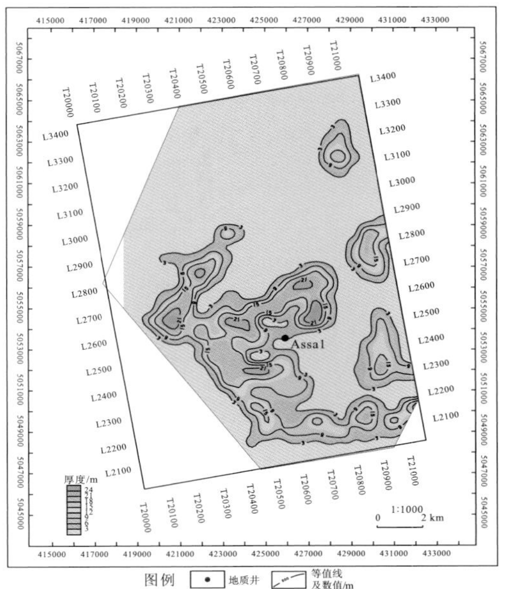

Assa三维区SQ2+SQ3($D_3fm_1^2$+D_3fm_{2+3})甜点厚度预测图

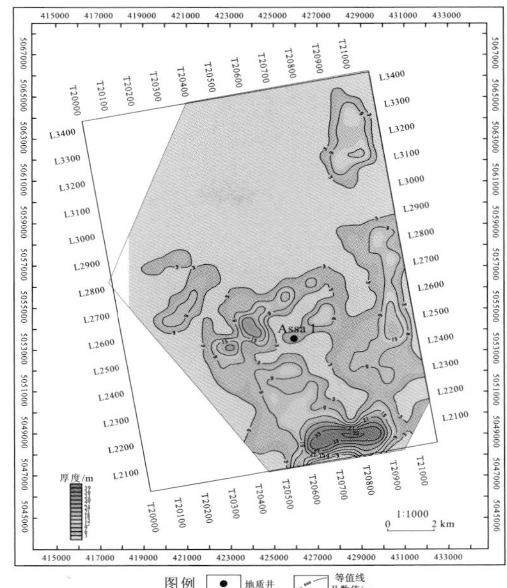

Assa三维区SQ1（$D_3fm_1^1$T62-T63）甜点厚度预测图

图 9-3-65　建议 3 井"甜点"区厚度预测平面图及 T60 顶等深度图

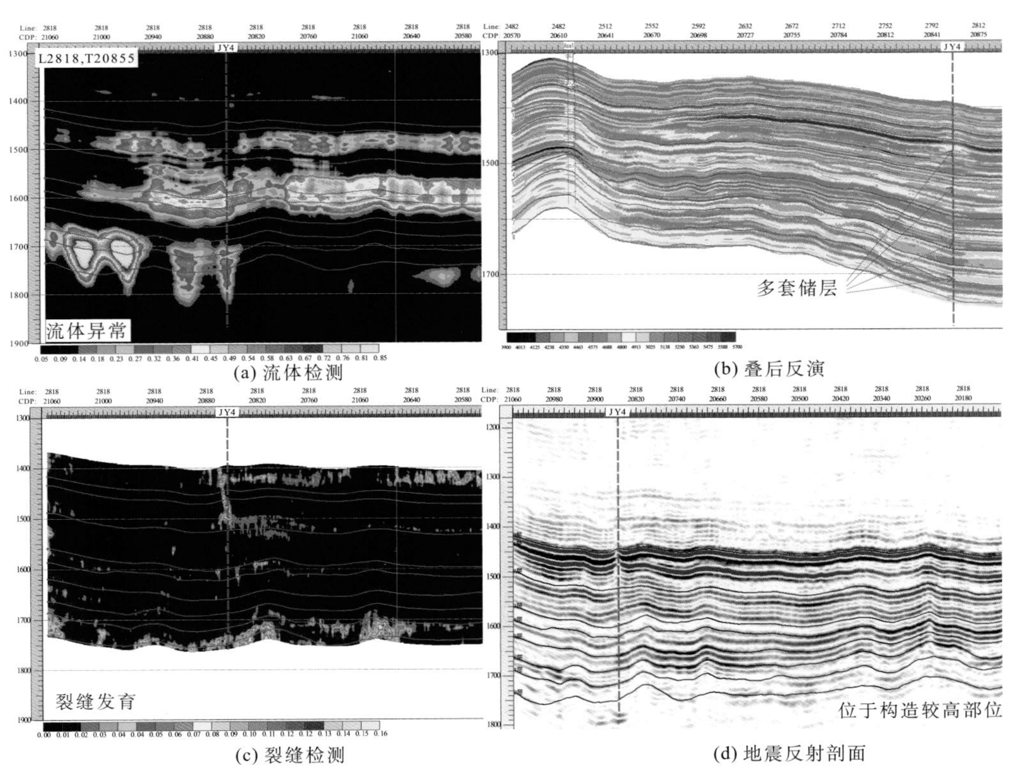

(a) 流体检测　(b) 叠后反演　(c) 裂缝检测　(d) 地震反射剖面

图 9-3-66　过建议 4 井流体检测、叠后反演、裂缝检测以及地震反射剖面

（4）建议 4 井：根据叠后反演、气层检测、孔隙度反演及裂缝检测结果（图 9-3-66）得出的各层段“甜点”厚度预测结果（图 9-3-67），结合地质精细构造解释及地震反射特征进行井位部署。完钻层位为泥盆系 $D_3fm_1^1$，井所在线道号为 Line2818，CDP20855，预测可钻遇 5 个目的层的含气储层，预测钻遇气层厚度为 52.25m，设计井距 Assa 1 井 8758m，设计井深 3250m。

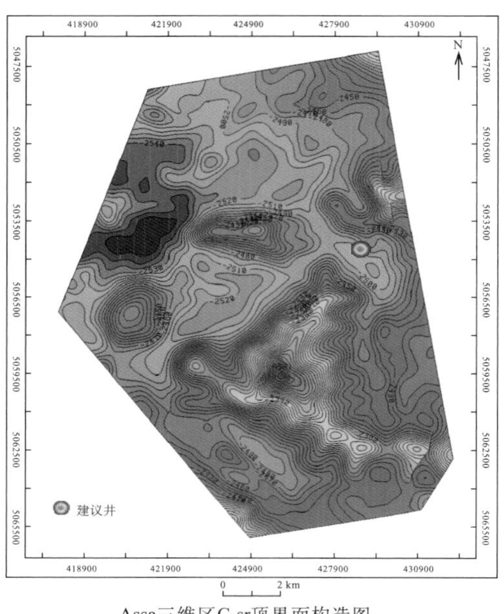

Assa三维区C_1sr顶界面构造图

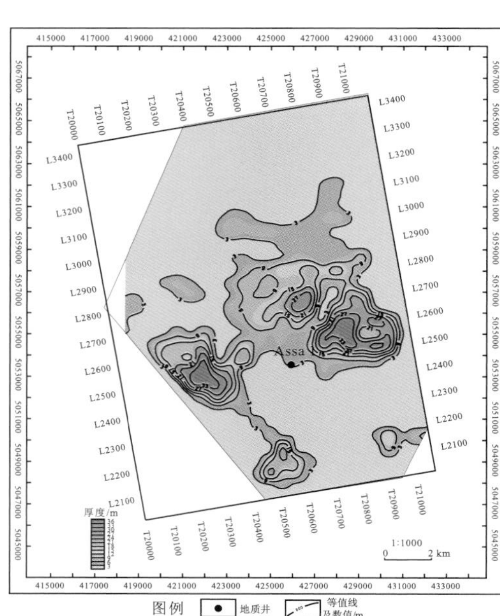

Assa三维区SQ6 (C_1v_3) 甜点厚度预测图

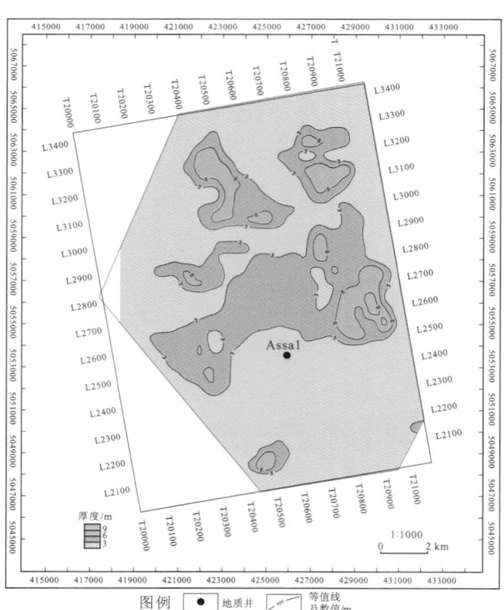

Assa三维区SQ5 (C_1v_2) 甜点厚度预测图

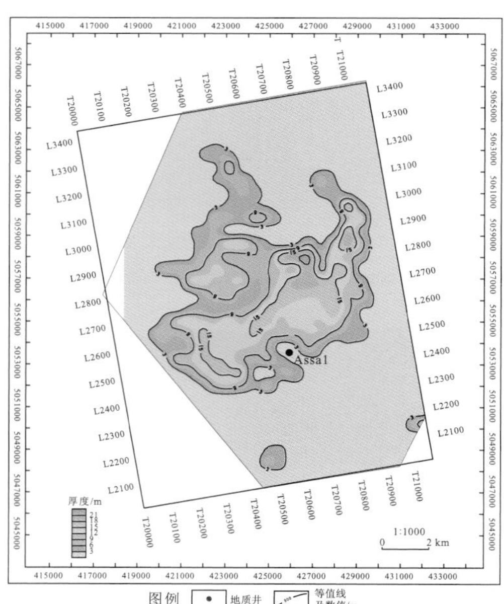

Assa三维区SQ4 (C_1v_1+C_1t) 甜点厚度预测图

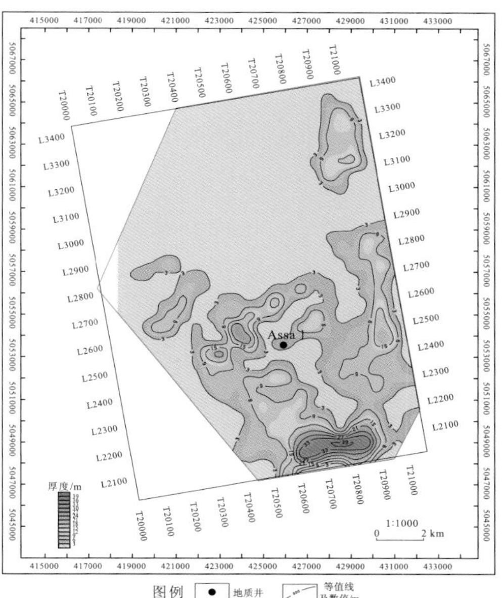

Assa三维区SQ1 ($D_3fm_1^2$+T62-D63) 甜点厚度预测图

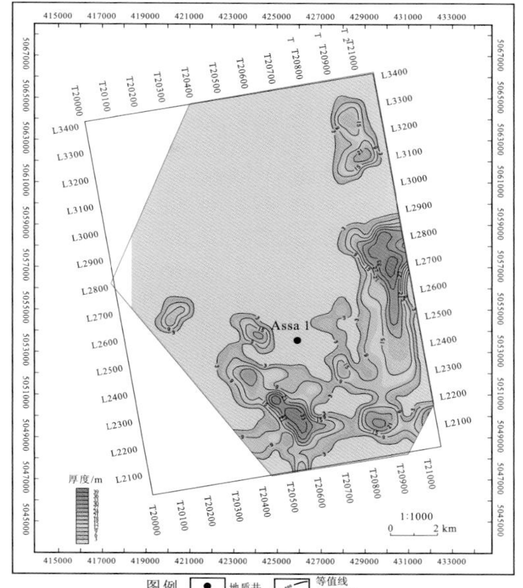

Assa三维区SQ1 ($D_3fm_1^1$T62~T70) 甜点厚度预测图

图 9-3-67　建议 4 井"甜点"区厚度预测平面图及 T60 顶等深度图

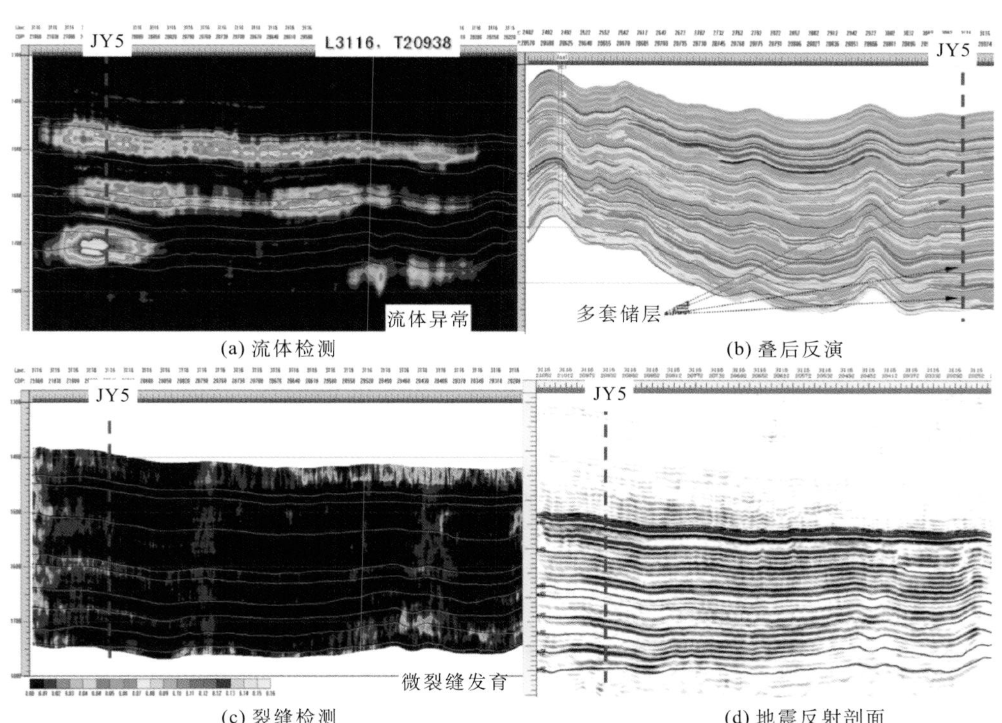

(a) 流体检测　(b) 叠后反演

(c) 裂缝检测　(d) 地震反射剖面

图 9-3-68　过建议 5 井流体检测、叠后反演、裂缝检测以及地震反射剖面

(5) 建议5井：根据叠后反演、气层检测、孔隙度反演及裂缝检测结果(图9-3-68)得出的各层段“甜点”厚度预测结果(图9-3-69)，结合地质精细构造解释及地震反射特征进行井位部署。完钻层位为泥盆系 $D_3fm_1^1$，井所在线道号为Line3116，CDP20938，预测可钻遇5个目的层的含气储层，预测钻遇气层厚度为80m，设计井距Assa 1井16341m，设计井深3150m。

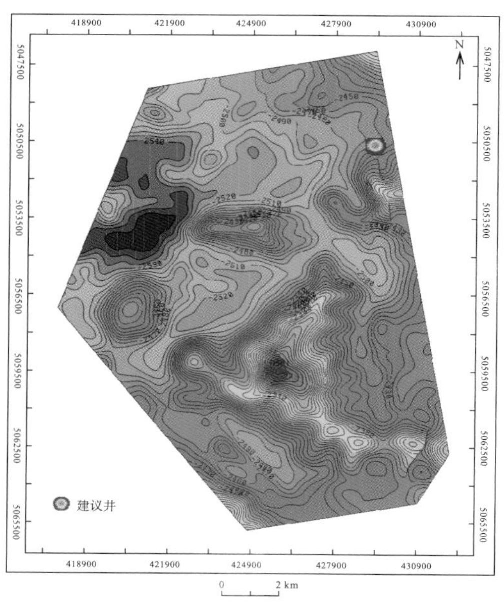

Assa三维区 C_1sr 顶界面构造图

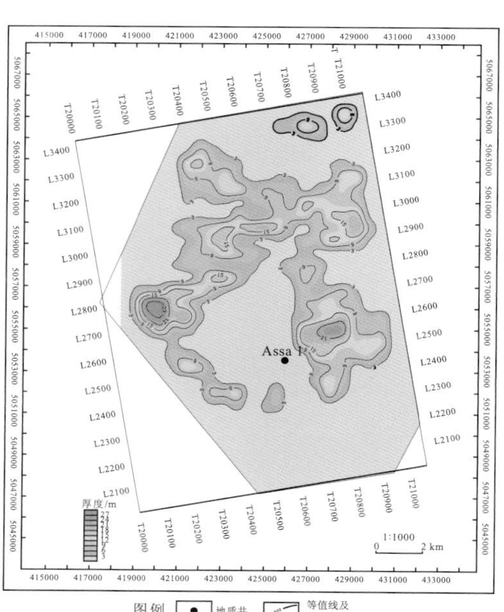

Assa三维区SQ7 (C_1sr) 甜点厚度预测图

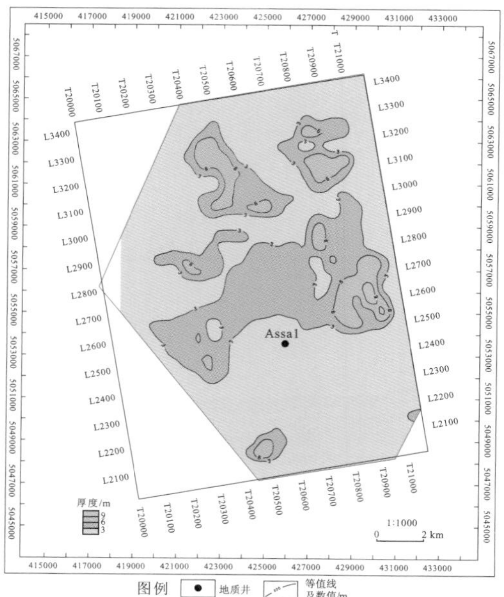

Assa三维区SQ5(C_1v_2)甜点厚度预测图

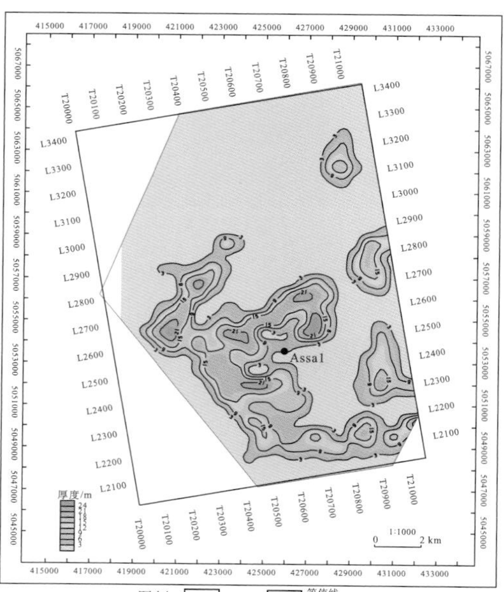

Assa三维区SQ2+SQ3($C_1fm_1^2+D_1fm_{2+3}$)甜点厚度预测图

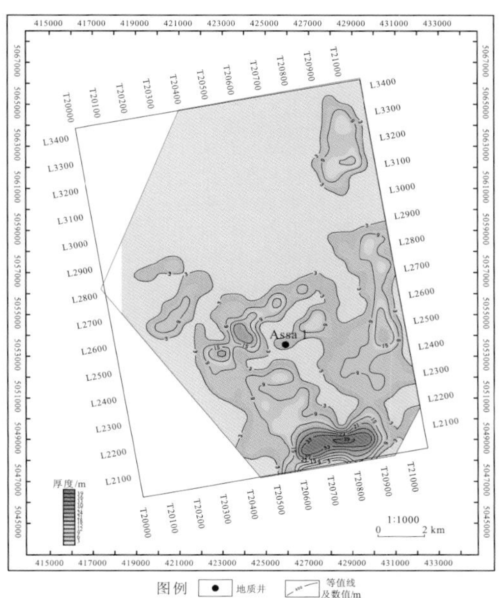

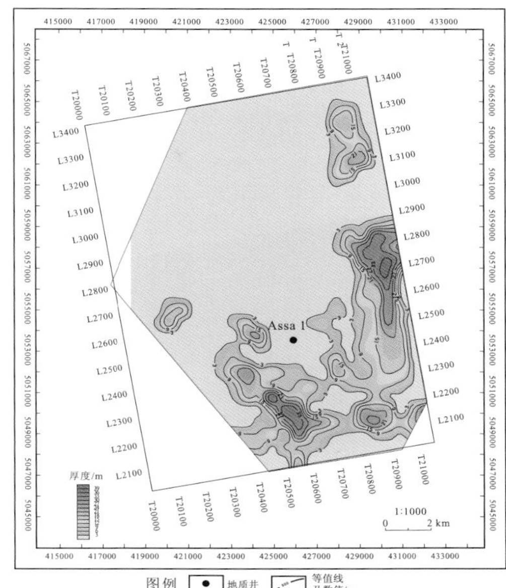

图 9-3-69 建议 5 井"甜点"区厚度预测平面图及 T60 顶等深度图

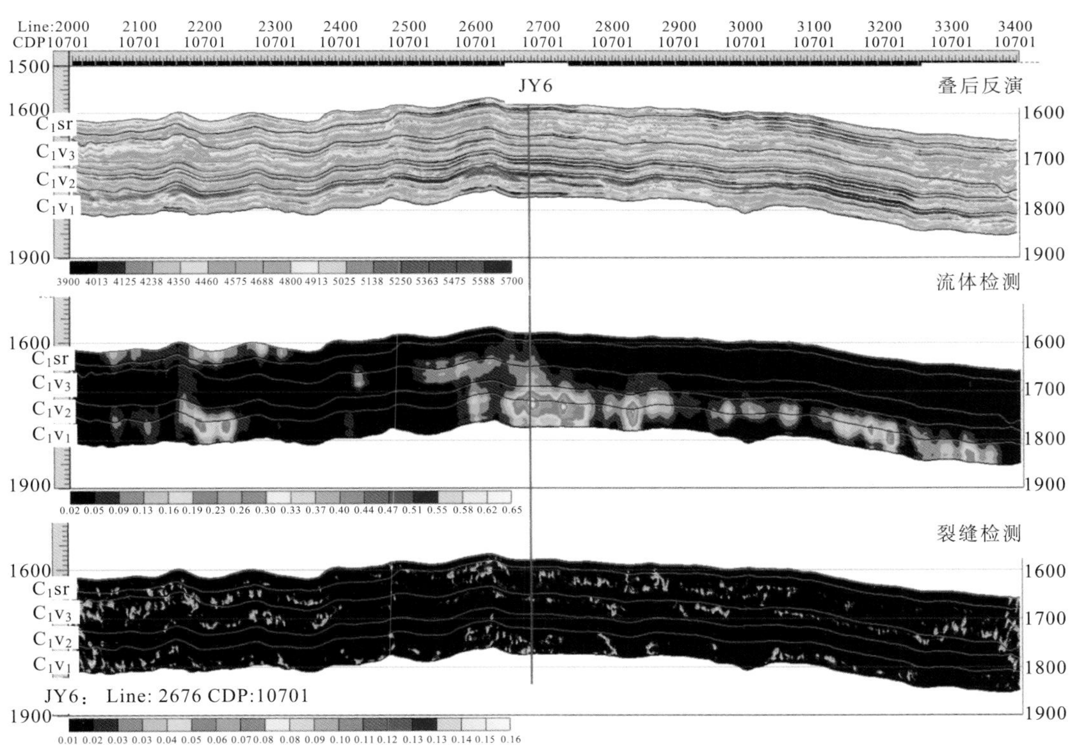

图 9-3-70 过建议 6 井叠后反演、气层检测、孔隙度反演及裂缝检测结果

2）Tamgalynskaya 三维区具体的井位部署设计

（1）建议 6 井：根据叠后反演、气层检测、孔隙度反演及裂缝检测结果（图 9-3-70）得出的各层段“甜点”厚度预测结果（图 9-3-71），结合地质精细构造解释及地震反射特征进行井位部署。完钻层位为石炭系 C_1v_1，井所在线道号为 Line2676，CDP10701，预测

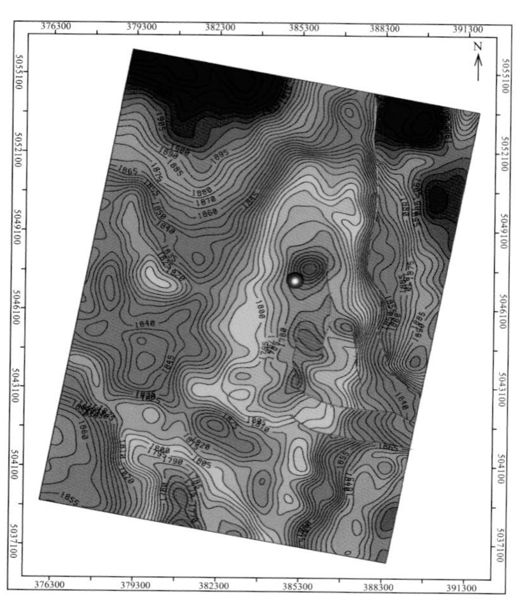

(a) 南哈萨克区块Tamgalytar区中–下石炭统顶界等T_0构造图

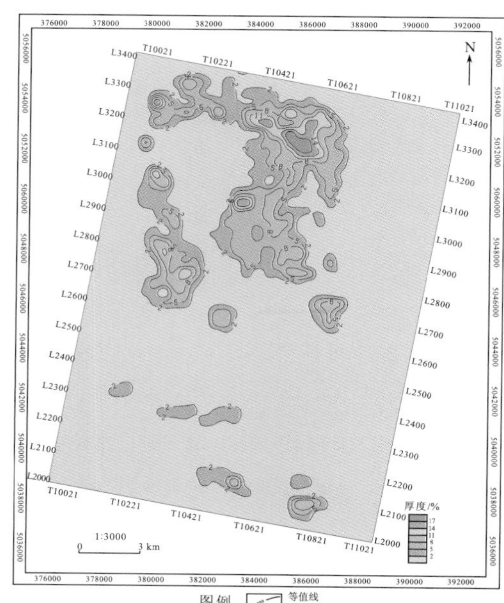

(b) C_1v_2

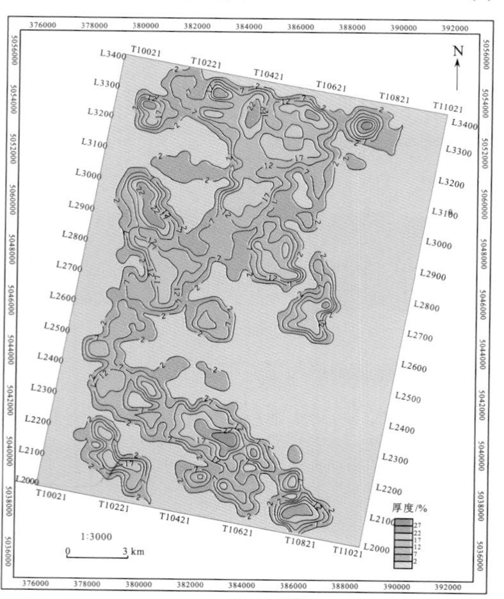

(c) C_1v_1

图 9-3-71　建议 6 井“甜点”区厚度预测平面图及 T60 顶等深度图

可钻遇 2 个目的层的含气储层，预测钻遇气层厚度为 36.25m，设计井深 3100m。

（2）建议 7 井：根据叠后反演、气层检测、孔隙度反演及裂缝检测结果（图 9-3-72）得出的各层段“甜点”厚度预测结果（图 9-3-73），结合地质精细构造解释及地震反射特征进行井位部署。完钻层位为石炭系 C_1v_1，井所在线道号为 Line2845，CDP10405，预测可钻遇 2 个目的层的含气储层，预测钻遇气层厚度为 23.5m，设计井深 3150m。

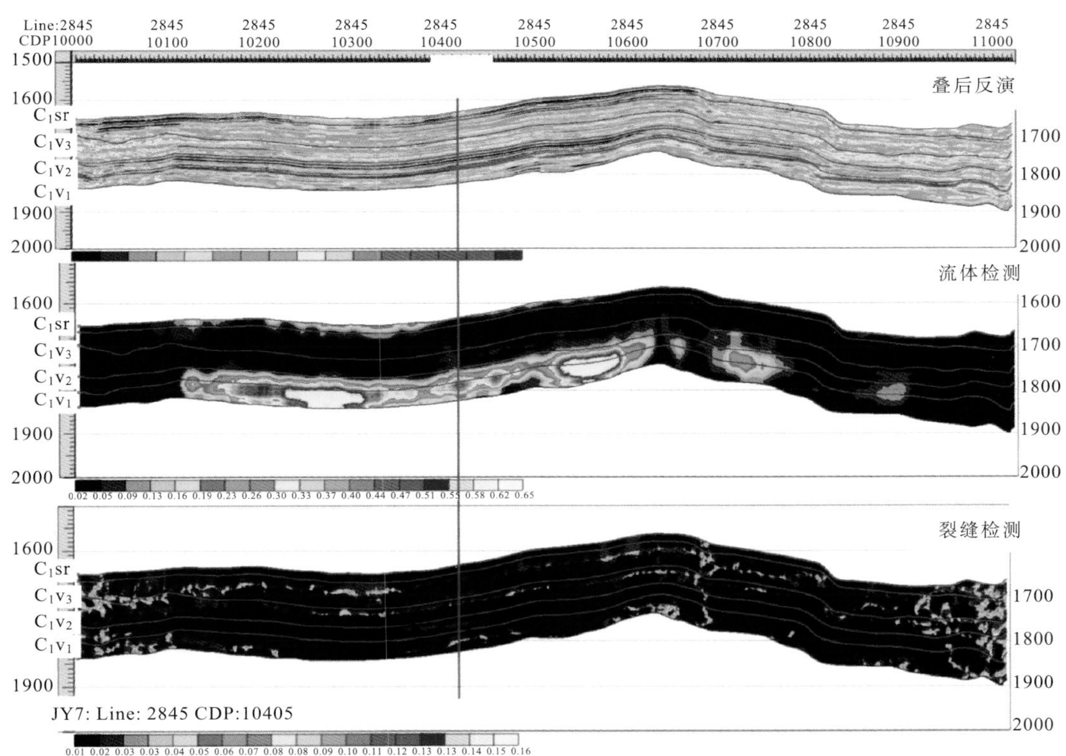

图 9-3-72 过建议 7 井叠后反演、气层检测、孔隙度反演及裂缝检测结果

3）Tamgalytar 高精度二维区具体的井位部署设计

（1）建议 8 井：根据叠后反演、气层检测、孔隙度反演及裂缝检测结果（图 9-3-74）得出的各层段“甜点”厚度预测结果（图 9-3-75），结合地质精细构造解释及地震反射特征进行井位部署。完钻层位为泥盆系 $D_3fm_1^1$ 段，井所在线道号为 Line2008_07，CDP528，预测可钻遇 6 个目的层的含气储层，预测钻遇气层厚度为 60.2m，设计井深 2950m。

（2）建议 9 井：根据叠后反演、气层检测、孔隙度反演及裂缝检测结果（图 9-3-76）得出的各层段“甜点”厚度预测结果（图 9-3-77），结合地质精细构造解释及地震反射特征进行井位部署。完钻层位为石炭系，井所在线道号为 Line2008_19，CDP798，预测可钻遇 3 个目的层的含气储层，预测钻遇气层厚度为 56m，设计井深 2850m。

（3）建议 10 井：根据叠后反演、气层检测、孔隙度反演及裂缝检测结果（图 9-3-78）得出的各层段“甜点”厚度预测结果（图 9-3-79），结合地质精细构造解释以及地震反射特征进行井位部署。完钻层位为石炭系，井所在线道号为 Line2008_08，

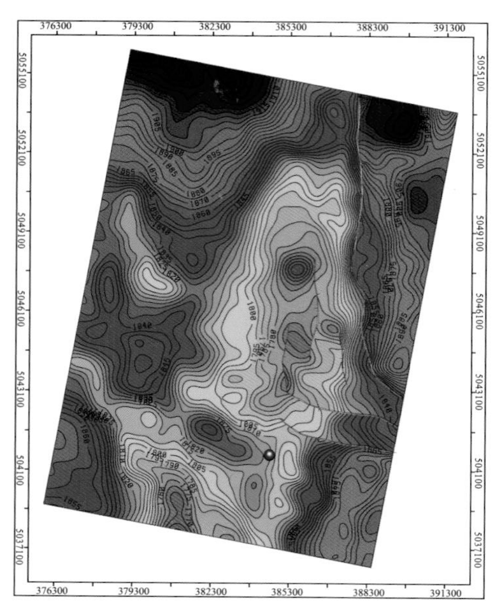

(a) 南哈萨克区块Tamgalytar区中-下石炭统顶界等T_0构造图

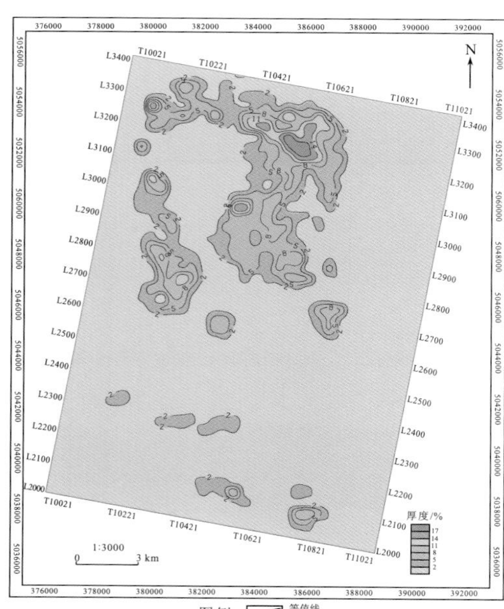

图例 等值线及数值/m

(b) C_1v_2

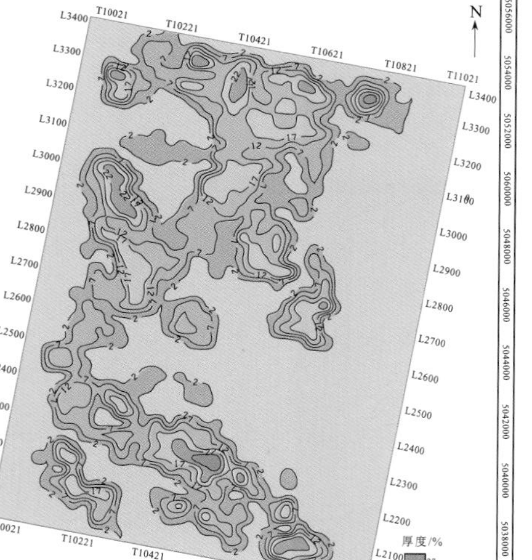

图例 等值线及数值/m

(c) C_1v_1

图 9-3-73　建议 7 井"甜点"区厚度预测平面图及 T60 顶等深度图

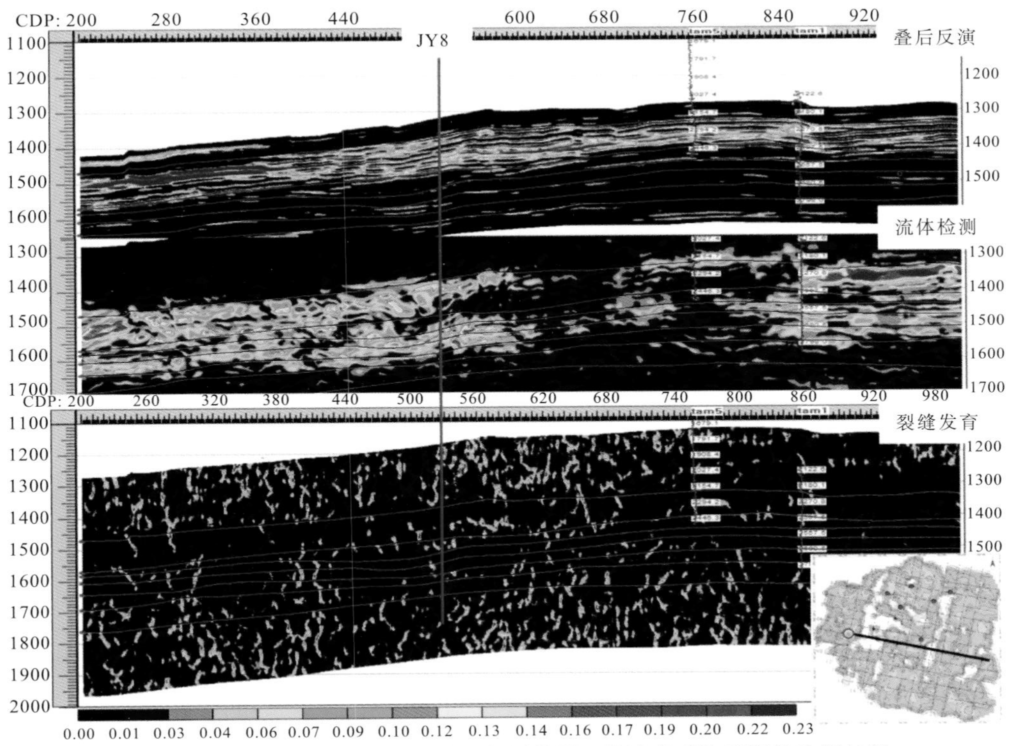

图 9-3-74 过建议 8 井叠后反演、气层检测、孔隙度反演及裂缝检测结果

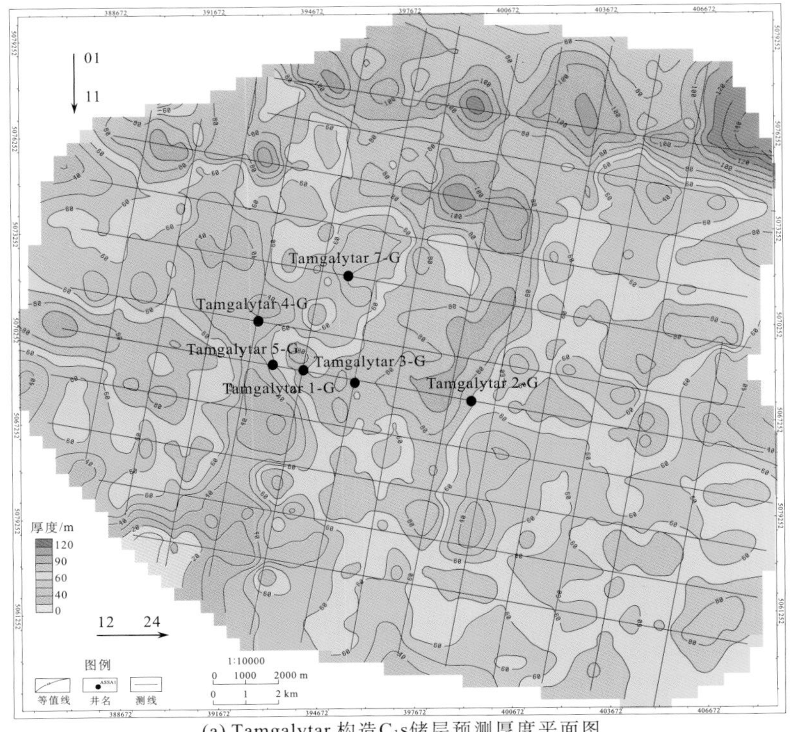

(a) Tamgalytar 构造C_1s储层预测厚度平面图

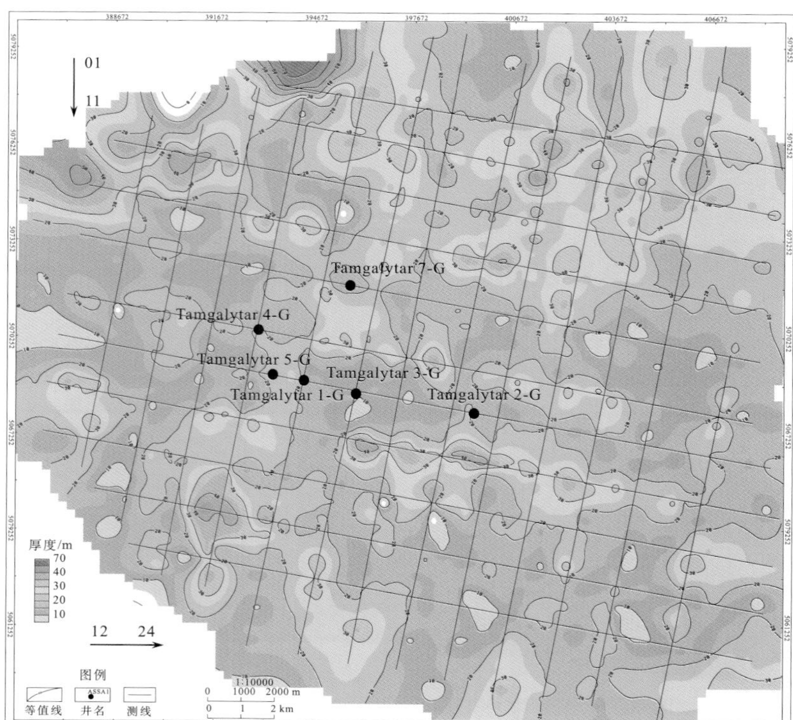

(b) Tamgalytar 二维区C_1v_3储层厚度预测平面图

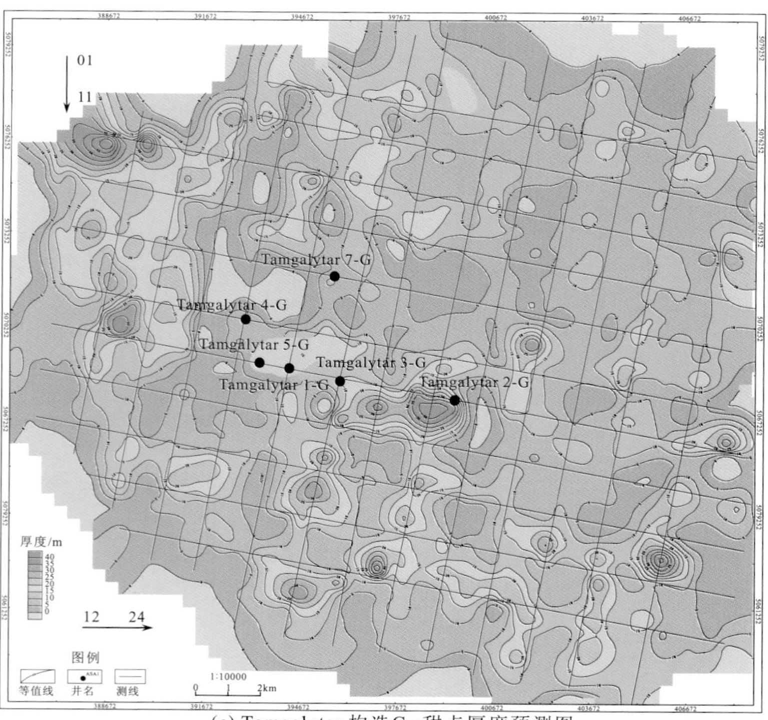

(c) Tamgalytar 构造C_1s甜点厚度预测图

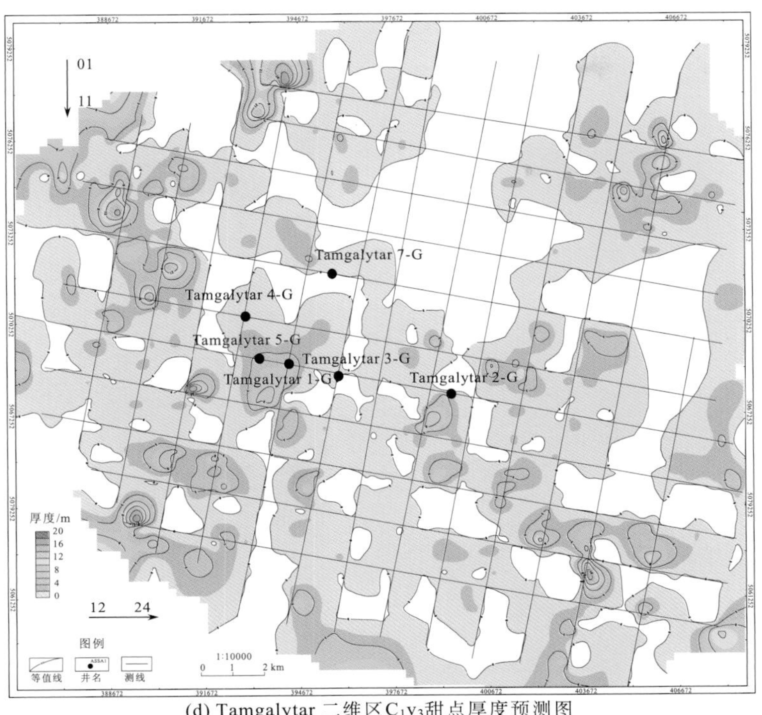

(d) Tamgalytar 二维区C_1v_3甜点厚度预测图

图 9-3-75 建议 8 井"甜点"区厚度预测平面图

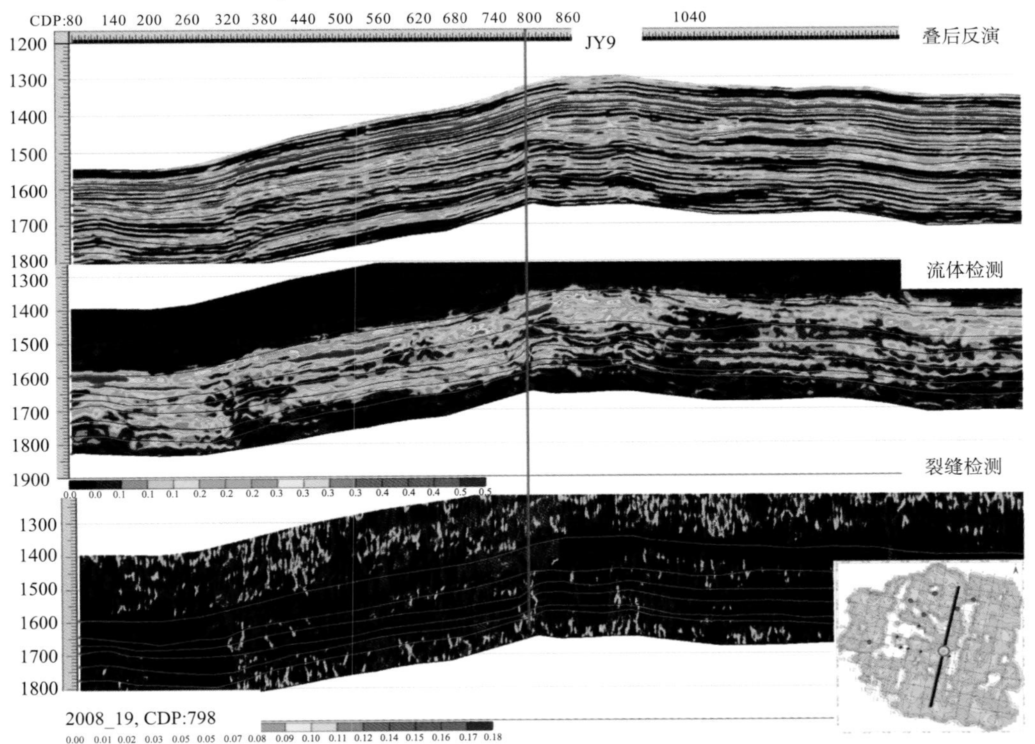

图 9-3-76 过建议 9 井叠后反演、气层检测、孔隙度反演及裂缝检测结果

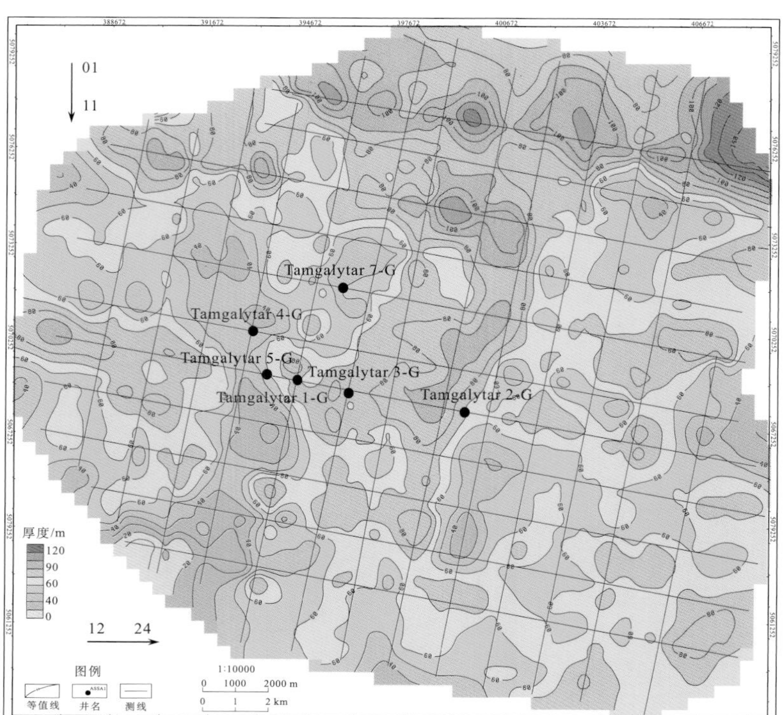

(a) Tamgalytar 构造C_1s储层预测厚度平面图

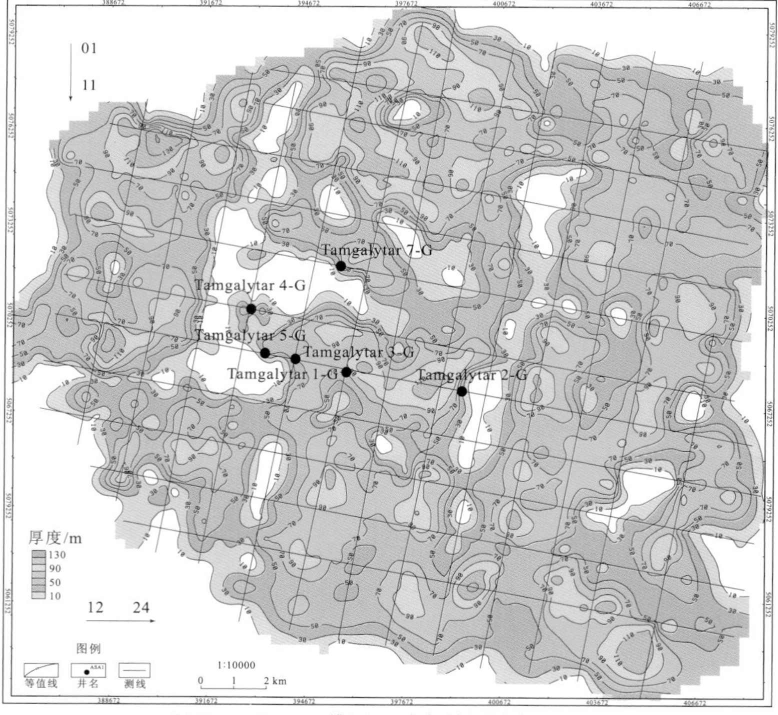

(b) Tamgalytar 二维区C_1s含气储层厚度预测图

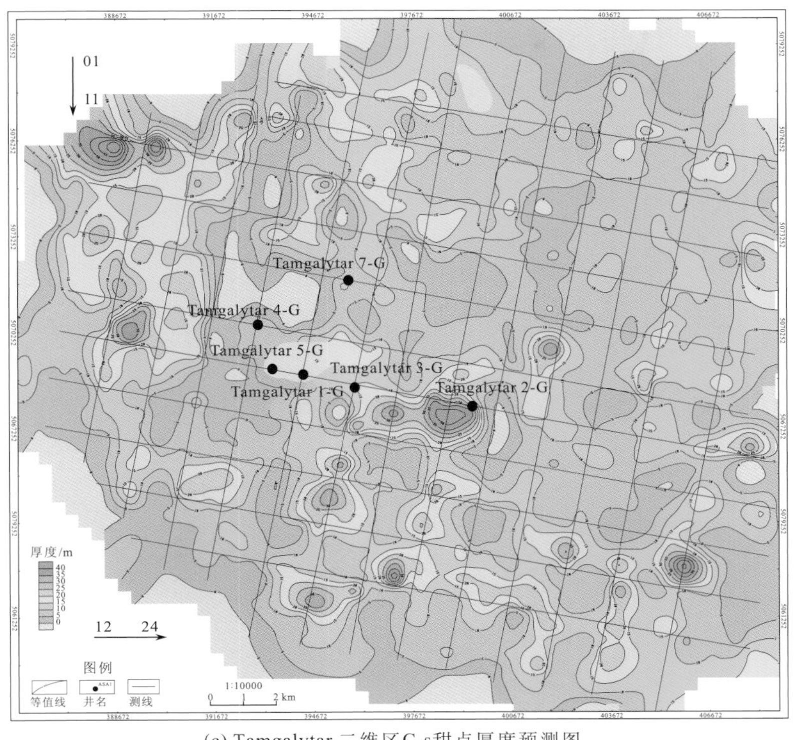

(c) Tamgalytar 二维区C_1s甜点厚度预测图

图 9-3-77 建议 9 井"甜点"区厚度预测平面图

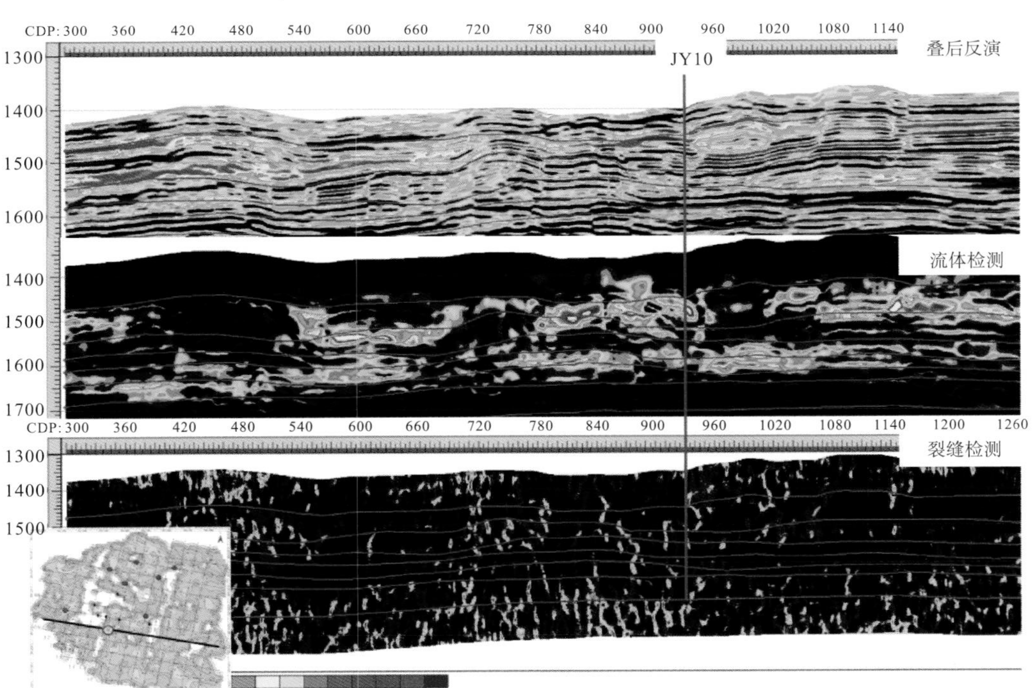

图 9-3-78 过建议 10 井叠后反演、气层检测、孔隙度反演及裂缝检测结果

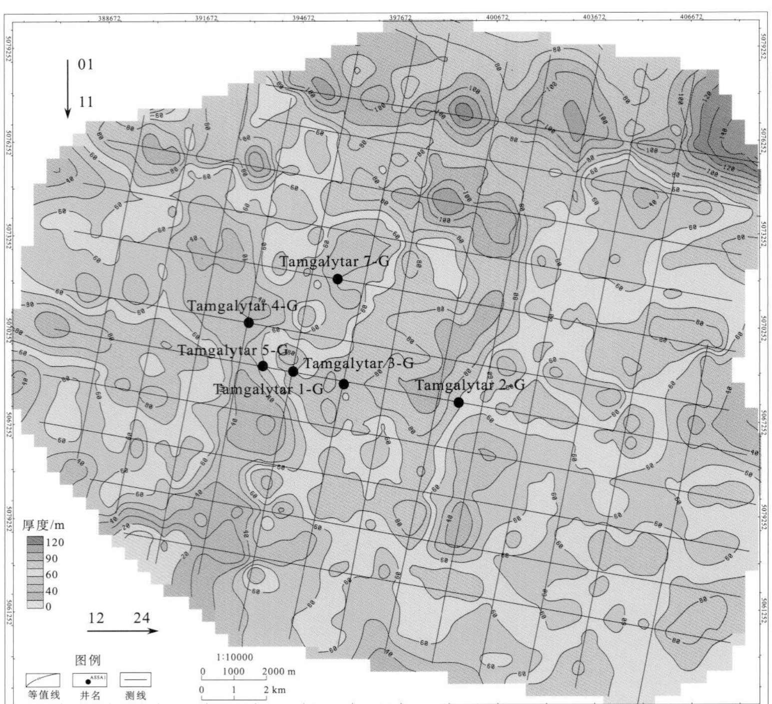

(a) Tamgalytar 构造C_1s储层厚度预测平面图

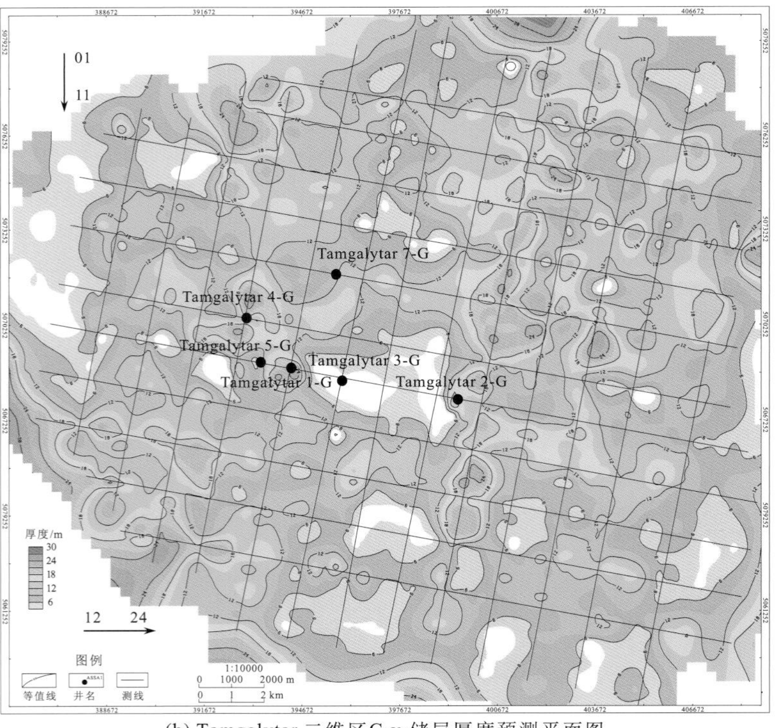

(b) Tamgalytar 二维区C_1v_2储层厚度预测平面图

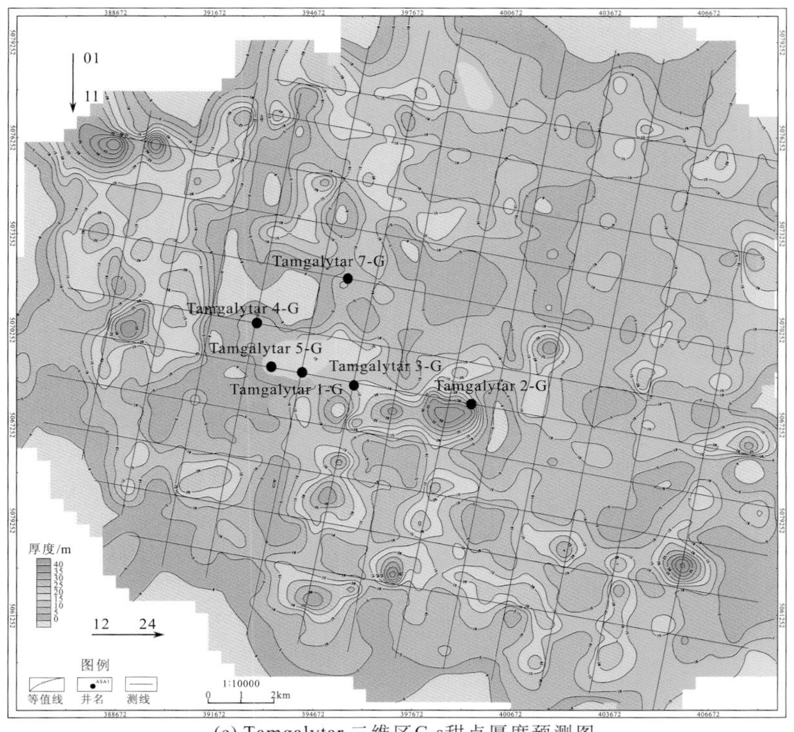

(c) Tamgalytar 二维区C_1s甜点厚度预测图

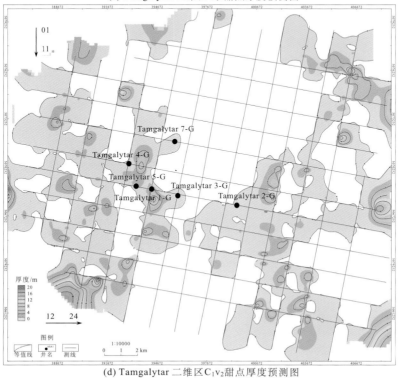

(d) Tamgalytar 二维区C_1v_2甜点厚度预测图

图 9-3-79 建议 10 井“甜点”区厚度预测平面图

CDP930，预测可钻遇4个目的层的含气储层，预测钻遇气层厚度为57.5m，实际井距Tamgalytar 1-G井1.7km，设计井深2950m。

五、结论与认识

（1）本书在进行叠后反演之前开展了地震资料品质分析、地震地质层位的选取及井震标定工作，以上三项基础性工作的研究为后续叠后储层反演奠定了良好的基础。

（2）基于完钻井岩石物理统计特征分析，得到了三个重点研究区的如下认识：石炭系储层(云灰岩)速度高于非储层(泥岩)速度；膏岩速度最大，一般大于5500m/s；泥盆系储层(致密砂岩)速度低于非储层(泥岩)速度，特别当储层含气后差异性更明显。岩石物理统计结果为反演速度与岩石地球物理参数之间建立了彼此联系的桥梁。

（3）依据研究区实际地震地质情况采用了先进的叠后地震相控非线性随机反演算法进行储层预测，它是在地震相模式的约束下将非线性随机模拟理论与地震反演结合起来，在提高地震资料垂向分辨率的同时，充分考虑了地下地质的随机特性，使得反演结果更加符合地下实际情况。

（4）地震相控非线性随机反演算法与其他叠后反演方法相比，反演结果更加能够匹配完钻井资料，例如Assa 1井，反演精度更高，能够识别5m以上薄层，而且反演结果能够很好地反映石炭系礁滩体等的实际沉积特征。

（5）根据叠后储层预测的结果，分析研究区井所在位置孔隙度与纵波速度的交会图，拟合出两者之间的关系式，得到了研究工区孔隙度分布图。基于此孔隙度反演结果得到不同层段的孔隙分布情况。例如Assasw三维区C_1sr段高孔隙度主要分布在工区北部，低孔隙度部分主要出现在工区南部，分析结果与储层预测C_1sr段厚度平面特征一致。

（6）本研究工作采用缝洞蚂蚁体识别技术对研究区块进行缝洞发育情况的检测。检测结果表明：利用蚂蚁体识别技术进行裂缝检测，相比于常规相干体裂缝检测而言，识别精度更高，成像特征更加明显；不同研究工区内的不同层段裂缝发育情况不同，其中裂缝发育程度可以分为不发育、微裂缝及大尺度裂缝三种；研究工区泥盆系和石炭系裂缝发育方向也不尽相同，Assasw三维区北东和北西向裂缝较发育，Tamgalynskaya三维区以近东西和近南北向裂缝为主。

（7）基于广义S变换及小波变换进行频谱分解的方法进行目的层段流体活动属性提取。研究发现目标区石炭系及泥盆系都发育不同程度的含气层，总体上石炭系含气情况好于泥盆系，目标区流体活动属性剖面反映含气情况与测井解释不同井段深度内含气解释结果大体一致；含气层检测结果与地质方面研究含气层的主要构造一致。检测结果既能与已知井资料吻合，又能准确反映含气层纵横向变化特征，因此能够真实反映地下含气层情况，具有较强的适用性。

（8）综合储层叠后反演、孔隙度反演、含气层检测及裂缝检测成果划分出有利的勘探区域，即“甜点”。研究表明储层预测厚度厚、孔隙度高、含气层分布范围广、裂缝发育程度高区域更有可能成为“甜点”发育区。

（9）井位部署忠实于构造特征、完井测试结果及“甜点”发育部位。一般，选取“甜点”发育区及构造相对高部位作为井位部署点。

参考文献

代双和，陈志刚，于静波，等. 2010. 流体活动性属性技术在KG油田储集层描述中的应用析. 石油勘探与开发，37(5)：573-578.

董宁，杨立强. 2008. 基于小波变换的吸收衰减技术在塔河油田储层预测中的应用研究. 地球物理学进展，23(2).

黄捍东，罗群，付艳，等. 2007. 地震相控非线性随机反演研究与应用. 石油地球物理勘探，42(6)：694-698.

慎国强，孟宪军，王玉梅，等. 2004. 随机地震反演方法及其在埕北35井区的应用. 石油地球物理勘探，39(1)：75-82.

石玉梅，谢桂生. 2000. 断层检测中的小波分析法. 中国煤田地质，12(3)：52-56.

王西文，苏明军，刘军迎等. 2002a. 基于小波变换的地震相干体算法及应用. 石油物探，41(3)：334-338.

王西文，杨孔庆，周立宏等. 2002b. 基于小波变换的地震相干体算法研究. 地球物理学报，45(6)：847-852.

Biot M A. 1956a. Theory of propagation of elastic waves in a fluid-saturated porous solid：Ⅱ. High-frequency range. (Journal of) The Acoustical society of America，28(2)：179-191.

Biot M A. 1956b. Theory of propagation of elastic waves in a fluid-saturated porous solid：Ⅰ. Low-frequency range. (Journal of) The Acoustical society of America，28(2)：168-178.

Castagna J P，Sun S，Siefried R W. 2003. Instantaneous spectral analysis：Detection of low-frequency shadows associated with hydrocarbons. The Leading Edge，22(2)：120-127.

Dilay A，Eastwood J. 1995. Spectral analysis applied to seismic monitoring of thermal recovery. The Leading Edge，14(11)：1117-1122.

Ebrom D. 2004. The low-frequency gas shadow on seismic sections. The Leading Edge，23(8)：772.

He Z H，Xiong X J. 2008. Numerical simulation of seismic low-frequency shadows and its application. Applied Geophysics，5(4)：301-306.

Jurado F，Saenz J R. 2002. Comparison between discrete STFT and wavelets for the analysis of power quality events. Electric Power Systems Research，62(3)：183-190.

Klimentos T. 1995. Attenuation of P- and S-waves as a method of distinguishing gas and condensate from oil and water. Geophysics，60(2)：447-458.

Korneev V A，Goloshubin G M，Daley T M，et al. 2004. Seismic low-frequency effects in monitoring fluid-saturated reservoirs [Master's Thesis]. Geophysics，69(2)：522-532.

Mitchell J T，Derzhi N，Lichma E. 1996. Energy absorption analysis：A case study. Expanded Abstracts of the 66th Annual Internat SEG Meeting：1785-1788.

Parra J O，Hackert C. 2002. Wave attenuation attributes as flow unit indicators. The Leading Edge，21(6)：564-572.

Pinnegar C R，Mansinha L. 2003a. The S-transform with windows of arbitrary and varying shape. Geophysics，68(1)：381-385.

Pinnegar C R，Mansinha L. 2003b. Time-local spectral analysis for non-stationary time series：The

S-transform for noisy signals. Fluctuation and Noise Letters，3(3)：357-364.

Sams M S，Atkins D，Said N. 2002. Stochastic inversion for high resolution reservoir characterization in the Central Sumatra Basin. SPE 57260.

Shanor G，Rawanchaikul M，Sams M，et al. 2001. A geostatistical inversion to flow simulation workflow example：Makarem field，Oman 63rd EAGZ Conference and Technical Exhibition，Amsterdam. Haten：EAGZ.

Silin D B，Komeev V A，Goloshubin G M，et al. 2004. A hydrologic view on Biot's theory of poroelasticity. Lawrence Berkeley National Library report 54459.

Sinha S，Routh P S，Anrio P D，et al. 2005. Spectral decomposition of seismic data with continuous wavelet transform. Geophysics，70(6)：19-25.

Stockwell R Q，Mansinha L，Lowe R P. 1996. Localization of the complex spectrum：The S transform. IEEE Transactions on Signal Processing，44(4)：998-1001.

Sun S，Castagna J P，Siefried R W. 2002. Examples of enhanced spectral processing in direct hydrocarbon detection. AAPG Annual Meeting，Houston Texas.

Winkler K W，Nur A. 1982. Attenuation：Effects of pore fluids and frictional sliding. Geophysics，47(1)：1-15.

第十章 钻探结果表明叠复连续气藏存在

第一节 苏联常规圈闭之外老井有气证实叠复连续气藏的存在

苏联对该区的勘探思路主要是针对构造圈闭实施钻探，虽然钻井的数量不算少，但是勘探的发现却非常有限(谢方克和殷进垠，2004；郑俊章等，2009)。从 20 世纪 50 年代到 80 年代中期，苏联在该区持续开展了重力、磁力勘探，并在 1970～1980 年进行了二维地震勘探工作，共发现了 34 个构造。在 1974～1985 年，在 16 个构造上钻探了 73 口井，其中 7 个进行了测试工作，确定了 3 个有商业价值的气田：West Oppak、Pridorozhnaya 和 Ortalyk，累计提交储量 $137.9\times10^8 m^3$(图 10-1-1)。

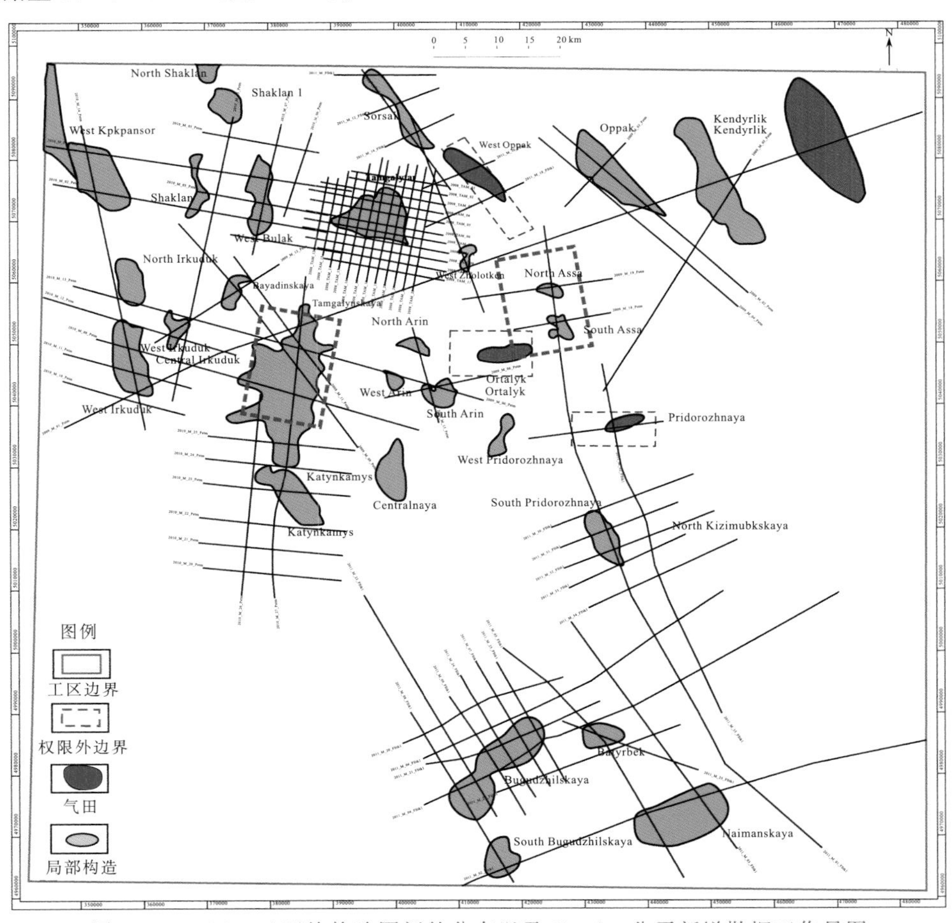

图 10-1-1 Marsel 区块构造圈闭的分布以及 Condor 公司新增勘探工作量图

一、气藏构造圈闭闭合线之外仍然存在高产气井

以 Pridorozhnaya 气田为例。作为研究一区内最早发现并提交工业储量的三个气田之一，该气田在上泥盆统(D_3)和下石炭统(C_1)均发现了工业气藏(图 10-1-2)。Pridorozhnaya 的勘探工作始于上世纪 60 年代中期，一致持续到 70 年代中期。截至目前，哈萨克斯坦国家储量统计表中有关 Pridorozhnaya 气田的储量数据是泥盆系气藏 $57.22\times10^8 m^3$，石炭系气藏 $15.86\times10^8 m^3$。

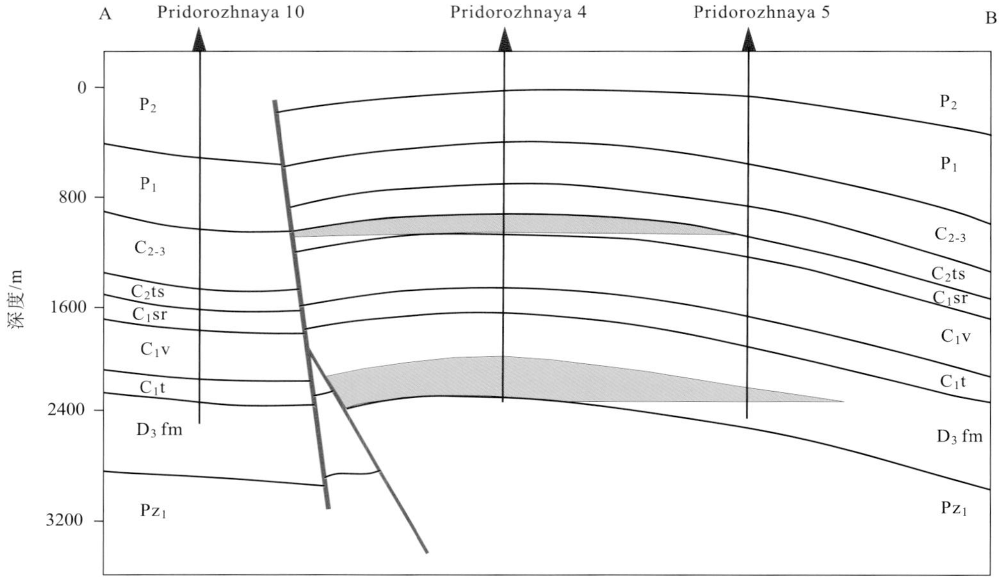

图 10-1-2 Prodorozhnaya 气田气藏剖面图

从下石炭统 C_1sr 以及上泥盆统 D_3fm 顶面构造图(图 10-1-3)、图 10-1-4 可以看出，12 号井虽然位于 D_3fm 圈闭闭合线内，但却明显位于 C_1sr 圈闭的闭合线圈定的范围之外，但根据试气结果，该井在 C_1sr 获得日产天然气 $2\times10^4 m^3$，说明天然气的分布不完全受构造的控制(表 10-1-1)。

表 10-1-1 Prodorozhnaya 气田测试结果

井号	层位	测试结果	测试产能/($10^3 m^3$/d)
Pridorozhnaya 2	C_1sr	气	14
Pridorozhnaya 4	C_1sr	气	28
Pridorozhnaya 6	C_1sr	气	85
Pridorozhnaya 12	C_1sr	气	20
Pridorozhnaya 3	D_3fm	气	1600
Pridorozhnaya 4	D_3fm	气	731
Pridorozhnaya 5	D_3fm	气	微弱显示

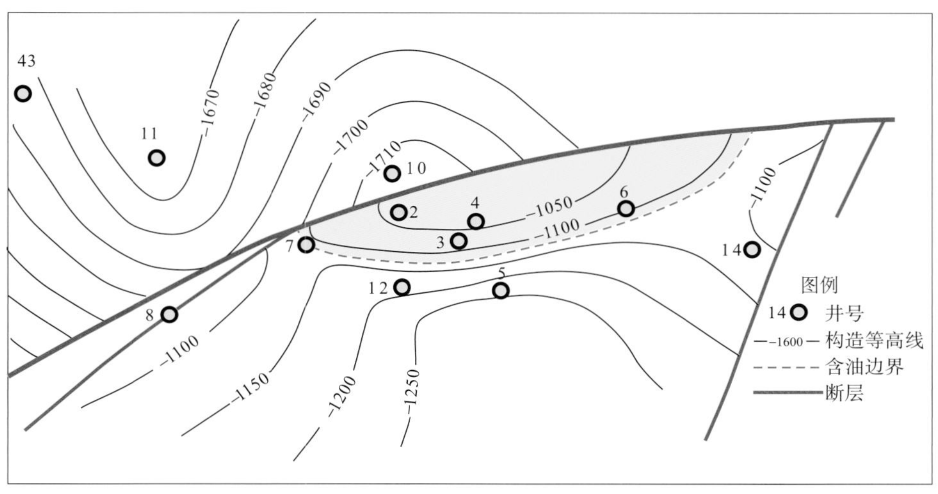

图 10-1-3 Prodorozhnaya 气田下石炭统 C_1sr 顶面构造图

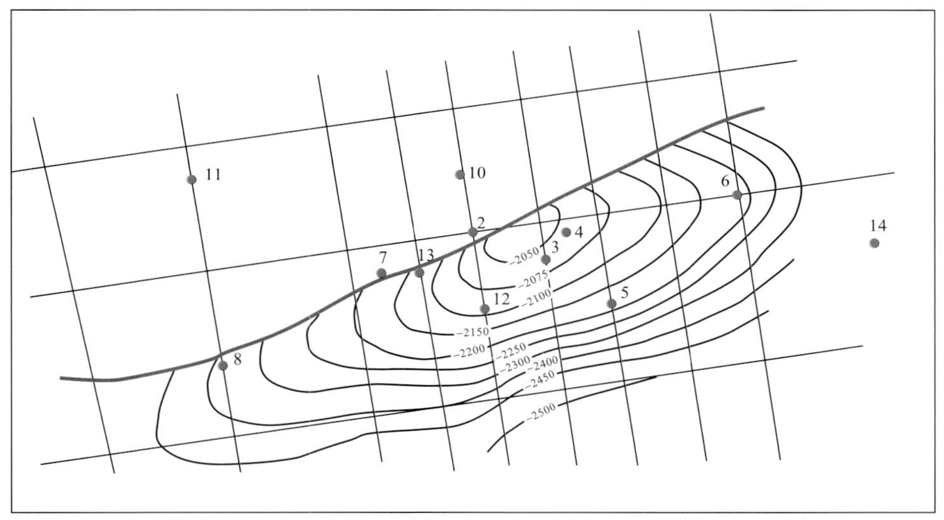

图 10-1-4 Prodorozhnaya 气田上泥盆统 D_3fm 顶面构造图

二、已发现的气田或含气构造均无明显的气水边界

以 West Oppak 气田为例。该气田构造形态是一个受断层影响的断背斜圈闭，在上泥盆统 D_3fm 和下石炭统均获得了工业气井。从探井测井结果来看，位于构造高部位的 West Oppak 1 井具有工业气流，而位于构造低部位的 2 号井和 3 号井在两个层系中无论是裸眼钻杆测试还是下套管后射孔测试，均未有流体产出。说明在该构造部位，并无明显的气水界面，而可能具有普遍含气的特征。未能测试出流体的原因主要是与钻井液

的比重偏高造成的储层伤害有关(图 10-1-5)。

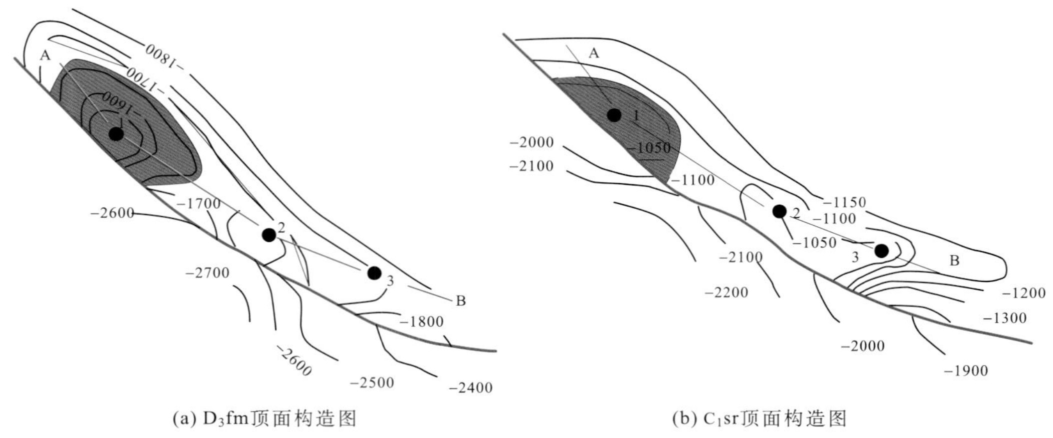

图 10-1-5 West Oppak 气田构造平面及剖面图

第二节 Condor 公司新钻成功探井证实叠复连续气藏的存在

Condor 公司在获得探矿权以后，开展了一定的储层地质研究工作，但是仍然延续的是构造圈闭开展钻探的思路，虽然也有一定的勘探新发现，但是仍然不成规模。2008～2013 年，Condor 公司先后完成了 2660km 的二维及 Assa 和 Tamgalynskaya 两块三维共计 426km^{2}的地震资料采集，并完钻了 4 口探井，分别是位于 Tamgalytar 构造的 Tamgalytar 5-G 井、位于 Kendyrlik 构造的 Kendyrlik 5-RD 井、位于 Assa 构造的 Assa 1 井，以及位于 Bugudzhilskaya 构造的 Bug 1 井，其中 Tamgalytar 5-G 井在石炭系 C_1sr 测试获得低产气流，Assa 1 在泥盆系获得高产气流(图 10-1-1)。

一、Tamgalytar 5-G 井证实下石炭统存在分布较广泛的生物礁-滩复合体储层

Tamgalytar 构造位于研究区的中北部，经过二维高分辨率地震资料的解释，证实为一个不对称背斜，南部和东部分别发育两条断层。圈闭面积约 35km^2，闭合幅度约 80m，已钻 6 口探井均位于构造高部位，其中 Tamgalytar 1-G 井获工业气流，Tamgalytar 5-G 井获低产气流，其他井经测试为干井(图 10-2-1)。

从 Tamgalytar 1-G 井和 Tamgalytar 5-G 井测试出气层段的测井响应特征可以看出，出气层段均表现为低伽马的纯灰岩地层，孔隙度测井资料显示为明显的高异常，而电阻率测井与上下围岩相比则表现为明显的低电阻率异常(图 10-2-2)。

钻井岩屑录井表明，出气层段的岩石类型为富含腕足类、苔藓虫、珊瑚等生物化石(图 10-2-3)的碳酸盐岩，在地震剖面表现出明显的生物礁形态(图 10-2-4)，这些证据均表明在研究区，存在良好的礁滩型灰岩和生物碎屑灰岩储层。尤其是滩相生物灰岩储层

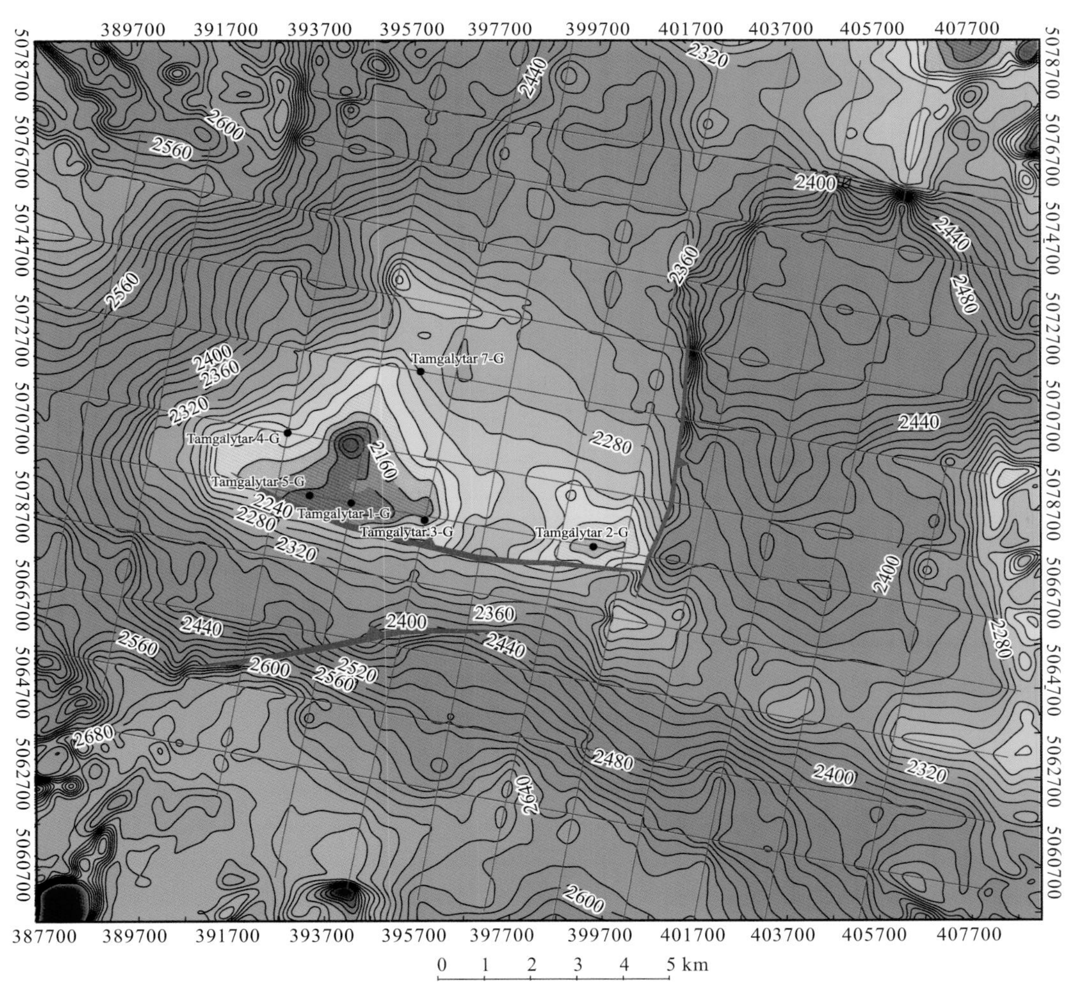

图 10-2-1 Tamgalytar 构造石炭系底面构造图

分布广、面积大，为叠复连续气藏的赋存提供了良好的储集条件。

二、Assa1 井证实上泥盆统圈闭线之外可能存在叠复连续气层分布

Assa 构造是 Condor 公司获得 Marsel 区块的探矿权之后，通过三维地震勘探落实了构造的基本形态。总体上 Assa 构造表现为不对称的三轴背斜（图 10-2-5），局部被一些小规模的断层复杂化，泥盆系顶面构造图上圈闭面积约 18km^2，闭合幅度约 100m（2380～2480m）。

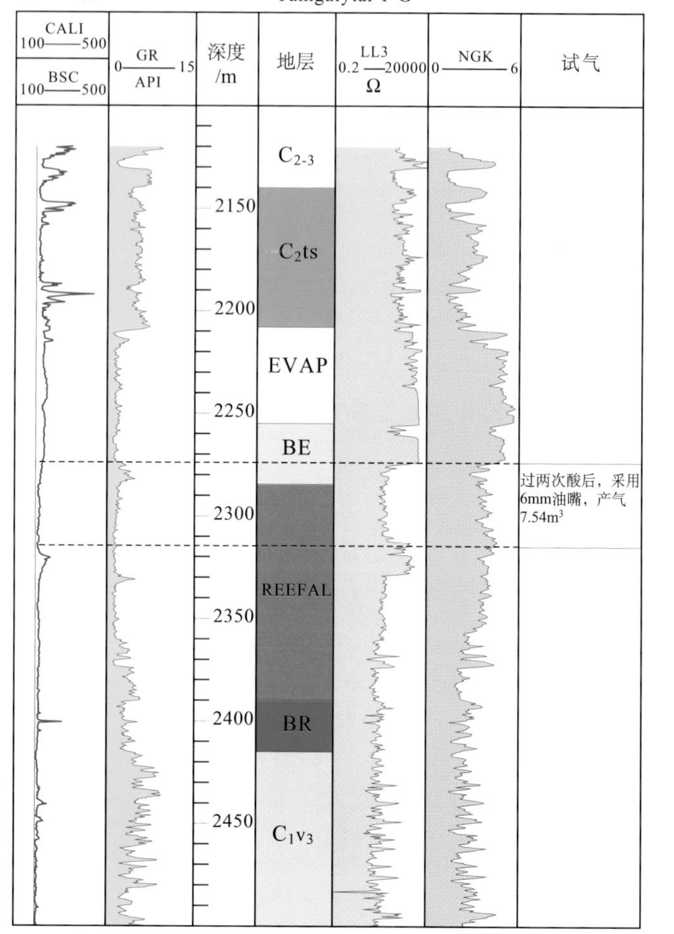

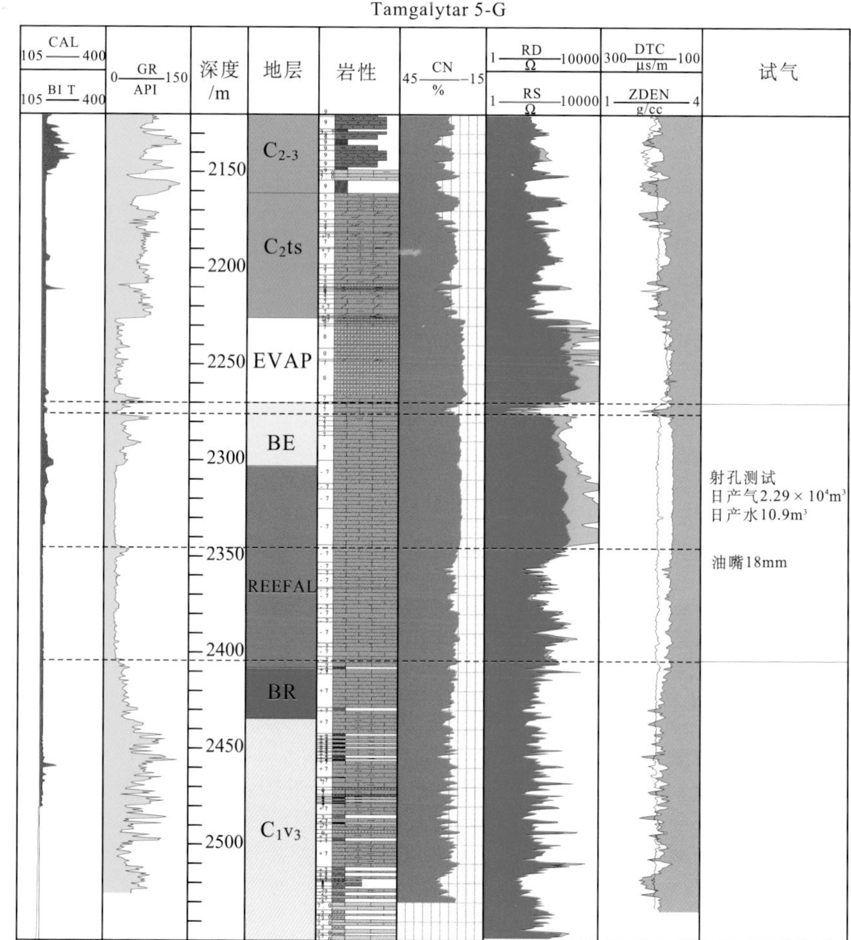

图 10-2-2 Tamgalytar 构造 5 井(右)与 1 井(左)出气层测井响应特征

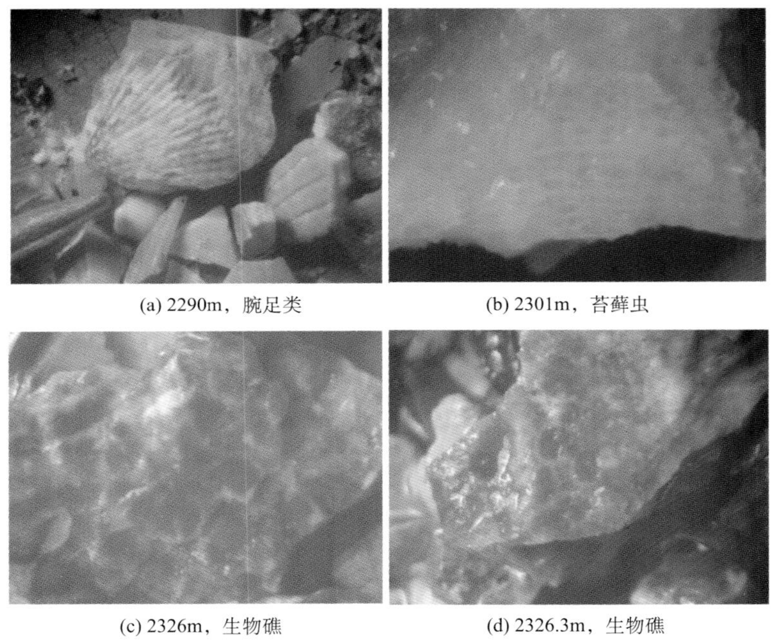

(a) 2290m，腕足类
(b) 2301m，苔藓虫
(c) 2326m，生物礁
(d) 2326.3m，生物礁

图 10-2-3 Tamgalytar 5-G 井岩屑录井过程中见到的古生物化石

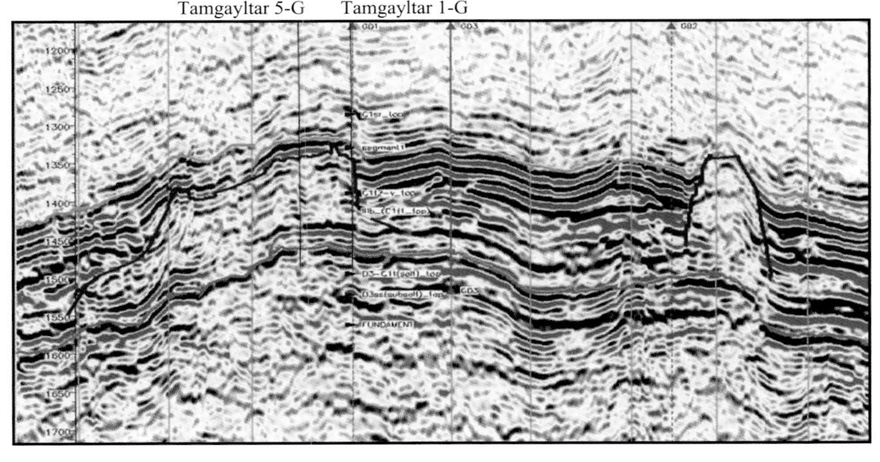

图 10-2-4 过 Tamgalytar 5-G 和 Tamgalytar 1-G 井地震剖面上的生物礁地震显示特征

Assa 1 井在 2384m 钻入泥盆系后，在 2402～2426m 井段，见到了明显的气侵和严重的泥浆漏失(漏失量总计达到 68m^3)及井径扩大现象，通过 DST 测试，日产天然气8000～61400m^3。测井解释气层位置 2410～2416m，出气层顶部距离泥盆系顶面为 28m。从 2410～2470m，气测见连续异常，普遍达到 0.1%以上。测井响应特征及测试压力曲线

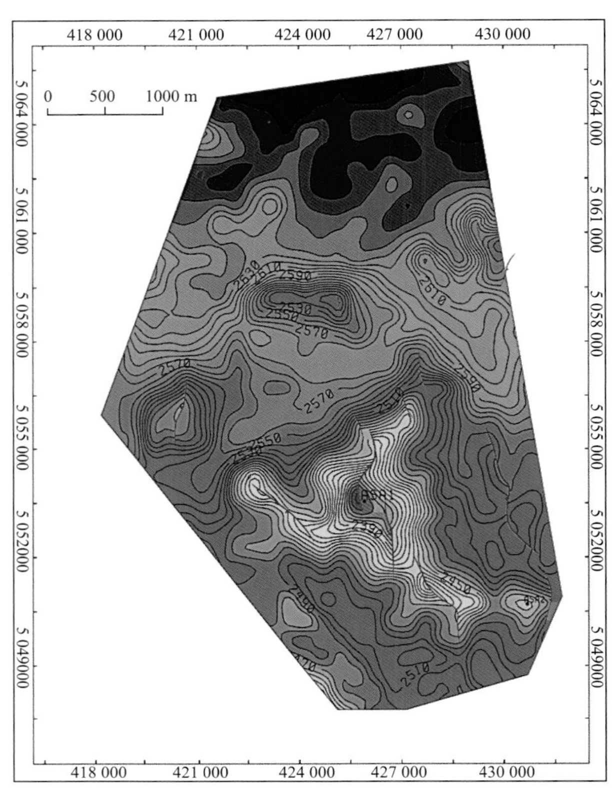

图 10-2-5　Assa 地区石炭系底面构造等深度图

的分析均表明是一裂缝型含气储层(图 10-2-6)。

当该井钻至 2539m 后，又见到明显的较为连续的气测异常，一直到 2595m 左右。气测值全烃 TG 达到 0.57%，背景值为 0.04%；对 2509～2594m 井段进行中途裸眼测试，日产气 $38.35\times10^4\sim21.5\times10^4m^3/d$。测井解释该气层厚度不大，从 2539～2544.8m，厚度不到 6m，孔隙度最大可达 8%左右。录井显示该层岩性为大段致密角砾岩中所夹的含砾砂岩，测试过程中产量比较稳定，是一套以孔隙作为储集空间的“甜点式”碎屑岩含气层(图 10-2-7)。

该出气层与泥盆系顶面(2384m)距离 155m，上下两套测试出气层之间的高差(即最小含气高度)为 129m，说明含气高度远大于 Assa 构造圈闭 100m 左右的闭合幅度，由此可以证明在该构造的外围，存在广泛连续性致密气层的可能性非常大。

三、Bugudzhilskaya 1 井的钻探失利反证叠复连续气藏理论的可靠性

Bugudzhilskaya 构造位于 Marsel 区块的南部，有五纵五横共十条二维地震测线控

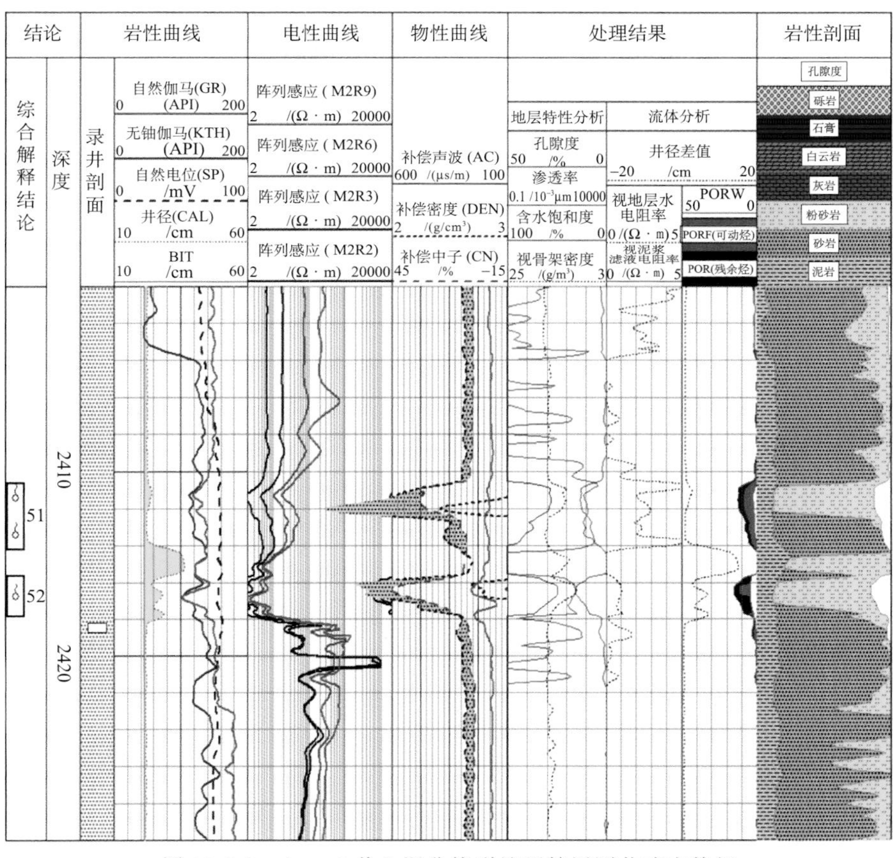

图 10-2-6 Assa 1 井上泥盆统裂缝型储层测井响应特征

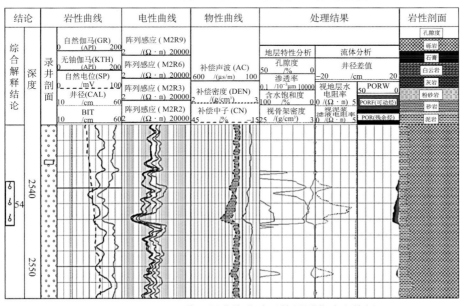

图 10-2-7 Assa 1 井上泥盆统孔隙型储层测井响应特征

制，圈闭形态较为落实(图 10-2-8)，为一较为平缓的鼻状隆起，南部发育一东西向转北东向的逆断层。圈闭面积约 80km²，闭合高度接近 150m，是一个规模较大的构造圈闭。

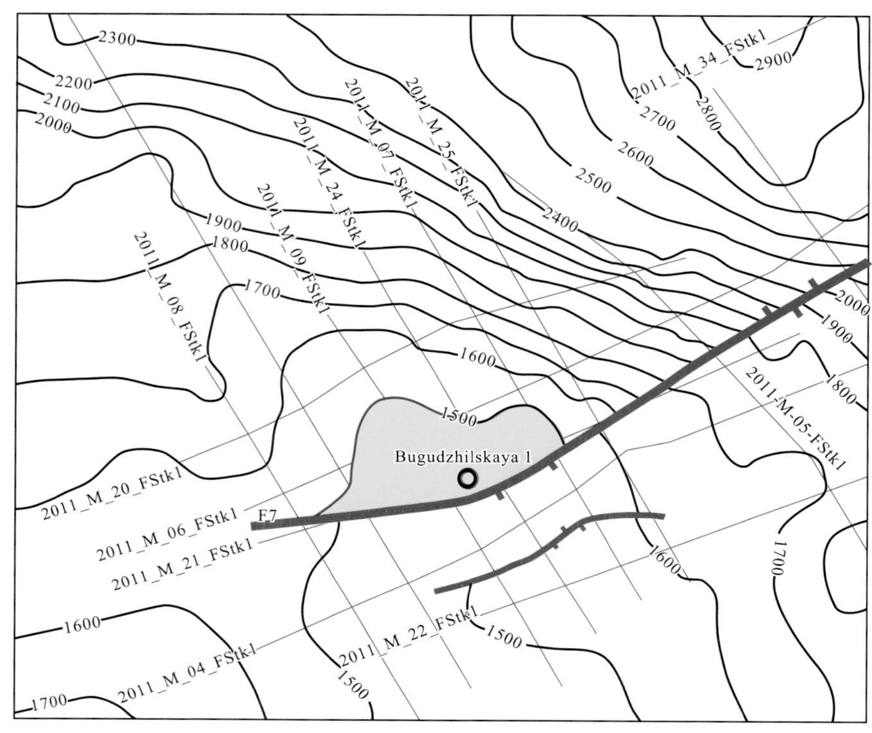

图 10-2-8　Bugudzhilskaya 构造 C_1v 顶面构造图

Bugudzhilskaya 1 井位置靠近构造的顶部，井深 2430m，钻遇泥盆系 1057m。在钻井过程中，整个目的层段(下石炭统及泥盆系)气测显示均比较差，只在泥盆系的 1748～1766m 和 1838～1848m 井段见到 TG 大于 0.1%的气测显示异常(图 10-2-9)，虽然背景值只有 0.01%左右，但是气测显示还是极度偏低。同时在测井曲线上，这两个层段并无明显的储层响应特征。由于缺乏地层测试资料，加之测井资料存在一些问题，无法开展储层的定量评价。但是钻探结果表明，该井没有发现良好的天然气显示层。

从基于叠复连续气藏理论的预测结果分析可以看出，Bugudzhilskaya 1 井区由于远离有效的生烃中心，储层十分致密，天然气难以进行大规模远距离的运移，是导致该圈闭钻探失利的根本原因(冯子辉等，2013；韩思杰等，2014)。从而也反证了叠复连续气藏理论预测结果的正确性。

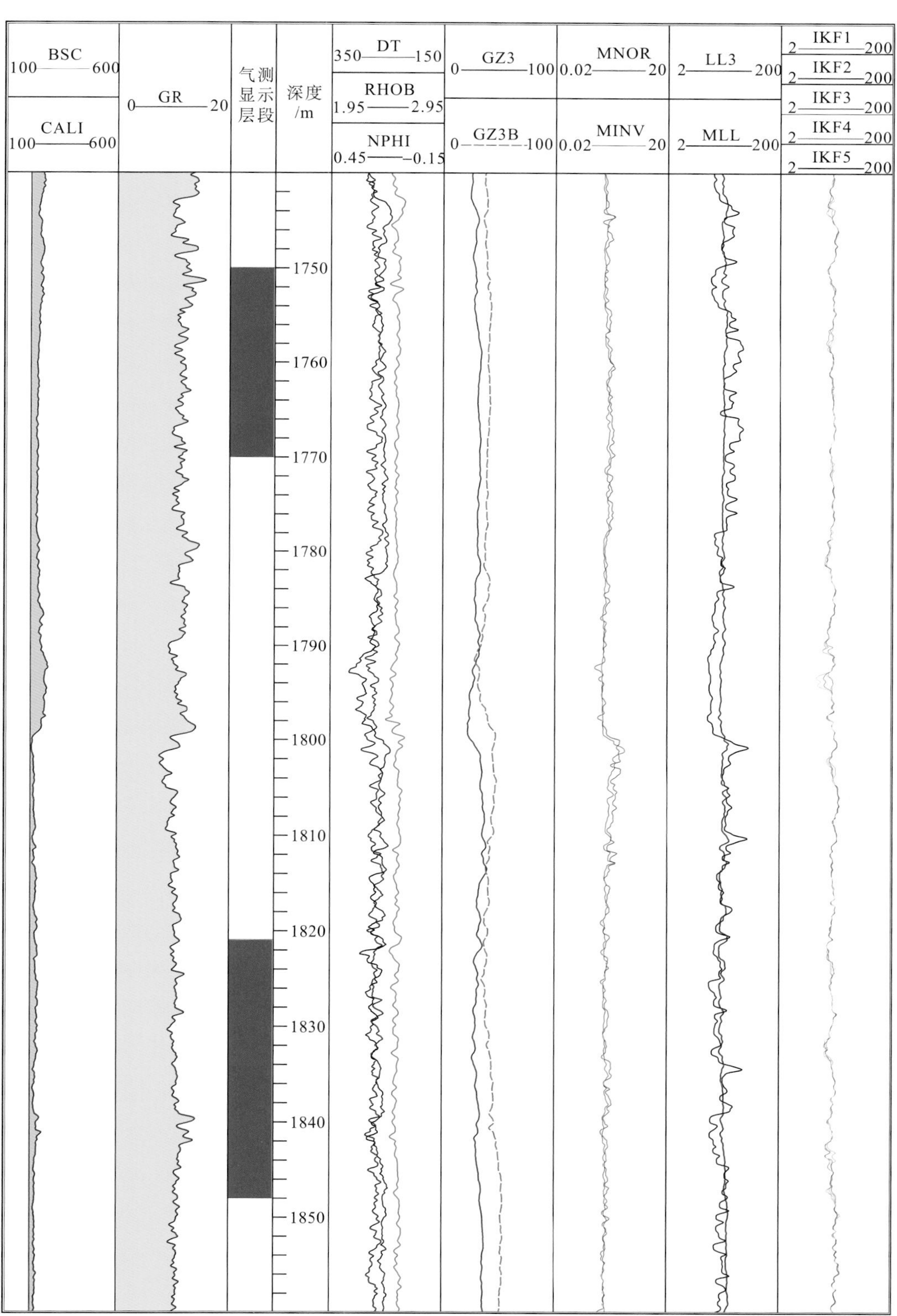

图 10-2-9 Bugudzhilskaya 1 井气测显示层段及其测井响应特征

第三节　目前的勘探表明天然气分布遵从叠复连续气藏分布规律

叠复连续气藏具有四个方面的典型特征：一是在低凹汇聚，主要分布于盆地的低凹区域；二是低位倒置，气水分布具有明显的气下水上的特点；三是低孔富集，储层严重致密化，孔隙度一般低于10%，渗透率小于1mD；四是低压稳定，气藏表现为明显的异常低压特征。在Marsel探区，这几种特征无论是在上泥盆统还是下石炭统的气藏分布中都明显有所表现。

一、气层分布表现为“低凹汇聚”的特点

从探井试气结果平面分布图(图8-1-7)可以看出，出气井绝大部分位于石炭系和泥盆系构造带的相对低部位的中西部偏北地区，而在东部的构造高部位，仅有Kendyrlik构造测试获得气流，储层为缝洞型岩溶储层，测试结果表明气流不稳定。位于南部构造高部位的Naiman构造及Condor公司最近钻探的Bugudzhilskaya构造均未能获得工业气流。

二、气水分布显示出“低位倒置”的特征

从上面的测试结果平面分布图也不难看出，在Marsel探区，在拗陷的深凹区，测试基本不含水，测试产地层水井目前得到证实的只有Kendyrlik 3和位于南部的Naiman 1井，以及位于西部低凹部位的Terehovskaya 1井。

1. Kendyrlik-Sorbulak构造证实泥盆系构造高部位存在明显水层

Kendyrlik-Sorbulak构造位于Marsel探区的东北部，平面上是一个受北东向逆断层控制的半背斜，Kendyrlik 3井位于构造较高处靠近断层的部位(图10-3-1)。该井在2238～2260m(泥盆系法门阶)下封隔器测试，证实为水层。测井解释储层物性好，孔隙度可达到6%～8%，但电阻率响应值非常低，明显表现出水层的特征(图10-3-2)。另外，与之相邻的Kendyrlik 5-RD井在2238～2290m井段测井也表现出同样的测井响应特征(图10-3-3)，进一步证明在Kendyrlik构造泥盆系气藏存在较厚的底水，是典型的常规构造型气藏，气水分异明显。

从北东东向M09_01测线(Kendyrlik 5-RD井)预测含气剖面上，可以看出，气水分布总体上呈现出高部位含水、低部位含气的“盆地中心气”的分布样式(图10-3-4)。

2. Naiman构造证实石炭系构造高部位存在明显水层

Naiman 1井位于探区的南部，Naiman构造断鼻构造的高部位(图10-3-5)。

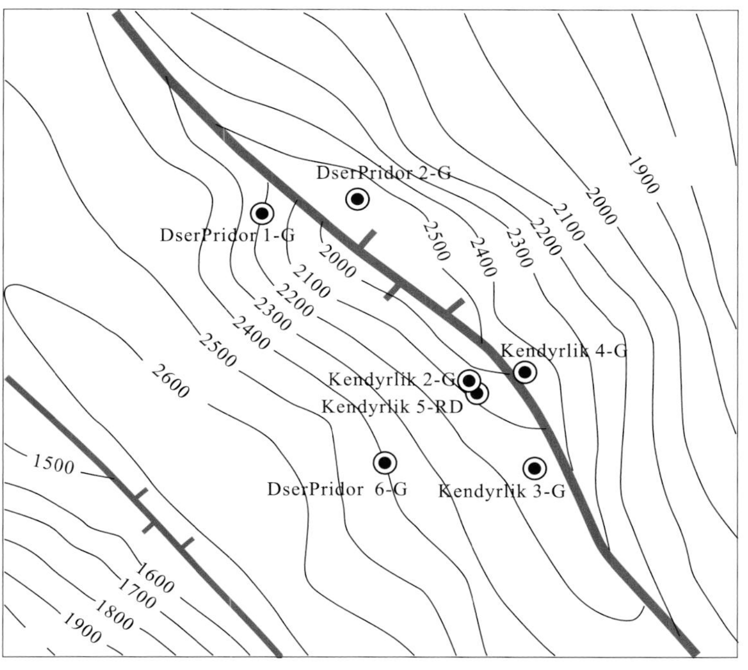

图 10-3-1 Kendyrlik 地区下石炭统 C_1v_1 顶面构造井位图

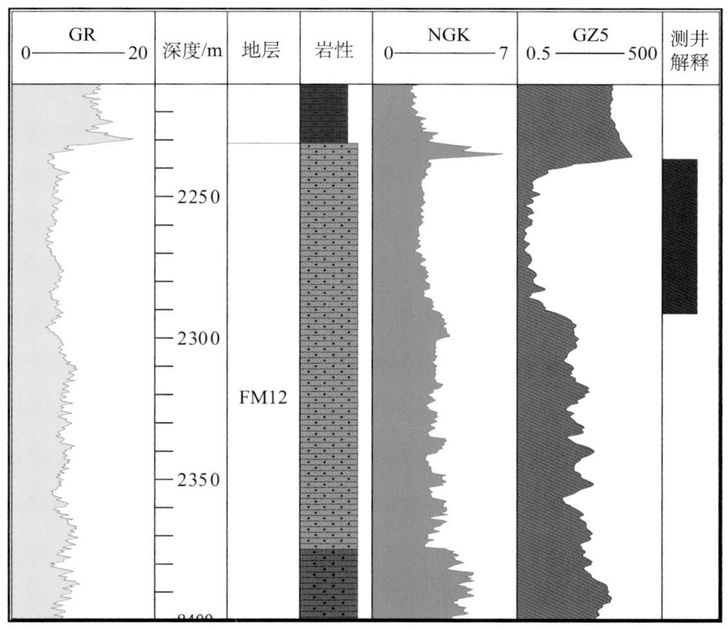

图 10-3-2 Kendyrlik 3 井 D_3fm 水层测井响应特征

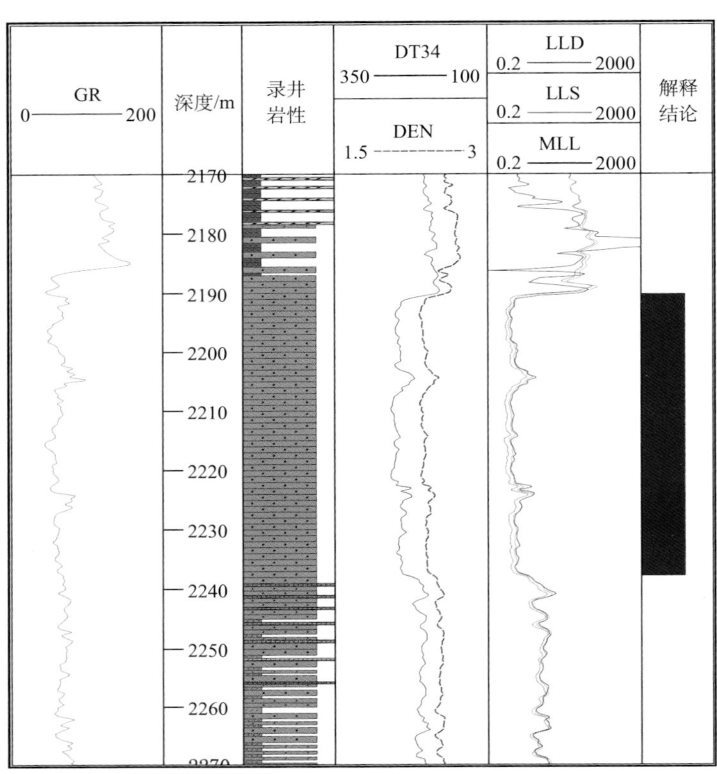

图 10-3-3 Kendyrlik 5-RD 井 D_3fm 水层测井响应特征

1975 年 2 月 16 日，对下石炭统 936～1040m(C_1sr)井段进行裸眼 DST 测试(图 10-3-6)，见明显的地层水(硫酸钠、硫酸钾型)。分析认为，由于 Naiman 构造远离生烃中心，加之储层致密，天然气无法长距离侧向运移，导致在 C_1sr 目的层段测试产水。另外，从地层水的水型来分析，可能预示着南部地区石炭系保存的水文条件可能较差。

3. 拗陷低凹部位局部含水层的存在是局部断裂作用的结果

位于西部凹陷区的 Terehovskaya 1 井在 3360～3380m 井段气测显示 TG＝2.3%，背景气为 0.04%。对 3340～3390m 井段(礁灰岩段)射孔测试，日产水 16m^3，为氯化钠型地层水，含有一定的可燃气体。该井水层的出现可能与该井区发育深断裂有一定的关系，因为在测井曲线上可以看到，在 3350m 附近明显有声波和中子幅度急剧增大、电阻率异常下降现象(图 10-3-7)，证明该井位置存在一个大的断裂破碎带。

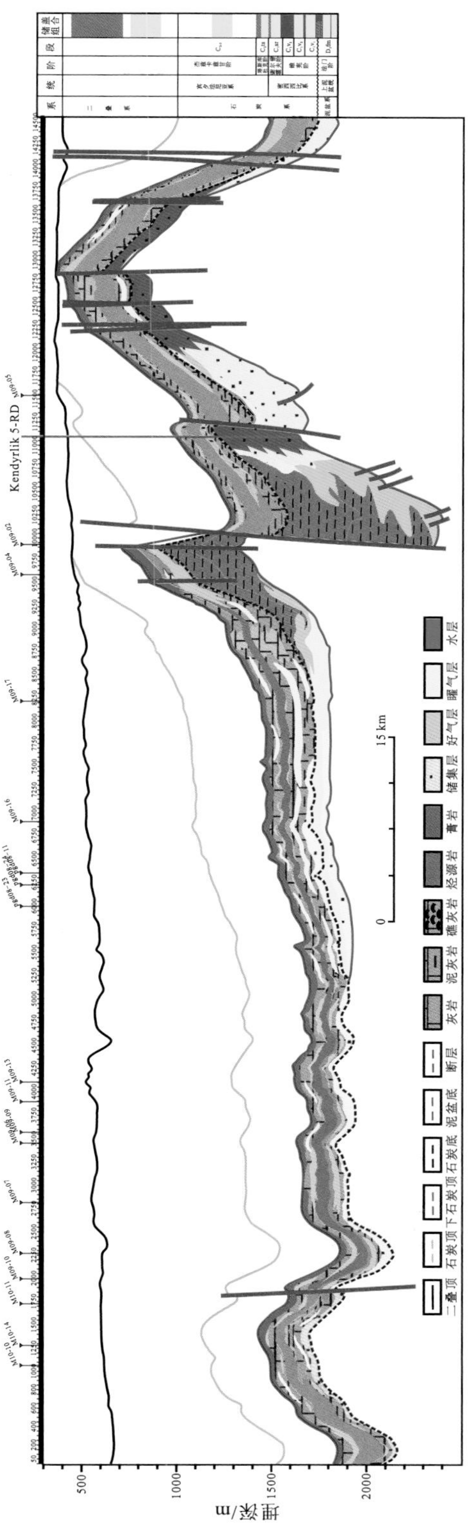

图 10-3-4 Marsel 探区 M09_01 测线(北东东向)含气地质预测剖面图

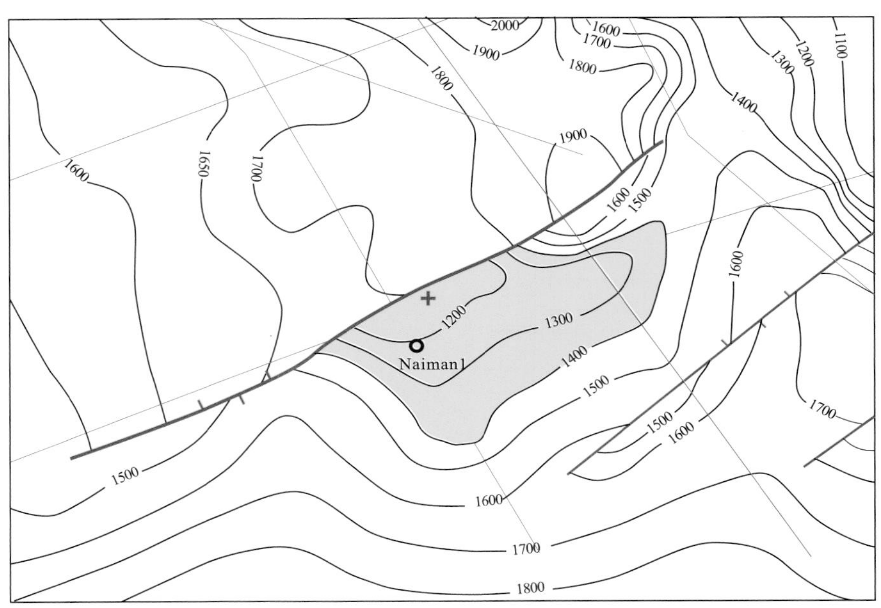

图 10-3-5　Naiman 构造 C_1v 顶面构造井位图

除该井外，在科克潘索尔拗陷中心的其他井测试过程中，均未见到明显的地层水，因此，气水分布总体呈现出“盆地中心气（深盆气）”的特点。

三、气层物性具有“低孔富集”的特征

根据测井解释结果，Marsel 探区下石炭统碳酸盐岩储层，C_1sr 测井解释孔隙度分布在 2%～9%，集中分布在 2%～7%，平均 4.25%；C_1v 测井解释孔隙度分布在2%～11%，集中分布在 3%～8%，平均孔隙度 4.57%。上泥盆统碎屑岩储层孔隙度主要分布在 2%～15%，集中分布在 4%～8%，局部发育孔洞型储层，孔隙度一般大于 9%，平均孔隙度 6.51%（图 10-3-8）。总体上，无论是石炭系还是泥盆系，储层均非常致密，孔隙度基本小于 10%。从渗透率的分布来看，主要分布在 0.1～1.0mD（图 10-3-9）。

致密气层在钻井及试气过程中表现出的最大特点就是容易受钻井液的伤害（邹才能等，2012）。特别是在 20 世纪 70～80 年代，为了安全钻井的需要，所用的泥浆比重一般均较大，经常会出现裸眼测试过程中出气，但是下套管后射孔测试则无气流，甚至在有裂缝发育的层段，在测试过程中发生井喷，而下套管后测试未能获得气流，例如以下几种情况。

(1)在南 Pridorozhnaya 构造，17 井在石炭系维宪阶钻杆测试估计日产气 $30\times10^4m^3$，但由于钻井过程中的连续泥浆漏失，下套管后在相同层位射孔测试只获得弱气流。15 井在对应层位裸眼测试，日产气 $1\times10^4m^3$ 左右，下套管射孔求产为弱气流，即使酸化后也是如此。

(2)在 Ortalyk 气田，Ortalyk 1 在 C_1v 钻杆试油日产气 5×10^4～$10\times10^4m^3$，下套

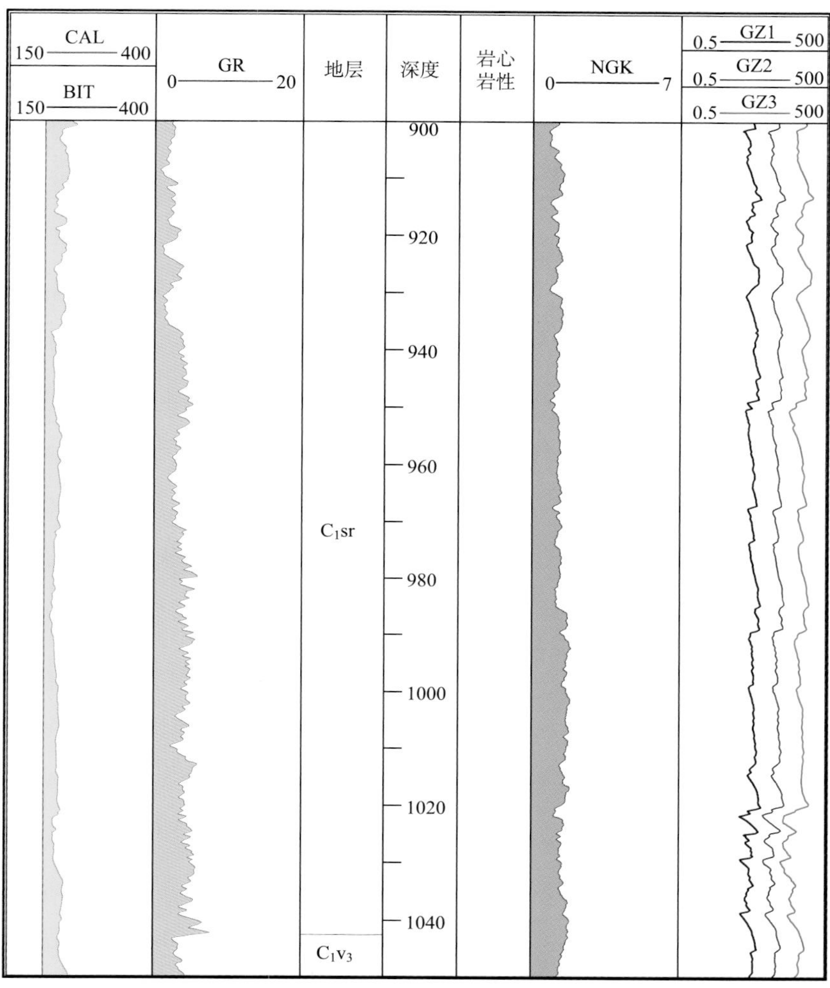

图 10-3-6 Naiman1 井 C_1sr 试气层段测井响应特征

管后射孔测试没有流体产出。Ortalyk 3 井对下古生界测试，钻井时发生了井喷，裸眼井测试下石炭系维宪灰岩，共测试 30 天，目测每天日产气 $3\times10^4m^3$，下套管后测试也是没有见到气流。Ortalyk 4 井在石炭系维宪阶裸眼测试无产量，但是钻井过程中发生井喷。

(3)在 West Oppak 气田，Oppak 2 井在钻至上泥盆统法门阶砂岩过程中，发现明显气侵。在下石炭统钻杆测试，日产气 $3000m^3$，但是下套管射孔后，在泥盆系、石炭系测试流体产出，经过酸化后获日产气 $2000m^3$。

四、气藏压力具有“低压稳定”的特点

从 Marsel 探区地层压力测试结果的统计来看，该区大部分地层表现为负压的特征，部分测线表现为常压特征。特别是上泥盆统的 4 口井，8 个测试点，由图可知实测点全在静水柱压力线左侧，显示为负压特征(图 10-3-10)。

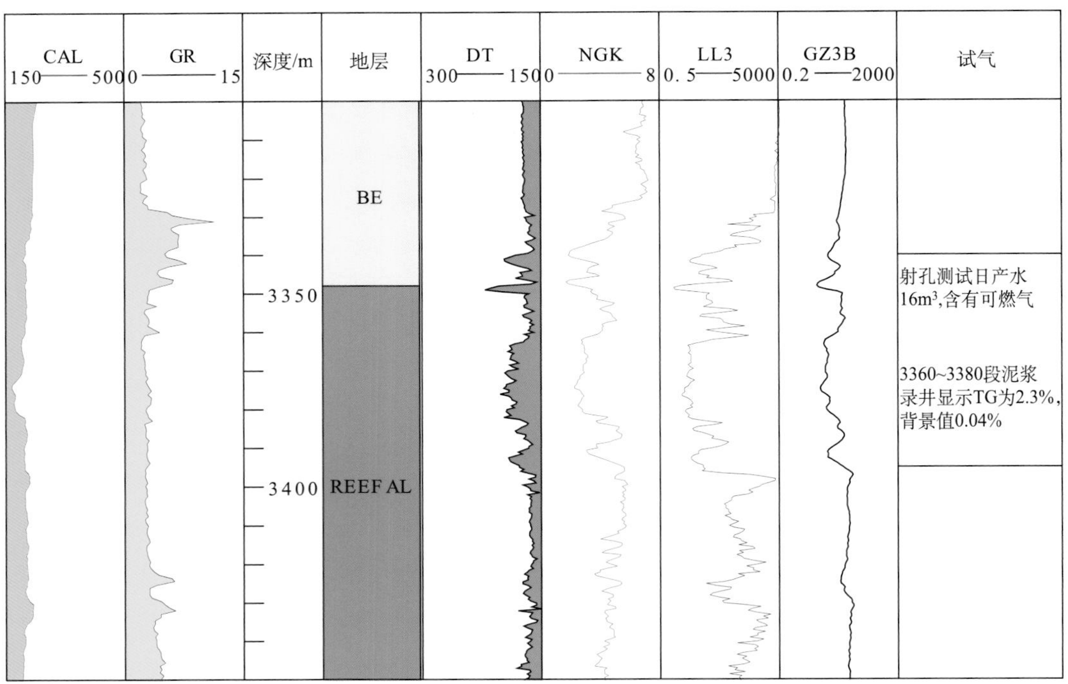

图 10-3-7 Terehovskaya 1 井 C_1sr 水层测井响应特征

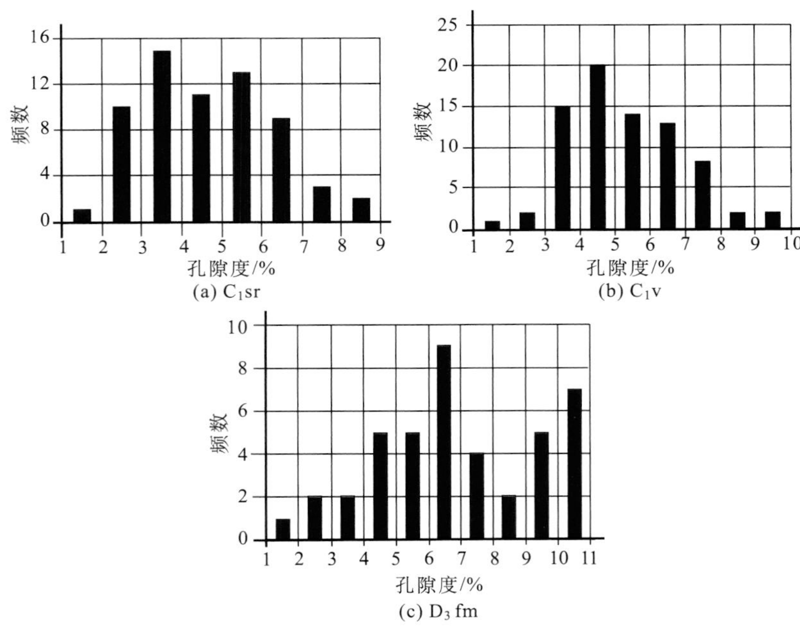

图 10-3-8 Marsel 探区测井解释储层孔隙度频率直方图

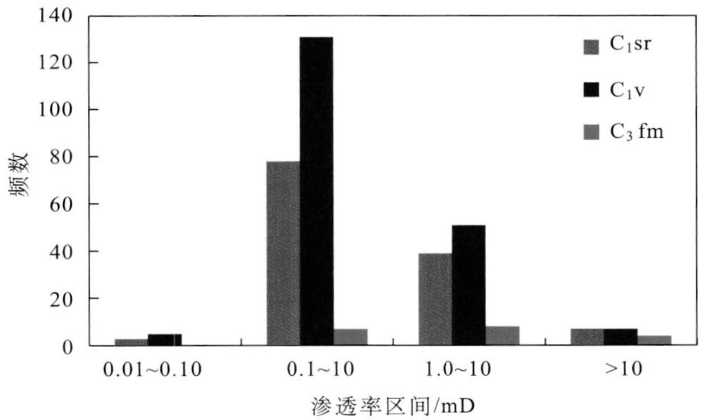

图 10-3-9 Marsel 探区测井解释渗透率统计频率分布图

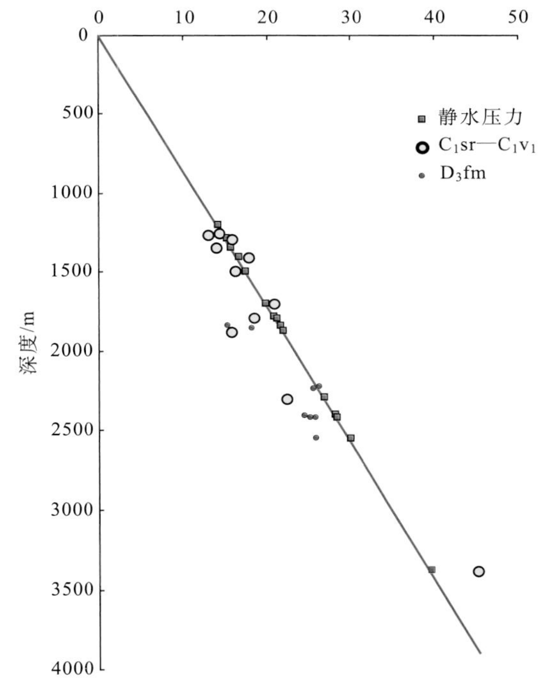

图 10-3-10 Marsel 区块实测压力随深度变化

该区显示为异常高压的测点，目前仅仅出现在 Terekhovskaya 1-P 井 C_1 sr 的 3348m 处，测得地层压力为 45.09MPa，压力系数达到 1.14（地层水密度取 1.17g/cm^3）。该井埋深最大（相对其他探井），处于向斜部位，且二叠系膏岩很发育，临近膏岩湖中心。笔者认为其异常高压可能与其未发生泄压有关。

参考文献

冯子辉，印长海，陆加敏，等. 2013. 致密砂砾岩气形成主控因素与富集规律. 石油勘探与开发，06:

650-656.

韩思杰，桑树勋，刘伟. 2014. 济阳坳陷石炭—二叠系致密砂岩气形成条件与成藏模式. 石油与天然气学报，10：50-54.

谢方克，殷进垠. 2004. 哈萨克斯坦共和国油气地质资源分析. 地质与资源，4：59-64.

郑俊章，周海燕，黄先雄. 2009. 哈萨克斯坦地区石油地质基本特征及勘探潜力分析. 中国石油勘探，2：80-85.

邹才能，朱如凯，吴松涛，等. 2012. 常规与非常规油气聚集类型、特征、机理及展望. 石油学报，02：173-187.

第十一章 老井复查结果表明叠复连续气藏存在

第一节　老井测井资料处理与解释方法原理

一、测井曲线环境校正

环境校正主要是指对钻井中井筒扩径或缩径及泥浆密度的不同对测井曲线影响所引起的误差进行校正。测井仪器制造完成后，对每个仪器都要在标准井中进行实验测井，来获得环境校正的图版。不同的曲线都有对应的校正图版，不同的测井系列都有一套系统的校正图版，也就是说我们从一线操作手里拿到的资料其实已经经过以下图版的校正。以下介绍的是常规测井曲线的环境校正图版使用方法。

图 11-1-1 是中子孔隙度测井曲线的环境校正图版，图中横坐标是测井值，纵坐标是地层实际值，图中的斜线代表不同的井径。中子孔隙度测井反映的是地层的含氢量，当井眼扩径后由于泥浆的充填及仪器不能居中使得测井值受泥浆影响而增大，经过该图版的校正之后我们可以得到一个井眼校正中子值(曲线名为 CNCF)，通常我们用经过校正的中子值来计算地层孔隙度。

同理，下面是密度孔隙度曲线的环境校正图版(图 11-1-2)，密度测井反映的是地层

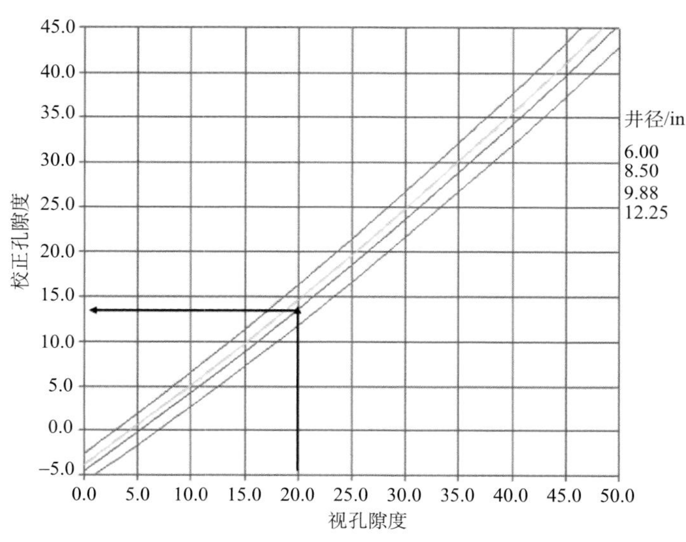

图 11-1-1　中子孔隙度曲线的环境校正图版

的体积密度值，探测半径较浅。一般小于0.5m，因此在较小的扩径情况下都要受影响。必须要做环境校正。校正的方法与上述图版相同。

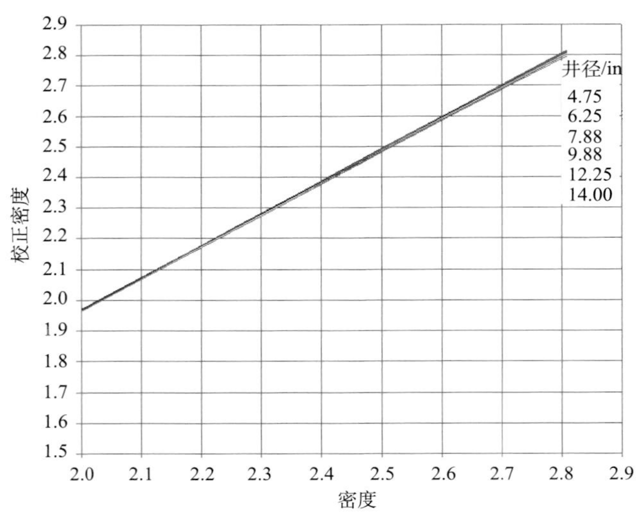

图 11-1-2 密度孔隙度曲线的环境校正图版

自然伽马曲线是识别地层岩性、划分储层，计算泥质含量和沉积微相划分的重要曲线。当井眼扩径时，使得测井值减小，降低曲线的识别率(图 11-1-3)。

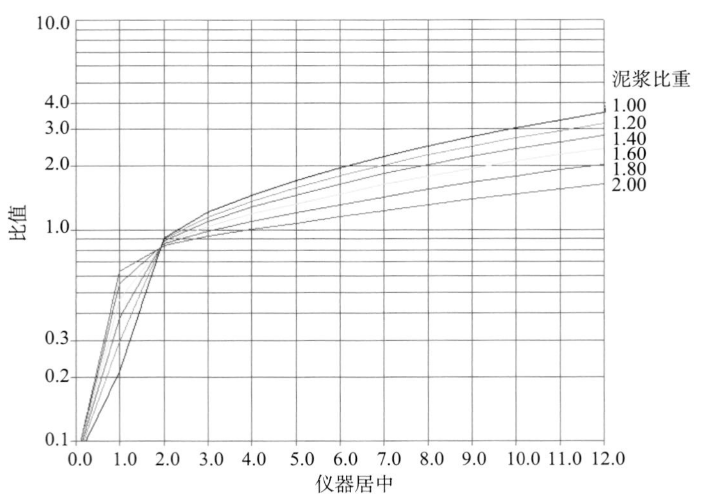

图 11-1-3 自然伽马的环境校正图版

对于有明显井眼垮塌的泥岩层，校正后的自然伽马是合理的，而对于未扩径段校正量很小。以下是自然伽马经过环境校正之后的对比图(图 11-1-4)，可以看出在扩径段经过校正之后，自然伽马有一定恢复，这说明本校正图版对自然伽马的校正是正确的。

电阻率测井是反映地层岩性、含油性的重要信息的曲线。不同的电阻率曲线有不同

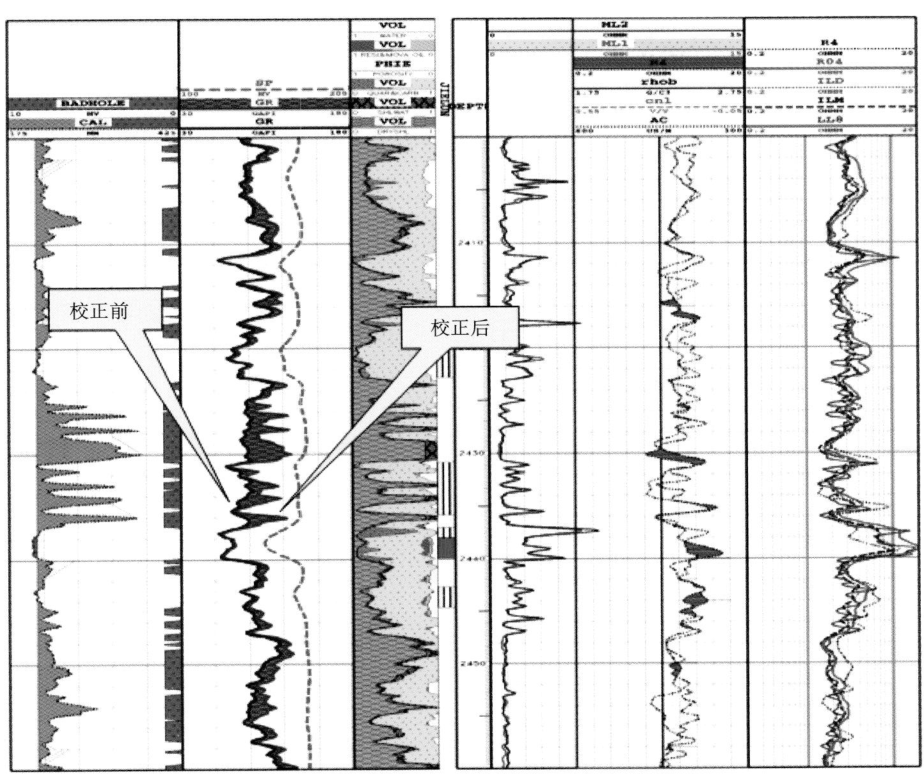

图 11-1-4 自然伽马环境校正对比图

的校正图版。图 11-1-5 是深侧向电阻率曲线的环境校正图版，图 11-1-6 是浅侧向电阻率曲线的环境校正图版。图中的曲线是不同的井径值下的电阻率校正系数。

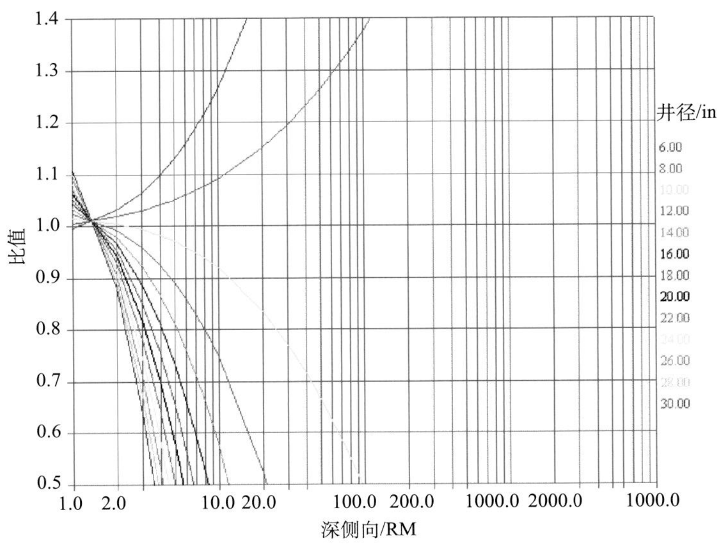

图 11-1-5 深侧向电阻率校正图版

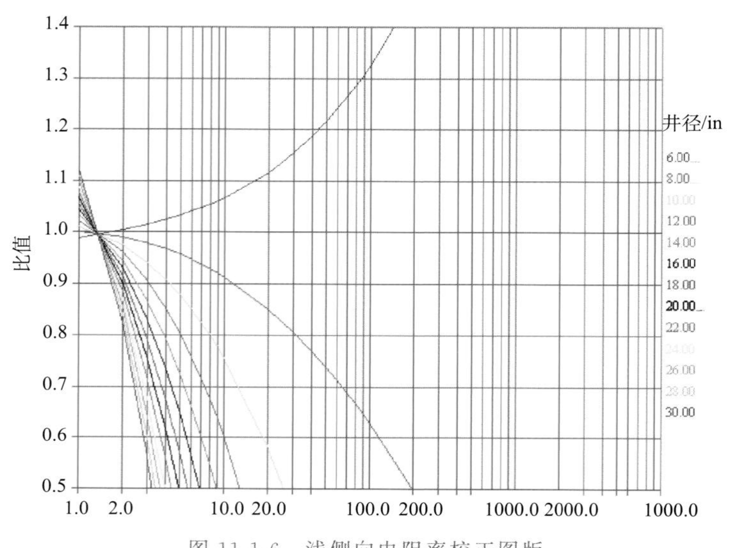

图 11-1-6　浅侧向电阻率校正图版

环境校正时主要注意三点：

(1)对收集到的测井曲线要了解是哪种测井系列，因为不同的测井系列所应用的校正图版是不同的。

(2)了解每口单井的泥浆比重(泥浆密度)。

(3)了解每口单井的钻头尺寸。

另外，自然电位曲线一般不做环境校正。声波时差测井曲线由于测井仪器普遍采用双发双收的技术，具有井眼补偿作用，降低了井眼扩径时对信号接收的影响，同时声波探测半径深，所受的影响很小，因此不需做环境校正。

二、测井曲线数值标准化

由于不同的测井仪器、测井条件及测井环境，会造成不同曲线之间计算的数值有一定偏差，如补偿密度和补偿中子计算的孔隙度与补偿声波计算的孔隙度会有一定的差别，这就需要对曲线进行标准化(王志章等，1993)。

标准化处理的目的就是消除不同时间、不同仪器及不同测井环境等因素对测井资料的影响，得到可靠用于储层评价的正确曲线。

对于南哈地区的23口老井，由于井龄比较老，很多井曲线残缺不全，尤其是放射性曲线，需要通过其他曲线的刻度回归使其再生，再加上20世纪七、八十年代测井仪器落后、测量精度低、数值不准确等问题，造成曲线之间计算出的数值有较大的偏差，在这种情况下，要想获得准确的孔隙度、渗透率、饱和度等参数，就必须要对曲线进行标准化。

1. 密度、中子曲线校正

在这些老井的曲线中，对测井解释评价影响最大的是孔隙度曲线，由于很多井的中子、密度曲线不全，是靠其他曲线推算出来的，因此计算出来的孔隙度也是不准确的，这就需要对其校正，使其标准化。

具体的办法是，找一段岩性很纯、没有裂缝等次生孔隙影响的地层（孔隙度基本上是基质孔隙度），设定其声波骨架值，先用单声波算一条孔隙度曲线，由于声波曲线是每口井必测的项目，是真实的测量值，因此可以认为声波曲线计算的基质孔隙度是准确的；然后在同一段地层，设定密度骨架值，再用密度曲线算一条孔隙度曲线，比较密度孔隙度与声波孔隙度数值的差别，然后通过调整密度曲线的校正值，使密度孔隙度曲线与声波孔隙度曲线重合，这样的话，经过校正的密度曲线基本上是准确的曲线；最后利用中子、密度交会再计算一条孔隙度曲线。密度曲线经过校正后已经是正确的曲线，因此如果中子-密度交会法计算出的孔隙度与声波孔隙度有偏差，那么误差主要是来自中子曲线，这时给中子曲线一定校正值，使交会孔隙度曲线与声波孔隙度曲线重合，这样的话，密度、中子经过科学的校正，成为正确的曲线，可以准确地计算地层孔隙度，识别有效储层。

以 West Bulak1-P 为例，从录井及测井曲线（图 11-1-7）来看是一段比较纯的灰岩地

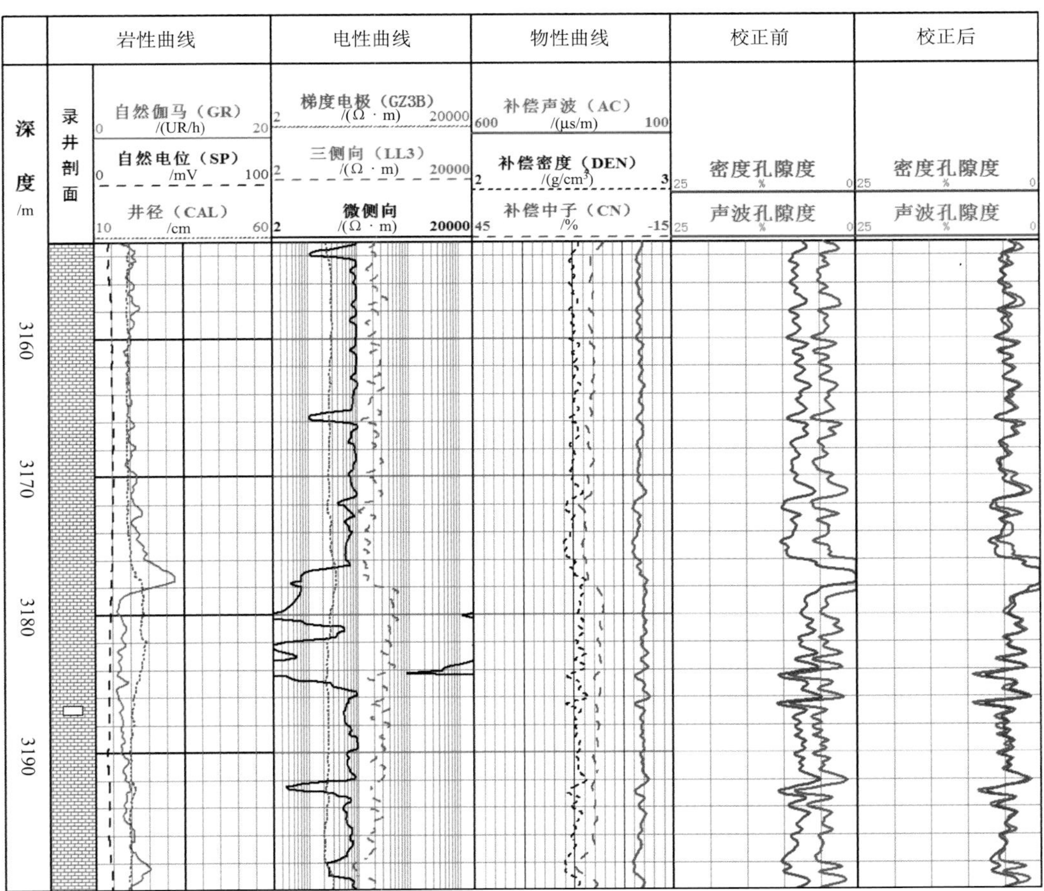

图 11-1-7 孔隙度对比图

层，孔隙度为基质孔隙度，基本上没有次生孔隙的影响，因此可以认为声波计算的孔隙度是准确的，由于岩性为灰岩，所以设定声波骨架值为 156μs/m，利用单声波先计算出一条孔隙度曲线，然后设定密度骨架值为 2.71g/cm^3，利用密度再算一条孔隙度曲线，从图 11-1-7 看，密度孔隙度曲线与声波孔隙度曲线有一定的差异，密度孔隙度偏大。

当密度孔隙度与声波孔隙度存在偏差时，通过参数卡给密度曲线一定的校正量，使孔隙度调整至重合，这样密度曲线基本准确，从交会图上看(图 11-1-8 和图 11-1-9，以 West Bulak 1-P 为例)，校正之后两种方法计算的孔隙度数值基本分布在 45°线附近。

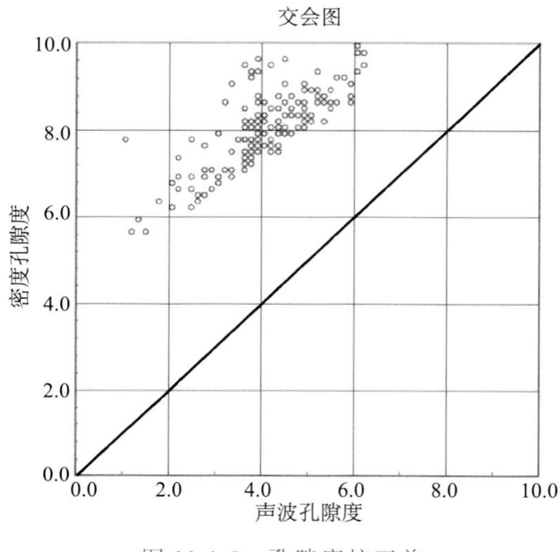

图 11-1-8　孔隙度校正前

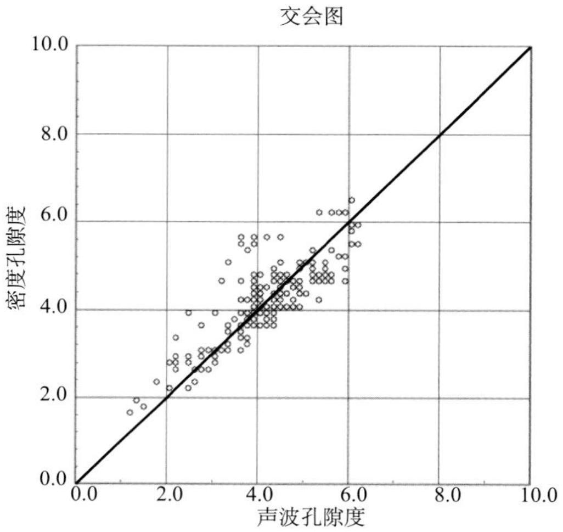

交会图
密度孔隙度
声波孔隙度

图 11-1-9　孔隙度校正后

接下来就是利用中子、密度交会法计算一条孔隙度曲线，从图 11-1-10 可以看出，中子-密度交会计算的孔隙度与声波孔隙度有差异，值偏大，由于在上一步中密度曲线已经经过校正成为准确的曲线，造成这步差异的原因主要是中子曲线不准确，可以通过调整中子的校正值使两种孔隙度曲线重合，当两种孔隙度曲线重合时，这时的中子、密度曲线就是标准化后的曲线，可以利用这些校正后的曲线，准确地计算地层各项参数。

如图 11-1-11 和图 11-1-12 所示，经过校正后的孔隙度分布在 1∶1 的 45° 线附近，说明校正量基本准确，曲线合理可用。

2. 自然伽马曲线校正

这里所有井使用的程序都是 Atlas 公司的复杂岩性分析程序(NEWCR 程序)，当井眼不规则或者泥浆比重变化时，该程序可以对自然伽马曲线进行校正，使其回归到正确的范围(图 11-1-13，以 Westbulak1-P 为例)。

自然伽马校正公式为

$$GRC = GR \cdot 10 \cdot GG \cdot AB \tag{11-1-1}$$

$$GG = (CAL1 - 92)/XK \cdot (1.542 \cdot 0.01 \cdot BZ + 1.57 \cdot 0.0001) - 0.1548$$

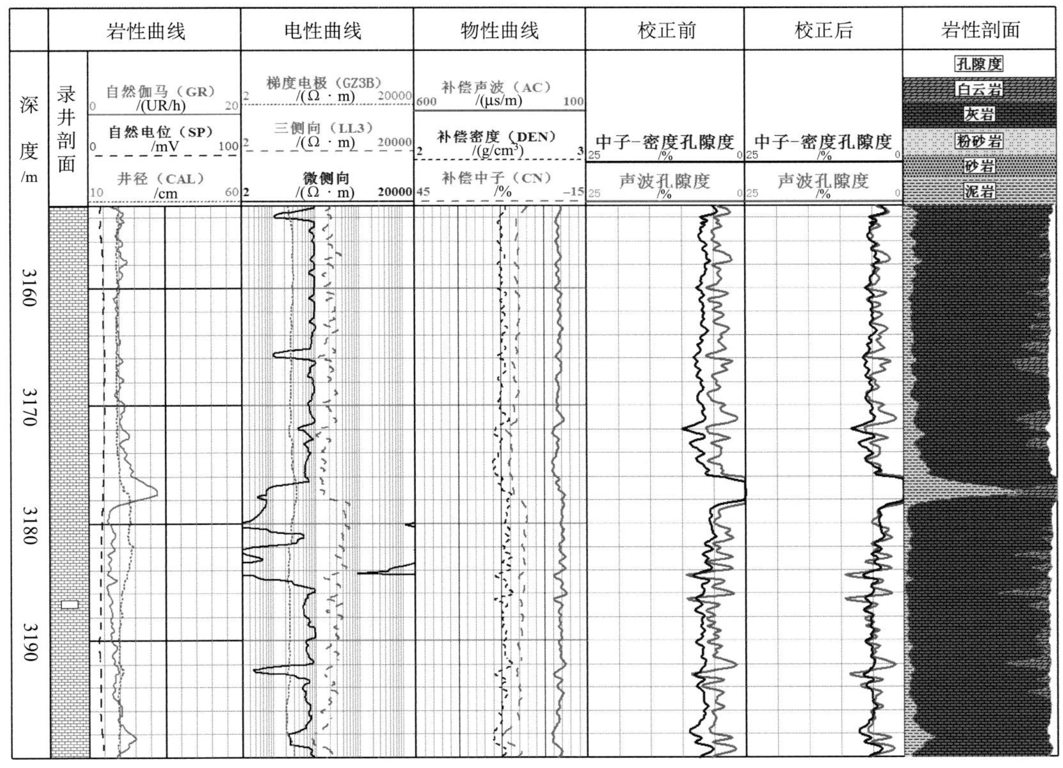

图 11-1-10 孔隙度对比图

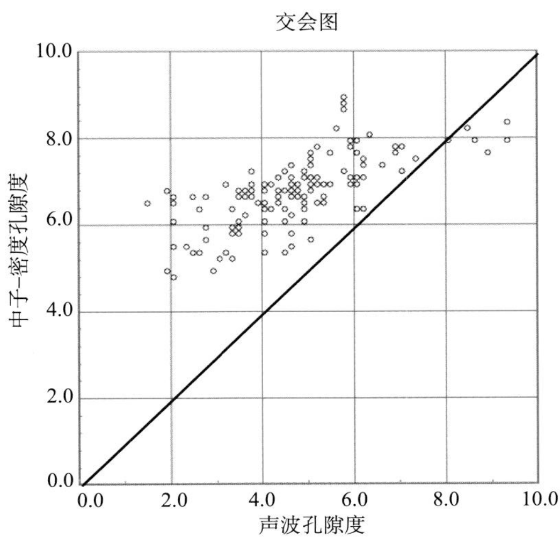

图 11-1-11 孔隙度校正前

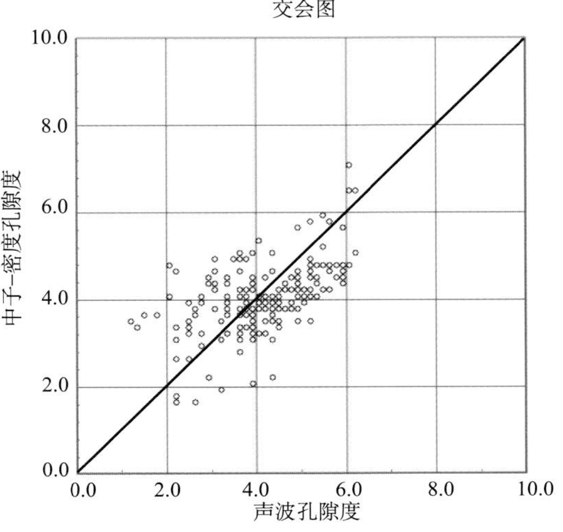

图 11-1-12 孔隙度校正后

式中，GR为原始自然伽马曲线；GRC为校正后的自然伽马曲线；CAL1为井径曲线，mm；BZ为泥浆比重，处理时根据现场提供的泥浆比重，参数卡中输入；XK、AB为程序中的固定系数。

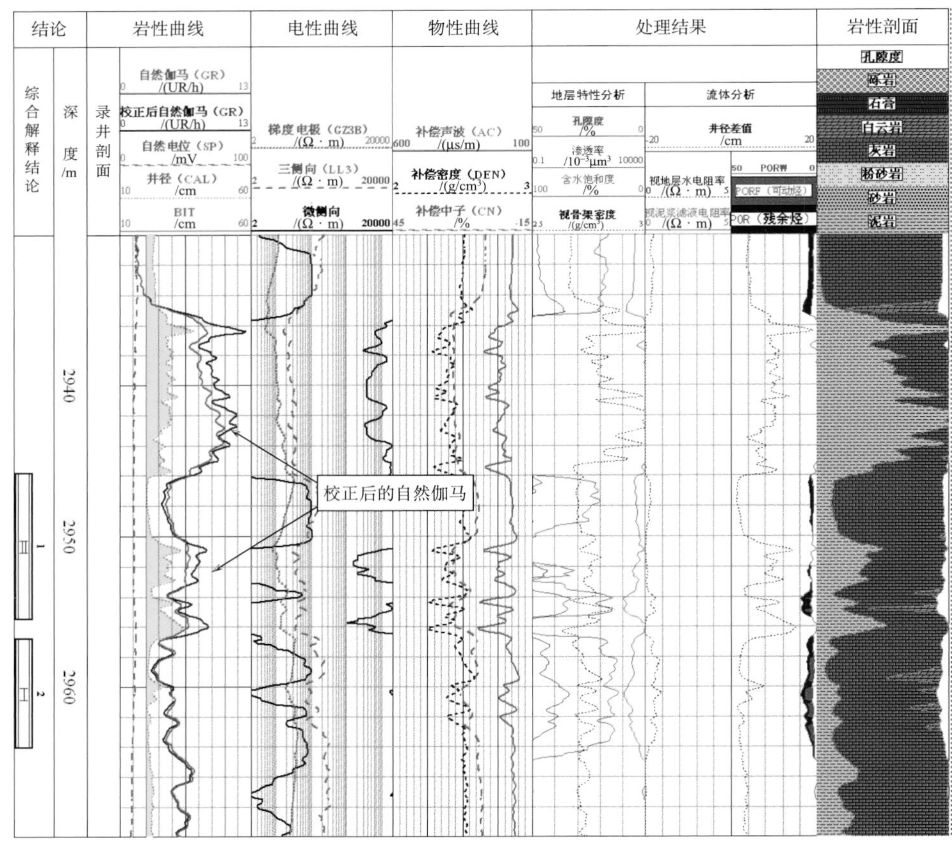

图 11-1-13　自然伽马校正

校正的原因：当井眼不规则时，尤其是大井眼扩径时，井筒泥浆占据了原属于地层的空间，仪器探测的结果受泥浆的影响，反射性数值降低，造成曲线失真，这样计算出来的泥质含量就不准确，因此需要对其进行校正。

目的和意义：通过该程序的运算，可以对大井眼地层的自然伽马进行补偿校正，这样计算出来的泥质含量就比较合理，合理的泥质含量是正确计算地层孔隙度、正确认识储层的前提。

从图 11-1-13 中可以看出，在井眼垮塌处，经过校正后的自然伽马曲线比原始自然码曲线数值要大，这样计算出来的泥质就是合理正确的。

3. 其他曲线校正

其他曲线在一线小队采集的时候已经做过环境校正，因此提供的数据已经是校正后的曲线，所以在处理过程中无需再做校正。

三、处理解释模型的建立

根据南哈地区的地层岩性特征(庞雄奇等，2014)，建立了专门的岩石体积模型及参数，利用中子-密度交会法计算孔隙度，利用阿尔奇公式计算含油饱和度，利用自然伽马计算泥质含量，利用 Timur 公式计算地层渗透率(欧阳健，1994；赵良孝和刘勇，1994；徐敬领等，2012)。

一般在二叠系岩性主要为砂泥岩，采用砂泥岩处理模型，骨架矿物包括砂岩、粉砂岩、泥岩，骨架值分别为砂岩(密度骨架 2.65g/cm³、中子骨架 2pu)、粉砂岩(密度骨架 2.71g/cm³、中子骨架 10pu)、泥岩(密度骨架 2.62g/cm³、中子骨架 25pu)。

石炭系岩性主要为灰岩和白云岩，中间夹杂石膏，采用碳酸盐岩处理模型，骨架值分别为灰岩(密度骨架 2.71g/cm³、中子骨架 5pu)、白云岩(密度骨架 2.87g/cm³、中子骨架 6pu)、石膏(密度骨架 2.98g/cm³、中子骨架 4pu)。

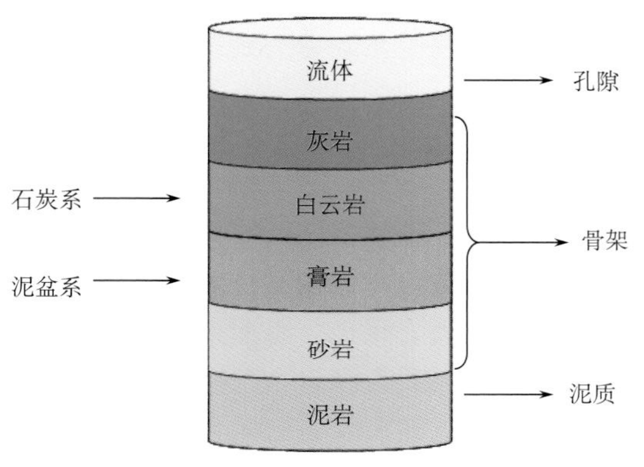

图 11-1-14 岩石体积模型示意图

泥盆系岩性主要为砂泥岩和砾岩，骨架值与二叠系相近。

岩石体积模型(图 11-1-14)包括泥岩、矿物、流体，其中矿物有该区域最常见的几种矿物，包括砂岩、粉砂岩、砾岩、膏岩、灰岩、白云岩，流体性质一般分为气和水，在不同的层系可以通过录井剖面及处理的解释经验，利用参数卡中旗标的选择来控制输出矿物的类型，达到自然合理。

岩石的中子、密度骨架参数如表 11-1-1 所示岩石，声波骨架参数如表 11-1-2 所示。

表 11-1-1 岩石中子、密度骨架值

地层	砂岩		灰岩		白云岩		膏岩	
	密度/(g/cm³)	中子/pu	密度/(g/cm³)	中子/pu	密度/(g/cm³)	中子/pu	密度/(g/cm³)	中子/pu
石炭系	2.65	−2	2.72	0	2.87	2	2.98	4
泥盆系	2.65	−2	2.72	0	2.87	2	2.98	4

表 11-1-2 岩石声波骨架值

地层	砂岩	灰岩	白云岩	膏岩
	时差/(μs/m)	时差/(μs/m)	时差/(μs/m)	时差/(μs/m)
石炭系	182	156	143	164
泥盆系	180	154	142	

四、测井资料处理解释方法

NEWCR 程序适用于复杂的碳酸盐岩剖面。它能计算孔隙度，泥质含量，饱和度等储层参数。它除了一般复杂岩性程序中的砂岩、灰岩、白云岩和硬石膏之外，还可以加入四种附加矿物，NEWCR 程序本身还具有编辑功能。

1. 泥质含量的计算方法

一般利用自然伽马算泥质含量，如果有能谱测井资料，则使用无铀伽马 KTH。

自然伽马泥质含量公式：

$$SH=\frac{GR-GR_{min}}{GR_{max}-GR_{min}},\quad V_{sh}=\frac{2^{GC_1\cdot SH}-1}{2^{GC_1}-1} \tag{11-1-2}$$

式中，GC_1 为计算泥质含量时所用的经验指数，新地层：$GC_1=3.7$，老地层：$GC_1=2$,本次采用 2.0，V_{sh}为计算的泥质百分含量。

自然电位也可以用来计算泥质含量，常用于渗透性较好的砂泥岩地层，而对于非均质储层碳酸盐岩来说，自然电位响应特征不明显，因此在碳酸盐岩地层，一般不用自然电位来计算泥质含量。

自然电位泥质含量公式：

$$SH=\frac{SP-S_{min}}{S_{max}-S_{min}},\quad V_{sh}=\frac{a^{GCUR\cdot SH}-1}{a^{GCUR}-1}*100\% \tag{11-1-3}$$

式中，GCUR 为计算泥质含量时所用的经验指数，新地层：GCUR＝3.7，老地层：GCUR＝2，本次采用 2.0。

2. 储层岩性成分、物性及含油性参数的处理计算方法

NEWCR 程序采用标准的四种矿物解释法，解释人员可以根据地质情况确定矿物成分的个数和属性。NEWCR 程序设有 C1、C2、C3、C4 四种矿物成分，分别为石英、方解石、白云石和硬石膏，按其在交会图上的位置可与纯水点构成三个三角形，如图 11-1-15所示，资料点落入某个三角形内，可认为它是由哪两种矿物组成。

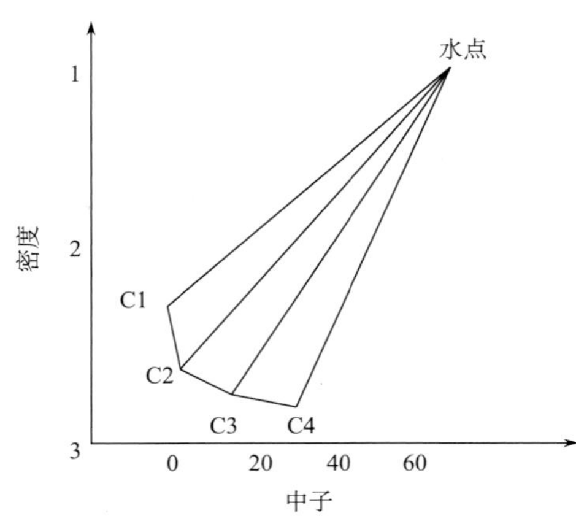

图 11-1-15　密度-中子交会三角形示意图

但是在实际操作过程中，由于老井放射性资料的误差较大，甚至没有资料，因此需要经验丰富的录井及解释员来控制参数输出矿物，达到合理准确。

方程的建立原理如下。

测井响应的体积百分比模型可表示为

$$C=C_1V_1+C_2V_2+\cdots+C_iV_i\cdots \tag{11-1-4}$$

式中，C_i为第 i 种岩石成分的测井响应值；V_i为第 i 种岩石成分的体积百分比；C 为测井响应值。

1）中子密度交会法计算孔隙度

$$\mathrm{CNL}=V_{\mathrm{sh}}\cdot N_{\mathrm{sh}}+\sum(V_{\mathrm{mai}}\cdot N_{\mathrm{mai}})+\phi\cdot N_f$$

$$\mathrm{DEN}=V_{\mathrm{sh}}\cdot D_{\mathrm{sh}}+\sum(V_{\mathrm{mai}}\cdot D_{\mathrm{mai}})+\phi\cdot D_f \tag{11-1-5}$$

$$\sum V_{\mathrm{mai}}+V_{\mathrm{sh}}+\phi=1$$

式中，N_{sh}、D_{sh}为泥岩中子、密度骨架值，N_{mai}、D_{mai}为矿物中子、密度骨架值；N_f、D_f为流体中子、密度响应值；ϕ 为计算的孔隙度。一般选用中子密度交会法计算孔隙度。

2）单声波孔隙度法

$$\sum V_{\mathrm{mai}}+V_{\mathrm{sh}}+\phi=1$$

$$\phi=(DT-T_{\mathrm{mai}})/[(T_f-T_{\mathrm{mai}})C_{\mathrm{p}}] \tag{11-1-6}$$

式中，C_{p} 为压实系数，一般情况下 $C_{\mathrm{p}}=1.68-0.002D$；$D$ 为地层深度，m。

3）含油饱和度计算公式

$$含水饱和度：S_{\mathrm{w}}=\sqrt[n]{\frac{abR_{\mathrm{w}}}{R_{\mathrm{t}}\phi^m}} \tag{11-1-7}$$

$$含油饱和度：S_{\mathrm{o}}=1-S_{\mathrm{w}} \tag{11-1-8}$$

式中，R_{t} 为地层电阻率，Ω·m；ϕ 为地层孔隙度；R_{w} 为地层水电阻率；m 为孔隙度指数；a 为岩石附加导电性校正系数；n 为饱和度指数；b 为岩石润湿性附加饱和度分布不均匀系数。对于中生界的古地层，一般采用 $a=1$，$m=2$，$n=2$。

4）钻井液电阻率的温度转换公式

$$R_m(18)=R_m(T)[1+0.026(T-18)] \tag{11-1-9}$$

式中，$R_m(18)$为 18℃时的钻井液电阻率；$R_m(T)$为温度为 T 时的钻井液电阻率；T 为钻井液测量温度。

5）渗透率计算公式

常规测井资料计算渗透率采用了 TIMUR 公式，利用孔隙度、束缚水饱和度等参数计算渗透率 PERM，公式如下：

$$\mathrm{PERM}=0.136\cdot\phi^{4.4}/\mathrm{SWIR}^2$$

式中，SWIR 为地层束缚水饱和度，一般情况下 SWIR=25；ϕ 为地层孔隙度。

第二节　测井资料重新处理与解释结果介绍

一、总结处理解释结果

该区收集到 31 口井的相关资料，26 口井的资料可用。本书重新精细处理解释老井 26 口，提供详细的成果图及表各 26 份，并针对每口井做了试气建议。优选出 13 口老井(Assa 1、Kendyrlik 2-G、Kendyrlik 4-G、Kendyrlik 5-RD、South Pridorozhnaya 16-G、Tamgalytar 1-G、Tamgalytar 2-G、Tamgalytar 5-G、West Oppak 1、West Oppak 2、Ortalyk 2-G、Ortalyk 3-G、Ortalyk 4-G)，并制定了详细的试气方案，对 13 口老井的试气方案做了优先排序，对每口井的试气层位也做出排序。精细处理解释新井 1 口(Bugudzhilskaya 1)、成果图及表各 1 份，并提供了详细的试气方案和相关参数。

统计出 24 口井参数信息(孔隙度、渗透率、含气饱和度、储层厚度、气层厚度)，做出图表 22 张，重新认识了储层和气层的发育及分布。其中，谢尔普霍夫阶测井解释孔隙度分布在 2%～9%，平均孔隙度 4.25%；维宪阶测井解释孔隙度分布在2%～9%，平均孔隙度 4.57%；上泥盆统法门阶孔隙度主要分布在2%～15%，集中分布在 4%～8%，有洞穴型储层发育，孔隙度一般大于 9%，平均孔隙度 6.51%；下石炭系含气饱和度集中在 40%～80%，平均饱和度 68%；上泥盆系饱和度集中在 40%～80%，平均饱和度 65%。韦宪阶气层相对较发育，气层较厚，达到 1100 多米。

Assa1 井测井录取比较丰富，在新方法测井方面录取了高分辨率阵列感应、交叉多级阵列声波、能谱测井，这些方法帮助我们较好地判别储层，识别储层的流体性质，因此以该井为例说明重新处理解释的结果。

二、阐述处理解释结果——以 Assa 1 井为例

Assa 1 井重新处理解释出 54 个层，解释成果如表 11-2-1 所示。孔隙度分布 3%～11%，含气饱和度在 50%～80%，为较好的含气井。其中 C_1sr 的 38 号层(2057.4～2065.9m)试油(图 11-2-1)，该层顶部有天然的石膏盖层，成藏条件优越，岩性较纯，自然伽马值低，测井密度值较小，挖掘效应明显，计算的孔隙度在 5%以上，物性比周围储层要好，建议首选对该层段试油。C_2ts 的 36 号层(2031.6～2039.5m)试油(图 11-2-1)，该段井眼垮塌比较严重，声波、中子、密度、电阻率曲线受井眼扩径的影响，数值会有一定的偏差，电阻率偏低，算出的孔隙度偏大，但是也反映出该段储层物性极好，三孔隙度曲线变化剧烈，从交叉多级阵列声波(XMAC)的全波变密度图上也可以看出(图 11-2-2)，该段声波衰减严重，从变密度图上检测不到横波，反映出该层物性很好、地层疏松，因此建议对该段进行试油；C_1v_3 的 50 号层(2381.3～2383.0m)试油(图 11-2-3)，该层的井眼规则，自然伽马在岩性较纯的层段在 2382m 处突然有一跳尖，密度、中子、声波都朝着孔隙度降低的方向变化，高分辨率阵列感应 20～90in 的 4 条电阻率曲线在跳尖处也出现了很大程度的降低，岩屑录井在 2382m 处见到完整的自形石英晶体(图 11-2-4)，种种迹象表明，这里发育一个泥盆系顶面风化壳内未被充填的洞穴，因此建议对该层进行试油。

表 11-2-1 Assa 1 井解释成果表

层号	深度/m		厚度/m	泥质含量/%	孔隙度/%	含气饱和度/%	渗透率/mD	解释结论	备注	试气优先级
31	1965.9	1968.3	2.4	22.12	3.12	52.67	0.19	二类储层		
32	1986.9	1999.3	12.4	12.42	4.71	64.68	2.60	二类储层	若 36 号层出气，可尝试对 32、33 号层试气	5
33	2002.0	2010.5	8.5	14.19	7.65	74.45	2.70	一类储层		
34	2014.1	2020.4	6.3	10.34	5.13	66.62	0.60	二类储层		
35	2024.6	2028.0	3.4	9.09	5.79	71.86	0.67	二类储层		
36	2031.6	2039.5	7.9	33.66	11.82	74.24	28.22	一类储层	建议试气	2
37	2044.5	2046.7	2.2	8.01	3.52	78.55	0.10	二类储层		
38	2057.4	2065.9	8.5	8.33	5.10	80.13	0.48	一类储层	建议试气	1
39	2136.2	2138.3	2.1	9.05	4.61	59.27	0.70	二类储层		
40	2146.7	2149.6	2.9	5.56	3.34	59.73	0.14	二类储层		
41	2193.3	2195.2	1.9	7.35	4.43	62.80	0.63	二类储层		
42	2211.9	2215.8	3.9	9.73	2.81	55.07	0.10	二类储层		
43	2220.4	2224.4	4.0	7.70	3.15	67.99	0.19	二类储层		
44	2227.7	2229.8	2.1	7.46	4.37	81.91	0.28	二类储层		
45	2247.0	2252.8	5.8	8.26	2.80	67.62	0.11	二类储层		
46	2270.4	2278.4	8.0	13.31	3.46	54.47	0.16	二类储层		
47	2289.4	2299.5	10.1	5.57	5.43	69.66	4.49	二类储层		
48	2362.7	2368.2	5.5	10.58	4.04	48.72	0.15	二类储层		
49	2370.0	2379.5	9.5	18.12	6.04	32.37	0.93	一类储层	建议试气	4
50	2381.3	2383.0	1.7	8.98	4.94	65.86	0.76	一类储层	建议试气	3
51	2410.6	2414.2	3.6	13.36	8.83	80.16	6.37	气层		
52	2415.6	2417.9	2.3	13.87	11.32	61.90	14.94	气层		
53	2473.0	2474.4	1.4	10.10	3.73	19.53	0.11	干层		
54	2539.2	2544.8	5.6	11.85	4.61	72.68	0.63	气层		

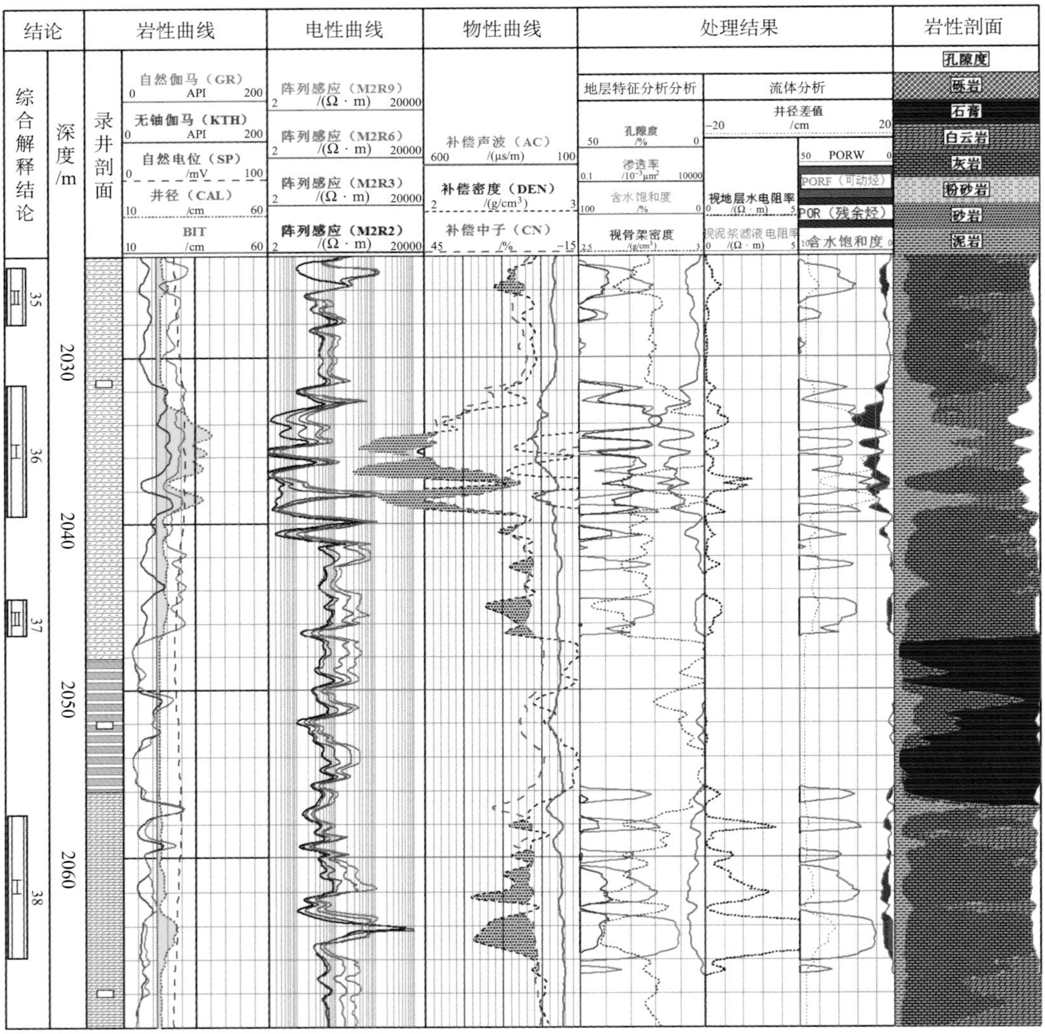

图 11-2-1　C_1sr 的 35～38 号层

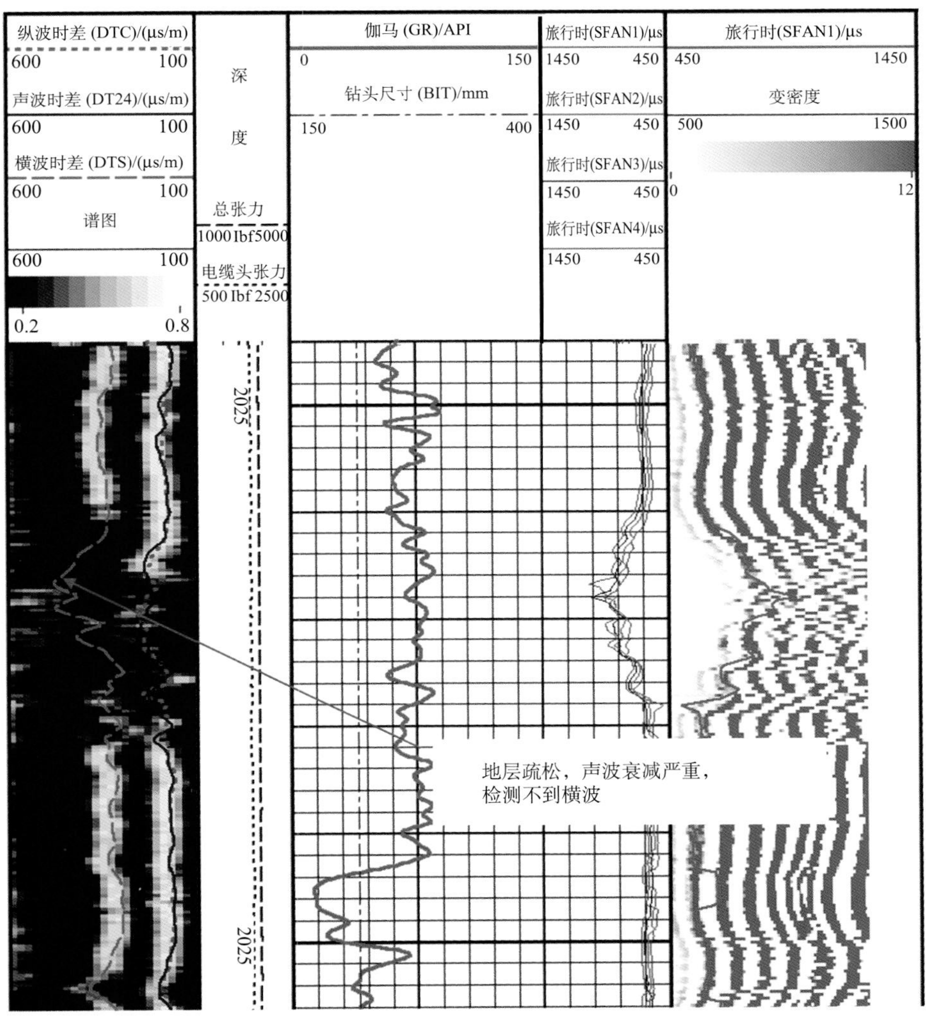

图 11-2-2 36 号层的交叉多级阵列声波图

C_1v_3的 49 号层(2370～2379.5m)有一定的含水特征(图 11-2-3)，该段地层井眼规则，泥质稍重，声波时差和中子曲线相比同一级别泥质含量的储层，变化要更明显，物性好，测井计算的孔隙度在 7%左右，从交叉多级阵列声波图上可以看出(图 11-2-5)，该段声波衰减严重，横波受高孔隙的影响检测不到，反映出该层物性好，是不错的储层，但是从高分辨率阵列感应曲线看，该层电阻率非常低，只有 5Ω·m 左右，有含水的嫌疑。

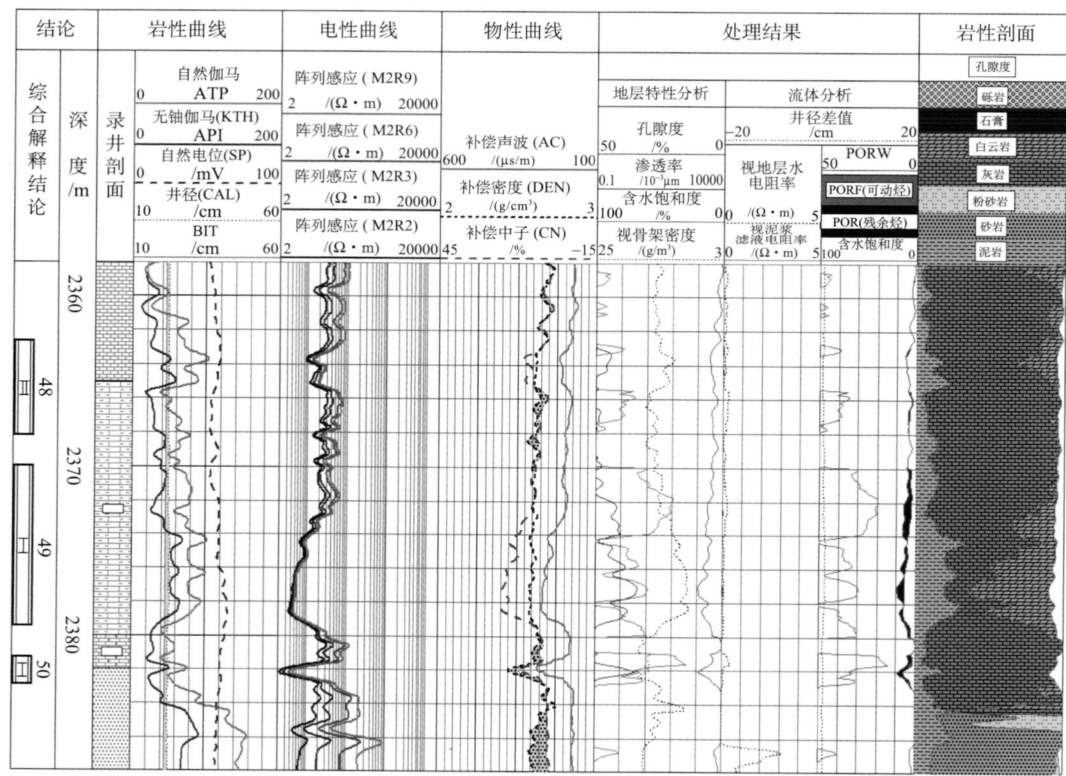

图 11-2-3 C_1v_3的 49、50 号层

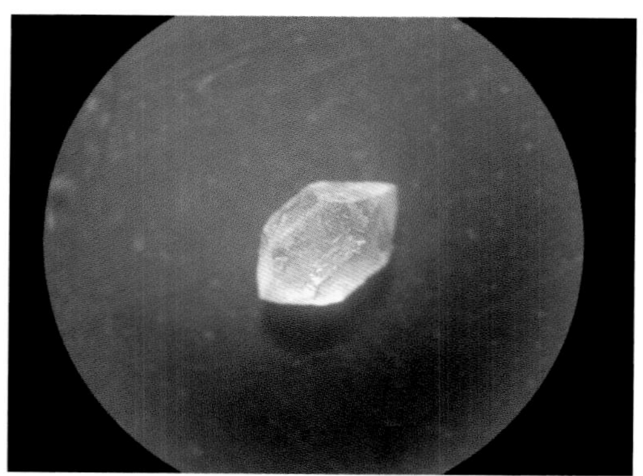

图 11-2-4 50 号层 2382m 处的自形石英晶体岩屑

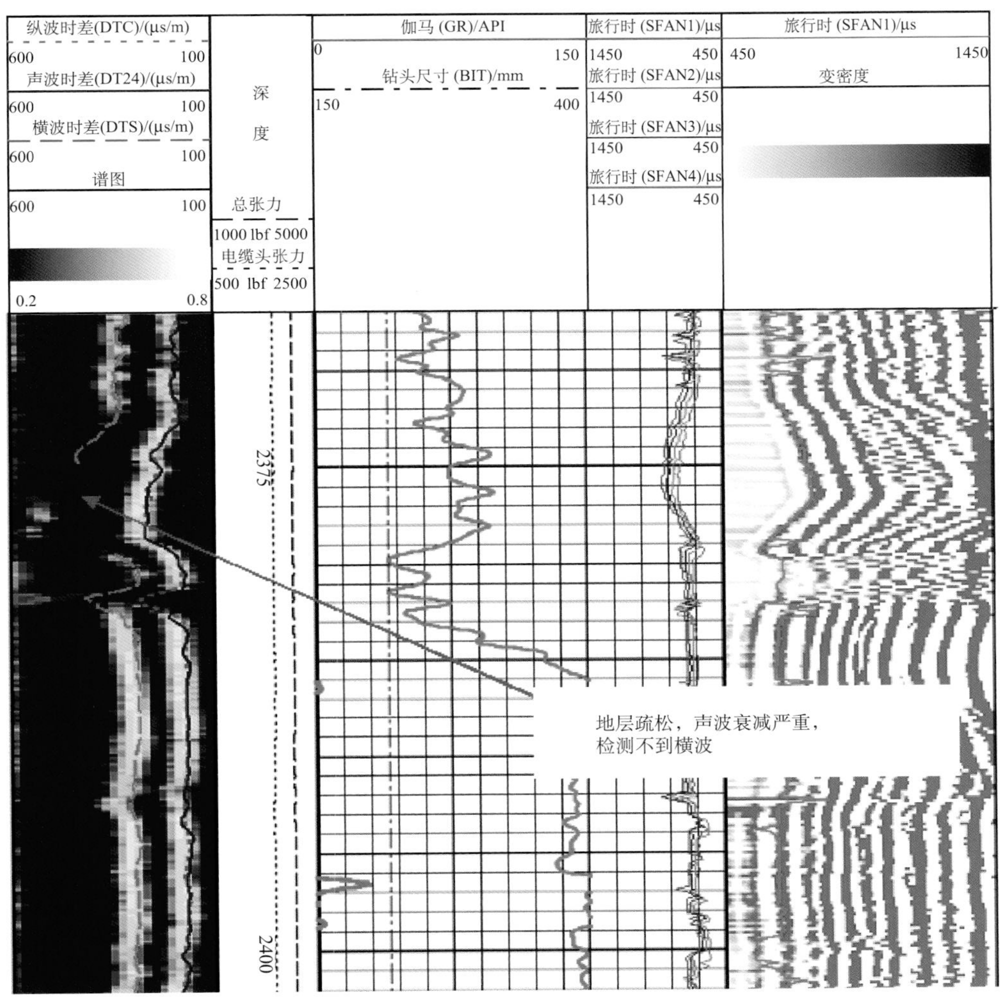

图 11-2-5 49 号层的交叉多级阵列声波图

第三节 气层判别标准与含气性评价方法

一、气层判别评价标准

1. 储层划分

储层划分(司马立强，2005；王军，2005；管英柱等，2007，王红伟等，2011)采用中石油常规储层的划分标准(表 11-3-1)。

表 11-3-1 储层划分标准

岩性	孔隙度	储层类型	工业定义
碎屑岩	＞5%(有裂缝时)、0.01mD＜渗透率＜0.3mD	油、气、水层	试油可达工业油、气流
	＜5%	干层	基本不出液
碳酸盐岩	＞5%	Ⅰ类储层	直接投产可以达到工业油、气流
	2%～5%	Ⅱ类储层	经过酸化压裂等改造后，可以达到工业油、气流
	＜2%	Ⅲ类储层或干层	经过酸压也达不到工业油、气流，或无产出

由于三类储层与干层无区别，属于无效储层，所以本次解释就不划分。

2. 流体性质识别

结合中石油与该区域油水识别标准，建立流体识别图版(表 11-3-2)。

表 11-3-2 流体性质判别标准

岩性	流体性质	孔隙度	电阻率	含油饱和度
碎屑岩	油、气层	＞5%(有裂缝)	深电阻率是邻近水层 3～5 倍	＞40%
	水层	＞5%	同层位中相对最低	约 0
	干层	＜5%	高于水层	＜20%
碳酸盐岩	油、气层	＞2%	本区域电阻率界限＞15Ω·m	＞40%
	气水同层	＞2%	＜15Ω·m	20%～40%
	水层	＞2%	＜15Ω·m	＜20%

3. 区域油水关系图版

1)石炭系气水层测井解释标准(表 11-3-3)

表 11-3-3 石炭系气水层测井解释标准

结论	孔隙度	含气饱和度	电阻率
气层	＞2.0%	＞40%	＞15Ω·m
气水同层	＞2.0%	20%～40%	＜15Ω·m
水层	＞2.0%	＜20%	＜15Ω·m

石炭系气水层解释图版如图 11-3-1 所示。

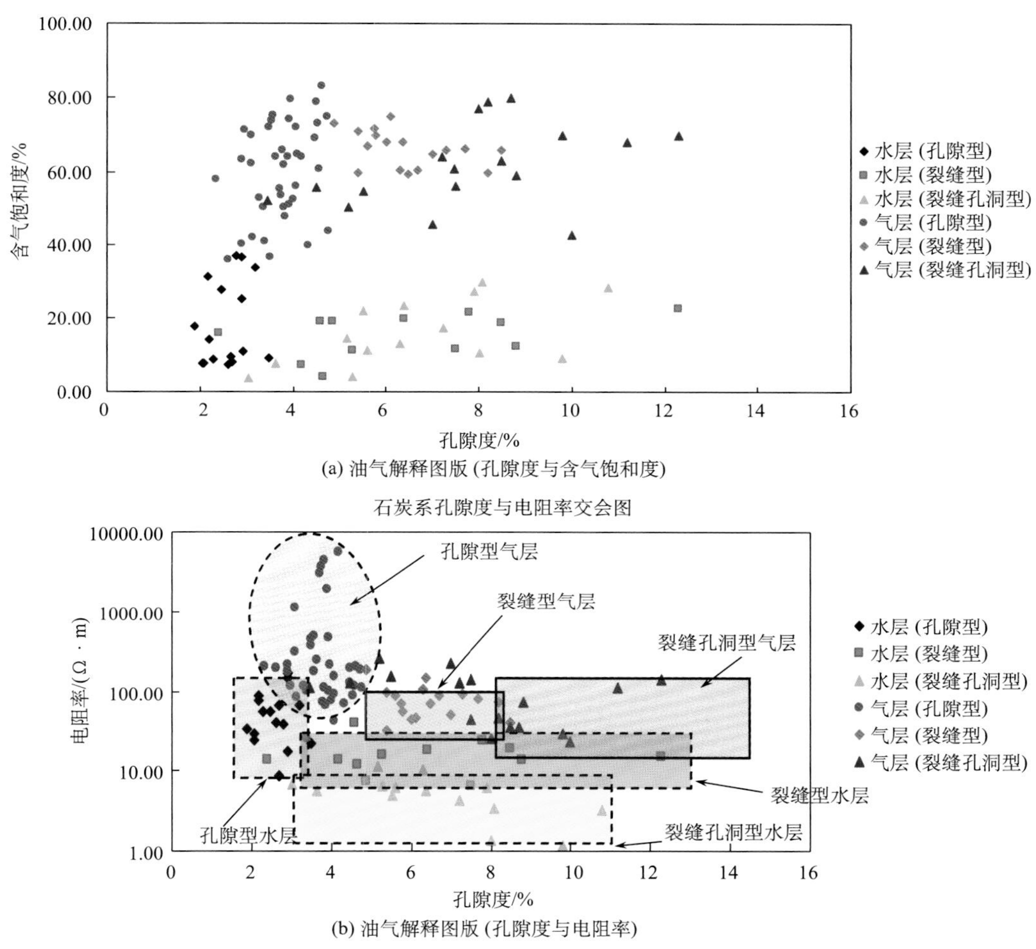

(a) 油气解释图版 (孔隙度与含气饱和度)

(b) 油气解释图版 (孔隙度与电阻率)

图 11-3-1 石炭系流体性质识别图版

2）泥盆系气水层测井解释标准(表 11-3-4)

表 11-3-4 泥盆系测井解释标准

结论	孔隙度	含气饱和度	电阻率
气层	＞4.0％	＞40％	＞10Ω · m
气水同层	＞4.0％	20％～40％	＜10Ω · m
水层	＞4.0％	＜20％	＜10Ω · m

二、测井处理解释综合成果图

利用丰富的解释经验，结合区域地层规律，通过合理的选取参数，输出准确的孔隙度、渗透率、饱和度、泥质含量等地层数据和矿物组分。

泥盆系气水层解释图版如图 11-3-2 所示。

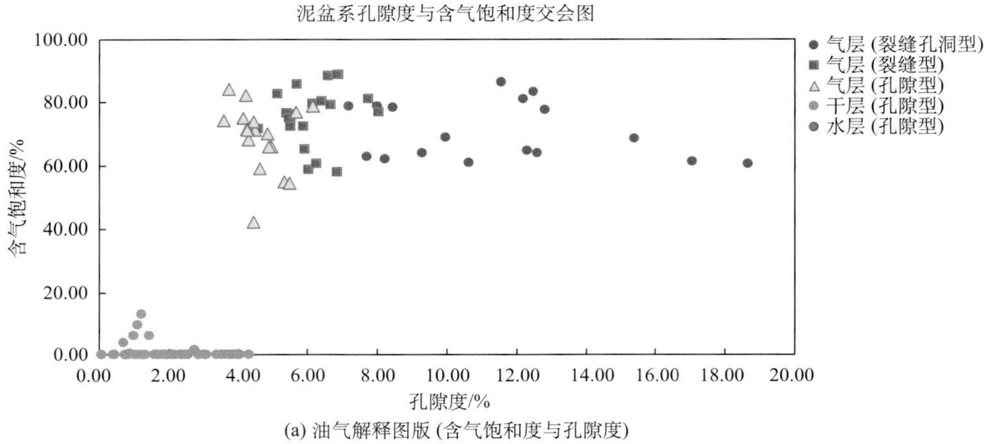

泥盆系孔隙度与含气饱和度交会图

(a) 油气解释图版 (含气饱和度与孔隙度)

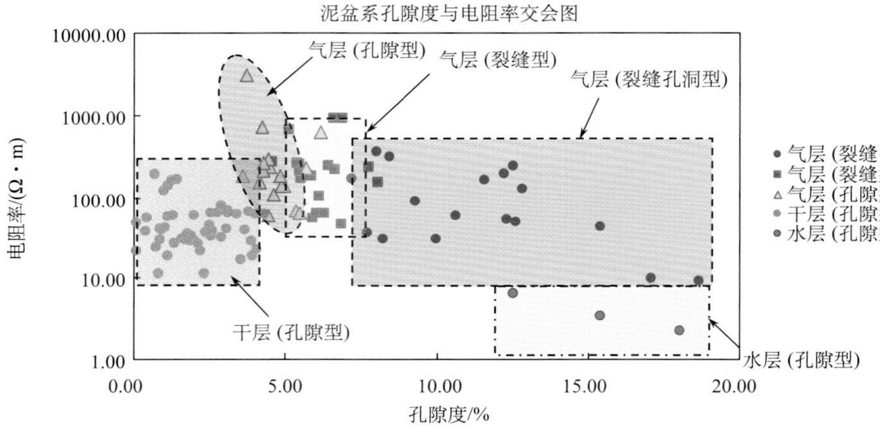

泥盆系孔隙度与电阻率交会图

(b) 油气解释图版 (孔隙度与电阻率)

图 11-3-2　泥盆系流体性质识别图版

三、各层系解释的参数分布规律

1. 孔隙度分布规律

根据 24 口井资料得出石炭系孔隙度分布规律，如图 11-3-4、图 11-3-5 所示。

通过分析图 11-3-4，谢尔普霍夫阶测井解释孔隙度，分布在 2%～9%，集中分布在 2%～7%，平均孔隙度 4.25%；通过分析图 11-3-5，维宪阶测井解释孔隙度，分布在 2%～9%，集中分布在 3%～7%，平均孔隙度 4.57%。

根据 24 口井资料得出泥盆系孔隙度分布规律，如图 11-3-6 所示。

通过分析图 11-3-6，上泥盆统法门阶，主要分布在 2%～15%，集中分布在 4%～8%，有洞穴型储层发育，孔隙度一般大于 9%，平均孔隙度 6.51%。

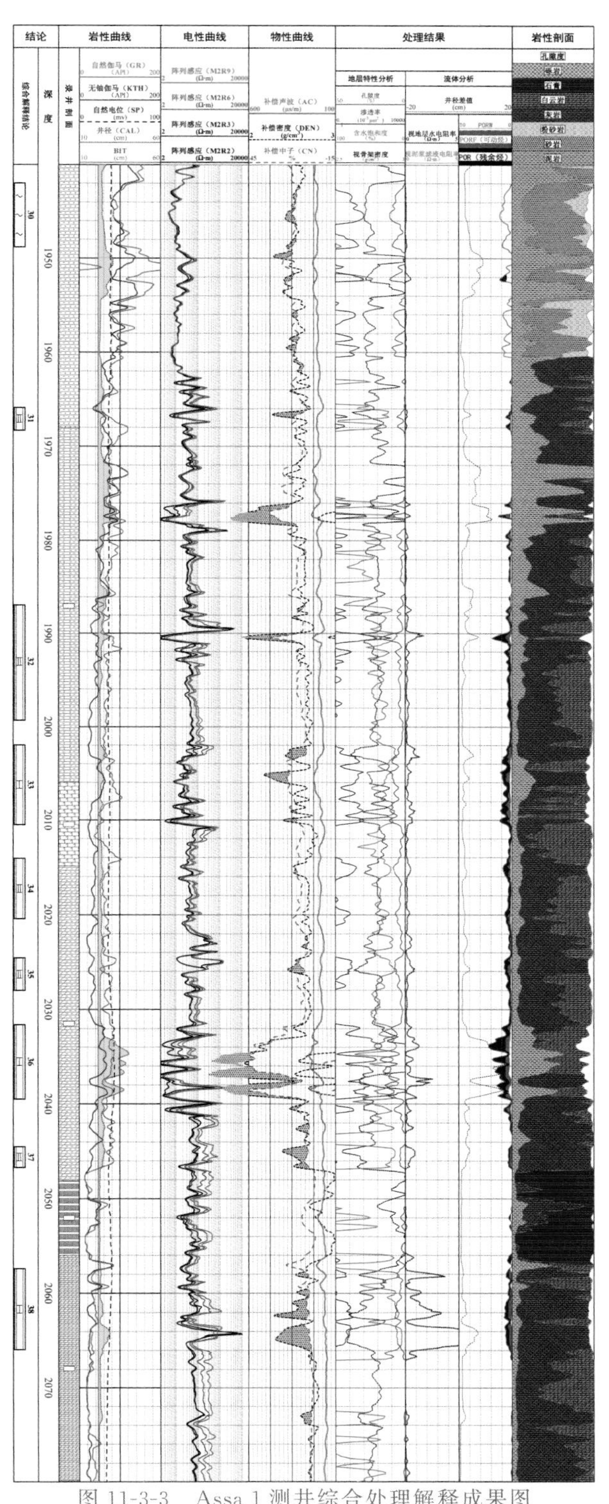

图 11-3-3 Assa 1 测井综合处理解释成果图

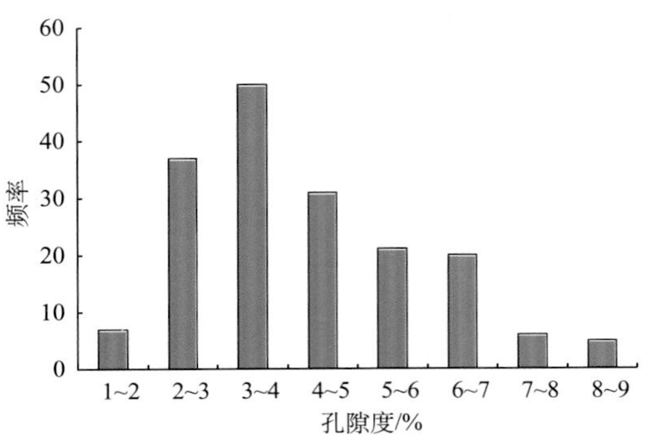

图 11-3-4 谢尔普霍夫阶测井解释孔隙度分布

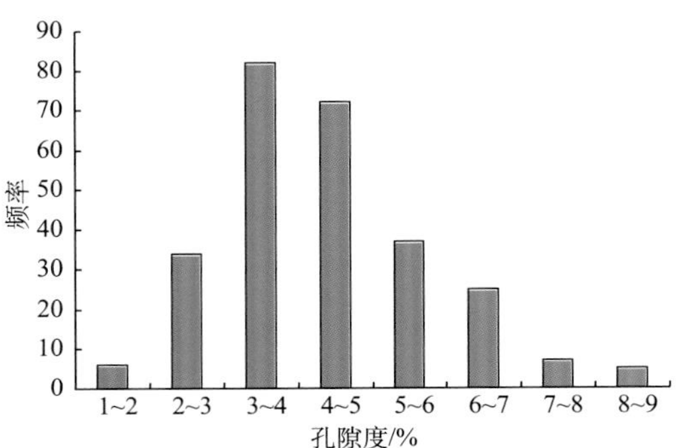

图 11-3-5 维宪阶测井解释孔隙度分布

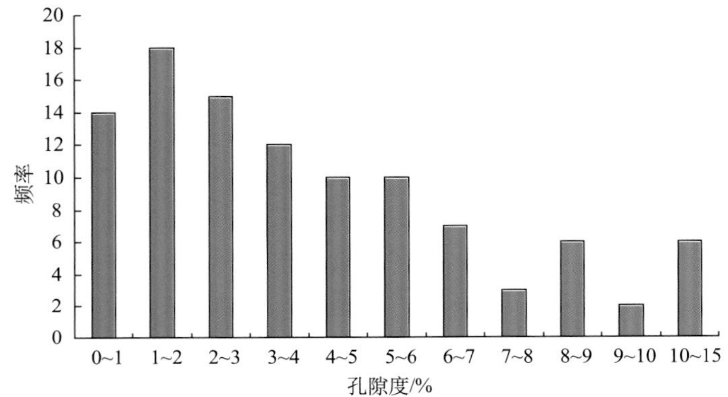

图 11-3-6 上泥盆统法门阶孔隙度分布

2. 渗透率分布规律

根据 24 口井资料得出下石炭统渗透率分布规律，如图 11-3-7 所示。

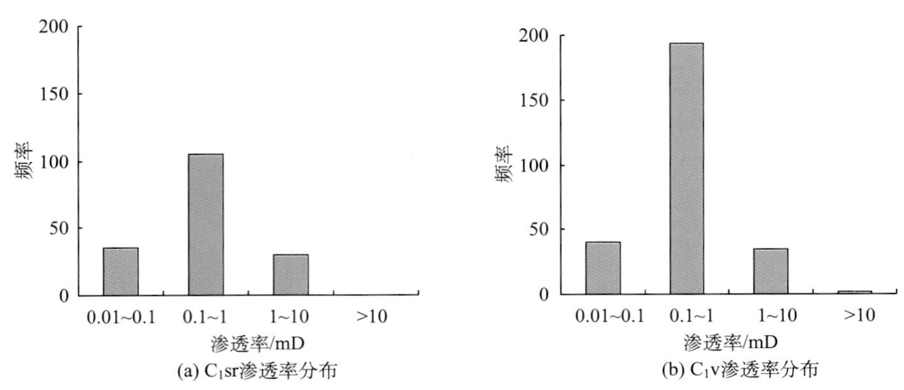

图 11-3-7 下石炭统渗透率分布

通过分析图 11-3-7，下石炭统渗透率分布为：C_1sr 地层渗透率主要分布在 0.1～1mD，C_1v 地层渗透率主要分布在 0.1～1mD，平均渗透率为 0.3mD。

根据24口井资料得出上泥盆统渗透率分布规律，如图11-3-8所示。

通过分析图11-3-8，上泥盆统渗透率主要分布在0.1～1mD和1～10mD，平均渗透率为3.1mD。

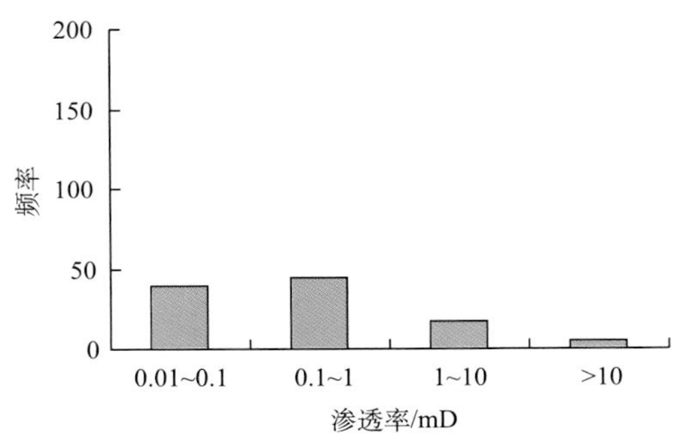

图11-3-8 上泥盆统渗透率分布

3. 含气饱和度分布规律

根据24口井资料得出石炭系与泥盆系含气饱和度分布规律，如图11-3-9、图11-3-10所示。

通过分析图11-3-9，下石炭系的饱和度集中在40%～80%，平均饱和度68%；通过分析图11-3-10，上泥盆系的饱和度集中在40%～80%，平均饱和度65%。

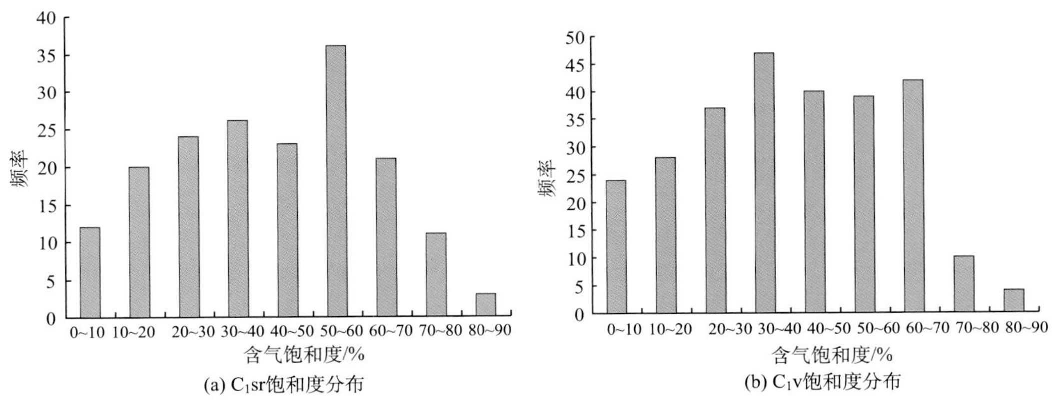

图11-3-9 下石炭系饱和度分布

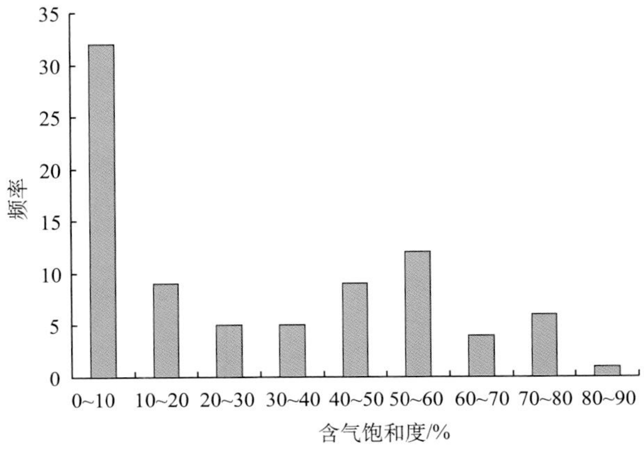

图11-3-10 上泥盆系饱和度分布

4. 泥质含量分布规律

根据24口井资料得出地区泥质含量分布规律，如图11-3-11所示。

通过分析图11-3-11，泥质含量在C_1sr，集中分布在5%～15%，岩性相对最纯；在C_1v，集中分布在10%～25%，泥质含量C_1sr较重；上泥盆D_3，集中分布在10%～30%，泥质相对最重。

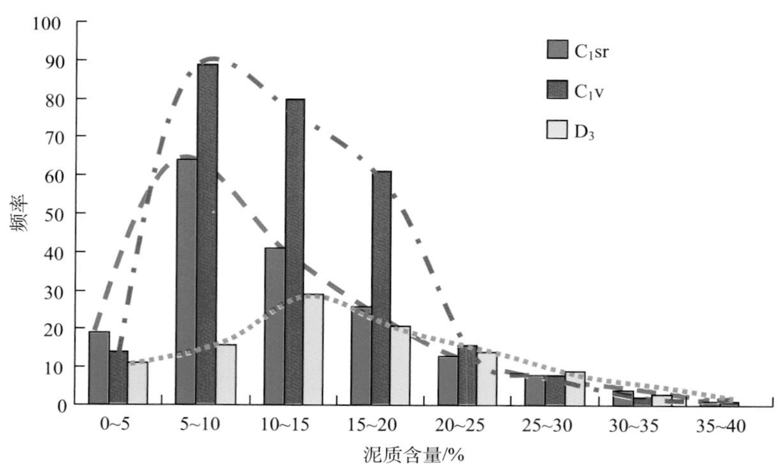

图11-3-11　研究区泥质含量分布

四、含气储层类型判别评价方法

1. 各层系不同类型储层划分标准

石炭系碳酸盐岩储层分四种常见储层类型(邵维志和陆福，2002；王青等，2003；王珺等，2005)：①孔隙型储层；②裂缝-孔隙型储层；③裂缝-孔洞型储层；④洞穴型储层。

根据总孔隙度与裂缝孔隙度的关系(谭廷栋，1995；李善军等，1996)，建立了储层孔隙划分标准图(图11-3-12)。并建立了2个石炭系不同类型储层交汇图识别图版，见密度-电阻率交会图[图11-3-13(a)]和声波-电阻率交会图[图11-3-13(b)]。

泥盆系碎屑岩储层，分两种常见储层类型：①致密孔隙型储层；②裂缝-孔洞型储层(致密砂岩)，如图11-3-14所示。

2. 各层系不同类型储层及测井响应特征

1) 下石炭系C_1sr

通过分析下石炭系C_1sr，得到以下结论：①裂缝孔隙型的颗粒灰岩、云质灰岩与泥质灰岩储层在局部井区比较发育，物性整体比较致密，经酸化改造才能获得高产。

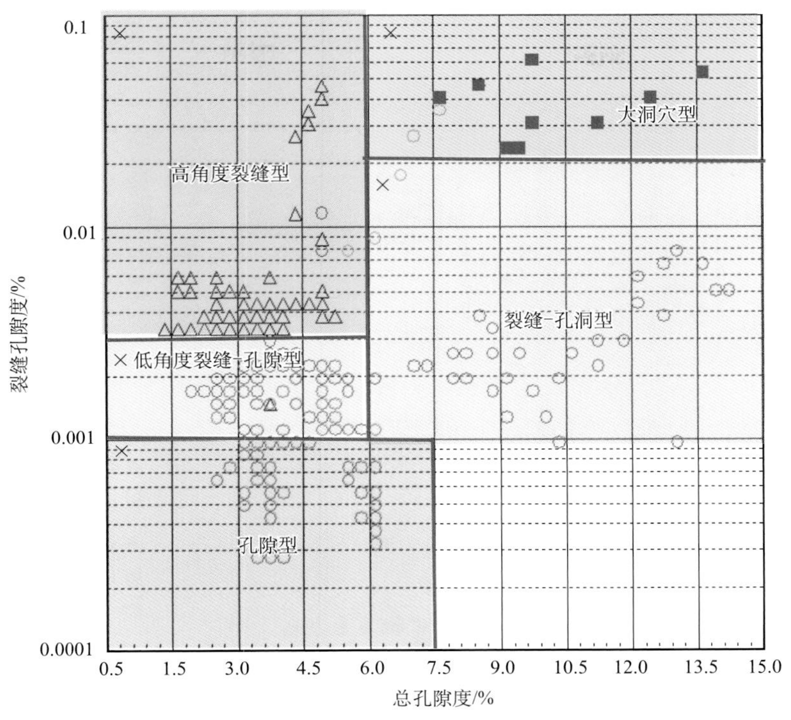

图 11-3-12 储层孔隙度划分标准

②裂缝-空洞型储层最为发育，其中盐下段发育有一定充填程度的缝洞，裂缝是天然气获得高产的重要因素。

通过对该地区裂缝孔隙度与总孔隙度关系的研究，建立储层孔隙度划分标准(图 11-3-12)。以及通过建立石炭系的中子-密度交会图[图 11-3-13(a)]、石炭系的声波—电阻率交会图[图 11-3-13(b)]、泥盆系的电阻率-密度交会图(图 11-3-14)，研究识别该地区的不同储层类型。

(1) 孔隙型储层。

C_1sr 的颗粒灰岩整体比较致密，物性较差，其测井响应特征(图 11-3-15)：①角度较低，在 40°以下；②电阻率曲线有低异常、齿化抖动频繁；③密度曲线降低。2348～2404m，套管射孔测试，日产气 3.57×$10^4m^3/d$，产水 10.9×$10^4m^3/d$。

测井响应特征(图 11-3-16)：①测井显示为较纯、均匀的厚层颗粒云质灰岩；②电阻率曲线微弱齿化抖动变化；③三孔隙度曲线频繁微弱抖动变化。

1980 年 3 月 26 日至 5 月 26 日，对 2274～2315m 井段经过两次酸化，日产气 7.54×$10^4m^3/d$，解释孔隙度 3%。

(2) 裂缝-孔隙型储层(高角度缝)。

测井响应特征(图 11-3-17)：①角度较高，一般在 50°以上，属于有效裂缝；②电阻率曲线有高背景下的低异常显示；③密度降低、声波增大。

(3) 裂缝-孔隙型储层(低角度缝)。

测井响应特征(图 11-3-18)：①角度较低，在 40°以下；②三孔隙度反应不明显，微

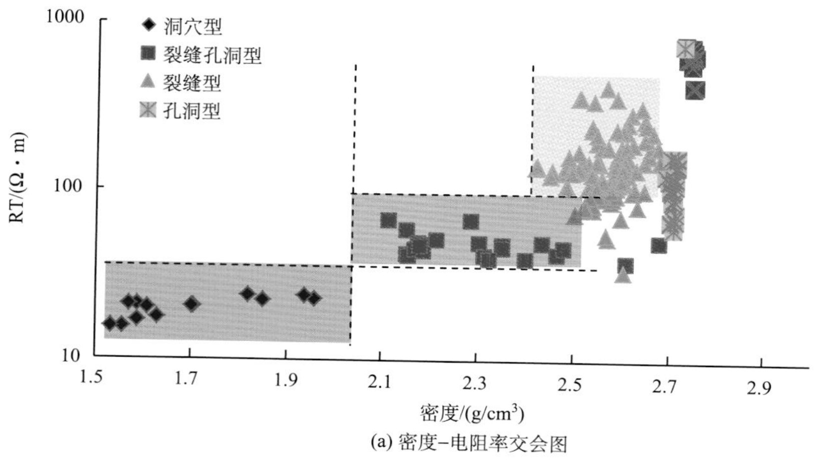

(a) 密度-电阻率交会图

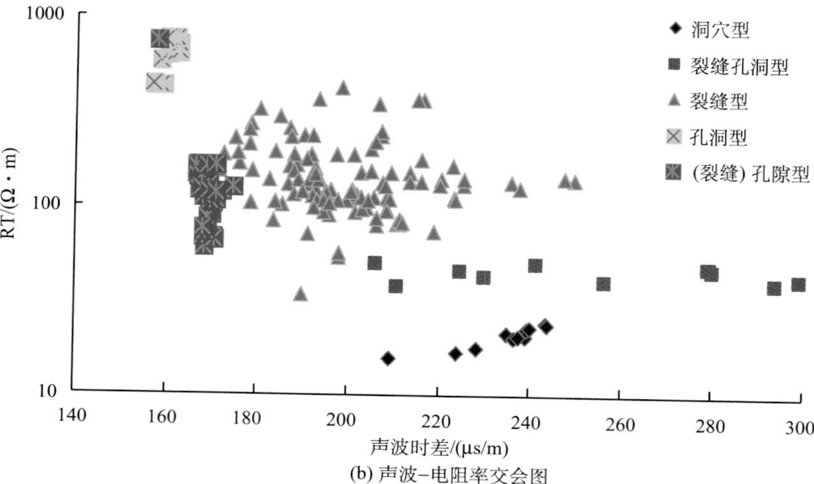

(b) 声波-电阻率交会图

图 11-3-13 石炭系不同类型储层交汇图识别图版

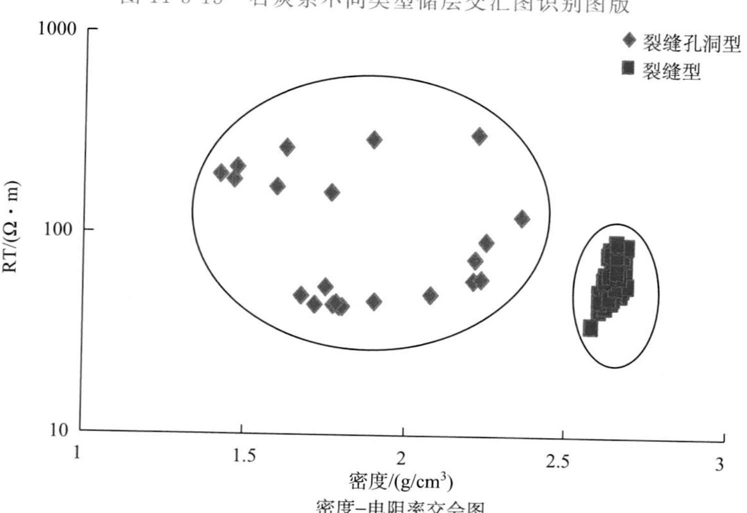

密度-电阻率交会图

图 11-3-14 泥盆系不同类型储层交汇图识别图版

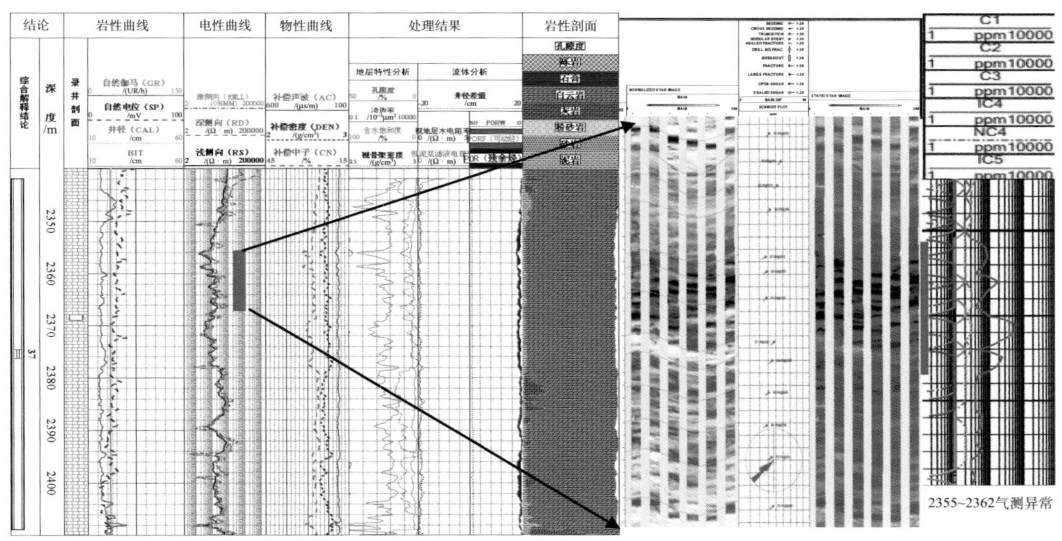

图 11-3-15 Tamgalytar 5-G 井(C_1sr)测井综合处理解释成果图

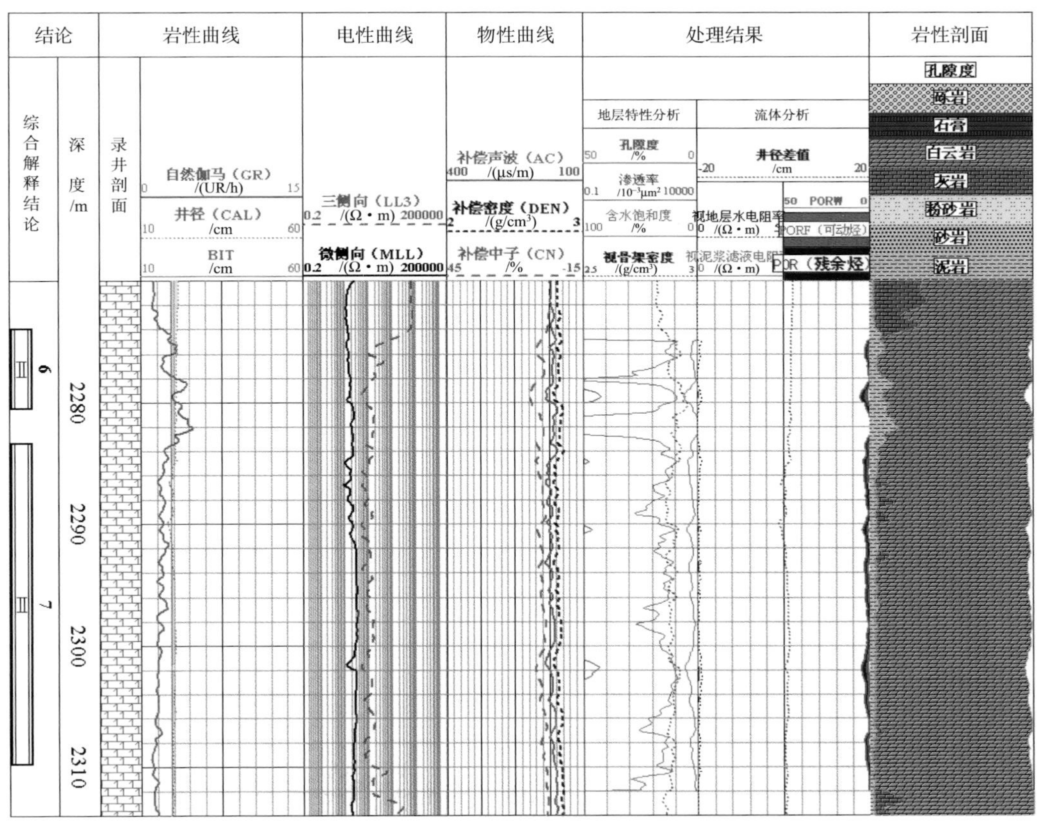

图 11-3-16 Tamgalytar 1-G 井(C_1sr)测井综合处理解释成果图

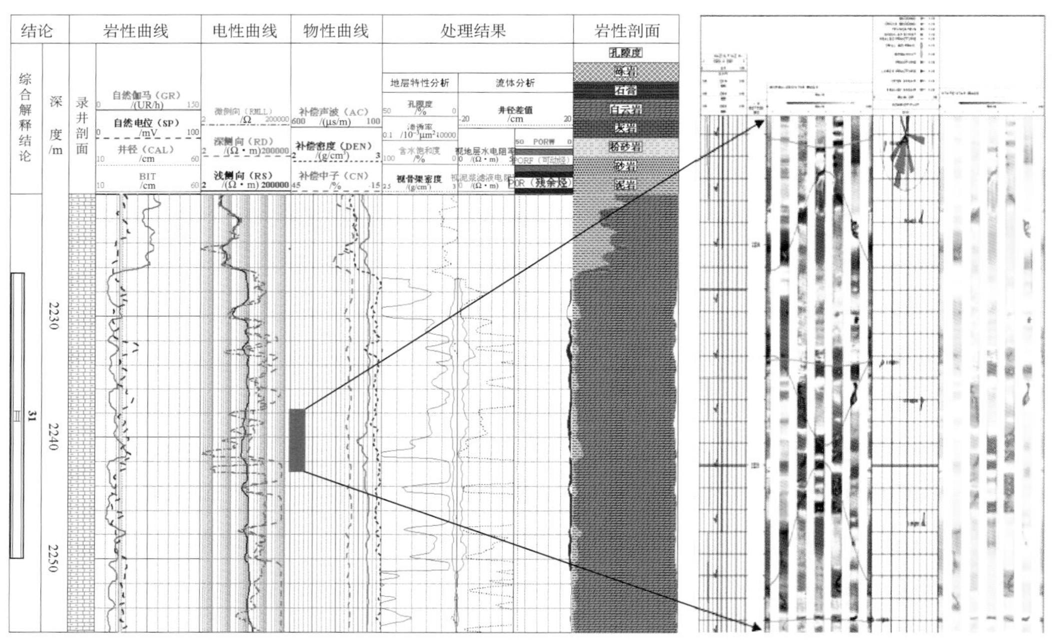

图 11-3-17 Tamgalytar 5-G 井(C_1sr)测井综合处理解释成果图(上段)

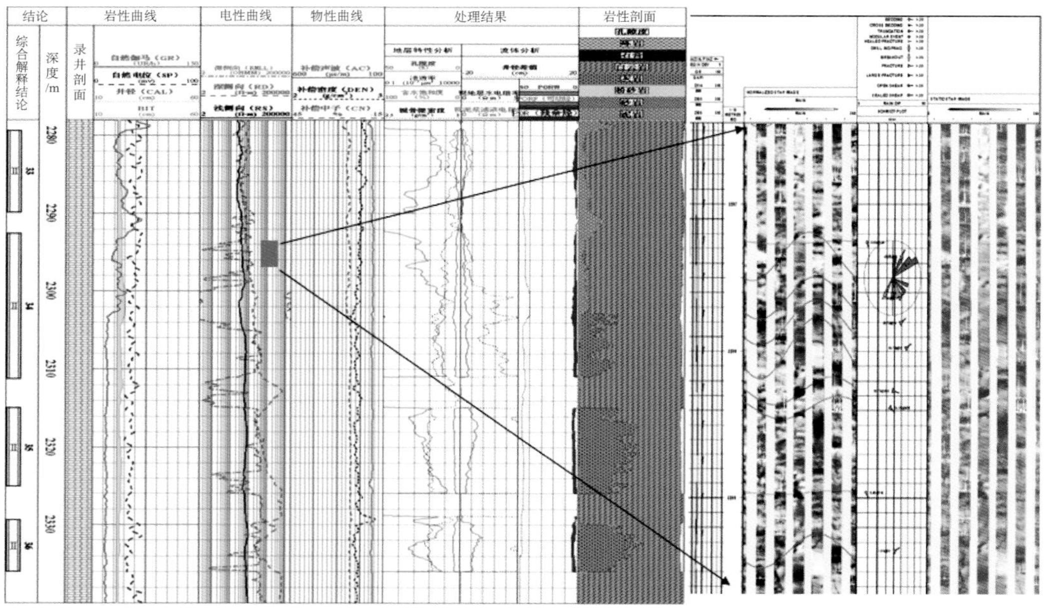

图 11-3-18 Tamgalytar 5-G 井(C_1sr)测井综合处理解释成果图(下段)

球降低、齿化抖动剧烈。2299～2404m 多段射孔合试，日产气 $3.57\times10^4m^3/d$，低角度缝是致密储层获得高产的重要因素。

(4) 裂缝-孔洞型储层(最主要储层类型)。

测井响应特征(图 11-3-19)：①缝体宽大，边缘有溶蚀现象；②三孔隙度曲线幅度变化剧烈，孔隙度较高；③电阻率曲线出现很大幅度的低异常。2265～2276m 气测较高，有较强的气测显示。2270～2278m 泥浆漏失。2299～2305m 多段射孔合试，日产气 $2.29m^3/d$，水 $10.9\times10^4m^3/d$。

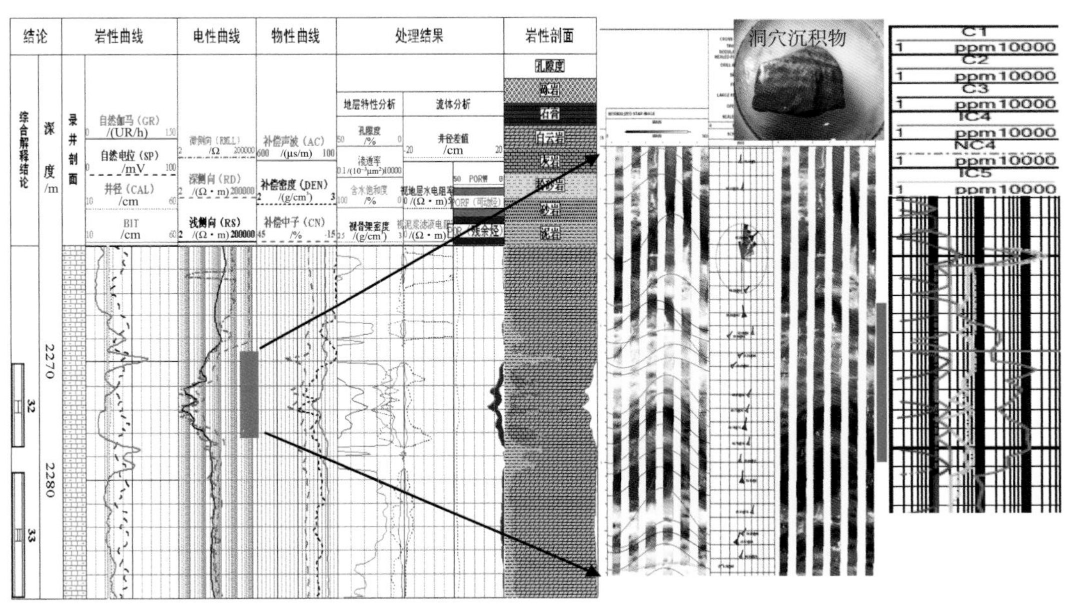

图 11-3-19 Tamgalytar 5-G 井(C_1sr 盐下段)测井综合处理解释成果图

测井响应特征(图 11-3-20)：①成像有斑点状；②电阻率曲线有大幅度的低异常突变；③密度曲线降低。2348～2404m 多段射孔合试，日产气 $3.57\times10^4m^3/d$，水 $10.9\times10^4m^3/d$。

(5) 洞穴型储层(主要储层类型)。

测井响应特征(图 11-3-21)：①洞穴较大；②三孔隙度曲线幅度变化剧烈，孔隙度很高；③感应曲线出现很大幅度的低异常；④检测不到横波，变密度图变化剧烈。

2) 下石炭统 C_1v

通过分析下石炭统 C_1v，得到以下结论：① C_1v 是石炭系主力烃源岩发育层位之一，其内部灰岩、云质灰岩缝洞发育，由于属自生自储型的储盖组合，天然气排烃效率高，排烃过程中的酸性水溶蚀使得缝洞发育，成藏条件优越，气层产气量高。②在 C_1v 层系，局部发育泥岩少，以较纯的灰岩、云灰岩裂缝型储层为主。

(1) 裂缝型储层。

测井响应特征(图 11-3-22)：①裂缝型储层，颗粒云质灰岩；②密度、声波曲线锯

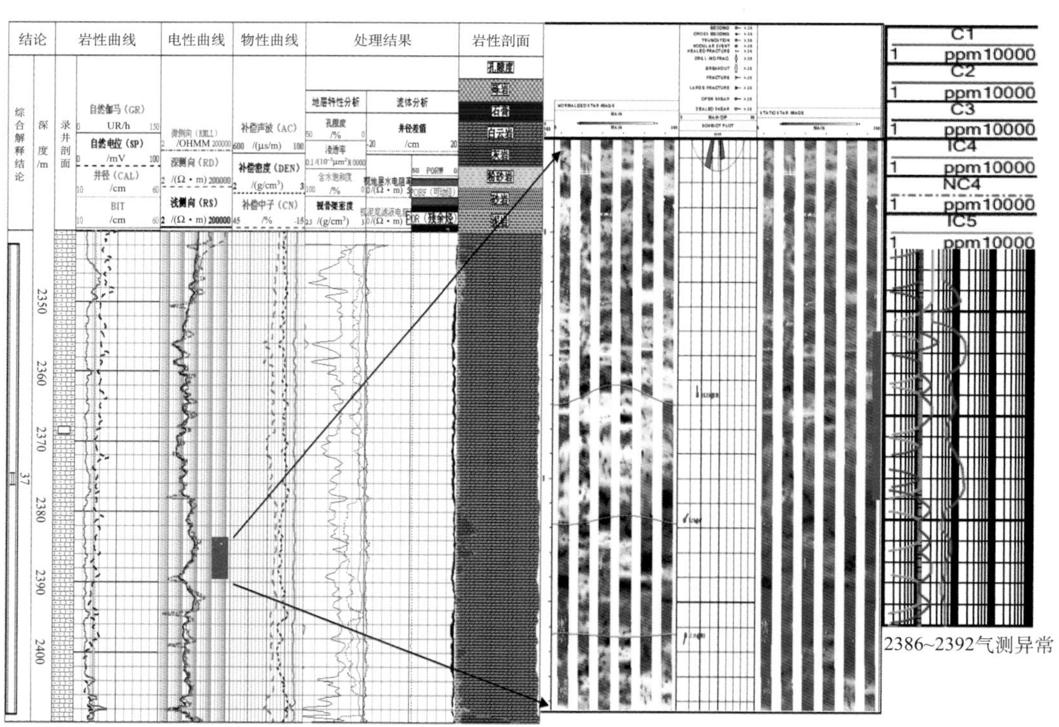

图 11-3-20　Tamgalytar 5-G 井(C_1sr 礁灰岩段)测井综合处理解释成果图

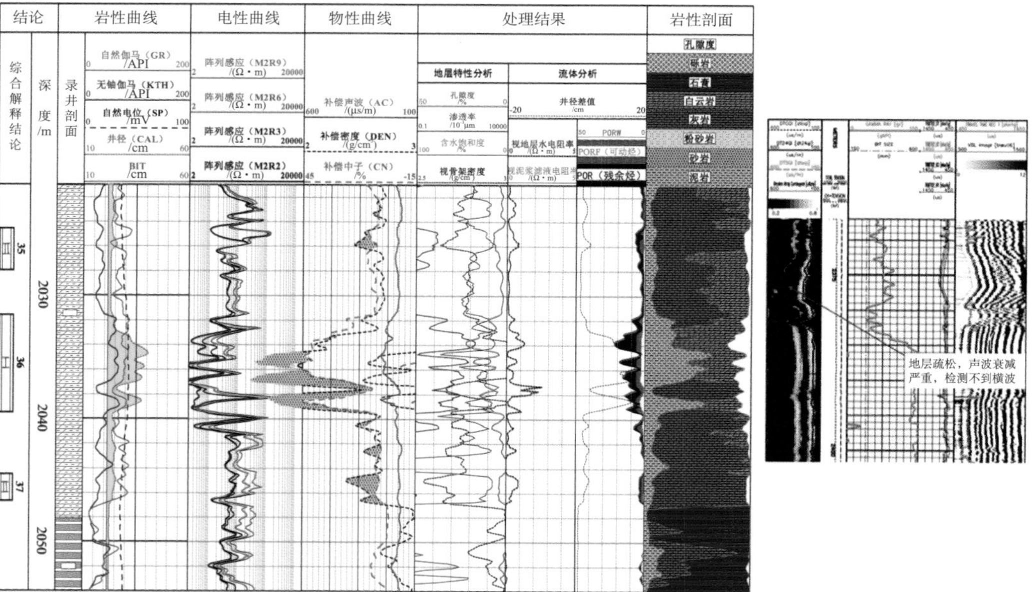

图 11-3-21　Assa 1 井(C_1ts)测井综合处理解释成果图

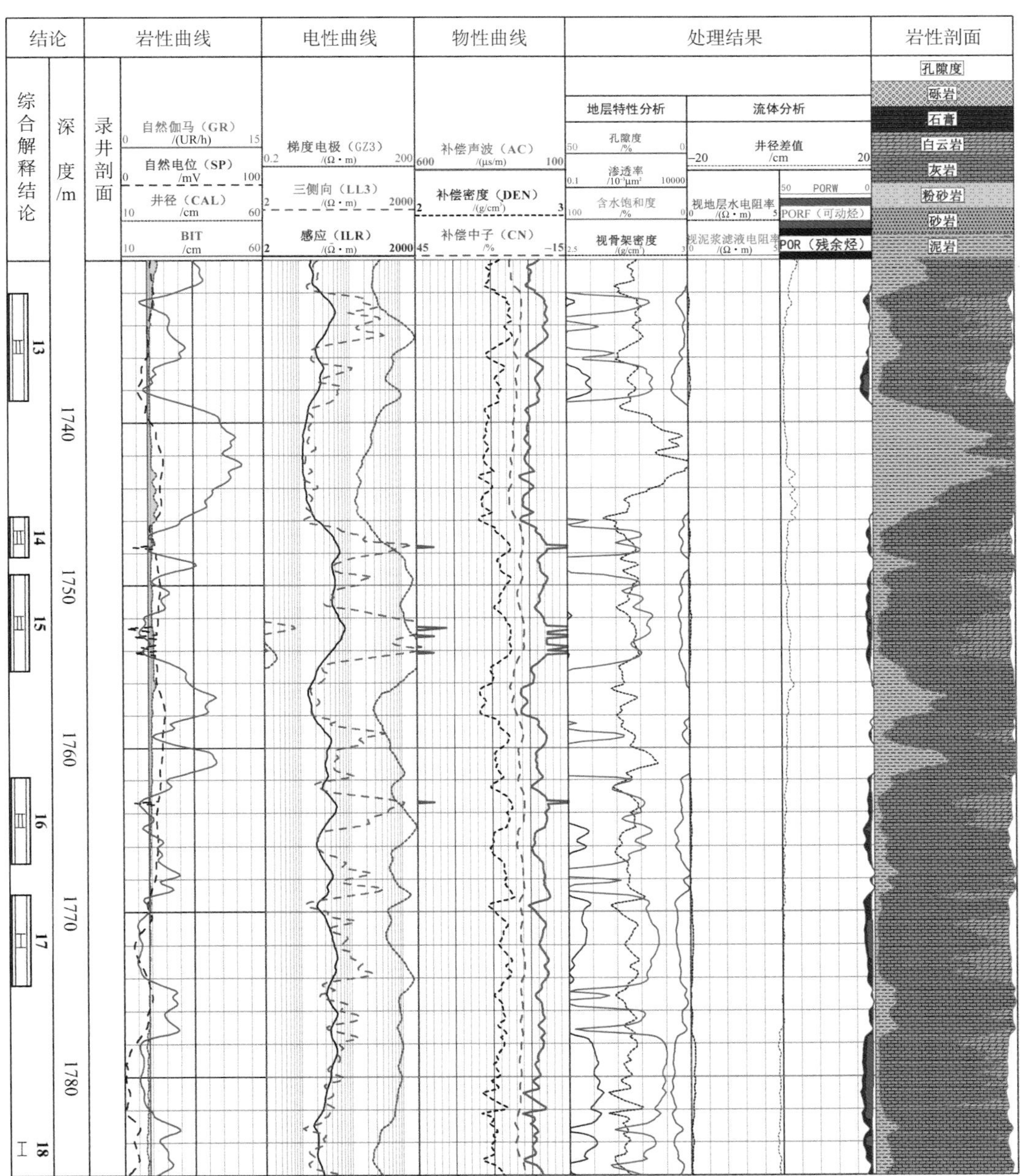

图 11-3-22 Kendyrlik 2-G(C_1v_3)测井综合处理解释成果图

齿状抖动频繁，物性较好；③电阻率曲线出现一定幅度的低异常。

1733～1740m、1746～1755m、1768～1786m 套管多段射孔测试，日产气 $80\times10^4\sim90\times10^4m^3/d$。

测井响应特征(图 11-3-23)：①裂缝型储层，云质灰岩；②密度、声波曲线锯齿状抖动频繁，物性较好；③电阻率曲线出现一定幅度的低异常。1660～1700m，1.24 泥

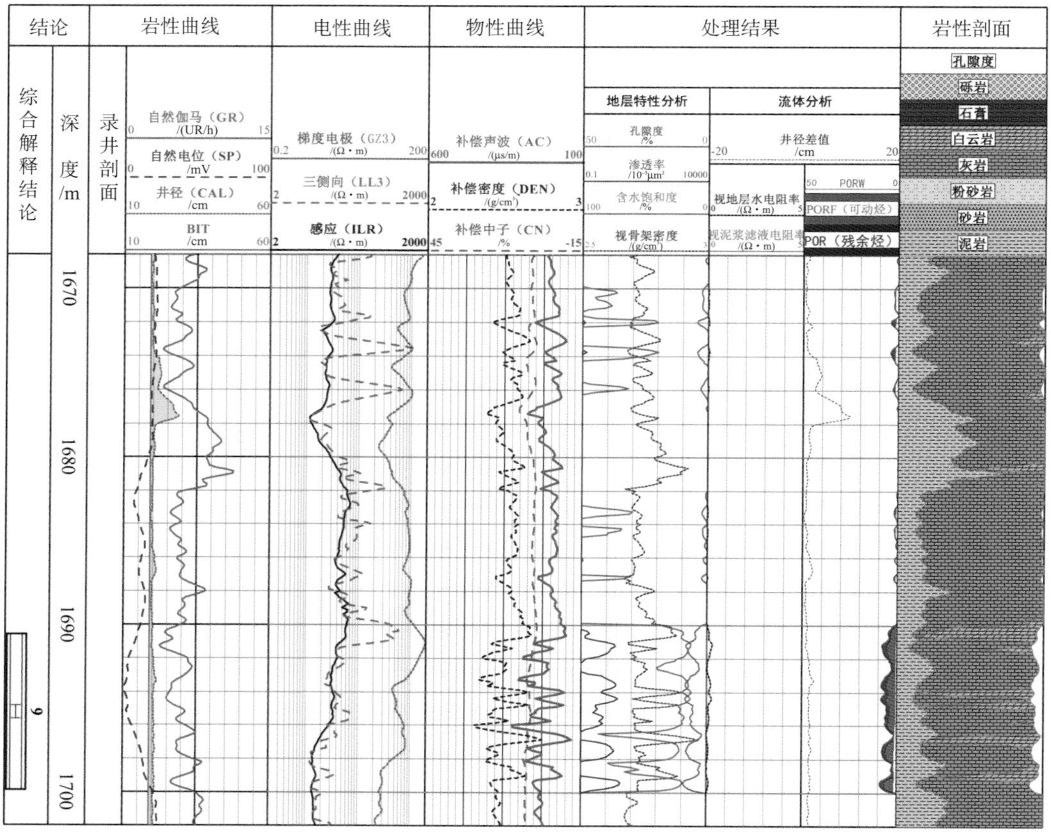

图 11-3-23　Kendyrlik 2-G(C_1v_3)测井综合处理解释成果图

浆密度，漏失 16m^3，日产气 20×10^{4}m^3/d。

测井响应特征(图 11-3-24)：①裂缝型储层，颗粒云质灰岩；②密度、声波曲线锯齿状抖动频繁，物性较好；③电阻率曲线出现一定幅度的低异常。2349.0～2361.0m 井段气测异常，TG＝1.1%，背景值 0.04%；2336～2400m，裸眼井测试，日产气 1.1707×10^{4}m^3/d。

（2）裂缝-孔洞型储层。

测井响应特征(图 11-3-25)：①裂缝孔洞型储层，云质灰岩；②密度、声波曲线异常急剧突变，物性较好；③电阻率曲线出现一定幅度的低异常。测井显示为缝洞，钻井中泥浆漏失严重；1796～1802m，裸眼测试，日产气 72.2×10^{4}m^3/d。

（3）洞穴型储层。

测井响应特征(图 11-3-26)：①自然伽马有高尖，有一定的泥质填充；②三孔隙度曲线剧烈抖动；③电阻率曲线出现较大的低异常；④岩屑录井次生矿物增多，自型晶发育说明缝洞空间大，连通性好。

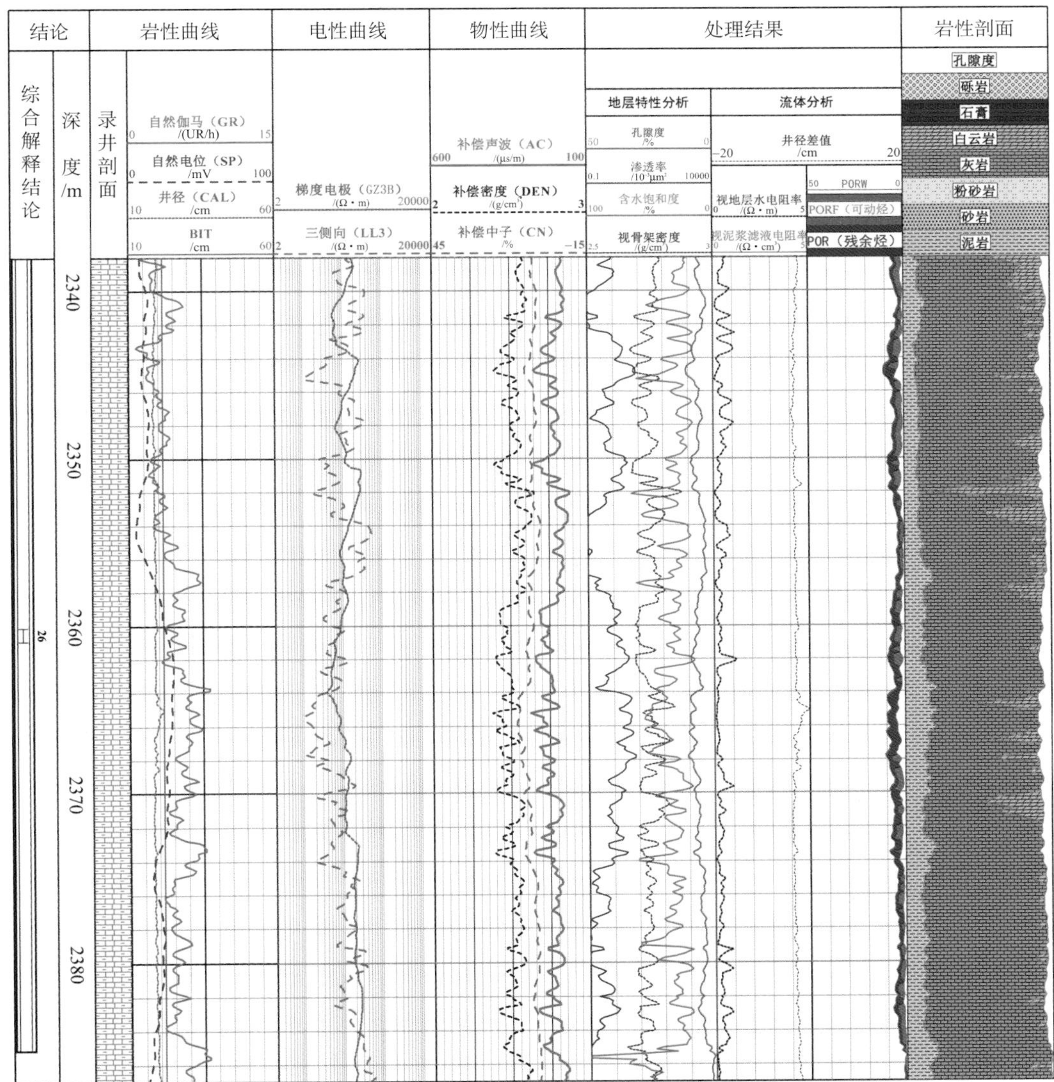

图 11-3-24 Ortalyk 3-G(C_1v_3)测井综合处理解释成果图

3）泥盆系(D_3)

通过分析泥盆系(D_3)得到以下结论：①泥盆系盐下段 SQ2 层序既存在较好的致密孔隙型砂砾岩层，也存在裂缝性气层，SQ1 层序以孔隙型“甜点式”气层为主。②裂缝、孔洞的发育是控制泥盆系天然气富集高产的重要因素。泥盆系风化壳顶部张开裂缝比较发育。

(1) 裂缝型储层。

测井响应特征(图 11-3-27)：①云质灰岩、泥灰岩，裂缝型储层；②孔隙度和电阻率曲线齿化抖动变化。1809～1848m，多段射孔合试，日产气 $7\times10^4 m^3/d$。

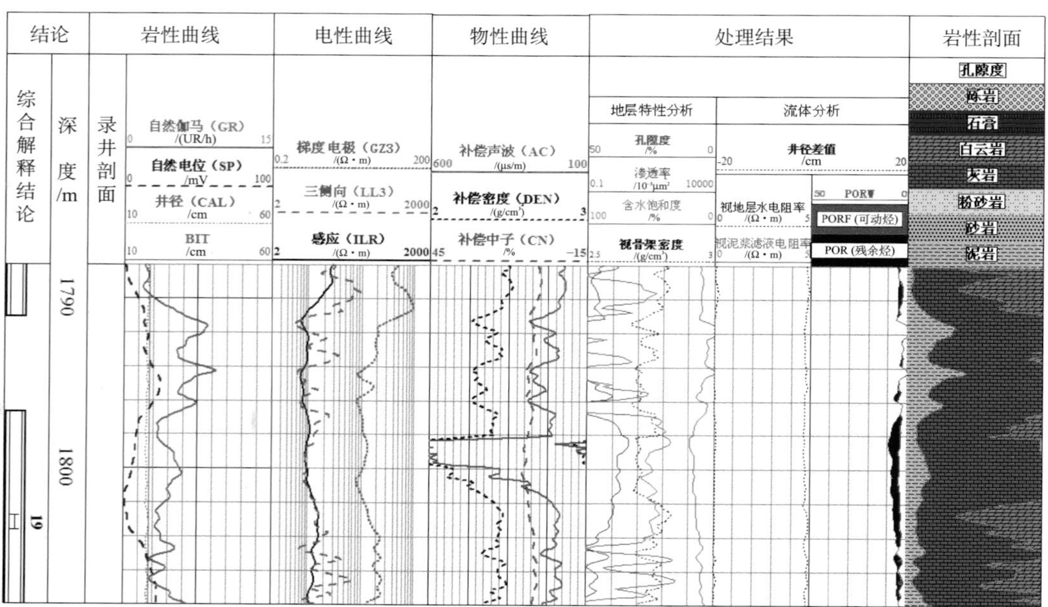

图 11-3-25　Kendyrlik 2-G(C_1v_3)测井综合处理解释成果图

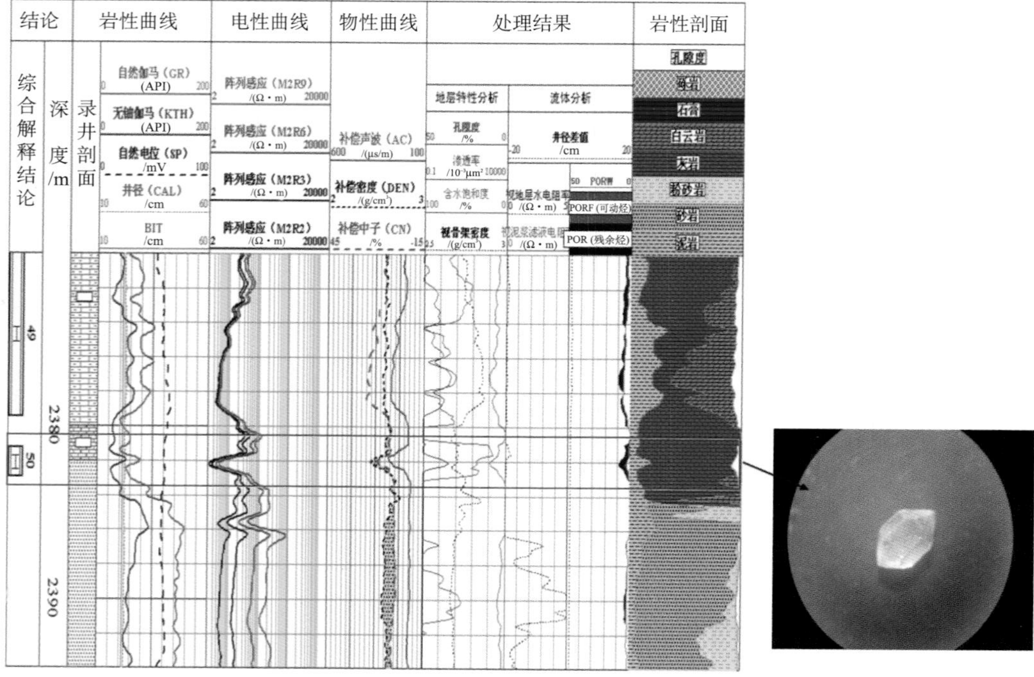

图 11-3-26　Assa 1 井(C_1v_2)测井综合处理解释成果图

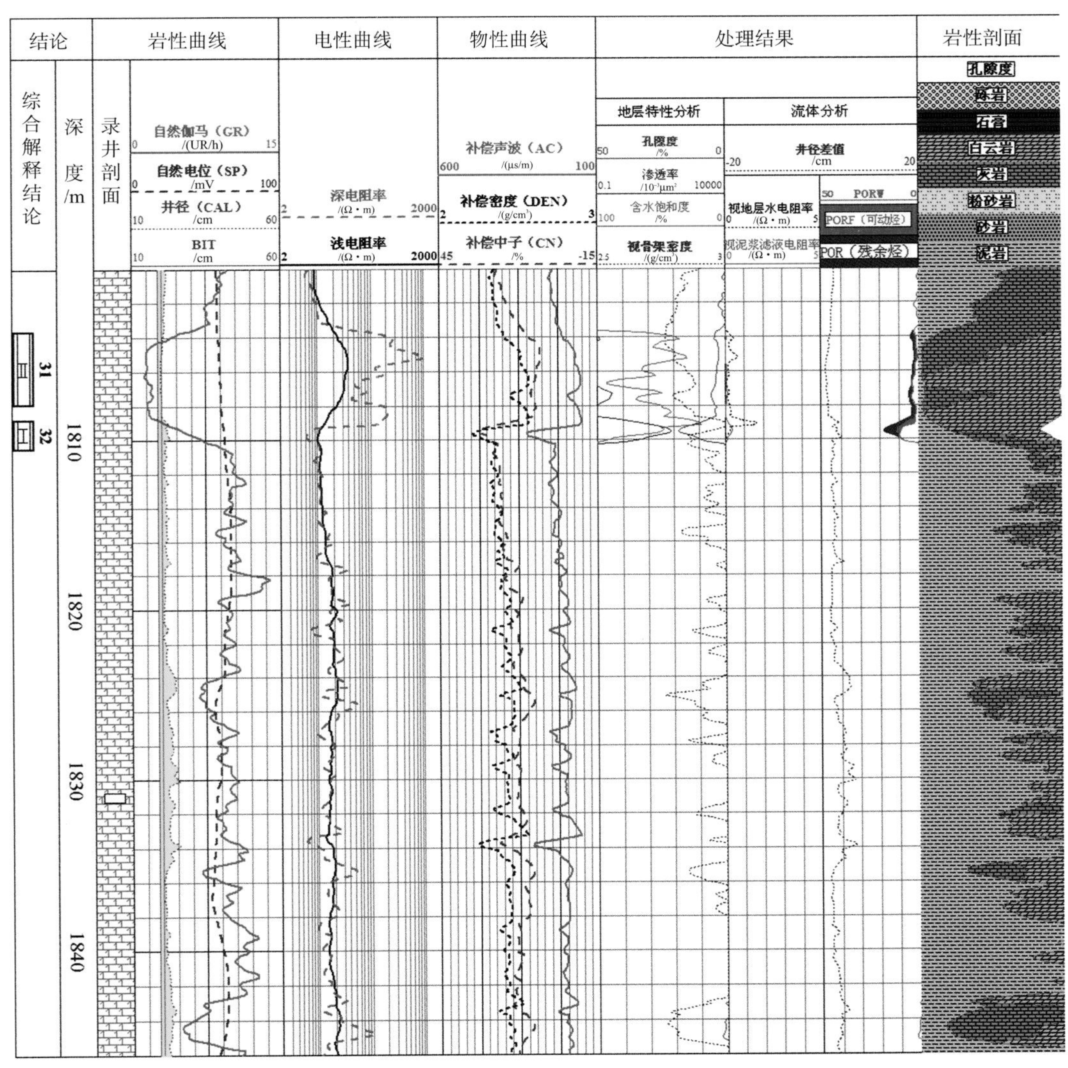

图 11-3-27 West Oppak 1-G(D_3fm)测井综合处理解释成果图

（2）泥岩裂缝型储层。

测井响应特征（图 11-3-28）：①气测录井增大；②孔隙度和电阻率曲线没有反应，一般多被填充。

（3）裂缝-孔洞型储层（致密砂岩）。

测井响应特征（图 11-3-29、图 11-3-30）：①孔隙度曲线反应剧烈，孔隙度很大；②电阻率曲线出现较大的低异常；③储层疏松，纵、横波时差检测不到。

（4）裂缝-孔洞型储层（砂砾岩）。

测井响应特征（图 11-3-31）：①密度曲线降低，声波变大，孔隙度较高；②电阻率

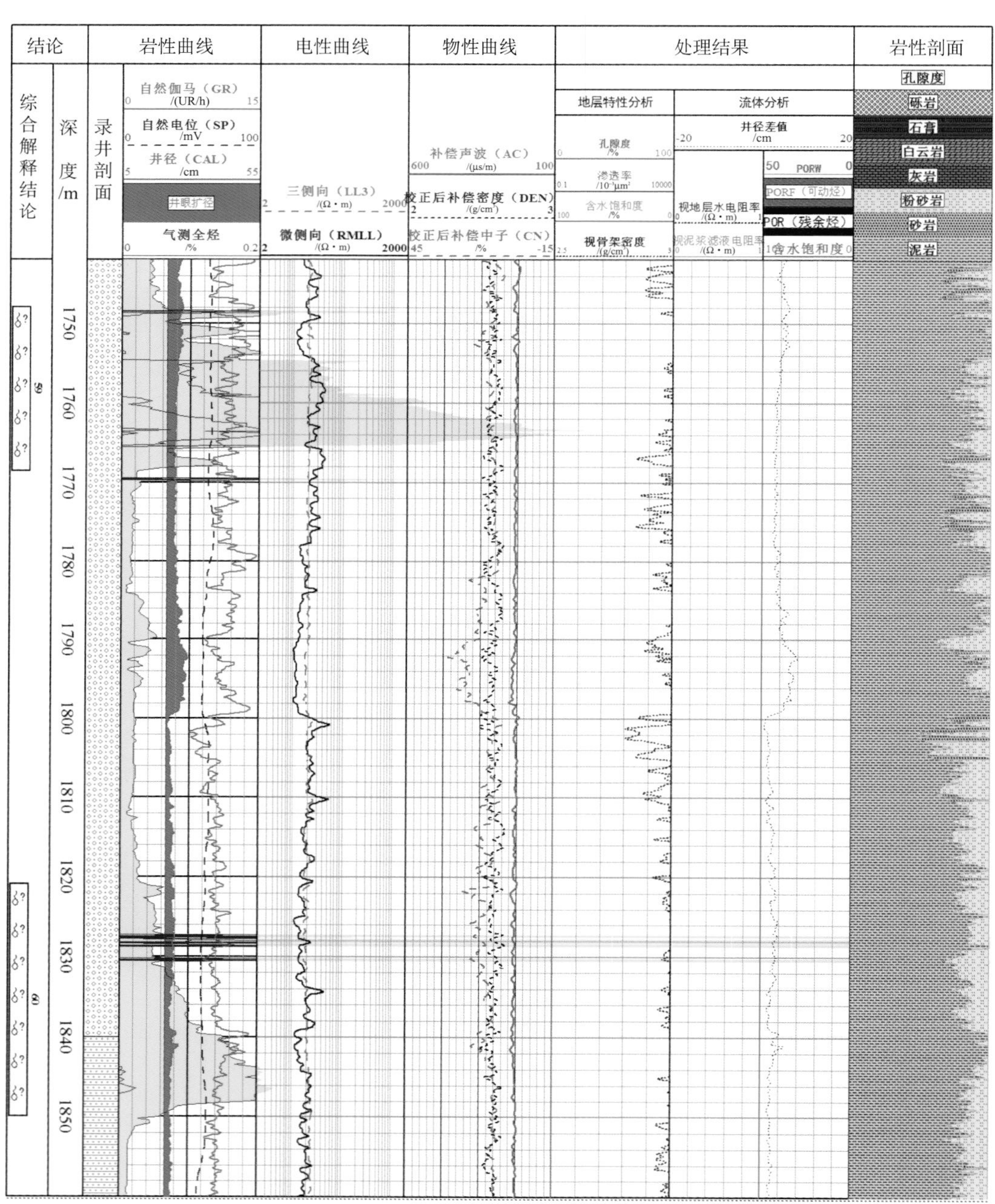

图 11-3-28 Bugudzhilskaya 1 井(D_3fm)测井综合处理解释成果图

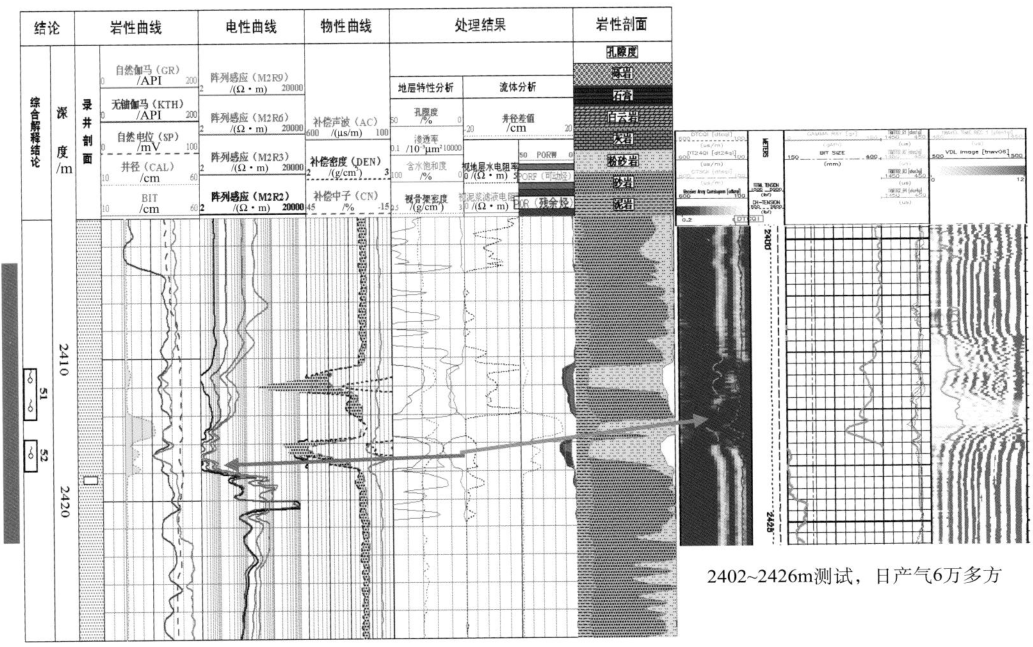

图 11-3-29　Assa1 井（D_3fm 盐下段）测井综合处理解释成果图

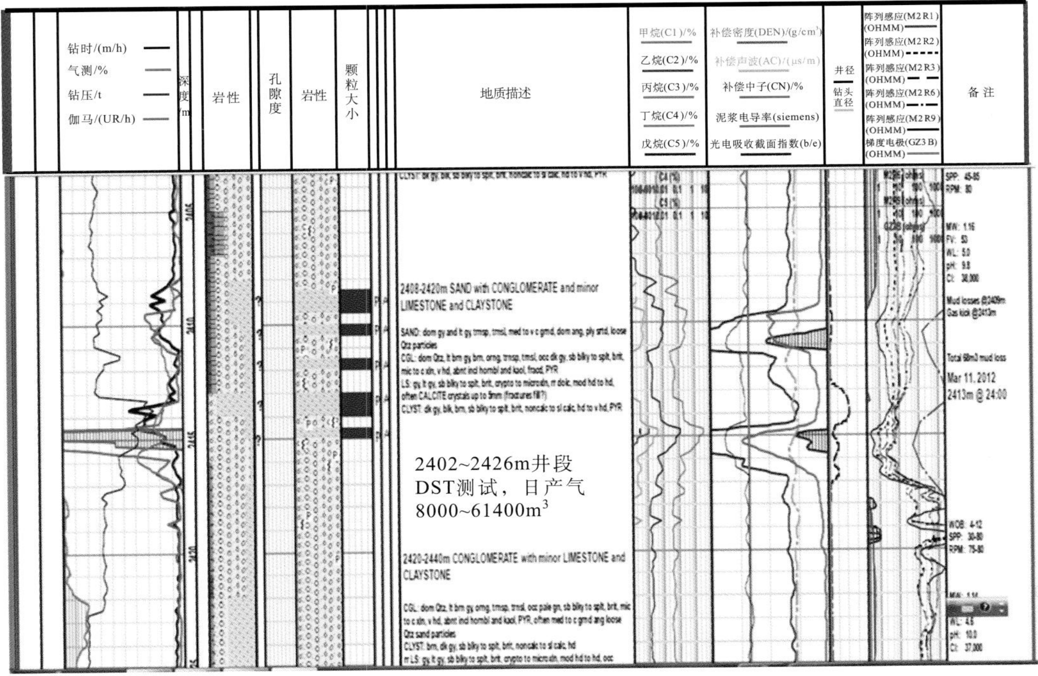

图 11-3-30　Assa 1 井泥盆系 2402～2426m DST 测试段测井响应特征

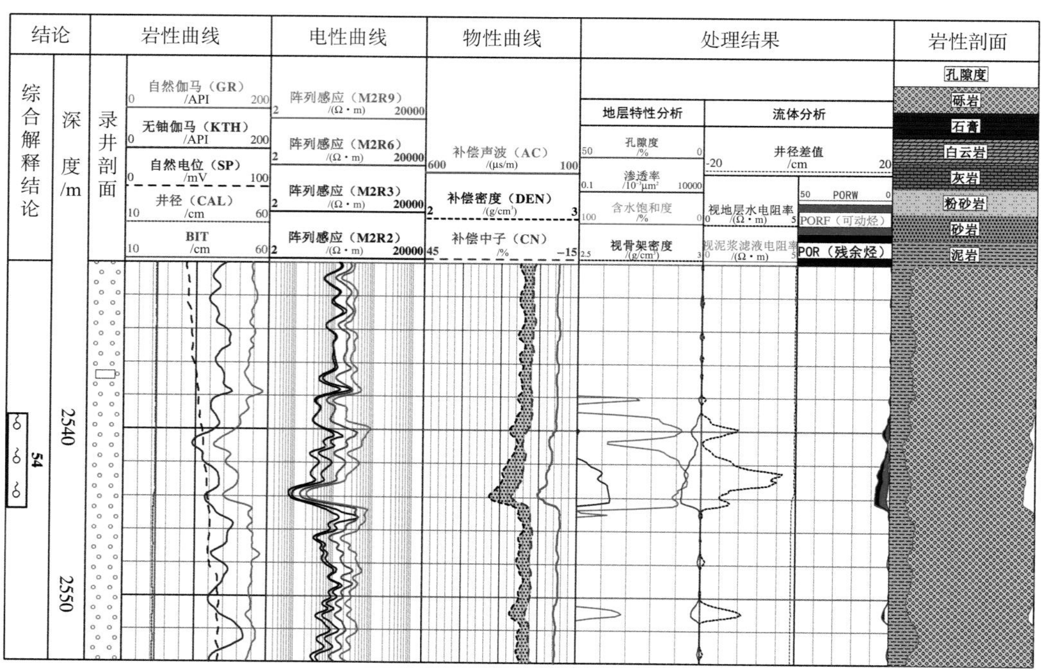

图 11-3-31　Assa 1 井(D_3fm 盐下段)测井综合处理解释成果图

曲线出现较大的低异常。2509～2594m，气测 TG 为 0.57%，背景值为 0.04%；裸眼井测试，日产气 38.35×10^4～$21.5\times10^4 m^3/d$(干气)。

第四节　气层厚度横向对比与平面分布

一、气层厚度纵向分布规律及对比

1. 单井气层厚度分布规律

本书统计了不同层位各区块地层、储层、气层厚度，得到了各参数的分布规律。首先，统计出了 C_1sr 地层、储层、气层平均厚度的分布规律(图 11-4-1)。

通过分析图 11-4-1，研究区的 C_1sr 层位上，Ortalyk 井区的气层平均厚度最大，达到了 92m；West Bulak 1-P 的储层平均厚度最大，达到了 123.2m；Katykamys 1-G 的气层平均厚度最低，为 4.7m；Bug 1 的储层平均厚度最低，为 20.9m。

统计出了 C_1v 地层、储层、气层平均厚度的分布规律(图 11-4-2)。

通过分析图 11-4-2，研究区的 C_1v 层位上，Ortalyk 井区的气层平均厚度最大，达到了 148.3m；Northpri 的储层平均厚度最大，为 176.4m；Katykamys 1-G 的气层平均厚度最低，为 5.6m；West Bulak 1-P 的储层平均厚度最低，为 41m。

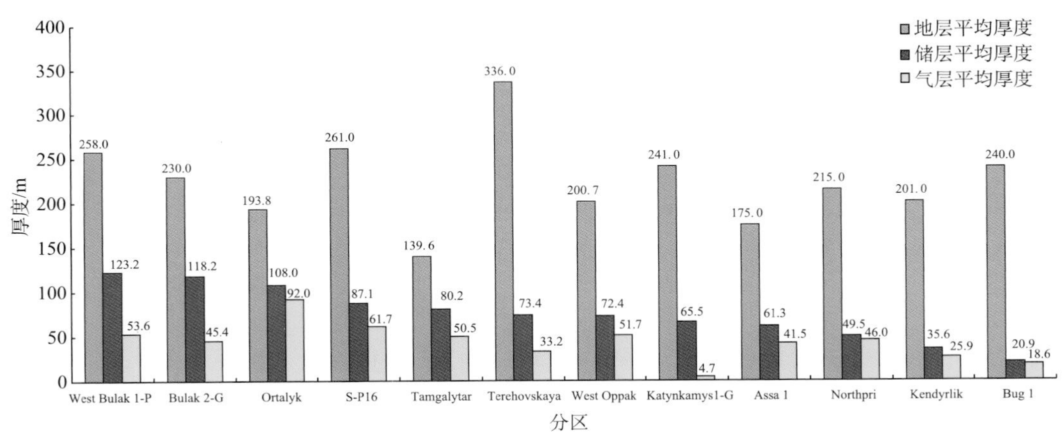

图 11-4-1 C_1sr 气层平均厚度柱状统计图

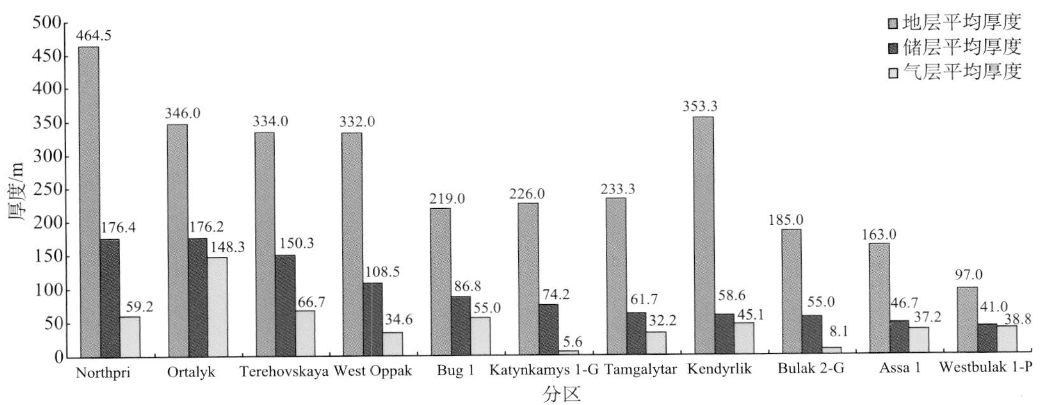

图 11-4-2 C_1v 气层平均厚度柱状统计图

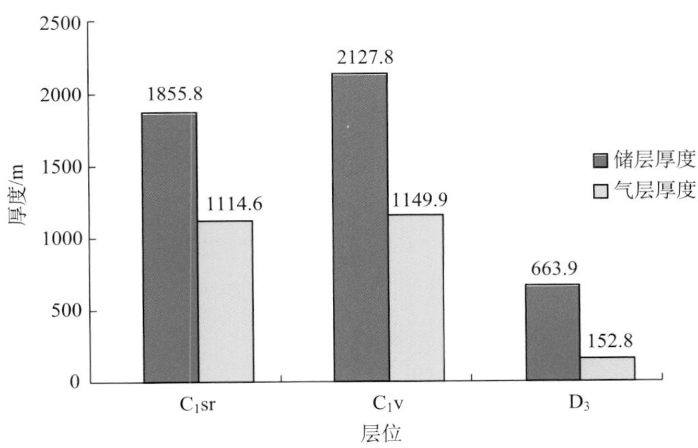

图 11-4-3 石炭系、泥盆系储层厚度与气层厚度对比统计柱状图

统计出了24口井在C_1sr、C_1v、D_3地层气层总厚度和储层总厚度(图11-4-3)。

通过分析图11-4-3，在气层总厚度方面，C_1v层的最大，到达了1149.9m；其次为C_1sr层，气层总厚度达到了1114.6m；最次为D_3层，气层总厚度为152.8m。而在储层总厚度方面，C_1v层最大，达到了2127.8m；其次为C_1sr层，为1855.8m；最次为D_3层，为663.9m。

2. 连井气层厚度分布规律

测井解释结果与连井气层对比表明(图11-4-4～图11-4-8)，石炭系气层的分布以裂缝-孔隙型或者裂缝-溶洞型为主，具有"准成层性"的分布特征，但分布的非均质性较强；孔隙型气层在一定程度上受沉积相带的控制，而裂缝型气层除受沉积相带的控制外，还受局部构造应力场的控制。有的井从下到上气层均较为发育，累计气层厚度大，且以缝洞型气层占绝大部分比例。如Assa 1、Tamgalytar 1-G等井，也有的气层纵向上均不太发育，说明气层在很大程度上受到裂缝分布的影响。

泥盆系总体上以孔隙型气层为主，也存在高产的裂缝型气层。根据目前已有测井资料解释成果，气层分布的非均质性更强，特别是在盐下段的下部砾岩段，裂缝可能是重要的储集空间和渗流通道。盐下段的上部砂砾岩中气层的分布主要受沉积相的控制，三角洲及扇三角洲前缘砂砾岩体，由于紧邻烃源岩，物性好，是高产气层的有利发育相带。相比之下，冲积扇砾岩储层由于储层相对较差，同时远离烃源岩分布区，气层发育相对较差。因此，必须依靠沉积学研究、储层反演和含气层检测成果来综合预测气层分布。

3. 区块气层厚度分布规律

1）单区块各层位气层分布规律

本次研究选取Ortalyk区域为例说明。

(1) Ortalyk区块C_1sr气层分布规律。

如图11-4-9，是Ortalyk区块C_1sr气层的有效厚度直方图。从图得知，Ortalyk区块在C_1sr层的气层平均厚度为92m；另外，该区块的Ortalyk 3-G的气层有效厚度最大，Ortalyk 1-G次之，Ortalyk 4-G和Ortalyk 2-G的气层厚度相近。

(2) Ortalyk区块C_1v气层分布规律。

如图11-4-10，是Ortalyk区块C_1v气层有效厚度直方图。从图得知，Ortalyk区块在C_1v层的气层总厚度为222m；另外，该区块的Ortalyk 3-G的气层有效厚度最大，Ortalyk 4-G次之，Ortalyk 2-G再次，Ortalyk 1-G为最次。

总而言之，Ortalyk区块的C_1v层位的气层发育要优于C_1sr层位的气层发育。

2）多区块各层位气层分布规律

这里选取Ortalyk区块和Tamgalytar区块为例，从C_1sr和C_1v两个层位做对比说明。

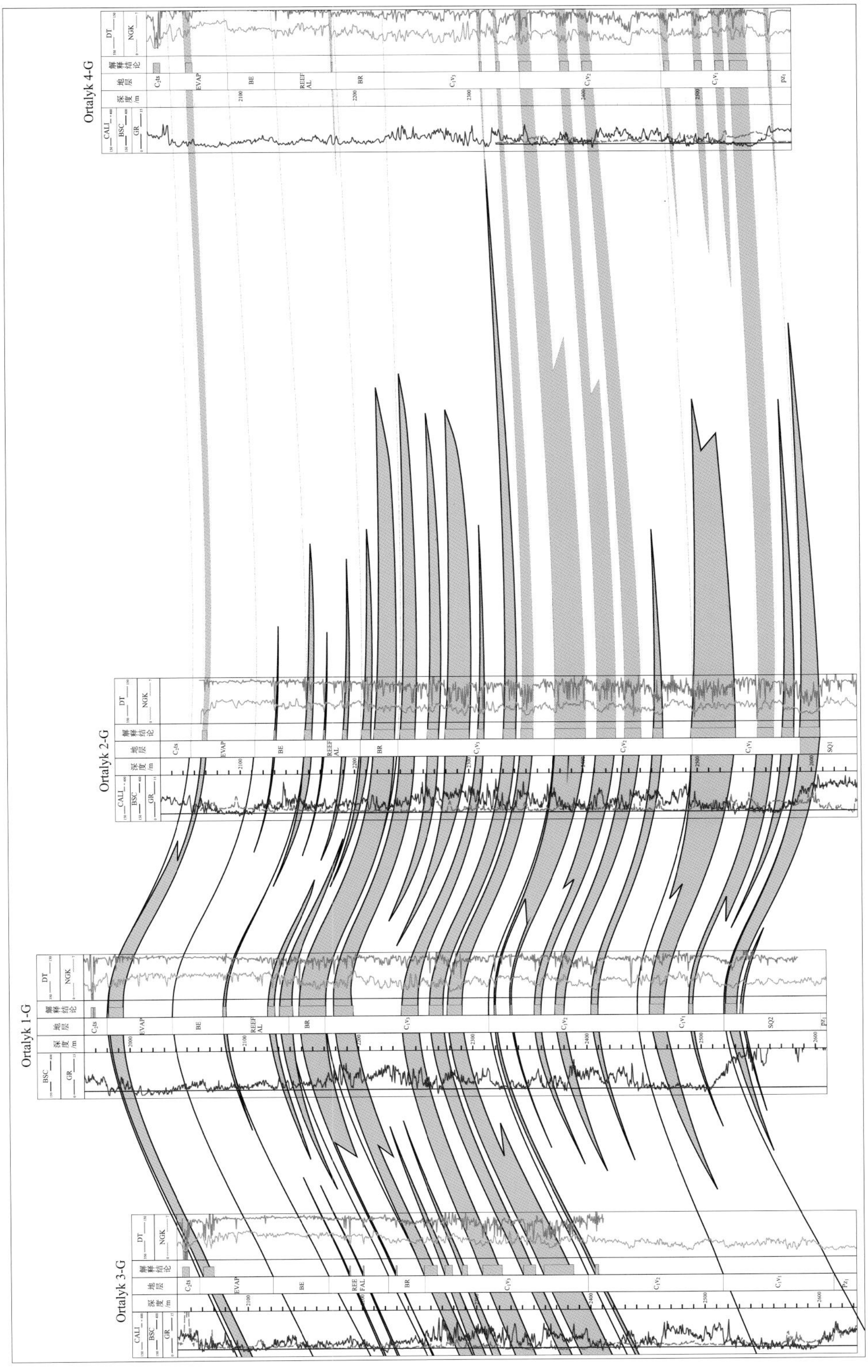

图 11-4-4 Ortalyk 构造连井气藏剖面

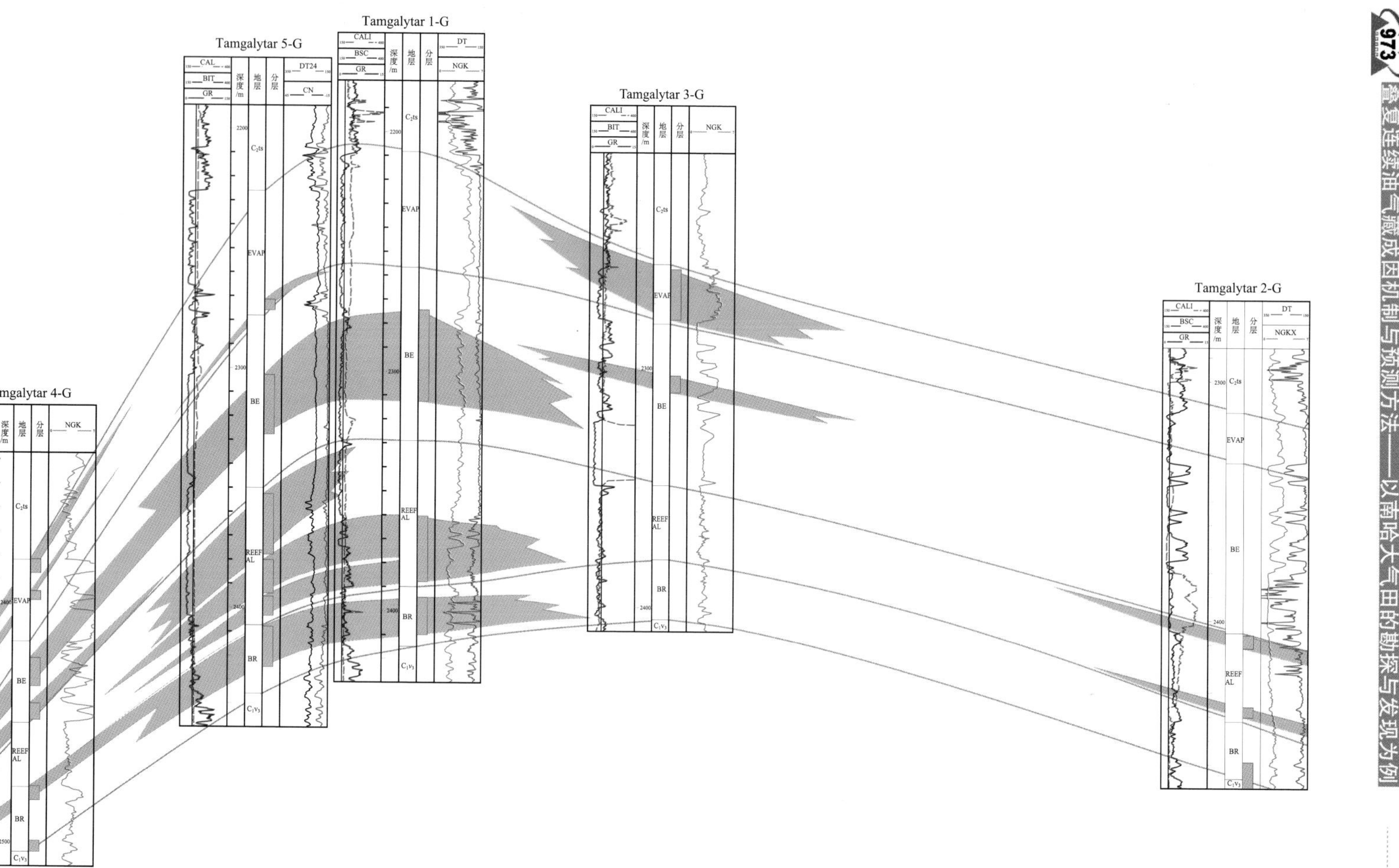

图 11-4-5 Tamgalytar 构造连井气藏剖面

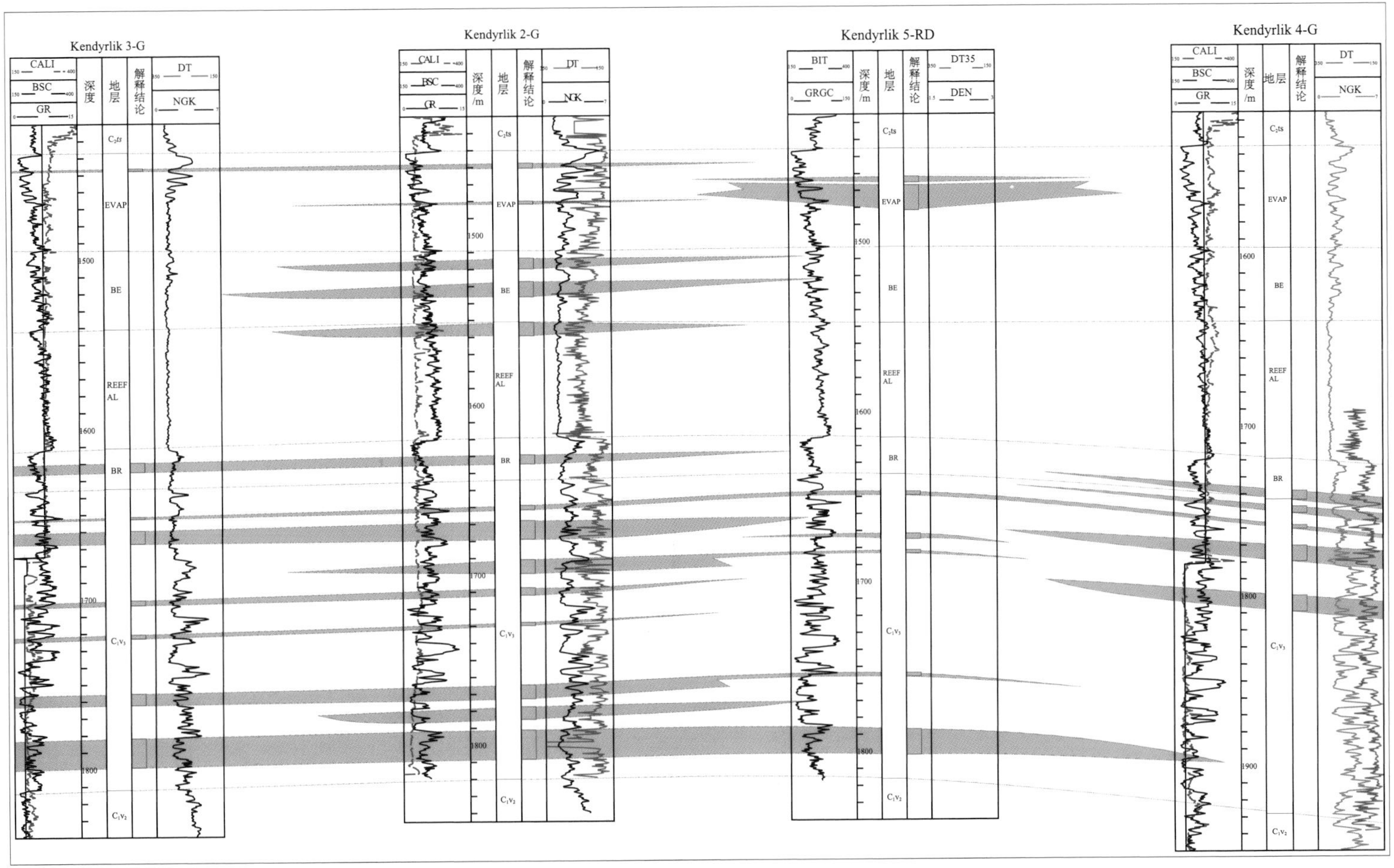

图 11-4-6 Kendyrlik 构造连井气层对比剖面

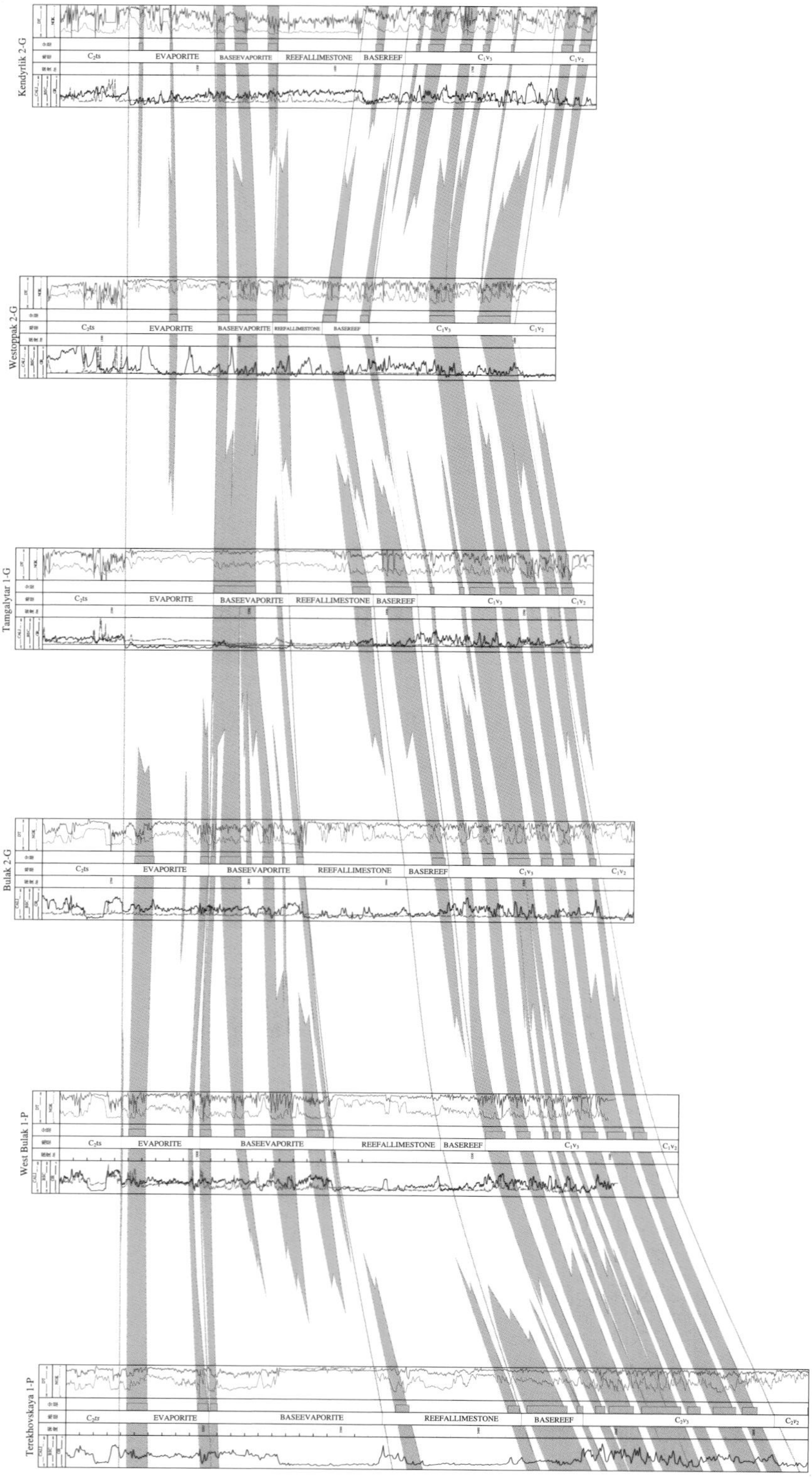

图 11-4-7 Marsel 探区东西向气层对比剖面

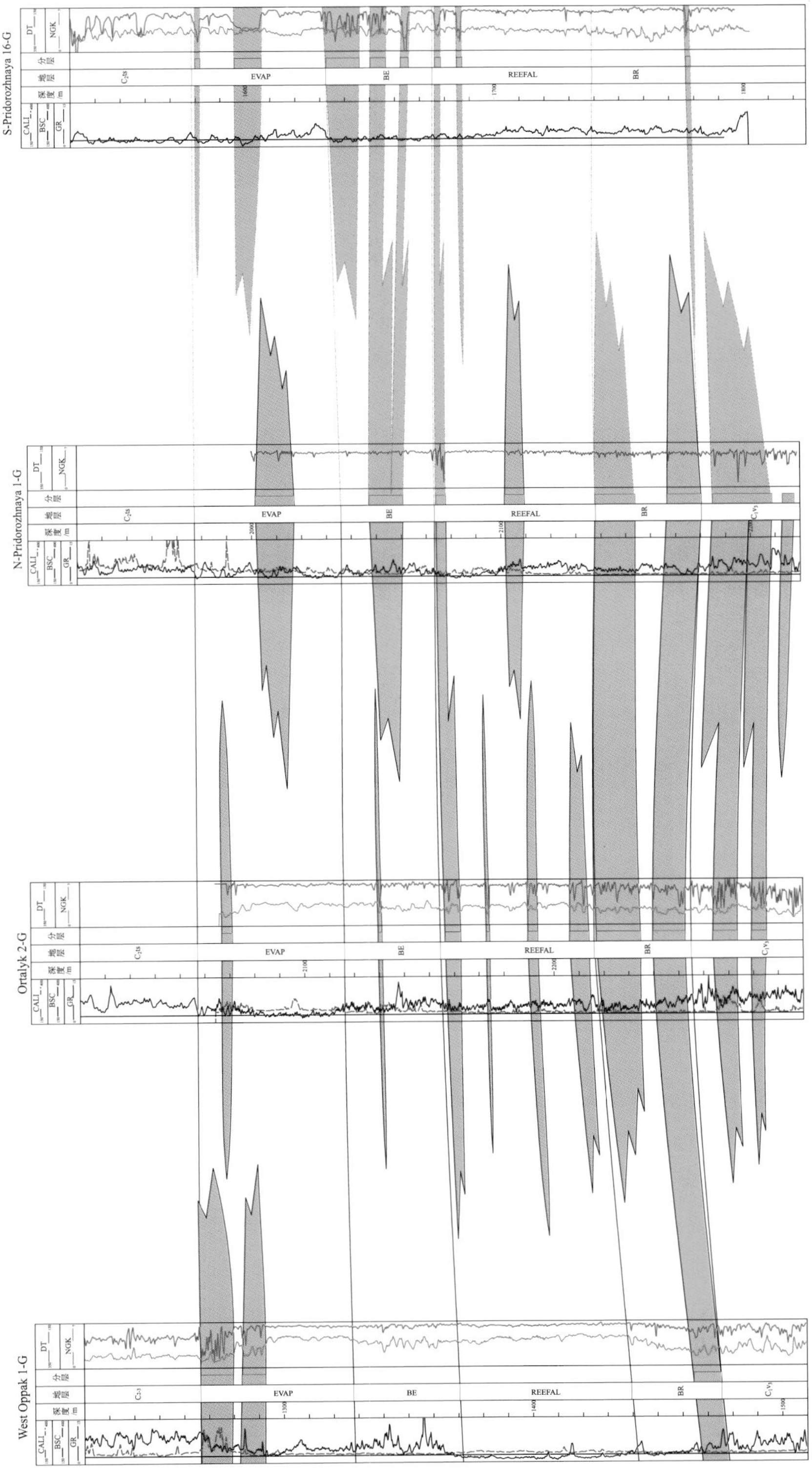

图 11-4-8 Marsel 探区南北向气层对比剖面

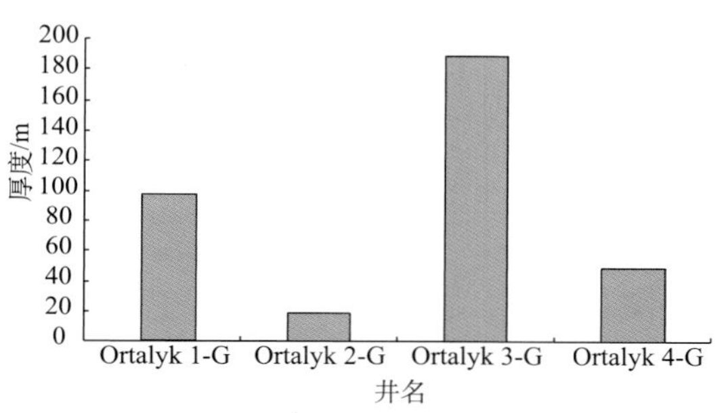

图 11-4-9　Ortalyk 区块 C_1sr 气层有效厚度直方图

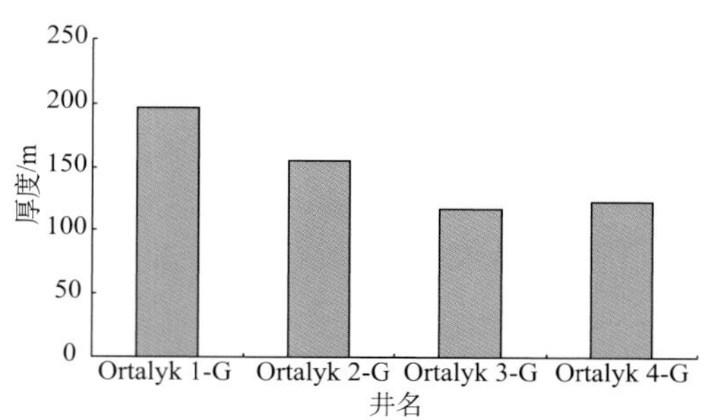

图 11-4-10　Ortalyk 区块 C_1v 气层有效厚度直方图

(1) C_1sr 层 Ortalyk 和 Tamgalytar 区块对比。

如图 11-4-11，对比了 Ortalyk 和 Tamgalytar 区块分别在 C_1sr 层位的气层厚度，Ortalyk 区块气层有效总厚度为 367.9m，Tamgalytar 区块气层有效总厚度为 252.5m。在 C_1sr 层，Tamgalytar 区块气层厚度与 Ortalyk 区块气层厚度相差不多。Ortalyk 区块是已开采的气田，由此可以判断 Tamgalytar 区块气层发育也比较好，是后期开发的重点区块。

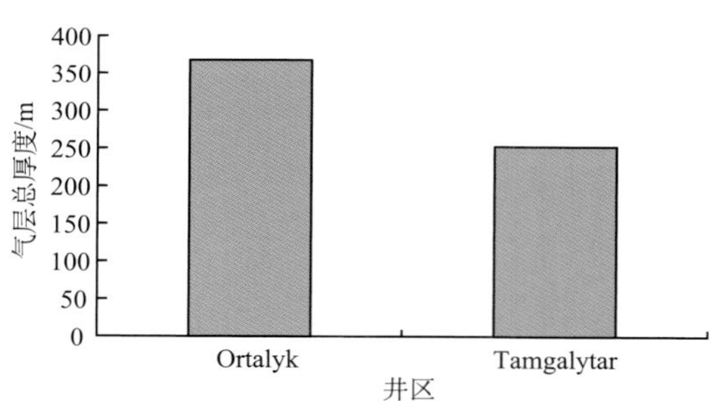

图 11-4-11　Ortalyk 和 Tamgalytar 区块 C_1sr 层位气层有效厚度对比直方图

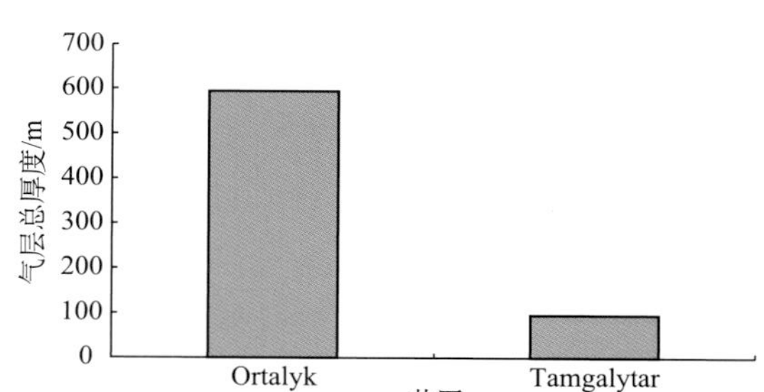

图 11-4-12　Ortalyk 和 Tamgalytar 区块 C_1v 层位气层有效厚度对比直方图

(2) C_1v 层 Ortalyk 和 Tamgalytar 区块对比。

如图 11-4-12，对比了 Ortalyk 和 Tamgalytar 区块分别在 C_1v 层位的气层厚度，Ortalyk 区块气层有效总厚度为 593.2m，Tamgalytar 区块气层有效总厚度为 96.7m。在 C_1v 层，Tamgalytar 区块与 Ortalyk 区块气层发育程度相差较大。Ortalyk 区块在 C_1v 层可以作为重点开发区。

二、气层厚度平面分布规律及对比

气层厚度平面分布预测是确定含气面积、计算储量的重要基础图件。目前研究区的井主要位于局部构造上，且平面分布十分不均，因此，确定平面上气层的分布主要采取测井解释与地震含气性检测相结合开展综合预测。

本次气层平面预测的原则是以井点测井解释的气层厚度为“硬数据”，以储层厚度为“软数据”进行平面预测。通过对不同相的分类统计，确定不同相带气层厚度与储层厚度的“净毛比”(表 11-4-1)。综合考虑构造、断层展布及油气成藏与保存条件等因素，编制气层厚度平面分布图(图 11-4-13～图 11-4-16)。

表 11-4-1 不同相带净毛比统计取值结果

层系	沉积相类型	净毛比
石炭系	礁-滩复合体	0.60
	台地边缘高能带	0.50
	浅滩	0.40
	开阔台地	0.10
	低能外缓坡泥灰岩	0.25
泥盆系	三角洲平原	0.05
	三角洲前缘	0.45
	冲积扇	0.25

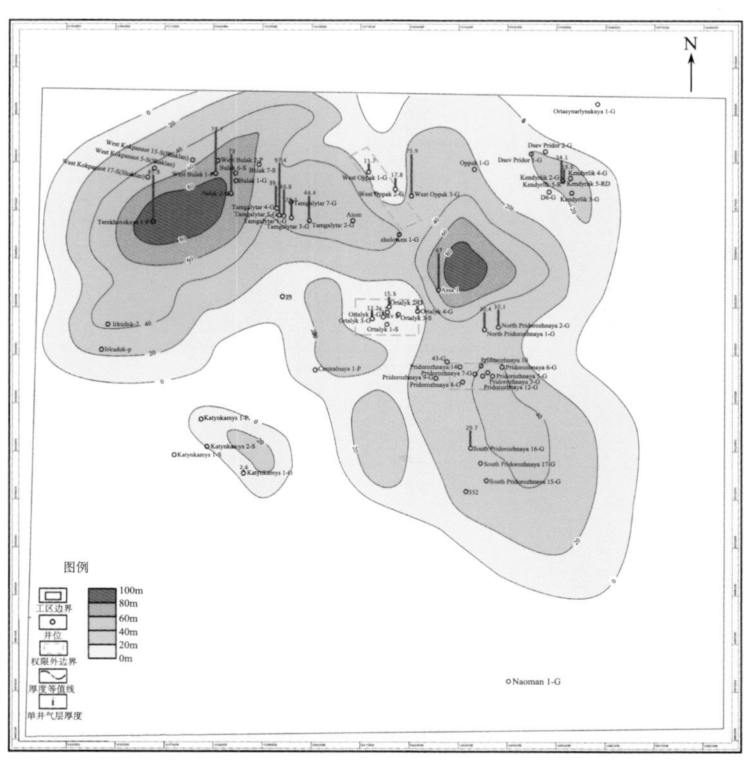

图 11-4-13 Marsel 探区石炭系 C_1sr 气层厚度平面分布图

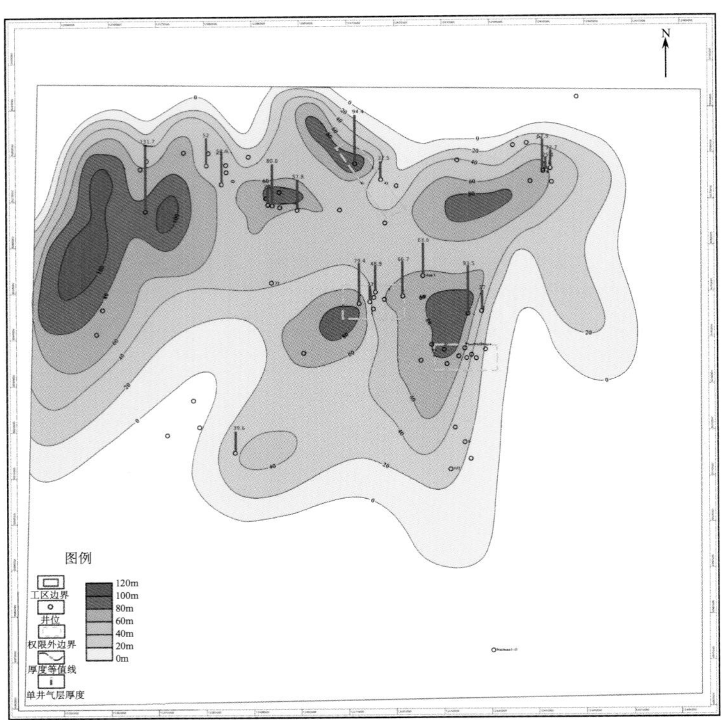

图 11-4-14　Marsel 探区石炭系 C_1v 气层厚度平面分布图

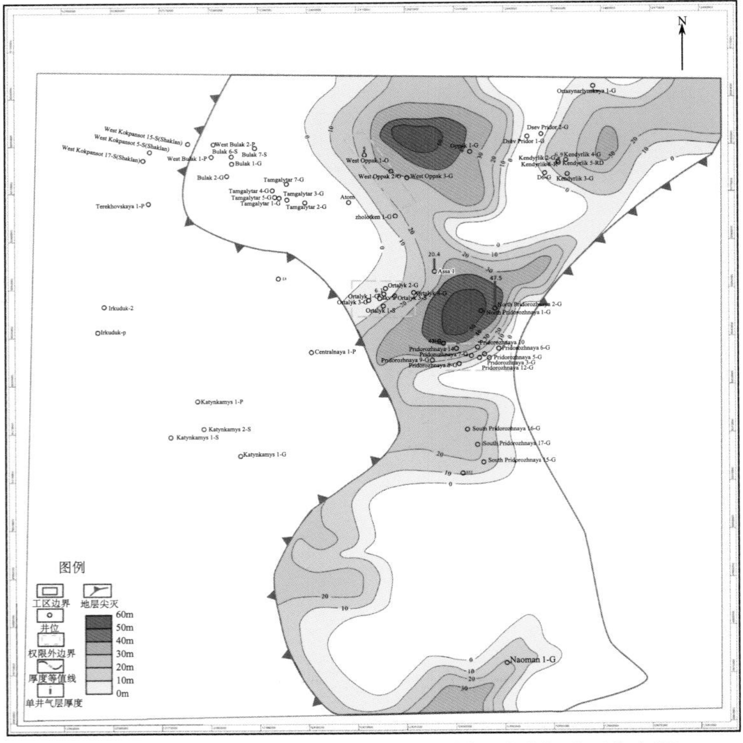

图 11-4-15　Marsel 探区泥盆系 $D_3fm_1^2$ 气层厚度平面分布图

图 11-4-16 Marsel 探区泥盆系 $D_3fm_1^1$ 气层厚度平面分布图

从图可以看出，平面上气层的分布很不均匀，局部地区缺失气层的发育。下石炭统 C_1sr、C_1v 气层分布受优质沉积相带的控制比较明显，局部地区受断层相关构造发育程度的控制，高能环境下形成的礁滩灰岩是气层发育的重要因素；泥盆系盐下段气层分布与有利沉积相带具有较好的吻合度，三角洲、扇三角洲前缘亚相是气层发育的有利部位。

参考文献

管英柱，李军，张超谟，等. 2007. 致密砂岩裂缝测井评价方法及其在迪那 2 气田的应用. 石油天然气学报，29(2)：70-74.

李善军，肖永文，汪涵明，等. 1996. 裂缝的双侧向测井响应的数学模型及裂缝孔隙度的定量解释. 地球物理学报，39(6)：845-854

欧阳健. 1994. 石油测井解释与储层描述. 北京：石油工业出版社：30-50.

庞雄奇，黄捍东，林畅松，等. 2014. 哈萨克斯坦 Marsel 探区叠复连续气田形成、分布与探测及资源储量评价. 石油学报，35(6)：1012-1056.

邵维志，陆福. 2002. 碳酸盐岩储层流体性质识别新技术. 测井技术，26(1)：60-63.

司马立强. 2005. 碳酸盐岩缝-洞性储层测井综合评价方法及应用研究. 成都：西南石油大学博士学位论文.

谭廷栋. 1995. 用等效弹性模量差比法识别裂缝性气层. 天然气工业，5(1)：12-20.

王红伟，刘宝宪，毕明波，等. 2011. 鄂尔多斯盆地西北部地区奥陶系岩溶缝洞型储层发育特征及有利目标区分析. 现代地质，25(5)：917-924.
王军. 2005. 富台潜山油藏复杂储层测井评价方法及其应用. 石油学报，26(3)：86-89.
王珺，杨长春，许大华，等. 2005. 微电阻率扫描成像测井方法应用及发展前景，地球物理学进展，20(2)：357-364.
王青，李国平，赵新民. 2003. 复杂储集空间储集层测井解释方法研究. 测井技术，27(5)：389-393.
王志章，熊琦华，宋杰英. 1993. 测井资料标准化及应用效果. 测井技术，17(6)：453-460.
徐敬领，王亚静，曹光伟，等. 2012. 碳酸盐岩储层测井评价方法. 现代地质，26(6)：1265-1274.
赵良孝，补勇. 1994. 碳酸盐岩储层测井评价技术. 北京：石油工业出版社：60-95.

第十二章 Marsel探区叠复连续气藏储量计算与经济评价

第一节 Marsel 探区叠复连续气藏储量计算

根据 Marsel 探区南哈大气田目前的勘探认识程度，按照国际通用的 PRMS(petroleum resources management system)规则，本书用蒙特卡洛(Monte Carlo)法计算天然气储量。本节首先讨论 PRMS(SPE et al.，2007)油气资源分类分级体系和蒙特卡洛法，在此基础上，进行 Marsel 探区天然气储量计算和经济评价。

一、资源储量评价的方法体系介绍

图 12-1-1 显示了 PRMS(SPE et al.，2007)资源/储量分类分级体系。

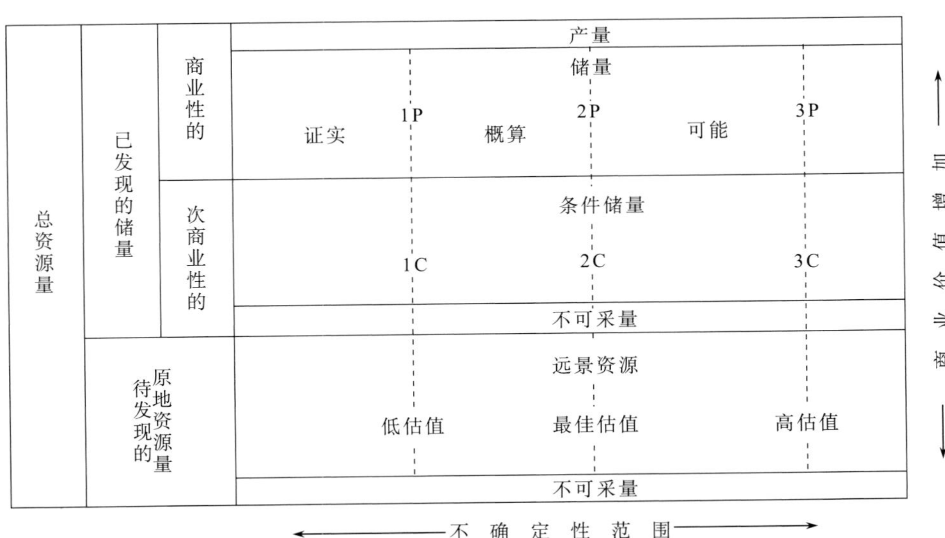

图 12-1-1 PRMS 资源/储量分类分级体系图(据 SPE et al.，2007)

1. 储量

在 PRMS 体系中的储量(reserves)是指预期从某个日期起，在已确定的条件下，对已发现的油气聚集进行开发所能生产出的、具有商业开采价值的石油资源总量。

储量有严格的限定条件，储量必须是已经发现的、基于开发方案可以采出来的、具备开发商业条件的、自某个日期起剩余可采出的。

2. 条件储量

条件储量(contingent resources)在 PRMS 体系中指从一个给定日期起，通过实施开发项目，从已知的石油聚焦中潜在可采出的油气估算量，但实施商业开发的条件尚不具备。它是已发现的、但不能在一定期限内(一般为 5 年)动用的可采储量。根据与评估有关的确定性程度，条件储量可以细分为 1C(低估值)、2C(最佳估值)和 3C(高估值)。

3. 远景资源量

从一个给定日期起，通过未来开发项目的实施，预测从未发现的油气聚集中有可能被发现并可采出的油气资源估算量。

二、资源/储量计算的蒙特卡洛模拟原理

1. 蒙特卡洛模拟的基本概念

蒙特卡洛方法，或称计算机随机模拟方法，是一种基于“随机数”的计算方法。当系统中各个单元的可靠性特征量已知，但系统的可靠性过于复杂，难以建立可靠性预计的精确数学模型或模型太复杂而不便应用时，则可用随机模拟法近似计算出系统可靠性的预计值。随着模拟次数的增多，其预计精度也逐渐增高。

早在 17 世纪，人们就知道用事件发生的“频率”来决定事件的“概率”。19 世纪，人们用投针试验的方法来决定圆周率 π。20 世纪 40 年代电子计算机的出现，特别是近年来高速电子计算机的出现，使得用数学方法在计算机上大量、快速地模拟这样的试验成为可能。

在计算过程中，参数如果是不确定的值，但其取值符合一定的概率分布规律，即可运用蒙特卡洛模拟运算，来预测最后的结果风险分布情况。

2. 蒙特卡洛模拟评价资源/储量原理

体积法采用式(12-1-1)计算天然气的资源/储量，即

$$Q = SH\phi S_g K / B_g \tag{12-1-1}$$

式中，Q 为资源/储量，$10^8 m^3$；S 为圈闭面积，m^2；H 为气层厚度，m；ϕ 为储层孔隙度，%；S_g为含气饱和度，%；K 为采收率；B_g为体积系数。

传统的方法是估计各个参数的平均值，存在以下问题。

(1) 地下很多参数是不确定的，参数的取值可能是一个分布范围。

(2) 传统方法计算出来的资源/储量也是一个固定值，无法评估各个参数的风险性和最后结果的分布风险。

蒙特卡洛模拟给出各个参数的风险分布范围，然后做大量重复试验，用事件发生的频率代替事件发生的概率。

国外和国内的学者最常用的是三角函数，即给出地质参数的最大值、最小值和最可能值，但实际情况是很多资料统计表明地质参数并不符合三角分布：比如孔隙度，更多地近似于对数正态分布(图 12-1-2)。

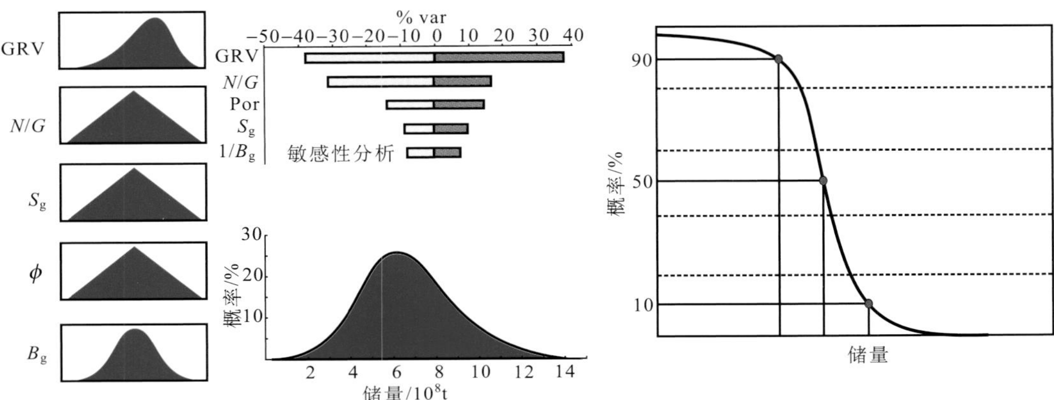

图 12-1-2 用于油气资源/储量体积计算的概率方法

三、Marsel 探区叠复连续气藏地质特征

1. 气藏类型

Marsel 探区含气层段长，自上而下分布于 P、C_2ts、C_1sr、C_1v、D_3fm。本次研究的层位为下石炭统的 C_1sr 和 C_1v 及上泥盆统的 D_3fm。根据已有的试油成果，本区气层不受构造控制，大面积分布，且储层普遍致密，本区气藏类型为叠复连续气藏。

2. 温度和压力特征

由本区地层压力、温度实测资料分别建立的压力、温度与地层深度(垂深)的关系(图 12-1-3)，拟合温度与垂深的关系为 $T=0.0206H+29.348(R^2=0.9184)$，可知本区地温梯度为 2.06℃/100m。地层压力系数计算时，静水压力的取值根据地层埋深和地层水密度计算(根据 Terekhovskaya 1-G 井分析化验值取 1.17g/cm^3)。C_1sr 地层压力系数变化范围在 0.85～0.89，为异常低压，其中 Terekhovskaya 1-G 井地层压力系数为 1.16，为异常高压，且在最有利含气范围之外；C_1v 地层压力系数变化范围在 0.9～1.07，为正常压力到异常低压；D_3fm 地层压力系数变化范围在 0.73～0.99，主要为异常低压。

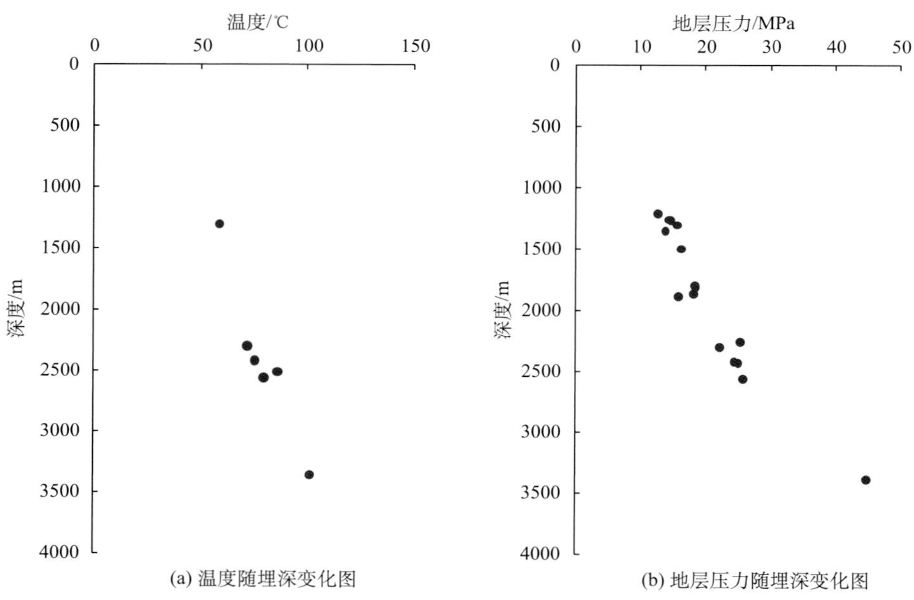

图 12-1-3 Marsel 探区温压特征

3. 流体性质

1）天然气性质

工区权限面积内只有 3 口井进行天然气取样分析，分别为 North Pridorozhnaya 1-G、South Pridorozhnaya 15-G、Tamgalytar 1-G。

North Pridorozhnaya 1-G 井在 2117～2270m（C_1sr）和 2478～2635m（C_1v_1）深度段进行天然气取样分析，分析结果显示天然气相对密度为 0.604～0.608，烃组分中 CH_4 含量为 87.12%～91.6%，重烃组分含量为 3.08%～4.45%，含少量 CO_2。N_2 和 He，H_2S 含量未测定。

South Pridorozhnaya 15-G 井在 1860m（C_1v_3）埋深处进行天然气取样分析，分析结果显示烃组分中 CH_4 含量为 64.32%～81.8%，重烃组分含量为 1.58%～2%，含少量 CO_2。N_2 气含量较高，其分布范围为 15.4%～29%，不含 H_2S。

Tamgalytar 1-G 井在 2274～2315m（C_1sr）深度段进行天然气取样分析，分析结果显示天然气相对密度为 0.558～0.66，烃组分中 CH_4 含量为 81.3%～90.2%，重烃组分含量为 1.05%～1.41%，含少量 CO_2、N_2 和 He，H_2S 含量未测定。

2）地层水性质

该区地层水矿化度变化范围为 61400～271341.73mg/L，平均为 204214mg/L，水型为氯化钙型。P_2 地层水矿化度为 103200mg/L。C_1sr 地层水总矿化度为 101500～271341.73mg/L，平均为 185701mg/L，平均密度为 1.1578g/cm^3。C_1v_1 地层水矿化度为 305437mg/L。D_3fm 地层水矿化度为 186505～352608mg/L，平均为 288775mg/L；

Pz_1 地层水矿化度为 61400mg/L。

四、Marsel 探区条件储量估算

Marsel 探区内有钻探井 70 多口，它们几乎都钻到了致密气藏，考虑非常规气藏的分布模式，依据常用的井控面积法计算和评价已发现的天然气储量，关键参数取值如下。

1. 计算单元

该区二叠系、下石炭统和上泥盆统为主要的含气层位，其中，下石炭统和上泥盆统为此次研究的主要对象。

下石炭统为一套海相碳酸盐岩沉积，可细分为谢尔普霍夫阶、维宪阶和杜内阶。研究表明下石炭统相当于一个二级层序，总体由一个大的水进-水退旋回组成，碳酸盐岩储层主要发育于谢尔普霍夫阶、维宪阶。结合下石炭统生储盖组合情况及试油结果，将上石炭统划分为两个纵向计算单元，即 C_1sr 和 C_1v。

上泥盆统主要为一套断陷湖盆沉积，根据地层发育特征可细分为法门阶和弗拉阶。试油结果表明法门阶为主要产气层位。层序地层研究结果将上泥盆统法门阶划分为 $D_3fm_1^3$、$D_3fm_1^2$、$D_3fm_1^1$ 三个沉积期。其中 $D_3fm_1^2$、$D_3fm_1^1$ 发育较全，为法门阶储层主要发育期。$D_3fm_1^3$ 大部分地区削蚀不完整，岩性为膏岩、泥岩、粉砂岩互层，含少量灰岩。结合试油成果，将上泥盆统划分为两个计算单元，即 $D_3fm_1^2$ 和 $D_3fm_1^1$。

2. 天然气藏含气面积——井控法

根据油气成藏的最新研究成果，该地区下石炭统储层和上泥盆统储层致密，孔隙度普遍小于 12%。下石炭统和上泥盆统地层压力介于常压至负压，而测试结果证明该区块普遍含气，气藏的形成不仅受构造圈闭的控制，而且受地层、岩性等非构造因素的控制，该区块可能发育的气藏类型为广泛分布的叠复型致密岩性气藏。因此含气面积不能依据目的层圈闭的分布来确定，而应采用井控的方法确定。

井控法的操作步骤是：①确定合理的井距后对研究区进行网格化，将一个网络作为一个面积单元；②确定油气藏边界，将一个油气藏作为研究对象；③根据测试结果或测解释井解释结果确定有效井控的井，并确定不同潜在资源量级别的分布范围。井控法中一个重要的参数就是井距，本次评价通过综合考虑国内外的井距取值情况确定了本次的评价井距。国外的井距取值为 200～800m，而国内苏里格砂岩气田的勘探阶段井控距离可达 7000m，一般为 2000～3000m。但是国内开发井距一般为 300～500m。本次评价时井距取值为 700m。1C 边界一口井经测井解释存在有效厚度所控制的 9 个单元面积(700m×700m)，2C 边界为 1C 边界外推 2 倍井距，3C 边界为 2C 边界外推 2 倍井距。而 3C 边界与可能的流体边界之间的面积所控制的资源为远景资源量(图 12-1-4)。通过这种方法确定了不同纵向计算元的平面潜在资源量井含气面积取值(表 12-1-1)。

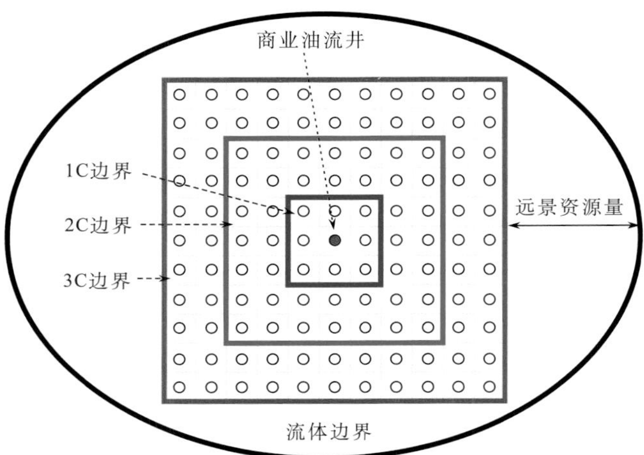

图 12-1-4　本次估算不同储量级别划分方法

表 12-1-1　各纵向估算单元井控潜在资源量含气面积取值

纵向计算单元	平面计算单元	面积/km^2			备注
		1C	2C	3C	
C_1sr	1	8. 82	46. 55	101. 43	Bulak 2-G、West Bulak 1-P
	2	16. 66	63. 7	124. 46	Tamgalytar 1-G、Tamgalytar 2-G、Tamgalytar 3-G、Tamgalytar 4-G、Tamgalytar 5-G
	3	4. 36	19. 54	41. 51	West oppak 3-G
	4	4. 41	24. 01	59. 29	Assa 1
	5	8. 82	42. 14	89. 18	North Pridorozhnaya 1-G、North Pridorozhnaya 2-G
	6	4. 41	24. 01	59. 29	Kendyrlik 2-G、Kendyrlik 5-RD
	7	8. 82	44. 1	95. 06	South Pridorozhnaya 16-G、South Pridorozhnaya 17-G
	8	4. 21	18. 3	40. 40	Katynkamys 1-G
	9	4. 41	24. 01	59. 29	Terekhovskaya 1-P
C_1v	1	8. 82	46. 55	101. 43	Bulak 2-G、West Bulak 1-P
	2	10. 29	51. 45	106. 33	Tamgalytar 1-G、Tamgalytar 2-G、Tamgalytar 3-G、Tamgalytar 5-G
	3	4. 36	19. 54	41. 51	West Oppak 3-G
	4	11. 76	46. 06	95. 06	Kendyrlik 2-G、Kendyrlik 3-G、Kendyrlik 4-G、Kendyrlik 5-RD
	5	4. 41	24. 01	59. 29	Assa 1
	6	4. 41	24. 01	59. 29	Oppak 1-G
	7	8. 82	42. 14	89. 18	North Pridorozhnaya 1-G、North Pridorozhnaya 2-G
	8	4. 41	24. 01	59. 29	Katynkamys 1-G
	9	4. 41	24. 01	59. 29	South Pridorozhnaya 15-G
	10	4. 41	24. 01	59. 29	Terekhovskaya 1-P

续表

纵向计算单元	平面计算单元	面积/km^2			备注
		1C	2C	3C	
$D_3fm_1^2$	1	4.41	24.01	59.29	Assa 1
	2	4.41	24.01	59.29	North Pridorozhnaya 1-G
	3	4.41	24.01	56.78	Kendyrlik 5-RD
$D_3fm_1^1$	1	4.41	24.01	59.29	Assa 1

3. 含气层有效厚度

根据油层四性(岩性、电性、物性和含油气性)关系及有效厚度标准，以测井资料为基础，结合岩心、岩屑录井和试油等资料，利用气水层定性综合评价方法，综合确定各井油层有效厚度。气层起算厚度为0.5m，夹层起扣厚度为0.5m。

本次研究以测井解释成果为“硬数据”、储层厚度为“软数据”进行平面预测，通过分相带统计，确定不同相带气层厚度与储层厚度的“净毛比”，考虑构造、断层展布及油气成藏条件等因素，编制气层厚度平面分布图，同时结合油气成藏理论研究的最大含气边界确定最后的有效厚度平面分布。

4. 气层有效孔隙度

孔隙度取值主要依据测井解释结果，对各单井按纵向计算单元分区间进行统计，然后建立其概率模型。结果显示该区石炭系C_1sr气层孔隙度主要分布范围为2%～11%，其最小值为2.07%，最大值为16.48%，平均值为5.14%；C_1v气层孔隙度主要分布范围为3%～8%，气层最小孔隙度为1.74%，最大孔隙度为11.39%，平均值为5.46%；泥盆系由于钻遇该层的井比较少，测井解释结果相对较少，气层孔隙度最小值为2.57%，最大值为14.3%，平均值为4.59%。

孔隙度的概率分布是根据气层的测井综合解释结果进行分区间统计来确定的，以石炭系的两个纵向计算单元为例，利用分区间统计孔隙度分布特征(图12-1-5、图12-1-6)，可知C_1sr、C_1v分布相对集中，均接近一种偏态分布。计算过程中赋予C_1sr气层孔隙度和C_1v气层孔隙度伽马分布。泥盆系由于测井解释数据比较少，直接统计其最小值、最大值、平均值后发现其值分布相对集中，不能反映孔隙度真实的变化情况，计算过程中孔隙度概率分布模型假定为正态分布。

5. 气层含气饱和度

测井结果显示石炭系C_1sr气层含气饱和度最大值为95%，最小值为50.19%，平均值为63.23%；C_1v气层含气饱和度最大值为91.46%，最小值为50%，平均值为64.07%。由于含气饱和度分布较宽，分区间统计时规律不明显，计算过程中通过对各气层含气饱和度进行加权平均后再进行分区间统计，确定其最佳分布模型(图

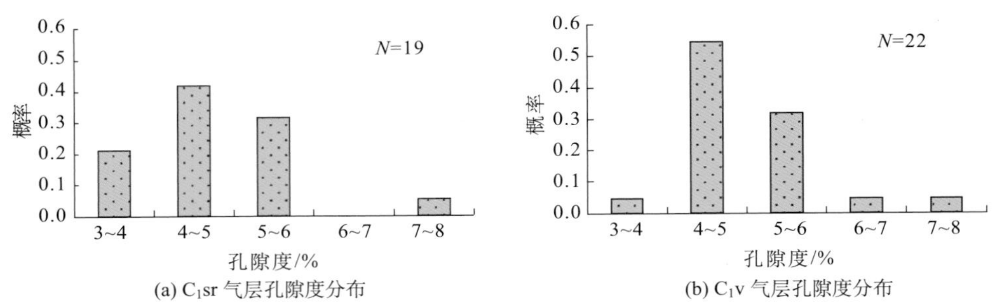

图 12-1-5　测井解释的孔隙度分布统计直方图

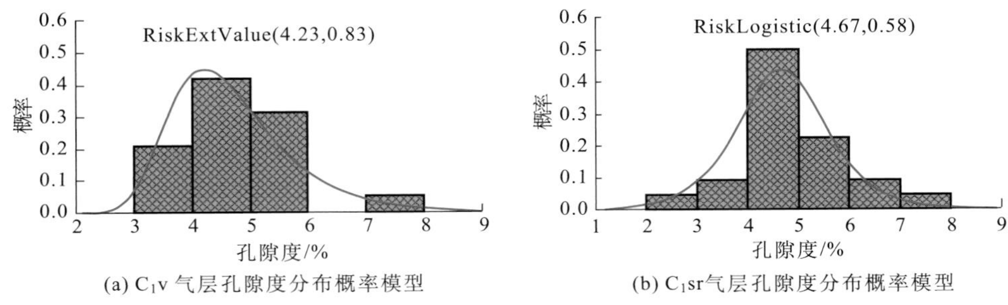

图 12-1-6　估算过程中石炭系孔隙度概率分布模型拟合

12-1-7、图 12-1-8)。泥盆系 $D_3fm_1^2$、$D_3fm_1^1$ 气层数据点较少，最大值为 82.44%，最小值为 50.2%，平均值为 60.13%。上泥盆统由于数据点较少，计算过程中直接假定为三角分布。

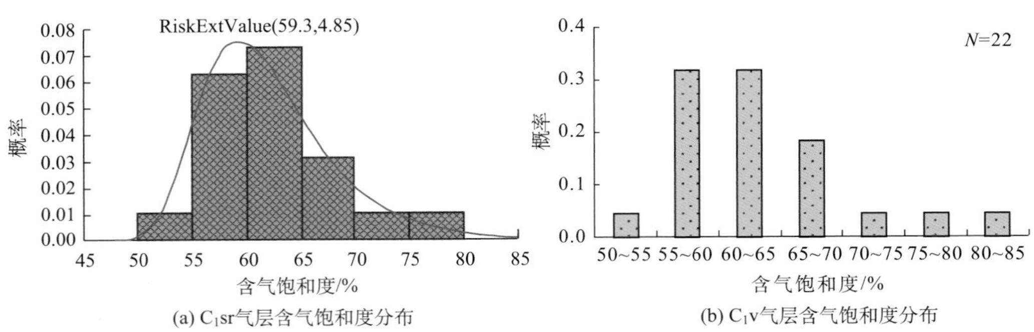

图 12-1-7　测井解释的含气饱和度分布统计直方图

6. 气藏体积系数

将地下的储量换算到地表，需要乘以气体的膨胀系数或除以气体的体积系数(膨胀

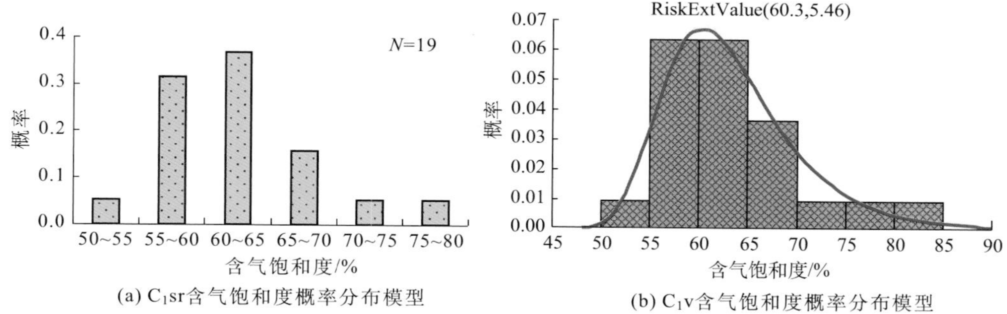

(a) C_1sr含气饱和度概率分布模型　(b) C_1v含气饱和度概率分布模型

图 12-1-8　测井解释石炭系含气饱和度分布概率模型

系数和体积系数互为倒数)。膨胀系数的计算公式为

$$\frac{1}{B_g}=\frac{T_{sc}P_i}{P_{sc}T_iZ_i} \tag{12-1-2}$$

式中：P_{sc}为地面标准压力，MPa；T_{sc}为地面标准温度，K；P_i为原始地层压力，MPa；T_i为原始地层温度，K；Z_i为原始气体压缩因子(又称偏差系数)；B_g为气体体积系数，无量纲；$\frac{1}{B_g}$为气体膨胀系数，无量纲。

气体压缩因子可借助图 12-1-9 经验图版读出，此时，需首先计算视地层温度和视地层压力：

$$T_r=\frac{T_i}{T_m} \tag{12-1-3}$$

$$P_r=\frac{P_i}{P_m} \tag{12-1-4}$$

式中，T_r为视地层温度，无量纲；P_r为视地层压力，无量纲；T_m和P_m分别为天然气的临界温度和临界压力，把天然气近似看作甲烷，T_m=191.05K，P_m=4.6407MPa。

通过对该区温度和压力资料的统计，利用上述方法，可计算出不同层位的气体膨胀系数。计算结显示，气体膨胀系数随埋深变化较大，不同单井在同一层位由于埋深不同，气体膨胀系数会差别很大(图 12-1-10)。而对于同一垂向计算单元中的同一个含气面积范围内不同单井的气体膨胀系数则相对集中在一定的数值范围内。因此在计算过程中要根据不同计算单元所处的构造位置，据储层埋藏深度获得压力、温度值，进而计算膨胀系数。

通过拟合气体膨胀系数与埋深的关系，其相关系数可达 0.857，可信度较大，该关系可以用于气体膨胀系数的计算。南哈萨克斯坦区块下石炭统顶部构造形态上总体为东高西低、南高北低，同一层位的储层在不同的构造部位埋深变化较大，在计算气体膨胀系数时主要取各单井的平均埋深，其概率分布模型假定为正态分布。

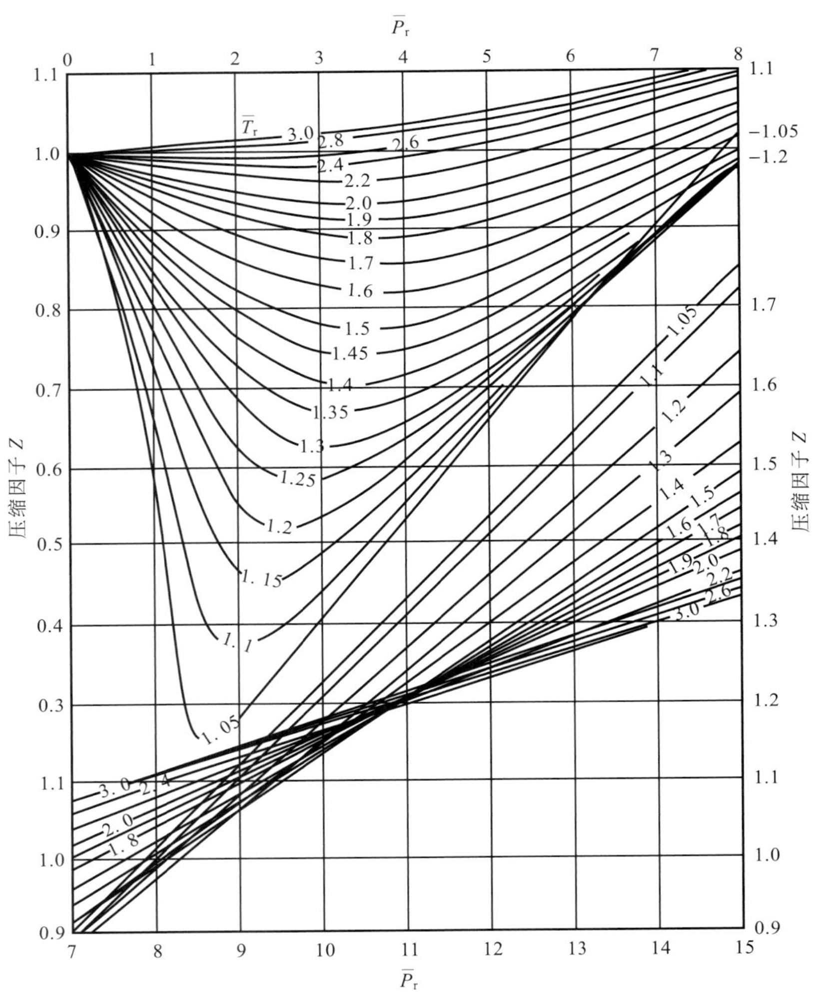

图 12-1-9　压缩因子经验图版

7. 天然气藏的采收率

将地质储量转化为可采储量还需乘上采收率。采收率的确定方法有类比法、岩心分析法、相对渗透率曲线法、经验公式法、表格计算法等。在综合考虑该区实际勘探阶段和研究程度的情况下，本次计算采收率的取值主要采用类比法。

我国《天然气可采储量计算方法》(国家能源局，2010)按影响采收率的主控因素，将天然气藏按衰竭式开发方式细分为气驱和水驱两种类型，按储渗条件分为常规气藏和低渗透气藏两类。在水驱气藏中，再细分为活跃水驱、次活跃水驱和不活跃水驱三个亚类；在低渗透气藏中，再细分为低渗与特低渗两个亚类。主要分类指标包括地层水活跃程度、水侵替换系数和采收率范围(表 12-1-2)，表 12-1-2 同时给出了不同类型气藏开采特征的描述。

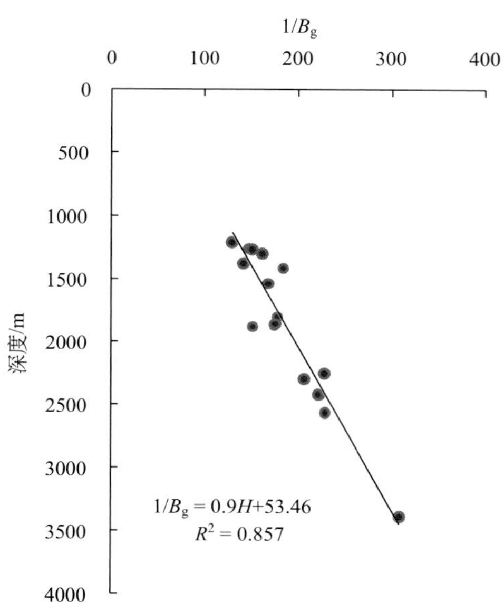

图 12-1-10　Marsel 探区气体膨胀系数随埋深变化关系

表 12-1-2　天然气藏分类表

分类指标	地层水活跃程度	水侵替换系数 I	废弃相对压力	采收率(R)范围值 ER	开采特征描述
Ⅰ水跃	Ⅰ$_a$（活跃）	≥0.4	≥0.5	0.4～0.6	可动边、底水水体大，一般开采初期(R<0.2)部分气井开始大量出水或水淹，气藏稳产期短，水侵特征曲线呈直线上升
	Ⅰ$_b$（次活跃）	≥0.15～<0.4	≥0.25	0.6～0.8	有较大的水体与气藏局部连通，能量相对较弱。一般开采中、后期才发生局部水窜，致使部分气井出水
	Ⅰ$_c$（不活跃）	>0～<0.15	≥0.05	0.7～0.9	多为封闭型，开采中、后期偶有个别井出水，或气藏根本不采水，水侵能量极弱，开采过程中表现为弹性气驱特征
Ⅱ气驱		0	≥0.5	0.7～0.9	无边、底水存在，多为封闭型的多裂缝系统、断块、砂体或异常压力气藏。整个开采过程中无水侵影响，为弹性气驱特征
Ⅲ低渗透	Ⅲ$_a$（低渗）	0～<0.1	>0.5	0.3～0.5	储层平均渗透率 0.1mD<K≤1.0mD，裂缝不太发育，横向连通性较差，生产压力差大，千米井深稳定产量 $0.3\times10^4m^3/(d\cdot km)<q\leq3\times10^4m^3/(d\cdot km)$，开采中水侵影响弱
	Ⅲ$_b$（低渗）		>0.7	<0.3	储层平均渗透率 K≤0.1mD，裂缝不发育，无措施下一般无生产能力，千米井深稳定产量 $q\leq0.3\times10^4m^3/(d\cdot km)$，开采中水侵影响极弱

按照上述气藏分类标准，张伦友等(2008)对四川盆地大量投入开发并有较长开采历史的碳酸盐岩气藏进行分类后，将类型相同的气藏采收率进行统计，得出不同类型碳酸盐岩气藏的采收率(表 12-1-3)。

表 12-1-3　四川盆地不同类型碳酸盐岩气藏采收率统计

气藏类型	$Ⅰ_a$	$Ⅰ_b$	$Ⅰ_c$	Ⅱ	Ⅲ	平均
储量计算单元/个	31	32	114	148	19	
平均采收率/%	44	65.4	80.4	82.7	40.2	74.5

由表 12-1-3 可以看出，当碳酸盐岩气藏为气驱型时，其采收率平均可达 70%以上。地层水活跃程度越强，气藏采收率越低。当碳酸盐岩储层渗透性差时，气藏的采收率也比较低，平均值为 40.2%。

本次研究区块下石炭统主要储层为碳酸盐岩，测井解释孔隙度主要介于 4%～12%，结合我国《天然气可采储量计算方法》中有关天然气影响采收率因素分类(表 12-1-2)和该地区储层的实际情况，本次计算中将下石炭统碳酸盐岩气藏储量计算时的采收率依低渗透标准取值为 30%～50%，其平均值为 40%。上泥盆统砂岩气藏由于其孔隙度、渗透率相对较低，地层压力为负压，有别于常规的天然气藏，储量计算时采收率取值为 35%～55%，平均值为 45%。

8. Marsel 探区致密气藏条件储量评价结果

根据以上储量计算参数及蒙特卡罗模拟法模拟，Marsel 探区下石炭统 1C 为 $452.67\times10^8m^3$、2C 为 $1360.11\times10^8m^3$、3C 为 $2953.91\times10^8m^3$。上泥盆统 1C 为 $47.65\times10^8m^3$、2C 为 $142.27\times10^8m^3$、3C 为 $303.98\times10^8m^3$。总的条件储量估算结果 1C 为 $500.32\times10^8m^3$、2C 为 $1502.38\times10^8m^3$、3C 为 $3257.89\times10^8m^3$。各估算单元的条件储量估算结果如表 12-1-4 所示，条件储量分布如图 12-1-11 所示。

表 12-1-4　Marsel 探区条件储量估算结果表

计算单元	潜在资源量/10^8m^3		
	1C	2C	3C
C_1sr	192.40	530.82	1322.09
C_1v	277.64	760.33	1878.84
$D_3fm_1^2$	48.25	97.20	166.36
$D_3fm_1^1$	30.59	60.93	103.10
合计	548.89	1449.29	3470.38

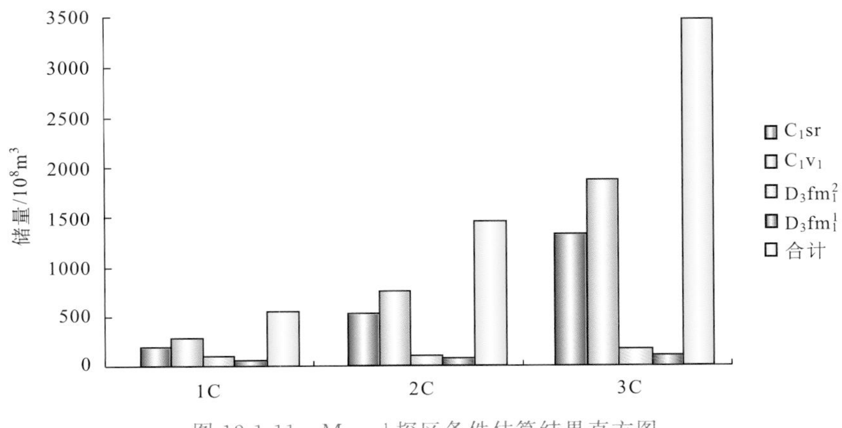

图 12-1-11 Marsel 探区条件估算结果直方图

本次条件估算结果存在的不确定性主要表现在井控取值上，Marsel 探区没有先导试验资料可以利用，在井控取值上，参考了国际上致密气藏 200～800m 井控的统计经验，按井控 700m 取值，随着勘探开发的进行和更多地质、工程资料的获得，实际的潜在资源量可能高于、也可能低于本次估算的结果，因此本次估算结果仅具有参考意义。

五、Marsel 探区远景资源量估算

Marsel 探区已钻探 70 多口井，大都见到了天然气显示，最高日产量达到 $120\times10^4m^3$，最低只有几千立方米，甚至干层。依据叠复连续气藏成因理论，本书认为研究区存在一个特大型致密非常规气田，目前见到的三个小气田只是“冰山一角”。下面基于新理论、新认识。对 Marsel 探区的远景资源量按连片分布的假设进行估算。

1. 远景资源量估算地质参数取值

依据叠复连续气藏成因模式，远景资源量估算面积范围包括依据井和地震资料预测的潜在含气区(扣除其中已估算条件储量的面积)，远景资源量估算采用的四个月的层段(C_1sr、C_1v、$D_3fm_1^2$和 $D_3fm_1^1$)的孔隙度和含气饱和度分布模型根据单井解释的值进行厚度加权平均后分区间确定，膨胀系数取每个纵向估算单元已有井计算值的平均值，采收率采用前面条件储量估算时采用的采收率。

含气面积根据测井解释的含气面积和地震预测的含气面积综合确定，含气层厚度采用测井解释的含气厚度在平面上的分布，图 12-1-12～图 12-1-15 为 4 个远景资源量估算单元潜在含气区及含气厚度分布图。

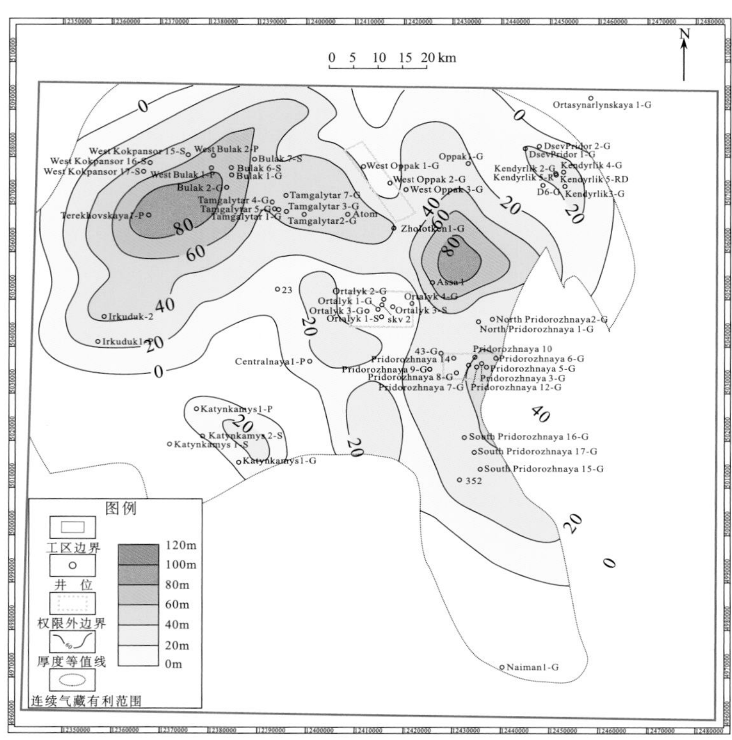

图 12-1-12　C_1sr 潜在含气区分布图

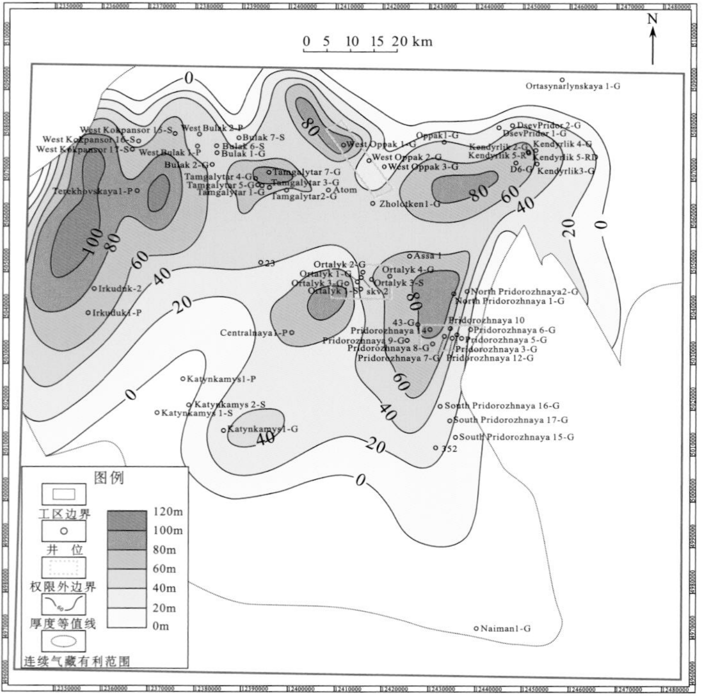

图 12-1-13　C_1v 潜在含气区分布图

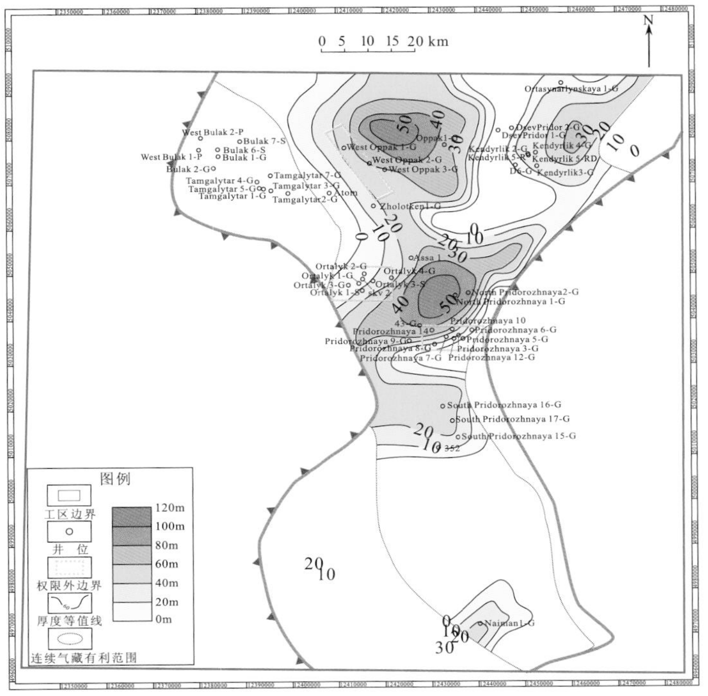

图 12-1-14 $D_3fm_1^2$潜在含气区分布图

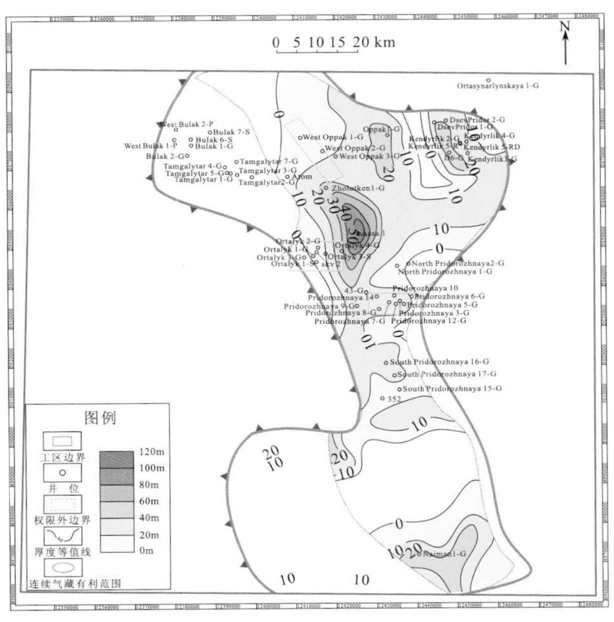

图 12-1-15 $D_3fm_1^1$潜在含气区分布图

2. Marsel 探区远景资源量

根据上述取值，对该区块天然气远景资源量进行计算和评价。计算结果表明，Marsel 探区天然气最佳估值为 $18047.26\times10^8\,m^3$。各计算单元远景资源量计算结果如表 12-1-5 所示，远景资源量分布如图 12-1-16 所示。

表 12-1-5 Marsel 探区叠复连续气藏天然气远景资源量估算结果表

纵向计算单元	平面计算单元	面积	体积/$10^9\,m^3$	低估值/$10^8\,m^3$	最佳估值/$10^8\,m^3$	高估值/$10^8\,m^3$
C_1sr	1	6353.1	181.805	3200.99	4637.60	6385.38
C_1v	1	7658.53	330.564	7164.75	10124.26	14856.84
$D_3fm_1^2$	1	2900.77	61.072	1471.98	1992.76	2695.30
$D_3fm_1^1$	1	3159.497	36.927	951.77	1292.64	1748.84
合计				12789.49	18047.26	25686.36

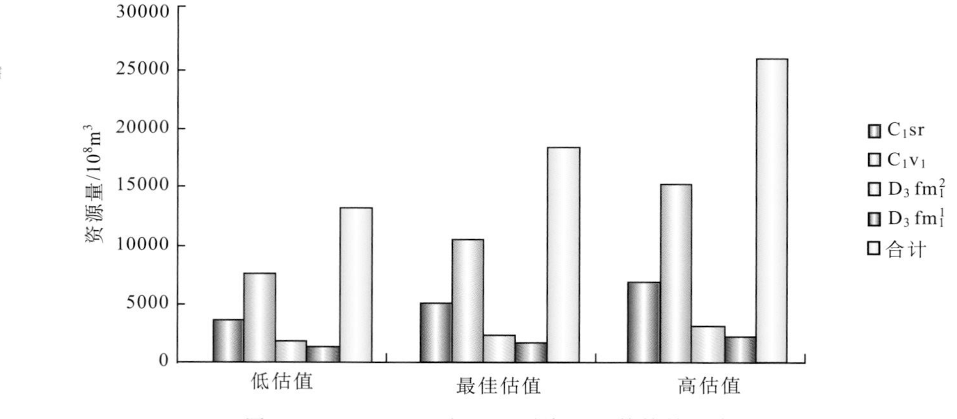

图 12-1-16 Marsel 探区远景资源量估算结果直方图

本次天然气远景资源量估算是按照非常规致密气藏的思路进行的。非常规致密气藏相对于常规的构造气藏其最大的区别是它可以广泛分布、大面积连片。因此估算过程中其分布面积这一参数取值非常大。但是大面积广泛连续分布的非常规致密气藏并不是所有的远景资源量在现有技术条件下都是可以利用的，它必须在达到工业生产的标准后才有开采的价值。这一点已在模型中进行了考虑。

第二节 南哈大气田评价勘探与开发概念设计

一、评价勘探规划

1. 规划原则

此次评价勘探规划的原则是遵循南哈大气田实际情况，要客观、真实地反映该气田的地质特点，以综合地质研究为基础，以储量增长与经济效益为核心，以尽快探明南哈大气田为目的，使规划真正能够指导油气勘探生产，最终实现“少投入、多产出”的目标。

2. 评价勘探目的

根据 Marsel 探区目前的勘探现状，利用地震反演技术及有利沉积相带的分析，建立该区块的有利勘探区。因此，此次评价勘探规划的目标就是针对该有利区开展详细、精细的全面评价勘探工作，争取 2014 年开始逐步申请开发权，并于 2014 年钻探两口水平开发试验井，为大规模水平井开发部署提供决策依据。

3. 实施安排

针对有利区评价勘探目标，钻适量评价井，对重点区域重点层段进行全面评价，包括勘探程度、资源量大小、地质风险和勘探效益评价。评价井部署是在圈定的有利区内钻探直井，在 2013 年钻 4 口评价井，对该有利区进行大范围的评价，确定下一步的评价重点区域。2014 年再钻 8 口评价井，对重点区域进行详细的评价勘探工作，确定出下一步评价工作的重点层位。2015 年再钻 8 口评价井，对重点区域重点层位进行精细评价，最终获得更为精准的资源量大小，进一步预测地质风险和经济效益，并规划下一步的开发工作重点。

具体实施部署参考有利构造区带、有利沉积相带及有利的流体预测区，参考构造课题组、两个地层课题组和地震反演课题组部署的井位。

二、开发概念设计和产量预测

本书在开发概念设计中，参考了部分文献（中国石油天然气总公司，1997）。

1. 开发层系划分

Marsel 探区南哈大气田主要含气层集中在石炭系和泥盆系，石炭系存在两套气层，自上而下分别为下石炭统谢尔普霍夫阶（C_1sr）气层和下石炭统维宪阶（C_1v）气层，设计这两套气层为两套独立的开发层系。泥盆系自上而下存在 $D_3fm_1^2$ 和 $D_3fm_1^1$ 两套气层，然而，据测井综合解释结果，由于测井曲线深度限制，能解释出 $D_3fm_1^1$ 气层含气的井数极少，含气分布不明确，因此，暂时不将 $D_3fm_1^1$ 气层作为独立的开发层系，而是在发现 $D_3fm_1^1$ 产气的地方，将其视为 $D_3fm_1^2$ 气层的附带开发层系。综上所述，共存在三套开发层系：C_1sr 气层、C_1v 气层和 D_3fm_1 气层，划分这三套开发层系主要依据如下。

（1）石炭系储层岩性是以灰岩为主的碳酸盐岩，泥盆系储层岩性为砂岩，岩性上的明显差别决定了石炭系中的气层和泥盆系中的气层不能作为同一套开发层系。

（2）据测井综合解释结果，C_1sr 气层和 C_1v 气层之间发育厚度较大的泥岩及膏岩隔层，该套隔层厚度在 4m 以上(表 12-2-1)，将 C_1sr 气层和 C_1v 气层隔开，确保 C_1sr 气层和 C_1v 气层作为两套独立开发层系的合理性。据泥盆系课题组研究成果，$D_3fm_1{}^{2+3}$ 发育了厚度较大的膏岩及泥岩，该套膏岩泥岩层作为 D_3fm_1 气层的盖层。D_3fm_1 与 C_1v 之间发育厚度较大的膏岩及泥岩隔层，其厚度基本在 6m 以上，并将 D_3fm_1 气层和 C_1v 气层隔开，确保了 D_3fm_1 气层作为一套独立的开发层系的合理性(表 12-2-1)，另外，C_1sr、C_1v 及气层内部发育泥岩及膏岩薄夹层，以泥岩为主，该套薄夹层平均在 1.5m 以下。D_3fm_1 气层所夹的泥质薄夹层平均厚度在 0.5m 以下。气层内部所夹的泥岩膏岩层较薄，这一点证明了这三套气层可以分别作为独立的开发层系。

表 12-2-1　气层之间与气层内部泥岩厚度统计表　　（单位：m）

井名	C_1sr 与 C_1v 之间隔层厚度	C_1v 与 $D_3fm_1^2$ 之间隔层厚度	C_1sr 内部夹层平均厚度	C_1v 内部泥质平均厚度	D_3fm_1 内部夹层平均厚度
Tamgalytar 1-G	8.5	24	0.8	0.5	0.2
West Oppak 1-G	4	9.5	0.9	0.65	0.1
West Oppak 2-G	5.2	6.2	1.3	0	0
North Pridorozhnaya 2-G	29.3	70	1.1	1.65	0.3

（3）C_1sr 地层压力在 14～45MPa，压力系数在 0.83～1.14，C_1v 地层压力在 12.3～17.7MPa，压力系数维持在 0.70～1.04，整体表现为低压—常压，C_1sr 气层、C_1v 气层和 D_3fm_1 气层之间在地层压力上存在一定的差异(表 12-2-2)，支持分层开发。

表 12-2-2　南哈大气田地层压力资料统计表

构造	顶深	底深	中间深度	层位	地层压力/MPa	静水压力/MPa	压力系数
Tamgalytar 1	2315.0	2274.0	2294.5	C_1sr	22.43	26.85	0.836
Terekhovskaya 1-P	3340.0	3395.0	3380.0	C_1sr	45.09	39.55	1.140
West Oppak 2	1366.0	1460.0	1413.0	C_1sr	18.00	16.53	1.089
West Oppak 2	1318.0	1386.0	1352.0	C_1sr	14.00	15.82	0.885
Kendyrlik 2	1630.0	1784.0	1707.0	C_1sr—C_1v_3	20.80	19.97	1.041
Kendyrlik 2	1793.0	1810.0	1801.5	C_1v_3	18.65	21.08	0.885
Kendyrlik 4	1792.0	1965.0	1878.5	C_1v_3—C_1v_2	16.00	21.98	0.728
Pridorozynaya 2	1283.0	1315.6	1299.3	C_1v	15.87	15.20	1.044

续表

构造	顶深	底深	中间深度	层位	地层压力/MPa	静水压力/MPa	压力系数
Pridorozynaya 4	1239.5	1280.0	1259.8	C_1v	14.84	14.74	1.007
Pridorozynaya 4	1239.0	1273.0	1256.0	C_1v	14.50	14.70	0.987
Pridorozynaya 4	1296.0	1230.0	1263.0	C_1v	14.83	14.78	1.004
West Oppak 2	1386.0	1605.0	1495.5	C_1sr—C_1v_3	16.50	17.50	0.943
West Oppak 2	1736.0	1844.0	1790.0	C_1v_1	18.50	20.94	0.883
Kendyrlik 2	2233.0	2239.0	2236.0	D_3	26.10	26.16	0.998
Kendyrlik 2	2391.0	2450.0	2420.5	D_3	25.78	28.32	0.910
Pridorozynaya 4	2391.0	2450.0	2420.5	D_3	25.26	28.32	0.892
Pridorozynaya 4	2233.0	2260.0	2246.5	D_3	25.58	26.28	0.973
West Oppak 1	1861.0		1861.0	D_3	18.40	21.77	0.845
West Oppak 1	1809.0	1875.0	1842.0	D_3	15.33	21.55	0.711
Assa 1	2555.0		2555.0	D_3	26.01	29.89	0.870
Assa 1	2414.0		2414.0	D_3	24.58	28.24	0.870

2. 开发方式选择

南哈大气田试气获得天然气组分含量的资料，在去除罐顶气之后对天然气组分含量进行统计分析(表 12-2-3)，C_1sr 天然气中甲烷平均含量为 84.24%，乙烷平均含量为 1.97%，重烃平均含量为 2.16%，CO_2 平均含量为 0.58%；C_1v 天然气中甲烷平均含量为 87.96%，乙烷平均含量为 2.13%，重烃平均含量为 2.9%，CO_2 平均含量为 1.22%；D_3fm_1 天然气中甲烷平均含量为 70.57%，重烃平均含量为 3.20%，CO_2 平均含量为 0.52%。总体上，甲烷含量低于 95%，乙烷和重烃含量极少，而且南哈大气田干燥系数(用 CH_4 与($CH_4+C_1^+$)比值计算)普遍较高(均高于 0.95)，尤其西北部干燥系数高(>0.95)，达到了干气的演化阶段。因此可判断天然气属于干气。在试井过程中并未见到大量的凝析油，因此将石炭系气藏和泥盆系气藏均划分为干气气藏，也就意味着若利用衰竭式开发方式对南哈大气田进行开发，开发早期不用考虑反凝析现象。因此，初步考虑该气田的开发方式为衰竭式开发。

表 12-2-3 南哈大气田天然气组分分析表

井名	层位	天然气组分平均含量/%								干燥系数	相对密度
		CH_4	C_2H_6	重烃	CO_2	N_2	H_2S	He	非烃		
Tamgalytar 1-G	C_1sr	83.73	1.11	1.23	0.25	14.75	未测定	0.16	15.03	0.986	0.63
Tamgalytar 5-G	C_1sr	88.34		1.62	0.26	9.58			9.71	0.982	0.61
North priodor 1-G	C_1sr	89.14	3.28	3.76	0.93	5.78	0.00	0.17	6.79	0.960	0.61
Pridorozhnoye 6	C_1sr	75.78	1.53	2.02	0.88	20.83		0.21	21.92	0.974	

续表

井名	层位	天然气组分平均含量/%								干燥系数	相对密度
		CH_4	C_2H_6	重烃	CO_2	N_2	H_2S	He	非烃		
C_1sr 平均值		84.24	1.97	2.16	0.58	12.73	0.00	0.18	13.36	0.975	0.62
Tamgalytar 1-G	C_1v	90.20	0.89	0.95	0.35	8.50	未测定	0.18	9.03	0.990	0.66
North priodor 1-G	C_1v	91.60	4.65	5.75	0.50	2.15			2.65	0.941	
South pridor 15-G	C_1v	81.80	1.98	2.00	0.80	15.40	0.00	0.14	16.34	0.976	
Pridorozhnoye 2-G	C_1v	88.55	1.77	2.79	0.72	7.43	0.81	0.19	8.64	0.970	0.65
Pridorozhnoye 4-G	C_1v	84.01	1.35	2.48	2.05	10.78	0.00	0.21	12.90	0.972	0.61
Pridorozhnoye 6-G	C_1v	86.90		4.39	3.60	4.65			8.25	0.952	
Ortalyk 1-G	C_1v	92.68		1.97	0.53	0.10	0.30		0.78	0.979	
C_1v 平均值		87.96	2.13	2.90	1.22	7.00	0.28	0.18	8.37	0.969	0.64
Pridorozhnoye 2-G	$D_3fm_1^1$	72.55		1.83	0.77	24.68			25.44	0.977	
West Oppak 1-G	$D_3fm_1^1$	63.00		4.70		32.00			32.00	0.931	
Pridorozhnoye 4-G	$D_3fm_1^1$	76.16		3.06	0.27	20.33		0.16	20.69	0.963	0.65
$D_3fm_1^1$ 平均值		70.57		3.20	0.52	25.67		0.16	26.04	0.957	0.65
储量加权平均		84.10	4.41								

参考国内外相似气田开发经验(表 12-2-4)，衰竭式开发方式为大多数气田的首要选择。衰竭式开发方式经济成本低，在获得经济效益方面相对其他开发方式占有优势。综合南哈大气田气藏特点及地层压力的分析结果，在开发早期，衰竭式开发无疑是最有利的选择，在开发中后期，为了提高气藏采收率，可考虑采用排水采气的综合开采方式。

表 12-2-4　国内外类似气田地质开发特征对比表

气田	层位	主要岩性	孔隙度/%	渗透率/$10^{-3}\mu m^2$	开发方式
大港板桥气田	板Ⅱ	砂岩	24.50	526.00	衰竭式
丘东气田	$J_1s—J_2x$	细砂岩	12.5	6.29	衰竭式
盆 5	J_1s_2	中粗砂岩	12.5	5.99	衰竭式
雅克拉气田	K_1kp	细砂岩	12.6	23.39	衰竭式

3. 钻采工艺

1）钻、完井及气层保护

设计的指导思想是：以加快气田开发为目的(一般海外项目采用快速开发模式)，增大单井产量，延长气井的免修期，提高采收率，强化开发效果和指标。在钻井和采气中，建议采用欠平衡钻井，使用滑溜水钻井液，广泛使用水平井分段压裂技术，确保气田高效开发。由于南哈大气田储层物性较差，地层压力相对较低，应该猛攻酸化压裂技术，防止泥浆污染，尽量减少对储层的伤害，同时兼顾微地震监测技术，以实时监测压裂范围，提高监测质量和解释水平。

2）生产动态检测

在气田开发区内建立气藏动态监测系统。设置观察井，利用测压、测温、试井及生产动态测井等手段获取多项资料，分析、掌握气藏生产动态，控制气藏开发过程，强化油气田地面系统管理，搞好地面设施的运行管理，要有防微杜渐的意识，在日常管理中，加强生产维修维护，做到日常维护不欠帐，不积压，以防设施设备老化问题的日益恶化。

4. 地面工程规划

1）集输气管网

目前国内外主要采用的集输气管网流程有树枝状、放射状和环状，集气方式有单井集气和多井集气。根据井位及产能安排，集输气管网设计采用的流程是：井口至集气站为放射状流程，即多井集气。针对不同级别的储量，一座集气站集大约 5 口井的来气，根据开发井部署设计集气站的数量和位置，集气站至集气干线为树枝状流程。

2）天然气处理厂

根据该气藏气质条件：CH_4含量为 84.1%，C_2H_6及重烃含量为 4.41%，非烃含量达 11.49%。天然气处理厂应重点解决脱氮、脱水及脱 CO_2等问题，通过处理后，天然气气体性质要求达到输送标准：甲烷含量达到 95%以上，H_2S 含量小于 6mg/m^3，CO_2含量小于 2%，水露点低于－5℃。

3）自动控制方案

全气田设计采用 SCADA 系统的自动控制方案。它是由气田生产调度管理中心与气田各站、厂及输气工程的控制系统构成的气田分级管理控制系统。对气田生产工艺参数进行统一监视、控制及数据采集，实现集气工程自动控制、脱水站自动控制，提高气田生产管理水平。方案对通信、供电、土建、组织机构、给水排水、管道防腐、环境保护、消防、安全和工业卫生等配套工程都作了设计。

4）产品干气外输管线

管线的走向基本为北东—南西向，经由气田东北部位的处理站，到达跨国干线接口，几乎横穿 Marsel 探区的天然气输送直线总长约 220km。

5. 单井初始产能预测

南哈大气田的储层物性如表 12-2-5 所示，储层物性相对较差，属于低渗透气田。

表 12-2-5　南哈大气田储层物性统计表

层位	孔隙度/%		
	最小值	最大值	平均值
C_1sr	2.52	7.56	4.71
C_1v	3.22	7.37	5.09
D_3	3.37	14.46	5.58

续表

层位	渗透率/mD		
	最小极差区间	最大极差区间	平均值
C_1sr	0.121～0.133	0.025～0.927	1.29
C_1v	0.609～0.638	0.418～11.340	1.46
D_3	1.127～1.234	0.006～0.396	1.41

Marsel 探区缺乏生产测试资料，单井初始产能主要通过类比相似气田完成。楚-萨雷苏盆地南部存在已开发的气田，其中 Amangeldy 气田与南哈大气田从多方面对比较为相似。首先二者同位于楚-萨雷苏盆地，具有相同的基本地质背景，在大的构造背景、构造特征及地层特征方面均具有可比性。其次，Amangeldy 气田也如 Marsel 探区南哈大气田一样，具有两套主力产气层，上部产气层为下二叠统阿瑟尔阶—萨克马尔阶，储层岩性以砂岩为主，下部产气层为下石炭统上杜内阶—下维宪阶，储层岩性以灰岩为主，而南哈大气田恰好也存在两套气层——石炭系碳酸盐岩气层和泥盆系致密砂岩气层，从开发层系的角度出发，Amangeldy 气田对南哈大气田具有可比性。再次，两个气田的储层渗透性、孔隙度类比结果表明，Amangeldy 气田和南哈大气田产气井的孔隙度存在差别，但差别并不大，表明二者可以进行类比(表 12-2-6)。综上，利用 Amangeldy 气田类比南哈大气田的产能是可行的。

表 12-2-6　Amangeldy 气田和南哈大气田基本储层参数对比表

气田名称	系	阶	储层岩性	储层平均有效厚度/m	平均孔隙度/%	平均含气饱和度/%	渗透率/mD
Amangeldy	P	阿瑟尔阶—萨克马尔阶	砂岩	28.0	15.00	85	133.3
	C	上杜内阶—下维宪阶	碳酸盐岩	8.0	11.50	65	10
南哈大气田	C	谢尔普霍夫阶	灰岩	38.7	4.71	63.36	1.29
		维宪阶	灰岩	58.3	5.09	63.32	1.46
	D	D_3fm_1	砂岩	18.7	5.58	60.71	1.41

Amangeldy 气田于 1975 年被发现，自 2003 年直井投入生产，2003～2008 年，产量数据如表 12-2-7 所示，2007 年生产井数为 25 口，据此计算 2007 年单井日产量约为 $3.5\times10^4m^3$，据此推算，2003 年该气田初始单井日产量在 $5\times10^4m^3$ 左右。

据表 12-2-6 可以看出，由于二叠系较石炭系埋藏浅，Amangeldy 气田二叠系储层物性较好。Amangeldy 气田地层系数(kh)约为 80mD·m，而南哈大气田 C_1sr 地层系数(kh)约为 49.9mD·m，C_1v 地层系数(kh)约为 85.1mD·m，石炭系平均地层系数为 67.5mD·m，南哈大气田石炭系地层系数约为 Amangeldy 气田的 0.8 倍。据此推测南哈大气田直井单井初始日产量约为 Amangeldy 气田的 0.8 倍，即 $4\times10^4m^3/d$。但该结果仅为类比估算结果，仍需结合试井产量资料来预测南哈大气田的单井初始产量。

表 12-2-7　Amangeldy 气田产量数据表

年度	凝析油产量/万桶	干气/10^8m^3
2003	40 000	1.716
2004	175 000	5.148
2005	270 000	6.292
2006	197 360	2.740
2007	210 088	3.133
2008	210 112	3.314

Marsel 探区试油成果显著，通过试井资料统计，C_1sr 有 11 口井共 19 个射孔井段试井获得产气量，C_1v 共有 7 口井 14 个射孔井段获得产气，D_3 共有 7 口井 14 个射孔井段获得产气，对同一口井相同目的层多段射孔所获产气量进行加和，加和结果代表该井该层的试井产气量，按照此方法统计结果如表 12-2-8 所示。

表 12-2-8　南哈大气田试井产气量统计结果

井号	射孔层位	日产气/(10^4m^3/d)	井号	射孔层位	日产气/(10^4m^3/d)	井号	射孔层位	日产气/(10^4m^3/d)
West Oppak 2-G	C_1sr	0.0723	Ortalyk 1-G	C_1sr	5.6	Ortalyk 1-G	C_1v	12.16
South Pridorozhnia 17-G	C_1sr	0.3	Tamgalytar 1-G	C_1sr	28.08	Kendyrlik 2-G	C_1v	177.2
Pridorozhnaya 2-G	C_1sr	1.6	Pridorozhnaya 6-G	C_1sr	58.5	Ortalyk 1-G	D_3	1.9
Pridorozhnaya 12-G	C_1sr	2	Pridorozhnaya 2-G	C_1v	0.6	Pridorozhnaya 4-G	D_3fm	7.31
North Prodorozhnaya 1-G	C_1sr	2.2	North Prodorozhnaya 1-G	C_1v	1.1	West Oppak 1-G	D_3	13.6
Pridorozhnaya 4-G	C_1sr	2.8	South Pridorozhnia 15-G	C_1v	1.65	Assa 1	D_3	36.9
Ortalyk 3-G	C_1sr	3	Ortalyk 3-G	C_1v	3	Pridorozhnaya 3-G	D_3fm	160
Tamgalytar 5-G	C_1sr	3.57	Pridorozhnaya 4-G	C_1v	3.318			

C_1sr、C_1v 及 D_3fm 试井日产气量分布直方图如图 12-2-1、图 12-2-2 和图 12-2-3 所示，C_1sr 及 C_1v 试井产气量数据分布零散，根据两组数据分布特点，采用直方图中位数靠右的第一个数据代表该组数据的中值，C_1sr 及 C_1v 试井日产气量中值分别为 $3.0\times10^4m^3/d$ 和 $3.32\times10^4m^3/d$，而 D_3fm 试井日产气量数据极少，因此采用直方图上的中位数代表该组数据的中值，即 $13.6\times10^4m^3/d$。根据三套层系 2C 的比例，按相同比例部署开发井分层开发，预测南哈大气田单井平均初始产能为 $4.17\times10^4m^3/d$（表 12-2-9），这一结果与采用 Amangeldy 气田资料的类比结果很接近，说明单井初始产量预测的结果是合理的。

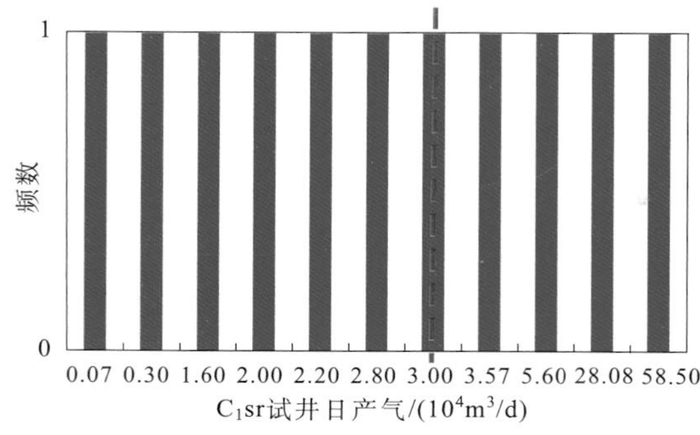

图 12-2-1　C_1sr 试井日产气直方图

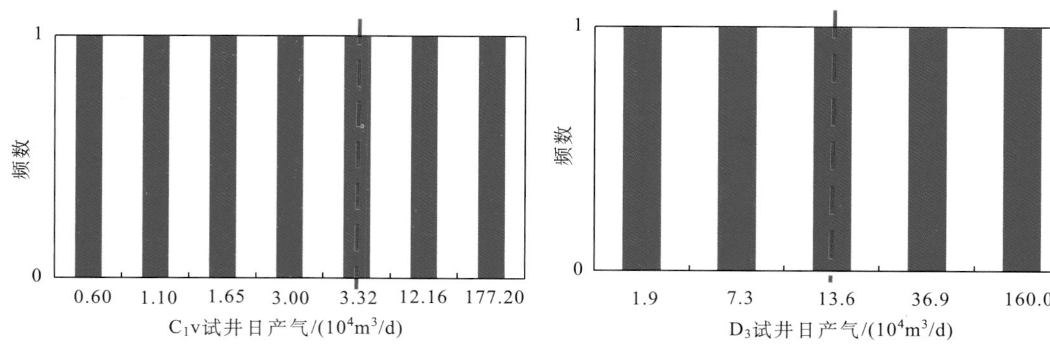

图 12-2-2　C_1v 试井日产气直方图

图 12-2-3　D_3 试井日产气直方图

表 12-2-9　南哈大气田直井平均初始产量预测表

开发层系	直井初产	井数比列(按储量)/%
石炭系 C_1sr	3	37.82
石炭系 C_1v	3.32	52.71
泥盆系 D_3fm_1	13.6	9.47
直井平均初产/($10^4m^3/d$)		4.17

6. 水平井单井初始产能预测

水平井长水平段分段体积压裂技术在美国已成为页岩气开发中的关键技术，取得了革命性突破，水平段长度从早期的500m左右已发展到目前的1700m左右。据统计，美国页岩气水平井产量是直井产量的3～4倍(图12-2-4)，而水平井钻井成本是直井钻井成本的1.5倍，这一统计结果考虑了水平井在不同水平段长度下的平均增产效果，国外文献提供的统计资料表明，页岩气水平井产量是直井产量的3.8倍。

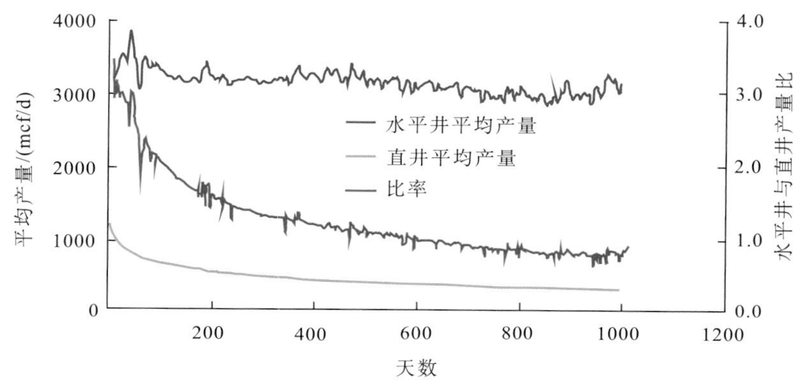

图12-2-4 美国页岩气水平井与直井平均产量对比图

我们咨询了国内专门从事页岩气研究和曾赴美国评价过页岩气项目的相关专家，给出的意见是，若水平段在1500～2000m，页岩气水平井的增产效果是直井的5～10倍，而钻井成本是直井的2～3倍。

水平井开发技术在加拿大和中国等国家的致密气开发中也得到了广泛的应用，致密气与页岩气在开采机理上存在差别，为此，我们咨询了国内在致密砂岩和碳酸盐岩储层中有丰富的水平井开发经验的相关专家，给出的意见是，若按1000m水平段来考虑(国内油气田开发常采用的水平段长度)，水平井钻井成本是直井的2～3倍，增产效果是直井的3～5倍。

南哈大气田属致密气田，为加快开发，按业主规划，拟借鉴页岩气水平井开发技术，水平段选择为1500m左右，根据国内致密气开发的经验，预测水平井的产能可达到直井产能的4～8倍，而水平井钻井成本为直井的3～4倍。

综合以上分析，在南哈大气田，1500m水平段水平开发井的成本取直井的3.2倍，水平井的产量取直井的6.5倍，是比较合理的，据此预测南哈大气田水平井单井平均初始产能为$27.12\times10^4m^3/d$(表12-2-10)。

表12-2-10 南哈大气田水平井单井初始产量预测表

开发层系	直井初产/($10^4m^3/d$)	水平井产量倍数	水平井初产/($10^4m^3/d$)	井数比列/%
石炭系C_1sr	3	6.5	19.5	37.82
石炭系C_1v	3.32	6.5	21.58	52.71
泥盆系D_3fm_1	13.6	6.5	88.4	9.47
水平井平均初产/($10^4m^3/d$)			27.12	

7. 递减规律和单井产量预测

1）直井递减规律预测

南哈大气田主要气层为石炭系碳酸盐岩气层和泥盆系砂岩气层，两套气层物性均较差，属低渗气田，针对这一特点，参考四川沙罐坪气田及榆林气田南区直井递减规律，来预测南哈大气田直井递减规律。四川沙罐坪气田、榆林气田南区与南哈大气田基本储层物性对比情况如表 12-2-11 所示。

表 12-2-11　沙罐坪气田、榆林气田南区与南哈大气田基本储层物性对比表

气田	储层层位	主要岩性	有效厚度/m	平均孔隙度/%	平均渗透率/mD	递减类型	初始递减率
沙罐坪气田	C	白云岩	11.22～75.2	6	0.72	指数型	0.029/年
榆林气田南区	山二段	砂岩	9.4	6.6	4.03	指数型	0.108/年
南哈大气田	C_1sr	灰岩	38.7	4.7	1.29		
	C_1v	灰岩	58.3	5.1	1.46		
	D_1fm	砂岩	18.7	5.6	1.41		

沙罐坪气田与南哈大气田石炭系气藏物性相似，均为低渗透的碳酸盐岩气藏，榆林气田南区与南哈大气田泥盆系气藏储层物性相似，均为低渗透砂岩气藏，因此，用沙罐坪气田和榆林气田南区的直井递减规律类别预测南哈大气田直井递减规律是可行的。

沙罐坪气田与榆林气田南区的直井递减类型均为指数递减，据此推测南哈大气田直井递减规律遵循指数递减的规律，指数递减下产量递减公式为

$$Q_t = Q_0 e^{-D_i t} \tag{12-2-1}$$

式中，Q_t为生产t年的单井产量，$10^4m^3/d$；Q_0为单井初始产量，$10^4m^3/d$；D_i为初始递减率，在指数递减模式下为定值。

沙罐坪气田单井递减规律为月递减规律，其初始月递减率为 2.9%，在指数递减模式下，初始月递减率与初始年递减率存在一定关系：

$$D_a = 1-(1-D_m)^{12} \tag{12-2-2}$$

式中，D_a为初始年递减率；D_m为初始月递减率。

由式(12-2-2)计算得到沙罐坪气田的单井初始年递减率约为 27.9%。与沙罐坪气田储层渗透率相比，南哈大气田石炭系储层渗透率要高些(表 4-10)，当南哈大气田石炭系气藏的初始年递减率低于沙罐坪气田的递减率 27.9%。与榆林气田南区储层渗透率相比，南哈大气田泥盆系储层渗透率要低些(表 12-2-11)，当南哈大气田泥盆系气藏的初始年递减率高于榆林气田南区的初始年递减率 10.8%。结合南哈大气田各气层开发的井数比例，南哈大气田直井的初始年递减率取 22%～26%，平均初始年递减率取 24%(表 12-2-12)。

表 12-2-12　沙罐坪气田、榆林气田南区与南哈大气田直井指数递减率取值对比表

气田	储层层位	主要岩性	递减类型	初始年递减率/(%/a)	说明
沙罐坪气田	C	白云岩	指数型	27.9	
榆林气田南区	山二段	砂岩	指数型	10.8	
南哈大气田	C_1sr	灰岩	指数型	24～27	南哈灰岩储层渗透率高于沙罐坪气田，递减率小于沙罐坪气田
	C_1v	灰岩	指数型	24～27	
	D_1fm	砂岩	指数型	12～15	南哈砂岩储层渗透率低于榆林气田南区，递减率大于榆林气田南区
	初始年递减率综合取值%/a				22%/a～0.26%/a，平均 24%/a

南哈大气田直井单井初始产量为 $4.17\times10^4\ m^3/d$，按平均初始年递减率 24%，结合单井产量指数递减公式(12-2-1)，南哈大气田的直井单井产量递减公式为

$$Q_t = 4.174e^{-0.24t} \tag{12-2-3}$$

对应的直井单井产量曲线如图 12-2-5 所示。

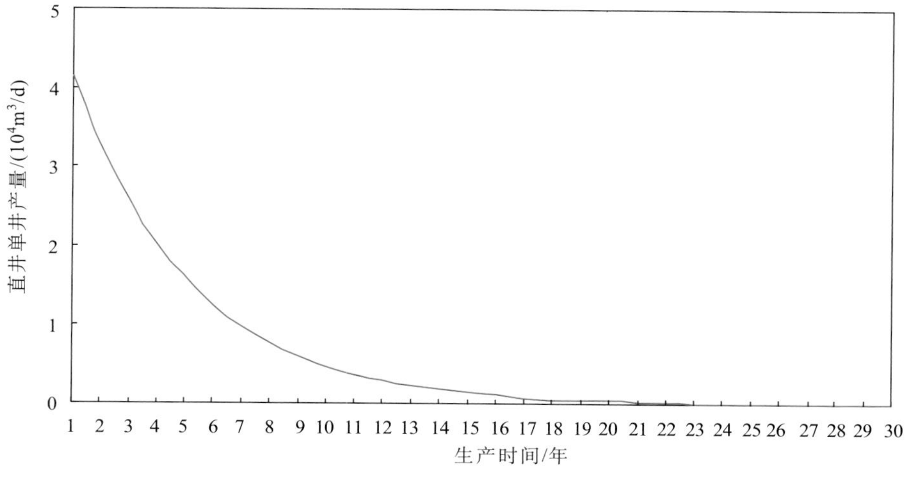

图 12-2-5　南哈大气田直井单井产量预测图(初始递减率 0.24/年)

2）水平井递减规律预测

对于水平井来说，美国页岩气水平井初始递减率(投产第一年)为 30%～80%，南哈大气田若采用水平井开采，美国页岩气水平井的递减规律仅有参考价值。结合直井递减率预测结果，考虑到水平井初产高导致递减快的特点，预测南哈大气田水平井指数递减的初始年递减率为 25%～30%，平均初始递减率为 27.5%(表 12-2-13)。

表 12-2-13　南哈大气田水平井递减率取值表

气田	直井初产/($10^4m^3/d$)	直井初始年递减率	水平井初产/($10^4m^3/d$)	水平井初始年递减率
美国页岩气				30%～80%
南哈大气田	4.54	22%～26%，平均 24%	29.52	25%～30%，平均 27.5%

南哈大气田初始水平井产量为 $27.12\times10^4m^3/d$，取初始年递减率 27.5%，结合单井产量指数递减公式(12-2-1)，南哈大气田的单井产量递减公式为

$$Q_t = 27.12e^{-0.275t} \tag{12-2-4}$$

对应的水平井单井产量曲线如图 12-2-6 所示。

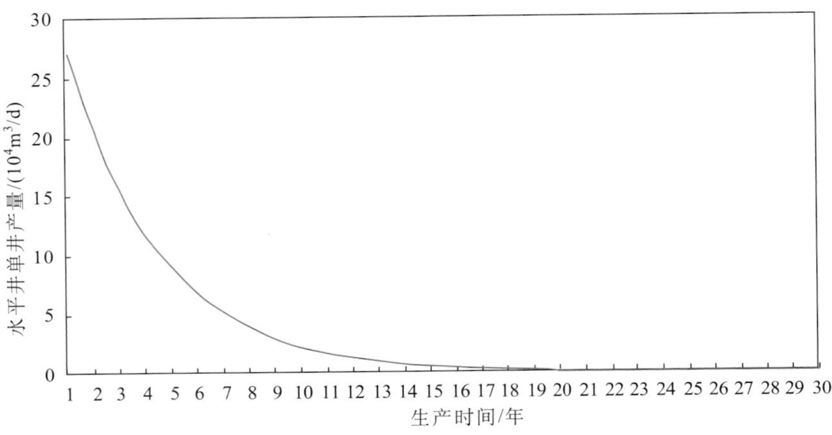

图 12-2-6　南哈大气田水平井单井产量预测图(初始递减率 0.275/a)

8. 直井开发概念设计

针对 2C 条件储量 $1502.38\times10^8m^3$，用直井开发，取初始年递减率 24%作为基础方案，开发概念设计依据的基本数据如表 12-2-14 所示。

表 12-2-14　直井开发基础方案基本数据表

开发方案设计	值	开发方案设计	值
2C 条件储量/10^4m^3	15023800	面积/km^2	728.19
平均单井初始日产/10^4m^3	4.17	初始递减率/%	24%
开发直井有效投产率/%	100		

规划自 2013 年开始评价南哈大气田，2014 年获得开发权，2015 年投产，图 12-2-7 为南哈大气田直井开发基础方案规划的年产量曲线，主要开发指标如表 12-2-15 所示。

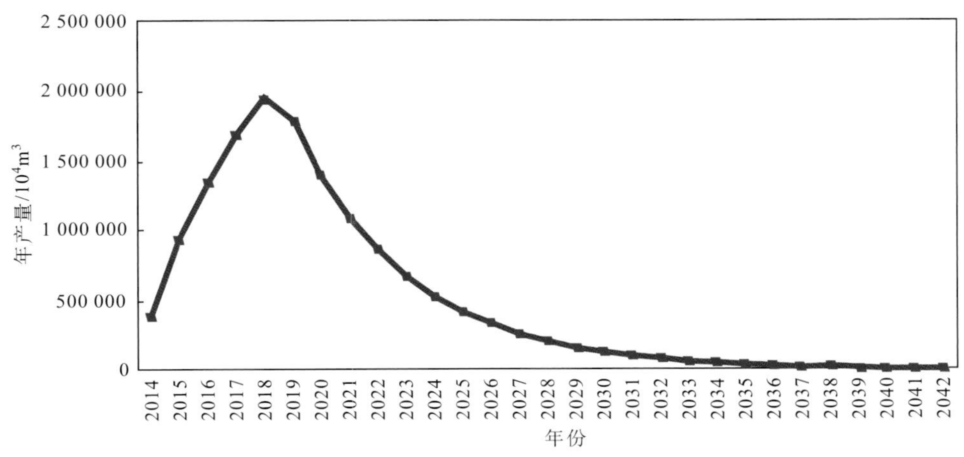

图 12-2-7 南哈大气田直井开发基础方案年度产量预测图

表 12-2-15 南哈大气田直井开发基础方案主要开发指标预测表

开发方案设计	值	开发方案设计	值
开发直井/口	2510	单井控制面积/km^2	0.29
单井控制储量/10^4m^3	5986	单井采出量/10^4m^3	5817
直井井距/m	539	累计采出量/10^4m^3	14600634
最大采气速度/%	12.96	平均采气速度/%	3.35
峰值产量/(10^4m^3/a)	1947110		

从表 12-2-15 可见，直井开发井距在 539m，符合低渗透气田井距在 200～800m 之间的规律，最大采气速度为 12.96%，平均采气速度为 3.35%，也符合低渗透气田采气速度的一般规律。

9. 水平井开发概念设计

1）水平井基础方案

针对 2C 条件储量，用水平井开发，取初始递减率 27.5%作为基础方案，开发概念设计依据的基本数据如表 12-2-16 所示。

表 12-2-16 南哈大气田水平井开发基础方案基本数据表

开发方案设计	值	开发方案设计	值
2C 条件储量/10^4m^3	15023800	面积/km^2	728.19
平均单井初始日产/10^4m^3	27.12	初始递减率/%	27.5
开发水平井有效投产率/%	100		

规划自 2013 年开始评价南哈大气田，2014 年获得开发权，2015 年投产，图 12-2-8 为南哈大气田水井开发基础方案规划的年产量预测图，主要开发指标如表 12-2-17 所

示。从表 12-2-17 可见，水平井开发井距在 1079m，最大采气速度为 14.29%，高于直井开发规划的最大采气速度，平均采气速度为 3.44%。

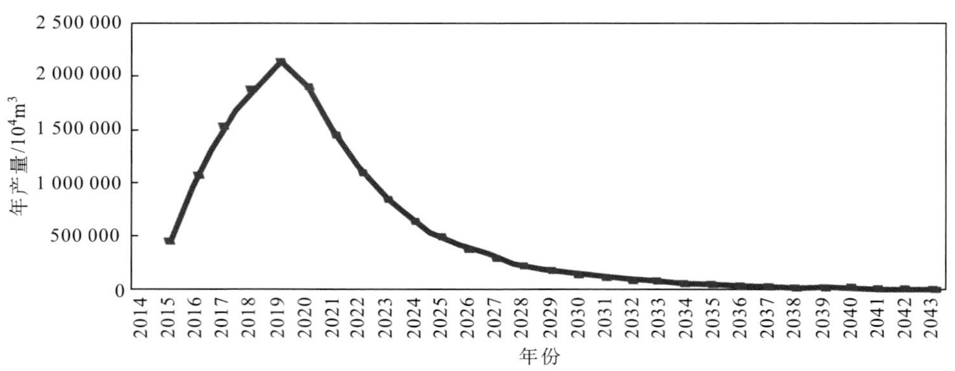

图 12-2-8　南哈大气田水平井开发基础方案年度产量预测图

表 12-2-17　南哈大气田水平井开发基础方案主要开发指标预测表

开发方案设计	值	开发方案设计	值
开发水平井/口	450	单井控制面积/km^2	1.62
单井控制储量/10^4m^3	33386	单井采出量/10^4m^3	33281
水平井水平段长度/m	1500	压裂段数/个	10～15
水平井井距/m	1079	累计采出量/10^4m^3	14976645
最大采气速度/%	14.29	平均采气速度/%	3.44
峰值产量/(10^4m^3/a)	2147415		

2）水平井开发低方案

针对 2C 条件储量，用水平井开发，取初始递减率 30%作为低方案，开发概念设计依据的基本数据如表 12-2-18 所示。

表 12-2-18　南哈大气田水平井开发低方案基本数据表

开发方案设计	值	开发方案设计	值
2C 条件储量/10^4m^3	15023800	面积/km^2	728.19
平均单井初始日产/10^4m^3	27.12	初始递减率/%	30
开发水平井有效投产率/%	100		

规划自 2013 年开始评价南哈大气田，2014 年获得开发权，2015 年投产，图 12-2-9 为南哈大气田水井开发低方案年产量预测图，主要开发指标如表 12-2-19 所示。

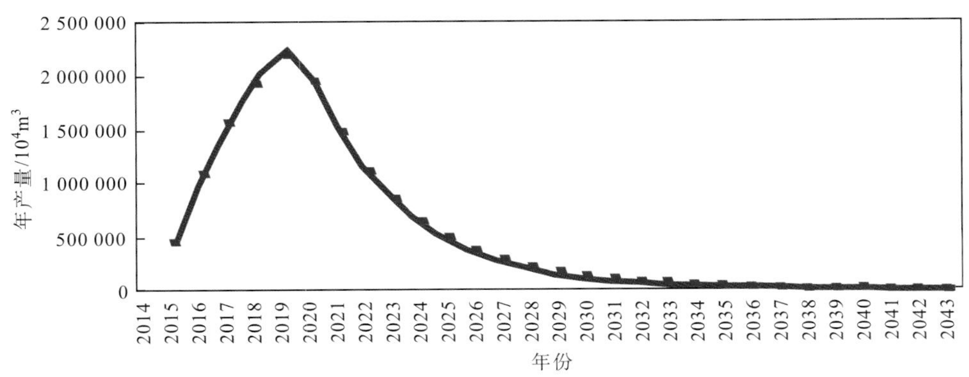

图 12-2-9 南哈大气田水平井开发低方案年产量预测图

表 12-2-19 南哈大气田水平井开发低方案主要开发指标预测表

开发方案设计	值	开发方案设计	值
开发水平井/口	490	单井控制面积/km^2	1.49
单井控制储量/10^4m^3	30661	单井采出量/10^4m^3	30577
水平井水平段长度/m	1500	压裂段数/个	10～15
水平井井距/m	991	累计采出量/10^4m^3	14982949
最大采气速度/%	14.89	平均采气速度/%	3.44
峰值产量/(10^4m^3/a)	2236888		

从表 12-2-19 可见，水平井开发井距 991m，最大采气速度为 14.89%，高于直井开发规划的最大采气速度，平均采气速度为 3.44%。

3）水平井开发高方案

针对 2C 条件储量，用水平井开发，取初始递减率 25%作为高方案，开发概念设计依据的基本数据如表 12-2-20 所示。

表 12-2-20 南哈大气田水平井开发高方案基本数据表

开发方案设计	值	开发方案设计	值
2C 条件储量/10^4m^3	15023800	面积/km^2	728.19
平均单井初始日产/10^4m^3	27.12	初始递减率/%	25
开发水平井有效投产率/%	100		

规划自 2013 年开始评价南哈大气田，2014 年获得开发权，2015 年投产，图 12-2-10 为南哈大气田水平井开发高方案规划的年产量预测图，主要开发指标如表 12-2-21 所示。

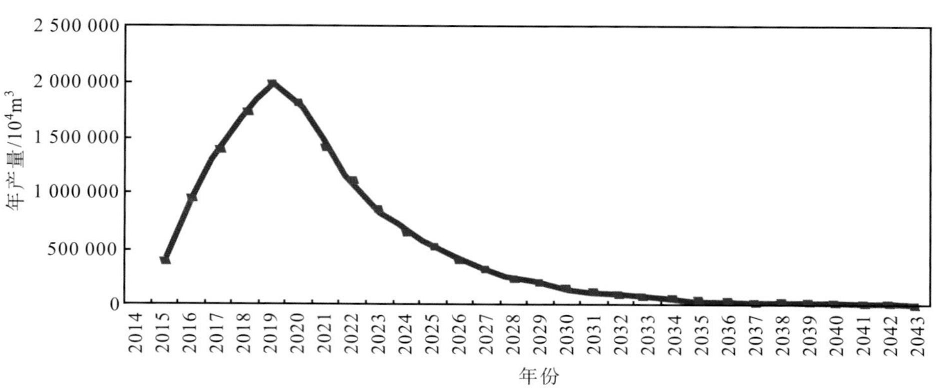

图 12-2-10　南哈大气田水平井开发高方案年产量预测图

表 12-2-21　南哈大气田水平井开发高方案主要开发指标预测表

开发方案设计	值	开发方案设计	值
开发水平井/口	400	单井控制面积/km^2	1.82
单井控制储量/10^4m^3	37560	单井采出量/10^4m^3	36525
水平井水平段长度/m	1500	压裂段数/个	15～20
水平井井距/m	1214	累计采出量/10^4m^3	14610188
最大采气速度/%	13.28	平均采气速度/%	3.35
峰值产量/(10^4m^3/a)	1994941		

从表 12-2-21 可见，水平井开发井距在 1214m 左右，最大采气速度为 13.28%，高于直井开发规划的最大采气速度，平均采气速度为 3.35%。

第三节　南哈大气田开发经济评价

经济评价的关键是在准确评估储量的基础上，结合合同模式和资源国的财税制度，在开发工程规划和支出预算的基础上建立现金流模型，其中主要经济评价参数的选取是影响现金流模型可靠性的主要因素(康永尚等，2014)。

一、合同模式

2007 年 7 月 27 日，Marsel Petroleum LLP 公司通过投标取得哈萨克斯坦能源和矿产资源部的许可，获得了该区块的底土使用权，包括勘探石油天然气的勘探权利。依此，Marsel Petroleum LLP 公司作为投资法人主体，依照哈萨克斯坦的相关法律开展一切合法的投资活动，并最终获得收益和承担相应的风险。

依据哈萨克斯坦2012年最新税法，油气开采的投资法人主体依据税法确定销售收入，抵扣发生的相关费用，依法缴纳相关的矿费税费。解读税法并结合油气项目开发特征分析，涉及Marsel探区合同模式中相关项目处理主要包括生产油气产品销售收入的确定，相关勘探开发井投资费用、地面工程配套费、处理装置费、管线建设费、操作费及商业发现定金、保险、培训费、复原基金、社会发展基金等费用支出抵扣，以及开采税、增值税、出口收益税、原油出口关税、土地税、财产税、交通工具税和企业所得税等的缴纳抵扣。税法中还对税后利润部分征收累进制的超额利润税做了相关规定。具体的合同模式如图12-3-1所示。

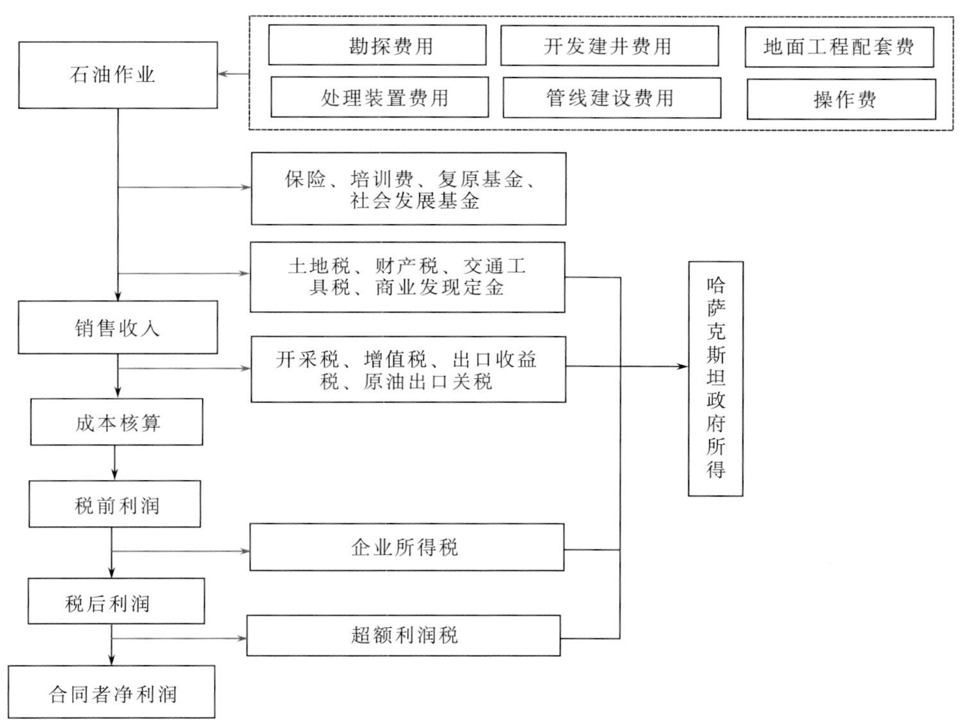

图12-3-1 Marsel探区矿税合同模式图

合同模式决定了未来项目现金流入和流出的特征。从图12-3-1看现金流向，未来Marsel探区的销售收入决定了现金的流入，各种由勘探生产活动直接、间接产生的费用支出及缴纳给哈萨克斯坦政府的税赋决定了现金的流出。合同模式决定了各种费用支出和缴纳各种税赋抵扣的处理方法。

二、财税参数和附加费用分析

财税参数和附加费用涉及Marsel探区在开发生产活动中要缴纳或支出的各种税费和附加费用。其中，各种税费是由哈萨克斯坦税法规定、投资主体必须缴纳的费用，税

表 12-3-1　Marsel 探区财税参数表

序号	税种	税基	征收条件	能否所得税前抵扣	资料来源	备注
Ⅰ-基础税						
1	土地使用税	据土地征用面积(1850000～27600hm^2)	7 坚戈(148.99 坚戈=1 美元)/hm^2	是	http://kz.mofcom.gov.cn/article/jmxw/201206/20120608195989.shtml	
2	财产税	据不动产的资产账面价值	0.50%	是	2012 年哈萨克斯坦税法条款(218 页)	除交通工具以外的基本生产性和非生产性资产
3	交通工具税				2012 年哈萨克斯坦税法条款(205 页)	
Ⅱ-矿税和流转税						
4	开采税(矿区使用税)	据产量梯度	税率梯度	是	2012 年哈萨克斯坦税法条款(193 页)	见液态烃开采税率表
5	增值税	据销售收入	出口免征		2012 年哈萨克斯坦税法条款(154 页)	
6	出口税	据原油产量(天然气免征)		是	哈萨克斯坦石油法条款(更新至 2011 年)	见出口收益税率表
7	出口收益税	据国际油价(乌拉尔油价与布伦特油价算术平均值)及油价梯度	税率梯度	是	2012 年哈萨克斯坦税法条款(180 页)	
Ⅲ-所得税和超额利润税						
8	所得税	据销售收入－生产流通环节税费－缴纳哈萨克斯坦各种费用	20%	否	2012 年哈萨克斯坦税法条款(87 页)	
9	超额利润率	税后净利润/所得税抵扣额之比(R-Factor)	将超额利润税税率由原来的 4%～30%提高到 10%～60%	否	2012 年哈萨克斯坦税法条款(201 页)	见超额利润税率表

续表

序号	税种	税基	征收条件	能否所得税前抵扣	资料来源	备注
Ⅳ-间接费						
10	培训费	勘探开发成本	1.10%	是	2012年哈萨克斯坦税法条款(70页)	
11	保险费	勘探开发成本	1%	是	2012年哈萨克斯坦税法条款	
12	复原基金	勘探开发成本	1%	是	2012年哈萨克斯坦税法条款(69页)	
13	社会发展基金	勘探开发成本	3.10%	是	中科华康提供	
14	签字定金	C是指国家储委认定的A、B、C1标准下天然气储量对应的价值。C_p是指国家储委认定的C2、C3储量对应的价值	$C*0.04\%+C_p*0.01\%$	是	2012年哈萨克斯坦税法条款(185页)	卖方已经缴纳，可计入成本用于所得税前抵扣
15	发现定金	据可采储量	0.10%	是	2013年哈萨克斯坦税法条款(187页)	

注：1坚戈=0.06元人民币。

费可分为两类，一类是和销售收入无直接关联的税费，包括土地使用税、财产税和交通工具税，我们称为基础税；另一类是和销售收入有直接关联的税费，包括开采税、增值税、出口税、出口收益税、所得税和超额利润税，统称为矿税和流转税。在正常的税收之外，还需要支付一些附加费用，如培训费、保险费、社会发展基金、签字定金和储量定金，这些费用称为间接费，为了方便经济评价，在此把所有的税费通过税种、税基、征收条件、能否所得税前抵扣等 4 个维度进行具体税费参数的描述(表 12-3-1)。

1. 财税参数分析

根据哈萨克斯坦税法，Marsel 探区需要缴纳的各种税费包括可以在所得税前抵减的必须缴纳给哈萨克斯坦政府的各种税费，以及在所得税后缴纳，抵减所得税后利润的超额利润税。

在所得税前抵减的各种税费，依据和未来油气产量、价格相关与否进一步细化为基础税、矿税及流转税。基础税包括土地税、财产税及交通工具税，无论未来有没有油气资源发现，这些税费都需要缴纳；矿税和流转税是在未来有油气发现、生产和销售时才缴纳的税赋，包括开采税、出口税、出口收益税。

以抵扣后的应税收入作为税基需缴纳的税费有公司所得税，在税后净利润的基础上，税法规定对超出部分的利润征收超额利润税(表 12-3-1)。

1）基础税

土地税的税基是按照所占用的土地面积的大小计征。Marsel 探区的征用面积为 1822400hm^2，按照每年 7 坚戈/hm^2 征收税费，每年缴纳的土地税折合人民币共计 770000 元(1 坚戈=0.06 元人民币)。财产税的税基是按照固定资产投资的累计额作为计征的依据，征收税率为 1.5%。交通工具税是按照油气投资主体使用的车辆的排气量的大小分级征收，征收税率分为 7 个等级标准，由于该税费相对数量较小，在做经济评价时可忽略不计。

2）矿税和流转税

矿产开采税是按照区块实际油气的产量作为税基，具体分为天然气和液态烃，依据不同的标准征收，天然气的征收税率为 10%，液态烃执行产量梯度的纳税细则，即根据产量的大小征收累计递进税(表 12-3-2)。

表 12-3-2　液态烃开采税率表(据 2012 年哈萨克斯坦税法)

序号	年产量 Q 梯度/10^3t	税率梯度/%
1	$Q\leqslant 250$	5
2	$250<Q\leqslant 500$	7
3	$500<Q\leqslant 1000$	8
4	$1000<Q\leqslant 2000$	9
5	$2000<Q\leqslant 3000$	10
6	$3000<Q\leqslant 4000$	11

续表

序号	年产量 Q 梯度/10^3t	税率梯度/%
7	$4000<Q\leqslant5000$	12
8	$5000<Q\leqslant7000$	13
9	$7000<Q\leqslant10000$	15
10	$Q>10000$	18

哈萨克斯坦税法中涉及和销售收入相关的流转税种有营业税、消费税、增值税、出口税和出口收益税。

由于 Marsel 探区的油气全部出口，按照哈萨克斯坦税法规定，消费税、营业税和增值税免征(增值税涉及进项税的已缴纳税费，将在企业缴纳所得税后进行出口退税，并计入企业的税后利润)，在此不予考虑。

出口税是按照每吨重质油 95.69 美元、原油 40 美元、轻质油 143.54 美元的标准征收；出口收益税是依据国际油价的时价(乌拉尔油价与布伦特油价算术平均值)及油价梯度征收，即根据国际油价的时价变动征收累计递进税(表 12-3-3)。

表 12-3-3 出口收益税率表(据 2012 年哈萨克斯坦税法)

序号	油价 P 梯度/(美元/桶)	税率梯度/%
1	$30<P\leqslant40$	0
2	$40<P\leqslant50$	7
3	$50<P\leqslant60$	11
4	$60<P\leqslant70$	14
5	$70<P\leqslant80$	16
6	$80<P\leqslant90$	17
7	$90<P\leqslant100$	19
8	$100<P\leqslant110$	21
9	$110<P\leqslant120$	22
10	$120<P\leqslant130$	23
11	$130<P\leqslant140$	25
12	$140<P\leqslant150$	26
13	$150<P\leqslant160$	27
14	$160<P\leqslant170$	29
15	$170<P\leqslant180$	30
16	$180<P\leqslant190$	32
17	$190<P\leqslant200$	32
18	$P>200$	32

3）所得税和超额利润税

哈萨克斯坦税法规定，在哈萨克斯坦投资的法人主体应该缴纳企业所得税，所得税的税基是企业销售收入减去和销售收入直接或间接相关的税费后的余额，税率为20%。这里的关键是计算所得税的税基，所得税税基的核心问题是进入抵扣项的各种税费的确定。由于Marsel探区经济评价涉及的直接和间接费用多，税种复杂，在此通过所得税抵扣额核算公式来更加直观地体现各种费种明细和抵扣勾稽关系，即所得税抵扣额＝勘探费抵扣＋操作费＋固定资产折旧＋开发期无形资本化费用折耗＋当期无形化投资费用＋进入抵扣的间接费用＋进入抵扣的各项税费支出。

勘探费抵扣是指勘探阶段发生的总费用在进入开发阶段后可以分阶段抵扣；年度总投资费用被分解为固定资产投资和无形化费用两个部分，固定资产投资通过折旧进入当期成本，无形化费用直接进入当期成本；开发期的无形资本费用是指进入开发期之前的直接和间接费用通过折耗的形式在进入开发期后分期折耗；操作费、间接费用支出和各项税费支出可直接进入当期成本进行所得税前抵扣。

在Marsel探区油气项目开发生产中，勘探费抵扣、固定资产投资的分解及资本化和费用化的处理、折旧和折耗的处理等具体的方法如下：勘探阶段的费用在进入开发阶段后4年抵扣完毕，开发阶段的固定资产投资包括勘探开发井的建设支出、地面工程配套费、处理装置费、管线建设费参照Marsel探区财税参数表(表12-3-1)中的规定比例标准来进行资本化和费用化的处理。固定资产折旧和无形化资本费用化折扣的处理年限都为10年。这样，所有费用都可以通过费用的当期化处理进入所得税前的抵扣。

超额利润税是哈萨克斯坦针对企业所得税后利润的超额部分征收的税费，纳税税率参照 *R*-Factor 比值的大小实行累进阶梯征收。*R*-Factor 是税后利润/所得税税前可抵扣额的比值，此比值反映了哈萨克斯坦政府对投资主体企业投入产出比及其超额利润的关注(表12-3-4)。

表12-3-4　超额利润税率表(据2012年哈萨克斯坦税法)

序号	*R*-Factor(税后利润/所得税税前可抵扣额)	税率(占净利润的百分比)/%
1	$R \leqslant 1.25$	0
2	$1.25 < R \leqslant 1.3$	10
3	$1.3 < R \leqslant 1.4$	20
4	$1.4 < R \leqslant 1.5$	30
5	$1.5 < R \leqslant 1.6$	40
6	$1.6 < R \leqslant 1.7$	50
7	$R \geqslant 1.7$	60

以上通过计算企业所得税和核算超额利润税，最终得出企业的净利润。至此，企业有了衡量盈亏的参考数据，同时为企业预测未来的现金流提供了基础数据。

2. 附加费用分析

如表 12-3-1 所示，间接费用包括培训费、保险费、复原基金、社会发展基金、签字定金和发现定金。通过对哈萨克斯坦税法的解读，以下对这几种费用在如上所述的四个维度方面做详细说明。

签字定金确定的基础是哈萨克斯坦储量管理委员会认定的油气储量对应的价值，其计算公式是：$C\times 0.04\%+C_p\times 0.01\%$($C$ 为国家储委认定的 A、B、C1 标准下天然气储量对应的价值；C_p 为国家储委认定的 C2、C3 储量对应的价值)，该定金是在双方签订合同时就约定强制缴纳的费用，在此项目中，该区块的原始签约方 Condor 公司已经缴纳。此费用可计入成本用于所得税前抵扣。

发现定金确定的依据是哈萨克斯坦储量管理委员会认定的可采油气储量对应的价值，缴纳的比率为 0.1%。此费用也可计入成本用于所得税前抵扣。该费用要在油气发现后经过哈萨克斯坦储量委员会确认产量后缴纳。

哈萨克斯坦税法规定，对哈萨克斯坦的法人主体征收培训费、保险费、复原基金和社会发展基金，分别按照开发生产直接费用的 1.1%、1%、1%和 3.1%征收。这些费用可以在企业所得税前抵减。

培训费是对哈萨克斯坦油气区块投资主体征收的用于培训哈萨克斯坦当地公民，且用于提高其工作服务技能和素质的费用支出。

复原基金是对哈萨克斯坦油气区块勘探开发的投资主体征收的费用。主要用于投资合同到期后投资区块土地及周边环境恢复。

社会发展基金是针对法人主体征收的用于哈萨克斯坦社会发展的费用。

三、经济评价参数分析

经济评价参数的选取是影响现金流模型准确性的主要因素。从 Marsel 探区的经济实际出发，把影响经济评价的关键参数的取值因素分为几个方面：建井费用、固定资产化率、操作费、油气价格、油气单位换算和汇率及区块转让前勘探费用等共 28 项(表 12-3-5)。

表 12-3-5　南哈大气田经济评价参数取值表

序号	参数分类	参数取值项	参数值
1	建井费用	开发直井/水平井有效投产率/%	100
2		评价/开发井建井费用/10^4元	2300
3		水平开发试验井/水平开发井建井费用/10^4元	12300
4		建井费用年递增率/%	2
5	地面建设和外输管线建设费用	地面配套工程建设费用	水平井建井费用的 20%
6		天然气处理装置费用/(元/单方日处理能力)	35
7		外输管线建设费用/(元/km)	942×10^4

续表

序号	参数分类	参数取值项	参数值
8	固定资产化率	开发井建井费用固定资产化率/%	30
9		地面工程配套费固定资产化率/%	70
10		处理装置费固定资产化率/%	70
11		管线建设费固定资产化率/%	70
12	操作费	初始生产操作费/(元/m³)	0.08
13		初始天然气处理操作费/(元/m³)	0.03
14		初始天然气外输操作费/(元/m³)	0.02
15		操作费年递增率/%	2
16	油气价格	天然气商品化率/%	90
17		天然气甲烷含量/%	84.10
18		天然气重烃含量/%	4.41
19		气价/(美元/m³)	0.22~0.3，最大可能值取 0.25
20		气价年递增率/%	0
21		2013 年油价/(美元/桶)	92.16
22		油价最高值/(美元/桶)	120
23		油价年变化率	2014～2015 年，年递减 2%，2016 年开始按年率 2% 递增到 120 美元/桶
24		NGL 价格	原油价格的 80%
25	油气单位换算和汇率	1t 折合桶数	7.5
26		美元兑人民币汇率	6.28
27		坚戈兑人民币汇率	0.06
28	区块转让前勘探费用	2012 年年底前勘探费用/10^4元	35168

1. 建井费用

在设定建井费用参数之前，首先依据历史钻井成本数据作为取值参考。

依据 Marsel 探区原来 4 口井 Kendyrlik 5-RD、Kendyrlik 5-R、Tamgalytar 5-G、Assa 1 的提供的财务数据，把该数据从钻井时间、钻井成本和井深三个纬度综合对比分析，得出历史上直井的单位钻井成本大致在 2000 美元/m，折合人民币为 12600 元/m(表 12-3-6)。

考虑到开发井钻井成本低于探井，本次评价中，取评价井和开发井的钻井成本为探井的 65%，预测开发直井的建井费用为 2300×10^4 元，开发水平井的建井费用为 12300×10^4 元(表 12-3-7)。

表 12-3-6 Marsel 探区 4 口探井(直井)钻测井费用汇总表

井名	开钻日期	完钻日期	探井成本/10^4美元			井深/m	平均井深/m
			钻测井成本	完井成本	测试成本		
Kendyrlik 5-RD	2011-6-11	2011-8-9	194.86	不详	不详	2320	2584
Kendyrlik 5-R	2008-6-25	2008-8-19	129.88	不详	不详		
Tamgalytar 5-G	2010-6-11	2010-10-8	632.48	不详	不详	2550	
Assa 1	2011-11-15	2012-5-19	677.31	不详	不详	2882	
加权单井钻测井成本			518.18×10^4美元		3254.15×10^4元		
平均单位钻测井成本			0.2×10^4美元/m		1.26×10^4元/m		

表 12-3-7 南哈大气田评价井和开发井费用预测表

井类别	单位米费用/(10^4元/m)	平均井深/m	钻测井费用/10^4元	固井费用/10^4元	压裂测试费用/10^4元	采气设备费/10^4元	总费用/10^4元
直井	0.819	2300	1883.7	200	150	100	2333.7
水平井	2.6208	3800	9959	500	1700	200	12359

注：评价井和开发单位米直井钻测费用取探井的65%，水平开发井费用取直井的3.2倍。

2. 地面建设和外输管线建设费用

地面建设费用包括地面工程配套费和处理装置费两个部分。按照惯例，地面工程配套费通常是直井开发井建井费用的20%。

天然气处理装置费按照单方日处理能力35元计，具体费用根据天然气峰值产量计算。

按照规划，拟从气田中部建设外输管线约220km到气田西南方向接入中国拟建跨国输气主管线。按照国际标准，直径为100km的管线建设费用为250×10^4美元/km，拟建直径为70cm的外输管线，费用为150×10^4美元/km，折合942×10^4元/km。

3. 固定资产化率

因哈萨克斯坦税法对固定资产有征收财产税的要求，因此，需要确定开发投资中形成固定资产的部分。在油气项目经济评价中，与开发和生产直接相关的投资总费用中，一部分投资要进行固定资本化处理，然后以折旧的方式进入当期的费用中；另一部分就直接进入当期费用计入成本支出。这些投资总费用包括：开发井建井费、地面工程配套费、处理装置费和管线建设费。按照通常油气项目的处理惯例，开发井建井费固定资产化率为30%，地面工程配套费固定资产化率为70%，处理装置费固定资产化率为70%，管线建设费固定资产化率为70%(表12-3-5)。

4. 操作费

操作费是指在油气生产活动中发生的，可以计入当期的费用。操作费按广汇斋桑项目取值 0.08 元/m^3，天然气处理操作费根据国内的经验，取 0.03 元/m^3，外输费根据国内长输费 0.35 元/m^3 · 1000km 的标准，南哈大气田按 220km 外输操作费取 0.02 元/m^3，操作费年递增率取 2%(表 12-3-5)。

5. 油气价格

油气价格是油气项目经济评价中关键指标之一，其相关参数的取值至关重要。

南哈大气田天然气价格预测参照统计数据(表 12-3-8)，从表 12-3-8 可见，天然气销售价格变化较大，有很大的不确定性。

表 12-3-8　中亚油气价格数据表

No	时间段	供气方	购气方	总量	价格	备注
1	2012～2013 年	土库曼	哈萨克	$5\times10^8m^3$	105 美元/10^3m^3	
2	2012～2013 年	乌兹别克	哈萨克	$30\times10^8m^3$	85 美元/10^3m^3	
3	2011 年以后	俄罗斯	中国	600×10^8～$800\times10^8m^3/a$	250～300 美元/10^3m^3	2006 年签了 MOU，至今未谈拢
4	2014 年	俄罗斯	欧洲	不详	300 美元/10^3m^3	
5	2014 年	中亚各国	中国	不详	250 美元/10^3m^3	
6	2014 年	哈萨克	吉尔吉斯	$4.3\times10^8m^3/a$	224 美元/10^3m^3	
7	2014 年	乌兹别克	吉尔吉斯南	$7600\times10^4m^3/a$	290 美元/10^3m^3	
8	2012 年	乌兹别克	塔吉克	$1.3\times10^8m^3/a$	300 美元/10^3m^3	
9	目前	中亚各国	中国	不详	2.46 元/m^3	新疆到岸价

注：(1)2013 年，中亚管道输气能力达到 $650\times10^8m^3/a$，目前年输气量为 $100\times10^8m^3/a$；(2)2012 年前 11 个月，哈萨克天然气出口 $191\times10^8m^3/a$，进口 $34.6\times10^8m^3/a$，开采 $365\times10^8m^3$。

世界能源格局随美国煤层气和页岩气的大规模商业开发，正在发生巨大变化，中亚地区天然气资源丰富，预计天然气供应相对充足，价格上升空间不大，在本次评价中，取 0.22～0.3 美元/m^3，最大可能值取 0.25 美元/m^3，且天然气合同价格一般以出口国的货币计价不浮动，本次评价中天然气价格递增率取 0%。

历史统计数据表明，WTI 原油期货价格和现货价格一致(图 12-3-2)，历史上，WTI 年度平均油价最高达 100 美元/桶，2012 年 WTI 平均油价 94.15 美元/桶。

2008 年出现金融危机后，WTI 油价从 100 美元/桶高位跌落到 2009 年的 62.09 美元/桶，之后，随金融危机畏惧情绪的消散，WTI 油价出现了非理性反弹，经 2010 年的 79.61 美元/桶到 2011 年达到 95.11 美元/桶。金融危机的影响依然存在，2012 年人们意识到全球经济复苏的步伐慢于市场预期，导致 WTI 油价由 2011 年的 95.11 美元/桶降到 2012 年的 94.15 美元/桶。从 2012 年 1 月到 2013 年 3 月 WTI 月度油价的走势看，也呈现不断降低的趋势(图 12-3-3)。

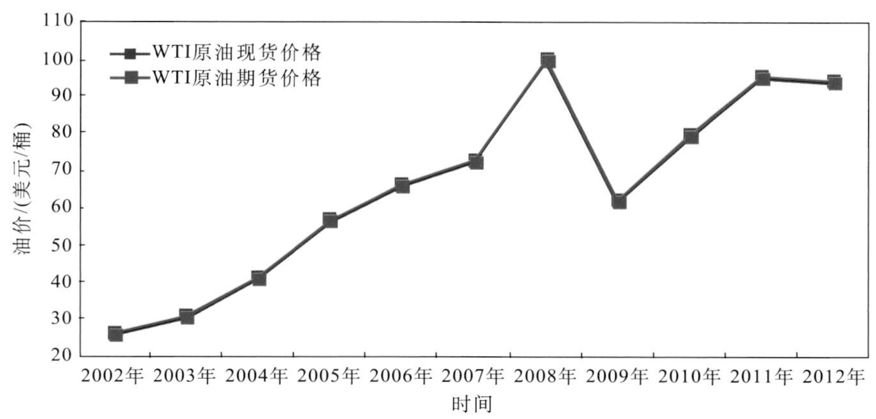

图 12-3-2 WTI 原油期货和现货年度价格历史曲线

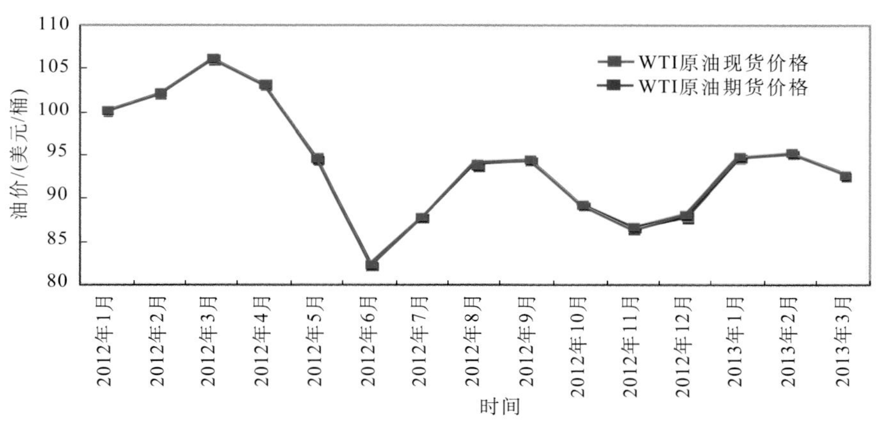

图 12-3-3 WTI 原油期货和现货月度价格历史曲线

本项目评价中，2013 年油价取 92.16 美元/桶(与 2012 年相比有 2%的减少)，2014～2015 年每年以 2%的年递减率，从 2016 年开始油价逐步回升，平均以 2%的递增率达到油价天花板 120 美元/桶(图 12-3-4)，NGL 价格与原油价格相比，取原油价格 80%(图 12-3-5)。

6. 油气单位换算和汇率

1t 原油折合 NGL 7.5 桶，1 美元=6.28 元人民币，1 坚戈=0.06 元人民币(表 12-3-5)。

7. 区块转让前勘探费用

2012 年底之前，区块转让方 Condor 公司累计投入的勘探费，可以由中科华康公司在获得油气产量后作为所得税前抵扣的金额，该金额为 5600 万美元，折合 35168 万元人民币(表 12-3-5)。

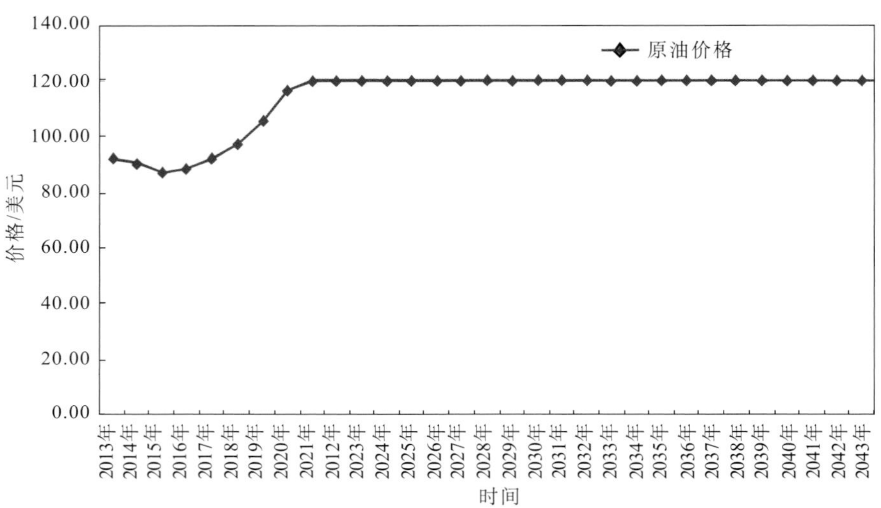

图 12-3-4　原油价格预测曲线图

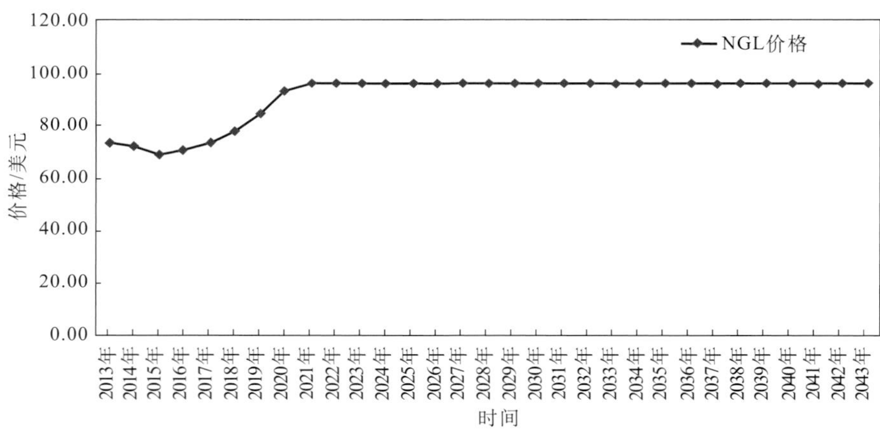

图 12-3-5　NGL 价格预测曲线图

四、南哈大气田开发经济评价

1. 直井开发基础方案经济评价

用直井开发，选择基础技术经济方案，即产量初始递减率 24%，气价 0.25 美元/m^3，开发效益指标如表 12-3-9 所示，现金流量表如表 12-3-10 所示，图 12-3-6 为直井开发基础方案现金流量图。

表 12-3-9 南哈大气田直井开发基础方案经济效益指标一览表

经济效益指标	数值	经济效益指标	数值	经济效益指标	数值
总投资/10^4元	2476695	净收益/10^4元	4443576	净收益投资比	1.79
投资回收期/年	8.7	内部收益率/%	15.84	净现值@10%/10^4	804375 元
					128085 美元

注：单位产量价值 0.0557 元/m³(0.0088 美元/m³)。

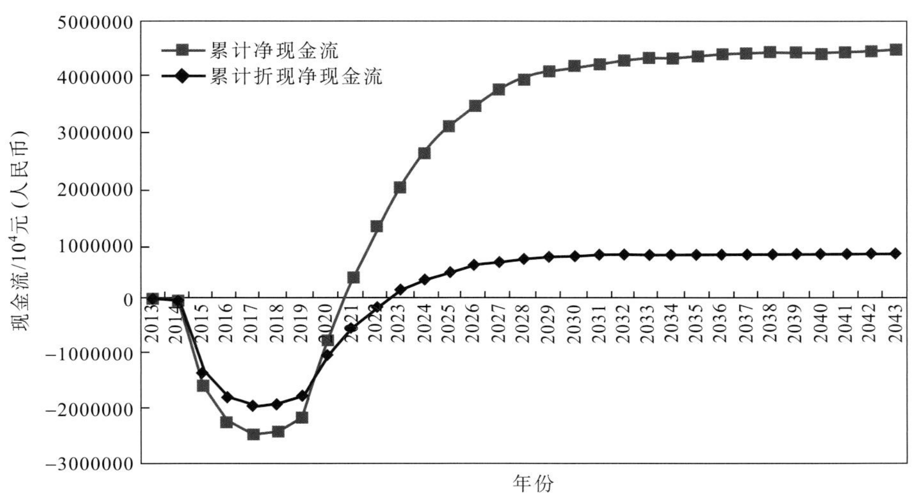

图 12-3-6 南哈大气田直井开发基础方案现金流量图

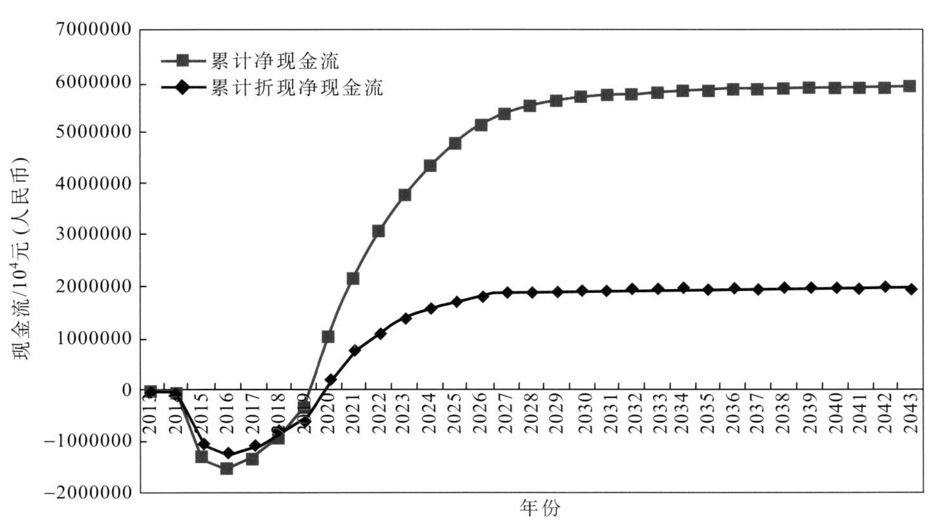

图 12-3-7 南哈大气田水平井开发基础方案现金流量图

表 12-3-10 南哈大气田直井开发基础方案现金流量表

年份	油气总销售收入/10^4 元	开发生产直接费/10^4 元	间接费/10^4 元	流转税/10^4 元	所得税/10^4 元	超额利润税/10^4 元	净现金流/10^4 元	累计净现金流/10^4 元	折现净现金流@10%/10^4 元	累计折现净现金流/10^4 元
2013	0	9200	570	76.5408	0	0	−9847	−9847	−9847	−9847
2014	0	24030	2391	76.5408	0	0	−26498	−36345	−24089	−33936
2015	495734	1895926	117547	64375.43962	0	0	−1582114	−1618459	−1307532	−1341468
2016	1202908	1584739	98254	145856.5987	0	0	−625940	−2244400	−470278	−1811747
2017	1755095	1672450	103692	211248.7956	0	0	−232295	−2476695	−158661	−1970408
2018	2191599	1750844	108552	263816.9659	0	0	68385	−2408310	42462	−1927946
2019	2537001	1821924	112959	306376.4384	45034	0	250708	−2157602	141518	−1786428
2020	2320510	249426	15464	278869.8343	311624	85764	1379362	−778240	707831	−1078597
2021	1828661	200131	12408	221711.7753	231755	14583	1148073	369832	535584	−543013
2022	1441110	160578	9956	175731.2124	169113	0	925732	1295564	392601	−150412
2023	1135731	128843	7988	138470.2382	120040	0	740390	2035954	285452	135040
2024	895093	103379	6409	108439.9361	81570	0	595295	2631249	208647	343688
2025	705466	82948	5143	83821.06511	68171	0	465384	3096633	148286	491973
2026	556031	66555	4126	64651.37788	55208	0	365491	3462124	105870	597843
2027	438265	53401	3311	49623.5292	47501	0	284429	3746552	74899	672742
2028	345454	42847	2657	38062.57716	43937	3079	214871	3961424	51438	724180

续表

年份	油气总销售收入/10^4 元	开发生产直接费/10^4 元	间接费/10^4 元	流转税/10^4 元	所得税/10^4 元	超额利润税/10^4 元	净现金流/10^4 元	累计净现金流/10^4 元	折现净现金流@10%/10^4 元	累计折现净现金流/10^4 元
2029	272307	34379	2132	29414.73615	43649	57450	105283	4066707	22913	747093
2030	214657	27585	1710	23258.84433	34324	44720	83059	4149766	16433	763526
2031	168989	22133	1372	18343.18924	26955	34757	65429	4215195	11768	775294
2032	132933	17759	1101	14445.69921	21151	26981	51496	4266690	8420	783714
2033	104569	14249	883	11379.80281	16595	20930	40532	4307223	6025	789738
2034	82258	11433	709	8968.065856	13018	16225	31905	4339127	4311	794050
2035	64707	9173	569	7070.912669	10212	12566	25116	4364243	3085	797135
2036	50900	7360	456	5578.548334	8009	9722	19774	4384017	2208	799343
2037	40040	5906	366	4404.604487	6280	7513	15570	4399587	1581	800924
2038	31497	4739	294	3481.140879	4924	5798	12262	4411849	1132	802056
2039	24776	3802	236	2754.713427	3859	4466	9659	4421508	810	802866
2040	19490	3051	189	2183.281226	3024	3433	7610	4429118	580	803447
2041	15331	2448	152	1733.773488	2369	2632	5998	4435116	416	803863
2042	12060	1964	122	1380.175623	1854	2011	4729	4439845	298	804161
2043	9487	1576	98	1102.023682	1451	1530	3731	4443576	214	804375
合计	19092662	10014776	621818	2286708	1371625	354159	4443576		804375	

表 12-3-11　南哈大气田水平井开发基础方案现金流量表

年份	油气总销售收入/10^4 元	开发生产直接费/10^4 元	间接费/10^4 元	流转税/10^4 元	所得税/10^4 元	超额利润税/10^4 元	净现金流/10^4 元	累计净现金流/10^4 元	折现净现金流@10%/10^4 元	累计折现净现金流/10^4 元
2013	0	9200	570	76.5408	0	0	−9847	−9847	−9847	−9847
2014	0	44798	3679	76.5408	0	0	−48554	−58401	−44140	−53987
2015	570556	1681990	77531	70348.63258	0	0	−1259315	−1317715	−1040756	−1094743
2016	1367407	1354942	81092	159612.2914	0	0	−228239	−1545954	−171479	−1266222
2017	1991576	1444773	85261	231290.9515	0	0	230250	−1315704	157264	−1108958
2018	2470858	1521788	88921	288226.5695	163060	0	408862	−906842	253871	−855087
2019	2840479	1588656	92179	334195.9893	220841	0	604608	−302234	341285	−513801
2020	2552143	267863	10878	302393.0447	366728	251455	1352826	1050592	694214	180413
2021	1944561	207532	8428	232450.1449	267593	111453	1117104	2167697	521137	701550
2022	1477046	160790	6530	177386.992	191606	24915	915819	3083516	388397	1089947
2023	1121933	124575	5059	134746.062	134149	0	723403	3806919	278903	1368850
2024	852196	96517	3920	101951.1082	90665	0	559144	4366063	195976	1564826
2025	647310	74778	3037	76317.74136	72209	0	420968	4787031	134133	1698960
2026	491682	57936	2353	57056.71133	54942	0	319395	5106425	92517	1791477
2027	373471	44887	1823	42431.66563	43857	0	240472	5346898	63324	1854801

续表

年份	油气总销售收入/10^4 元	开发生产直接费/10^4 元	间接费/10^4 元	流转税/10^4 元	所得税/10^4 元	超额利润税/10^4 元	净现金流/10^4 元	累计净现金流/10^4 元	折现净现金流@10%/10^4 元	累计折现净现金流/10^4 元
2028	283681	34777	1412	31477.69644	37470	7450	171094	5517991	40958	1895759
2029	215478	26944	1094	23464.87428	34654	46238	83082	5601074	18081	1913841
2030	163672	20876	848	17841.81399	26262	34711	63134	5664208	12491	1926331
2031	124322	16174	657	13570.65879	19900	26042	47979	5712187	8629	1934961
2032	94432	12531	509	10326.3815	15078	19524	36464	5748651	5962	1940923
2033	71729	9709	394	7862.098516	11423	14626	27715	5776366	4120	1945043
2034	54484	7522	305	5990.282362	8652	10945	21068	5797434	2847	1947890
2035	41385	5828	237	4568.49122	6552	8181	16018	5813452	1968	1949857
2036	31435	4515	183	3488.529364	4961	6106	12181	5825633	1360	1951218
2037	23877	3498	142	2668.213653	3755	4548	9265	5834898	941	1952158
2038	18137	2710	110	2045.119548	2841	3380	7050	5841948	651	1952809
2039	13776	2100	85	1571.830718	2149	2503	5367	5847315	450	1953259
2040	10464	1627	66	1212.330741	1624	1847	4088	5851403	312	1953571
2041	7948	1260	51	939.2623187	1226	1354	3116	5854520	216	1953787
2042	6037	977	40	731.8454406	925	986	2378	5856898	150	1953937
2043	4586	757	31	574.2960578	697	710	1817	5858715	104	1954041
合计	19866659	8832830	477424	2336895	1783819	576976	5858715		1954041	

2. 水平井开发基础方案经济评价

用水平井开发，选择基础技术经济方案，即产量递减率 27.5%，气价 0.25 美元/m^3，现金流量如表 12-3-11 所示，开发效益指标如表 12-3-12 所示，图 12-3-7 为水平井开发基础方案现金流量图。

表 12-3-12　南哈大气田水平井开发基础方案经济效益指标一览表

经济效益指标	数值	经济效益指标	数值	经济效益指标	数值
总投资/10^4元	1545954	净收益/10^4元	5858715	净收益投资比	3.79
投资回收期/年	7.2	内部收益率/%	29.54	净现值@10%/10^4	1954041 元
					311153 美元

注：单位产量价值 0.1305 元/m^3(0.0208 美元/m^3)

3. 水平井开发低方案经济评价

用水平井开发，选择低技术经济方案，即初始递减率 30%，气价 0.22 美元/m^3，开发经济效益指标如表 12-3-13 所示，现金流量如表 12-3-14 所示，图 12-3-8 为水平井开发低技术经济方案的现金流量图。

表 12-3-13　南哈大气田水平井开发低方案经济效益指标一览表

经济效益指标	数值	经济效益指标	数值	经济效益指标	数值
总投资/10^4元	1899068	净收益/10^4元	4143432	净收益投资比	2.18
投资回收期/年	7.9	内部收益率/%	19.83	净现值@10%/10^4	1058763 元
					168593 美元

注：单位产量价值 0.0707 元/m^3(0.0113 美元/m^3)。

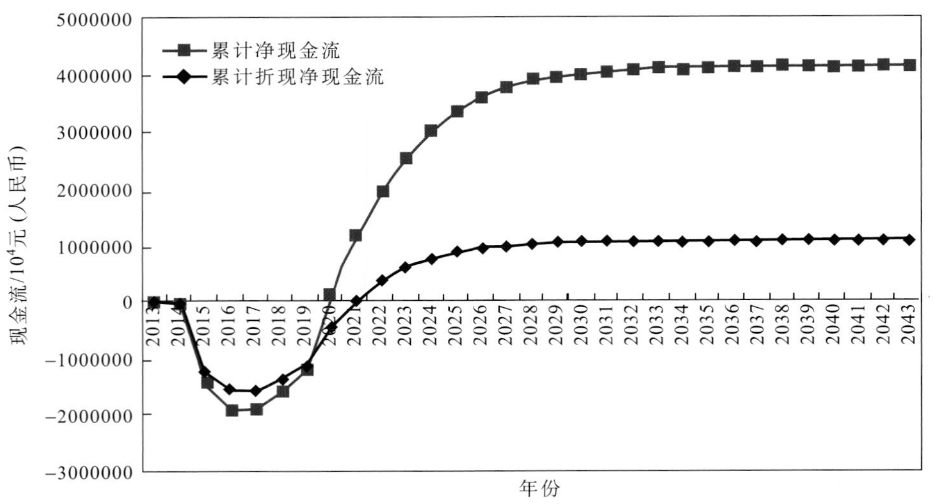

图 12-3-8　南哈大气田水平井开发低方案现金流量图

表 12-3-14 南哈大气田水平井开发低方案现金流量表

年份	油气总销售收入/10^4 元	开发生产直接费/10^4 元	间接费/10^4 元	流转税/10^4 元	所得税/10^4 元	超额利润税/10^4 元	净现金流/10^4 元	累计净现金流/10^4 元	折现净现金流@10%/10^4 元	累计折现净现金流/10^4 元
2013	0	9200	570	76.5408	0	0	−9847	−9847	−9847	−9847
2014	0	44798	3679	76.5408	0	0	−48554	−58401	−44140	−53987
2015	564336	1829489	86014	70771.33193	0	0	−1421939	−1480339	−1175156	−1229143
2016	1333344	1503315	90014	158381.7952	0	0	−418367	−1898706	−314325	−1543468
2017	1921063	1599611	94504	227309.3566	0	0	−362	−1899068	−247	−1543715
2018	2362704	1681146	98406	281237.1807	22746	0	279170	−1619898	173342	−1370372
2019	2639849	1600963	92678	317271.9746	178827	0	450109	−1169789	254075	−1116297
2020	2302749	270549	10987	279465.3189	317500	136160	1288087	118298	660992	−455305
2021	1711852	204438	8302	210335.9477	222344	29762	1036670	1154968	483614	28309
2022	1268183	154482	6273	157085.7474	151211	0	799131	1954099	338910	367219
2023	939501	116733	4740	116704.599	98802	0	602521	2556621	232298	599517
2024	696006	88208	3582	86365.99323	60139	0	457711	3014331	160425	759942
2025	515619	66654	2707	62941.38222	47070	0	336247	3350578	107139	867080
2026	381983	50366	2045	45736.07954	34565	0	249270	3599848	72205	939285
2027	282983	38059	1546	32963.96117	27717	0	182697	3782545	48110	987395
2028	209641	28759	1168	23654.34714	25064	0	130996	3913541	31359	1018754

续表

年份	油气总销售收入/10^4 元	开发生产直接费/10^4 元	间接费/10^4 元	流转税/10^4 元	所得税/10^4 元	超额利润税/10^4 元	净现金流/10^4 元	累计净现金流/10^4 元	折现净现金流@10%/10^4 元	累计折现净现金流/10^4 元
2029	155307	21731	883	17091.69938	24620	30905	60076	3973617	13074	1031828
2030	115055	16421	667	12681.79414	18190	22565	44530	4018148	8810	1040638
2031	85236	12408	504	9414.826488	13438	16461	33010	4051158	5937	1046576
2032	63145	9376	381	6994.575464	9926	11994	24473	4075631	4002	1050577
2033	46779	7085	288	5201.593215	7330	8728	18147	4093778	2697	1053275
2034	34655	5354	217	3873.3073	5412	6340	13459	4107237	1819	1055093
2035	25673	4046	164	2889.280004	3994	4595	9985	4117223	1227	1056320
2036	19020	3057	124	2160.288071	2947	3321	7411	4124633	828	1057148
2037	14090	2310	94	1620.232687	2173	2391	5503	4130136	559	1057706
2038	10438	1746	71	1220.146205	1601	1712	4089	4134225	377	1058084
2039	7733	1319	54	923.7521722	1178	1217	3041	4137267	255	1058339
2040	5729	997	40	704.1760895	866	856	2265	4139532	173	1058512
2041	4244	753	31	541.5086575	636	594	1690	4141221	117	1058629
2042	3144	569	23	421.0005717	465	402	1263	4142484	80	1058708
2043	2329	430	17	331.7251797	340	263	947	4143432	54	1058763
合计	17722391	9374373	510773	2136448	1279099	278265	4143432		1058763	

表 12-3-15　南哈大气田水平井开发高方案现金流量表

年份	油气总销售收入/10^4 元	开发生产直接费/10^4 元	间接费/10^4 元	流转税/10^4 元	所得税/10^4 元	超额利润税/10^4 元	净现金流/10^4 元	累计净现金流/10^4 元	折现净现金流@10%/10^4 元	累计折现净现金流/10^4 元
2013	0	9200	570	76.5408	0	0	−9847	−9847	−9847	−9847
2014	0	44798	3679	76.5408	0	0	−48554	−58401	−44140	−53987
2015	599980	1528477	69049	72183.27882	0	0	−1069729	−1128130	−884074	−938061
2016	1458730	1206177	72154	166485.0362	0	0	13914	−1114216	10454	−927607
2017	2148207	1289006	75981	243840.8727	115209	0	424170	−690046	289714	−637893
2018	2688956	1360959	79376	306041.7147	239099	0	703480	13434	436806	−201087
2019	3112927	1423985	82418	356781.097	299764	0	949978	963412	536238	335151
2020	2845160	253538	10296	327814.9606	426788	401972	1424750	2388163	731122	1066273
2021	2221660	201407	8179	257527.3997	323398	247069	1184081	3572243	552382	1618655
2022	1730244	159994	6497	200941.9318	242193	126895	993722	4565965	421435	2040090
2023	1347525	127096	5161	156197.3709	179175	40531	839364	5405329	323611	2363702
2024	1049462	100963	4100	121007.3488	130236	2627	690528	6095857	242026	2605727
2025	817328	80203	3257	93056.1211	105619	12497	522694	6618551	166546	2772274
2026	636540	63712	2587	71559.87326	82868	11671	404142	7022693	117066	2889339
2027	495742	50612	2055	54863.57994	66818	19672	301721	7324414	79453	2968792
2028	386087	40205	1633	42028.7507	55989	41501	204731	7529145	49011	3017803

续表

年份	油气总销售收入/10^4 元	开发生产直接费/10^4 元	间接费/10^4 元	流转税/10^4 元	所得税/10^4 元	超额利润税/10^4 元	净现金流/10^4 元	累计净现金流/10^4 元	折现净现金流@10%/10^4 元	累计折现净现金流/10^4 元
2029	300687	31938	1297	32326.94751	49229	70423	115473	7644617	25130	3042933
2030	234177	25371	1030	25193.37182	38267	54354	89961	7734578	17798	3060731
2031	182379	20154	818	19637.69568	29744	41936	70088	7804666	12606	3073337
2032	142038	16010	650	15310.89819	23118	32341	54607	7859273	8929	3082266
2033	110620	12718	516	11941.15956	17966	24930	42548	7901820	6324	3088590
2034	86152	10103	410	9316.78472	13961	19206	33154	7934975	4480	3093070
2035	67095	8026	326	7272.904159	10848	14786	25837	7960811	3174	3096244
2036	52254	6376	259	5681.116399	8428	11375	20136	7980947	2249	3098493
2037	40696	5065	206	4441.421514	6546	8742	15696	7996643	1594	3100087
2038	31694	4023	163	3475.938902	5084	6711	12237	8008879	1129	3101216
2039	24684	3196	130	2724.014628	3947	5145	9542	8018421	801	3102017
2040	19224	2539	103	2138.411008	3064	3937	7443	8025864	568	3102584
2041	14972	2017	82	1682.339017	2377	3006	5807	8031671	403	3102987
2042	11660	1602	65	1327.147121	1844	2288	4534	8036205	286	3103273
2043	9081	1273	52	1050.521312	1429	1736	3541	8039746	203	3103476
合计	22865959	8090746	433102	2614003	2483009	1205353	8039746		3103476	

4. 水平井开发高方案经济评价

用水平井开发，选择高技术经济方案，即初始递减率25%，气价0.3美元/m^3，现金流量如表12-3-15所示，开发效益指标如表12-3-16所示，图12-3-9为水平井开发高方案现金流量图。

表 12-3-16 南哈大气田水平井开发高方案经济效益指标一览表

经济效益指标	数值	经济效益指标	数值	经济效益指标	数值
总投资/10^4元	1128130	净收益/10^4元	8039746	净收益投资比	7.13
投资回收期/年	6	内部收益率/%	45.35	净现值@10%/10^4	3103476元
					494184美元

注：单位产量价值0.2124元/m^3(0.0338美元/m^3)。

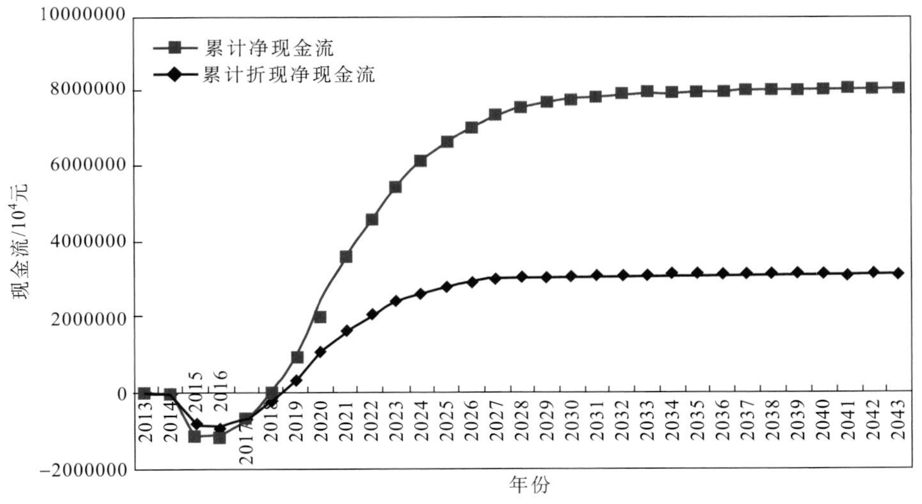

图 12-3-9 南哈大气田水平井开发高方案现金流量图

5. 评价结果

不同方案经济评价结果对比如表12-3-17所示。

从表12-3-17中水平井开发基础方案与直井开发基础方案的对比可见，采用水平井开发(水平段长度1500m)，经济效果明显优于直井，内部收益率从15.84%提高到29.54%，回收期从8.7年降为7.2年，净现值@10%以人民币计从804375×10^4元增加到1954041×10^4元，净现值@10%以美元计从128085×10^4美元增加到311153×10^4美元，因此，推荐水平井开发方案。

表 12-3-17 不同方案经济评价结果对比表

开发井型	方案	主要参数	内部收益率/%	回收期/年	净收益投资比	净现值@10%/10^4元	净现值@10%/10^4美元
直井	基础方案	平均单井初产 $4.17\times10^4m^3$，初始递减24%，气价 0.25 元/m^3	15.84	8.7	1.7	804375	128085
水平井（水平段长度1500m）	低方案	平均单井初产 $27.12\times10^4m^3$，初始递减 30%，气价 0.2 元/m^3	19.83	7.9	2.18	1058763	168593
	基础方案	平均单井初产 $27.12\times10^4m^3$，初始递减 27.5%，气价 0.25 元/m^3	29.54	7.2	3.79	1954041	311153
	高方案	平均单井初产 $27.12\times10^4m^3$，初始递减25%，气价 0.3 元/m^3	45.35	6	7.13	3103476	494184

在水平井开发方案中，初始年递减率存在较大的不确定性，天然气价格存在很大的不确定性，考虑低方案、基础方案和高方案三种不同情况，内部收益率在 19.83%～45.35%，回收期在 7.9～6 年变化，净收益投资比在 2.18～7.13 变化，净现值@10%以人民币计在 1058763×10^4～3103476×10^4 元变化，净现值@10%以美元计在 168593×10^4～494184×10^4 美元变化。

综合评价认为，水平井开发方案优于直井开发方案，建议采用水平井开发方案对南哈大气田进行开发，净现值@10%以人民币计在 1058763×10^4～3103476×10^4 元变化，净现值@10%以美元计从 168593×10^4～494184×10^4 美元变化。其中，水平井基础技术经济方案的净现值@10%以人民币计为 1954041×10^4 元，净现值@10%以美元计为 311153×10^4 美元。

同时，由于储量估算结果中尚有较大的不确定性，南哈大气田至今尚无开发先导试验，单井产量预测和递减预测存在较大的不确定性，天然气销售市场尚未落实，天然气协议价格是一个很大的变数，随着勘探开发工作的进展和对气田储量规模及开发特征的不断认识及天然气销售市场和协议价格的确定，南哈大气田的实际价值可能会低于、也可能会高于本次评价的结果。

参 考 文 献

国家能源局. 2010. 天然气可采储量计算方法(SY/T6098—2010).

康永尚. 郭黔杰，等. 2014. 海外油气项目价值评估原理与方法. 北京：石油工业出版社.

张伦友，黄嘉鑫，张彩 . 2008. 川渝低渗透气藏储量计算参数确定及评价方法(下). 天然气勘探与开发，31(4)：72-76.

中国石油天然气总公司. 1997. 天然气田开发概念设计编制技术要求(SYT-6310-1997).

SPE，WPC，AAPC，et al. 2007. Petroleum Resources Management System(PRMS).

第十三章 南哈叠复连续大气田深化勘探部署与建议

第一节 南哈大气田的存在和发现已得到国际权威机构的认定

经过四轮研究，我们对 Marsel 探区的地质认识和叠复连续气藏的分布已经基本清楚。

首先，通过对油气地质条件特征的剖析和演化历史恢复模拟，证明 Marsel 探区有利于特大天然气藏的形成。①石炭系和泥盆系两套源岩层系在中生界沉积前发生过强烈的热演化生烃作用，它们生成的烃量运移形成数十万亿立方米的天然气藏，目前见到的 TOC 值普遍不高(<2.0%)主要是高的热演化程度和高的排烃效率所致；②两套源岩层系内广泛分布的礁滩相碳酸盐岩储层(相当部分白云岩化)和碎屑岩砂岩储层与源岩层段紧密接触，为天然气大量生成和排出后提供了富集成藏的空间；③三套区域性发育的膏岩层与两套源岩层系及其紧密相邻的储层构成了完美的生储盖组合，泥盆系顶部的膏盐层保护着下部泥盆系的源-储成藏体系，石炭系顶部的膏盐层保护着上部石炭系内的源-储成藏体系，泥盆子和碳子之上的二叠系膏岩层对下部两源-储成藏体系起到了第二重保护作用；④研究区长期稳定的构造环境对南哈大气田的形成和保存起到了最后的屏挡作用。二叠系后研究区有大的构造变动，但它们造成的破坏主要限于隆起区，大气田富气区主要分布在研究区北部和以西的约 3000km^2 以上的广大区域。

其次，基于叠复连续气藏的成因模式预测了常规气藏、致密常规气藏、致密深盆气藏、致密复合气藏的有利分布发育区，明确了叠复连续气藏的分布范围和面积及其富气区带与目标。

然后，对地震资料进行了特殊处理、对钻探结果进行了查证分析、对老井测井资料进行了重新解释、对测试结果展开了深入分析，在此基础上验证了南哈叠复连续大气田的存在，并阐明了它们的含气范围、主要目的层段与厚度分布、含气饱和度与变化特征。

最后，基于国际资源储量评价体系和蒙特卡洛模拟方法，对大气田储量进行计算。基于当前探井控藏面积获得的最佳估值为 1447×10^8 m^3，基于叠复连续气藏模式和探井联合控藏面积获得的最佳估值为 18049×10^8 m^3。

基于成藏条件的分析和已发现天然气藏、天然气显示及探井分布等勘探特征，可以证实南哈大气田的存在，并且这种存在已经得到了英国 GCA(Gaffney, Cline & Associates Ltd)国际顾问公司的认证。

GCA 是一家总部位于英国伦敦的世界著名油气咨询公司。它在美国北部和南部、英国、俄罗斯、哈萨克斯坦、新加坡和澳大利亚等地均设有办事处，成立时间超过50年，在石油天然气公司、政府、国家石油公司及主要的金融和法律机构信誉卓著。GCA专注于向石油和天然气工业的所有部门提供综合技术、管理服务和独立意见，业务范围涵盖石油、天然气领域的上游、中游和下游各个环节。其团队成员都有国际和国内的石油公司及专业的咨询公司职业经历，参与过众多世界各地的项目，经验丰富，可以为有需要的客户提供坚实的、高质量的、公正的技术支持和敏锐的商业建议。

2014年6月，GCA公司对Marsel探区南哈气田进行了评估，评估结果为：Marsel气藏属于致密气，因此并不需要构造圈闭来形成气藏。

执行摘要中写到：在对中科公司提供的数据进行评价之后，GCA认为Marsel区块的气藏属于致密气，因此储量计算并不会被构造圈闭所限制。考虑到中科公司所做的钻井计划——即以同一模式在区域内总计打2km水平段的水平井，GCA认为中科公司对气层的看法与GCA一致。区域(特许经营权区域)内的气层为石炭系和泥盆系。

基于此次评估所获得的技术及商业信息，GCA做出了一份截至2014年3月31日的评估报告。GCA的评估显示，通过已计划好的开发方案(在未来执行)，能够在当前获得许可证的区域内发现相当大的技术可采性，且能获取现金流的储量。基于开发计划的当前状态，所有潜在资源都已经被分类为C级资源量(表13-1-1)。因为随着打更多的井、测试和有可能的先导性生产实验项目，该区域将会进一步成熟，那么很可能在未来将C级资源量转变为储量。

表13-1-1　GCA评估Marsel探区未经风险评估的C级资源量(2014年03月31日)　　(单位：Bcf)

1C资源量	2C资源量	3C资源量
2119	5095	18221

注：(1)C级资源量是指在未来某个日期，从已知的油气聚集中可以采出的，但是因为一项或多项不确定因素致使该项目(C级资源量)无法达到商业开发程度的石油储量估计值，其不确定性因素包括当前没有明确的市场或计算出的油气聚集无法估测其商业开发意义。(2)没有考虑液态烃的C级资源量在区块中被开采出来。

GCA基于三种开发情况(最低、最佳和最高)对C级资源量进行了经济评价。最佳情况为中科公司在29年内完钻2542口水平井，该情况下的高峰产率是每天2Bcf，总天然气开采量为18.2Tcf；最佳情况是从2015年1月开始在17年内(25年生产许可期)钻井1128口(同时期80%的井数)，该情况下产率峰值约为每天950MMscf，总计开采天然气量5.1Tcf；最低情况为从2015年1月开始的17年内完成钻井847口(占同时期井数的60%)，该情况下主量峰率是每天约400MMscf，总计开采天然气2.1Tcf(在ELT之前)。经济评价结果如表13-1-2所示。

表13-1-2　GCA评估归属于中科公司100%工作权益的无风险净现值(2014年03月31日)

名义折扣率/%	1C/10^6美元	2C/10^6美元	3C/10^6美元
10	522	5006	17412

第二节 南哈大气田目前得到证明但尚处于被探明阶段

1. 含气范围广、探井数量少

Marsel 探区勘探面积 $1.85\times10^4 km^2$，区域勘探始于 20 世纪 50 年代，当时该区块为苏联所有。苏联勘探时期，区块内共钻探 30 口井，但是由于这批探井主要是裸眼测试或者套管完井测试后就封井，导致测试效果不好。并且由于钻探时间较早，大部分井已经废弃。

2008 年 Condor 公司接手后，在该区一共钻探了 4 口井。其中两口井获得了工业气流，分别为 Tamgalrtar 5 井和 Assa 1 井，另外两口井未获得工业气流，分别为 Kendlirk 1 井和 Bug 1 井。目前能够收集到区块内的探井共 51 口(包括苏联时期发现的 3 个气藏内的井)，其中属于 Marsel 探区的探井共 27 口。相对勘探成熟地区而言，这些探井对于安全揭示和探明南哈大气田的地质情况是远远不够的。从目前的天然气显示和地震属性反演预测来看，Marsel 探区普遍含气，没有发现明显的气水边界(表 13-2-1)，叠复连续油气藏理论预测及地震资料重新处理、老井重新复查等方面工作证实了大气田的存在，但由于探井数量太少，使得对该区目前大气田的认识只能停留在被发现阶段。

表 13-2-1 Marsel 探区天然气探井显示情况表

层位	产气井	油气显示井	复查
$C_{2\sim3}$、C_2ts	South 15、North 1、West Oppak 3-G	Tamgalytar 1-G、South 16、South 17、Assa 1、Naiman 1-P	Centralnaya 1-P(气)、Tamgalytar 2-G(气，泥浆比重 1.2)
C_1sr	Tamgalytar 1-G、Tamgalytar 5-G、South 16、South 17、North 1、Pridorozhnaya 6、Pridorozhnaya 12、Ortalyk 1、Ortalyk 3、Tereskavaya 1-P、West Oppak 2	Kendyrlik 5-RD、West Bulak 1-P、South 15、North 2、Pridor 10、Pridorozhnaya 14、Zolotken 1、Katykamys 1	Tamgalytar 2-G(气)、Tamgalytar 3-G(气，泥浆比重为 1.28)、Tamgalytar 7-G(气，钻井泥浆比重为 1.28)、West Oppak 1(气，估计含有一定可动水)、West Oppak 3(气)、Naiman 1-P(水)、Oppak 1-G(没有曲线)
C_1v_3	Kendyrlik 2-G、South 15、North 1-G、Oppak 1-G、Ortalyk 1-G、Ortalyk 3-G	Tamgalytar 1-G、Kendyrlik 5-RD、Assa 1	Tamgalytar 2-G(气层)、Tamgalytar 4-G(气，泥浆比重 1.3)、Kendyrlik 3-G(气，泥浆比重 1.24)、Bulak 2-G(膏岩很发育，膏岩与灰岩互层，应该是气水，可动不较高)、Katynkamys 1-P(气，泥浆比重 1.24)、Kendyrlik 4-G(钻遇断层，废弃)
C_1v_2	South 15-G、Ortalyk 3-G	Oppak 1-G、Terekhovskaya 1-P	Tamgalytar 1-G(气)、Tamgalytar 2-G(没有曲线)、North 1-G(气)、West Oppak 3-G(无法核对)
C_1v_1	Kendyrlik 3-G、North Prodorozhnaya 1-G		Tamgalytar 7-G(没有曲线)、North Prodorozhnaya 2-G(没有曲线)、Zholotken 1-G(无法确定)、West Oppak 1-G(气，根据曲线定)、West Oppak 2-G(气，不大的可燃气流和水)、West Oppak3-G(气)

续表

层位	产气井	油气显示井	复查
D_3	Pridorozhnaya 3-G、Pridorozhnaya 4-G、Ortalyk 1-G、Assa 1、West Oppak 1-G	North Pridorozhnaya 1-G、Pridorozhnaya 2-G、Pridorozhnaya 5-G、Pridorozhnaya 10、Pridorozhnaya 11、Ortalyk 2-G、Ortalyk 3-G	Kendyrlik 3-G(没有)、Zholotken 1-G(不确定)、West Oppak 2-G(气)、West Oppak 3-G(气)、Oppak 1-G(没有曲线)、Naiman 1-P(水)、South 17-G(气，泥浆比重 1.22)

对比中国鄂尔多斯盆地苏里格气田的 559 口探井，Marsel 探区探井数量显然是不够的。在这种情况下，含气范围广、探井数量有限决定了南哈大气田尚处于发现阶段，要探明并开发大气田还有大量工作需要展开。

2. 探井大都集中分布在 3 个气藏范围内

Marsel 探区目前已收集到的 51 口井中，有 14 口井集中分布在 3 个气藏范围内，其他井散布在气田之外。其中 Pridorzhnaya 气藏 6 口、Ortalyk 气藏 4 口、West Oppak 气藏 3 口(图 13-2-1)。对于连续型气藏，目前探井分布过于集中，已发现的这 3 个气藏

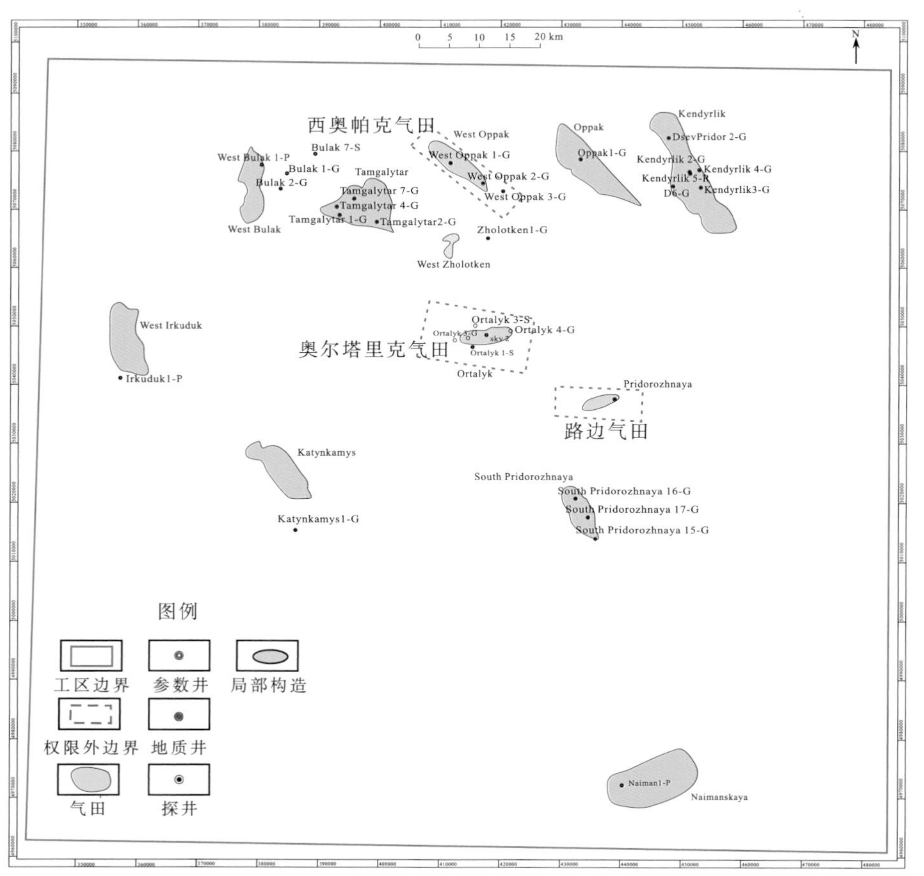

图 13-2-1 Marsel 探区探井分布图

矿权并不属于 Marsel 探区。非矿权气藏的探井对于深入认识该区叠复连续气藏特征意义重大，通过对 3 个气藏老井复查对比发现，目前这 3 个气藏的气水边界并不存在，它们只是“冰山一角”，展示了大气田的存在，由于过多的井都集中在具有构造背景的 3 个气田之内，大气田的整体特征虽然通过地震等资料得到了呈现，但绝大部分区域并没有探井证实。如何全面探明区域内大气田的含气性并评价它的经济性还需要开展大量的探测工作和研究工作。

3. 探井大都集中分布在构造高部位

Marsel 探区目前已钻的 26 口探井中有 25 口井集中分布在构造的高部位。只有 1 口井在非构造位置上。这主要是由于自苏联时期开始，区块的勘探思路就以找构造油气藏为主。尽管该区发现的构造圈闭规模普遍较小，但依据当时的思路，探井大都部署在构造高点上(表 13-2-2)。前已述及，从目前钻探在高点上的天然气显示和气水分布特征来看，并未发现明显的气水界面。以南路边构造为例，该构造钻探的 South Pridorozhnaya 15-G、South Pridorozhnaya 16-G 和 South Pridorozhnaya 17-G 井钻井过程中均有天然气显示，完钻后测试则显示为干层。说明该构造含气，但是由于钻井和完井等因素的影响，使得气层遭到了破坏。Tamgalytar 构造 5 号井钻井气测显示有 138m，在这么厚的气层中尚未发现气水边界。因此，目前已有探井的显示可以从另一个角度确认南哈大气田的存在，但这些并不能完全揭示大气田的分布特征。加快构造低部位钻探并获取相关参数对全面深化叠复连续大气田的认识具有重要意义。

表 13-2-2　Marsel 探区各构造探井分布数量统计表

探井名称	构造部位	产气情况
Assa 1	斜坡带局部构造高部位	$D_3fm_1^2$：DST 测试，日产气 $0.81\times10^4\sim6.14\times10^4m^3$ $D_3fm_1^1$：DST 测试，日产气 $25.3\times10^4\sim36.2\times10^4m^3$
Tamgalytar 1-G	斜坡带局部构造高部位	C_1sr：第一次酸化，日产 $1.61\times10^4m^3$；第二次酸化，日产 $7.54\times10^4m^3$，计算无阻流量日产 $17.27\times10^4m^3$
Tamgayltar 2-G	斜坡带局部构造高部位	C_1sr：DST 测试，干层 C_1v_3：DST 测试，干层 C_1v_2：DST 测试，干层
Tamgayltar 3-G	斜坡带局部构造高部位	C_1sr：DST 测试，干层
Tamgayltar 4-G	斜坡带局部构造高部位	C_1sr：DST 测试，无流体；射孔测试，无流体；酸化，无流体
Tamgayltar 5-G	斜坡带局部构造高部位	C_1sr：射孔测试 6 个层段，日产气 $2.29\times10^4m^3$，日产水 $10.9m^3$
Tamgayltar 7-G	斜坡带局部构造高部位	C_1sr：DST 测试，干层 C_1v_1—C_1t：DST 测试，干层
Kendyrlik 2-G	隆起构造高部位	C_1v_3：顶部射孔测试 5 个层段，日产气 $80\times10^4\sim90\times10^4m^3$；底部射孔测试，日产气 $35\times10^4m^3$，计算无阻流量日产 $72.2\times10^4m^3$

续表

探井名称	构造部位	产气情况
Kendyrlik 3-G	隆起构造高部位	C_1v_3：DST 测试，干层 C_1v_1：DST 测试，弱气 $D_3fm_1^2$：DST 测试，顶部为水层，底部为干层
Kendyrlik 4-G	隆起构造高部位	C_1v_3：DST 测试，无流体
South Pridorozhnaya 15-G	隆起构造高部位	C_1sr：顶部射孔测试 2 个层段，无流体 C_1v_3—C_1v_2：DST 测试，日产气 $0.5\times10^4\sim0.8\times10^4m^3$；继续射孔测试相同层段，弱气，酸化后，弱气消失 C_1v_2：DST 测试，无阻流量日产气 $1\times10^4m^3$
South Pridorozhnaya 16-G	隆起构造高部位	C_1sr：套管测试，弱气，产量下降非常迅速
South Pridorozhnaya 17-G	隆起构造高部位	C_1sr：顶部 DST 测试，干层；中部套管测试，弱气，该段钻井过程中发生大量泥浆漏失；底部套管测试，日产气 $0.3\times10^4m^3$ D_3fm_{2+3}：测试，无流体 $D_3fm_1^2$：DST 测试，水层
North Pridorozhnaya 1-G	斜坡带局部构造高部位	C_1sr：顶部 DST 测试，干层 C_1sr—C_1v_3：DST 测试，无阻流量日产气 $1\times10^4\sim1.2\times10^4m^3$；射孔测试，弱气，日产 $0.1\times10^4m^3$ C_1v_3：底部射孔测试，弱气 C_1v_2：顶部射孔测试，弱气 C_1v_1：顶部射孔测试，干层，酸化后，无流体；中部射孔测试，见少量地层水；整个层段 DST 测试，日产气 $1\times10^4m^3$ $D_3fm_1^2$：DST 测试，无流体
North Pridorozhnaya 2-G	斜坡带	C_1sr：DST 测试，水层 C_1v_3：DST 测试，无气流 C_1v_1：DST 测试，无流体 $D_3fm_1^2$底部—$D_3fm_1^1$顶部：电缆测试，无气流
Naiman 1-P	隆起构造高部位	C_1sr：DST 测试，水层 $D_3fm_1^1$：DST 测试，水层
Terekhovskaya 1-P	拗中隆起部位	C_1sr：DST 测试，日产水 $16m^3$，含有可燃气
Bulak 2-G	斜坡带局部构造高部位	C_1v_3：DST 测试，无流体
Zholotken 1-G	斜坡带局部构造高部位	C_1sr：DST 测试，无流体；射孔测试，无流体
Katynkamys 1-G	拗中隆起部位	C_1sr：顶部 DST 测试，干层 C_1v_2：DST 测试，干层
Oppak 1-G	隆起构造高部位	C_1sr—C_1v_2：射孔测试，见地层水 C_1v_1—D_3fm_{2+3}：DST 测试，干层 $D_3fm_1^2$：DST 测试，干层 $D_3fm_1^1$：DST 测试，无流体
Irkuduk 1-P	拗中隆起部位	C_1sr：测试无流体

4. 探井大都在苏联时期完成且没有获取关键参数

Marsel 探区矿权内已钻 28 口探井，其中有 24 口为苏联时期(1950～1985 年)所钻，且均为直井，钻井泥浆比重较大，使得试气结果并不能反映实际地质情况。如 Tamgayltar 1-G 井，该井在 1979 年 5 月 19 日完井，完井深度为 2945.9m，完井层位为泥盆系法门阶。钻井过程中，1345.9～2945.9m 段钻井泥浆比重为 1.3g/cm^3，在 2825～2938m 井段发生泥浆漏失。完钻后对 2725～2952m 进行射孔测试，测试结果为无流体。可见大的泥浆比重严重影响试气结果的准确性。2010 年，加拿大 Condor 公司在该构造钻探 Tamgayltar 5-G 井，钻井泥浆比重为 1.12～1.14g/cm^3(2265～2550m)，还是在 2270～2280m 有泥浆漏失，后来在该段进行射孔测试，在改造无措施的情况下开井放喷，日产气 $2.29\times10^4m^3$，产水 10.9m^3。

同时，对于致密储层，酸化压裂改造对单井产能影响很大。同样是 Tamgayltar 1-G 井，钻井过程中在 2291～2453m 进行 DST 测试，结果为有气流，完井后对 2274～2315m 进行射孔，第一次酸化(用 3.7m^3 的盐酸，反应 16h)，6.6mm 的油嘴日产气 $1.61\times10^4m^3$；后来在该段进行第二次酸化(用 12.6m^3 的盐酸，浓度 20%，反应 2h)，6.6mm 的油嘴日产气 $7.54\times10^4m^3$。如果是水平井进行酸化压裂改造，单井产能有可能大大提高。

研究区只有 4 口新井为加拿大 Condor 公司在 2008 获得该区块的勘探权后所钻，4 口新井 Tamgayltar 5-G、Kendyrlik 5-RD、Assa 1、Bug 1 中，只有 Tamgayltar 1-G 井在下石炭统试气见工业采能，Assa 1 井在上泥盆统试气见工业采能。但是这 4 口井均为直井，且试气结果较短，试气采能变化快，没有进行酸化压裂改造措施等。

针对研究区大部分探井钻探时间很早，且大部分井试气结果并没有见到工业产能，4 口新钻直井的资料相对较少，并不能为研究区后续的开发提供相对准确的参数，也不能为经济评价提供参考，因此需要钻探新井。

总之，Marsel 探区的南哈大气田目前还仅仅是被认识、被发现。要探明和开发这一大气田还必须有大量的探井予以更完整的揭示。为了提高探井成效，最首要的任务是搞清研究区含气范围、目的层段、富气程度与富气区带。已有的研究从宏观上对这些问题进行了回答，但要探明和开发气田还必须要深入细致地开展地面化探、三维地震等实物工作。如果这些工作不及时跟进并随之展开研究，盲目的打井可能会带来经济损失并推迟大气田的开发和利用。

第三节 探明和开发南哈大气田工作部署与建议

从 Marsel 探区的天然气成藏地质条件的正演分析和探井显示反演推测，都已经可以证实南哈大气田的存在。但是由于该区目前探井数量太少、分布过于集中，且物化探资料相对不足等因素，导致仍存在一些疑问，需要进一步验证。其一，目前的叠复连续型成藏模式只是根据已有资料的推断，尚需探井证实和三维地震资料揭示；其二，石炭系和泥盆系两套目的层的含气特征和产能情况不清，有待钻井测试数据加以确定；其三，大气田储量已得到国际权威认证机构的认可，但其经济性尚不明确，缺少关键参数和开发模型。针对这些问题，若要探明和开发南哈大气田尚需做大量工作。

一、展开地面化探工作，进一步确定富气范围和目标

地球化学勘探是检测地下油气富集的最直接的手段，Marsel 探区地表平坦，植被不发育，有利于地表土样的采集。在评价优选的有利区范围内，建议补加 2000 个样点的微生物化探测量。其目的和意义在于：检测富气甜点区，降低预探井风险；索外围含气性，扩大找油气领域。施工过程中围绕重点区样点部署要密集一些，采样间隔为 2km×1km，从东向西部署一条主测线，该测线通过 Tamgalynskaya、Assa、Kendylik 几个构造和预测出的重点区带范围，主测线上取样间隔为 250m。其余方向为联络测线，取样间隔 2km×2km。具体施工样点如图 13-3-1 所示。

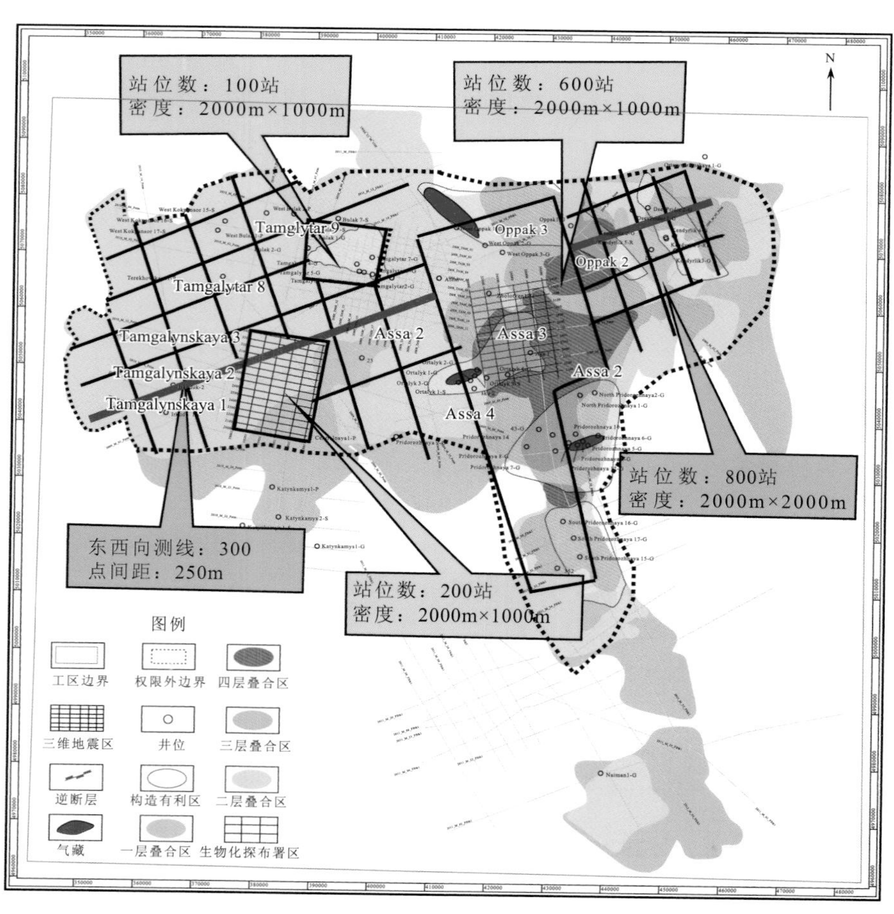

图 13-3-1 Marsel 探区化探施工部署图

二、部署三维地震快速查明含气区的主要目的层段空间展布

Marsel 探区目前三维地震仅为 426km^2，主要在 Assa 和 Tamgalynskaya 构造，另一块 Tamgalytar 构造属于二维加密地震。在 1.85×10^{4}km^{2}的勘探范围内，预测出的叠复连续型气藏分布有利区面积达 3000km^2，显然现有的地震资料对于认识气藏的地质特征是不够的。为了更深入地揭示区块内的地层展布、储层分布，完成含气性反演预测等，需要在最有利含气区内部署三维地震勘探，根据优选的有利区并结合目前已有的三维地震资料，设计补充施工 2400km^{2}的三维地震，主要围绕 Assa 构造，形成三维地震连片数据采集和处理，整体揭示有利区内地质特征。其目的和意义在于：搞清含气层分布，检测富气甜点区，部署预探井井位，使储量整体升级。具体施工区块如图 13-3-2 所示。

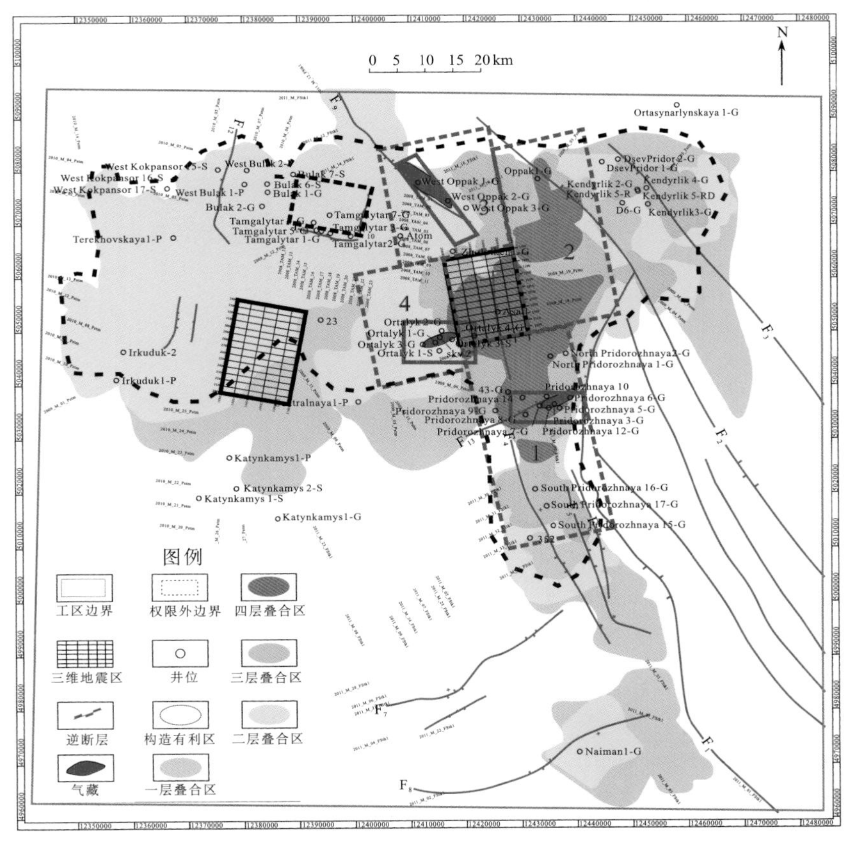

图 13-3-2 Marsel 探区三维地震施工部署图

三、钻探最重要目标区，快速提升储量级别并拓展开发区面积

在地面化探和三维地震施工后，可以对区块的地质特征、气层展布、含气性等进行初步判断。在此基础上，为了验证叠复连续气藏成藏模式、达到储量的升级，需要在重

点区块内开展探井钻探。钻探目的主要在于：搞清气田分布、获得气田参数、拓展气田面积、提升储量级别、评价资源价值。根据目前已有探井显示，结合有利区预测结果，在 Marsel 探区重点区带内共部署探井 12 口。其中，Assa 构造上有 3 口，这 3 口井目的是探明 Assa 构造含气范围并验证模式，Assa 3、Assa 4 井部署在 Assa 构造的圈闭闭合范围之外，在 Assa 2 井钻探成功获得探明储量以后，开始钻探这两口井。若这两口井钻探成功，可以证实叠复连续型气藏的存在。Tamgalynskaya 构造部署探井 3 口，这三口井钻探的目的层是该构造的石炭系。从构造圈闭的角度来看，Tamgalynskaya 构造是目前已发现的面积最大的一个。并且该构造属于凹中隆，是在整体凹陷的背景下相对高的位置。该构造已经实施了三维地震勘探，这 3 口井钻探成功，可以首先获得探明储量，增强勘探信心。其中 Tamgalynskaya 3 井部署位置为圈闭闭合范围之外，地震反演预测含气性好的砂体范围内。南路边构造部署 2 口井，South Pridorozhnaya 18、South Pridorozhnaya 19 井，这两口井钻探的目的是充分揭示南路边构造的含气性。从老井复查来看，南路边 15、南路边 16、南路边 17 井都有天然气显示，有的甚至钻井过程中发生了井喷，但完钻后测试为干层。说明，该区天然气层是存在的，但由于钻井泥浆比重大、完钻井工艺等问题使得气层遭到了破坏，需要新钻井验证其含气性。另外，南路边构造从气藏类型上看，属于先成藏后致密的致密常规气藏。该构造钻探成功，可以先获得探明地质储量。Oppak 构造部署 2、3 号井，这两口井钻探在斜坡位置上，地震资料反演预

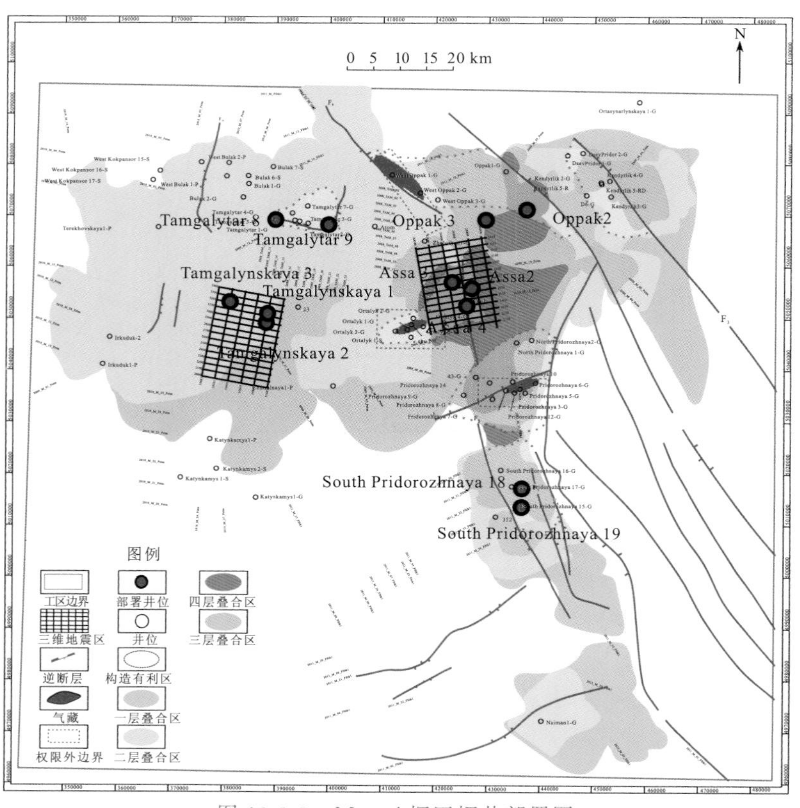

图 13-3-3　Marsel 探区探井部署图

测含气性显示这两口井所处位置含气性很好，气层厚度较大，并且，这两口井西侧为West Oppak构造，东侧为Kendyrlik构造，钻探成功，气藏模式得到验证，含气面积也可以连片。Tamgalytar构造部署2口探井，分别为8、9号井，这两口井主要是针对石炭系礁滩体，验证礁滩体的整体含气性。探井部署位置如图13-3-3所示。

1. Assa富气区探井部署与建议

1）井位与依据

Assa构造目前已有探井1口（Assa 1井）。该井在泥盆系法门阶2402～2426m井段DST测试，发生强烈井涌，天然气和泥浆涌出井口，测试日产气量8100～61400m^3，测试和测井显示为明显的裂缝型含气层。在2529.5～2580m井段DST测试，初始产量25.3×10^4～$36.2\times10^4m^3$，主流动阶段气量持续90min后，产量为24.4×10^4～$31.5\times10^4m^3$，具有稳产高产的条件。另外在下维宪亚阶（C_1v_1）中测井解释发现较好的储层，位于其西侧的Ortarlyk气田的Otarlyk 4井在C_2ts和Pz_1地层中也解释发现良好的气层。因此，该构造具有含气层位多、气层厚度大、气层产量高的特点。

根据上述成果及认识，在Assa构造部署3口探井——Assa 2、Assa 3和Assa 4。井位如图13-3-4所示。井位部署依据如下。

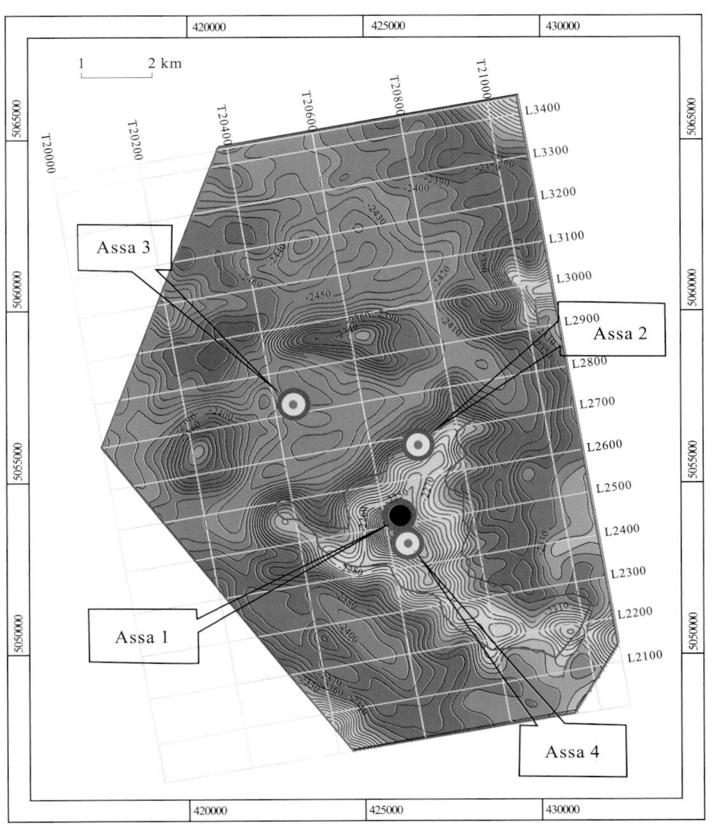

图13-3-4 Marsel探区Assa探井部署图

(1) 探井处于有利的沉积相上。

Assa 区北部，石炭系是主要的勘探目的层系，礁滩复合体非常发育。

设计的 Assa 2 和 Assa 3 井在石炭系的两个目的层 C_1v 和 C_1sr 都处于有利储集相带上(图 13-3-5)。Assa 4 井主要是配合 Assa 1 井，重点开展泥盆系天然气的规模开采。

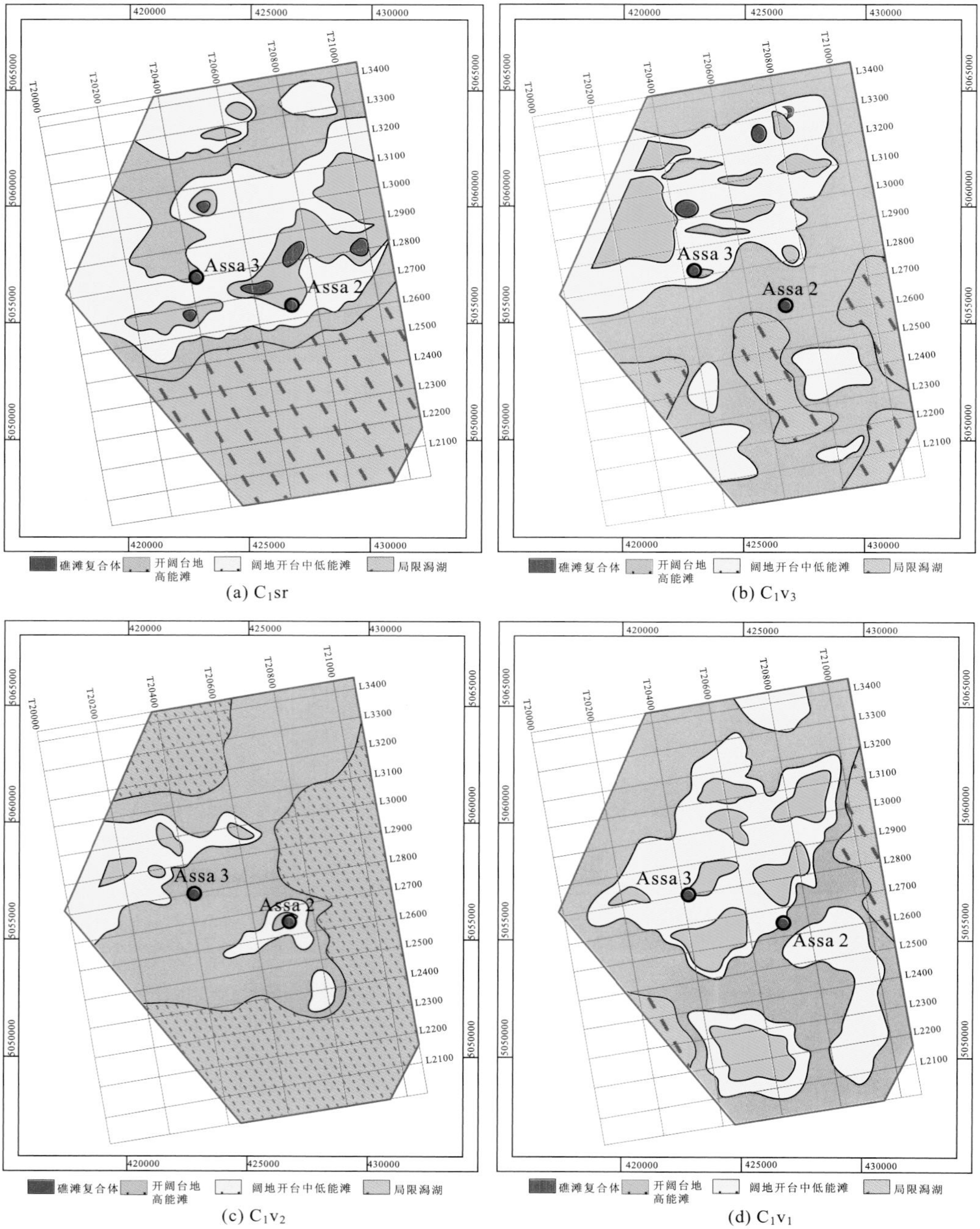

(a) C_1sr

(b) C_1v_3

(c) C_1v_2

(d) C_1v_1

图 13-3-5　Marsel 探区 Assa 构造下石炭统沉积微相与探井分布图

（2）探井处于裂缝发育部位且储层含气性好。

从储层分布反演、裂缝发育程度和含气性等方面，Assa 2 和 Assa 3 井都处在有利的位置上(图 13-3-6、图 13-3-7)。Assa 2 和 Assa 3 井，两口井储层稳定发育，从裂缝检测结果看，两口井所处位置泥盆系和石炭系裂缝均较发育，含气性反演预测结果较高。

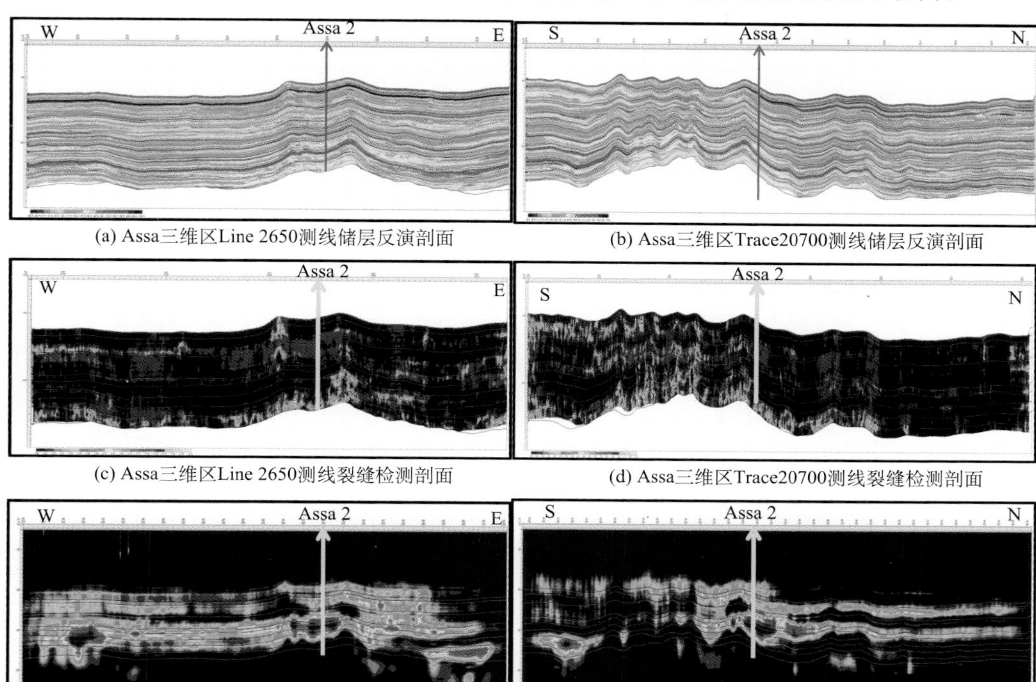

(a) Assa三维区Line 2650测线储层反演剖面　(b) Assa三维区Trace20700测线储层反演剖面

(c) Assa三维区Line 2650测线裂缝检测剖面　(d) Assa三维区Trace20700测线裂缝检测剖面

(e) Assa三维区Line 2650测线流体检测剖面　(f) Assa三维区Trace20700测线流体检测剖面

图 13-3-6　Marsel 探区 Assa 构造 2 号井目的层分布、裂缝和流体检测相关图

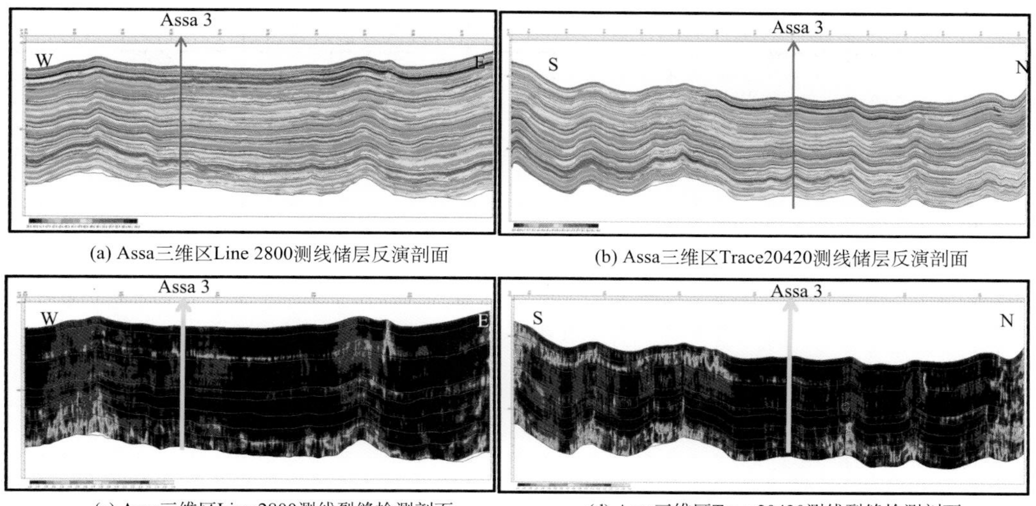

(a) Assa三维区Line 2800测线储层反演剖面　(b) Assa三维区Trace20420测线储层反演剖面

(c) Assa三维区Line 2800测线裂缝检测剖面　(d) Assa三维区Trace20420测线裂缝检测剖面

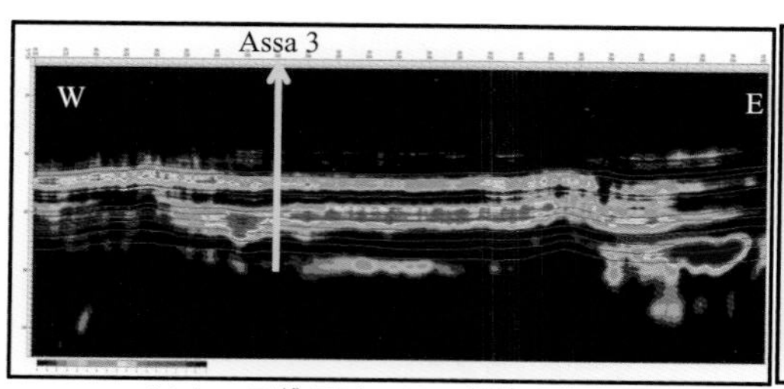

(e) Assa三维区Line 2800测线流体检测剖面

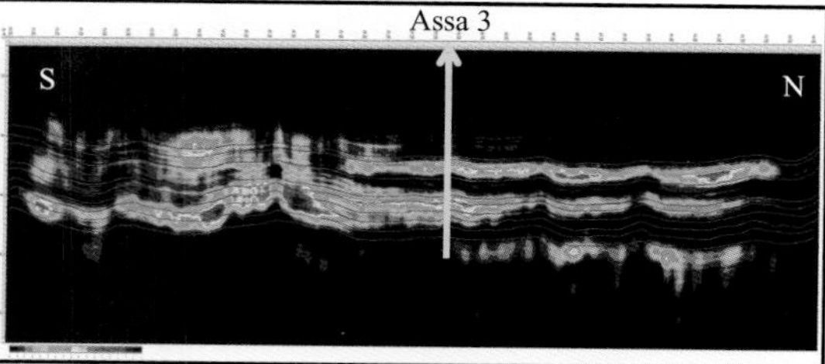

(f) Assa三维区Trace20420测线流体检测剖面

图 13-3-7 Marsel 探区 Assa 构造 3 号井目的层厚度、裂缝和流体检测相关图

(3) 探井处于储层含气甜点范围。

Assa 2 井主要目的层段 $D_3fm_1^2$，追踪 Assa 1 井的气层，同时石炭系预测气层厚度大，因此也能够兼顾石炭系(图 13-3-8)；Assa 3 井石炭系礁滩储层为主要勘探目标，同时也能够兼顾泥盆系(主要是 $D_3fm_1^2$)砂岩孔隙型和裂缝性储层(图 13-3-9)。

2) 探井设计

根据井位及部署依据，进行探井设计，探井具体设计内容如表 13-3-1 所示。

表 13-3-1 Assa 构造探井设计表

探井名称	Assa 2、Assa 3、Assa 4
钻探目的	Assa 2：扩边，扩大 Assa 构造含气范围 Assa 3：预探有利的致密气甜点 Assa 4：验证圈闭外围连续致密含气模式
设计层位	主探泥盆系 D_3fm_1，兼探石炭系 C_1sr-v 和 C_2ts
设计深度	分别为 3660m、3550m、3565m
完钻层位	Pz_1
完钻原测	钻穿泥盆系 D_3fm 进入 Pz_1 后 50m，未发现油气显示即完钻

3) 钻探目的及意义

Assa 1 井在构造高点已经获得突破，测井解释与气测显示构造具有整体含气的特征，在构造北翼部署 Assa 2 井，进一步探边井，以迅速控制 Assa 构造含气边界，兼探构造低部位石炭系礁-滩型复合体岩性气藏及泥盆系砂岩岩性气藏。在构造西侧的构造低洼区，部署 Assa 3 井，期望在 Assa 2 井取得成功后，进一步甩开钻探，以石炭系礁滩型气藏为主要目标，以验证叠复连续性含气模式。同时，紧靠 Assa 1 井附近部署一口水平井(Assa 4)，以最大限度地获得高产，为利用水平井进行该区天然气的高效开发进行探索和提供依据。

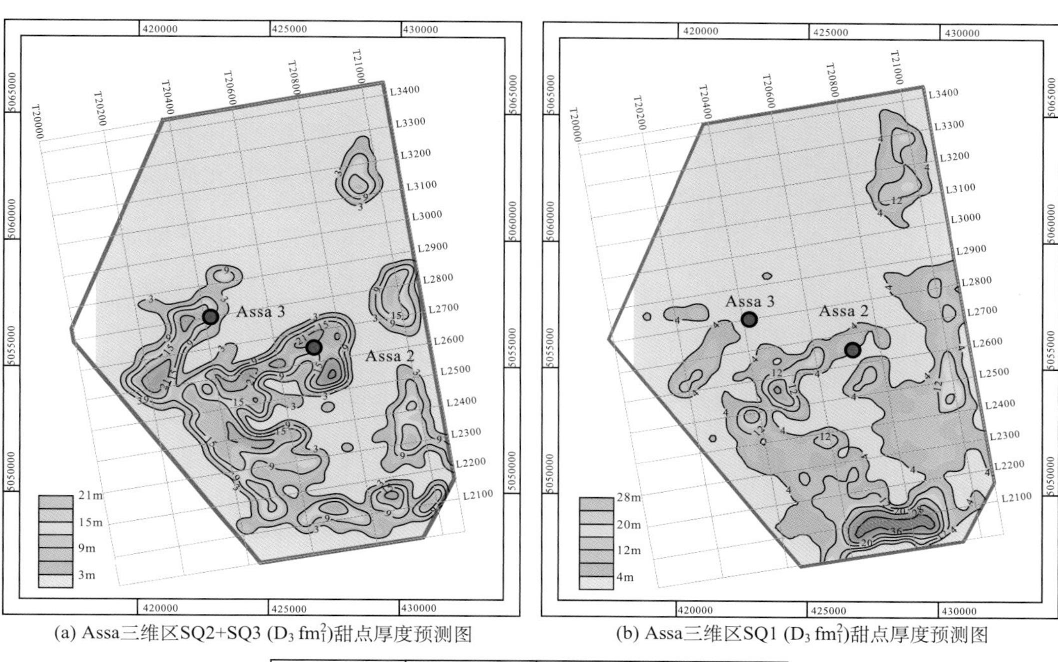

(a) Assa三维区SQ2+SQ3 ($D_3\ fm_1^2$)甜点厚度预测图

(b) Assa三维区SQ1 ($D_3\ fm_1^2$)甜点厚度预测图

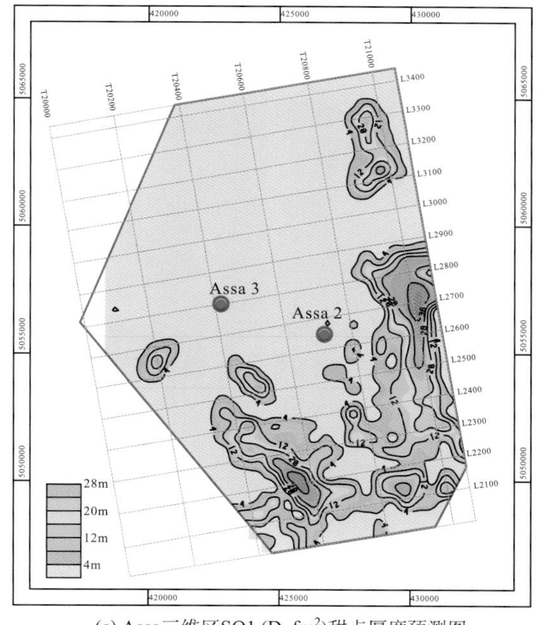

(c) Assa三维区SQ1 ($D_3\ fm_1^2$)甜点厚度预测图

图 13-3-8 Marsel 探区 Assa 构造探井部署与泥盆系甜点区气层厚度分布图

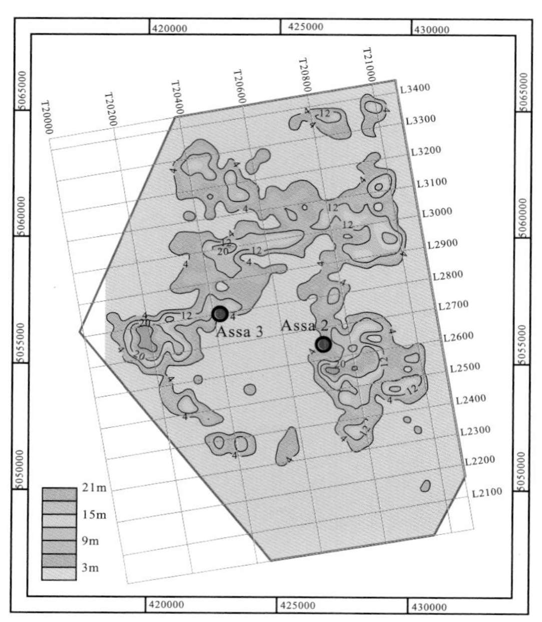

(a) Assa三维区SQ7 (C_1sr)甜点厚度预测图

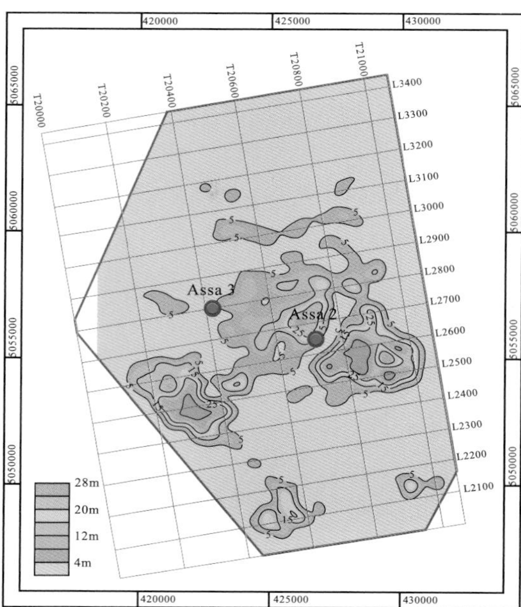

(b) Assa三维区SQ6 (C_1v_3)甜点厚度预测图

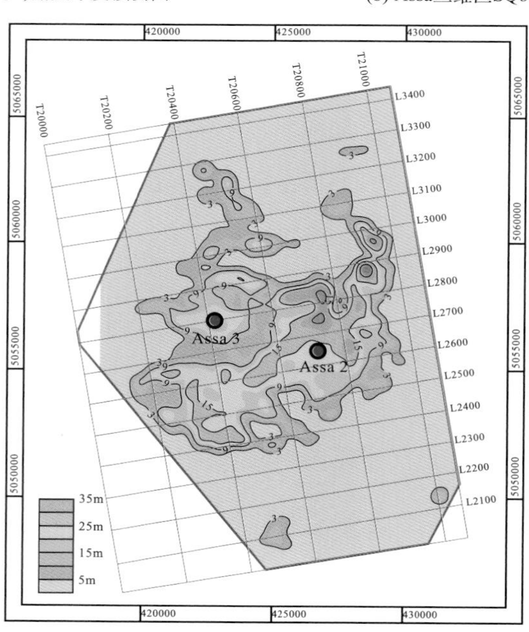

(c) Assa三维区SQ4 ($C_1v_3+C_1t$)甜点厚度预测图

图 13-3-9 Marsel 探区 Assa 构造探井部署与下石炭统甜点区气层厚度分布图

2. Tamgalynskaya 富气区探井部署与建议

1）井位与依据

该构造有高密度三维地震资料 210km²；圈闭面积大于 30km²，闭合幅度中等，最小闭合幅度在 50m。缺失泥盆系，C_1 是主要的勘探目的层系。在该构造部署 3 口探井。井位如图 13-3-10 所示。井位部署依据如下。

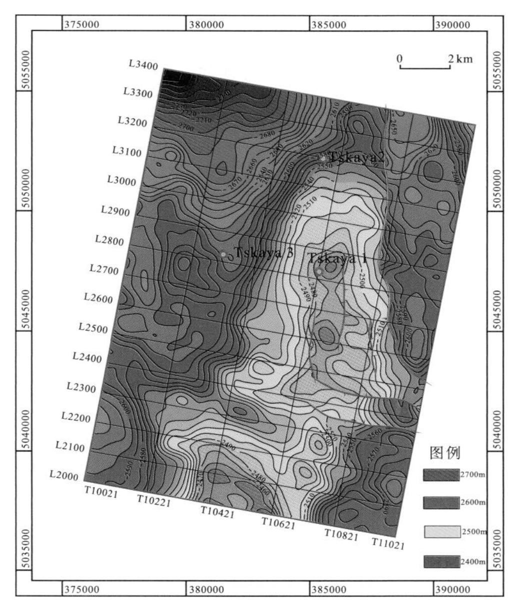

图 13-3-10 Marsel 探区 Tamgalynskaya 构造探井井位图

（1）探井处于有利的沉积相上。

石炭系在该构造属于高能滩和中能滩，沉积相类型好，储层稳定发育。Tamgalynskaya 1 和 Tamgalynskaya 3 井，在 4 个目的层均属于好的相带类型。Tamgalynskaya 2 井在 C_1v_1、C_1v_2 和 C_1v_3 属于好的相带（图 13-3-11）。

（2）探井处于裂缝发育部位且储层含气性好。

储层反演、裂缝预测和流体检测表明，3 口井同样处于有利的位置上（图 13-3-12、图 13-3-13）。

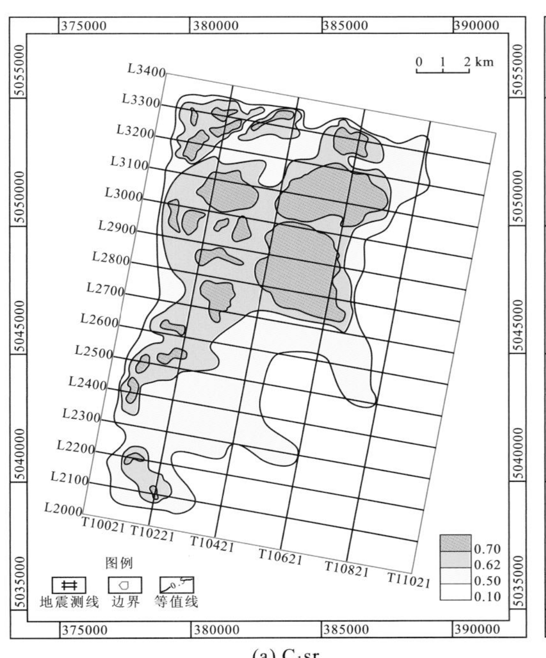

(a) C_1sr

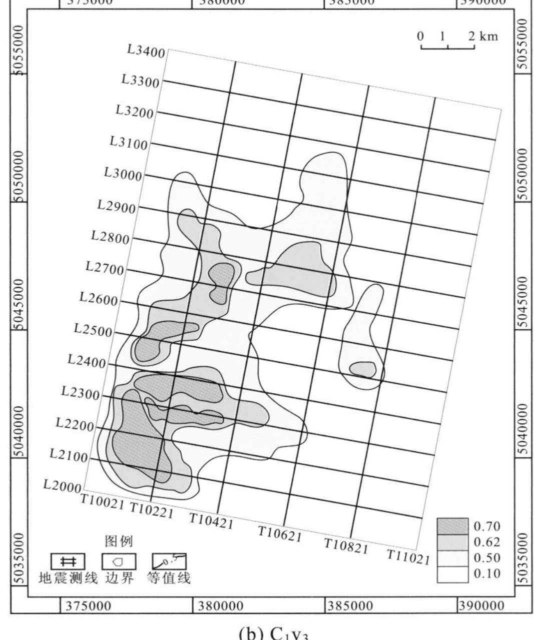

(b) C_1v_3

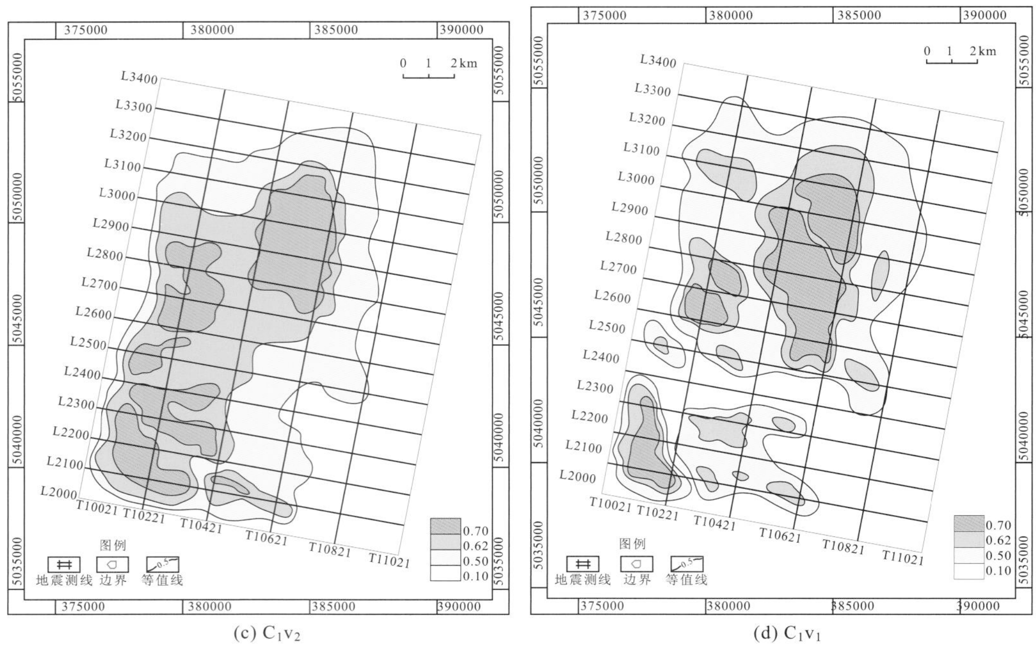

(c) C_1v_2　　(d) C_1v_1

图 13-3-11　Marsel 探区 Tamgalynskaya 构造探井与沉积相叠合图

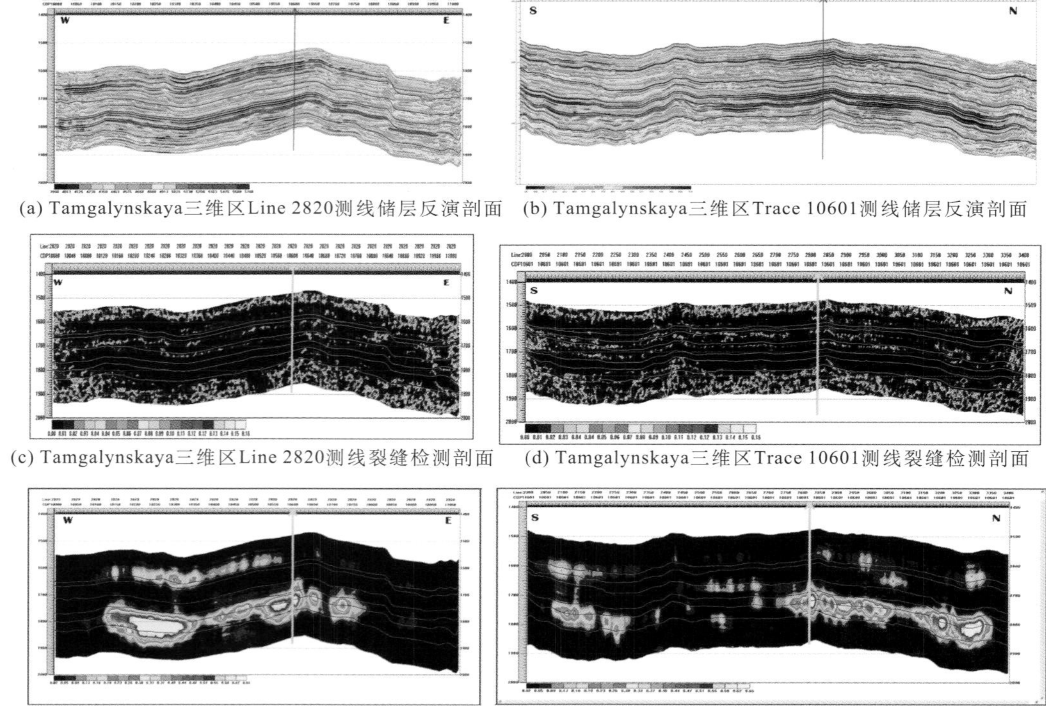

(a) Tamgalynskaya三维区Line 2820测线储层反演剖面　(b) Tamgalynskaya三维区Trace 10601测线储层反演剖面

(c) Tamgalynskaya三维区Line 2820测线裂缝检测剖面　(d) Tamgalynskaya三维区Trace 10601测线裂缝检测剖面

(e) Tamgalynskaya三维区Line 2820测线流体检测剖面　(f) Tamgalynskaya三维区Trace 10601测线流体检测剖面

图 13-3-12　Marsel 探区 Tamgalynskaya 1 井目的层厚度、裂缝和含气性检测相关图

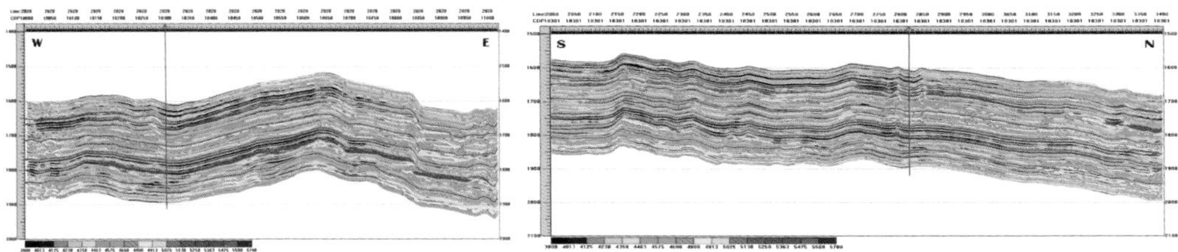

(a) Tamgalynskaya三维区Line 2820测线储层反演剖面 (b) Tamgalynskaya三维区Trace 10301测线储层反演剖面

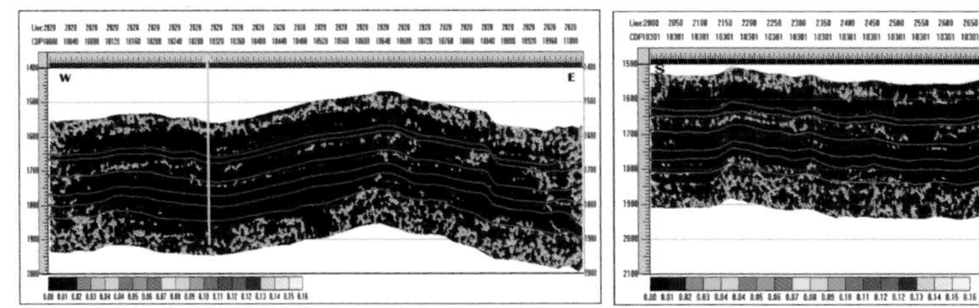

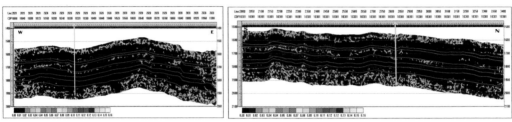

(c) Tamgalynskaya三维区Line 2820测线裂缝检测剖面 (d) Tamgalynskaya三维区Trace 10301测线裂缝检测剖面

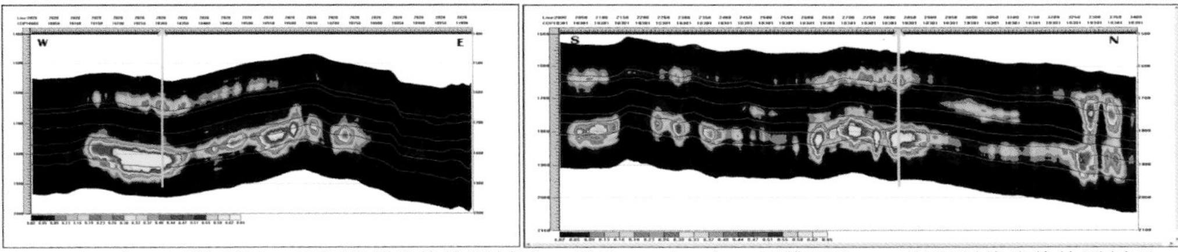

(e) Tamgalynskaya三维区Line 2820测线流体检测剖面 (f) Tamgalynskaya三维区Trace 10301测线流体检测剖面

图 13-3-13 Marsel 探区 Tamgalynskaya 2 井目的层厚度、裂缝和含气性检测相关图

(3) 探井处于储层含气甜点范围。

C_1v_1、C_1v_2两个层气测反演厚度分布稳定，构造区北部的厚度明显高于南部。其中C_1v_1最大厚度为 49m，但大多厚度在 17～25m；C_1v_2最大厚度为 20m，多分布在8～11m(图 13-3-14)。

2) 探井设计

根据井位及部署依据，进行探井设计，探井具体设计内容如表 13-3-2 所示。

表 13-3-2 Tamgalynskaya 构造探井设计表

探井名称	Tamgalynskaya 1、Tamgalynskaya 2、Tamgalynskaya 3
钻探目的	Tamgalynskaya 1：探索构造 C_1sr、C_1v、Pz_1的含气性。 Tamgalynskaya 2：在 Tamgalynskaya 1 井获得突破后，探边和控制含气面积。 Tamgalynskaya 1：探索构造围斜部位叠复连续气藏含气模式
设计层位	主探石炭系 C_1sr、C_1v 的含气性，兼探 Pz_1岩性及含气性
设计深度	分别为 3665m、3830m、4120m
完钻层位	Pz_1
完钻原测	钻穿石炭系进入 Pz_1后 100m，未发现油气显示即完钻

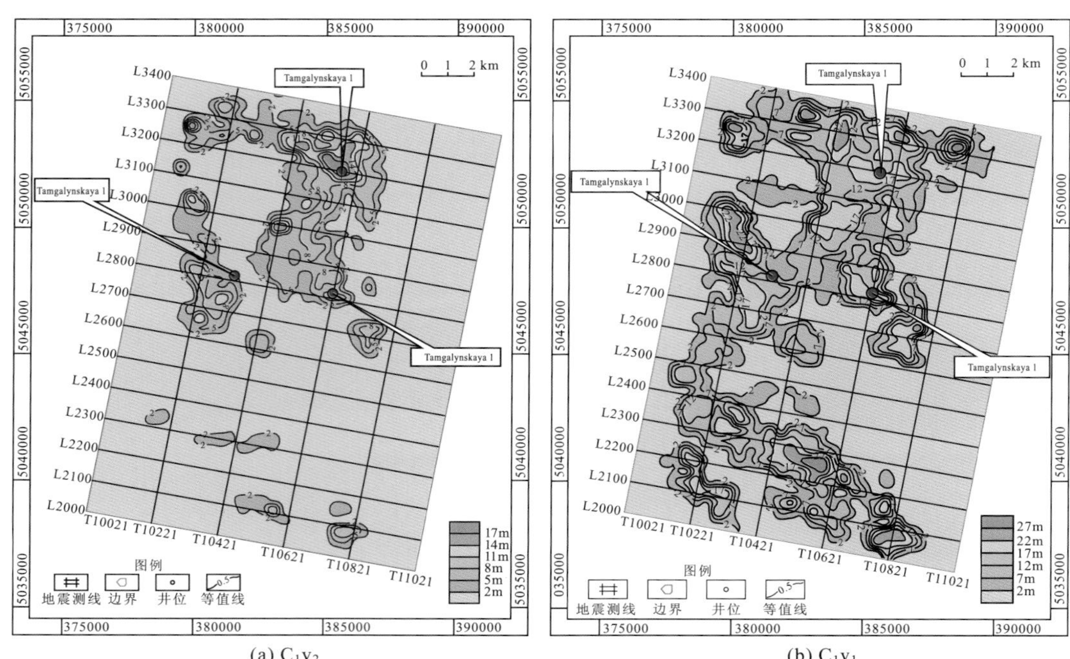

(a) C_1v_2　　(b) C_1v_1

图 13-3-14　Marsel 探区 Tamgalynskaya 构造探井与预测气层厚度叠合图

3）钻探目的及意义

Tamgalynskaya 1 井钻探 Tamgalynskaya 构造高点，主探下石炭统，兼探 Pz_1，以发现油气为目标，同时建立该构造的地层及岩性剖面；Tamgalynskaya 2 井则是在 Tamgalynskaya 1 井成功钻遇气层的情况下，在构造鞍部部署 Tamgalynskaya 2 井继续探边，同时开展斜坡部位岩性气藏勘探；Tamgalynskaya 3 井是在 Tamgalynskaya 1 井和 Tamgalynskaya 2 井获得成功以后，针对大面积连片非常规气藏开展勘探，旨在发现大气田。

3. Tamgalytar 富气区探井部署与建议

1）井位与依据

在构造圈闭范围以外，针对 C_1sr 的典型生物礁体部署 Tamgalytar 8 井，以验证探区生物礁型的存在，期望获得生物礁型气藏的突破。

在构造圈闭内局部构造高部位部署 Tamgalytar 9 井，以沉积相研究预测出的分布较广的生物滩储层为目标，期望通过酸化压裂改造措施，获得高产。其井位如图 13-3-15 所示，井位部署依据如下。

（1）探井处于有利的沉积相上。

Tamgalytar 8 井主要探测 C_1sr 的生物礁的含气性，在 C_1v 也有储层发育，含气检测有利。Tamgalytar 9 井所在位置在 C_1v 和 C_1sr 两套主力目的层均发育大规模的礁滩

图 13-3-15 Marsel 探区 Tamgalytar 构造井位部署图

复合体，预测储层厚度大，含气性好(图 13-3-16)。

(2) 探井处于裂缝发育部位且储层含气性好。

利用通过 Tamgalytar 构造 8 号井和 9 号井的地震测线反演了目的层厚度分布、裂缝发育程度和含气性程度，总体上这两口井都处于非常有利的位置上(图 13-3-17、图 13-3-18)。其中，8 号井处于斜坡背景的高部位上，裂缝非常发育，在石炭系的几个主要目的层都有很高的含气性。9 号井目的层钻遇滩较发育的位置，裂缝在目的层很发育。从含气性检测来看，目的层大面积出现流体反演高值区，预测具有很好的含气性。

(3) 探井处于储层含气甜点范围。

依据流体检测结果可知，Tamgalytar 构造含气层厚度稳定分布，在不同层位厚度差异较大，C_1sr 含气层最大厚度为 130m，区内普遍在 10m 以上，其余 3 个层位厚度相对较薄，分布具有区域性，但总体上看部署的两口井，在 4 个目的层都可以钻遇较厚的气层(图 13-3-19)。

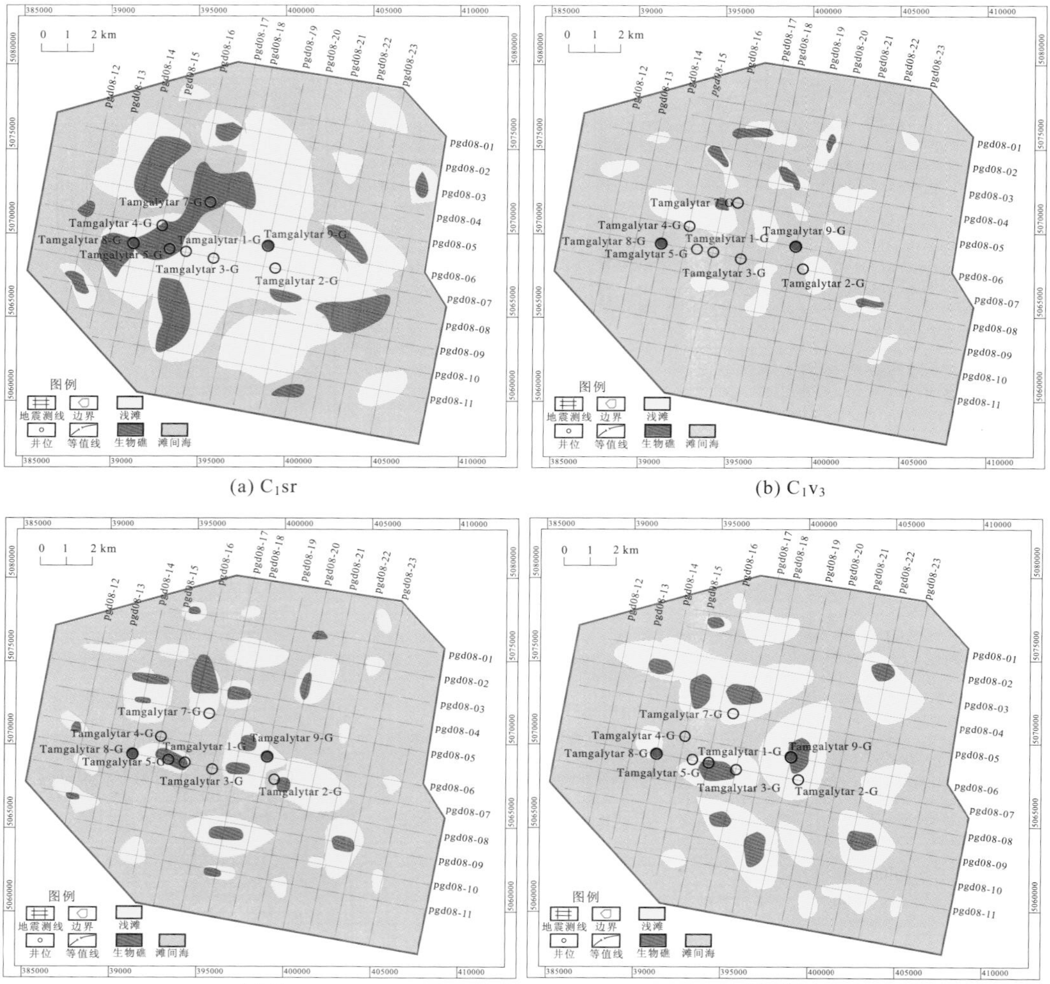

(a) C_1sr　　(b) C_1v_3

(c) C_1v_2　　(d) C_1v_1

图 13-3-16　Marsel 探区 Tamgalytar 构造探井与沉积相叠合图

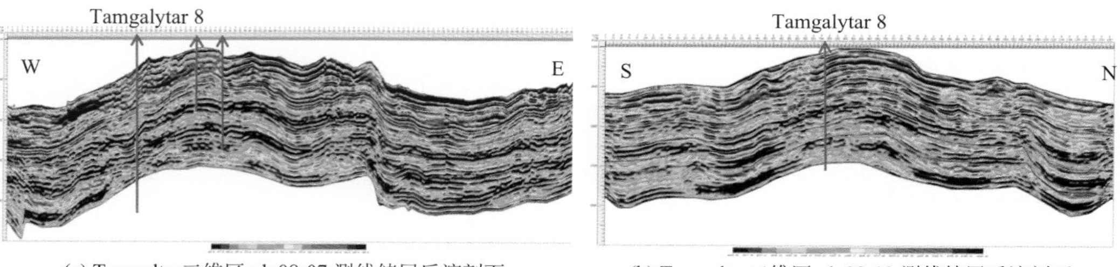

(a) Tamgaltar二维区pdg08-07 测线储层反演剖面　　(b) Tamgaltar二维区pdg08-13 测线储层反演剖面

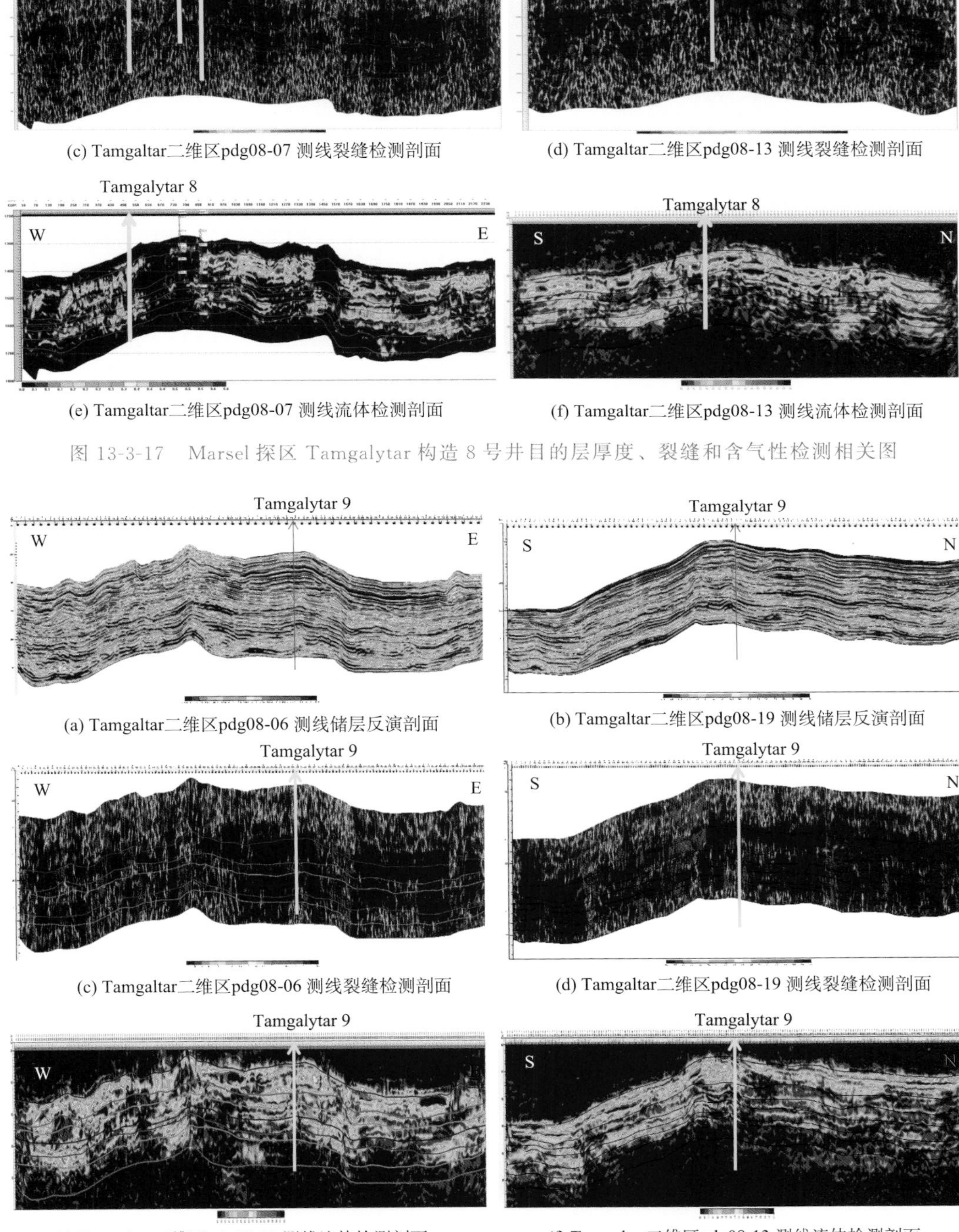

(c) Tamgaltar二维区pdg08-07 测线裂缝检测剖面
(d) Tamgaltar二维区pdg08-13 测线裂缝检测剖面
(e) Tamgaltar二维区pdg08-07 测线流体检测剖面
(f) Tamgaltar二维区pdg08-13 测线流体检测剖面

图 13-3-17 Marsel 探区 Tamgalytar 构造 8 号井目的层厚度、裂缝和含气性检测相关图

(a) Tamgaltar二维区pdg08-06 测线储层反演剖面
(b) Tamgaltar二维区pdg08-19 测线储层反演剖面
(c) Tamgaltar二维区pdg08-06 测线裂缝检测剖面
(d) Tamgaltar二维区pdg08-19 测线裂缝检测剖面
(e) Tamgaltar二维区pdg08-07 测线流体检测剖面
(f) Tamgaltar二维区pdg08-13 测线流体检测剖面

图 13-3-18 Marsel 探区 Tamgalytar 构造 9 号井目的层厚度、裂缝和含气性检测相关图

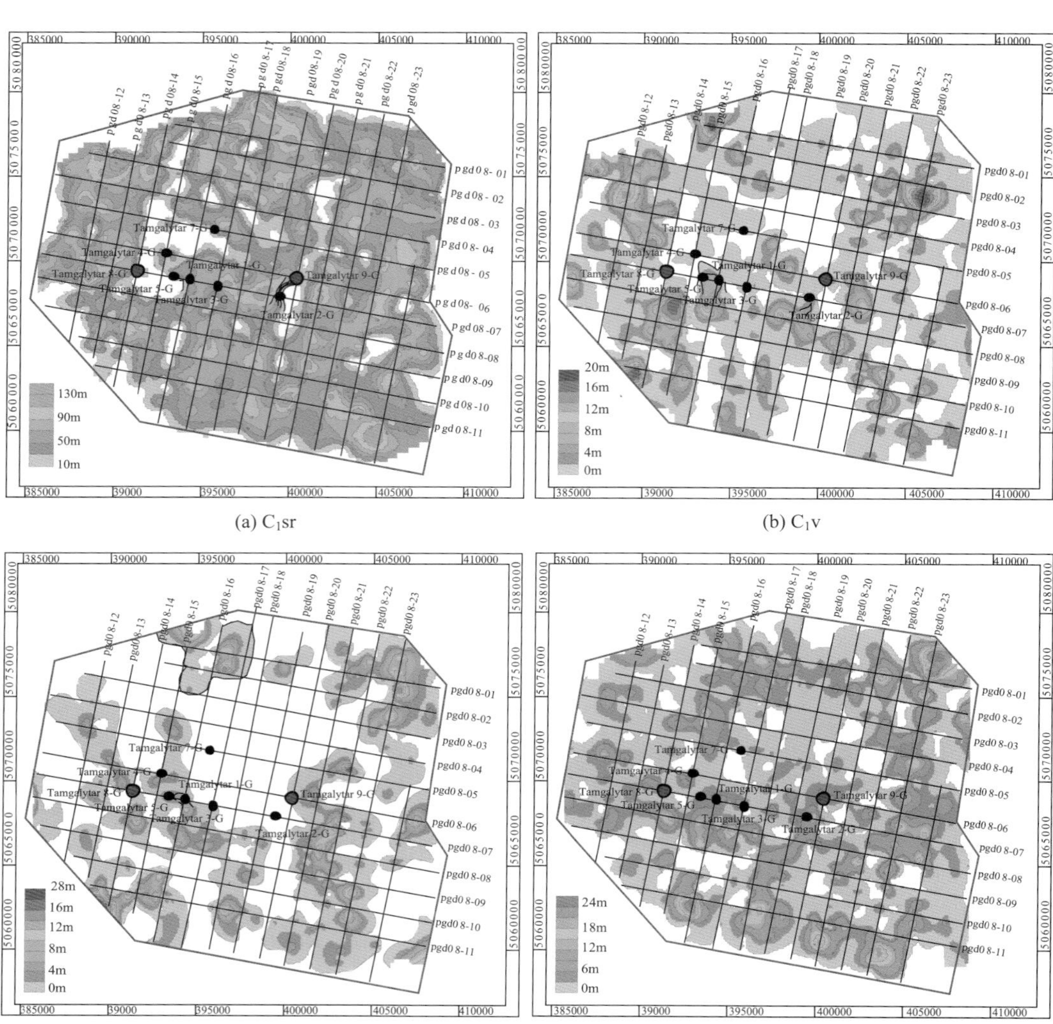

(a) C_1sr (b) C_1v (c) C_1v (d) C_1v

图 13-3-19 Marsel 探区 Tamgalytar 构造探井部署与含气层厚度叠合图

2）探井设计

根据井位及部署依据，进行探井设计，探井具体设计内容如表 13-3-3 所示。

表 13-3-3 Tamgalytar 构造探井设计表

探井名称	Tamgalytar 8-G、Tamgalytar 9-G
钻探目的	Tamgalytar 8-G：揭示生物礁的含气性并获得高产 Tamgalytar 9-G：在礁-滩复合体内获得高产气流
设计层位	石炭系 C_1sr、C_1v 的含气性，兼探 Pz_1 含气性
设计深度	分别为 3220m、2975m
完钻层位	Pz_1
完钻原测	钻穿石炭系进入 Pz_1 后 100m，未发现油气显示即完钻

3）钻探目的及意义

Tamgalytar 8-G 井主要目的是揭示生物礁的含气性并获高产；Tamgalytar 9 井主要为确定在礁滩复合体内获得高产气流。

4. 南路边富气区探井部署与建议

1）井位与依据

综合已有的地震测线的综合解释，圈闭较落实，西部构造圈闭面积下小上大，东部构造潜山圈闭明显，幅度高(200m)。该区可以钻探 Pz_1 古潜山、泥盆系、石炭系三套目的层系。

该构造钻有 3 口探井：①South Pridorozhnaya 15 井，该井在 1589～1604m(C_1sr)气测异常幅度高，TG 为 14.76%，背景值 0.07；在 1816～1922m(C_1v)下分隔器测试，产气估计 5000～8000m^3/d；在 1937～2020m(C_1v)下分隔器测试，产气估计 1000m^3/d；完井裸眼测试：1917～1932m/1882～1900m/1876～1886m 合试未获工业产能。②South Pridorozhnaya 16 井在 C_1sr 地层采用 1.10g/cm^3 的泥浆钻进，见井涌，采用 1.20g/cm^3 的泥浆压井后，井涌消失，并见泥浆漏失现象，对测井解释层段进行完井裸眼测试，在 1663～1666m(C_1sr)见气流；1333～1348m、1316～1325m、1298～1310m、1284～1288m、1261～1267m(C_{2-3})为水层。③South Pridorozhnaya 17 井在 1583～1595m (C_1sr)采用 1.10g/cm^3 泥浆发生井涌，换 1.20g/cm^3 泥浆，井涌消失，但是又发生泥浆漏失，根据压力恢复曲线计算，产量达到 $30\times10^4m^3$，气体可燃，并具有硫化氢气味；在 1590～1600m(C_1sr)井段用 45t 水泥浆堵漏以后，测试只获得弱气流。由此可见，可以确定该构造 C_1sr、C_1v 含气。对于上泥盆统，在该构造的东南部已发经发现路边气田，试气日产气量高达 $100\times10^4m^3$，因此可以探索该构造上泥盆统的含气性。

South Pridorozhnaya 18 井部署在 17 井附近的构造高点，South Pridorozhnaya 19 井部署在 15-G 井东南侧，两口井主探石炭系，兼探泥盆系。钻高点，落实气层厚度及其分布，为提交储量做准备(图 13-3-20)。

(1) 探井处于有利的沉积相上。South Pridorozhnaya 构造目的层主要是泥盆系 $D_3fm_1^1$ 和 $D_3fm_1^2$，沉积相是扇三角洲平原和扇三角洲前缘。储层厚度在 200m 和 300m 以上。

(2) 探井处于裂缝发育部位且储层含气性好。地震资料重新处理含油气性检测结果表明，南路边构造下石炭统和上泥盆统含气性良好(图 13-3-21、图 13-3-22)。

(3) 探井处于储层含气甜点范围。

根据地震资料重新处理含油气性检测结果表明，该构造气层发育，处于有利甜点发育区(图 13-3-23)。

2）探井设计

根据井位及部署依据，进行探井设计，探井具体设计内容如表 13-3-4 所示。

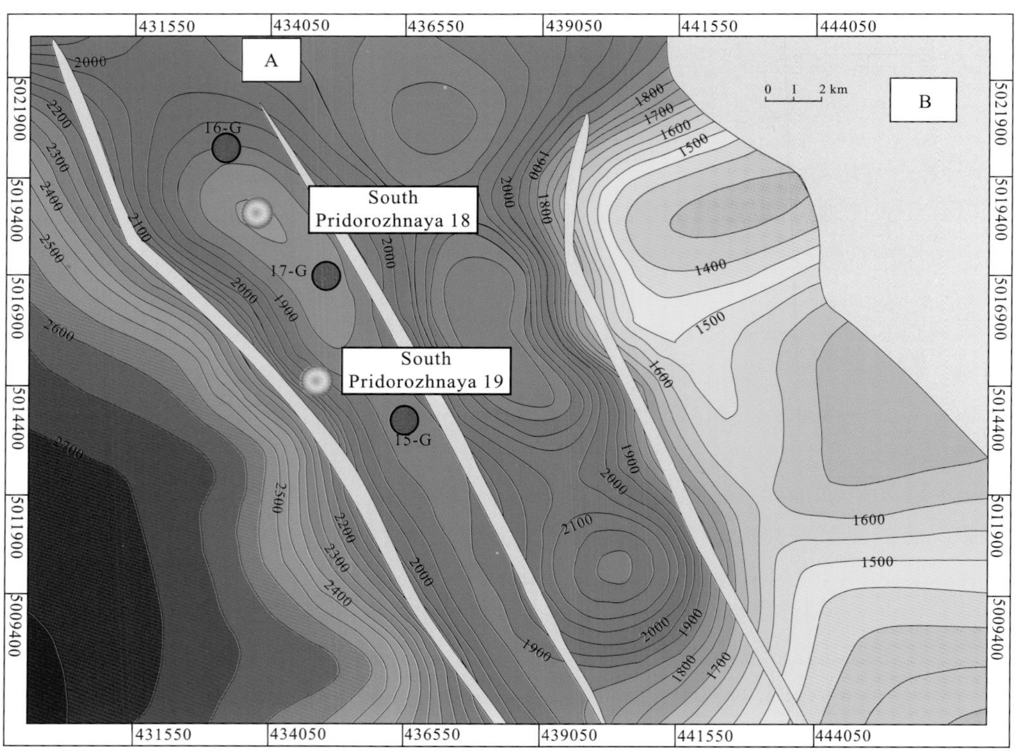

图 13-3-20 Marsel 探区南路边构造井位部署图

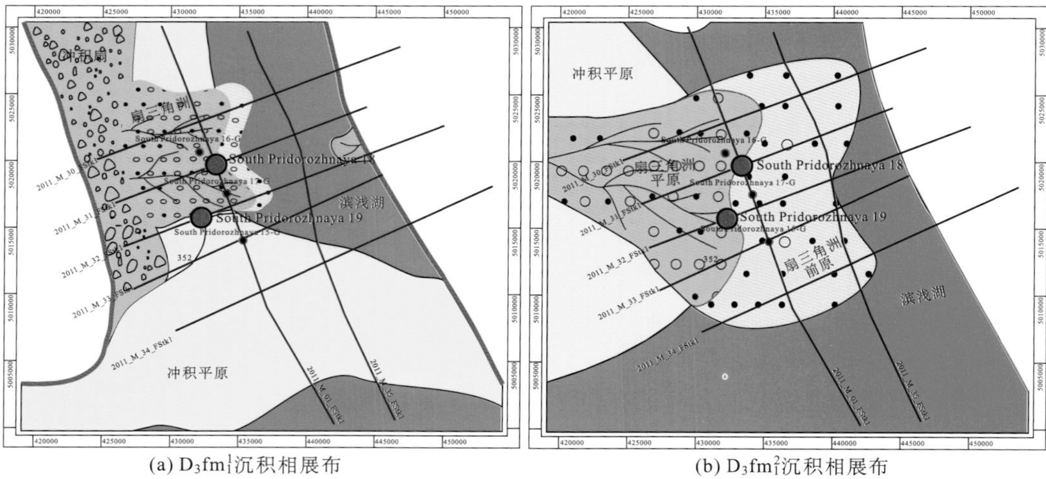

(a) $D_3fm_1^1$沉积相展布

(b) $D_3fm_1^2$沉积相展布

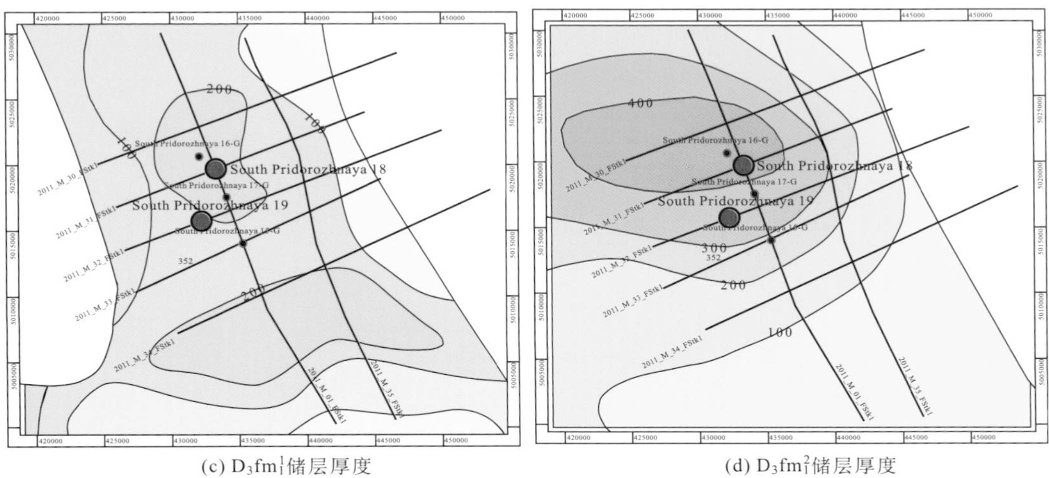

(c) $D_3fm_1^1$储层厚度　　　　(d) $D_3fm_1^2$储层厚度

图 13-3-21　南路边构造泥盆系沉积相和储层展布图

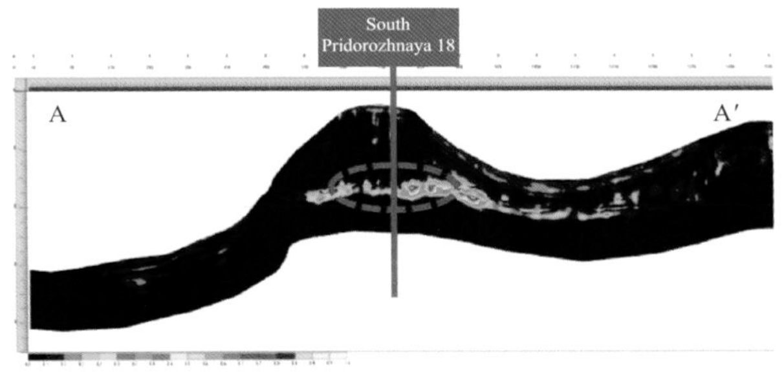

(a) 2011_31测线含油气性检测剖面图

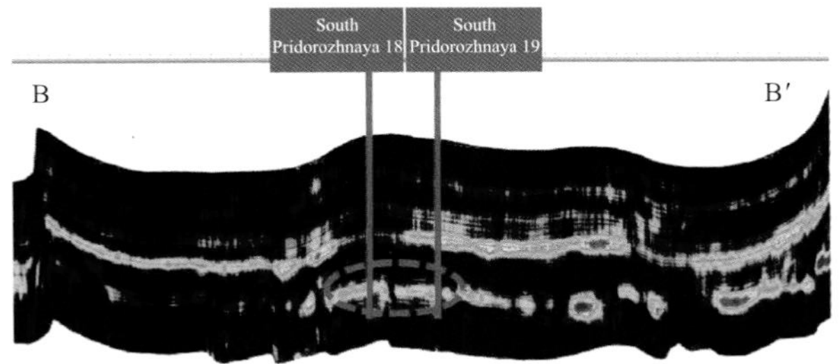

(b) 2011_01测线含油气性检测剖面图

图 13-3-22　南路边构造含气性检测剖面图

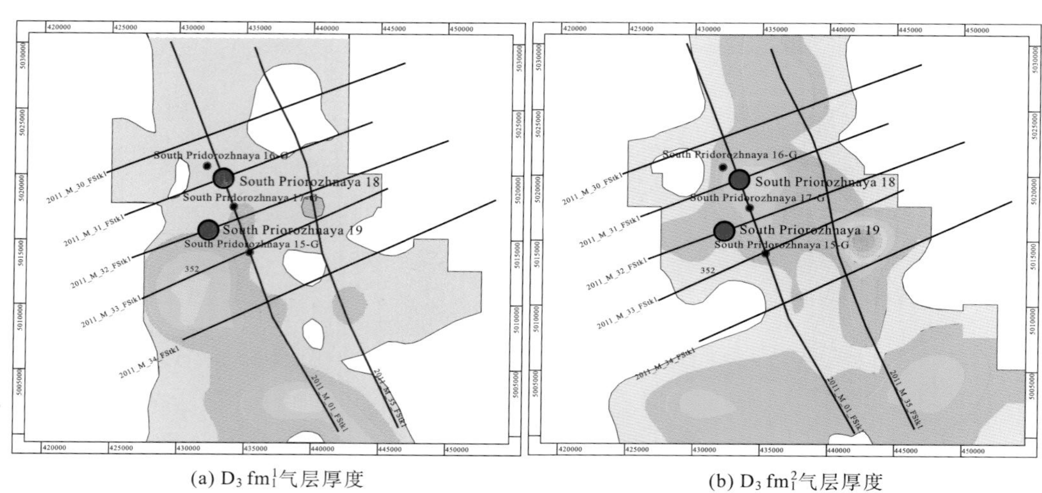

(a) $D_3 fm_1^1$气层厚度　(b) $D_3 fm_1^2$气层厚度

图 13-3-23　南路边构造含气性检测平面图

表 13-3-4　南路边构造探井设计表

探井名称	Pridorozhnaya 18、Pridorozhnaya 19
钻探目的	Pridorozhnaya 18：揭示圈闭的含气性 Pridorozhnaya 19：探边、控制含气范围
设计层位	探索下石炭统 C_1sr、C_1v、D_3fm 的含气性
设计深度	分别为 3200m、3400m
完钻层位	Pz_1
完钻原测	钻穿石系进入 Pz_1 后 50m，未发现油气显示即完钻

3）钻探目的及意义

Pridorozhnaya 18 井主要目的为揭示圈闭的含气性；Pridorozhnaya 19 井主要为探边、控制含气范围。

5. Oppak 富气区探井部署与建议

1）井位与依据

Oppak 构造发育一个比较大的断北斜圈闭，苏联时期在该构造顶部钻探了 Oppak 1-G 探井，该井钻遇断层，在下石炭统试气见地层水，在上泥盆统试气为干层。但是在该构造的西部已经发现一个气田，该气田在下石炭统和上泥盆统气层发育。因此在该构造的圈闭内的斜坡位置及圈闭外部署了两口探井，探索下石炭统礁滩体和下泥盆统致密储层的含气性。井位部署位置如图 13-3-24 所示。

（1）探井处于有利的沉积相上。

Oppak 2、Oppak 3 井在 C_1v 处于碳酸盐岩高能滩发育的有利相带之内，储层发育，厚度超过 160m；同时，在 $D_3 fm_1^2$ 处于三角洲发育的有利相带之内，储层厚度达 100m

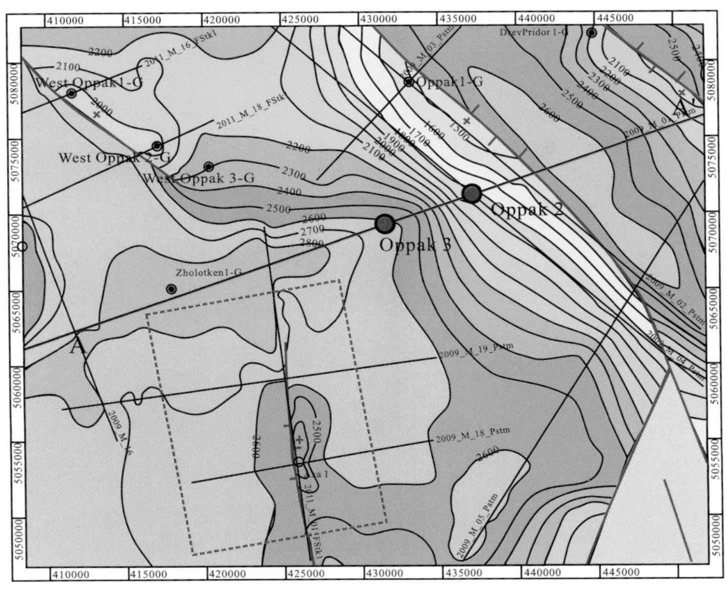

图 13-3-24 Oppak 构造 C_1sr 顶面构造图

左右(图 13-3-25)。

(2) 探井处于裂缝发育部位且储层含气性好。

地震资料重新处理检测含气性和裂缝发育程度结果表明，过两井的地震测线2009_01在剖面上裂缝发育，含气性良好(图 13-3-26)。其中，Oppak 2 井处于该构造的高部位上，裂缝非常发育，在石炭系的几个主要目的层都有很高的含气性。Oppak 3 井目的层钻遇滩较发育的位置，裂缝比较发育。从含气性检测来看，目的层大面积出现流体反演高值区，预测具有很好的含气性。

(3) 探井处于储层含气甜点范围。

依据流体检测结果可知，Oppak 构造含气层厚度稳定分布，在不同层位厚度差异

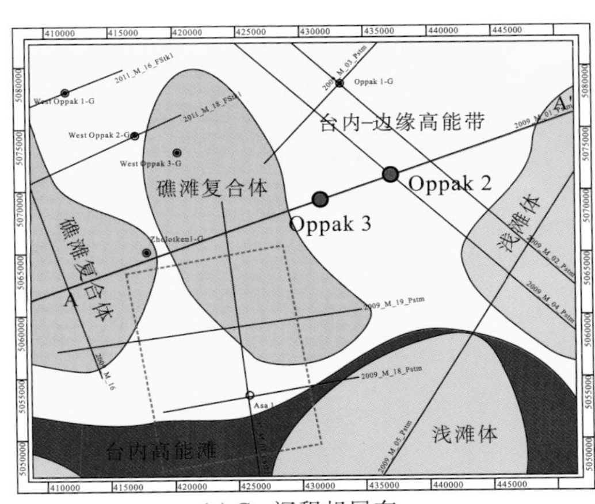

(a) C_1v沉积相展布

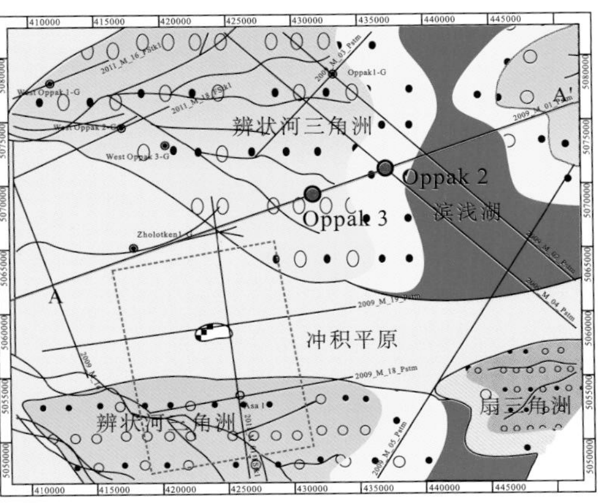

(b) $D_3fm_1^2$沉积相展布

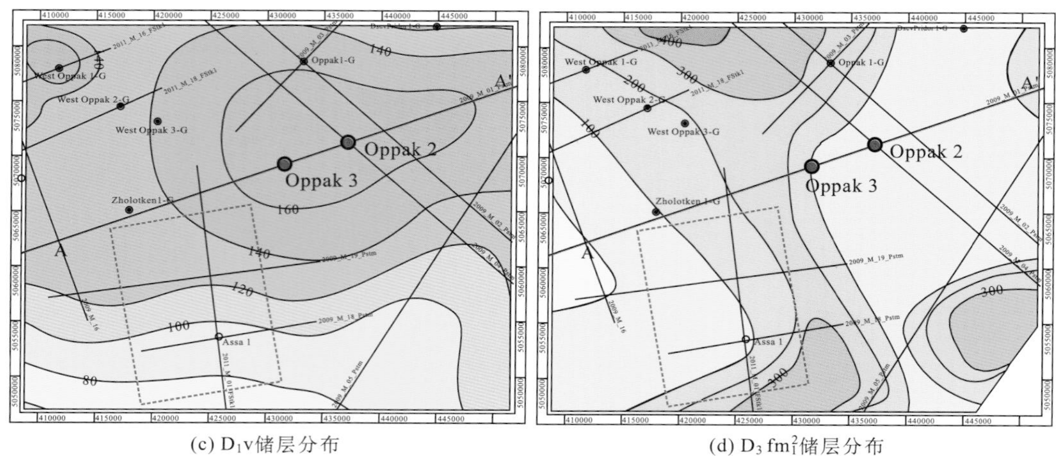

(c) D_1v储层分布

(d) $D_3fm_1^2$储层分布

图 13-3-25　Oppak构造石炭系和泥盆系储层展面图

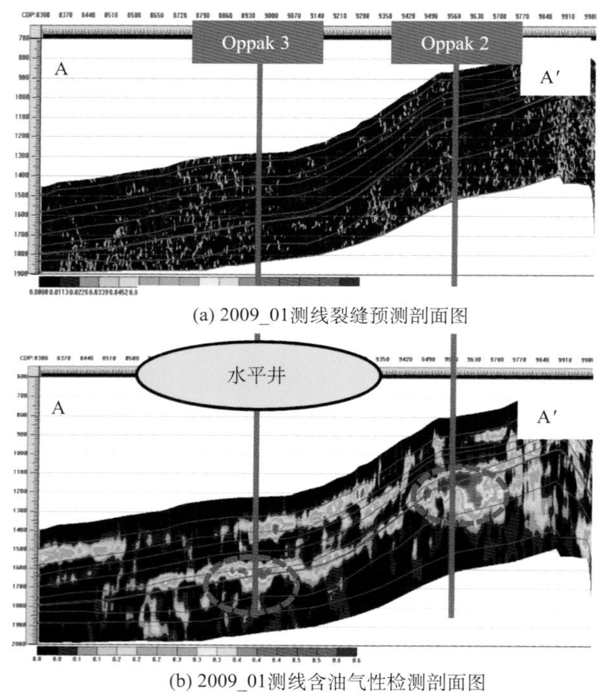

(a) 2009_01测线裂缝预测剖面图

(b) 2009_01测线含油气性检测剖面图

图 13-3-26　Oppak构造裂缝发育和含气性检测剖面图

较大，C_1v含气层最大厚度为80m，分布范围比较大；在$D_3fm_1^2$分布范围相对较小，最大厚度为80m。Oppak 2井处于该构造气层厚度分布最大的部位，Oppak 3井气层厚度相对较小(图 13-3-27)。

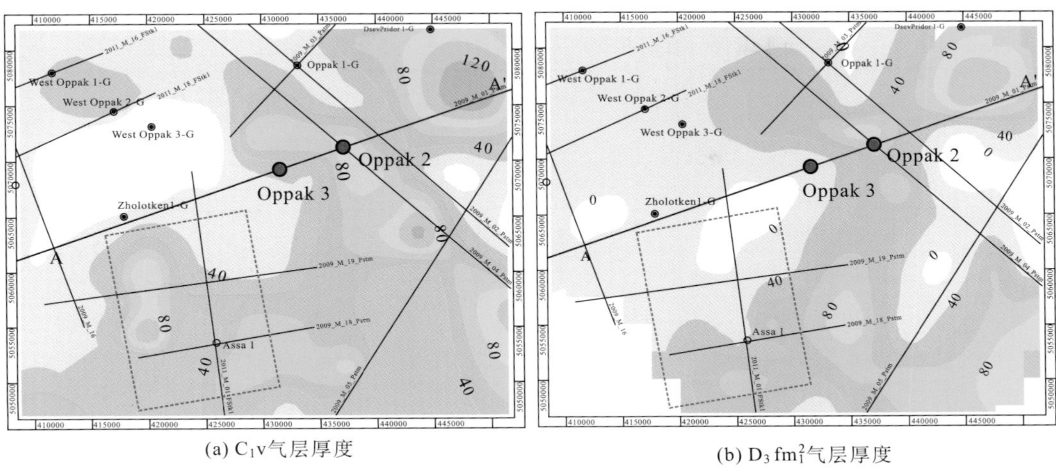

(a) C_1v气层厚度　　(b) $D_3fm_1^2$气层厚度

图 13-3-27　Oppak 构造含气性检测平面图

2）探井设计

根据井位及部署依据，进行探井设计，探井具体设计内容如表 13-3-5 所示。

表 13-3-5　Oppak 构造探井设计表

探井名称	Oppak 2、Oppak 3
钻探目的	Oppak 2：进一步揭示 Oppak 构造的含气性 Oppak 3：探索构造低部位生物礁滩含气性
设计层位	石炭统 C_1sr、C_1v，上泥盆统 D_3fm
设计深度	分别为 2910m、3755m
完钻层位	Pz_1
完钻原测	钻穿泥盆系 D_3fm 进入 Pz_1 后 50m，未发现油气显示即完钻

3）钻探目的及意义

Oppak 2 井为进一步揭示 Oppak 构造的含气性；Oppak 3 井为探索构造低部位生物礁滩气藏。

四、对老井进行改造和测试，快速获取气田开采参数

前已述及，Marsel 探区探井钻井过程中基本都有天然气显示，但是完钻测试后很多井就变成了干层(表 13-3-6)。这种情况很有可能与泥浆比重大、气藏压力小有关。统计表明，钻井泥浆比重平均为 1.18g/cm³，这种情况下，泥浆很有可能将气层堵死，造成不出气的情况。也就是在低渗储层中常见的水锁效应。我国的鄂尔多斯盆地就属于这种情况，在对老井重新测试后其产能普遍提高(图 13-3-28)。

表 13-3-6 Marsel 探区不同层位探井试油情况统计表

层位	井号	试油情况
C_1sr	Tamgalytar 1-G	无阻流量日产 17.27×10⁴m³，二次酸化日产 7.54×10⁴m³
	Tamgalytar 5-G	套测日产 3.57×10⁴m³，初期不产水酸化后累计产水 10.9m³
	North Prodorozhnaya 1-G	钻杆测试，1×10⁴～1.2×10⁴m³
	Ortalyk 1-G	钻杆测试，2.6028×10⁴m³；下套管，无产量
	Ortalyk 3-G	裸测，3×10⁴m³
	West Oppak 2-G	钻杆，弱气：酸化 0.2×10⁴m³
	Pridorozhnaya 2-G	日产 1.6×10⁴m³
	Pridorozhnaya 4-G	日产 2.8×10⁴m³
	Pridorozhnaya 6-G	工业气流 50×10⁴m³
	Pridorozhnaya 12-G	日产 2×10⁴m³
	South Pridorozhnaya 17-G	钻杆测试，估计日产 30×10⁴m³；套测获弱气流
C_1v_3	Kendyrlik 2-G	日产气 80×10⁴～90×10⁴m³，产水 0.8×10⁴m³
	South Pridorozhnaya 15-G	裸测，弱气；封隔器测试，0.5×10⁴～0.8×10⁴m³
	North Prodorozhnaya 1-G	套管测试，产气 0.1×10⁴m³
	Ortalyk 1-G	钻杆测试，3.0032×10⁴m³；下套管，无产量
	Ortalyk 3-G	裸眼，1.17×10⁴m³；下套管，弱气
C_1v_2	South Pridorozhnaya 15-G	裸眼井测试，弱气：封隔器测试 0.5×10⁴～1×10⁴m³
	Ortalyk 3-G	日产气 3×10⁴m³
C_1v_1	Kendyrlik 3-G	DST，弱流动
	North Prodorozhnaya 1-G	钻杆测试，1×10⁴m³
D_3fm	Pridorozhnaya 3-G	日产 101.8182×10⁴m³
	Pridorozhnaya 4-G	日产 7.31×10⁴m³
	Ortalyk 1-G	1.9×10⁴m³(未说明)
	Assa 1	裸眼试气两段，分别为 0.81×10⁴～6.41×10⁴m³，38.35×10⁴～21.5×10⁴m³
	West Oppak 1-G	射孔，3.5×10⁴m³

根据老井复查结果和探井分布情况，这里优选了 6 口井，对重点层位进行重新改造和测试(表 13-3-7)。通过老井的改造和测试，可以快速获取气田开采参数。

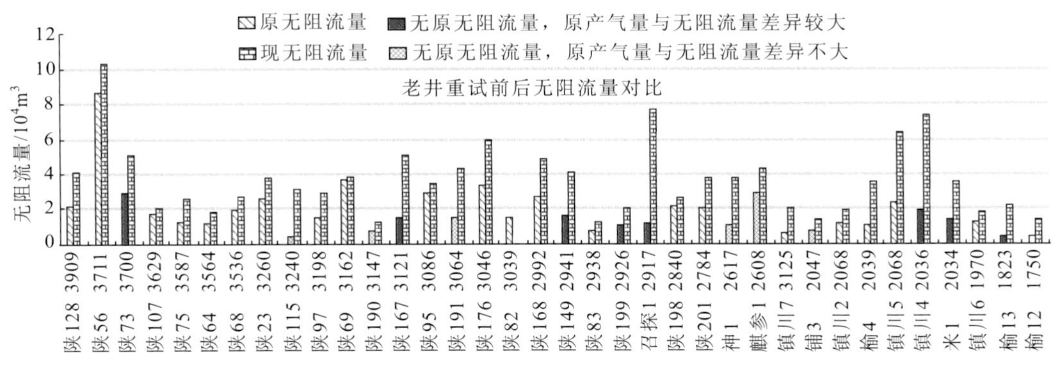

图 13-3-28 鄂尔多斯盆地老井重新测试前后无阻流量对比

表 13-3-7 Marsel 探区老井重新改造测试一览表

序号	井号	建议层段/m	层段及岩性	测试依据/复查结果	改造措施	目的与意义
1	Zholotken 1	2313～2351.2	C_1sr 碳酸盐岩	密度和声波测井显示具备一定孔隙度，深中电阻率测井曲线显示含油气特征，可望区高产	酸化压裂测试	改造储层，获得工业产能
2	WestBulak 1	3153.0～3210.0	$C_1sr+C_1v_3$ 碳酸盐岩	测试显示为大段厚层孔隙型白云质灰岩，井酸化可望获得较好效果	酸化压裂测试	改造储层，获得工业产能
3	Tamgalytar 5-G	2458.0～2481.0	C_1v_3 碳酸盐岩	与泥灰岩互层的云灰岩，中子挖掘效应明显，累计有效厚度大	酸化压裂测试	改造储层，获得工业产能
4	Tamgalytar 1-G	2628.0～2674.0	C_1v_1 碳酸盐岩	大段白云质灰岩缝洞型储层，累计厚度大 47.5m/2 层，物性较好；该井在其上 C_1v_2 测试见到地层水，显示气层特征	酸化压裂测试	改造储层，获得工业产能
5	Assa 1	2032.0～2047.0	C_1sr 碳酸盐岩	录井见明显的气测异常，测井解释缝洞气层厚度大，超过 8m	酸化压裂测试	改造储层，获得工业产能
6	Bugudzhilskaya 1	2299.9～2315.7	$D_3fm_1^1$砂岩	气测异常活跃，岩性纯，声波时差曲线起伏较大，井眼坍塌比较严重，物性好，气层特征	酸化压裂测试	改造储层，获得工业产能

第四节　探明和开发大气田过程中需要特别注意的几个问题

一、钻探过程中要采取措施保护低压含气层

对致密储层钻完井将遵循储层保护为主、酸化和压裂解堵为辅的原则。针对致密砂岩，为降低水锁伤害，可增强钻完井眼体系抑制性、降低滤失、降低滤液的界面张力。对于含微裂缝碳酸盐岩储层，为降低钻井液滤失、水锁、固相颗粒堵塞，可采用暂堵剂、表面活性剂、低密度钻井液体系。

1. 防水锁钻井技术

致密气储层的保护重点是降低水锁效应、减少钻井液滤液的侵入，如用表面活性剂降低气-液-固界面的表面张力。鄂尔多斯盆地大牛地气田低渗致密气田采用了保护储层钻井完井液技术，包括无固相钻井液技术、钻井完井液防水锁技术、用空心玻璃微珠作密度减轻剂实现的近平衡或欠平衡钻井技术、滤饼可自动清除的生物酶完井液技术等。在大牛地气田的DF2、DP4、DP5、DP6和DP11井水平段的施工表明，无固相钻井液具有较高的机械钻速，配合使用防水锁剂，能够有效地解决储层水相圈闭损害严重的问题，可完全满足大牛地气田低压低渗储层开发，生物酶完井液完全满足大牛地低压低渗储层水平井裸眼完井的需要，可快速分解无固相钻井液泥饼，使储层渗透率快速恢复至85%以上(薛玉志等，2009)。同时，井底压差越低，钻井液对储层的伤害越小，最好能实现近平衡或欠平衡钻井。在无法实现欠平衡钻井条件下，以近平衡钻井为主。针对DF2井山1-2气层进行水基无黏土漂珠钻井液近平衡试验，钻井液密度保持在0.97～1.05g/cm^{3}来降低井底压力，尽量减少钻井液滤液侵入地层的深度。完井采用生物酶完井液消除滤饼堵塞。该井首次在大牛地地区山1气层获得自然产能。完井测试表皮系数为−2.3，单井配产可达50000m^3/d(李公让等，2010)。

2. 欠平衡钻井技术

欠平衡钻井是指在钻井过程中保持钻井液柱作用在井底的压力(包括钻井液柱的静液压力、循环压降和井口回压)低于地层孔隙压力的钻井技术。欠平衡钻井又分为：气体钻井、雾化钻井、泡沫钻井、充气钻井、淡水或卤水钻井液钻井、常规钻井液钻井和泥浆帽钻井。由于欠平衡钻井保持了井筒压力低于地层压力，大大减轻了钻井液滤液在压差作用下向储层中的渗滤，能够对储层起到较好的保护作用。欠平衡钻井应用结果表明，钻速可以提高4～10倍，钻头寿命提高1倍以上，增产3倍以上，大大减少储层的损害，同时有利于发现新的储层，获得更高的产能，欠平衡还可以进行随钻评价，确定气层特征，对气藏进行前期的描述。欠平衡钻井在致密气藏钻井中得到广泛应用，美国欠平衡钻井占总钻井数的比例已达到30%。

影响欠平衡钻进的决定性因素是地层出水情况和井壁稳定性。欠平衡钻井在南哈大气田的应用还存在一些挑战：①缺乏对地层细致准确的了解(地层压力、井壁稳定性、

出水量)；②储层不单一，而且层与层之间夹着大段的盐膏岩；③含有微量的硫化氢，有一定的风险。此外，由于欠平衡钻井对设备和技术要求高，成本高，需要专业服务团队，目前南哈地区实施欠平衡钻进有较大困难。建议南哈采用近平衡钻进，采用空心微珠和充气降低钻井液密度实现近平衡。

二、试采前要采取酸化和压裂等措施改造致密储层物性

即使采用严格的储层保护技术，气井仍不可避免地存在一定的伤害，并主要发生于井壁和近井地带。通过酸洗可部分解除近井地带的伤害，进行解堵，深部地层则需要通过酸化和压裂对储层进行改造才能获得商业性油气流，致密砂岩储层主要采用水力压裂，而致密灰岩储层则主要采用酸化压裂。同时，可辅以负压射孔，增强压裂液的抑制性和配伍性，降低固相残渣，加强压裂液返排。

1. 致密砂岩储层改造技术

1）基质酸化解堵

基质酸化的目的是利用酸液溶解砂岩孔隙及喉道中的胶结物和堵塞物，改善储层渗流条件，提高油气产能。它是在不压破地层的情况下将酸液注入地层孔隙(晶间、孔穴或裂缝)的工艺，典型砂岩酸化注酸程序一般包括前置液、处理液、后置液和顶替液。

常用的酸液有常规土酸、氟硼酸、有机土酸和缓冲土酸等。常规土酸是由一定浓度的 HCl、HF 和添加剂组成，溶蚀与解堵作用强，缺点是酸岩反应速度快，作用距离有限，易酸垮井壁。氟硼酸进入地层后，通过多级水解缓慢生成 HF，凡是氟硼酸能达到的深度都有 HF 生成，这样可增加活性酸的穿透深度，达到深度酸化的目的。有机土酸是用有机酸置换常规土酸中的部分 HCl，降低 HCl 的使用浓度，利用强酸抑制弱酸，达到缓速的目的，该方法可用于高温井酸化。

缓冲土酸酸化工艺：该体系由有机酸及其氨盐和氟化氨按一定的比例组成，通过弱酸和弱酸盐的缓冲作用，控制在地层中生成的 HF 浓度，使处理液始终保持较低 PH，从而达到缓速的目的。

2）低浓度瓜胶压裂技术

现有压裂液 95%以上为瓜胶体系，瓜胶浓度为 0.4%～0.5%，对储层的损害较大，0.45%瓜胶压裂液对支撑带的损害率达到 45%以上，降低瓜胶浓度可以降低对致密砂岩气藏的损害。

低浓度瓜胶压裂技术的关键是与之配套的交联剂，必须能够使聚合物分子之间产生较强的三维空间网络结构，即液体的弹性大大增加，但摩擦阻力增加不大。长链螯合多极性交联剂不但可使交联反应均匀进行，形成更高更稳定的黏弹性网络结构，而且有效地控制交联反应速度，达到高温延迟交联的效果。它使较低浓度的羟丙基胍胶形成有效交联冻胶，交联时间可控，形成的冻胶弹性大于黏性，剪切稳定性良好，胍胶浓度可低至 0.15%～0.20%，耐温能力大于 50℃，交联 0.3%HPG，耐温大于 120℃。为了保证超低浓度压裂液的携砂和破胶性能，优选了复合型破胶剂——胶囊破胶剂＋过硫酸铵破

胶剂，保证压裂液顺利破胶的同时还能够满足压裂过程中的携砂要求。此技术适用于致密油气藏和水敏性较弱油气藏。

3）清洁压裂液压裂技术

清洁压裂液是一种基于黏弹性表面活性剂的溶液，它采用短链分子、化学离子和pH值来实现压裂液分子缔合与破胶，其优点：①无需其他压裂液化学破胶添加剂，不再需要破胶剂，易返排；②具极好的液体滤失控制，滤液渗入的深度最小，易清理；③不破坏支撑剂充填层，保留很高的裂缝导流能力；④液体配制简便，可回收再利用，降低成本，减少污染。

黏弹性表面活性剂清洁压裂液主要成分包括黏弹性表面活性剂(VES)、胶束促进剂和盐，VES一般为长链脂肪酸衍生物季铵盐表面活性剂，球型胶束可转化成蠕虫状或棒状胶束，具有相互缠绕的三维空间网状结构。它的液体黏度低，但依靠流体的结构黏度，能有效地输送支撑剂，同时能降低摩阻力。它主要适用于中低温储层(≤100℃)致密砂岩压裂。

4）CO_2压裂技术

CO_2泡沫压裂液是由液态CO_2、水冻胶和各种化学添加剂组成的液-液两项混合体系，在向井下注入过程中，随温度升高，达到31℃临界温度以后，液态CO_2开始气化，形成以CO_2为内相，含高分子聚合物的水基压裂液为外相的气液两相分散体系。它的优点是：①增能助排，提高排液速度和返排率，减少水锁效应；②混合液黏度高、携砂性能好；③酸性液，能够有效抑制黏土膨胀；④减小毛细管力和地层对压裂液的吸渗作用。

通过起泡剂和高分子聚合物的作用，大大增加泡沫流体的稳定性能，泡沫压裂液低密度、低滤失、易返排，且冻胶液体体系具有酸性环境下的可交联能力。该液体体系对温度变化具有较强的适应能力。它适用于水敏性、中温和浅中深的致密砂岩地层。

5）醇基压裂液压裂技术

针对致密砂岩气藏水锁伤害，醇基压裂液可以大幅度降低低渗气藏含水饱和度，有效降低水相滞留等水锁伤害，同时补充地层能量，助排能力强，改善裂缝导流能力。醇类具有低表面张力、低沸点、低密度及防黏土膨胀等特点，可降低体系的表面张力、毛管力和含水饱和度，有效解除水锁效应并增加排液速率，从而改善高温深层条件下气相渗流条件，增加气相渗透率。

醇基压裂液一般用可溶于20％～50％甲醇水溶液的稠化剂，该压裂液体系破胶彻底，返排效果好，对地层伤害小。它适用于低压、水敏性致密气藏。

6）纤维悬砂压裂液压裂技术

常规聚合物交联压裂液控制缝高，需降低压裂液黏度，会导致悬砂性变差而影响裂缝的有效支撑；为保证悬砂性，需提高压裂液黏度，会导致缝高控制困难，容易压窜及降低裂缝的有效性；此外聚合物压裂液破胶后含残渣，对地层和支撑带伤害较大。

纤维清洁压裂能够最大限度地保持裂缝导流能力，适用于致密性油气藏压裂，可降解纤维能增大支撑剂充填层清洁度机理：

(1) 纤维的引入允许压裂液中聚合物浓度降低，减少了遗留在充填层内的聚合物，降低了聚合物对裂缝的伤害。

(2) 纤维化学降解机理——加入到压裂液中的纤维，具有在高温下能降解溶于水的特殊性质。另外溶解的纤维还可以降低压裂液的 pH 值，有助于破胶和压裂液的返排。

2. 致密碳酸盐岩储层改造技术

对碳酸盐岩酸化的主要目的是形成酸蚀孔隙或开启状态的裂缝，增产效果取决于酸化形成的裂缝长度和导流能力。酸液沿碳酸盐岩裂缝运移的距离受酸岩反应速率、滤失特性和裂缝内酸液的对流控制。酸液缓速作用有助于形成较深的孔洞和深长裂缝，缓速作用越强，达到孔洞酸蚀终端的酸液浓度就越高，酸蚀碳酸盐岩的作用就越好。

1) 酸化解堵

酸化解堵是在不压开地层的情况下，利用酸液溶解碳酸盐岩储层近井周围钻井泥浆侵入带来的污染物，疏通天然裂缝，解除近井堵塞，恢复油气井产能。它适用于储层物性好、孔隙发育、钻井和完井过程储层受污染伤害严重的储层。

常用的酸液有常规盐酸、稠化酸和清洁转向酸等。常规酸由 HCl 和其他添加剂组成，酸岩反应速度处，酸化半径短；稠化酸向酸液中加入稠化剂，因此鲜酸具有一定黏度，酸岩反应速度比常规酸慢，可进行深部酸化，用于高温深井储层；清洁转向酸，酸液靠黏弹性表面活性剂形成胶束变黏，不含聚合物，遇烃类物质自动破胶，它主要用于裂缝性储层、水平井均匀布酸酸化。

2) 胶凝酸酸压技术

稠化酸即向酸液中加入稠化剂，由于酸液具有一定黏度，酸岩反应速率比常规酸慢，另外增黏可降低酸液滤失，形成较长的酸蚀缝长，有利于沟通深部储层。稠化酸的残酸黏度较低，便于返排，对储层伤害较低，摩阻小，可提高排量施工。

稠化剂要求易溶解于盐酸中，便于现场配制，鲜酸黏度 30～40mPa・s，而且反应后残酸黏度低，破胶较彻底，对储层伤害低。一般适用于中渗储层的酸压，酸蚀缝长在 20～50m，在高渗地层除解除伤害之外，如需要获得一定的酸蚀缝长，也可以考虑采用稠化酸，在低渗及返排困难的储层使用稠化酸要慎重。

3) 温控变黏酸酸压技术

温控变黏酸的特点：在鲜酸条件下开始变黏，可减少近井蚓孔生成，保证降滤缓速效果，提高有效作用距离；充分结合温度场的变化规律，利用温度控制增黏；确保酸液破胶彻底，保护储层；现场易配制；鲜酸低黏低阻易泵送；外加活化剂，施工工艺现场可随机调整；酸岩反应速度比普通胶凝酸延缓 3～5 倍。

酸液主剂为线性聚合物，其主链为线性，带支链；常温下酸液黏度小，降阻性好；酸液沿程吸收热量，温度升高，在温度与活化剂作用下发生链增长或链连接，酸液黏度迅速增大。储层温度下 1～2h 后，分子自动断链，降解破胶。该酸液适用储层温度为 70～150℃，适用于裂缝性、溶洞型碳酸盐岩储层的远距离、深穿透大型酸压施工。

4) 清洁转向酸酸压技术

清洁转向酸的特点：酸液变黏不依赖聚合物，而是通过黏弹性表面活性剂形成胶束；变黏后遇到烃类物质可以快速彻底破胶，破胶后酸液黏度和界面张力低，易于返排；不但能够实现长井段的均匀布酸、裂缝性储层的“网络”酸化，而且对储层无伤害，达到清洁酸化、高效改造的目的。

酸液中特殊的黏弹性表面活性剂在酸液与岩石反应后，可以迅速缔合成巨型胶束结构，使残酸黏度大幅度增加，实现暂堵转向；残酸与烃类物质或大量水接触后，巨型胶束结构迅速转变为很小的球状胶束，使残酸黏度迅速下降，利于酸液向深部推进或返排。它适用储层温度 70～160℃，水平井、长井段直井裂缝性碳酸盐岩储层。

5)纤维暂堵转向酸压技术

碳酸盐油气藏非均质性强，若地层最大主应力方位、天然裂缝发育方位及非均质发育的储集体相对于井眼的方位等匹配不一致，且存在转向造缝的可能时(最大最小主应力差较小)，通过高浓度纤维暂堵已形成裂缝，提高注入压力，迫使裂缝在其他方向开裂并延伸，以增加沟通机率来提高酸压效果。可降解纤维作为暂堵转向剂，能够暂堵人工裂缝，在裂缝中形成滤饼，如图 13-4-1 所示，一定时间内地层温度下可自动降解，对地层损害小。它适用于非均质性强碳酸盐油气藏的酸压施工。

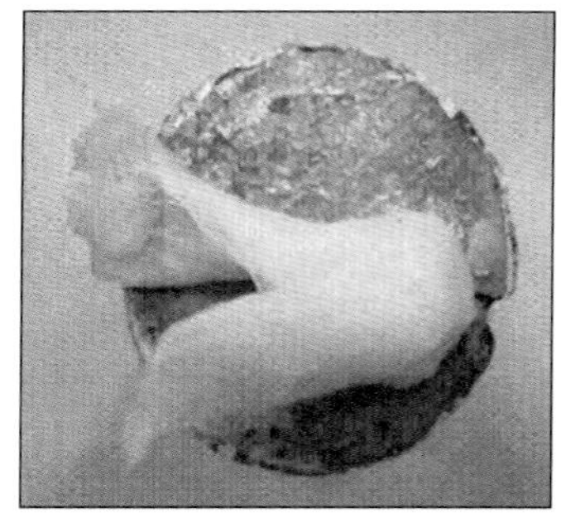
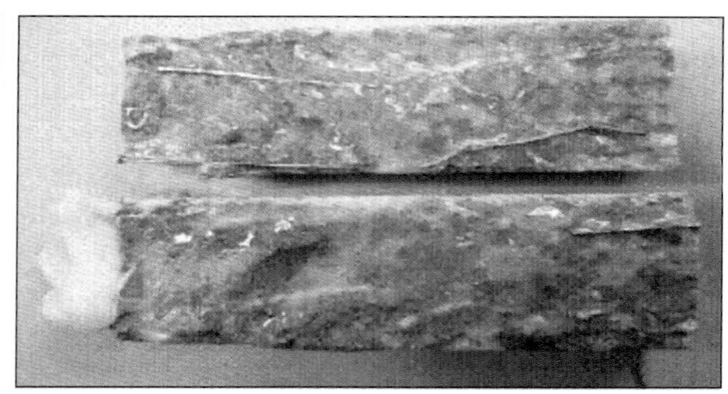

图 13-4-1　纤维堵堵裂缝效果及形成滤饼图

三、采用水平井或复杂结构井开发大气田可获得更好成效

复杂结构井，是以水平井为基本特征的系列井型，包括水平井、双水平井、大位移井、多分支井、U 形井、连通井及多功能组合井等。复杂结构井在油气开发中具有广泛的重要用途，如应用复杂结构井可以有效扩大储层泄油气面积、连通断块构造及实现储层应力卸载等，最大限度地疏通油气“管道”及改善储层渗透率等，从而大幅度提高油气田的单井产能及最终采收率(高德利，2011)。

水平井被誉为石油工业革命性的技术进步，已载入历史史册。以水平井为基本特征的复杂结构井更是受到世界石油工业界的普遍重视，在美国、加拿大等西方发达国家已成为高效开发油气资源(特别是低渗透、非常规及滩海、海洋等复杂油气田)的主流井型，并已在许多国家和地区实现了产业化。近年来，复杂结构井更新速度加快，实现了工程为地质油藏服务的目标，获得了较大的经济效益。

对于 Marsel 探区而言，第十二章通过直井开发方案和水平井开发方案进行了经济评价，C级储量直井开发基础方案经济评价结果显示，其净收益投资比为1.79，投资回收期8.7年，内部收益率15.84%，净现值@10%为80亿元；C级储量水平井开发基础方案经济评价结果显示，其净收益投资比为3.79，投资回收期7.2年，内部收益率29.54%，净现值@10%达195亿元；C级储量水平井开发低方案经济评价结果显示，其净收益投资比为2.18，投资回收期7.9年，内部收益率19.83%，净现值@10%达106亿元；C级储量水平井开发高方案经济评价结果显示，其净收益投资比为7.13，投资回收期6年，内部收益率43.35%，净现值@10%达310亿元。由此可见，采用水平井进行开发，具有净收益投资比高、投资回收周期短、内部收益率高、净现值@10%高等明显优势。因此，Marsel探区采用水平井或复杂结构井对气田进行开发，具有十分重要的意义及可观的价值。

参考文献

高德利．2011．复杂结构井优化设计与钻完井控制技术．北京：中国石油大学出版社．

李公让，蓝强，张敞辉，等．2010．低渗砂岩储层水平井伤害机理研究及钻井实践．石油钻探技术，38(6)：60-64．

薛玉志，刘宝峰，李公让，等．2009．大牛地气田保护储层钻井完井液技术研究．钻井液与完井液，26(3)：5-8．

附录一　南哈井位部署建议及新钻探井测井解释结果表

正文已经述及，在对哈南探区开展研究过程中，通过对该区天然气成藏地质条件和已发现气藏的系统剖析，认为该区属于“叠复连续型气藏”。在这一理论认识的指导下，预测了南哈探区天然气有利富集成藏区带，并结合地质预测、地球物理反演等，在南哈探区部署探井 12 口。目前已经完钻探井 7 口，其中，完全钻的 7 口探井中 4 口经测试都获得了工业气流，3 口有气显示。这 7 口井在构造高点、斜坡和凹陷区都有。这些探井的成功钻探和测试也充分证明了“叠复连续型气藏”理论的正确性。相关井位、完钻探井及测井解释情况详见附图 1 和附表 1～附表 8。

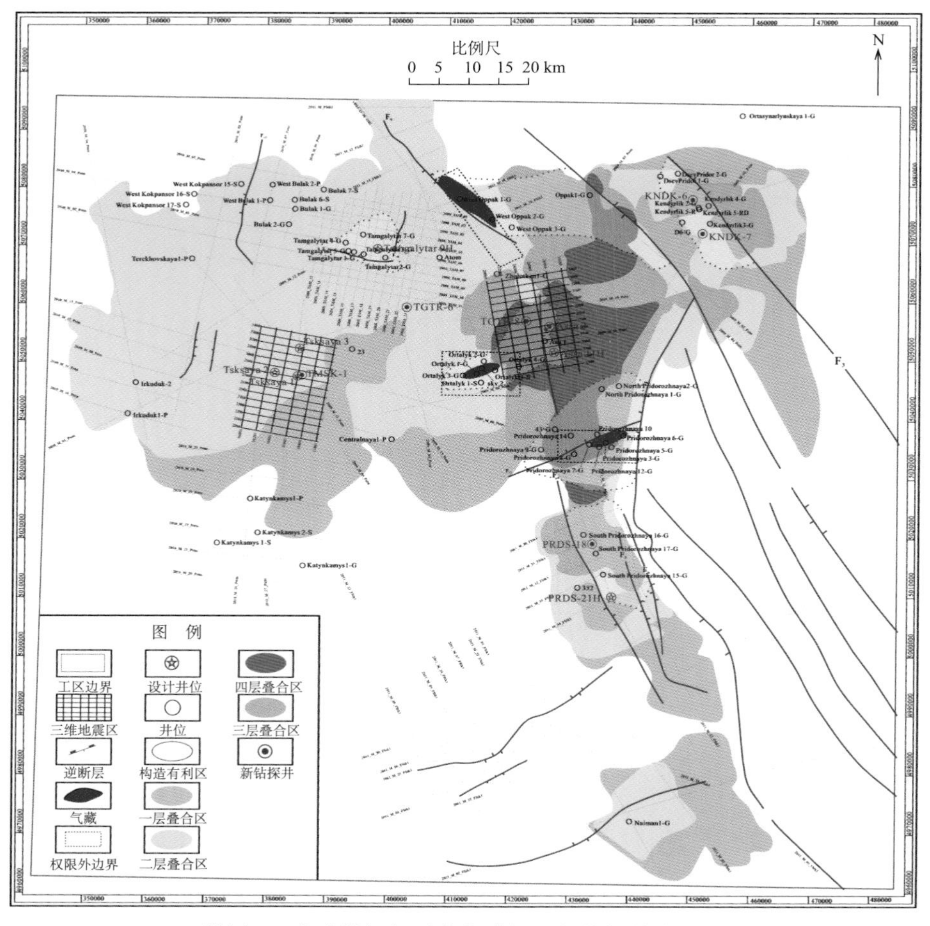

附图 1　南哈勘探部署井位建议及新钻探井分布图

附表 1 南哈探井部署及已钻探井统计表

圈闭(构造)	设计井	井别	目的层系	钻探目的	钻探情况
Assa	Assa 2	预探井	D_3，C_1	探边，扩大 Assa 构造储量规模	完钻，工业气流
	TGTR-8	预探井	C_1，D_3	预探连续型致密气藏	完钻，准备试气
	Assa 11H	水平井	D_3	获得高产，为开发提供参数	待钻
Kendrylik	KNDK 6	评价井	C_1	探边，扩大此构造储量规模	完钻，工业气流
	KNDK 7	评价井	C_1	预探连续型致密气藏	完钻，准备试气
Tamgalynskaya	TMSK 1	预探井	C_1，Pz_1	揭示新构造的含气性，发现气田	完钻，显示
	TMSK 2	预探井	C_1，Pz_1	预探连续性致密气藏，兼探 Pz_1	待钻
	TMSK 3	预探井	C_1	构造探边，兼探岩性气藏	待钻
Tamgalytar	TGTR 6	预探井	C_1，D_3	预探连续性致密气藏	完钻，工业气流
	TGTR 9	水平井	C_1	获得高产，为开发提供参数	待钻
South Pridoro	PRDS 18	预探井	C_1，D_3	获得气层参数，计算储量	完钻，工业气流
	PRDS 21H	水平井	C_1	获得高产，为开发提供参数	待钻

附表 2 南哈新钻探井 Assa 2 井测井解释结果表

层位	层号	深度/m		厚度/m	深电阻率/(Ω·m)	泥质含量/%	孔隙度/%	含气饱和度/%	渗透率/mD	解释结论
C_{2-3}	1	1715.1	1716.9	1.8	26.41	29.49	4.71	0.00	1.04	干层
	2	1730.7	1734.2	3.5	17.76	18.79	6.53	0.00	1.62	干层
	3	1750.5	1755.9	5.4	21.44	18.43	4.56	0.00	0.28	干层
	4	1789.9	1791.4	1.5	81.41	24.76	4.20	7.09	0.55	干层
	5	1812.4	1816.2	3.8	26.49	20.41	4.17	0.57	0.30	干层
	6	1837.4	1840.8	3.4	33.76	33.86	3.21	0.69	0.46	干层
	7	1850.8	1851.7	0.9	39.00	24.89	1.10	0.00	0.10	干层
	8	1859.3	1863.4	4.1	16.33	10.93	11.60	8.84	11.57	水层
	9	1868.4	1871.4	3.0	32.01	23.98	4.28	0.00	0.25	干层
	10	1879.2	1881.2	2.0	70.99	22.82	0.15	0.00	0.10	干层
	11	1887.9	1890.5	2.6	46.78	22.51	2.97	0.00	0.11	干层
	12	1892.3	1897.9	5.6	68.59	29.28	1.56	0.16	0.11	干层
	13	1903.2	1905.9	2.7	22.65	18.06	5.00	0.00	0.43	干层
	14	1907.5	1910.6	3.1	21.56	19.07	5.30	0.00	0.50	干层
	15	1919.8	1929.2	9.4	17.59	19.74	6.10	0.00	1.18	水层
	16	1930.5	1950.0	19.5	39.13	15.85	5.92	0.00	1.38	水层
	17	1951.8	1953.7	1.9	59.38	24.91	2.82	0.00	0.10	干层
	18	1957.9	1960.3	2.4	21.57	25.49	4.49	0.00	0.29	干层

续表

层位	层号	深度/m		厚度/m	深电阻率/(Ω·m)	泥质含量/%	孔隙度/%	含气饱和度/%	渗透率/mD	解释结论
C_{2-3}	19	1962.4	1970.3	7.9	13.12	16.67	9.31	0.02	5.04	水层
	20	1985.6	1986.8	1.2	20.79	16.89	3.99	0.00	0.17	干层
	21	1989.9	2000.5	10.6	6.15	14.70	11.78	0.00	14.22	水层
	22	2003.9	2007.7	3.8	25.78	31.59	3.36	0.00	0.17	干层
	23	2009.9	2024.1	14.2	8.38	14.63	10.21	0.00	11.62	水层
C_2ts	24	2038.3	2042.9	4.6	100.28	16.10	5.57	26.31	0.80	水层
	25	2046.0	2049.6	3.6	77.42	20.51	8.42	33.40	4.01	二类气层
	26	2061.1	2064.0	2.9	214.48	9.84	7.05	25.62	2.26	水层
	27	2073.6	2081.0	7.4	245.37	12.37	3.65	23.47	0.17	水层
	28	2088.0	2092.3	4.3	89.60	10.79	8.17	32.95	3.02	二类气层
	29	2094.5	2104.8	10.3	88.06	13.85	6.96	35.38	1.76	二类气层
	30	2119.5	2128.0	8.5	37.48	23.42	9.58	26.94	5.80	水层
C_1sr	31	2160.1	2163.9	3.8	241.72	17.38	8.26	61.49	3.41	一类气层
	32	2165.4	2168.9	3.5	272.98	9.70	8.64	70.19	3.76	一类气层
	33	2214.2	2222.0	7.8	1245.00	8.38	3.13	49.71	0.18	二类气层
	34	2225.7	2236.3	10.6	1587.30	7.71	5.45	70.55	0.75	一类气层
	35	2236.3	2243.1	6.8	843.90	8.53	3.36	50.43	0.14	二类气层
	36	2247.3	2276.0	28.7	442.59	11.26	3.50	40.54	0.20	二类气层
	37	2286.1	2309.1	23.0	328.49	6.62	4.91	50.13	0.42	二类气层
	38	2309.1	2319.0	9.9	210.49	8.63	6.19	47.40	1.53	一类气层
	39	2325.7	2328.4	2.7	238.69	10.82	5.12	48.82	0.62	一类气层
	40	2340.0	2342.1	2.1	761.98	14.66	5.60	82.68	0.61	一类气层
	41	2347.4	2355.6	8.2	294.44	13.63	3.49	53.80	0.23	二类气层
	42	2357.4	2358.9	1.5	169.09	14.57	3.39	50.02	0.11	二类气层
C_1v_3	43	2376.8	2379.1	2.3	1194.60	8.03	2.98	70.46	0.11	二类气层
	44	2380.8	2386.0	5.2	76.80	12.20	9.79	69.17	8.65	一类气层
	45	2387.8	2389.5	1.7	29.94	15.27	10.90	67.86	10.52	一类气层
	46	2397.1	2405.8	8.7	149.27	6.07	7.76	71.77	9.05	一类气层
	47	2415.6	2419.2	3.6	45.51	13.42	8.91	48.84	7.26	一类气层
	48	2420.4	2429.3	8.9	235.34	8.37	4.01	44.06	0.45	二类气层
	49	2430.2	2433.9	3.7	82.16	12.69	5.33	40.17	0.69	一类气层
	50	2443.1	2451.0	7.9	1543.90	5.38	2.42	67.01	0.11	二类气层
	51	2460.3	2470.6	10.3	1498.40	7.22	3.54	60.04	0.79	二类气层

续表

层位	层号	深度/m		厚度/m	深电阻率/(Ω·m)	泥质含量/%	孔隙度/%	含气饱和度/%	渗透率/mD	解释结论
C_1v_2	52	2470.6	2474.7	4.1	702.37	10.50	5.00	50.88	1.59	一类气层
	53	2477.2	2482.9	5.7	1249.30	7.58	4.56	62.36	1.45	一类气层
	54	2487.7	2497.0	9.3	968.35	9.35	3.36	53.29	0.30	二类气层
	55	2500.2	2506.6	6.4	528.49	8.07	3.37	54.91	0.23	二类气层
	56	2510.5	2516.8	6.3	281.25	14.43	4.10	47.86	0.27	二类气层
	57	2516.8	2521.7	4.9	105.29	16.26	5.93	54.30	0.80	一类气层
	58	2521.7	2525.1	3.4	193.07	18.11	4.22	55.93	0.20	二类气层
	59	2525.1	2528.5	3.4	129.47	14.26	5.98	58.76	0.88	一类气层
	60	2537.7	2546.8	9.1	729.29	10.10	4.39	65.50	0.35	二类气层
	61	2563.5	2571.8	8.3	106.89	10.29	7.83	48.64	4.93	一类气层
	62	2571.8	2576.4	4.6	626.36	6.96	4.14	52.16	0.19	二类气层
	63	2576.4	2579.4	3.0	168.74	8.12	6.26	46.66	1.25	一类气层
	64	2579.4	2586.0	6.6	501.06	6.35	3.92	47.89	0.22	二类气层
	65	2590.9	2596.0	5.1	257.53	6.72	4.95	50.24	0.35	一类气层
C_1v_1	66	2600.7	2616.4	15.7	5635.20	5.42	3.12	70.68	0.12	二类气层
	67	2616.4	2626.0	9.6	462.66	6.82	6.25	53.22	2.06	一类气层
Pz	68	2737.1	2742.6	5.5	10453.00	7.90	3.22	67.03	0.21	二类气层

附表 3 南哈新钻探井 KNDK 6 井测井解释结果表

层位	层号	深度/m		厚度/m	井径/cm	浅电阻率/(Ω·m)	深电阻率/(Ω·m)	自然电位/mV	自然伽马/API	声波时差/(μs/m)	泥质含量/%	孔隙度/%	含气饱和度/%	渗透率/mD	解释结论
$C_{2\text{-}3}$	1	1194.4	1198.2	3.8	25.37	21.51	21.87	59.69	79.32	212.27	12.52	1.72	0.00	0.10	干层
	2	1200.7	1205.2	4.5	22.67	18.01	19.15	58.65	81.16	212.95	10.53	2.11	0.00	0.10	干层
	3	1205.9	1208.1	2.2	23.62	22.84	22.82	57.66	70.59	204.10	6.83	1.74	0.00	0.10	干层
	4	1215.5	1223.0	7.5	24.22	18.33	18.82	57.61	82.24	213.47	12.53	1.75	0.00	0.10	干层
	5	1229.9	1241.9	12.0	22.34	19.34	20.67	58.27	73.76	210.95	7.42	2.70	0.00	0.10	干层
	6	1248.4	1262.8	14.4	22.90	26.82	27.86	56.76	76.41	207.59	8.50	1.83	0.00	0.10	干层
	7	1272.2	1281.6	9.4	22.45	27.28	27.21	55.85	81.18	206.06	10.42	1.26	0.00	0.10	干层
	8	1287.5	1299.4	11.9	22.46	15.14	14.95	52.00	78.59	213.41	9.23	2.51	0.00	0.11	干层
	9	1308.5	1314.4	5.9	22.70	14.56	14.44	51.02	82.45	223.64	9.71	4.01	0.24	0.20	干层
	10	1321.5	1326.3	4.8	23.40	15.68	16.40	54.31	83.64	211.71	10.78	1.97	0.00	0.10	干层
	11	1338.9	1344.8	5.9	22.25	19.44	16.71	47.70	75.74	220.79	7.18	4.25	0.00	0.26	水层
	12	1346.0	1348.9	2.9	22.77	10.89	9.71	49.16	77.93	223.99	7.88	4.58	0.00	0.21	水层
	13	1350.4	1365.1	14.7	23.01	22.66	22.36	54.99	84.26	210.97	11.02	1.91	0.00	0.10	干层
	14	1373.1	1377.9	4.8	22.52	11.68	13.00	54.63	77.63	217.29	8.05	3.56	0.00	0.19	干层
	15	1382.7	1390.8	8.1	24.21	80.30	82.00	57.38	91.31	209.21	16.23	0.85	0.00	0.10	干层
	16	1399.6	1403.4	3.8	22.90	272.04	278.03	60.26	48.90	187.08	15.50	1.34	2.70	0.10	干层
C_2ts	17	1442.5	1444.1	1.6	23.34	98.02	113.06	61.93	35.15	188.01	8.73	3.36	13.79	0.17	水层

续表

层位	层号	深度/m		厚度/m	井径/cm	浅电阻率/(Ω·m)	深电阻率/(Ω·m)	自然电位/mV	自然伽马/API	声波时差/(μs/m)	泥质含量/%	孔隙度/%	含气饱和度/%	渗透率/mD	解释结论
C_1sr	18	1521.2	1524.9	3.7	22.12	557.08	1015.20	59.04	20.60	189.25	3.58	5.67	59.88	0.69	一类气层
	19	1527.8	1531.2	3.4	22.12	431.12	491.26	58.34	31.26	176.19	8.06	2.89	41.04	0.10	二类气层
	20	1534.2	1535.7	1.5	22.16	30.87	32.99	67.29	48.37	212.28	17.33	4.90	38.51	0.51	二类气层
	21	1537.6	1542.6	5.0	22.05	109.60	102.37	63.06	40.67	189.21	12.76	2.74	33.02	0.10	二类气层
	22	1545.5	1551.1	5.6	22.10	53.71	51.85	66.25	46.60	195.84	16.18	2.68	44.01	0.11	二类气层
	23	1554.6	1556.7	2.1	22.03	33.87	33.92	68.69	52.75	208.91	20.18	3.43	46.67	0.13	二类气层
	24	1564.7	1566.7	2.0	21.75	24.00	25.46	68.50	55.21	214.79	22.28	3.27	37.98	0.17	二类气层
	25	1573.3	1576.2	2.9	22.12	22.62	24.04	75.28	51.92	215.35	19.97	4.03	42.35	0.30	二类气层
	26	1584.4	1586.9	2.5	21.28	86.06	83.27	75.17	89.27	199.20	17.70	2.25	34.98	0.10	二类气层

附表 4　南哈新钻探井 KNDK 7 井测井解释结果表

序号	测量井段/m	厚度/m	孔隙度/%	含气饱和度/%	泥质含量/%	解释结论
1	436.2～440.8	4.6	3.5	40.8	27.8	可疑气层
2	899.5～903.2	3.7	5.2	57.0	18.5	可疑气层
3	1029.0～1035.1	6.1	5.1	60.2	12.6	可疑气层
4	1293.0～1295.5	2.5	2.9	40.9	22.8	可疑气层
5	1299.4～1308.4	9.0	4.8	53.8	23.6	可疑气层
6	1397.0～1399.4	2.4	4.5	70.2	15.6	气层
7	1410.9～1414.2	3.3	7.3	63.9	22.3	气层
8	1418.1～1418.9	0.9	4.6	71.8	19.5	气层
9	1426.6～1427.2	0.6	5.6	66.5	13.7	气层
10	1429.4～1430.3	0.9	4.5	63.8	12.1	气层
11	1432.4～1442.1	9.7	2.6	50.4	15.2	差气层
12	1477.6～1478.5	1.0	4.1	59.9	13.0	气层
13	1484.2～1484.8	0.6	4.1	55.2	15.1	气层
14	1486.8～1487.9	1.1	4.1	56.2	16.2	气层
15	1534.9～1536.9	2.0	7.2	57.3	14.0	气层
16	1545.0～1558.9	13.9	4.4	50.7	15.6	气层
17	1564.1～1570.7	6.6	4.9	52.9	9.2	气层
18	1575.1～1575.7	0.7	7.7	68.2	13.3	气层
19	1580.7～1581.7	1.0	5.4	64.6	15.0	气层
20	1636.9～1638.5	1.6	6.4	50.8	20.9	气层
21	1642.4～1643.6	1.2	4.4	50.6	16.2	气层
22	1689.7～1692.0	2.3	3.4	50.1	10.4	气层
23	1701.4～1703.8	2.4	4.9	54.9	12.4	气层
24	1719.9～1721.1	1.2	6.1	62.1	13.7	气层
25	1724.2～1724.9	0.7	8.0	78.0	4.8	气层
26	1728.5～1729.2	0.8	5.6	62.8	11.4	气层
27	1738.5～1739.9	1.4	3.9	60.9	9.2	气层
28	1831.9～1834.0	2.1	5.4	70.3	7.4	气层
29	1837.0～1841.3	4.3	4.9	66.1	2.9	气层
30	1852.0～1857.3	5.3	3.2	61.8	4.7	气层
31	1863.2～1864.0	0.8	5.0	69.1	9.3	气层
32	1871.0～1873.3	2.3	4.0	51.0	18.2	气层
33	1891.5～1894.8	3.3	3.5	57.1	14.1	气层
34	1939.9～1941.8	1.9	1.9	50.1	8.7	差气层

续表

序号	测量井段/m	厚度/m	孔隙度/%	含气饱和度/%	泥质含量/%	解释结论
35	2004.1～2009.3	5.2	2.9	59.9	5.3	差气层
36	2014.0～2015.7	1.7	5.8	71.4	17.8	气层
37	2025.4～2026.0	0.6	4.6	68.0	8.2	气层
38	2070.4～2075.7	5.4	3.0	58.8	12.3	气层
39	2077.6～2078.6	1.0	5.2	83.9	9.8	气层
40	2090.3～2091.1	0.8	4.1	67.0	11.6	气层

附表5 南哈新钻探井TGTR 6井测井解释结果表

序号	测量井段/m	厚度/m	孔隙度/%	含气饱和度/%	泥质含量/%	解释结论
1	2461.1～2463.5	2.4	2.9	49.9	7.2	差气层
2	2493.0～2512.7	19.7	4.9	50.0	15.8	气层
3	2514.5～2522.6	8.1	6.4	52.7	20.2	气层
4	2525.0～2542.8	17.8	5.7	56.3	20.9	气层
5	2553.3～2569.3	16.0	5.4	57.4	13.5	气层
6	2571.9～2588.9	17.0	3.2	47.9	14.6	差气层
7	2590.0～2598.4	8.4	3.3	64.4	9.9	气层
8	2601.1～2613.8	12.7	4.4	52.0	10.3	气层
9	2616.7～2627.4	10.7	2.9	45.1	17.1	差气层
10	2630.0～2639.0	9.0	3.2	46.5	21.2	差气层
11	2645.0～2657.7	12.7	2.2	51.7	13.5	差气层
12	2694.9～2715.9	21.0	3.5	53.4	8.5	气层
13	2736.1～2741.7	5.6	2.6	59.1	7.9	差气层
14	2774.6～2778.2	3.6	2.6	58.3	17.5	差气层
15	2790.4～2798.7	8.3	2.3	68.3	9.0	气层
16	2802.0～2815.0	13.0	3.8	55.4	17.8	气层
17	2820.0～2833.8	13.8	2.0	56.2	11.5	差气层
18	2838.0～2848.5	10.5	2.3	47.3	12.0	差气层
19	2867.5～2872.3	4.8	2.0	77.2	6.7	差气层
20	2876.3～2881.7	5.4	2.2	54.3	10.5	差气层
21	2891.2～2899.7	8.5	3.5	50.5	17.4	可疑气层
22	2909.5～2910.3	0.8	2.7	88.7	23.4	可疑气层
23	2915.7～2919.7	4.0	2.9	93.2	20.8	可疑气层

附表 6　南哈新钻探井 TGTR 8 井测井解释结果表

序号	测量井段/m	厚度/m	孔隙度/%	含气饱和度/%	泥质含量/%	解释结论
1	1941.3～1943.3	2.0	4.7	47.3	8.3	差气层
2	1985.3～1998.7	13.4	6.1	0.0	24.1	水层
3	2003.3～2005.0	1.7	5.8	0.0	28.9	水层
4	2006.2～2010.2	4.0	6.6	0.0	26.2	水层
5	2015.5～2019.3	3.8	5.6	0.0	27.2	水层
6	2020.8～2021.8	1.0	5.7	0.0	24.2	水层
7	2023.0～2024.2	1.2	6.8	0.0	27.5	水层
8	2073.0～2076.3	3.3	8.4	0.0	11.1	水层
9	2082.1～2093.7	11.6	10.1	0.0	19.2	水层
10	2096.6～2098.3	1.7	9.4	0.0	17.4	水层
11	2099.5～2106.8	7.3	9.0	0.0	20.3	水层
12	2112.0～2114.1	2.1	9.5	0.0	9.1	水层
13	2116.5～2118.8	2.3	11.8	0.0	11.1	水层
14	2125.1～2129.6	4.5	9.9	0.0	11.6	水层
15	2140.1～2140.6	0.5	5.6	0.0	20.2	水层
16	2156.6～2160.1	3.5	7.2	73.4	12.3	气层
17	2189.4～2190.0	0.6	5.5	70.9	15.7	气层
18	2202.2～2204.5	2.3	2.7	55.9	8.7	差气层
19	2230.1～2231.3	1.2	6.0	76.1	12.7	气层
20	2264.7～2266.2	1.5	6.0	63.1	24.1	气层
21	2271.0～2271.7	0.7	4.2	69.1	10.3	气层
22	2275.6～2278.1	2.5	2.9	53.5	15.5	差气层
23	2281.6～2282.3	0.8	4.0	59.1	12.5	气层
24	2284.5～2285.7	1.2	3.6	55.3	12.2	气层
25	2289.2～2289.9	0.7	4.1	64.1	9.2	气层
26	2296.7～2297.4	0.7	4.0	51.9	19.1	气层
27	2299.7～2303.4	3.7	2.9	58.3	11.9	差气层
28	2305.0～2306.4	1.4	2.6	50.7	16.4	差气层
29	2310.4～2311.1	0.7	4.1	50.1	17.9	气层
30	2328.4～2334.3	5.9	3.2	50.2	15.9	气层
31	2335.9～2339.5	3.6	2.3	51.9	8.2	差气层
32	2352.7～2354.0	1.3	3.8	58.4	17.6	气层
33	2360.7～2362.2	1.5	3.7	57.7	9.6	气层
34	2366.6～2367.2	0.6	4.1	67.6	12.4	气层

续表

序号	测量井段/m	厚度/m	孔隙度/%	含气饱和度/%	泥质含量/%	解释结论
35	2370.3～2372.0	1.7	4.1	58.8	10.1	气层
36	2380.0～2382.0	2.0	1.9	47.1	9.2	干层
37	2384.9～2390.7	5.8	3.5	53.7	18.0	气层
38	2406.6～2407.1	0.5	1.9	44.0	16.1	干层
39	2428.0～2430.8	2.8	4.7	57.1	18.6	气层
40	2438.5～2439.0	0.5	4.4	55.8	17.3	气层
41	2458.1～2458.7	0.6	4.5	63.3	10.2	气层
42	2475.7～2476.2	0.5	2.8	47.9	23.5	差气层
43	2478.5～2479.1	0.6	5.4	54.8	16.8	气层
44	2489.7～2490.8	1.1	4.4	57.4	22.3	气层
45	2494.6～2496.0	1.4	3.8	53.7	21.9	气层
46	2498.0～2500.9	2.9	4.1	51.6	19.6	气层
47	2510.6～2515.0	4.4	5.6	65.6	4.9	气层
48	2516.4～2521.1	4.7	2.5	61.4	6.4	差气层
49	2526.0～2527.2	1.2	2.9	53.9	18.3	差气层
50	2530.2～2533.6	3.4	5.5	58.5	23.3	气层
51	2534.9～2535.3	0.4	4.0	57.1	15.7	气层
52	2550.7～2551.3	0.6	6.3	62.0	20.3	气层
53	2568.8～2569.8	1.0	5.2	66.6	7.1	气层
54	2594.9～2595.5	0.6	8.0	76.9	17.8	气层
55	2636.4～2641.1	4.7	4.3	63.3	12.8	气层
56	2643.4～2648.0	4.6	2.8	52.7	17.5	差气层
57	2650.0～2654.6	4.6	3.3	52.8	15.3	气层
58	2658.6～2662.6	4.0	4.1	50.0	29.3	气层
59	2667.3～2667.9	0.6	4.3	52.1	24.7	气层
60	2669.0～2669.4	0.4	4.4	66.3	14.3	气层
61	2671.2～2674.4	3.2	4.5	75.4	9.7	气层
62	2675.7～2676.3	0.6	6.9	79.7	10.8	气层
63	2685.7～2687.5	1.8	1.8	59.9	6.3	干层
64	2729.0～2729.6	0.6	6.6	74.7	18.5	气层
65	2730.4～2731.0	0.6	4.7	79.8	20.5	气层
66	2739.4～2740.4	1.0	3.7	70.4	13.7	气层
67	2745.8～2750.8	5.0	2.4	76.6	7.9	差气层
68	2756.3～2757.1	0.8	2.6	87.2	7.3	差气层

续表

序号	测量井段/m	厚度/m	孔隙度/%	含气饱和度/%	泥质含量/%	解释结论
69	2760.4～2761.0	0.6	4.7	86.5	6.8	气层
70	2764.7～2767.4	2.7	13.7	88.7	9.2	气层
71	2860.5～2863.0	2.5	2.2	58.4	25.0	差气层
72	2871.3～2873.6	2.3	1.7	51.2	25.0	干层
73	2874.8～2877.8	3.0	1.7	53.1	24.7	干层
74	2880.8～2889.1	8.3	2.5	63.1	26.4	差气层
75	2897.3～2919.7	22.4	3.1	73.9	22.8	气层
76	2932.0～2932.6	0.6	6.8	89.1		气层
77	2938.4～2939.3	0.9	3.0	75.6		气层
78	2959.3～2959.9	0.6	6.3	91.8		气层
79	2978.8～2980.5	1.7	7.6	92.2		气层
80	2983.5～2993.3	9.8	8.6	90.9		气层
81	3003.5～3005.6	2.1	7.3	92.1		气层
82	3011.0～3011.6	0.6	4.8	83.8		气层
83	3022.2～3026.0	3.8	12.2	91.2		气层

附表 7　南哈新钻探井 PRDS 18 井测井解释结果表

序号	层位	层号	SDEP	EDEP	RT	SH	POR	S_g	PERM	解释结论
1	C_2ts	29	1357.7	1368.9	149.85	25.24	7.06	22.81	2.01	水层
2	C_2ts	30	1374.8	1383.1	134.15	23.41	4.12	26.40	0.24	水层
3	C_2ts	31	1385.1	1393.0	88.82	19.96	10.57	27.47	10.70	水层
4	C_2ts	32	1394.0	1404.0	39.80	23.47	9.35	21.84	5.97	水层
5	C_2ts	33	1414.6	1418.3	45.46	32.48	6.74	23.28	4.03	水层
6	C_2ts	34	1421.9	1425.7	443.20	23.91	8.75	31.11	7.93	二类气层
7	C_1sr	35	1522.1	1527.2	536.30	11.86	5.74	49.64	0.64	一类气层
8	C_1sr	36	1527.2	1535.0	1532.10	9.55	3.46	47.43	0.11	二类气层
9	C_1sr	37	1570.3	1586.0	1261.50	6.25	4.54	54.58	0.22	一类气层
10	C_1sr	38	1586.0	1605.1	1046.30	9.34	3.41	49.25	0.13	二类气层
11	C_1sr	39	1609.0	1613.3	1464.00	7.55	3.75	58.60	0.15	二类气层
12	C_1sr	40	1614.9	1640.9	1142.40	9.62	3.22	42.66	0.13	二类气层
13	C_1sr	41	1644.4	1662.1	1235.30	9.12	3.97	42.05	0.16	二类气层
14	C_1sr	42	1665.6	1673.1	5680.70	10.29	5.38	54.18	2.48	一类气层
15	C_1sr	43	1677.2	1685.6	1264.70	9.32	4.28	32.60	0.17	二类气层
16	C_1sr	44	1685.6	1695.9	3345.30	9.03	6.71	43.55	2.39	一类气层

续表

序号	层位	层号	SDEP	EDEP	RT	SH	POR	S_g	PERM	解释结论
17	C_1sr	45	1695.9	1702.2	4575.10	7.07	4.03	57.13	0.12	二类气层
18	C_1sr	46	1704.1	1706.7	6073.60	15.26	5.09	51.24	1.53	一类气层
19	C_1sr	47	1708.6	1715.2	1595.80	4.32	5.90	53.87	0.82	二类气层
20	C_1sr	48	1717.4	1724.2	2342.80	8.40	4.37	46.15	0.24	二类气层
21	C_1sr	49	1728.0	1732.5	569.96	7.66	6.22	47.81	1.08	一类气层
22	C_1sr	50	1737.4	1745.7	1454.70	5.07	3.10	41.57	0.11	二类气层
23	C_1sr	51	1748.0	1752.5	1950.50	4.09	2.97	45.97	0.10	二类气层
24	C_1sr	52	1754.3	1757.3	106.57	22.30	7.06	40.98	1.73	二类气层
25	C_1sr	53	1760.8	1764.2	415.87	16.25	3.65	42.85	0.17	二类气层
26	C_1sr	54	1767.4	1769.3	95.52	19.22	6.71	38.93	1.65	二类气层
27	C_1sr	55	1773.3	1780.5	581.63	12.63	4.17	44.49	0.22	二类气层
28	C_1sr	56	1782.9	1788.0	88.92	12.44	11.28	54.63	12.93	一类气层
29	C_1sr	57	1789.1	1793.7	242.14	14.39	7.52	57.18	2.71	二类气层
30	C_1sr	58	1802.5	1806.0	1946.70	7.46	6.87	67.08	2.11	一类气层
31	C_1sr	59	1806.9	1809.6	983.21	6.98	4.90	68.65	0.26	二类气层
32	C_1sr	60	1812.5	1816.1	778.50	8.77	6.26	62.17	1.41	二类气层
33	C_1sr	61	1817.0	1825.0	306.45	7.88	8.69	62.03	4.57	一类气层
34	$C_1v_3+C_1v_2$	62	1829.9	1841.2	711.85	8.00	5.47	48.39	0.84	二类气层
35	$C_1v_3+C_1v_2$	63	1868.2	1890.9	345.55	9.97	3.60	29.06	0.10	二类气层
36	$C_1v_3+C_1v_2$	64	1895.9	1900.7	717.62	9.45	5.09	50.53	0.31	一类气层
37	$C_1v_3+C_1v_2$	65	1900.7	1911.2	1285.20	7.46	3.19	47.22	0.10	二类气层
38	$C_1v_3+C_1v_2$	66	1913.1	1922.0	2398.50	6.15	3.46	60.42	0.10	二类气层
39	$C_1v_3+C_1v_2$	67	1923.0	1931.5	1614.10	6.31	4.82	61.10	0.28	二类气层
40	$C_1v_3+C_1v_2$	68	1935.0	1938.0	659.48	14.04	4.29	39.17	0.19	二类气层
41	$C_1v_3+C_1v_2$	69	1942.9	1949.8	628.06	8.65	4.62	45.27	0.33	二类气层
42	$C_1v_3+C_1v_2$	70	1951.5	1953.4	5232.30	7.49	3.18	77.28	0.10	二类气层
43	$C_1v_3+C_1v_2$	71	1955.3	1965.0	463.64	12.63	4.07	37.51	0.31	二类气层
44	$C_1v_3+C_1v_2$	72	1966.5	1981.4	347.90	10.21	6.52	52.34	3.15	一类气层
45	C_1v_1	73	2013.9	2022.7	65.28	23.55	4.08	26.54	0.19	二类气层
46	C_1v_1	74	2025.7	2030.6	498.84	10.15	3.69	44.67	0.17	二类气层
47	C_1v_1	75	2032.3	2048.0	1897.30	12.79	3.90	46.57	0.18	二类气层
48	C_1v_1	76	2059.1	2069.8	275.73	13.12	4.48	38.50	0.29	二类气层
49	C_1v_1	77	2074.5	2079.4	387.21	13.72	4.15	37.53	0.22	二类气层
50	C_1v_1	78	2102.6	2104.8	621.52	27.78	9.17	72.80	6.05	一类气层
51	C_1v_1	79	2109.5	2118.6	1011.60	18.49	4.32	40.84	0.21	二类气层
52	C_1v_1	80	2123.7	2136.5	5638.40	6.57	3.95	49.36	0.14	二类气层

附表 8　南哈新钻探井 TMSK 1 井测井解释结果表

层位	层号	深度/m	厚度/m	浅电阻率/(Ω·m)	深电阻率/(Ω·m)	自然电位/mV	自然伽马/API	声波时差/(μs/m)	补偿中子/%	补偿密度/(g/cm³)	泥质含量/%	孔隙度/%	含气饱和度/%	渗透率/mD	解释结论
C_{2-3}	1	2037.4～2041.9	4.5	158.75	21.59	3.50	78.00	200.75	15.73	2.70	24.54	2.68	0.00	0.10	干层
	2	2046.3～2049.8	3.5	18.30	12.76	4.75	80.87	206.71	14.11	2.64	27.67	3.08	0.00	0.14	干层
	3	2259.6～2264.4	4.8	25.55	22.78	34.70	83.99	199.89	14.54	2.69	30.74	0.81	0.00	0.10	干层
	4	2296.5～2298.2	1.7	34.58	57.70	45.97	76.75	195.28	12.04	2.71	27.35	1.01	0.00	0.10	干层
	5	2420.0～2425.1	5.1	29.63	35.70	63.47	75.24	196.27	11.96	2.67	24.62	2.41	0.00	0.11	干层
	6	2453.3～2458.0	4.7	388.46	53.28	68.47	70.21	190.70	12.02	2.68	20.58	2.91	0.00	0.11	干层
	7	2476.9～2485.3	8.4	26.02	32.82	67.37	74.48	197.02	12.42	2.66	22.87	2.09	0.00	0.11	干层
	8	2490.6～2498.4	7.8	244.89	34.40	65.75	79.76	195.34	13.06	2.62	27.93	1.78	0.00	0.17	干层
	9	2512.5～2516.6	4.1	303.26	68.25	69.67	75.09	189.16	11.25	2.68	23.54	1.73	0.00	0.16	干层
	10	2528.7～2535.1	6.4	395.64	60.22	74.96	80.90	189.41	12.29	2.67	27.31	1.07	0.00	0.10	干层
	11	2542.8～2544.6	1.8	690.34	142.94	70.82	73.75	183.55	10.69	2.74	22.53	0.12	0.00	0.10	干层
	12	2609.8～2611.9	2.1	549.80	266.31	73.03	71.67	183.68	10.64	2.71	20.51	1.32	0.00	0.10	干层
	13	2624.7～2628.9	4.2	873.83	59.44	76.50	77.09	191.21	12.43	2.66	24.04	2.43	0.00	0.11	干层
	14	2638.4～2645.7	7.3	985.49	65.84	74.24	71.39	191.61	13.25	2.63	20.01	2.90	0.00	0.14	干层
	15	2660.3～2662.4	2.1	1695.10	4471.10	85.88	52.20	174.36	5.53	2.09	12.86	3.54	4.29	0.13	干层
	16	2672.8～2675.2	2.4	1069.00	663.06	87.94	67.83	172.65	6.94	2.57	21.88	1.94	0.00	0.12	干层
	17	2702.0～2704.1	2.1	1044.20	303.90	72.41	92.90	182.86	7.93	2.60	32.14	1.61	0.00	0.15	干层
	18	2711.1～2715.6	4.5	1136.60	92.78	65.18	89.64	189.82	8.90	2.50	25.41	2.12	0.00	0.13	干层
	19	2728.4～2732.0	3.6	699.95	52.44	62.63	68.94	192.05	9.97	2.62	10.39	4.48	0.00	0.27	干层
	20	2732.8～2741.7	8.9	801.18	523.13	78.70	71.78	178.27	10.09	2.65	12.26	3.02	0.00	0.44	干层
	21	2742.7～2752.4	9.7	260.42	623.98	88.57	61.96	175.77	8.45	2.73	7.47	0.57	0.00	0.11	干层
	22	2753.7～2761.6	7.9	507.56	722.95	92.96	62.32	175.55	8.75	2.70	6.28	1.66	0.00	0.10	干层

续表

层位	层号	深度/m	厚度/m	浅电阻率/(Ω·m)	深电阻率/(Ω·m)	自然电位/mV	自然伽马/API	声波时差/(μs/m)	补偿中子/%	补偿密度/(g/cm³)	泥质含量/%	孔隙度/%	含气饱和度/%	渗透率/mD	解释结论
C_2ts	23	2767.0～2770.0	3.0	348.18	152.38	89.73	58.26	185.04	12.93	2.65	13.81	4.47	23.25	1.11	水层
	24	2781.4～2787.5	6.1	1841.30	4444.40	127.40	42.68	169.36	5.24	2.46	10.32	3.08	28.89	0.15	水层
	25	2792.8～2797.0	4.2	1133.10	1282.90	126.51	41.59	165.24	6.51	2.65	7.92	3.16	11.90	0.15	水层
C_1sr	26	2854.9～2857.1	2.2	2000.00	6886.50	184.42	37.28	166.81	6.36	2.39	11.31	3.66	35.79	0.20	二类气层
	27	2858.2～2860.4	2.2	2000.00	1074.90	183.92	27.51	170.61	4.71	2.31	5.74	3.80	28.96	0.34	二类气层
	28	2869.6～2873.7	4.1	2000.00	7850.30	195.27	28.73	175.80	4.31	2.46	6.24	3.37	36.01	0.16	二类气层
	29	2884.0～2888.6	4.6	1789.80	11915.00	191.43	30.58	158.09	4.56	2.48	5.62	3.45	34.75	0.17	二类气层
	30	2919.3～2929.2	9.9	1833.40	5538.30	168.43	25.25	166.35	5.95	2.27	4.25	4.95	41.57	0.75	二类气层
	31	2938.1～2943.1	5.0	1569.20	1902.10	153.66	46.06	164.81	3.06	2.56	10.42	2.97	33.93	0.15	二类气层
	32	2967.9～2971.9	4.0	753.79	986.65	128.69	16.37	160.22	2.21	2.74	1.44	2.13	30.55	0.10	二类气层
C_1v_3	33	3077.4～3084.4	7.0	620.28	100.08	99.78	42.10	175.67	9.74	2.72	8.52	4.65	30.66	1.67	二类气层
	34	3094.8～3097.0	2.2	217.52	54.66	89.52	48.26	184.13	9.42	2.74	9.84	3.88	19.78	0.19	干层
	35	3102.9～3105.6	2.7	587.18	61.77	90.67	54.11	179.62	11.03	2.74	13.32	3.97	22.76	0.31	干层
C_1v_2	36	3140.5～3144.9	4.4	534.19	1002.30	78.87	32.47	168.09	5.41	2.64	5.64	2.94	33.82	0.66	二类气层
	37	3163.6～3166.7	3.1	648.45	56.90	81.07	77.56	205.01	11.42	2.59	24.28	3.97	36.04	0.89	二类气层
	38	3202.5～3208.4	5.9	969.84	10669.00	138.79	120.32	165.98	15.16	2.61	11.20	3.28	39.74	0.12	二类气层

附录二 哈萨克斯坦Marsel探区油气地质研究概况

第一轮研究（油气勘探前景咨询服务，项目与技术负责：庞雄奇）

研究时限：2011 年 6 月～2011 年 8 月
成果报告：多媒体报告
主要认识：已发现的 3 个气藏均属非常规气藏，有勘探潜力
承担单位：中国石油大学（北京）
课题负责：庞雄奇教授
主研人员：姜福杰副教授、汪英勋助研

第二轮研究（油气勘探前景咨询服务，项目与技术负责：庞雄奇）

研究时限：2011 年 8 月～2012 年 10 月
成果报告：多媒体报告＋文字报告
主要认识：已发现 3 个气藏属非常规致密气藏，勘探潜力大
承担单位：中国石油大学（北京）
课题负责：庞雄奇教授
主研人员：姜福杰副授教、吴欣松副教授、汪英勋助研、郭洪娟、白静、张智威

第三轮研究（油气成藏综合研究，项目与技术负责：庞雄奇）

研究时间：2012 年 10 月～2013 年 5 月
成果报告：多媒体报告＋文字报告
主要认识：研究区发育叠复连续致密特大型非常规气田
含气主要目的层位有 4 套
含气范围超过 $2500km^2$
井控面积计算探明与控制的可采天然气储量超过 $1447\times10^8m^3$
叠复连续成藏模式控制与预测可采天然气储量超过 $1.8\times10^{12}m^3$
承担单位：中国石油大学（北京）、中国地质大学（北京）

主研人员：课题 1：构造演化历史与裂缝发育预测，负责：于福生副教授；参加人员：郭文强、梁杰、田丽娜、张文萍、易杨天、马奎、熊连桥。课题 2：石炭系沉积古

地理与有利储集相带分布预测，负责：林畅松教授；参加人员：刘景彦(副教授)、李浩、徐桂芬、高达、耿晓洁、黄理力、李本彬、李虹、王晓妮、赵建华、蒋军、左璠璠、吴昊。课题3：泥盆系层序格架与储盖条件评价，负责：朱筱敏教授；参加人员：张琴(副教授)、朱世发(副教授)、刘芬、吴冬、刘英辉、王星星。课题4：源岩特征及生烃潜力评价，负责：陈践发教授、向才富副教授；参加人员：李伟、陈斐然、郑金海、郭望、刘高志、张磊、董劲。课题5：油气成藏规律与有利区带预测，负责：白国平教授、庞雄奇教授；参加人员：王大鹏、彭辉界、牛新杰、高帅。课题6：有利区带地球物理储层反演与含油气性检测，负责：黄捍东教授；参加人员：郭文强、王彦超、纪永祯、李祺鑫、雷震、张玥、冯娜。课题7：探井测录试结果复查与重新解释，负责：吴欣松副教授、徐敬领讲师；参加人员：郭洪娟、赵斌、孟和苏乙拉、徐蕾、高帅、朱守明。课题8：油气资源储量与经济效益综合评价，负责：康永尚教授、姜福杰副教授；参加人员：汪英勋(助研)、康涛、陈安霞、马聪、陈晶。

第四轮研究(富集目标预测评价与预探井部署，项目与技术负责：庞雄奇)

研究时间：2013年5月～2014年12月

成果报告：多媒体报告＋文字报告

主要认识：相-势-源复合区最有利天然气富集成藏

指出了6个富气重点目标区

预测出重点探区发育8个含气目的层段

预测并评价6重点区8目的层段储层分布、孔渗特征与含气性

部署并设计了12口重点预探井

建议并设计开展4个方面的勘探工作

承担单位：中国石油大学(北京)、中国地质大学(北京)

主研人员：课题1：研究区构造演化历史与目的层裂缝预测评价，负责：于福生副教授；参加人员：龙娴、田丽娜、朱陇新、熊连桥、赵保青、史亚会。课题2：有利目标区石炭系优质碳酸盐岩储层预测与综合评价，负责：林畅松教授；参加人员：刘景彦副教授、徐桂芬、李浩、高达、李虹、王晓妮、耿晓洁、黄理力、李本彬。课题3：有利目标区泥盆系优质砂岩储层预测与综合评价，负责：朱筱敏教授；参加人员：张琴副教授、朱世发副教授、吴冬、刘芬、刘英辉、耿名扬、王星星。课题4：有利目标区主要目的层含油气甜点地质预测与评价，负责：陈践发教授、庞雄奇教授；参加人员：汪英勋助研、李伟、陈斐然、张智威。课题5：有利目标区主要目的层含油气甜点地震预测与检测，负责：黄捍东教授，参加人员：雷震、李冰姝、纪永祯、王彦超。课题6：南哈地区测井资料处理解释与气藏特征研究，负责：徐敬领讲师；参加人员：秦宇星、赵彬、徐蕾、朱吉昌、吴奋强、许留洋。课题7：有利目标区探井部署与地质设计及钻探结果综合评价，负责：吴欣松副教授，参加人员：郭洪娟、张慧芳、李娜、朱守明。课题8：研究区天然气资源储量计算与开发方案设计及经济评价，负责：康永尚教授、姜福杰副教授；参加人员：康涛、陈晶。课题9：有利目标区探井钻完井工程设计及综合评价，负责：葛洪魁教授；参加人员：汪道兵、杨柳。